Numerik

Andreas Meister · Thomas Sonar

Numerik

Eine lebendige und gut verständliche Einführung mit vielen Beispielen

Springer Spektrum

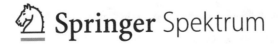

Andreas Meister
Universität Kassel
Kassel, Deutschland

Thomas Sonar
TU Braunschweig
Braunschweig, Deutschland

ISBN 978-3-662-58357-9
ISBN 978-3-662-58358-6 (eBook)
https://doi.org/10.1007/978-3-662-58358-6

Die Deutsche Nationalbibliothek verzeichnet diese Publikation in der Deutschen Nationalbibliografie; detaillierte bibliografische Daten sind im Internet über http://dnb.d-nb.de abrufbar.

Springer Spektrum
Die Inhalte dieses Buches basieren größtenteils auf dem Werk „Grundwissen Mathematikstudium – Höhere Analysis, Numerik und Stochastik“, ISBN: 978-3-642-45077-8.

Planung und Lektorat: Andreas Rüdinger

Springer Spektrum ist ein Imprint der eingetragenen Gesellschaft Springer-Verlag GmbH, DE und ist ein Teil von Springer Nature.
Die Anschrift der Gesellschaft ist: Heidelberger Platz 3, 14197 Berlin, Germany

Vorwort

Seit vielen Jahren war es unser gemeinsamer Wunsch, einmal ein Lehrbuch über Numerische Mathematik zu schreiben. Hier ist es nun, und wir haben Herrn Andreas Rüdinger vom Verlag herzlich zu danken, dass er dieses Buch möglich gemacht hat! Die Inhalte dieses Buches sind größtenteils bereits in dem Werk *Grundwissen Mathematikstudium* erschienen, aber in Absprache mit dem Verlag haben wir uns entschlossen, sie nochmals als eigenes Werk zu veröffentlichen. Wir sind der Überzeugung, dass Studierende der Mathematik, Physik, und anderer Naturwissenschaften lieber zu einem eigenständigen, thematisch gestrafften Buch greifen, als dieses Thema in einem umfassenden Werk zur Höheren Analysis, Numerik und Stochastik zu suchen.

Wir sind zudem dankbar, unsere universitäre Ausbildung im Fach Numerik jeweils bei großartigen akademischen Lehrern wie Rainer Kress in Göttingen respektive Günter Mühlbach in Hannover erhalten zu haben. Dort haben wir beide gelernt und verinnerlicht, dass es sich bei Numerischer Mathematik eben um *Mathematik* handelt, und nicht um die Benutzung von fertigen Programmen auf Computern und die Interpretation bunter Bilder, die sich als Ausgabe solcher Computerprogramme ergeben. Wir sehen sehr klar die Bedeutung des Computers und haben auch selbst komplexe Algorithmen in sehr große Softwarepakete verwandelt; so waren wir beide zentral an der Erschaffung und der ersten Programmierung des DLR-τ-Codes beteiligt, der sich heute zu einem Arbeitspferd der *Computational Fluid Dynamics* (CFD) entwickelt hat. Etwas überspitzt hat es Edsger W. Dijkstra so ausgedrückt: *„Programming is one of the most difficult branches of applied mathematics; the poorer mathematicians had better remain pure mathematicians.“**

In der Numerischen Mathematik (oder, wie es in der anglo-amerikanischen Welt heißt: *Numerical Analysis*) geht es um die zentralen Ideen zur Nutzung mathematischer Resultate im Kontext realitätsbezogener Anwendungen. Es geht um Konvergenzbeweise für Algorithmen, um den Einsatz von Funktionalanalysis zur Fehlerabschätzung oder zur Konstruktion ‚besserer‘, d. h. genauerer und effizienterer Algorithmen, und vieles mehr. Diesen mathematischen Kern der Numerischen Mathematik wollen wir herausarbeiten und den Studierenden, welche die Techniken der Numerischen Mathematik erlernen wollen, in einer ansprechenden Form präsentieren.

Unser Buch folgt einer heute fast klassisch zu nennenden Themenfolge: Interpolation und Approximation, Quadratur, Numerik linearer Gleichungssysteme, Eigenwertprobleme, Lineare Ausgleichsprobleme, Nichtlineare Gleichungen und Systeme sowie die Numerik gewöhnlicher Differentialgleichungen. Von einer Darstellung der Numerik partieller Differentialgleichungen haben wir Abstand genommen, denn allein für Teilaspekte dieses großen Gebietes bräuchte man jeweils ein eigenes Buch.

Unser Buch soll ein Lehrbuch sein, aber auch ein Lernbuch. Daher haben wir jedem Kapitel einige Selbstfragen und viele Aufgaben mit Lösungen mitgegeben. Wir hoffen, dass unsere eigene Begeisterung für die Numerische Mathematik durch dieses Buch auch eine neue Generation von Studierenden erfassen wird.

Heidelberg, Deutschland
November 2018

Andreas Meister
Thomas Sonar

* E.W. Dijkstra: How Do We Tell Truths that Might Hurt? (in: Edsger W. Dijkstra: Selected Writings on Computing: A Personal Perspective. Springer Verlag, p. 129, 1982).

Inhaltsverzeichnis

Verzeichnis der Übersichten

Mathematik – eine lebendige Wissenschaft 1

Worin bestehen die Inhalte der Numerischen Mathematik dieses Buches?

Was ist zu beachten beim Schreiben einer Bachelorarbeit?

Welche historischen Entwicklungen prägten die im Buch behandelten Gebiete?

A. Meister, T. Sonar, *Numerik*, https://doi.org/10.1007/978-3-662-58358-6_1

Mit der Analysis und der Linearen Algebra werden im ersten Studienjahr klassische Grundlagen der Mathematik gelegt. Im Hinblick auf die moderne Entwicklung dieses Fachs sind heute weitere Aspekte ebenso maßgebend, die üblicherweise Gegenstand des zweiten und dritten Studienjahrs sind.

Hierzu gehört ganz wesentlich auch die in diesem Buch vorgestellte Numerische Mathematik ohne die eine modernen Maßstäben genügende Anwendung mathematischer Erkenntnisse undenkbar ist. Dabei wird, neben einer vollständigen Beweisführung, Wert auf Zusammenhänge, Hintergründe, Motivation und alternative Beweisideen gelegt. Damit wollen wir einen Weg weisen hin zu einem umfassenden Verständnis numerischer Aspekte der Mathematik.

Um das Konzept des vorliegenden Lehrbuchs nachvollziehbar zu machen, bieten wir den Lesern in diesem einleitenden Kapitel eine kurze Einführung in unsere Intention und die didaktischen Elemente.

1.1 Über Mathematik, Mathematiker und dieses Lehrbuch

Mathematik ist eine *Formal*wissenschaft. Zu diesen Wissenschaften gehören genau jene, die sich mit *formalen Systemen* beschäftigen. Neben der Mathematik sind die Logik oder die theoretische Informatik Beispiele solcher Formalwissenschaften. Während in den Geistes-, Natur- und Ingenieurwissenschaften frühere Erkenntnisse durch einen neuen Zeitgeist oder durch neue Experimente relativiert werden, sind mathematische Erkenntnisse ein für alle Mal korrekt. Insofern sind letztere kulturunabhängig und prinzipiell von jedem nachvollziehbar. Das heißt aber keineswegs, dass die Mathematik starr ist und irgendwie stehen bleibt. Nicht nur die Darstellungen und der Abstraktionsgrad, sondern vor allem die betrachteten Inhalte unterliegen einem ständigen Veränderungsprozess. Sie liefern bis heute eine äußerst lebendige Wissenschaft, die sich kontinuierlich weiterentwickelt.

Ein wesentliches Merkmal der Mathematik besteht darin, dass ihre Inhalte streng aufeinander aufbauen und jeder einzelne Schritt im Allgemeinen gut zu verstehen ist. Im Ganzen betrachtet ist die Mathematik jedoch ein außerordentlich komplexes und großes Gebiet, das im Laufe der vergangenen ca. 6000 Jahre von vielen Menschen zusammengetragen wurde.

Was ist neu an diesem Lehrbuch?

Mathematiker verwenden üblicherweise eine karge und rein zweckorientierte Sprechweise. Im Interesse der Studierenden – also insbesondere in Ihrem Interesse – sind wir bestrebt, hiervon abzuweichen und fassen in diesem Buch so weit wie möglich Formeln und abstrakte Gebilde auch in Worte. Auf diese Weise nehmen Erklärungen viel Platz ein. Das ist neu, aber es gibt noch mehr.

Aufgabenstellungen in der Mathematik sind häufig zu Beginn schwer zu erfassen. Wir haben uns bemüht, komplexe, nicht sofort offensichtliche Zusammenhänge Schritt für Schritt zu erklären. Wir schildern, stellen dar, gliedern und liefern Beispiele für nicht leicht zu verstehende Sachverhalte. In der Mathematik ist das begriffliche Verständnis von Zusammenhängen wichtig. Keinesfalls ist Auswendiglernen ein erfolgreicher Weg zum Abschluss eines Mathematikstudiums.

Die Mathematik beruht auf Axiomen

Wir wissen schon aus dem ersten Studienjahr, dass die Mathematik als Wissenschaft von *Grundwahrheiten* ausgeht, um weitere Wahrheiten zu vermitteln. Diese auch als **Axiome** oder **Postulate** bezeichneten Grundwahrheiten sind nicht beweisbar, werden aber als gültig vorausgesetzt. Die Gesamtheit der Axiome ist das **Axiomensystem**.

Natürlich sollten sich die Axiome eines solchen Systems nicht widersprechen, und so versuchte man, die *Widerspruchsfreiheit* der gängigen Axiomensysteme zu beweisen, was jedoch nicht gelang. Die Lage ist in der Tat noch verworrener, denn Kurt Gödel (1906–1978) zeigte, dass die vermutete Widerspruchsfreiheit *innerhalb* des betrachteten Axiomensystems weder bewiesen noch widerlegt werden kann.

Die wichtigsten Bausteine und Schritte zum Formulieren mathematischer Sachverhalte lassen sich in drei Typen unterteilen, nämlich *Definition, Satz* und *Beweis*.

Definitionen liefern den Rahmen

Durch **Definitionen** werden die Begriffe festgelegt, mit denen man später arbeitet. Auch allgemein übliche Notationen gehören im weiteren Sinne in diese Kategorie. Definitionen können weder wahr noch falsch sein, wohl aber mehr oder weniger sinnvoll. Auf jeden Fall muss der Gegenstand einer Definition **wohldefiniert** sein. Seine Beschreibung muss eine eindeutige Festlegung beinhalten und darf nicht auf Widersprüche führen.

Wenn wir im Folgenden einen Begriff definieren, so schreiben wir ihn **fett**. Manchmal sind solche Begriffe sehr suggestiv, wir verwenden sie dann oftmals schon vor der eigentlichen Definition oder auch in den einleitenden Absätzen zu den Kapiteln. In diesem Fall setzen wir den betreffenden Begriff *kursiv*. Nach erfolgter Definition wird dieser Begriff nicht mehr besonders hervorgehoben.

Sätze formulieren zentrale Ergebnisse

Sätze stellen auch in diesem Buch die Werkzeuge dar, mit denen wir ständig umgehen, und wir werden grundlegende Sätze der Numerik formulieren, beweisen und anwenden. Dient ein Satz in erster Linie dazu, mindestens eine nachfolgende, weitreichendere Aussage zu beweisen, wird er oft **Lemma** (Plural

Lemmata, griechisch für *Weg*) oder **Hilfssatz** genannt. Ein **Korollar** oder eine **Folgerung** formuliert Konsequenzen, die sich aus zentralen Sätzen ergeben.

Erst der Beweis macht einen Satz zum Satz

Jede Aussage, die als Satz, Lemma oder Korollar formuliert wird, muss sich *beweisen* lassen und somit wahr sein. In der Tat ist die Beweisführung zugleich die wichtigste und die anspruchsvollste Tätigkeit in der Mathematik. Einige grundlegende Techniken, Sprech- und Schreibweisen haben wir schon im ersten Studienjahr kennengelernt, wollen sie hier aber teilweise nochmals vorstellen.

Zunächst sollte jedoch der formale Rahmen betont werden, an den man sich beim Beweisen im Idealfall halten sollte. Dabei werden in einem ersten Schritt die Voraussetzungen festgehalten. Anschließend stellt man die Behauptung auf. Erst dann beginnt der eigentliche Beweis. Ist Letzterer gelungen, so lassen sich die Voraussetzungen und die Behauptung zur Formulierung eines entsprechenden Satzes zusammenstellen. Außerdem ist es meistens angebracht, den Beweis noch einmal zu überdenken und schlüssig zu formulieren.

Der Deutlichkeit halber wird das Ende eines Beweises häufig mit „qed" (quod erat demonstrandum – was zu zeigen war) oder einfach mit einem Kästchen „■" gekennzeichnet. Insgesamt liegt fast immer folgende Struktur vor, die auch bei Ihren eigenen Beweisführungen Richtschnur sein sollte:

- Voraussetzungen: ...
- Behauptung: ...
- Beweis: ... ■

Natürlich ist diese Reihenfolge kein Dogma. Es werden manchmal auch Aussagen *hergeleitet*, also letztendlich die Beweisführung bzw. die Beweisidee vorweg genommen, bevor die eigentliche Behauptung komplett formuliert wird. Diese Vorgehensweise kann mathematische Zusammenhänge verständlicher machen. Das Identifizieren der drei Elemente *Voraussetzung*, *Behauptung* und *Beweis* bei Resultaten, bleibt trotzdem stets wichtig, um sich Klarheit über Aussagen zu verschaffen.

O. B. d. A. bedeutet ohne Beschränkung der Allgemeinheit

Mathematische Sprechweisen sind oft etwas gewöhnungsbedürftig. So steht o. B. d. A. für „ohne Beschränkung der Allgemeinheit". Manchmal sagt man stattdessen auch o. E. d. A., also „ohne Einschränkung der Allgemeinheit" oder ganz kurz o. E., d. h. „ohne Einschränkung". Hierunter verbirgt sich meist das Abhandeln von Spezialfällen zu Beginn eines Beweises, um den Beweis dadurch übersichtlicher zu gestalten. Der allgemeine Fall wird dennoch mitbehandelt; es wird nur die Aufgabe an die Studierenden übertragen, sich sorgsam zu vergewissern, dass tatsächlich der allgemeine Fall begründet wird. Soll etwa eine Aussage für jede reelle Zahl x bewiesen werden, so bedeutet „sei o. B. d. A. $x \neq 0$", dass die zu beweisende Behauptung im Fall $x = 0$ offensichtlich („trivial") ist.

Logische Aussagen strukturieren Mathematik

In den Beschreibungen des Terminus *Satz* haben wir schon an einigen Stellen von *Aussagen* gesprochen. Letztlich sind nahezu alle mathematischen Sachverhalte *wahre Aussagen* im Sinne der **Aussagenlogik**, die somit einen Grundpfeiler der modernen Mathematik bildet. Diese Sichtweise von Mathematik ist übrigens noch nicht alt, denn sie hat sich erst zu Beginn des zwanzigsten Jahrhunderts etabliert. Die Logik ist schon seit der Antike eine philosophische Disziplin. Wir werden uns hier nur auf die Aspekte der *mathematischen* Logik konzentrieren, die im Hinblick auf das Beweisen grundlegend sind.

Nach dem Grundprinzip der Logik müssen alle verwendeten Ausdrücke eine klare, scharf definierte Bedeutung besitzen, und dieses Prinzip sollte auch Richtschnur für alle wissenschaftlichen Betrachtungen sein. Es erhält gerade in der Mathematik ein ganz zentrales Gewicht. Daher ist die aus gutem Grunde an Symbolen reiche Sprache der Mathematik am Anfang sicher gewöhnungsbedürftig. Sie unterscheidet sich von der Alltagssprache durch eine sehr genaue Beachtung der Semantik.

Abstraktion ist eine Schlüsselfähigkeit

In der Mathematik stößt man immer wieder auf das Phänomen, dass unterschiedlichste Anwendungsprobleme mit denselben oder sehr ähnlichen mathematischen Modellen behandelt werden können. So beschreibt etwa die gleiche Differenzialgleichung sowohl die Schwingung eines Pendels als auch die Vorgänge in einem Stromkreis aus Spule und Kondensator.

Werden in der Mathematik bei unterschiedlichen Problemen gleiche Strukturen erkannt, so ist man bestrebt, deren Wesensmerkmale herauszuarbeiten und für sich zu untersuchen. Man löst sich dann vom eigentlichen konkreten Problem und studiert stattdessen die herauskristallisierte allgemeine Struktur.

Den induktiven Denkprozess, das Wesentliche eines Problems zu erkennen und bei unterschiedlichen Fragestellungen Gemeinsamkeiten auszumachen, die für die Lösung zentral sind, nennt man **Abstraktion**. Hierdurch wird es möglich, mit einer mathematischen Theorie ganz verschiedenartige Probleme gleichzeitig zu lösen, und man erkennt oft auch Zusammenhänge und Analogien, die sehr hilfreich sein können.

Abstraktion ist ein selbstverständlicher, unabdingbarer Bestandteil des mathematischen Denkens, und nach dem ersten Studienjahr haben Sie vermutlich die Anfangsschwierigkeiten damit überwunden. Auch in diesem Band haben wir wieder viel Wert darauf gelegt, Ihnen den Zugang zur Abstraktion mit zahlreichen Beispielen zu erleichtern und Ihre Abstraktionsfähigkeit zu fördern.

Computer beeinflussen die Mathematik

Die Verbreitung des Computers hat die Bedeutung der Mathematik ungemein vergrößert. Mathematik durchdringt heute praktisch alle Lebensbereiche, angefangen von der Telekommunikation, Verkehrsplanung, Meinungsforschung, bis zur Navigation von Schiffen oder Flugzeugen, dem Automobilbau, bildgebenden Verfahren der Medizin oder der Weltraumfahrt. Es gibt kaum ein Produkt, das nicht vor seiner Entstehung als virtuelles Objekt mathematisch beschrieben wird, um sein Verhalten testen und damit den Entwurf weiter verbessern zu können. Das Zusammenspiel von Höchstleistungsrechnern und ausgeklügelten mathematischen Algorithmen ermöglicht es zudem, eine immer größere Datenflut zu verarbeiten. So beträgt etwa die Rohdatenproduktion des ATLAS-Detektors von Elementarteilchen-Kollisionen am CERN in Genf ca. 60 Terabyte pro Sekunde (Stand 2013).

Viele Rechenaufgaben aus unterschiedlichsten Bereichen der Mathematik können heute bequem mit Computeralgebrasystemen (CAS) erledigt werden. Dabei operieren solche Systeme nicht nur mit Zahlen, sondern auch mit Variablen, Funktionen oder Matrizen. So kann ein CAS u. a. lineare Gleichungssysteme lösen, Zahlen und Polynome faktorisieren, Funktionen differenzieren und integrieren, zwei- oder dreidimensionale Graphen zeichnen, Differenzialgleichungen behandeln oder analytisch nicht lösbare Integrale oder Differenzialgleichungen näherungsweise lösen. Für die sachgerechte Verwendung dieser Programme sind aber Kenntnisse der zugrunde liegenden Mathematik unumgänglich.

In der **Numerischen Mathematik**, kurz auch **Numerik** genannt, entwickelt und analysiert man Algorithmen, deren Anwendungen näherungsweise Lösungen von Problemen mithilfe von Computern liefern. In der Praxis ist es nämlich oftmals so, dass man Gleichungen erhält, die nicht exakt lösbar sind oder deren Lösungen nicht in analytischer Form angegeben werden können. Hier schafft die Numerische Mathematik Abhilfe. Im Gegensatz zu Computeralgebrasystemen arbeitet ein numerisches Verfahren stets mit konkreten Zahlenwerten, nicht mit Variablen oder anderen abstrakten Objekten. Computeralgebrasysteme benutzen für konkrete Berechnungen die Algorithmen, die in der Numerischen Mathematik entwickelt wurden. Die wesentlichen Gebiete der Numerischen Mathematik, wie Interpolation, Quadratur, Numerik linearer Gleichungssysteme, Eigenwertprobleme, lineare Ausgleichsprobleme, nichtlineare Gleichungen, und Numerik gewöhnlicher Differenzialgleichungen werden im vorliegenden Buch ausführlich behandelt.

1.2 Die didaktischen Elemente dieses Lehrbuchs

Dieses Lehrbuch weist eine Reihe didaktischer Elemente auf, die Sie beim Erlernen des Stoffs unterstützen sollen. Auch wenn diese Elemente meist selbsterklärend sind, wollen wir hier kurz schildern, wie sie zu verstehen sind und welche Absichten wir damit verfolgen.

Farbige Überschriften geben den Kerngedanken eines Abschnitts wieder

Der gesamte Text ist durch **farbige Überschriften** gegliedert, die jeweils den Kerngedanken des folgenden Abschnitts zusammenfassen. In der Regel bildet eine farbige Überschrift zusammen mit dem dazugehörigen Abschnitt eine *Lerneinheit*. Machen Sie nach dem Lesen eines solchen Abschnitts eine Pause und rekapitulieren Sie dessen Inhalte. Denken Sie auch darüber nach, inwieweit die zugehörige Überschrift den Kerngedanken beinhaltet. Bedenken Sie, dass diese Überschriften oftmals nur kurz und prägnant formulierte mathematische Aussagen sind, die man sich gut merken kann, die aber keinen Anspruch auf *Vollständigkeit* erheben – hier können auch manche Voraussetzungen weggelassen sein.

Im Gegensatz dazu beinhalten die **gelben Merkkästen** meist Definitionen oder wichtige Sätze bzw. Formeln, die Sie sich wirklich merken sollten. Bei der Suche nach zentralen Aussagen und Formeln dienen sie zudem als Blickfang. In diesen Merkkästen sind in der Regel auch alle Voraussetzungen angegeben.

Von den vielen Fallstricken der Mathematik könnten wir Lehrende ein Lied singen. Wir versuchen Sie davor zu bewahren und weisen Sie mit einem roten **Achtung** auf gefährliche Stellen hin.

Zahlreiche Beispiele helfen Ihnen, neue Begriffe, Ergebnisse oder auch Rechenschemata einzuüben. Diese (kleinen) Beispiele erkennen Sie an der blauen Überschrift **Beispiel**. Das Ende eines solchen Beispiels markiert ein kleines blaues Dreieck.

Definition (Bestapproximation/Proximum)

Ein Polynom $p^* \in \Pi^n([a,b])$ heißt **Proximum** oder **Bestapproximierende** oder **Bestapproximation im Raum der Polynome vom Grad nicht höher als *n*** an die stetige Funktion f auf $[a,b]$, wenn

$$\|f - p^*\|_\infty = \min_{p \in \Pi^n([a,b])} \|f - p\|_\infty$$

gilt.

Abb. 1.1 Gelbe Merkkästen heben das Wichtigste hervor

Achtung Konvergiert die Folge der Näherungswerte $\{\nu^{(m)}\}_{m\in\mathbb{N}}$ innerhalb der Rayleigh-Quotienten-Iteration gegen einen Eigenwert λ der Matrix $\boldsymbol{A}$, so liegt mit $\{\boldsymbol{A} - \nu^{(m)}\boldsymbol{I}\}_{m\in\mathbb{N}}$ eine Matrixfolge vor, die gegen die singuläre Matrix $(\boldsymbol{A} - \lambda\boldsymbol{I})$ konvergiert und somit ein Verfahrensabbruch bei der Lösung des Gleichungssystems zu befürchten ist. Diese Problematik muss bei der praktischen Umsetzung der Methode geeignet berücksichtigt werden. ◀

Abb. 1.2 Mit einem roten **Achtung** beginnen Hinweise zu häufig gemachten Fehlern

Beispiel Für die Matrix

$$A = \begin{pmatrix} 1 & 8 \\ 2 & 1 \end{pmatrix}$$

erhalten wir im Rahmen des Gram-Schmidt-Verfahrens zunächst $\widetilde{\boldsymbol{q}}_1 = (1, 2)^T$ und hiermit $r_{11} = \|\widetilde{\boldsymbol{q}}_1\|_2 = \sqrt{5}$. Folglich ergibt sich

$$\boldsymbol{q}_1 = \widetilde{\boldsymbol{q}}_1 / r_{11} = \begin{pmatrix} 1/\sqrt{5} \\ 2/\sqrt{5} \end{pmatrix}.$$

Entsprechend berechnet man im zweiten Schleifendurchlauf $r_{12} = \langle \boldsymbol{a}_2, \boldsymbol{q}_1 \rangle = 2\sqrt{5}$ und somit $\widetilde{\boldsymbol{q}}_2 = \boldsymbol{a}_2 - r_{12}\boldsymbol{q}_1 = (6, -3)^T$. Abschließend ergibt sich hieraus $r_{22} = \|\widetilde{\boldsymbol{q}}_2\|_2 = 3\sqrt{5}$ und

$$\boldsymbol{q}_2 = \widetilde{\boldsymbol{q}}_2 / r_{22} = \begin{pmatrix} 2/\sqrt{5} \\ -1/\sqrt{5} \end{pmatrix}.$$

Zusammenfassend erhalten wir die QR-Zerlegung in der Form

$$\boldsymbol{A} = \underbrace{\begin{pmatrix} 1/\sqrt{5} & 2/\sqrt{5} \\ 2/\sqrt{5} & -1/\sqrt{5} \end{pmatrix}}_{=\boldsymbol{Q}} \underbrace{\begin{pmatrix} \sqrt{5} & 2\sqrt{5} \\ 0 & 3\sqrt{5} \end{pmatrix}}_{=\boldsymbol{R}}.$$

Die Lösung des Gleichungssystems $\boldsymbol{Ax} = (-15, 0)^T$ erfolgt nun in zwei Schritten. Zunächst berechnet man

$$\boldsymbol{y} = \boldsymbol{Q}^T \begin{pmatrix} -15 \\ 0 \end{pmatrix} = \begin{pmatrix} -3\sqrt{5} \\ -6\sqrt{5} \end{pmatrix}$$

und erhält hiermit aus der Gleichung $\boldsymbol{Rx} = \boldsymbol{y}$ durch Rückwärtselimination $\boldsymbol{x} = (1, -2)^T$. ◀

Abb. 1.3 Kleinere Beispiele sind in den Text integriert

Neben diesen (kleinen) Beispielen gibt es – meist ganzseitige – (große) **Beispiele**. Diese behandeln komplexere oder allgemeinere Probleme, deren Lösung mehr Raum einnimmt. Manchmal wird auch eine Mehrzahl prüfungsrelevanter Einzelbeispiele übersichtlich in einem solchen Kasten untergebracht. Ein solcher Kasten trägt einen Titel und beginnt mit einem blau unterlegten einleitenden Text, der die Problematik schildert. Es folgt ein Lösungshinweis, der das Vorgehen zur Lösung kurz erläutert, und daran schließt sich der ausführliche Lösungsweg an (siehe Abb. 1.4).

Manche Sätze bzw. deren Beweise sind so wichtig, dass wir sie einer genaueren Betrachtung unterziehen. Dazu dienen die Boxen **Unter der Lupe**. Zwar sind diese Sätze mit ihren Beweisen meist auch im Fließtext ausführlich dargestellt, in diesen zugehörigen Boxen jedoch geben wir weitere Ideen und Anregungen, wie man auf diese Aussagen bzw. deren Beweise kommt. Wir stellen oft auch weiterführende Informationen zu Beweisalternativen oder mögliche Verallgemeinerungen der Aussagen bereit (siehe Abb. 1.5).

Beispiel: Verfahren im Vergleich

Wir wollen alle unsere bisher behandelten Verfahren am Beispiel der Nullstellensuche bei der Funktion $f(x) = x^2 - \ln x - 2$ testen.

Problemanalyse und Strategie: Wir berechnen jeweils die Näherungen an die Nullstelle $\xi \in [1, 2]$ und stellen sie über der Anzahl der Iterationen dar.

Lösung:
Wir suchen die Nullstelle $\xi = 1.56446...$ im Intervall $[a, b] = [1, 2]$. Im Fall des Bisektionsverfahrens plotten wir zu jeder Iteration x, also das arithmetische Mittel der neu berechneten a_n und b_n. Im Fall des Newton-Verfahrens haben wir den Startwert $x_0 = 1.2$ gewählt. Das Sekantenverfahren produziert etwa ab der achten Iteration eine Fehlermeldung, da $|f(x_n) - f(x_{n+1})|$ die Maschinennull erreicht. Wir fangen das ab, indem wir nur dann eine neue Näherung für die Nullstelle berechnen, wenn $|f(x_n) - f(x_{n+1})| > 10^{-7}$, ansonsten wird immer der vorher berechnete Wert x_{n+1} verwendet.

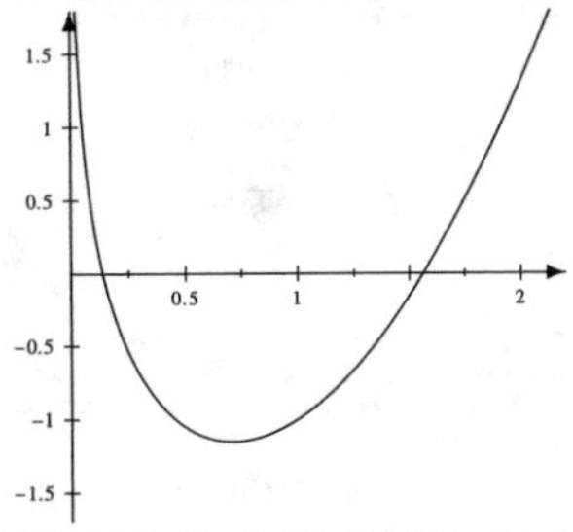

Unser Bild zeigt die Funktion $f(x) = x^2 - \ln x - 2$ auf dem Intervall $[0.1, 2]$ und die zwei Nullstellen dort. Wir wollen die Nullstelle $\xi = 1.56446...$ finden.

Alle Methoden finden die Nullstelle, wie unsere Konvergenzverläufe zeigen. Dabei erweisen sich das Newton- und das Sekantenverfahren als schnelle Iterationen, während das Bisektionsverfahren deutlich langsamer ist.

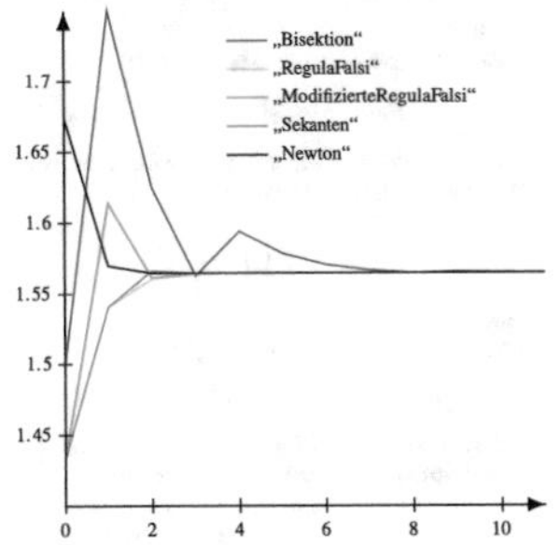

Abb. 1.4 Größere Beispiele stehen in einem Kasten und behandeln komplexere Probleme

Unter der Lupe: Geschlossene Newton-Cotes-Formeln mit ungeradem n

Wir beweisen den Satz über den Quadraturfehler geschlossener Newton-Cotes-Formeln mit ungeradem n völlig analog zum Satz über den Quadraturfehler geschlossener Newton-Cotes-Formeln mit geradem n.

Wir wissen schon, dass ω_{n+1} im Intervall $[b-h, b]$ von einerlei Vorzeichen ist, denn die einzigen Nullstellen von ω_{n+1} sind $a = x_0 < x_1 < \ldots < x_{n-1} < x_n = b$. Den Quadraturfehler schreiben wir daher in der Form

$$\begin{aligned} R_{n+1}[f] = &\int_a^{b-h} \omega_{n+1}(x) f[x_0, \ldots, x_n, x]\,\mathrm{d}x \\ &+ \int_{b-h}^{b} \omega_{n+1}(x) f[x_0, \ldots, x_n, x]\,\mathrm{d}x \end{aligned}$$

und wenden auf das zweite Integral den Mittelwertsatz der Integralrechnung an:

$$\begin{aligned} R_{n+1}[f] = &\int_a^{b-h} \omega_{n+1}(x) f[x_0, \ldots, x_n, x]\,\mathrm{d}x \\ &+ \frac{f^{(n+1)}(\eta_1)}{(n+1)!} \int_{b-h}^{b} \omega_{n+1}(x)\,\mathrm{d}x, \\ &b - h < \eta_1 < b. \end{aligned}$$

Um das erste Integral zu bearbeiten schreiben wir

$$\omega_{n+1}(x) = \omega_n(x)(x - x_n), \quad \Omega_n(x) = \int_a^x \omega_n(x)\,\mathrm{d}x$$

und erhalten so

$$\begin{aligned} &\int_a^{b-h} \omega_{n+1}(x) f[x_0, \ldots, x_n, x]\,\mathrm{d}x \\ &= \int_a^{b-h} \frac{\mathrm{d}\Omega_n(x)}{\mathrm{d}x} (f[x_0, \ldots, x_{n-1}, x] - f[x_0, \ldots, x_n]), \end{aligned}$$

wobei wir die Definition (12.16) der dividierten Differenzen verwendet haben. Da n ungerade ist, gilt das Lemma auf Seite 448 für Ω_n, d. h., es gilt $\Omega_n(a) = \Omega_n(b-h) = 0$, oder $\int_a^{b-h} \frac{\mathrm{d}\Omega_n(x)}{\mathrm{d}x}\,\mathrm{d}x = 0$, womit der zweite Teil des eben behandelten Integrals verschwindet, denn $f[x_0, \ldots, x_n]$ ist eine Konstante. Das bedeutet

$$\begin{aligned} &\int_a^{b-h} \omega_{n+1}(x) f[x_o, \ldots, x_n, x]\,\mathrm{d}x \\ &= \int_a^{b-h} \frac{\mathrm{d}\Omega_n(x)}{\mathrm{d}x} f[x_0, \ldots . x_{n-1}, x]\,\mathrm{d}x. \end{aligned}$$

Wie schon zuvor wenden wir partielle Integration an und erhalten wegen $\Omega_n(a) = \Omega_n(b-h) = 0$

$$\begin{aligned} &\int_a^{b-h} \frac{\mathrm{d}\Omega_n(x)}{\mathrm{d}x} f[x_0, \ldots . x_{n-1}, x]\,\mathrm{d}x \\ &= -\int_a^{b-h} \Omega_n(x) \cdot \frac{\mathrm{d}}{\mathrm{d}x} f[x_0, \ldots, x_{n-1}, x]\,\mathrm{d}x. \end{aligned}$$

Wieder verwenden wir (13.7), $\frac{\mathrm{d}}{\mathrm{d}x} f[x_0, \ldots, x_{n-1}, x] = f[x_0, \ldots, x_{n-1}, x, x]$ und schließen mit (13.7) auf

$$f[x_0, \ldots, x_{n-1}, x, x] = \frac{f^{(n+1)}(\xi(x))}{(n+1)!}.$$

Anwendung des Mittelwertsatzes der Integralrechnung liefert schließlich

$$\begin{aligned} &-\int_a^{b-h} \Omega_n(x) \cdot \frac{\mathrm{d}}{\mathrm{d}x} f[x_0, \ldots, x_{n-1}, x]\,\mathrm{d}x \\ &= -\frac{f^{(n+1)}(\eta_2)}{(n+1)!} \int_a^{b-h} \Omega_n(x)\,\mathrm{d}x, \quad a < \eta_2 < b - h. \end{aligned}$$

Fassen wir unsere Rechnungen zusammen, dann haben wir für den Quadraturfehler die Darstellung

$$\begin{aligned} R_{n+1}[f] &= -\frac{f^{(n+1)}(\eta_2)}{(n+1)!} \int_a^{b-h} \Omega_n(x)\,\mathrm{d}x \\ &\quad + \frac{f^{(n+1)}(\eta_1)}{(n+1)!} \int_{b-h}^{b} \omega_{n+1}(x)\,\mathrm{d}x \\ &=: -\left(A f^{(n+1)}(\eta_1) + B f^{(n+1)}(\eta_2)\right) \end{aligned}$$

mit

$$A = -\frac{1}{(n+1)!} \int_{b-h}^{b} \omega_{n+1}(x)\,\mathrm{d}x, \qquad B = \frac{1}{(n+1)!} \int_a^{b-h} \Omega_n(x)\,\mathrm{d}x$$

erreicht. Da $x = b$ größte Nullstelle von ω_{n+1} ist und weil $\omega_{n+1}(x) > 0$ für $x > b$, muss $\omega_{n+1}(x) \le 0$ im Intervall $[b-h, b]$ sein. Damit ist aber A positiv. Die Positivität von B folgt aus Lemma auf Seite 448, denn n ist ungerade (wie $n+1$ im Fall n gerade). Ist $f^{(n+1)}$ stetig auf $[a, b]$, dann gibt es einen Punkt $\eta \in [\eta_1, \eta_2]$ mit

$$R_{n+1}[f] = -(A + B) f^{(n+1)}(\eta).$$

Mit partieller Integration können wir noch etwas Ordnung schaffen,

$$\int_a^{b-h} \omega_{n+1}(x)\,\mathrm{d}x = \underbrace{\Omega_n(x)(x-b)|_a^{b-h}}_{=0} - \int_a^{b-h} \Omega_n(x)\,\mathrm{d}x,$$

und erhalten schließlich

$$A + B = -\frac{1}{(n+1)!} \int_a^b \omega_{n+1}(x)\,\mathrm{d}x.$$

Abb. 1.5 Sätze bzw. deren Beweise, die von großer Bedeutung sind, betrachten wir in einer sogenannten *Unter-der-Lupe*-Box genauer

Kapitel 1

?

Weisen Sie nach, dass es sich bei $\|.\|_A$ tatsächlich um eine Norm handelt.

Abb. 1.6 Selbsttests ermöglichen eine Verständniskontrolle

Übersicht: Eigenwerteinschließungen und numerische Verfahren für Eigenwertprobleme

Im Kontext des Eigenwertproblems haben wir neben Eigenwerteinschließungen auch unterschiedliche numerische Verfahren kennengelernt, deren Eigenschaften und Anwendungsbereiche wir an dieser Stelle zusammenstellen werden.

Algebra zur Eigenwerteinschließung

Gerschgorin

Die Gerschgorin-Kreise einer Matrix $A \in \mathbb{C}^{n\times n}$

$$K_i := \left\{ z \in \mathbb{C} \,\middle|\, |z - a_{ii}| \le r_i \right\},\ i = 1, \ldots, n$$

liefern eine Einschließung des Spektrums in der Form einer Vereinigungsmenge von Kreisen

$$\sigma(A) \subseteq \bigcup_{i=1}^{n} K_i\,.$$

Bendixson

Der Wertebereich einer Matrix $A \in \mathbb{C}^{n\times n}$

$$W(A) = \left\{ \xi = x^* A x \,\middle|\, x \in \mathbb{C}^n \text{ mit } \|x\|_2 = 1 \right\}$$

liefert gemäß des Satzes von Bendixson eine Einschließung des Spektrums in der Form eines Rechtecks

$$\sigma(A) \subset R = W\left(\frac{A + A^*}{2}\right) + W\left(\frac{A - A^*}{2}\right).$$

Numerik zur Eigenwertberechnung

Potenzmethode

Für eine Matrix $A \in \mathbb{C}^{n\times n}$ mit den Eigenwertpaaren $(\lambda_1, v_1), \ldots, (\lambda_n, v_n) \in \mathbb{C} \times \mathbb{C}^n$, die der Bedingung

$$|\lambda_1| > |\lambda_2| \ge \ldots \ge |\lambda_n|$$

genügen, liefert die Potenzmethode bei Nutzung eines Startvektors

$$z^{(0)} = \alpha_1 v_1 + \ldots + \alpha_n v_n,\ \alpha_i \in \mathbb{C},\ \alpha_1 \ne 0$$

die Berechnung des Eigenwertpaares (λ_1, v_1).

Deflation

Bei Kenntnis der Eigenwerte $\lambda_1, \ldots, \lambda_k$ kann mit der Deflation die Dimension des Eigenwertproblems von n auf $n - k$ reduziert werden. In Kombination mit der Potenzmethode kann teilweise das gesamte Spektrum ermittelt werden.

Inverse Iteration

Für eine Matrix $A \in \mathbb{C}^{n\times n}$ mit den Eigenwertpaaren $(\lambda_1, v_1), \ldots, (\lambda_n, v_n) \in \mathbb{C} \times \mathbb{C}^n$, die der Bedingung

$$|\lambda_1| \ge |\lambda_2| \ge \ldots > |\lambda_n|$$

genügen, liefert die inverse Iteration bei Nutzung eines Startvektors

$$z^{(0)} = \alpha_1 v_1 + \ldots + \alpha_n v_n,\ \alpha_i \in \mathbb{C},\ \alpha_n \ne 0$$

die Berechnung des Eigenwertpaares (λ_n, v_n).

Rayleigh-Quotienten-Iteration

Dieses Verfahren entspricht der inversen Iteration, wobei zur Konvergenzbeschleunigung ein adaptiver Shift

$$A \longrightarrow A - \nu^{(m)} I$$

unter Verwendung des Rayleigh-Quotienten

$$\nu^{(m)} = \frac{\langle z^{(m)}, A z^{(m)} \rangle}{\langle z^{(m)}, z^{(m)} \rangle}$$

genutzt wird.

Jacobi-Verfahren

Für eine symmetrische Matrix $A \in \mathbb{R}^{n\times n}$ liefert das Jacobi-Verfahren die Berechnung aller Eigenwerte nebst zugehöriger Eigenvektoren durch sukzessive Ähnlichkeitstransformationen

$$A^{(k)} = Q_k^T A^{(k-1)} Q_k\,,\ k = 1, 2, \ldots \text{ mit } A^{(0)} = A$$

unter Verwendung orthogonaler Givens-Rotationsmatrizen $Q_k \in \mathbb{R}^{n\times n}$. Es gilt

$$\lim_{k\to\infty} A^{(k)} = D \in \mathbb{R}^{n\times n}$$

mit einer Diagonalmatrix $D = ag\{\lambda_1, \ldots, \lambda_n\}$. Die Diagonalelemente der Matrix D repräsentieren die Eigenwerte der Matrix A, sodass die Eigenschaft $\rho(A) = \{\lambda_1, \ldots, \lambda_n\}$ vorliegt.

QR-Verfahren

Für eine beliebige Matrix $A \in \mathbb{C}^{n\times n}$ basiert das QR-Verfahren auf sukzessiven Ähnlichkeitstransformationen

$$A^{(k)} = Q_k^* A^{(k-1)} Q_k\,,\ k = 1, 2, \ldots \text{ mit } A^{(0)} = A$$

unter Verwendung unitärer Matrizen $Q_k \in \mathbb{C}^{n\times n}$. Die Vorgehensweise beruht auf einer QR-Zerlegung, die mittels der auf Seite ?? beschriebenen Givens-Methode berechnet wird. Hinsichtlich der Effizienz des Gesamtverfahrens ist eine vorherige Ähnlichkeitstransformation auf obere Hessenbergform mittels einer Householder-Transformation erforderlich. Unter den auf Seite 78 im Satz zur Konvergenz des QR-Verfahrens aufgeführten Voraussetzungen gilt

$$\lim_{k\to\infty} A^{(k)} = R \in \mathbb{C}^{n\times n}$$

mit einer rechten oberen Dreiecksmatrix R. Die Diagonalelemente $r_{11}, \ldots, r_{nn}$ der Matrix R repräsentieren die Eigenwerte der Matrix A, sodass die Eigenschaft $\rho(A) = \{r_{11}, \ldots, r_{nn}\}$ vorliegt.

Abb. 1.7 In Übersichten werden verschiedene Begriffe oder Rechenregeln zu einem Thema zusammengestellt

Auch der am blauen Fragezeichen erkennbare **Selbsttest** tritt als didaktisches Element häufig auf. Meist enthält er eine Frage, die Sie mit dem Gelesenen beantworten können sollten. Nutzen Sie diese Fragen als Kontrolle, ob Sie noch „am Ball sind". Sollten Sie die Antwort nicht kennen, so empfehlen wir Ihnen, den vorhergehenden Text ein weiteres Mal durchzuarbeiten. Kurze Lösungen zu den Selbsttests finden Sie als „Antworten der Selbstfragen" am Ende der jeweiligen Kapitel.

Im Allgemeinen werden wir Ihnen im Laufe eines Kapitels viele Sätze, Eigenschaften, Merkregeln und Rechentechniken vermitteln. Wann immer es sich anbietet, formulieren wir die zentralen Ergebnisse und Regeln in sogenannten **Übersichten**. Neben einem Titel hat jede Übersicht einen einleitenden Text. Meist sind die Ergebnisse oder Regeln stichpunktartig aufgelistet. Eine Gesamtschau der Übersichten findet sich in einem Verzeichnis

Hintergrund und Ausblick: Bernoulli-Polynome und Bernoulli-Zahlen

In der Euler-Maclaurin'schen Summenformel (13.17) spielten die Bernoulli-Zahlen B_{2k} eine entscheidende Rolle. Wir führen Bernoulli-Polynome ein und zeigen den Zusammenhang mit den Bernoulli-Zahlen.

Man kann die **Bernoulli-Polynome** $B_k \colon [0,1] \to \mathbb{R}$ auf verschiedene Arten darstellen. Rekursiv kann man $B_0(x) := 1$ setzen und für $n \ge 1$

$$B_n(x) = n \int B_{n-1}(x)\,\mathrm{d}x, \qquad (13.19)$$

$$\int_0^1 B_n(x)\,\mathrm{d}x = 0 \qquad (13.20)$$

fordern. Es ist also $B_1(x) = \int \mathrm{d}x = x + c$ und wegen $\int_0^1 (x+c)\,\mathrm{d}x = \frac{1}{2}x^2 + cx\big|_0^1 = \frac{1}{2} + c$ folgt aus der zweiten Bedingung $c = -\frac{1}{2}$. Damit ist $B_1(x) = x - \frac{1}{2}$. Auf diese Art folgen die weiteren Bernoulli-Polynome

$$\begin{aligned}
B_0(x) &= 1\\
B_1(x) &= x - \frac{1}{2}\\
B_2(x) &= x^2 - x + \frac{1}{6}\\
B_3(x) &= x^3 - \frac{3}{2}x^2 + \frac{1}{2}x\\
B_4(x) &= x^4 - 2x^3 + x^2 - \frac{1}{30}\\
B_5(x) &= x^5 - \frac{5}{2}x^4 + \frac{5}{3}x^3 - \frac{1}{6}x\\
B_6(x) &= x^6 - 3x^5 + \frac{5}{2}x^4 - \frac{1}{2}x^2 + \frac{1}{42}
\end{aligned}$$

usw. Die Konstanten $B_n(0) := B_n$ heißen **Bernoulli-Zahlen**. Wir erhalten aus den Polynomen sofort die Bernoulli-Zahlen

$$B_0 = 1,\quad B_1 = -\frac{1}{2},\quad B_2 = \frac{1}{6}$$

$$B_3 = 0,\quad B_4 = -\frac{1}{30},\quad B_5 = 0,\quad B_6 = \frac{1}{42}$$

Aus der definierenden Bedingung (13.19) folgt sofort

$$B_n'(x) = n B_{n-1}(x), \qquad (13.21)$$

das heißt, dass alle $B_n(x)$ Polynome vom Grad n der Form

$$B_n(x) = x^n + c_{n-1}x^{n-1} + \ldots + c_1 x + c_0$$

sind. Bedingung (13.20) bestimmt dann die Konstante c_0 eindeutig. Aus (13.19) folgt $\int B_n(x)\,\mathrm{d}x = \frac{1}{n+1} B_{n+1}(x)$ und wegen (13.20) gilt

$$\int_0^1 B_n(x)\mathrm{d}x = \frac{1}{n+1}\left(B_{n+1}(1) - B_{n+1}(0)\right) = 0,\quad n \ge 1. \qquad (13.22)$$

Auch die Funktionen

$$\beta_n(x) := (-1)^n B_n(1-x)$$

erfüllen (13.19) und (13.20), daher gilt die Symmetrie

$$(-1)^n B_n(1-x) = B_n(x). \qquad (13.23)$$

Insbesondere folgt für gerades $n = 2k$: $B_{2k}(1) = B_{2k}(0) = B_{2k}$. Nun gilt aber auch nach (13.22) $B_n(1) = B_n(0)$ für alle $n \ge 2$, auch für ungerades $n = 2k+1$, $k \ge 1$. Allerdings kann dann (13.23) nur gelten, wenn

$$B_{2k+1}(0) = B_{2k+1}(1) = 0,\quad k \ge 1, \qquad (13.24)$$

ist. Ab B_3 sind also alle Bernoulli-Zahlen mit ungeradem Index null. Daher gilt allgemein

$$B_k(0) = B_k(1) = B_k,\quad k \ge 1. \qquad (13.25)$$

Da $B_n(x)$ ein Polynom vom Grad n ist, gilt dies auch für $B_n(x+h)$, $h \in \mathbb{R}$. Die Taylor-Entwicklung ist $B_n(x+h) = \sum_{k=0}^{n} \frac{h^k}{k!} B_n^{(k)}(x)$. Wegen (13.21) ist das identisch zu $B_n(x+h) = \sum_{k=0}^{n} \binom{n}{k} h^k B_{n-k}(x)$ und wenn wir an Stelle von k noch $n-k$ schreiben, ergibt sich

$$B_n(x+h) = \sum_{k=0}^{n} \binom{n}{k} h^{n-k} B_k(x). \qquad (13.26)$$

Man kann mit vollständiger Induktion über n zeigen, dass aus (13.19) die Beziehung $\Delta B_n(x) := B_n(x+1) - B_n(x) = nx^{n-1}$ folgt. Setzen wir daher in (13.26) $h = 1$, dann folgt

$$\sum_{k=0}^{n-1} \binom{n}{k} B_k(x) = nx^{n-1}.$$

Auch über diese Beziehung sind die Bernoulli-Polynome eindeutig festgelegt.

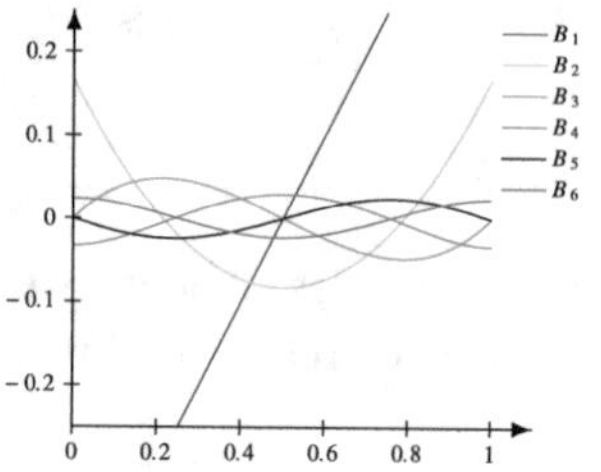

Abb. 1.8 Ein Kasten *Hintergrund und Ausblick* gibt einen Einblick in ein weiterführendes Thema

im Anschluss an das Inhaltsverzeichnis. Die Übersichten dienen in diesem Sinne auch als eine Art Formelsammlung (siehe Abb. 1.7).

Hintergrund und Ausblick sind oft ganzseitige Kästen, die analog zu den Übersichts-Boxen gestaltet sind. Sie behandeln Themen mit weiterführendem Charakter, die jedoch wegen Platzmangels nur angerissen und damit keinesfalls erschöpfend behandelt werden können. Diese Themen sind vielleicht nicht unmittelbar grundlegend für das Bachelorstudium, sie sollen Ihnen aber die Vielfalt und Tiefe verschiedener mathematischer Fachrichtungen zeigen und auch ein Interesse an weiteren Gesichtspunkten wecken (siehe Abb. 1.8). Sie müssen weder die Hintergrund-und-Ausblicks-Kästen noch die Unter-der-Lupe-Kästen kennen, um den sonstigen Text des Buchs verstehen zu können. Diese beiden Elemente enthalten nur zusätzlichen Stoff, auf den im restlichen Text nicht Bezug genommen wird.

Eine **Zusammenfassung** am Ende eines jeden Kapitels enthält die wesentlichen Inhalte, Ergebnisse und Vorgehensweisen. Sie sollten die dort dargestellten Zusammenhänge nachvollziehen und mit den geschilderten Rechentechniken und Lösungsansätzen umgehen können.

Bitte erproben Sie die erlernten Techniken an den zahlreichen **Aufgaben** am Ende eines jeden Kapitels. Sie finden dort Verständnisfragen, Rechenaufgaben und Beweisaufgaben – jeweils in drei verschiedenen Schwierigkeitsgraden. Versuchen Sie sich zuerst selbstständig an den Aufgaben. Erst wenn Sie sicher sind, dass Sie es allein nicht schaffen, sollten Sie die Hinweise am Ende des Buchs zurate ziehen oder sich an Mitstudierende wenden. Zur Kontrolle finden Sie dort auch die Resultate. Sollten Sie trotz Hinweisen nicht mit der Aufgabe fertig werden, finden Sie die Lösungswege im Anhang dieses Buches.

1.3 Ratschläge zum weiterführenden Studium der Mathematik

Sie haben die Anfangsschwierigkeiten im Zusammenhang mit einem Studium der Mathematik überwunden. In diesem Abschnitt geben wir Ihnen, als jetzt fortgeschrittene Studierende, noch einige Ratschläge mit auf den Weg.

Wie schon erwähnt werden im zweiten und dritten Studienjahr die Analysis und die Lineare Algebra um neue Bereiche der Mathematik ergänzt. Die Höhere Analysis, die Numerik und die Stochastik werden auf den Grundlagen des ersten Studienjahrs aufgebaut und diese dadurch vertieft und erweitert. Durch das Anwenden, Benutzen und Wiederholen verstehen Sie vielleicht erst jetzt viele Konzepte der Grundvorlesungen. Wie wichtig und nützlich der im ersten Studienjahr gelernte Stoff ist, erkennen Sie nicht zuletzt auch beim Lösen der Aufgaben zu den höheren Vorlesungen.

Die für Sie neuen Teilgebiete der Mathematik sind nicht unabhängig voneinander zu sehen. Sie werden sich starker Verknüpfungen und Verzahnungen bewusst werden, die Sie zu vielen neuen Einsichten leiten, aber auch zu gegenseitiger Befruchtung dieser Bereiche geführt hat.

Tipps für Fortgeschrittene

Im Vergleich zum ersten Studienjahr ist das fortschreitende Studium in viel stärkerem Maße durch selbstständiges Arbeiten, Ringen um tiefes Verständnis und Auseinandersetzen mit Inhalten geprägt. Automatisiertes Lösen von Übungsaufgaben und das Erlernen von „Kochrezepten" sind nicht (mehr) erfolgreich und waren es eigentlich auch nicht im ersten Studienjahr. Durch das eigenständige Generieren von Beispielen und Gegenbeispielen müssen Sie sich Begriffe und Inhalte von Definitionen und Sätzen erst greifbar machen. Sie sollten sich auch mit den folgenden Fragen auseinandersetzen:

Welche Konsequenzen hat das Weglassen einzelner Voraussetzungen in der Formulierung eines Satzes?

Welche tiefere Idee liegt diesem Beweis zugrunde?

Durch das Erarbeiten und Verstehen technischer Details, aber schließlich auch durch das Loslösen von diesen, erkennen Sie elegante Konzepte und geniale Ideen. Sie werden durch besseres Verständnis der mathematischen Inhalte Souveränität und Unabhängigkeit im Umgang mit Notationen und Formulierungen von Sätzen und Definitionen erlangen.

Als Fortgeschrittene werden Sie auch die Notwendigkeit und Bedeutung mathematischer Methoden für das Verständnis von Anwendungen und zur Lösung realer Probleme verinnerlichen. Auch dazu gibt Ihnen das vorliegende Buch einen Einblick.

Die Bachelorarbeit – ein erstes mathematisches Werk

Das zweite und dritte Studienjahr wird Ihnen unter anderem eine gewisse Orientierung über Ihr Fach Mathematik bieten, und es werden sich erste Vorlieben und spezielle Interessen herauskristallisieren. Nach den üblichen Studienplänen wird gegen Ende des dritten Studienjahres auch die Bachelorarbeit verfasst. Die Entscheidung für ein bestimmtes Thema sollte im Idealfall schon in Hinblick auf Spezialisierungen, die Sie sich im Masterstudium vorstellen können, fallen. Dabei dürfen aber auch Ihre mathematischen Vorlieben, Ihre Neugierde und nicht zu vergessen die bisherigen Kontakte zu den einzelnen Dozenten eine gewichtige Rolle spielen.

Ist ein Thema gefunden, so sind zunächst eine Einarbeitung und sicher auch eine Literaturrecherche auf Grundlage der Vorgaben des Betreuers erforderlich. Diese sollten Sie schnell beginnen, denn die vermutlich erste wissenschaftliche Arbeit nimmt besonders viel Zeit in Anspruch und erfordert eine gute Planung. Im Zentrum der Arbeit stehen natürlich die mathematischen Inhalte. Aber Sie sollten nicht den zeitlichen Bedarf unterschätzen, der auch im Hinblick auf eine vollständige, saubere Ausformulierung Ihrer Ergebnisse inklusive einer sinnvollen Hinführung zum Thema und allen Definitionen und Voraussetzungen nötig ist. Abgesehen von längeren Seminararbeiten werden Sie erstmals dabei selbst einen mathematischen Text schreiben. Trotz einer gewissen Vertrautheit mit mathematischer Literatur fällt diese Tätigkeit im Allgemeinen nicht leicht. Eine gute Planung und Gliederung, aber auch beratende Unterstützung der Betreuenden, helfen diese Herausforderung zu bewältigen.

Letztendlich wird jeder seinen eigenen Weg in die Mathematik finden müssen. Mit den obigen Hinweisen möchten wir Ihnen eine mögliche, durch unsere Erfahrungen geprägte Leitlinie für ein erfolgreiches Studium mitgeben.

1.4 Entwicklung und historische Einordnung

Numerik im Sinne von „numerischem Rechnen" ist sicher eine mehr als 6000 Jahre alte Tätigkeit. Die eigentliche mathematische Disziplin der Numerischen Mathematik beginnt allerdings

Abb. 1.9 Isaac Newton (1643–1727), © CPA Media Co. Ltd/picture-alliance

erst an der Wende vom 16. zum 17. Jahrhundert mit der Einführung der Logarithmen durch John Napier (1550–1617) und Henry Briggs (1561–1630). Erst diese ermöglichten es Johannes Kepler (1571–1630) seine umfangreichen numerischen Rechnungen zu den Sternentafeln *Tabulae Rudolphinae* zu Ende zu führen. Henry Briggs benutzte dabei schon die Technik der Interpolation, die durch Thomas Harriot (1560–1621) meisterhaft verfeinert wurde. Briggs und Harriot sind auch die Väter der *Differenzenrechnung*, die bis heute in der Numerik eine wichtige Rolle spielt. Mit der Entwicklung der Differenzial- und Integralrechnung durch Isaac Newton (1643–1727) und Gottfried Wilhelm Leibniz(1646–1716) konnte die industrielle Revolution im 18. und 19. Jahrhundert Fahrt aufnehmen. Die Interpolation mit Polynomen wird nun zum Standard, Differenzialgleichungen wurden durch Differenzengleichungen approximiert, Integrale können als endliche Summen angenähert werden, und mit Joseph-Louis Lagrange (1736–1813) betritt die trigonometrische Interpolation erstmals die Bühne der Numerik.

Mit Carl Friedrich Gauß (1777–1855) beginnt ein ganz neues Gebiet der Numerik Interesse zu erregen, die Lösung linearer Gleichungssysteme. Gauß legte den Grundstein für die direkten wie auch die iterativen Methoden und er ist auch verantwortlich für sehr genaue Formeln zur numerischen Integration, für spezielle Interpolationsformeln und für die im 20. Jahrhundert wiederentdeckte Fast-Fourier-Transformation.

Das 18. und 19. Jahrhundert markieren die große Zeit der mathematischen Tafelwerke. Ob zur Berechnung von Interpolation in Logarithmentafeln, für Sterntabellen, Ballistiktafeln oder für die zahllosen anderen Tafelwerke dieser Zeit: Man brauchte die Numerische Mathematik. Den größten Entwicklungssprung machte die Numerik in der zweiten Hälfte des 20. Jahrhunderts, in ihrer Theorie durch Übernahme und Anwendung funktionalanalytischer Inhalte und in ihrer Algorithmik nach der Einführung des Computers. Funktionalanalytische Methoden machten es möglich, numerische Verfahren für unterschiedliche Aufgaben wie die Lösung von Gleichungssystemen, die Berechnung von Eigenwerten und die Lösung von Differenzial- und Integralgleichungen als verschiedene Techniken zur Lösung von allgemeinen Operatorgleichungen aufzufassen. Die Funktionalanalysis machte auch die Theorie der Splines, als spezielle Interpolationsfunktionen, überhaupt erst möglich. Bei den partiellen Differenzialgleichungen, deren Numerik wir in diesem Buch nicht beleuchten können, ist die Finite-Elemente-Methode (FEM) eine funktionalanalytisch begründete Lösungstechnik. Mit der Einführung leistungsfähiger Computer rückte die Numerik dann in der zweiten Hälfte des 20. Jahrhunderts ins Rampenlicht. Ganze Flugzeuge werden mit Finite-Differenzen- und Finite-Volumen-Verfahren simuliert, um die hohen Windkanalkosten zu senken. Entwicklungsabteilungen der Automobilhersteller berechnen die Folgen von Auffahrunfällen inzwischen im Computer, und auch die Unterhaltungselektronik kommt ohne numerische Methoden zur Kompression von Musikdateien nicht mehr aus. Mathematik ist überall, und fast überall ist Numerische Mathematik beteiligt!

Die Entwicklung und Umsetzung stabiler und zuverlässiger Methoden zur praxisrelevanten Lösung realer Anwendungsprobleme ist und bleibt eine wichtige Herausforderung der Mathematik. Natürlich ist dieser Umstand getragen vom Zusammenspiel vieler Theorien und Konzepten aus den verschiedensten Bereichen der Mathematik.

Warum Numerische Mathematik? – Modellierung, Simulation und Optimierung

2

Was ist Numerische Mathematik?

Welche Fehler werden gemacht?

Was können wir erreichen?

A. Meister, T. Sonar, *Numerik*, https://doi.org/10.1007/978-3-662-58358-6_2

„Numerische Mathematik" beginnt eigentlich schon im Altertum, als erste Algorithmen zur Berechnung der Quadratwurzel ersonnen wurden. Seit es Mathematik gibt, gibt es auch die Notwendigkeit des numerischen Rechnens, d. h. des Rechnens mit Zahlen. Numerische Mathematik heute ist die Mathematik der Näherungsverfahren, entweder weil eine exakte Berechnung (z. B. eines Integrals) unmöglich ist oder weil die exakte Berechnung so viel Zeit und Mühe beanspruchen würde, dass ein Näherungsalgorithmus notwendig wird. Etwa mit den ersten Logarithmentabellen im 17. Jahrhundert ergibt sich das Problem, in einer Tabelle zu interpolieren, und die Interpolation von Daten ist noch heute eine der Hauptaufgaben der Numerischen Mathematik. Das Wort *interpolare* kommt aus dem Lateinischen und bedeutet dort „auffrischen", „umgestalten", aber auch „verfälschen". Im mathematischen Kontext bedeutet Interpolation, dass man eine Menge von Daten, z. B. Paare $(x_i, f(x_i)), i = 1, \ldots, n$, so durch eine Funktion p verbindet, dass die Daten an den gegebenen Punkten erhalten werden, also in unserem Beispiel muss stets $p(x_i) = f(x_i)$ für alle $i = 1, \ldots, n$ gelten. Die Differenzial- und Integralrechnung von Newton und Leibniz und der Ausbau dieser Theorie durch Leonhard Euler im 18. Jahrhundert verschaffen auch numerischen Methoden ganz neue Möglichkeiten. Analytisch unzugängliche Integrale können nun numerisch bestimmt werden. Carl Friedrich Gauß arbeitete zu Beginn des 19. Jahrhunderts an numerischen Methoden zur Berechnung von Lösungen linearer Gleichungssysteme – bis heute ebenfalls eine der Hauptaufgaben der Numerischen Mathematik. Die Untersuchung der seit dem 17. Jahrhundert verstärkt betrachteten gewöhnlichen und seit dem 18. Jahrhundert verstärkt in den Fokus rückenden partiellen Differenzialgleichungen macht im 19. Jahrhundert schnell klar, dass neue numerische Ansätze benötigt werden. Mit der Erfindung des elektronischen Computers im 20. Jahrhundert entfaltet die Numerik schließlich ihre ganze Wirksamkeit. Heute ist es für die Ausbildung jeder Mathematikerin und jedes Mathematikers unerlässlich, wenigstens die Grundzüge der Numerischen Mathematik zu verstehen. Dabei ist es gerade heute wichtig, klare Trennlinien zwischen „Numerischer Mathematik" und Gebieten wie etwa dem „Wissenschaftlichen Rechnen" zu ziehen. Es geht in der Numerik nicht darum, möglichst komplexe Probleme durch die Konstruktion von Algorithmen auf einen Rechner zu bringen und die so erzeugten Ergebnisse auszuwerten, sondern um die Mathematik, die benötigt wird, um die Algorithmen beurteilen zu können. Dabei spielen Begriffe wie „Konvergenz", „Stabilität", „Effizienz" und „Genauigkeit" eine große Rolle.

2.1 Chancen und Gefahren

Die Numerische Mathematik bietet heute mithilfe des Computers früher ungeahnte Möglichkeiten. Muss eine Physikerin oder ein Physiker eine partielle Differenzialgleichung, die aus einer Modellierung entstanden ist, überhaupt noch mit mathematischen Methoden untersuchen? Man kann doch gleich die Differenzialgleichung „diskretisieren" und sich die Lösungen aus dem Computer ansehen! Sehen wir uns konkret ein Beispiel an, nämlich die Temperaturverteilung $u(x,t)$ in einem eindimensionalen Stab.

Probleme mit der Wärmeleitung zeigen die Bedeutung der Stabilität

Die Modellgleichung für das zeitliche und räumliche Verhalten der Temperatur in einem Stab der Länge L ist die Wärmeleitungsgleichung (oder Diffusionsgleichung)

$$\frac{\partial u}{\partial t} = K \frac{\partial^2 u}{\partial x^2}\,.$$

Dabei bezeichnet K die Wärmekapazität des Stabes, die wir einfach auf $K = 1$ setzen. Weiterhin wollen wir annehmen, dass die Länge $L = 1$ ist. Die Wärmeleitungsgleichung erlaubt es, Anfangs- und Randwerte vorgeben zu können, um eine eindeutige Lösung zu erhalten. Die Anfangswertfunktion sei $u(x,0) = u_0(x), 0 \le x \le 1$, wobei u_0 so glatt sein darf wie gewünscht. Wir setzen

$$u_0(x) = \begin{cases} 2x; & 0 \le x \le 1/2 \\ 2-2x; & 1/2 < x \le 1 \end{cases}$$

und schreiben an den Rändern $x = 0$ und $x = 1$ einfach $u = 0$ vor. Damit ist das zu lösende Anfangs-Randwertproblem gegeben durch

$$\begin{aligned} \frac{\partial u}{\partial t} &= \frac{\partial^2 u}{\partial x^2}\,, \\ u(x,0) &= u_0(x), \quad 0 \le x \le 1\,, \\ u(0,t) &= u(1,t) = 0, \quad t > 0\,. \end{aligned}$$

Aus der Theorie der partiellen Differenzialgleichungen, die uns hier aber nicht zu kümmern braucht, ist die exakte Lösung dieses Problems bekannt, es handelt sich um die Sinusreihe

$$u(x,t) = \sum_{k=1}^{\infty} a_k \mathrm{e}^{-(k\pi)^2 t} \sin(k\pi x).$$

Zur Zeit $t = 0$ folgt $u_0(x) = \sum_{k=0}^{\infty} a_k \sin(k\pi x)$ und damit sind die Koeffizienten a_k gerade die Fourier-Koeffizienten einer Sinusreihe:

$$a_k = 2 \int_0^1 u_0(x) \sin(k\pi x).$$

Selbstfrage 1

Rechnen Sie nach, dass im Fall unserer Anfangswerte für die Koeffizienten

$$a_k = \frac{8}{k^2\pi^2} \sin(k\pi/2)$$

gilt.

Nun wollen wir das Anfangs-Randwertproblem numerisch auf einem Rechner behandeln. Dazu ersetzen wir die partiellen Ableitungen durch finite Differenzenausdrücke auf einem Gitter mit den Maschenweiten Δt in Zeit- und Δx in Raumrichtung. Ein Punkt des Gitters ist dann gegeben als $(j\,\Delta x, n\Delta t)$. Wählen wir eine natürliche Zahl J und das Gitter in x als

$$\mathbb{G}_x := \{0, \Delta x, 2\Delta x, \dots, J\,\Delta x\},$$

also $\Delta x = 1/J$, und das Gitter in t mit einer natürlichen Zahl N als

$$\mathbb{G}_t := \{0, \Delta t, 2\Delta t, \dots, N\,\Delta t\},$$

dann bezeichnet $T := N\,\Delta t$ die Zeit, bis zu der wir numerisch rechnen wollen. Einigen wir uns auf $T = 1$, dann ist $\Delta t = 1/N$. Für die Werte der Temperatur an den Gitterpunkten $\mathbb{G}_x \times \mathbb{G}_t$ schreiben wir u_j^n als Näherungen für die exakten Werte $u(j\,\Delta x, n\,\Delta t)$ der Lösung auf dem Gitter.

Einfache Möglichkeiten, um die partiellen Ableitungen durch Differenzenausdrücke zu ersetzen, sind

$$\begin{aligned} \frac{\partial u}{\partial t}(j\,\Delta x, n\,\Delta t) &\approx \frac{u_j^{n+1} - u_j^n}{\Delta t}, \\ \frac{\partial^2 u}{\partial x^2}(j\,\Delta x, n\,\Delta t) &\approx \frac{u_{j+1}^n - 2u_j^n + u_{j-1}^n}{(\Delta x)^2}. \end{aligned}$$

Damit haben wir auf $\mathbb{G}_x \times \mathbb{G}_t$ das folgende diskrete Problem zu lösen:

$$\begin{aligned} u_j^{n+1} &= u_j^n + \Delta t \frac{u_{j+1}^n - 2u_j^n + u_{j-1}^n}{(\Delta x)^2}, \\ u_j^0 &= \begin{cases} 2j\,\Delta x & ; \quad 0 \le j\,\Delta x < 1/2 \\ 2 - 2j\,\Delta x; & 1/2 \le j\,\Delta x \le 1 \end{cases}, \; j = 1, 2, \dots, J-1, \\ u_0^n &= u_J^n = 0, \quad n = 0, 1, 2, \dots, N, \end{aligned}$$

sodass wir die Werte u_j^n nun sukzessive berechnen können. Wir wählen $J = 20$ und damit $\Delta x = 0.05$. Wir machen zwei Rechnungen, eine mit $\Delta t = 0.0014$ und eine zweite mit $\Delta t = 0.00142$. Dabei rechnen wir so lange, bis $T = 1$ erreicht ist. Wird $T = 1$ überschritten, dann wird der letzte Zeitschritt mit einem entsprechend verkleinerten Δt ausgeführt.

Zum Vergleich berechnen wir näherungsweise die exakte Lösung durch

$$U(x, 1) := \sum_{k=1}^{300} \frac{8}{k^2\pi^2} \sin(k\pi/2) \mathrm{e}^{-(k\pi)^2} \sin(k\pi x)$$

und stellen sie ebenfalls in einer Graphik dar.

In Abb. 2.1 ist die durch die Partialsumme $U(x,1)$ angenäherte exakte Lösung mit der durch unseren diskreten Algorithmus berechneten Näherung zur Zeit $T = 1$ dargestellt. Der verwendete Zeitschritt ist $\Delta t = 0.00140$ und bis auf eine kleine Abweichung beider Kurven sieht das Bild zufriedenstellend aus. Erhöhen wir aber den Zeitschritt um 0.00002, dann ergibt sich das in Abb. 2.2 gezeigte Bild (Die Rechnung wurde auf einem Macintosh PowerBook durchgeführt. Auf anderen Rechnern kann der beobachtete Effekt bei anderen Zeitschrittweiten eintreten!). Unsere numerische Lösung oszilliert stark und kann nicht mehr als Näherung der exakten Lösung angesehen werden!

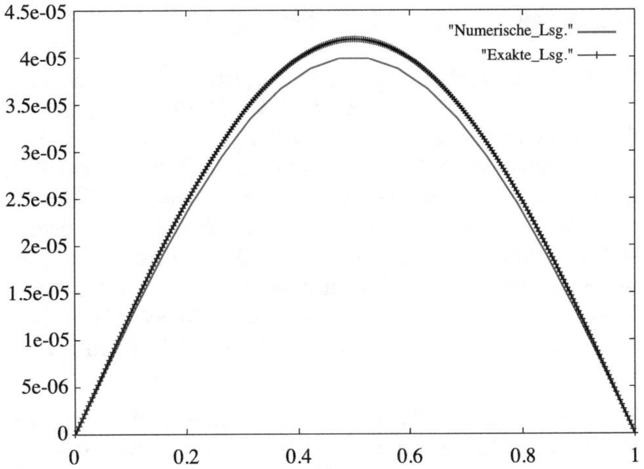

Abb. 2.1 Die numerische Lösung zur Zeit $T = 1$ für $\Delta t = 0.00140$

Mit welchem Phänomen werden wir hier konfrontiert? Es handelt sich um das Phänomen der **Instabilität** numerischer Algorithmen. Bei jeder numerischen Berechnung treten Fehler durch Rundung oder andere Prozesse auf, die wir uns genauer im folgenden Abschnitt ansehen werden. Ein stabiler Algorithmus dämpft den Einfluss solcher Fehler, ein instabiler facht diese Fehler an und führt schließlich zum Scheitern eines Algorithmus.

Sehen wir uns also im Folgenden erst einmal die Fehlerarten an, die auftreten können oder gar notwendig auftreten müssen!

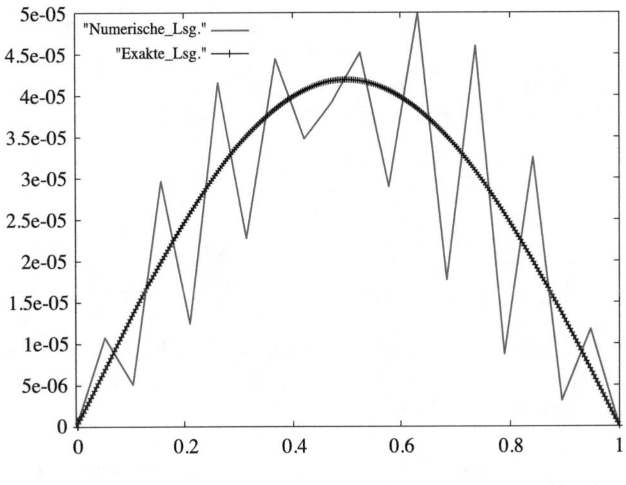

Abb. 2.2 Die numerische Lösung zur Zeit $T = 1$ für $\Delta t = 0.00142$

Kapitel 2

Fehler, Fehler, nichts als Fehler!

Nehmen wir an, ein Phänomen in der Natur wie etwa die Strömung einer Flüssigkeit wird beobachtet. Um diese Beobachtung der Mathematik zugängig zu machen, muss daraus ein **mathematisches Modell** gemacht werden. Ein solches Modell ist immer nur ein Abbild der Wirklichkeit, in jedem Fall besteht das mathematische Modell aus Gleichungen. Hat das mathematische Modell einen Fehler, z. B. durch Vernachlässigung wichtiger Effekte, dann spricht man von einem **Modellfehler**. Modellfehler liegen außerhalb der Numerischen Mathematik und daher werden wir uns hier nicht mit solchen Fehlern beschäftigen.

Eine der Aufgaben der Numerischen Mathematik ist es, mathematische Modelle zu diskretisieren und ihre Lösung so der Behandlung auf einem Computer zugänglich zu machen. Unter „Diskretisierung" verstehen wir dabei die Erzeugung eines diskreten Problems aus einem kontinuierlichen oder allgemeiner die Gewinnung einer diskreten Menge von Informationen oder Daten aus einem Kontinuum von Informationen oder Daten. Die Gleichungen im mathematischen Modell enthalten Koeffizienten und andere Daten in Form von Zahlen und diese Zahlen dürfen natürliche, reelle oder komplexe Zahlen sein. Eine Zahl wie π existiert aber auf dem Computer nicht! Die durch einen Computer darstellbaren Zahlen, die **Maschinenzahlen**, bilden eine nur endliche Menge und je nach der Kapazität der verwendeten Prozessoren besitzen alle Maschinenzahlen nur endlich viele Nachkommastellen. Ist also eine Zahl x keine Maschinenzahl (wie etwa $x = \pi$), dann muss eine Maschinenzahl $\widetilde{x}$ gefunden werden, sodass

$$\forall \text{ Maschinenzahlen } \widetilde{y}: \quad |x - \widetilde{x}| \leq |x - \widetilde{y}|$$

gilt. Gewöhnlich gewinnt man $\widetilde{x}$ durch **Rundung** und macht dabei einen Fehler, den **Rundungsfehler**.

Definition der Rundungsfehler

Ist x eine reelle Zahl und $\widetilde{x}$ ihre Maschinenzahl, dann heißt

$$|x - \widetilde{x}|$$

der **absolute Rundungsfehler**. Die Größe

$$\left|\frac{x - \widetilde{x}}{x}\right|$$

nennt man den **relativen Rundungsfehler**.

Ein anderes Konzept als das Runden ist das **Abschneiden**, bei dem man einfach die Ziffern nach einer festen Anzahl von Nachkommastellen weglässt.

Beispiel Gewöhnlich rundet man auf n Nachkommastellen so, dass man alle n Stellen behält, wenn die $(n + 1)$-te Stelle kleiner oder gleich 4 ist. Ist die $(n + 1)$-te Stelle größer oder gleich 5, dann addiert man zur n-ten Stelle eine 1.

Soll also 3.1415926535 auf $n = 4$ Nachkommastellen gerundet werden, dann ergibt sich 3.1416. Ein Abschneiden nach $n = 4$ Nachkommastellen ergäbe hingegen 3.1415. ◄

Moderne Computer stellen Maschinenzahlen in Gleitkommaform im binären Zahlensystem dar. Wir verlieren aber keine Information wenn wir für die folgenden Ausführungen annehmen, dass im Dezimalsystem gerechnet wird. Eine Zahl $x \in \mathbb{R}$ sei dargestellt in **normalisierter Form**

$$x = a \cdot 10^b ,$$

wobei $a = \pm 0.a_1 a_2 a_3 \ldots a_n a_{n+1} \ldots$ mit $0 \leq a_i \leq 9$ und $a_1 \neq 0$ die **Mantisse** bezeichnet. Wir wollen annehmen, dass der **Exponent** b nicht zu groß oder zu klein ist, um auf der Maschine dargestellt zu werden. Lässt die Maschine Gleitkommazahlen mit n Nachkommastellen zu, dann kann die zu x gehörende Maschinenzahl wie folgt berechnet werden:

$$a' := \begin{cases} 0.a_1 a_2 \ldots a_n & ; \quad 0 \leq a_{n+1} \leq 4 \\ 0.a_1 a_2 \ldots a_n + 10^{-n}; & a_{n+1} \geq 5 \end{cases}$$

Es handelt sich also um die gewöhnliche Rundung auf n Nachkommastellen. Dann wird die Maschinenzahl $\widetilde{x}$ definiert als

$$\widetilde{x} := \operatorname{sgn}(x) \cdot a' \cdot 10^b .$$

Selbstfrage 2

Zeigen Sie, dass für den relativen Rundungsfehler bei obiger Konstruktion der Maschinenzahlen die Abschätzung

$$\left|\frac{x - \widetilde{x}}{x}\right| \leq 5 \cdot 10^{-n}$$

gilt.

Die Zahl $\widetilde{\varepsilon} := 5 \cdot 10^{-n}$ heißt **Maschinengenauigkeit**. Wir können unser Ergebnis auch in der Form

$$\widetilde{x} = x(1 + \varepsilon), \quad \varepsilon \leq \widetilde{\varepsilon}$$

schreiben.

Mit der Fortpflanzung von Rundungsfehlern in Algorithmen werden wir uns später noch weiter befassen.

Eine weitere Fehlerart, die es zu beachten gilt, ist der **Verfahrensfehler** oder **Diskretisierungsfehler** oder auch **Abschneidefehler**. Dieser Fehler tritt immer dann auf, wenn eine Funktion oder ein Operator durch eine Näherungsfunktion oder einen Näherungsoperator ersetzt wird. Diese Fehlerart erfordert unsere besondere Aufmerksamkeit, weshalb wir sie im nächsten Abschnitt untersuchen wollen.

Unter der Lupe: Das Rechnen mit Maschinenzahlen

Das Rechnen mit Maschinenzahlen erfüllt nicht die Vorstellungen, die wir gemeinhin vom Rechnen mit reellen Zahlen haben!

Beispiel Eine Maschine rechne im Dezimalsystem mit $n = 4$ Stellen und mit maximal 2 Stellen im Exponenten b. Wird die Zahl

$$x = 0.99997 \cdot 10^{99},$$

deren Exponent gerade noch in der Maschine darstellbar ist, in eine Maschinenzahl verwandelt, dann ergibt sich

$$\widetilde{x} = 0.1000 \cdot 10^{100}$$

und diese Zahl ist keine Maschinenzahl mehr, da der Exponent mehr als 2 Stellen bekommen hat.

Elementare Rechenoperationen Jede elementare Rechenoperation $\circ \in \{+, -, \cdot, /\}$ ist auf der Maschine mit einem Rundungsfehler verbunden, ja, das Ergebnis der Operation mit zwei Maschinenzahlen muss nicht einmal mehr eine Maschinenzahl sein. Ist $\widetilde{\circ}$ die auf der Maschine realisierte Operation, dann gilt

$$\widetilde{x} \widetilde{\circ} \widetilde{y} = (\widetilde{x} \circ \widetilde{y})(1 + \varepsilon)$$

mit $|\varepsilon| \leq \widetilde{\varepsilon}$. Die Gleitkommaoperationen gehorchen auch nicht den üblichen Gesetzen, so sind sie i.Allg. nicht assoziativ und auch nicht distributiv. Dazu betrachte man $\circ = +$ auf einer Maschine mit $n = 8$ Nachkommastellen und die Zahlen $\widetilde{x} := 0.23371258 \cdot 10^{-4}, \widetilde{y} := 0.33678429 \cdot 10^{2}, \widetilde{z} := -0.33677811 \cdot 10^{2}$ und berechne nacheinander $\widetilde{x} \widetilde{\circ} (\widetilde{y} \widetilde{\circ} \widetilde{z})$, $(\widetilde{x} \widetilde{\circ} \widetilde{y}) \widetilde{\circ} \widetilde{z}$ und das exakte Ergebnis $\widetilde{x} + \widetilde{y} + \widetilde{z}$.

Weiterhin sollte man die Subtraktion von betragsmäßig etwa gleich großen Zahlen vermeiden, weil sonst **Auslöschung** und damit der Verlust signifikanter Nachkommastellen droht. Das Phänomen der Auslöschung lässt sich sehr schön an der Archimedischen Berechnung von π studieren.

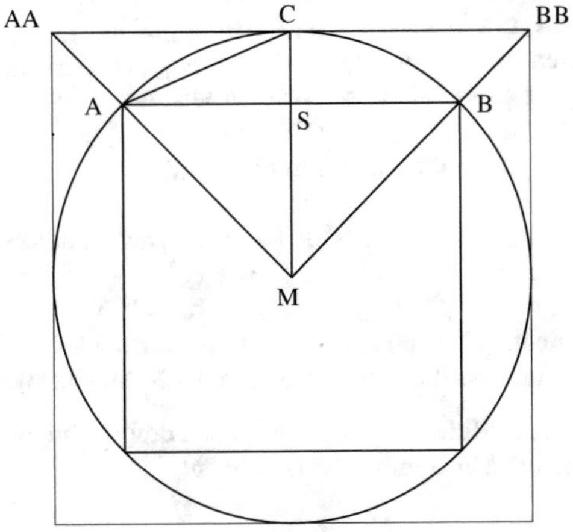

Dazu füllte Archimedes einen Kreis von innen mit regulären Polygonen aus, und schloss ihn von außen durch reguläre Polygone ein. Verdoppelt man nun die Eckenanzahl der regulären Polygone, dann sollten die Flächen der einbeschriebenen und der umschriebenen Polygone gegen die Fläche des Kreises konvergieren. In der Abbildung haben wir ein einbeschriebenes und umschriebenes Quadrat gezeigt.

Dazu betrachten wir einen Einheitskreis, d. h. $MA = MB = MC = 1$, und nennen die Seite (Kante) AB eines n-Ecks s_n. Schreiben wir ein Zweieck ein (d. h. einfach einen Durchmesser), dann ist dessen Seite offenbar $s_2 = 2$. Ein einbeschriebenes Dreieck hätte die Kantenlänge $s_3 = 2 \sin 60° = \sqrt{3}$ und unser Quadrat besitzt die Kantenlänge $s_4 = 2 \sin 45° = \sqrt{2}$. Verdoppeln wir jetzt die Seitenzahl, dann ist $s_{2n} = AC$ die Kantenlänge. Ist $r_n := MS$ dann folgt mit dem Satz von Pythagoras $1 = AM^2 = MS^2 + AS^2 = r_n^2 + s_n^2/4$, also $r_n = \sqrt{1 - s_n^2/4}$. Weiterhin folgt mit Pythagoras $s_{2n}^2 = AC^2 = AS^2 + SC^2 = s_n^2/4 + (1 - r_n)^2 = s_n^2/4 + 1 - 2r_n + r_n^2$. Setzen wir hier unsere gefundene Beziehung für r_n ein, dann folgt

$$s_{2n} = \sqrt{2 - 2\sqrt{1 - \frac{s_n^2}{4}}}\,.$$

Jetzt sind wir in der Lage, beginnend mit der Kantenlänge des Zweiecks, die Kantenlänge des $2n$-Ecks zu berechnen. Die Fläche eines regulären n-Ecks kann durch $F_n = \frac{1}{2} n s_n r_n$ berechnet werden. Dazu setzen wir für n die Folge 2^i, $i = 1, 2, 3, \ldots$, ein, also $n = 2, 4, 8, 16, \ldots$ Das erlaubt uns, s_4 aus s_2 zu berechnen, dann s_8 aus s_4, usw. Das Ergebnis ist ernüchternd.

n	F_n
2	2
4	2.82842712475
8	3.06146745892
16	3.12144515226
32	3.13654849055
⋮	⋮
524288	3.14159655369
⋮	⋮
16777216	3.14245127249
33554432	3.16227766017
67108864	3.16227766017
134217728	3.46410161514
268435456	4
536870912	0

Zu Anfang ist schön die Konvergenz gegen π zu sehen, allerdings werden die Abweichungen dann wieder größer und das Ergebnis schließlich ganz falsch. Der Grund dafür ist einfach: Die Zahlen 2 und $2\sqrt{1 - s_n^2/4}$ nähern sich immer weiter an und schließlich löschen sich signifikante Dezimalen bei der Subtraktion einfach aus.

2.2 Ordnungssymbole und Genauigkeit

Große und kleine „Ohs"

Um mit Rundungs- und Diskretisierungsfehlern und ihrer Fortpflanzung in Algorithmen besser umzugehen und ihren Einfluss abzuschätzen, ist die O-Notation nützlich, die wir wegen ihrer Bedeutung in der Numerik hier einführen.

Definition der Landau-Symbole für Funktionen

Es seien $f, g : D \subset \mathbb{R}^n \to \mathbb{R}$, $x \mapsto f(x), g(x)$ zwei Funktionen und $x, x_0 \in D$.

(a) **Die Funktion f wächst für $x \to x_0$ langsamer als g**, oder f ist für $x \to x_0$ ein $o(g)$ (in Worten: *ein klein o von g*), symbolisch geschrieben als $f = o(g), x \to x_0$ oder $f(x) = o(g(x)), x \to x_0$, wenn

$$\lim_{x \to x_0} \frac{|f(x)|}{|g(x)|} = 0$$

gilt.

(b) **Die Funktion f wächst für $x \to x_0$ nicht wesentlich schneller als g**, oder f ist für $x \to x_0$ ein $\mathcal{O}(g)$ (in Worten: *ein groß O von g*), symbolisch geschrieben als $f = \mathcal{O}(g), x \to x_0$ oder $f(x) = \mathcal{O}(g(x)), x \to x_0$, wenn

$$\exists c > 0 \; \exists \varepsilon > 0 : \quad |f(x)| \le c|g(x)|$$

für alle x mit $|x - x_0| < \varepsilon$ gilt.

(c) $f = o(g), x \to \infty$ und $f = \mathcal{O}(g), x \to \infty$ werden analog definiert.

Beispiel Die Exponentialfunktion ist bekanntlich definiert als die unendliche Reihe

$$e^x = \sum_{k=0}^{\infty} \frac{x^k}{k!} = 1 + x + \frac{x^2}{2!} + \frac{x^3}{3!} + \ldots$$

Offenbar gilt:

$$e^x = 1 + x + \frac{x^2}{2!} + \mathcal{O}(x^3), \quad x \to 0,$$

denn der Betrag des Reihenrestes $e^x - (1 + x + \frac{x^2}{2!}) = \frac{x^3}{3!} + \frac{x^4}{4!} + \ldots$ ist für $x \to 0$ sicher durch $c|x^3|$ beschränkt.

Andererseits ist aber auch

$$e^x = 1 + x + \frac{x^2}{2!} + o(x^2), \quad x \to 0,$$

denn der Reihenrest $\frac{x^3}{3!} + \frac{x^4}{4!} + \ldots$ konvergiert auch nach Division durch $|x^2|$ für $x \to 0$ gegen 0. ◀

Aus der Definition lassen sich sofort Rechenregeln für die Landau-Symbole ableiten.

Rechenregeln für die Landau-Symbole I

Für Funktionen $f, f_1, f_2, g, g_1, g_2 : D \subset \mathbb{R}^n \to \mathbb{R}$ und $x, x_0 \in D$ gelten die folgenden Regeln:

$$\begin{aligned}
f = o(g) &\Rightarrow f = \mathcal{O}(g),\\
f = \mathcal{O}(1) &\Leftrightarrow f \text{ beschränkt},\\
f = o(1) &\Leftrightarrow \lim_{x \to x_0} f(x) = 0,\\
f_1 = \mathcal{O}(g), f_2 = \mathcal{O}(g) &\Rightarrow f_1 + f_2 = \mathcal{O}(g),\\
f_1 = o(g), f_2 = o(g) &\Rightarrow f_1 + f_2 = o(g),\\
f_1 = \mathcal{O}(g_1), f_2 = \mathcal{O}(g_2) &\Rightarrow f_1 \cdot f_2 = \mathcal{O}(g_1 \cdot g_2),\\
f_1 = \mathcal{O}(g_1), f_2 = o(g_2) &\Rightarrow f_1 \cdot f_2 = o(g_1 \cdot g_2),\\
f_1 = \mathcal{O}(g_1), f_2 = \mathcal{O}(g_2) &\Rightarrow f_1 + f_2 = \mathcal{O}(\max\{|g_1|, |g_2|\}),\\
f_1 = \mathcal{O}(g_1), f_2 = \mathcal{O}(g_2) &\Rightarrow f_1 + f_2 = \mathcal{O}(|g_1| + |g_2|),\\
f = \mathcal{O}(g), c \in \mathbb{R} &\Rightarrow cf = \mathcal{O}(g),\\
f = o(g), c \in \mathbb{R} &\Rightarrow cf = o(g),\\
f = \mathcal{O}(\mathcal{O}(g)) &\Rightarrow f = \mathcal{O}(g),\\
f = \mathcal{O}(o(g)) &\Rightarrow f = o(g).
\end{aligned}$$

Beweis Wir beweisen zur Illustration die vierte Rechenregel $f_1 = \mathcal{O}(g), f_2 = \mathcal{O}(g) \Rightarrow f_1 + f_2 = \mathcal{O}(g)$, die weiteren Rechenregeln werden ganz analog bewiesen.

$f_1 = \mathcal{O}(g)$ bedeutet: $\exists c_1 > 0$, $\exists \varepsilon_1 > 0$, $|f_1(x)| \le c_1|g(x)|$ für alle x mit $|x - x_0| < \varepsilon_1$. Analog gilt für $f_2 = \mathcal{O}(g)$: Es existieren $c_2 > 0$ und $\varepsilon_2 > 0$, sodass $|f_2(x)| \le c_2|g(x)|$ für alle x mit $|x - x_0| < \varepsilon_2$. Wählen wir nun $c := \max\{c_1, c_2\}$ und $\varepsilon := \min\{\varepsilon_1, \varepsilon_2\}$, dann folgt $|f_1(x) + f_2(x)| \le |f_1(x)| + |f_2(x)| \le c|g(x)|$ für alle x mit $|x - x_0| < \varepsilon$. ■

Machen Sie sich klar, dass die Landau-Symbole nur **asymptotische** Aussagen machen! Gilt $f = \mathcal{O}(g), x \to x_0$, dann wissen wir über die in $|f(x)| \le c|g(x)|$ auftretende Konstante c in der Regel nichts! Es kann $c = 10^{-14}$ sein, aber auch $c = 10^{14}$. Wir wissen nur, dass die Abschätzung in der Nähe von x_0 gilt.

Zur späteren Referenz wollen wir noch drei wichtige Aussagen über die Landau-Symbole aufzeichnen.

Rechenregeln für die Landau-Symbole II

1. Es gilt
$$1+\mathcal{O}(\varepsilon)=\frac{1}{1+\mathcal{O}(\varepsilon)},\quad \varepsilon\to 0,$$
2. Ist $\boldsymbol{A}\in\mathbb{C}^{n\times n}$ und $\boldsymbol{x}\in\mathbb{C}^n$ mit $\|\boldsymbol{x}\|=\mathcal{O}(g)$, wobei $\|\cdot\|$ eine beliebige Vektornorm und $g:\mathbb{R}\to\mathbb{R}$ eine Funktion ist, dann folgt
$$\|\boldsymbol{A}\boldsymbol{x}\|=\mathcal{O}(g)\,.$$
3. Ist $\boldsymbol{x}\in\mathbb{C}^n$ mit Komponenten $x_i, i=1,\ldots,n$, und $g:\mathbb{R}\to\mathbb{R}$ eine Funktion, dann gilt
$$\forall i=1,\ldots,n\quad x_i=\mathcal{O}(g)\Leftrightarrow\|\boldsymbol{x}\|=\mathcal{O}(g)\,.$$

Beweis

1. Sei $f=1+\mathcal{O}(\varepsilon),\varepsilon\to 0$. Dann gibt es ein $h=\mathcal{O}(\varepsilon)$ mit $f=1+h$. Nun definiere
$$g:=-\frac{h}{h+1}$$
und bilde
$$\lim_{\varepsilon\to 0}\frac{g}{\varepsilon}=\lim_{\varepsilon\to 0}\frac{\frac{-h}{\varepsilon}}{h+1}\,.$$
Der Zähler ist beschränkt, sagen wir durch $-c$, während der Nenner nach Voraussetzung gegen 1 konvergiert. Also ist
$$\lim_{\varepsilon\to 0}\frac{g}{\varepsilon}=-c$$
und damit ist auch $g=\mathcal{O}(\varepsilon),\varepsilon\to 0$. Damit gilt
$$\frac{1}{1+g}=\frac{1}{1-\frac{h}{h+1}}=1+h$$
und folglich
$$f=h+1=\frac{1}{1+g}=\frac{1}{1+\mathcal{O}(\varepsilon)},\quad \varepsilon\to 0.$$
Sei nun $f=1/(1+\mathcal{O}(\varepsilon)),\varepsilon\to 0$. Dann existiert ein $g=\mathcal{O}(\varepsilon)$ mit $f=1/(1+g),\varepsilon\to 0$. Definiere
$$h:=-\frac{g}{1+g},$$
dann gilt wie oben $h=\mathcal{O}(\varepsilon),\varepsilon\to 0$ und
$$h+1=-\frac{g}{1+g}+1=\frac{1}{1+g}\,.$$
Damit gilt nun
$$f=\frac{1}{1+g}=h+1$$
mit $h=\mathcal{O}(\varepsilon),\varepsilon\to 0$, also $f=1+\mathcal{O}(\varepsilon),\varepsilon\to 0$.
2. Bezeichnet $\|\cdot\|_{\mathbb{C}^{n\times n}}$ die zur Vektornorm $\|\cdot\|$ gehörige Matrixnorm, dann ist
$$\|\boldsymbol{A}\boldsymbol{x}\|\le\|\boldsymbol{A}\|_{\mathbb{C}^{n\times n}}\|\boldsymbol{x}\|\le K\|\boldsymbol{x}\|$$
und damit ist schon alles gezeigt.
3. Auf $\mathbb{C}^n$ sind alle Normen äquivalent. Für den Teil „$\Leftarrow$" folgt
$$\|\boldsymbol{x}\|=\mathcal{O}(g)\Rightarrow\|\boldsymbol{x}\|_\infty\le c_1\|\boldsymbol{x}\|=\mathcal{O}(g)$$
und daher $\|\boldsymbol{x}\|_\infty=\mathcal{O}(g)\Rightarrow\max_{i=1,\ldots,n}|x_i|=\mathcal{O}(g)$, also $x_i=\mathcal{O}(g)$ für $i=1,\ldots,n$.
Für die Richtung „$\Rightarrow$" ist
$$\forall i=1,\ldots,n: x_i=\mathcal{O}(g)\Rightarrow|x_i|=\mathcal{O}(g), i=1,\ldots,n.$$
Da nur endlich viele Komponenten vorhanden sind, ist damit auch
$$\max_{i=1,\ldots,n}|x_i|=\|\boldsymbol{x}\|_\infty=\mathcal{O}(g)$$
und aus der Äquivalenz aller Normen auf $\mathbb{C}^n$ schließen wir $\|\boldsymbol{x}\|\le c_2\|\boldsymbol{x}\|_\infty=\mathcal{O}(g)$. ■

Ohne Mühe lassen sich die Landau-Symbole auch für Operatoren zwischen normierten Vektorräumen definieren.

Der Diskretisierungsfehler beschreibt den Fehler zwischen kontinuierlichem und diskretem Modell

Definition der Landau-Symbole für Operatoren

Es seien $(E,\|\cdot\|_E),(F,\|\cdot\|_F)$ normierte Vektorräume, $f: D\subset E\to F$, eine Abbildung, $n\in\mathbb{N}$ und $x,x_0\in D$.

(a) f **verschwindet in** x_0 **von höherer als** n**-ter Ordnung**, falls
$$f(x)=o(\|x-x_0\|_E^n),\quad x\to 0,$$
d. h.
$$\lim_{x\to x_0}\frac{\|f(x)\|_F}{\|x-x_0\|_E^n}=0$$
gilt.

Kapitel 2

(b) f **wächst in** x_0 **von höchstens** n**-ter Ordnung**, falls

$$f(x) = \mathcal{O}(\|x - x_0\|_E^n), \quad x \to x_0\,,$$

d. h.

$$\exists c > 0\ \exists \varepsilon > 0: \quad \|f(x)\|_F \le c\|x - x_0\|_E^n$$

für alle $x \in D$ mit $\|x - x_0\|_E < \varepsilon$ gilt.

Beispiel Für das Restglied der Taylor-Entwicklung einer Funktion f

$$f(x) = p_n(x; x_0) + r_n(x; x_0)$$

gilt die Darstellung von Lagrange,

$$r_n(x; x_0) = \frac{1}{(n+1)!}(x - x_0)^{n+1} f^{(n+1)}(z)\,,$$

mit z zwischen x und x_0. p_n bezeichnet dabei das Taylor-Polynom vom Grad n zu f um den Entwicklungspunkt x_0.

Betrachten wir nun das Restglied. Offenbar handelt es sich um eine Abbildung zwischen den normierten Räumen $(E, \|\cdot\|_E) = (\mathbb{R}, |\cdot|)$ und $(F, \|\cdot\|_F) = (\mathbb{R}, |\cdot|)$. Es gilt

$$r_n(x; x_0) = \mathcal{O}(|x - x_0|^{n+1})\,,$$

denn bei beschränkter Ableitung $f^{(n+1)}$ ist $c := f^{(n+1)}(z)/(n+1)!$ eine Konstante und damit haben wir die Abschätzung

$$|r_n(x; x_0)| \le c|x - x_0|^{n+1}$$

für $x \to x_0$. Allerdings gilt auch

$$r_n(x; x_0) = o(|x - x_0|^n)\,,$$

denn

$$\frac{|r_n(x; x_0)|}{|x - x_0|^n} = \frac{|f^{(n+1)}(z)||x - x_0|^{n+1}}{(n+1)!|x - x_0|^n} = \frac{|f^{(n+1)}(z)|}{(n+1)!}|x - x_0|\,,$$

und bei beschränkter $(n+1)$-ter Ableitung von f folgt

$$\lim_{x \to x_0} \frac{|r_n(x; x_0)|}{|x - x_0|^n} = 0\,.$$

◀

Wir wollen nun den Prozess der Diskretisierung abstrakt beschreiben. Dazu betrachten wir einen Operator $T: E \to F$ zwischen Banach-Räumen E und F mit $0 \in \text{Bild}(T)$ und wollen die Gleichung

$$Tu = 0$$

lösen. Wir nehmen dabei an, es gebe eine eindeutig bestimmte Lösung $z \in E$. Zu den Räumen E und F benötigen wir diskrete Analoga auf einem Gitter $\mathbb{G}$ mit (positiver) Maschenweite h. (Das können auch mehrdimensionale Gitter sein, bei denen dann h eine typische Maschenweite ist). Dazu dienen zwei lineare Abbildungen $L_1: E \to E_h$ und $L_2: F \to F_h$. Für diese Abbildungen gibt es in Praxis und Theorie verschiedene Möglichkeiten. Eine besonders einfache ist die lineare Abbildung L, die einer Funktion $u \in E$ (oder $u \in F$) ihre Werte auf dem Gitter zuordnet, also

$$Lu(x) := u_h(x) := u(x)|_{\mathbb{G}}\,, \quad x \in \mathbb{G}\,.$$

Funktionen u_h heißen **Gitterfunktionen**. Zu dem kontinuierlichen Operator T muss noch ein diskreter Operator T_h definiert werden. Dazu soll eine Funktion $\phi_h: (E \to F) \to (E_h \to F_h)$ dienen, sodass

$$T_h := \phi_h(T)$$

definiert sein soll. Insgesamt erhalten wir also das in Abb. 2.3 skizzierte Bild.

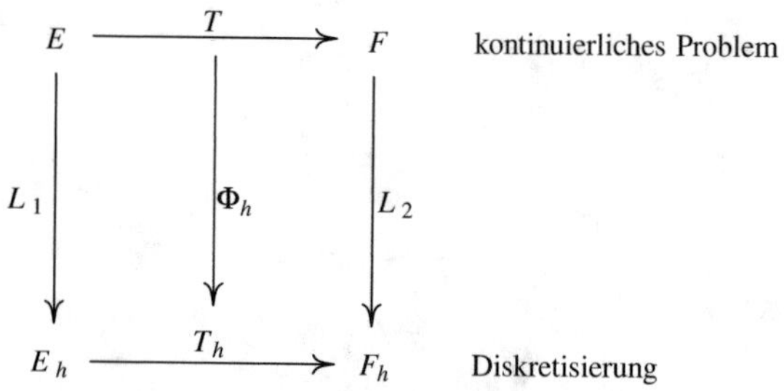

Abb. 2.3 Diskretisierung eines kontinuierlichen Problems

Nehmen wir an, auch das diskretisierte Problem

$$T_h u_h = \phi_h(T) L_1(u) = 0$$

besäße eine eindeutig bestimmte Lösung $\zeta_h \in E_h$, dann ist der **lokale Diskretisierungsfehler** definiert durch

$$l_h := T_h L_1(z) = \phi_h(T) L_1(z) \in F_h$$

und der **globale Diskretisierungsfehler** ist gegeben durch

$$e_h := \zeta_h - L_1(z) \in E_h\,.$$

Ist $D \subset \mathbb{R}^n$ kompakt, $\mathbb{G}$ ein Gitter in D und $E = C(D)$ mit Norm $\|u\|_E = \max_{x \in D} |u(x)|$, dann bietet sich als Norm in E_h

$$\|u_h\|_{E_h} := \max_{x \in \mathbb{G}} |u(x)|$$

an. Diskrete Normen dürfen nicht beliebig gewählt werden, sondern müssen **konkordant** mit den Normen in den zugehörigen Räumen sein.

Konkordanz von Normen

Es sei L_1 der Diskretisierungsoperator $L_1 \colon E \to E_h$. Die Normen der Räume E, E_h und F, F_h heißen **konkordant**, wenn

$$\forall u \in E: \quad \lim_{h\to 0} \|L_1(u)\|_{E_h} = \|u\|_E$$

und eine analoge Beziehung für $\|\cdot\|_{F_h}$ und $\|\cdot\|_F$ gelten.

Selbstfrage 3

Zeigen Sie, dass im Fall von $E = C([a,b])$ und $L_1(u)(x) := u_h(x) := u(x)|_{\mathbb{G}}$ die Normen $\|u\|_E := \max_{x\in[a,b]} |u(x)|$ und

$$\|u_h\|_{E_h} := \max_{x\in\mathbb{G}} |u(x)|$$

konkordant sind.

Wir können nun schon mithilfe der Landau-Symbole die wichtigsten Begriffe bei der Approximation von Operatoren erklären. Wir lösen uns dabei von dem Problem $Tu = 0$ und wollen lediglich die Güte der Approximation des diskreten Operators T_h beschreiben.

Diskretisierungsfehler und Approximationsordnung

Die Gitterfunktion

$$\psi_h := T_h u_h - (Tu)_h$$

mit $u_h = L_1 u$ und $(Tu)_h = L_2(Tu)$ heißt **Diskretisierungsfehler** oder **Approximationsfehler** (oder **Abschneidefehler**) bei Approximation von T durch T_h. Gilt

$$\|\psi_h\|_{F_h} \to 0, \quad h \to 0,$$

dann **approximiert T_h den Operator T**. Der Operator T_h approximiert T mit der Ordnung $n > 0$, wenn

$$\|\psi_h\|_{F_h} = \|T_h u_h - (Tu)_h\|_{F_h} = \mathcal{O}(h^n)$$

gilt.

Im Fall unseres abstrakten Problems $Tu = 0$ ist wegen der vorausgesetzten Linearität des Operators L_2 gerade $(Tu)_h = L_2(Tu) = L_2(0) = 0$, sodass der Diskretisierungsfehler gerade dem lokalen Diskretisierungsfehler l_h entspricht.

Fehlerfortpflanzung sorgt für einen Transport der Fehler bis zum Endergebnis

Rundungs- und Diskretisierungsfehler sind unvermeidlich. Daher ist es unumgänglich, die Folgen dieser Fehler in numerischen Algorithmen abschätzen zu können. Dazu gehört auch die Untersuchung der Stabilität von Algorithmen, die wir im nächsten Abschnitt studieren wollen. Hier wollen wir für die Fortpflanzung der Fehler sensibilisieren.

Dazu gehen wir von der Ausgangssituation aus, dass eine Größe y aus k Größen $x_1, x_2, \ldots, x_k$ berechnet werden soll:

$$y = f(x_1, x_2, \ldots, x_k).$$

Die Größen $x_1, \ldots, x_k$ seien nicht genau bekannt, sondern wir haben nur fehlerbehaftete $\widetilde{x}_1, \ldots, \widetilde{x}_k$, entweder aus unsicheren Messungen oder durch Rundungs- und Diskretisierungsfehler. Der absolute Fehler sei

$$\phi_i := \widetilde{x}_i - x_i, \quad i = 1, \ldots, k.$$

Die Frage ist nun, wie sich die Fehler in den x_i auf das Ergebnis y auswirken, denn auch unter der Annahme, die Funktion f werde exakt ausgeführt, erhalten wir eine fehlerbehaftete Größe $\widetilde{y}$ durch

$$\widetilde{y} = f(\widetilde{x}_1, \ldots, \widetilde{x}_k) = f(x_1 + \phi_1, \ldots, x_k + \phi_k).$$

Wir sind interessiert an der Differenz $\Delta y := \widetilde{y} - y$ und dazu sehen wir uns die Taylor-Entwicklung von $y(\boldsymbol{x} + \boldsymbol{\phi})$ an, wobei wir $\boldsymbol{x} := (x_1, \ldots, x_k)^\top$ und $\boldsymbol{\phi} := (\phi_1, \ldots, \phi_k)^\top$ geschrieben haben. Wir erhalten die Taylor-Reihe

$$y(\boldsymbol{x} + \boldsymbol{\phi}) = y(\boldsymbol{x}) + \mathbf{grad} f(\boldsymbol{x}) \cdot \boldsymbol{\phi} + \mathcal{O}(\|\boldsymbol{\phi}\|^2),$$

also

$$\Delta y = y(\boldsymbol{x} + \boldsymbol{\phi}) - y(\boldsymbol{x}) = \frac{\partial f}{\partial x_1}\phi_1 + \ldots + \frac{\partial f}{\partial x_k}\phi_k + \mathcal{O}(\|\boldsymbol{\phi}\|^2).$$

Vernachlässigen wir nun die Terme höherer Ordnung, dann erhalten wir das **Fehlerfortpflanzungsgesetz für absolute Fehler**

$$\Delta y \doteq \frac{\partial f}{\partial x_1}\phi_1 + \ldots + \frac{\partial f}{\partial x_k}\phi_k,$$

wobei wir das Symbol $\doteq$ für **Gleichheit erster Ordnung** verwendet haben.

Ist die Funktion f selbst vektorwertig, also

$$\boldsymbol{y} := \begin{pmatrix} y_1 \\ \vdots \\ y_\ell \end{pmatrix} = \begin{bmatrix} f_1(x_1, \ldots, x_k) \\ \vdots \\ f_\ell(x_1, \ldots, x_k) \end{bmatrix} = \boldsymbol{f}(\boldsymbol{x}),$$

Kapitel 2

Beispiel: Der Diskretisierungsfehler des Ableitungsoperators

Für Funktionen $u\colon \mathbb{R} \to \mathbb{R}, x \mapsto u(x)$, betrachten wir den Ableitungsoperator $\mathrm{d}/\mathrm{d}x$, der eine Funktion $u \in C^r(\mathbb{R})$ in eine Funktion $u' = \mathrm{d}u/\mathrm{d}x \in C^{r-1}(\mathbb{R})$ abbildet. Wie groß wird der Diskretisierungsfehler, wenn man $\mathrm{d}/\mathrm{d}x$ auf einem Gitter $\mathbb{G} := \{\ldots, x-2h, x-h, x, x+h, x+2h, \ldots\}$ mit Schrittweite h durch den durch

$$D_+u := \frac{u(x+h)-u(x)}{h}$$

definierten Operator D_+ ersetzt? Den Operator D_+ nennt man auch **Vorwärtsdifferenz**.

Problemanalyse und Strategie Der Operator D_+ bildet sicher nicht $E := C^r(\mathbb{R})$ nach $F := C^{r-1}(\mathbb{R})$ ab. Wir verwenden wieder $Lu(x) := u_h(x) := u(x)|_{\mathbb{G}}$ für den Transfer auf das Gitter. Dadurch wird der Raum E auf einen diskreten Raum E_h und F auf den diskreten Raum F_h abgebildet.

Lösung Mithilfe der Taylor'schen Formel um den Entwicklungspunkt x (Achtung! x muss ein Gitterpunkt sein!) ergibt sich

$$u(x+h) = u(x) + h\frac{\mathrm{d}u}{\mathrm{d}x}(x) + \mathcal{O}(h^2)\,.$$

Setzen wir dies in die Definition des diskreten Operators ein, dann folgt

$$\begin{aligned} D_+u(x) &= \frac{u(x+h)-u(x)}{h} = \frac{h\frac{\mathrm{d}u}{\mathrm{d}x}(x) + \mathcal{O}(h^2)}{h} \\ &= \underbrace{\frac{\mathrm{d}u}{\mathrm{d}x}(x)}_{\substack{\text{Dies ist die Ableitung auf dem Gitter,} \\ \text{also eigentlich } L(\frac{\mathrm{d}u}{\mathrm{d}})(x) =: (\mathrm{d}u/\mathrm{d}x)_h}} + \mathcal{O}(h)\,. \end{aligned}$$

Für den Approximationsfehler

$$\psi_h = D_+u_h - \left(\frac{\mathrm{d}u}{\mathrm{d}x}\right)_h$$

gilt

$$\|\psi_h\|_{F_h} = \|D_+u_h - (\mathrm{d}u/\mathrm{d}x)_h\|_{F_h} = \mathcal{O}(h^1)\,,$$

also ist D_+ eine Approximation erster Ordnung an $\mathrm{d}/\mathrm{d}x$.

Ganz analog kann man auch andere Differenzenoperatoren untersuchen, zum Beispiel die **Rückwärtsdifferenz**

$$D_-u_h := \frac{u(x)-u(x-h)}{h}\,.$$

Hier liefert die Taylor-Reihe $u(x-h) = u(x) - h\frac{\mathrm{d}u}{\mathrm{d}x}(x) + \mathcal{O}(h^2)$ und damit folgt

$$\begin{aligned} D_-u(x) &= \frac{u(x)-u(x-h)}{h} = \frac{h\frac{\mathrm{d}u}{\mathrm{d}x}(x) + \mathcal{O}(h^2)}{h} \\ &= \frac{\mathrm{d}u}{\mathrm{d}x}(x) + \mathcal{O}(h)\,. \end{aligned}$$

Damit ist die Rückwärtsdifferenz ebenfalls eine Approximation erster Ordnung an $\mathrm{d}/\mathrm{d}x$. Die **zentrale Differenz**, die durch den Operator D_0,

$$D_0u_h := \frac{u(x+h)-u(x-h)}{2h}$$

definiert ist, ist allerdings eine Approximation zweiter Ordnung an $\mathrm{d}/\mathrm{d}x$, d. h., es gilt

$$\|D_0u_h - (\mathrm{d}u/\mathrm{d}x)_h\|_{F_h} = \mathcal{O}(h^2)\,.$$

Subtrahiert man nämlich die beiden Taylor-Reihen $u(x+h) = u(x) + h\frac{\mathrm{d}u}{\mathrm{d}x}(x) + \frac{h}{2}\frac{\mathrm{d}^2u}{\mathrm{d}x^2}(x) + \mathcal{O}(h^3)$ und $u(x+h) = u(x) - h\frac{\mathrm{d}u}{\mathrm{d}x}(x) + \frac{h}{2}\frac{\mathrm{d}^2u}{\mathrm{d}x^2}(x) + \mathcal{O}(h^3)$, dann folgt

$$\begin{aligned} D_0u_h &= \frac{u(x+h)-u(x-h)}{2h} = \frac{2h\frac{\mathrm{d}u}{\mathrm{d}x} + \mathcal{O}(h^3)}{2h} \\ &= \frac{\mathrm{d}u}{\mathrm{d}x}(x) + \mathcal{O}(h^3)\,. \end{aligned}$$

dann lautet das Fehlerfortpflanzungsgesetz für absolute Fehler

$$\Delta \boldsymbol{y} \doteq \boldsymbol{f}'(\boldsymbol{x}) \cdot \boldsymbol{\phi}$$

mit der Jacobi-Matrix $\boldsymbol{f}'(\boldsymbol{x})$, denn in den Zeilen der Jacobi-Matrix stehen die Gradienten der Komponentenfunktionen von $\boldsymbol{f}$.

Die Fehlerkomponenten ϕ_i können von verschiedenen Vorzeichen sein. Um auf der sicheren Seite zu sein, ist man daher am **absoluten Maximalfehler** interessiert:

$$\Delta y_{\max} := \pm\left(\left|\frac{\partial f}{\partial x_1}\phi_1\right| + \ldots + \left|\frac{\partial f}{\partial x_k}\phi_k\right|\right)\,.$$

Aussagen über absolute Fehler sind manchmal sinnvoll, oft aber stört es, dass absolute Fehler von den Skalierungen der Größen

Beispiel: Fehlerfortpflanzung bei der Vermessung eines Waldweges

Ein Waldstück sei so groß, dass man seine Abmessungen nicht mehr direkt messen kann, man ist aber an der Länge c eines Weges zwischen zwei Punkten A und B interessiert. Vom Punkt C kann man sowohl A als auch B sehen und misst: $a = 430.56\,\text{m}$, $b = 492.83\,\text{m}$, $\gamma = 92.14°$. Die Messgenauigkeiten sind $\phi_a := \Delta a = \pm 5\,\text{cm}$, $\phi_b := \Delta b = \pm 5\,\text{cm}$ $\phi_\gamma := \Delta\gamma = \pm 0.01°$. Wie lang ist der Weg c und wie groß ist der absolute Maximalfehler?

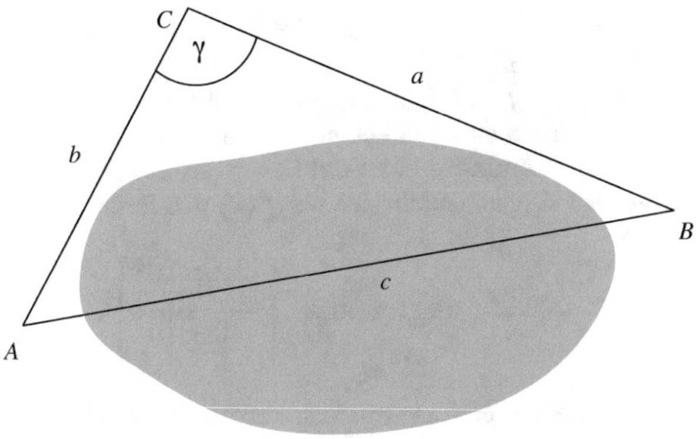

Problemanalyse und Strategie Wir suchen die Länge c als Funktion von a, b und γ, also können wir $c = f(a, b, \gamma)$ schreiben. Nach dem Kosinussatz ist

$$c = f(a, b, \gamma) = \sqrt{a^2 + b^2 - 2ab\cos\gamma}$$

und wir müssen diese Funktion nun partiell ableiten und dann den gesuchten Fehler mit den Messgenauigkeiten ϕ_a, ϕ_b und ϕ_γ berechnen.

Lösung Wegen $c = (a^2 + b^2 + 2ab\cos\gamma)^{1/2}$ folgt mit der Kettenregel

$$\begin{aligned}
\frac{\partial f}{\partial a} &= \frac{1}{2}(a^2 + b^2 + 2ab\cos\gamma)^{-1/2} \cdot (2a + 2b\cos\gamma) \\
&= \frac{a + b\cos\gamma}{\sqrt{a^2 + b^2 + 2ab\cos\gamma}} = \frac{a + b\cos\gamma}{c} \\
\frac{\partial f}{\partial b} &= \frac{1}{2}(a^2 + b^2 + 2ab\cos\gamma)^{-1/2} \cdot (2b + 2a\cos\gamma) \\
&= \frac{b + a\cos\gamma}{\sqrt{a^2 + b^2 + 2ab\cos\gamma}} = \frac{b + a\cos\gamma}{c} \\
\frac{\partial f}{\partial \gamma} &= \frac{1}{2}(a^2 + b^2 + 2ab\cos\gamma)^{-1/2} \cdot (-2ab\sin\gamma) \\
&= -\frac{ab\sin\gamma}{\sqrt{a^2 + b^2 + 2ab\cos\gamma}} = -\frac{ab\sin\gamma}{c}.
\end{aligned}$$

Wegen

$$\begin{aligned}
a^2 &= (430.56)^2\,\text{m}^2 = 185381.9136\,\text{m}^2 \\
b^2 &= (492.83)^2\,\text{m}^2 = 242881.4089\,\text{m}^2 \\
a \cdot b &= 430.56 \cdot 492.83\,\text{m}^2 = 212192.8848\,\text{m}^2 \\
\cos\gamma &= \cos 92.14° = -0.03734
\end{aligned}$$

ergibt sich für c

$$c = \sqrt{a^2 + b^2 - 2ab\cos\gamma} = 660.444\,\text{m}$$

und im Bogenmaß ist $\phi_\gamma = \frac{\pi}{180°} \cdot 0.01° = 0.000175$. Damit ergibt sich für den absoluten Maximalfehler

$$\begin{aligned}
\Delta c_{\max} &= \pm\left(\left|\frac{a + b\cos\gamma}{c}\phi_a\right| + \left|\frac{b + a\cos\gamma}{c}\phi_b\right|\right. \\
&\quad \left. + \left|\frac{ab\sin\gamma}{c}\phi_\gamma\right|\right)\text{m} \\
&= \pm\left(\left|\frac{430.56 + 492.83\cos 92.14°}{660.444}0.05\right|\right. \\
&\quad + \left|\frac{492.83 + 430.56\cos 92.14°}{660.444}0.05\right| \\
&\quad \left. + \left|\frac{430.56 \cdot 492.83\sin 92.14°}{660.444}0.000175\right|\right)\text{m} \\
&= \pm\,(0.0312 + 0.0361 + 0.05619)\,\text{m} \\
&= \pm\,0.0923\,\text{m} = \pm 9.23\,\text{cm}.
\end{aligned}$$

Wir erhalten für c die Abschätzung

$$660.444\,\text{m} - 9.23\,\text{cm} \le c \le 660.444\,\text{m} + 9.23\,\text{cm}.$$

abhängen. Abhilfe schafft die Betrachtung der Fortpflanzung der relativen Fehler. Es seien

$$\varepsilon_y := \frac{y - \widetilde{y}}{y}, \quad \varepsilon_i := \frac{x_i - \widetilde{x}_i}{x_i}, i = 1, \ldots, k$$

die relativen Fehler von y bzw. von den x_i. Sind $y \neq 0$ und die $x_i \neq 0$, dann gilt

$$\begin{aligned} \varepsilon_y = \frac{y - \widetilde{y}}{y} &= \frac{f(x_1, \ldots, x_k) - f(\widetilde{x}_1, \ldots, \widetilde{x}_k)}{f(x_1, \ldots, x_k)} \\ &= \frac{f(x_1, \ldots, x_k) - f(x_1 + \varepsilon_1 x_1, \ldots, x_k + \varepsilon_k x_k)}{f(x_1, \ldots, x_k)} \\ &\doteq \frac{\varepsilon_1 x_1 \frac{\partial f}{\partial x_1} + \ldots + \varepsilon_k x_k \frac{\partial f}{\partial x_k}}{f(x_1, \ldots, x_k)}, \end{aligned}$$

wobei das Zeichen „$\doteq$" wieder Gleichheit von erster Ordnung bedeutet, weil wir die Taylor-Reihe für $f(x_1 + \varepsilon_1 x_1, \ldots, x_k + \varepsilon_k x_k)$ nach der ersten Ableitung abgebrochen haben.

Damit haben wir das **Fehlerfortpflanzungsgesetz für relative Fehler**

$$\varepsilon_y \doteq \frac{x_1}{f(x_1, \ldots, x_k)} \frac{\partial f}{\partial x_1} \varepsilon_1 + \ldots + \frac{x_k}{f(x_1, \ldots, x_k)} \frac{\partial f}{\partial x_k} \varepsilon_k$$

hergeleitet und damit den Fehler von der Abhängigkeit irgendeiner Skalierung befreit. Die Faktoren

$$\frac{x_i}{f(x_1, \ldots, x_k)} \frac{\partial f}{\partial x_i}$$

geben an, wie stark sich ein relativer Fehler in x_i auf den relativen Fehler ε_y von y auswirkt. Man nennt diese Faktoren **Verstärkungsfaktoren**, aber auch **Konditionszahlen**. Sind die Konditionszahlen betragsmäßig groß, spricht man von einem **schlecht konditionierten Problem**, anderenfalls ist das Problem **gut konditioniert**, denn große Konditionszahlen verstärken offenbar den relativen Fehler in den Daten.

Beispiel

- Beschreibt f die Multiplikation zweier von null verschiedener Zahlen x_1 und x_2, also

$$y = f(x_1, x_2) = x_1 \cdot x_2,$$

dann ergibt sich für den relativen Fehler des Ergebnisses

$$\begin{aligned} \varepsilon_y &= \frac{x_1}{x_1 \cdot x_2} \frac{\partial f}{\partial x_1} \varepsilon_1 + \frac{x_2}{x_1 \cdot x_2} \frac{\partial f}{\partial x_2} \varepsilon_2 \\ &= \frac{x_1 \cdot x_2}{x_1 \cdot x_2} \varepsilon_1 + \frac{x_2 \cdot x_1}{x_1 \cdot x_2} \varepsilon_2 = \varepsilon_1 + \varepsilon_2 . \end{aligned}$$

- Ist $y = f(x) = \sqrt{x}, x \neq 0$, dann folgt

$$\varepsilon_y = \frac{x}{\sqrt{x}} \frac{1}{2} \frac{1}{\sqrt{x}} \varepsilon_x = \frac{1}{2} \varepsilon_x .$$

◀

Allerdings ist unsere hier definierte Kondition unhandlich, weil sie zum einen k verschiedene Zahlen umfasst, zum anderen aber nur für $y \neq 0$ oder $x_i \neq 0, i = 1, \ldots, k$, Sinn macht. Daher verwendet man in der Numerik andere Konditionsbegriffe, die wir nun beschreiben wollen.

2.3 Kondition und Stabilität

Konditionszahlen beschreiben die Robustheit von Rechenoperationen gegenüber Fehlern

Grob gesprochen und hier nur für den Fall von Funktionen $f\colon \mathbb{R} \to \mathbb{R}$ soll die **Kondition** ausdrücken, wie empfindlich eine Funktion f auf Änderungen ihres Arguments x reagiert. Diesem Wunsch entspricht etwa schon der folgende Ausdruck, den wir als **Kondition der Funktion f an der Stelle** $x \neq 0$ bezeichnen können und für den wir $f(x) \neq 0$ fordern müssen:

$$\operatorname{cond}_\varepsilon(f)(x) := \max_{|x - \widetilde{x}| < \varepsilon} \left\{ \frac{\left| \frac{f(x) - f(\widetilde{x})}{f(x)} \right|}{\left| \frac{x - \widetilde{x}}{x} \right|} \right\}.$$

Diese Kondition gibt an, wie sich der maximale relative Fehler der Funktion ändert, wenn sich x ändert. Unsere Kondition hängt noch von ε ab und es wäre schön, den Fall $\varepsilon \to 0$ betrachten zu können. Ist f differenzierbar, dann gilt in erster Näherung nach dem Mittelwertsatz

$$f(x) - f(\widetilde{x}) \doteq f'(x)(x - \widetilde{x})$$

und es folgt

$$\operatorname{cond}(f)(x) := \lim_{\varepsilon \to 0} \operatorname{cond}_\varepsilon(f)(x) = \left| \frac{f'(x) \cdot x}{f(x)} \right|.$$

Beispiel

- Ist $f(x) = \sqrt{x}$, dann folgt

$$\operatorname{cond}(f)(x) = \left| \frac{\frac{1}{2\sqrt{x}} \cdot x}{\sqrt{x}} \right| = \frac{1}{2}$$

und wir erhalten dieselbe Konditionszahl wie in unserem letzten Beispiel im vorhergehenden Abschnitt. Die Operation „Wurzelziehen" ist also gut konditioniert, denn der relative Fehler in x wird durch das Wurzelziehen halbiert.

- Ist $f(x) = \frac{20}{1-x^4}$, dann ist $f'(x) = \frac{80x^3}{(1-x^4)^2}$ und damit

$$\operatorname{cond}(f)(x) = \left| \frac{\frac{80x^4}{(1-x^4)^2}}{\frac{20}{1-x^4}} \right| = \frac{4x^4}{|1 - x^4|}.$$

Ist $|x|$ nahe 1, dann ist die Kondition von f groß, die Funktion also in der Nähe von $x = 1$ und $x = -1$ schlecht konditioniert, weil Fehler in x verstärkt werden.

- Die Auswertung der Funktion $f(x) = \ln x$ in der Nähe von $x = 0$ ist schlecht konditioniert, denn wegen $f'(x) = 1/x$ folgt

$$\operatorname{cond}(f)(x) = \left|\frac{\frac{1}{x}x}{\ln x}\right| = \frac{1}{|\ln x|} \to \infty, \quad x \to 0. \quad ◀$$

Unsere oben für reellwertige Funktionen eingeführte Kondition können wir natürlich auch auf Funktionen $f : \mathbb{R}^n \to \mathbb{R}^m$ ausweiten. Dazu müssen wir nur bemerken, dass unsere Definition auch in der folgenden Form geschrieben werden kann.

Relative und absolute Konditionszahl

- Die **relative Konditionszahl** einer Funktion $f : \mathbb{R} \to \mathbb{R}$ an der Stelle x ist die kleinste Zahl $\operatorname{cond}_{\text{rel}}(f)(x) > 0$, für die gilt:

$$\frac{|f(x) - f(\widetilde{x})|}{|f(x)|} \le \operatorname{cond}_{\text{rel}}(f)(x) \cdot \frac{|x - \widetilde{x}|}{|x|}, \; x \to \widetilde{x}.$$

- Die **relative Konditionszahl** einer Funktion $\boldsymbol{f} : \mathbb{R}^n \to \mathbb{R}^m$ an der Stelle $\boldsymbol{x} \in \mathbb{R}^n$ ist die kleinste Zahl $\operatorname{cond}_{\text{rel}}(\boldsymbol{f})(\boldsymbol{x}) > 0$, für die gilt:

$$\frac{\|\boldsymbol{f}(\boldsymbol{x}) - \boldsymbol{f}(\widetilde{\boldsymbol{x}})\|}{\|\boldsymbol{f}(\boldsymbol{x})\|} \le \operatorname{cond}_{\text{rel}}(\boldsymbol{f})(\boldsymbol{x}) \cdot \frac{\|\boldsymbol{x} - \widetilde{\boldsymbol{x}}\|}{\|\boldsymbol{x}\|}, \; \boldsymbol{x} \to \widetilde{\boldsymbol{x}}.$$

- Die **absolute Konditionszahl** einer Funktion $\boldsymbol{f} : \mathbb{R}^n \to \mathbb{R}^m$ an der Stelle $\boldsymbol{x} \in \mathbb{R}^n$ ist die kleinste Zahl $\operatorname{cond}_{\text{abs}}(\boldsymbol{f})(\boldsymbol{x}) > 0$, für die gilt:

$$\|\boldsymbol{f}(\boldsymbol{x}) - \boldsymbol{f}(\widetilde{\boldsymbol{x}})\| \le \operatorname{cond}_{\text{abs}}(\boldsymbol{f})(\boldsymbol{x}) \cdot \|\boldsymbol{x} - \widetilde{\boldsymbol{x}}\|, \; \boldsymbol{x} \to \widetilde{\boldsymbol{x}}.$$

Mithilfe des Mittelwertsatzes sieht man sofort:

Lemma Ist die Funktion $\boldsymbol{f} : \mathbb{R}^n \to \mathbb{R}^m$ stetig differenzierbar, dann gelten

$$\operatorname{cond}_{\text{abs}}(\boldsymbol{f})(\boldsymbol{x}) \doteq \|\boldsymbol{f}'(\boldsymbol{x})\|$$

und

$$\operatorname{cond}_{\text{rel}}(\boldsymbol{f})(\boldsymbol{x}) \doteq \frac{\|\boldsymbol{x}\|}{\|\boldsymbol{f}(\boldsymbol{x})\|}\|\boldsymbol{f}'(\boldsymbol{x})\|. \quad ◀$$

Dabei ist $\boldsymbol{f}'(\boldsymbol{x})$ die Jacobi-Matrix von $\boldsymbol{f}$ und

$$\|\boldsymbol{f}'(\boldsymbol{x})\| := \sup_{\|\boldsymbol{y}\|=1} \|\boldsymbol{f}'(\boldsymbol{x})\boldsymbol{y}\|$$

die zur Vektornorm gehörige **Matrixnorm**.

Besonders interessant ist die Kondition bei der numerischen Lösung von linearen Gleichungssystemen, wie wir später sehen werden. Sei $\boldsymbol{A} \in \mathbb{R}^{n \times n}$ regulär und $\boldsymbol{b} \in \mathbb{R}^n$, dann können wir die Abhängigkeit der Lösung von $\boldsymbol{A}\boldsymbol{x} = \boldsymbol{b}$ von der rechten Seite $\boldsymbol{b}$ untersuchen durch die Funktion

$$\boldsymbol{f}(\boldsymbol{b}) := \boldsymbol{A}^{-1}\boldsymbol{b}.$$

Die Jacobi-Matrix ist gerade $\boldsymbol{f}'(\boldsymbol{b}) = \boldsymbol{A}^{-1}$ und daher folgt das nachstehende Lemma.

Lemma Die absolute Konditionszahl des linearen Gleichungssystems bei Störungen in $\boldsymbol{b}$ ist

$$\operatorname{cond}_{\text{abs}}(\boldsymbol{f})(\boldsymbol{x}) \doteq \|\boldsymbol{A}^{-1}\|$$

und die relative Konditionszahl ist

$$\operatorname{cond}_{\text{rel}}(\boldsymbol{f})(\boldsymbol{x}) \doteq \frac{\|\boldsymbol{A}\boldsymbol{x}\|}{\|\boldsymbol{x}\|}\|\boldsymbol{A}^{-1}\|. \quad ◀$$

Wegen $\|\boldsymbol{A}\boldsymbol{x}\| \le \|\boldsymbol{A}\|\|\boldsymbol{x}\|$ verwendet man die folgende Definition.

Kondition linearer Gleichungssysteme

Die **relative Konditionszahl eines linearen Gleichungssystems** ist definiert als die **Kondition der Matrix** $\boldsymbol{A}$,

$$\kappa(\boldsymbol{A}) := \|\boldsymbol{A}\|\|\boldsymbol{A}^{-1}\|.$$

Eigentlich haben wir diese Definition nur für Störungen der rechten Seite $\boldsymbol{b}$ herausgearbeitet, aber wir werden später sehen, dass man auch bei der Betrachtung von Störungen in der Matrix $\boldsymbol{A}$ auf denselben Ausdruck kommt. In der Praxis sind in der Regel *beide* Größen, Matrix $\boldsymbol{A}$ und rechte Seite $\boldsymbol{b}$, durch Messfehler etc. gestört.

Auch andere Konditionszahlen sind durchaus sinnvoll, so z. B. die **relative komponentenweise Kondition** für Abbildungen $\boldsymbol{f} : \mathbb{R}^n \to \mathbb{R}^m$, definiert als die kleinste positive Zahl κ_r, für die

$$\max_{i=1,2,\ldots,m} \frac{|f_i(x) - f_i(\widetilde{x})|}{|f_i(x)|} \le \kappa_r \max_{i=1,2,\ldots,n} \frac{|x_i - \widetilde{x}_i|}{|x_i|}, \quad \boldsymbol{x} \to \widetilde{\boldsymbol{x}}.$$

Der Spektralradius einer Matrix

Es sei $\boldsymbol{A} \in \mathbb{C}^{n \times n}$ eine quadratische Matrix und $\lambda \in \mathbb{C}$ ein Eigenwert von $\boldsymbol{A}$. Man nennt

$$\sigma(\boldsymbol{A}) := \{\lambda \mid \lambda \text{ ist Eigenwert von } \boldsymbol{A}\}$$

das **Spektrum** von $\boldsymbol{A}$. Die Zahl

$$\rho(\boldsymbol{A}) := \max_{\lambda \in \sigma(\boldsymbol{A})} \{|\lambda|\}$$

heißt **Spektralradius** von $\boldsymbol{A}$. Der Spektralradius ist also der betragsmäßig größte Eigenwert der Matrix.

Kapitel 2

Hintergrund und Ausblick: Vektornormen und Matrixnormen

Hier führen wir nun Normen auch für Matrizen ein.

Für Vektoren $\boldsymbol{x} \in \mathbb{R}^n$ kennen wir die Normen

$$\|\boldsymbol{x}\|_1 := |x_1| + |x_2| + \ldots + |x_n| = \sum_{i=1}^{n} |x_i|$$

$$\|\boldsymbol{x}\|_2 := (|x_1|^2 + \ldots + |x_n|^2)^{1/2} = \sqrt{\sum_{i=1}^{n} |x_i|^2}$$

$$\|\boldsymbol{x}\|_\infty := \max_{1\le i\le n} |x_i|,$$

die man 1-Norm, Euklidische Norm bzw. Maximumsnorm nennt. Für Matrizen $\boldsymbol{A} \in \mathbb{K}^{m\times n}$ ($\mathbb{K} \in \{\mathbb{R}, \mathbb{C}\}$) heißt eine Abbildung $\|\cdot\|_{\mathbb{K}^n\to\mathbb{K}^m} : \mathbb{K}^{m\times n} \to \mathbb{R}$ **Matrixnorm**, wenn die drei Normaxiome

$$\|\boldsymbol{A}\|_{\mathbb{K}^n\to\mathbb{K}^m} > 0 \quad \text{für } \boldsymbol{A} \neq 0;\ \|\boldsymbol{0}\|_{\mathbb{K}^n\to\mathbb{K}^m} = 0,$$
$$\|\alpha\boldsymbol{A}\|_{\mathbb{K}^n\to\mathbb{K}^m} = |\alpha| \cdot \|\boldsymbol{A}\|_{\mathbb{K}^n\to\mathbb{K}^m},$$
$$\|\boldsymbol{A} + \boldsymbol{B}\|_{\mathbb{K}^n\to\mathbb{K}^m} \le \|\boldsymbol{A}\|_{\mathbb{K}^n\to\mathbb{K}^m} + \|\boldsymbol{B}\|_{\mathbb{K}^n\to\mathbb{K}^m},$$

erfüllt sind. Unsere temporäre Notation $\|\cdot\|_{\mathbb{K}^n\to\mathbb{K}^m}$ trägt dabei der Tatsache Rechnung, dass Matrizen $\boldsymbol{A} \in \mathbb{K}^{m\times n}$ die Darstellungsmatrizen linearer Abbildungen von $\mathbb{K}^n$ nach $\mathbb{K}^m$ sind. Eine Matrixnorm heißt **von der Vektornorm** $\|\cdot\|_{\mathbb{K}^n}$ **induziert**, wenn

$$\|\boldsymbol{A}\|_{\mathbb{K}^n\to\mathbb{K}^m} = \max_{\boldsymbol{x}\neq\boldsymbol{0}} \frac{\|\boldsymbol{A}\boldsymbol{x}\|_{\mathbb{K}^m}}{\|\boldsymbol{x}\|_{\mathbb{K}^n}} = \max_{\|\boldsymbol{x}\|_{\mathbb{K}^n}=1} \|\boldsymbol{A}\boldsymbol{x}\|_{\mathbb{K}^m}$$

gilt; das ist gerade die Operatornorm für Matrizen. Anschaulich gibt die induzierte Matrixnorm also den maximalen Streckungsfaktor an, der durch Anwendung der Matrix $\boldsymbol{A}$ auf einen Einheitsvektor möglich ist. Äquivalent kann man $\|\boldsymbol{A}\|_{\mathbb{K}^n\to\mathbb{K}^m} = \min_{r\ge 0}\{\|\boldsymbol{A}\boldsymbol{x}\|_{\mathbb{K}^m} \le r\|\boldsymbol{x}\|_{\mathbb{K}^n} \text{ für alle } \boldsymbol{x} \neq 0\}$ bzw.

$$\|\boldsymbol{A}\|_{\mathbb{K}^n\to\mathbb{K}^m} = \min_{r\ge 0}\{\|\boldsymbol{A}\boldsymbol{x}\|_{\mathbb{K}^m} \le r \text{ für alle } \|\boldsymbol{x}\|_{\mathbb{K}^n} = 1\}$$

definieren. Eine Matrixnorm heißt **verträglich mit einer Vektornorm**, wenn

$$\|\boldsymbol{A}\boldsymbol{x}\|_{\mathbb{K}^m} \le \|\boldsymbol{A}\|_{\mathbb{K}^n\to\mathbb{K}^m}\|\boldsymbol{x}\|_{\mathbb{K}^n}$$

gilt. Es folgt unmittelbar aus der Definition der induzierten Matrixnorm, dass alle induzierten Matrixnormen mit ihren zugehörigen Vektornormen verträglich sind. Die zu unseren Vektornormen $\|\cdot\|_1$ und $\|\cdot\|_\infty$ gehörigen induzierten Matrixnormen sind

$$\|\boldsymbol{A}\|_1 := \max_{k=1,\ldots,m} \sum_{i=1}^{n} |a_{ik}|,$$

$$\|\boldsymbol{A}\|_\infty := \max_{i=1,\ldots,n} \sum_{k=1}^{m} |a_{ik}|, \qquad (2.1)$$

die man **Spaltensummennorm** bzw. **Zeilensummennorm** nennt. Zur Bestimmung von $\|\boldsymbol{A}\|_2$ müssen wir erst noch weitere Begriffe in der Vertiefungsbox auf S. 25 kennenlernen, wir können Sie aber schon veranschaulichen. Wir betrachten die Matrix $\boldsymbol{A} = \begin{pmatrix} 1 & 3 \\ -1 & 3 \end{pmatrix}$ und berechnen $\boldsymbol{A}\boldsymbol{x}$ für alle $\boldsymbol{x}$ auf dem Einheitskreis.

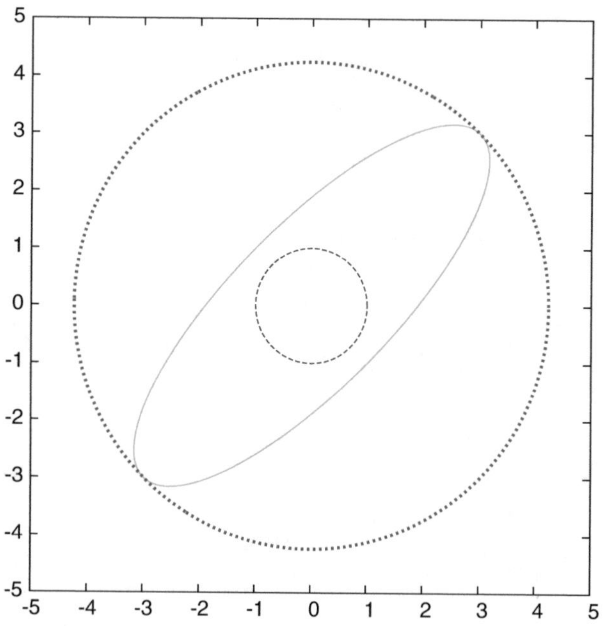

Der blaue Kreis ist die Menge $\|\boldsymbol{x}\|_2 = 1$, die grüne Ellipse die Menge $\|\boldsymbol{A}\boldsymbol{x}\|_2$. Nach Definition ist $\|\boldsymbol{A}\|_2$ der Radius r des kleinsten Kreises, für den $\|\boldsymbol{A}\boldsymbol{x}\|_2 \le r$ ist, also im Bild der große rote Kreis. Maximal lange Vektoren in der grünen Ellipse sind $(-3, -3)^\top$ und $(3, 3)^\top$. Es ist daher $\|\boldsymbol{A}\|_2 = \max_{\|\boldsymbol{x}\|_2=1} \|\boldsymbol{A}\boldsymbol{x}\|_2 = \sqrt{3^2 + 3^2} = \sqrt{18}$.

Die Norm

$$\|\boldsymbol{A}\|_F := \sqrt{\sum_{i=1}^{n}\sum_{k=1}^{m} |a_{ik}|^2}$$

heißt **Frobenius-Norm**. Sie ist **keine** induzierte Matrixnorm, denn für die Einheitsmatrix $\boldsymbol{I} \in \mathbb{R}^n$ gilt $\|\boldsymbol{I}\|_F = \sqrt{n}$, während für alle induzierten Matrixnormen nach Definition

$$\|\boldsymbol{I}\| = \max_{\|\boldsymbol{x}\|=1} \|\boldsymbol{I}\boldsymbol{x}\| = \max_{\|\boldsymbol{x}\|=1} \|\boldsymbol{x}\| = 1$$

gelten muss. Obwohl also zu der Frobenius-Norm keine Vektornorm gefunden werden kann, spielt sie in der numerischen Linearen Algebra eine wichtige Rolle. Das liegt auch daran, dass sich die Hoffnung, eine einfache Form für die durch die Euklidische Vektornorm induzierte Matrixnorm zu finden, nicht erfüllt.

Unter der Lupe: Die Frobenius-Norm

Wir müssen noch zeigen, dass die Frobenius-Norm tatsächlich die Normaxiome für Matrixnormen erfüllt. Darüber hinaus zeigen wir noch, dass die Frobenius-Norm verträglich mit der Euklidischen Vektornorm ist und dass alle induzierten Matrixnormen submultiplikativ sind.

Wir wollen zeigen, dass die Frobenius-Norm

$$\|A\|_F = \sqrt{\sum_{i=1}^{n}\sum_{k=1}^{m} |a_{ik}|^2}$$

einer $m \times n$ Matrix A tatsächlich eine Norm ist. Dazu definieren wir auf der Menge $\mathbb{C}^{m\times n}$ ein unitäres Skalarprodukt und machen die komplexen $m \times n$-Matrizen damit zu einem unitären Vektorraum.

Lemma Die Abbildung $\langle\cdot,\cdot\rangle_F : \mathbb{C}^{m\times n} \times \mathbb{C}^{m\times n} \to \mathbb{C}$, definiert durch

$$\langle A, B\rangle_F := \mathrm{Sp}(B^*A),$$

ist ein unitäres Skalarprodukt auf dem Raum der Matrizen aus $\mathbb{C}^{m\times n}$, wobei Sp die Spur der Matrix bezeichnet. Es wird als **Frobenius-** oder **Hilbert-Schmidt-Skalarprodukt** bezeichnet.

Beweis Wir haben für $A, B, C \in \mathbb{C}^{m\times n}$ und $\lambda \in \mathbb{C}$ zu zeigen

(i) $\langle A + B, C\rangle_F = \langle A, C\rangle_F + \langle B, C\rangle_F$ und $\langle\lambda A, B\rangle_F = \lambda\langle A, B\rangle_F$,
(ii) $\langle A, B\rangle_F = \overline{\langle B, A\rangle_F}$,
(iii) $\langle A, A\rangle_F \geq 0$ und $\langle A, A\rangle_F = 0 \Leftrightarrow A = \mathbf{0}$.

Zu Beginn bemerken wir, dass für zwei Matrizen $A, B \in \mathbb{C}^{m\times n}$ die Spur des Produkts B^*A durch $\mathrm{Sp}(B^*A) = \sum_{i=1}^{n}\sum_{k=1}^{m} \overline{b_{ki}}a_{ki}$ gegeben ist.

Um (i) zu zeigen, rechnen wir $\langle A + B, C\rangle_F = \mathrm{Sp}(C^*(A + B)) = \mathrm{Sp}(C^*A) + \mathrm{Sp}(C^*B) = \langle A, C\rangle_F + \langle B, C\rangle_F$ und $\langle\lambda A, B\rangle_F = \mathrm{Sp}(B^*(\lambda A)) = \lambda\mathrm{Sp}(B^*A) = \lambda\langle A, B\rangle_F$.

Um (ii) einzusehen, notieren wir $\langle B, A\rangle_F = \mathrm{Sp}(A^*B) = \sum_{i=1}^{n}\sum_{k=1}^{m} \overline{a_{ki}}b_{ki}$, also folgt $\overline{\langle B, A\rangle_F} = \overline{\sum_{i=1}^{n}\sum_{k=1}^{m} \overline{a_{ki}}b_{ki}} = \sum_{i=1}^{n}\sum_{k=1}^{m} a_{ki}\overline{b_{ki}} = \mathrm{Sp}(B^*A) = \langle A, B\rangle_F$. Die Bedingung (iii) folgt einfach aus $\langle A, A\rangle_F = \mathrm{Sp}(A^*A) = \sum_{i=1}^{n}\sum_{k=1}^{m} \overline{a_{ki}}a_{ki} = \sum_{i=1}^{n}\sum_{k=1}^{m} |a_{ki}|^2$. ■

Der Beweis zeigt, dass die Frobenius-Norm diejenige Norm ist, die **durch das Skalarprodukt $\langle A, B\rangle_F$ erzeugt wird**, d. h., es gilt

$$\|A\|_F = \sqrt{\langle A, A\rangle_F} = \mathrm{Sp}(A^*A).$$

Damit ist die Frobenius-Norm eine Norm im unitären Vektorraum der $m \times n$-Matrizen mit Einträgen aus $\mathbb{C}$.

Obwohl die Frobenius-Norm *nicht* von irgendeiner Vektornorm induziert ist, ist sie dennoch **verträglich mit der Euklidischen Vektornorm** $\|\cdot\|_2$, d. h., es gilt für $A \in \mathbb{C}^{m\times n}$ und $x \in \mathbb{C}^n$

$$\|Ax\|_2 \leq \|A\|_F\|x\|_2 .$$

Der Nachweis geschieht durch einfaches Ausrechnen wie folgt:

$$\|Ax\|_2^2 = \left\|\left(\sum_{j=1}^{n} a_{1j}x_j, \ldots, \sum_{j=1}^{n} a_{mj}x_j\right)^{\mathsf{T}}\right\|_2^2 = \sum_{i=1}^{m}\left|\sum_{j=1}^{n} a_{ij}x_j\right|^2 .$$

Wir stellen nun das Betragsquadrat

$$\left|\sum_{j=1}^{n} a_{ij}x_j\right|^2 = \overline{(a_{i1}x_1 + \ldots + a_{in}x_n)}(a_{i1}x_1 + \ldots + a_{in}x_n)$$

als Betragsquadrat eines unitären Skalarproduktes dar und bemühen dann die Cauchy-Schwarz'sche Ungleichung. Dazu sei a_i der i-te Zeilenvektor in A:

$$\|Ax\|_2^2 = \sum_{i=1}^{m}\left|\sum_{j=1}^{n} a_{ij}x_j\right|^2 = \sum_{i=1}^{m} |\overline{a}_i \cdot x|^2 \leq \sum_{i=1}^{m} \|\overline{a}_i\|_2^2\|x\|_2^2 = \|A\|_F\|x\|_2 .$$

Häufig findet man bei den Normaxiomen noch ein viertes Axiom, die **Submultiplikativität**

$$\|AB\| \leq \|A\|\|B\| .$$

Für induzierte Normen braucht man dieses Axiom nicht zu fordern, denn aus der Verträglichkeitsbedingung folgt direkt

$$\|AB\| = \max_{\|x\|=1} \|ABx\| \leq \max_{\|x\|=1} \|A\|\|Bx\| = \|A\| \max_{\|x\|=1} \|Bx\| = \|A\|\|B\|.$$

Da auch die Frobenius-Norm die Verträglichkeitsbedingung mit der Euklidischen Vektornorm erfüllt, gilt für sie ebenfalls die Submultiplikativität:

$$\|AB\|_F \leq \|A\|_F\|B\|_F .$$

Beispiel Die Matrix $A =$

$$\begin{pmatrix} 1 & -3 & 0 & -3 & -1 & 0 & -2 & 1 & 1 \\ 2 & -3 & 1 & 1 & 0 & 0 & -2 & 1 & 2 \\ 1 & 2 & -2 & 1 & -2 & 3 & 3 & -1 & 1 \\ 1 & -1 & -1 & 1 & 0 & 1 & -2 & 1 & -1 \\ 0 & -2 & 2 & -1 & 1 & 0 & 3 & 0 & 2 \\ -2 & 0 & -1 & -2 & 3 & -3 & -1 & -1 & -2 \\ -1 & -2 & 1 & 1 & 2 & -2 & 2 & 0 & 3 \\ 3 & 3 & 0 & 2 & -2 & 3 & -2 & 2 & 2 \\ -1 & -3 & 1 & 2 & 0 & -3 & 2 & 2 & 1 \end{pmatrix}$$

hat das Spektrum

$$\begin{aligned} \lambda_1 &= -1.252, \quad |\lambda_1| = 1.252, \\ \lambda_{2,3} &= -3.839 \pm 1.978\mathrm{i}, \quad |\lambda_{2,3}| = 4.319, \\ \lambda_{4,5} &= -1.754 \pm 2.468\mathrm{i}, \quad |\lambda_{4,5}| = 3.028, \\ \lambda_{6,7} &= 1.409 \pm 1.678\mathrm{i}, \quad |\lambda_{6,7}| = 2.191, \\ \lambda_{8,9} &= 4.810 \pm 1.975\mathrm{i}, \quad |\lambda_{8,9}| = 5.2, \end{aligned}$$

die mit einer numerischen Methode aus Kap. 6 bestimmt und auf drei Nachkommastellen gerundet wurden. Damit ist der Spektralradius $\rho(A) = 5.2$. Die Bezeichnung „Spektral*radius*" erklärt sich, wenn wir einen Blick auf die Lage der Eigenwerte in der komplexen Ebene werfen. Der Spektralradius ist der Radius des kleinsten Kreises, der alle Eigenwerte enthält.

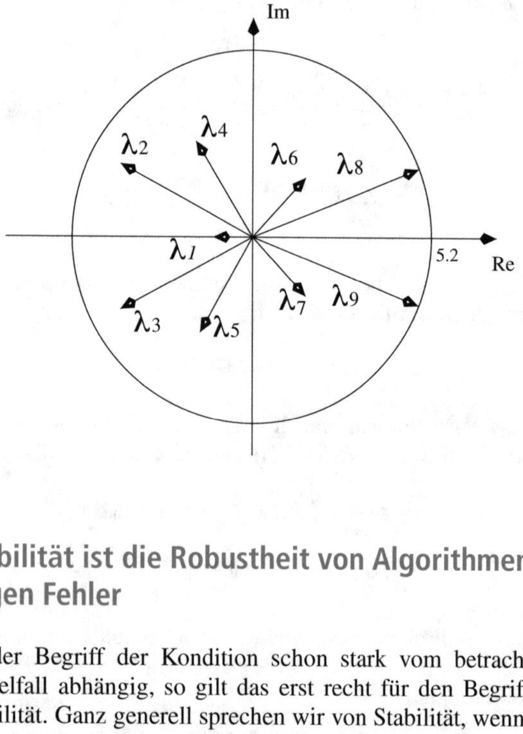

◀

Stabilität ist die Robustheit von Algorithmen gegen Fehler

Ist der Begriff der Kondition schon stark vom betrachteten Einzelfall abhängig, so gilt das erst recht für den Begriff der Stabilität. Ganz generell sprechen wir von Stabilität, wenn eine Funktionsauswertung, ein Algorithmus etc. nicht anfällig für die Fehler (seien es Rundungs- oder Diskretisierungsfehler) in den Eingabedaten ist. Ein schon recht komplexes Beispiel haben wir bereits in der Einleitung zu diesem Kapitel bei der numerischen Lösung der Wärmeleitungsgleichung kennengelernt. Ein deutlich einfacheres Beispiel, das die Breite des Stabilitätsbegriffs beleuchten soll, ist die Berechnung der Funktion

$$f(x) = \sqrt{x+1} - \sqrt{x}$$

für $x = 10^5$. An diesem Beispiel wird klar, dass die so ähnlich formulierten Begriffe „Kondition" und „Stabilität" doch verschiedene Sachverhalte beschreiben. Die Funktion f hat eine kleine Kondition; ein Algorithmus zur aktuellen Berechnung von f an einer Stelle x kann jedoch durchaus instabil sein.

Selbstfrage 4

Zeigen Sie, dass die relative Konditionszahl von f für große x näherungsweise $1/2$ ist.

Die Funktion selbst ist also ganz und gar harmlos. Wir wollen nun f an der Stelle $x = 10^5$ mit folgenden Algorithmus berechnen:

$$\begin{aligned} y_0 &:= x; \\ y_1 &:= y_0 + 1; \\ y_2 &:= \sqrt{y_1}; \\ y_3 &:= \sqrt{y_0}; \\ y &:= y_2 - y_3; \end{aligned}$$

Die Kondition der letzten Operation als Funktion von y_3, also $g(y_3) := y_2 - y_3$, berechnet sich zu

$$\left| \frac{g'(y_3) y_3}{y_3} \right| = \left| \frac{y_3}{y_2 - y_3} \right| = 200\,000.$$

Die Kondition dieses Schrittes im Algorithmus ist also 400 000-mal größer als die Kondition von f selbst, was an dem Phänomen der Auslöschung liegt!

Der vorgeschlagene Algorithmus ist daher instabil. Ein weitaus besserer Weg zur Berechnung von $f = \sqrt{x+1} - \sqrt{x}$ bei großen Argumenten ist die Berechnung von

$$h(x) = \frac{1}{\sqrt{x+1} - \sqrt{x}} = \sqrt{x+1} + \sqrt{x}$$

und die anschließende Invertierung.

Direkte und iterative Verfahren sind zwei grundsätzlich verschiedene numerische Ansätze

Am Beispiel unseres abstrakten Problems

$$Tu = 0$$

Hintergrund und Ausblick: Wie hängen Spektrum und induzierte Matrixnorm zusammen?

Wir haben induzierte Matrixnormen für die Vektornormen $\|\cdot\|_1$ und $\|\cdot\|_\infty$ eingeführt, aber die Bestimmung der von $\|\cdot\|_2$ induzierten Matrixnorm hatten wir verschoben. Nun können wir nicht nur diese Norm einführen, sondern auch die Beziehungen zwischen Matrixnormen und Spektrum erklären.

Wir bezeichnen mit $A^* := \overline{A}^T$ die komplex konjugierte Matrix einer Matrix $A \in \mathbb{C}^{n \times n}$.

Satz Es gilt

$$\|A\|_2 = \sqrt{\rho(A^*A)}.$$

Diese Norm heißt daher auch **Spektralnorm**. ◀

Beweis Die Matrix A^*A ist hermitesch, also existiert eine unitäre Transformationsmatrix $S \in \mathbb{C}^{n\times n}$ mit $S^*(A^*A)S = \operatorname{diag}(\lambda_1, \ldots, \lambda_n)$. Sind $s_1, \ldots, s_n$ die Spalten der Matrix S, dann lässt sich jeder Vektor $x \in \mathbb{C}^n$ in der Form $x = \sum_{i=1}^n \alpha_i s_i$ mit $\alpha \in \mathbb{C}$ darstellen und es gilt $A^*Ax = \sum_{i=1}^n \lambda_i \alpha_i s_i$. Damit folgt mit dem Euklidischen Skalarprodukt $\langle \cdot, \cdot \rangle$

$$\begin{aligned}
\|Ax\|_2^2 &= \langle Ax, Ax\rangle = \langle x, A^*Ax\rangle \\
&= \left\langle \sum_{i=1}^n \alpha_i s_i, \sum_{i=1}^n \lambda_i \alpha_i s_i \right\rangle = \sum_{i=1}^n \langle \alpha_i s_i, \lambda_i \alpha_i s_i\rangle \\
&= \sum_{i=1}^n \lambda_i |\alpha_i|^2 \le \rho(A^*A) \sum_{i=1}^n |\alpha_i|^2 = \rho(A^*A)\|x\|_2^2,
\end{aligned}$$

also

$$\frac{\|Ax\|_2^2}{\|x\|_2^2} \le \rho(A^*A).$$

Die Gleichheit ergibt sich durch Betrachtung des Eigenvektors s_j zum betragsgrößten Eigenwert λ_j. Aus der obigen Rechnung folgt $0 \le \|As_i\|_2^2 = \lambda_i, \quad i = 1, \ldots, n$, und damit folgt

$$\frac{\|As_j\|_2^2}{\|s_j\|_2^2} = \frac{\lambda_j \|s_j\|_2^2}{\|s_j\|_2^2} = \lambda_j = \rho(A^*A).$$ ■

Satz Ist $A \in \mathbb{C}^{n\times n}$, dann gelten

(a) $\rho(A) \le \|A\|$ für jede induzierte Matrixnorm,
(b) $\|A\|_2 = \rho(A)$ falls A hermitesch. ◀

Beweis (a) Sei $\lambda \in \mathbb{C}$ der betragsgrößte Eigenwert von A zum Eigenvektor $s \in \mathbb{C}^n \backslash \{0\}$, von dem wir $\|s\| = 1$ annehmen dürfen. Dann folgt $\|A\| = \max_{\|x\|=1} \|Ax\| \ge \|As\| = |\lambda|\|s\| = |\lambda|$.

(b) Ist A hermitesch, dann ist $\|A\|_2 = \sqrt{\rho(A^*A)} = \sqrt{\rho(A^2)}$. Weil es zu jeder hermiteschen Matrix eine unitäre Transformationsmatrix S gibt mit $S^*AS = \operatorname{diag}(\lambda_1, \ldots, \lambda_n)$, folgt $S^*A^2S = \operatorname{diag}(\lambda_1^2, \ldots, \lambda_n^2)$, also $\rho(A^2) = \rho(A)^2$ und damit $\|A\|_2 = \sqrt{\rho(A^2)} = \sqrt{\rho(A)^2} = \rho(A)$. ■

Satz Zu jeder Matrix $A \in \mathbb{C}^{n\times n}$ und zu jedem $\varepsilon > 0$ gibt es eine induzierte Matrixnorm auf $\mathbb{C}^{n\times n}$, sodass

$$\|A\| \le \rho(A) + \varepsilon.$$ ◀

Beweis Für $n = 1$ ist die Aussage trivial, ebenso für $A = 0$. Für $n \ge 2$ und $A \ne 0$ benötigen wir den Satz von Schur aus der Literatur (vergl. A. Meister: Numerik linearer Gleichungssysteme). Er garantiert die Existenz einer unitären Matrix $U \in \mathbb{C}^{n\times n}$, sodass

$$R = U^*AU = \begin{pmatrix} r_{11} & \cdots & r_{1n} \\ & \ddots & \vdots \\ & & r_{nn} \end{pmatrix}$$

gilt, wobei $\lambda_i = r_{ii}, i = 1, \ldots, n$ die Eigenwerte von A sind. Setze $\alpha := \max_{1\le i,k\le n} |r_{ik}| > 0$ und definiere für vorgegebenes $\varepsilon > 0$

$$\delta := \min\left\{1, \frac{\varepsilon}{(n-1)\alpha}\right\} > 0.$$

Mit der Diagonalmatrix $D := \operatorname{diag}(1, \delta, \delta^2, \ldots, \delta^{n-1})$ erhalten wir

$$C := D^{-1}RD = \begin{pmatrix} r_{11} & \delta r_{12} & \cdots & \cdots & \delta^{n-1} r_{1n} \\ & \ddots & \ddots & & \vdots \\ & & \ddots & \ddots & \vdots \\ & & & \ddots & \delta r_{n-1,n} \\ & & & & r_{nn} \end{pmatrix}$$

Unter Verwendung der Definition von δ folgt

$$\begin{aligned}
\|C\|_\infty &\le \max_{1\le i\le n} |r_{ii}| + (n-1)\delta\alpha = \rho(A) + (n-1)\delta\alpha \\
&\le \rho(A) + \varepsilon.
\end{aligned}$$

Sowohl U als auch D sind reguläre Matrizen, daher ist $\|x\| := \|D^{-1}U^{-1}x\|_\infty$ eine Norm auf $\mathbb{C}^n$. Mit $y := D^{-1}U^{-1}x$ folgt für die induzierte Matrixnorm

$$\begin{aligned}
\|A\| &= \sup_{\|x\|=1} \|Ax\| = \max_{\|D^{-1}U^{-1}x\|=1} \|D^{-1}U^{-1}Ax\|_\infty \\
&= \max_{\|y\|=1} \|D^{-1}U^{-1}AUDy\|_\infty \\
&= \max_{\|y\|_\infty=1} \|Cy\|_\infty = \|C\|_\infty \le \rho(A) + \varepsilon.
\end{aligned}$$ ■

Beispiel: Direkt versus iterativ

Wir wollen uns ein ganz einfaches Problem stellen, nämlich die Berechnung der Wurzel aus 3249, aber **ohne Taschenrechner**! Wir wollen diese Wurzel einmal direkt, und dann iterativ berechnen.

Problemanalyse und Strategie Für die direkte Methode wählen wir das schriftliche Wurzelziehen, wie es vor Einführung von Taschenrechnern üblich war. Als iterative Methode soll das Heron-Verfahren dienen.

Lösung Das schriftliche Wurzelziehen basiert auf der Binomischen Formel

$$(a+b)^2 = a^2 + 2ab + b^2\,,$$

die man von rechts nach links lesen muss und bei der wir die Stellen interpretieren müssen. Eine gegebene Zahl, z. B. 3249, muss also dargestellt werden als die Summe eines Quadrats a^2 einer Ziffer a mit einem Term $2ab$ und schließlich mit einem weiteren Quadrat b^2, und dabei ist auf die Wertigkeit der Stellen zu achten. Es gilt nämlich bei einer vierstelligen Zahl eigentlich $(a \cdot 10 + b \cdot 1)^2 = a^2 \cdot 100 + 2ab \cdot 10 + b^2$. Wir müssen ein a suchen, sodass a^2 in die Nähe der beiden Ziffern 32 unserer gegebenen Zahl fällt, aber sodass $a^2 \leq 32$ ist. In diesem Fall ist $a = 5$. Wir haben also in der Binomischen Formel schon

$$(5+b)^2 = 5^2 \cdot 100 + 2 \cdot 5 \cdot b \cdot 10 + b^2\,,$$

also

$$\underbrace{(5+b)^2}_{=3249} - 5^2 \cdot 100 = 2 \cdot 5 \cdot b \cdot 10 + b^2$$

und so

$$749 = 2 \cdot 5 \cdot b \cdot 10 + b^2\,.$$

Division durch $2 \cdot 5 \cdot 10 = 100$ liefert

$$7.49 = b + \frac{b^2}{100}$$

und damit ist $b = 7$. Unser Ergebnis lautet also

$$\sqrt{3249} = 57\,.$$

Kommen wir nun zum iterativen Wurzelziehen. Nach dem Heron-Verfahren suchen wir die Seitenlänge eines Quadrats, dessen Flächeninhalt 3249 ist. Zu Beginn setzen wir aus Mangel an Information die eine Seite auf $x_0 = 3249$ und die andere auf $y_0 = 1$. In der ersten Iteration setzen wir

$$x_1 = \frac{x_0 + y_0}{2} = 1625$$

und berechnen y_1 aus der Forderung nach dem Erhalt des Flächeninhalts, $x_1 y_1 = 3249$, also $y_1 = 1.9994$. In der zweiten Iteration rechnen wir

$$x_2 = \frac{x_1 + y_1}{2} = 814.4994$$

und erhalten y_2 wieder aus $x_2 y_2 = 3249$, d. h. $y_2 = 3.9890$. Und so geht es weiter. Wir sehen hier, dass die iterative Variante sehr viele Schritte erfordert. Erst in der zehnten Iteration ist das Ergebnis $x = y = 57$ bis auf zwölf Nachkommastellen richtig.

Anders sieht es aus, wenn wir schon vorher wissen, dass $50^2 < 3249$ ist. Dann beginnen wir mit $x_0 = y_0 = 50$. In diesem Fall ergibt die vierte Iteration $x_4 = 57.0000000382$, $y_4 = 56.9999999618$ und in der fünften Iteration ist dann $x_5 = y_5 = 57$ bis auf zwölf Nachkommastellen. Wüssten wir sogar $55^2 < 3249$, dann wäre die Iteration nach dem vierten Durchgang bis auf zwölf Nachkommastellen fertig. Ein wichtiger Faktor bei Iterationsverfahren ist also auch der Startwert.

mit $T : E \to F$, E und F Banach-Räume, können wir uns eine wichtige Unterscheidung von Algorithmen klar machen. Nach Diskretisierung erhalten wir das diskrete Problem

$$T_h u_h = 0$$

mit $T_h : E_h \to F_h$. Gelingt nun die Auflösung dieser Gleichung durch direkte Invertierung von F_h, d. h., können wir u_h durch

$$u_h = T_h^{-1}(0)$$

direkt berechnen, dann sprechen wir von einem **direkten Verfahren**. Ist z. B. $E_h = F_h = \mathbb{R}^n$ und T eine lineare Abbildung, die durch eine reguläre Matrix $\boldsymbol{A} \in \mathbb{R}^{n\times n}$ in der Form $T(\cdot) = \boldsymbol{A}(\cdot) - \boldsymbol{b}$ mit einem Vektor $\boldsymbol{b} \in \mathbb{R}^n$ dargestellt wird, dann wäre der Gauß'sche Algorithmus ein direktes Verfahren, weil sich die Lösung des linearen Gleichungssystems $\boldsymbol{A}\boldsymbol{u}_h = \boldsymbol{b}$ durch direkte elementare Zeilen- oder Spaltenumformungen in $\boldsymbol{A}$ ergibt.

Erreichen wir die Lösung von $T_h u_h = 0$ jedoch über eine Folge $u_h^{(\nu)}$, $\nu = 1, 2, \ldots$ mit $\lim_{\nu\to\infty} u_h^{(\nu)} = u_h$, dann spricht man von einem **iterativen Verfahren**. Im Fall eines quadratischen Gleichungssystems $\boldsymbol{A}\boldsymbol{u}_h = \boldsymbol{b}$ wären das alle Methoden, die ausgehend von einer Startlösung $u_h^{(0)}$ eine Folge von Näherungslösungen erzeugen, z. B. das Gauß-Seidel oder das Jacobi-Verfahren.

Übersicht: Fehlertypen

Wir wollen verschiedene Fehlerarten, die wir in diesem Kapitel besprochen haben, zusammenfassend darstellen.

In der Regel beginnt jedes Problem in der Angewandten Mathematik mit einer **Modellierung**. Dabei wird aus einem naturwissenschaftlichen oder technischen Problem ein mathematisches Modell in Form von Gleichungen gemacht. Ob das mathematische Modell aber wirklich der Realität nahe kommt, ist oft nicht klar, man denke zum Beispiel an die Modellierung einer Leberentzündung, bei der so viele physiologische Vorgänge noch gar nicht sauber verstanden sind, dass man schon über recht einfache Modelle froh ist. Der Fehler, der an dieser Stelle auftritt, ist der **Modellierungsfehler**. Er ist kein Fehler, um den man sich innerhalb der Numerik kümmert!

Ganz anders sieht es mit dem **Rundungsfehler** aus. Computer rechnen nicht mit den reellen Zahlen, sondern mit endlich vielen **Maschinenzahlen**. Ist x eine reelle Zahl und $\widetilde{x}$ die zugehörige Maschinenzahl, dann heißt

$$|x - \widetilde{x}|$$

der **absolut Rundungsfehler** und

$$\left|\frac{x - \widetilde{x}}{x}\right|$$

der **relative Rundungsfehler**. Jeder Computer erlaubt eine kleinste positive Zahl, die noch darstellbar ist. Sie heißt **Maschinengenauigkeit**. Weitere wichtige Begriffe in der Numerik sind **Rundung** und **Abschneiden**.

Wesentlich komplexer ist der **Diskretisierungsfehler** (auch Verfahrensfehler, Abschneidefehler oder Approximationsfehler). Immer, wenn eine Funktion durch eine andere angenähert wird oder wenn ein kontinuierliches Problem durch ein diskretes Problem ersetzt wird, entsteht dieser Fehler. Wir haben eine sehr abstrakte Theorie dieses Fehlertyps geliefert, die Sie vielleicht abgestoßen hat, aber diese Abstraktion an dieser Stelle ist wegen der Breite der konkreten Realisierungen einfach notwendig. Ein Schlüssel zum Prozess der Diskretisierung ist das Diagramm aus Abb. 2.3:

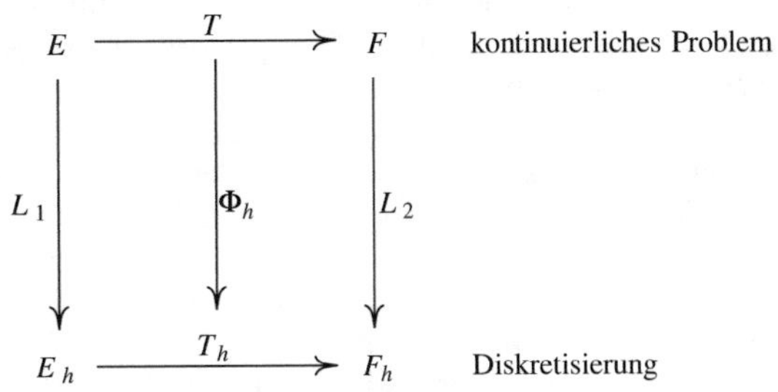

Ein abstraktes Problem $Tu = 0$ mit einem Operator $T\colon E \to F$ wird mithilfe der Abbildungen L_1, L_2, ϕ_h diskretisiert. Das abstrakte Problem $Tu = 0$ besitze genau eine Lösung $z \in E$. Dann ist

$$l_h := T_h L_1(z) = \phi_h(T) L_1(z) \in F_h$$

der **lokale Diskretisierungsfehler** und

$$e_h := \zeta_h - L_1(z) \in E_h$$

der **globale Diskretisierungsfehler**, wobei ζ_h die eindeutig bestimmte Lösung des diskretisierten Problems $T_h u_h = \phi_h(T) L_1(u) = 0$, $u \in E$, $u_h \in E_h$, bezeichnet, deren Existenz wir voraussetzen. Der eigentliche **Diskretisierungs-** oder **Approximations-** oder **Abschneidefehler** ist die Gitterfunktion

$$\psi_h := T_h u_h - (Tu)_h$$

mit $u_h = L_1 u$, $(Tu)_h = L_2(Tu)$. Ist L_2 ein linearer Operator, dann ist wegen $L_2(Tu) = L(0) = 0$ der Diskretisierungsfehler gerade der lokale Diskretisierungsfehler.

Kapitel 2

Unter der Lupe: Laufzeit und Komplexität von Algorithmen – die $\mathcal{O}$s der Informatiker

Bei der Umsetzung von numerischen Algorithmen ist deren Komplexität ein entscheidendes Kriterium für ihre Brauchbarkeit.

Die Anzahl der Operationen, die in einem Algorithmus ausgeführt werden, nennt man die **Komplexität**. Spezialisten unterscheiden noch zwischen **Laufzeit-** und **Speicherkomplexität**. Die Komplexität K lässt sich in vielen Fällen als Funktion einer natürlichen Zahl darstellen: $\mathbb{N} \ni n \mapsto K(n) \in \mathbb{R}$, m.a.W. sind Komplexitäten also Folgen. Die natürliche Zahl n kann die Anzahl von Eingabeparametern sein oder die Anzahl der Elemente einer zu bearbeitenden Matrix etc. Interessant sind nun nicht genaue Formeln für K, sondern asymptotische Aussagen mithilfe der Landau-Symbole. So ist bei der Lösung eines linearen Gleichungssystems mit einer $(n \times n)$-Koeffizientenmatrix die Komplexität der LR-Zerlegung $\mathcal{O}(n^3)$, die Komplexität der eigentlichen Lösung durch Vorwärts- und Rückwärtseinsetzen $\mathcal{O}(n^2)$.

Die Informatik hat sogar noch mehr Landau-Symbole in Gebrauch, als wir sie für die Numerik definiert haben.

Definition der Landau-Symbole Es sei $g\colon \mathbb{N}_0 \to \mathbb{R}$ gegeben.

- $\Omega(g)$ ist die Menge aller $f : \mathbb{N}_0 \to \mathbb{R}$, für die es eine reelle Konstante $c > 0$ und eine natürliche Zahl $n_0 \geq 0$ gibt, sodass für alle natürlichen Zahlen $n \geq n_0$ gilt: $0 \leq cg(n) \leq f(n)$.
- $\mathcal{O}(g)$ ist die Menge aller $f : \mathbb{N}_0 \to \mathbb{R}$, für die es eine reelle Konstante $c > 0$ und eine natürliche Zahl $n_0 \geq 0$ gibt, sodass für alle natürlichen Zahlen $n \geq n_0$ gilt: $0 \leq f(n) \leq cg(n)$.
- $\Theta(g)$ ist die Menge aller $f : \mathbb{N}_0 \to \mathbb{R}$, für die es zwei reelle Konstanten $c_1 > 0, c_2 > 0$ und eine natürliche Zahl $n_0 \geq 0$ gibt, sodass für alle natürlichen Zahlen $n \geq n_0$ gilt: $0 \leq c_1 g(n) \leq f(n) \leq c_2 g(n)$.
- $\omega(g)$ ist die Menge aller $f : \mathbb{N}_0 \to \mathbb{R}$, sodass für alle $c > 0$ eine natürliche Zahl $n_0 \geq 0$ existiert mit: $0 \leq cg(n) < f(n)$ für alle $n \geq n_0$.
- $o(g)$ ist die Menge aller $f : \mathbb{N}_0 \to \mathbb{R}$, sodass für alle $c > 0$ eine natürliche Zahl $n_0 \geq 0$ existiert mit: $0 \leq f(n) < cg(n)$ für alle $n \geq n_0$.

Man erkennt unschwer, dass die Definition der Landau-Symbole $\mathcal{O}$ und o ganz analog zu unserer früheren Definition ist. Eigentlich müsste man jetzt $f \in \mathcal{O}(g)$ schreiben, denn wir haben die in der Informatik üblichen Mengendefinitionen gegeben. Aber auch hier hat sich die Schreibweise $f = \mathcal{O}(g)$ durchgesetzt.

Man kann die Definitionen für zwei Funktionen $f, g\colon \mathbb{N}_0 \to \mathbb{R}$ nun wie folgt interpretieren:

1. $f = \Omega(g) \iff f$ wächst mindestens wie g
2. $f = \mathcal{O}(g) \iff f$ wächst höchstens wie g
3. $f = \Theta(g) \iff f$ und g wachsen gleich stark
4. $f = \omega(g) \iff f$ wächst stärker als g
5. $f = o(g) \iff f$ wächst schwächer als g

Abschließend fassen wir noch in einer Tabelle zusammen, warum man polynomiales oder gar exponentielles Wachstum in der Komplexität von Algorithmen nicht gebrauchen kann.

$n =$	1	10^2	10^3	10^4
1	1	1	1	1
n	1	10^2	10^3	10^4
$\ln n$	0	4.61	6.91	9.21
$n \ln n$	0	460.52	$6.91 \cdot 10^3$	$9.21 \cdot 10^4$
n^2	1	10^4	10^6	10^8
n^3	1	10^6	10^9	10^{12}
2^n	2	$1.27 \cdot 10^{30}$	$1.07 \cdot 10^{301}$	$2 \cdot 10^{3010}$

In der Praxis treten bei der numerischen Berechnung von partiellen Differenzialgleichungen schnell $n = 10^7$ bis 10^9 Variable auf, bei Partikelsimulationen sind es noch mehr. Laufzeiten mit Komplexitäten jenseits von $\mathcal{O}(n \log n)$ verbieten sich daher. Für „kleine" Probleme stellen natürlich auch polynomiale Laufzeiten noch kein Problem dar.

Übersicht: Konsistenz, Stabilität und Konvergenz

Wir nehmen noch einmal die Diskussion der Theorie der Diskretisierungsverfahren auf.

Das Diagramm aus Abb. 2.3:

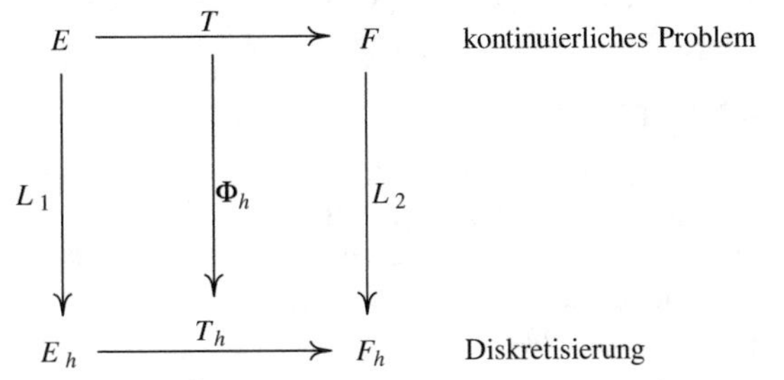

zeigt den formalen Prozess der Diskretisierung einer abstrakten Gleichung $Tu = 0$ mit einem Operator T. Wir haben in diesem Zusammenhang die Begriffe **lokaler Diskretisierungsfehler** und **globaler Diskretisierungsfehler** definiert, aber nun soll es um die Begriffe Konsistenz, Stabilität und Konvergenz gehen.

Das diskretisierte Problem $T_h u_h = \phi_h(T)L_1(u) = 0$ heißt **konsistent** mit dem Originalproblem $Tu = 0$ an der Stelle $y \in E$, wenn y im Definitionsbereich von T und $T_h L_1 = \phi_n(T)L_1$ liegt und wenn

$$\lim_{h\to 0} \|\phi_h(T)L_1 y - L_2 T y\|_{F_h} = 0$$

gilt. Das diskretisierte Problem heißt **konsistent mit Konsistenzordnung** p, wenn

$$\|\phi_h(T)L_1 y - L_2 T y\|_{F_h} = \mathcal{O}(h^p).$$

Diese kompliziert erscheinende Bedingung der Konsistenz bedeutet lediglich, dass der Unterschied zwischen dem diskreten Operator und dem kontinuierlichen klein wird, wenn

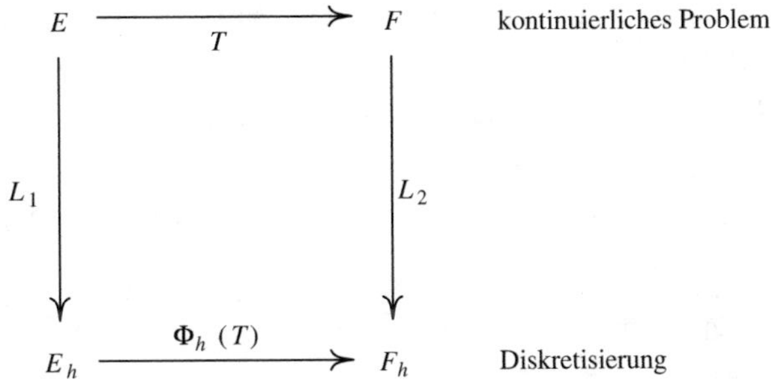

die Diskretisierung feiner wird, in anderen Worten, wenn das vorstehende Diagramm asymptotisch (d. h. für $n \to \infty$) kommutativ ist.

Ist $e_h = \zeta_h - L_1(z)$ der globale Diskretisierungsfehler, wobei ζ_h die eindeutige Lösung des diskretisierten Problems und z die eindeutig bestimmte Lösung des Originalproblems ist, dann heißt das diskretisierte Problem **konvergent**, wenn

$$\lim_{h\to 0} \|e_h\|_{E_h} = 0,$$

bzw. **konvergent mit Konvergenzordnung** p, wenn

$$\|e_h\|_{E_h} = \mathcal{O}(h^p)$$

gilt. Konvergenz bedeutet die asymptotische Kommutativität des folgenden Diagramms.

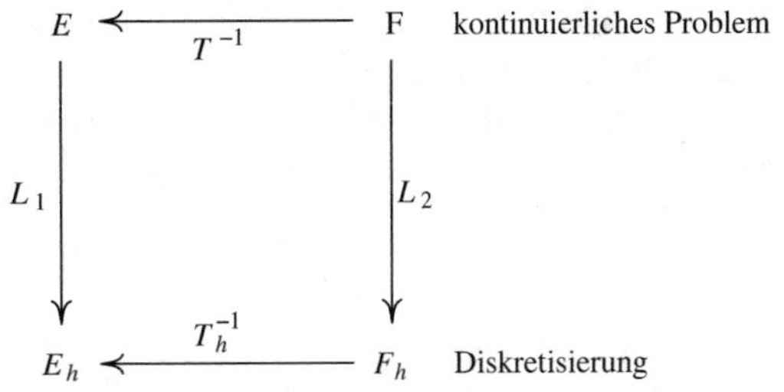

Konsistenz einer Diskretisierung reicht allein nicht aus, um Konvergenz zu gewährleisten. Eine wichtige Bedeutung hat die Stabilität. Dabei heißt eine Diskretisierung **stabil** bei $u_h \in E_h$, wenn es Konstanten $S > 0$ und $r > 0$ gibt, sodass

$$\|u_h^{(1)} - u_h^{(2)}\|_{E_h} \leq S\|T_h u_h^{(1)} - T_h u_h^{(2)}\|_{F_h}$$

gleichmäßig für alle $h > 0$ gilt und für alle $u_h^{(1)}, u_h^{(2)}$ mit

$$\|T_h u_h^{(i)} - T_h u_h\|_{F_h} < r, \quad i = 1, 2.$$

Eines der berühmtesten Resultate der Numerischen Mathematik lautet: „Aus Konsistenz und Stabilität folgt Konvergenz". Es ist erstaunlich, wie oft man solche Aussagen in der Numerik trifft, wenn man nur die hier ganz abstrakt definierten Begriffe Konsistenz, Stabilität und Konvergenz im konkreten Einzelfall betrachtet.

Kapitel 2

Übersicht: Eine kleine Literaturübersicht

Die Numerische Mathematik stellt ein sehr großes Gebiet dar, dass keine komplette Abdeckung im Rahmen eines Lehrbuches erfolgen kann. Um konkrete Hilfestellungen für ein weiteres Studium dieses Bereiches zu geben und zudem dem interessierten Leser andere Darstellungsformen und Themenstellungen nahezubringen, finden sich in dieser Übersicht einige Literaturstellen, die wir für lesenswert halten. Mehrfachnennungen sind dabei durchaus beabsichtigt und es besteht in keiner Weise ein Anspruch auf Vollständigkeit.

Allgemeine Literatur zur Numerischen Mathematik:

- Deuflhard, P.; Hohmann, A.: Numerische Mathematik. Eine algorithmische Einführung, Band 1, 4. Auflage, de Gruyter 2008
- Isaacson, E.; Keller, H.B.: Analysis of Numerical Methods, Wiley & Sons 1966
- Freund, R.W.; Hoppe, R.H.W.: Stoer/Bulirsch: Numerische Mathematik 1, 10. Auflage, Springer 2007
- Hämmerlin, G.; Hoffmann, K.-H.: Numerische Mathematik, 2. Auflage, Springer 1990
- Hanke-Bourgeois, M.: Grundlagen der Numerischen Mathematik und des Wissenschaftlichen Rechnens, 3. Auflage, Vieweg+Teubner 2009
- Hildebrand, F.B.: Introduction to Numerical Analysis, 2. edt., McGraw-Hill 1974
- Plato, R.: Numerische Mathematik kompakt. Grundlagenwissen für Studium und Praxis, 4. Auflage, Vieweg+Teubner 2010
- Schaback, R.; Wendland; H.: Numerische Mathematik, 5. Auflage, Springer 2005

Interpolation:

1. Cheney, E.W.: Introduction to Approximation Theory, 2. edt., AMS Chelsea 1999
2. Davis, Ph.J.: Interpolation & Approximation, Blaisdell 1963
3. de Boor, C.: A Practical Guide to Splines, Springer 1978
4. Rivlin, Th.J.: An Introduction to the Approximation of Functions, Blaisdell 1969
5. Schönhage, A.: Approximationstheorie, De Gruyter 1971

Quadratur:

1. Brass, H.: Quadraturverfahren, Vandenhoeck & Ruprecht 1977
2. Brass, H.; Petras, K.: Quadrature Theory. The Theory of Numerical Integration on a Compact Intervall, American Mathematical Society 2011
3. Davis, P.J.; Rabinowitz, P.: Methods of Numerical Integration, 2nd edition, Dover Publications 2007

Numerik linearer Gleichungssysteme:

1. Barrett, R. et. al.: Templates for the Solution of Linear Systems, SIAM, 1994
2. Meister, A.: Numerik linearer Gleichungssysteme, 5. Auflage, Springer Spektrum 2015
3. Saad, Y.: Iterative Methods for Sparse Linear Systems, Second Edition, SIAM 2003
4. Steinbach, O.: Lösungsverfahren für lineare Gleichungssysteme, Teubner, 2005
5. van der Vorst, H.A.: Iterative Krylov Methods for Large Linear Systems, Cambridge University Press, 2009

Eigenwertprobleme:

1. Bai, Z. et. al.: Templates for the Solution of Algebraic Eigenvalue Problems, SIAM 2000
2. Hanke-Bourgeois, M.: Grundlagen der Numerischen Mathematik und des Wissenschaftlichen Rechnens, 3. Auflage, Vieweg+Teubner 2009
3. Saad, Y.: Numerical Methods for Large Eigenvalue Problems, SIAM 2011
4. Schwarz, H.R.; Köckler, N.: Numerische Mathematik, 8. Auflage, Vieweg+Teubner 2011

Lineare Ausgleichsprobleme:

1. Björck, Å.: Numerical Methods for Least Squares Problems, SIAM 1996
2. Demmel, J.W.: Applied Numerical Linear Algebra, SIAM 1997
3. Hanke-Bourgeois, M.: Grundlagen der Numerischen Mathematik und des Wissenschaftlichen Rechnens, 3. Auflage, Vieweg+Teubner 2009
4. Lawson, C.L.; Hanson, R.J.: Solving Least Squares Problems, SIAM 1995
5. Schwarz, H.R.; Köckler, N.: Numerische Mathematik, 8. Auflage, Vieweg+Teubner 2011

Nichtlineare Gleichungen und Systeme:

1. Deuflhard, P.: Newton Methods for Nonlinear Problems, Springer 2011
2. Kantorowitsch, L.W., Akilow, G.P.: Funktionalanalysis in normierten Räumen, Harri Deutsch 1978
3. Ortega, J.M., Rheinboldt, W.C.: Iterative Solution of Nonlinear Equations in Several Variables, Academic Press 1970

Numerik gewöhnlicher Differentialgleichungen:

1. Hairer, E., Nørsett, S.P., Wanner, G.: Solving Ordinary Differential Equations I: Nonstiff Problems, 2. edt., Springer 2008
2. Hairer, E., Wanner, G.: Solving Ordinary Differential Equations II: Stiff and Differential-Algebraic Problems, 2. edt., Springer 2002
3. Hermann, M.: Numerik gewöhnlicher Differentialgleichungen, Oldenbourg 2004
4. Reinhardt, H.-J.: Numerik gewöhnlicher Differentialgleichungen, 2. Auflage, De Gruyter 2012
5. Strehmel, K., Weiner, R., Podhaisky, H.: Numerik gewöhnlicher Differentialgleichungen, 2. Auflage, Springer Spektrum 2012

Zusammenfassung

Wir haben in diesem Kapitel eigentlich nur vorbereitendes, aber trotzdem wichtiges Material geliefert. Am Beispiel der Wärmeleitungsgleichung haben wir gezeigt, welche Überraschungen man erleben kann, wenn man „naiv" an eine Aufgabe aus der Numerik herangeht. Selbst wenn Sie dieses einführende Beispiel nicht ganz verstanden haben, weil Sie noch keine Erfahrungen mit partiellen Differenzialgleichungen oder deren Reihenlösungen besitzen, ist das nicht schlimm. Wir wollten hier mit einem wirklich praxisrelevanten Beispiel zeigen, wie wichtig die Ideen sind, die man in der Numerik entwickelt.

In der gesamten Numerik ist die Kontrolle der Fehler die wichtigste Aufgabe, denn was nutzt der schnellste Algorithmus, wenn das Ergebnis nur noch wenig mit der Lösung des Originalproblems zu tun hat. Fehlerabschätzungen stehen in der Numerischen Mathematik daher im Mittelpunkt. Dabei haben wir verschiedene Fehlerarten kennengelernt, die wir noch einmal zusammenfassen wollen.

Um Fehler**ordnungen** bestimmen zu können, haben wir die **Landau'schen Symbole** o und $\mathcal{O}$ eingeführt. In der Analysis sind die Symbole eine sinnvolle *Abkürzung*; in der Numerik sind sie hingegen ein *Arbeitswerkzeug*! Daher haben wir die Landau-Symbole nicht nur für Funktionen definiert, sondern auch für Operatoren. In manchen Teilbereichen der Numerik verfügt man über sehr scharfe Fehlerabschätzungen, aber sehr häufig ist man froh, wenn man einfache Ordnungsaussagen zeigen kann. Interessant und wichtig sind die Landau-Symbole auch bei Fragen der **Komplexität** von Algorithmen. Werden in einem Algorithmus n Daten verarbeitet, dann ist eine Laufzeit von $\mathcal{O}(n^2)$ für großes n schon prohibitiv. Gesucht sind Algorithmen mit konstanter Laufzeit $\mathcal{O}(1)$, linearer Laufzeit, $\mathcal{O}(n)$, logarithmischer Laufzeit $\mathcal{O}(\log n)$ oder mit der Laufzeit $\mathcal{O}(n \log n)$.

Wenn nun schon einige Fehler unvermeidlich sind, sollte man wenigstens über die **Fehlerfortpflanzung** Kontrolle der Auswirkungen haben. Beim relativen Fehler konnten wir **Verstärkungsfaktoren** identifizieren, die den Einfluss relativer Fehler der Eingabedaten auf Funktionsauswertungen beschreiben. Diese Verstärkungsfaktoren nennt man auch **Konditionszahlen**, dabei ist die **Kondition** ein ebenfalls wichtiger Begriff der Numerik, die wir als Robustheit von Rechenoperationen gegenüber Fehlern charakterisiert haben. Schlecht konditionierte Probleme sind solche mit großer Kondition. Es gibt verschiedene Definitionen von Kondition, die jeweils problemangepasst sind. Insbesondere wichtig ist der Begriff für lineare Gleichungssysteme, wo man

$$\kappa(\boldsymbol{A}) := \|\boldsymbol{A}\|\|\boldsymbol{A}^{-1}\|$$

als Kondition definiert. Dabei ist $\|\boldsymbol{A}\| = \sup_{\|\boldsymbol{x}\|=1} \|\boldsymbol{A}\boldsymbol{x}\|$.

Ein weiterer zentraler Begriff der Numerik ist **Stabilität** und wir hatten das Kapitel bereits mit einem Stabilitätsproblem bei der numerischen Lösung der Wärmeleitungsgleichung begonnen. Wir haben Stabilität nicht abstrakt definiert, sondern nur als Robustheit von Algorithmen gegen Fehler. In der Übersicht auf S. 29 geben wir u. a. eine abstrakte Definition von Stabilität.

Aufgaben

Die Aufgaben gliedern sich in drei Kategorien: Anhand der *Verständnisfragen* können Sie prüfen, ob Sie die Begriffe und zentralen Aussagen verstanden haben, mit den *Rechenaufgaben* üben Sie Ihre technischen Fertigkeiten und die *Beweisaufgaben* geben Ihnen Gelegenheit, zu lernen, wie man Beweise findet und führt.
Ein Punktesystem unterscheidet leichte •, mittelschwere •• und anspruchsvolle ••• Aufgaben. Lösungshinweise am Ende des Buches helfen Ihnen, falls Sie bei einer Aufgabe partout nicht weiterkommen. Dort finden Sie auch die Lösungen – betrügen Sie sich aber nicht selbst und schlagen Sie erst nach, wenn Sie selber zu einer Lösung gekommen sind. Ausführliche Lösungswege, Beweise und Abbildungen finden Sie auf der Website zum Buch.
Viel Spaß und Erfolg bei den Aufgaben!

Verständnisfragen

2.1 • Auf einer Maschine, die im Dezimalsystem mit 4 Stellen und maximal 2 Stellen im Exponenten rechnet, soll die Zahl $0.012345 \cdot 10^{-99}$ in normalisierter Form dargestellt werden. Ist das auf dieser Maschine möglich?

2.2 •• Gegeben sei die für alle $x \in \mathbb{R}$ definierte Funktion

$$S_x := \frac{1}{3}x^3 + \frac{1}{2}x^2 + \frac{1}{6}x.$$

Gilt $S_x = \mathcal{O}(x^3)$ oder $S_x = \mathcal{O}(x)$? Ist eine solche Frage ohne die Angabe $x \to x_0$ überhaupt sinnvoll?

2.3 •• Warum eignet sich die Potenzreihe

$$\cos x = 1 - \frac{x^2}{2!} + \frac{x^4}{4!} - \frac{x^6}{6!} \pm \ldots$$

ganz hervorragend zur numerischen Berechnung von $\cos 0.5$, aber überhaupt nicht zur Berechnung von $\cos 2$?

2.4 ••• Wir wollen eine Differenzialgleichung

$$y'(x) = f(x, y)$$

auf dem Intervall $[0, 1]$ numerisch lösen, wobei eine Anfangsbedingung $y(0) = y_0$ gegeben sei und die Lösung bei $x = 1$ gesucht ist. Die Schrittweite des Gitters $\mathbb{G}$ sei $h = 1/n$, wobei $n \in \mathbb{N}$ frei wählbar ist. Das Gitter ist damit gegeben als

$$\mathbb{G} := \{kh \mid k = 0, 1, \ldots, n\}.$$

Die numerische Methode soll das einfache Euler'sche Polygonzugverfahren sein, das durch

$$\frac{Y(kh) - Y((k-1)h)}{h} = f\left(Y((k-1)h)\right)$$

gegeben ist. Der Anfangswert für das Verfahren ist Y_0, die Projektion von y_0 auf das Gitter (Ein Anfangswert $y_0 = \pi$ ist numerisch auf einer Maschine nicht realisierbar, daher ist Y_0 eine Approximation an π im Rahmen der Darstellbarkeit der Maschinenzahlen).

Im Hinblick auf Abb. 2.3 seien die Räume E und F mit den jeweiligen Normen als

$$E = C^1([0, 1]), \quad \|y\|_E := \max_{x \in [0,1]} |y(x)|,$$

$$F = \mathbb{R} \times C([0, 1]), \quad \left\| \begin{pmatrix} d_0 \\ d \end{pmatrix} \right\|_F := |d_0| + \max_{x \in [0,1]} |d(x)|$$

definiert. Geben Sie die Operatoren L_1, L_2, ϕ_h, T und T_h an, sodass das Diagramm in Abb. 2.3 die Diskretisierung der Euler'schen Polygonzugmethode zeigt.

Beweisaufgaben

2.5 •• Seien $\widetilde{x}_1, \widetilde{x}_2, \ldots, \widetilde{x}_n$ Approximationen an die reellen Zahlen $x_1, x_2, \ldots, x_n$ und der maximale Fehler sei in jedem Fall e. Zeigen Sie, dass die Summe

$$\sum_{i=1}^{n} \widetilde{x}_i$$

einen maximalen Fehler von ne aufweist.

2.6 •• Für die Summe der ersten n Quadratzahlen, $n \in \mathbb{N}$, gilt

$$S_n := \sum_{i=1}^{n} i^2 = \frac{1}{3}n\left(n + \frac{1}{2}\right)(n+1).$$

Zeigen Sie

(a) $S_n = \mathcal{O}(n^3)$,
(b) $S_n = \frac{1}{3}n^3 + \mathcal{O}(n^2)$,
(c) $S_n = \mathcal{O}(n^{42})$,

und diskutieren Sie, welche „Güte" diese drei Abschätzungen relativ zueinander haben.

2.7 • Zeigen Sie, dass der Diskretisierungsfehler der zentralen Differenz

$$Du := \frac{u(x+h) - 2u(x) + u(x-h)}{h^2}$$

von zweiter Ordnung ist, wenn man mit Du die zweite Ableitung $u'' = \mathrm{d}^2u/\mathrm{d}x^2$ einer glatten Funktion u approximiert.

Rechenaufgaben

2.8 •• Die Zahl π wird durch die rationalen Zahlen

$$x_1 = \frac{22}{7} \quad \text{und} \quad x_2 = \frac{355}{113}$$

angenähert.

(a) Wie groß sind die absoluten Fehler?
(b) Welcher Fehler hat der mit x_1 bzw. x_2 berechnete Kreis vom Durchmesser 10 m?

Runden Sie jeweils auf 6 Nachkommastellen.

2.9 •• Berechnen Sie auf einem Taschenrechner oder mithilfe eines Computers die Summe

$$\sum_{k=1}^{100} \sqrt{k},$$

in dem Sie jede Wurzel mit nur zwei Nachkommastellen berechnen. Welchen Gesamtfehler erwarten Sie im Hinblick auf Aufgabe 2.5?

2.10 •• Gegeben sei das Gleichungssystem $\boldsymbol{A}\boldsymbol{x} = \boldsymbol{b}$,

$$\begin{pmatrix} 1 & 1 \\ \frac{2}{21} & \frac{1}{9} \end{pmatrix} \begin{pmatrix} x \\ y \end{pmatrix} = \begin{pmatrix} 22 \\ \frac{43}{20} \end{pmatrix}.$$

(a) Berechnen Sie die Kondition der Koeffizientenmatrix mit der Frobenius-Norm.
(b) Betrachten Sie die zwei Zeilen des Gleichungssystems als Geradengleichungen. Was bedeutet die Kondition geometrisch für die beiden Geraden?

2.11 •• Sei $\boldsymbol{A} \in \mathbb{R}^{2\times 2}$ die Matrix

$$\boldsymbol{A} = \begin{pmatrix} 1 & 1 \\ 1 & 0 \end{pmatrix}.$$

Berechnen Sie den Spektralradius und die Spektralnorm von $\boldsymbol{A}$.

Antworten zu den Selbstfragen

Antwort 1 Partielle Integration und dabei beachten, dass $\sin(k\pi) = 0$ für alle $k \in \mathbb{N}$ gilt.

Antwort 2 Es ist

$$\left|\frac{x - \widetilde{x}}{x}\right| \leq \frac{5 \cdot 10^{-(n+1)}}{|a|}$$

und wegen $|a| \geq 10^{-1}$ folgt die behauptete Abschätzung.

Antwort 3
$$\begin{aligned}\lim_{h\to 0} \|L_1(u)\|_{E_h} &= \lim_{h\to 0} \max_{x\in\mathbb{G}} |u(x)| \\ &= \max_{x\in[a,b]} |u(x)|.\end{aligned}$$

Antwort 4 Zu berechnen ist

$$\left|\frac{f'(x)x}{f(x)}\right| = \frac{1}{2}\frac{x\left|\frac{1}{\sqrt{x+1}} - \frac{1}{\sqrt{x}}\right|}{\sqrt{x+1} - \sqrt{x}} = \frac{1}{2}\underbrace{\frac{x}{\sqrt{x+1}\sqrt{x}}}_{\approx 1} \approx \frac{1}{2}.$$

Interpolation – Splines und mehr

3

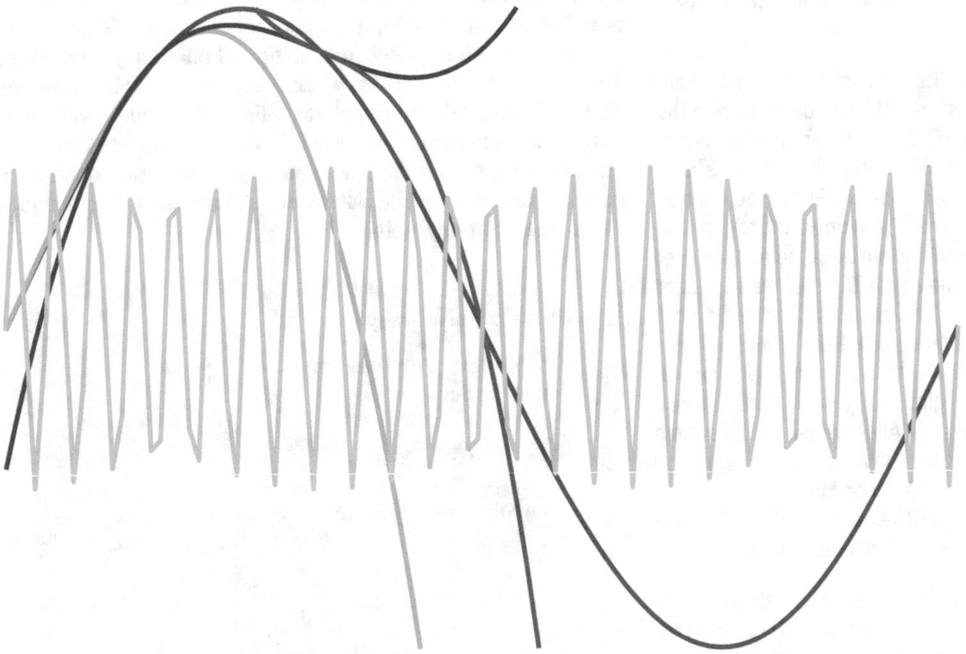

Was ist Interpolation?

Welche Approximationsgüte hat ein Interpolationspolynom?

Was hat das alles mit der Bestapproximation zu tun?

Kapitel 3

A. Meister, T. Sonar, *Numerik*, https://doi.org/10.1007/978-3-662-58358-6_3

Die Bezeichnung „Interpolation" stammt von dem lateinischen Wort *interpolo*, was so viel wie „neu herrichten" oder „auffrischen" bedeutet. In der Numerik versteht man unter Interpolation die Angabe einer Funktion, die durch vorgeschriebene diskrete Daten verläuft. Die Bezeichnung „Approximation" stammt ebenfalls aus dem Lateinischen und kommt aus dem Wort *proximus*, was so viel wie „der Nächste" bedeutet. Im Gegensatz zur Interpolation sucht man Funktionen, die nicht notwendig durch gegebene Datenpunkte verlaufen, sondern die Daten nur in einem zu spezifizierenden Sinn annähern.

Die Interpolation von gegebenen Daten gehört zu den wichtigsten Grundaufgaben der Numerik und ist mit Abstand deren älteste Disziplin. Bereits am Übergang vom 16. zum 17. Jahrhundert erfand der Engländer Thomas Harriot (ca. 1560–1621) erste Interpolationsalgorithmen, um in Tabellen Zwischenwerte bestimmen zu können. Wir behandeln hier die Interpolation mit Polynomen und trigonometrischen Polynomen und beschränken uns auf den eindimensionalen Fall. Die Interpolationstheorie in mehreren Dimensionen ist nach wie vor ein sehr aktives Feld der Mathematik und verlangt nach anderen Mitteln als der eindimensionale Fall. Bei der Interpolation werden gegebene Daten $(x_i, f_i), i = 0, \dots, n$, durch eine Funktion p so verbunden, dass für alle i gilt: $p(x_i) = f_i$. Interpolation erlaubt also die Auswertung einer im Allgemeinen unbekannten Funktion f auch zwischen den bekannten Werten $(x_i, f(x_i))$. Approximation bedeutet die Konstruktion einer Funktion p, die f „möglichst gut" wiedergibt. Dabei wird keine Rücksicht auf die exakte Wiedergabe von f an gewissen Stellen x_i genommen.

Heute sind die Techniken der Interpolation und Approximation aus der Mathematik und den Anwendungen nicht mehr wegzudenken. Die Formen von Autokarosserien werden mit mehrdimensionalen Splines beschrieben, Geologinnen und Geologen interpolieren seismische Daten zum Auffinden von Öl- und Gasfeldern und komplizierte Integrale werden numerisch gelöst, indem man die Integranden interpoliert.

Das Gebiet der Interpolation mit Polynomen ist nicht losgelöst von der Approximationstheorie zu sehen und hängt stark am Weierstraß'schen Approximationssatz, den wir zu Beginn beweisen werden. Will man dann Daten $(x_i, y_i), i = 0, \dots n$ mit einem Polynom interpolieren, treten neben Existenz- und Eindeutigkeitsfragen auch Fragen nach der „Güte" des Interpolationspolynoms *zwischen* den Daten auf. Wir werden eine sehr unbefriedigende Fehlerabschätzung herleiten, die man durch eine gewisse Wahl von Stützstellen x_i dramatisch verbessern kann. Hier kommen die nach Pafnuti Lwowitsch Tschebyschow (in englischer Transkription oft: Pafnuti Lvovich Chebyshev) benannten Tschebyschow-Polynome ins Spiel. Allerdings hat bereits 1914 Georg Faber gezeigt, dass es *zu jeder* Stützstellenverteilung eine stetige Funktion gibt, die vom Interpolationspolynom nicht gleichmäßig approximiert wird. Abhilfe schaffen hier die nach Dunham Jackson benannten Jackson-Sätze, die aber höhere Glattheit der zu interpolierenden Funktion voraussetzen.

Diese Erfahrungen mit den Problemen bei der Interpolation wird uns letztlich zu den Splines führen, bei denen man nur stückweise Polynome kleinen Grades berechnet.

3.1 Der Weierstraß'sche Approximationssatz und die Bernstein-Polynome

Interpolation und Approximation

Es ist zu Beginn unerlässlich, dass wir die beiden Begriffe **Interpolation** und **Approximation** gegenüberstellen. Dabei wollen wir stets von einer gegebenen stetigen Funktion f ausgehen, die auf einem Intervall $[a, b]$ definiert sein soll. Diese – unter Umständen sehr komplizierte – Funktion wollen wir durch Polynome „annähern". Natürlich können wir auch Messwerte interpolieren, sodass die Funktion f gar nicht auftaucht, aber letztlich sollen auch die Messwerte Werte einer (dann unbekannten) Funktion f sein.

Definition (Polynome)

- Unter einem **Polynom** vom Grad n verstehen wir eine Funktion der Form

$$p(x) = a_n x^n + a_{n-1} x^{n-1} + \ldots + a_1 x + a_0,\ a_n \neq 0$$

  mit reellen Koeffizienten $a_i, i = 0, 1, \dots, n$.
- Der Koeffizient $a_n \neq 0$ heißt **Hauptkoeffizient** des Polynoms.
- Mit $\Pi^n([a, b])$ bezeichnen wir den Vektorraum der Polynome vom Grad nicht größer als n, den wir mit der Supremumsnorm $\|\cdot\|_\infty$ ausstatten.
- Der Raum aller Polynome sei mit $\Pi([a, b])$ bezeichnet.
- Ein **Monom** ist ein Polynom, das nur aus einem einzigen Summanden besteht.

Die Menge $\Pi^n([a, b])$ ist mit der üblichen Addition

$$p(x) + q(x) = \sum_{i=0}^{n} a_i x^i + \sum_{i=0}^{n} b_i x^i = \sum_{i=0}^{n} (a_i + b_i) x^i$$

und der Skalarmultiplikation

$$\alpha p(x) = \alpha \sum_{i=0}^{n} a_i x^i = \sum_{i=0}^{n} (\alpha a_i) x^i$$

für alle $p, q \in \Pi^n([a, b])$ und alle $\alpha \in \mathbb{R}$ ein Vektorraum. Basis dieses Vektorraumes sind die Monome $\{1, x, x^2, \dots, x^n\}$.

Polynome bieten sich an, weil sie so einfach zu handhaben sind. Ganz allgemein kann man aber auch an Linearkombinationen der Form

$$\Phi(x) := \sum_{k=0}^{n} \alpha_k \Phi_k(x) \qquad (3.1)$$

Kapitel 3

denken, wobei die α_k reelle Koeffizienten und die Φ_k zu spezifizierende Funktionen sind.

Man sagt, eine Funktion Φ^* **approximiert** die Funktion f auf $[a,b]$ bzgl. der Norm $\|\cdot\|$, wenn

$$\|f - \Phi^*\|$$

kleiner ist als $\|f - \Phi\|$ für alle Φ in der betreffenden Klasse. Die Aufgabe, eine solche Approximation zu finden, ist das **Approximationsproblem**. Verschiedene Normen und verschiedene Klassen von Funktionen Φ führen auf verschiedene Approximationsprobleme. Eine nicht nur für die Numerik bedeutende Norm ist die Supremumsnorm (oder Maximumsnorm)

$$\|f\|_\infty := \max_{x\in[a,b]} |f(x)| = \sup_{x\in[a,b]} |f(x)|,$$

die man aus historischen Gründen in der Approximationstheorie auch gerne **Tschebyschow-Norm** nennt.

Definition (Bestapproximation/Proximum)

Ein Polynom $p^* \in \Pi^n([a,b])$ heißt **Proximum** oder **Bestapproximierende** oder **Bestapproximation im Raum der Polynome vom Grad nicht höher als n** an die stetige Funktion f auf $[a,b]$, wenn

$$\|f - p^*\|_\infty = \min_{p\in\Pi^n([a,b])} \|f - p\|_\infty$$

gilt.

Selbstfrage 1

Muss ein Proximum an gewissen Stellen in $[a,b]$ Werte der Funktion f annehmen?

Wir wollen nun die Existenz eines Proximums ganz allgemein beweisen.

Satz Sei $(X, \|\cdot\|_X)$ ein normierter Raum und V ein endlichdimensionaler Unterraum von X, der von den Elementen $e_1, e_2, \ldots, e_n$ aufgespannt werde. Dann existiert zu jedem $\xi \in X$ ein $v^* \in V$ mit der Eigenschaft

$$\forall v \in V: \quad \|\xi - v^*\|_X \le \|\xi - v\|_X. \qquad ◀$$

Beweis Sei $\xi \in X$ und betrachte $\overline{V} := \{v \in V : \|v\|_X \le 2\|\xi\|_X\}$. Die Menge $\overline{V}$ ist abgeschlossen und beschränkt und wegen $\dim V < \infty$ kompakt. Die Abbildung $\varphi\colon V \to \mathbb{R}_0^+$, $\varphi(v) := \|\xi - v\|_X$, $v \in V$, ist stetig und nimmt wegen der Kompaktheit von $\overline{V}$ dort ihr Minimum an, d. h., es existiert ein $v^* \in \overline{V}$ mit

$$\varphi(v^*) = \min_{v\in\overline{V}} \varphi(v),$$

d. h.

$$\|\xi - v^*\|_X = \min_{v\in\overline{V}} \|\xi - v\|.$$

Ist $v \in V$, aber $v \notin \overline{V}$, dann gilt $\|v\|_X > 2\|\xi\|_X$ und somit

$$\begin{aligned}\|\xi - v\|_X &\ge \big|\|v\|_X - \|\xi\|_X\big| = \|v\|_X - \|\xi\|_X \\ &> 2\|\xi\|_X - \|\xi\|_X = \|\xi - 0\|_X \ge \min_{v\in\overline{V}} \|\xi - v\|_X \\ &= \|\xi - v^*\|_X.\end{aligned}$$

■

Im Unterschied zum allgemeinen Approximationsproblem verlangt das Interpolationsproblem nicht nach einer besten Approximation, sondern die Übereinstimmung der approximierenden Funktion mit der zu approximierenden Funktion an einigen Stellen ist das Ziel. Das kann durchaus zu Interpolierenden führen, die sehr weit von einer Bestapproximation entfernt sind.

Das Interpolationsproblem

Das Problem:

Zu gegebenen Daten $(x_k, y_k), k = 0, 1, \ldots, n$, einer stetigen Funktion f, $y_k = f(x_k)$, mit $x_i \ne x_j$ für $i \ne j$, finde ein Polynom $p \in \Pi^n([a,b])$ mit der Eigenschaft

$$p(x_k) = f(x_k) = y_k, \quad k = 0, \ldots, n,$$

heißt **Interpolationsproblem** für Polynome. Existiert das Polynom p, dann heißt es **Interpolationspolynom**.

Verschiedene weitere Interpolationsprobleme sind vorstellbar. So können neben den Funktionswerten $f(x_k) = y_k, k = 0, \ldots, n$, auch noch Werte der ersten Ableitung $f'(x_k) = z_k, k = 0, \ldots, n$, gegeben sein. Diese Interpolation nennt man **Hermite-Interpolation**. Allgemeiner können $n+1$ Werte von linearen Funktionalen gegeben sein (Mittelwerte, innere Produkte etc.), und gesucht ist ein Polynom vom Grad nicht höher als n, das diese Werte interpoliert.

Die Existenz eines Interpolationspolynoms werden wir später konstruktiv zeigen. Die Eindeutigkeit ist sofort zu sehen.

Satz Das Interpolationspolynom ist eindeutig bestimmt. ◀

Beweis Es seien p_1 und p_2 zwei Polynome aus $\Pi^n([a,b])$, die dasselbe Interpolationsproblem lösen. Dann besäße das Differenzpolynom $p := p_2 - p_1 \in \Pi^n([a,b])$ mindestens die $n+1$ Nullstellen $x_0, x_1, \ldots, x_n$. Damit kann aber p nur das Nullpolynom sein, d. h., es gilt $p_1 \equiv p_2$. ■

Wir sind natürlich an dem **Interpolationsfehler**

$$\|f - p\|_\infty$$

interessiert. Dazu erweist es sich als unumgänglich, die Lösung des Approximationsproblems in Form des Weierstraß'schen Approximationssatzes zu verstehen.

Hintergrund und Ausblick: Die Haar'sche Bedingung und Tschebyschow-Systeme

Unter welchen allgemeinen Bedingungen ist die eindeutige Lösung des Approximationsproblems möglich?

Eine Menge von Funktionen $\Phi_1, \ldots, \Phi_n\colon [a,b] \mapsto \mathbb{R}$ erfüllt die **Haar'sche Bedingung**, wenn

- alle Φ_k stetig auf $[a,b]$ sind, und
- wenn für n Punkte $x_1, \ldots, x_n \in [a,b]$ mit $x_i \neq x_k, k \neq i$ die n Vektoren

$$\begin{pmatrix}\Phi_1(x_1)\\ \vdots \\ \Phi_n(x_1)\end{pmatrix}, \begin{pmatrix}\Phi_1(x_2)\\ \vdots \\ \Phi_n(x_2)\end{pmatrix}, \ldots, \begin{pmatrix}\Phi_1(x_n)\\ \vdots \\ \Phi_n(x_n)\end{pmatrix}$$

  linear unabhängig sind.

Mit anderen Worten, es muss stets

$$\begin{vmatrix}\Phi_1(x_1) & \Phi_1(x_2) & \cdots & \Phi_1(x_n)\\ \Phi_2(x_1) & \Phi_2(x_2) & \cdots & \Phi_2(x_n)\\ \vdots & \vdots & \ddots & \vdots \\ \Phi_n(x_1) & \Phi_n(x_2) & \cdots & \Phi_n(x_n)\end{vmatrix} \neq 0$$

gelten. Man zeigt nun leicht:

Lemma Die Funktionen $\Phi_1, \Phi_2, \ldots, \Phi_n$ erfüllen die Haar'sche Bedingung genau dann, wenn keine nichttriviale Linearkombination der Form $\sum_{i=1}^n a_i \Phi_i(x)$ mehr als $n-1$ Nullstellen besitzt. ◀

Ein Funktionensystem $\Phi_1, \Phi_2, \ldots, \Phi_n$, das die Haar'sche Bedingung erfüllt, heißt **Tschebyschow-System**.

In Tschebyschow-Systemen existiert nicht nur immer ein Proximum, sondern es ist sogar eindeutig bestimmt. Leider sind nicht allzu viele Tschebyschow-Systeme bekannt. Für uns wichtig sind zwei:

1. Die $n+1$ Monome $\Phi_k(x) := x^k, k = 0, \ldots, n$, bilden ein Tschebyschow-System auf jedem Intervall $[a,b]$. Jede Linearkombination ist ein Polynom vom Grad höchstens n und besitzt damit höchstens n Nullstellen in $[a,b]$.
2. Die $2n+1$ Funktionen $\Phi_0(x) := 1, \Phi_k(x) := \cos kx, k = 1, \ldots n, \Phi_{n+k}(x) := \sin kx, k = 1, \ldots, n$ bilden ein Tschebyschow-System auf dem Intervall $[0, 2\pi)$. Dieses Tschebyschow-System bietet sich an für die Approximation von periodischen Funktionen $f \in C_{2\pi} := C([0, 2\pi))$.

Die Bernstein-Polynome bilden die Grundlage des Approximationssatzes

Der Weierstraß'sche Approximationssatz ist innerhalb und außerhalb der Mathematik so wichtig, dass man gut daran tut, mehrere verschiedene Beweise kennenzulernen. Wir geben einen konstruktiven Beweis, der auf den Bernstein-Polynomen beruht.

Definition (Bernstein-Polynome)

Ist $h\colon [0,1] \to \mathbb{R}$ eine beschränkte Funktion, dann heißt

$$B_m(h;t) := \sum_{k=0}^{m} h\left(\frac{k}{m}\right)\binom{m}{k} t^k (1-t)^{m-k} \tag{3.2}$$

das zu h gehörige **Bernstein-Polynom** vom Grad m.

Bernstein-Polynome besitzen ein paar erstaunliche Eigenschaften, von denen wir einige beweisen wollen.

Lemma (Eigenschaften der Bernstein-Polynome) Ist $a \in \mathbb{R}$ und sind h, h_1 und h_2 stetige Funktionen auf $[0,1]$, dann gelten:

- $B_m(ah;t) = aB_m(h;t)$,
- $B_m(h_1 + h_2;t) = B_m(h_1;t) + B_m(h_2;t)$.

Mit anderen Worten, der Operator $B_m\colon C([0,1]) \to \Pi^m([0,1])$, $h(\cdot) \mapsto B_m(h;\cdot)$, ist linear.

- Gilt $h_1(t) < h_2(t)$ für alle $t \in [0,1]$, dann gilt auch die Monotonie $B_m(h_1;t) < B_m(h_2;t)$ auf $[0,1]$. ◀

Beweis Die Linearität des Operators B_m folgt direkt aus der Definition der Bernstein-Polynome und ist offensichtlich.

Zum Beweis der Monotonie zeigen wir zuerst, dass für $h(t) > 0$ auf $[0,1]$ stets auch $B_m(h;t) > 0$ folgt. Das ist aber klar, denn dann ist auch $h(k/m) > 0$ und das Bernstein-Polynom ist auf $[0,1]$ eine Summe positiver Größen. Nun setzen wir $h(t) := h_2(t) - h_1(t)$ und erhalten die Monotonieaussage. ■

Beispiel Wir berechnen nun zur späteren Referenz die Bernstein-Polynome für die Monome $1, t, t^2$.

1. Sei $h(t) \equiv 1$. Dann folgt

$$B_m(1;t) = \sum_{k=0}^{m}\binom{m}{k} t^k (1-t)^{m-k}$$

und rechts steht der binomische Satz für $(t + (1-t))^m$, d. h.

$$B_m(1;t) = (t + (1-t))^m = 1. \tag{3.3}$$

Kapitel 3

2. Jetzt versuchen wir es mit $h(t) = t$. Dann gilt

$$B_m(t;t) = \sum_{k=0}^{m} \frac{k}{m} \binom{m}{k} t^k (1-t)^{m-k}.$$

Mithilfe der Definition der Binomialkoeffizienten

$$\binom{m}{k} = \frac{m \cdot (m-1) \cdot \ldots \cdot (m-k)}{k!}$$

sieht man sofort, dass

$$\frac{k}{m}\binom{m}{k} = \binom{m-1}{k-1}$$

gilt. Setzen wir noch $j := k-1$, dann folgt

$$B_m(t;t) = t \underbrace{\sum_{j=0}^{m-1} \binom{m-1}{j} t^j (1-t)^{(m-1)-j}}_{\text{binomischer Satz für } (t-(1-t))^{m-1}} = t. \quad (3.4)$$

3. Nun gehen wir noch einen Grad höher und betrachten $h(t) = t^2$. Aus Gründen, die am Ende der Rechnung offenbar werden, betrachten wir zuerst

$$\begin{aligned} B_m\left(t\left(t-\frac{1}{m}\right);t\right) &= \sum_{k=0}^{m} \frac{k}{m}\frac{k-1}{m}\binom{m}{k} t^k(1-t)^{m-k} \\ &= \sum_{k=2}^{m} \frac{k}{m}\frac{k-1}{m}\binom{m}{k} t^k(1-t)^{m-k}. \end{aligned}$$

Aus der Definition der Binomialkoeffizienten folgt

$$\frac{k}{m}\frac{k-1}{m}\binom{m}{k} = \left(1-\frac{1}{m}\right)\binom{m-2}{k-2}$$

und mit $j := k-2$ erhalten wir

$$\begin{aligned} B_m\left(t\left(t-\frac{1}{m}\right);t\right) &= \left(1-\frac{1}{m}\right)t^2 \cdot \underbrace{\sum_{j=0}^{m-2}\binom{m-2}{j} t^j (1-t)^{(m-2)-j}}_{\text{binomischer Satz für } (t-(1-t))^{m-2}} \\ &= \left(1-\frac{1}{m}\right)t^2. \end{aligned}$$

Andererseits erhalten wir aber aus dem Lemma über die Eigenschaften der Bernstein-Polynome auf S. 38:

$$\begin{aligned} B_m\left(t\left(t-\frac{1}{m}\right);t\right) &= B_m(t^2;t) - \frac{1}{m}B_m(t;t) \\ &= B_m(t^2;t) - \frac{t}{m}. \end{aligned}$$

Aus den beiden letzten Formeln erhalten wir nun mühelos

$$B_m(t^2;t) = \frac{1}{m}t + \left(1-\frac{1}{m}\right)t^2 = t^2 + \frac{1}{m}t(1-t). \quad (3.5)$$

◀

Der Weierstraß'sche Approximationssatz

Mit dem Beweis des Weierstraß'schen Approximationssatzes ist nun auch klar, *welche* Lösung das Approximationsproblem, zu gegebenem $f \in C([a,b])$ ein Polynom $p^* \in \Pi^n([a,b])$ mit der Eigenschaft

$$\forall p \in \Pi^n([a,b]): \quad \|f - p^*\|_\infty \le \|f - p\|_\infty,$$

zu finden, besitzt. Entscheidend wird sich für die Güte einer Interpolation der Fehler dieses Approximationsproblems erweisen.

Approximationsfehler

Ist $p^* \in \Pi^n([a,b])$ ein Polynom mit der Eigenschaft

$$\forall p \in \Pi^n([a,b]): \quad \|f - p^*\|_\infty \le \|f - p\|_\infty,$$

dann heißt

$$E_n(f;[a,b]) := E_n(f) := \|f - p^*\|_\infty \quad (3.10)$$

der **Approximationsfehler der Bestapproximation in** $\Pi^n([a,b])$.

3.2 Die Lagrange'sche Interpolationsformel

Als einfachster Weg zur Lösung eines Interpolationsproblems für die Daten $(x_k, y_k), k = 0, \ldots, n$, erscheint die Methode des „Einsetzens". Verwendet man den Ansatz

$$p(x) = a_n x^n + a_{n-1}x^{n-1} + \ldots + a_1 x + a_0$$

und setzt nun alle $n+1$ x_k nacheinander ein, so ergibt sich

$$\begin{aligned} y_0 &= p(x_0) = a_n x_0^n + a_{n-1}x_0^{n-1} + \ldots + a_1 x_0 + a_0 \\ y_1 &= p(x_1) = a_n x_1^n + a_{n-1}x_1^{n-1} + \ldots + a_1 x_1 + a_0 \\ &\vdots \qquad\qquad \vdots \\ y_n &= p(x_n) = a_n x_n^n + a_{n-1}x_n^{n-1} + \ldots + a_1 x_n + a_0, \end{aligned}$$

Hintergrund und Ausblick: Bézier-Kurven und Bernstein-Polynome

Bernstein-Polynome bilden auch die Grundlage von Bézier-Kurven, die man im geometrischen Design von Karosserien und anderen Formstücken verwendet.

Alles folgende funktioniert mit Punkten im $\mathbb{R}^n$ für beliebiges n; wir bleiben aus Gründen der Anschauung im $\mathbb{R}^2$.

Gegeben seien drei Punkte $\boldsymbol{p}_0, \boldsymbol{p}_1, \boldsymbol{p}_2 \in \mathbb{R}^2$. Man konstruiere mit dem Parameter $t \in \mathbb{R}$ die beiden Geraden

$$\boldsymbol{p}_0^1(t) = (1-t)\boldsymbol{p}_0 + t\boldsymbol{p}_1,$$
$$\boldsymbol{p}_1^1(t) = (1-t)\boldsymbol{p}_1 + t\boldsymbol{p}_2,$$

und daraus mit der derselben Konstruktion

$$\boldsymbol{p}_0^2(t) = (1-t)\boldsymbol{p}_0^1(t) + t\boldsymbol{p}_1^1(t).$$

Einsetzen der Ausdrücke für $\boldsymbol{p}_0^1(t)$ und $\boldsymbol{p}_1^1(t)$ und Ausmultiplizieren liefert

$$\boldsymbol{p}_0^2(t) = (1-t)^2\boldsymbol{p}_0 + 2t(1-t)\boldsymbol{p}_1 + t^2\boldsymbol{p}_2.$$

Die Funktion $\boldsymbol{p}_0^2$ ist eine Parabel in Parameterdarstellung und man überzeugt sich davon, dass $\boldsymbol{p}_0^2(0) = \boldsymbol{p}_0$ und $\boldsymbol{p}_0^2(1) = \boldsymbol{p}_2$, also verläuft die Parabel für $t \in [0, 1]$ von $\boldsymbol{p}_0$ nach $\boldsymbol{p}_2$. Mehr noch, da unsere Konstruktion nur aus Konvexkombinationen besteht, können wir schließen, dass die Parabel in der konvexen Hülle der **Kontrollpunkte** $\boldsymbol{p}_0, \boldsymbol{p}_1, \boldsymbol{p}_2$ verläuft.

Verallgemeinern wir diese Vorgehensweise auf $n+1$ Punkte $\boldsymbol{p}_0, \boldsymbol{p}_1, \ldots, \boldsymbol{p}_n \in \mathbb{R}^2$, dann erzeugt der **De-Casteljau-Algorithmus**

für $r = 1, 2, \ldots, n$
  für $i = 0, 1, \ldots, n-r$
    $\boldsymbol{p}_i^r(t) = (1-t)\boldsymbol{p}_i^{r-1}(t) + t\boldsymbol{p}_{i+1}^{r-1}$

im letzten Schritt ein parametrisiertes Polynom $\boldsymbol{p}_0^n$ vom Grad nicht höher als n. Dieses Polynom nennt man **Bézier-Polynom**. Der Polygonzug von $\boldsymbol{p}_0$ über $\boldsymbol{p}_1, \ldots \boldsymbol{p}_{n-1}$ bis $\boldsymbol{p}_n$ heißt **Kontrollpolygon**.

Beispiel Gesucht ist das Bézier-Polynom zu den Punkten $\boldsymbol{p}_0 = (0,0)^T, \boldsymbol{p}_1 = (2,4)^T, \boldsymbol{p}_2 = (5,3)^T, \boldsymbol{p}_3 = (7,-1)^T$. Anwendung des De-Casteljau-Algorithmus liefert

$$\boldsymbol{p}_0^3(t) = t^3\begin{pmatrix}-2\\2\end{pmatrix} + t^2\begin{pmatrix}3\\-15\end{pmatrix} + t\begin{pmatrix}6\\12\end{pmatrix}$$

und ist in folgender Abbildung mit dem Kontrollpolygon gezeigt.

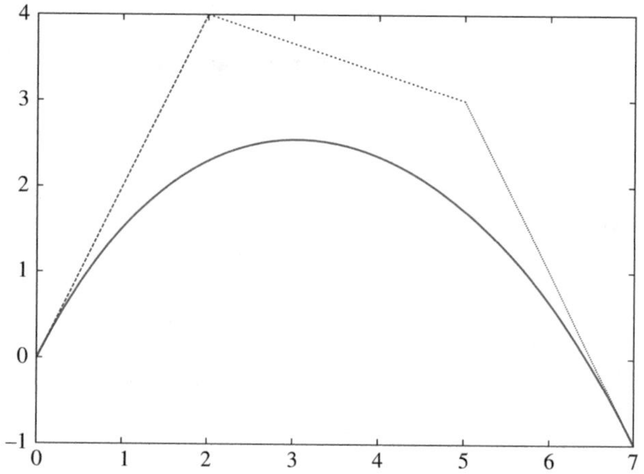

Ändern wir nun den dritten Kontrollpunkt in $\boldsymbol{p}_2 = (3.0)^T$, dann erhalten wir die Bézier-Kurve

$$\boldsymbol{p}_0^3(t) = t^3\begin{pmatrix}4\\11\end{pmatrix} + t^2\begin{pmatrix}-3\\-24\end{pmatrix} + t\begin{pmatrix}6\\12\end{pmatrix}.$$

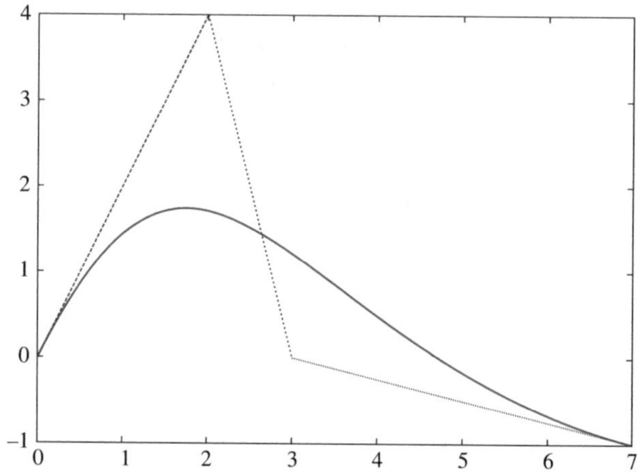

Schreiben wir das Bernstein-Polynom $B_m(1;t) = \sum_{k=0}^m \binom{m}{k} t^k (1-t)^{m-k}$ in der Form $B_m(1;t) = \sum_{k=0}^m B_{m,k}(1;t)$ mit $B_{m,k}(1;t) := \binom{m}{k} t^k (1-t)^{m-k}$, dann gilt für alle Teilpolynome im De-Casteljau-Algorithmus für $r = 1, \ldots, n$ und $i = 0, \ldots, n-r$

$$\boldsymbol{p}_i^r(t) = \sum_{j=0}^{r} \boldsymbol{p}_{i+j} B_{r,j}(t),$$

insbesondere also

$$\boldsymbol{p}_0^n(t) = \sum_{j=0}^{n} \boldsymbol{p}_j B_{n,j}(t).$$

Kapitel 3

Unter der Lupe: Der Weierstraß'sche Approximationssatz I

Zu einer stetigen Funktion $f \in C([a,b])$ und einem $\varepsilon > 0$ existiert ein Polynom $p \in \Pi([a,b])$ mit $\|f - p\|_\infty \leq \varepsilon$.

Mit anderen Worten bedeutet der Satz, dass der Raum aller Polynome dicht liegt in $C[a,b]$ bezüglich der Supremumsnorm $\|\cdot\|_\infty$. Für die Funktionalanalysis folgt daraus, dass der Raum $(C[a,b], \|\cdot\|_\infty)$ separabel ist, denn die Polynome liegen dicht und jedes Polynom mit reellen Koeffizienten kann beliebig genau durch ein Polynom mit rationalen Koeffizienten approximiert werden.

Für uns hier in der Numerik liegt die Bedeutung des Satzes jedoch auf anderer Ebene: Im Raum der stetigen Funktionen auf einem abgeschlossenen Intervall existiert stets eine **Bestapproximation** (**Proximum**) durch ein Polynom. Wir führen den Beweis des Weierstraß'schen Approximationssatzes konstruktiv mithilfe der Bernstein-Polynome.

Beweis Der Weierstraß'sche Approximationssatz ist für $h \in C([0,1])$ bewiesen, wenn wir zu jedem $\varepsilon > 0$ einen Grad (Index) m_0 finden können, sodass $\|h - B_{m_0}(h;\cdot)\|_\infty < \varepsilon$ gilt. Die Übertragung auf den Fall $h \in C([a,b])$ ist dann einfach durch die Transformation $x = (b-a)t + a$ gegeben.

Die Funktion h ist stetig auf $[0,1]$, also insbesondere beschränkt und das Maximum wird angenommen, d. h., es existiert eine Zahl $M \geq 0$ mit $\|h\|_\infty = M$. Für $s,t \in [0,1]$ gilt dann

$$|h(t) - h(s)| \leq 2M. \tag{3.6}$$

Stetigkeit auf einem kompakten Intervall zieht die gleichmäßige Stetigkeit nach sich, daher gibt es zu jedem $\varepsilon_1 > 0$ ein $\delta > 0$, sodass

$$|t - s| < \delta \quad \Rightarrow \quad |h(t) - h(s)| < \varepsilon_1. \tag{3.7}$$

Wir sehen nun, dass aus (3.6) und (3.7) die Abschätzung

$$|h(t) - h(s)| \leq \varepsilon_1 + \frac{2M}{\delta^2}(t-s)^2 \tag{3.8}$$

für alle $s,t \in [0,1]$ folgt, denn im Fall $|t - s| < \delta$ folgt (3.8) sofort aus (3.7) und für $|t - s| \geq \delta$ ist $(t-s)^2/\delta^2 \geq 1$ und (3.8) folgt schon aus (3.6).

Unter Beachtung der Eigenschaften für Bernstein-Polynome, die wir im Lemma auf S. 38 bewiesen haben, schreiben wir für (3.8)

$$-\varepsilon_1 - \frac{2M}{\delta^2}(t-s)^2 \leq h(t) - h(s) \leq \varepsilon_1 + \frac{2M}{\delta^2}(t-s)^2$$

und wenden den m-ten Bernstein-Operator $B_m(\cdot;s)$ an. So ergibt sich

$$\begin{aligned} -\varepsilon_1 - \frac{2M}{\delta^2} B_m((t-s)^2;s) &\leq B_m(h;s) - h(s) \\ &\leq \varepsilon_1 + \frac{2M}{\delta^2} B_m((t-s)^2;s). \end{aligned} \tag{3.9}$$

Beachten der Rechenregeln und $(t-s)^2 = t^2 - 2st + s^2$ führt auf

$$B_m((t-s)^2;s) = B_m(t^2;s) - 2sB_m(t;s) + s^2 B_m(1;s).$$

Die Bernsteinpolynome der rechten Seite haben wir aber bereits berechnet, und zwar in (3.3), (3.4) und (3.5), sodass

$$B_m((t-s)^2;s) = \frac{s(1-s)}{m}$$

folgt. Ist aber $s \in [0,1]$, dann gilt die Abschätzung $0 \leq s(1-s) \leq 1/4$ und wir erhalten schließlich aus (3.9)

$$|h(s) - B_m(h;s)| \leq \varepsilon_1 + \frac{M}{2\delta^2 m}.$$

Wählen wir nun noch $\varepsilon_1 = \varepsilon/2$, dann folgt für

$$m_0 > \frac{M}{\delta^2 \varepsilon}$$

die gesuchte Ungleichung

$$\begin{aligned} |h(s) - B_{m_0}(h;s)| &\leq \frac{\varepsilon}{2} + \frac{M}{2\delta^2 m_0} \\ &< \frac{\varepsilon}{2} + \frac{M\delta^2\varepsilon}{2\delta^2 M} = \varepsilon. \end{aligned}$$

Nun müssen wir nur noch vom Intervall $[0,1]$ zurück auf das Intervall $[a,b]$, was durch

$$p(x) := B_{m_0}\left(f; \frac{x-a}{b-a}\right)$$

bewerkstelligt wird, wobei nun f irgendeine stetige Funktion auf $[a,b]$ bezeichnet. ■

Kapitel 3

also ein lineares Gleichungssystem der Größe $(n+1)\times(n+1)$ für die $n+1$ Koeffizienten $a_0, a_1, \ldots, a_n$,

$$\underbrace{\begin{pmatrix} 1 & x_0 & x_0^2 & \cdots & x_0^n \\ 1 & x_1 & x_1^2 & \cdots & x_1^n \\ \vdots & \vdots & \vdots & \ddots & \vdots \\ 1 & x_n & x_n^2 & \cdots & x_n^n \end{pmatrix}}_{=: V(x_0,\ldots,x_n)} \begin{pmatrix} a_0 \\ a_1 \\ \vdots \\ a_n \end{pmatrix} = \begin{pmatrix} y_0 \\ y_1 \\ \vdots \\ y_n \end{pmatrix}.$$

Die Matrix **V** ist die bekannte **Vandermonde'sche Matrix**, deren Determinante

$$\det V(x_0,\ldots,x_n) = \prod_{n\ge k>j\ge 0} (x_k - x_j)$$

stets von null verschieden ist. Das Interpolationsproblem besitzt also stets eine Lösung.

Für die numerische Lösung des Interpolationsproblems ist die Methode des Einsetzens jedoch völlig ungeeignet, wie unser folgendes Beispiel zeigt.

Beispiel Für die Stützstellen $x_k := k/10, k = 0,\ldots,10$ ergibt sich die Vandermonde-Determinante zu

$$\begin{aligned} \det V(x_0,\ldots,x_{10}) &= (x_1-x_0)(x_2-x_0)\cdots(x_{10}-x_0) \\ &\quad \cdot (x_2-x_1)(x_3-x_1)\cdots(x_{10}-x_1) \\ &\quad \cdot (x_3-x_2)(x_4-x_2)\cdots(x_{10}-x_2) \\ &\quad \ldots \\ &\quad \cdot (x_8-x_7)(x_9-x_7)(x_{10}-x_7) \\ &\quad \cdot (x_9-x_8)(x_{10}-x_8) \\ &\quad \cdot (x_{10}-x_9) \\ &= \left(\frac{1}{10}\right)^{54} \cdot 2^9 \cdot 3^8 \cdot 4^7 \cdot \ldots 9^2 \\ &= 6.6581 \cdot 10^{-28}. \end{aligned}$$

Die Monome sind also für unsere Stützstellenwahl „fast" linear abhängig. Daraus allein kann man aber die Probleme bei Verwendung der Einsetzmethode nicht ableiten, denn für die Stützstellen $x_k := k, k = 0,\ldots,10$ ergibt sich der Wert der Vandermonde'schen Determinante zu

$$\det V(x_0,\ldots,x_{10}) = 6\,658\,606\,584\,104\,736\,522\,240\,000\,000.$$

Eine Überprüfung der Konditionszahl bzgl. der Supremumsnorm ergibt jedoch den abschreckend hohen Wert

$$\kappa(V) = 7.298\,608\,664\,444\,293 \cdot 10^{12}.$$

Die Kondition ist offenbar so schlecht, weil die Stützstellen so eng beieinanderliegen. ◄

Ein sehr viel geeigneterer Zugang zur Berechnung des Interpolationspolynoms stellen die Lagrange'schen Basispolynome dar.

Lagrange'sches Interpolationspolynom

Zu $n+1$ paarweise verschiedenen Stützstellen $a := x_0,\ldots,x_n := b$ heißen die Funktionen

$$L_i(x) := \prod_{\substack{j=0\\ j\ne i}}^{n} \frac{x - x_j}{x_i - x_j} \tag{3.11}$$

für $i = 0,\ldots,n$ die **Lagrange'schen Basispolynome.** Das Polynom

$$p(x) := \sum_{i=0}^{n} f(x_i) L_i(x) \tag{3.12}$$

heißt das **Lagrange'sche Interpolationspolynom** zu den Daten $(x_i, f(x_i)), i = 0,\ldots,n.$

Um unsere Bezeichnungen zu rechtfertigen, müssen wir zeigen:

Lemma Gegeben seien $n+1$ Datenpaare $(x_i, f(x_i)), i = 0,\ldots,n$ mit $a = x_0 < x_1 < \ldots < x_n = b$. Die Lagrange'schen Basispolynome $L_i, i = 0,\ldots,n$ bilden eine Basis des Polynomraums $\Pi^n([a,b])$ und es gilt

$$L_i(x_k) = \delta_{ik} = \begin{cases} 1 & i = k \\ 0 & i \ne k. \end{cases}$$

Weiterhin ist $p \in \Pi^n([a,b])$ die eindeutig bestimmte Lösung des Interpolationsproblems. ◄

Beweis Es ist

$$L_i(x_i) = \prod_{\substack{j=0\\ j\ne i}}^{n} \underbrace{\frac{x_i - x_j}{x_i - x_j}}_{=1} = 1$$

und für $i \ne k$ folgt

$$L_i(x_k) = \prod_{\substack{j=0\\ j\ne i}}^{n} \frac{x_k - x_j}{x_i - x_j} = \underbrace{\frac{x_k - x_k}{x_i - x_j}}_{=0} \prod_{\substack{j=0\\ j\ne i,k}}^{n} \frac{x_k - x_j}{x_i - x_j} = 0.$$

Damit sind die Lagrange'schen Basispolynome aber auch linear unabhängig, denn aus

$$0 = \sum_{i=0}^{n} a_i L_i(x)$$

folgt durch sukzessives Einsetzen von $x_0, x_1, \ldots, x_n$, dass $a_0 = a_1 = \ldots, a_n = 0$ gilt. Also ist $\operatorname{span}\{L_0,\ldots,L_n\} \subset \Pi^n([a,b])$, aber es gilt auch $\dim \operatorname{span}\{L_0,\ldots,L_n\} = n+1 =$

Kapitel 3

$\dim \Pi^n([a,b])$ und damit sind die Lagrange'schen Basispolynome eine Basis des Raumes der Polynome vom Grad nicht höher als n.

Für das Lagrange'sche Interpolationspolynom p gilt sicher $p \in \operatorname{span}\{L_0, \ldots, L_n\}$ und wegen

$$p(x_k) = \sum_{i=0}^{n} f(x_i)L_i(x_k) = \sum_{i=0}^{n} f(x_i)\delta_{ik} = f(x_k)$$

für $k = 0, \ldots, n$, ist p die eindeutig bestimmte Lösung des Interpolationsproblems. ■

Die Auswertung von Polynomen kann rekursiv geschehen

Oftmals stellt sich das Problem, ein Polynom $p \in \Pi^n([a,b])$ an verschiedenen Stellen x auswerten zu müssen. Dazu ist besonders der **Neville-Aitken-Algorithmus** geeignet. Insbesondere verwendet man diesen Algorithmus, wenn es um die Auswertung des Polynoms nur an einzelnen Stellen geht. Dieser Algorithmus konstruiert Schritt für Schritt Polynome immer höherer Ordnung aus Polynomen niedrigerer Ordnung, so lange, bis der Grad des zuletzt berechneten Polynoms die gegebenen Daten interpoliert. Auf dem Weg zu diesem Polynom fallen gesuchte Funktionswerte quasi „nebenbei" ab.

Zur Motivation betrachten wir den Fall zweier Interpolationspolynome $g, h \in \Pi^1([a,b])$, für die

$$g(x_i) = f(x_i) =: f_i,\ i = 0,1 \quad ; \quad h(x_i) = f_i,\ i = 1,2$$

und $x_i \in [a,b], i = 0,1,2$, gelten soll.

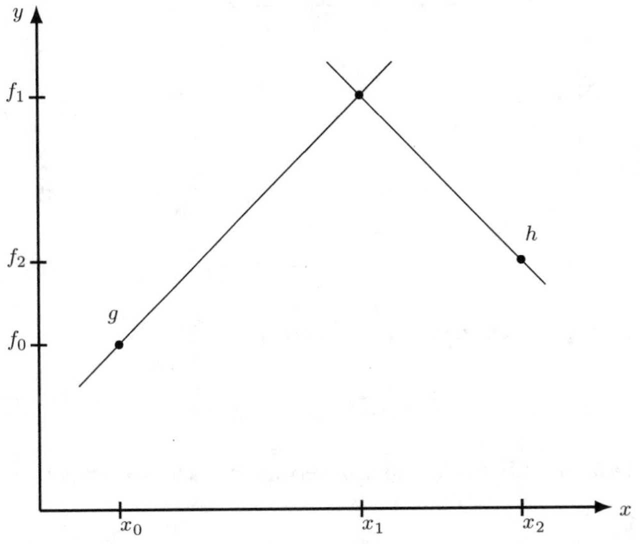

Suchen wir nun das Interpolationspolynom $p \in \Pi^2([a,b])$ zu den Daten $(x_i, f_i), i = 0,1,2$, dann leistet

$$p(x) = \frac{h(x)(x-x_0) - g(x)(x-x_2)}{x_2 - x_0}$$

offenbar das Gewünschte, denn $p(x_0) = g(x_0) = f_0$, $p(x_2) = h(x_2) = f_2$,

$$\begin{aligned} p(x_1) &= \frac{h(x_1)(x_1-x_0) - g(x_1)(x_1-x_2)}{x_2-x_0} \\ &= \frac{f_1x_1 - f_1x_0 - f_1x_1 + f_1x_2}{x_2-x_0} \\ &= \frac{f_1(x_2-x_0)}{x_2-x_0} = f_1 \end{aligned}$$

und $p \in \Pi^2([a,b])$. Damit ist die Idee des Algorithmus von Neville und Aitken bereits vollständig beschrieben. Wir müssen diese Idee nur noch verallgemeinern.

Satz (Rekursive Berechnung von Polynomen; „Neville-Aitken-Algorithmus") Gegeben seien $n+1$ Datenpaare $(x_i, f_i), i = 0, \ldots, n$ mit paarweise verschiedenen Stützstellen $x_0, \ldots, x_n \in [a,b]$. Sei

$$p_{j,j+1,\ldots,j+m} \in \Pi^m([a,b])$$

das eindeutig bestimmte Interpolationspolynom zu den Stützstellen $x_j, \ldots, x_{j+m}$ mit $j+m \le n$ und $m \ge 1$, d. h.,

$$p_{j,j+1,\ldots,j+m}(x_i) = f_i, \quad i = j, j+1, \ldots, j+m.$$

Dann gilt

$$\begin{aligned} &p_{j,j+1,\ldots,j+m}(x) \\ &= \frac{(x-x_j)p_{j+1,\ldots,j+m}(x) - (x-x_{j+m})p_{j,\ldots,j+m-1}(x)}{x_{j+m}-x_j}. \end{aligned} \tag{3.13}$$

◀

Beweis Wir bezeichnen die gesamte rechte Seite der Behauptung mit q. Weil $p_{j+1,\ldots,j+m} \in \Pi^{m-1}([a,b])$ gilt, folgt offenbar schon $q \in \Pi^m([a,b])$. Wir überprüfen nun, ob das Polynom q an den Stützstellen $x_j, \ldots, x_{j+m}$ die Werte $f_j, \ldots, f_{j+m}$ annimmt.

Wir erhalten sofort

$$q(x_j) = p_{j,j+1,\ldots,j+m-1}(x_j) = f_j$$

und

$$q(x_{j+m}) = p_{j+1,\ldots,j+m}(x_{j+m}) = f_{j+m}.$$

Beispiel: Die Lagrange'schen Basispolynome

Es sind die ersten drei Lagrange'schen Basispolynome zu den Knoten $x_i = i, i = 0, 1, 2$ zu berechnen. Mit ihrer Hilfe soll das Interpolationspolynom zu den Daten

i	0	1	2
x_i	0	1	2
$f(x_i)$	−2	−1	4

berechnet werden.

Problemanalyse und Strategie Wir berechnen die Basispolynome direkt nach (3.11).

Lösung Die Lagrange'schen Basispolynome sind nach Definition gegeben durch

$$\begin{aligned} L_0(x) &= \frac{x - x_1}{x_0 - x_1} \cdot \frac{x - x_2}{x_0 - x_2} \\ &= \frac{x-1}{-1} \cdot \frac{x-2}{-2} \\ &= \frac{1}{2}(x-1)(x-2), \\ L_1(x) &= \frac{x - x_0}{x_1 - x_0} \cdot \frac{x - x_2}{x_1 - x_2} \\ &= \frac{x}{1} \cdot \frac{x-2}{1-2} \\ &= x(2-x), \\ L_2(x) &= \frac{x - x_0}{x_2 - x_0} \cdot \frac{x - x_1}{x_2 - x_1} \\ &= \frac{x}{2} \cdot \frac{x-1}{2-1} \\ &= \frac{1}{2}x(x-1). \end{aligned}$$

Sie sind in der folgenden Abbildung dargestellt.

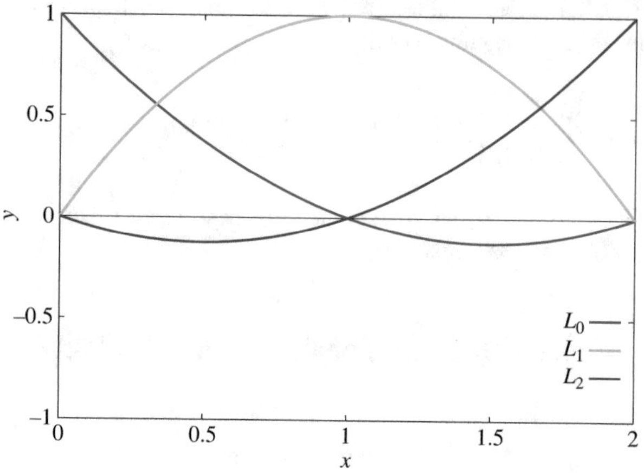

Die Lösung des Interpolationsproblems für die gegebenen Daten ist demnach

$$\begin{aligned} p(x) = \sum_{i=0}^{2} f(x_i)L_i(x) &= -2L_0(x) - L_1(x) + 4L_2(x) \\ &= 2x^2 - x - 2. \end{aligned}$$

und ist in der folgenden Abbildung zu sehen.

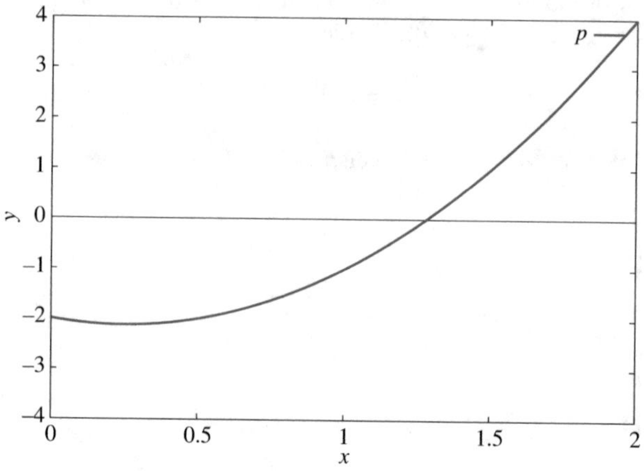

Für die verbleibenden Stützstellen $x_i \in \{x_{j+1}, \ldots, x_{j+m-1}\}$ erhalten wir

$$\begin{aligned} q(x_i) &= \frac{(x_i - x_j)p_{j+1,\ldots,j+m}(x_i) - (x_i - x_{j+m})p_{j,\ldots,j+m-1}(x_i)}{x_{j+m} - x_j} \\ &= \frac{(x_i - x_j)f_i - (x_i - x_{j+m})f_i}{x_{j+m} - x_j} = f_i. \end{aligned}$$

Das Polynom q ist also vom Grad nicht größer als m und interpoliert an den Stützstellen $x_j, \ldots, x_{j+m}$. Wegen der Eindeutigkeit des Interpolationspolynoms ist daher $q = p_{j,j+1,\ldots,j+m}$. ■

Häufig verwendet man die Abkürzung

$$F_{j+m,m} := p_{j,j+1,\ldots,j+m}.$$

Dann schreibt sich (3.13) in der etwas übersichtlicheren Form

$$\begin{aligned} F_{j,0} &:= f_j, \\ F_{j,m} &:= \frac{(x - x_{j-m})F_{j,m-1} - (x - x_j)F_{j-1,m-1}}{x_j - x_{j-m}}. \end{aligned} \tag{3.14}$$

Kapitel 3

Noch übersichtlicher und für spätere Verwendung bei der numerischen Integration erhält man die Rekursionsformel (3.14) durch Einschub von $x_j - x_j = 0$ und ein wenig Rechnen,

$$
\begin{aligned}
F_{j,m} &= \frac{(x - x_{j-m} + x_j - x_j)F_{j,m-1} - (x - x_j)F_{j-1,m-1}}{x_j - x_{j-m}} \\
&= \frac{(x_j - x_{j-m})F_{j,m-1} + (x - x_j)F_{j,m-1}}{x_j - x_{j-m}} \\
&\quad - \frac{(x - x_j)F_{j-1,m-1}}{x_j - x_{j-m}} \\
&= \frac{x_j - x_{j-m}}{x_j - x_{j-m}} F_{j,m-1} \\
&\quad + \frac{(x - x_j)F_{j,m-1} - (x - x_j)F_{j-1,m-1}}{x_j - x_{j-m}} \\
&= F_{j,m-1} + \frac{F_{j,m-1} - F_{j-1,m-1}}{\frac{x_j - x_{j-m}}{x - x_j}} \\
&= F_{j,m-1} + \frac{F_{j,m-1} - F_{j-1,m-1}}{\frac{x_j - x_{j-m}}{x - x_j} + \frac{x - x_j}{x - x_j} - \frac{x - x_j}{x - x_j}} \\
&= F_{j,m-1} + \frac{F_{j,m-1} - F_{j-1,m-1}}{\frac{x - x_{j-m}}{x - x_j} - 1}. \qquad (3.15)
\end{aligned}
$$

Die rekursive Berechnung erlaubt nun, ein Polynom $p = p_{0,\ldots,n} \in \Pi^n([a,b])$ an einer beliebigen Stelle $x \in [a,b]$ zu berechnen. Dazu starten wir mit $p_i(x) = f_i, i = 0,\ldots,n$ als „Initialisierung" und nutzen den Satz von der rekursiven Berechnung der Polynome, um sukzessive Polynome höherer Ordnung bei x auszuwerten, was schließlich auf $p_{0,\ldots,n}(x)$ führt. Diese Berechnung geschieht vorteilhaft in Tableaus.

Nevilles Tableau

		$m = 1$	$m = 2$	$m = 3$
x_0	$f_0 = p_0(x)$			
		$p_{0,1}(x)$		
x_1	$f_1 = p_1(x)$		$p_{0,1,2}(x)$	
		$p_{1,2}(x)$		$p_{0,1,2,3}(x)$
x_2	$f_2 = p_2(x)$		$p_{1,2,3}(x)$	
		$p_{2,3}(x)$		
x_3	$f_3 = p_3(x)$			

Dabei werden die Werte $p_{0,1}(x)$ mit (3.13) aus den Werten $p_0(x)$ und $p_1(x)$ links davon, $p_{1,2,3}(x)$ aus den Werten $p_{1,2}(x)$ und $p_{2,3}(x)$ links davon usw. berechnet.

In der einfacheren Notation (3.15) schreibt sich das Neville-Tableau in der folgenden, äquivalenten Form.

Nevilles Tableau (vereinfachte Notation)

		$m = 1$	$m = 2$	$m = 3$
x_0	$F_{0,0}$			
		$F_{1,1}$		
x_1	$F_{1,0}$		$F_{2,2}$	
		$F_{2,1}$		$F_{3,3}$
x_2	$F_{2,0}$		$F_{3,2}$	
		$F_{3,1}$		
x_3	$F_{3,0}$			

Dabei werden die Werte $F_{1,1}(x)$ mit (3.15) aus den Werten $F_{0,0}(x)$ und $F_{1,0}(x)$ links davon, $F_{3,2}(x)$ aus den Werten $F_{2,1}(x)$ und $F_{3,1}(x)$ links davon usw. berechnet.

Die rekursive Berechnung des Wertes eines Polynoms p an der Stelle x nach (3.13) benötigt jeweils 7 arithmetische Operationen, nämlich 4 Additionen/Subtraktionen, 2 Multiplikationen und 1 Division. Wie oft müssen diese Operationen ausgeführt werden? Das erste Mal in der Spalte $m = 1$ des Neville-Tableaus, und zwar n-mal ($n = 3$ in unserem Tableau). In der Spalte $m = 2$ muss $(n-1)$-mal ausgewertet werden usw. In der letzten Spalte $m = n$ gibt es dann nur noch eine Auswertung. Also ergibt sich insgesamt eine Anzahl von

$$\sum_{k=0}^{n-1}(n-k) = \sum_{\ell=1}^{n} \ell = \frac{n(n+1)}{2}$$

Auswertungen mit je 7 arithmetischen Operationen. Damit haben wir gezeigt, dass bei $n+1$ Datenpaaren $(x_i, f_i), i = 0,\ldots,n$, die Anzahl an Operationen $\mathcal{O}(n^2)$ beträgt.

Anmerkung Beachten Sie bitte, dass das Auswerten von Polynomen nur ein „Nebeneffekt" des Neville-Aitken-Algorithmus ist und dass eigentlich Polynome konstruiert werden!

Der Neville-Aitken-Algorithmus ist zwar mit einer Komplexität von $\mathcal{O}(n^2)$ zu aufwendig, die Berechnung von Größen in einem Tableau ist allerdings nach wie vor sehr wichtig, wie wir bei der Newton'schen Interpolationsformel sehen können.

3.3 Die Newton'sche Interpolationsformel

Die Idee hinter dem Newton-Polynom ist nur eine andere Schreibweise

Wir haben bisher zwei verschiedene Darstellungen von Polynomen $p \in \Pi^n([a,b])$ kennengelernt, nämlich die **Entwicklung in Monome**

$$p(x) = a_0 + a_1 x + a_2 x^2 + \ldots + a_n x^n$$

und die **Lagrange-Darstellung**

$$p(x) = f_0 L_0(x) + f_1 L_1(x) + \ldots + f_n L_n(x)$$

mit den Lagrange'schen Basispolynomen $L_k, k = 0, \ldots, n$, wobei $p(x_i) = f_i, i = 0, \ldots, n$, gilt.

Die Darstellung als **Newton-Polynom** hingegen ist

$$\begin{aligned} p(x) = a_0 + a_1(x - x_0) + a_2(x - x_0)(x - x_1) + \ldots \\ + a_n(x - x_0)(x - x_1) \cdot \ldots \cdot (x - x_{n-1}). \end{aligned}$$

Wir können nun die Koeffizienten $a_i, i = 0, \ldots, n$, aus den Bedingungen $p(x_i) = f_i, i = 0, \ldots, n$, sukzessive berechnen:

$$\begin{aligned} f_0 &= p(x_0) = a_0, \\ f_1 &= p(x_1) = a_0 + a_1(x_1 - x_0), \\ f_2 &= p(x_2) = a_0 + a_1(x_2 - x_0) + a_2(x_2 - x_0)(x_2 - x_1), \\ &\vdots \end{aligned}$$

Sind $a_0, \ldots, a_{j-1}$ bereits aus den oberen Gleichungen berechnet, dann folgt aus

$$f_j = p(x_j) = a_0 + \sum_{i=1}^{j} \left(a_i \prod_{k=0}^{i-1} (x_j - x_k) \right)$$

die Bestimmungsgleichung

$$a_j = \frac{f_j - a_0 - \sum_{i=1}^{j-1} \left(a_i \prod_{k=0}^{i-1} (x_j - x_k) \right)}{\prod_{k=0}^{j-1} (x_j - x_k)}.$$

Im Nenner benötigt diese Berechnung j Subtraktionen und $j-1$ Multiplikationen. Im Zähler müssen $1+2+\ldots+(j-1)$ Subtraktionen und ebenso viele Multiplikationen durchgeführt werden, zusätzlich noch j Subtraktionen. Zur Berechnung von a_j muss dann noch eine Division durchgeführt werden. Der Aufwand zur Berechnung eines a_j ist damit $j^2 + 2j$ und für alle Koeffizienten ergibt sich

$$\begin{aligned} \sum_{j=0}^{n} (j^2 + 2j) &= \frac{(n+1)n(2n+1)}{6} + 2\frac{n(n+1)}{2} \\ &= \frac{n^3}{3} + \mathcal{O}(n^2). \end{aligned}$$

Die Komplexität ist also $\mathcal{O}(n^3)$ und kommt damit für praktische Rechnungen nicht in Frage. Der Neville-Aitken-Algorithmus zeigt jedoch, wie man es besser machen kann, nämlich in einem Tableau.

Das Newton-Polynom

Gehen wir noch einmal zurück zu unserem System zur Bestimmung der $a_i, i = 0, \ldots, n$:

$$\begin{aligned} f_0 &= p(x_0) = a_0, \\ f_1 &= p(x_1) = a_0 + a_1(x_1 - x_0), \\ f_2 &= p(x_2) = a_0 + a_1(x_2 - x_0) + a_2(x_2 - x_0)(x_2 - x_1), \\ &\vdots \end{aligned}$$

Die erste Zeile liefert $a_0 = f_0$ und macht keine Probleme. Aus der zweiten Zeile berechnen wir

$$a_1 = \frac{f_1 - f_0}{x_1 - x_0}$$

und aus der dritten Zeile folgt

$$\frac{f_2 - f_0}{x_2 - x_0} = a_1 + a_2(x_2 - x_1) = \frac{f_1 - f_0}{x_1 - x_0} + a_2(x_2 - x_1),$$

also

$$a_2 = \frac{\frac{f_2 - f_0}{x_2 - x_0} - \frac{f_1 - f_0}{x_1 - x_0}}{x_2 - x_1}.$$

Man kann a_1 als Differenz von f_1 und f_0 ansehen, die durch den Stützstellenabstand dividiert wird. Analog ist a_2 offenbar die Differenz zweier schon durch die entsprechenden Stützstellenabstände dividierten Differenzen, die dann noch einmal durch eine Stützstellendifferenz dividiert wird. Diese Konstruktion nennt man daher **dividierte Differenzen**.

Dividierte Differenzen

Gegeben seien die Datenpaare $(x_i, f_i), i = 0, \ldots, n$, mit paarweise verschiedenen Stützstellen $x_i \in [a, b]$. Die **dividierten Differenzen** sind rekursiv definiert durch

$$f[x_j] := f_j, \quad j = 0, \ldots, n,$$

und

$$f[x_j, \ldots, x_{j+m}] := \frac{f[x_{j+1}, \ldots, x_{j+m}] - f[x_j, \ldots, x_{j+m-1}]}{x_{j+m} - x_j} \tag{3.16}$$

für $j = 0, \ldots, n-1$ und $j + m \leq n, m \in \mathbb{N}$.

Nun können wir die dividierten Differenzen ganz analog zu den Berechnungen im Neville-Tableau bestimmen.

Kapitel 3

Tableau der dividierten Differenzen

$$\begin{array}{llll} f_0 = f[x_0] & & & \\ & f[x_0, x_1] & & \\ f_1 = f[x_1] & & f[x_0, x_1, x_2] & \\ & f[x_1, x_2] & & f[x_0, x_1, x_2, x_3] \\ f_2 = f[x_2] & & f[x_1, x_2, x_3] & \\ & f[x_2, x_3] & & \\ f_3 = f[x_3] & & & \end{array}$$

Dabei werden die dividierten Differenzen $f[x_0, x_1]$ mit (3.16) aus den Werten $f[x_0]$ und $f[x_1]$ links davon, $f[x_1, x_2, x_3]$ aus den Werten $f[x_1, x_2]$ und $f[x_2, x_3]$ links davon, usw. berechnet.

Selbstfrage 2

Zeigen Sie, dass die Komplexität der Berechnung der dividierten Differenzen nach (3.16) im Tableau $\mathcal{O}(n^2)$ beträgt.

Jetzt bleibt nur noch, den Zusammenhang zwischen den dividierten Differenzen und dem Interpolationspolynom in Newton-Form zu klären.

Das Newton'sche Interpolationspolynom

Es seien $n + 1$ Datenpaare (x_i, f_i), $i = 0, \ldots, n$, mit paarweise verschiedenen Stützstellen $x_i \in [a, b]$, $i = 0, \ldots, n$, gegeben. Dann erfüllt das **Newton'sche Interpolationspolynom**, gegeben durch

$$\begin{aligned} p(x) = f[x_0] + f[x_0, x_1](x - x_0) + \ldots \\ + f[x_0, \ldots, x_n](x - x_0) \cdot \ldots \cdot (x - x_{n-1}) \end{aligned}$$

die Interpolationsbedingungen $p(x_i) = f_i$ für $i = 0, \ldots, n$.

Beweis Wir führen den Beweis durch vollständige Induktion über $n \in \mathbb{N}_0$.

Für $n = 0$ ist die Behauptung richtig, denn es gilt $f[x_0] = f_0$.

Sei die Behauptung nun richtig für $n + 1$ Datenpaare mit paarweise verschiedenen Stützstellen, d. h., es gelten

$$\begin{aligned} p_{0,\ldots,n}(x) = f[x_0] + f[x_0, x_1](x - x_0) + \ldots \\ + f[x_0, \ldots, x_n](x - x_0) \cdot \ldots \cdot (x - x_{n-1}) \end{aligned} \quad (3.17)$$

und

$$\begin{aligned} p_{1,\ldots,n+1}(x) = f[x_1] + f[x_1, x_2](x - x_1) + \ldots \\ + f[x_1, \ldots, x_{n+1}](x-x_1) \cdot \ldots \cdot (x - x_n). \end{aligned} \quad (3.18)$$

Für $n + 2$ Datenpaare $(x_i, f_i), i = 0, \ldots, n + 1$, mit paarweise verschiedenen x_i schreiben wir für $p_{0,\ldots,n+1} \in \Pi^n([a, b])$

$$\begin{aligned} p_{0,\ldots,n+1}(x) = a_0 + a_1(x - x_0) + \ldots \\ + a_{n+1}(x - x_0) \cdot \ldots \cdot (x - x_n). \end{aligned}$$

Wegen der Interpolationseigenschaften gilt sicher

$$p_{0,\ldots,n+1}(x_i) - p_{0,\ldots,n}(x_i) = 0, \quad i = 0, \ldots, n,$$

woraus man $a_i = f[x_0, \ldots, x_i]$ für $i = 0, \ldots, n$ gewinnt. Es bleibt nur noch, diese Identität auch für den Leitkoeffizienten a_{n+1} zu beweisen. Dazu bemerken wir, dass einerseits

$$p_{0,\ldots,n+1}(x) = a_{n+1}x^{n+1} + q(x) \quad (3.19)$$

mit $q \in \Pi^n([a, b])$ gilt, andererseits aber wegen (3.13) auch

$$p_{0,\ldots,n+1}(x) = \frac{(x - x_0)p_{1,\ldots,n+1}(x) - (x - x_{n+1})p_{0,\ldots,n}(x)}{x_{n+1} - x_0}$$

und wegen (3.17) und (3.18) folgt

$$p_{0,\ldots,n+1}(x) = \frac{f[x_1, \ldots, x_{n+1}] - f[x_0, \ldots, x_n]}{x_{n+1} - x_0} x^{n+1} + \widetilde{q}(x) \quad (3.20)$$

mit $\widetilde{q} \in \Pi^n([a, b])$. Ein Koeffizientenvergleich zwischen (3.19) und (3.20) liefert schließlich die Behauptung, da die Monome $x^k, k = 0, \ldots, n + 1$ eine Basis des Raumes $\Pi^{n+1}([a, b])$ bilden. ■

Wir notieren noch eine wichtige Eigenschaft der dividierten Differenzen, nämlich ihre Symmetrie.

Satz (Symmetrie der dividierten Differenzen) Die dividierte Differenz $f[x_0, \ldots, x_k]$ ist eine symmetrische Funktion der x_i, d. h.: Ist $x_{i_0}, \ldots, x_{i_k}$ irgendeine Permutation von $x_0, \ldots, x_k$, dann gilt

$$f[x_{i_0}, \ldots, x_{i_k}] = f[x_0, \ldots, x_k]. \quad ◄$$

Beweis Die dividierte Differenz $f[x_0, \ldots, x_k]$ ist der Leitkoeffizient des Interpolationspolynoms $p_{0,\ldots,k}$ zu den Daten $(x_i, f_i), i = 0, \ldots, k$, also der Koeffizient vor der höchsten Potenz von x. Wegen der Eindeutigkeit des Interpolationspolynoms muss $p_{i_0,\ldots,i_k} \equiv p_{0,\ldots,k}$ gelten, also auch $f[x_{i_0}, \ldots, x_{i_k}] = f[x_0, \ldots, x_k]$. ■

Aus der Symmetrie der dividierten Differenzen folgt insbesondere, dass man jede dividierte Differenz $f[x_0, \ldots, x_n]$ als dividierte Differenz von irgend zwei dividierten Differenzen mit n Argumenten darstellen kann, in deren Argumentlisten genau zwei der x_k nicht sowohl in der einen, als auch in der anderen dividierten Differenz auftauchen, z. B.

$$\begin{aligned} f[x_0, \ldots, x_n] &= \frac{f[x_1, x_2, x_3] - f[x_0, x_1, x_2]}{x_3 - x_0} \\ &= \frac{f[x_0, x_2, x_3] - f[x_1, x_2, x_3]}{x_0 - x_1} \\ &= \ldots \end{aligned}$$

Kapitel 3

Beispiel: Ein Newton'sches Interpolationspolynom

Gesucht ist das Newton'sche Interpolationspolynom zu den Daten

i	0	1	2
x_i	0	1	2
$f(x_i)$	−2	−1	4

Dieses Polynom kennen wir schon aus einem Beispiel zu den Lagrange-Polynomen, hier wollen wir es als Newton-Polynom berechnen. Ist das Polynom berechnet, dann füge man ein weiteres Datenpaar $(x_3, f_3) = (3, -4)$ an und berechne das Newton-Polynom.

Problemanalyse und Strategie Wir berechnen die dividierten Differenzen nach (3.16) und bilden das Newton-Polynom. Für das Polynom mit dem zusätzlichen Datenpunkt müssen wir nur noch eine weitere dividierte Differenz berechnen.

Lösung

- Die dividierten Differenzen lauten

$$\begin{aligned} f[x_0] &= f_0 = -2, \quad f[x_1] = f_1 = -1, \\ f[x_2] &= f_2 = 4, \\ f[x_0, x_1] &= \frac{f[x_1] - f[x_0]}{x_1 - x_0} = \frac{-1-(-2)}{1-0} = 1, \\ f[x_1, x_2] &= \frac{f[x_2] - f[x_1]}{x_2 - x_1} = \frac{4-(-1)}{2-1} = 5, \\ f[x_0, x_1, x_2] &= \frac{f[x_1, x_2] - f[x_0, x_1]}{x_2 - x_0} = \frac{5-1}{2-0} = 2. \end{aligned}$$

  Das gesuchte Interpolationspolynom ist damit

$$\begin{aligned} p(x) &= f[x_0] + f[x_0, x_1](x - x_0) + \\ &\quad f[x_0, x_1, x_2](x - x_0)(x - x_1) \\ &= -2 + (x-0) + 2(x-0)(x-1) \\ &= 2x^2 - x - 2 \end{aligned}$$

  und ist natürlich dasselbe wie im Lagrange'schen Fall.

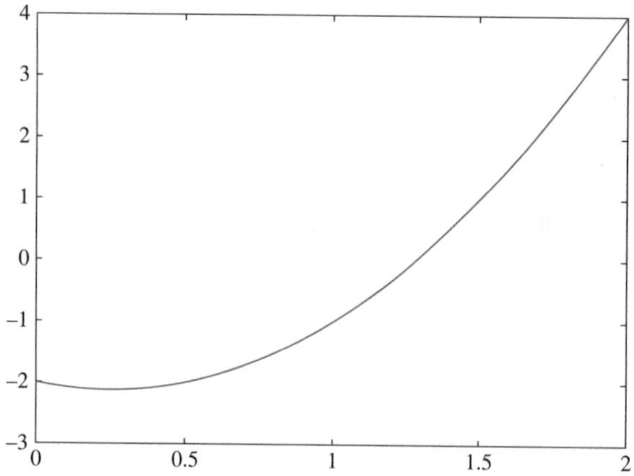

- Für den neuen Datenpunkt $(x_3, f_3) = (3, -4)$ müssen wir nicht mehr das gesamte Polynom neu berechnen. Vielmehr reicht es,

$$f[x_0, x_1, x_2, x_3] = \frac{f[x_1, x_2, x_3] - f[x_0, x_1, x_2]}{x_3 - x_0}$$

  zu berechnen. Dazu brauchen wir noch

$$f[x_1, x_2, x_3] = \frac{f[x_2, x_3] - f[x_1, x_2]}{x_3 - x_1}$$

  und außerdem

$$f[x_2, x_3] = \frac{f[x_3] - f[x_2]}{x_3 - x_2}.$$

  Warum ist das so aufwendig? Ist es nicht! Es handelt sich lediglich darum, dem Differenzentableau eine untere Reihe anzufügen. Wir erhalten schnell

$$f[x_2, x_3] = -8, \quad f[x_1, x_2, x_3] = -13/2,$$

  und damit $f[x_0, x_1, x_2, x_3] = -17/6$. Unser Polynom lautet also

$$\begin{aligned} P(x) &= p(x) \\ &\quad + f[x_0, x_1, x_2, x_3](x - x_0)(x - x_1)(x - x_2) \\ &= 2x^2 - x - 2 - \frac{17}{6}(x-0)(x-1)(x-2) \\ &= -\frac{17}{6}x^3 + \frac{21}{2}x^2 - \frac{20}{3}x - 2. \end{aligned}$$

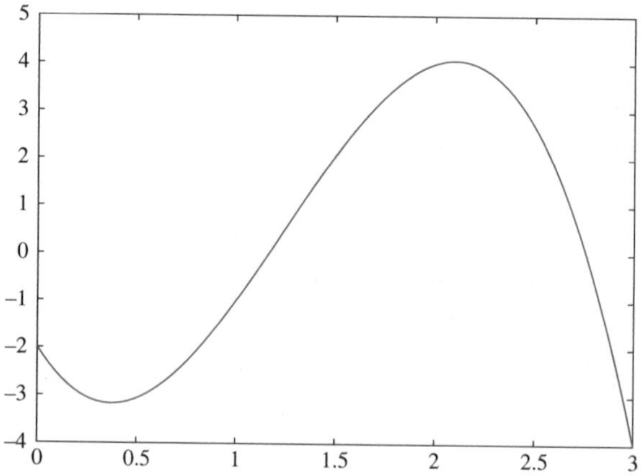

Beachten Sie bitte, dass wir im Fall der Lagrange-Darstellung *sämtliche* Lagrange'schen Basispolynome neu hätten berechnen müssen.

Dividiert werden muss immer durch die Differenz der beiden x_k, die nicht in beiden Argumentlisten auftauchen.

Aus der Symmetrieeigenschaft ergibt sich auch eine Darstellung von dividierten Differenzen, wenn zwei der Argumente übereinstimmen.

Lemma Betrachtet man $x_0, \ldots, x_{n-1}$ fest und $f[x_0, \ldots, x_n]$ als Funktion von x_n, dann gilt für differenzierbares f

$$f[x_0, \ldots, x_n, x_n] = \frac{\mathrm{d}}{\mathrm{d}x_n} f[x_0, \ldots, x_n] \tag{3.21}$$

und speziell

$$f[x, x] = f'(x).$$ ◀

Beweis Ist $h \in \mathbb{R}$, dann folgt nach Definition der dividierten Differenz

$$f[x+h, x] = \frac{f(x+h) - f(x)}{h}$$

und der Grenzwert $h \to 0$ zeigt $f[x, x] = f'(x)$. Im allgemeinen Fall nutzen wir die Symmetrie aus und schreiben

$$\begin{aligned} &f[x_0, \ldots, x_n, x_n + h] \\ &= \frac{f[x_0, \ldots, x_n] - f[x_0, \ldots, x_{n-1}, x_n + h]}{h}, \end{aligned}$$

woraus (3.21) nach dem Grenzübergang $h \to 0$ folgt. ■

Eine Theorie für den Interpolationsfehler

Wir haben bereits ganz zu Anfang unserer Ausführungen den Approximationsfehler der Bestapproximation in Gleichung (3.10) eingeführt. Nun fragen wir uns nach dem Fehler, den wir bei einer Interpolation einer Funktion f machen.

Interpolationsfehler auf beliebigen Stützstellen

Sei $f \in C^n([a, b])$ und die $(n+1)$-te Ableitung $f^{(n+1)}(x)$ existiere an jedem Punkt $x \in [a, b]$. Ist $a \leq x_0 \leq x_1 \leq \ldots \leq x_n \leq b$ und ist $p \in \Pi^n([a, b])$ das Interpolationspolynom zu den Daten $(x_i, f(x_i)), i = 0, \ldots, n$, dann existiert ein von $x, x_0, x_1, \ldots, x_n$ und f abhängiger Punkt ξ mit

$$\min\{x, x_0, x_1, \ldots, x_n\} < \xi < \max\{x, x_0, x_1, \ldots, x_n\},$$

sodass gilt

$$\begin{aligned} R_n(f; x) &:= f(x) - p(x) \\ &= (x - x_0)(x - x_1) \cdot \ldots \cdot (x - x_n) \frac{f^{(n+1)}(\xi)}{(n+1)!} \\ &=: \omega_{n+1}(x) \cdot \frac{f^{(n+1)}(\xi)}{(n+1)!}. \end{aligned} \tag{3.22}$$

Beweis Wegen der Interpolationseigenschaft gilt $p(x_i) = f(x_i)$ für $i = 0, \ldots, n$ und die Fehlerfunktion R_n verschwindet dort. Sei nun x von den Stützstellen $x_i, i = 0, \ldots, n$, paarweise verschieden. Definiere die Funktionen

$$K(x) := \frac{f(x) - p(x)}{\omega_{n+1}(x)}$$

und

$$W(t) := f(t) - p(t) - \omega_{n+1}(t) \cdot K(x).$$

Die Funktion W besitzt mindestens $n + 2$ Nullstellen, denn sie verschwindet bei $t \in \{x_0, x_1, \ldots, x_n\}$ und wegen der Definition von K auch noch bei $t = x$. Nach dem Satz von Rolle besitzt damit $W'(t)$ mindestens $n + 1$ Nullstellen, $W''(t)$ mindestens n Nullstellen, usw. Die Funktion $W^{(n+1)}$ muss schließlich mindestens eine Nullstelle $\min\{x, x_0, x_1, \ldots, x_n\} < \xi < \max\{x, x_0, x_1, \ldots, x_n\}$ aufweisen. Diese Ableitung können wir aber berechnen,

$$W^{(n+1)}(t) = f^{(n+1)}(t) - (n+1)!K(x),$$

also ist

$$0 = W^{(n+1)}(\xi) = f^{(n+1)}(\xi) - (n+1)!K(x)$$

und so ist $K(x) = \frac{1}{(n+1)!} f^{(n+1)}(\xi)$ und die Fehlerfunktion damit bewiesen. ■

Eine weitere Darstellung des Fehlers unter Verwendung der dividierten Differenzen

Nach Konstruktion ist das Newton'sche Interpolationspolynom additiv aufgebaut: Ist p_{n-1} das Newton'sche Polynom vom Grad nicht höher als $n-1$, dann erhalten wir p_n additiv durch Hinzufügung eines Polynoms q_n vom Grad höchstens n:

$$p_n(x) = p_{n-1}(x) + q_n(x). \tag{3.23}$$

Damit das neue Polynom auch an den alten Stützstellen $x_0, \ldots, x_{n-1}$ interpoliert, fordern wir

$$p_n(x_i) = f(x_i) = p_{n-1}(x_i), \quad i = 0, \ldots, n-1,$$

woraus $q_n(x_i) = 0$ für $i = 0, \ldots, n-1$ folgt. Damit wissen wir schon, wie unser Polynom q_n aufgebaut sein muss, nämlich

$$q_n(x) = a_n \prod_{i=0}^{n-1} (x - x_i) \tag{3.24}$$

mit einem noch zu bestimmenden Koeffizienten a_n. Soll nun auch noch $p_n(x_n) = f(x_n)$ gelten, dann folgt wegen (3.23) und (3.24)

$$a_n = \frac{f(x_n) - p_{n-1}(x_n)}{\prod_{i=0}^{n-1}(x_n - x_i)}.$$

Hintergrund und Ausblick: Verschiedene Darstellungen dividierter Differenzen

Dividierte Differenzen sind ein flexibles Werkzeug bei der Bildung von Interpolationspolynomen in Newton-Form. Interessanterweise ergeben sich verschiedenste Darstellungsformen, die wir hier – sozusagen als Ausblick – angeben wollen, weil sie auch in anderen Bereichen der Mathematik nützlich sind.

Satz (Darstellungen für dividierte Differenzen) Es gelten die folgenden Darstellungen:

1. **Darstellung I.**

$$f[x_i, \ldots, x_{i+k}] = \sum_{\ell=i}^{i+k} \frac{f(x_\ell)}{\prod\limits_{\substack{m=i \\ m\neq\ell}}^{i+k} (x_\ell - x_m)}, \quad k \geq 1.$$

2. **Folgerung** Ist $\omega_{i+k}(x) := \prod_{m=i}^{i+k}(x - x_m)$, dann gilt

$$f[x_i, \ldots, x_{i+k}] = \sum_{\ell=i}^{i+k} \frac{f(x_\ell)}{\frac{\mathrm{d}}{\mathrm{d}x}\omega_{i+k}(x_\ell)}.$$

3. **Darstellung II.** Ist $V(x_0, \ldots, x_n)$ die Vandermonde'sche Matrix, dann gilt

$$f[x_0, \ldots, x_n] = \frac{\begin{vmatrix} 1 & 1 & \ldots & 1 \\ x_0 & x_1 & \ldots & x_n \\ \vdots & \vdots & \ddots & \vdots \\ x_0^{n-1} & x_1^{n-1} & \ldots & x_n^{n-1} \\ f(x_0) & f(x_1) & \ldots & f(x_n) \end{vmatrix}}{\det V(x_0, \ldots, x_n)}$$

4. **Darstellung III. (nach Charles Hermite)** Ist die Abbildung $u\colon \mathbb{R}^n \to \mathbb{R}$ definiert durch

$$u_n := u(t_1, \ldots, t_n) := (1 - t_1)x_0 + (t_1 - t_2)x_1 + \ldots + (t_{n-1} - t_n)x_{n-1} + t_n x_n,$$

dann gilt

$$f[x_0, \ldots, x_n] = \int_0^1 \int_0^{t_1} \cdots \int_0^{t_{n-1}} \frac{\mathrm{d}^n f}{\mathrm{d}u^n}(u_n)\, \mathrm{d}t_n \mathrm{d}t_{n-1} \ldots \mathrm{d}t_1.$$

5. **Darstellung IV.** Ist γ eine geschlossene Kurve in $\mathbb{C}$, die eine einfach zusammenhängende Menge umschließt, f dort eine holomorphe Funktion und $z_0, \ldots, z_n \in \mathbb{C}$ mit $z_k \neq z_j$ für $j \neq k$, dann gilt

$$f[z_0, \ldots, z_n] = \frac{1}{2\pi \mathrm{i}} \oint_\gamma \frac{f(t)}{(t - z_0)(t - z_1) \cdot \ldots \cdot (t - z_n)} \mathrm{d}t.$$ ◄

Beweis Wir verschieben die Beweise für die Darstellungen I–III in die Aufgaben zu diesem Kapitel. Hier wollen wir nur die Darstellung IV beweisen.

Nach dem Integralsatz von Cauchy ist

$$f(z) = \frac{1}{2\pi \mathrm{i}} \oint_\gamma \frac{f(t)}{t - z} \mathrm{d}t.$$

Das Residuum der Funktion $f(t)/((t - z_0)(t - z_1) \cdot \ldots \cdot (t - z_n))$ bei $t = z_k$ ist

$$\frac{f(z_k)}{\prod\limits_{\substack{m=0 \\ m\neq k}}^{n} (z_k - z_m)}.$$

Nach dem Residuensatz gilt dann

$$\frac{1}{2\pi \mathrm{i}} \oint_\gamma \frac{f(t)}{(t - z_0) \cdot \ldots \cdot (t - z_n)} \mathrm{d}t = \sum_{\ell=0}^{n} \frac{f(z_\ell)}{\prod\limits_{\substack{m=0 \\ m\neq\ell}}^{n} (z_\ell - z_m)} = f[z_0, \ldots, z_n].$$ ■

Diesen Leitkoeffizienten des Polynoms p_n haben wir auch mit einer dividierten Differenz charakterisiert, sodass wir schreiben können:

$$f[x_0, \ldots, x_n] = a_n = \frac{f(x_n) - p_{n-1}(x_n)}{\prod_{i=0}^{n-1}(x_n - x_i)}.$$

Nun können wir auf dem gleichen Wege ein Newton'sches Polynom p_{n+1} erzeugen, dass noch an einem weiteren Punkt x_{n+1} interpoliert. Dann bekämen wir

$$f[x_0, \ldots, x_n, x_{n+1}] = \frac{f(x_{n+1}) - p_n(x_{n+1})}{\prod_{i=0}^{n}(x_{n+1} - x_i)}.$$

Nun schreiben wir statt x_{n+1} einfach x und nehmen an, dieses x sei paarweise verschieden von den $x_0, \ldots, x_n$. Stellen wir die eben gewonnene Beziehung noch ein wenig um, so folgt eine

Fehlerdarstellung mit dividierten Differenzen

$$\begin{aligned} f(x) - p_n(x) &= \left[\prod_{i=0}^{n}(x - x_i)\right] f[x_0, \ldots, x_n, x] \\ &= \omega_{n+1}(x) f[x_0, \ldots, x_n, x], \qquad (3.25) \end{aligned}$$

$x \notin \{x_0, \ldots, x_n\}$.

Wir haben in der Darstellung (3.25) die dividierte Differenz als Funktion einer Variablen x verwendet. Diese Form ist so wichtig, dass wir hier noch einen Darstellungssatz beweisen wollen.

Satz (Darstellung der dividierten Differenzen als Funktion eines Parameters) Sind $x, x_0, \ldots, x_n$ $n+2$ paarweise verschiedene Punkte, dann gilt die Darstellung

$$f[x_0, \ldots, x_n, x] = \sum_{j=0}^{n} \frac{f[x, x_j]}{\prod\limits_{\substack{k=0 \\ k \neq j}}^{n} (x_j - x_k)}. \qquad (3.26)$$

◀

Beweis Zu Beginn des Beweises „spielen" wir ein wenig mit Interpolationspolynomen in Lagrange'scher Darstellung. Das Interpolationspolynom zu $n+1$ paarweise verschiedenen Datenpunkten $x_0, \ldots, x_n$ einer Funktion g in der Darstellung nach Lagrange ist (man vergleiche mit (3.11) und (3.12))

$$p(x) = \sum_{j=0}^{n} g(x_j) \prod_{\substack{k=0 \\ k \neq j}}^{n} \frac{x - x_k}{x_j - x_k}.$$

Ist $g \equiv 1$ die konstante Einsfunktion, dann haben wir eine Darstellung der 1 gewonnen:

$$1 = \sum_{j=0}^{n} \prod_{\substack{k=0 \\ k \neq j}}^{n} \frac{x - x_k}{x_j - x_k}.$$

Nun ist $f(x) = f(x) \cdot 1$, also

$$f(x) = f(x) \cdot \sum_{j=0}^{n} \prod_{\substack{k=0 \\ k \neq j}}^{n} \frac{x - x_k}{x_j - x_k},$$

und nach Division durch $\prod_{j=0}^{n}(x - x_j)$ erhalten wir

$$\frac{f(x)}{\prod_{j=0}^{n}(x - x_j)} = \sum_{j=0}^{n} \frac{f(x)}{(x - x_j) \cdot \prod\limits_{\substack{k=0 \\ k \neq j}}^{n} (x_j - x_k)}. \qquad (3.27)$$

Nun betrachten wir (3.25) und drücken das Polynom p_n in Lagrange'scher Darstellung als $p_n(x) = \sum_{j=0}^{n} f(x_j) \prod_{\substack{k=0 \\ k \neq j}}^{n} \frac{x - x_k}{x_j - x_k}$ aus:

$$\begin{aligned} &f[x_0, \ldots, x_n, x] \\ &= \frac{f(x) - \left[f(x_0) \prod\limits_{\substack{k=0 \\ k \neq 0}}^{n} \frac{x - x_k}{x_0 - x_k} + \ldots + f(x_n) \prod\limits_{\substack{k=0 \\ k \neq n}}^{n} \frac{x - x_k}{x_n - x_k} \right]}{\prod_{j=0}^{n}(x - x_j)} \\ &= \frac{f(x)}{\prod_{j=0}^{n}(x - x_j)} \\ &\quad - \frac{f(x_0) \prod\limits_{\substack{k=0 \\ k \neq 0}}^{n} \frac{x - x_k}{x_0 - x_k} + \ldots + f(x_n) \prod\limits_{\substack{k=0 \\ k \neq n}}^{n} \frac{x - x_k}{x_n - x_k}}{\prod_{j=0}^{n}(x - x_j)}. \end{aligned}$$

Nun können wir den ersten Term durch (3.27) ersetzen und erhalten

$$\begin{aligned} &f[x_0, \ldots, x_n, x] \qquad (3.28) \\ &= \frac{f(x)}{(x - x_0) \cdot \prod\limits_{\substack{k=0 \\ k \neq 0}}^{n} (x_0 - x_k)} - \frac{f(x_0) \prod\limits_{\substack{k=0 \\ k \neq 0}}^{n} \frac{x - x_k}{x_0 - x_k}}{\prod\limits_{j=0}^{n} (x - x_j)} \\ &+ \frac{f(x)}{(x - x_1) \cdot \prod\limits_{\substack{k=0 \\ k \neq 1}}^{n} (x_1 - x_k)} - \frac{f(x_1) \prod\limits_{\substack{k=0 \\ k \neq 1}}^{n} \frac{x - x_k}{x_1 - x_k}}{\prod\limits_{j=0}^{n} (x - x_j)} \\ &+ \ldots \\ &+ \frac{f(x)}{(x - x_n) \cdot \prod\limits_{\substack{k=0 \\ k \neq n}}^{n} (x_n - x_k)} - \frac{f(x_n) \prod\limits_{\substack{k=0 \\ k \neq n}}^{n} \frac{x - x_k}{x_n - x_k}}{\prod\limits_{j=0}^{n} (x - x_j)}. \end{aligned}$$

Schauen wir uns in der ersten Differenz den zweiten Term genauer an und formen um, dann erhalten wir

$$\begin{aligned} \frac{f(x_0) \prod\limits_{\substack{k=0 \\ k \neq 0}}^{n} \frac{x - x_k}{x_0 - x_k}}{\prod\limits_{j=0}^{n} (x - x_j)} &= \frac{f(x_0) \prod\limits_{\substack{k=0 \\ k \neq 0}}^{n} (x - x_k)}{\prod\limits_{\substack{k=0 \\ k \neq 0}}^{n} (x_0 - x_k) \prod\limits_{j=0}^{n} (x - x_j)} \\ &= \frac{f(x_0)}{(x - x_0) \cdot \prod\limits_{\substack{k=0 \\ k \neq 0}}^{n} (x_0 - x_k)}, \end{aligned}$$

Kapitel 3

und analog können wir alle weiteren Subtrahenden umformen. Damit folgt aus (3.28)

$$f[x_0,\dots,x_n,x] = \frac{f(x)-f(x_0)}{(x-x_0)\cdot\prod\limits_{\substack{k=0\\k\neq 0}}^{n}(x_0-x_k)} + \frac{f(x)-f(x_1)}{(x-x_1)\cdot\prod\limits_{\substack{k=0\\k\neq 1}}^{n}(x_1-x_k)} + \dots + \frac{f(x)-f(x_n)}{(x-x_n)\cdot\prod\limits_{\substack{k=0\\k\neq n}}^{n}(x_n-x_k)}.$$

Andererseits soll nach (3.26)

$$\begin{aligned} f[x_0,\dots,x_n,x] &= \frac{f[x,x_0]}{\prod\limits_{\substack{k=0\\k\neq 0}}^{n}(x_0-x_k)} + \frac{f[x,x_1]}{\prod\limits_{\substack{k=0\\k\neq 1}}^{n}(x_1-x_k)} + \dots \\ &\quad \dots + \frac{f[x,x_n]}{\prod\limits_{\substack{k=0\\k\neq n}}^{n}(x_n-x_k)} \\ &= \frac{f(x)-f(x_0)}{(x-x_0)\cdot\prod\limits_{\substack{k=0\\k\neq 0}}^{n}(x_0-x_k)} + \frac{f(x)-f(x_1)}{(x-x_1)\cdot\prod\limits_{\substack{k=0\\k\neq 1}}^{n}(x_1-x_k)} + \dots \\ &\quad \dots + \frac{f(x)-f(x_n)}{(x-x_n)\cdot\prod\limits_{\substack{k=0\\k\neq n}}^{n}(x_0-x_k)} \end{aligned}$$

gelten, was mit dem oben Berechneten übereinstimmt. ■

So schön unsere Resultate über den Interpolationsfehler auch aussehen mögen, so unbrauchbar sind sie leider auch in der Praxis! Zwei Probleme sind direkt zu sehen: Zum einen ist da das **Stützstellenpolynom** ω_{n+1}, das sehr große Werte annehmen kann, zum anderen aber müssen wir Kenntnis über die $(n+1)$-te Ableitung von f an einer Zwischenstelle haben. Allein das $(n+1)$-malige Ableiten einer Funktion f kann schnell zur Tortur werden. Wir wollen das erste Problem hier vollständig lösen und die Lösung des zweiten Problems nur skizzieren.

Zur Kontrolle über ω_{n+1} benötigen wir zuerst einiges Wissen über **Tschebyschow-Polynome**.

Die Tschebyschow-Polynome erlauben uns eine überraschende Fehlertheorie der Interpolationspolynome

Wenn wir in de Moivres Formel $(\cos\theta + \mathrm{i}\sin\theta)^n = \cos n\theta + \mathrm{i}\sin n\theta$ den Winkel auf $0 \le \theta \le \pi$ begrenzen und $x = \cos n\theta$ schreiben, dann folgt $\sin n\theta = \sqrt{1-x^2} \ge 0$, also

$$(\cos\theta + \mathrm{i}\sin\theta)^n = (x + \mathrm{i}\sqrt{1-x^2})^n.$$

Entwickeln wir nun die rechte Seite mit dem Binomialtheorem und nehmen den Realteil, dann folgt

$$\begin{aligned} \cos(n \arccos x) = \cos nx &= x^n + \binom{n}{2} x^{n-2}(x^2-1) \\ &\quad + \binom{n}{4} x^{n-4}(x^2-1)^2 + \dots, \end{aligned}$$

woraus wir schließen, dass $\cos n\theta$ ein Polynom vom Grad n in $\cos\theta$ ist.

Tschebyschow-Polynom

Das **Tschebyschow-Polynom** (erster Art) vom Grad n ist definiert als

$$T_n(x) := \cos(n \arccos x)$$

für $x \in [-1, 1]$.

Satz (Dreitermrekursion) Für $n = 1, 2, \dots$ gilt

$$T_{n+1}(x) = 2xT_n(x) - T_{n-1}(x)$$ ◀

Beweis Aus den beiden Additionstheoremen

$$\cos((n \pm 1)\theta) = \cos n\theta \cos\theta \mp \sin n\theta \sin\theta$$

erhält man durch Addition $\cos((n+1)\theta) = 2\cos n\theta\cos\theta - \cos((n-1)\theta)$. Setzt man noch $x = \cos\theta$ und $T_n(x) = \cos n\theta$, dann ist alles gezeigt. ■

Korollar 3.1 *Es gilt $T_n(x) = 2^{n-1}x^n + \dots$, d. h., der führende Koeffizient von T_n ist 2^{n-1}.* ◀

Satz (Nullstellen und Extrema) T_n besitzt auf $[-1, 1]$ einfache Nullstellen in den n Punkten

$$x_k = \cos\left(\frac{2k-1}{2n}\pi\right), \quad k = 1, 2, \dots, n. \tag{3.29}$$

T_n hat auf $[-1, 1]$ genau $n + 1$ Extremwerte in den Punkten

$$\widetilde{x}_k = \cos\frac{k\pi}{n}, \quad k = 0, 1, \ldots, n,$$

wobei alternierend die Werte $(-1)^k$ angenommen werden, d. h., es gilt $T_n(\widetilde{x}_k) = (-1)^k$. ◄

Beweis Es gilt $T_n(x_k) = \cos(n \arccos \cos((2k-1)\pi/n)) = \cos((2k-1)\pi/2) = 0$ für alle $k = 1, 2, \ldots, n$. Weiterhin ist $T_n'(x) = \frac{n}{\sqrt{1-x^2}} \sin(n \arccos x)$, also $T_n'(x_k) = \frac{n}{\sqrt{1-x_k^2}} \sin\left(\frac{2k-1}{2}\pi\right)$ und damit $T_n'(x_k) \neq 0$, und die Nullstellen von T_n sind somit einfach. Weiterhin gilt $T_n'(\widetilde{x}_k) = 0$ für $k = 1, 2, \ldots, n$. An den Stellen $\widetilde{x}_k$ ist $T_n(\widetilde{x}_k) = (-1)^k$ für $k = 0, 1, \ldots, n$, aber wegen $T_n(x) = \cos(n \arccos x)$ auf $[-1, 1]$ gilt dort auch $|T_n(x)| \leq 1$. Damit sind die $\widetilde{x}_k$ Extremwerte und man sieht leicht, dass es auch die einzigen sind. ■

Definition der Normierung

$\widetilde{T}_n(x) := \frac{1}{2^{n-1}} T_n(x)$.

Satz (Satz von Tschebyschow) Sei $\widetilde{\Pi}^n([-1, 1])$ die Menge der Polynome vom Grad nicht höher als n auf $[-1, 1]$, die als Leitkoeffizienten $a_n = 1$ aufweisen. Dann gilt für alle $p \in \widetilde{\Pi}^n([-1, 1])$,

$$\max_{x\in[-1,1]} |\widetilde{T}_n(x)| \leq \max_{x\in[-1,1]} |p(x)|.$$ ◄

Beweis Auf $[-1, 1]$ nimmt $|\widetilde{T}_n|$ den Maximalwert $1/2^{n-1}$ in den Punkten $\widetilde{x}_k = \cos(k\pi/n), k = 0, 1, \ldots, n$, an. Gäbe es ein $p \in \widetilde{\Pi}^n([-1, 1])$ mit $\max_{x\in[-1,1]} |p(x)| < 1/2^{n-1}$, dann wäre die Differenz $q(x) := \widetilde{T}_n(x) - p(x)$ ein Polynom aus $\Pi^{n-1}([-1, 1])$. Wegen $q(\widetilde{x}_k) = (-1)^k/2^{n-1} - p(\widetilde{x}_k)$ für $k = 0, \ldots, n$, und wegen $|p(\widetilde{x}_k)| < 1/2^{n-1}$ alternieren die Vorzeichen der Werte $q(\widetilde{x}_k)$ genau $(n + 1)$-mal, d. h., q hätte n Nullstellen. Als Polynom vom Grad nicht höher als $n - 1$ muss q damit das Nullpolynom sein, d. h. $p \equiv \widetilde{T}_n$. Dies ergibt

$$\frac{1}{2^{n-1}} = \max_{x\in[-1,1]} |\widetilde{T}_n(x)| = \max_{x\in[-1,1]} |p(x)| < \frac{1}{2^{n-1}},$$

was einen Widerspruch darstellt. ■

Folgerung Es gelten die Abschätzungen

$$\max_{x\in[-1,1]} |a_0 + a_1 x + \ldots + a_{n-1} x^{n-1} + x^n| \geq \frac{1}{2^{n-1}}$$

und

$$\max_{x\in[a,b]} |a_0 + a_1 x + \ldots + a_{n-1} x^{n-1} + a_n x^n| \geq |a_n| \frac{(b-a)^n}{2^{2n-1}}.$$ ◄

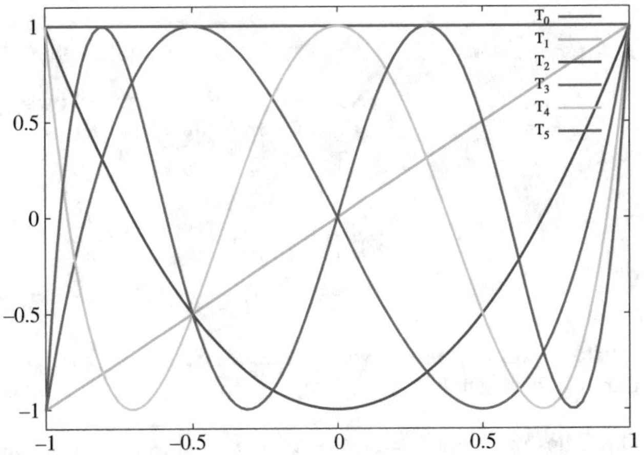

Abb. 3.1 Die Tschebyschow-Polynome T_n für $n = 0, \ldots, 5$

Beweis Nur die zweite Ungleichung ist zu zeigen und sie folgt sofort durch Transformation von $[a, b]$ auf $[-1, 1]$ mithilfe von $x = (b + a)/2 + (b - a)t/2$. ■

In Abb. 3.1 sind die ersten sechs Tschebyschow-Polynome gezeigt.

Besonders interessant für uns sind die Nullstellen der Tschebyschow-Polynome T_n, die wir in Gleichung (3.29) ausgerechnet haben:

$$x_k = \cos\left(\frac{2k-1}{2n}\pi\right), \quad k = 1, \ldots, n.$$

Können wir unsere $n + 1$ Stützstellen $x_i, i = 0, \ldots, n$, frei wählen, dann sind die Nullstellen des Tschebyschow-Polynoms T_{n+1} die richtige Wahl, wie der folgende Satz zeigt.

Satz (Interpolationsfehler auf den Tschebyschow-Nullstellen) Sind $x_0, \ldots, x_n$ die Nullstellen des Tschebyschow-Polynoms T_{n+1}, dann ist der Interpolationsfehler bei Interpolation

$$R_n(f; x) = \widetilde{T}_{n+1}(x) \frac{f^{n+1}(\xi)}{(n+1)!}, \quad -1 < \xi < 1.$$ ◄

Beweis Sind $x_0, \ldots, x_n$ die Nullstellen des Tschebyschow-Polynoms, dann gilt die Darstellung

$$T_n(x) = a_n(x - x_0)(x - x_1) \cdot \ldots \cdot (x - x_n)$$

in Linearfaktoren, bzw. in normierter Form

$$\widetilde{T}_n(x) = (x - x_0)(x - x_1) \cdot \ldots \cdot (x - x_n).$$

Damit folgt der Satz aus der Fehlerdarstellung (3.22). ■

Da $|\widetilde{T}_{n+1}(x)|$ durch $1/2^n$ beschränkt ist, folgt auch das wichtige Korollar:

Interpolationsfehler auf den Tschebyschow-Nullstellen

Sind $x_0, \ldots, x_n$ die Nullstellen des Tschebyschow-Polynoms T_{n+1}, dann ist der Interpolationsfehler bei Interpolation für $-1 \leq x \leq 1$

$$|R_n(f;x)| \leq \frac{1}{2^n(n+1)!} \max_{x\in[-1,1]} |f^{(n+1)}(x)|.$$

Beweis Im Beweis des vorhergehenden Satzes ist $|\widetilde{T}_{n+1}(x)|$ durch $1/2^n$ beschränkt. ■

Die Transformation $t = (2x - (a+b))/(b-a)$ bildet von $[a,b]$ nach $[-1,1]$ ab und die inverse Transformation ist $x = (b-a)/2 + (b+a)t/2$, womit wir die Nullstellen von T_{n+1} von $[-1,1]$ auf ein beliebiges Intervall $[a,b]$ abbilden können. Wir haben nicht gezeigt, dass die Nullstellen der Tschebyschow-Polynome die beste Wahl zur Interpolation sind, aber auch das kann bewiesen werden.

Wir betrachten dazu die Lösung $p \in \Pi^n([a,b])$,

$$p(x) = \sum_{i=0}^{n} f(x_i)L_i(x),$$

unseres Interpolationsproblems, und werten nicht p aus, sondern ein $\widetilde{p}$:

$$\widetilde{p}(x) = \sum_{i=0}^{n} \widetilde{f}(x_i)L_i(x)$$

wobei $\widetilde{f}$ eine stetige Funktion sei, für die für $\varepsilon > 0$

$$|f(x_i) - \widetilde{f}(x_i)| < \varepsilon, \quad i = 0, \ldots, n$$

gelten möge. Mit anderen Worten lassen wir also punktweise Fehler an den Stützstellen zu, die allerdings stets kleiner als ein ε seien sollen. Damit ergibt sich

$$p(x) - \widetilde{p}(x) = \sum_{i=0}^{n} (f(x_i) - \widetilde{f}(x_i))L_i(x)$$

und

$$|p(x) - \widetilde{p}(x)| \leq \varepsilon\lambda(x), \quad \lambda(x) := \sum_{i=0}^{n} |L_i(x)|.$$

Lebesgue-Funktion und -Konstante

Die Funktion

$$\lambda(x) := \sum_{i=0}^{n} |L_i(x)|$$

heißt **Lebesgue-Funktion** zur Zerlegung $x_0, \ldots, x_n$. Die Größe

$$\Lambda := \max_{x\in[a,b]} \lambda(x)$$

heißt **Lebesgue-Konstante**.

Damit erhalten wir sofort den folgenden Satz.

Satz Offenbar gilt

$$\max_{x\in[a,b]} |p(x) - \widetilde{p}(x)| \leq \varepsilon\Lambda.$$ ◄

Kleine Änderungen der Größe ε in den Knotenwerten von f führen im Interpolationspolynom also auf einen Fehler der Größe $\varepsilon\Lambda$.

Nun betrachten wir unsere polynomiale Bestapproximation $p^* \in \Pi^n([a,b])$ an die Funktion $f \in C([a,b])$ mit dem aus (3.10) bekannten Approximationsfehler

$$E_n(f) = \|f - p^*\|_\infty$$

und beweisen den folgenden Satz.

Interpolationsfehler

Es sei $p \in \Pi^n([a,b])$ das Interpolationspolynom zu den Daten $(x_i, f(x_i)), i = 0, \ldots, n$, bei paarweise verschiedenen Stützstellen x_i und $f \in C([a,b])$. Dann gilt für den Interpolationsfehler

$$\|f - p\|_\infty \leq (1 + \Lambda)E_n(f).$$

Bemerkenswert an dieser Darstellung ist die Tatsache, dass wir keine Differenzierbarkeitsanforderungen an f mehr benötigen! Lediglich der Fehler der Bestapproximation und die Lebesgue-Konstante spielen eine Rolle!

Beweis Wir starten mit der Lagrange-Darstellung

$$p(x) = \sum_{i=0}^{n} f(x_i)L_i(x).$$

Da das Interpolationspolynom eindeutig bestimmt ist, gilt auch

$$p^*(x) = \sum_{i=0}^{n} p^*(x_i)L_i(x),$$

was auf $p(x) - p^*(x) = \sum_{i=0}^{n}(f(x_i) - p^*(x_i))L_i(x)$, also

$$|p(x) - p^*(x)| \leq \lambda(x) \max_{i=0,\ldots,n} |f(x_i) - p^*(x_i)|$$

mit der Lebesgue-Funktion λ führt. Damit haben wir

$$\|p^* - p\|_\infty \leq \Lambda E_n(f)$$

gezeigt. Wegen $f(x)-p(x) = (f(x)-p^*(x))+(p^*(x)-p(x))$ folgt

$$\|f - p\|_\infty \leq \underbrace{\|f - p^*\|_\infty}_{=E_n(f)} + \|p^* - p\|_\infty$$

und damit

$$\|f - p\|_\infty \leq (1 + \Lambda)E_n(f). \qquad \blacksquare$$

Eine ableitungsfreie Fehlerabschätzung für die Interpolation steht und fällt also mit der Lebesgue-Konstanten Λ. Paul Erdös konnte 1961 zeigen, dass es zu jeder Stützpunktverteilung mit $n + 1$ Knoten eine Konstante c gibt, sodass

$$\Lambda > \frac{2}{\pi} \log n - c \tag{3.30}$$

gilt. Zu einer gegebenen Stützpunktverteilung gibt es also immer eine stetige Funktion f, sodass das Interpolationspolynom nicht gleichmäßig gegen f konvergiert. Um dieses negative Ergebnis ein wenig abzumildern, zitieren wir noch den folgenden Satz.

Satz Zu jeder stetigen Funktion f auf $[a, b]$ existiert eine Stützstellenverteilung, sodass das Interpolationspolynom gleichmäßig gegen f konvergiert. ◀

Nun sagt uns (3.30), dass die Lebesgue-Konstante mit wachsender Stützstellenzahl mindestens logarithmisch wächst. Fragen wir danach, bei welcher Stützstellenverteilung das Wachstum *höchstens* logarithmisch ist, dann folgt:

Satz Interpoliert man auf den Nullstellen der Tschebyschow-Polynome, dann gilt

$$\Lambda < \frac{2}{\pi} \log n + 4. \qquad ◀$$

Damit haben wir nicht gezeigt, dass die Nullstellen der Tschebyschow-Polynome optimal sind, und theoretisch gibt es noch bessere Stützstellenverteilungen, aber in der Praxis sind die Nullstellen der T_n kaum zu schlagen. Wir können ja bestenfalls erwarten, Interpolanten mit einer kleineren additiven Konstante als 4 zu finden, und das lohnt den Aufwand der Suche sicher nicht.

Das negative Ergebnis, dass man zu jeder Stützstellenverteilung eine stetige Funktion findet, sodass die Konvergenz des Interpolationspolynoms nicht gleichmäßig ist, stammt von Faber aus dem Jahr 1914. Wir können diese negative Aussage aber aus der Welt schaffen, wenn wir etwas mehr Differenzierbarkeit von f verlangen. Dies sagen uns die sogenannten Jackson-Sätze, für die wir aber auf die Literatur verweisen müssen.

3.4 Splines

In der Praxis hat man oft nicht die Wahl, die Stützstellen für eine Interpolation selbst zu wählen. So werden Messwerte in der Regel nicht in den Abständen der Nullstellen von Tschebyschow-Polynomen aufgenommen und auch der Ingenieur oder Mathematiker, der die Punkte einer von einem Designer festgelegten Kontur interpolieren muss, wird selten in den Genuss der freien Knotenwahl kommen.

Da man in der Praxis bei einer Nummerierung ungern bei 0 beginnt, verwenden wir im Folgenden stets die Knotennummerierung $x_i, i = 1, \ldots, n$. Auch in der Literatur über Splines hat sich diese Nummerierung durchgesetzt.

Die Beispiele von Runge und Bernstein zeigen das Versagen der Polynominterpolation

Schon Carl Runge hatte 1901 ein Beispiel dafür gegeben, dass die Interpolation auf äquidistanten Knoten problematisch sein kann. Er betrachtete die Funktion

$$f(x) := \frac{1}{1 + x^2}, \quad x \in [a, b] := [-5, 5] \tag{3.31}$$

und wählte die Stützstellen äquidistant zu

$$x_i := -5 + \frac{10(i - 1)}{n - 1}, \quad i = 1, \ldots, n.$$

Bezeichnen wir mit $p \in \Pi^{n-1}([-5, 5])$ das Interpolationspolynom zu den Daten $(x_i, f(x_i)), i = 1, \ldots, n$, dann konnte Runge zeigen, dass

$$\|f - p\|_\infty \to \infty \quad \text{für } n \to \infty$$

gilt. Für $n = 11$ sieht man schon das Problem in Abb. 3.2. Das Interpolationspolynom $p \in \Pi^{10}([-5, 5])$ interpoliert zwar an

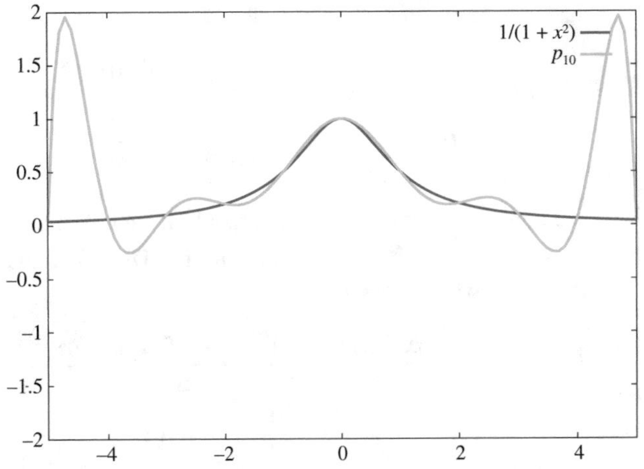

Abb. 3.2 Das Runge-Phänomen für $p \in \Pi^{10}([-5, 5])$ bei äquidistanter Interpolation von $1/(1 + x^2)$

Hintergrund und Ausblick: Die Gregory-Newton-Interpolationsformel

Wir haben in der Lagrange- und der Newton-Form der Interpolationspolynome zwei wichtige Formen kennengelernt, die natürlich auf dasselbe Polynom führen. In beiden Darstellungen spielen Differenzen eine große Rolle. In früheren Zeiten gab es eine eigene Interpolationstheorie, die auf dem Kalkül der finiten Differenzen basierte und heute etwas aus der Mode gekommen ist. Wir wollen hier wenigstens einen kleinen Ausblick in diese faszinierende Theorie geben.

Etwas allgemeiner, als wir es bisher getan haben, definieren wir den **Differenzenoperator** Δ als

$$\Delta x := (x+h) - x = h,$$

wobei $h > 0$ eine Schrittweite bezeichnet. Entsprechend ist $\Delta f(x) = f(x+h) - f(x)$ definiert. Iterieren wir diese Definition durch

$$\Delta^n f(x) = \Delta\left(\Delta^{n-1} f(x)\right)$$

mit $\Delta^0 := id$ und $\Delta^1 := \Delta$, dann haben wir **höhere Differenzen** zur Verfügung. Der Operator Δ verhält sich etwa so wie der Differenzialoperator $D := \mathrm{d}/\mathrm{d}x$, allerdings geht die Eigenschaft

$$Dx^m = mx^{m-1}$$

verloren, denn nach dem Binomialtheorem gilt $\Delta x^m = (x+h)^m - x^m = \sum_{k=1}^{m} \binom{m}{k} x^{m-k} h^k$. Definiert man aber die **Faktoriellenfunktion**

$$x^{[m]} := x(x-h)(x-2h)\cdots(x-(m-1)h),$$

dann gilt $\Delta x^{[m]} = mx^{[m-1]}h$ in vollständiger Übereinstimmung mit $\mathrm{d}(x^m) = mx^{m-1}\mathrm{d}x$. In der Welt der Differenzen übernehmen also die Faktoriellenfunktionen die Rolle der Monome.

Schauen wir nun auf die Taylor-Reihe

$$f(x) = f(a) + f'(a)(x-a) + \frac{f''(a)(x-a)^2}{2!} + \ldots + \frac{f^{(n)}(a)(x-a)^n}{n!} + R_n(x)$$

einer Funktion f mit Entwicklungspunkt a und Restglied $R_n(x) = \frac{f^{(n+1)}(a)(x-a)^{n+1}}{(n+1)!}$, dann gilt im Diskreten die **Gregory-Newton-Formel**

$$f(x) = f(a) + \frac{\Delta f(a)}{\Delta x}\frac{(x-a)^{[1]}}{1!} + \frac{\Delta^2 f(a)}{\Delta x^2}\frac{(x-a)^{[2]}}{2!} + \ldots + \frac{\Delta^n f(a)}{\Delta x^n}\frac{(x-a)^{[n]}}{n!} + R_n(x)$$

mit dem Restglied $R_n(x) = \frac{f^{(n+1)}(\eta)(x-a)^{[n+1]}}{(n+1)!}$, wobei η zwischen a und x liegt. Setzen wir nun in die Gregory-Newton-Formel $x = a + kh$ ein, dann erhalten wir

$$f(a+kh) = f(a) + \frac{\Delta f(a)k^{(1)}}{1!} + \frac{\Delta^2 f(a)k^{(2)}}{2!} + \ldots + \frac{\Delta^n f(a)k^{(n)}}{n!} + R_n(x)$$

mit $k^{(1)} = k, k^{(2)} = k(k-1), k^{(3)} = k(k-1)(k-2)$ usw. Interpretieren wir nun $x_0 := a, x_1 := a+h, \ldots, x_k := a+kh$ als Punkte eines Gitters und $f_k := f(x_k)$ die Daten einer Funktion auf dem Gitter, und verzichten wir auf das Restglied, dann erhalten wir die **Interpolationsformel von Gregory-Newton mit Vorwärtsdifferenzen**

$$f_k = f_0 + \Delta f_0 \frac{k^{(1)}}{1!} + \Delta^2 f_0 \frac{k^{(2)}}{2!} + \ldots + \Delta^n f_0 \frac{k^{(n)}}{n!}.$$

Beispiel Man gebe das Interpolationspolynom zu den Daten

k	0	1	2	3	4
x_k	3	5	7	9	11
f_k	6	24	58	108	174

an. Als Differenzen ergeben sich $f_0 = 6$, $\Delta f_0 = 18$, $\Delta^2 f_0 = 16$, $\Delta^m f_0 = 0$ für $m \geq 3$ und damit folgt

$$f_k = 6 + 18k^{(1)} + \frac{16k^{(2)}}{2!} = 8k^2 + 10k + 6,$$

die restlichen Summanden verschwinden. Möchten wir das als Polynom in x umschreiben, dann schreiben wir

$$p(x) = f(a+kh) = f(3+2k),$$

weil $a = 3$ und $h = 2$. Wenn also $x = 3 + 2k$ ist, dann ist $k = (x-3)/2$. Wir ersetzen also in $8k^2 + 10k + 6$ das k durch $(x-3)/2$ und erhalten schließlich

$$p(x) = 2x^2 - 7x + 9.$$

Man kann auch Rückwärtsdifferenzen betrachten und erhält analog die **Interpolationsformel von Gregory-Newton mit Rückwärtsdifferenzen**

$$f_k = f_0 + \Delta f_{-1}\frac{k^{(1)}}{1!} + \Delta^2 f_{-2}\frac{(k+1)^{(2)}}{2!} + \ldots + \Delta^n f_{-n}\frac{(k+n-1)^{(n)}}{n!}.$$

Weitere klassische Interpolationsformeln, die auf finiten Differenzen basieren, sind unter den Namen Gauß, Stirling und Bessel bekannt. Dazu müssen wir jedoch auf die Literatur verweisen.

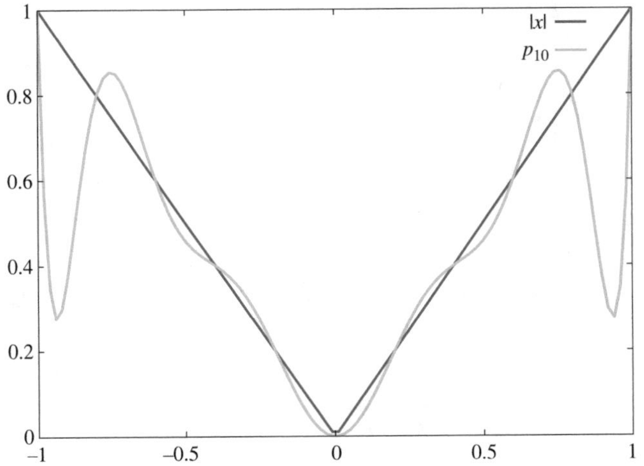

Abb. 3.3 Das Runge-Phänomen für $p \in \Pi^{10}([-1,1])$ bei äquidistanter Interpolation von $|x|$

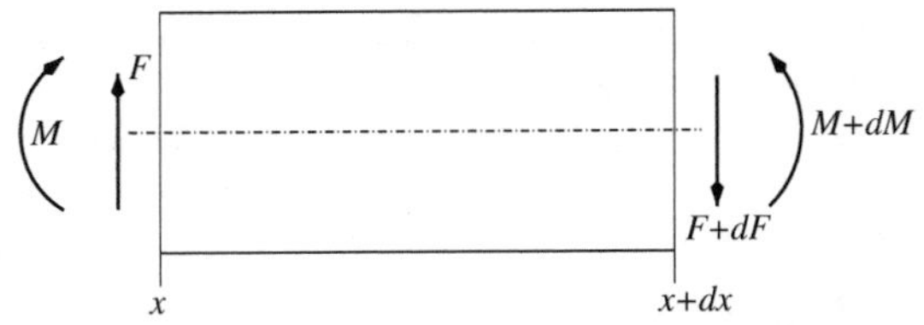

Abb. 3.4 Kräfte- und Momentengleichgewicht an einem Stück Straklatte

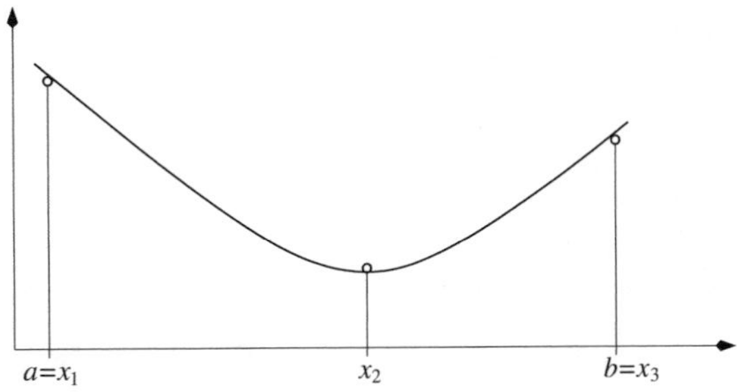

Abb. 3.5 Eine Straklatte liegt zwischen drei Stützstellen $a = x_1$, x_2, $x_3 = b$

den Stützstellen, weicht aber in Randnähe bereits weit ab. Dieses Verhalten bezeichnet man auch als **Runge-Phänomen**.

Bernstein untersuchte die stetige Funktion $f(x) := |x|$ auf $[a,b] := [-1,1]$ und interpolierte auf den Stützstellen

$$x_i := -1 + \frac{2(i-1)}{n-1}, \quad i = 1, \ldots, n.$$

Auch hier greift das Runge-Phänomen, wie man aus Abb. 3.3 für $p \in \Pi^{10}([-1,1])$ schon erkennen kann.

Bei den sogenannten **Splines** verabschiedet man sich von dem Wunsch, ein global definiertes Polynom hoher Ordnung zur Interpolation zu verwenden. Stattdessen verwendet man lokal Polynome von kleinem Grad und verlangt, dass diese an ihren Definitionsgrenzen stetig (oder stetig differenzierbar oder C^2 etc.) zusammenhängen mögen.

Die Idee der Splines abstrahiert die Straklatten im Schiffbau

Im Schiffbau verwendete man schon sehr früh lange Holzlatten mit konstantem, rechteckigen Querschnitt, um die Form der Schiffsbeplankung, die sogenannten *Stringer*, zu ermitteln. Im Deutschen nennt man solche Latten **Straklatten**, im Englischen heißen sie **Splines**. An den Spanten eines Schiffes wurde die Straklatte nicht etwa festgenagelt, sondern nur mit einem Nagel gestützt, sodass sie sich frei in Längsrichtung bewegen konnte. Durch die freie Beweglichkeit in Längsrichtung treten also keine Kräfte in dieser Richtung auf. Betreiben wir nun ein wenig Mechanik und schneiden ein kleines Stück aus der Straklatte aus. Die Forderung nach einem Kräfte- und Momentengleichgewicht an unserem Stückchen, vergleiche Abb. 3.4, führt auf die Gleichungen

$$F - (F + dF) = 0 \quad \Longleftrightarrow \quad dF = 0 \quad \Rightarrow \quad F' = 0$$

und

$$M - (M + dM) + (F + dF) \cdot dx = 0 \quad \Longleftrightarrow \quad dM - F \cdot dx = 0,$$

also

$$\frac{dM}{dx} = F.$$

In der Mechanik wird gezeigt, dass die Biegelinie $x \mapsto f(x)$ eines Balkens der Gleichung

$$M(x) = c\frac{f''(x)}{\sqrt{(1 + (f'(x))^2)^3}}$$

mit einer geeigneten Konstanten c genügt. Für kleine Auslenkungen der Straklatte ist f' sehr klein und der Nenner nahe bei 1, sodass man häufig den **linearisierten Fall**

$$M(x) = cf''(x)$$

betrachtet. Oben hatten wir bereits $M' = F$ herausgefunden, d. h., die dritte Ableitung der Biegelinie ist den Kräften proportional. Wegen $F' = 0$ folgt $M'' = F' = 0$ und damit ist die vierte Ableitung von f gerade null: $f^{(iv)} = 0$. Da die Latte an den Enden, die wir wie in Abb. 3.5 a und b nennen wollen, gerade auslaufen wird, gilt dort

$$f''(a) = f''(b) = 0.$$

Man kann daher eine Straklatte durch Funktionen modellieren, die auf jedem Intervall $[x_i, x_{i+1}] \subset [a,b]$ zwischen zwei Knoten

x_i und x_{i+1} definiert sind, deren erste und zweite Ableitungen an den Knoten paarweise übereinstimmen, deren dritte Ableitung konstant ist (Proportionalität zur Kraft), und deren vierte Ableitung verschwindet. **Diese Eigenschaften werden von Polynomen dritten Grades erfüllt.**

In der Mechanik lernt man, dass die Biegeenergie, die man zur Verformung der Straklatte in ihre Endlage aufbringen muss, durch das Integral

$$E = k \int_a^b (f''(x))^2 \,\mathrm{d}x$$

mit einer positiven Proportionalitätskonstante k gegeben ist. Unter allen zweimal stetig differenzierbaren Funktionen f auf $[a, b]$ mit $f(x_i) = y_i, i = 1, \ldots, n$ und $f''(a) = f''(b) = 0$ ist die Endlage der Biegelinie optimal in dem Sinne, dass die Biegeenergie minimal ist. Aus diesem Grund hat man in der Approximationstheorie den Begriff „Spline" stark verallgemeinert und bezeichnet damit Funktionen, die in einem gegebenen Funktionenraum eine gewisse Minimalbedingung im Sinne der Norm des Raumes erfüllt, was wir in der Hintergrundbox auf S. 63 genauer ausführen. Wir wollen hier dieser Verallgemeinerung nicht nachgehen, sondern bei stückweise definierten Polynomen mit gewissen Übergangsbedingungen bleiben.

Lineare Splines verbinden Daten mit Polygonzügen

Die einfachste Art der Interpolation von n Daten $(x_i, f_i), i = 1, \ldots, n$, ist die lineare Verbindung zwischen je zwei Datenpunkten. Die so entstehende stückweise lineare Funktion $P_{f,1}$ nennt man **linearen Spline**.

Ein linearer Spline hat offenbar zwei wichtige Eigenschaften:

1. Die Einschränkung von $P_{f,1}$ auf jedes Intervall $[x_i, x_{i+1}]$, $s_i := P_{f,1}\big|_{[x_i,x_{i+1}]}$ ist ein lineares Polynom.
2. $P_{f,1}$ ist stetig an den inneren Knoten $x_i, i = 2, \ldots, n-1$.

Zur mathematischen Beschreibung verwenden wir die Lagrange'schen Basispolynome vom Grad 1, d. h.

$$L_i(x) = \begin{cases} \dfrac{x - x_{i-1}}{x_i - x_{i-1}}; & x \in [x_{i-1}, x_i) \\[2ex] \dfrac{x_{i+1} - x}{x_{i+1} - x_i}; & x \in [x_i, x_{i+1}], \end{cases} \qquad i = 2, \ldots, n-1$$

für die inneren Knoten und

$$L_1(x) = \begin{cases} \dfrac{x_2 - x}{x_2 - x_1}, & \text{falls } x \in [x_1, x_2] \\ 0 & \text{sonst} \end{cases}$$

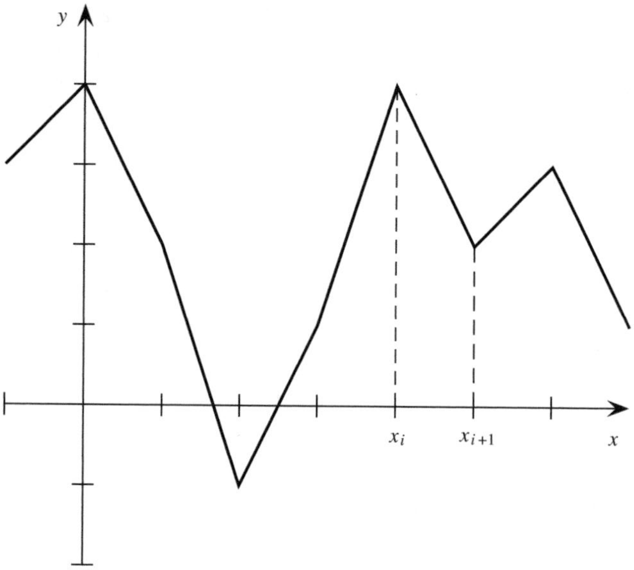

Abb. 3.6 Ein linearer Spline

bzw.

$$L_n(x) = \begin{cases} \dfrac{x - x_{n-1}}{x_n - x_{n-1}}, & \text{falls } x \in [x_{n-1}, x_n] \\ 0 & \text{sonst} \end{cases}$$

an den beiden Rändern. Damit schreibt sich ein linearer Spline in der Form

$$P_{f,1}(x) = \sum_{i=1}^{n} f_i L_i(x)$$

und auf jedem Intervall $[x_i, x_{i+1}]$ gilt

$$s_i(x) := P_{f,1}\big|_{[x_i,x_{i+1}]}(x) = f_i \frac{x_{i+1} - x}{x_{i+1} - x_i} + f_{i+1} \frac{x - x_i}{x_{i+1} - x_i}.$$

Lineare Splines werden durchaus in den Anwendungen verwendet, zum Beispiel in der Methode der Finiten Elemente (FEM). Für Zwecke der Approximation von Daten stehen wir allerdings vor einem ernsten Problem: Der lineare Spline ist an den Knoten nicht differenzierbar.

Quadratische Splines sind praktisch unbrauchbar

Wir definieren den interpolierenden quadratischen Spline $P_{f,2}$ durch die Eigenschaften

1. $P_{f,2}\big|_{[x_i,x_{i+1}]}$ ist ein quadratisches Polynom.
2. $P_{f,2}$ und $P'_{f,2}$ sind stetig an den Datenpunkten.

Auf jedem Intervall macht man den Ansatz

$$s_i(x) := P_{f,2}\big|_{[x_i,x_{i+1}]}(x) := a_0 + a_1(x - x_i) + a_2(x - x_i)^2.$$

Es werden also drei Bedingungen benötigt, um die unbekannten Koeffizienten a_0, a_1, a_2 zu ermitteln. Wir finden diese drei Bedingungen in den Gleichungen

$$s_i(x_i) = f_i, \quad s_i(x_{i+1}) = f_{i+1}, \quad s_i'(x_i) = S_i,$$

wobei S_i eine noch unbekannte Steigung bezeichnet. Aus der ersten der drei Gleichungen folgt sofort $a_0 = f_i$ und aus der dritten $a_1 = S_i$. Aus der zweiten Gleichung ergibt sich dann

$$f_i + S_i(x_{i+1} - x_i) + a_2(x_{i+1} - x_i)^2 = f_{i+1},$$

woraus wir sofort a_2 zu

$$a_2 = \frac{f_{i+1} - f_i}{(x_{i+1} - x_i)^2} - \frac{S_i}{x_{i+1} - x_i}$$

bestimmen können. Damit erhalten wir für das i-te Teilstück des quadratischen Splines

$$\begin{aligned} s_i(x) &= f_i + S_i(x - x_i) \\ &\quad + \left(\frac{f_{i+1} - f_i}{(x_{i+1} - x_i)^2} - \frac{S_i}{x_{i+1} - x_i}\right)(x - x_i)^2. \end{aligned} \quad (3.32)$$

Nun müssen wir nur noch die bisher unbestimmten Steigungen S_i ermitteln. Dazu betrachten wir die erste Ableitung von (3.32) an der Stelle $x = x_{i+1}$,

$$s_i'(x_{i+1}) = S_i + 2\frac{f_{i+1} - f_i}{x_{i+1} - x_i} - 2S_i \stackrel{!}{=} S_{i+1},$$

die ja die Steigung S_{i+1} an der Stelle x_{i+1} ergeben muss. Damit ergibt sich eine Rekursionsformel für die Steigungen in der Form

$$S_i + S_{i+1} = 2\frac{f_{i+1} - f_i}{x_{i+1} - x_i}, \quad i = 1, \ldots, n-1.$$

Man muss genau eine Steigung vorgeben (im Allgemeinen ist das die Steigung $S_1 = s_1'(a)$ am linken Intervallrand) und die Rekursionsgleichung erlaubt die Berechnung aller weiteren Steigungen.

Quadratische Splines haben für die Praxis einen erheblichen Nachteil. Die zweiten Ableitungen sind unstetig an den Stützstellen und zeigen häufig Nulldurchgänge, wodurch die Knoten zu Wendepunkten werden. Daher oszillieren quadratische Spline-Interpolanten in der Regel stark und sie finden keine Anwendung.

Kubische Splines führen auf brauchbare Interpolanten

Nach unseren „Fingerübungen" mit den linearen und den quadratischen Splines können wir nun auf unser eigentliches Ziel zusteuern, den kubischen Splines, die die mathematischen Analoga der Straklatten im Schiffbau sind. Wir definieren den kubischen Spline als kubische Polynome auf den Intervallen $[x_i, x_{i+1}]$.

Ansatz für den kubischen Spline auf $[x_i, x_{i+1}]$

$$\begin{aligned} s_i(x) &:= P_{f,3}\big|_{[x_i,x_{i+1}]}(x) \quad (3.33) \\ &:= c_{1,i} + c_{2,i}(x - x_i) + c_{3,i}(x - x_i)^2 + c_{4,i}(x - x_i)^3, \end{aligned}$$

$i = 1, \ldots, n-1$.

In jedem Intervall benötigen wir nun vier Bedingungen, die wir aus den sechs Gleichungen

$$\begin{aligned} s_i(x_i) &= f_i, & s_i(x_{i+1}) &= f_{i+1} \\ s_i'(x_i) &= s_{i-1}'(x_i), & s_i'(x_{i+1}) &= s_{i+1}'(x_{i+1}) \\ s_i''(x_i) &= s_{i-1}''(x_i), & s_i''(x_{i+1}) &= s_{i+1}''(x_{i+1}) \end{aligned}$$

erhalten. Dabei ist zu bedenken, dass an den inneren Punkten die Bedingungen für die ersten und zweiten Ableitungen von jeweils *zwei* kubischen Teilpolynomen verwendet werden. Wie schon bei den quadratischen Splines wollen wir das Symbol S_i für die Steigung am Knoten x_i einführen.

Dann können wir zwei der gesuchten Koeffizienten, $c_{1,i}$ und $c_{2,i}$, sofort dingfest machen, denn aus den Bedingungen

$$s_i(x_i) = f_i, \quad s_i'(x_i) = S_i$$

folgt aus unserem Ansatz sofort

$$c_{1,i} = f_i, \quad c_{2,i} = S_i. \quad (3.34)$$

Aus den Bedingungen

$$s_i(x_{i+1}) = f_{i+1}, \quad s_i'(x_{i+1}) = S_{i+1}$$

und der nützlichen Abkürzung

$$\Delta x_i := x_{i+1} - x_i$$

erhalten wir die beiden Gleichungen

$$\begin{aligned} f_i + S_i \Delta x_i + c_{3,i}(\Delta x_i)^2 + c_{4,i}(\Delta x_i)^3 &= f_{i+1} \\ S_i + 2c_{3,i}\Delta x_i + 3c_{4,i}(\Delta x_i)^2 &= S_{i+1}, \end{aligned}$$

und damit ein lineares Gleichungssystem

$$\begin{pmatrix} (\Delta x_i)^2 & (\Delta x_i)^3 \\ 2\Delta x_i & 3(\Delta x_i)^2 \end{pmatrix} \begin{pmatrix} c_{3,i} \\ c_{4,i} \end{pmatrix} = \begin{pmatrix} f_{i+1} - f_i - S_i \Delta x_i \\ S_{i+1} - S_i \end{pmatrix}$$

Kapitel 3

für die noch unbekannten Koeffizienten $c_{3,i}$ und $c_{4,i}$. Als Lösung dieses Gleichungssystems folgt

$$c_{3,i} = \frac{3f_{i+1} - 3f_i - 2S_i\Delta x_i - S_{i+1}\Delta x_i}{(\Delta x_i)^2} \tag{3.35}$$

$$c_{4,i} = \frac{2f_i - 2f_{i+1} + S_i\Delta x_i + S_{i+1}\Delta x_i}{(\Delta x_i)^3}. \tag{3.36}$$

Nun sind alle vier Koeffizienten in jedem Teilintervall berechnet und wie bei den quadratischen Splines müssen wir uns jetzt um die Steigungen S_i kümmern. An den inneren Knoten wollen wir, dass noch die zweiten Ableitungen übereinstimmen, dass also

$$s''_{i-1}(x_i) = s''_i(x_i)$$

gilt. Leiten wir unseren Ansatz (3.33) zweimal ab und setzen die Argumente entsprechend ein, so folgt

$$2c_{3,i-1} + 6c_{4,i-1}\Delta x_{i-1} = 2c_{3,i}$$

und Ausdrücke für die Koeffizienten $c_{3,i}$ und $c_{4,i}$ haben wir doch gerade in (3.35) und (3.36) gefunden, die wir nun einsetzen können. Wir erhalten damit

$$\begin{aligned} &2\frac{3f_i - 3f_{i-1} - 2S_{i-1}\Delta x_{i-1} - S_i\Delta x_{i-1}}{(\Delta x_{i-1})^2} \\ &\quad + 6\frac{2f_{i-1} - 2f_i + S_{i-1}\Delta x_{i-1} + S_i\Delta x_{i-1}}{(\Delta x_{i-1})^2} \\ &= 2\frac{3f_{i+1} - 3f_i - 2S_i\Delta x_i - S_{i+1}\Delta x_i}{(\Delta x_i)^2}, \\ &i = 2, \dots, n-1. \end{aligned} \tag{3.37}$$

Das sieht nun noch furchtbar aus, aber wenn wir ein wenig aufräumen, dann erkennen wir darin sofort ein tridiagonales, diagonaldominantes, lineares Gleichungssystem für die Steigungen S_i, nämlich

$$\begin{aligned} &\Delta x_i S_{i-1} + 2(\Delta x_i + \Delta x_{i-1})S_i + \Delta x_{i-1}S_{i+1} \\ &= 3\left(\frac{f_i - f_{i-1}}{\Delta x_{i-1}}\Delta x_i + \frac{f_{i+1} - f_i}{\Delta x_i}\Delta x_{i-1}\right), \\ &i = 2, \dots, n-1. \end{aligned}$$

Selbstfrage 3

Leiten Sie diese Form des Gleichungssystem aus der Darstellung (3.37) her.

Damit haben wir das folgende System erhalten:

$$\operatorname{tridiag}(\boldsymbol{l}, \boldsymbol{d}, \boldsymbol{r}) \cdot \boldsymbol{S} = \boldsymbol{R}. \tag{3.38}$$

Dabei ist $\operatorname{tridiag}(\boldsymbol{l}, \boldsymbol{d}, \boldsymbol{r})$ die tridiagonale Matrix

$$\operatorname{tridiag}(\boldsymbol{l}, \boldsymbol{d}, \boldsymbol{r}) = \begin{pmatrix} l_1 & d_1 & r_1 & & & \\ & l_2 & d_2 & r_2 & & \\ & & \ddots & \ddots & \ddots & \\ & & & l_{n-2} & d_{n-2} & r_{n-2} \end{pmatrix}$$

und $\boldsymbol{l}, \boldsymbol{d}, \boldsymbol{r}$ die Vektoren

$$\boldsymbol{l} = \begin{pmatrix} l_1 \\ l_2 \\ \vdots \\ l_{n-2} \end{pmatrix} = \begin{pmatrix} \Delta x_2 \\ \Delta x_3 \\ \vdots \\ \Delta x_{n-1} \end{pmatrix}, \tag{3.39}$$

$$\boldsymbol{d} = \begin{pmatrix} d_1 \\ d_2 \\ \vdots \\ d_{n-2} \end{pmatrix} = \begin{pmatrix} 2(\Delta x_2 + \Delta x_1) \\ 2(\Delta x_3 + \Delta x_2) \\ \vdots \\ 2(\Delta x_{n-1} + \Delta x_{n-2}) \end{pmatrix}, \tag{3.40}$$

$$\boldsymbol{r} = \begin{pmatrix} r_1 \\ r_2 \\ \vdots \\ r_{n-2} \end{pmatrix} = \begin{pmatrix} \Delta x_1 \\ \Delta x_2 \\ \vdots \\ \Delta x_{n-2} \end{pmatrix}. \tag{3.41}$$

Der Vektor der Unbekannten ist

$$\boldsymbol{S} = \begin{pmatrix} S_1 \\ S_2 \\ \vdots \\ S_n \end{pmatrix} \tag{3.42}$$

und die rechte Seite $\boldsymbol{R}$ ist gegeben durch

$$\boldsymbol{R} = \begin{pmatrix} 3\left(\frac{(f_3-f_2)\Delta x_1}{\Delta x_2} + \frac{(f_2-f_1)\Delta x_2}{\Delta x_1}\right) \\ 3\left(\frac{(f_4-f_3)\Delta x_2}{\Delta x_3} + \frac{(f_3-f_2)\Delta x_3}{\Delta x_2}\right) \\ \vdots \\ 3\left(\frac{(f_n-f_{n-1})\Delta x_{n-2}}{\Delta x_{n-1}} + \frac{(f_{n-1}-f_{n-2})\Delta x_{n-1}}{\Delta x_{n-2}}\right) \end{pmatrix}. \tag{3.43}$$

Wir sehen sofort, dass unsere Koeffizientenmatrix eine reelle $(n-2) \times n$-Matrix ist, mit anderen Worten: es fehlen zwei Bedingungen. Dies sind nun genau zwei freie Bedingungen an den Rändern $x = a$ und $x = b$, die man auf verschiedene Art und Weise vorgeben kann.

Der „natürliche Spline"

Ein kubischer Spline heißt **natürlicher Spline**, wenn an seinen Endpunkten die zweite Ableitungen verschwinden, also wenn

$$s''_1(a) = s''_n(b) = 0$$

gilt. Dieser Fall entspricht ganz der Straklatte im Schiffbau. Wir wollen hier etwas allgemeiner annehmen, dass wir irgendwelche Werte für die zweite Ableitungen an den Endpunkten wüssten,

$$s''_1(a) = \mathcal{K}_1,$$
$$s''_n(b) = \mathcal{K}_n.$$

Kapitel 3

Ausgehend von unserem Ansatz (3.33) berechnen wir $s_1''(x) = 2c_{3,1} + 6c_{4,1}(x - x_1)^2$ und erhalten $s_1''(x_1) = 2c_{3,1} = \mathcal{K}_1$, was wir in die Formel (3.35) einsetzen, um nach ein wenig Umstellung die Beziehung

$$2S_1 + S_2 = 3\frac{f_2 - f_1}{x_2 - x_1} - \mathcal{K}_1(x_2 - x_1)$$

zu erhalten. Dies ist bereits die erste Gleichung, die wir unserem System (3.38) hinzufügen müssen. Ebenso verfahren wir an der Stelle $x = b$, an der $s_{n-1}''(b) = 2c_{3,n-1} = \mathcal{K}_n$ gelten muss. Aus (3.35) folgt dann

$$2S_{n-1} + S_n = 3\frac{f_n - f_{n-1}}{x_n - x_{n-1}} - \mathcal{K}_n(x_n - x_{n-1})$$

und diese Gleichung fügen wir an das untere Ende unseres Systems (3.38). Damit erhalten wir das

System zur Bestimmung der Steigungen des natürlichen kubischen Splines

$$\boldsymbol{M} \cdot \boldsymbol{S} = \boldsymbol{R}^+ \tag{3.44}$$

mit der Matrix

$$\boldsymbol{M} = \begin{pmatrix} 2 & 1 & & & & \\ l_1 & d_1 & r_1 & & & \\ & l_2 & d_2 & r_2 & & \\ & & \ddots & \ddots & \ddots & \\ & & & l_{n-2} & d_{n-2} & r_{n-2} \\ & & & & 1 & 2 \end{pmatrix}$$

und $\boldsymbol{l}, \boldsymbol{d}, \boldsymbol{r}$ wie in (3.39), (3.40), (3.41), $\boldsymbol{S}$ wie in (3.42) und der rechten Seite

$$\boldsymbol{R}^+ = \begin{pmatrix} 3\frac{f_2-f_1}{x_2-x_1} - \mathcal{K}_1(x_2 - x_1) \\ \boldsymbol{R} \\ 3\frac{f_n-f_{n-1}}{x_n-x_{n-1}} - \mathcal{K}_n(x_n - x_{n-1}) \end{pmatrix} = \begin{pmatrix} 3\frac{f_2-f_1}{x_2-x_1} - \mathcal{K}_1(x_2 - x_1) \\ 3\left(\frac{(f_3-f_2)\Delta x_1}{\Delta x_2} + \frac{(f_2-f_1)\Delta x_2}{\Delta x_1}\right) \\ 3\left(\frac{(f_4-f_3)\Delta x_2}{\Delta x_3} + \frac{(f_3-f_2)\Delta x_3}{\Delta x_2}\right) \\ \vdots \\ 3\left(\frac{(f_n-f_{n-1})\Delta x_{n-2}}{\Delta x_{n-1}} + \frac{(f_{n-1}-f_{n-2})\Delta x_{n-1}}{\Delta x_{n-2}}\right) \\ 3\frac{f_n-f_{n-1}}{x_n-x_{n-1}} - \mathcal{K}_n(x_n - x_{n-1}) \end{pmatrix}.$$

Dies ist nun ein quadratisches $(n \times n)$-System für die Steigungen $S_i, i = 1, \ldots, n$. Sind diese Steigungen berechnet, dann ergeben die Formeln (3.34) sowie (3.35) und (3.36) die Koeffizienten $c_{k,i}, k = 1, 2, 3, 4$, und die explizite Darstellung des Splines (3.33) ist damit bekannt. Der Fall der natürlichen Randbedingungen ergibt sich einfach daraus, $\mathcal{K}_1 = \mathcal{K}_n = 0$ zu setzen.

Der „vollständige" Spline

Anstelle der Vorgabe von zweiten Ableitungen an den Endpunkten gibt es natürlich weitere Möglichkeiten. Manchmal möchte man gerne direkt eine Steigung an den Rändern vorgeben, also die Vorgabe

$$S_1 = \sigma_1, \quad S_n = \sigma_n$$

machen. Den daraus resultierenden interpolierenden kubischen Spline nennt man **vollständigen Spline**.

System zur Bestimmung der Steigungen des vollständigen kubischen Splines

$$\boldsymbol{N} \cdot \boldsymbol{S} = \boldsymbol{R}^\sigma \tag{3.45}$$

mit der Matrix

$$\boldsymbol{N} = \begin{pmatrix} 1 & & & & & \\ l_1 & d_1 & r_1 & & & \\ & l_2 & d_2 & r_2 & & \\ & & \ddots & \ddots & \ddots & \\ & & & l_{n-2} & d_{n-2} & r_{n-2} \\ & & & & & 1 \end{pmatrix}$$

und $\boldsymbol{l}, \boldsymbol{d}, \boldsymbol{r}$ wie in (3.39), (3.40), (3.41), $\boldsymbol{S}$ wie in (3.42) und der rechten Seite

$$\boldsymbol{R}^\sigma = \begin{pmatrix} \sigma_1 \\ \boldsymbol{R} \\ \sigma_n \end{pmatrix} = \begin{pmatrix} \sigma_1 \\ 3\left(\frac{(f_3-f_2)\Delta x_1}{\Delta x_2} + \frac{(f_2-f_1)\Delta x_2}{\Delta x_1}\right) \\ 3\left(\frac{(f_4-f_3)\Delta x_2}{\Delta x_3} + \frac{(f_3-f_2)\Delta x_3}{\Delta x_2}\right) \\ \vdots \\ 3\left(\frac{(f_n-f_{n-1})\Delta x_{n-2}}{\Delta x_{n-1}} + \frac{(f_{n-1}-f_{n-2})\Delta x_{n-1}}{\Delta x_{n-2}}\right) \\ \sigma_n \end{pmatrix}.$$

Kapitel 3

Beispiel: Ein Vergleich von natürlichem und vollständigem Spline

Wir wollen 5 Daten der Runge-Funktion (3.31) $f(x) = 1/(1+x^2)$ mit einem Spline interpolieren, und zwar sowohl mit einem natürlichen, als auch mit einem vollständigen Spline. Die Daten seien

i	1	2	3	4	5
x_i	-1	0	1	2	3
f_i	0.5	1	0.5	0.2	0.1

Problemanalyse und Strategie Wir berechnen die Steigungen $S_1, \ldots, S_5$ des natürlichen Splines aus dem linearen Gleichungssystem (3.44), berechnen die Koeffizienten $c_{1,i}, c_{2,i}, c_{3,i}, c_{4,i}$, $i = 1, \ldots, 4$, nach (3.34), (3.35) und (3.36) und werten dann die Splinefunktion $s_i(x) = c_{1,i} + c_{2,i}(x-x_i) + c_{3,i}(x-x_i)^2 + c_{4,i}(x-x_i)^3$, $i = 1, \ldots, 4$ auf den Intervallen $[x_i, x_{i+1}]$ auf einem feinen Gitter aus, sodass wir sie plotten können.

Analog verfahren wir im Fall des vollständigen Splines (3.45), wobei wir die Steigungen S_1 und S_5 an den beiden Rändern direkt aus der Runge-Funktion ermitteln: $S_1 = \sigma_1 = f'(-1) = 0.5$ und $S_5 = \sigma_5 = f'(3) = -0.06$.

Lösung

- Der natürliche Spline. Als Lösung des Gleichungssystems (3.44) erhält man

$$\begin{aligned} \boldsymbol{S} &= (S_1, S_2, S_3, S_4, S_5)^T \\ &= \frac{1}{50}(39, -3, -27, -9, 3)^T \end{aligned}$$

und aus (3.34) folgen $c_{1,1} = 0.5, c_{1,2} = 1, c_{1,3} = 0.5, c_{1,4} = 0.2$ und $c_{2,1} = \frac{39}{50}, c_{2,2} = -\frac{3}{50}, c_{2,3} = -\frac{27}{50}, c_{2,4} = -\frac{9}{50}$. Aus (3.35) und (3.36) folgen dann $c_{3,1} = 0, c_{3,2} = -\frac{21}{25}, c_{3,3} = \frac{9}{25}, c_{3,4} = 0$ und $c_{4,1} = -\frac{7}{25}, c_{4,2} = \frac{2}{5}, c_{4,3} = -\frac{3}{25}, c_{4,4} = \frac{2}{25}$.

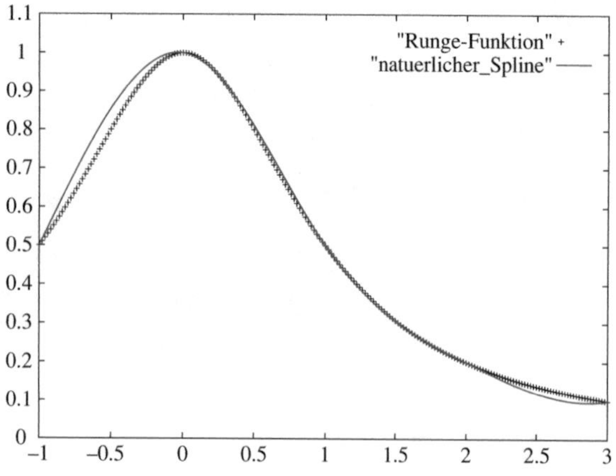

Damit sind die Abschnittspolynome definiert und der Spline lautet

$$s(x) = \begin{cases} 0.5 + \frac{39}{50}(x+1) - \frac{7}{25}(x+1)^3 \\ \quad \text{für } -1 \le x < 0, \\ 1 - \frac{3}{50}x - \frac{21}{25}x^2 + \frac{2}{5}x^3 \\ \quad \text{für } 0 \le x < 1, \\ 0.5 - \frac{27}{50}(x-1) + \frac{9}{25}(x-1)^2 - \frac{3}{25}(x-1)^3 \\ \quad \text{für } 1 \le x < 2, \\ 0.2 - \frac{9}{50}(x-2) + \frac{2}{25}(x-2)^3 \\ \quad \text{für } 2 \le x \le 3. \end{cases}$$

- Der vollständige Spline. Lösung des Systems (3.45) liefert

$$\boldsymbol{S} = \frac{1}{350}(175, 6, -199, -50, -21)^T$$

und die zum natürlichen Spline analogen Rechnungen ergeben den Spline

$$s(x) = \begin{cases} 0.5 + \frac{175}{350}(x+1) + \frac{169}{350}(x+1)^2 \\ \quad -\frac{169}{350}(x+1)^3 \quad \text{für } -1 \le x < 0, \\ 1 + \frac{6}{350}x - \frac{169}{175}x^2 + \frac{157}{350}x^3 \\ \quad \text{für } 0 \le x < 1, \\ 0.5 - \frac{199}{350}(x-1) + \frac{19}{50}(x-1)^2 - \frac{39}{350}(x-1)^3 \\ \quad \text{für } 1 \le x < 2, \\ 0.2 - \frac{50}{350}(x-2) + \frac{8}{175}(x-2)^2 \\ \quad -\frac{1}{350}(x-2)^3 \quad \text{für } 2 \le x \le 3. \end{cases}$$

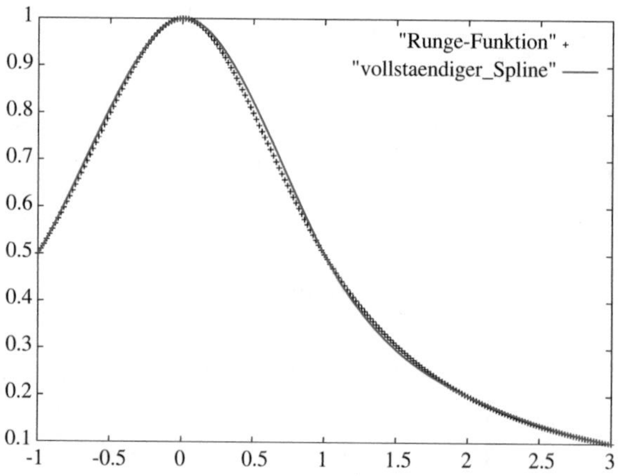

- Der vollständige Spline entspricht in seinem Verlauf an den Rändern natürlich besser der Runge-Funktion als der natürliche Spline. Die Bezeichnung „natürlich" sollte nicht dazu verführen, immer den natürlichen Spline zu wählen.

Hintergrund und Ausblick: Die Optimalität der kubischen Splines. Der Satz von Holladay

Wir haben zu Beginn ein Resultat aus der Mechanik zitiert, nach dem die Straklatte die Biegeenergie $k\int_a^b (f''(x))^2\,\mathrm{d}x$ minimiert, also tut das auch unser natürlicher Spline. Setzen wir die Konstante k zu 1 und führen wir die Halbnorm

$$\|f\| := \sqrt{\int_a^b |f''(x)|^2\,\mathrm{d}x}$$

ein, dann ergibt sich ein Satz, der die Optimalität des kubischen Splines zeigt.

Satz (Satz von Holladay) Ist $f \in C^2(a,b)$, $\Delta := \{a = x_1 < x_2 < \ldots < x_n = b\}$ eine Zerlegung von $[a,b]$ und $P_{f,3}$ eine Splinefunktion zu Δ, dann gilt

$$\begin{aligned}&\|f - P_{f,3}\|^2\\ &= \|f\|^2 - 2\left[(f'(x) - P'_{f,3}(x))P''_{f,3}(x)\right]\Big|_a^b - \|P_{f,3}\|^2. \blacktriangleleft\end{aligned}$$

Beweis Nach Definition unserer Halbnorm gilt

$$\begin{aligned}\|f - P_{f,3}\|^2 &= \int_a^b (f''(x) - P''_{f,3}(x))^2\,\mathrm{d}x\\
&= \int_a^b \left[(f''(x))^2 - 2f''(x)P''_{f,3}(x) + (P''_{f,3}(x))^2\right]\mathrm{d}x\\
&= \underbrace{\int_a^b (f''(x))^2\,\mathrm{d}x}_{=\|f\|^2} - 2\int_a^b f''(x)P''_{f,3}(x)\,\mathrm{d}x\\
&\quad + \underbrace{\int_a^b (P''_{f,3}(x))^2\,\mathrm{d}x}_{=\|P_{f,3}\|^2}.\end{aligned}$$

Nun addieren wir eine Null und erhalten

$$\begin{aligned}\|f - P_{f,3}\|^2 &= \|f\|^2 - 2\int_a^b f''(x)P''_{f,3}(x)\,\mathrm{d}x\\
&\quad + 2\int_a^b (P''_{f,3}(x))^2\,\mathrm{d}x - 2\underbrace{\int_a^b (P''_{f,3}(x))^2\,\mathrm{d}x}_{=\|P_{f,3}\|^2} + \|P_{f,3}\|^2\\
&= \|f\|^2 - 2\int_a^b (f''(x) - P''_{f,3}(x))P''_{f,3}(x)\,\mathrm{d}x - \|P_{f,3}\|^2.\end{aligned}$$

Das Integral $\int_a^b (f''(x) - P''_{f,3}(x))P''_{f,3}(x)\,\mathrm{d}x = \sum_{i=2}^n \int_{x_{i-1}}^{x_i} (f''(x) - P''_{f,3}(x))P''_{f,3}(x)\,\mathrm{d}x$ bearbeiten wir nun mithilfe der partiellen Integration,

$$\begin{aligned}&\int_{x_{i-1}}^{x_i} (f''(x) - P''_{f,3}(x))P''_{f,3}(x)\,\mathrm{d}x\\
&= (f'(x) - P'_{f,3}(x))P''_{f,3}(x)\Big|_{x_{i-1}}^{x_i}\\
&\quad - \int_{x_{i-1}}^{x_i} (f'(x) - P'_{f,3}(x))P'''_{f,3}(x)\,\mathrm{d}x.\end{aligned}$$

Nochmalige partielle Integration des verbleibenden Integrals führt auf

$$\begin{aligned}&\int_{x_{i-1}}^{x_i} (f''(x) - P''_{f,3}(x))P''_{f,3}(x)\,\mathrm{d}x\\
&= (f'(x) - P'_{f,3}(x))P''_{f,3}(x)\Big|_{x_{i-1}}^{x_i}\\
&\quad - \underbrace{(f(x) - P_{f,3}(x))P'''_{f,3}(x)\Big|_{x_{i-1}^+}^{x_i^-}}_{=0,\text{ da } f \text{ und } P_{f,3} \text{ gleich sind an den Knoten}}\\
&\quad + \underbrace{\int_{x_{i-1}}^{x_i} (f(x) - P_{f,3}(x))P^{(iv)}_{f,3}(x)\,\mathrm{d}x}_{=0,\text{ da } P^{(iv)}_{f,3}\equiv 0}.\end{aligned}$$

Die dritten Ableitungen eines Splines sind im Allgemeinen unstetig, weshalb wir im zweiten Randterm die einseitigen Grenzwerte $(\cdots)|_{x_{i-1}^+}^{x_i^-}$ verwenden mussten. Nun folgt nach Summation

$$\begin{aligned}&\int_a^b (f''(x) - P''_{f,3}(x))P''_{f,3}(x)\,\mathrm{d}x\\
&= (f'(x) - P'_{f,3}(x))P''_{f,3}(x)\Big|_a^b.\end{aligned}$$ ■

Da bei natürlichen und bei vollständigen Splines der Term $(f'(x) - P'_{f,3}(x))P''_{f,3}(x)|_a^b$ im Satz von Holladay verschwindet, können wir sofort auf folgende Eigenschaft schließen.

Satz (Minimum-Halbnorm-Eigenschaft) Unter den Voraussetzungen des Satzes von Holladay gilt für natürliche und vollständige Splines

$$\|f - P_{f,3}\|^2 = \|f\|^2 - \|P_{f,3}\|^2 \geq 0,$$

mit anderen Worten: Der Spline ist diejenige zweimal stetig differenzierbare Funktion mit kleinster Halbnorm: $\|P_{f,3}\|^2 \leq \|f\|^2$. ◀

Mithilfe des Satzes von Holladay kann man auch Fehlerabschätzungen gewinnen und zeigen, dass im Gegensatz zu interpolierenden Polynomen die Splines immer gegen die Funktion, die sie interpolieren, konvergieren, sofern man die Zerlegungen Δ immer feiner wählt.

3.5 Trigonometrische Polynome

Carl Friedrich Gauß findet die Ceres

Am Neujahrstag des Jahres 1801 muss der italienische Astronom Guiseppe Piazzi (1746–1820) sehr glücklich gewesen sein: Er hatte einen neuen Planeten in unserem Sonnensystem entdeckt! Bis zum 11. Februar 1801 konnte Piazzi seinen neuen Planeten mit dem Teleskop von Palermo aus verfolgen, dann zogen Wolken über Sizilien auf und die Sicht wurde so schlecht, dass er die Beobachtungen einstellte. Durch hohe Arbeitsbelastung behindert, nahm er erst wieder im Spätherbst die Beobachtungen auf, konnte seinen neuen Planeten aber nicht mehr wiederfinden. Den neuen Planeten hatte er Ceres genannt nach der römischen Göttin des Ackerbaus. Die Entdeckung eines neuen Planeten war eine Sensation, die sich in Windeseile in Europa verbreitete. Überall setzten sich Astronomen hinter ihre Teleskope und versuchten, die Ceres wiederzufinden – ohne Erfolg.

In Braunschweig versuchte Carl Friedrich Gauß erst gar nicht, die Ceres durch Beobachtung zu finden. Er begann zu überlegen. Wie alle anderen Planeten bewegt sich auch Ceres auf einer fast kreisförmigen, elliptischen Umlaufbahn, also ist die Bewegung periodisch. Die Daten von Piazzi konnte man nutzen, indem man ein periodisches Interpolationspolynom durch sie legen würden. Gauß erfand also damals die trigonometrische Interpolation, mit der wir uns im Folgenden befassen wollen. Gleichzeitig erfand er die Methode der kleinsten Quadrate. Gauß veröffentlichte seine Bahnberechnungen und konnte dadurch voraussagen, wo sich die Ceres zu welchem Datum etwa aufhalten würde. Am 7. Dezember 1802 konnte aufgrund der Berechnungen von Gauß die Ceres durch den Astronomen Franz Xaver von Zach (1754–1832) wieder gefunden werden. Für einen Planeten war sie dann doch ein wenig zu klein, Ceres ist heute ein Kleinplanet oder *Planetoid* und das größte Objekt im Asteroiden-Hauptgürtel zwischen Mars und Jupiter.

Seit dieser Gauß'schen Meisterleistung ist die trigonometrische Interpolation nicht mehr wegzudenken. Sie kommt heute überall zum Einsatz, wo man periodische Prozesse interpolieren muss, zum Beispiel bei der numerischen Lösung partieller Differenzialgleichungen, die Wellenphänomene beschreiben.

Komplexe Polynome bilden die Grundlage

Wir wollen uns auf das Intervall $I = [0, 2\pi]$ beziehen und haben dort Daten $(x_k, f_k), k = 0, 1, \ldots, n-1$ gegeben mit $x_k := k\frac{2\pi}{n}$ und $f_k \in \mathbb{C}$. Die natürliche Zahl n sei vorgegeben. Zu den Daten wollen wir nun ein **trigonometrisches Polynom**

$$p(x) := \alpha_0 + \alpha_1 \,\mathrm{e}^{\mathrm{i}x} + \alpha_2 \,\mathrm{e}^{\mathrm{i}2x} + \ldots + \alpha_{n-1} \,\mathrm{e}^{\mathrm{i}(n-1)x} \tag{3.46}$$

mit komplexen Koeffizienten α_k finden, sodass die Interpolationsbedingungen

$$p(x_k) = f_k, \quad k = 0, 1, \ldots, n-1$$

erfüllt sind. Nun wird auch klar, warum die Funktion p trigonometrisches *Polynom* heißt: Nennen wir die komplexe Variable z, dann ist ein komplexes Polynom q vom Grad nicht höher als $n-1$ gegeben durch

$$q(z) = \alpha_0 + \alpha_1 z + \alpha_2 z^2 + \ldots + \alpha_{n-1} z^{n-1}.$$

Wählen wir z auf dem Einheitskreis $z = \mathrm{e}^{\mathrm{i}x}$, wobei wir x als Winkelwert interpretieren können, dann ergibt sich gerade (3.46).

Mithilfe der Lagrange'schen Basispolynome hatten wir im Reellen gezeigt, dass ein (reelles) Interpolationspolynom existiert. Genau so erhält man den folgenden Satz.

Satz Zu n Daten $(x_k, f_k), k = 0, 1, \ldots, n-1$ mit $x_k = k\frac{2\pi}{n}$ und $f_k \in \mathbb{C}$ gibt es genau ein trigonometrisches Polynom

$$p(x) = \alpha_0 + \alpha_1 \,\mathrm{e}^{\mathrm{i}x} + \alpha_2 \,\mathrm{e}^{\mathrm{i}2x} + \ldots + \alpha_{n-1} \,\mathrm{e}^{\mathrm{i}(n-1)x}$$

mit $p(x_k) = f_k$ für $k = 0, 1, \ldots, n-1$. ◂

Wie bei den algebraischen Polynomen gilt auch bei den trigonometrischen Polynomen der Weierstraß'sche Approximationssatz, für dessen Beweis wir auf die Literatur verweisen.

Satz (Weierstraß'scher Approximationssatz II) Zu einer stetigen Funktion $f \in C([0, 2\pi])$ und einem $\varepsilon > 0$ existiert ein trigonometrisches Polynom p mit $\|f - p\|_\infty \leq \varepsilon$. ◂

Besonders wichtig ist die Periodizität der Funktion $\mathrm{e}^{\mathrm{i}x}$, denn es gilt

$$\mathrm{e}^{\mathrm{i}x} = \cos x + \mathrm{i} \sin x.$$

Es gilt daher auch

$$p(x_k) = f_k, \quad k \in \mathbb{Z},$$

wenn man $x_k = \frac{2\pi k}{n}$ für $k \in \mathbb{Z}$ setzt und die f_k vermöge $f_{k+jn} := f_k$ für $j \in \mathbb{Z}$ periodisch über I hinaus fortsetzt.

Besonders wichtig ist das folgende Lemma.

Lemma

Die Funktionen $\mathrm{e}^{\mathrm{i}x_k} = \mathrm{e}^{\mathrm{i}2k\pi/n}$ haben die folgenden Eigenschaften:

1.
$$\left(\mathrm{e}^{\mathrm{i}2k\pi/n}\right)^j = \left(\mathrm{e}^{\mathrm{i}2j\pi/n}\right)^k$$

2.
$$\sum_{k=0}^{n-1} \left(\mathrm{e}^{\mathrm{i}2k\pi/n}\right)^j \left(\mathrm{e}^{\mathrm{i}2k\pi/n}\right)^{-\ell} = \begin{cases} n; & j = \ell \\ 0; & j \neq \ell, 0 \leq j, \ell \leq n-1 \end{cases} \tag{3.47}$$

Beweis Die erste Aussage ist klar. Für die zweite Behauptung setzen wir $z_k := \mathrm{e}^{\mathrm{i}2k\pi/n}$ und betrachten die Gleichung

$$z^n - 1 = 0,$$

dann ist z_k offenbar eine Wurzel dieser Gleichung, denn $z^n = \mathrm{e}^{\mathrm{i}2k\pi} = \cos 2k\pi + \mathrm{i}\sin 2k\pi = 1$ für alle $k \in \mathbb{Z}$. Nun ist aber

$$z^n - 1 = (z-1)\left(z^{n-1} + z^{n-2} + \ldots + 1\right) = 0. \tag{3.48}$$

Wegen

$$z_k = \mathrm{e}^{\mathrm{i}2k\pi/n} = \cos 2\pi\frac{k}{n} + \mathrm{i}\sin 2\pi\frac{k}{n}$$

ist $z_k = 1$ für $k = 0, \pm n, \pm 2n, \ldots$, aber $z_k \neq 1$ für $k \neq 0, \pm n, \pm 2n, \ldots$ Mit Blick auf (3.47) berechnen wir

$$\sum_{k=0}^{n-1} z_k^j z_k^{-\ell} = \sum_{k=0}^{n-1} z_k^{j-\ell} \overset{\text{wegen } \mathbf{1.}}{=} \sum_{j-\ell=0}^{n-1} z_k^{j-\ell}$$

$$= \begin{cases} 1+1+1+\ldots+1 = n; & k = 0, \pm n, \pm 2n, \ldots \\ 1 + z + z^2 + \ldots + z^{n-1}; & k \neq 0, \pm n, \pm 2n, \ldots, \end{cases}$$

aber da die z_k Wurzeln von $z^n - 1$ sind, muss im Fall $z_k \neq 1$ nach (3.48) die Summe $1 + z + z^2 + \ldots + z^{n-1}$ verschwinden. Wir erhalten also (3.47). ■

Die Eigenschaft (3.47) können wir als **diskrete Orthogonalitätsbedingung** interpretieren. Definiert man ein Skalarprodukt auf dem n-dimensionalen Vektorraum $\mathbb{C}^n$ durch

$$\langle f, g\rangle := \frac{1}{n}\sum_{k=0}^{n-1} f_k \overline{g}_k, \tag{3.49}$$

wobei $f := (f_0, f_1, \ldots, f_{n-1})$ und $g := (g_0, g_1, \ldots, g_{n-1})$ Vektoren mit Einträgen aus $\mathbb{C}$ sind und $\overline{g}$ die komplexe Konjugation bezeichnet, dann sagt (3.47) gerade aus, dass die n-Tupel

$$\zeta_j := (z_0^j, z_1^j, z_2^j, \ldots, z_{n-1}^j), \quad j = 0, 1, \ldots, n-1$$

(Erinnerung: $z_k^j = (\mathrm{e}^{\mathrm{i}2k\pi/n})^j$!) eine Orthonormalbasis des $\mathbb{C}^n$ bilden, d. h., es gilt

$$\langle \zeta_j, \zeta_k\rangle = \begin{cases} 1; & j = \ell \\ 0; & j \neq \ell, 0 \leq j, \ell \leq n-1. \end{cases}$$

Diese Orthogonalitätsbedingung ist der Schlüssel zur Bestimmung der Koeffizienten β_k bei der Interpolation mit trigonometrischen Polynomen.

Satz Gelten für das trigonometrische Polynom $p(x) = \sum_{k=0}^{n-1} \alpha_k \mathrm{e}^{\mathrm{i}kx}$ die Interpolationsbedingungen $p(x_k) = f_k, k = 0, 1, \ldots, n-1$, dann sind die Koeffizienten gegeben durch

$$\alpha_j = \frac{1}{n}\sum_{k=0}^{n-1} f_k z_k^{-j} = \frac{1}{n}\sum_{k=0}^{n-1} f_k\, \mathrm{e}^{-\mathrm{i}j2k\pi/n}, \tag{3.50}$$

$j = 0, 1, \ldots, n-1$. ◀

Beweis Mit Blick auf das Skalarprodukt (3.49) ist

$$\frac{1}{n}\sum_{k=0}^{n-1} f_k z_k^{-j} = \langle f, \zeta_j\rangle.$$

Nun soll $f_k = p(x_k)$ gelten, also

$$\langle f, \zeta_j\rangle = \langle \alpha_0\zeta_0 + \alpha_1\zeta_1 + \ldots + \alpha_{n-1}\zeta_{n-1}, \zeta_j\rangle = \alpha_j. \qquad ■$$

Wenn wir versuchen, mit einem trigonometrischen Polynom

$$p_m(x) := \alpha_0 + \alpha_1 \mathrm{e}^{\mathrm{i}x} + \alpha_2 \mathrm{e}^{\mathrm{i}2x} + \ldots + \alpha_m \mathrm{e}^{\mathrm{i}mx} \tag{3.51}$$

mit $m \leq n-1$ alle Daten $(x_k, f_k), k = 0, 1, \ldots, n-1$ zu interpolieren, werden wir natürlich scheitern, wenn nicht gerade $m = n-1$ ist. Interessanterweise haben die **Abschnittspolynome** p_m aber eine hervorragende Approximationseigenschaft, die wir im folgenden Satz zum Ausdruck bringen.

Satz Unter allen möglichen trigonometrischen Polynomen

$$q_m(x) = \beta_0 + \beta_1 \mathrm{e}^{\mathrm{i}x} + \beta_2 \mathrm{e}^{\mathrm{i}2x} + \ldots + \beta_m \mathrm{e}^{\mathrm{i}mx}$$

mit $m \leq n-1$ minimiert das Abschnittspolynom p_m aus (3.51) für $m = 0, 1, \ldots, n-1$ die Summe der Fehlerquadrate

$$\sigma(q_m) := \sum_{k=0}^{n-1} |f_k - q_m(x_k)|^2.$$

Insbesondere ist $\sigma(p) = \sigma(p_{n-1}) = 0$. ◀

Beweis Wir ordnen den trigonometrischen Polynomen p_m und q_m die zwei n-Tupel

$$P_m := (p_m(x_0), \ldots, p_m(x_{n-1})),$$
$$Q_m := (q_m(x_0), \ldots, q_m(x_{n-1}))$$

zu. Mithilfe des Skalarprodukts (3.49) folgt dann

$$\frac{1}{n}\sigma(q_m) = \langle f - Q_m, f - Q_m\rangle.$$

Aus (3.50) wissen wir, dass für die Koeffizienten α_ℓ gerade $\alpha_\ell = \langle f, \zeta_\ell\rangle$ für $\ell = 0, 1, \ldots, n-1$ gilt. Daher folgt

$$\langle f - P_m, \zeta_j\rangle = \left\langle f - \sum_{\ell=0}^{m} \alpha_\ell\zeta_\ell, \zeta_j\right\rangle = \alpha_j - \alpha_j = 0$$

für $j = 0, 1, \ldots, n-1$ sowie dann auch

$$\langle f - P_m, P_m - Q_m\rangle = \sum_{j=0}^{m} \langle f - P_m, (\alpha_j - \beta_j)\zeta_j\rangle = 0.$$

Kapitel 3

Damit ergibt sich

$$\begin{aligned}\frac{1}{n}\sigma(q_m) &= \langle f - Q_m, f - Q_m\rangle \\ &= \langle (f - P_m) + (P_m - Q_m), (f - P_m) + (P_m - Q_m)\rangle \\ &= \langle f - P_m, f - P_m\rangle + \langle P_m - Q_m, P_m - Q_m\rangle \\ &\geq \langle f - P_m, f - P_m\rangle = \frac{1}{n}\sigma(p_m).\end{aligned}$$

Die Gleichheit tritt nur im Fall $q_m = p_m$ ein. ■

Reelle trigonometrische Polynome interpolieren periodische Funktionen

Bis jetzt haben wir nur „Grundlagenarbeit" geleistet und uns die Eigenschaften komplexer trigonometrischer Polynome angesehen. Nun wollen wir auf der Basis dieser Vorarbeit den für uns interessanten reellen Fall betrachten.

Dazu führen wir die folgenden Bezeichnungen ein:

$$a_j := \frac{2}{n}\sum_{k=0}^{n-1} f_k \cos\frac{2\pi jk}{n}, \tag{3.52}$$

$$b_j := \frac{2}{n}\sum_{k=0}^{n-1} f_k \sin\frac{2\pi jk}{n}. \tag{3.53}$$

Blicken wir auf (3.50),

$$\begin{aligned}\alpha_j &= \frac{1}{n}\sum_{k=0}^{n-1} f_k\, \mathrm{e}^{-\mathrm{i}2k\pi j/n} \\ &= \frac{1}{n}\sum_{k=0}^{n-1} f_k \left(\cos\frac{2\pi jk}{n} - \mathrm{i}\sin\frac{2\pi jk}{n}\right),\end{aligned}$$

dann erkennen wir den Zusammenhang

$$\alpha_j = \frac{1}{2}(a_j - \mathrm{i}b_j).$$

Wir sehen auch, dass

$$\begin{aligned}\alpha_{n-j} &= \frac{1}{n}\sum_{k=0}^{n-1} f_k z_k^{-(n-j)} = \frac{1}{n}\sum_{k=0}^{n-1} f_k z_k^{j-n} \\ &= \frac{1}{n}\sum_{k=0}^{n-1} f_k\, \mathrm{e}^{\mathrm{i}2k\pi(j-n)/n} = \frac{1}{n}\sum_{k=0}^{n-1} f_k\, \mathrm{e}^{\mathrm{i}2k\pi j/n} \underbrace{\mathrm{e}^{-\mathrm{i}2k\pi}}_{=1} \\ &= \frac{1}{n}\sum_{k=0}^{n-1} f_k z_k^j,\end{aligned}$$

und daher folgt

$$\alpha_{n-j} = \frac{1}{2}(a_j + \mathrm{i}b_j).$$

Sehen wir uns nun noch die Summe

$$\alpha_j z_k^j + \alpha_{n-j} z_k^{n-j}$$

an, dann folgt aus unseren bisherigen Ergebnissen

$$\begin{aligned}\alpha_j z_k^j + \alpha_{n-j} z_k^{n-j} &= \frac{1}{2}(a_j - \mathrm{i}b_j)z_k^j + \frac{1}{2}(a_j + \mathrm{i}b_j)z_k^{n-j} \\ &= \frac{1}{2}(a_j - \mathrm{i}b_j)(\cos jx_k + \mathrm{i}\sin jx_k) \\ &\quad + \frac{1}{2}(a_j + \mathrm{i}b_j)(\cos jx_k - \mathrm{i}\sin jx_k) \\ &= a_j \cos jx_k + b_j \sin jx_k.\end{aligned}$$

Fassen wir zusammen.

Lemma Mit den Definitionen (3.52) und (3.53) gelten für $j = 0, 1, \ldots, n$ die Beziehungen

$$\alpha_{n-j} = \frac{1}{n}\sum_{k=0}^{n-1} f_k z_k^j, \tag{3.54}$$

$$\alpha_j = \frac{1}{2}(a_j - \mathrm{i}b_j), \quad \alpha_{n-j} = \frac{1}{2}(a_j + \mathrm{i}b_j), \tag{3.55}$$

$$\alpha_j z_k^j + \alpha_{n-j} z_k^{n-j} = a_j \cos jx_k + b_j \sin jx_k, \tag{3.56}$$

$$\alpha_n = \alpha_0.$$ ◄

Jetzt können wir endlich den wichtigen Satz beweisen, der hinter der reellen trigonometrischen Interpolation steht.

Satz

Zu n äquidistant verteilten Daten (x_k, f_k), $k = 0, 1, \ldots, n-1$ mit $x_k = 2k\pi/n$ seien

$$a_j := \frac{2}{n}\sum_{k=0}^{n-1} f_k \cos kx_j, \quad b_j := \frac{2}{n}\sum_{k=0}^{n-1} f_k \sin kx_j \tag{3.57}$$

für $j = 0, 1, \ldots, n-1$. Ist $n = 2N + 1$ ungerade, dann ist

$$p(x) := \frac{a_0}{2} + \sum_{k=1}^{N}(a_k \cos kx + b_k \sin kx) \tag{3.58}$$

das interpolierende trigonometrische Polynom. Ist hingegen $n = 2N$ gerade, dann ist

$$p(x) := \frac{a_0}{2} + \sum_{k=1}^{N-1}(a_k \cos kx + b_k \sin kn) + \frac{a_N}{2}\cos Nx \tag{3.59}$$

das interpolierende trigonometrische Polynom, d. h., es gilt

$$p(x_k) = f_k, \quad k = 0, 1, \ldots, n-1.$$

Beweis Wir betrachten nur den Fall n gerade, d. h. $n = 2N$. Der Beweis für ungerades n erfolgt vollständig analog.

Für gerades $n = 2N$ folgt

$$f_k = \sum_{j=0}^{n-1} \alpha_j z_k^j = \alpha_0 + \sum_{j=1}^{N-1} (\alpha_j z_k^j + \alpha_{n-1} z_k^{n-j}) + \alpha_N z_k^N .$$

Nun ersetzen wir die auftretenden Ausdrücke durch (3.55) und (3.56) und erhalten

$$f_k = \frac{1}{2}(a_0 - \mathrm{i}b_0) + \sum_{j=1}^{N-1} (a_j \cos jx_k + b_j \sin jx_k)$$
$$+ \frac{1}{2}(a_N + \mathrm{i}b_N) z_k^N .$$

Nach unserer Definition ist

$$b_0 = \frac{2}{N} \sum_{k=0}^{n-1} f_k \sin kx_0 = 0,$$
$$b_N = \frac{2}{N} \sum_{k=0}^{n-1} f_k \sin kx_N = \frac{2}{N} \sum_{k=0}^{n-1} f_k \sin k2\pi \frac{n}{2n} = 0,$$
$$z_k^N = \left(\mathrm{e}^{\mathrm{i}2k\pi/n}\right)^N = \left(\mathrm{e}^{\mathrm{i}x_k}\right)^N = \cos Nx_k + \mathrm{i} \underbrace{\sin Nx_k}_{=\sin \frac{n}{2} \frac{2k\pi}{n}}$$
$$= \cos Nx_k ,$$

und setzen wir dies noch ein, dann folgt

$$f_k = \frac{a_0}{2} + \sum_{j=0}^{N-1} (a_j \cos jx_k + b_j \sin jx_k) + \frac{a_N}{2} \cos Nx_k ,$$

wie behauptet. ■

Wie berechnet man die Koeffizienten eines reellen trigonometrischen Polynoms in der Praxis?

Für sehr kleine n lassen sich die Summen, mit denen die a_k, b_k berechnet werden müssen, noch vertretbar durch tatsächliche Summation berechnen.

Es gibt für größere n allerdings einen **Algorithmus von Goertzel**, den wir der Vollständigkeit halber vorstellen wollen.

Der Algorithmus von Goertzel

Bei der Berechnung der Koeffizienten (3.57) sind offenbar Summen der Form

$$\sigma(x) := \sum_{k=0}^{n-1} f_k \cos kx, \quad \mu(x) := \sum_{k=0}^{n-1} f_k \sin kx \qquad (3.60)$$

zu berechnen, wobei wir etwas allgemeiner ein beliebiges x zulassen und nicht nur x_j. Der aus dem Jahr 1958 stammende **Algorithmus von Goertzel** erlaubt die Berechnung von $\sigma(x)$ und $\mu(x)$ *ohne* die Sinus- und Cosinus-Ausdrücke direkt auszuwerten.

Dazu definieren wir

$$c_k := \cos kx, \quad s_k := \sin kx$$

und verwenden die Rekursionsgleichungen

$$c_{k+1} = 2c_1 c_k - c_{k-1}, \quad k = 1, 2, \ldots, n-2 \qquad (3.61)$$
$$s_{k+1} = 2c_1 s_k - s_{k-1}, \quad k = 1, 2, \ldots, n-2, \qquad (3.62)$$

die beide aus den Additionstheoremen der Winkelfunktionen folgen. Als Startwerte notieren wir noch

$$c_0 = 1, c_1 = \cos x, \quad s_0 = 0, s_1 = \sin x.$$

Schreiben wir nun die beiden Rekursionsgleichungen (3.61) und (3.62) etwas um und bringen sie in Matrixform, dann erhalten wir die beiden linearen Gleichungssysteme

$$\begin{pmatrix} 1 & & & & \\ -2c_1 & 1 & & & \\ 1 & -2c_1 & 1 & & \\ & \ddots & \ddots & \ddots & \\ & & 1 & -2c_1 & 1 \end{pmatrix} \begin{pmatrix} c_0 \\ c_1 \\ c_2 \\ \vdots \\ c_{n-1} \end{pmatrix} = \begin{pmatrix} 1 \\ -c_1 \\ 0 \\ \vdots \\ 0 \end{pmatrix} \qquad (3.63)$$

und

$$\begin{pmatrix} 1 & & & & \\ -2c_1 & 1 & & & \\ 1 & -2c_1 & 1 & & \\ & \ddots & \ddots & \ddots & \\ & & 1 & -2c_1 & 1 \end{pmatrix} \begin{pmatrix} s_0 \\ s_1 \\ s_2 \\ \vdots \\ s_{n-1} \end{pmatrix} = \begin{pmatrix} 0 \\ s_1 \\ 0 \\ \vdots \\ 0 \end{pmatrix}. \qquad (3.64)$$

Bezeichnen wir die Koeffizientenmatrix mit $\boldsymbol{A}$, den Vektor $(c_0, \ldots, c_{n-1})^T$ mit $\boldsymbol{c}$, den Vektor $(s_0, \ldots, s_{n-1})$ mit $\boldsymbol{s}$ und die rechten Seiten von (3.63) und (3.64) mit $\boldsymbol{r}_1$ bzw. $\boldsymbol{r}_2$, dann schreiben sich die beiden Systeme als

$$\boldsymbol{A}\boldsymbol{c} = \boldsymbol{r_1}, \quad \boldsymbol{A}\boldsymbol{s} = \boldsymbol{r_2}.$$

Wir sind doch aber eigentlich gar nicht an den c_k und s_k interessiert, sondern an den Skalarprodukten (3.60),

$$\sigma = \langle \boldsymbol{c}, \boldsymbol{f} \rangle = \boldsymbol{c}^T \boldsymbol{f}, \quad \mu = \langle \boldsymbol{s}, \boldsymbol{f} \rangle = \boldsymbol{s}^T \boldsymbol{f},$$

wobei wir $\boldsymbol{f} := (f_0, \ldots, f_{n-1})^T$ gesetzt haben. Die Matrix $\boldsymbol{A}$ ist regulär, also können wir die Systeme (3.63) und (3.64) formal nach $\boldsymbol{c}$ bzw. $\boldsymbol{s}$ auflösen und in unsere Skalarprodukte einsetzen, was auf die beiden Gleichungen

$$\sigma = \boldsymbol{c}^T \boldsymbol{f} = (\boldsymbol{A}^{-1}\boldsymbol{r}_1)\boldsymbol{f} = \boldsymbol{r}_1^T(\boldsymbol{A}^{-T}\boldsymbol{f}),$$
$$\mu = \boldsymbol{s}^T \boldsymbol{f} = (\boldsymbol{A}^{-1}\boldsymbol{r}_2)\boldsymbol{f} = \boldsymbol{r}_2^T(\boldsymbol{A}^{-T}\boldsymbol{f})$$

führt.

Kapitel 3

Berechnung von σ und μ nach Goertzel

Setze $\boldsymbol{u} = (u_0, \ldots, u_{n-1})^T := \boldsymbol{A}^{-T}\boldsymbol{f}$ und löse das lineare Gleichungssystem

$$\boldsymbol{A}^T\boldsymbol{u} = \boldsymbol{f}. \tag{3.65}$$

Berechne anschließend

$$\sigma = \boldsymbol{r}_1^T\boldsymbol{u} = (1, -c_1, 0, \ldots, 0)\begin{pmatrix} u_0 \\ u_1 \\ u_2 \\ \vdots \\ u_{n-1}\end{pmatrix} = u_0 - c_1 u_1,$$

$$\mu = \boldsymbol{r}_2^T\boldsymbol{u} = (0, s_1, 0, \ldots, 0)\begin{pmatrix} u_0 \\ u_1 \\ u_2 \\ \vdots \\ u_{n-1}\end{pmatrix} = s_1 u_1.$$

Das Gleichungssystem (3.65) hat eine besonders einfache Struktur, weil

$$\boldsymbol{A}^T = \begin{pmatrix} 1 & -2c_1 & 1 & & & \\ & 1 & -2c_1 & 1 & & \\ & & \ddots & \ddots & \ddots & \\ & & & 1 & -2c_1 & 1 \\ & & & & 1 & -2c_1 \\ & & & & & 1 \end{pmatrix}$$

die direkte Auflösung durch Rücksubstitution erlaubt. Aus der letzten Zeile folgt sofort

$$u_{n-1} = f_{n-1},$$

aus der vorletzten

$$u_{n-1} = f_{n-2} + 2c_1 u_{n-1}$$

und dann geht es weiter mit

$$u_k = f_k + 2c_1 u_{k+1} - u_{k+2}, \quad k = n-3, n-2, \ldots, 0.$$

Das macht den **Algorithmus von Goertzel** sehr übersichtlich:

$$\begin{aligned} & u_n = 0; \quad u_{n-1} = f_{n-1}; \quad c_1 = \cos x; \\ & \text{für } k = n-2, n-3, \ldots 1 \\ & \qquad u_k = f_k + 2c_1 u_{k+1} - u_{k+2}; \\ & \sigma = f_0 + c_1 u_1 - u_2; \\ & \mu = u_1 \sin x. \end{aligned}$$

Kommentar Der Algorithmus von Goertzel benötigt $\mathcal{O}(n)$ elementare Operationen für jede Auswertung von $\sigma(x)$ und $\mu(x)$, also werden für die Berechnung aller Koeffizienten (3.57) $\mathcal{O}(n^2)$ elementare Operationen benötigt. Damit ist dieser Algorithmus für sehr große n nicht zu empfehlen!

Ein weiteres Problem ist die numerische Instabilität des Algorithmus für $x \approx j\pi, j \in \mathbb{Z}$, die man zeigen kann. Abhilfe schafft eine Variante, der **Algorithmus von Goertzel und Reinsch**, der aber sogar noch etwas teurer ist als der ursprüngliche Algorithmus.

Ist man nicht an einer Auswertung der Koeffizienten (3.57) an beliebigen Stellen $x \in \mathbb{R}$ interessiert, sondern nur an der Auswertung an den Gitterpunkten $x_k = 2k\pi/n$, dann empfiehlt sich der Algorithmus der schnellen Fouriertransformation. ◀

Die schnelle Fouriertransformation

Bei der schnellen Fouriertransformation (engl.: FFT – Fast Fourier Transform) handelt es sich eigentlich um eine ganze Klasse von Algorithmen, von der wir hier nur eine Variante vorstellen wollen. Die FFT ist erstmals von Carl Friedrich Gauß entdeckt worden, als er trigonometrische Polynome zum Auffinden der Ceres verwendete. Dann wurde sie aber wieder vergessen und mehrmals wiederentdeckt. Erst im Computerzeitalter wurde die überragende Bedeutung der FFT erkannt und die heutigen Algorithmen gehen sämtlich auf eine Arbeit von James W. Cooley und John W. Tukey zurück, die sie im Jahr 1965 publiziert haben.

Wir wollen hier nur den Fall betrachten, dass n eine Zweierpotenz ist, d. h., wir setzen

$$n = 2^r, \quad r \in \mathbb{N}$$

voraus. In der Spezialliteratur findet man natürlich auch Algorithmen für allgemeinere Fälle, aber für viele Anwendungen in der Praxis ist unsere Voraussetzung keine wirkliche Einschränkung.

Wir gehen zur Beschreibung der FFT wieder zur komplexen Darstellung der Koeffizienten (3.50) zurück:

$$\alpha_j = \frac{1}{n}\sum_{k=0}^{n-1} f_k\, \mathrm{e}^{-\mathrm{i}j2k\pi/n}$$

Die einfache **Grundidee der FFT** besteht darin, diese Summe so aufzuspalten, dass sie sich als Summe von zwei Teilsummen auf einem jeweils gröberen Gitter auffassen lässt. Dazu setzen wir $m := n/2$ und trennen in gerade und ungerade Indizes:

$$\begin{aligned} \alpha_j &= \frac{1}{n}\left(\sum_{k=0}^{m-1} f_{2k}\mathrm{e}^{-\mathrm{i}j(2k)2\pi/n} + \sum_{k=0}^{m-1} f_{2k+1}\mathrm{e}^{-\mathrm{i}j(2k+1)2\pi/n}\right) \\ &= \frac{1}{n}\left(\sum_{k=0}^{m-1} f_{2k}\mathrm{e}^{-\mathrm{i}j(2k)2\pi/n}\right) + \mathrm{e}^{-\mathrm{i}j\pi/m}\left(\frac{1}{n}\sum_{k=0}^{m-1} f_{2k+1}\mathrm{e}^{-\mathrm{i}jk2\pi/m}\right) \\ &=: G_j + \mathrm{e}^{-\mathrm{i}j\pi/m}U_j \end{aligned}$$

mit

$$G_j = \frac{1}{n}\sum_{k=0}^{m-1} f_{2k}\,\mathrm{e}^{-\mathrm{i}j(2k)2\pi/n},$$
$$U_j = \frac{1}{n}\sum_{k=0}^{m-1} f_{2k+1}\,\mathrm{e}^{-\mathrm{i}jk2\pi/m}.$$

Wegen der Periodizität der komplexen Exponentialfunktion brauchen die G_j, U_j nur jeweils für $j = 0, 1, \dots, m-1$ berechnet zu werden, denn es gilt

$$G_{j+m} = G_j, \quad U_{j+m} = U_j, \quad j = 0, 1, \dots, m-1.$$

Reduktionsschritt der FFT

Berechne mit $m = n/2$ für $j = 0, 1, \dots, m-1$:

$$G_j = \frac{1}{n}\sum_{k=0}^{m-1} f_{2k}\,\mathrm{e}^{-\mathrm{i}j(2k)2\pi/n},$$
$$U_j = \frac{1}{n}\sum_{k=0}^{m-1} f_{2k+1}\,\mathrm{e}^{-\mathrm{i}jk2\pi/m},$$
$$\alpha_j = G_j + \mathrm{e}^{-\mathrm{i}j\pi/m}U_j, \quad \alpha_{j+m} = G_j - \mathrm{e}^{-\mathrm{i}j\pi/m}U_j.$$

Diese Grundidee der Reduktion wird nun iteriert, bis nur noch triviale Fouriertransformationen mit $m = 1$ auszuführen sind. Der gesamte Algorithmus arbeitet mit einem eindimensionalen Feld (man sagt auch Liste oder Folge), in dem zu Beginn die Werte $f_0, f_1, \dots, f_{n-1}$ gespeichert werden. Dann wird das Feld umsortiert, was wir in folgendem Beispiel verdeutlichen.

Beispiel Für $n = 8$ ist das eindimensionale Feld besetzt durch

$$f_0 \quad f_1 \quad f_2 \quad f_3 \quad f_4 \quad f_5 \quad f_6 \quad f_7$$

Im ersten Schritt trennen wir nach geraden und ungeraden Indizes:

$$f_0 \quad f_2 \quad f_4 \quad f_6 \quad f_1 \quad f_3 \quad f_5 \quad f_7$$

Es ist $m = n/2 = 4$, also brauchen wir nur die Transformationen für $j = 0, 1, 2, 3$ zu berechnen. Die korrespondierenden Indizes sind 4, 5, 6, 7. Wir sortieren unser Feld jetzt so um, dass korrespondierende Indizes nebeneinander stehen:

$$f_0 \quad f_4 \quad f_2 \quad f_6 \quad f_1 \quad f_5 \quad f_3 \quad f_7$$

Der dritte und letzte Schritt ist die Trennung der Zweierpaare und damit sind wir bei den einfachsten Transformationen angekommen.

$$f_0 \quad f_4 \quad f_2 \quad f_6 \quad f_1 \quad f_5 \quad f_3 \quad f_7$$ ◄

Können wir das am Beispiel gezeigte Umsortieren irgendwie formal beschreiben? Ja, und es ist erstaunlich und elegant, denn das gesamte Umsortieren kann in einem einzigen Schritt erfolgen!

Dazu sehen wir uns die Indizes der unsortierten und die der sortierten Folge an:

unsortiert	0	1	2	3	4	5	6	7
sortiert	0	4	2	6	1	5	3	7

Nun schreiben wir die Indizes in dualer Darstellung, d. h. zur Basis 2, und erhalten

us.	000	001	010	011	100	101	110	111
s.	000	100	010	110	001	101	011	111

.

Von der Ausgangsliste kommen wir also direkt zu der sortierten Liste durch eine **Bitumkehr**, d. h., wir lesen die Dualdarstellung der Indizes von rechts nach links und erhalten an dieser Stelle den Index in der sortierten Liste.

Sehen wir uns noch einmal die einzelnen Sortierschritte in unserem Beispiel an und studieren die Wirkung des Sortierens auf die Indizes $k = 0, 1, \dots, 2^r - 1$ in Dualdarstellung:

$$k = (k_r, \dots, k_1)_2 = \sum_{\nu=1}^{r} k_\nu 2^{\nu-1}, \quad k_\nu \in \{0, 1\}.$$

Der erste Sortierschritt bedeutet die folgende Transformation der Indizes. Für gerade Indizes erhält man

$$\begin{array}{cc} 2k & \boxed{*\,*\dots*\,*|0} \\ \downarrow & \searrow\searrow\quad\searrow \\ k & \boxed{0|*\,*\dots*\,*} \end{array}$$

und für ungerade

$$\begin{array}{cc} 2k+1 & \boxed{*\,*\dots*\,*|1} \\ \downarrow & \searrow\searrow\quad\searrow \\ k+m & \boxed{1|*\,*\dots*\,*} \end{array}.$$

Also erhalten wir

$$k = (k_r, k_{r-1}, \dots, k_1)_2 \to \overline{k} = (k_1, k_r, \dots, k_2)_2$$

für den ersten Sortierschritt. Insgesamt ergibt sich damit tatsächlich die Bitumkehr

$$k = (k_r, k_{r-1}, \dots, k_1)_2 \to \overline{k} = (k_1, k_2, \dots, k_r)_2.$$

Dieses Sortieren durch Bitumkehr können wir wie folgt beschreiben.

Sortieren durch Bitumkehr: FFT 1

$d_0 := f_0/n; \quad \overline{k} := 0;$
für $k = 1, 2, \ldots, n-1$
  für $m := n/2$ so lange wie $m + \overline{k} \geq n$
    $m := m/2;$
  $\overline{k} := \overline{k} + 3m - n;$
  $d_{\overline{k}} := f_k/n;$
Sortierung abgeschlossen

Selbstfrage 4

Analysieren Sie den Algorithmus genau. Was geht vor? Warum realisiert er tatsächlich die Bitumkehr?

Nach der Sortierung bleiben nur noch die Zusammenfassungen der einzelnen Reduktionsschritte übrig.

Berechnung der Koeffizienten: FFT 2

für $\ell = 1, 2, \ldots, r$
  $m := 2^{\ell-1}; \quad m_2 := 2m;$
  für $j = 0, 1, \ldots, m-1$
    $c := e^{-ij\pi/m};$
    für $k = 0, m_2, 2m_2, \ldots, n - m_2$
      $g := d_{k+j};$
      $u := c \cdot d_{k+j+m};$
      $d_{k+j} := g + u;$
      $d_{k+j+m} := g - u;$
Alle Koeffizienten berechnet

Damit sind die Größen G_j und U_j, in die wir die komplexen Koeffizienten α_j zerlegt hatten, vollständig bestimmt.

Man kann zeigen, dass der Aufwand der FFT bei $\mathcal{O}(n \cdot \log_2 n)$ liegt. Damit ist er dem Goertzel- und dem Goertzel-Reinsch-Algorithmus weit überlegen.

Kapitel 3

Zusammenfassung

In diesem Kapitel haben wir wichtige Ergebnisse zur **Bestapproximation** kennengelernt und die für die Praxis noch wichtigeren **Interpolationstechniken**. Polynome sind die einfachsten Funktionen zur Interpolation, aber sie zeigen durch ihr Oszillationsverhalten im Runge-Beispiel auch, dass die Polynominterpolation Grenzen hat. Es macht in der Regel einfach keinen Sinn, durch viele Datenpunkte an äquidistanten Stellen mit Polynomen zu interpolieren. Diese Aussage ist allerdings mit großer Vorsicht zu genießen, denn sie ist nur gültig, wenn die zu interpolierende Funktion lediglich stetig ist! Kann man sich die Datenpunkte zur Interpolation aussuchen, dann ist die Polynominterpolation auf den Nullstellen der **Tschebyschow-Polynome** die bevorzugte Variante. Kommt nur ein ganz wenig „Glätte" hinzu, z. B. bei Lipschitz-stetigen Funktionen, dann ist die Konvergenz der Interpolation auf den Tschebyschow-Knoten garantiert. Je glatter f ist, desto schneller konvergiert die Tschebyschow-Interpolante.

Ein eindrucksvolles Beispiel hat Lloyd Trefethen in einem Vortrag vor der Royal Society am 29. Juni 2011 gegeben, dessen schriftliche Fassung *Six Myths of Polynomial Interpolation and Quadrature* im Internet unter der Adresse http://people.maths.ox.ac.uk/trefethen/mythspaper.pdf frei verfügbar ist. Er interpolierte die Lipschitz-stetige Sägezahnfunktion

$$f(x) = \int_{-1}^{x} \operatorname{sgn}(\sin(100t/(2-t)))\,\mathrm{d}t$$

mit einer Tschebyschow-Interpolante vom Grad 10000 und erhielt eine Interpolante, deren Graph mit bloßem Auge nicht mehr vom Graph von f unterscheidbar war.

Sind die Datenpunkte fest gegeben und z. B. äquidistant verteilt, dann sind **Splines** die Funktionen der Wahl, mit denen man interpolieren sollte. Wir betrachten hier nur stückweise polynomiale Splines, aber man sollte wissen, dass es in zahlreichen Funktionenräumen (es handelt sich um Hilbert-Räume mit reproduzierendem Kern) Splines gibt, die nicht notwendigerweise polynomial sind. Als „Spline" bezeichnet man jede Funktion, die eine Norm oder Halbnorm in einem solchen Raum minimiert. Hervorragende Beispiele findet man in der Theorie der **radialen Basisfunktionen**, zum Beispiel den **Plattenspline**

$$\varphi(r) := r^2 \log r, \quad r := \|\boldsymbol{x}\|_2, \quad \boldsymbol{x} \in \mathbb{R}^n,$$

der in zwei Raumdimensionen das **Energiefunktional**

$$\iint \left(\left(\frac{\partial^2 f}{\partial x^2}\right)^2 + 2\left(\frac{\partial^2 f}{\partial x \partial y}\right)^2 + \left(\frac{\partial^2 f}{\partial y^2}\right)^2 \right) \mathrm{d}x\,\mathrm{d}y$$

minimiert.

Für **periodische Interpolationsprobleme** haben wir die **trigonometrischen Polynome** kennengelernt und analysiert. Der **Algorithmus von Goertzel** erlaubt die Berechnung der Koeffizienten

$$a_j = \frac{2}{n} \sum_{k=0}^{n-1} f_k \cos kx_j, \quad b_j = \frac{2}{n} \sum_{k=0}^{n-1} f_k \sin kx_j$$

der trigonometrischen Polynome

$$p(x) = \frac{a_0}{2} + \sum_{k=1}^{N} (a_k \cos kx + b_k \sin kx)$$

ohne Auswertung der Winkelfunktionen mit einer Komplexität von $\mathcal{O}(n^2)$. Stabilitätsprobleme treten in der Nähe von $x = j\pi$, $j \in \mathbb{Z}$, auf, die im **Algorithmus von Goertzel und Reinsch** vermieden werden – allerdings für den Preis einer noch höheren Komplexität.

Trigonometrische Polynome sind Partialsummen von **Fourier-Reihen**. Zur Interpolation periodischer Funktionen sind sie *das* Mittel der Wahl und spielen in vielen Bereichen der Mathematik, Physik, Astronomie etc. eine herausragende Rolle. In der Numerik partieller Differenzialgleichungen sind sie Grundlage einer wichtigen Klasse von numerischen Verfahren, die man **Spektralverfahren** nennt.

Die **schnelle Fouriertransformation** FFT (Fast Fourier Transform) zur Berechnung der Koeffizienten ist dabei ein echter Höhepunkt in der numerischen Mathematik, denn Algorithmen mit einer Komplexität von $\mathcal{O}(n \cdot \log_2 n)$ sind numerisch optimal und erlauben die schnelle Berechnung der Koeffizienten auch für tausende von Daten.

Heute ist die FFT aus vielen Bereichen der Mathematik wie auch der Anwendungen nicht mehr wegzudenken. Sie ist Grundlage zahlreicher Algorithmen der modernen **Signalverarbeitung**. Ihrer Bedeutung gemäß gibt es zahlreiche spezialisierte Versionen der FFT, auch im Mehrdimensionalen. So lassen sich etwa geodätische Daten auf der Erdkugel mithilfe einer Version der schnellen FFT für **Kugelflächenfunktionen** analysieren. Mit der FFT lassen sich auch **Filter** konstruieren, die aus einem verrauschten Signal die eigentliche Information gewinnen.

In den letzten Jahrzehnten hat sich neben der FFT eine andere Form der Transformation etabliert, die wir hier gar nicht diskutiert haben, da man erst die Grundlagen der numerischen Mathematik verstanden haben muss, bevor man sich mit ihr beschäftigen kann: Die **schnelle Wavelet-Transformation**. Im Gegensatz zu Fourier-Polynomen, die immer global auf dem ganzen betrachteten Gebiet definiert sind, besitzen Wavelets einen beschränkten Träger und sind skalierbar. Man analysiert Funktionen dann dadurch, dass man sie in unterschiedlich skalierte und verschobene Wavelets entwickelt. Dadurch wird es möglich, unterschiedliche Frequenzen einer Funktion zu lokalisieren, was mit einer globalen Methode wie der FFT prinzipiell unmöglich ist.

Übersicht: Approximation und Interpolation

Ein Grundproblem der Numerik ist die Approximation von komplizierten Funktionen durch einfachere, wofür der Weierstraß'sche Approximationssatz die Grundlage bildet. Im Gegensatz zur Approximation verlangt man bei der Interpolation, dass die approximierende Funktion an gewissen Stellen durch die Daten verläuft.

Funktionen, die sich besonders für Approximation und Interpolation auf Intervallen $[a, b]$ eignen, sind **Polynome**

$$p(x) = a_n x^n + a_{n-1} x^{n-1} + \ldots + a_1 x + a_0$$

aus dem Vektorraum $\Pi^n([a, b])$ mit reellen Koeffizienten $a_k, k = 0, 1, \ldots, n$. Ist eine stetige Funktion f auf einem Intervall $[a, b]$ gegeben, dann heißt $p^* \in \Pi^n([a, b])$ mit der Eigenschaft

$$\|f - p^*\|_\infty = \min_{p \in \Pi^n([a,b])} \|f - p\|_\infty$$

das **Proximum** (Bestapproximierende) von f im Raum der Polynome vom Grad höchstens n. Ein solches Proximum existiert immer.

Das **Interpolationsproblem**: Zu Daten $(x_k, y_k), k = 0, 1, \ldots n$ einer stetigen Funktion f auf $[a, b]$ finde ein Polynom $p \in \Pi^n([a, b])$ mit

$$p(x_k) = f(x_k) = y_k, \quad k = 0, 1, \ldots, n,$$

ist stets lösbar und das so definierte **Interpolationspolynom** ist eindeutig bestimmt.

Mithilfe der **Bernstein-Polynome** lässt sich nicht nur ein konstruktiver Beweis des **Weierstraß'schen Approximationssatzes** geben, sondern Bernstein-Polynome sind auch die Grundlage der **Bézier-Kurven**, die im *Computer Aided Design* CAD eingesetzt werden.

Bei der Interpolation sind zwei verschiedene Formen von Polynomen wichtig, die **Lagrange'sche** und die **Newton'sche** Interpolationsformel. Die Lagrange'sche Formel hat große theoretische Bedeutung, für die Praxis ist die Newton-Form des Interpolationspolynoms jedoch vorzuziehen. Einerseits ist die Berechnung von Newton-Polynomen durch die Verwendung **dividierter Differenzen** stabiler, andererseits lässt sich ein neuer Datenpunkt ohne Neuberechnung des gesamten Polynoms hinzufügen.

Den **Interpolationsfehler** konnten wir als

$$R_n(f; x) := f(x) - p(x) = \omega_{n+1} \frac{f^{(n+1)}(\xi)}{(n+1)!}$$

angeben, wobei ξ eine Stelle zwischen dem Minimum und Maximum der Menge $\{x, x_0, x_1, \ldots, x_n\}$ bezeichnet und ω_{n+1} das Polynom $(x - x_0)(x - x_1) \cdot \ldots \cdot (x - x_n)$. Diese Fehlerdarstellung ist sehr unbefriedigend, da einerseits eine hohe Ableitungsordnung benötigt wird, und andererseits die Abschätzung sehr grob ist. Abhilfe leistet die Interpolation auf den Nullstellen der Tschebyschow-Polynome. Schließlich können wir mithilfe des **Fehlers der Bestapproximation** $E_n(f) := \|f - p^*\|_\infty$ und der **Lebesgue-Konstante** $\Lambda := \max_{x \in [a,b]} \sum_{i=0}^n |L_i(x)|$ den Approximationsfehler rigoros durch

$$\|f - p\|_\infty \leq (1 + \Lambda) E_n(f)$$

abschätzen. In dieser Abschätzung wird *keine* Ableitungsordnung von f gefordert.

Das **Runge-Beispiel** bezeichnet die Interpolation der Funktion $f(x) = 1/(1 + x^2)$ auf dem Intervall $[-5, 5]$ an den äquidistanten Knoten $x_i = -5 + 10(i - 1)/(n - 1)$, $i = 1, \ldots, n$. Carl Runge hatte 1901 gezeigt, dass bei wachsendem Polynomgrad das Interpolationspolynom zwischen den Knoten unbeschränkt wird, und dass die größten Probleme am Rand des Intervalls auftreten. Dieses Phänomen, das die Unbrauchbarkeit des Interpolationspolynoms für hohe Grade auf äquidistanten Knoten zeigt, wird seitdem als **Runge-Phänomen** bezeichnet. Abhilfe schafft die Interpolation auf den Nullstellen der Tschebyschow-Polynome, aber in der Praxis kann man sich die Lage der Interpolationsknoten (meistens) nicht aussuchen. Dann helfen nur noch die **Splines**. Ganz allgemein sind Splines normminimierende Funktionen in bestimmten Hilbert-Räumen (Hilbert-Räume mit *reproduzierendem Kern*), aber für die Belange der Interpolation reicht es aus, stückweise polynomiale Funktionen auf Intervallen $[a, b]$ zu betrachten. So ist der **lineare Spline** einfach die Funktion, die durch lineare Verbindung zwischen den Datenpunkten entsteht. Da der lineare Spline nicht differenzierbar ist, sucht man nach Splines, die aus Polynomen höheren Grades zusammengesetzt sind und bei denen der Übergang von einem Teilintervall zum anderen noch Glattheitsanforderungen genügt. Wir haben gezeigt, dass der **quadratische Spline** wegen seiner Oszillationseigenschaften praktisch unbrauchbar ist, aber der **kubische Spline** sich hervorragend zur Interpolation eignet. Die Übergangsbedingungen zwischen den Teilintervallen lassen sich so formulieren, dass der Spline überall zweimal differenzierbar ist. Die Freiheit an den Rändern kann man je nach Anwendung ausnutzen. Wir haben den **natürlichen Spline** behandelt, in dem die zweiten Ableitungen bei a und b zu null gesetzt werden, und den **vollständigen Spline**, bei dem man diese beiden Ableitungen vorgibt.

Der **Satz von Holladay** zeigt dann, dass der kubische Spline optimal ist in einem Funktionenraum mit Halbnorm

$$\|f\| := \sqrt{\int_a^b |f''(x)|^2 \, dx}.$$

Unter der Lupe: Die Hermite-Interpolation

Wenn an den Datenpunkten nicht nur Werte einer Funktion vorgegeben werden sollen, sondern auch Werte von Ableitungen, dann liefert die Hermite-Interpolation das eindeutig bestimmte Interpolationspolynom.

Gegeben seien $m+1$ Datenpunkte

$$a = x_0 < x_1 < x_2 < \ldots < x_m = b$$

und an jedem Datenpunkt x_i seien Werte der n_i Ableitungen

$$f_i^{(k)} := \frac{\mathrm{d}^k f}{\mathrm{d}x^k}(x_i), \quad k = 0, 1, \ldots, n_i - 1$$

gegeben. Dabei bezeichnen wir auch die Funktion selbst $f^{(0)} = f$ als (nullte) Ableitung.

Das Hermite'sche Interpolationsproblem

Finde ein Polynom $p \in \Pi^n([a,b])$ mit $n := \left(\sum_{i=0}^m n_i\right) - 1$, das die Interpolationsbedingungen

$$p^{(k)}(x_i) = f_i^{(k)}, \quad i = 0, 1, \ldots, m, \quad k = 0, 1, \ldots, n_i - 1$$

erfüllt, heißt **Hermite'sches Problem**. Existiert eine eindeutige Lösung des Problems, dann heißt diese Lösung **Hermite'sches Interpolationspolynom**.

Die Interpolationsbedingungen stellen $n+1$ Bedingungen dar, aus denen die $n+1$ Koeffizienten von p berechnet werden können. Tatsächlich gilt

Satz Zu Knoten $x_0 < x_1 < \ldots < x_m$ und Ableitungswerten $f_i^{(k)}$, $i = 0, 1, \ldots, m$, $k = 0, 1, \ldots, n_i - 1$, existiert genau ein Hermite'sches Interpolationspolynom $p \in \Pi^n([a,b])$ mit $n = \left(\sum_{i=0}^m n_i\right) - 1$. ◀

Beweis

(a) **Eindeutigkeit:** Seien p_1 und p_2 zwei Hermite'sche Interpolationspolynome zum selben Interpolationsproblem, so gilt für $q(x) := p_1(x) - p_2(x)$

$$q^{(k)}(x_i) = 0, \quad k = 0, 1, \ldots, n_i - 1, i = 0, 1, \ldots, m.$$

Damit ist x_i eine n_i-fache Nullstelle von q und somit besitzt q mindestens $\sum_{i=0}^m n_i = n + 1$ Nullstellen. Da $p_1, p_2 \in \Pi^n([a,b])$, muss auch der Grad von q kleiner oder gleich n sein, und damit kann q nur das Nullpolynom sein.

(b) **Existenz:** Die Interpolationsbedingungen stellen ein lineares Gleichungssystem von $n+1$ Gleichungen für die $n+1$ unbekannten Koeffizienten des Interpolationspolynoms dar. Wegen der eben bewiesenen Eindeutigkeit ist die Koeffizientenmatrix dieses Systems regulär und besitzt daher eine eindeutig bestimmte Lösung. ■

Führt man für $0 \le i \le m$ und $0 \le k \le n_i$ die Hilfspolynome

$$\ell_{ik}(x) := \frac{(x - x_i)^k}{k!} \prod_{\substack{j=0 \\ j \ne i}}^{m} \left(\frac{x - x_j}{x_i - x_j}\right)^{n_j}$$

ein, dann lassen sich **verallgemeinerte Lagrange-Polynome** L_{ik} rekursiv wie folgt definieren: Für $k = n_i - 1$ setze $L_{i,n_i-1}(x) := \ell_{i,n_i-1}(x)$, $i = 0, 1, \ldots, m$ und für $k = n_i - 2, n_i - 3, \ldots, 1, 0$

$$L_{ik}(x) := \ell_{ik}(x) - \sum_{\mu=k+1}^{n_i-1} \ell_{ik}^{(\mu)}(x_i) L_{i\mu}(x).$$

Mit vollständiger Induktion lässt sich zeigen, dass für die verallgemeinerten Lagrange-Polynome

$$L_{ik}^{(s)}(x_j) = \begin{cases} 1, & \text{falls } i = j \text{ und } s = k \\ 0 & \text{sonst} \end{cases}$$

gilt. Damit lässt sich das Hermite'sche Interpolationspolynom explizit aufschreiben:

$$p(x) = \sum_{i=0}^{m} \sum_{k=0}^{n_i-1} f_i^{(k)} L_{ik}(x).$$

Beispiel: Gegeben seien die Daten $0 = x_0 < x_1 = 1$, $f(x_0) = f_0^{(0)} = -1$, $f_0^{(1)} = -2$, $f(x_1) = f_1^{(0)} = 0$, $f_1^{(1)} = 10$, $f_1^{(2)} = 20$. In diesem Fall ist also $m = 1, n_0 = 2$ und $n_1 = 3$. Gesucht ist das Hermite'sche Interpolationspolynom p vom Grad nicht höher als $n_0 + n_1 - 1 = 4$. Für die Hilfspolynome erhalten wir

$$\ell_{00}(x) = (1-x)^3, \quad \ell_{01}(x) = x(1-x)^3,$$
$$\ell_{02}(x) = \frac{1}{2}x^2(1-x)^3,$$
$$\ell_{10}(x) = x^2, \quad \ell_{11}(x) = x^2(x-1),$$
$$\ell_{12}(x) = \frac{1}{2}x^2(x-1)^2, \quad \ell_{13}(x) = \frac{1}{6}x^2(x-1)^3$$

und damit für die verallgemeinerten Lagrange-Polynome

$$L_{01}(x) = x(1-x)^3, \quad L_{12}(x) = \frac{1}{2}x^1(x-1)^2,$$
$$L_{00}(x) = -3x^4 + 8x^3 - 6x^2 + 1,$$
$$L_{11}(x) = -2x^4 + 5x^3 - 3x^2,$$
$$L_{10}(x) = 4x^4 - 10x^3 + 7x^2.$$

Für das Hermite'sche Interpolationspolynom folgt damit

$$p(x) = -5x^4 + 16x^3 - 8x^2 - 2x - 1.$$

Unter der Lupe: Die unglaubliche Geschichte der trigonometrischen Interpolation

Fourier-Reihen und ihre Partialsummen – die trigonometrischen Polynome – wendet man bei periodischen Problemen an. Auch die Entdeckung der schnellen Fourier-Transformation erinnert stark an eine periodische Funktion, denn der Algorithmus wurde mehrmals „wieder-"erfunden.

Die **schnelle Fourier-Transformation** (FFT – Fast Fourier Transform) zur Berechnung der Koeffizienten trigonometrischer Polynome beginnt ihre *moderne* Geschichte mit einer berühmten Veröffentlichung von James William Cooley und John Wilder Tukey im Jahr 1965. Beide Autoren waren sicher davon überzeugt, dass ihre Entdeckung des Algorithmus wirklich neu war, obwohl sie sich in ihrem Artikel auf Vorarbeiten von Irving John Good aus dem Jahr 1958 beriefen. Allerdings haben die Algorithmen von Good einerseits und Cooley und Tukey andererseits nicht viel miteinander zu tun. Ein ähnlicher Algorithmus kommt aber schon bei Danielson und Lanczos im Jahr 1948 vor und diese wiederum beziehen sich auf Arbeiten von Carl Runge (1856–1927) zu Beginn des 20. Jahrhunderts! Bereits im ersten Lehrbuch der Numerischen Mathematik, dem Buch „Vorlesungen über numerisches Rechnen" von Runge und seinem Schüler Hermann König, das im Jahr 1924 erschien, ist eine FFT für eine gerade Anzahl von Daten beschrieben. In England kann man schnelle Algorithmen zur Berechnung der Fourier-Transformation auf Archibald Smith (1813–1872) und das Jahr 1846 zurückführen. Die früheste Verwendung eines FFT-ähnlichen Algorithmus in einer publizierten Arbeit geht zurück auf den Astronomen Peter Andreas Hansen (1795–1874) und eine seiner Arbeiten aus dem Jahr 1835. Seit 1835 wurde die FFT also immer wieder er(oder ge-)funden, dann vergessen und schließlich wieder neu erfunden, bis die Computer so weit waren, dass Cooleys und Tukeys Wiederentdeckung im Gedächtnis blieb.

Damit aber nicht genug, denn wir wissen heute, dass der erste FFT-Algorithmus von Carl Friedrich Gauß stammt. Er erscheint in einer nicht zu Gaußens Lebzeiten publizierten Schrift mit dem Titel „Theoria Interpolationis Methodo Nova Tractata", die Gauß wohl um 1805 geschrieben hat. Die Arbeit ist für uns heute extrem schwer lesbar, zumal Gauß sich einer Notation bedient, die die Zeiten (zum Glück!) nicht überdauert hat.

Die Verwendung **trigonometrischer Polynome** geht auf Leonhard Euler (1707–1783) zurück, der mit reinen Cosinus-Reihen arbeitete. Durch Eulers Arbeiten inspiriert, griffen französische Mathematiker wie Alexis Clairaut (1713–1765), Jean le Rond d'Alembert (1717–1783) und Joseph-Louis Lagrange (1736–1813) seine Ideen auf. Aus der Feder von Clairaut stammt 1754 eine erste Formel für die diskrete Fourier-Transformation für endliche Cosinus-Reihen, die für Sinus-Reihen folgte durch Lagrange 1762. Clairaut und Lagrange arbeiteten an Problemen der Himmelsmechanik; sie wollten den Orbit von Planeten aus endlich vielen Beobachtungen bestimmen und arbeiteten mit geraden trigonometrischen Polynomen der Periode 1 der Form

$$p(x) = \sum_{k=0}^{n-1} a_k \cos 2\pi k x, \quad 0 \leq x < 1.$$

Wir wissen, dass Gauß diese Arbeiten kannte, denn er lieh sich die Werke von Euler und Lagrange zwischen 1795 und 1798 aus, als er Student in Göttingen war. Gauß löste sich davon, interpolierende Funktionen in gerade und ungerade zu unterscheiden, und arbeitete mit trigonometrischen Polynomen

$$p(x) = \sum_{k=0}^{N} a_k \cos 2\pi k x + \sum_{k=1}^{N} b_k \sin 2\pi k x$$

mit $N := (n-1)/2$ für ungerades n und $N := n/2$ im geraden Fall. Gauß erkannte auch die Darstellung (3.57) der Koeffizienten, die wir heute DFT (Diskrete Fourier-Transformation) nennen. Dann gibt er einen Algorithmus zur effektiven Berechnung der Koeffizienten an: Er ist so allgemein und mächtig wie der moderne Algorithmus von Cooley und Tukey! Über die Komplexität hat sich Gauß natürlich keine Gedanken gemacht – er hatte keinen Computer außer sich selbst zur Verfügung.

Gauß fand mit seiner trigonometrischen Interpolation (und der verwendeten Methode der kleinsten Fehlerquadrate) nicht nur die Umlaufbahn der *Ceres*, sondern berechnete auch die Umlaufbahnen der Planetoiden *Pallas*, *Juno* und *Vesta*. Diese Arbeiten waren für Gauß so wichtig, dass er seine Kinder nach den Entdeckern der Planetoiden nannte: Ceres wurde von Giuseppe Piazzi entdeckt – der erste Gauß'sche Sohn (und das erste seiner Kinder) wurde Joseph genannt. Die Pallas wurde 1802 von Wilhelm Olbers gefunden, woraufhin Gauß sein zweites Kind – eine Tochter – Wilhelmine taufen ließ, 1804 entdeckte Ludwig Hardy den Planetoiden Juno und das dritte Kind hieß Ludwig. Die Vesta wurde 1807 wieder von Wilhelm Olbers entdeckt, sodass für die 1816 geborene Tochter kein Entdeckername übrig blieb – sie wurde auf den Namen Therese getauft. Man spricht heute bei Joseph, Wilhelmine und Ludwig von den Gauß'schen *Planetoidenkindern*. Die jeweiligen Entdecker der Planetoiden wurden auch kurzerhand die Paten der Kinder.

Aufgaben

Die Aufgaben gliedern sich in drei Kategorien: Anhand der *Verständnisfragen* können Sie prüfen, ob Sie die Begriffe und zentralen Aussagen verstanden haben, mit den *Rechenaufgaben* üben Sie Ihre technischen Fertigkeiten und die *Beweisaufgaben* geben Ihnen Gelegenheit, zu lernen, wie man Beweise findet und führt.
Ein Punktesystem unterscheidet leichte •, mittelschwere •• und anspruchsvolle ••• Aufgaben. Lösungshinweise am Ende des Buches helfen Ihnen, falls Sie bei einer Aufgabe partout nicht weiterkommen. Dort finden Sie auch die Lösungen – betrügen Sie sich aber nicht selbst und schlagen Sie erst nach, wenn Sie selber zu einer Lösung gekommen sind. Ausführliche Lösungswege, Beweise und Abbildungen finden Sie auf der Website zum Buch.
Viel Spaß und Erfolg bei den Aufgaben!

Verständnisfragen

3.1 • Welche der folgenden Polynome sind Monome?

(a) $x^3 - 2x + 1$
(b) $-42x^7$
(c) x^{12}
(d) $4x - 1$

3.2 • Wie heißt das Interpolationspolynom zu den Daten $(0,3)$, $(1,3)$, $(1.25,3)$, $(4.2,3)$?

3.3 • Die auf $[0,1]$ definierte Funktion $f(x) = 4x^4 - 3x$ ist stetig. Wie lautet die Bestapproximation $p^* \in \Pi^4([0,1])$?

3.4 •• In der Definition der Bestapproximation tauchen Polynome aus dem Raum $\Pi^n([a,b])$ auf, also solche mit Grad nicht kleiner als n. Im Weierstraß'schen Approximationssatz wird jedoch die Existenz eines Polynoms aus $\Pi([a,b])$, dem Raum aller Polynome, postuliert. Erklären Sie diesen Unterschied.

Beweisaufgaben

3.5 ••• Zeigen Sie die Darstellung I. der dividierten Differenzen und die Folgerung daraus aus der Hintergrund-und-Ausblick-Box auf S. 50:

Darstellung I.

$$f[x_i,\ldots,x_{i+k}] = \sum_{\ell=i}^{i+k} \frac{f(x_\ell)}{\prod\limits_{\substack{m=i\\ m\neq\ell}}^{i+k} (x_\ell - x_m)}, \quad k \geq 1.$$

Folgerung: Ist $\omega_{i+k}(x) := \prod_{m=1}^{i+k}(x - x_m)$, dann gilt

$$f[x_i,\ldots,x_{i+k}] = \sum_{\ell=i}^{i+k} \frac{f(x_\ell)}{\frac{\mathrm{d}}{\mathrm{d}x}\omega_{i+k}(x_\ell)}.$$

3.6 ••• Beweisen Sie die Darstellung II. der dividierten Differenzen aus der Hintergrund-und-Ausblick-Box auf S. 50: Ist $V(x_0,\ldots,x_n)$ die Vandermonde'sche Matrix, dann gilt

$$f[x_0,\ldots,x_n] = \frac{\begin{vmatrix} 1 & 1 & \ldots & 1 \\ x_0 & x_1 & \ldots & x_n \\ \vdots & \vdots & \ddots & \vdots \\ x_0^{n-1} & x_1^{n-1} & \ldots & x_n^{n-1} \\ f(x_0) & f(x_1) & \ldots & f(x_n) \end{vmatrix}}{\det V(x_0,\ldots,x_n)}.$$

3.7 ••• Beweisen Sie die Hermite'sche Darstellung III. der dividierten Differenzen aus der Hintergrund-und-Ausblick-Box auf S. 50: Ist die Abbildung $u\colon \mathbb{R}^n \to \mathbb{R}$ definiert durch

$$\begin{aligned} u_n := u(t_1,\ldots,t_n) :=& (1-t_1)x_0 + (t_1-t_2)x_1 + \ldots \\ &+ (t_{n-1}-t_n)x_{n-1} + t_n x_n, \end{aligned}$$

dann gilt

$$f[x_0,\ldots,x_n] = \int_0^1 \int_0^{t_1} \cdots \int_0^{t_{n-1}} \frac{\mathrm{d}^n f}{\mathrm{d}u^n}(u_n)\,\mathrm{d}t_n \ldots \mathrm{d}t_1.$$

3.8 • Gegeben sind die $n+1$ Daten

$$(x_0, f(x_0)), (x_0, f'(x_0)), (x_0, f''(x_0)), \ldots, (x_0, f^{(n)}(x_0)).$$

Zeigen Sie, dass die Lösung des Interpolationsproblems zu diesen Daten das Taylor-Polynom vom Grad nicht größer als n ist.

Rechenaufgaben

3.9 •• Sie wollen äquidistante Funktionswerte von $f(x) = \sqrt{x}$ ab $x_0 = 1$ tabellieren. Welche Schrittweite h dürfen Sie maximal wählen, damit ein kubisches Polynom noch auf fünf Nachkommastellen genau interpoliert?

3.10 • Berechnen Sie das Langrange'sche Interpolationspolynom zu den Daten

k	0	1	2
x_k	0	1	3
f_k	1	3	2

(a) über die Vandermonde'sche Matrix,
(b) mithilfe der Lagrange'schen Basispolynome.

3.11 • Werten Sie das Langrange'sche Interpolationspolynom aus Aufgabe 3.10 an der Stelle $x = 2$ mithilfe des Neville-Tableaus aus.

3.12 • Berechnen Sie das Newton'sche Interpolationspolynom zu der Wertetabelle

k	0	1	2	3	4
x_k	2	4	6	8	10
f_k	0	0	1	0	0

3.13 ••• Berechnen Sie den kubischen Spline, der $f(x) = \sin x$ im Intervall $[0, \pi]$ interpoliert. Benutzen Sie dazu nur die beiden inneren Punkte $x_2 = \pi/3$ und $x_3 = 2\pi/3$. Die Randpunkte sind demnach $x_1 = 0$ und $x_4 = \pi$. Damit ergibt sich die folgende Datentabelle.

k	1	2	3	4
x_k	0	$\pi/3$	$2\pi/3$	π
f_k	0	$\sqrt{3}/2$	$\sqrt{3}/2$	0

Überlegen Sie sich zuerst, welchen Spline Sie auf Anhieb verwenden würden, den natürlichen oder den vollständigen? Berechnen Sie auf jeden Fall beide Arten von Splines und vergleichen Sie die Ergebnisse.

3.14 •• Gegeben seien die äquidistanten Daten

i	0	1	2	3	4
x_i	0	$2\pi/5$	$4\pi/5$	$6\pi/5$	$8\pi/5$
f_i	0	2	1	2	1

einer auf $[0, 2\pi]$ definierten periodischen Funktion f. Berechnen Sie das trigonometrische Interpolationspolynom. Stellen Sie die gegebenen Daten und das trigonometrische Polynom dar, indem Sie das berechnete Polynom an 2000 Stellen zwischen 0 und 2π auswerten.

Antworten zu den Selbstfragen

Antwort 1 Nein. Ein Proximum muss nach Definition lediglich den Abstand zwischen sich und einer stetigen Funktion im Sinn der Supremumsnorm minimieren.

Antwort 2 In (3.16) treten 3 arithmetische Operation auf, 2 Subtraktionen und eine Division. Wie beim Neville-Tableau gibt es $\sum_{k=0}^{n-1}(n-k) = (n+1)n/2$ Werte zu bestimmen, also ist die Komplexität

$$3\frac{n(n+1)}{2} = \mathcal{O}(n^2).$$

Antwort 3 Wir haben (3.37) auszumultiplizieren und erhalten

$$\begin{aligned}&\frac{6f_i - 6f_{i-1} - 4S_{i-1}\Delta x_{i-1} - 2S_i\Delta x_{i-1}}{(\Delta x_{i-1})^2}\\ &\quad + \frac{12f_{i-1} - 12f_i + 6S_{i-1}\Delta x_{i-1} + 6S_i\Delta x_{i-1}}{(\Delta x_{i-1})^2}\\ &\quad = \frac{6f_{i+1} - 6f_i - 4S_i\Delta x_i - 2S_{i+1}\Delta x_i}{(\Delta x_i)^2}.\end{aligned}$$

Fassen wir die linke Seite (gleiche Nenner) zusammen, dann folgt

$$\begin{aligned}&\frac{6f_{i-1} - 6f_i + 2S_{i-1}\Delta x_{i-1} + 4S_i\Delta x_{i-1}}{(\Delta x_{i-1})^2}\\ &\quad = \frac{6f_{i+1} - 6f_i - 4S_i\Delta x_i - 2S_{i+1}\Delta x_i}{(\Delta x_i)^2},\end{aligned}$$

und wenn wir nun die großen Brüche auflösen, erhalten wir

$$\begin{aligned}&6\frac{f_{i-1} - f_i}{(\Delta x_{i-1})^2} + 2\frac{S_{i-1}}{\Delta x_{i-1}} + 4\frac{S_i}{\Delta x_{i-1}}\\ &\quad = 6\frac{f_{i+1} - f_i}{(\Delta x_i)^2} - 4\frac{S_i}{\Delta x_i} - 2\frac{S_{i+1}}{\Delta x_i}.\end{aligned}$$

Umsortieren liefert

$$\begin{aligned}&\frac{2}{\Delta x_{i-1}}S_{i-1} + \left(\frac{4}{\Delta x_{i-1}} + \frac{4}{\Delta x_i}\right)S_i + \frac{2}{\Delta x_i}S_{i+1}\\ &\quad = 6\frac{f_{i+1} - f_i}{(\Delta x_i)^2} + 6\frac{f_i - f_{i-1}}{(\Delta x_{i-1})^2}.\end{aligned}$$

Division durch 2 und Multiplikation mit $\Delta x_i \Delta x_{i-1}$ liefert das gewünschte Ergebnis.

Antwort 4 In Schritt Nr. k wird zum Index k der neue Index $\overline{k}$ berechnet. Wir simulieren den Algorithmus für den Fall $n = 4$. Zu Beginn ist

$$d_0 := f_0/4; \quad \overline{k} := 0.$$

Wir beginnen die k-Schleife mit $k = 1$. Wir setzen $m = n/2 = 2$, aber da $m + \overline{k} = 2 + 0 = 2 < n = 4$ gilt, wird die innere Schleife (While-Schleife) nicht ausgeführt. Wir setzen

$$\begin{aligned}\overline{k} &:= \overline{k} + 3m - n = 0 + 3\cdot 2 - 4 = 2;\\ d_{\overline{k}} &= d_2 = f_1/4.\end{aligned}$$

Nun setzen wir in der äußeren Schleife $k = 2$ und berechnen $m = n/2 = 2$. In diesem Fall ist $m + \overline{k} = 2 + 2 = 4 = n$, also wird die innere Schleife durchlaufen, in der wir $m := m/2 = 1$ setzen. Der Test $m + \overline{k} \geq n$ fällt nun aber wegen $m + \overline{k} = 1 + 2 = 3 < 4$ negativ aus und die innere Schleife wird verlassen. Nun werden

$$\begin{aligned}\overline{k} &:= \overline{k} + 3m - n = 2 + 3\cdot 1 - 4 = 1;\\ d_{\overline{k}} &= d_1 = f_2/4.\end{aligned}$$

Im letzten äußeren Schleifendurchgang ist $k = 3$. Wieder setzen wir $m = n/2 = 2$, aber $m + \overline{k} = 2 + 1 = 3$ ist kleiner als $n = 4$ und die innere Schleife wird nicht durchlaufen. Abschließend werden

$$\begin{aligned}\overline{k} &:= \overline{k} + 3m - n = 1 + 3\cdot 2 - 4 = 3;\\ d_{\overline{k}} &= d_3 = f_3/4.\end{aligned}$$

Damit haben wir folgende Tabelle berechnet:

k	$(k)_2$	$(\overline{k})_2$	$\overline{k}$
0	00	00	0
1	01	10	2
2	10	01	1
3	11	11	3

und die Bitumkehr ist erreicht.

Kapitel 3

Quadratur – numerische Integrationsmethoden

4

Wie integriert man numerisch?

Wie beherrscht man den Fehler?

Gibt es optimale Quadraturen?

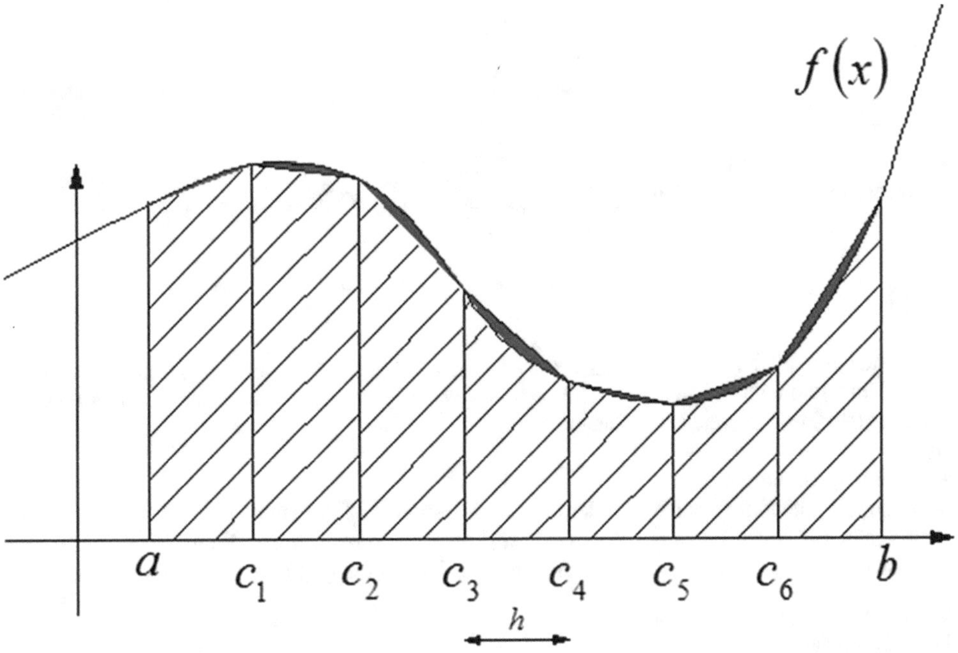

Kapitel 4

A. Meister, T. Sonar, *Numerik*, https://doi.org/10.1007/978-3-662-58358-6_4

Neben der Interpolation ist die numerische Berechnung von Integralen, die „Quadratur", eine weitere wichtige Grundaufgabe der Numerischen Mathematik und sogar älter als das Integral selbst. Schon Archimedes hat die Fläche unter Kurven berechnet, indem er die Fläche durch einfach zu berechnende Teilflächen dargestellt hat. In der modernen Mathematik gilt es, nicht nur elementar nicht berechenbare Integrale numerisch zugänglich zu machen, sondern auch Integrale mit schwierig zu berechnenden Stammfunktionen einfach und schnell anzunähern. Ein Beispiel für die erste Klasse von Integralen finden wir z. B. im Integral

$$\int \mathrm{e}^{-x^2}\,\mathrm{d}x,$$

das bei der Normalverteilung eine wichtige Rolle spielt. In der Nachrichtentechnik benötigt man die Integration der sogenannten Sinc-Funktion

$$\int \frac{\sin x}{x}\,\mathrm{d}x,$$

und auch dieses Integral ist nicht elementar integrierbar. Häufig benötigt man Fourierkoeffizienten, die als Integrale definiert sind, oder Fourier-Transformationen. Auch wenn man diese Integrale elementar integrieren könnte, ist in vielen Fällen der Aufwand so groß, dass man eine Quadraturmethode verwendet. Auch für gebrochenrationale Funktionen mag der Aufwand bei der Integration durch Partialbruchzerlegung so groß sein, dass man mit einem numerischen Verfahren weitaus besser bedient ist.

Wie schon bei der Interpolation gibt es einen großen Unterschied zwischen eindimensionalen und mehrdimensionalen Integralen. Auf Rechtecken im Zweidimensionalen kann man sich noch mit Produktansätzen von eindimensionalen Quadraturformeln behelfen, aber schon die Integration auf Dreiecken ist nach wie vor ein weit offenes Forschungsfeld, von allgemeineren Integrationsgebieten ganz zu schweigen. Wir werden uns daher auf den eindimensionalen Fall beschränken.

4.1 Grundlegende Definitionen

Wir wollen numerische Verfahren, sogenannte **Quadraturregeln**, für Integrale der Form

$$\int_a^b f(x)\,\mathrm{d}x$$

für mindestens stetige Funktionen $f\colon [a,b] \to \mathbb{R}$ konstruieren und mathematisch untersuchen. Eine naheliegende Idee besteht darin, auf die Definition des Riemann'schen Integrals zurückzublicken und obiges Integral als Folge von Riemann'schen Summen darzustellen. Dazu können wir das Intervall $[a,b]$ äquidistant zerlegen, d. h. in m gleich lange Teilintervalle der Länge $h := \frac{b-a}{m}$ mit $a = x_0 < x_1 < x_2 < \ldots < x_m = b$. In Abb. 4.1 ist $m = 8$ gewählt worden.

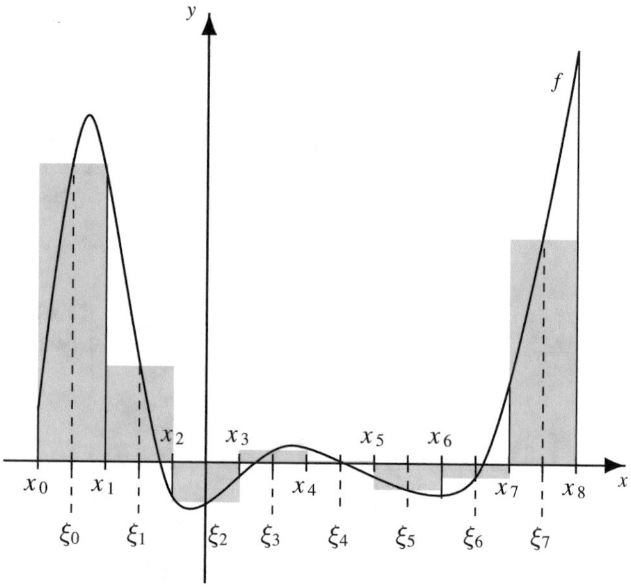

Abb. 4.1 Zerlegung eines Intervalls in Teilintervalle und Auswahl der jeweiligen Mittelpunkte als Auswertepunkte für eine Riemann'sche Summe

In der Riemann-Summe $\sum_{j=0}^{m-1} f(\xi_j)(x_{j+1} - x_j)$ kann man die $\xi_j \in [x_j, x_{j+1}]$ im Prinzip frei wählen. Wenn wir an der numerischen Näherung für das Integral interessiert sind, ist sicher die Mitte der Intervalle

$$\xi_j := \frac{x_j + x_{j+1}}{2}$$

eine brauchbare, weil einfache Wahl. Unbrauchbar wäre die Wahl der Riemann-Darboux'schen Unter- oder Obersumme, denn dann müssten wir erst noch diejenigen Punkte ξ_j finden, in denen das Infimum und Supremum (bzw. bei stetigen Funktionen: Minimum und Maximum) der zu integrierenden Funktion f auf $[x_j, x_{j+1}]$ liegen. Das heißt, wir müssten der numerischen Integration erst eine Kurvendiskussion auf den m Teilintervallen vorausschicken.

Werten wir nun den Integranden f in der Mitte jedes Teilintervalls aus, dann können wir

$$\int_a^b f(x)\,\mathrm{d}x \approx \sum_{j=0}^{m-1} f\left(\frac{x_j + x_{j+1}}{2}\right)\underbrace{(x_{j+1} - x_j)}_{=h}$$

schreiben. Damit haben wir schon unsere erste Quadraturregel kennengelernt, die **Mittelpunktsregel**

$$Q^{\mathrm{Mi}}_{1,m}[f] := h\sum_{j=0}^{m-1} f(\xi_j). \tag{4.1}$$

Dabei wollen wir jetzt $\xi_j = a + (j + 1/2)h$, $j = 0, \ldots, m-1$ schreiben, was dasselbe ist wie $(x_j + x_{j+1})/2$. Die Mittelpunktsregel ist bereits eine **zusammengesetzte Quadraturregel**, wie

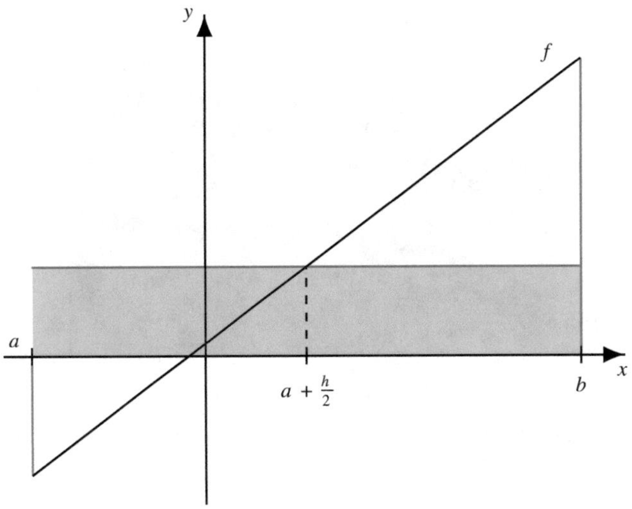

Abb. 4.2 Die Mittelpunktsregel ist exakt für lineare Polynome, was man sich geometrisch klarmachen kann

wir sie unten diskutieren werden. Die zugrunde liegende Mittelpunktsregel auf einem Teilintervall $[a, b]$ mit $b = a + h$ ist

$$Q_1^{\text{Mi}}[f] := Q_{1,1}^{\text{Mi}}[f] = hf\left(a + \frac{h}{2}\right) = (b-a)f\left(\frac{a+b}{2}\right).$$

Ist f ein lineares Polynom, also $f(x) = sx+d$, dann ist die der Quadratur zugrunde liegenden Mittelpunktsregel sogar exakt.

Selbstfrage 1

Zeigen Sie durch Integration, dass die Mittelpunktsregel Q_1^{Mi} lineare Polynome auf einem Intervall $[a, b] = [a, a+h]$ exakt integriert.

Die Tatsache, dass lineare Polynome exakt integriert werden, ist von besonderem Interesse, denn sie gibt uns Auskunft über den Fehler der Mittelpunktsregel. Die Mittelpunktsregel $Q_{1,m}^{\text{Mi}}$ ist übrigens lediglich die m-fache Anwendung dieser einfachen Quadraturregel auf m Teilintervallen einer Zerlegung von $[a, b]$. Bei stetigem f wird $Q_{1,m}^{\text{Mi}}[f]$ ganz sicher für wachsendes m gegen das gesuchte Integral konvergieren, aber eine Frage stellt sich: Was ist und wie schnell ist die Konvergenz, bzw. mit welcher Genauigkeit haben wir für endliches m zu rechnen?

Was ist eine Quadraturregel, welcher Fehler tritt auf und was soll Konvergenz bedeuten?

Zur Beantwortung dieser Fragen ist es sinnvoll, ein wenig zu abstrahieren und die Integration als lineares Funktional aufzufassen, d. h. als eine Abbildung

$$f \mapsto I[f] := \int_a^b f(x)\,\mathrm{d}x$$

aus einem Funktionenraum in die reellen Zahlen $\mathbb{R}$. Natürlich ist auch die Mittelpunktsregel ein lineares Funktional und erst recht der **Quadraturfehler**, den wir für das Mittelpunktsverfahren in der Form

$$R_1^{\text{Mi}}[f] := I[f] - Q_1^{\text{Mi}}[f]$$

schreiben können. Für unsere Quadraturregeln wird viel vom Funktionenraum abhängen, aus dem f stammt. Hat f weitere Eigenschaften, ist es z. B. differenzierbar oder monoton oder von beschränkter Variation, so werden sich ganz unterschiedliche Fehlerordnungen ergeben, wie wir noch sehen werden.

Quadraturregeln

Ein auf $C[a, b]$ definiertes lineares Funktional

$$Q_{n+1}[f] := \sum_{i=0}^{n} a_i f(x_i)$$

heißt **Quadraturregel** zu $(n+1)$ Knoten, denn die $x_i \in [a, b]$ nennt man **Stützstellen** oder **Knoten** der Quadraturregel, die a_i heißen **Gewichte**.

Der **Quadraturfehler** oder **Rest** einer Quadraturregel ist das lineare Funktional

$$R_{n+1}[f] := I[f] - Q_{n+1}[f] \qquad (4.2)$$

und wir sprechen von **Konvergenz**, wenn

$$\lim_{n\to\infty} Q_{n+1}[f] = I[f]$$

gilt.

Die Idee der Interpolation liefert eine wichtige Klasse von Quadraturregeln

Unter den zahlreichen möglichen Konstruktionsprinzipien für Quadraturregeln ist das der Interpolationsquadratur besonders wichtig. Dazu stelle man sich vor, man würde f nur an den $n+1$ Stellen $x_0, \ldots, x_n$ kennen und diese Stellen mit einem Polynom interpolieren. Das resultierende Polynom vom Grad n kann dann einfach integriert werden.

Interpolationsquadratur

Sei p_n ein Polynom vom Grad n auf dem Intervall $[a, b]$. Eine Quadraturregel Q_{n+1} heißt **Interpolationsquadratur**, wenn

$$R_{n+1}[p_n] = 0$$

gilt, d. h., wenn Polynome vom Grad n exakt integriert werden.

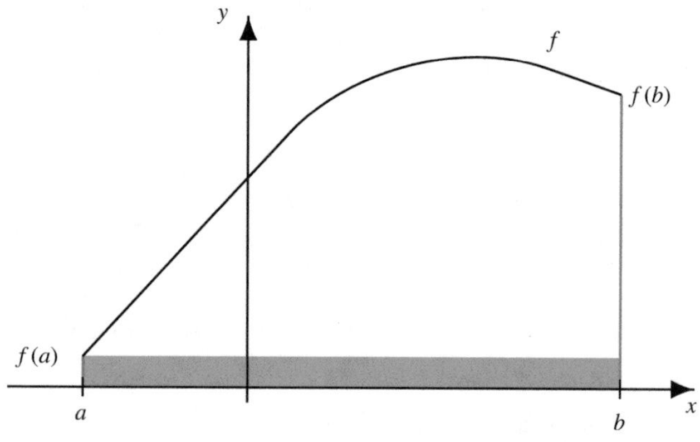

Abb. 4.3 Die Rechteckregel mit Funktionsauswertung am linken Intervallrand

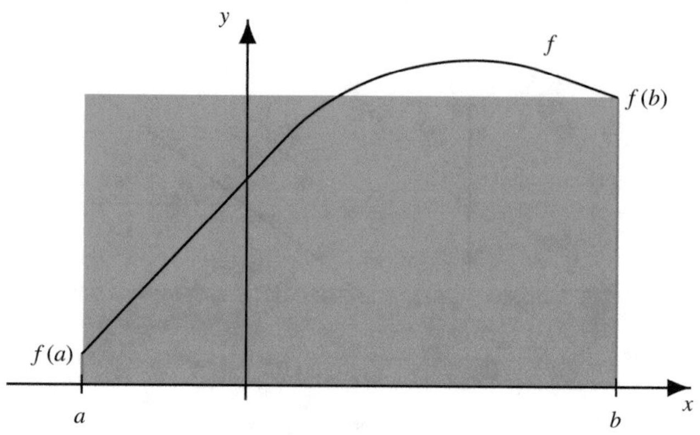

Abb. 4.4 Die Rechteckregel mit Funktionsauswertung am rechten Intervallrand

Schreiben wir ein Interpolationspolynom in Lagrange'scher Darstellung (vergl. (3.12))

$$p(x) = \sum_{i=0}^{n} f(x_i)L_i(x),$$

Dann folgt nach Integration

$$\int_a^b p(x)\,\mathrm{d}x = \sum_{i=0}^{n} f(x_i) \int_a^b L_i(x)\,\mathrm{d}x$$

und wir sehen ein, dass für Interpolationsquadraturen die Gewichte gerade durch

$$a_i = \int_a^b L_i(x)\,\mathrm{d}x$$

gegeben sind.

Der einfachste Fall einer Interpolationsquadratur ergibt sich bei der Wahl irgendeines Punktes $x_1 \in [a, b]$. Dann erhalten wir

$$Q_1[f] = (b-a)f(x_1)$$

und diese Quadraturformel kann Polynome des Grades 0 (also konstante Funktionen) exakt integrieren. Wählen wir jedoch x_1 nicht irgendwie, sondern genau in der Mitte,

$$x_1 := \frac{a+b}{2},$$

dann integriert diese Formel auch Polynome vom Grad 1 exakt, denn das ist die Mittelpunktsregel.

Eine weitere einfache Quadraturregel ist die **Rechteckregel**, bei der $x_1 := a$ zu wählen ist, also

$$Q_1^{\mathrm{R}} := (b-a)f(a).$$

Ganz analog kann man natürlich auch $x_1 := b$ wählen und erhält so die Rechteckregel $Q_1 = (b-a)f(b)$.

Beispiel Sehr interessant ist auch die folgende Interpolationsquadratur auf $[a, b] = [-1, 1]$. Sei $0 < c < 1$ und drei Daten $(-c, f(-c)), (0, f(0)), (c, f(c))$ seien gegeben. Durch drei Punkte legen wir ein Polynom

$$p_2(x) = a_0 + a_1 x + a_2 x^2$$

vom Grad 2. Aus den drei Interpolationsbedingungen $p_2(-c) = f(-c)$, $p_2(0) = f(0)$ und $p_2(c) = f(c)$ ergibt sich für das Polynom

$$\begin{aligned} p_2(x) = f(0) &+ \frac{f(c)-f(-c)}{2c}x \\ &+ \frac{f(c)-2f(0)+f(-c)}{2c^2}x^2. \end{aligned}$$

Integrieren wir nun über $[-1, 1]$, so ergibt sich

$$\begin{aligned} \int_{-1}^{1} p_2(x)\,\mathrm{d}x &= \frac{1}{3c^2}f(-c)+\left(2-\frac{2}{3c^2}\right)f(0)+\frac{1}{3c^2}f(c) \\ &=: Q_3[f]. \end{aligned}$$

Nach Konstruktion kann diese Q_3 Polynome vom Grad 2 exakt integrieren, aber wenn wir speziell $c = 1/\sqrt{3}$ wählen, dann ergibt sich die Quadraturregel

$$\begin{aligned} Q_2[f] &= \frac{1}{3(\frac{1}{\sqrt{3}})^2}f(-1/\sqrt{3}) + \frac{1}{3(\frac{1}{\sqrt{3}})^2}f(1/\sqrt{3}) \\ &= f\left(-\frac{1}{\sqrt{3}}\right) + f\left(\frac{1}{\sqrt{3}}\right), \end{aligned}$$

die aber immer noch alle Polynome vom Grad 2 exakt integriert. ◀

Nach unseren Ausführungen über das Verhalten von Interpolationspolynomen macht es wegen der wachsenden Oszillationen zwischen den Knoten offenbar keinen Sinn, für große Anzahlen n von Daten $(x_i, f(x_i)), i = 0, \dots, n$, ein Interpolationspolynom vom Grad n zu verwenden, um es dann zu integrieren. In solchen Fällen bieten sich **zusammengesetzte Quadraturregeln** an. Dabei macht man sich zunutze, dass man interpolatorische Quadraturverfahren affin auf beliebige Intervalle transformieren kann.

Affine Transformation

Es sei Q_{n+1} eine Quadraturregel auf dem Intervall $[a, b]$

$$Q_{n+1}[f] = \sum_{i=0}^{n} a_i f(x_i).$$

Die Quadraturregel

$$\widetilde{Q}_{n+1}[f] = \sum_{i=0}^{n} \widetilde{a}_i f(\widetilde{x}_i)$$

auf dem Intervall $[\widetilde{a}, \widetilde{b}]$ heißt **affin Transformierte von** Q_{n+1}, wenn

$$\begin{aligned} \widetilde{x}_i &= \widetilde{a} + (x_i - a)\frac{\widetilde{b} - \widetilde{a}}{b - a}, \\ \widetilde{a}_i &= a_i \frac{\widetilde{b} - \widetilde{a}}{b - a} \end{aligned}$$

gilt.

Diese Definition ist einfach zu verstehen. Eine affine Abbildung des Intervalls $[a, b]$ mit Variable x auf ein Intervall $[\widetilde{a}, \widetilde{b}]$ mit Variable $\widetilde{x}$ ist gegeben durch

$$\widetilde{x} = mx + n$$

mit $m, n \in \mathbb{R}$. Da $\widetilde{a} = ma + n$ und $\widetilde{b} = mb + n$ gelten müssen, folgt

$$\widetilde{x} = \widetilde{a} + (x - a)\frac{\widetilde{b} - \widetilde{a}}{b - a}.$$

Also ist $\mathrm{d}\widetilde{x} = \frac{\widetilde{b}-\widetilde{a}}{b-a}\mathrm{d}x$ und die Transformation des Integrals ist damit durch

$$\begin{aligned} \int_{\widetilde{a}}^{\widetilde{b}} f(\widetilde{x})\,\mathrm{d}\widetilde{x} &= \int_a^b f\left(\widetilde{a} + (x - a)\frac{\widetilde{b} - \widetilde{a}}{b - a}\right) \frac{\widetilde{b} - \widetilde{a}}{b - a}\mathrm{d}x \\ &= \frac{\widetilde{b} - \widetilde{a}}{b - a} \int_a^b f\left(\widetilde{a} + (x - a)\frac{\widetilde{b} - \widetilde{a}}{b - a}\right) \mathrm{d}x \qquad (4.3) \end{aligned}$$

gegeben. Die Gewichte a_i der Quadraturregel auf $[a, b]$ müssen also auf $[\widetilde{a}, \widetilde{b}]$ mit dem Faktor $\frac{\widetilde{b-a}}{b-a}$ versehen werden.

Selbstfrage 2

Man transformiere die Quadraturformel $Q_3[f] = \frac{1}{3c^2} f(-c) + \left(2 - \frac{2}{3c^2}\right) f(0) + \frac{1}{3c^2} f(c), 0 < c < 1$, vom Intervall $[-1, 1]$ affin auf ein beliebiges Intervall $[\widetilde{a}, \widetilde{b}]$. Wie sieht die Quadraturformel im konkreten Fall $[\widetilde{a}, \widetilde{b}] = [0, 2]$ aus?

Mithilfe der affinen Transformation können wir nun ganz allgemein zusammengesetzte Quadraturen definieren.

Zusammengesetzte Quadraturverfahren

Es sei Q_{n+1} eine Quadraturformel auf dem Intervall $[0, 1]$. Die affin Transformierten auf den Teilintervallen

$$[a + ih, a + (i + 1)h], \quad i = 0, 1, \dots, m - 1$$

von $[a, b]$ mit $h = \frac{b-a}{m}$ seien mit $Q_{n+1}^{(i)}$ bezeichnet. Dann heißt

$$Q_{n+1,m} := \sum_{i=0}^{m-1} Q_{n+1}^{(i)}$$

die durch m-fache Anwendung der Quadraturformel Q_{n+1} entstandene Quadratur. Ein **zusammengesetztes Quadraturverfahren** entsteht durch m-fache Anwendung derselben Quadraturformel Q_{n+1}.

Beispiel Nach (4.1) ist die Mittelpunktsformel auf $[a, b]$ gegeben durch

$$Q_{1,m}^{\mathrm{Mi}}[f] = h \sum_{i=0}^{m-1} f(x_i),$$

wobei $h := \frac{b-a}{m}$ und $x_i := a + (i + 1/2)h, i = 0, \dots, m - 1$, gilt. Die Mittelpunktsformel ist, wie wir bereits wissen, eine zusammengesetzte Quadraturformel $Q_{1,m}$. Die m-fach verwendete Quadraturformel auf $[0, 1]$ ist offenbar

$$Q_1[f] := f(1/2).$$ ◀

4.2 Interpolatorische Quadraturen

Wegen ihrer großen Bedeutung wollen wir uns intensiver mit interpolatorischen Quadraturen befassen, die auf die Klasse der Newton-Cotes-Formeln führen.

Interpolatorische Formeln entstehen durch Integration von Interpolationspolynomen

Gegeben seien $n+1$ Daten $(x_i, f(x_i)), i = 0, \ldots, n$ mit

$$a = x_0 < x_1 < \ldots < x_n = b,$$

sodass $x_i = a + ih$ mit der Schrittweite $h := (b-a)/n$ gilt. Das eindeutig bestimmte Interpolationspolynom p_n vom Grad nicht höher als n zu diesen Daten ist in Lagrange'scher Form gegeben durch

$$p_n(x) = \sum_{i=0}^{n} f(x_i) L_i(x)$$

mit den Lagrange'schen Interpolationspolynomen

$$L_i(x) = \prod_{\substack{j=0\\ j\neq i}}^{n} \frac{x - x_j}{x_i - x_j}.$$

Durch Integration erhalten wir

$$\int_a^b p_n(x)\,\mathrm{d}x = \sum_{i=0}^{n} f(x_i) \int_a^b L_i(x)\,\mathrm{d}x = \sum_{i=0}^{n} a_i f(x_i)$$

mit den Gewichten

$$a_i = \int_a^b L_i(x)\,\mathrm{d}x, \quad i = 0, \ldots, n.$$

Für $n = 1$ erhalten wir mit $x_0 = a$ und $x_1 = b$

$$\begin{aligned} a_0 &= \int_a^b \frac{x-b}{a-b}\,\mathrm{d}x = \frac{1}{a-b}\left(\frac{1}{2}x^2 - bx\right)\Big|_a^b \\ &= \frac{1}{a-b}\left(-\frac{1}{2}b^2 + ab - \frac{1}{2}a^2\right) \\ &= \frac{1}{2(b-a)}(b-a)^2 = \frac{b-a}{2} = \frac{h}{2}, \\ a_1 &= \int_a^b \frac{x-a}{b-a}\,\mathrm{d}x = \frac{1}{b-a}\left(\frac{1}{2}x^2 - ax\right)\Big|_a^b \\ &= \frac{b-a}{2} = \frac{h}{2} \end{aligned}$$

und damit die Formel

$$Q_2^{\mathrm{Tr}}[f] := \frac{b-a}{2}\,(f(a) + f(b)).$$

Diese Formel heißt **Trapezregel**. Der Name leitet sich davon ab, dass $Q_2^{\mathrm{Tr}}[f]$ den Flächeninhalt des Sehnentrapezes angibt, das in der Abb. 4.5 zu sehen ist.

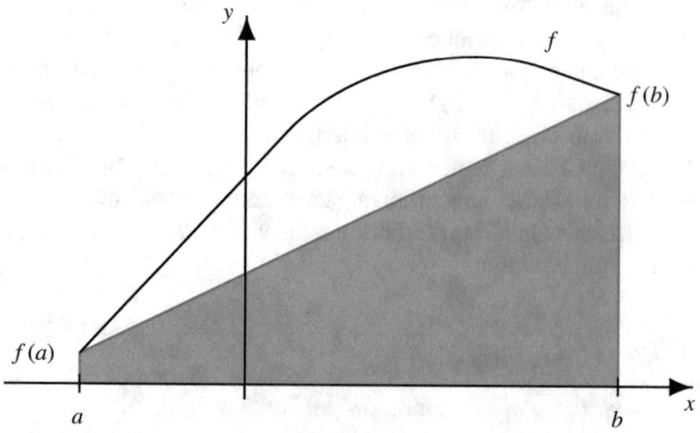

Abb. 4.5 Die Trapezregel nähert den wahren Flächeninhalt durch die Fläche des roten Trapezes an

Schon für $n = 2$ werden die Integrationen zur Bestimmung der Gewichte sehr unübersichtlich, weshalb man zu einem Trick greift. Da ja

$$x = a + hs$$

mit $s \in [0, n]$ geschrieben werden kann und $x_i = a + hi$, verwendet man die neue Variable

$$s = \frac{x-a}{h}$$

und erhält so

$$L_i(x) = L_i(a + hs) = \psi_i(s) := \prod_{\substack{j=0\\ j\neq i}}^{n} \frac{s-j}{i-j}.$$

Dann gilt für die Gewichte

$$a_i = \int_a^b L_i(x)\,\mathrm{d}x = h \int_0^n \psi_i(s)\,\mathrm{d}s,$$

denn $\mathrm{d}x = h\,\mathrm{d}s$ und für $x = a$ ist $s = 0$ und für $x = b$ erhalten wir $s = n$.

Diese einfacheren Integrationen können wir im Fall $n = 2$ einsetzen und erhalten für die Gewichte

$$\begin{aligned} a_0 &= h\int_0^2 \frac{s-1}{0-1}\cdot\frac{s-2}{0-2}\,\mathrm{d}s = \frac{h}{2}\int_0^2 (s^2 - 3s + 2)\,\mathrm{d}s \\ &= \frac{h}{2}\left(\frac{1}{3}s^3 - \frac{3}{2}s^2 + 2s\right)\Big|_0^2 = \frac{h}{2}\left(\frac{8}{3} - 6 + 4\right) = \frac{h}{3}, \\ a_1 &= h\int_0^2 \frac{s-0}{1-0}\cdot\frac{s-2}{1-2}\,\mathrm{d}s = \frac{4}{3}h, \\ a_2 &= h\int_0^2 \frac{s-0}{2-0}\cdot\frac{s-1}{2-1}\,\mathrm{d}s = \frac{h}{3}. \end{aligned}$$

Beispiel: Die zusammengesetzte Trapezregel

Wirklich sinnvoll wird die Trapezregel in der Praxis, wenn man sie als **zusammengesetzte Trapezregel** verwendet. Wir wollen aus der Trapezregel diese zusammengesetzte Trapezregel herleiten und ihre Genauigkeit in einem numerischen Test untersuchen. In der Praxis sagt man oft einfach „Trapezregel", wenn man die zusammengesetzte Trapezregel meint.

Für eine später benötigte graphische Darstellung des Quadraturfehlers bemerken wir, dass ein exponentieller Zusammenhang $y = ax^b$, $a > 0$, nach Logarithmierung in $\log y = \log a + b \log x$ übergeht. Verwenden wir also die neuen Variablen $X := \log x$, $Y := \log y$, dann wird aus einem exponentiellen Zusammenhang ein linearer: $Y = \log a + bX$.

Problemanalyse und Strategie Dazu zerlegt man $[a, b]$ durch $a = x_0 < x_1 < \ldots < x_m = b$ und transformiert die Trapezregel affin auf jedes der Teilintervalle $[x_i, x_{i+1}], i = 0, 1, \ldots, m-1$. Die Zerlegung sei äquidistant, d. h. $h := x_{i+1} - x_i$ für $i = 0, \ldots m-1$.

Lösung Die zusammengesetzte Trapezregel ergibt sich aus

$$\begin{aligned}
Q_{2,m}^{\text{zTr}}[f] &:= \sum_{i=0}^{m-1} Q_2^{\text{Tr}(i)}[f] \\
&= \sum_{i=0}^{m-1} \frac{x_{i+1} - x_i}{2}(f(x_i) + f(x_{i+1})) \\
&= \sum_{i=0}^{m-1} \frac{h}{2}(f(x_i) + f(x_{i+1})) \\
&= \frac{h}{2}[f(x_0) + f(x_1) + f(x_1) + f(x_2) + \ldots \\
&\quad \ldots + f(x_{m-1}) + f(x_m)] \\
&= \frac{h}{2}[f(a) + 2f(x_1) + \ldots + 2f(x_{m-1}) + f(b)] \\
&= h\left[\frac{1}{2}f(a) + f(x_1) + \ldots + f(x_{m-1}) + \frac{1}{2}f(b)\right].
\end{aligned}$$

Achtung: Beachten Sie, dass wir *zwei verschiedene Zerlegungen* betrachten, deren Knoten wir in beiden Fällen mit x_i bezeichnen, denn:

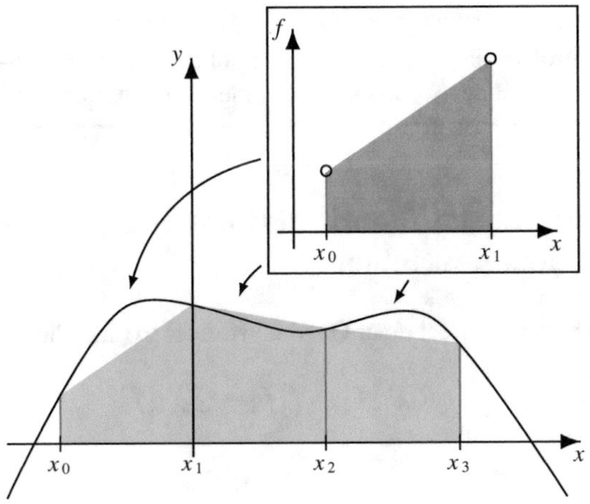

Bei der Herleitung einer interpolatorischen Quadraturregel bezeichnen die Knoten $a = x_0 < x_1 < \ldots < x_n = b$ die Interpolationspunkte. Bei den zusammengesetzten Regeln wird ein Intervall $[a, b]$ zerlegt in $a = x_0 < x_1 < \ldots < x_m = b$, wobei die vorher hergeleitete Quadraturregel nun affin auf jedes der Teilintervalle der zweiten Zerlegung abgebildet wird. Würden wir diesen Missbrauch der Notation nicht begehen, müssten wir immer mit den Tildegrößen $\widetilde{a}, \widetilde{b}, \widetilde{x}_i$ usw. aus der Definition der affinen Transformierbarkeit arbeiten, was in der Praxis sehr lästig ist und daher vermieden wird.

Nach Konstruktion muss $Q_{2,m}^{\text{zTr}}[f]$ lineare Polynome exakt integrieren, und zwar für alle m. Betrachten wir die Funktion $f(x) := 2x + 1$ auf $[a, b] = [0, 2]$, für die $\int_0^2 (2x + 1)\,\mathrm{d}x = x^2 + x\big|_0^2 = 6$ gilt. Schon für $m = 1$ erhalten wir $Q_{2,1}^{\text{zTr}}[2x + 1] = 6$ und in der Tat gilt für alle m: $Q_{2,m}^{\text{zTr}}[2x + 1] = 6$.

Betrachten wir nun $f(x) := \mathrm{e}^x$ auf $[a, b] = [0, 2]$. Es gilt $\int_0^2 \mathrm{e}^x\,\mathrm{d}x = \mathrm{e}^x\big|_0^2 = \mathrm{e}^2 - 1 \approx 6.38905609893065$.

Wir berechnen für verschiedene m den Wert der zusammengesetzten Trapezregel für die Fläche und den jeweiligen Fehler $|Q_{2,m}^{\text{zTr}}[\mathrm{e}^x] - (\mathrm{e}^2 - 1)|$. Im folgenden Bild ist der Fehler über der Gitterweite $h = 2/m$ in einem doppelt logarithmischen Diagramm zu sehen.

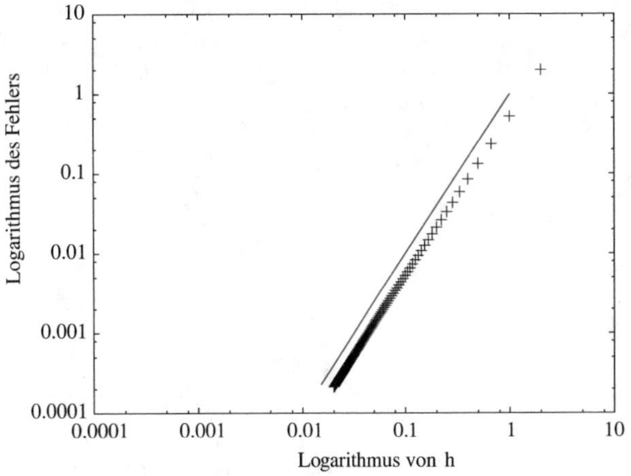

Die Fehlerkurve, hier bestehend aus Kreuzen, ist eine Gerade, d. h., der Fehler verhält sich wie $|Q_{2,m}^{\text{zTr}}[\mathrm{e}^x] - (\mathrm{e}^2 - 1)| = \mathcal{O}(h^k)$, wobei die Potenz k die Steigung der Geraden im doppelt logarithmischen Diagramm ist. In unserem Fall zeigt die durchgezogene Vergleichsgerade $k = 2$ und damit können wir die **numerische Konvergenzgeschwindigkeit** als quadratisch bezeichnen.

Die damit gewonnene Quadraturformel

$$Q_3[f] = \frac{h}{3}(f(x_1) + 4f(x_2) + f(x_3)) = \frac{h}{3}\left(f(a) + 4f\left(\frac{a+b}{2}\right) + f(b)\right)$$

heißt im deutschen Sprachraum **Kepler'sche Fassregel** und im angelsächsischen **Simpson'sche Regel**. Weil im Fall dieser Regel $h = (b-a)/2$ gilt, ist

$$Q_3[f] = \frac{b-a}{6}\left(f(a) + 4f\left(\frac{a+b}{2}\right) + f(b)\right).$$

Wir können nun unsere eben entwickelte Technik einsetzen, um weitere interpolatorische Quadraturformeln zu gewinnen, die wir im nächsten Abschnitt zusammenstellen wollen.

Die geschlossenen Newton-Cotes-Formeln sind die bekanntesten interpolatorischen Quadraturen

Wir haben im vorhergehenden Abschnitt gelernt, wie ein Interpolationspolynom vom Grad nicht größer als n zu einer Quadraturregel Q_{n+1} führt. Wir fassen unser Vorgehen zusammen.

Geschlossene Newton-Cotes-Formeln

Eine Quadraturregel Q_{n+1} heißt **geschlossene Newton-Cotes-Quadraturregel** (oder Newton-Cotes-Formel), wenn sie von der Form

$$Q_{n+1}[f] := h\sum_{i=0}^{n} \alpha_i f(x_i)$$

ist mit Gewichten

$$\alpha_i := \int_0^n \prod_{\substack{j=0\\ j\neq i}}^{n} \frac{s-j}{i-j}\,\mathrm{d}s.$$

Ist s so gewählt, dass $\sigma_i := s\alpha_i, i = 0,\ldots,n$, ganze Zahlen sind (d. h., s ist der Hauptnenner der rationalen Zahlen α_i), dann schreibt man Newton-Cotes-Formeln auch in der Form

$$Q_{n+1}[f] = \frac{b-a}{ns}\sum_{i=0}^{n} \sigma_i f(x_i).$$

Der Grund, diese Formeln als „geschlossen" zu bezeichnen, liegt einzig und allein in der Tatsache, dass die beiden Endpunkte a und b stets Interpolationsknoten sind. Die Mittelpunktsregel ist *keine* geschlossene Newton-Cotes-Formel, denn der einzige Interpolationspunkt ist der Mittelpunkt des Intervalls $[a, b]$. Die Mittelpunktsregel ist eine **offene Newton-Cotes-Formel**. Wir werden die offenen Formeln noch genauer untersuchen.

Lemma Für die Gewichte von geschlossenen Newton-Cotes-Formeln gilt stets

$$\sum_{i=0}^{n} \alpha_i = n.$$ ◀

Beweis Ist die zu interpolierende Funktion $f(x) \equiv 1$, bzw. sind alle $n+1$ Daten $(x_i, 1), i = 0,\ldots,n$, dann folgt wegen der Eindeutigkeit des Interpolationspolynoms $p_n(x) = 1$ und damit

$$\int_a^b p_n(x)\,\mathrm{d}x = b - a.$$

Andererseits ist aber nach Konstruktion der geschlossenen Newton-Cotes-Formeln

$$\int_a^b p_n(x)\,\mathrm{d}x = h\sum_{i=0}^{n} \alpha_i f(x_i) = \frac{b-a}{n}\sum_{i=0}^{n} \alpha_i,$$

woraus die Aussage des Lemmas folgt. ■

Wir haben bereits die Trapezregel und die Simpson'sche Regel als geschlossene Newton-Cotes-Formeln kennengelernt. Diese und weitere geschlossene Newton-Cotes-Formeln sind in der folgenden Tabelle aufgeführt.

n	σ_i	ns	Name
1	1 1	2	Trapezregel
2	1 4 1	6	Simpson-Regel
3	1 3 3 1	8	3/8-Regel
4	7 32 12 32 7	90	Milne-Regel
5	19 75 50 50 75 19	288	(kein Name vergeben)
6	41 216 27 272 27 216 41	840	Weddle-Regel

Selbstfrage 3

Wie groß ist der Fehler, wenn die Funktion $f(x) = 4x^3 - 2x^2 + 16x - 5$ mit der Weddle-Regel numerisch integriert wird?

Eine einfache Theorie gibt uns eine Darstellung des Quadraturfehlers

Wir hatten als Rest einer Quadraturformel in (4.2) die Größe

$$R_{n+1}[f] = I[f] - Q_{n+1}[f]$$

definiert, die man auch als **Quadraturfehler** bezeichnet. Für alle geschlossenen Newton-Cotes-Formeln stehen einfache Fehlerformeln zur Verfügung, die sämtlich aus der Darstellung des Interpolationsfehlers (3.22) kommen.

Für $n = 1$ haben wir die Trapezregel

$$Q_2[f] = \int_a^b p_1(x)\,\mathrm{d}x = \frac{b-a}{2}(f(a) + f(b))$$

erhalten, die auf einem linearen Interpolationspolynom p_1 basiert. Der Fehler ist in diesem Fall

$$R_2[f] = \int_a^b f(x)\,\mathrm{d}x - \frac{b-a}{2}(f(a) + f(b))$$
$$= \int_a^b (f(x) - p_1(x))\,\mathrm{d}x.$$

Für $n = 1$ erhalten wir aus (3.22) die Darstellung des Interpolationsfehlers

$$f(x) - p_1(x) = (x-a)(x-b)\frac{f''(\xi)}{2!},$$

wobei $\xi \in [a, b]$ und wir die Existenz der zweiten Ableitung von f voraussetzen müssen. Damit ergibt sich für den Quadraturfehler

$$R_2[f] = \frac{1}{2}\int_a^b (x-a)(x-b)f''(\xi)\,\mathrm{d}x.$$

Zur Integration ist es wieder hilfreich, die Variable mithilfe von $x = a + hs$ zu wechseln. Dann ist $\mathrm{d}x = h\,\mathrm{d}s$ und $s = (x-a)/h$ und wir erhalten

$$R_2[f] = \frac{1}{2}\int_a^b (x-a)(x-b)f''(\xi)\,\mathrm{d}x$$
$$= \frac{h}{2}f''(\xi)\int_0^1 hs(a + hs - (a+h))\,\mathrm{d}s$$
$$= \frac{h}{2}f''(\xi)\left(\frac{h^2s^3}{3} - \frac{h^2s^2}{2}\right)\bigg|_0^1$$
$$= -\frac{h^3}{12}f''(\xi).$$

Auf die gleiche Art und Weise können wir alle weiteren Fehlerdarstellungen der geschlossenen Newton-Cotes-Formeln berechnen und damit unsere obige Tabelle vervollständigen.

n	σ_i	ns	$\lvert R_{n+1}[f]\rvert$	Name
1	1 1	2	$\frac{h^3}{12}f''(\xi)$	Trapezregel
2	1 4 1	6	$\frac{h^5}{90}f^{(4)}(\xi)$	Simpson-Regel
3	1 3 3 1	8	$\frac{3h^5}{80}f^{(4)}(\xi)$	3/8-Regel
4	7 32 12 32 7	90	$\frac{8h^7}{945}f^{(6)}(\xi)$	Milne-Regel
5	19 75 50 50 75 19	288	$\frac{275h^7}{12096}f^{(6)}(\xi)$	(kein Name vergeben)
6	41 216 27 272 27 216 41	840	$\frac{9h^9}{1400}f^{(8)}(\xi)$	Weddle-Regel

Diese Fehlerdarstellungen haben natürlich einen offensichtlichen Mangel, nämlich die Bedingungen an die Differenzierbarkeit von f. Wir werden noch eine weitaus subtilere Methode zur Bestimmung von Resten mithilfe von Peano-Kernen kennenlernen, aber zunächst sind noch ein paar Worte zu unseren geschlossenen Newton-Cotes-Formeln nötig.

Newton-Cotes-Formeln mit geradem n sind stets zu bevorzugen

Ein Blick auf unsere letzte Tabelle mit den Fehlertermen unserer Newton-Cotes-Formeln zeigt uns, dass für $n = 2$ bereits die gleiche Fehlerordnung $\mathcal{O}(h^5)$ erreicht wird wie im Fall $n = 3$. Ebenso erreicht die Quadraturformel mit $n = 4$ schon die gleiche Fehlerordnung $\mathcal{O}(h^7)$ wie die Formel für $n = 5$. Das gibt zu der Vermutung Anlass, dass bei geradem n ein gewisser Ordnungsgewinn zu erwarten steht, den wir nun allgemein beweisen wollen.

Zu Beginn wollen wir aber eine heuristische Betrachtung anstellen. Jede Newton-Cotes-Formel mit $n + 1$ Punkten ersetzt den Integranden durch ein Polynom vom Grad höchstens n, d. h., es lässt sich noch das Monom x^n exakt integrieren. Für gerades n ist x^n symmetrisch und die $n + 1$-Punkte liegen ebenfalls symmetrisch. Daher dürfen wir erwarten, dass Fehler sich wegen ihrer unterschiedlichen Vorzeichen aufheben. Diese Heuristik machen wir nun rigoros.

Dazu bezeichnen wir wie in Kap. 3, Gleichung (3.22) das Stützstellenpolynom mit

$$\omega_{n+1}(x) = (x - x_0)\cdot(x - x_1)\cdot\ldots\cdot(x - x_n),$$

führen aber die Variablensubstitution $x = x_0 + th$ durch. Damit ergibt sich

$$\omega_{n+1}(x) = (th) \cdot (\underbrace{(x_0 - x_1)}_{=-h} + th) \cdot (\underbrace{(x_0 - x_2)}_{=-2h} + th) \cdot \ldots$$
$$\ldots \cdot (\underbrace{(x_0 - x_n)}_{=-nh} + th)$$
$$= h^{n+1} \cdot t \cdot (t-1) \cdot (t-2) \cdot \ldots \cdot (t-n)$$
$$=: h^{n+1} \pi_{n+1}(t). \tag{4.4}$$

Damit können wir nun einen wichtigen Hilfssatz beweisen.

Lemma Ist $x_{\frac{n}{2}} := \frac{a+b}{2} = x_0 + \frac{n}{2}h$, $x_0 = a$, $x_n = b$, dann gilt für alle $\xi \in \mathbb{R}$

$$\omega_{n+1}(x_{\frac{n}{2}} + \xi) = (-1)^{n+1} \omega_{n+1}(x_{\frac{n}{2}} - \xi). \tag{4.5}$$

◀

Beweis Mit der Transformation (4.4) geht (4.5) über in

$$\pi_{n+1}\left(\frac{n}{2} + \tau\right) = (-1)^{n+1} \pi_{n+1}\left(\frac{n}{2} - \tau\right),$$

wobei der Parameter τ den Abstand von $n/2$ angibt. Die Funktionen $\pi_{n+1}(n/2 - \tau)$ und $\pi_{n+1}(n/2 + \tau)$ sind beide Polynome vom Grad $n + 1$ in τ. Nach Konstruktion haben sie die gleichen $n + 1$ Nullstellen

$$\tau = \frac{n}{2}, \frac{n}{2} - 1, \frac{n}{2} - 2, \ldots, -\frac{n}{2}.$$

Damit können sich die beiden Polynome aber nur um einen konstanten Faktor unterscheiden. Wegen

$$\pi_{n+1}\left(\frac{n}{2} + \tau\right) = \left(\frac{n}{2} + \tau\right) \cdot \left(\left(\frac{n}{2} - 1\right) + \tau\right) \cdot$$
$$\cdot \left(\left(\frac{n}{2} - 2\right) + \tau\right) \cdot \ldots \cdot \left(\left(\frac{n}{2} - n\right) + \tau\right)$$
$$\pi_{n+1}\left(\frac{n}{2} - \tau\right) = \left(\frac{n}{2} - \tau\right) \cdot \left(\left(\frac{n}{2} - 1\right) - \tau\right) \cdot$$
$$\cdot \left(\left(\frac{n}{2} - 2\right) - \tau\right) \cdot \ldots \cdot \left(\left(\frac{n}{2} - n\right) - \tau\right)$$

genügt ein Blick auf den Leitkoeffizienten, der den konstanten Faktor $(-1)^{n+1}$ ergibt. ■

Ein weiteres wichtiges Hilfsresultat ist das folgende.

Lemma Es sei $x_{\frac{n}{2}}$ definiert wie im vorhergehenden Lemma.

(a) Für $a < \xi + h \leq x_{\frac{n}{2}}$ und $\xi \neq x_j$, $j = 0, 1, \ldots, n$ gilt

$$|\omega_{n+1}(\xi + h)| < |\omega_{n+1}(\xi)|. \tag{4.6}$$

(b) Für $x_{\frac{n}{2}} \leq \xi < b$ und $\xi \neq x_j$, $j = 0, 1, \ldots, n$ gilt

$$|\omega_{n+1}(\xi)| < |\omega_{n+1}(\xi + h)|.$$

◀

Beweis

(a) Mit der Transformation $x = x_0 + th$ (vergl. (4.4)) geht Teil (a) über in: Sei $t + 1 \notin \mathbb{N}$ mit $0 < t + 1 \leq \frac{n}{2}$. Dann gilt

$$|\pi_{n+1}(t + 1)| < |\pi_{n+1}(t)|.$$

Wenn $t + 1 \notin \mathbb{N}$ gilt, dann ist auch $t < n$ nicht aus $\mathbb{N}$ und wir können wie folgt abschätzen:

$$\left|\frac{\pi_{n+1}(t+1)}{\pi_{n+1}(t)}\right| = \left|\frac{(t+1)(t)(t-1) \cdot \ldots \cdot (t-n+1)}{(t)(t-1) \cdot \ldots \cdot (t-n+1)(t-n)}\right|$$
$$= \left|\frac{t+1}{t-n}\right| = \left|\frac{t+1}{n-t}\right|$$
$$= \frac{t+1}{(n+1) - (t+1)} \leq \frac{\frac{n}{2}}{(n+1) - (\frac{n}{2})}$$
$$= \frac{1}{1 + \frac{2}{n}} < 1.$$

(b) analog (a). ■

Wir benötigen nur noch einen weiteren Hilfssatz, um die Genauigkeit der Newton-Cotes-Formeln mit geradem n untersuchen zu können.

Lemma Es sei

$$\Omega_{n+1}(x) := \int_a^x \omega_{n+1}(\xi)\, d\xi.$$

Dann gilt für gerades n:

(a) $\Omega_{n+1}(a) = \Omega_{n+1}(b) = 0$,
(b) $\Omega_{n+1}(x) > 0$, $\quad a < x < b$. ◀

Beweis

(a) Aus der Definition von Ω_{n+1} folgt sofort $\Omega_{n+1}(a) = 0$. Nach (4.5) ist der Integrand in $\Omega_{n+1}(b)$ für gerades n antisymmetrisch um den Mittelpunkt des Integrationsintervalls, daher gilt $\Omega_{n+1}(b) = 0$.
(b) Wir bemerken, dass $a = x_0, x_1, x_2, \ldots, x_{n-1}, x_n = b$ die einzigen Nullstellen von $\omega_{n+1}(x)$ sind und das $\omega_{n+1}(x)$ für gerades n ein ungerades Polynom ist. Nehmen wir nun ein $x < a$, z. B. $x = a - \varepsilon$ mit $\varepsilon > 0$, dann erhalten wir mit der Transformation (4.4)

$$\omega_{n+1}(x) = h^{n+1} \pi_{n+1}(t)$$

und aus $x = a - \varepsilon$ folgt $t = -\varepsilon/h$, also

$$\pi_{n+1}(t) = -\frac{\varepsilon}{h} \cdot \left(-\frac{\varepsilon}{h} - 1\right) \cdot \ldots \cdot \left(-\frac{\varepsilon}{h} - n\right)$$

und als Produkt einer ungeraden Anzahl negativer Zahlen ist das Ergebnis negativ. Wir schließen also

$$\omega_{n+1}(x) < 0, \quad x < a.$$

Daher muss $\omega_{n+1}(x) > 0$ im Intervall $a < x \leq x_1$ sein und $\omega_{n+1}(x) < 0$ im Intervall $x_1 < x \leq x_2$, usw. Nach (4.6) des vorstehenden Lemmas ist aber der negative Beitrag von $\omega_{n+1}(x)$ im Intervall $[x_1, x_2]$ dem Betrag nach kleiner als der positive im Intervall $[a, x_1]$. Daher ist

$$\Omega_{n+1}(x) > 0, \quad a < x < x_2.$$

Auf diese Weise deckt man das gesamte Intervall $a < x < x_{\frac{n}{2}}$ ab. Für den Bereich $x_{\frac{n}{2}} < x < b$ verwendet man einfach (4.5). ■

Nun können wir uns dem Quadraturfehler bei Newton-Cotes-Formeln mit geradem n zuwenden.

Aus (3.22) wissen wir, dass der Interpolationsfehler eines Interpolationspolynoms p_n durch

$$f(x) - p_n(x) = \omega_{n+1}(x) \cdot \frac{f^{(n+1)}(\xi)}{(n+1)!}$$

gegeben ist, wobei für die Zwischenstelle ξ gilt:

$$\min\{x, x_0, \ldots, x_n\} < \xi < \max\{x, x_0, \ldots, x_n\}.$$

Weiterhin entnehmen wir (3.25) die Fehlerdarstellung

$$f(x) - p_n(x) = \omega_{n+1}(x) \cdot f[x_0, \ldots, x_n, x]$$

mit der dividierten Differenz $f[x_0, \ldots, x_n, x]$. Da beide Ausdrücke den Fehler angeben, muss also gelten

$$f[x_0, \ldots, x_n, x] = \frac{f^{(n+1)}(\xi(x))}{(n+1)!}, \tag{4.7}$$

wobei die Zwischenstelle natürlich von der Lage von x abhängt. Schreiben wir nun noch etwas kompliziert

$$\omega_{n+1}(x) = \frac{d\Omega_{n+1}(x)}{dx},$$

dann können wir mit (3.25) den Quadraturfehler in der Form

$$\begin{aligned} R_{n+1}[f] = I[f] - Q_{n+1}[f] &= \int_a^b [f(x) - p_n(x)]\,dx \\ &= \int_a^b \omega_{n+1}(x) \cdot f[x_0, \ldots, x_n, x]\,dx \\ &= \int_a^b \frac{d\Omega_{n+1}(x)}{dx} \cdot f[x_0, \ldots, x_n, x]\,dx \end{aligned}$$

schreiben. Wir nehmen an, dass f mindestens $n+2$ stetige Ableitungen zulässt, d. h., $f[x_0, \ldots, x_n, x]$ ist nach (4.7) noch einmal stetig differenzierbar. Mit partieller Integration folgt dann

$$\begin{aligned} R_{n+1}[f] &= \int_a^b \frac{d\Omega_{n+1}(x)}{dx} \cdot f[x_0, \ldots, x_n, x]\,dx \\ &= \Omega_{n+1}(x) \cdot f[x_0, \ldots, x_n, x]\Big|_a^b \\ &\quad - \int_a^b \Omega_{n+1}(x) \cdot \frac{d}{dx} f[x_0, \ldots, x_n, x]\,dx. \end{aligned}$$

Weil $\Omega_{n+1}(a) = \Omega_{n+1}(b) = 0$ (Lemma auf S. 88) verschwindet der erste Term. Es bleibt also

$$R_{n+1}[f] = -\int_a^b \Omega_{n+1}(x) \cdot \frac{d}{dx} f[x_0, \ldots, x_n, x]\,dx.$$

In Kap. 3 hatten wir in (3.21) über die Ableitung der dividierten Differenzen die Beziehung

$$\frac{d}{dx} f[x_0, \ldots, x_n, x] = f[x_0, \ldots, x_n, x, x]$$

bewiesen. Wie in (4.7) sieht man, dass

$$f[x_0, \ldots, x_n, x, x] = \frac{f^{(n+2)}(\xi(x))}{(n+2)!}$$

gilt, d. h., wir haben schließlich eine Fehlerdarstellung der Form

$$R_{n+1}[f] = -\int_a^b \Omega_{n+1}(x) \cdot \frac{f^{(n+2)}(\xi(x))}{(n+2)!}\,dx$$

erreicht. Nach Voraussetzung ist $f^{(n+2)}$ noch stetig, d. h., mit dem Mittelwertsatz der Integralrechnung folgt

$$R_{n+1}[f] = -\frac{f^{(n+2)}(\eta)}{(n+2)!} \int_a^b \Omega_{n+1}(x)\,dx$$

für ein $\eta \in (a, b)$. Wenden wir auf das verbliebene Integral noch einmal partielle Integration an,

$$\int_a^b 1 \cdot \Omega_{n+1}(x)\,dx = x\Omega_{n+1}(x)\Big|_a^b - \int_a^b x\frac{d\Omega_{n+1}(x)}{dx}\,dx,$$

und beachten, dass $\Omega_{n+1}(a) = \Omega_{n+1}(b) = 0$ (Lemma auf S. 88) gilt und dass $\frac{d\Omega_{n+1}(x)}{dx} = \omega_{n+1}(x)$ ist, dann folgt schließlich

$$\begin{aligned} \int_a^b \Omega_{n+1}(x)\,dx &= -\int_a^b x\frac{d\Omega_{n+1}(x)}{dx}\,dx \\ &= -\int_a^b x \cdot \omega_{n+1}(x)\,dx \end{aligned}$$

Kapitel 4

und dieser Ausdruck ist positiv, da $\Omega_{n+1}(x) > 0$ in $a < x < b$. Damit haben wir gezeigt:

Satz über den Quadraturfehler geschlossener Newton-Cotes-Formeln mit geradem n (erste Fassung)

Sei n gerade und f besitze noch eine stetige $(n+2)$-te Ableitung. Dann gilt

$$R_{n+1}[f] = -\frac{K_{n+1} \cdot f^{(n+2)}(\eta)}{(n+2)!}, \quad a < \eta < b$$

mit

$$K_{n+1} := \int_a^b x \cdot \omega_{n+1}(x)\,\mathrm{d}x < 0.$$

Mit anderen Worten: Die Newton-Cotes-Formeln integrieren für gerades n nicht nur Polynome vom Grad höchstens n exakt, sondern Polynome vom Grad höchstens $n+1$.

Man sieht die Genauigkeit dieser Quadraturregeln noch besser, wenn man wieder auf die Variable $x = x_0 + th$ transformiert und so den Quadraturfehler explizit von der Schrittweite h abhängig macht. Diese Transformation macht sich nur in K_{n+1} bemerkbar. Da wir diese Transformation bereits mehrmals verwendet haben, benutzen wir (4.4):

$$\omega_{n+1}(x) = h^{n+1}\pi_{n+1}(t)$$

mit $\pi_{n+1}(t) = t(t-1)(t-2)\dots(t-n)$. Damit bewirkt die Transformation in K_{n+1} wegen $\mathrm{d}x = h\mathrm{d}t$

$$\begin{aligned} K_{n+1} &= \int_0^n (x_0 + th)h^{n+1}\pi_{n+1}(t)\,h\mathrm{d}t \\ &= x_0 h^{n+2} \int_0^n \pi_{n+1}(t)\,\mathrm{d}t + h^{n+3} \int_0^n t\pi_{n+1}(t)\,\mathrm{d}t. \end{aligned}$$

Nun ist aber $\pi_{n+1}(t) = h^{-1-n}\omega_{n+1}(x)$ und daher

$$\begin{aligned} \int_0^n \pi_{n+1}(t)\,\mathrm{d}t &= h^{-1-n} \int_a^b \omega_{n+1}(x)\,\mathrm{d}x \\ &= h^{-1-n}\, \Omega_{n+1}(x)\big|_a^b \\ &= h^{-1-n}(\Omega_{n+1}(b) - \Omega_{n+1}(a)). \end{aligned}$$

Da wir in einem Lemma auf S. 88 gezeigt haben, dass im Falle von geradem n die Funktion Ω_{n+1} an den Rändern a und b verschwindet, bleibt von K_{n+1} nur noch

$$K_{n+1} = h^{n+3} \int_0^n t\pi_{n+1}(t)\,\mathrm{d}t =: h^{n+3} M_{n+1}$$

übrig. Damit lässt sich der Satz über den Abschneidefehler geschlossener Newton-Cotes-Formeln mit geradem n in einer anderen Fassung wie folgt angeben.

Satz über den Quadraturfehler geschlossener Newton-Cotes-Formeln mit geradem n (zweite Fassung)

Sei n gerade und f besitze noch eine stetige $(n+2)$-te Ableitung. Dann gilt

$$R_{n+1}[f] = -\frac{M_{n+1} \cdot f^{(n+2)}(\eta)}{(n+2)!} \cdot h^{n+3}, \quad a < \eta < b$$

mit

$$M_{n+1} := \int_0^n t\pi_{n+1}(t)\,\mathrm{d}t < 0.$$

Den Vorteil geschlossener Newton-Cotes-Formeln mit geradem n (also mit einer ungeraden Anzahl $n+1$ von Quadraturpunkten) sollte man nutzen, insbesondere soll man beachten, dass bei einer solchen Formel mit geradem n die Hinzufügung eines weiteren Knotens nichts bringt, d. h., man sollte zur Verbesserung der Genauigkeit stets *zwei* neue Knoten addieren.

Mit den gleichen Mitteln, wie wir sie zum Beweis genutzt haben, kann man zeigen, dass geschlossene Newton-Cotes-Formeln mit ungeradem n nur Polynome vom Grad höchstens n exakt integrieren. Wir wollen uns den Beweis etwas genauer ansehen, formulieren aber erst das Ergebnis.

Satz über den Quadraturfehler geschlossener Newton-Cotes-Formeln mit ungeradem n

Sei n ungerade und f besitze noch eine stetige $(n+1)$-te Ableitung. Dann gilt

$$\begin{aligned} R_{n+1}[f] &= \frac{K_{n+1} \cdot f^{(n+1)}(\eta)}{(n+1)!}, \quad a < \eta < b \\ &= \frac{M_{n+1} \cdot f^{(n+1)}(\eta)}{(n+1)!} \cdot h^{n+2} \end{aligned}$$

mit

$$K_{n+1} := \int_a^b x \cdot \omega_{n+1}(x)\,\mathrm{d}x < 0,$$

$$M_{n+1} := \int_0^n \pi_n(t)\,\mathrm{d}t < 0.$$

Den Beweis dieses Satzes wollen wir uns unter der Lupe anschauen und damit alle Beweisschritte kompakt zusammenfassen, mit denen man die vorausgegangenen Resultate erhält.

Kapitel 4

Unter der Lupe: Geschlossene Newton-Cotes-Formeln mit ungeradem n

Wir beweisen den Satz über den Quadraturfehler geschlossener Newton-Cotes-Formeln mit ungeradem n völlig analog zum Satz über den Quadraturfehler geschlossener Newton-Cotes-Formeln mit geradem n.

Wir wissen schon, dass ω_{n+1} im Intervall $[b-h,b]$ von einerlei Vorzeichen ist, denn die einzigen Nullstellen von ω_{n+1} sind $a = x_0 < x_1 < \ldots < x_{n-1} < x_n = b$. Den Quadraturfehler schreiben wir daher in der Form

$$R_{n+1}[f] = \int_a^{b-h} \omega_{n+1}(x) f[x_0,\ldots,x_n,x]\,\mathrm{d}x + \int_{b-h}^{b} \omega_{n+1}(x) f[x_0,\ldots,x_n,x]\,\mathrm{d}x$$

und wenden auf das zweite Integral den Mittelwertsatz der Integralrechnung an:

$$R_{n+1}[f] = \int_a^{b-h} \omega_{n+1}(x) f[x_0,\ldots,x_n,x]\,\mathrm{d}x + \frac{f^{(n+1)}(\eta_1)}{(n+1)!}\int_{b-h}^{b} \omega_{n+1}(x)\,\mathrm{d}x, \quad b-h < \eta_1 < b.$$

Um das erste Integral zu bearbeiten schreiben wir

$$\omega_{n+1}(x) = \omega_n(x)(x-x_n), \qquad \Omega_n(x) = \int_a^x \omega_n(x)\,\mathrm{d}x$$

und erhalten so

$$\int_a^{b-h} \omega_{n+1}(x) f[x_0,\ldots,x_n,x]\,\mathrm{d}x = \int_a^{b-h} \frac{\mathrm{d}\Omega_n(x)}{\mathrm{d}x}(f[x_0,\ldots,x_{n-1},x] - f[x_0,\ldots,x_n]),$$

wobei wir die Definition (3.16) der dividierten Differenzen verwendet haben. Da n ungerade ist, gilt das Lemma auf S. 88 für Ω_n, d. h., es gilt $\Omega_n(a) = \Omega_n(b-h) = 0$, oder $\int_a^{b-h} \frac{\mathrm{d}\Omega_n(x)}{\mathrm{d}x}\,\mathrm{d}x = 0$, womit der zweite Teil des eben behandelten Integrals verschwindet, denn $f[x_0,\ldots,x_n]$ ist eine Konstante. Das bedeutet

$$\int_a^{b-h} \omega_{n+1}(x) f[x_0,\ldots,x_n,x]\,\mathrm{d}x = \int_a^{b-h} \frac{\mathrm{d}\Omega_n(x)}{\mathrm{d}x} f[x_0,\ldots.x_{n-1},x]\,\mathrm{d}x.$$

Wie schon zuvor wenden wir partielle Integration an und erhalten wegen $\Omega_n(a) = \Omega_n(b-h) = 0$

$$\int_a^{b-h} \frac{\mathrm{d}\Omega_n(x)}{\mathrm{d}x} f[x_0,\ldots x_{n-1},x]\,\mathrm{d}x = -\int_a^{b-h} \Omega_n(x)\cdot\frac{\mathrm{d}}{\mathrm{d}x} f[x_0,\ldots,x_{n-1},x]\,\mathrm{d}x.$$

Wieder verwenden wir (4.7), $\frac{\mathrm{d}}{\mathrm{d}x} f[x_0,\ldots,x_{n-1},x] = f[x_0,\ldots,x_{n-1},x,x]$ und schließen mit (4.7) auf

$$f[x_0,\ldots,x_{n-1},x,x] = \frac{f^{(n+1)}(\xi(x))}{(n+1)!}.$$

Anwendung des Mittelwertsatzes der Integralrechnung liefert schließlich

$$-\int_a^{b-h} \Omega_n(x)\cdot\frac{\mathrm{d}}{\mathrm{d}x} f[x_0,\ldots,x_{n-1},x]\,\mathrm{d}x = -\frac{f^{(n+1)}(\eta_2)}{(n+1)!}\int_a^{b-h} \Omega_n(x)\,\mathrm{d}x, \quad a < \eta_2 < b-h.$$

Fassen wir unsere Rechnungen zusammen, dann haben wir für den Quadraturfehler die Darstellung

$$R_{n+1}[f] = -\frac{f^{(n+1)}(\eta_2)}{(n+1)!}\int_a^{b-h} \Omega_n(x)\,\mathrm{d}x + \frac{f^{(n+1)}(\eta_1)}{(n+1)!}\int_{b-h}^{b} \omega_{n+1}(x)\,\mathrm{d}x =: -\left(Af^{(n+1)}(\eta_1) + Bf^{(n+1)}(\eta_2)\right)$$

mit

$$A = -\frac{1}{(n+1)!}\int_{b-h}^{b} \omega_{n+1}(x)\,\mathrm{d}x,$$

$$B = \frac{1}{(n+1)!}\int_a^{b-h} \Omega_n(x)\,\mathrm{d}x$$

erreicht. Da $x = b$ größte Nullstelle von ω_{n+1} ist und weil $\omega_{n+1}(x) > 0$ für $x > b$, muss $\omega_{n+1}(x) \le 0$ im Intervall $[b-h,b]$ sein. Damit ist aber A positiv. Die Positivität von B folgt aus Lemma auf S. 88, denn n ist ungerade (wie $n+1$ im Fall n gerade). Ist $f^{(n+1)}$ stetig auf $[a,b]$, dann gibt es einen Punkt $\eta \in [\eta_1,\eta_2]$ mit

$$R_{n+1}[f] = -(A+B)f^{(n+1)}(\eta).$$

Mit partieller Integration können wir noch etwas Ordnung schaffen,

$$\int_a^{b-h} \omega_{n+1}(x)\,\mathrm{d}x = \underbrace{\Omega_n(x)(x-b)\big|_a^{b-h}}_{=0} - \int_a^{b-h} \Omega_n(x)\,\mathrm{d}x,$$

und erhalten schließlich

$$A + B = -\frac{1}{(n+1)!}\int_a^{b} \omega_{n+1}(x)\,\mathrm{d}x.$$

Warum haben zusammengesetzte Newton-Cotes-Formeln nicht dieselbe Ordnung des Quadraturfehlers wie die zugrunde liegenden Formeln?

Wir haben bereits zusammengesetzte Quadraturformeln über affin Transformierte einer Quadraturformel auf Teilintervalle definiert und insbesondere die zusammengesetzte Trapezregel an Beispielen getestet.

Bei der Trapezregel ist $n = 1$, wir erwarten also nach der entwickelten Theorie einen Fehler der Ordnung $\mathcal{O}(h^3)$, wobei $h = (b-a)$ gilt. Bei der Anwendung der zusammengesetzten Trapezregel im Beispiel auf S. 85 auf die e-Funktion haben wir numerisch aber nur eine quadratische Ordnung erzielt. Woran liegt das?

Gehen wir die Frage zuerst heuristisch an: Der Fehler einer aus m Quadraturformeln zusammengesetzten Formel sollte das m-fache des Fehlers der zugrunde liegenden Quadraturformel sein, also bei der Trapezregel $m \cdot \mathcal{O}(h^3)$. Da aber m mit h^{-1} skaliert, ist $m \cdot \mathcal{O}(h^3) = h^{-1} \cdot \mathcal{O}(h^3) = \mathcal{O}(h^2)$. Diese Überlegung wird durch die folgende Analysis bestätigt.

In jedem Teilintervall $[x_i, x_{i+1}]$ ist der Fehler der Trapezregel $h^3/12 f''(\xi_i)$, $\xi_i \in (x_i, x_{i+1})$, also gilt in der Summe

$$\begin{aligned} Q_{2,m}^{\mathrm{zTr}}[f] - \int_a^b f(x)\,\mathrm{d}x &= \sum_{i=0}^{m-1} \frac{h^3}{12} f''(\xi_i) \\ &= \frac{h^3}{12}\frac{b-a}{h} \sum_{i=0}^{m-1} \frac{1}{m} f''(\xi_i), \end{aligned}$$

wobei in der letzten Gleichung $mh = b-a$ verwendet wurde. Ist f'' stetig auf $[a,b]$, dann folgt aus

$$\min_i f''(\xi_i) \le \frac{1}{m}\sum_{i=0}^{m-1} f''(\xi_i) \le \max_i f''(\xi)$$

die Existenz eines $\xi \in (\min_i \xi_i, \max_i \xi_i)$, sodass $f''(\xi) = \frac{1}{m}\sum_{i=0}^{m-1} f''(\xi_i)$ gilt. Damit erhalten wir für den Quadraturfehler

$$Q_{2,m}^{\mathrm{zTr}}[f] - \int_a^b f(x)\,\mathrm{d}x = \frac{h^2(b-a)}{12} f''(\xi) = \mathcal{O}(h^2) \qquad (4.8)$$

und wir erkennen, dass die zusammengesetzte Trapezregel tatsächlich von zweiter Ordnung ist.

Die Simpson'sche Regel oder Kepler'sche Fassregel ist $Q_3^{Si}[f] = \frac{h}{6}\left(f(a) + 4f\left(\frac{a+b}{2}\right) + f(b)\right)$, d. h., in jedem Teilintervall $[x_i, x_{i+1}]$ einer Zerlegung $a = x_0 < x_1 < \ldots < x_m = b$ gibt es drei Quadraturknoten und daher ist $h = (x_{i+1} - x_i)/2$. Der Quadraturfehler ist $\mathcal{O}(h^5)$. Die zusammengesetzte Simpson-Formel ist dann

$$\begin{aligned} Q_{3,m}^{zSi}[f] &= \sum_{i=0}^{m-1} Q_3^{Si}[f] \\ &= \sum_{i=0}^{m-1} \frac{x_{i+1}-x_i}{6}\left(f(x_i) + 4f\left(\frac{x_i + x_{i+1}}{2}\right) + f(x_{i+1})\right) \\ &= \frac{h}{3}\left(f(a) + 2\sum_{i=1}^{m-1} f(x_i) + 4\sum_{i=1}^{m-1} f\left(\frac{x_i + x_{i+1}}{2}\right)\right), \end{aligned}$$

und wie oben erkennt man

$$Q_{3,m}^{zSi}[f] - \int_a^b f(x)\,\mathrm{d}x = \frac{h^4(b-a)}{180} f^{(4)}(\xi) = \mathcal{O}(h^4). \qquad (4.9)$$

Herleitung der offenen Newton-Cotes-Formeln

Man kann zeigen, dass sich die Quadraturfehler der offenen Newton-Cotes-Formeln genau so verhalten wie diejenigen der geschlossenen Formeln. Für Details verweisen wir auf die Hintergrund- und Ausblicksbox auf S. 93. Dann überrascht es nun wohl auch nicht, wenn man die Koeffizienten offener Formeln ganz analog zu denjenigen der geschlossenen Formeln ausrechnet. Wir parametrisieren die Knoten durch

$$x = a + sh, \quad s \in [-1, n+1], \quad h = \frac{b-a}{n+2}$$

und führen den Parameter s als neue Variable ein,

$$s = \frac{x-a}{h}.$$

Das i-te Lagrange'sche Basispolynom ist dann

$$L_i(x) = L_i(a+sh) = \psi_i(s) := \prod_{\substack{j=0 \\ j\neq i}}^{n} \frac{s-j}{i-j}$$

und die Koeffizienten der offenen Formel berechnen sich aus

$$a_i = \int_a^b L_i(x)\,\mathrm{d}x = h\int_{-1}^{n+1} \psi_i(s)\,\mathrm{d}s.$$

Man vergleiche mit der Berechnung der Koeffizienten für geschlossene Newton-Cotes-Formeln!

Im Fall $n = 0$ kennen wir schon eine offene Newton-Cotes-Formel, die Mittelpunktsregel. Das Lagrange-Polynom L_0 hat den konstanten Wert 1 und wir erhalten mit $h = (b-a)/2$

$$a_0 = h\int_{-1}^{1} \mathrm{d}s = 2h = (b-a),$$

Hintergrund und Ausblick: Der Quadraturfehler offener Newton-Cotes-Formeln

Die Klasse der offenen Newton-Cotes-Formeln verhält sich bezüglich ihrer Quadraturfehler völlig analog zu den geschlossenen Formeln. Die Newton-Cotes-Formeln, die wir bisher diskutiert haben, nennt man **geschlossene** Newton-Cotes-Formeln, weil die Intervallenden a und b auch Stützstellen sind. Lässt man diese Forderung in $[a, b]$ fallen, erhält man die **offenen** Newton-Cotes-Formeln.

Wie bei den abgeschlossenen Newton-Cotes-Formeln definiert man

$$x_i = x_0 + ih, \quad i = 0, \ldots, n,$$

jetzt allerdings verwendet man als Schrittweite

$$h := \frac{b-a}{n+2}$$

und als Endpunkte für die Integration

$$x_0 = a + h,$$
$$x_n = b - h.$$

Man bezeichnet die Endpunkte mit $x_{-1} := a$ bzw. $x_{n+1} = b$. Alle Quadraturpunkte $x_0, \ldots, x_n$ stammen damit aus dem Inneren des Intervalls (a, b), was die Bezeichnung als „offene" Newton-Cotes-Regeln rechtfertigt.

Die Größe Ω_{n+1} aus dem Lemma auf S. 88 wird ersetzt durch

$$J_{n+1}(x) := \int_a^x \omega_{n+1}(x)\,\mathrm{d}x.$$

Man beachte, dass J_{n+1} von Ω_{n+1} verschieden ist, denn bei offenen Newton-Cotes-Formeln ist ja $a < x_0$ und $b > x_n$. Allerdings beweist man wie im Lemma auf S. 88 $J_{n+1}(a) = J_{n+1}(b) = 0$ und $J_{n+1}(x) < 0$ für $a < x < b$. Ganz analog zu den Beweisen für die geschlossenen Newton-Cotes-Formeln beweist man die Sätze über den Quadraturfehler.

Satz über den Quadraturfehler offener Newton-Cotes-Formeln mit geradem n

Sei n gerade und f besitze noch stetige $(n+2)$-te Ableitung. Dann gilt

$$R_{n+1}[f] = \frac{K_{n+1}}{(n+2)!} f^{(n+2)}(\eta), \quad a < \xi < b$$
$$= \frac{M_{n+1} \cdot f^{(n+2)}(\eta)}{(n+2)!} h^{n+3}$$

mit

$$K_{n+1} := \int_a^b x \cdot \omega_{n+1}(x)\,\mathrm{d}x > 0,$$
$$M_{n+1} := \int_{-1}^{n+1} t \cdot \pi_{n+1}(t)\,\mathrm{d}t > 0.$$

Satz über den Quadraturfehler offener Newton-Cotes-Formeln mit ungeradem n

Sei n ungerade und f besitze noch stetige $(n+1)$-te Ableitung. Dann gilt

$$R_{n+1}[f] = \frac{K_{n+1}}{(n+1)!} f^{(n+1)}(\eta), \quad a < \xi < b$$
$$= \frac{M_{n+1} \cdot f^{(n+1)}(\eta)}{(n+1)!} h^{n+2}$$

mit

$$K_{n+1} := \int_a^b \omega_{n+1}(x)\,\mathrm{d}x > 0,$$
$$M_{n+1} := \int_{-1}^{n+1} \pi_{n+1}(t)\,\mathrm{d}t > 0.$$

was auf die Mittelpunktsformel

$$Q[f] = (b-a)f(x_0)$$

führt.

Für $n = 1$ folgt mit $h = (b-a)/3$

$$a_0 = h\int_{-1}^{2} \frac{s-1}{0-1}\,\mathrm{d}s = -h\left(\frac{1}{2}s^2 - s\right)\bigg|_{-1}^{2}$$
$$= \frac{3h}{2},$$
$$a_1 = h\int_{-1}^{2} \frac{s-0}{1-0}\,\mathrm{d}s = h\,\frac{1}{2}s^2\bigg|_{-1}^{2}$$
$$= \frac{3h}{2},$$

was auf die Quadraturformel

$$Q[f] = \frac{3h}{2}(f(x_0) + f(x_1))$$

führt. Für $n = 2$ erhalten wir mit $h = (b-a)/4$

$$a_0 = h\int_{-1}^{3} \frac{s-1}{0-1}\frac{s-2}{0-2}\,\mathrm{d}s = \frac{8h}{3},$$
$$a_1 = h\int_{-1}^{3} \frac{s-0}{1-0}\frac{s-2}{1-2}\,\mathrm{d}s = -\frac{4h}{3},$$
$$a_2 = h\int_{-1}^{3} \frac{s-0}{2-0}\frac{s-1}{2-1}\,\mathrm{d}s = \frac{8h}{3},$$

und wir erhalten

$$Q[f] = \frac{4h}{3}(2f(x_0) - f(x_1) + 2f(x_2)).$$

Selbstfrage 4

Die Summe der Koeffizienten der obigen Quadraturformel ist

$$\frac{8h}{3} - \frac{4h}{3} + \frac{8h}{3} = 4h.$$

Warum ist das so und was sagt das über die exakte Integrierbarkeit gewisser Funktionen aus?

Die Fehlertheorie, die wir für die geschlossenen Newton-Cotes-Formeln entwickelt haben, geht bei den offenen Formeln genau so durch. Wir stellen daher die ersten offenen Formeln mit den entsprechenden Fehlertermen zusammen.

Offene Newton-Cotes-Formeln

Für $h = (b-a)/(n+2)$, $x_0 < \xi < x_{n+1}$ erhält man die folgenden offenen Newton-Cotes-Formeln mit ihren zugehörigen Fehlertermen.

n	Q	$\|R\|$
0	$2hf(x_0)$	$\frac{h^3}{3}f''(\xi)$
1	$\frac{3h}{2}(f(x_0)+f(x_1))$	$\frac{h^3}{4}f''(\xi)$
2	$\frac{4h}{3}(2f(x_0)-f(x_1)+2f(x_2))$	$\frac{28h^5}{90}f^{(4)}(\xi)$
3	$\frac{5h}{24}(11f(x_0)+f(x_1)+f(x_2)+11f(x_3))$	$\frac{95h^5}{144}f^{(4)}(\xi)$
4	$\frac{6h}{20}(11f(x_0)-14f(x_1)+26f(x_2)-14f(x_3)+11f(x_4))$	$\frac{41h^7}{140}f^{(6)}(\xi)$
5	$\frac{7h}{1440}(611f(x_0)-453f(x_1)+562f(x_2)+562f(x_3)-453f(x_4)+611f(x_5))$	$\frac{5257h^7}{8640}f^{(6)}(\xi)$

Wir sehen, dass die Mittelpunktsregel und die Regel für $n = 1$ die gleiche Fehlerordnung aufweisen, was unsere Theorie bestätigt. Schon die Formel für $n = 2$ hat ein negatives Gewicht; wir werden diese Tatsache gleich besprechen. Offene Newton-Cotes-Formeln spielen in der Praxis der numerischen Quadratur keine große Rolle wegen der negativen Gewichte. Man verwendet sie nur, wenn es an den Rändern a und b Singularitäten in f gibt, die man gerne vermeiden möchte.

Positivität der Gewichte ist eine wichtige Eigenschaft

Ein Blick auf die Gewichte $\alpha_i = \frac{b-a}{ns}\sigma_i$ in der Tabelle der geschlossenen Newton-Cotes-Formeln auf S. 86 zeigt, dass sie sämtlich positiv sind. Jenseits der Weddle-Regel für $n > 6$ treten jedoch negative Gewichte auf. Bei den offenen Newton-Cotes-Formeln treten negative Gewichte schon bei viel kleineren Ordnungen auf. Quadraturformeln mit negativen Gewichten werden in der Praxis nicht oder nur mit großer Vorsicht verwendet, da man Auslöschungseffekte befürchten muss.

4.3 Eine Fehlertheorie mit Peano-Kernen

Wir haben bereits die Fehler $|R_{n+1}[f]|$ einiger Newton-Cotes-Formeln mithilfe der Darstellung des Interpolationsfehlers gewonnen. Hier werden wir nun eine außerordentlich elegante Fehlertheorie kennenlernen, die nicht auf Quadraturen allein anwendbar ist, sondern allgemein auf die Approximation linearer Funktionale. Diese Theorie geht auf Peano zurück.

Peano-Kerne bieten eine Möglichkeit zur Analyse ganz unterschiedlicher Verfahren und Problemstellungen aus der Numerik, indem Fehlerdarstellungen einheitlich formuliert werden können. Das ist nicht nur in der Theorie der Quadraturverfahren so, sondern immer dort, wo lineare Operatoren auftreten, also auch in Interpolation und numerischer Differenziation.

Peano-Kerne erlauben die Darstellung des Quadraturfehlers

Wir verfolgen nun eine einfache Idee, die weitreichende Auswirkungen hat. Die Taylor-Reihe einer Funktion f hat die Darstellung

$$f(x) = p_n(x; x_0) + r_n(x; x_0),$$

mit dem Taylorpolynom p_n vom Grad n zum Entwicklungspunkt x_0 und dem Restglied r_n. Bekannt sind die Restglieddarstellungen von Lagrange und Cauchy, hier benötigen wir jetzt jedoch eine andere Darstellung.

Satz (Taylor-Formel mit Integralrest) Sei $f: [a,b] \to \mathbb{R}$ eine $(s+1)$-mal stetig differenzierbare Funktion, $s \in \mathbb{N}_0$ und $x_0 \in [a,b]$. Dann gilt für alle $x \in [a,b]$ die Taylor-Formel mit **Integralrest**

$$f(x) = p_s(x; x_0) + r_s(x; x_0)$$

mit dem Taylor-Polynom vom Grad s

$$p_s(x; x_0) = \sum_{k=0}^{s} \frac{f^{(k)}(x_0)}{k!}(x - x_0)^k$$

und dem Rest

$$r_s(x; x_0) = \int_{x_0}^{x} \frac{(x-t)^s}{s!} f^{(s+1)}(t)\,\mathrm{d}t. \qquad \blacktriangleleft$$

Beweis Wir beweisen das Restglied durch Induktion über s. Für $s = 0$ erhält man

$$f(x) = p_0(x; x_0) + r_0(x; x_0) = f(x_0) + \int_{x_0}^{x} f'(t)\,\mathrm{d}t,$$

also den Hauptsatz der Differenzial- und Integralrechnung. Der Induktionsschritt $s \to s+1$ geschieht mithilfe partieller Integration, wobei wir f als $(s+2)$-mal stetig differenzierbar voraussetzen. Wir erhalten

$$\begin{aligned}
&p_{s+1}(x; x_0) + r_{s+1}(x; x_0) \\
&= \sum_{k=0}^{s+1} \frac{f^{(k)}(x_0)}{k!}(x-x_0)^k + \int_{x_0}^{x} \frac{(x-t)^{s+1}}{(s+1)!} f^{(s+2)}(t)\,\mathrm{d}t \\
&= p_s(x; x_0) + \frac{f^{(s+1)}(x_0)}{(s+1)!}(x-x_0)^{s+1} \\
&\quad + \frac{(x-t)^{s+1}}{(s+1)!} f^{(s+1)}(t)\bigg|_{t=x_0}^{x} - \int_{x_0}^{x} \frac{-(x-t)^s}{s!} f^{(s+1)}(t)\,\mathrm{d}t \\
&= p_s(x; x_0) + \frac{(x-x_0)^{s+1}}{(s+1)!} f^{(s+1)}(x_0) \\
&\quad + r_s(x; x_0) - \frac{(x-x_0)^{s+1}}{(s+1)!} f^{(s+1)}(x_0) \\
&= p_s(x; x_0) + r_s(x; x_0) = f(x),
\end{aligned}$$

was zu beweisen war. ■

Die folgende Theorie basiert auf Abschätzungen des Integralrestes, wie im folgenden Hauptsatz für Peano-Kerne deutlich wird. Da die Taylor-Formel mit Integralrest unabhängig von irgendwelchen Quadraturformeln gilt, findet man die Theorie der Peano-Kerne auch außerhalb der Quadraturtheorie, und zwar immer dann, wenn lineare Funktionale zu untersuchen sind. Hier konzentrieren wir uns jedoch auf die Anwendungen bei Quadraturformeln.

Wir benötigen die folgenden Abkürzungen für positiv abgeschnittene Potenzen:

$$u_+^0 := \begin{cases} 1 & \text{für } u > 0 \\ \frac{1}{2} & \text{für } u = 0 \\ 0 & \text{für } u < 0 \end{cases}$$

und für $r \geq 1$

$$u_+^r := \begin{cases} u^r & \text{für } u \geq 0 \\ 0 & \text{für } u < 0. \end{cases}$$

Damit können wir die Peano-Kerne definieren.

Peano-Kern

Es sei Q_{n+1} eine Quadraturformel mit der Eigenschaft $R_{n+1}[p] = 0$ für alle $p \in \Pi^{s-1}([a,b])$, d. h., Polynome vom Höchstgrad $s-1$ sollen durch Q_{n+1} exakt integriert werden. Wir schreiben dafür auch $R_{n+1}[\Pi^{s-1}] = 0$. Dann heißt die Funktion

$$x \mapsto K_s(x) := R_{n+1}\left[\frac{(\cdot - x)_+^{s-1}}{(s-1)!}\right] \qquad (4.10)$$

der s-te **Peano-Kern**.

Die Punktschreibweise bedeutet, dass das Funktional R_{n+1} auf die Variable wirkt, die mit dem Punkt gekennzeichnet ist.

Quadraturformeln, die nicht einmal für konstante Polynome exakt sind, besitzen keinen Peano-Kern. Ist eine Quadraturformel exakt für $p \in \Pi^{s-1}$, aber nicht für alle $q \in \Pi^s$, dann besitzt die Quadraturformel genau s Peano-Kerne $K_1, K_2, \ldots, K_s$.

Das wichtigste Resultat über Peano-Kerne ist folgender Satz.

Hauptsatz über Peano-Kerne

Es gelte $R_{n+1}[\Pi^{s-1}] = 0$. Besitzt f eine absolut stetige $(s-1)$-te Ableitung, dann gilt

$$R_{n+1}[f] = \int_a^b f^{(s)}(x) K_s(x)\,\mathrm{d}x.$$

Kommentar Eine Funktion $f\colon [a,b] \to \mathbb{R}$ heißt **absolut stetig**, wenn für jedes $\varepsilon > 0$ ein $\delta > 0$ gibt, sodass für jede paarweise disjunkte Familie $(a_i, b_i) \subset [a,b]$ von offenen Teilintervallen gilt:

$$\sum_{i=0}^{n}(a_i - b_i) < \delta \implies \sum_{i=0}^{n} |f(b_i) - f(a_i)| < \varepsilon.$$

Absolut stetige Funktionen sind stetig und **von beschränkter Variation**, daher fast überall differenzierbar. Eine Funktion ist von beschränkter Variation auf $[a,b]$, wenn die **totale Variation**

$$\mathrm{TV}(f) := \sup_Z \sum_{i=1}^{n} |f(x_{i+1}) - f(x_i)|$$

für alle Zerlegungen $Z := \{x_1, \ldots, x_n\}$ mit $a = x_0 < x_1 < \ldots < x_n = b$ endlich ist. ◀

Beweis Wir verwenden Taylors Formel mit Integralrestglied bei der Entwicklung von f um den linken Intervallrand a,

$$f(t) = \sum_{k=0}^{s-1} f^{(k)}(a)\frac{(t-a)^k}{k!} + \int_a^b f^{(s)}(x)\frac{(t-x)_+^{s-1}}{(s-1)!}\,\mathrm{d}x.$$

Wenden wir darauf R_{n+1} an, dann bleibt

$$R_{n+1}[f] = R_{n+1}\left[\int_a^b f^{(s)}(x)\frac{(\cdot - x)_+^{s-1}}{(s-1)!}\,\mathrm{d}x\right],$$

denn der Rest für das Taylor-Polynom vom Grad nicht höher als $s-1$ verschwindet nach Voraussetzung. Wir müssen nur noch zeigen, dass wir die Restbildung mit dem Integral vertauschen dürfen. Nun ist $R_{n+1} = I - Q_{n+1}$. Für I verwendet man den Satz von Fubini zur Vertauschung der Integrale und für Q_{n+1} ist die Vertauschung offensichtlich:

$$\begin{aligned}
R_{n+1}[f] &= R_{n+1}\left[\int_a^b f^{(s)}(x)\frac{(\cdot - x)_+^{s-1}}{(s-1)!}\,\mathrm{d}x\right] \\
&= I\left[\int_a^b f^{(s)}(x)\frac{(\cdot - x)_+^{s-1}}{(s-1)!}\,\mathrm{d}x\right] \\
&\quad - Q_{n+1}\left[\int_a^b f^{(s)}(x)\frac{(\cdot - x)_+^{s-1}}{(s-1)!}\,\mathrm{d}x\right] \\
&= \int_a^b \left(\int_a^b f^{(s)}(x)\frac{(z-x)_+^{s-1}}{(s-1)!}\,\mathrm{d}x\right)\mathrm{d}z \\
&\quad - \sum_{k=0}^{n} a_k \int_a^b f^{(s)}(x)\frac{(z_k-x)_+^{s-1}}{(s-1)!}\,\mathrm{d}x \\
&= \int_a^b \left(f^{(s)}(x)\int_a^b \frac{(z-x)_+^{s-1}}{(s-1)!}\,\mathrm{d}z\right)\mathrm{d}x \\
&\quad - \int_a^b f^{(s)}(x)\sum_{k=0}^{n} a_k \frac{(z_k-x)_+^{s-1}}{(s-1)!}\,\mathrm{d}x \\
&= \int_a^b f^{(s)}(x)\left(\int_a^b \frac{(z-x)_+^{s-1}}{(s-1)!}\,\mathrm{d}z - \sum_{k=0}^{n} a_k \frac{(z_k-x)_+^{s-1}}{(s-1)!}\right)\mathrm{d}x.
\end{aligned}$$

Also gilt

$$R_{n+1}[f] = \int_a^b f^{(s)}(x) R_{n+1}\left[\frac{(\cdot - x)_+^{s-1}}{(s-1)!}\right]\mathrm{d}x. \quad ■$$

Einige wenige wichtige Eigenschaften der Peano-Kerne fassen wir im folgenden Satz zusammen.

Satz Für die Peano-Kerne K_s einer Quadraturformel Q_{n+1} lassen sich folgende Aussagen treffen:

1. Es gilt

$$s \geq 2 \implies K_s(a) = K_s(b) = 0. \tag{4.11}$$

   Ist $x_0 > a$, dann $K_1(a) = 0$. Ist $x_n < b$, dann folgt $K_1(b) = 0$.
2. Es gilt die Darstellung

$$K_s(x) = \frac{(b-x)^s}{s!} - \frac{1}{(s-1)!}\sum_{k=0}^{n} a_k (x_k - x)_+^{s-1}. \tag{4.12}$$

3. Weiterhin gilt die Darstellung

$$K_s(x) = \frac{(a-x)^s}{s!} - \frac{(-1)^s}{(s-1)!}\sum_{k=0}^{n} a_k (x - x_k)_+^{s-1}. \quad (4.13)$$

4. $K_s \in C^{s-2}$.
5. Es gilt

$$K_{s+1}(x) = -\int_a^x K_s(\xi)\,\mathrm{d}\xi. \quad (4.14)$$

◀

Beweis

1. Die Behauptung folgt sofort aus der Definition (4.10).
2. Dies ist nichts anderes als eine ausgeschriebene Version von (4.10), denn $R_{n+1} = I - Q_{n+1}$.
3. Wegen

$$\frac{(b-x)^s}{s!} - \frac{(a-x)^s}{s!} = \int_a^b \frac{(u-x)^{s-1}}{(s-1)!}\,\mathrm{d}u$$
$$= \frac{1}{(s-1)!}\sum_{k=0}^{n} a_k (x_k - x)^{s-1}$$

ist diese Behauptung äquivalent zu **2.**

4. Das sieht man aus **2.**
5. Dies folgt sofort aus **2.** ■

Selbstfrage 5

Beweisen Sie den Satz über die Berechnung der Riemann-Stieltjes-Integrale in der Lupe-Box auf S. 98

Mit diesen Eigenschaften der Peano-Kerne können wir nun eine Variante des Hauptsatzes beweisen, die für Fehlerabschätzungen sehr nützlich ist.

Satz Es sei $R_{n+1}[\Pi^s] = 0$. Ist f im Fall $s = 0$ stetig und sonst $f^{(s)}$ von beschränkter Variation, dann gilt

$$R_{n+1}[f] = \int_a^b K_{s+1}(x)\,\mathrm{d}f^{(s)}(x).$$

Das auftretende Integral ist ein Riemann-Stieltjes-Integral, das wir in der Lupe-Box auf S. 98 vorstellen. ◀

Beweis Wir unterscheiden für den Beweis zwei Fälle.

1. $s = 0$. Das Stieltjes-Integral existiert, da f als stetig vorausgesetzt wurde und K_1 von beschränkter Variation ist. Eine partielle Integration liefert

$$\int_a^b K_1(x)\,\mathrm{d}f(x) = K_1(x)f(x)\big|_{x=a}^b - \int_a^b f(x)\,\mathrm{d}K_1(x).$$

Aus (4.13) ergibt sich für $s = 1$

$$K_1(x) = a - x + \sum_{k=0}^{n} a_k (x_k - x)_+^0 = -(x-a) + S(x)$$

mit $S(x)|_{(x_i,x_{i+1})} = \sum_{k=0}^{i} a_k$ (man beachte die Definition von u_+^0). Die Funktion S hat an den Stellen x_i also Sprünge der Höhe a_i. Ist $x_0 = a$, dann $S(a+0) - S(a) = a_0 - K_1(a)$. Für $x_n = b$ ganz analog. Damit haben wir nun

$$\begin{aligned} K_1(b)f(b) - K_1(a)f(a) - \int_a^b f(x)\,\mathrm{d}K_1(x) &\\ = K_1(b)f(b) - K_1(a)f(a) &\\ - \int_a^b f(x)\,\mathrm{d}(x-a) - \int_a^b f(x)\,\mathrm{d}S(x) &\\ = \int_a^b f(x)\,\mathrm{d}x - \sum_{k=0}^{n} a_k f(x_k) &\\ = I[f] - Q_{n+1}[f] = R_{n+1}[f]. & \end{aligned}$$

2. $s \geq 1$. In diesem Fall besitzt f eine $(s-1)$-te absolut stetige Ableitung und nach dem Hauptsatz gilt

$$R_{n+1}[f] = \int_a^b f^{(s)}(x) K_s(x)\,\mathrm{d}x.$$

Nach (4.14) gilt $\mathrm{d}K_{s+1}(x) = -K_s(x)\,\mathrm{d}x$, also ist

$$R_{n+1}[f] = -\int_a^b f^{(s)}(x)\,\mathrm{d}K_{s+1}(x).$$

Nun führen wir eine partielle Integration durch und beachten (4.11), was auf

$$R_{n+1}[f] = \int_a^b K_{s+1}(x)\,\mathrm{d}f^{(s)}(x)$$

führt. ■

Dass man auch mit Standardabschätzungen wichtige Fehlerschranken mithilfe der Peano-Kerne beweisen kann, zeigt das folgende Lemma.

Lemma Die auftretenden Peano-Kerne mögen existieren. Genügt $f^{(s-1)}$ einer Lipschitzbedingung, dann gilt

$$|R_{n+1}[f]| \leq \sup_{x\in[a,b]} |f^{(s)}| \int_a^b |K_s(x)|\,\mathrm{d}x. \quad (4.15)$$

Ist $f^{(s)}$ von beschränkter Variation, dann gilt

$$|R_{n+1}[f]| \leq \mathrm{Var}_a^b(f^{(s)}) \max_{x\in[a,b]} |K_{s+1}(x)|. \quad (4.16)$$

◀

Kapitel 4

Unter der Lupe: Das Riemann-Stieltjes-Integral

Wir benötigen hier eine Erweiterung des Riemann-Integrals, die man Riemann-Stieltjes-Integral nennt.

Im 19. Jahrhundert studierte der niederländische Mathematiker Thomas Jean Stieltjes (1856–1894) die Verteilung von Massen M_i auf der reellen Achse und ihre Verteilungsfunktion v, wie in der folgenden Abbildung gezeigt.

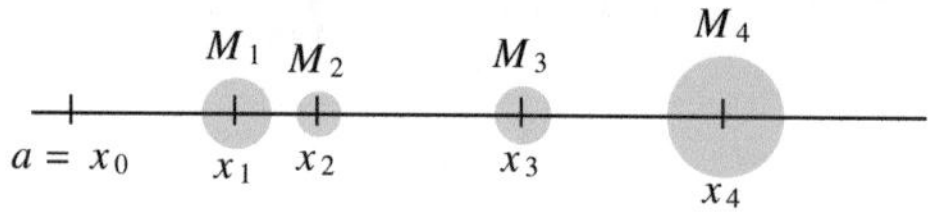

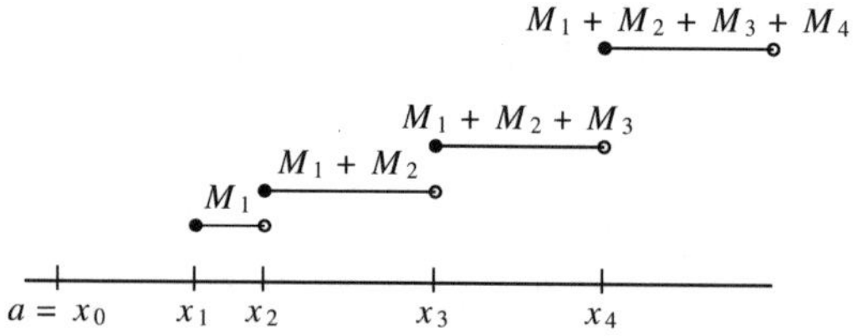

Die Masseverteilung ist eine unstetige, stückweise konstante Funktion, wobei wir vereinbaren wollen, dass die Funktionswerte der Verteilungsfunktion an den Sprungstellen die rechtsssseitigen Grenzwerte sein sollen.

Betrachten wir die reelle Achse ab a als Hebel mit Drehpunkt $a = x_0$, dann können wir nach dem Drehmoment fragen, das eine bestimmte Massenverteilung ausübt. Die Masse im Teilintervall $[x_{k-1}, x_k]$ ist gegeben durch die Differenz $v(x_k) - v(x_{k-1})$ der Verteilungsfunktion. Den Angriffspunkt der Masse wollen wir uns in einem Punkt ξ_k mit $x_{k-1} \leq \xi_k \leq x_k$ vorstellen, sodass das Teilmoment gerade

$$(v(x_k) - v(x_{k-1})) \cdot \xi_k$$

beträgt (Masse × Hebelarm). Bei n Massen erhält man für das Drehmoment also eine Summe der Form

$$\sum_{k=1}^{n} (v(x_k) - v(x_{k-1})) \cdot \xi_k .$$

Stieltjes ging einen Schritt weiter: Er wollte Funktionen der Punkte ξ_k betrachten, also sogenannte **Riemann-Stieltjes-Summen** der Form

$$\sum_{k=1}^{n} (v(x_k) - v(x_{k-1})) \cdot f(\xi_k),$$

wobei wir die Massenverteilung als „Gewichte" der Funktionswerte $f(\xi_k)$ deuten können. Betrachten wir diese Summe als Riemann'sche Summe, dann würde die Verfeinerung $\|\Delta x\| \to \infty$ der Zerlegung die Definition des Integrals

$$\int_a^b f(x)\,\mathrm{d}v(x)$$

rechtfertigen.

Ist v differenzierbar, dann folgt mit dem Mittelwertsatz der Differenzialrechnung für eine Stelle $x_{k-1} < \eta_k < x_k$

$$\sum_{k=1}^{n} f(\xi_k)(v(x_k) - v(x_{k-1})) = \sum_{k=1}^{n} f(\xi_k)v'(\eta_k)(x_k - x_{k-1}),$$

also können wir doch

$$\int_a^b f(x)\,\mathrm{d}v(x) = \lim_{\|\Delta x\| \to 0} \sum_{k=1}^{n} f(\xi_k)v'(\eta_k)(x_k - x_{k-1}) = \int_a^b f(x)v'(x)\,\mathrm{d}x$$

folgern. Damit ist schon (heuristisch) alles gezeigt, was wir im Folgenden benötigen.

Definition des Riemann-Stieltjes-Integrals

Seien f und v zwei beschränkte Funktionen auf dem Intervall $[a, b]$, $a = x_0 < x_1 < \ldots < x_n = b$ eine Zerlegung des Intervalls und I eine Zahl, sodass für alle $\varepsilon > 0$ und $x_{k-1} \leq \xi_k \leq x_k$ ein $\delta > 0$ existiert mit

$$\left| \sum_{k=1}^{n} f(\xi_k)(v(x_k) - v(x_{k-1})) - I \right| < \varepsilon$$

für alle Zerlegungen von $[a, b]$ mit $|x_k - x_{k-1}| < \delta$, dann heißt f **Riemann-Stieltjes-integrierbar** und man nennt

$$I := \int_a^b f(x)\,\mathrm{d}v(x)$$

das **Riemann-Stieltjes-Integral** von f bezüglich v.

Wir fassen nun zusammen, wie man Riemann-Stieltjes-Integral berechnen kann, wenn v differenzierbar ist.

Berechnung von Riemann-Stieltjes-Integralen

Ist f stetig und v differenzierbar, sodass v' auf $[a, b]$ Riemann-integrierbar ist, dann gilt für das Riemann-Stieltjes-Integral

$$\int_a^b f(x)\,\mathrm{d}v(x) = \int_a^b f(x)v'(x)\,\mathrm{d}x.$$

Ein rigoroser Beweis dieses Satzes ist nicht schwierig und findet sich in der Selbstfrage auf S. 97.

Beweis Die erste Ungleichung folgt einfach aus $\left|\int_a^b f(x)g(x)\,\mathrm{d}x\right| \le \sup_{x\in[a,b]} |f(x)| \int_a^b |g(x)|\,\mathrm{d}x$. Die zweite Ungleichung folgt aus einer Ungleichung für Stieltjes-Integrale, die man in der Literatur findet,

$$\left|\int_a^b f(x)\,\mathrm{d}g(x)\right| \le \max_{x\in[a,b]} |f(x)| \mathrm{Var}_a^b(g(x)). \qquad \blacksquare$$

Wir werden gleich an einem Beispiel sehen, wie unterschiedliche Voraussetzungen an f zu durchaus unterschiedlichen Fehlerabschätzungen führen können.

4.4 Von der Trapezregel durch Extrapolation zu neuen Ufern

Die Trapezregel ist vielleicht die am besten und längsten untersuchte Quadraturregel unter allen bekannten Quadraturverfahren. Daher finden wir zu dieser Regel detaillierte Untersuchungen zu ihrer Verbesserung, die in der rechnerischen Praxis angewendet werden. Unser Ziel ist das **Romberg-Verfahren**, das aus der Trapezregel durch **Extrapolation** entsteht, aber bevor wir diese Begriffe klären können, haben wir noch etwas Vorarbeit zu leisten.

Die zentrale Idee: Wie man die Trapezregel besser macht

Wir wollen den Fehler der Trapezregel nun sehr viel genauer ansehen als zuvor. Zentrales Hilfsmittel dazu ist ein wichtiges Resultat, das von Leonhard Euler (1707–1783) und Colin Maclaurin (1698–1746) unabhängig voneinander gefunden wurde.

Die Euler-Maclaurin'sche Summenformel

Es sei $\ell \in \mathbb{N}$ und $g \in C^{2\ell+2}([0,1])$ eine reellwertige Funktion. Dann lautet die **Euler-Maclaurin'sche Summenformel**

$$\begin{aligned}\int_0^1 g(t)\,\mathrm{d}t &= \frac{g(0)}{2} + \frac{g(1)}{2} \\ &\quad + \sum_{k=1}^{\ell} \frac{B_{2k}}{(2k)!}\left(g^{(2k-1)}(0) - g^{(2k-1)}(1)\right) \\ &\quad - \frac{B_{2\ell+2}}{(2\ell+2)!} g^{(2\ell+2)}(\xi), \quad 0 < \xi < 1.\end{aligned} \tag{4.17}$$

Die B_k sind dabei die sogenannten **Bernoulli-Zahlen**. Die ersten vier Bernoulli-Zahlen mit geradem Index sind

$$B_2 = \frac{1}{6}, \quad B_4 = -\frac{1}{30}, \quad B_6 = \frac{1}{42}, \quad B_8 = -\frac{1}{30}$$

und alle Bernoulli-Zahlen mit ungeradem Index $k \ge 3$ sind null.

Diese merkwürdige Formel hat nicht nur verschiedenste Anwendungen in der Mathematik, sondern man findet sie auch unter demselben Namen in ganz verschiedenen Formen. Ihren Beweis wollen wir später unter der Lupe ansehen.

Für unsere Anwendungen wollen wir auch eine etwas andere Form dieser Summenformel herleiten. Dazu wenden wir sie nicht auf das Integral $\int_0^1 g(t)\,\mathrm{d}t$ an, sondern sukzessive auf $\int_i^{i+1} g(t)\,\mathrm{d}t$ für $i = 0, 1, \ldots, m$ und summieren anschließend über i. Dafür müssen wir natürlich $g \in C^{2\ell+2}([0,m])$ voraussetzen. Schreiben wir das mal hin:

$$\begin{aligned}\int_0^1 g(t)\,\mathrm{d}t &= \frac{g(0)}{2} + \frac{g(1)}{2} \\ &\quad + \sum_{k=1}^{\ell} \frac{B_{2k}}{(2k)!}\left(g^{(2k-1)}(0) - g^{(2k-1)}(1)\right) \\ &\quad - \frac{B_{2\ell+2}}{(2\ell+2)!} g^{(2\ell+2)}(\xi_1), \quad 0 < \xi_1 < 1, \\ \int_1^2 g(t)\,\mathrm{d}t &= \frac{g(1)}{2} + \frac{g(2)}{2} \\ &\quad + \sum_{k=1}^{\ell} \frac{B_{2k}}{(2k)!}\left(g^{(2k-1)}(1) - g^{(2k-1)}(2)\right) \\ &\quad - \frac{B_{2\ell+2}}{(2\ell+2)!} g^{(2\ell+2)}(\xi_2), \quad 1 < \xi_2 < 2, \\ &\;\;\vdots \\ \int_{m-1}^m g(t)\,\mathrm{d}t &= \frac{g(m-1)}{2} + \frac{g(m)}{2} \\ &\quad + \sum_{k=1}^{\ell} \frac{B_{2k}}{(2k)!}\left(g^{(2k-1)}(m-1) - g^{(2k-1)}(m)\right) \\ &\quad - \frac{B_{2\ell+2}}{(2\ell+2)!} g^{(2\ell+2)}(\xi_m), \quad m-1 < \xi_m < m.\end{aligned}$$

Bei der Summation dieser Gleichungen fällt auf, dass die Terme $g(1)/2, g(2)/2, \ldots, g(m-1)/2$ doppelt auftauchen. Die Summation der Summen ergibt eine Teleskopsumme, in der nur noch $\sum_{k=1}^{\ell} \frac{B_{2k}}{(2k)!}\left(g^{(2k-1)}(0) - g^{(2k-1)}(m)\right)$ übrig bleibt. Bei

Beispiel: Die Peano-Kerne der Mittelpunktsformel

Wir wollen für eine einfache Quadraturregel die Peano-Kerne explizit berechnen.

Problemanalyse und Strategie Wir nutzen dazu die oben entwickelte Theorie und insbesondere (4.13).

Lösung Wir betrachten die zusammengesetzte Mittelpunktsformel

$$Q_{1,n}^{\text{Mi}}[f] = h\sum_{k=0}^{n-1} f(x_k)$$

mit $h = (b-a)/n$ und $x_k = a + (k+1/2)h, k = 0,\ldots,n-1$. Schreiben wir die Mittelpunktsformel in der Form $Q_{1,m}^{\text{Mi}}[f] = \sum_{k=0}^{n-1} a_k f(x_k)$, dann ist $a_k := h$ für alle $k = 0,1,\ldots,n-1$.

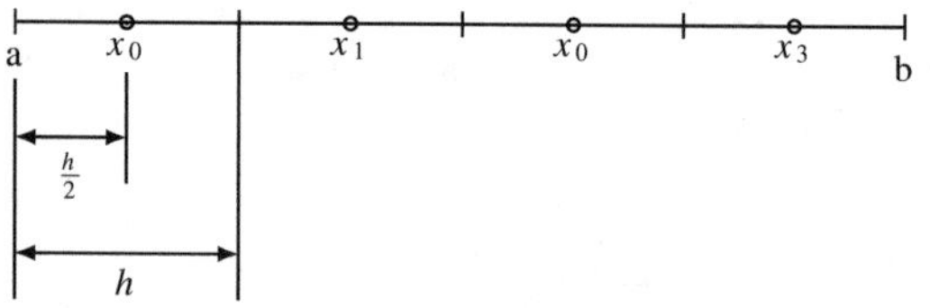

Zur Berechnung der K_s verwenden wir (4.13):

$$K_s(x) = \frac{(a-x)^s}{s!} - \frac{(-1)^s}{(s-1)!}\sum_{k=0}^{n-1} a_k(x-x_k)_+^{s-1},$$

also $K_1(x) = a - x + \sum_{k=0}^{n-1} h(x-x_k)_+^0$. Für $x \in [a, x_0)$ sind alle $(x-x_k)_+^0 = 0$, daher folgt $K_1(x) = a - x, \quad x \in [a, x_0)$. Für $x \in (x_0, x_1)$ ist $(x-x_0)_+^0 = 1$, aber alle anderen $(x-x_k)_+^0 = 0$ für $k = 1,\ldots,n-1$, also

$$K_1(x) = a - x + h = -x + (a+h) = -x + \frac{1}{2}(x_0 + x_1),$$

vergl. die Abbildung. Nun betrachten wir den Fall $x \in (x_1, x_2)$. Offenbar ist in diesem Fall $(x-x_0)_+^0 = (x-x_1)_+^0 = 1$, während $(x-x_k)_+^0 = 0$ für $k = 2,\ldots,n-1$ gilt. Damit erhalten wir

$$K_1(x) = a - x + 2h = -x + (a+2h) = -x + \frac{1}{2}(x_1 + x_2).$$

So geht es offenbar weiter bis $x \in (x_{n-2}, x_{n-1})$. Für den letzten Abschnitt $x \in (x_{n-1}, b]$ sind alle $(x-x_k)_+^0 = 1$ und damit folgt

$$K_1(x) = a - x + nh = a - x + n\frac{b-a}{n} = b - x.$$

Insgesamt erhalten wir also für $k = 0,\ldots,n-2$

$$K_1(x) = \begin{cases} a - x; & x \in [a, x_0) \\ -x + \frac{1}{2}(x_k + x_{k+1}); & x \in (x_k, x_{k+1}) \\ b - x; & x \in (x_{n-1}, b] \end{cases}$$

für den ersten Peano-Kern. Was aber geschieht an den Knoten $x \in \{x_0, x_1, \ldots, x_{n-1}\}$? Ist $x = x_0$, dann liefert $(x_0 - x_0)_+^0 = 0_+^0 = \frac{1}{2}$ und alle anderen $(x_0 - x_k)_+^0 = 0$. Es folgt $K_1(x_0) = a - x_0 + \frac{1}{2}h = 0$, siehe wieder die Abbildung. Für $x = x_1$ ist $(x_1 - x_0)_+^0 = 1$, $(x_1 - x_1)_+^0 = 0_+^0 = \frac{1}{2}$ und alle weiteren $(x_1 - x_k)_+^0$ sind null, also

$$K_1(x_1) = a - x_1 + 2\frac{h}{2} = 0,$$

und so weiter. Damit wird unsere Darstellung des ersten Peano-Kernes vollständig. Für $k = 0,\ldots,n-2$ gilt:

$$K_1(x) = \begin{cases} a - x; & x \in [a, x_0) \\ -x + \frac{1}{2}(x_k + x_{k+1}); & x \in (x_k, x_{k+1}) \\ b - x; & x \in (x_{n-1}, b] \\ 0; & x \in \{x_0, \ldots, x_{n-1}\} \end{cases}$$

Für den zweiten Peano-Kern ergibt sich nach (4.13):

$$K_2(x) = \frac{1}{2}(a-x)^2 - \sum_{k=0}^{n-1} h(x-x_k)_+^1$$

und wieder müssen wir Fallunterscheidungen vornehmen. Für $x \in [a, x_0)$ sind sämtliche $(x-x_k)_+^1 = 0$, also $K_2(x) = \frac{1}{2}(a-x)^2$. Wir sehen sofort, dass man auch $x = x_0$ einsetzen darf. Für $x \in [x_k, x_{k+1}], k = 0,\ldots,n-2$ erhält man nach kurzer Rechnung wie oben

$$K_2(x) = \frac{1}{2}\left(-x + \frac{1}{2}(x_k + x_{k+1})\right)^2$$

und für $x \in [x_{n-1}, b]$ ergibt sich $K_2(x) = \frac{1}{2}(b-x)^2$. Insgesamt ergibt sich damit der zweite Peano-Kern für alle $k = 0,\ldots,n-2$ zu:

$$K_2(x) = \begin{cases} \frac{1}{2}(a-x)^2; & x \in [a, x_0] \\ \frac{1}{2}\left(-x + \frac{1}{2}(x_k + x_{k+1})\right)^2; & x \in [x_k, x_{k+1}]. \\ \frac{1}{2}(b-x); & x \in [x_{n-1}, b] \end{cases}$$

Nun wird unsere Mühe belohnt! Es ist leicht zu sehen, dass die Schranken $|K_1(x)| \le h/2$, $|K_2(x)| \le h^2/8$ gelten. Damit erhalten wir aus (4.16)

$$\left|R_{1,n}^{\text{Mi}}[f]\right| \le \frac{h}{2}\text{Var}_a^b f, \quad \left|R_{1,n}^{\text{Mi}}[f]\right| \le \frac{h^2}{8}\text{Var}_a^b f'$$

und aus (4.15)

$$\left|R_{1,n}^{\text{Mi}}[f]\right| \le (b-a)\frac{h}{4}\sup_{x\in[a,b]}|f'|,$$

$$\left|R_{1,n}^{\text{Mi}}[f]\right| \le (b-a)\frac{h^2}{24}\sup_{x\in[a,b]}|f''|.$$

Je nach Voraussetzung an f ist die zusammengesetzte Mittelpunktsregel also eine Methode erster oder zweiter Ordnung.

der Summe der Reste $-\sum_{i=0}^{m} \frac{B_{2\ell+2}}{(2\ell+2)!} g^{(2\ell+2)}(\xi_i)$ finden wir wegen der Stetigkeit von $g^{(2\ell+2)}$ ein $0 < \xi < m$, sodass $-\sum_{i=0}^{m-1} \frac{B_{2\ell+2}}{(2\ell+2)!} g^{(2\ell+2)}(\xi_i) = -\frac{B_{2\ell+2}}{(2\ell+2)!} m g^{(2\ell+2)}(\xi)$ für dieses ξ gilt (Mittelwertsatz). Insgesamt ergibt sich

$$\begin{aligned}\sum_{i=0}^{m-1} \int_i^{i+1} g(t)\,\mathrm{d}t &= \int_0^m g(t)\,\mathrm{d}t \\ &= \frac{g(0)}{2} + g(1) + \ldots + g(m-1) + \frac{g(m)}{2} \\ &\quad + \sum_{k=1}^{\ell} \frac{B_{2k}}{(2k)!} \left(g^{(2k-1)}(0) - g^{(2k-1)}(m)\right) \\ &\quad - \frac{B_{2\ell+2}}{(2\ell+2)!} m g^{(2\ell+2)}(\xi), \quad 0 < \xi < m.\end{aligned}$$

Stellen wir noch etwas um, dann erhalten wir

$$\begin{aligned}&\frac{g(0)}{2} + g(1) + \ldots + g(m-1) + \frac{g(m)}{2} \\ &= \int_0^m g(t)\,\mathrm{d}t + \sum_{k=1}^{\ell} \frac{B_{2k}}{(2k)!} \left(g^{(2k-1)}(m) - g^{(2k-1)}(0)\right) \\ &+ \frac{B_{2\ell+2}}{(2\ell+2)!} m g^{(2\ell+2)}(\xi), \quad 0 < \xi < m.\end{aligned}$$

Auch diese Formel wird in der Literatur oft als **Euler-Maclaurin'sche Summenformel** bezeichnet. Die linke Seite dieser Form sieht nun schon fast so aus wie die zusammengesetzte Trapezformel für g. Uns fehlt nur noch eine Variablentransformation vom Intervall $[0, m]$ auf ein allgemeines Intervall $[a, b]$, die wir durch $x(t) = a + th$ mit $h = (b-a)/m$, $t \in [0, m]$, erreichen. Dann wird aus der linken Seite für $f(x) := g(t(x)) = g\left(\frac{x-a}{h}\right)$

$$\frac{1}{h} \cdot Q_{2,m}^{\mathrm{zTr}}[f] = \frac{f(a)}{2} + f(x(1)) + \ldots + f(x(m-1)) + \frac{f(b)}{2}.$$

Das Integral auf der rechten Seite transformiert sich wegen $\mathrm{d}x = h\,\mathrm{d}t$ zu

$$\frac{1}{h} \int_a^b f(x)\,\mathrm{d}x,$$

denn für $t = 0$ ist $x = a$ und für $t = m$ erhalten wir $x = b$. Für die erste Summe auf der rechten Seite rechnen wir die Ableitungen um:

$$\begin{aligned}f(x) &= g\left(\frac{x-a}{h}\right), \\ f'(x) &= h^{-1} g'\left(\frac{x-a}{h}\right), \\ &\vdots \\ f^{(2k-1)} &= h^{-2k+1} g^{(2k-1)}\left(\frac{x-a}{h}\right),\end{aligned}$$

also

$$g^{(2k-1)} = h^{2k-1} f^{(2k-1)}.$$

Der Restterm $\frac{B_{2\ell+2}}{(2\ell+2)!} m g^{(2\ell+2)}(\xi)$ transformiert sich daher wegen $m = (b-a)/h$ zu $\frac{B_{2\ell+2}}{(2\ell+2)!} \frac{b-a}{h} h^{2\ell+2} f^{(2\ell+2)}(\eta)$, $a < \eta < b$. Multiplizieren wir nun noch alles mit h, dann sind wir angekommen:

Darstellung der zusammengesetzten Trapezregel

Ist $f \in C^{2\ell+2}([a, b])$, $h = (b-a)/m$ und $x_i = a + ih$, $i = 0, \ldots, m$, dann gilt die Darstellung

$$\begin{aligned}Q_{2,m}^{\mathrm{zTr}}[f] &= \int_a^b f(x)\,\mathrm{d}x \qquad (4.18) \\ &+ \sum_{k=1}^{\ell} h^{2k} \frac{B_{2k}}{(2k)!} \left(f^{(2k-1)}(b) - f^{(2k-1)}(a)\right) \\ &+ h^{2\ell+2} \frac{B_{2\ell+2}}{(2\ell+2)!} (b-a) f^{(2\ell+2)}(\eta), \\ &a < \eta < b.\end{aligned}$$

Die Bedeutung dieser Darstellung liegt darin, dass wir nun eine sehr detaillierte Darstellung des Quadraturfehlers der zusammengesetzten Trapezregel erhalten haben. Ganz offenbar erhalten wir sofort unser altes Resultat

$$Q_{2,m}^{\mathrm{zTr}}[f] = \int_a^b f(x)\,\mathrm{d}x + \mathcal{O}(h^2)$$

aus dieser Formel, aber wir erkennen noch viel mehr! Wenn wir den ersten Summanden der Summe auf der rechten Seite auf die linke Seite schaffen, dann ist

$$Q_{2,m}^{\mathrm{zTr}}[f] - h^2 \frac{B_2}{2!} (f'(b) - f'(a)) = \int_a^b f(x)\,\mathrm{d}x + \mathcal{O}(h^4),$$

wir können also die Trapezregel „korrigieren". Auch wenn wir die Funktion f nicht explizit kennen, sondern nur Werte an den Punkten des Gitters, können wir $f'(a)$ und $f'(b)$ durch einseitige Differenzen der Ordnung $\mathcal{O}(h^3)$ approximieren und erhalten so eine korrigierte Trapezregel der Ordnung $\mathcal{O}(h^3)$. Zum Beispiel können wir die einseitigen Differenzenquotienten

$$\begin{aligned}f'(a) &= \frac{f(a+h) - f(a)}{h} + \mathcal{O}(h) \\ f'(b) &= \frac{f(b) - f(b-h)}{h} + \mathcal{O}(h)\end{aligned}$$

Kapitel 4

an den Rändern verwenden. Eine Randformel der Ordnung h reicht, denn der Korrekturterm enthält noch ein h^2. Die Quadraturregel, die wir so erhalten haben, heißt **Quadraturregel von Durand**,

$$Q_{2,m}^{\mathrm{zTr}}[f] - h\frac{B_2}{2!}[f(b) - f(b-h) - f(a+h) + f(a)]$$
$$= Q_{2,m}^{\mathrm{zTr}}[f] - \frac{h}{12}[f(b) - f(b-h) - f(a+h) + f(a)]$$
$$= \int_a^b f(x)\,\mathrm{d}x + \mathcal{O}(h^3).$$

Setzen wir die Formel für die zusammengesetzte Trapezregel ein, dann ergibt sich die Durand-Formel zu

$$Q^{\mathrm{Du}}[f] := h\left(\frac{5}{12}f(x_0) + \frac{13}{12}f(x_2) + \sum_{i=3}^{m-2} f(x_i) + \frac{13}{12}f(x_{m-1}) + \frac{5}{12}f(x_m)\right).$$

Natürlich hindert uns niemand, noch weitere Terme der rechten Seite zur Korrektur nach links zu schaffen, um so korrigierte Trapezregeln noch höherer Ordnung zu erzeugen. Methoden dieser Art heißen **Gregory-Methoden**. Gregory-Methoden sind gut untersucht und stehen einem Verfahren wie der Romberg-Integration, die wir gleich untersuchen wollen, in nichts nach. Wir verweisen jedoch auf die Fachliteratur und werden uns mit Gregory-Methoden nicht weiter beschäftigen.

Selbstfrage 6

Es gibt in der Literatur viele Berichte, dass die zusammengesetzte Trapezregel bei glatten, auf $[a, b]$ periodischen Funktionen mit Periodenlänge $b - a$, erstaunlich genaue Ergebnisse liefert. Können Sie das erklären?

Wir haben im Haupttext auf den Beweis der Euler-Maclaurin'schen Summenformel verzichtet, verweisen aber auf die Lupe-Box auf S. 104 und die vorangehende Hintergrund- und Vertiefungsbox.

Aber es gibt noch eine weitere Anwendung unserer Darstellung, die man **Extrapolation** nennt und die auf das **Romberg-Verfahren** führen wird.

Selbstfrage 7

Zeigen Sie mit vollständiger Induktion und mithilfe von (4.19), dass für $n \geq 2$

$$\Delta B_n(x) = B_n(x+1) - B_n(x) = nx^{n-1}$$

gilt.

Die Romberg-Quadratur ist ein Extrapolationsverfahren auf Basis der Euler-Maclaurin'schen Summenformel

Wir haben bereits gesehen, wie man mithilfe unserer Darstellung (4.18) die zusammengesetzte Trapezformel durch Addition von Korrekturtermen verbessern kann. Nun wollen wir aber noch einen anderen Weg beschreiten! Ein Blick auf (4.18) zeigt uns, dass hier eine Entwicklung der Form

$$Q_{2,m}^{\mathrm{zTR}}[f] = t_0 + t_1h^2 + t_2h^4 + \ldots + t_\ell h^{2\ell} + \alpha_{\ell+1}(h)h^{2\ell+2}$$
$$=: F(h), \quad h = \frac{b-a}{m} \tag{4.28}$$

nach geraden Potenzen von h vorliegt. Dabei haben wir $f \in C^{2\ell+2}([a, b])$ vorausgesetzt und die Abkürzungen

$$t_0 := \int_a^b f(x)\,\mathrm{d}x,$$
$$t_k := \frac{B_{2k}}{(2k)!}\left(f^{(2k-1)}(b) - f^{(2k-1)}(a)\right), \quad k = 1, \ldots, \ell,$$
$$\alpha_{\ell+1}(h) := \frac{B_{2\ell+2}}{(2\ell+s)!}(b-a)f^{(2\ell+2)}(\xi(h)), \quad a < \xi(h) < b$$

verwendet. Man beachte, dass die t_k unabhängig von h sind und dass der Koeffizient vor dem Restglied unabhängig von h beschränkt ist, denn es gilt

$$|\alpha_{\ell+1}(h)| \leq M_{\ell+1} \tag{4.29}$$

für alle h, wobei die von h unabhängige Konstante $M_{\ell+1}$ durch

$$M_{\ell+1} := \left|\frac{B_{2\ell+2}}{(2\ell+2)!}(b-a)\right| \max_{x\in[a,b]} \left|f^{(2\ell+2)}(x)\right|$$

gegeben ist. Solche Entwicklungen nennt man **asymptotische Entwicklungen in** h. Asymptotische Entwicklungen können es in sich haben, denn für beliebig oft stetig differenzierbare Funktionen erhielte man formal eine Potenzreihe

$$\sum_{k=0}^{\infty} t_k h^{2k},$$

die jedoch für kein $h \neq 0$ konvergieren muss! Trotzdem gibt es keinen Grund, solche Entwicklungen nun von vornherein zu verwerfen, im Gegenteil, asymptotische Entwicklungen sind selbst dann nützlich, wenn die formale Potenzreihe divergiert. Denn wegen (4.29) kann man für kleines h das Restglied vernachlässigen und folgern, dass sich $F(h)$ für kleines h wie ein Polynom in h^2 verhält. Der Wert dieses Polynoms an der Stelle $h = 0$ ist gerade das Integral $\int_a^b f(x)\,\mathrm{d}x$, dessen Wert – besser: Näherungswert – wir suchen. Auf diesen Beobachtungen konstruierte Werner Romberg (1909–2003) die heute sogenannte **Romberg-Quadratur**.

Hintergrund und Ausblick: Bernoulli-Polynome und Bernoulli-Zahlen

In der Euler-Maclaurin'schen Summenformel (4.17) spielten die Bernoulli-Zahlen B_{2k} eine entscheidende Rolle. Wir führen Bernoulli-Polynome ein und zeigen den Zusammenhang mit den Bernoulli-Zahlen.

Man kann die **Bernoulli-Polynome** $B_k : [0,1] \to \mathbb{R}$ auf verschiedene Arten darstellen. Rekursiv kann man $B_0(x) := 1$ setzen und für $n \geq 1$

$$B_n(x) = n \int B_{n-1}(x)\,\mathrm{d}x, \tag{4.19}$$

$$\int\limits_0^1 B_n(x)\,\mathrm{d}x = 0 \tag{4.20}$$

fordern. Es ist also $B_1(x) = \int \mathrm{d}x = x + c$ und wegen $\int_0^1 (x+c)\,\mathrm{d}x = \frac{1}{2}x^2 + cx\big|_0^1 = \frac{1}{2} + c$ folgt aus der zweiten Bedingung $c = -\frac{1}{2}$. Damit ist $B_1(x) = x - \frac{1}{2}$. Auf diese Art folgen die weiteren Bernoulli-Polynome

$$\begin{aligned}
B_0(x) &= 1\\
B_1(x) &= x - \frac{1}{2}\\
B_2(x) &= x^2 - x + \frac{1}{6}\\
B_3(x) &= x^3 - \frac{3}{2}x^2 + \frac{1}{2}x\\
B_4(x) &= x^4 - 2x^3 + x^2 - \frac{1}{30}\\
B_5(x) &= x^5 - \frac{5}{2}x^4 + \frac{5}{3}x^3 - \frac{1}{6}x\\
B_6(x) &= x^6 - 3x^5 + \frac{5}{2}x^4 - \frac{1}{2}x^2 + \frac{1}{42}
\end{aligned}$$

usw. Die Konstanten $B_n(0) := B_n$ heißen **Bernoulli-Zahlen**. Wir erhalten aus den Polynomen sofort die Bernoulli-Zahlen

$$B_0 = 1, \quad B_1 = -\frac{1}{2}, \quad B_2 = \frac{1}{6}$$

$$B_3 = 0, \quad B_4 = -\frac{1}{30}, \quad B_5 = 0, \quad B_6 = \frac{1}{42}$$

Aus der definierenden Bedingung (4.19) folgt sofort

$$B_n'(x) = n B_{n-1}(x), \tag{4.21}$$

das heißt, dass alle $B_n(x)$ Polynome vom Grad n der Form

$$B_n(x) = x^n + c_{n-1}x^{n-1} + \ldots + c_1 x + c_0$$

sind. Bedingung (4.20) bestimmt dann die Konstante c_0 eindeutig. Aus (4.19) folgt $\int B_n(x)\,\mathrm{d}x = \frac{1}{n+1} B_{n+1}(x)$ und wegen (4.20) gilt

$$\int\limits_0^1 B_n(x)\mathrm{d}x = \frac{1}{n+1}\left(B_{n+1}(1) - B_{n+1}(0)\right) = 0, \quad n \geq 1. \tag{4.22}$$

Auch die Funktionen

$$\beta_n(x) := (-1)^n B_n(1-x)$$

erfüllen (4.19) und (4.20), daher gilt die Symmetrie

$$(-1)^n B_n(1-x) = B_n(x). \tag{4.23}$$

Insbesondere folgt für gerades $n = 2k$: $B_{2k}(1) = B_{2k}(0) = B_{2k}$. Nun gilt aber auch nach (4.22) $B_n(1) = B_n(0)$ für alle $n \geq 2$, auch für ungerades $n = 2k+1$, $k \geq 1$. Allerdings kann dann (4.23) nur gelten, wenn

$$B_{2k+1}(0) = B_{2k+1}(1) = 0, \quad k \geq 1, \tag{4.24}$$

ist. Ab B_3 sind also alle Bernoulli-Zahlen mit ungeradem Index null. Daher gilt allgemein

$$B_k(0) = B_k(1) = B_k, \quad k \geq 1. \tag{4.25}$$

Da $B_n(x)$ ein Polynom vom Grad n ist, gilt dies auch für $B_n(x+h)$, $h \in \mathbb{R}$. Die Taylor-Entwicklung ist $B_n(x+h) = \sum_{k=0}^n \frac{h^k}{k!} B_n^{(k)}(x)$. Wegen (4.21) ist das identisch zu $B_n(x+h) = \sum_{k=0}^n \binom{n}{k} h^k B_{n-k}(x)$ und wenn wir an Stelle von k noch $n-k$ schreiben, ergibt sich

$$B_n(x+h) = \sum_{k=0}^{n} \binom{n}{k} h^{n-k} B_k(x). \tag{4.26}$$

Man kann mit vollständiger Induktion über n zeigen, dass aus (4.19) die Beziehung $\Delta B_n(x) := B_n(x+1) - B_n(x) = nx^{n-1}$ folgt. Setzen wir daher in (4.26) $h = 1$, dann folgt

$$\sum_{k=0}^{n-1} \binom{n}{k} B_k(x) = nx^{n-1}.$$

Auch über diese Beziehung sind die Bernoulli-Polynome eindeutig festgelegt.

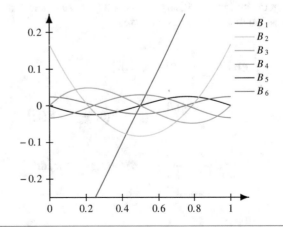

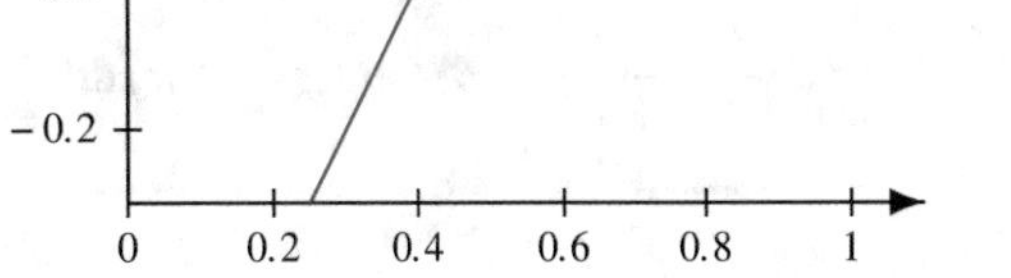

Unter der Lupe: Der Beweis der Euler-Maclaurin'schen Summenformel

Nun kommen wir endlich dazu, die Euler-Maclaurin'sche Summenformel (4.17) zu beweisen.

Wir starten mit dem Integral $\int_0^1 g(t)\,\mathrm{d}t = \int_0^1 1 \cdot g(t)\,\mathrm{d}t$ und wenden wiederholt partielle Integration an.

$$\begin{aligned}
\int_0^1 g(t)\,\mathrm{d}t &= B_1(t)g(t)\big|_0^1 - \int_0^1 B_1(t)g'(t)\,\mathrm{d}t \\
\int_0^1 B_1(t)g'(t)\,\mathrm{d}t &= \frac{1}{2}B_2(t)g'(t)\Big|_0^1 - \frac{1}{2}\int_0^1 B_2(t)g''(t)\,\mathrm{d}t \\
&\vdots \\
\int_0^1 B_{k-1}(t)g^{(k-1)}(t)\,\mathrm{d}t &= \frac{1}{k}B_k(t)g^{(k-1)}(t)\Big|_0^1 \\
&\quad - \frac{1}{k}\int_0^1 B_k(t)g^{(k)}(t)\,\mathrm{d}t
\end{aligned} \tag{4.27}$$

Die bei Integration entstehenden Polynome haben wir als Bernoulli-Polynome gewählt, denn das ist ja nur eine Frage der Wahl der Integrationskonstanten. Wir wissen aus (4.22), dass

$$\int_0^1 B_k(t)\,\mathrm{d}t = \frac{1}{k+1}(B_{k+1}(1) - B_{k+1}(0)) = 0$$

für $k \geq 1$ gilt. Mit (4.25) kann man also im Fall $k \geq 1$ für die in der partiellen Integration (4.27) auftretenden Randterme in der Form

$$\frac{1}{k}B_k(t)g^{(k-1)}(t)\Big|_0^1 = -\frac{B_k}{k}\left(g^{(k-1)}(0) - g^{(k-1)}(1)\right)$$

schreiben. Nun sind wegen (4.24) alle Bernoulli-Zahlen mit ungeradem Index null, sodass aus (4.27) bis zu einem Index $2\ell + 1$ durch sukzessives Einsetzen

$$\begin{aligned}
\int_0^1 g(t)\,\mathrm{d}t &= \frac{1}{2}(g(0) - g(1)) \\
&\quad + \sum_{k=1}^{\ell} \frac{B_{2k}}{(2k)!}\left(g^{(2k-1)}(0) - g^{(2k-1)}(1)\right) \\
&\quad \underbrace{- \frac{1}{(2\ell+1)!}\int_0^1 B_{2\ell+1}(t)g^{(2\ell+1)}(t)\,\mathrm{d}t}_{=:\rho_{\ell+1}}
\end{aligned}$$

folgt. Nochmalige partielle Integration im letzten Integral führt auf (Achtung: $B_k(t)$ ist ein Bernoulli-Polynom, B_k jedoch eine Bernoulli-Zahl)

$$\begin{aligned}
&\int_0^1 B_{2\ell+1}(t)g^{(2\ell+1)}(t)\,\mathrm{d}t \\
&= \frac{1}{2\ell+2}\underbrace{(B_{2\ell+2}(t) - B_{2\ell+2})g^{(2\ell+1)}(t)\big|_0^1}_{=0 \text{ wegen (4.25)}} \\
&\quad - \frac{1}{2\ell+2}\int_0^1 (B_{2\ell+2}(t) - B_{2\ell+2})\,g^{(2\ell+2)}(t)\,\mathrm{d}t,
\end{aligned}$$

also

$$\rho_{\ell+1} = \frac{1}{(2\ell+2)!}\int_0^1 (B_{2\ell+2}(t) - B_{2\ell+2})\,g^{(2\ell+2)}(t)\,\mathrm{d}t.$$

Wir gehen jetzt wie folgt vor: Wir zeigen, dass die Funktion $B_{2\ell+2}(t) - B_{2\ell+2}$ auf $[0,1]$ von einerlei Vorzeichen ist. Dann dürfen wir den Mittelwertsatz anwenden, berücksichtigen noch $\int_0^1 B_{2\ell+2}(t)\,\mathrm{d}t = 0$, und haben damit die Euler-Maclaurin'sche Summenformel (4.27) bewiesen.

Wir zeigen sogar etwas allgemeiner

a) $(-1)^\ell B_{2\ell-1}(t) > 0, \quad 0 < t < \frac{1}{2}$

b) $(-1)^\ell (B_{2\ell}(t) - B_{2\ell}) > 0, \quad 0 < t < 1$

c) $(-1)^{\ell+1} B_{2\ell} > 0$

mit vollständiger Induktion. Für $\ell = 1$ ist a) sicher richtig. Es sei nun richtig für ein $\ell \geq 1$. Wegen (4.21) bzw. (4.19) gilt für $0 < t < 1/2$

$$\frac{(-1)^\ell}{2\ell}(B_{2\ell}(t) - B_{2\ell}) = (-1)^\ell \int_0^t B_{2\ell-1}(\tau)\,\mathrm{d}\tau > 0.$$

Wegen der Symmetrie (4.23) muss dasselbe auch für $1/2 \leq t < 1$ gelten und damit ist b) gezeigt. Auch c) folgt nun wegen (4.22) und

$$(-1)^{\ell+1}B_{2\ell} = (-1)^\ell \int_0^1 (B_{2\ell}(t) - B_{2\ell})\,\mathrm{d}t > 0.$$

Uns fehlt noch der Induktionsschritt von ℓ nach $\ell + 1$. Wegen (4.23) und (4.24) gilt

$$B_{2\ell+1}(0) = B_{2\ell+1}(1/2) = 0.$$

Gäbe es eine Nullstelle von $B_{2\ell+1}(t)$ im Intervall $(0, 1/2)$, dann hätte auch $B''_{2\ell+1}(t)$ eine Nullstelle x^* in $(0, 1/2)$, weil in diesem Intervall ein Wendepunkt sein müsste. Wegen (4.21) ist $B''_{2\ell+1}(x^*) = 0$ gleichbedeutend mit $B_{2\ell-1}(x^*) = 0$ und das ist ein Widerspruch zur Induktionsvoraussetzung a). Daher ist $B_{2\ell+1}(x)$ auf $(0, 1/2)$ von einerlei Vorzeichen. Dieses Vorzeichen wird bestimmt durch das Vorzeichen von

$$B'_{2\ell+1}(0) = (2\ell+1)B_{2\ell}(0) = (2\ell+1)B_{2\ell}$$

und ist $(-1)^{\ell+1}$ wegen c). Damit ist alles gezeigt.

Kapitel 4

Man wählt dazu eine Folge natürlicher Zahlen

$$0 < n_0 < n_1 < \ldots < n_\ell \tag{4.30}$$

und bildet damit die Folge der Schrittweiten

$$h_0 := \frac{b-a}{n_0}, \quad h_1 := \frac{h_0}{n_1}, \quad \ldots, \quad h_\ell := \frac{h_0}{n_\ell}.$$

Für jede dieser Schrittweiten berechnen wir die Trapezsummen nach (4.28):

$$F_{i,0} := F(h_i), \quad i = 0, 1, \ldots, \ell,$$

und dann das Interpolationspolynom

$$P_{\ell,\ell}(h) := a_0 + a_1 h^2 + \ldots + a_\ell h^{2\ell},$$

dass die Interpolationsbedingungen

$$P_{\ell,\ell}(h_i) = F(h_i), \quad i = 0, 1, \ldots, \ell$$

erfüllt. Das Polynom hat Höchstgrad ℓ und ist ein Polynom in h^2. Wir interpolieren also die Ergebnisse der zusammengesetzten Trapezregel von der Schrittweite h_0 bis zur Schrittweite h_ℓ. Nun kommt die Extrapolationsidee ins Spiel und das ist der Grund, warum dieses Vorgehen in der englischsprachigen Literatur auch als *Extrapolation to the limit* bekannt ist. Gibt das Polynom P den Verlauf des Wertes der zusammengesetzten Trapezregel auf den unterschiedlich feinen Gittern wieder, dann sollte der extrapolierte Wert

$$P_{\ell,\ell}(0)$$

eine gute Näherung für das gesuchte Integral sein. In der Tat lässt sich zeigen, dass man mit jeder Hinzunahme einer Schrittweite die Ordnung quadratisch verbessert, d. h., ist der Fehler der Ausgangsquadraturformel h_0^2, dann ergibt sich bei Hinzunahme von h_1 ein Fehler der Ordnung $h_0^2 h_1^2$, usw.

Wie aber berechnen wir diesen extrapolierten Wert? Es handelt sich um die Auswertung eines Polynoms, also tun wir gut daran, den Algorithmus von Neville-Aitken im Tableau von S. 45 aus Kap. 3 zu verwenden, der uns die Polynome auch gleich noch konstruiert. An Stelle von x setzen wir h^2, denn wir haben es mit einem Polynom in h^2 zu tun; analog haben wir für die x_j im Neville-Aitken-Algorithmus h_i^2 zu setzen.

Wir starten mit den berechneten Werten

$$\begin{aligned} F_{0,0} &:= F(h_0), \\ F_{1,0} &:= F(h_1), \\ &\vdots \\ F_{\ell,0} &:= F(h_\ell) \end{aligned}$$

und berechnen für i, k mit $1 \le k \le i \le \ell$ die Polynome $P_{i,k}(h)$ vom Höchstgrad k in h^2, die die Interpolationsbedingung

$$P_{i,k}(h_j) = F(h_j), \quad j = i-k, i-k+1, \ldots, i$$

erfüllen. Nach (3.15) gilt

$$P_{i,k}(h) = P_{i,k-1}(h) + \frac{P_{i,k-1}(h) - P_{i-1,k-1}(h)}{\frac{h^2 - h_{i-k}^2}{h^2 - h_i^2} - 1}.$$

Dann werten wir die Polynome bei $h = 0$ aus und erhalten

$$F_{i,k} = F_{i,k-1} + \frac{F_{i,k-1} - F_{i-1,k-1}}{\left(\frac{h_{i-k}}{h_i}\right)^2 - 1} \tag{4.31}$$

mit $F_{ik} := P_{ik}(0)$. Vorzugsweise berechnet man die $F_{i,k}$ wieder im Neville-Tableau wie folgt.

		$k=1$	$k=2$	$k=3$
h_0^2	$F_{0,0}$			
		$F_{1,1}$		
h_1^2	$F_{1,0}$		$F_{2,2}$	
		$F_{2,1}$		$F_{3,3}$
h_2^2	$F_{2,0}$		$F_{3,2}$	
		$F_{3,1}$		
h_3^2	$F_{3,0}$			

Dabei werden die Einträge jeweils mithilfe von (4.31) berechnet.

Wir haben jetzt das Romberg-Verfahren vollständig beschrieben, es fehlt aber noch die Wahl der Folge (4.30). Romberg selbst schlug die **Romberg-Folge**

$$n_i := 2^{i-1}, \quad i = 1, 2, 3, \ldots, \ell$$

vor, die zu Schrittweiten

$$h_0 = b - a, \quad h_1 = \frac{h_0}{2}, \quad h_2 = \frac{h_0}{4}, \quad h_3 = \frac{h_0}{8}, \quad \ldots$$
$$\ldots, \quad h_\ell = \frac{h_0}{2^{\ell-1}}$$

führt. Die Anzahl der Funktionsauswertungen im Romberg-Verfahren wächst bei dieser Folge sehr schnell mit ℓ, da die Schrittweiten schnell sehr klein werden. Eine bessere Alternative ist die **Bulirsch-Folge**

$$1, \frac{1}{2}, \frac{1}{3}, \frac{1}{4}, \frac{1}{6}, \frac{1}{8}, \ldots,$$

die die Schrittweiten

$$h_0 = b - a, \; h_1 = \frac{h_0}{2}, \; h_2 = \frac{h_0}{3}, \; h_i = \frac{h_{i-2}}{2}, \quad i = 3, 4, \ldots, \ell$$

liefert.

Man könnte vermuten, dass sich unter den Romberg-Verfahren auch solche befinden, die schon bekannt sind. Naheliegend ist die Vermutung, dass man auf Newton-Cotes-Formeln treffen könnte, weil alle $F_{i,k}$ Linearkombinationen von Funktionswerten zu einer bestimmten Schrittweite sind. In der Tat ergeben sich für einige Romberg-Regeln bekannte Newton-Cotes-Formeln. Für die Schrittweiten $h_0 = b - a, h_1 = h_0/2$ ergibt sich z. B.

$$F_{0,0} = (b-a)\left(\frac{1}{2}f(a) + \frac{1}{2}f(b)\right)$$

$$F_{1,0} = \frac{b-a}{2}\left(\frac{1}{2}f(a) + f\left(\frac{a+b}{2}\right) + \frac{1}{2}f(b)\right)$$

und damit folgt aus (4.31)

$$\begin{aligned} F_{1,1} &= F_{1,0} + \frac{F_{1,0} - F_{0,0}}{3} \\ &= \frac{b-a}{2}\left(\frac{1}{3}f(a) + \frac{4}{3}f\left(\frac{a+b}{2}\right) + \frac{1}{3}\right), \end{aligned}$$

und das ist gerade die **Simpson-Regel**. Für $h_3 = h_2/2$ ist $F_{3,3}$ allerdings keine Newton-Cotes-Formel mehr, vergl. die Aufgaben.

4.5 Gauß-Quadratur

Bisher sind wir von äquidistanten Knoten oder wenigstens irgendwie gegebenen Knoten ausgegangen. Nun werden wir uns fragen, ob es spezielle Knotenwahlen gibt, die zu besonders bemerkenswerten Quadraturformeln führen.

Genauigkeit einer Quadraturformel und Lage der Knoten hängen zusammen

Wir beschränken uns aus Gründen, die bald klar werden, hier auf Quadraturformeln auf dem Intervall $[-1, 1]$ und erinnern uns, dass man durch affine Transformation dann Quadraturformeln auf beliebigen Intervallen $[a, b]$ erhält. Ebenso rufen wir uns ins Gedächtnis, dass Newton-Cotes-Formeln bei $n+1$ Knoten Polynome vom Höchstgrad n exakt integrieren, wobei bei geradem n sogar noch Polynome vom Höchstgrad $n + 1$ exakt integriert werden. Bei $n + 1$ Quadraturpunkten können also mit Newton-Cotes-Formeln bestenfalls Polynome vom Höchstgrad $n + 1$ exakt integriert werden.

Für $n = 1$, d. h. für zwei Knoten, kann eine Newton-Cotes-Formel also nur Polynome vom Grad 2 exakt integrieren.

Beispiel Wenn man die Freiheit der Wahl der Knoten x_1, x_2 hat, wie müssen die Gewichte α_1, α_2 und die Knoten gewählt werden, damit im Fall $n = 1$, also bei $n + 1 = 2$ Knoten, ein Polynom vom Grad 3 noch exakt integriert wird?

Wir wollen – falls überhaupt möglich –

$$\int_{-1}^{1} p(x)\,\mathrm{d}x = \sum_{i=0}^{1} \alpha_i p(x_i) = \alpha_0 p(x_0) + \alpha_1 p(x_1)$$

für gegebenes $p(x) = a_3x^3 + a_2x^2 + a_1x + a_0$ erreichen. Integration des Polynoms liefert

$$\begin{aligned} \int_{-1}^{1} p(x)\,\mathrm{d}x &= \frac{a_3}{4}x^4 + \frac{a_2}{3}x^3 + \frac{a_1}{2}x^2 + a_0x\Big|_{-1}^{1} \\ &= \frac{2a_2}{3} + 2a_0 \end{aligned}$$

und das ist zu vergleichen mit $\alpha_0 p(x_0) + \alpha_1 p(x_1) = (\alpha_0 x_0^3 + \alpha_1 x_1^3)a_3 + (\alpha_0 x_0^2 + \alpha_1 x_1^2)a_2 + (\alpha_0 x_0 + \alpha_1 x_1)a_1 + (\alpha_0 + \alpha_1)a_0$, also

$$\begin{aligned} \frac{2a_2}{3} + 2a_0 =& (\alpha_0 x_0^3 + \alpha_1 x_1^3)a_3 + (\alpha_0 x_0^2 + \alpha_1 x_1^2)a_2 \\ &+ (\alpha_0 x_0 + \alpha_1 x_1)a_1 + (\alpha_0 + \alpha_1)a_0. \end{aligned}$$

Der Koeffizientenvergleich liefert das System

$$\begin{aligned} \alpha_0 x_0^3 + \alpha_1 x_1^3 &= 0, \\ \alpha_0 x_0^2 + \alpha_1 x_1^2 &= \frac{2}{3}, \\ \alpha_0 x_0 + \alpha_1 x_1 &= 0, \\ \alpha_0 + \alpha_1 &= 2, \end{aligned}$$

von vier Gleichungen für vier Unbekannte $\alpha_0, \alpha_1, x_0, x_1$. Machen wir den Ansatz $\alpha_0 = \alpha_1 = 1$, dann folgt $x_0 = -x_1$ und damit $x_0^2 + x_1^2 = 2x_1^2 = 2/3$, also

$$x_0 = -\frac{1}{\sqrt{3}}, \quad x_1 = \frac{1}{\sqrt{3}}.$$

Die Quadraturregel

$$Q_2[f] = \sum_{i=0}^{1} \alpha_i f(x_i) = f\left(-\frac{1}{\sqrt{3}}\right) + f\left(\frac{1}{\sqrt{3}}\right)$$

kann also tatsächlich Polynome vom Grad 3 exakt integrieren. ◀

Selbstfrage 8

Wie lautet die Quadraturregel $Q_2[f]$ aus unserem Beispiel, wenn sie auf ein beliebiges Intervall $[a, b]$ transformiert wird? Hinweis: Beachten Sie (4.3).

Das Beispiel zeigt eine Quadraturregel auf $[-1, 1]$ (und damit auf jedem Intervall $[a, b]$), die bei $n + 1 = 2$ Knoten Polynome vom Höchstgrad $2n + 1 = 3$ exakt integriert. Bezeichnen wir die Knotenzahl mit m, dann können wir vermuten, dass wir bei freier Wahl der Knoten Polynome vom Höchstgrad $2m - 1$ exakt integrieren können. Der folgende Satz sagt, dass man die exakte Integration nur für Polynome vom Höchstgrad $\leq (2m - 1)$ erwarten kann.

Beispiel: Ein Test für das Romberg-Verfahren

Wir wollen das Integral

$$\int_0^1 f(x)\,\mathrm{d}x = \int_0^1 \mathrm{e}^x\,\mathrm{d}x = \mathrm{e}^x\big|_0^1$$
$$= \mathrm{e} - 1 \approx 1.71828182845905$$

numerisch mithilfe des Romberg-Verfahrens für $\ell = 3$ berechnen. Alle Rechnungen werden auf vierzehn Nachkommastellen genau gerundet.

Problemanalyse und Strategie Wir wählen die Romberg-Folge und erhalten unsere Schrittweiten $h_0 = b - a = 1$, $h_1 = h_0/2 = 0.5$, $h_2 = h_0/4 = 0.25$, $h_3 = h_0/8 = 0.125$. Zu jedem h_i berechnen wir die Trapezsumme und extrapolieren dann nach (4.31). Um die Zahldarstellungen übersichtlich zu halten, teilen wir die 14 Nachkommastellen von links in Dreierblöcke auf.

Lösung Die Trapezregel liefert im Fall von h_0 gerade

$$F_{0,0} = (b-a)\left(\frac{1}{2}f(a) + \frac{1}{2}f(b)\right) = \frac{1}{2}\left(\mathrm{e}^0 + \mathrm{e}^1\right)$$
$$= 1.859\,140\,914\,229\,53,$$

für h_1 erhalten wir

$$F_{1,0} = \frac{b-a}{2}\left(\frac{1}{2}f(a) + f\left(\frac{a+b}{2}\right) + \frac{1}{2}f(b)\right)$$
$$= \frac{1}{4}\left(\mathrm{e}^0 + \mathrm{e}^1\right) + \frac{1}{2}\mathrm{e}^{0.5}$$
$$= 1.753\,931\,092\,464\,82,$$

für h_2

$$F_{2,0} = \frac{1}{4}\left(\frac{1}{2}f(0) + f(0.25) + f(0.5) + f(0.75) + \frac{1}{2}f(1)\right)$$
$$= \frac{1}{8}\left(\mathrm{e}^0 + \mathrm{e}^1\right) + \frac{1}{4}\left(\mathrm{e}^{0.25} + \mathrm{e}^{0.5} + \mathrm{e}^{0.75}\right)$$
$$= 1.727\,221\,904\,557\,52,$$

und schließlich für h_3

$$F_{3,0} = \frac{1}{8}\left(\frac{1}{2}f(0) + f(0.125) + f(0.25) + f(0.375) + f(0.5) + f(0.625) + f(0.75) + f(0.875) + \frac{1}{2}f(1)\right)$$
$$= \frac{1}{16}\left(\mathrm{e}^0 + \mathrm{e}^1\right) + \frac{1}{8}\left(\mathrm{e}^{0.125} + \mathrm{e}^{0.25} + \mathrm{e}^{0.375} + \mathrm{e}^{0.5} + \mathrm{e}^{0.625} + \mathrm{e}^{0.75} + \mathrm{e}^{0.875}\right)$$
$$= 1.720\,518\,592\,164\,30.$$

Jetzt füllen wir das Neville-Tableau mithilfe von (4.31).

		$k=1$	$k=2$	$k=3$
h_0^2	$F_{0,0}$			
		$F_{1,1}$		
h_1^2	$F_{1,0}$		$F_{2,2}$	
		$F_{2,1}$		$F_{3,3}$
h_2^2	$F_{2,0}$		$F_{3,2}$	
		$F_{3,1}$		
h_3^2	$F_{3,0}$			

$$F_{1,1} = F_{1,0} + \frac{F_{1,0} - F_{0,0}}{\left(\frac{h_0}{h_1}\right)^2 - 1}$$
$$= 1.753\,931\,092\,464\,82 + \frac{1.753\,931\,092\,464\,82 - 1.859\,140\,914\,229\,53}{4-1}$$
$$= 1.718\,861\,151\,876\,58,$$

$$F_{2,1} = F_{2,0} + \frac{F_{2,0} - F_{1,0}}{\left(\frac{h_1}{h_2}\right)^2 - 1}$$
$$= 1.727\,221\,904\,557\,52 + \frac{1.727\,221\,904\,557\,52 - 1.753\,931\,092\,464\,82}{4-1}$$
$$= 1.718\,318\,841\,921\,75,$$

$$F_{3,1} = F_{3,0} + \frac{F_{3,0} - F_{2,0}}{\left(\frac{h_2}{h_3}\right)^2 - 1}$$
$$= 1.720\,518\,592\,164\,30 + \frac{1.720\,518\,592\,164\,30 - 1.727\,221\,904\,557\,52}{4-1}$$
$$= 1.718\,284\,154\,699\,89.$$

Die Einträge für die Spalte $k = 2$ folgen analog zu

$$F_{2,2} = F_{2,1} + \frac{F_{2,1} - F_{1,1}}{\left(\frac{h_0}{h_2}\right)^2 - 1} = 1.718\,282\,687\,924\,76$$

$$F_{3,2} = F_{3,1} + \frac{F_{3,1} - F_{2,1}}{\left(\frac{h_1}{h_3}\right)^2 - 1} = 1.718\,281\,842\,218\,43$$

und schließlich ergibt sich die gesuchte Näherung zu

$$F_{3,3} = F_{3,2} + \frac{F_{3,2} - F_{2,2}}{\left(\frac{h_0}{h_3}\right)^2 - 1} = 1.718\,281\,828\,794\,52.$$

Ein Vergleich mit der „exakten" Lösung, die wir mit 1.718 281 828 459 05 auf 14 Nachkommastellen genau gerundet haben, zeigt, dass die Romberg-Lösung in den ersten 9 Nachkommaziffern korrekt ist.

Satz (Maximale Ordnung einer Quadraturregel) Kann man die $m := n + 1$ Knoten x_i einer Quadraturregel

$$Q_{n+1}[f] = \sum_{i=0}^{n} \alpha_i f(x_i)$$

paarweise verschieden frei wählen, dann integriert diese Regel bestenfalls Polynome vom Höchstgrad $2m - 1$ exakt. ◀

Beweis Sind $x_i, i = 0, 1, \ldots, n = m - 1$ die paarweise verschiedenen Knoten, dann betrachten wir das Polynom.

$$p(x) := \prod_{k=1}^{m} (x - x_k)^2.$$

Dieses Polynom ist sicher vom Grad $2m$ und es gilt $p(x) \geq 0$ überall auf $[-1, 1]$, da nur Produkte von Quadraten auftauchen. Damit gilt aber

$$\int_{-1}^{1} p(x)\,\mathrm{d}x > 0,$$

während die Quadraturregel

$$Q_{n+1}[p] = \sum_{i=0}^{n} \alpha_i p(x_i) = 0$$

ergibt. Es werden also bestenfalls Polynome vom Grad $\leq (2m - 1)$ exakt integriert. ■

Es bleibt die Frage, ob die Quadraturregel mit $n = 1$ in unserem vorangegangenen Beispiel eine Ausnahme bleibt, oder ob es für jede Anzahl $m = n+1$ von Knoten eine Quadraturregel gibt, die Polynome vom Höchstgrad $2m - 1$ exakt integriert. Wir werden eine ganze Klasse solcher Quadraturregeln charakterisieren.

Die Gauß'schen Quadraturregeln liefern bei gegebener Knotenanzahl die genauesten Formeln

Wie wir im Beispiel auf S. 82 gesehen haben, integriert die Formel

$$Q_2[f] = f\left(\frac{-1}{\sqrt{3}}\right) + f\left(\frac{1}{\sqrt{3}}\right)$$

auf dem Intervall $[-1, 1]$ Polynome vom Grad 3 exakt. Man fragt sich, was die Knoten $-1/\sqrt{3}$ und $1/\sqrt{3}$ auszeichnet. Wie wir zeigen werden, sind diese beiden Knoten die Nullstellen des **Legendre-Polynoms** P_2. Wir werden daher die Eigenschaften solcher Polynome – insbesondere die Frage nach den Nullstellen – untersuchen müssen. Quadraturformeln auf den Nullstellen der Legendre-Polynome nennt man **Gauß'sche Quadraturregeln.**

Wir können nun die Existenz von Quadraturregeln beweisen, die mit nur m Knoten Polynome vom Höchstgrad $2m-1$ integrieren können.

Satz über die Existenz Gauß'scher Quadraturregeln

Gegeben seien m Quadraturknoten $x_0, x_1, \ldots, x_n$, $m = n + 1$, als Nullstellen des m-ten Legendre-Polynoms P_m wie in (4.32) definiert. Dann gibt es genau eine Quadraturregel

$$Q^{\mathrm{G}}_{n+1}[f] = \sum_{i=0}^{n} \alpha_i f(x_i), \quad x_k \in [-1, 1],$$

die Polynome vom Höchstgrad $2m - 1$ exakt integriert. Die Gewichte sind gegeben durch

$$\alpha_i = \int_{-1}^{1} \prod_{\substack{j=0 \\ j \neq i}}^{n} \left(\frac{x - x_j}{x_i - x_j}\right)^2 \mathrm{d}x, \quad i = 0, 1, 2, \ldots, n.$$

Diese Quadraturregel heißt **Gauß'sche Quadraturregel**.

Beweis Wir zerlegen den Beweis in mehrere Schritte.

- **Existenz einer solchen Quadraturregel.**
  Nach unseren Ausführungen über Legendre-Polynome besitzt das Polynom P_m im Inneren des Intervalls genau $m = n + 1$ einfache Nullstellen $x_0, x_1, \ldots, x_n$. Zu diesen Stützstellen finden wir eine offene Newton-Cotes-Formel, die Polynome vom Grad mindestens $m - 1 = n$ exakt integriert. Es sei p ein Polynom vom Höchstgrad $2m - 1$ auf $[-1, 1]$, das wir mithilfe der Polynomdivision durch das Legendre-Polynom P_m dividieren und so die Darstellung

  $$p(x) = q(x)P_m(x) + r(x)$$

  mit Grad$(q) \leq m - 1$ und Grad$(r) \leq m - 1$ erhalten. Integration liefert

  $$\int_{-1}^{1} p(x)\,\mathrm{d}x = \int_{-1}^{1} q(x)P_m(x)\,\mathrm{d}x + \int_{-1}^{1} r(x)\,\mathrm{d}x$$

  Das Polynom q kann als Linearkombination $q(x) = \sum_{k=0}^{m-1} \beta_k P_k(x)$ von Legendre-Polynomen vom Grad kleiner oder höchstens gleich $m-1$ geschrieben werden. Damit greift aber die Orthogonalität der Legendre-Polynome und es folgt

  $$\int_{-1}^{1} q(x)P_m(x)\,\mathrm{d}x = \sum_{k=0}^{m-1} \beta_k \int_{-1}^{1} P_k(x)P_m(x)\,\mathrm{d}x = 0,$$

Kapitel 4

Hintergrund und Ausblick: Die Legendre-Polynome

Wir definieren eine Klasse von Polynomen auf dem Intervall $[-1,1]$ und zeigen, dass diese Polynome Orthogonalpolynome sind und nur einfache Nullstellen besitzen. Diese Nullstellen in $[-1,1]$ werden sich als die geeigneten Quadraturknoten erweisen.

Legendre-Polynome werden traditionell mit P_k bezeichnet. Sie sind Lösungen einer gewöhnlichen Differenzialgleichung, die man Legendre'sche Differenzialgleichung nennt. Das k-te Legendre-Polynom ist definiert als

$$P_k(x) := \frac{1}{2^k k!}\frac{\mathrm{d}^k}{\mathrm{d}x^k}\left((x^2-1)^k\right), \quad k \in \mathbb{N}. \qquad (4.32)$$

Die k-te Ableitung von $(x^2-1)^k$ ist ein Polynom vom Grad k, da $(x^2-1)^k$ ein Polynom vom Grad $2k$ ist. Die ersten vier Legendre-Polynome sind

$$P_0(x) = 1, \quad P_1(x) = x,$$
$$P_2(x) = \frac{1}{2}(3x^2-1), \quad P_3(x) = \frac{1}{2}(5x^3-3x).$$

Legendre-Polynome sind **Orthogonalpolynome**, d. h., es gilt der folgende Satz.

Satz (Orthogonalität der Legendre-Polynome) Für $l,k \in \mathbb{N}$ gilt

$$\langle P_l, P_k\rangle_{L^2([-1,1])} := \int_{-1}^{1} P_l(x)P_k(x)\,\mathrm{d}x = \begin{cases} 0; & l \neq k \\ \frac{2}{2k+1}; & l = k. \end{cases}$$

◀

Beweis Sei vorerst $l < k$. Partielle Integration liefert

$$\begin{aligned} I_{l,k} &:= 2^l l! 2^k k! \int_{-1}^{1} P_l(x)P_k(x)\,\mathrm{d}x \\ &= \int_{-1}^{1} \frac{\mathrm{d}^l}{\mathrm{d}x^l}[(x^2-1)^l]\cdot\frac{\mathrm{d}^k}{\mathrm{d}x^k}[(x^2-1)^k]\,\mathrm{d}x \\ &= \frac{\mathrm{d}^l}{\mathrm{d}x^l}[(x^2-1)^l]\cdot\frac{\mathrm{d}^{k-1}}{\mathrm{d}x^{k-1}}[(x^2-1)^k]\Big|_{-1}^{1} \\ &\quad - \int_{-1}^{1} \frac{\mathrm{d}^{l+1}}{\mathrm{d}x^{l+1}}[(x^2-1)^l]\cdot\frac{\mathrm{d}^{k-1}}{\mathrm{d}x^{k-1}}[(x^2-1)^k]\,\mathrm{d}x. \end{aligned}$$

Das Polynom $(x^2-1)^k$ hat in $x=-1$ und $x=1$ je eine k-fache Nullstelle, sodass der Randterm wegfällt. Nach weiteren $k-1$ partiellen Integrationen, bei denen jeweils der Randterm aus gleichem Grunde wegfällt, bleibt

$$I_{l,k} = (-1)^k \int_{-1}^{1} \frac{\mathrm{d}^{l+k}}{\mathrm{d}x^{l+k}}[(x^2-1)^l]\cdot(x^2-1)^k\,\mathrm{d}x. \qquad (4.33)$$

Wir hatten $l<k$ vorausgesetzt, also ist $2l = l+l < k+l$ und daher verschwindet der Integrand in (4.33), d. h., wir haben $I_{l,k}=0$ erhalten.

Nun gilt (4.33) auch noch für den Fall $l=k$. Dann ist

$$\frac{\mathrm{d}^{2k}}{\mathrm{d}x^{2k}}[(x^2-1)^k] = (2k)!.$$

Schreiben wir noch $(x^2-1) = (x-1)(x+1)$, dann ergibt sich durch nochmalige k-fache partielle Integration

$$\begin{aligned} I_{k,k} &= (-1)^k(2k)!\int_{-1}^{1}(x-1)^k(x+1)^k\,\mathrm{d}x \\ &= (-1)^k(2k)!\left((x-1)^k\frac{1}{k+1}(x+1)^{k+1}\Big|_{-1}^{1}\right. \\ &\quad \left. -\frac{k}{k+1}\int_{-1}^{1}(x-1)^{k-1}(x+1)^{k+1}\,\mathrm{d}x\right) \\ &= \cdots \\ &= (-1)^{2k}(2k)! \\ &\quad \cdot \frac{k(k-1)\cdot\ldots\cdot 1}{(k+1)(k+2)\cdot\ldots\cdot(2k)}\int_{-1}^{1}(x+1)^{2k}\,\mathrm{d}x \\ &= (k!)^2\frac{2^{2k+1}}{2k+1}. \end{aligned}$$

Wegen der Definition $I_{l,k} = 2^l l! 2^k k! \int_{-1}^{1} P_l(x)P_k(x)\,\mathrm{d}x$ folgt für $l=k$ also

$$\int_{-1}^{1} P_l(x)P_k(x)\,\mathrm{d}x = \frac{1}{2^k 2^k (k!)^2}(k!)^2\frac{2^{2k+1}}{2k+1} = \frac{2}{2k+1}.$$

■

Für die Quadraturformeln besonders wichtig sind die Nullstellen der Legendre-Polynome. Wir beweisen den folgenden Satz.

Satz (Nullstellen der Legendre-Polynome) Jedes Legendre-Polynom P_k mit $k \geq 1$ besitzt in $[-1,1]$ genau k einfache Nullstellen. ◀

Beweis Es ist $P_k(x) = \frac{1}{2^k k!}\frac{\mathrm{d}^k}{\mathrm{d}x^k}[(x^2-1)^k]$ nach Definition. Die Funktion $(x^2-1)^k$ besitzt bei $x=\pm 1$ je eine n-fache Nullstelle. Nach dem Satz von Rolle gibt es daher einen Punkt $\xi \in (-1,1)$ mit $\frac{\mathrm{d}}{\mathrm{d}x}[(\xi^2-1)^k] = 0$. Die Funktionen $\frac{\mathrm{d}^l}{\mathrm{d}x^l}[(\xi^2-1)^k]$ besitzen bei $x=\pm1$ jeweils eine $(k-l)$-fache Nullstelle für $l=1,2,\ldots,k-1$ und so lässt sich der Satz von Rolle wiederholt anwenden. Für P_k ergibt sich damit die Existenz von k Nullstellen im Inneren des Intervalls $[-1,1]$ und da ein Polynom vom Grad k höchstens k Nullstellen haben kann, sind alle Nullstellen einfach. ■

Die Nullstellen der Legendre-Polynome lassen sich nicht über eine geschlossene Formel berechnen. Man findet sie daher in Tafelwerken. Wir werden weiter unten die Nullstellen der ersten Legendre-Polynome tabellarisch aufführen.

womit nur noch

$$\int_{-1}^{1} p(x)\,\mathrm{d}x = \int_{-1}^{1} r(x)\,\mathrm{d}x$$

bleibt. Die Newton-Cotes-Formel zu den Knoten $x_0, x_1, \ldots, x_n$ ist gegeben durch

$$\begin{aligned}\sum_{i=0}^{n} \alpha_i p(x_i) &= \sum_{i=0}^{n} \alpha_i q(x_i) P_m(x_i) + \sum_{i=0}^{n} \alpha_i r(x_i)\\ &= \sum_{i=0}^{n} \alpha_i r(x_i),\end{aligned}$$

denn die x_k sind die Nullstellen von P_m. Nun ist der Rest r aber eine Funktion vom Grad $\leq m-1 = n$ und die Newton-Cotes-Formel integriert solche Polynome exakt, d. h.

$$\sum_{i=0}^{n} \alpha_i r(x_i) = \int_{-1}^{1} r(x)\,\mathrm{d}x = \int_{-1}^{1} p(x)\,\mathrm{d}x.$$

Damit haben wir gezeigt, dass die Quadraturregel $Q_{n+1}^{\mathrm{G}}[f]$ exakt ist für jedes Polynom vom Grad echt kleiner als $2m$. Wir wissen bereits, dass der maximal erreichbare Polynomgrad der exakt integrierbaren Polynome $2m-1$ ist, also integriert $Q_{n+1}^{\mathrm{G}}[f]$ tatsächlich Polynome von maximal möglichem Grad exakt.

- **Die Gewichte.**
  Die Gewichte der Newton-Cotes-Formeln sind für $i = 0, 1, \ldots, n$ gegeben durch

$$\alpha_i = \int_{-1}^{1} L_i(x)\,\mathrm{d}x = \int_{-1}^{1} \prod_{\substack{j=0\\ j\neq i}}^{n} \frac{x - x_j}{x_i - x_j}\,\mathrm{d}x,$$

$L_i(x_k) = \delta_i^k$. Das Polynom L_i ist das i-te Lagrange-Polynom vom Grad $m-1 = n$. Wir haben aber im ersten Teil des Beweises gezeigt, dass die Newton-Cotes-Formel auf den Nullstellen der Legendre-Polynome Polynome vom Grad $2m-1$ exakt integrieren, daher wird das Polynom L_i^2 vom Grad $2m-2$ exakt integriert. Damit gilt für $i = 0, 1, \ldots, n$

$$\begin{aligned}\int_{-1}^{1} L_i^2(x)\,\mathrm{d}x &= \int_{-1}^{1} \prod_{\substack{j=0\\ j\neq i}}^{n} \left(\frac{x - x_j}{x_i - x_j}\right)^2 \mathrm{d}x\\ &= \sum_{k=0}^{n} \alpha_k L_i(x_k) = \alpha_i,\end{aligned}$$

womit die Form der Gewichte bewiesen ist. Nebenbei zeigt die letzte Zeile noch, dass die Gewichte sämtlich positiv sind, denn $\int_{-1}^{1} L_i^2(x)\,\mathrm{d}x > 0$.

- **Eindeutigkeit der Quadraturregel**
  Wir nehmen an, es gäbe eine weitere Quadraturregel

$$\sum_{i=0}^{n} \gamma_i f(y_i)$$

auf paarweise verschiedenen Knoten und mit positiven Gewichten γ_k, die ebenfalls Polynome vom Höchstgrad $2m-1 = 2n+1$ exakt integriert. Wir definieren ein Polynom durch

$$g(y) := M_i(y) P_m(y), \quad M_i(y) := \prod_{\substack{j=0\\ j\neq i}}^{n} \left(\frac{y - y_j}{y_i - y_j}\right)$$

und halten fest, dass der Grad von g gerade $2m-1 = 2n+1$ ist, denn P_m ist vom Grad $m = n+1$ und M_i hat den Grad n. Weiterhin gilt $M_i(y_k) = \delta_i^k$. Nach unserer Annahme liefert die Quadraturregel mit den Gewichten γ_k auf den y_k das exakte Integral für g, d. h.

$$\begin{aligned}\int_{-1}^{1} g(y)\,\mathrm{d}y &= \int_{-1}^{1} M_i(y) P_m(y)\,\mathrm{d}y\\ &= \sum_{k=0}^{n} \gamma_k M_i(y_k) P_m(y_k) = \gamma_i P_m(y_i).\end{aligned}$$

Nun können wir das Polynom M_i vom Grad $\leq n = m-1$ aber wieder als Linearkombination $\sum_{k=0}^{n} \beta_k P_k$ von Legendre-Polynomen kleineren als m-ten Grades darstellen und wegen der Orthogonalität dieser Polynome verschwindet daher das Integral $\int_{-1}^{1} M_i(y) P_m(y)\,\mathrm{d}y$. Damit gilt aber

$$\gamma_i P_m(y_i) = 0\,,$$

und weil $\gamma_i > 0$, muss $P_m(y_i) = 0$ gelten. Mit anderen Worten: Die y_i sind die Nullstellen des Legendre-Polynoms und damit gilt $y_i = x_i$, $i = 0, 1, \ldots, n$. Im zweiten Teil des Beweises haben wir gezeigt, dass die Gewichte von Quadraturformeln auf den Nullstellen von Legendre-Polynomen eindeutig bestimmt sind. Damit ist die Eindeutigkeit der Quadraturregel gezeigt. ∎

Tricks und Kniffe zur Berechnung der Quadraturknoten und der Gewichte

Natürlich kann man die Gewichte α_i und die Nullstellen x_i der Legendre-Polynome auf $[-1, 1]$ in Tabellen im Internet nachschlagen oder aus Softwarepaketen ausgeben lassen und erhält dann z. B. folgende gerundete Ergebnisse. Man beachte: $n = m - 1$.

Kapitel 4

Unter der Lupe: Die Dreitermrekursion der Legendre-Polynome

Eine wichtige Eigenschaft der Legendre-Polynome ist die Gültigkeit einer Dreitermrekursion. Wir zeigen allgemeiner, dass zu jedem gewichteten Skalarprodukt eindeutig bestimmte Orthogonalpolynome existieren, die einer Dreitermrekursion genügen.

Für die Legendre-Polynome gilt eine sogenannte **Dreitermrekursion**

$$P_{m+1}(x) = \frac{2m+1}{m+1} x P_m(x) - \frac{m}{m+1} P_{m-1}(x) \qquad (4.34)$$

für $m = 1, 2, \ldots$ mit $P_0(x) = 1$, $P_1(x) = x$, die wir beweisen wollen. Eine solche Dreitermrekursion ist nicht nur typisch für Legendre-Polynome, sondern für alle Orthogonalpolynome.

Dazu verallgemeinern wir das gewöhnliche L^2-Skalarprodukt um eine positive Gewichtsfunktion $\omega\colon (a,b) \to \mathbb{R}^+$ zu dem Skalarprodukt

$$\langle f, g\rangle := \int_a^b \omega(x) f(x) g(x)\,\mathrm{d}x.$$

Wir verlangen, dass die durch dieses Sklalarprodukt induzierte Norm

$$\|p\| = \sqrt{\langle p, p\rangle} = \left(\int_a^b \omega(x) p(x) p(x)\,\mathrm{d}x\right)^{\frac{1}{2}} < \infty$$

für alle Polynome p vom Grad $m \in \mathbb{N}$ wohldefiniert und endlich ist. Unter dieser Voraussetzung folgt aus der Cauchy-Schwarz'schen-Ungleichung mit $f = 1, g = x^m \in \Pi^m([a,b])$: $|\int_a^b x^m \omega(x)\,\mathrm{d}x| = |\langle 1, x^m\rangle| \le \|1\|\|x^m\| < \infty$, sodass also alle Integrale der Form $\int_a^b x^m \omega(x)\,\mathrm{d}x$ existieren.

Ist δ_i^j das Kronecker-Delta, dann wollen wir alle Polynome $p_k \in \Pi^k([a,b])$, $k \in \mathbb{N}_0$ mit der Eigenschaft

$$\langle p_l, p_m\rangle = \delta_l^m \|p_l\|^2$$

Orthogonalpolynome über $[a,b]$ bezüglich des Gewichts ω nennen. Diese Polynome werden eindeutig bestimmt durch die Forderung, dass der Hauptkoeffizient, also der Koeffizient vor der höchsten Potenz, immer auf 1 normiert wird.

Satz Zu jedem gewichteten Skalarprodukt existieren eindeutig bestimmte Orthogonalpolynome $p_m \in \Pi^m([a,b])$ mit Hauptkoeffizient 1. Sie erfüllen für $m \in \mathbb{N}$ eine Dreitermrekursion der Form

$$p_m(x) = (x + a_m) p_{m-1}(x) + b_m p_{m-2}(x).$$

Dabei sind die Anfangswerte $p_{-1} := 0, p_0 := 1$ und die Koeffizienten a_m, b_m sind gegeben durch

$$a_m = -\frac{\langle x p_{m-1}, p_{m-1}\rangle}{\langle p_{m-1}, p_{m-1}\rangle}, \quad b_m = -\frac{\langle p_{m-1}, p_{m-1}\rangle}{\langle p_{m-2}, p_{m-2}\rangle}. \quad ◀$$

Beweis Wir beweisen den Satz über Induktion. Es gibt nur genau ein Polynom vom Grad $m = 0$ mit Hauptkoeffizient 1, nämlich $p_0 = 1$. Nun seien $p_0, p_1, \ldots, p_{m-1}$ bereits berechnete Orthogonalpolynome $p_k \in \Pi^k([a,b])$ mit Hauptkoeffizienten 1. Besitzt $p_m \in \Pi^m([a,b])$ bereits einen normierten Hauptkoeffizienten, dann ist $p_m - x p_{m-1}$ ein Polynom vom Grad $\le m-1$, denn x^m hebt sich gerade weg. Die $p_0, \ldots, p_{m-1}$ bilden eine Orthogonalbasis des Raumes $\Pi^{m-1}([a,b])$ bezüglich des gewichteten Skalarprodukts, daher gilt (Fourier-Darstellung)

$$p_m - x p_{m-1} = \sum_{i=0}^{m-1} \gamma_i p_i, \quad \gamma_i = \frac{\langle p_m - x p_{m-1}, p_i\rangle}{\langle p_i, p_i\rangle}.$$

Soll p_m orthogonal zu allen $p_0, \ldots, p_{m-1}$ sein, dann muss wegen $\langle p_m, p_i\rangle = 0$

$$\gamma_i = \frac{\langle p_m - x p_{m-1}, p_i\rangle}{\langle p_i, p_i\rangle} = -\frac{\langle x p_{m-1}, p_i\rangle}{\langle p_i, p_i\rangle} = -\frac{\langle p_{m-1}, x p_i\rangle}{\langle p_i, p_i\rangle}$$

gelten. Für $i = m-1$ erhalten wir

$$\gamma_{m-1} = -\frac{\langle x p_{m-1}, p_{m-1}\rangle}{\langle p_{m-1}, p_{m-1}\rangle}$$

und $i = m-2$ ergibt

$$\gamma_{m-2} = -\frac{\langle p_{m-1}, x p_{m-2}\rangle}{\langle p_{m-2}, p_{m-2}\rangle} = -\frac{\langle p_{m-1}, p_{m-1}\rangle}{\langle p_{m-2}, p_{m-2}\rangle}.$$

Alle anderen $\gamma_i, i = 0, 1, \ldots, m-3$ verschwinden wegen der Orthogonalität der Polynome. Daher erhalten wir

$$p_m = (x + \gamma_{m-1}) p_{m-1} + \gamma_{m-2} p_{m-2}$$

und das ist die behauptete Rekursion mit $a_m := \gamma_{m-1}$ und $b_m := \gamma_{m-2}$. ■

Die Dreitermrekursion (4.34) der Legendre-Polynome kann auch mit der Indexverschiebung $m \to m-1$ nicht in Übereinstimmung mit der Rekursionsformel im Satz gebracht werden. Das liegt aber nur daran, dass wir uns bei den Legendre-Polynomen dazu entschieden haben, sie in *nicht*normierter Form anzugeben, d. h., unsere Hauptkoeffizienten sind noch von 1 verschieden. Diese Form der Legendre-Polynome ist in der Literatur die gebräuchliche.

Die Gewichtsfunktion ist im Fall der Legendre-Polynome $\omega = 1$.

Kapitel 4

n	α_n	x_n
0	$\alpha_0 = 2$	$x_0 = 0$
1	$\alpha_0 = \alpha_1 = 1$	$x_1 = -x_0 = 0.5773502692$
2	$\alpha_0 = \alpha_2 = \frac{5}{9}$	$x_2 = -x_0 = 0.7745966692$
	$\alpha_1 = \frac{8}{9}$	$x_1 = 0$
3	$\alpha_0 = \alpha_3 = 0.3478548451$	$x_3 = -x_0 = 0.8611363116$
	$\alpha_1 = \alpha_2 = 0.6521451549$	$x_2 = -x_1 = 0.3399810436$
4	$\alpha_0 = \alpha_4 = 0.2369268851$	$x_4 = -x_0 = 0.9061798459$
	$\alpha_1 = \alpha_3 = 0.4786286705$	$x_3 = -x_1 = 0.5384693101$
	$\alpha_2 = \frac{128}{225}$	$x_2 = 0$

Diese Vorgehensweise ist aber für Mathematikerinnen und Mathematiker außerordentlich unbefriedigend. Wir wollen daher eine Methode angeben, mit der sich die Gewichte und die Nullstellen numerisch stabil bestimmen lassen.

Satz Das Legendre-Polynom P_m, $m \geq 1$, lässt sich als die folgende Determinante berechnen.

$$P_m(x) = \begin{vmatrix} a_1 x & b_1 & & & & \\ b_1 & a_2 x & b_2 & & & \\ & b_2 & a_3 x & b_3 & & \\ & & \ddots & \ddots & \ddots & \\ & & & b_{m-2} & a_{m-1} x & b_{m-1} \\ & & & & b_{m-1} & a_m x \end{vmatrix}. \quad (4.35)$$

Dabei bedeuten

$$a_k := \frac{2k-1}{k}, \quad k = 1, 2, \dots, m$$

$$b_k := \sqrt{\frac{k}{k+1}}, \quad k = 1, 2, \dots, m-1.$$ ◀

Beweis Wir entwickeln die angegebene Determinante nach der letzten Zeile und erhalten

$$P_m(x) = a_m x P_{m-1}(x) - b_{m-1}^2 P_{m-2}(x), \quad m \geq 3.$$

Nehmen wir nun die Indexverschiebung $m \to m+1$ vor, dann ergibt sich genau die Dreitermrekursion (4.34) der Legendre-Polynome. Mit $P_0(x) = 1$ gilt der Satz auch für $m = 1$. ■

Wir werden diese Darstellung der Legendre-Polynome über die Determinante ausnutzen, um zu einem Algorithmus für die Gewichte und Quadraturknoten einer Gaußquadratur zu gelangen. Dazu benötigen wir einige Umformungen hin zu einem Eigenwertproblem, das wir dann mithilfe des QR-Algorithmus nach Kap. 5 stabil lösen können. Wir werden alle Berechnungen der Übersichtlichkeit halber für die Indizierung $1, 2, \dots, m$ durchführen.

Dazu dividieren wir für $k = 1, 2, \dots, m$ die k-te Zeile und Spalte der Determinante (4.35) durch $\sqrt{a_k} = \sqrt{(2k-1)/k}$. Sehen wir uns den ersten Schritt ($k = 1$) an. Wenn wir zum einen die erste Zeile durch $\sqrt{a_1}$ dividieren und dann die erste Spalte, dann erhalten wir in den ersten drei Zeilen der Determinante

$$P_m(x) = a_1 \cdot \begin{vmatrix} \frac{a_1}{\sqrt{a_1}\sqrt{a_1}} x & \frac{b_1}{\sqrt{a_1}} & & & \\ \frac{b_1}{\sqrt{a_1}} & a_2 x & b_2 & & \\ & b_2 & a_3 x & b_3 & \\ & & \ddots & \ddots & \ddots \end{vmatrix}.$$

Der Faktor a_1 ist nötig, um die Division durch $\frac{1}{\sqrt{a_1}} \cdot \frac{1}{\sqrt{a_1}}$ zu kompensieren. Für $k = 2$ dividieren wir die zweite Zeile und die zweite Spalte durch $\sqrt{a_2}$ und erhalten in den ersten drei Zeilen

$$P_m(x) = a_1 \cdot a_2 \cdot \begin{vmatrix} \frac{a_1}{\sqrt{a_1}\sqrt{a_1}} x & \frac{b_1}{\sqrt{a_1 a_2}} & & & \\ \frac{b_1}{\sqrt{a_1 a_2}} & \frac{a_2}{\sqrt{a_2}\sqrt{a_2}} x & \frac{b_2}{\sqrt{a_2}} & & \\ & \frac{b_2}{\sqrt{a_2}} & a_3 x & b_3 & \\ & & \ddots & \ddots & \ddots \end{vmatrix}.$$

Am Ende dieses Prozesses haben wir die Darstellung

$$P_m(x) = \prod_{k=1}^{m} a_k \cdot \begin{vmatrix} x & c_1 & & & & \\ c_1 & x & c_2 & & & \\ & c_2 & x & c_3 & & \\ & & \ddots & \ddots & \ddots & \\ & & & c_{m-2} & x & c_{m-1} \\ & & & & c_{m-1} & x \end{vmatrix}$$

mit

$$c_k = \frac{b_k}{\sqrt{a_k a_{k+1}}} = \sqrt{\frac{k \cdot k \cdot (k+1)}{(k+1)(2k-1)(2k+1)}}$$
$$= \frac{k}{\sqrt{4k^2 - 1}}.$$

Die Nullstellen des m-ten Legendre-Polynoms müssen dann die Eigenwerte der quadratischen Tridiagonalmatrix

$$\boldsymbol{P}_m := \begin{pmatrix} 0 & c_1 & & & & \\ c_1 & 0 & c_2 & & & \\ & c_2 & 0 & c_3 & & \\ & & \ddots & \ddots & \ddots & \\ & & & c_{m-2} & 0 & c_{m-1} \\ & & & & c_{m-1} & 0 \end{pmatrix}$$

sein. Diese Eigenwerte lassen sich stabil mithilfe des QR-Algorithmus berechnen.

Um auch die Gewichte berechnen zu können, geben wir ohne Beweis die Eigenvektoren von $\boldsymbol{P}_m$ an. Der Vektor

$$z^{(k)} := \begin{pmatrix} d_0\sqrt{a_1}P_0(x_k) \\ d_1\sqrt{a_2}P_1(x_k) \\ \vdots \\ d_{m-1}\sqrt{a_m}P_{m-1}(x_k) \end{pmatrix} \tag{4.36}$$

mit

$$d_0 := 1,$$
$$d_j := \frac{1}{\prod_{l=1}^{j} b_l}, \quad j = 1, 2, \ldots, m-1$$

ist Eigenvektor von $\boldsymbol{P}_m$ zum Eigenwert x_k. Nun werden die Legendre-Polynome $P_0, P_1, \ldots, P_{m-1}$ durch die Gauß'sche Quadraturformel exakt integriert und wegen der Orthogonalitätseigenschaft erhalten wir

$$\int_{-1}^{1} P_0(x)P_i(x)\,\mathrm{d}x = \int_{-1}^{1} P_i(x)\,\mathrm{d}x = \sum_{k=1}^{m} \alpha_k P_i(x_k)$$
$$= \begin{cases} 2 & \text{für } i = 0 \\ 0 & \text{für } i = 1, 2, \ldots, m-1. \end{cases}$$

Die Gewichte α_i der Gauß-Formeln sind also Lösungen des Systems

$$\sum_{k=1}^{m} \alpha_k P_i(x_k) = \begin{cases} 2 & \text{für } i = 0 \\ 0 & \text{für } i = 1, \ldots, m-1. \end{cases}$$

Multiplizieren wir nun die erste Zeile dieses Systems mit $d_0\sqrt{a_1}$, die zweite mit $d_1\sqrt{a_2}$ und allgemein die j-te Zeile mit $d_{j-1}\sqrt{a_j}$, dann enthält die Matrix des so gebildeten linearen Systems

$$\boldsymbol{G\alpha} = 2\boldsymbol{e}_1, \quad \boldsymbol{\alpha} = (\alpha_1, \ldots, \alpha_m)^\mathsf{T}$$

wegen (4.36) in den Spalten die Eigenvektoren $z^{(k)}$, d. h.

$$\boldsymbol{G} = \left(z^{(1)}, z^{(2)}, \ldots, z^{(m)}\right).$$

Da es sich um die Eigenvektoren einer symmetrischen reellen Matrix handelt, sind sie paarweise verschieden und orthogonal. Multiplizieren wir daher $\boldsymbol{G\alpha} = 2\boldsymbol{e}_1$ mit $(z^{(k)})^\mathsf{T}$ von links, dann folgt

$$\left\langle z^{(k)}, z^{(k)}\right\rangle \alpha_k = \left\langle z^{(k)}, \boldsymbol{e}_1\right\rangle = 2z_1^{(k)} = 2,$$

denn die erste Komponente von $z^{(k)}$ ist nach (4.36) gerade 1. Bezeichnen wir die normierten Eigenvektoren mit $\widetilde{z}^{(k)}$ und verwenden wir diese, dann gilt $\left\langle \widetilde{z}^{(k)}, \widetilde{z}^{(k)}\right\rangle = 1$ und es folgt

$$\alpha_k = 2\left(\widetilde{z}_1^{(k)}\right)^2, \quad k = 1, 2, \ldots, m.$$

Zum Schluss müssen wir noch bemerken, dass wir – wie in der Literatur an dieser Stelle üblich – in der Indizierung $1, 2, \ldots, m$ gerechnet haben, unsere Quadraturformeln aber immer mit der Indizierung $0, 1, \ldots, n$ mit $n = m+1$ arbeiten. Wir halten daher fest:

Quadraturknoten und Gewichte der Gauß-Formeln

Die Quadraturknoten $x_0, x_1, \ldots, x_n$ einer Gauß'schen Quadraturformel berechnen sich als Eigenwerte der $(n+1) \times (n+1)$-Matrix

$$\boldsymbol{P}_{n+1} = \begin{pmatrix} 0 & c_1 & & & & \\ c_1 & 0 & c_2 & & & \\ & c_2 & 0 & c_3 & & \\ & & \ddots & \ddots & \ddots & \\ & & & c_{n-1} & 0 & c_n \\ & & & & c_n & 0 \end{pmatrix}$$

mit

$$c_k = \frac{k+1}{\sqrt{4(k+1)^2 - 1}}, \quad k = 0, 1, \ldots, n.$$

Die Gewichte $\alpha_0, \alpha_1, \ldots \alpha_n$ der Gauß-Formeln ergeben sich aus den $n+1$ Gleichungen

$$\alpha_k = 2\left(\widetilde{z}_1^{(k+1)}\right)^2, \quad k = 0, 1, \ldots, n,$$

wobei $\widetilde{z}_1^{(k+1)}$ die erste Komponente des normierten Eigenvektors von $\boldsymbol{P}_{n+1}$ zum Eigenwert x_k, $k = 0, 1, \ldots, n$, bezeichnet.

Alle Gauß'schen Quadraturformeln sind auf das Intervall $[-1, 1]$ bezogen, weshalb eine affine Transformation auf ein beliebiges Intervall nötig wird. Wir haben diese Transformationen schon in (4.3) allgemein vorgenommen, daher wollen wir an dieser Stelle nur eine Zusammenfassung geben.

Affine Transformationen bei Gauß'schen Quadraturregeln

Sind $x_0, x_1, \ldots, x_n$ die Nullstellen des Legendre-Polynoms P_m, $m = n+1$, in $[-1, 1]$ und α_i, $i = 0, 1, \ldots, n$ die zugehörigen Gewichte, dann transformieren sich die Knoten auf Knoten $y_0, y_1, \ldots, y_n$ und die Gewichte auf Gewichte $\widetilde{\alpha}_i$, $i = 0, 1, \ldots, n$ für eine Integration über ein beliebiges Intervall $[a, b]$ wie folgt:

$$y_i = x_i\frac{b-a}{2} + \frac{a+b}{2} \tag{4.37}$$
$$\widetilde{\alpha}_i = \alpha_i\frac{b-a}{2}. \tag{4.38}$$

Kapitel 4

Hintergrund und Ausblick: Von den Fejér-Formeln zur Clenshaw-Curtis-Quadratur

Die Gauß'schen Quadraturformeln sind nicht die einzigen Formeln, die sich auf den Nullstellen von Orthogonalpolynomen definieren lassen. Sehr frühe Formeln stammen von Fejér (ca. 1933). Clenshaw und Curtis haben 1960 ebenfalls eine solche Quadraturformel entwickelt, die sich gewisser Beliebtheit in der Praxis erfreut.

Die **Tschebyschow-Polynome** (erster Art) T_n, vergl. S. 52, sind Orthogonalpolynome auf $[-1, 1]$ bezüglich des Skalarproduktes $\langle f, g\rangle := \int_{-1}^{1} \omega(x) f(x)g(x)\,\mathrm{d}x$ mit dem Gewicht $\omega(x) = \frac{1}{\sqrt{1-x^2}}$. Die Polynome sind definiert durch $T_n(x) := \cos(n \arccos x)$ bzw. $T_n(\cos\Theta) = \cos(n\Theta)$ und die Nullstellen sind nach (3.29) $x_j = \cos\Theta_j$, $\Theta_j := \frac{2j-1}{2n}\pi$, $j = 1, 2, \ldots, n$.

Das Lagrange'sche Interpolationspolynom p einer Funktion f auf den $n+1$ paarweise verschiedenen Knoten $x_0, x_1, \ldots, x_n$ ist in der Form

$$p(x) = \sum_{j=0}^{n} f(x_j) \prod_{\substack{k=0\\k\neq j}}^{n} \frac{x - x_k}{x_j - x_k}$$

gegeben, vergl. (3.12). Im Kapitel über Interpolation haben wir für das Polynom $(x - x_0)(x - x_1)\cdots(x - x_n)$ den Buchstaben ω_{n+1} verwendet, der sich nun verbietet, da wir mit ω das Gewicht des Skalarprodukts bezeichnen. Wir ändern daher hier die Bezeichnung zu $W(x) := (x - x_1)\cdots(x - x_n)$, da wir Quadraturformeln auf den n Knoten $x_1, \ldots, x_n$ betrachten wollen, und können damit

$$p(x) = \sum_{j=1}^{n} f(x_j) \frac{W(x)}{W'(x_j)(x - x_j)}$$

schreiben. Aus

$$\int_{-1}^{1} f(x)\,\mathrm{d}x \approx \int_{-1}^{1} p(x)\,\mathrm{d}x =: \sum_{j=1}^{n} \alpha_j f(x_j)$$

erkennen wir nach Einsetzen von $p(x)$, dass unsere Gewichte sich gerade zu

$$\alpha_j = \frac{1}{W'(x_j)} \int_{-1}^{1} \frac{W(x)}{(x - x_j)}\,\mathrm{d}x$$

ergeben. Da auch eine Quadraturregel mit Tschebyschow-Polynomen interpolatorisch sein muss, folgt daraus für die Gewichte einer solchen Formel

$$\alpha_j = \frac{1}{T_n'(x_j)} \int_{-1}^{1} \frac{T_n(x)}{(x - x_j)}\,\mathrm{d}x.$$

Nun benötigen wir noch ein spezielles Resultat aus der Theorie orthogonaler Polynome, die **Christoffel-Darboux-Formel**

$$\sum_{k=0}^{n} T_k(x)T_k(y) = \frac{T_{n+1}(x)T_n(y) - T_n(x)T_{n+1}(y)}{x - y},$$

die man leicht aus der Dreitermrekursion $T_n(x) = (x + a_n)T_{n-1}(x) + b_n T_{n-2}(x) = 2xT_{n-1}(x) - T_{n-2}(x)$ der Tschebyschow-Polynome erhält, siehe auch die Lupe-Box auf S. 111. Setzen wir in der Christoffel-Darboux-Formel $y = x_j$, dann ergibt sich $1 + 2\sum_{k=1}^{n-1} T_k(x)T_k(x_j) = -\frac{T_n(x)T_{n+1}(x_j)}{x-x_j}$, wobei man mit der Dreitermrekursion sukzessive die rechte Seite umformt und $T_0 \equiv 1$ beachtet. Damit schreiben sich die Gewichte in der Form

$$\alpha_j = \frac{-2}{T_n'(x_j)T_{n+1}(x_j)} \left(1 + \sum_{m=1}^{n-1} T_m(x_j) \int_{-1}^{1} T_m(x)\,\mathrm{d}x \right).$$

Nun ist wegen $T_n'(\cos\Theta) = n(\sin n\Theta)/\sin\Theta$ auch $T_n'(x_j) = T_n'(\cos\Theta_j) = (-1)^{j-1}\frac{n}{\sin\Theta_j}$. Mithilfe der Substitution $x = \cos\Theta$ folgt

$$\int_{-1}^{1} T_m(x)\,\mathrm{d}x = \int_{0}^{\pi} \cos m\Theta\, \sin\Theta\,\mathrm{d}\Theta = \begin{cases} \frac{2}{1-m^2}; & m \text{ gerade,} \\ 0; & m \text{ ungerade,} \end{cases}$$

und damit erhalten wir für die Gewichte schließlich

$$\alpha_j = \frac{2}{n}\left(1 - 2\sum_{m=1}^{\lfloor \frac{n}{2} \rfloor} \frac{\cos(2m\Theta_k)}{4m^2 - 1} \right),$$

wobei $\lfloor n/2 \rfloor$ die größte ganze Zahl bezeichnet, die kleiner oder gleich $n/2$ ist. Die Quadraturformel $Q_{n+1}[f] = \sum_{j=1}^{n} \alpha_j f(x_j)$ auf $[-1, 1]$ mit diesen Gewichten nennt man die **erste Fejér'sche Quadraturformel**.

Die **Clenshaw-Curtis-Formeln** erhält man, wenn man die Endpunkte -1 und 1 des Integrationsintervalls mit zulässt, also die Knoten

$$x_j = \cos\left(\frac{j-1}{n-1}\pi\right), \quad j = 1, \ldots, n$$

betrachtet. Wie im Fall der ersten Fejér'schen Formel kann man auch hier die Gewichte bestimmen,

$$\alpha_1 = \alpha_n = \begin{cases} \frac{1}{(n-1)^2}; & n \text{ gerade,} \\ \frac{1}{n(n-2)}; & n \text{ ungerade,} \end{cases}$$

$$\alpha_j = 1 - \sum_{k=1}^{\lfloor (n-1)/2 \rfloor} \frac{2}{4k^2 - 1} \cos\frac{2k(j-1)}{n-1}\pi,$$

für $j = 2, \ldots, n-1$, wobei der letzte Summand in der Summe zu halbieren ist, wenn n ungerade ist.

Kapitel 4

Beispiel: Gauß versus Newton-Cotes

Wir wollen das Integral

$$\int_0^1 f(x)\,\mathrm{d}x = \int_0^1 \mathrm{e}^x\,\mathrm{d}x = \mathrm{e}^x\big|_0^1$$
$$= \mathrm{e} - 1 \approx 1.71828182845905$$

numerisch mithilfe von Gauß'schen Quadraturregeln bestimmen und die Ergebnisse den vergleichbaren Newton-Cotes-Formeln gegenüberstellen. Alle Rechnungen werden auf vierzehn Nachkommastellen genau gerundet.

Problemanalyse und Strategie Wir werden nacheinander die Werte der Gauß'schen Quadraturformeln auf 2, 3 und 4 Knoten berechnen und sie mit den Ergebnissen der geschlossenen Newton-Cotes-Formeln mit derselben Anzahl von Knoten vergleichen.

Lösung

- Zu Beginn berechnen wir das Integral mit der Gaußformel für $m = 2$ Punkte im Intervall $[-1, 1]$,

$$Q_2^{\mathrm{G}}[\mathrm{e}^x] = \mathrm{e}^{-\frac{1}{\sqrt{3}}} + \mathrm{e}^{\frac{1}{\sqrt{3}}},$$

mit $x_0 = -x_1 = -1/\sqrt{3}$ und $\alpha_0 = \alpha_1 = 1$. Die affine Transformation auf das Intervall $[0, 1]$ liefert nach (4.37) und (4.38)

$$y_i = \frac{x_i + 1}{2}, \quad \widetilde{\alpha}_i = \frac{\alpha_i}{2}, \quad i = 0, 1, \tag{4.39}$$

und damit

$$\widetilde{Q}_2^{\mathrm{G}}[\mathrm{e}^x] = \frac{1}{2}\left(\mathrm{e}^{\frac{1-\frac{1}{\sqrt{3}}}{2}} + \mathrm{e}^{\frac{1+\frac{1}{\sqrt{3}}}{2}}\right)$$
$$= 1.011\,994\,367\,565\,34$$

Die vergleichbare geschlossene Newton-Cotes-Formel mit 2 Quadraturpunkten ist die Trapezregel

$$Q_2^{\mathrm{Tr}}[\mathrm{e}^x] = \frac{1}{2}\left(\mathrm{e}^1 - \mathrm{e}^0\right) = 0.859\,140\,914\,229\,3.$$

Damit lauten die relativen Fehler

$$\frac{|\int_0^2 \mathrm{e}^x\,\mathrm{d}x - \widetilde{Q}_2^{\mathrm{G}}[\mathrm{e}^x]|}{|\int_0^2 \mathrm{e}^x\,\mathrm{d}x|} \approx 41\%,$$
$$\frac{|\int_0^2 \mathrm{e}^x\,\mathrm{d}x - Q_2^{\mathrm{Tr}}[\mathrm{e}^x]|}{|\int_0^2 \mathrm{e}^x\,\mathrm{d}x|} \approx 50\%.$$

- Die Gaußformel zu den drei Punkten $x_0 = -x_2 = -0.774\,596\,669\,241\,483$, $x_1 = 0$ und den Gewichten $\alpha_0 = \alpha_2 = \frac{5}{9}$, $\alpha_1 = \frac{8}{9}$ auf $[-1, 1]$ transformiert sich gemäß (4.39) mit

$$y_0 = 0.112\,701\,665\,379\,26,$$
$$y_1 = 0.5,$$
$$y_2 = 0.887\,298\,334\,620\,74,$$
$$\widetilde{\alpha}_0 = \widetilde{\alpha}_2 = \frac{5}{18}, \quad \widetilde{\alpha}_1 = \frac{8}{18} = \frac{4}{9},$$

zu

$$\widetilde{Q}_3^{\mathrm{G}}[\mathrm{e}^x] = \frac{1}{18}\left(5\mathrm{e}^{y_0} + 8\mathrm{e}^{y_1} + 5\mathrm{e}^{y_2}\right)$$
$$= 1.718\,281\,004\,372\,52.$$

Die geschlossene Newton-Cotes-Formel mit drei Knoten ist die Simpson-Regel

$$Q_3^{\mathrm{Si}}[\mathrm{e}^x] = \frac{1}{6}\left(\mathrm{e}^0 + 4\mathrm{e}^{0.5} + \mathrm{e}^1\right)$$
$$= 1.718\,861\,151\,876\,59.$$

Damit erhalten wir für die relativen Fehler

$$\frac{|\int_0^2 \mathrm{e}^x\,\mathrm{d}x - \widetilde{Q}_3^{\mathrm{G}}[\mathrm{e}^x]|}{|\int_0^2 \mathrm{e}^x\,\mathrm{d}x|} \approx 0.00005\,\%,$$
$$\frac{|\int_0^2 \mathrm{e}^x\,\mathrm{d}x - Q_3^{\mathrm{Si}}[\mathrm{e}^x]|}{|\int_0^2 \mathrm{e}^x\,\mathrm{d}x|} \approx 0.034\,\%.$$

- Die Gaußformel zu den vier Knoten $x_0 = -x_3 = -0.861\,136\,311\,594\,053$, $x_1 = -x_2 = -0.339\,981\,043\,584\,856$ und den Gewichten $\alpha_0 = \alpha_3 = 0.347\,854\,845\,137\,454$, $\alpha_1 = \alpha_2 = 0.652\,145\,154\,862\,546$ führt auf $\widetilde{Q}^{\mathrm{G}}[\mathrm{e}^x] = \sum_{i=0}^{3} \widetilde{\alpha}_i f(y_i)$ mit $y_0 = 0.069\,431\,844\,202\,98$, $y_1 = 0.330\,009\,478\,207\,57$, $y_2 = 0.669\,990\,521\,792\,43$, $y_3 = 0.930\,568\,155\,797\,03$ und $\widetilde{\alpha}_0 = \widetilde{\alpha}_3 = 0.173\,927\,422\,568\,73$, $\widetilde{\alpha}_1 = \widetilde{\alpha}_2 = 0.326\,072\,577\,431\,27$, und liefert

$$\widetilde{Q}^{\mathrm{G}}[\mathrm{e}^x] = 1.718\,281\,827\,526\,07.$$

Die geschlossene Newton-Cotes-Formel mit vier Knoten ist die $\frac{3}{8}$-Regel

$$Q_4^{3/8}[\mathrm{e}^x] = \frac{1}{8}\left(\mathrm{e}^0 + 3\mathrm{e}^{1/3} + 3\mathrm{e}^{2/3} + \mathrm{e}^1\right)$$
$$= 1.718\,540\,153\,360\,17$$

Damit sind die relativen Fehler

$$\frac{|\int_0^2 \mathrm{e}^x\,\mathrm{d}x - \widetilde{Q}_4^{\mathrm{G}}[\mathrm{e}^x]|}{|\int_0^2 \mathrm{e}^x\,\mathrm{d}x|} \approx 0.00000005\,\%,$$
$$\frac{|\int_0^2 \mathrm{e}^x\,\mathrm{d}x - Q_4^{3/8}[\mathrm{e}^x]|}{|\int_0^2 \mathrm{e}^x\,\mathrm{d}x|} \approx 0.015\,\%.$$

Weitere Gaußformeln

Wir haben für Orthogonalpolynome eine Dreitermrekursion bewiesen, wobei das gewichtete Skalarprodukt

$$\langle f, g\rangle := \int_a^b \omega(x) f(x) g(x)\,\mathrm{d}x$$

dem Orthogonalitätsbegriff zugrunde lag. Für die Legendre-Polynome galt $\omega(x) = 1$ und die auf den Nullstellen dieser Polynome basierenden Gauß'schen Quadraturverfahren nennt man auch **Gauß-Legendre-Verfahren**. Die Wahl anderer Gewichte und damit anderer Orthogonalpolynome führt auf sehr interessante Quadraturregeln, die wir im Rahmen dieser Einführung nicht näher untersuchen können, die wir aber wenigstens darstellen wollen.

Gauß-Legendre-Quadratur

$$[a, b] = [-1, 1], \quad \omega(x) = 1$$

Gauß-Tschebyschow-Quadratur

$$[a, b] = [-1, 1], \quad \omega(x) = (1 - x^2)^{-1/2}$$

Gauß-Jacobi-Quadratur

$$[a, b] = [-1, 1], \quad \omega(x) = (1 - x)^{\alpha}(1 + x)^{\beta}, \quad \alpha, \beta > -1$$

Gauß-Laguerre-Quadratur

$$[a, b] = [0, \infty), \quad \omega(x) = x^{\alpha}\mathrm{e}^{-x}, \quad \alpha > -1$$

Gauß-Hermite-Quadratur

$$[a, b] = (-\infty, \infty), \quad \omega(x) = \mathrm{e}^{-x^2}$$

Einige dieser Formeln können erstaunlich gut Funktionen mit Singularitäten integrieren, aber für weitere Untersuchungen verweisen wir auf die Literatur.

Kapitel 4

4.6 Was es noch gibt: adaptive Quadratur, uneigentliche Integrale, optimale Quadraturverfahren und mehrdimensionale Quadratur

Adaptive Quadratur

In der Praxis tauchen natürlich in der Regel keine Funktionen oder Datensätze auf, die so schöne Eigenschaften wie z. B. die Exponentialfunktion e^x haben. So können schnell oszillierende Daten neben Bereichen von sehr variationsarmen Daten vorliegen, was die Verwendung von festen Schrittweiten h verbietet, denn ein sehr kleines h zur Auflösung schneller Oszillationen ist für variationsarme Funktionen viel zu klein und führt zu übermäßigen Funktionsaufrufen. Jedes gute professionelle Programm zur numerischen Quadratur verfügt daher über eine automatische Anpassung der Schrittweite. Eine solche **Adaptivität** ist bereits durch die Verwendung der Romberg-Integration gegeben, es existieren aber noch zahlreiche andere Möglichkeiten.

Diese Adaptivität kann z. B. dadurch erreicht werden, dass auf einem Teilintervall der Schrittweite h_i zwei Quadraturformeln unterschiedlicher Ordnung verwendet werden, z. B. die Trapezregel Q_2^{Tr} und die Simpson-Regel Q_3^{Si}. Wegen

$$Q_2^{\mathrm{Tr}}[f] = \frac{h_i}{2}\left(f(x_i) + f(x_{i+1})\right)$$

und

$$\begin{aligned} Q_3^{\mathrm{Si}}[f] &= \frac{h_i}{6}\left(f(x_i) + 4f\left(\frac{x_i + x_{i+1}}{2}\right) + f(x_{i+1}\right) \\ &= \frac{h_i}{6}(f(x_i) + f(x_{i+1})) + \frac{2h_i}{3}\left(\frac{x_i + x_{i+1}}{2}\right) \\ &= \frac{1}{3}\left(Q_2^{\mathrm{Tr}}[f] + 2h_i\left(\frac{x_i + x_{i+1}}{2}\right)\right) \end{aligned}$$

lässt sich das Ergebnis der Trapezregel sogar noch für die Simpson-Regel verwenden. Schätzt man nun grob den Betrag I_i des zu berechnenden Integral auf dem betrachteten Intervall $[x_i, x_{i+1}]$ und legt eine Schranke ε_1 für die absolute Genauigkeit und eine Schranke ε_2 für die relative Genauigkeit fest, dann halbiert man h_i, wenn

$$|Q_3^{\mathrm{Si}}[f] - Q_2^{\mathrm{Tr}}[f]| > \max\{\varepsilon_1, \varepsilon_2 I_i\}$$

festgestellt wird. Bei

$$|Q_3^{\mathrm{Si}}[f] - Q_2^{\mathrm{Tr}}[f]| \le \max\{\varepsilon_1, \varepsilon_2 I_i\}$$

bricht man mit der Intervallhalbierung ab. Zahllose andere Möglichkeiten zur adaptiven Berechnung der Schrittweiten findet man in der Literatur.

Besonders beliebt sind auch die sogenannten **Gauß-Kronrod-Verfahren**, die Gauß'sche Quadraturregeln verwenden. Da die m Quadraturknoten einer Gaußquadratur nie Teilmenge einer Gauß'schen Regel mit $m + 1$ Knoten sind, werden zu einer m-punktigen Gaußregel $m + 1$ Punkte hinzugefügt, die die Nullstellen eines sogenannten **Stieltjes-Polynoms** sind. Die resultierende Gauß-Kronrod-Regel ist dann von der Ordnung $2m + 1$ und die Differenz zwischen dem numerischen Ergebnis der Gauß-Regel und der Kronrod-Erweiterung wird gerne zur Adaption der Schrittweite genutzt. Gauß-Kronrod-Formeln sind in vielen Programmen implementiert, z. B. in QUADPACK, der Gnu Scientific Library und den NAG Numerical Libraries.

Uneigentliche Integrale

Ein erster Typ uneigentlicher Integrale tritt auf, wenn das Integrationsintervall $[a, b]$ endlich ist, aber der Integrand f eine Singularität aufweist. In der Literatur kursieren zahlreiche Methoden bzw. Empfehlungen für diesen Fall und es hängt immer vom Integranden bzw. von der Art der Singularität des Integranden ab. Wir wollen für unsere Diskussion den Standardfall betrachten, dass

$$\int_0^1 f(x)\,\mathrm{d}x$$

zu berechnen ist, wobei f bei $x = 0$ eine Singularität aufweist. Das uneigentliche Integral sei existent.

Eine erste Methode ist die direkte **Verwendung der Definition**

$$\int_0^1 f(x)\,\mathrm{d}x := \lim_{a\to 0} \int_a^1 f(x)\,\mathrm{d}x.$$

Man kann eine Folge $1 > a_1 > a_2 > \ldots$ mit $\lim_{i\to\infty} a_i = 0$ wählen, sodass eine Darstellung

$$\int_0^1 f(x)\,\mathrm{d}x = \int_{a_1}^1 f(x)\,\mathrm{d}x + \int_{a_2}^{a_1} f(x)\,\mathrm{d}x + \int_{a_3}^{a_2} f(x)\,\mathrm{d}x + \ldots$$

gilt. Jedes der auf der rechten Seite auftretenden Integrale ist ein gewöhnliches Integral und kann mit einer der von uns behandelten Methoden behandelt werden. Die auftretenden Integrationsintervalle $[a_k, a_{k+1}]$ werden jedoch unter Umständen schnell sehr klein.

Eine zweite Methode – die **Methode des eingeschränkten Intervalls** – bietet sich an, wenn für „kleines" $a > 0$ eine Abschätzung der Form

$$\left| \int_0^a f(x)\,\mathrm{d}x \right| < \varepsilon$$

mit $\varepsilon > 0$ zur Hand ist. In diesem Fall berechnet man numerisch das Integral

$$\int_a^1 f(x)\,\mathrm{d}x.$$

In manchen Fällen gelingt auch die **Methode der Variablentransformation**, die wir an einem Beispiel beleuchten. Ist $g \in C([0,1])$ und soll

$$\int_0^1 \frac{g(x)}{\sqrt[n]{x}}\,\mathrm{d}x$$

berechnet werden, dann gelingt es mithilfe der Transformation $t^n = x$, $\mathrm{d}x = nt^{n-1}\mathrm{d}t$, das singuläre Integral auf das reguläre Integral

$$\int_0^1 g(t^n)t^{n-2}\,\mathrm{d}t$$

zu transformieren.

Weiterhin gibt es noch die Möglichkeit der **Subtraktion der Singularität**, die wir ebenfalls an einem Beispiel verdeutlichen. Schreibt man das singuläre Integral

$$\int_0^1 \frac{\cos x}{\sqrt{x}}\,\mathrm{d}x$$

etwas umständlich in der Form

$$\int_0^1 \frac{\cos x}{\sqrt{x}}\,\mathrm{d}x = \int_0^1 \frac{\mathrm{d}x}{\sqrt{x}} + \int_0^1 \frac{\cos x - 1}{\sqrt{x}}\,\mathrm{d}x$$
$$= 2 + \int_0^1 \frac{\cos x - 1}{\sqrt{x}}\,\mathrm{d}x,$$

dann ist das so entstandene Integral nicht mehr singulär, was aus der Taylor-Entwicklung von $\cos x$ folgt.

Weitere Fälle von uneigentlichen Integralen ergeben sich, wenn der Integrand f zwar stetig ist, das Integrationsintervall jedoch unbeschränkt, also

$$\int_{-\infty}^{\infty} f(x)\,\mathrm{d}x, \quad \int_{-\infty}^{a} f(x)\,dx, \quad \int_a^{\infty} f(x)\,dx.$$

Auch hier kann man **Methode der Variablentransformation** verwenden. So wird zum Beispiel das Intervall $[0, \infty)$ durch die Transformation $x = \mathrm{e}^{-t}$ auf das Intervall $[0, 1]$ abgebildet. Dies führt auf Integrale

$$\int_0^{\infty} f(t)\,\mathrm{d}t = \int_0^1 \frac{f(-\log x)}{x}\,\mathrm{d}x =: \int_0^1 \frac{g(x)}{x}\,\mathrm{d}x,$$

und die Transformation führt nur dann auf ein gewöhnliches Integral, wenn $g(x)/x$ in der Nähe von null beschränkt ist.

Es gibt auch hier wieder die direkte **Verwendung der Definition**, in diesem Fall etwa

$$\int_a^{\infty} f(x)\,\mathrm{d}x := \lim_{b\to\infty} \int_a^b f(x)\,\mathrm{d}x$$

und mit einer entsprechenden Folge $(b_i)_{i\in\mathbb{N}}$ mit $a < b_1 < b_2 < \ldots$ und $\lim_{i\to\infty} b_i = \infty$ lassen sich Näherungen für das Integral ermitteln.

Optimale Quadraturformeln

Optimale Quadraturformeln sind der „heilige Gral“ in der Theorie der Numerischen Quadratur. Wir haben schon gesehen, dass unterschiedliche Klassen von Funktionen zu ganz unterschiedlichen Fehlertermen führen. So hat sich die zusammengesetzte Mittelpunktsregel für Funktionen f mit beschränkter Variation als ein Verfahren erster Ordnung erwiesen, ist aber sogar noch f' von beschränkter Variation, dann ist die zusammengesetzte Mittelpunktsregel ein Verfahren zweiter Ordnung. Die Frage bleibt: Wie weit kann man das treiben? Mit anderen Worten:

Ist $V \subset C([a,b])$ ein Unterraum der stetigen Funktionen, $n \in \mathbb{N}$ fest gewählt und

$$\inf_{Q_{n+1}[f]} \sup_{f \in V} |R_{n+1}[f]|,$$

dann heißt diejenige Quadraturregel, die dieses Infimum annimmt, **optimal in** V.

Optimale Quadraturregeln sind von größtem Interesse, allerdings sind bis heute nur wenige solcher Regeln bekannt, d. h., es gibt optimale Formeln nur für wenige V. In den bekannten Fällen spielen häufig Splines eine wichtige Rolle, aber dafür verweisen wir auf die Literatur. Ein einfaches Beispiel hat Zubrzycki schon 1963 angegeben. Im Unterraum

$$V := \{f \,|\, \mathrm{Var}_a^b(f) \le M\} \cap C([a,b]), \quad M > 0,$$

ist die Mittelpunktsregel optimal.

Mehrdimensionale Quadratur

Numerische Integration in mehreren Dimensionen ist ein weitestgehend offenes Forschungsgebiet ohne die starken Resultate, die man aus dem Eindimensionalen kennt. Die numerische Integration in zwei Dimensionen nennt man auch **Kubatur**. Je nach Anwendungsfall interessiert man sich für die Kubatur auf bestimmten Gebieten, zum Beispiel auf Rechtecken, oder auf Dreiecken, oder auf Kreisen. Besonders einfach sind Kubaturregeln auf Rechtecken $[a,b] \times [c,d]$ zu erhalten, denn sie können aus cartesischen Produkten aus zwei eindimensionalen Quadraturformeln zusammengesetzt gedacht werden. Sind

$$Q_{n+1}^x[f] := \sum_{i=0}^{n} a_i f(x_i, y), \quad Q_{m+1}^y[f] := \sum_{i=0}^{m} b_i f(x, y_i)$$

Quadraturregeln in x- und y-Richtung, dann ergibt sich eine Kubaturregel durch das cartesische Produkt

$$Q_{n+1}^x \times Q_{m+1}^y[f] := \sum_{i=0}^{n} \sum_{j=0}^{m} a_i b_j f(x_i, y_j).$$

Beispiel Im Rechteck $[a,b] \times [c,d]$ mit $h := b - a$ und $k := d - c$ wähle für x- und y-Richtung die Simpson-Formel

$$Q_{n+1}^x[f] := \frac{h}{6}\left(f(a,y) + 4f\left(\frac{a+b}{2}, y\right) + f(b,y)\right),$$

$$Q_{n+1}^y[f] := \frac{k}{6}\left(f(x,c) + 4f\left(x, \frac{c+d}{2}\right) + f(x,d)\right).$$

Als cartesisches Produkt ergibt sich mit $n = m = 2$ und

$$x_0 = a, \quad x_1 = \frac{a+b}{2}, \quad x_2 = b,$$

$$y_0 = c, \quad y_1 = \frac{c+d}{2}, \quad y_2 = d,$$

die Kubaturformel

$$\begin{aligned}
&Q_{n+1}^x \times Q_{m+1}^y[f] \\
&= \frac{hk}{36} \sum_{i=0}^{2} (f(x_i, y_0) + 4f(x_i, y_1) + f(x_i, y_2)) \\
&= f(x_0, y_0) + 4f(x_1, y_0) + f(x_2, y_0) + 4f(x_0, y_1) \\
&\quad + 16f(x_1, y_1) + 4f(x_2, y_1) + f(x_0, y_2) + 4f(x_1, y_2) \\
&\quad + f(x_2, y_2).
\end{aligned}$$

Sortieren wir und setzen wieder unsere ursprünglichen Bezeichnungen ein, dann lautet die Quadraturformel

$$\begin{aligned}
&Q_{n+1}^x \times Q_{m+1}^y[f] \\
&= \frac{hk}{36}\Bigg[f(a,c) + f(b,c) + f(a,d) + f(b,d) \\
&\quad +4\left(f\left(\frac{a+b}{2}, c\right) + f\left(a, \frac{c+d}{2}\right)\right. \\
&\quad \left. + f\left(b, \frac{c+d}{2}\right) + f\left(\frac{a+b}{2}, d\right)\right) \\
&\quad + 16f\left(\frac{a+b}{2}, \frac{c+d}{2}\right)\Bigg].
\end{aligned}$$

◂

Wie erwartet, übertragen sich die Genauigkeiten der beiden eindimensionalen Quadraturformeln auf die Kubaturformel.

Satz Sind $I^x := [a,b]$ und $I^y := [c,d]$ Intervalle in x- bzw. in y-Richtung, Q^x und Q^y irgend zwei eindimensionale Kubaturformeln auf I^x bzw. auf I^y und ist $f(x,y) = g(x)h(y)$, dann gilt:

Integriert Q^x die Funktion g exakt auf I^x und integriert Q^y die Funktion h exakt auf I^y, dann integriert $Q^x \times Q^y$ die Funktion f exakt auf $I^x \times I^y$. ◂

Beweis Ist $Q^x[g] := \sum_{i=0}^n a_i g(x_i, y)$ und $Q^y[f] := \sum_{j=0}^m b_j f(x, y_j)$, dann gilt

$$\begin{aligned}
\iint\limits_{I^x \times I^y} f(x,y)\,\mathrm{d}x\mathrm{d}y &= \iint\limits_{I^x \times I^y} g(x)h(y)\,\mathrm{d}x\mathrm{d}y \\
&= \int\limits_{I^x} g(x)\,\mathrm{d}x \int\limits_{I^y} h(y)\,\mathrm{d}y = \left(\sum_{i=0}^n a_i g(x_i)\right)\left(\sum_{j=0}^m b_j h(y_j)\right) \\
&= \sum_{i=0}^n \sum_{j=0}^m a_i b_j g(x_i) h(y_j) = Q^x \times Q^y[f]. \qquad \blacksquare
\end{aligned}$$

Neben den Rechtecken besteht insbesondere bei der Numerik partieller Differenzialgleichungen großes Interesse an numerischen Integrationsformeln für Simplexe. Dafür verweisen wir jedoch auf die reichhaltige Literatur zu den Methoden der Finiten Elemente (FEM).

Übersicht über Programmpakete

Numerische Integrationsroutinen finden sich in allen gängigen Computeralgebrasystemen, aber es gibt auch eine mannigfache Auswahl von weiteren Programmpaketen, die in der *public domain* verfügbar sind. Wir geben daher nur eine Auswahl.

- **GNU scientific Library GSL**. Die GSL ist in *C* geschrieben und bietet eine Vielzahl von Methoden zur numerischen Integration.
- **QUADPACK**. Geschrieben in FORTRAN enthält dieses Paket einige sehr interessante Verfahren zur numerischen Quadratur.
- **ALGLIB**. Hierbei handelt es sich um eine Sammlung von Algorithmen in verschiedenen Sprachen, wie *C#*, *C++* und *VisualBasic*.
- **Cuba** stellt Kubaturmethoden zur Verfügung, ebenso wie
- **Cubature**.
- **Scilab** ist ein mächtiges Werkzeug zur Modellierung und Simulation und enthält auch Routinen zur numerischen Integration.

Zusammenfassung

Die numerische Quadratur ist innerhalb der Numerik eine mathematisch besonders weit entwickelte Technik. Während man sich in anderen Bereichen mit Aussagen über Größenordnungen wie $\mathcal{O}$ zufrieden geben muss, sind einige Quadraturverfahren so weit untersucht, dass man den exakten Fehlerterm in Abhängigkeit von der zur integrierenden Funktionenklasse angeben kann. Nicht zuletzt liegt das auch daran, dass ein Integral ein lineares Funktional auf einem Funktionenraum darstellt und man mithilfe von funktionalanalytischen Methoden wie dem **Peano-Kern** sehr tiefgehende Methoden der Analysis zur Verfügung hat.

Löst man sich von der Forderung nach äquidistanten Knoten, dann bietet sich die **Gauß-Quadratur** an, bei der als Knoten die Nullstellen der Legendre-Polynome in $[-1, 1]$ Verwendung finden. Gauß-Quadraturformeln liefern eine **optimale Ordnung** in dem Sinne, dass bei $n + 1$ Knoten Polynome vom Grad $2n + 1$ noch exakt integriert werden.

Die Gauß'schen Quadraturformeln sind übrigens nicht die einzigen Formeln auf nichtäquidistanten Gittern. Hervorzuheben ist das **Verfahren von Clenshaw und Curtis**, das in der Praxis vielfältigen Einsatz findet.

Mit unserer Einführung ist das Gebiet der numerischen Quadratur natürlich noch längst nicht erschöpfend behandelt. Sowohl in der Theorie (Suche nach „optimalen Formeln") als auch in der Praxis (Adaptive Quadratur) ist die numerische Quadratur ein aktives Forschungsfeld. Gerade in mehreren Raumdimensionen steht man mit all diesen Fragen noch ganz am Anfang.

Übersicht: Interpolatorische Quadraturformeln auf äquidistanten Gittern

Wir haben Quadraturregeln und ihre Fehler als lineare Funktionale definiert und die Idee der Konvergenz vorgestellt. Konzentriert haben wir uns auf **interpolatorische Quadraturen**, bei denen man die gegebenen Daten (oder die vorgelegte Funktion f an ausgezeichneten Stellen) mit einem Polynom interpoliert und dann dieses Polynom integriert.

Mit Rückgriff auf die schlechten Eigenschaften der Interpolationspolynome bei äquidistanten Gittern haben wir solche Quadraturformeln mit hoher Ordnung, d. h. mit Polynomen vom Grad größer als 6, verworfen. Dann treten auch schon negative Gewichte auf, die zu Instabilitäten führen können. Als wichtige Vertreter der interpolatorischen Quadraturformeln auf äquidistanten Gittern haben wir die **geschlossenen Newton-Cotes-Formeln** vorgestellt und analysiert. Eine geschlossene Newton-Cotes-Formel für die numerische Berechnung von $\int_a^b f(x)\,\mathrm{d}x$ auf $n+1$ äquidistant verteilten Punkten $a = x_0 < x_1 < \ldots < x_n = b$ und $h := x_{i+1} - x_i$ ist von der Form

$$Q_{n+1}[f] := h \sum_{i=0}^{n} \alpha_i f(x_i)$$

mit den **Gewichten**

$$\alpha_i := \int_0^n \prod_{\substack{j=0\\ j\neq i}} \frac{s-j}{i-j}\,\mathrm{d}s.$$

Wählt man s so, dass $\sigma_i := s\alpha_i$ für $i = 0, 1, \ldots, n$, ganze Zahlen sind, dann schreibt man Newton-Cotes-Formeln auch in der Form

$$Q_{n+1}[f] := \frac{b-a}{ns} \sum_{i=0}^{n} \sigma_i f(x_i)$$

und charakterisiert sie durch Angabe von ns und den σ_i.

Es sind auch **offene Newton-Cotes-Formeln** im Gebrauch, bei denen die Daten an den Endpunkten a und b nicht einbezogen werden. Aus Newton-Cotes-Formeln, die *per se* nur für ein Intervall $[a, b]$ konstruiert sind, macht man in der Praxis **zusammengesetzte Quadraturformeln**, indem man ein Intervall $[A, B]$ in m Teilintervalle zerlegt, auf denen man dann jeweils die Newton-Cotes-Formel verwendet. In einer einfachen **Fehlertheorie** haben wir die Vermutung bestätigt, dass Newton-Cotes-Formeln für gerades n vorzuziehen sind, da sich bei ihnen ein Ordnungsgewinn einstellt. Diese Fehlertheorie haben wir wesentlich durch die Verwendung von **Peano-Kernen** ausbauen können, mit denen sich das Restglied von Taylor-Reihen sehr subtil abschätzen lässt. Mithilfe der Peano-Kerne konnten wir zeigen, dass eine Quadraturformel durchaus unterschiedliche Ordnungen haben kann, wenn der Integrand des zu approximierenden Integrals aus unterschiedlichen Funktionenräumen stammt.

Ein wichtiges Hilfsmittel zur Konstruktion von Quadraturformeln ist die **Euler-Maclaurin'sche Summenformel**

$$\begin{aligned}\int_0^1 g(t)\,\mathrm{d}t &= \frac{g(0)}{2} + \frac{g(1)}{2}\\ &\quad + \sum_{k=1}^{\ell} \frac{B_{2k}}{(2k)!}\left(g^{(2k-1)}(0) - g^{(2k-1)}(1)\right)\\ &\quad - \frac{B_{2\ell+2}}{(2\ell+2)!} g^{(2\ell+2)}(\xi), \quad 0 < \xi < 1,\end{aligned}$$

in der die **Bernoulli-Zahlen** B_{2k} auftreten. Mit ihrer Hilfe konnten wir die zusammengesetzte Trapezregel genauer untersuchen und die **Gregory-Methoden** begründen. Auch die **Romberg-Quadratur**, eine asymptotische Methode zur Genauigkeitssteigerung, beruht auf der Euler-Maclaurin'schen Summenformel.

	Abgeschlossene Newton-Cotes-Formeln									
n	σ_i							ns	$\lvert R_{n+1}[f]\rvert$	Name
1	1	1						2	$\frac{h^3}{12} f''(\xi)$	Trapezregel
2	1	4	1					6	$\frac{h^5}{90} f^{(4)}(\xi)$	Simpson-Regel
3	1	3	3	1				8	$\frac{3h^5}{80} f^{(4)}(\xi)$	3/8-Regel
4	7	32	12	32	7			90	$\frac{8h^7}{945} f^{(6)}(\xi)$	Milne-Regel
5	19	75	50	50	75	19		288	$\frac{275h^7}{12096} f^{(6)}(\xi)$	–
6	41	216	27	272	27	216	41	840	$\frac{9h^9}{1400} f^{(8)}(\xi)$	Weddle-Regel

Übersicht: Interpolatorische Quadraturformeln auf nichtäquidistanten Gittern

Die **Gauß-Quadratur** verwendet als Knoten die Nullstellen der **Legendre-Polynome** im Intervall $[-1, 1]$ und liefert damit optimale Genauigkeit.

Will man mit zwei Punkten im Intervall $[-1, 1]$ noch Polynome vom Grad 3 exakt integrieren, dann stößt man auf die einfache Quadraturregel

$$Q_2[f] = \sum_{i=0}^{1} \alpha_i f(x_i) = f\left(-\frac{1}{\sqrt{3}}\right) + f\left(\frac{1}{\sqrt{3}}\right).$$

Diese Formel erlaubt tatsächlich, mit $m := n+1 = 2$ Knoten Polynome vom Höchstgrad $2m - 1 = 3$ exakt zu integrieren. Die Knoten $-1/\sqrt{3}, 1/\sqrt{3}$ sind dabei die Nullstellen des Legendre-Polynoms P_2.

Tatsächlich konnten wir beweisen, dass die Quadraturregel

$$Q_{n+1}[f] = \sum_{i=0}^{n} \alpha_i f(x_i)$$

mit $n + 1$ Knoten Polynome vom Höchstgrad $2n + 1$ integrieren kann, *wenn* man die Knoten x_i frei wählen darf.

Wählt man die x_i als Nullstellen von Legendre-Polynomen, dann ergibt sich der folgende wichtige Satz.

Satz über die Existenz Gauß'scher Quadraturregeln

Gegeben seien m Quadraturknoten $x_0, x_1, \dots, x_n, m = n+1$, als Nullstellen des m-ten Legendre-Polynoms P_m wie in (4.32) definiert. Dann gibt es genau eine Quadraturregel

$$Q^{G}_{n+1}[f] = \sum_{i=0}^{n} \alpha_i f(x_i), \quad x_k \in [-1, 1],$$

die Polynome vom Höchstgrad $2m - 1$ exakt integriert. Die Gewichte sind gegeben durch

$$\alpha_i = \int_{-1}^{1} \prod_{\substack{j=0 \\ j \neq i}}^{n} \left(\frac{x - x_j}{x_i - x_j}\right)^2 \mathrm{d}x, \quad i = 0, 1, 2, \dots, n.$$

Diese Quadraturregel heißt **Gauß'sche Quadraturregel**.

Solche Quadraturregeln existieren nur, weil die **Legendre-Polynome** im Intervall $[-1, 1]$ nur einfache Nullstellen besitzen. Legendre-Polynome gehorchen als Orthogonalpolynome einer **Dreitermrekursion**, sodass man die Polynome einfach bestimmen kann. Die Nullstellen sind in Softwarepaketen natürlich vorhanden, aber es ist trotzdem nützlich, wenn man über ein paar **Tricks und Kniffe** Bescheid weiß, mit denen sich diese Nullstellen einfach berechnen lassen.

Da nicht jedes Quadraturproblem auf dem Intervall $[-1, 1]$ gestellt ist, muss man die Gauß-Quadraturregeln im Allgemeinen affin auf das gegebene Intervall $[a, b]$ abbilden.

Affine Transformationen bei Gauß'schen Quadraturregeln

Sind $x_0, x_1, \dots, x_n$ die Nullstellen des Legendre-Polynoms $P_m, m = n+1$, in $[-1, 1]$ und $\alpha_i, i = 0, 1, \dots, n$ die zugehörigen Gewichte, dann transformieren sich die Knoten auf Knoten $y_0, y_1, \dots, y_n$ und die Gewichte auf Gewichte $\widetilde{\alpha}_i, i = 0, 1, \dots, n$ für eine Integration über ein beliebiges Intervall $[a, b]$ wie folgt:

$$y_i = x_i \frac{b-a}{2} + \frac{a+b}{2} \tag{4.40}$$

$$\widetilde{\alpha}_i = \alpha_i \frac{b-a}{2}. \tag{4.41}$$

Wir haben nur die Gauß-Quadratur auf den Nullstellen der Legendre-Polynome genauer behandelt, aber natürlich kann man die Nullstellen jeder anderen Familie von orthogonalen Polynomen verwenden. So gibt es zum Beispiel die **Gauß-Tschebyschow-**, **Gauß-Jacobi-**, **Gauß-Laguerre-** und **Gauß-Hermite-Quadratur**. Die **Gauß-Legendre-Quadratur** zeichnet sich gegenüber allen anderen Gauß-Quadraturen jedoch dadurch aus, dass die Legendre-Polynome orthogonal mit der Gewichtsfunktion 1 sind, während in allen anderen Fällen sich die Orthogonalität auf ein gewichtetes Skalarprodukt

$$\langle f, g \rangle := \int_a^b \omega(x) f(x) g(x) \, \mathrm{d}x$$

mit $\omega(x) \neq 1$ bezieht.

Aufgaben

Die Aufgaben gliedern sich in drei Kategorien: Anhand der *Verständnisfragen* können Sie prüfen, ob Sie die Begriffe und zentralen Aussagen verstanden haben, mit den *Rechenaufgaben* üben Sie Ihre technischen Fertigkeiten und die *Beweisaufgaben* geben Ihnen Gelegenheit, zu lernen, wie man Beweise findet und führt.
Ein Punktesystem unterscheidet leichte •, mittelschwere •• und anspruchsvolle ••• Aufgaben. Lösungshinweise am Ende des Buches helfen Ihnen, falls Sie bei einer Aufgabe partout nicht weiterkommen. Dort finden Sie auch die Lösungen – betrügen Sie sich aber nicht selbst und schlagen Sie erst nach, wenn Sie selber zu einer Lösung gekommen sind. Ausführliche Lösungswege, Beweise und Abbildungen finden Sie auf der Website zum Buch.
Viel Spaß und Erfolg bei den Aufgaben!

Verständnisfragen

4.1 •• Die Gewichte α_i der geschlossenen Newton-Cotes-Formeln bzw. die $\sigma_i := s\alpha_i$ mit dem Hauptnenner s der α_i werden in der Tabelle auf S. 86 für wachsendes n immer größer. Gilt $\lim_{i\to\infty} \sigma_i = \infty$?

4.2 • Warum ist es keine gute Idee, Polynome möglichst hohen Grades zu verwenden, um auf äquidistanten Stützstellen interpolatorische Quadraturregeln zu konstruieren?

4.3 • Gegeben seien äquidistante Daten auf einer sehr großen Anzahl von Datenpunkten. Sie wollen keine zusammengesetzten Newton-Cotes-Formeln verwenden. Welche Möglichkeit zur Konstruktion einer interpolatorischen Quadraturregel auf äquidistanten Gittern sehen Sie noch?

4.4 •• Wie lautet der Höchstgrad der Polynome, die von einer Quadraturregel mit $n+1$ frei wählbaren Knoten noch exakt integriert werden? Welche Quadraturregeln erreichen diese Ordnung und wie ist die Knotenverteilung?

4.5 •• Welche Nachteile haben Gauß-Quadraturen bei Handrechnung?

Beweisaufgaben

4.6 ••• Ist die Funktion $f\colon [a,b] \to \mathbb{R}$ stetig, dann ist der **Stetigkeitsmodul** von f definiert als

$$w(\delta) := \max_{|x-y|\le\delta} |f(x) - f(y)|, \quad a \le x, y \le b.$$

Zeigen Sie für eine in $[a,b]$ stetige Funktion f die Abschätzung

$$\left| \int_a^b f(x)\,dx - h \sum_{k=0}^{n-1} f(a+(k+1)h) \right| \le (b-a)w\left(\frac{b-a}{n}\right).$$

Dabei ist $h = (b-a)/n$. Interpretieren Sie diese Ungleichung und den Term $h\sum_{k=0}^{n-1} f(a+(k+1)h)$.

4.7 •• Betrachten Sie die Riemann'sche Summe

$$\frac{1}{n}\sum_{k=0}^{n-1}\sqrt{\frac{k}{n}}$$

als Quadraturregel für das Integral $\int_0^1 \sqrt{x}\,dx$. Berechnen Sie den Stetigkeitsmodul aus Aufgabe 4.6 und geben Sie eine Schätzung des maximal auftretenden Fehlers in Abhängigkeit von n an.

4.8 •• Ermitteln Sie den Fehlerterm für die Quadraturregel

$$Q[f] = \frac{b-a}{2}(f(a)+f(b))$$

für $\int_a^b f(x)\,dx$ durch Integration des Interpolationsfehlers $f(x) - p(x)$ bei Interpolation von f durch ein lineares Polynom $p(x) = f(a) + \frac{f(b)-f(a)}{b-a}(x-a)$.

4.9 •• Die zusammengesetzte Trapezregel lautet

$$Q_{2,m}^{\text{zTr}} = h\left[\frac{1}{2}f(a) + f(x_1) + \ldots + f(x_{m-1}) + \frac{1}{2}f(b)\right].$$

Die Daten $f(x_k)$ seien nicht exakt bekannt, sondern es stehen nur Näherungen y_k zur Verfügung, deren Fehler $e_k := f(x_k) - y_k$ jeweils im Betrag durch eine obere Schranke E beschränkt sind. Welchen Effekt haben diese Fehler auf die zusammengesetzte Trapezformel

$$\widetilde{Q}_{2,m}^{\text{zTr}} = h\left[\frac{1}{2}y_0 + y_1 + \ldots + y_{m-1} + \frac{1}{2}y_m\right]?$$

4.10 •• Zeigen Sie mithilfe des Hauptsatzes über Peano-Kerne, dass für eine s-mal stetig differenzierbare Funktion $f : [a,b] \to \mathbb{R}$ das Fehlerfunktional durch

$$R_{n+1}[f] = \frac{R_{n+1}(x^s)}{s!} f^{(s)}(\xi), \quad \xi \in (a,b)$$

abgeschätzt werden kann, wenn der s-te Peano-Kern auf $[a,b]$ sein Vorzeichen nicht ändert.

4.11 ••• Die Simpson-Regel

$$Q_3[f] = \frac{b-a}{6}\left(f(a) + 4f\left(\frac{a+b}{2}\right) + f(b)\right)$$

integriert kubische Polynome $p \in \Pi_3$ exakt. Berechnen Sie den Peano-Kern K_4 und bestimmen Sie damit das Fehlerfunktional $R_3[f]$ nach dem Hauptsatz über Peano-Kerne für Funktionen $f : [-1, 1] \to \mathbb{R}$, d. h. für $a = -1, b = 1$.

Rechenaufgaben

4.12 •• Berechnen Sie mithilfe eines Computerprogramms die Werte der Riemann'schen Summe

$$R = \frac{1}{n}\sum_{k=0}^{n-1} f\left(\frac{k}{n}\right)$$

für die Funktion $f(x) = \sqrt{x}$ auf $[a, b] = [0, 1]$ und die Stützstellenanzahl $n = 2$ und $n = 2^{12} = 4096$. Rechnen Sie auf 8 Nachkommastellen. Geben Sie die absoluten Fehler an.

4.13 ••• Bestimmen Sie m in der zusammengesetzten Trapezregel

$$\begin{aligned} Q_{2,m}^{\mathrm{zTr}} &= h\left[\frac{1}{2}f(a) + f(x_1) + \ldots + f(x_{m-1}) + \frac{1}{2}f(b)\right] \\ &= h\left[\sum_{k=1}^{m-1} f(x_k) + \frac{1}{2}(f(a) + f(b))\right] \end{aligned}$$

für das Integral

$$I[\exp(-x^2)] = \int_0^1 \mathrm{e}^{-x^2}\,\mathrm{d}x$$

so, dass das Resultat sicher auf 6 Nachkommastellen genau ist.

4.14 •• Die Funktion

$$f(x) = \frac{1}{\pi}\sum_{k=1}^{\infty} \frac{1}{2^k}\cos(7^k \pi x)$$

ist stetig, aber nirgends differenzierbar. Berechnen Sie das Integral $\int_a^b f(x)\,\mathrm{d}x$ für das Intervall $[a, b] = [0, 0.1]$ bzw. für $[a, b] = [0.4, 0.5]$ jeweils mit der Trapezformel und der Simpson-Regel. Die exakten Vergleichswerte sind:

- für $[a, b] = [0, 0.1]$: 0.0189929,
- für $[a, b] = [0.4, 0.5]$: –0.0329802.

Verwenden Sie eine Schrittweite von $h = 0.001$ und brechen Sie die Reihe an einer Stelle ab, an der die weiteren Summanden keinen Einfluss mehr haben (für $k = 200$ ist bereits $2^k = 1.6 \cdot 10^{60}$!). Berechnen Sie die Quadraturfehler und vergleichen Sie diese. Rechnen Sie unbedingt mit doppelter Genauigkeit.

4.15 ••• Schreiben Sie ein Programm zur Gauß-Quadratur von Funktionen $f\colon [0, 1] \to \mathbb{R}$, wobei Sie 2 und 4 Integrationspunkte zulassen. Berechnen Sie $\int_0^1 \frac{\mathrm{d}x}{1+x^4}$ bis auf acht Nachkommastellen. Der Vergleichswert ist 0.86697299.

Antworten zu den Selbstfragen

Antwort 1 Für $f(x) = sx + d$ erhält man durch Integration $\int_a^b f(x)\,dx = s\frac{x^2}{2} + dx\Big|_a^b = \frac{s}{2}(b^2 - a^2) + d(b-a)$. Andererseits liefert die Mittelpunktsregel $Q_1^{\text{Mi}}[f] := hf\left(a + \frac{h}{2}\right) = (b-a)f\left(\frac{a+b}{2}\right) = (b-a)\left(s\frac{a+b}{2} + d\right) = \frac{s}{2}(b^2-a^2)+d(b-a)$.

Antwort 2 In unserem Fall ist $a = -1, b = 1, x_0 = -c, x_1 = 0, x_2 = c$ und $a_0 = a_2 = \frac{1}{3c^2}, a_1 = 2-\frac{2}{3c^2}$. Die transformierten Größen ergeben sich zu

$$\begin{aligned}
\widetilde{x}_0 &= \widetilde{a} + (x_0 - a)\frac{\widetilde{b}-\widetilde{a}}{b-a} = \widetilde{a} + (1-c)\frac{\widetilde{b}-\widetilde{a}}{2},\\
\widetilde{x}_1 &= \widetilde{a} + (x_1 - a)\frac{\widetilde{b}-\widetilde{a}}{b-a} = \widetilde{a} - \frac{\widetilde{b}-\widetilde{a}}{2},\\
\widetilde{x}_2 &= \widetilde{a} + (x_2 - a)\frac{\widetilde{b}-\widetilde{a}}{b-a} = \widetilde{a} + (1+c)\frac{\widetilde{b}-\widetilde{a}}{2},\\
\widetilde{a}_0 &= a_0\frac{\widetilde{b}-\widetilde{a}}{b-a} = \frac{1}{3c^2}\frac{\widetilde{b}-\widetilde{a}}{2},\\
\widetilde{a}_1 &= a_1\frac{\widetilde{b}-\widetilde{a}}{b-a} = \left(2-\frac{2}{3c^2}\right)\frac{\widetilde{b}-\widetilde{a}}{2},\\
\widetilde{a}_2 &= a_2\frac{\widetilde{b}-\widetilde{a}}{b-a} = \frac{1}{3c^2}\frac{\widetilde{b}-\widetilde{a}}{2}.
\end{aligned}$$

Mit diesen transformierten Größen ergibt sich die transformierte Quadraturformel zu

$$\widetilde{Q}_3[f] = \sum_{i=0}^{2} \widetilde{a}_i f(\widetilde{x}_i).$$

Im speziellen Fall des Intervalls $[\widetilde{a}, \widetilde{b}] = [0, 2]$ erhalten wir

$$\widetilde{Q}_3[f] = \frac{1}{3c^2} f(1-c) + \left(2 - \frac{2}{3c^2}\right) f(1) + \frac{1}{3c^2} f(1+c).$$

Antwort 3 Der Fehler ist null, denn die Weddle-Regel quadriert noch Polynome bis zum Grad 6 exakt.

Antwort 4 Jede brauchbare Quadraturregel muss konstante Funktionen exakt integrieren. Setzen wir in $Q[f] = \frac{4h}{3}(2f(x_0) - f(x_1) + 2f(x_2))$ die Funktion $f(x) = 1$ ein, dann muss sich $Q[f] = b - a$ ergeben, und das ist der Fall, wenn die Summe der Koeffizienten a_k gerade $4h$ beträgt.

Antwort 5 Da f stetig und v' Riemann-integrierbar ist, ist auch das Produkt fv' Riemann-integrierbar. Wir müssen zeigen, dass die Größe I in der Definition des Riemann-Stieltjes-Integrals gerade $\int_a^b f(x)v'(x)\,dx$ ist, d. h., mit der Abkürzung $\Delta v_k := v(x_k) - v(x_{k-1})$ benötigen wir eine Abschätzung von

$$D := \sum_k f(\xi_k)\Delta v_k - \int_a^b f(x)v'(x)\,dx.$$

Nun können wir doch einerseits $\Delta v_k = \int_{x_{k-1}}^{x_k} v'(x)\,dx$ schreiben und andererseits $\int_a^b f(x)v'(x)dx = \sum_{k=1}^n \int_{x_{k-1}}^{x_k} f(x)v'(x)dx$. Damit schreibt sich

$$D = \sum_{k=1}^{n} \int_{x_{k-1}}^{x_k} (f(\xi_k) - f(x))v'(x)\,dx.$$

Die Funktion f ist als stetige Funktion auf der kompakten Menge $[a, b]$ gleichmäßig stetig und v' ist beschränkt. Daher verschwindet D bei unbeschränkter Verfeinerung der Zerlegung.

Antwort 6 Nach der Darstellung (4.18) wird die Trapezformel immer genauer, je mehr von den Ableitungen $f^{(2k-1)}(a)$ und $f^{(2k-1)}(b)$ die Bedingung

$$f^{(2k-1)}(a) = f^{(2k-1)}(b)$$

erfüllen, denn dann heben sich die Fehlerterme in der Entwicklung (4.18) weg. Diese Bedingung ist aber für periodische Funktionen auf $[a, b]$ gerade erfüllt.

Antwort 7 Aus (4.19) folgt

$$B_n(x+1) - B_n(x) = n\int (B_{n-1}(x+1) - B_{n-1}(x))\,dx.$$

Für $n = 2$ erhalten wir $B_2(x+1) - B_2(x) = 2\int(x + 1 - \frac{1}{2} - x + \frac{1}{2})\,dx = 2x$. Die Integrationskonstante kann entfallen, da in einer Differenz zweier Bernoulli-Polynome vom gleichen Grad die (identischen) Konstanten sich auslöschen. Nehmen wir nun an, die Behauptung gelte für beliebiges n. Dann ist zu zeigen, dass die Behauptung auch für $n + 1$ gilt. Wir rechnen

$$\begin{aligned}
&B_{n+1}(x+1) - B_{n+1}(x)\\
&= (n+1)\int (B_n(x+1) - B_n(x))\,dx\\
&= (n+1)\int nx^{n-1}\,dx = (n+1)x^n.
\end{aligned}$$

Antwort 8 Das Intervall $[-1, 1]$ muss affin auf $[a, b]$ transformiert werden. Dabei geht der Randpunkt $x_a := -1$ in den Punkt $y_a := cx_a + d = a$ über und der Randpunkt $x_b := 1$ in den Punkt $y_b := cx_b + d = b$. Aus diesen beiden affinen Gleichungen lassen sich c und d eindeutig bestimmen, nämlich zu $c = (b - a)/2$ und $d = (a + b)/2$. Die affine Transformation ist also

$$y = \frac{b-a}{2}x + \frac{a+b}{2}.$$

Damit transformieren sich die Quadraturknoten $x_0 = -1/\sqrt{3}$ und $x_1 = 1/\sqrt{3}$ zu den Knoten

$$y_0 := -\frac{b-a}{2\sqrt{3}} + \frac{a+b}{2},$$
$$y_1 := \frac{b-a}{2\sqrt{3}} + \frac{a+b}{2}.$$

Die Gewichte $\alpha_i = 1, i = 0, 1$, transformieren sich nach (4.3) gemäß

$$\widetilde{\alpha}_i := \alpha_i \frac{b-a}{1-(-1)} = \frac{b-a}{2}, \quad i = 0, 1,$$

sodass die Quadraturregel auf $[a, b]$

$$Q_2[f] = \frac{b-a}{2}(f(y_0) + f(y_1))$$

lautet.

Numerik linearer Gleichungssysteme – Millionen von Variablen im Griff

5

Wodurch unterscheiden sich direkte und iterative Verfahren?

Wie funktionieren Iterationsverfahren?

Wann konvergiert ein Iterationsverfahren?

Kapitel 5

A. Meister, T. Sonar, *Numerik*, https://doi.org/10.1007/978-3-662-58358-6_5

Eine große Vielfalt unterschiedlicher praxisrelevanter Problemstellungen führt in ihrer numerischen Umsetzung und Lösung auf die Betrachtung linearer Gleichungssysteme. Die schnelle Lösung dieser Systeme stellt dabei häufig den wesentlichen Schlüssel zur Entwicklung eines effizienten und robusten Gesamtverfahrens dar. Bei der Lösung linearer Gleichungssysteme unterscheiden wir direkte und iterative Verfahren. Direkte Algorithmen, die auf im Folgenden vorgestellten LR-, Cholesky- und QR-Zerlegungen beruhen, ermitteln bei Vernachlässigung von Rundungsfehlern und unter der Voraussetzung, hinreichend Speicherplatz zur Verfügung zu haben, die exakte Lösung des linearen Gleichungssystems in endlich vielen Schritten. Da die linearen Gleichungssysteme, wie bereits erwähnt, oftmals als Subprobleme innerhalb der numerischen Approximation umfassender Aufgabenstellung auftreten, ist der Nutzer allerdings häufig nicht an der exakten Lösung derartiger Systeme interessiert, da eine Fehlertoleranz in der Größenordnung der bereits zuvor vorgenommen Näherung ausreichend ist. Des Weiteren ist der Aufwand zur exakten Lösung in zahlreichen Fällen viel zu hoch und die auftretenden Rundungsfehler führen zudem gerade bei schlecht konditionierten Problemen oftmals zu unbrauchbaren Ergebnissen. Praxisrelevante Problemstellungen führen zudem in der Regel auf schwach besetzte Matrizen. Die Speicherung derartiger Matrizen wird erst durch die Vernachlässigung der Nullelemente möglich, die häufig über 99 Prozent der Matrixkoeffizienten darstellen. Bei direkten Verfahren können auch bei derartigen Matrizen vollbesetzte Zwischenmatrizen generiert werden, die den verfügbaren Speicherplatz überschreiten. Dagegen können Matrix-Vektor-Produkte, die innerhalb iterativer Verfahren die wesentlichen Operationen repräsentieren, bei schwach besetzten Matrizen sehr effizient berechnet werden, wenn die Struktur der Matrix geeignet berücksichtigt wird. Daher werden in der Praxis zumeist iterative Verfahren eingesetzt. Diese Algorithmen ermitteln sukzessive Näherungen an die gesuchte Lösung auf der Grundlage einer Iterationsvorschrift.

5.1 Gauß-Elimination und QR-Zerlegung

Die Grundidee der direkten Verfahren liegt in einer multiplikativen Zerlegung der regulären Matrix $\boldsymbol{A}$. Auf der Basis einer Produktdarstellung der Matrix $\boldsymbol{A}$ in der Form

$$\boldsymbol{A} = \boldsymbol{B}\boldsymbol{C}$$

ergibt sich die Lösung des Gleichungssystems

$$\boldsymbol{A}\boldsymbol{x} = \boldsymbol{b}$$

gemäß

$$\boldsymbol{x} = \boldsymbol{C}^{-1}\boldsymbol{B}^{-1}\boldsymbol{b}.$$

Folglich müssen die Matrizen $\boldsymbol{B}$ und $\boldsymbol{C}$ derart gewählt werden, dass sich entweder die jeweilige Inverse stabil, schnell und ohne zu großen Speicheraufwand berechnen lässt oder zumindest das Matrix-Vektor-Produkt $\boldsymbol{z} = \boldsymbol{B}^{-1}\boldsymbol{y}$ beziehungsweise $\boldsymbol{z} = \boldsymbol{C}^{-1}\boldsymbol{y}$ implizit durch elementares Lösen des zugehörigen Gleichungssystems

$$\boldsymbol{B}\boldsymbol{z} = \boldsymbol{y} \quad \text{respektive} \quad \boldsymbol{C}\boldsymbol{z} = \boldsymbol{y}$$

effizient ermittelt werden kann.

Das Gauß'sche Eliminationsverfahren entspricht einer LR-Zerlegung

Der Gauß-Algorithmus, auch Gauß'sches Eliminationsverfahren genannt, stellt in seiner elementaren Form eine sukzessive Umwandlung des linearen Gleichungssystems in ein äquivalentes System mit einer rechten oberen Dreiecksmatrix dar. Dieses System wird anschließend durch eine sukzessive Rückwärtselimination gelöst. Dieser direkte Einsatz des Verfahrens birgt die Problematik in sich, dass eine nachträgliche Nutzung bei veränderter rechter Seite des Gleichungssystems nicht mehr direkt möglich ist und eine weitere komplette Durchführung des gesamten Verfahrens erfordert. Eine vorteilhaftere Formulierung des Verfahrens liegt in der Überführung der Matrix in eine der folgenden Definition entsprechenden LR-Zerlegung.

Definition der LR-Zerlegung

Die Zerlegung einer Matrix $\boldsymbol{A} \in \mathbb{C}^{n \times n}$ in ein Produkt

$$\boldsymbol{A} = \boldsymbol{L}\boldsymbol{R}$$

aus einer linken unteren Dreiecksmatrix $\boldsymbol{L} \in \mathbb{C}^{n \times n}$ und einer rechten oberen Dreiecksmatrix $\boldsymbol{R} \in \mathbb{C}^{n \times n}$ heißt **LR-Zerlegung**.

Anhand des folgenden Beispiels wollen wir nun den Zusammenhang zwischen dem Gauß-Algorithmus und einer LR-Zerlegung verdeutlichen.

Beispiel Wir betrachten das lineare Gleichungssystem

$$\underbrace{\begin{pmatrix} 1 & 1 & 1 \\ 1 & 2 & 4 \\ 1 & 3 & 5 \end{pmatrix}}_{=\boldsymbol{A}} \underbrace{\begin{pmatrix} x_1 \\ x_2 \\ x_3 \end{pmatrix}}_{=\boldsymbol{x}} = \underbrace{\begin{pmatrix} 6 \\ 17 \\ 22 \end{pmatrix}}_{=\boldsymbol{b}} . \tag{5.1}$$

Der erste Schritt des Gauß'sches Eliminationsverfahren angewandt auf die erweiterte Koeffizientenmatrix lautet

$$\left(\begin{array}{ccc|c} 1 & 1 & 1 & 6 \\ 1 & 2 & 4 & 17 \\ 1 & 3 & 5 & 22 \end{array}\right) \rightsquigarrow \left(\begin{array}{ccc|c} 1 & 1 & 1 & 6 \\ 0 & 1 & 3 & 11 \\ 0 & 2 & 4 & 16 \end{array}\right)$$

Übersicht: Zusammenhang iterativer und direkter Verfahren

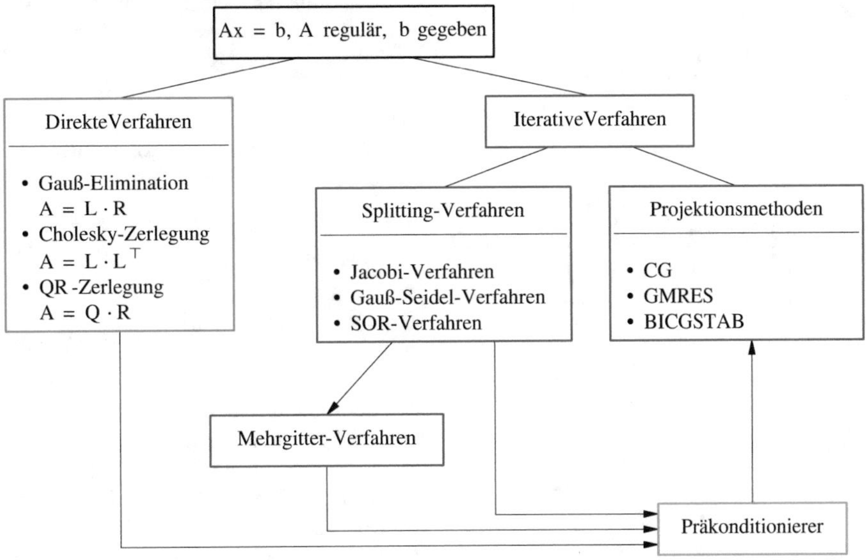

Zur effizienten und robusten Nutzung iterativer Verfahren ist oftmals eine Vorkonditionierung des Gleichungssystems zur Verringerung der Konditionszahl der im System betrachteten Matrix wichtig. Sowohl an dieser Stelle als auch bei der Lösung intern auftretender kleiner Problemstellungen sind wiederum direkte Methoden hilfreich. Obwohl direkte Verfahren häufig nicht unmittelbar zur Lösung eines vorliegenden Gleichungssystems genutzt werden, sollte der versierte Anwender schon aufgrund dieses Sachverhaltes Kenntnisse bei beiden Verfahrenstypen besitzen und Aussagen über ihre Eigenschaften und Gültigkeitsbereiche kennen.

Die Grafik verdeutlicht einige Zusammenhänge zwischen den unterschiedlichen Verfahren. Die innerhalb dieses Kapitels vorgestellten direkten Verfahren werden häufig sehr gewinnbringend in einer unvollständigen Formulierung zur Vorkonditionierung eines linearen Gleichungssystems eingesetzt, wodurch die Konvergenzgeschwindigkeit der heute sehr verbreiteten Krylov-Unterraum-Verfahren in vielen Fällen wesentlich verbessert werden kann. Neben dieser wichtigen Rolle spielen die direkten Methoden aber auch in zahlreichen weiteren Bereichen der numerischen Mathematik eine bedeutende Rolle. Erwähnt sei an dieser Stelle beispielsweise die QR-Zerlegung, der wir auch bei der Lösung von Eigenwertproblemen und linearen Ausgleichsproblemen an sehr renommierter Stelle wieder begegnen werden. Bei den iterativen Verfahren finden wir in der vorliegenden Grafik drei Blöcke. Neben den angesprochenen Krylov-Unterraum-Verfahren, die eine spezielle Gruppe der sog. Projektionsmethoden darstellen, werden Mehrgitterverfahren oftmals sehr erfolgreich angewendet. Dagegen spielen die bereits sehr lange bekannten Splitting-Methoden in der unmittelbaren Anwendung auf Gleichungssysteme der Praxis eine eher untergeordnete Rolle. Für diese Verfahren gilt aber Ähnliches wie für die bereits angesprochenen direkten Algorithmen. Einerseits können Erkenntnisse dieser Methoden sehr effizient im Rahmen der Vorkonditionierung genutzt werden und andererseits benötigen Mehrgitterverfahren sog. Glätter, die auf der Grundlage relaxierter Splitting-Methoden hergeleitet werden können.

Bemerkungen Eine umfassende Darstellung und Analyse moderner Krylov-Unterraum-Verfahren übersteigt die Zielsetzung dieses Buches und es sei an dieser Stelle auf folgende Literatur verwiesen:

Literatur

Andreas Meister: *Numerik linearer Gleichungssysteme.* 5. Aufl., Springer Spektrum, 2015.

und ist äquivalent zur Multiplikation der Gleichung (5.1) von links mit der linken unteren Dreiecksmatrix

$$L_1 = \begin{pmatrix} 1 & 0 & 0 \\ -\frac{a_{21}}{a_{11}} & 1 & 0 \\ -\frac{a_{31}}{a_{11}} & 0 & 1 \end{pmatrix} = \begin{pmatrix} 1 & 0 & 0 \\ -1 & 1 & 0 \\ -1 & 0 & 1 \end{pmatrix},$$

denn es gilt

$$L_1 A = \underbrace{\begin{pmatrix} 1 & 1 & 1 \\ 0 & 1 & 3 \\ 0 & 2 & 4 \end{pmatrix}}_{=: \widetilde{A}} \quad \text{und} \quad L_1 b = \underbrace{\begin{pmatrix} 6 \\ 11 \\ 16 \end{pmatrix}}_{=: \widetilde{b}}. \tag{5.2}$$

Mit dem anschließenden zweiten Schritt des Gauß-Algorithmus erhalten wir

$$\left(\begin{array}{ccc|c} 1 & 1 & 1 & 6 \\ 0 & 1 & 3 & 11 \\ 0 & 2 & 4 & 16 \end{array}\right) \rightsquigarrow \left(\begin{array}{ccc|c} 1 & 1 & 1 & 6 \\ 0 & 1 & 3 & 11 \\ 0 & 0 & -2 & -6 \end{array}\right).$$

Diese Umformung ist gleichbedeutend mit einer Multiplikation beider Terme in (5.2) von links mit der linken unteren Dreiecksmatrix

$$L_2 = \begin{pmatrix} 1 & 0 & 0 \\ 0 & 1 & 0 \\ 0 & -\frac{\widetilde{a}_{32}}{\widetilde{a}_{22}} & 1 \end{pmatrix} = \begin{pmatrix} 1 & 0 & 0 \\ 0 & 1 & 0 \\ 0 & -2 & 1 \end{pmatrix},$$

denn es gilt

$$L_2 \begin{pmatrix} 1 & 1 & 1 \\ 0 & 1 & 3 \\ 0 & 2 & 4 \end{pmatrix} = \underbrace{\begin{pmatrix} 1 & 1 & 1 \\ 0 & 1 & 3 \\ 0 & 0 & -2 \end{pmatrix}}_{= R} = L_2 L_1 A$$

und

$$L_2 \begin{pmatrix} 6 \\ 11 \\ 16 \end{pmatrix} = \begin{pmatrix} 6 \\ 11 \\ -6 \end{pmatrix} = L_2 L_1 b.$$

Das entstandene Dreieckssystem kann nun wie bereits erwähnt durch eine einfache Rückwärtselimination gelöst werden. Aus der obigen Herleitung erkennen wir zudem, dass der Zusammenhang

$$L_2 L_1 A = R$$

mit der rechten oberen Dreiecksmatrix R vorliegt. Falls $L := L_1^{-1} L_2^{-1}$ eine linke untere Dreiecksmatrix repräsentiert, so haben wir mit

$$LR = L_1^{-1} L_2^{-1} R = L_1^{-1} L_2^{-1} L_2 L_1 A = A \tag{5.3}$$

eine LR-Zerlegung der Matrix A gefunden. ◄

Definition Frobenius-Matrix

Eine Matrix, deren Diagonale ausschließlich Einsen aufweist und die zusätzlich nur in einer Spalte unterhalb der Diagonale Werte ungleich null besitzt, wird als **Frobenius-Matrix** bezeichnet.

Mit der obigen Festlegung können wir folgenden Merkregel formulieren:

Jeder Eliminationsschritt des Gauß-Algorithmus entspricht einer linksseitigen Multiplikation des Systems mit einer Frobenius-Matrix.

Von dem Gauß'schen Eliminationsverfahren ist bekannt, dass eine direkte Durchführung des k-ten Schrittes nur dann möglich ist, wenn das entsprechende Diagonalelement an der Position (k, k) ungleich null ist. Diese Erkenntnis deckt sich auch mit der Definition der linken unteren Dreiecksmatrizen im obigen Beispiel, da die Berechnung dieser Matrizen stets eine Division durch das Diagonalelement erfordert. Folglich liegt der Verdacht nahe, dass eine LR-Zerlegung nicht für alle regulären Matrizen existiert. Diese Vermutung lässt sich sehr einfach bestätigen. Betrachten wir eine reguläre Matrix $A \in \mathbb{C}^{n \times n}$ mit zugehöriger LR-Zerlegung. Aufgrund des Determinantenmultiplikationssatzes erhalten wir

$$0 \neq \det(A) = \det(LR) = \det(L) \cdot \det(R),$$

womit sich direkt die Regularität der Dreiecksmatrizen L und R ergibt. Somit weisen beide Matrizen nichtverschwindende Diagonaleinträge $\ell_{11}, \ldots, \ell_{nn}$ respektive $r_{11}, \ldots, r_{nn}$ auf, woraus wir für die Matrix A direkt

$$a_{11} = \ell_{11} r_{11} \neq 0$$

folgern. Für die reguläre Matrix

$$A = \begin{pmatrix} 0 & 1 \\ 1 & 1 \end{pmatrix}$$

existiert aufgrund der obigen Überlegung somit keine LR-Zerlegung. Aber mit der Matrix

$$P = \begin{pmatrix} 0 & 1 \\ 1 & 0 \end{pmatrix}$$

folgt

$$PA = \begin{pmatrix} 1 & 1 \\ 0 & 1 \end{pmatrix} = \underbrace{\begin{pmatrix} 1 & 0 \\ 0 & 1 \end{pmatrix}}_{= L} \underbrace{\begin{pmatrix} 1 & 1 \\ 0 & 1 \end{pmatrix}}_{= R}.$$

Definition einer Permutationsmatrix

Eine Matrix $\boldsymbol{P} \in \mathbb{R}^{n\times n}$, die durch Spaltenvertauschung aus der Einheitsmatrix $\boldsymbol{I} \in \mathbb{R}^{n\times n}$ erzeugt werden kann, wird als **Permutationsmatrix** bezeichnet.

Spezielle Permutationsmatrizen, die sich aus der Einheitsmatrix durch Vertauschung genau der k-ten und j-ten Spalte ergeben, schreiben wir in der Form $\boldsymbol{P}_{kj}$.

Selbstfrage 1

Sind Produkte von Permutationsmatrizen wiederum Permutationsmatrizen?

Für die konkrete Umsetzung eines Verfahrens zur Berechnung einer LR-Zerlegung benötigen wir vorab einige Eigenschaften von Dreiecksmatrizen, die wir an dieser Stelle zusammenstellen werden.

Lemma Seien $\boldsymbol{L}, \widetilde{\boldsymbol{L}} \in \mathbb{C}^{n\times n}$ linke untere und $\boldsymbol{R}, \widetilde{\boldsymbol{R}} \in \mathbb{C}^{n\times n}$ rechte obere Dreiecksmatrizen, dann sind $\boldsymbol{L}\widetilde{\boldsymbol{L}}$ und $\boldsymbol{R}\widetilde{\boldsymbol{R}}$ ebenfalls linke untere beziehungsweise rechte obere Dreiecksmatrizen. ◀

Beweis Sei $\overline{\boldsymbol{L}} = \left(\overline{l}_{ij}\right)_{i,j=1,\ldots,n}$ mit $\overline{\boldsymbol{L}} := \boldsymbol{L}\widetilde{\boldsymbol{L}}$, dann folgt für $j > i$

$$\overline{l}_{ij} = \sum_{m=1}^{n} l_{im}\widetilde{l}_{mj} = \sum_{m=1}^{j-1} l_{im} \underbrace{\widetilde{l}_{mj}}_{=0} + \sum_{m=j}^{n} \underbrace{l_{im}}_{=0} \widetilde{l}_{mj} = 0\,.$$

Analog ergibt sich die Behauptung für die rechten oberen Dreiecksmatrizen. ■

Zur Herleitung der gewünschten LR-Zerlegung aus der im obigen Beispiel präsentierten Umformung mussten in (5.3) die Inversen der linken unteren Dreiecksmatrizen verwendet werden. Eine genauere Untersuchung dieser Matrizen ist folglich inhärent wichtig für den Nachweis der Existenz einer LR-Zerlegung.

Lemma Seien $\boldsymbol{\ell}_i = (0,\ldots,0,\ell_{i+1,i},\ldots,\ell_{n,i})^T \in \mathbb{C}^n$ und $\boldsymbol{e}_i \in \mathbb{R}^n$ der i-te Einheitsvektor, dann gilt für $\boldsymbol{L}_i = \boldsymbol{I} - \boldsymbol{\ell}_i\boldsymbol{e}_i^T \in \mathbb{C}^{n\times n}$

(a) $\boldsymbol{L}_i^{-1} = \boldsymbol{I} + \boldsymbol{\ell}_i\boldsymbol{e}_i^T$.

(b) $\boldsymbol{L}_1^{-1}\boldsymbol{L}_2^{-1}\ldots\boldsymbol{L}_k^{-1} = \boldsymbol{I} + \sum_{i=1}^{k} \boldsymbol{\ell}_i\boldsymbol{e}_i^T$ für $k = 1,\ldots,n-1$. ◀

Beweis Zu (a):

Da $\boldsymbol{L}_i$ eine untere Dreiecksmatrix mit Einheitsdiagonale darstellt, existiert genau eine Matrix $\boldsymbol{L}_i^{-1}$ mit $\boldsymbol{L}_i^{-1}\boldsymbol{L}_i = \boldsymbol{L}_i\boldsymbol{L}_i^{-1} = \boldsymbol{I}$. Hieraus folgt die Behauptung (a) durch

$$(\boldsymbol{I} - \boldsymbol{\ell}_i\boldsymbol{e}_i^T)(\boldsymbol{I} + \boldsymbol{\ell}_i\boldsymbol{e}_i^T) = \boldsymbol{I} - \boldsymbol{\ell}_i\boldsymbol{e}_i^T + \boldsymbol{\ell}_i\boldsymbol{e}_i^T - \underbrace{\boldsymbol{\ell}_i \underbrace{\boldsymbol{e}_i^T\boldsymbol{\ell}_i}_{=0} \boldsymbol{e}_i^T}_{=\boldsymbol{0}} = \boldsymbol{I}.$$

Zu (b):

Wir führen den Beweis durch eine Induktion über k. Für $k = 1$ liefert (a) die Behauptung. Gelte die Aussage für ein festes, aber beliebiges $k \in \{1,\ldots,n-2\}$, dann folgt

$$\begin{aligned}
\boldsymbol{L}_1^{-1}\ldots\boldsymbol{L}_k^{-1}\boldsymbol{L}_{k+1}^{-1} &= \left(\boldsymbol{I} + \sum_{i=1}^{k}\boldsymbol{\ell}_i\boldsymbol{e}_i^T\right)\left(\boldsymbol{I} + \boldsymbol{\ell}_{k+1}\boldsymbol{e}_{k+1}^T\right) \\
&= \boldsymbol{I} + \boldsymbol{\ell}_{k+1}\boldsymbol{e}_{k+1}^T + \sum_{i=1}^{k}\boldsymbol{\ell}_i\boldsymbol{e}_i^T + \sum_{i=1}^{k}\boldsymbol{\ell}_i \underbrace{\boldsymbol{e}_i^T\boldsymbol{\ell}_{k+1}}_{=0}\boldsymbol{e}_{k+1}^T \\
&= \boldsymbol{I} + \sum_{i=1}^{k+1}\boldsymbol{\ell}_i\boldsymbol{e}_i^T\,.
\end{aligned}$$

■

Lemma Sei $\boldsymbol{L} \in \mathbb{C}^{n\times n}$ eine reguläre linke untere Dreiecksmatrix, dann stellt auch $\boldsymbol{L}^{-1} \in \mathbb{C}^{n\times n}$ eine linke untere Dreiecksmatrix dar. Für reguläre rechte obere Dreiecksmatrizen $\boldsymbol{R} \in \mathbb{C}^{n\times n}$ gilt die analoge Aussage. ◀

Beweis Definieren wir $\boldsymbol{D} = \operatorname{diag}\{\ell_{11},\ldots,\ell_{nn}\}$ mittels der Diagonaleinträge der Matrix $\boldsymbol{L}$, dann gilt $\det \boldsymbol{D} \neq 0$ und

$$\widetilde{\boldsymbol{L}} := \boldsymbol{D}^{-1}\boldsymbol{L}$$

stellt mit dem auf S. 131 aufgeführten Lemma ebenfalls eine untere Dreiecksmatrix dar, die zudem eine Einheitsdiagonale besitzt. Somit hat $\widetilde{\boldsymbol{L}}$ die Form $\widetilde{\boldsymbol{L}} = \boldsymbol{I} + \sum_{i=1}^{n-1}\widetilde{\boldsymbol{\ell}}_i\boldsymbol{e}_i^T$ mit

$$\widetilde{\boldsymbol{\ell}}_i = (0,\ldots,0,\widetilde{\ell}_{i+1,i},\ldots,\widetilde{\ell}_{n,i})^T$$

und kann unter Verwendung der Matrizen $\widetilde{\boldsymbol{L}}_i = \boldsymbol{I} + \widetilde{\boldsymbol{\ell}}_i\boldsymbol{e}_i^T$ $(i = 1,\ldots,n-1)$ als ein Produkt

$$\widetilde{\boldsymbol{L}} = \widetilde{\boldsymbol{L}}_1 \cdot \ldots \cdot \widetilde{\boldsymbol{L}}_{n-1}$$

dargestellt werden. Für die Inverse ergibt sich

$$\widetilde{\boldsymbol{L}}^{-1} = \widetilde{\boldsymbol{L}}_{n-1}^{-1} \cdot \ldots \cdot \widetilde{\boldsymbol{L}}_1^{-1}$$

mit $\widetilde{\boldsymbol{L}}_i^{-1} = \boldsymbol{I} - \widetilde{\boldsymbol{\ell}}_i\boldsymbol{e}_i^T$ $(i = 1,\ldots,n-1)$ laut obigem Lemma. Die Matrix $\boldsymbol{L}^{-1}$ lässt sich folglich als Produkt unterer Dreiecksmatrizen in der Form $\boldsymbol{L}^{-1} = \widetilde{\boldsymbol{L}}_{n-1}^{-1} \cdot \ldots \cdot \widetilde{\boldsymbol{L}}_1^{-1}\boldsymbol{D}^{-1}$ schreiben und stellt somit nach dem Lemma gemäß S. 131 ebenfalls eine linke untere Dreiecksmatrix dar.

Mit $\boldsymbol{R}^T(\boldsymbol{R}^{-1})^T = (\boldsymbol{R}^{-1}\boldsymbol{R})^T = \boldsymbol{I} = \boldsymbol{R}^T(\boldsymbol{R}^T)^{-1}$ folgt $(\boldsymbol{R}^T)^{-1} = (\boldsymbol{R}^{-1})^T$. Unter Verwendung des obigen Beweisteils stellt mit $\boldsymbol{L} = \boldsymbol{R}^T$ auch $\boldsymbol{L}^{-1} = (\boldsymbol{R}^T)^{-1}$ eine linke untere Dreiecksmatrix dar, wodurch $\boldsymbol{R}^{-1} = \left((\boldsymbol{R}^T)^{-1}\right)^T$ eine rechte obere Dreiecksmatrix repräsentiert. ■

Zusammenfassend sind wir nun in der Lage, das Gauß'sche Eliminationsverfahren kompakt zu formulieren.

Kapitel 5

Algorithmus zur Gauß-Elimination

Setze $\boldsymbol{A}^{(1)} := \boldsymbol{A}$ und $\boldsymbol{b}^{(1)} := \boldsymbol{b}$
Für $k = 1, \ldots, n-1$
Wähle $j \geq k$ mit $a_{jk}^{(k)} \neq 0$.
Setze $\widetilde{\boldsymbol{A}}^{(k)} := \boldsymbol{P}_{kj}\boldsymbol{A}^{(k)}$ und $\widetilde{\boldsymbol{b}}^{(k)} := \boldsymbol{P}_{kj}\boldsymbol{b}^{(k)}$.
Definiere die Frobenius-Matrix $\boldsymbol{L}_k$ mit
$l_{ik} = -\widetilde{a}_{ik}^{(k)}/\widetilde{a}_{kk}^{(k)}, i = k+1, \ldots, n.$
Setze $\boldsymbol{A}^{(k+1)} := \boldsymbol{L}_k\widetilde{\boldsymbol{A}}^{(k)}$ und $\boldsymbol{b}^{(k+1)} := \boldsymbol{L}_k\widetilde{\boldsymbol{b}}^{(k)}$.
Löse $\boldsymbol{A}^{(n)}\boldsymbol{x} = \boldsymbol{b}^{(n)}$ durch Rückwärtselimination.

Nicht jede Matrix besitzt eine LR-Zerlegung

Wir wollen uns an dieser Stelle mit der Frage befassen, für welche Klasse regulärer Matrizen $\boldsymbol{A}$ LR-Zerlegungen bestimmt werden können.

1. Satz zur Existenz einer LR-Zerlegung

Sei $\boldsymbol{A} \in \mathbb{C}^{n\times n}$ eine reguläre Matrix, dann existiert eine Permutationsmatrix $\boldsymbol{P} \in \mathbb{R}^{n\times n}$ derart, dass $\boldsymbol{PA}$ eine LR-Zerlegung besitzt.

Beweis Für alle im obigen Algorithmus berechneten Matrizen $\boldsymbol{A}^{(k)}$ gilt

$$a_{i\ell}^{(k)} = 0 \quad \text{für} \quad \ell = 1, \ldots, k-1, \quad i > \ell. \tag{5.4}$$

Da $\det \boldsymbol{L}_\ell \neq 0 \neq \det \boldsymbol{P}_{\ell,j_\ell}$ für alle $\ell = 1, \ldots, k-1$, $j_\ell \geq \ell$ gilt, folgt

$$\det \boldsymbol{A}^{(k)} = \det\left(\boldsymbol{L}_{k-1}\boldsymbol{P}_{k-1,j_{k-1}} \ldots \boldsymbol{L}_1\boldsymbol{P}_{1,j_1}\boldsymbol{A}\right) \neq 0.$$

Somit existiert ein $i \in \{k, \ldots, n\}$ mit $a_{ik}^{(k)} \neq 0$ und der vorgestellte Algorithmus bricht nicht vor der Berechnung von $\boldsymbol{A}^{(n)}$ ab. Zudem stellt

$$\boldsymbol{R} := \boldsymbol{A}^{(n)} = \boldsymbol{L}_{n-1}\boldsymbol{P}_{n-1,j_{n-1}} \ldots \boldsymbol{L}_1\boldsymbol{P}_{1,j_1}\boldsymbol{A} \tag{5.5}$$

mit (5.4) eine obere Dreiecksmatrix dar. Alle $\boldsymbol{L}_i$ lassen sich hierbei in der Form einer Frobeniusmatrix

$$\boldsymbol{L}_i = \boldsymbol{I} - \boldsymbol{\ell}_i\boldsymbol{e}_i^T, \boldsymbol{\ell}_i = (0, \ldots, 0, \ell_{i+1,i}, \ldots, \ell_{n,i})^T$$

schreiben, und es gilt $\boldsymbol{P}_{k,j_k}\boldsymbol{e}_i = \boldsymbol{e}_i$ sowie

$$\boldsymbol{P}_{k,j_k}\boldsymbol{\ell}_i =: \hat{\boldsymbol{\ell}}_i = (0, \ldots, 0, \hat{\ell}_{i+1,i}, \ldots, \hat{\ell}_{n,i})^T$$

für alle $i < k \leq j_k$. Für $i < k \leq j_k$ folgt hiermit unter Berücksichtigung von $\boldsymbol{P}_{k,j_k} = \boldsymbol{P}_{k,j_k}^T$ die Gleichung

$$\begin{aligned}\boldsymbol{P}_{k,j_k}\boldsymbol{L}_i &= \boldsymbol{P}_{k,j_k}(\boldsymbol{I} - \boldsymbol{\ell}_i\boldsymbol{e}_i^T) = \boldsymbol{P}_{k,j_k} - \hat{\boldsymbol{\ell}}_i\boldsymbol{e}_i^T \\ &= \boldsymbol{P}_{k,j_k} - \hat{\boldsymbol{\ell}}_i(\boldsymbol{P}_{k,j_k}\boldsymbol{e}_i)^T = \boldsymbol{P}_{k,j_k} - \hat{\boldsymbol{\ell}}_i\boldsymbol{e}_i^T\boldsymbol{P}_{k,j_k} = \widehat{\boldsymbol{L}}_i\boldsymbol{P}_{k,j_k}\end{aligned}$$

mit einer unteren Dreiecksmatrix $\widehat{\boldsymbol{L}}_i = \boldsymbol{I} - \hat{\boldsymbol{\ell}}_i\boldsymbol{e}_i^T$. Die Verwendung der Gleichung (5.5) liefert

$$\boldsymbol{R} = \underbrace{\boldsymbol{L}_{n-1}\widehat{\boldsymbol{L}}_{n-2} \ldots \widehat{\boldsymbol{L}}_1}_{=:\widetilde{\boldsymbol{L}}}\underbrace{\boldsymbol{P}_{n-1,j_{n-1}} \ldots \boldsymbol{P}_{1,j_1}}_{=:\boldsymbol{P}}\boldsymbol{A}$$

mit einer Permutationsmatrix $\boldsymbol{P}$. Da $\widetilde{\boldsymbol{L}}$ eine untere Dreiecksmatrix darstellt, folgt mit dem auf S. 131 aufgeführten Lemma, dass $\boldsymbol{L} := \widetilde{\boldsymbol{L}}^{-1}$ eine untere Dreiecksmatrix repräsentiert und es ergibt sich die behauptete Darstellung $\boldsymbol{LR} = \boldsymbol{PA}$. ■

Es verbleibt noch die Frage, für welche Matrizen eine unmittelbare LR-Zerlegung existiert. Anders formuliert suchen wir nach Matrizen, bei denen der Algorithmus zur Gauß-Elimination ohne Verwendung von Permutationsmatrizen durchgeführt werden kann. Bei der ersten Untersuchung notwendiger Voraussetzungen für die Existenz einer LR-Zerlegung bei einer regulären Matrix $\boldsymbol{A}$ hatten wir bereits erkannt, dass das Element a_{11} ungleich null sein muss. Mit der folgenden Definition lässt sich eine Klasse von Matrizen formulieren, die dieser Forderung gerecht werden und nach dem 2. Satz zur Existenz einer LR-Zerlegung auch genau die Menge regulärer Matrizen beschreibt, die eine LR-Zerlegung besitzen.

Definition Hauptabschnittsmatrix

Sei $\boldsymbol{A} \in \mathbb{C}^{n\times n}$ gegeben, dann heißt

$$\boldsymbol{A}[k] := \begin{pmatrix} a_{11} & \ldots & a_{1k} \\ \vdots & \ddots & \vdots \\ a_{k1} & \ldots & a_{kk} \end{pmatrix} \in \mathbb{C}^{k\times k} \text{ für } k \in \{1, \ldots, n\}$$

die führende $k \times k$-**Hauptabschnittsmatrix** von $\boldsymbol{A}$ und $\det \boldsymbol{A}[k]$ die führende $k \times k$-**Hauptabschnittsdeterminante** von $\boldsymbol{A}$.

Lemma Sei $\boldsymbol{A} = (a_{ij})_{i,j=1,\ldots,n} \in \mathbb{C}^{n\times n}$ und sei $\boldsymbol{L} = (\ell_{ij})_{i,j=1,\ldots,n} \in \mathbb{C}^{n\times n}$ eine untere Dreiecksmatrix, dann gilt

$$(\boldsymbol{LA})[k] = \boldsymbol{L}[k]\boldsymbol{A}[k] \in \mathbb{C}^{k\times k} \quad \text{für } k = 1, \ldots, n. \quad ◀$$

Beweis Sei $k \in \{1, \ldots, n\}$. Für $i, j \in \{1, \ldots, k\}$ folgt mit $\ell_{im} = 0$ für $m > k \geq i$

$$\begin{aligned}((\boldsymbol{LA})[k])_{ij} &= \sum_{m=1}^{n} \ell_{im}a_{mj} = \sum_{m=1}^{k} \ell_{im}a_{mj} + \sum_{m=k+1}^{n} \underbrace{\ell_{im}}_{=0} a_{mj} \\ &= \sum_{m=1}^{k} \ell_{im}a_{mj} = (\boldsymbol{L}[k]\boldsymbol{A}[k])_{ij}.\end{aligned}$$ ■

Kapitel 5

Auf der Grundlage der Hauptabschnittsmatrizen sind wir mit dem folgenden Satz in der Lage, die Existenz einer LR-Zerlegung an einer gegebenen Matrix $\boldsymbol{A}$ direkt abzulesen.

2. Satz zur Existenz einer LR-Zerlegung

Sei $\boldsymbol{A} \in \mathbb{C}^{n \times n}$ regulär, dann besitzt $\boldsymbol{A}$ genau dann eine LR-Zerlegung, wenn

$$\det \boldsymbol{A}[k] \neq 0 \quad \forall k = 1, \ldots, n$$

gilt.

Beweis „$\Rightarrow$": Gelte $\boldsymbol{A} = \boldsymbol{L}\boldsymbol{R}$.

Aufgrund der Regularität der Matrix $\boldsymbol{A}$ liefert der Determinantenmultiplikationssatz

$$\det \boldsymbol{L}[n] \cdot \det \boldsymbol{R}[n] = \det \boldsymbol{A}[n] \neq 0$$

und folglich

$$\det \boldsymbol{L}[n] \neq 0 \neq \det \boldsymbol{R}[n] .$$

Da $\boldsymbol{L}$ und $\boldsymbol{R}$ Dreiecksmatrizen repräsentieren, folgt hierdurch

$$\det \boldsymbol{L}[k] \neq 0 \neq \det \boldsymbol{R}[k]$$

für $k = 1, \ldots, n$ und mit dem Lemma laut S. 132 ergibt sich

$$\det \boldsymbol{A}[k] = \det(\boldsymbol{L}\boldsymbol{R})[k] = \det \boldsymbol{L}[k] \cdot \det \boldsymbol{R}[k] \neq 0 .$$

„$\Leftarrow$": Gelte $\det \boldsymbol{A}[k] \neq 0$ für alle $k = 1, \ldots, n$.

$\boldsymbol{A}$ besitzt eine LR-Zerlegung, falls der Algorithmus zur Gauß'schen Elimination mit $\boldsymbol{P}_{kk} = \boldsymbol{I}, k = 1, \ldots, n-1$ durchgeführt werden kann, d. h., wenn $a_{kk}^{(k)} \neq 0$ für $k = 1, \ldots, n-1$ gilt.

Für $k = 1$ gilt $a_{11}^{(1)} = \det \boldsymbol{A}[k] \neq 0$, wodurch $\boldsymbol{P}_{11} = \boldsymbol{I}$ wählbar ist.

Sei $a_{jj}^{(j)} \neq 0$ für alle $j \leq k < n-1$, dann folgt

$$\boldsymbol{A}^{(k+1)} = \boldsymbol{L}_k \ldots \boldsymbol{L}_1 \boldsymbol{A} ,$$

und wir erhalten wiederum mit dem bereits oben erwähnten Lemma gemäß S. 132

$$\begin{aligned} &\det \boldsymbol{A}^{(k+1)}[k+1] \\ &\quad = \det \boldsymbol{L}_k[k+1] \cdot \ldots \cdot \det \boldsymbol{L}_1[k+1] \cdot \det \boldsymbol{A}[k+1] \neq 0 . \end{aligned}$$

Da $\boldsymbol{A}^{(k+1)}[k+1]$ eine obere Dreiecksmatrix darstellt, folgt

$$a_{k+1,k+1}^{(k+1)} \neq 0 . \qquad \blacksquare$$

Pivotisierung bewirkt numerische Stabilität

Die Vertauschung von Zeilen oder, wie wir noch sehen werden, auch die Vertauschung von Spalten respektive die Kombination beider Vorgänge ist nicht nur aus der Sicht einer prinzipiellen Ermittlung einer LR-Zerlegung von Bedeutung. Die Operationen werden als **Pivotisierung** oder **Pivotierung** bezeichnet und können auch zur numerischen Stabilisierung des Verfahrens genutzt werden. Der Grund hierfür liegt in der Rechengenauigkeit. Die Auswirkungen eines solchen Vorgehens wollen wir durch das folgende Beispiel verdeutlichen.

Beispiel Sei $\varepsilon \ll 1$ derart, dass für Konstanten $c \neq 0$ und d bei Maschinengenauigkeit

$$c \pm \varepsilon = c \quad \text{respektive} \quad d \pm \frac{c}{\varepsilon} = \frac{c}{\varepsilon}$$

gilt. Wir betrachten das Gleichungssystem $\boldsymbol{A}\boldsymbol{x} = \boldsymbol{b}$ in der Form

$$\begin{aligned} \varepsilon x_1 + 2x_2 &= 1 \\ x_1 + x_2 &= 1 , \end{aligned}$$

das die exakten Lösung

$$x_1 = \frac{1}{2-\varepsilon} \approx 0.5 , \quad x_2 = \frac{1-\varepsilon}{2-\varepsilon} \approx 0.5$$

besitzt. Mit dem Gauß'schen Eliminationsverfahren erhalten wir

$$\begin{aligned} \varepsilon x_1 + 2x_2 &= 1 \\ \left(1 - \frac{2}{\varepsilon}\right) x_2 &= 1 - \frac{1}{\varepsilon} \end{aligned}$$

und damit aufgrund der vorliegenden Rechengenauigkeit

$$x_2 = \frac{1}{\varepsilon} \cdot \frac{\varepsilon}{2} = 0.5 .$$

Einsetzen in die erste Gleichung liefert $\varepsilon x_1 + 1 = 1$, wodurch $x_1 = 0$ folgt. Die konkrete Wirkung dieser Rundungsfehler bei variierendem Parameter ε wird in Tab. 5.1 deutlich, aus der wir auch gleich die Maschinengenauigkeit des genutzten Verfahrens entnehmen können.

Eine vorherige Zeilenvertauschung führt dagegen zum Gleichungssystem

$$\begin{aligned} x_1 + x_2 &= 1 \\ \varepsilon x_1 + 2x_2 &= 1 . \end{aligned}$$

Hieraus folgt mit dem Gauß'schen Eliminationsverfahren:

$$\begin{aligned} x_1 + \qquad x_2 &= 1 \\ (2-\varepsilon)x_2 &= 1 - \varepsilon, \end{aligned}$$

Tab. 5.1 Eliminationsverfahren ohne Zeilentausch

ε	x_1	x_2	ε	x_1	x_2
10^{-}	0.5263	0.4737	10^{-14}	0.4996	0.5000
10^{-3}	0.5003	0.4997	10^{-15}	0.5551	0.5000
10^{-5}	0.5000	0.5000	10^{-16}	0.0000	0.5000
10^{-10}	0.5000	0.5000	10^{-20}	0.0000	0.5000

Tab. 5.2 Eliminationsverfahren mit Zeilentausch

ε	x_1	x_2	ε	x_1	x_2
10^{-1}	0.5263	0.4737	10^{-14}	0.5000	0.5000
10^{-3}	0.5003	0.4997	10^{-15}	0.5000	0.5000
10^{-5}	0.5000	0.5000	10^{-16}	0.5000	0.5000
10^{-10}	0.5000	0.5000	10^{-20}	0.5000	0.5000

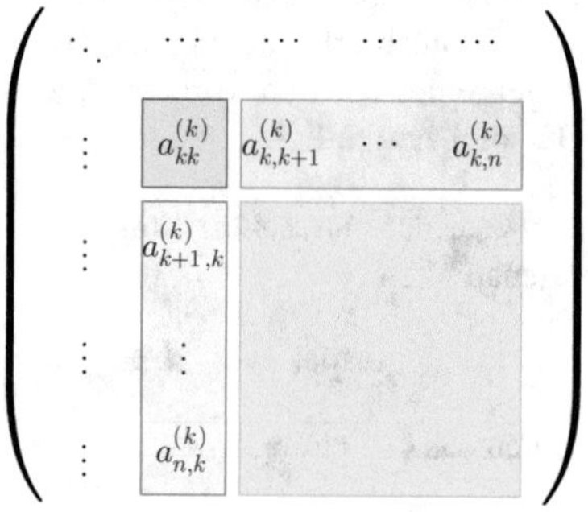

Abb. 5.1 Farblich hervorgehobene Suchbereiche zur Pivotisierung

sodass wir unter Berücksichtigung der Rechengenauigkeit $x_2 = 0.5$ und $x_1 = 1 - x_2 = 0.5$ als Lösung erhalten. Die deutliche Stabilisierung des Verfahrens hinsichtlich der auftretenden Rundungsfehler können wir auch Tab. 5.2 klar entnehmen. ◀

Wir unterscheiden drei Pivotisierungsarten, wobei die einzelnen Suchbereiche entsprechend der Abb. 5.1 farblich gekennzeichnet sind:

1. Spaltenpivotisierung ■ · □:
   Sei j_1 derjenige Index für den $|a_{jk}^{(k)}|$ über j im Bereich $k \leq j \leq n$ maximal wird, d. h., $j_1 = \arg\max_{j=k,\ldots,n} |a_{jk}^{(k)}|$. Definiere die Permutationsmatrix $\boldsymbol{P}_{kj_1}$ nach der auf S. 131 und dem anschließenden Kommentar formulierten Festlegung und betrachte das zu $\boldsymbol{A}^{(k)}\boldsymbol{x} = \boldsymbol{b}$ äquivalente System
   $$\boldsymbol{P}_{kj_1}\boldsymbol{A}^{(k)}\boldsymbol{x} = \boldsymbol{P}_{kj_1}\boldsymbol{b}\,.$$
2. Zeilenpivotisierung ■ · □: Definiere $\boldsymbol{P}_{kj_2}$ mit $j_2 = \arg\max_{j=k,\ldots,n} |a_{kj}^{(k)}|$ und betrachte das System
   $$\begin{aligned}\boldsymbol{A}^{(k)}\boldsymbol{P}_{kj_2}\boldsymbol{y} &= \boldsymbol{b}\\ \boldsymbol{x} &= \boldsymbol{P}_{kj_2}\boldsymbol{y}\,.\end{aligned}$$
3. Vollständige Pivotisierung ■ · □ · □ · □: Definiere $\boldsymbol{P}_{k,j_1}$ und $\boldsymbol{P}_{k,j_2}$ mit
   $$j_1 = \arg\max_{j=k,\ldots,n}\left(\max_{i=k,\ldots,n} |a_{ji}^{(k)}|\right)$$
   $$j_2 = \arg\max_{j=k,\ldots,n}\left(\max_{i=k,\ldots,n} |a_{ij}^{(k)}|\right)$$
   und betrachte das System
   $$\begin{aligned}\boldsymbol{P}_{k,j_1}\boldsymbol{A}^{(k)}\boldsymbol{P}_{k,j_2}\boldsymbol{y} &= \boldsymbol{P}_{k,j_1}\boldsymbol{b}\\ \boldsymbol{x} &= \boldsymbol{P}_{k,j_2}\boldsymbol{y}\,.\end{aligned}$$

Wie wir bereits aus dem obigen Beispiel erkannt haben, ist Pivotisierung oft unerlässlich zur Stabilisierung des Gauß'schen Eliminationsverfahrens hinsichtlich der Rechengenauigkeit.

Abschließend wollen wir noch einen Blick auf die Eindeutigkeit der LR-Zerlegung werfen.

Satz zur Eindeutigkeit der LR-Zerlegung

Sei $\boldsymbol{A} \in \mathbb{C}^{n\times n}$ regulär mit $\det \boldsymbol{A}[k] \neq 0$ für $k = 1,\ldots,n$, dann existiert genau eine LR-Zerlegung von $\boldsymbol{A}$ derart, dass $\boldsymbol{L}$ eine Einheitsdiagonale, d. h. $l_{ii} = 1$ für $i = 1,\ldots,n$, besitzt.

Beweis Mit dem zweiten Satz zur Existenz einer LR-Zerlegung laut S. 133 existiert mindestens eine LR-Zerlegung der Matrix $\boldsymbol{A}$. Seien zwei LR-Zerlegungen der Matrix $\boldsymbol{A}$ durch $\boldsymbol{L}_1\boldsymbol{R}_1 = \boldsymbol{A} = \boldsymbol{L}_2\boldsymbol{R}_2$ gegeben, wobei $\boldsymbol{L}_1$ und $\boldsymbol{L}_2$ Einheitsdiagonalen besitzen, dann folgt

$$\boldsymbol{R}_2\boldsymbol{R}_1^{-1} = \boldsymbol{L}_2^{-1}\boldsymbol{L}_1\,.$$

Mit den Hilfssätzen laut S. 131 ist somit $\boldsymbol{L}_2^{-1}\boldsymbol{L}_1$ zugleich eine linke untere und rechte obere Dreiecksmatrix, die eine Einheitsdiagonale besitzt. Folglich gilt $\boldsymbol{L}_2^{-1}\boldsymbol{L}_1 = \boldsymbol{I}$ und wir erhalten $\boldsymbol{L}_1 = \boldsymbol{L}_2$ und $\boldsymbol{R}_1 = \boldsymbol{R}_2$. ■

Bei dem folgenden Algorithmus wird die Matrix $\boldsymbol{L}$ ohne die Diagonalelemente $l_{ii} = 1, i = 1,\ldots,n$ in dem strikten linken unteren und die Matrix $\boldsymbol{R}$ in dem strikten oberen Dreiecksanteil von $\boldsymbol{A}$ abgespeichert.

Algorithmus zur LR-Zerlegung ohne Pivotisierung

Für $k = 1,\ldots,n-1$
  Für $i = k+1,\ldots,n$
    $a_{ik} := a_{ik}/a_{kk}$
    Für $j = k+1,\ldots,n$
      $a_{ij} := a_{ij} - a_{ik}a_{kj}$

Betrachtet man den Rechenaufwand des obigen Verfahrens, so sind im Wesentlichen die innerhalb der inneren Schleife auftretende Multiplikation und Subtraktion relevant, da die Häufigkeit dieser arithmetischen Operationen eine Größenordnung höher ist als diejenigen innerhalb der darüberliegenden Schleifen. Bereits für die Multiplikation ergibt sich für steigende Dimension n des Problems ein Aufwand von

$$\sum_{k=1}^{n-1}(n-k)^2 = \sum_{k=1}^{n-1}k^2 = \frac{(n-1)n(2n-1)}{6} = \frac{n^3}{3} + \mathcal{O}(n^2)$$

Operationen. Damit erweist sich diese Art der Berechnung einer LR-Zerlegung für in der Praxis häufig auftretende Matrizen mit $n = 10^5$ oder mehr Unbekannten bereits aus Gründen der Rechenzeit als unpraktikabel. Liegen jedoch kleine Subprobleme vor, so kann der Algorithmus bei eventuell zusätzlich genutzter Pivotisierung effizient genutzt werden. Es gibt zudem spezielle Formulierungen, die bei schwach besetzten Matrizen eine deutliche Effizienzsteigerung dieses Verfahrens ermöglichen.

Selbstfrage 2

Setzen wir für eine Multiplikation eine Rechenzeit von etwa $0.1\,\mu\text{s} = 10^{-7}\,\text{s}$ an. Wie viel Zeit benötigen dann die innerhalb der LR-Zerlegung ohne Pivotisierung auftretenden Multiplikationen bei einer Problemgröße von $n = 10^5$ respektive $n = 10^6$ ungefähr?

Die Cholesky-Zerlegung spezialisiert die LR-Zerlegung für symmetrische, positiv definite Matrizen

Durch Ausnutzung der speziellen Struktur einer symmetrischen, positiv definiten Matrix kann der Aufwand zur Berechnung einer LR-Zerlegung verringert werden.

Definition der Cholesky-Zerlegung

Die Zerlegung einer Matrix $A \in \mathbb{R}^{n\times n}$ in ein Produkt

$$A = LL^T$$

mit einer linken unteren Dreiecksmatrix $L \in \mathbb{R}^{n\times n}$ heißt **Cholesky-Zerlegung**.

Für den Spezialfall einer positiv definiten Matrix sind laut Aufgabe 5.3 auch alle Hauptabschnittsmatrizen positiv definit und somit regulär. Wie wir bereits nachgewiesen haben, existiert für derartige Matrizen stets eine LR-Zerlegung, sodass wir im Fall der Symmetrie auch Hoffnungen auf die Existenz einer Cholesky-Zerlegung haben dürfen. Diesen Sachverhalt bestätigt uns der folgende Satz.

Satz zur Existenz und Eindeutigkeit der Cholesky-Zerlegung

Zu jeder symmetrischen, positiv definiten Matrix $A \in \mathbb{R}^{n\times n}$ existiert genau eine linke untere Dreiecksmatrix $L \in \mathbb{R}^{n\times n}$ mit $\ell_{ii} > 0, i = 1,\dots,n$ derart, dass

$$A = LL^T$$

gilt.

Beweis Wie wir der Aufgabe 5.3 entnehmen können, sind mit A auch alle Hauptabschnittsmatrizen $A[k]$ für $k = 1,\dots,n$ positiv definit und dementsprechend auch invertierbar. Wir werden mittels einer Induktion beginnend von $A[1]$ die Existenz und Eindeutigkeit einer Cholesky-Zerlegung für alle Hauptabschnittsmatrizen nachweisen, sodass sich mit $A = A[n]$ die Behauptung ergibt.

Induktionsanfang:

Für $k = 1$ gilt $A[k] = (a_{11}) > 0$, wodurch $\ell_{11} := \sqrt{a_{11}} > 0$ die Darstellung $A[1] = L_1L_1^T$ mit $L_1 = (\ell_{11})$ liefert.

Induktionsannahme:

Es existiert eine im Sinne der Behauptung eindeutige Zerlegung $A[k] = L_kL_k^T$ für ein beliebiges, aber festes $k \in \{1,\dots,n-1\}$.

Induktionsschritt:

Nutzen wir den Ansatz

$$L_{k+1} := \begin{pmatrix} L_k & 0 \\ d^T & \alpha \end{pmatrix} \tag{5.6}$$

mit $d \in \mathbb{R}^k$ und $\alpha \in \mathbb{R}$, so erhalten wir

$$L_{k+1}L_{k+1}^T = \begin{pmatrix} A[k] & L_kd \\ d^TL_k^T & d^Td + \alpha^2 \end{pmatrix}.$$

Motiviert durch die obige Darstellung und die Schreibweise

$$A[k+1] = \begin{pmatrix} A[k] & c \\ c^T & a_{k+1,k+1} \end{pmatrix}$$

muss d als Lösung des Gleichungssystems $L_kd = c$ festgelegt werden. Da L_k regulär ist, ist der gesuchte Vektor eindeutig durch $d = L_k^{-1}c$ gegeben. Verbleibt noch die Bestimmung der skalaren Größe α. Aus der Forderung $d^Td + \alpha^2 = a_{k+1,k+1}$ ergibt sich zunächst eine Darstellung für das Quadrat der gesuchten Größe in der Form $\alpha^2 = a_{k+1,k+1} - d^Td$. An dieser Stelle haben wir nachgewiesen, dass mindestens ein α aus den reellen Zahlen existiert, sodass $A[k+1] = L_{k+1}L_{k+1}^T$ gilt. Es bleibt folglich nur noch zu zeigen, dass α^2 positiv ist, damit wir durch die Wurzel den gewünschten reellen und positiven Wert erhalten. Da die Determinante als Produkt der Eigenwerte bei einer positiv definiten Matrix stets positiv ist, ergibt sich aus

$$\begin{aligned} 0 < \det A[k+1] &= \det L_{k+1} \cdot \det L_{k+1}^T \\ &= (\det L_{k+1})^2 = (\det L_k)^2\alpha^2 \end{aligned}$$

wegen $\det L_k = \ell_{11} \cdot \ldots \cdot \ell_{kk} \in \mathbb{R} \setminus \{0\}$ mit

$$0 < \frac{\det A[k+1]}{(\det L_k)^2} = \alpha^2$$

die benötigte Eigenschaft. Hiermit liegt durch (5.6) die gesuchte Matrix vor, wenn wir die skalare Größe gemäß

$$\alpha = \sqrt{a_{k+1,k+1} - \boldsymbol{d}^T \boldsymbol{d}}$$

festlegen. ■

Algorithmus zur Cholesky-Zerlegung

Für $k = 1, \ldots, n$

$a_{kk} := \sqrt{a_{kk} - \sum_{j=1}^{k-1} a_{kj}^2}$

Für $i = k+1, \ldots, n$

$a_{ik} := \left(a_{ik} - \sum_{j=1}^{k-1} a_{ij} \cdot a_{kj}\right) / a_{kk}$

In der genutzten Darstellung ergibt sich bei der Cholesky-Zerlegung der Hauptaufwand in der Summation der inneren Schleife. Die Anzahl der dort auftretenden Multiplikationen ergibt sich in der Form

$$\sum_{k=1}^{n} (n-k)(k-1) = \frac{n^3}{6} - \frac{n^2}{2} + \frac{n}{3} = \frac{n^3}{6} + \mathcal{O}(n^2). \quad (5.7)$$

Die geschickte Nutzung der Symmetrieeigenschaft der zugrunde liegenden Matrix ergibt im Vergleich zur Gauß-Elimination für große n somit einen Rechenzeitgewinn von etwa 50 %.

Selbstfrage 3

Überprüfen Sie die Gleichung (5.7).

Die QR-Zerlegung ist immer berechenbar

Bei unitären Matrizen $\boldsymbol{Q}$ ergibt sich die Inverse direkt durch Adjungieren der Matrix, d. h., es gilt $\boldsymbol{Q}^{-1} = \boldsymbol{Q}^*$. Zudem können Gleichungssysteme $\boldsymbol{Rz} = \boldsymbol{y}$ mit einer regulären rechten oberen Dreiecksmatrix $\boldsymbol{R}$ sehr effizient durch sukzessive Rückwärtselimination gelöst werden. Bezogen auf die eingangs erläuterte Lösungsstrategie liegt daher folgende Definition nahe.

Definition der QR-Zerlegung

Die Zerlegung einer Matrix $\boldsymbol{A} \in \mathbb{C}^{n \times n}$ in ein Produkt

$$\boldsymbol{A} = \boldsymbol{QR}$$

aus einer unitären Matrix $\boldsymbol{Q} \in \mathbb{C}^{n \times n}$ und einer rechten oberen Dreiecksmatrix $\boldsymbol{R} \in \mathbb{C}^{n \times n}$ heißt **QR-Zerlegung**.

Im Hinblick auf die Nutzung einer QR-Zerlegung stellt sich zunächst die Frage, für welche Matrizen eine solche Faktorisierung existiert. Mit dem folgenden Satz werden wir einerseits die Existenz einer solchen Zerlegung für alle regulären Matrizen $\boldsymbol{A}$ nachweisen und andererseits aufgrund der konstruktiven Beweisführung gleichzeitig einen Algorithmus zur Berechnung der Zerlegung präsentieren.

Satz zur Existenz der QR-Zerlegung

Sei $\boldsymbol{A} \in \mathbb{C}^{n \times n}$ eine reguläre Matrix, dann existieren eine unitäre Matrix $\boldsymbol{Q} \in \mathbb{C}^{n \times n}$ und eine rechte obere Dreiecksmatrix $\boldsymbol{R} \in \mathbb{C}^{n \times n}$ derart, dass

$$\boldsymbol{A} = \boldsymbol{QR}$$

gilt.

Der folgende Beweis ist konstruktiv, d. h., er liefert direkt auch eine Berechnungsvorschrift. Wir erhalten mit ihm das sogenannte Gram-Schmidt-Verfahren.

Beweis Wir führen den Beweis, indem wir sukzessive für $k = 1, \ldots, n$ die Existenz von Vektoren $\boldsymbol{q}_1, \ldots, \boldsymbol{q}_k \in \mathbb{C}^n$ mit

$$\langle \boldsymbol{q}_i, \boldsymbol{q}_j \rangle = \delta_{ij} \quad \text{für } i, j = 1, \ldots, k \quad (5.8)$$

und

$$\operatorname{span}\{\boldsymbol{q}_1, \ldots, \boldsymbol{q}_k\} = \operatorname{span}\{\boldsymbol{a}_1, \ldots, \boldsymbol{a}_k\} \quad (5.9)$$

nachweisen, wobei $\boldsymbol{a}_j$ $(1 \le j \le k)$ den j-ten Spaltenvektor der Matrix $\boldsymbol{A}$ darstellt.

Für $k = 1$ sind die beiden Bedingungen wegen $\boldsymbol{a}_1 \in \mathbb{C}^n \setminus \{\boldsymbol{0}\}$ mit

$$\boldsymbol{q}_1 = \frac{\boldsymbol{a}_1}{\|\boldsymbol{a}_1\|_2} \quad (5.10)$$

erfüllt.

Seien nun $\boldsymbol{q}_1, \ldots, \boldsymbol{q}_k$ mit $k \in \{1, \ldots, n-1\}$ gegeben, die die Bedingungen (5.8) und (5.9) erfüllen, dann lässt sich jeder Vektor

$$\boldsymbol{q}_{k+1} \in \operatorname{span}\{\boldsymbol{a}_1, \ldots, \boldsymbol{a}_{k+1}\} \setminus \operatorname{span}\{\boldsymbol{q}_1, \ldots, \boldsymbol{q}_k\}$$

in der Form

$$\boldsymbol{q}_{k+1} = c_{k+1} \left(\boldsymbol{a}_{k+1} - \sum_{i=1}^{k} c_i \boldsymbol{q}_i \right) \quad (5.11)$$

mit $c_{k+1} \neq 0$ schreiben. Motiviert durch

$$\langle \boldsymbol{q}_{k+1}, \boldsymbol{q}_j \rangle = c_{k+1} \left[\langle \boldsymbol{a}_{k+1}, \boldsymbol{q}_j \rangle - c_j \right] \quad \text{für } j = 1, \ldots, k$$

Kapitel 5

und der Zielsetzung der Orthogonalität setzen wir in (5.11) $c_i := \langle \boldsymbol{a}_{k+1}, \boldsymbol{q}_i \rangle$ für $i = 1, \ldots, k$ und erhalten hierdurch die Gleichung

$$\langle \boldsymbol{q}_{k+1}, \boldsymbol{q}_j \rangle = c_{k+1} \left[\langle \boldsymbol{a}_{k+1}, \boldsymbol{q}_j \rangle - \sum_{i=1}^{k} \langle \boldsymbol{a}_{k+1}, \boldsymbol{q}_i \rangle \underbrace{\langle \boldsymbol{q}_i, \boldsymbol{q}_j \rangle}_{=\delta_{ij}} \right]$$
$$= c_{k+1} [\langle \boldsymbol{a}_{k+1}, \boldsymbol{q}_j \rangle - \langle \boldsymbol{a}_{k+1}, \boldsymbol{q}_j \rangle] = 0 \qquad (5.12)$$

für $j = 1, \ldots, k$. Da die Matrix $\boldsymbol{A}$ regulär ist, gilt für den Spaltenvektor $\boldsymbol{a}_{k+1} \notin \operatorname{span}\{\boldsymbol{q}_1, \ldots, \boldsymbol{q}_k\}$, sodass

$$\widetilde{\boldsymbol{q}}_{k+1} := \boldsymbol{a}_{k+1} - \sum_{i=1}^{k} \langle \boldsymbol{a}_{k+1}, \boldsymbol{q}_i \rangle \boldsymbol{q}_i \neq \boldsymbol{0}$$

folgt. Mit

$$c_{k+1} := \frac{1}{\|\widetilde{\boldsymbol{q}}_{k+1}\|_2}$$

ergibt sich $\|\boldsymbol{q}_{k+1}\|_2 = 1$, sodass durch

$$\boldsymbol{q}_{k+1} = \frac{\widetilde{\boldsymbol{q}}_{k+1}}{\|\widetilde{\boldsymbol{q}}_{k+1}\|_2} = \frac{1}{\|\widetilde{\boldsymbol{q}}_{k+1}\|_2} \left(\boldsymbol{a}_{k+1} - \sum_{i=1}^{k} \langle \boldsymbol{a}_{k+1}, \boldsymbol{q}_i \rangle \boldsymbol{q}_i \right) \qquad (5.13)$$

wegen (5.12) der gesuchte Vektor vorliegt. Die Definition

$$\boldsymbol{Q} = (\boldsymbol{q}_1 \ldots \boldsymbol{q}_n)$$

mit $\boldsymbol{q}_1, \ldots, \boldsymbol{q}_n$ gemäß (5.10) respektive (5.13) und einer rechten oberen Dreiecksmatrix $\boldsymbol{R}$ mit Komponenten

$$r_{ik} = \begin{cases} \|\widetilde{\boldsymbol{q}}_i\|_2 & \text{für } k = i, \\ \langle \boldsymbol{a}_k, \boldsymbol{q}_i \rangle & \text{für } k > i \end{cases}$$

liefert somit $\boldsymbol{A} = \boldsymbol{Q}\boldsymbol{R}$. ■

Beispiel Für die Matrix

$$\boldsymbol{A} = \begin{pmatrix} 1 & 8 \\ 2 & 1 \end{pmatrix}$$

erhalten wir im Rahmen des Gram-Schmidt-Verfahrens zunächst $\widetilde{\boldsymbol{q}}_1 = (1,2)^T$ und hiermit $r_{11} = \|\widetilde{\boldsymbol{q}}_1\|_2 = \sqrt{5}$. Folglich ergibt sich

$$\boldsymbol{q}_1 = \widetilde{\boldsymbol{q}}_1 / r_{11} = \begin{pmatrix} 1/\sqrt{5} \\ 2/\sqrt{5} \end{pmatrix}.$$

Entsprechend berechnet man im zweiten Schleifendurchlauf $r_{12} = \langle \boldsymbol{a}_2, \boldsymbol{q}_1 \rangle = 2\sqrt{5}$ und somit $\widetilde{\boldsymbol{q}}_2 = \boldsymbol{a}_2 - r_{12}\boldsymbol{q}_1 = (6, -3)^T$. Abschließend ergibt sich hieraus $r_{22} = \|\widetilde{\boldsymbol{q}}_2\|_2 = 3\sqrt{5}$ und

$$\boldsymbol{q}_2 = \widetilde{\boldsymbol{q}}_2 / r_{22} = \begin{pmatrix} 2/\sqrt{5} \\ -1/\sqrt{5} \end{pmatrix}.$$

Zusammenfassend erhalten wir die QR-Zerlegung in der Form

$$\boldsymbol{A} = \underbrace{\begin{pmatrix} 1/\sqrt{5} & 2/\sqrt{5} \\ 2/\sqrt{5} & -1/\sqrt{5} \end{pmatrix}}_{=\boldsymbol{Q}} \underbrace{\begin{pmatrix} \sqrt{5} & 2\sqrt{5} \\ 0 & 3\sqrt{5} \end{pmatrix}}_{=\boldsymbol{R}}.$$

Die Lösung des Gleichungssystems $\boldsymbol{A}\boldsymbol{x} = (-15, 0)^T$ erfolgt nun in zwei Schritten. Zunächst berechnet man

$$\boldsymbol{y} = \boldsymbol{Q}^T \begin{pmatrix} -15 \\ 0 \end{pmatrix} = \begin{pmatrix} -3\sqrt{5} \\ -6\sqrt{5} \end{pmatrix}$$

und erhält hiermit aus der Gleichung $\boldsymbol{R}\boldsymbol{x} = \boldsymbol{y}$ durch Rückwärtselimination $\boldsymbol{x} = (1, -2)^T$. ◀

Die folgende algorithmische Darstellung des Gram-Schmidt-Verfahrens verwendet eine leichte Modifikationen im Vergleich zum obigen Beweis, um die Speicherung der unitären Matrix $\boldsymbol{Q}$ direkt innerhalb der Ausgangsmatrix $\boldsymbol{A}$ vornehmen zu können.

Algorithmus zum Gram-Schmidt-Verfahren

Für $k = 1, \ldots, n$
  Für $i = 1, \ldots, k-1$
    $r_{ik} := \sum_{j=1}^{n} a_{ji} a_{jk}$
    $a_{jk} := a_{jk} - r_{ik} a_{ji}$
  $r_{kk} := \sqrt{\sum_{j=1}^{n} |a_{jk}|^2}$
  Für $j = 1, \ldots, k$
    $a_{jk} := a_{jk} / r_{kk}$

Selbstfrage 4

Zeigen Sie, dass die Anzahl der Multiplikationen des Gram-Schmidt-Verfahrens bei $n^3 + \mathcal{O}(n^2)$ liegt.

Dem aufmerksamen Leser ist sicherlich nicht entgangen, dass innerhalb des Beweises zur Existenz der QR-Zerlegung an keiner Stelle die speziellen Eigenschaften der komplexen Zahlen ausgenutzt wurden. Demzufolge lässt sich eine analoge Aussage auch für reelle Matrizen formulieren.

Korollar zur Existenz der QR-Zerlegung

Sei $\boldsymbol{A} \in \mathbb{R}^{n \times n}$ eine reguläre Matrix, dann existieren eine orthogonale Matrix $\boldsymbol{Q} \in \mathbb{R}^{n \times n}$ und eine rechte obere Dreiecksmatrix $\boldsymbol{R} \in \mathbb{R}^{n \times n}$ derart, dass

$$\boldsymbol{A} = \boldsymbol{Q}\boldsymbol{R}$$

gilt.

Die durch das Gram-Schmidt-Verfahren ermittelte QR-Zerlegung einer regulären Matrix stellt eine Variante einer multiplikativen Aufteilung dar. Weitere Repräsentanten unterscheiden sich nur in einer durch den folgenden Satz beschriebenen geringfügigen Variation der Ausgangszerlegung.

Satz zur Eindeutigkeit der QR-Zerlegung

Sei $\boldsymbol{A} \in \mathbb{C}^{n\times n}$ regulär, dann existiert zu je zwei QR-Zerlegungen

$$\boldsymbol{Q}_1\boldsymbol{R}_1 = \boldsymbol{A} = \boldsymbol{Q}_2\boldsymbol{R}_2 \tag{5.14}$$

eine unitäre Diagonalmatrix $\boldsymbol{D} \in \mathbb{C}^{n\times n}$ mit

$$\boldsymbol{Q}_1 = \boldsymbol{Q}_2\boldsymbol{D} \quad \text{und} \quad \boldsymbol{R}_2 = \boldsymbol{D}\boldsymbol{R}_1 .$$

Beweis Mit $\boldsymbol{D} = \boldsymbol{Q}_2^*\boldsymbol{Q}_1$ liegt eine unitäre Matrix vor, und es gilt $\boldsymbol{Q}_1 = \boldsymbol{Q}_2\boldsymbol{D}$. Da $\boldsymbol{A}$ regulär ist, sind auch $\boldsymbol{R}_1$ und $\boldsymbol{R}_2$ regulär, und wir erhalten mit (5.14) $\boldsymbol{D} = \boldsymbol{Q}_2^*\boldsymbol{Q}_1 = \boldsymbol{R}_2\boldsymbol{R}_1^{-1}$ eine rechte obere Dreiecksmatrix. Da $\boldsymbol{D}$ zudem unitär ist, stellt $\boldsymbol{D}$ sogar eine Diagonalmatrix dar. ∎

Selbstfrage 5

Wie lassen sich unitäre Diagonalmatrizen schreiben?

Mittels der Diagonalmatrix können beispielsweise gezielt die Elemente der Matrix $\boldsymbol{R}$ innerhalb der QR-Zerlegung beeinflusst werden und wir erhalten eine Eindeutigkeit in folgendem Sinn.

Korollar zur Eindeutigkeit der QR-Zerlegung

Sei $\boldsymbol{A} \in \mathbb{C}^{n\times n}$ regulär, dann existiert genau eine QR-Zerlegung der Matrix $\boldsymbol{A}$ derart, dass die Diagonalelemente der Matrix $\boldsymbol{R}$ reell und positiv sind.

Zum Nachweis der obigen Behauptung siehe Aufgabe 5.4.

Die Givens-Methode basiert auf Drehungen

Die Idee der *Givens-Methode* liegt in einer sukzessiven Elimination der Unterdiagonalelemente. Beginnend mit der ersten Spalte werden hierzu die Subdiagonalelemente jeder Spalte in aufsteigender Reihenfolge mittels unitärer Matrizen annulliert.

Betrachten wir die komplexwertige Matrix $\boldsymbol{A} \in \mathbb{C}^{n\times n}$ mit der in Abb. 5.2 visualisierten Besetzungsstruktur. Das heißt, es gilt

$$a_{k\ell} = 0 \,\forall \ell \in \{1,\ldots,i-1\} \quad \text{mit} \quad \ell < k \in \{1,\ldots,n\}, \tag{5.15}$$

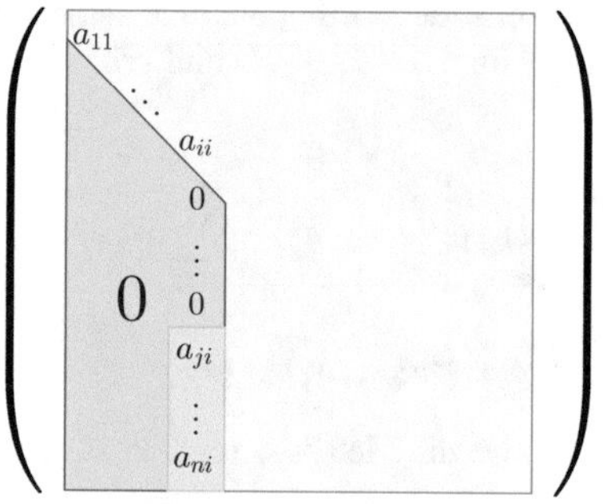

Abb. 5.2 Besetzungsstruktur der Matrix: *Rot* – annullierter Bereich, *Gelb* – aktive Spalte, *Blau* – Restmatrix

sowie

$$a_{i+1,i} = \ldots = a_{j-1,i} = 0 \tag{5.16}$$

und $a_{ji} \neq 0$. Dann suchen wir eine unitäre Matrix

$$\boldsymbol{G}_{ji} = \begin{pmatrix} 1 & & & & & & & & \\ & \ddots & & & & & & & \\ & & 1 & & & & & & \\ & & & g_{ii} & & & g_{ij} & & \\ & & & & 1 & & & & \\ & & & & & \ddots & & & \\ & & & & & & 1 & & \\ & & & g_{ji} & & & g_{jj} & & \\ & & & & & & & 1 & \\ & & & & & & & & \ddots \\ & & & & & & & & & 1 \end{pmatrix} \in \mathbb{C}^{n\times n}$$

derart, dass für $\widetilde{\boldsymbol{A}} = \boldsymbol{G}_{ji}\boldsymbol{A}$ neben

$$\widetilde{a}_{k\ell} = 0 \,\forall \ell \in \{1,\ldots,i-1\} \quad \text{mit} \quad \ell < k \in \{1,\ldots,n\} \tag{5.17}$$

und

$$\widetilde{a}_{i+1,i} = \ldots = \widetilde{a}_{j-1,i} = 0 \tag{5.18}$$

auch $\widetilde{a}_{ji} = 0$ gilt. Zunächst unterscheidet sich $\widetilde{\boldsymbol{A}}$ von $\boldsymbol{A}$ lediglich in der i-ten und j-ten Zeile, und es gilt für $\ell = 1,\ldots,n$

$$\widetilde{a}_{i\ell} = g_{ii}a_{i\ell} + g_{ij}a_{j\ell}$$
$$\widetilde{a}_{j\ell} = g_{ji}a_{i\ell} + g_{jj}a_{j\ell} .$$

Mit (5.15) folgt $a_{i\ell} = a_{j\ell} = 0$ für $\ell < i < j$, sodass

$$\widetilde{a}_{i\ell} = \widetilde{a}_{j\ell} = 0 \quad \text{für} \quad \ell = 1,\ldots,i-1$$

gilt und folglich die Forderungen (5.17) und (5.18) erfüllt sind. Wohldefiniert durch $a_{ji} \neq 0$ setzen wir

$$g_{jj} = g_{ii} = \frac{a_{ii}}{\sqrt{|a_{ii}|^2 + |a_{ji}|^2}}$$

und

$$g_{ji} = -g_{ij} = -\frac{a_{ji}}{\sqrt{|a_{ii}|^2 + |a_{ji}|^2}}\,.$$

Rechnen Sie an dieser Stelle mit Bleistift und Papier nach, dass es sich bei $\boldsymbol{G}_{ji}$ in der Tat um eine unitäre Matrix handelt. Zudem ergibt sich

$$\widetilde{a}_{ji} = -\frac{a_{ji}}{\sqrt{|a_{ii}|^2 + |a_{ji}|^2}}a_{ii} + \frac{a_{ii}}{\sqrt{|a_{ii}|^2 + |a_{ji}|^2}}a_{ji} = 0\,.$$

Selbstfrage 6

Sind Produkte unitärer respektive orthogonaler Matrizen wiederum unitär respektive orthogonal?

Definieren wir $\boldsymbol{G}_{ji} = \boldsymbol{I}$ im Fall einer Matrix $\boldsymbol{A}$, die (5.15) und (5.16) genügt und zudem $a_{ji} = 0$ beinhaltet, dann erhalten wir entsprechend der obigen Selbstfrage mit

$$\begin{aligned}\widetilde{\boldsymbol{Q}} &:= \prod_{i=n-1}^{1}\prod_{j=n}^{i+1}\boldsymbol{G}_{ji}\\ &:= \boldsymbol{G}_{n,n-1}\cdot\ldots\cdot\boldsymbol{G}_{3,2}\cdot\boldsymbol{G}_{n,1}\cdot\ldots\cdot\boldsymbol{G}_{3,1}\cdot\boldsymbol{G}_{2,1}\end{aligned}$$

eine unitäre Matrix, für die

$$\boldsymbol{R} = \widetilde{\boldsymbol{Q}}\boldsymbol{A}$$

eine obere Dreiecksmatrix ist. Mit $\boldsymbol{Q} = \widetilde{\boldsymbol{Q}}^T$ folgt

$$\boldsymbol{A} = \boldsymbol{Q}\boldsymbol{R}.$$

Im Kontext der Givens-Methode haben wir die Möglichkeit, das Gleichungssystem $\boldsymbol{Ax} = \boldsymbol{b}$ mittels eines QR-Verfahrens ohne explizite Abspeicherung der unitären Matrix zu lösen. Hierzu müssen die unitären Matrizen $\boldsymbol{G}_{ji}$ lediglich nicht nur auf die Matrix $\boldsymbol{A}$, sondern auch auf die rechte Seite $\boldsymbol{b}$ angewendet werden.

Reduzieren wir die Aufgabenstellung auf reellwertige Matrizen $\boldsymbol{A} \in \mathbb{R}^{n\times n}$, dann erhalten wir

$$\boldsymbol{G}_{ji} = \begin{pmatrix} 1 &&&&&&&& \\ & \ddots &&&&&&& \\ && 1 &&&&&& \\ &&& \cos\varphi &&& \sin\varphi && \\ &&&& 1 &&&& \\ &&&&& \ddots &&& \\ &&&&&& 1 && \\ &&& -\sin\varphi &&& \cos\varphi && \\ &&&&&&& 1 & \\ &&&&&&&& \ddots \\ &&&&&&&&& 1 \end{pmatrix} \in \mathbb{R}^{n\times n}$$

mit $\varphi = \arccos g_{ii}$. Hiermit wird deutlich, dass $\boldsymbol{G}_{ji}$ die Eigenschaften $\boldsymbol{G}_{ji}^T\boldsymbol{G}_{ji} = \boldsymbol{I}$ und $\det(\boldsymbol{G}_{ji}) = 1$ erfüllt und folglich eine orthogonale Drehmatrix um den Winkel φ repräsentiert.

Die linksseitige Matrixmultiplikation mit $\boldsymbol{G}_{ji}$ erfordert $4(n-i)$ Multiplikationen komplexer respektive reeller Zahlen. Da diese Matrixmultiplikation bis zu $\frac{n(n-1)}{2}$-mal vollzogen werden muss, ergibt sich insgesamt ein Rechenaufwand der Größenordnung $\mathcal{O}\left(n^3\right)$.

Achtung Im allgemeinen Fall liegt bei der Givens-Methode sogar ein höherer Rechenaufwand im Vergleich zum Gram-Schmidt-Verfahren vor. Durch die im Algorithmus vorgenommene Abfrage reduziert sich jedoch der Aufwand des Givens-Verfahrens durchaus sehr stark, wenn eine Matrix mit besonderer Struktur vorliegt. Betrachtet man beispielsweise eine obere Hessenbergmatrix, so müssen lediglich $n-1$ Givens-Rotationen zur Überführung in obere Dreiecksgestalt vorgenommen werden. In diesem Spezialfall reduziert sich der Rechenaufwand von der Größenordnung $\mathcal{O}\left(n^3\right)$ auf die Größenordnung $\mathcal{O}\left(n^2\right)$. Wir werden diese Eigenschaft später im Kap. 6 bei der numerischen Berechnung von Eigenwerten ausnutzen. ◀

Beispiel Analog zu dem auf S. 137 vorgestellten Beispiel betrachten wir die Matrix

$$\boldsymbol{A} = \begin{pmatrix} 1 & 8 \\ 2 & 1 \end{pmatrix}.$$

Nach den hergeleiteten Vorschriften zur Berechnung der Matrix $\boldsymbol{G}_{2,1}$ ergibt sich

$$g_{11} = g_{22} = \frac{a_{11}}{\sqrt{|a_{11}|^2 + |a_{21}|^2}} = \frac{1}{\sqrt{5}}$$

sowie

$$g_{21} = -g_{12} = -\frac{a_{21}}{\sqrt{|a_{11}|^2 + |a_{21}|^2}} = -\frac{2}{\sqrt{5}}\,.$$

Somit erhalten wir die orthogonale Givens-Rotationsmatrix

$$\boldsymbol{G}_{2,1} = \frac{1}{\sqrt{5}}\begin{pmatrix} 1 & 2 \\ -2 & 1 \end{pmatrix} \quad \text{und} \quad \boldsymbol{R} = \boldsymbol{G}_{2,1}\boldsymbol{A} = \frac{1}{\sqrt{5}}\begin{pmatrix} 5 & 10 \\ 0 & -15 \end{pmatrix},$$

sodass die QR-Zerlegung in der Form $\boldsymbol{A} = \boldsymbol{G}_{2,1}^T\boldsymbol{R}$ vorliegt. ◀

Selbstfrage 7

Können Sie erklären, warum durch die obige Givens-Rotation eine zum Beispiel auf S. 137 abweichende QR-Zerlegung ermittelt werden musste und in welchem Zusammenhang die Abweichung zum Satz zur Eindeutigkeit der QR-Zerlegung steht?

Die Householder-Methode basiert auf Spiegelungen

Mit der Householder-Transformation lernen wir nun einen weiteren Weg zur Berechnung einer QR-Zerlegung einer gegebenen

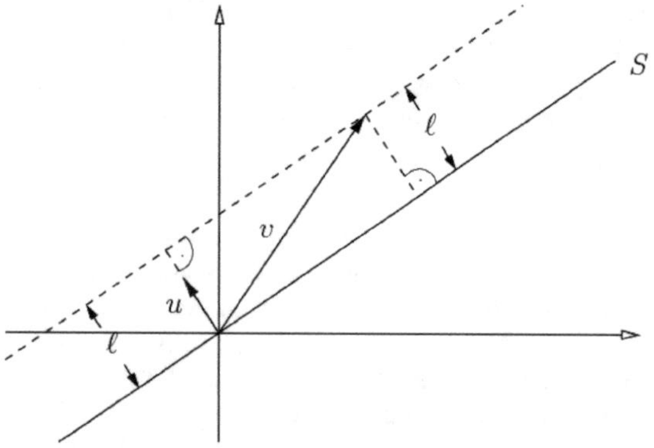

Abb. 5.3 Länge der orthogonalen Projektion

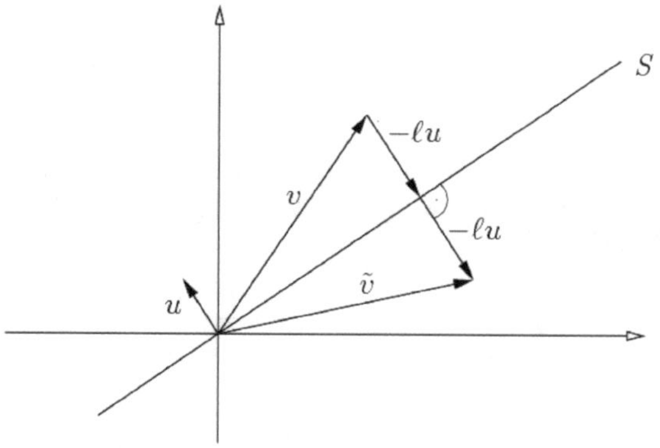

Abb. 5.4 Wirkung der Matrix $\boldsymbol{H}$ auf den Vektor $\boldsymbol{v}$

Matrix $\boldsymbol{A} \in \mathbb{C}^{n\times n}$ kennen. Wir werden dabei eine sukzessive Überführung der Matrix in eine rechte obere Dreiecksgestalt vornehmen, wobei wir im reellen Fall verdeutlichen werden, dass im Gegensatz zur Givens-Methode stets Spiegelungs- anstelle von Drehmatrizen genutzt werden. Während die Zielsetzung bei der Givens-Rotation in jedem Schritt in der Annullierung genau eines Matrixelementes liegt, werden im Rahmen der Householder-Transformation stets Spiegelung derart durchgeführt, dass alle Unterdiagonalelemente einer Spalte zu null werden.

Aufgrund der eingängigeren Anschauung betrachten wir bei der Herleitung zunächst reellwertige Matrizen und nehmen anschließend eine Verallgemeinerung in den komplexen Kontext vor.

Betrachten wir einen beliebigen Vektor $\boldsymbol{v} \in \mathbb{R}^s \setminus \{\boldsymbol{0}\}$, so suchen wir eine orthogonale, symmetrische Matrix $\boldsymbol{H} \in \mathbb{R}^{s\times s}$ mit $\det \boldsymbol{H} = -1$, für die

$$\boldsymbol{H}\boldsymbol{v} = c \cdot \boldsymbol{e}_1, \quad c \in \mathbb{R} \setminus \{0\}$$

gilt, wobei $\boldsymbol{e}_1$ den ersten Einheitsvektor repräsentiert. Aufgrund der gewünschten Orthogonalität der Matrix ist die Abbildung laut Aufgabe 5.6 längenerhaltend bezüglich der euklidischen Norm, womit für die Konstante c aus

$$\|\boldsymbol{v}\|_2 = \|\boldsymbol{H}\boldsymbol{v}\|_2 = \|c \cdot \boldsymbol{e}_1\|_2 = |c| \cdot \|\boldsymbol{e}_1\|_2 = |c|$$

die Darstellung

$$c = \pm\|\boldsymbol{v}\|_2$$

folgt. Sei $\boldsymbol{u} \in \mathbb{R}^s$ der Normaleneinheitsvektor zur Spiegelungsebene S der Matrix $\boldsymbol{H}$ mit dem durch $\varphi = \angle(\boldsymbol{u}, \boldsymbol{v})$ gegebenen Winkel zwischen den Vektoren $\boldsymbol{u}$ und $\boldsymbol{v}$. Dann berechnet sich die Länge ℓ der orthogonalen Projektion von $\boldsymbol{v}$ auf $\boldsymbol{u}$ gemäß Abb. 5.3 wegen

$$\frac{\ell}{\|\boldsymbol{v}\|_2} = \cos\varphi = \frac{\langle \boldsymbol{u}, \boldsymbol{v}\rangle}{\underbrace{\|\boldsymbol{u}\|_2}_{=1}\|\boldsymbol{v}\|_2} = \frac{\boldsymbol{u}^T\boldsymbol{v}}{\|\boldsymbol{v}\|_2}$$

zu $\ell = \boldsymbol{u}^T\boldsymbol{v}$.

Für gegebene Vektoren $\boldsymbol{u}$ und $\boldsymbol{v}$ erhalten wir den zu $\boldsymbol{v}$ an S gespiegelten Vektor $\widetilde{\boldsymbol{v}}$ in der Form

$$\widetilde{\boldsymbol{v}} = \boldsymbol{v} - 2\boldsymbol{u}\ell = \boldsymbol{v} - 2\boldsymbol{u}\boldsymbol{u}^T\boldsymbol{v} = \boldsymbol{H}\boldsymbol{v}$$

mit $\boldsymbol{H} = \boldsymbol{I} - 2\boldsymbol{u}\boldsymbol{u}^T$. Die Wirkung der Matrix $\boldsymbol{H}$ auf den Vektor $\boldsymbol{v}$ ist in Abb. 5.4 dargestellt. Man überprüfe, dass die Spiegelungseigenschaft auch gilt, wenn die Vektoren $\boldsymbol{u}$ und $\boldsymbol{v}$ entgegen der Abb. 5.4 in verschiedene Halbebenen bezüglich der Spiegelungsebene S zeigen.

Bevor wir uns der Festlegung des Vektors $\boldsymbol{u}$ zuwenden, werden wir zunächst die Eigenschaften der resultierenden Matrix $\boldsymbol{H}$ analysieren.

Satz und Definition der reellen Householder-Matrix

Sei $\boldsymbol{u} \in \mathbb{R}^s$ mit $\|\boldsymbol{u}\|_2 = 1$, dann stellt

$$\boldsymbol{H} = \boldsymbol{I} - 2\boldsymbol{u}\boldsymbol{u}^T \in \mathbb{R}^{s\times s}$$

eine orthogonale und symmetrische Matrix mit $\det \boldsymbol{H} = -1$ dar und wird als reelle Householder-Matrix bezeichnet.

Beweis Aus

$$\boldsymbol{H}^T = (\boldsymbol{I} - 2\boldsymbol{u}\boldsymbol{u}^T)^T = \boldsymbol{I} - 2\boldsymbol{u}^{T^T}\boldsymbol{u}^T = \boldsymbol{I} - 2\boldsymbol{u}\boldsymbol{u}^T = \boldsymbol{H}$$

folgt die behauptete Symmetrie und wir erhalten unter Berücksichtigung der euklidischen Längenvoraussetzung $\|\boldsymbol{u}\|_2 = 1$ die Orthogonalität gemäß

$$\begin{aligned}\boldsymbol{H}^T\boldsymbol{H} = \boldsymbol{H}^2 &= (\boldsymbol{I} - 2\boldsymbol{u}\boldsymbol{u}^T)(\boldsymbol{I} - 2\boldsymbol{u}\boldsymbol{u}^T)\\ &= \boldsymbol{I} - 4\boldsymbol{u}\boldsymbol{u}^T + 4\boldsymbol{u}\underbrace{\boldsymbol{u}^T\boldsymbol{u}}_{=1}\boldsymbol{u}^T = \boldsymbol{I}\,.\end{aligned}$$

Erweitern wir den Vektor $\boldsymbol{u}$ mittels der Vektoren $\boldsymbol{y}_1, \ldots, \boldsymbol{y}_{s-1} \in \mathbb{R}^s$ zu einer Orthonormalbasis des $\mathbb{R}^s$ und definieren hiermit die

Kapitel 5

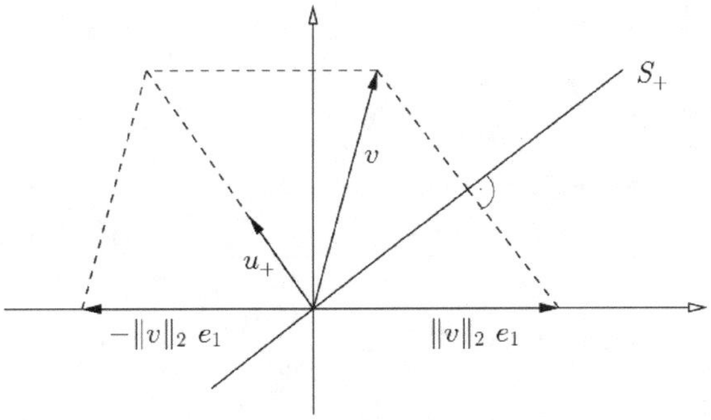

Abb. 5.5 Festlegung des Einheitsnormalenvektors $\boldsymbol{u}_+$ zur Spiegelung auf $\|\boldsymbol{v}\|_2\boldsymbol{e}_1$

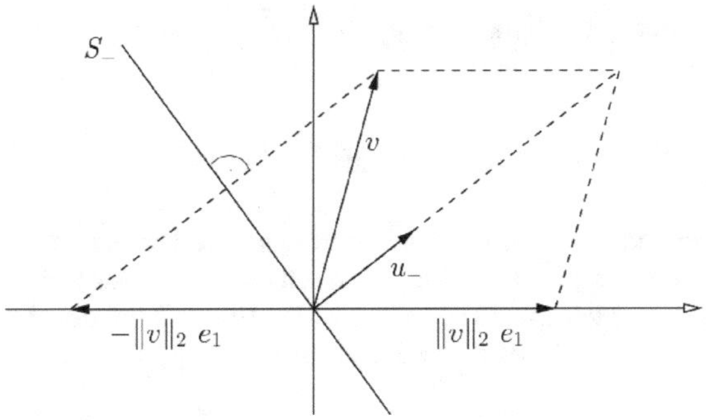

Abb. 5.6 Festlegung des Einheitsnormalenvektors $\boldsymbol{u}_-$ zur Spiegelung auf $-\|\boldsymbol{v}\|_2\boldsymbol{e}_1$

orthogonale Matrix

$$\boldsymbol{Q} = (\boldsymbol{u}, \boldsymbol{y}_1, \ldots, \boldsymbol{y}_{s-1}) \in \mathbb{R}^{s\times s},$$

so gilt $\boldsymbol{u}^T\boldsymbol{Q} = (1, 0, \ldots, 0) = \boldsymbol{e}_1^T$ und folglich erhalten wir aus

$$\begin{aligned} \boldsymbol{Q}^{-1}\boldsymbol{H}\boldsymbol{Q} &= \boldsymbol{Q}^T\boldsymbol{H}\boldsymbol{Q} = \boldsymbol{Q}^T(\boldsymbol{I} - 2\boldsymbol{u}\boldsymbol{u}^T)\boldsymbol{Q} \\ &= \boldsymbol{Q}^T\boldsymbol{Q} - 2\boldsymbol{Q}^T\boldsymbol{u}\boldsymbol{u}^T\boldsymbol{Q} = \boldsymbol{I} - 2\boldsymbol{e}_1\boldsymbol{e}_1^T \\ &= \begin{pmatrix} -1 & & & \\ & 1 & & \\ & & \ddots & \\ & & & 1 \end{pmatrix} \end{aligned}$$

direkt

$$-1 = \det(\boldsymbol{Q}^{-1}\boldsymbol{H}\boldsymbol{Q}) = \underbrace{\det \boldsymbol{Q}^{-1}}_{=1/\det \boldsymbol{Q}} \det \boldsymbol{H} \det \boldsymbol{Q} = \det \boldsymbol{H}. \qquad \blacksquare$$

Da die gewünschte Eigenschaft $\boldsymbol{H}\boldsymbol{v} = c\ \boldsymbol{e}_1$ wegen $c = \pm\|\boldsymbol{v}\|_2$ nur bis auf das Vorzeichen eindeutig ist, ergeben sich zwei mögliche, jeweils durch einen Einheitsnormalenvektor $\boldsymbol{u}_\pm$ festgelegte Spiegelungsebenen $S_\pm$. Geometrisch wird aus der Abb. 5.5 deutlich, dass die Spiegelung von $\boldsymbol{v}$ auf $\|\boldsymbol{v}\|_2\boldsymbol{e}_1$ eine Spiegelungsebene S_+ erfordert, die die Winkelhalbierende zu $\boldsymbol{v}$ und $\boldsymbol{e}_1$ enthält. Wir nutzen demzufolge

$$\boldsymbol{u}_+ = \frac{\boldsymbol{v} - \|\boldsymbol{v}\|_2\boldsymbol{e}_1}{\|\boldsymbol{v} - \|\boldsymbol{v}\|_2\boldsymbol{e}_1\|_2}$$

als Vektor in Richtung einer Diagonalen des aus $\boldsymbol{v}$ und $\|\boldsymbol{v}\|_2\boldsymbol{e}_1$ gebildeten Parallelogramms.

Abb. 5.6 kann zudem entnommen werden, dass die Spiegelung von $\boldsymbol{v}$ auf $-\|\boldsymbol{v}\|_2\boldsymbol{e}_1$ entsprechend durch die Wahl

$$\boldsymbol{u}_- = \frac{\boldsymbol{v} + \|\boldsymbol{v}\|_2\boldsymbol{e}_1}{\|\boldsymbol{v} + \|\boldsymbol{v}\|_2\boldsymbol{e}_1\|_2}$$

erwartet werden kann. Die Korrektheit dieser heuristischen Vorgehensweise zur Bestimmung der Vektoren $\boldsymbol{u}_+$ und $\boldsymbol{u}_-$ können wir durch einfaches Nachrechnen der entsprechenden Abbildungseigenschaften belegen. Unter Berücksichtigung von

$$\begin{aligned} \|\boldsymbol{v} \mp \|\boldsymbol{v}\|_2\boldsymbol{e}_1\|_2^2 &= \boldsymbol{v}^T\boldsymbol{v} \mp 2\|\boldsymbol{v}\|_2\boldsymbol{e}_1^T\boldsymbol{v} + \underbrace{\|\boldsymbol{v}\|_2^2}_{=\boldsymbol{v}^T\boldsymbol{v}} \\ &= 2(\boldsymbol{v}^T \mp \|\boldsymbol{v}\|_2\boldsymbol{e}_1^T)\boldsymbol{v} \end{aligned} \tag{5.19}$$

erhalten wir für die zugehörigen Matrizen $\boldsymbol{H}_\pm = \boldsymbol{I} - 2\boldsymbol{u}_\pm\boldsymbol{u}_\pm^T$ aus

$$\begin{aligned} \boldsymbol{H}_\pm\boldsymbol{v} &= \boldsymbol{v} - 2\boldsymbol{u}_\pm\boldsymbol{u}_\pm^T\boldsymbol{v} \\ &= \boldsymbol{v} - 2\frac{\boldsymbol{v} \mp \|\boldsymbol{v}\|_2\boldsymbol{e}_1}{\|\boldsymbol{v} \mp \|\boldsymbol{v}\|_2\boldsymbol{e}_1\|_2^2}\underbrace{(\boldsymbol{v} \mp \|\boldsymbol{v}\|_2\boldsymbol{e}_1)^T\boldsymbol{v}}_{\overset{(5.19)}{=}\frac{1}{2}\|\boldsymbol{v}\mp\|\boldsymbol{v}\|_2\boldsymbol{e}_1\|_2^2} \\ &= \boldsymbol{v} - (\boldsymbol{v} \mp \|\boldsymbol{v}\|_2\boldsymbol{e}_1) = \pm\|\boldsymbol{v}\|_2\boldsymbol{e}_1 \end{aligned} \tag{5.20}$$

den gewünschten Nachweis. Um einen bei der Berechnung von $\boldsymbol{v} \mp \|\boldsymbol{v}\|_2\boldsymbol{e}_1$ vorliegenden Rundungsfehler nicht durch eine Division mit einer kleinen Zahl unnötig zu vergrößern, wird die Vorzeichenwahl derart vorgenommen, dass

$$\|\boldsymbol{v} \mp \|\boldsymbol{v}\|_2\boldsymbol{e}_1\|_2^2 = (v_1 \mp \|\boldsymbol{v}\|_2)^2 + v_2^2 + \ldots v_s^2 \tag{5.21}$$

maximal wird. Aus (5.21) wird sofort ersichtlich, dass sich somit

$$\boldsymbol{u} = \frac{\boldsymbol{v} + \alpha\boldsymbol{e}_1}{\|\boldsymbol{v} + \alpha\boldsymbol{e}_1\|_2} \text{ mit } \alpha = \begin{cases} \dfrac{v_1}{|v_1|}\|\boldsymbol{v}\|_2, & \text{falls } v_1 \neq 0, \\ \|\boldsymbol{v}\|_2 & \text{sonst} \end{cases}$$

ergibt.

Achtung Beim Übergang auf komplexe Matrizen scheint es nun naheliegend zu sein, die Definition der Matrix $\boldsymbol{H} = \boldsymbol{I} - 2\boldsymbol{u}\boldsymbol{u}^T$ einfach durch $\boldsymbol{H} = \boldsymbol{I} - 2\boldsymbol{u}\boldsymbol{u}^*$ zu ersetzen. Diese erste offensichtliche Annahme trügt jedoch. Der Grund hierfür liegt in der fehlenden Symmetrieeigenschaft des Skalarproduktes auf

$\mathbb{C}^n$. Hier gilt lediglich $\langle x, y\rangle = \overline{\langle y, x\rangle}$, wodurch sich anstelle (5.19) die Darstellung

$$\|v \mp \|v\|_2 e_1\|_2^2 = 2\left(\|v\|_2^2 \mp \|v\|_2 \operatorname{Re}(e_1^* v)\right) \tag{5.22}$$

ergibt und somit nicht die Schlussfolgerung entsprechend (5.20) gezogen werden kann. Wir ersetzen daher den in der bisherigen Festlegung der Matrix H auftretenden Faktor 2 bei gegebenem Vektor $v \in \mathbb{C}^n \setminus \{0\}$ durch den Term $1 + v^*u/u^*v$. ◀

Selbstfrage 8

Überprüfen Sie, dass im Fall $u, v \in \mathbb{R}^n \setminus \{0\}$ mit $u^*v \neq 0$ die Identität $1 + v^*u/u^*v = 2$ gilt.

Satz

Sei $u \in \mathbb{C}^s$ mit $\|u\|_2 = 1$ und $v \in \mathbb{C}^s \setminus \{0\}$ mit $u^*v \neq 0$ gegeben, dann stellt

$$H = I - \left(1 + \frac{v^*u}{u^*v}\right) uu^* \in \mathbb{C}^{s\times s}$$

eine unitäre Matrix dar. Im Fall

$$u = \frac{v + \alpha e_1}{\|v + \alpha e_1\|_2} \quad \text{mit } \alpha = \begin{cases} \dfrac{v_1}{|v_1|}\|v\|_2, & \text{falls } v_1 \neq 0, \\ \|v\|_2 & \text{sonst}, \end{cases}$$

gilt zudem

$$Hv = -\alpha e_1 \quad \text{mit} \quad e_1 = (1, 0, \ldots, 0)^T \in \mathbb{R}^s.$$

Beweis Für $z = v^*u/u^*v$ gilt $|z| = 1$ und wir erhalten

$$\begin{aligned} H^*H &= (I - (1+\overline{z})uu^*)(I - (1+z)uu^*) \\ &= I - (1 + \overline{z} + 1 + z)uu^* + (1+\overline{z})(1+z)u \underbrace{u^*u}_{=1} u^* \\ &= I - (2 + \overline{z} + z - 1 - \overline{z} - z - \overline{z}z)uu^* \\ &= I. \end{aligned}$$

Des Weiteren ergibt sich mit der angegebenen Wahl des Vektors u unter Berücksichtigung von

$$\begin{aligned} \|v + \alpha e_1\|_2^2 &= (v + \alpha e_1)^*(v + \alpha e_1) \\ &= v^*v + \underbrace{(\alpha e_1)^* v + v^* \alpha e_1}_{=2\operatorname{Re}((\alpha e_1)^* v)} + \underbrace{|\alpha|^2}_{=v^*v} \\ &= 2\operatorname{Re}((v + \alpha e_1)^* v) \end{aligned}$$

der Zusammenhang

$$\begin{aligned} Hv &= v - \left(1 + \frac{v^*u}{u^*v}\right) uu^*v \\ &= v - uu^*v - v^*uu \\ &= v - \frac{(v + \alpha e_1)(v+\alpha e_1)^* v - v^*(v + \alpha e_1)(v + \alpha e_1)}{\|v + \alpha e_1\|_2^2} \\ &= v - (v + \alpha e_1)\frac{2\operatorname{Re}((v + \alpha e_1)^* v)}{\|v + \alpha e_1\|_2^2} \\ &= v - (v + \alpha e_1) = -\alpha e_1. \end{aligned}$$ ■

Zur endgültigen Konstruktion der für den Householder-Algorithmus notwendigen Matrizen betrachten wir zunächst noch folgendes Hilfsresultat, wobei mit der Abkürzung I_k stets die Einheitsmatrix im $\mathbb{R}^{k\times k}$ bezeichnet wird.

Lemma Sei $u_s \in \mathbb{C}^s$ mit $\|u_s\|_2 = 1$ und $v_s \in \mathbb{C}^s \setminus \{0\}$ mit $u_s^* v_s \neq 0$ gegeben, dann stellt

$$H_s = \begin{pmatrix} I_{n-s} & 0 \\ 0 & \widetilde{H}_s \end{pmatrix} \in \mathbb{C}^{n\times n}$$

unter Verwendung von $\widetilde{H}_s = I - \left(1 + \frac{v_s^* u_s}{u_s^* v_s}\right) u_s u_s^* \in \mathbb{C}^{s\times s}$ eine unitäre Matrix dar. ◀

Beweis Der Nachweis ergibt sich unmittelbar aus

$$H_s^* H_s = \begin{pmatrix} I_{n-s} & 0 \\ 0 & \widetilde{H}_s^* \widetilde{H}_s \end{pmatrix} = \begin{pmatrix} I_{n-s} & 0 \\ 0 & I_s \end{pmatrix} = I_n.$$ ■

Unter Verwendung der erzielten Resultate können wir eine sukzessive Überführung einer gegebenen Matrix $A \in \mathbb{C}^{n\times n}$ in obere Dreiecksgestalt vornehmen. Wir setzen hierzu $A^{(0)} = A$ und schreiben

$$A^{(0)} = \begin{pmatrix} a_{11}^{(0)} & \ldots & a_{1n}^{(0)} \\ \vdots & & \vdots \\ a_{n1}^{(0)} & \ldots & a_{nn}^{(0)} \end{pmatrix}.$$

Mit $a^{(0)} = (a_{11}^{(0)}, \ldots, a_{n1}^{(0)})^T$ definieren wir unter Verwendung von

$$u_n = \frac{a^{(0)} + \alpha e_1}{\|a^{(0)} + \alpha e_1\|_2}$$

mit

$$\alpha = \begin{cases} \dfrac{a_{11}^{(0)}}{|a_{11}^{(0)}|}\|a^{(0)}\|_2, & \text{falls } a_{11}^{(0)} \neq 0, \\ \|a^{(0)}\|_2 & \text{sonst} \end{cases}$$

Kapitel 5

die komplexe Householder-Matrix

$$\boldsymbol{H}_n = \boldsymbol{I}_n - \left(1 + \frac{(\boldsymbol{a}^{(0)})^* \boldsymbol{u}_n}{\boldsymbol{u}_n^* \boldsymbol{a}^{(0)}}\right) \boldsymbol{u}_n \boldsymbol{u}_n^* \in \mathbb{C}^{n \times n}$$

Folglich besitzt $\boldsymbol{A}^{(1)} = \boldsymbol{H}_n \boldsymbol{A}^{(0)}$ laut (5.20) die Gestalt

$$\boldsymbol{A}^{(1)} = \begin{pmatrix} a_{11}^{(1)} & a_{12}^{(1)} & \dots & a_{1n}^{(1)} \\ 0 & a_{22}^{(1)} & \dots & a_{2n}^{(1)} \\ \vdots & \vdots & & \vdots \\ 0 & a_{n2}^{(1)} & \dots & a_{nn}^{(1)} \end{pmatrix}.$$

Diese Vorgehensweise werden wir auf weitere Spalten übertragen, wobei stets kleiner werdende rechte untere Anteile der Matrix betrachtet werden. Die Zielsetzung liegt dabei in der Annullierung der Unterdiagonalelemente. Liegt nach k Transformationsschritten die Matrix

$$\boldsymbol{A}^{(k)} = \left(\begin{array}{c|ccc} \boldsymbol{R}^{(k)} & & \boldsymbol{B}^{(k)} & \\ \hline & a_{k+1,k+1}^{(k)} & \dots & a_{k+1,n}^{(k)} \\ \boldsymbol{0} & \vdots & & \vdots \\ & a_{n,k+1}^{(k)} & \dots & a_{nn}^{(k)} \end{array}\right) \in \mathbb{C}^{n \times n}$$

vor, wobei $\boldsymbol{R}^{(k)} \in \mathbb{C}^{k \times k}$ eine rechte obere Dreiecksmatrix darstellt und $\boldsymbol{B}^{(k)} \in \mathbb{C}^{k \times (n-k)}$ gilt, so setzen wir $\boldsymbol{a}^{(k)} = (a_{k+1,k+1}^{(k)}, \dots, a_{k+1,n}^{(k)})^T \in \mathbb{C}^{n-k}$. Analog zum Übergang von $\boldsymbol{A}^{(0)}$ auf $\boldsymbol{A}^{(1)}$ konstruieren wir mit

$$\boldsymbol{u}_{n-k} = \frac{\boldsymbol{a}^{(k)} + \alpha \boldsymbol{e}_1}{\|\boldsymbol{a}^{(k)} + \alpha \boldsymbol{e}_1\|_2}$$

und

$$\alpha = \begin{cases} \dfrac{a_{k+1,k+1}^{(k)}}{|a_{k+1,k+1}^{(k)}|} \|\boldsymbol{a}^{(k)}\|_2 , & \text{falls } a_{k+1,k+1}^{(k)} \neq 0 , \\ \|\boldsymbol{a}^{(k)}\|_2 & \text{sonst} \end{cases}$$

die komplexe Householder-Matrix $\widetilde{\boldsymbol{H}}_{n-k} \in \mathbb{C}^{(n-k) \times (n-k)}$ gemäß

$$\widetilde{\boldsymbol{H}}_{n-k} = \boldsymbol{I}_{n-k} - \left(1 + \frac{(\boldsymbol{a}^{(k)})^* \boldsymbol{u}_{n-k}}{\boldsymbol{u}_{n-k}^* \boldsymbol{a}^{(k)}}\right) \boldsymbol{u}_{n-k} \boldsymbol{u}_{n-k}^* .$$

Laut obigem Lemma stellt

$$\boldsymbol{H}_{n-k} = \begin{pmatrix} \boldsymbol{I}_k & \boldsymbol{0} \\ \boldsymbol{0} & \widetilde{\boldsymbol{H}}_{n-k} \end{pmatrix} \in \mathbb{R}^{n \times n}$$

eine unitäre Matrix dar und wir erhalten für $\boldsymbol{A}^{(k+1)} = \boldsymbol{H}_{n-k} \boldsymbol{A}^{(k)}$ die Darstellung

$$\boldsymbol{A}^{(k+1)} = \left(\begin{array}{c|cccc} \boldsymbol{R}^{(k)} & & \boldsymbol{B}^{(k)} & & \\ \hline & a_{k+1,k+1}^{(k+1)} & a_{k+1,k+2}^{(k+1)} & \dots & a_{k+1,n}^{(k+1)} \\ & 0 & a_{k+2,k+2}^{(k+1)} & \dots & a_{k+2,n}^{(k+1)} \\ \boldsymbol{0} & \vdots & \vdots & & \vdots \\ & 0 & a_{n,k+2}^{(k+1)} & \dots & a_{nn}^{(k+1)} \end{array}\right)$$

$$= \left(\begin{array}{c|ccc} \boldsymbol{R}^{(k+1)} & & \boldsymbol{B}^{(k+1)} & \\ \hline & a_{k+2,k+2}^{(k+1)} & \dots & a_{k+2,n}^{(k+1)} \\ \boldsymbol{0} & \vdots & & \vdots \\ & a_{n,k+2}^{(k+1)} & \dots & a_{nn}^{(k+1)} \end{array}\right) \in \mathbb{C}^{n \times n}$$

mit einer rechten oberen Dreiecksmatrix $\boldsymbol{R}^{(k+1)} \in \mathbb{C}^{(k+1) \times (k+1)}$. Nach $n - 1$ Schritten ergibt sich demzufolge die rechte obere Dreiecksmatrix

$$\boldsymbol{R} = \boldsymbol{R}^{(n)} = \boldsymbol{H}_2 \boldsymbol{H}_3 \cdots \boldsymbol{H}_n \boldsymbol{A} .$$

Durch das obige Lemma wissen wir, dass alle verwendeten Matrizen $\boldsymbol{H}_2, \dots, \boldsymbol{H}_n$ unitär sind und folglich mit $\boldsymbol{Q} = \boldsymbol{H}_n^* \boldsymbol{H}_{n-1}^* \dots \boldsymbol{H}_2^*$ ebenfalls eine unitäre Matrix vorliegt, die wegen

$$\boldsymbol{A} = (\boldsymbol{H}_2 \boldsymbol{H}_3 \cdots \boldsymbol{H}_n)^* \boldsymbol{R} = \boldsymbol{H}_n^* \boldsymbol{H}_{n-1}^* \dots \boldsymbol{H}_2^* \boldsymbol{R} = \boldsymbol{Q}\boldsymbol{R}$$

die gewünschte QR-Zerlegung liefert.

Bei einer großen Dimension n des Gleichungssystems liegt im Fall einer vollbesetzten Matrix mit dem Householder-Verfahren eine Methode vor, die etwa die Hälfte der zugrunde gelegten arithmetischen Operationen der Givens-Methode und etwa 2/3 der Operationen des Gram-Schmidt-Verfahrens benötigt. Es sei jedoch bei diesem Vergleich nochmals darauf hingewiesen, dass der Givens-Algorithmus bei Matrizen mit besonderer Struktur häufig den geringsten Rechenaufwand aller drei Verfahren aufweist.

5.2 Splitting-Methoden

Ausgangspunkt für die weiteren Betrachtungen stellt stets ein lineares Gleichungssystem der Form

$$\boldsymbol{A}\boldsymbol{x} = \boldsymbol{b}$$

mit gegebener rechter Seite $\boldsymbol{b} \in \mathbb{C}^n$ und regulärer Matrix $\boldsymbol{A} \in \mathbb{C}^{n \times n}$ dar. Die im Folgenden vorgestellten iterativen Verfahren ermitteln sukzessive Näherungen $\boldsymbol{x}_m$ an die exakte Lösung

$A^{-1}b$ durch wiederholtes Ausführen einer festgelegten Rechenvorschrift

$$x_{m+1} = \phi(x_m, b) \quad \text{für } m = 0, 1, \ldots$$

bei gewähltem Startvektor $x_0 \in \mathbb{C}^n$. Wir werden dementsprechend zunächst festlegen, was wir unter dem Begriff eines Iterationsverfahrens in diesem Abschnitt verstehen wollen.

Definition eines Iterationsverfahrens

Ein Iterationsverfahren zur Lösung eines linearen Gleichungssystems ist gegeben durch eine Abbildung

$$\phi\colon \mathbb{C}^n \times \mathbb{C}^n \to \mathbb{C}^n$$

und heißt linear, falls Matrizen $M, N \in \mathbb{C}^{n\times n}$ derart existieren, dass

$$\phi(x, b) = Mx + Nb$$

gilt. Die Matrix M wird als Iterationsmatrix der Iteration ϕ bezeichnet.

Im Gegensatz zu den bisher betrachteten direkten Verfahren basieren Splitting-Verfahren auf einer additiven anstelle einer multiplikativen Zerlegung der Matrix $A \in \mathbb{C}^{n\times n}$ gemäß

$$A = B + (A - B) \tag{5.23}$$

unter Verwendung einer frei wählbaren regulären Matrix $B \in \mathbb{C}^{n\times n}$. Elementare Umformungen liefern somit die Äquivalenz der Gleichungen

$$Ax = b$$

und

$$x = B^{-1}(B - A)x + B^{-1}b\,. \tag{5.24}$$

Selbstfrage 9

Ist die behauptete Überführung von $Ax = b$ in (5.24) wirklich gültig?

Splitting-Methoden lassen sich folglich stets in der Form eines Iterationsverfahrens

$$x_{m+1} = \phi(x_m, b) \quad \text{für } m = 0, 1, \ldots$$

mit

$$\phi(x_m, b) = \underbrace{B^{-1}(B - A)}_{=:M} x_m + \underbrace{B^{-1}}_{=:N} b$$

schreiben.

Jede Splitting-Methode stellt ein lineares Iterationsverfahren dar

Ein Grund zur Nutzung iterativer anstelle direkter Verfahren liegt oftmals auch darin begründet, dass bei unstrukturierten und schwach besetzten Matrizen die inverse Matrix eine stark besetzte Struktur aufweisen kann, die die vorhandenen Speicherplatzressourcen übersteigt. Entsprechend muss die Matrix B so gewählt werden, dass entweder ihre Inverse leicht berechenbar ist und einen geringen Speicherplatzbedarf aufweist oder zumindest die Wirkung der Matrix B^{-1} auf einen Vektor ohne großen Rechenaufwand ermittelt werden kann. Der zweite Hinweis begründet sich durch den Sachverhalt, dass innerhalb jeder Iteration nur Matrix-Vektor-Produkte der Form

$$B^{-1}y \quad \text{mit} \quad y = (B - A)x_m + b$$

notwendig sind. Hierzu ist es nicht erforderlich, dass die Matrix B^{-1} explizit vorliegt. Wird beispielsweise eine linke untere Dreiecksmatrix B genutzt, so kann das Matrix-Vektor-Produkt $z = B^{-1}y$ einfach durch Lösen der Gleichung

$$Bz = y$$

mittels sukzessiver Vorwärtselimination ermittelt werden. Des Weiteren sollte die Matrix B jedoch eine möglichst gute Approximation an die Matrix A darstellen, um eine schnelle Konvergenz gegen die gesuchte Lösung zu erzielen. Heuristisch betrachtet können wir aus $B \approx A$ zunächst $B^{-1} \approx A^{-1}$ erhoffen und folglich mit

$$x_1 = \underbrace{B^{-1}(B - A)}_{\approx 0} x_0 + \underbrace{B^{-1}}_{\approx A^{-1}} b \approx A^{-1}b$$

relativ unabhängig von der Wahl des Startvektors bereits durch die erste Iterierte eine hoffentlich gute Näherung an die gesuchte Lösung $\widetilde{x} = A^{-1}b$ berechnen. Um mathematisch abgesicherte Aussagen über die Konvergenzvoraussetzungen von Splitting-Methoden formulieren zu können, werden wir im Folgenden die Begriffe *Konsistenz* und *Konvergenz* iterativer Verfahren einführen und ihre Auswirkungen diskutieren.

Vorab betrachten wir ein einfaches Beispiel, dass wir als Modellproblem für alle folgenden Arten von Splitting-Methoden einsetzen werden.

Beispiel: Triviales Verfahren Wir betrachten das Modellproblem

$$\underbrace{\begin{pmatrix} 0.6 & -0.2 \\ -0.1 & 0.5 \end{pmatrix}}_{=:A} \underbrace{\begin{pmatrix} x_1 \\ x_2 \end{pmatrix}}_{=:x} = \underbrace{\begin{pmatrix} 0.8 \\ -0.6 \end{pmatrix}}_{=:b}. \tag{5.25}$$

Die exakte Lösung lautet $A^{-1}b = (1, -1)^T$. Natürlich besteht für dieses Gleichungssystem keine Notwendigkeit zur Nutzung eines iterativen Verfahrens. Das Beispiel eignet sich jedoch sehr gut zur Verdeutlichung der Effizienz der einzelnen Splitting-Methoden. Die einfachste Wahl der Matrix B, die wir uns

Kapitel 5

Tab. 5.3 Triviales Verfahren

m	$x_{m,1}$	$x_{m,2}$	$\varepsilon_m := \|x_m - A^{-1}b\|_\infty$	$\varepsilon_m/\varepsilon_{m-1}$
0	21.000	−19.000	$2.00 \cdot 10^{1}$	
10	0.968	−1.032	$3.232 \cdot 10^{-2}$	0.599
30	1.000	−1.000	$1.179 \cdot 10^{-6}$	0.600
50	1.000	−1.000	$4.311 \cdot 10^{-11}$	0.600
71	1.000	−1.000	$9.992 \cdot 10^{-16}$	0.600

vorstellen können, ist sicherlich die Identitätsmatrix. Mit $A = I - (I - A)$ folgt die Äquivalenz zwischen $Ax = b$ und

$$x = (I - A)x + b\,.$$

Hierdurch ergibt sich das einfache lineare Iterationsverfahren

$$x_{m+1} = \phi(x_m, b) = \underbrace{(I - A)}_{=:M} x_m + \underbrace{I}_{=:N} b\,.$$

Es gilt $\det(M - \lambda I) = \left(\lambda - \frac{9}{20}\right)^2 - \frac{9}{400}$, sodass die Eigenwerte der Iterationsmatrix $\lambda_1 = 0.3$ und $\lambda_2 = 0.6$ lauten und sich damit der Spektralradius zu $\rho(M) = \max\{|\lambda_1|, |\lambda_2|\} = 0.6$ ergibt. Sei $x_0 = (21, -19)^T$, dann erhalten wir den in Tab. 5.3 aufgeführten Konvergenzverlauf, der zudem gemeinsam mit den Ergebnissen weiterer Verfahren in einer Grafik auf der S. 158 dargestellt wird. Die Werte sind stets auf drei Nachkommastellen gerundet und der Spektralradius findet sich in der rechts aufgeführten Fehlerreduktion wieder, sodass ein erster Hinweis darauf vorliegt, dass ein Zusammenhang zwischen dem Spektralradius der Iterationsmatrix M und der Konvergenzgeschwindigkeit des Iterationsverfahrens bestehen könnte. ◀

Der Konvergenzverlauf zeigt, dass eine derartig primitive Wahl der Iterationsmatrix in der Regel zu keinem zufriedenstellenden Algorithmus führen wird, zumal in diesem Fall keine Abhängigkeit der Matrix B von der Matrix A besteht und daher die erwünschte Eigenschaft $B \approx A$ üblicherweise nicht vorliegt. Bevor wir uns mit geeigneteren Festlegungen befassen, wollen wir einige generelle Aussagen untersuchen, die uns eine konkretere Forderung zur Güte der Matrix B im Hinblick auf die Konvergenzgeschwindigkeit des Verfahrens liefern.

Definition Fixpunkt und Konsistenz eines Iterationsverfahrens

Einen Vektor $\tilde{x} \in \mathbb{C}^n$ bezeichnen wir als **Fixpunkt** des Iterationsverfahrens $\phi : \mathbb{C}^n \times \mathbb{C}^n \to \mathbb{C}^n$ zu $b \in \mathbb{C}^n$, falls

$$\tilde{x} = \phi(\tilde{x}, b)$$

gilt. Ein Iterationsverfahren ϕ heißt **konsistent** zur Matrix A, wenn für alle $b \in \mathbb{C}^n$ mit $A^{-1}b$ ein Fixpunkt von ϕ zu b vorliegt, d. h.,

$$A^{-1}b = \phi(A^{-1}b, b)$$

gilt.

Der Begriff der Konsistenz wird in unterschiedlichen mathematischen Zusammenhängen verwendet. Grundlegend wird hierdurch immer eine geeignete Bedingung an das Verfahren gestellt, die einen sinnvollen Zusammenhang zwischen der numerischen Methode und der vorliegenden Problemstellung sicherstellt.

Konsistenz besagt: Liefert das Iterationsverfahren $x_m = A^{-1}b$, dann gilt unter Vernachlässigung von Rundungsfehlern $x_k = A^{-1}b$ für alle $k \geq m$.

Bei linearen Iterationsverfahren gibt es eine leicht prüfbare und dabei notwendige und hinreichende Bedingung für die Konsistenz des Verfahrens.

Satz zur Konsistenz

Ein lineares Iterationsverfahren ist genau dann konsistent zur Matrix A, wenn

$$M = I - NA$$

gilt.

Beweis Sei $\widetilde{x} = A^{-1}b$.

„⇒" ϕ sei konsistent zur Matrix A.

Damit erhalten wir

$$\widetilde{x} = \phi(\widetilde{x}, b) = M\widetilde{x} + Nb = M\widetilde{x} + NA\widetilde{x}\,.$$

Da die Konsistenz für alle $b \in \mathbb{C}^n$ gilt, ergibt sich unter Berücksichtigung der Regularität der Matrix A die Gültigkeit der obigen Gleichung für alle $\widetilde{x} \in \mathbb{C}^n$, wodurch

$$M = I - NA$$

folgt.

„⇐" Es gelte $M = I - NA$.

Dann ergibt sich

$$\widetilde{x} = M\widetilde{x} + NA\widetilde{x} = M\widetilde{x} + Nb = \phi(\widetilde{x}, b)\,,$$

wodurch die Konsistenz des Iterationsverfahrens ϕ zur Matrix A folgt. ■

Auf der Grundlage der Aussage des obigen Satzes lassen sich Splitting-Methoden nun sehr leicht auf Konsistenz untersuchen.

Kapitel 5

Satz zur Konsistenz von Splitting-Verfahren

Sei $\boldsymbol{B} \in \mathbb{C}^{n\times n}$ regulär, dann ist das lineare Iterationsverfahren

$$\boldsymbol{x}_{m+1} = \phi(\boldsymbol{x}_m, \boldsymbol{b}) = \boldsymbol{B}^{-1}(\boldsymbol{B} - \boldsymbol{A})\boldsymbol{x}_m + \boldsymbol{B}^{-1}\boldsymbol{b}$$

zur Matrix $\boldsymbol{A}$ konsistent.

Beweis Mit $\boldsymbol{M} = \boldsymbol{B}^{-1}(\boldsymbol{B} - \boldsymbol{A}) = \boldsymbol{I} - \boldsymbol{B}^{-1}\boldsymbol{A} = \boldsymbol{I} - \boldsymbol{N}\boldsymbol{A}$ folgt die Behauptung durch Anwendung des allgemeinen Satzes zur Konsistenz. ■

Jede Splitting-Methode ist konsistent

Bei der Analyse eines Iterationsverfahrens liegt das wesentliche Interesse im Nachweis der Konvergenz der durch das Verfahren generierten Vektorfolge gegen die Lösung des Gleichungssystems. Hierzu benötigen wir zunächst den Begriff der Konvergenz eines Verfahrens.

Definition der Konvergenz eines Iterationsverfahrens

Ein Iterationsverfahren ϕ heißt konvergent, wenn für jeden Vektor $\boldsymbol{b} \in \mathbb{C}^n$ und jeden Startwert $\boldsymbol{x}_0 \in \mathbb{C}^n$ ein vom Startwert unabhängiger Grenzwert

$$\widetilde{\boldsymbol{x}} = \lim_{m\to\infty} \boldsymbol{x}_m = \lim_{m\to\infty} \phi(\boldsymbol{x}_{m-1}, \boldsymbol{b})$$

existiert.

Konvergenz besagt, dass das Iterationsverfahren ein eindeutiges und vom Startvektor unabhängiges Ziel besitzt.

Beispiel Um die Notwendigkeit der Eigenschaften Konsistenz und Konvergenz zu verdeutlichen, betrachten wir zwei einfache Beispiele.

1. Gesucht sei die Lösung $\boldsymbol{x}$ des Gleichungssystems $\boldsymbol{A}\boldsymbol{x} = \boldsymbol{b}$ mit regulärer Matrix $\boldsymbol{A}$ und gegebener rechten Seite $\boldsymbol{b} = \boldsymbol{0}$. Mit der Festlegung

$$\boldsymbol{N} := -\boldsymbol{A}^{-1}, \quad \boldsymbol{M} := 2\boldsymbol{I}$$

erhalten wir $\boldsymbol{M} = \boldsymbol{I} - \boldsymbol{N}\boldsymbol{A}$, sodass mit

$$\phi(\boldsymbol{x}, \boldsymbol{b}) = \boldsymbol{M}\boldsymbol{x} + \boldsymbol{N}\boldsymbol{b} = 2\boldsymbol{I}\boldsymbol{x} + \boldsymbol{N}\boldsymbol{b} = 2x + \boldsymbol{N}\boldsymbol{b}$$

ein zur Matrix des Gleichungssystems konsistentes Iterationsverfahren vorliegt. Jedoch ergibt sich offensichtlich bereits für den Startvektor $\boldsymbol{x}_0 = (1,1)^T$ eine divergente Iterationsfolge, sodass kein konvergentes Iterationsverfahren vorliegt und sich mit Ausnahme des Startvektors $\boldsymbol{x}_0 = \boldsymbol{0}$ auch keine Konvergenz gegen die gesuchte Lösung des Gleichungssystems einstellt.

2. Gesucht sei die Lösung $\boldsymbol{x}$ des Gleichungssystems $\boldsymbol{A}\boldsymbol{x} = \boldsymbol{b}$ mit regulärer Matrix $\boldsymbol{A} \neq \boldsymbol{I}$ und gegebener rechten Seite $\boldsymbol{b} \neq \boldsymbol{0}$. Mit der Festlegung

$$\boldsymbol{N} := \boldsymbol{I}, \quad \boldsymbol{M} := \boldsymbol{0}$$

erhalten wir $\boldsymbol{I} - \boldsymbol{N}\boldsymbol{A} = \boldsymbol{I} - \boldsymbol{A} \neq \boldsymbol{0} = \boldsymbol{M}$, sodass laut des auf S. 145 aufgeführten allgemeinen Satzes mit

$$\phi(\boldsymbol{x}, \boldsymbol{b}) = \boldsymbol{M}\boldsymbol{x} + \boldsymbol{N}\boldsymbol{b}$$

kein konsistentes Iterationsverfahren vorliegt. Betrachten wir einen beliebigen Startvektor $\boldsymbol{x}_0$, so erhalten wir

$$\boldsymbol{x}_1 = \boldsymbol{M}\boldsymbol{x}_0 + \boldsymbol{N}\boldsymbol{b} = \boldsymbol{b}$$

und entsprechend $\boldsymbol{x}_m = \boldsymbol{b}$ für alle $m \in \mathbb{N}$. Folglich ist das Verfahren konvergent, wobei jedoch bis auf Matrizen, für die $\boldsymbol{b}$ ein Eigenvektor zum Eigenwert 1 darstellt, d. h., $\boldsymbol{A}\boldsymbol{b} = \boldsymbol{b}$ gilt, das Grenzelement der Iterationsfolge nicht die Lösung des Gleichungssystems darstellt. ◀

Das obige Beispiel zeigt nachdrücklich, dass die sinnvollen Eigenschaften Konsistenz und Konvergenz für sich genommen noch nicht gewährleisten, dass die Iterationsfolge für einen beliebigen Startvektor stets gegen die Lösung des Gleichungssystems konvergiert. Wie wir dem folgenden Satz entnehmen können, ergibt sich diese gewünschte Wirkung jedoch bei linearen Iterationsverfahren aus dem Zusammenspiel der beiden Eigenschaften.

Satz zum Grenzelement

Sei ϕ ein konvergentes und zur Matrix $\boldsymbol{A}$ konsistentes lineares Iterationsverfahren, dann erfüllt das Grenzelement $\widetilde{\boldsymbol{x}}$ der Folge

$$\boldsymbol{x}_m = \phi(\boldsymbol{x}_{m-1}, \boldsymbol{b}) \quad \text{für } m = 1, 2, \ldots$$

für jedes $\boldsymbol{x}_0 \in \mathbb{C}^n$ das Gleichungssystem $\boldsymbol{A}\boldsymbol{x} = \boldsymbol{b}$.

Beweis Betrachten wir beispielsweise eine induzierte Matrixnorm, so folgt aus der in der Hintergrundbox auf S. 22 vorgestellten Verträglichkeit mit der zugrunde liegenden Vektornorm wegen

$$0 \leq \lim_{\boldsymbol{x}\to\boldsymbol{y}} \|\boldsymbol{M}\boldsymbol{x} - \boldsymbol{M}\boldsymbol{y}\| \leq \lim_{\boldsymbol{x}\to\boldsymbol{y}} \|\boldsymbol{M}\| \, \|\boldsymbol{x} - \boldsymbol{y}\| = 0$$

die Stetigkeit der durch die Matrix vorliegenden Abbildung. Folglich ist der Grenzwert der Iterierten

$$\begin{aligned}\widetilde{\boldsymbol{x}} &= \lim_{m\to\infty} \boldsymbol{x}_m = \lim_{m\to\infty} \phi(\boldsymbol{x}_{m-1}, \boldsymbol{b}) = \lim_{m\to\infty} \boldsymbol{M}\boldsymbol{x}_{m-1} + \boldsymbol{N}\boldsymbol{b} \\ &= \boldsymbol{M}\left(\lim_{m\to\infty} \boldsymbol{x}_{m-1}\right) + \boldsymbol{N}\boldsymbol{b} = \boldsymbol{M}\widetilde{\boldsymbol{x}} + \boldsymbol{N}\boldsymbol{b} = \phi(\widetilde{\boldsymbol{x}}, \boldsymbol{b})\end{aligned}$$

auch Fixpunkt der Iteration. Da der Grenzwert eindeutig und vom Startvektor unabhängig ist, existiert mit $\widetilde{x}$ genau ein Fixpunkt. Durch die vorliegende Konsistenz des Iterationsverfahrens liegt bereits mit $A^{-1}b$ ein Fixpunkt der Iteration vor, womit $\widetilde{x} = A^{-1}b$ folgt. ■

Abschließend benötigen wir noch ein Kriterium zum Nachweis der Konvergenz. Nach Möglichkeit sollten sich dabei die Konvergenzkriterien anhand einer Untersuchung der Matrix A überprüfen lassen. Wir hatten bereits an dem auf S. 144 vorgestellten Modellbeispiel die Vermutung geäußert, dass ein Zusammenhang zwischen der Konvergenz des Iterationsverfahrens und dem Spektralradius der Iterationsmatrix bestehen könnte. Eine entsprechende Aussage werden wir im folgenden Satz formulieren.

Satz zur Konvergenz linearer Iterationsverfahren

Ein lineares Iterationsverfahren ϕ ist genau dann konvergent, wenn der Spektralradius der Iterationsmatrix M die Bedingung

$$\rho(M) < 1$$

erfüllt.

Beweis „⇒" ϕ sei konvergent.

Sei λ Eigenwert von M mit $|\lambda| = \rho(M)$ und $x \in \mathbb{C}^n \setminus \{0\}$ der zugehörige Eigenvektor. Wählen wir $b = 0 \in \mathbb{C}^n$, dann folgt für $x_0 = c\,x$ mit beliebigem $c \in \mathbb{R} \setminus \{0\}$ die Iterationsfolge

$$x_m = \phi(x_{m-1}, b) = M x_{m-1} = \ldots = M^m x_0 = \lambda^m x_0 .$$

Im Fall $|\lambda| > 1$ folgt aus $\|x_m\| = |\lambda|^m \|x_0\|$ die Divergenz der Folge $\{x_m\}_{m\in\mathbb{N}}$.

Für $|\lambda| = 1$ stellt M für den Eigenvektor eine Drehung dar. Die Konvergenz der Folge $\{x_m\}_{m\in\mathbb{N}}$ liegt daher nur im Fall $\lambda = 1$ vor. Hierbei erhalten wir $x_m = x_0$ für alle $m \in \mathbb{N}$ unabhängig vom gewählten Skalierungsparameter c, sodass sich mit

$$\hat{x} = \lim_{m\to\infty} x_m = x_0$$

ein vom Startvektor abhängiger Grenzwert ergibt und daher das Iterationsverfahren nicht konvergent ist.

Die Bedingung $|\lambda| < 1$ und damit $\rho(M) < 1$ stellt demzufolge ein notwendiges Kriterium für die Konvergenz des Iterationsverfahrens dar.

„⇐" Gelte $\rho(M) < 1$.

Da alle Normen auf dem $\mathbb{C}^n$ äquivalent sind, kann die Konvergenz in einer beliebigen Norm nachgewiesen werden.

Sei $\varepsilon := \frac{1}{2}(1 - \rho(M)) > 0$, dann existiert gemäß der Box auf S. 25 eine induzierte Matrixnorm auf $\mathbb{C}^{n\times n}$ derart, dass

$$q := \|M\| \le \rho(M) + \varepsilon < 1$$

gilt. Bei gegebenem $b \in \mathbb{C}^n$ definieren wir

$$F : \mathbb{C}^n \to \mathbb{C}^n \text{ mit } F(x) = Mx + Nb .$$

Hiermit erhalten wir

$$\begin{aligned}\|F(x) - F(y)\| &= \|Mx - My\| \\ &\le \|M\|\|x - y\| = q\|x - y\| ,\end{aligned}$$

sodass aufgrund des Banach'schen Fixpunktsatzes die durch

$$x_{m+1} = F(x_m)$$

definierte Folge $\{x_m\}_{m\in\mathbb{N}}$ für ein beliebiges Startelement $x_0 \in \mathbb{C}^n$ gegen den eindeutig bestimmten Fixpunkt

$$\hat{x} = \lim_{m\to\infty} x_{m+1} = \lim_{m\to\infty} F(x_m) = \lim_{m\to\infty} \phi(x_m, b)$$

konvergiert und folglich mit ϕ ein konvergentes Iterationsverfahren vorliegt. ■

Betrachten wir ein lineares Iterationsverfahren

$$x_m = M x_{m-1} + Nb \text{ für } m = 1, 2, \ldots$$

mit $\rho(M) < 1$, so existiert wie bereits oben erwähnt und auf S. 25 nachgewiesen zu jedem ε mit $0 < \varepsilon < 1 - \rho(M)$ eine induzierte Matrixnorm derart, dass

$$\rho(M) \le \|M\| \le \rho(M) + \varepsilon < 1$$

gilt. Bezüglich der zugrunde liegenden Vektornorm folgt mit $q := \|M\|$ aus dem Banach'schen Fixpunktsatz die A-priori-Fehlerabschätzung

$$\|x_m - A^{-1}b\| \le \frac{q^m}{1-q}\|x_1 - x_0\| \text{ für } m = 1, 2, \ldots .$$

Für jede weitere Norm $\|\cdot\|_a$ gilt

$$\|x_m - A^{-1}b\|_a \le \frac{q^m}{1-q} C_a \|x_1 - x_0\|_a$$

mit einer Konstanten $C_a > 0$, die nur von den Normen abhängt. Somit stellt der Spektralradius in jeder Norm ein Maß für die Konvergenzgeschwindigkeit dar.

Satz zur Fehlerabschätzung

Sei ϕ ein zur Matrix $\boldsymbol{A}$ konsistentes lineares Iterationsverfahren, für dessen zugehörige Iterationsmatrix $\boldsymbol{M}$ eine Norm derart existiert, dass $q := \|\boldsymbol{M}\| < 1$ gilt, dann folgt für gegebenes $\varepsilon > 0$

$$\|\boldsymbol{x}_m - \boldsymbol{A}^{-1}\boldsymbol{b}\| \leq \varepsilon$$

für alle $m \in \mathbb{N}$ mit

$$m \geq \frac{\ln \frac{\varepsilon(1-q)}{\|\boldsymbol{x}_1 - \boldsymbol{x}_0\|}}{\ln q}$$

und $\boldsymbol{x}_1 = \phi(\boldsymbol{x}_0, \boldsymbol{b}) \neq \boldsymbol{x}_0$.

Beweis Mit $\|\phi(\boldsymbol{x},\boldsymbol{b}) - \phi(\boldsymbol{y},\boldsymbol{b})\| \leq q\|\boldsymbol{x}-\boldsymbol{y}\|$ folgt mit der A-priori-Fehlerabschätzung des Banach'schen Fixpunktsatzes die Ungleichung

$$\|\boldsymbol{x}_m - \boldsymbol{A}^{-1}\boldsymbol{b}\| \leq \frac{q^m}{1-q}\|\boldsymbol{x}_1 - \boldsymbol{x}_0\|.$$

Zu gegebenem $\varepsilon > 0$ erhalten wir unter Ausnutzung von $\boldsymbol{x}_1 \neq \boldsymbol{x}_0$ für

$$m \geq \frac{\ln \frac{\varepsilon(1-q)}{\|\boldsymbol{x}_1 - \boldsymbol{x}_0\|}}{\ln q}$$

somit die Abschätzung

$$\begin{aligned}\|\boldsymbol{x}_m - \boldsymbol{A}^{-1}\boldsymbol{b}\| &\leq \frac{q^m}{1-q}\|\boldsymbol{x}_1 - \boldsymbol{x}_0\| \\ &\leq \frac{\frac{\varepsilon(1-q)}{\|\boldsymbol{x}_1 - \boldsymbol{x}_0\|}}{1-q}\|\boldsymbol{x}_1 - \boldsymbol{x}_0\| = \varepsilon.\end{aligned}$$ ■

Betrachtet man folglich zwei konvergente lineare Iterationsverfahren ϕ_1 und ϕ_2, deren zugeordnete Iterationsmatrizen $\boldsymbol{M}_1$ und $\boldsymbol{M}_2$ die Eigenschaft

$$\rho(\boldsymbol{M}_1) = \rho(\boldsymbol{M}_2)^2$$

erfüllen, dann liefert der Satz zur Fehlerabschätzung eine gesicherte Genauigkeitsaussage für die Methode ϕ_1 in der Regel nach der Hälfte der für das Verfahren ϕ_2 benötigten Iterationszahl. Innerhalb eines iterativen Verfahrens dieser Klasse darf daher mit einer Halbierung der benötigten Iterationen gerechnet werden, wenn der Spektralradius beispielsweise von 0.9 auf 0.81 gesenkt wird.

Folgende Eigenschaft von Splitting-Verfahren sollten wir uns merken.

Daumenregel

Quadrierung des Spektralradius führt bei konvergenten Verfahren in der Regel ungefähr zur Halbierung der Iterationszahl.

Das Jacobi-Verfahren nutzt den Diagonalanteil der Ausgangsmatrix

Wir wollen mit dem Jacobi-Verfahren eine weitere Splitting-Methode einführen. Die Grundidee liegt bei diesem Algorithmus in der Nutzung der Matrix $\boldsymbol{B} = \boldsymbol{D} = \operatorname{diag}\{a_{11}, \ldots, a_{nn}\}$. Bereits durch die Definition der Matrix $\boldsymbol{B}$ setzt das Verfahren somit nichtverschwindende Diagonalelemente der regulären Matrix $\boldsymbol{A} \in \mathbb{R}^{n \times n}$ voraus. Entsprechend der allgemeinen Formulierung dieser Iterationsverfahren gemäß (5.24) ergibt sich das **Jacobi-Verfahren** in der Form

$$\boldsymbol{x}_{m+1} = \underbrace{\boldsymbol{D}^{-1}(\boldsymbol{D} - \boldsymbol{A})}_{=:\boldsymbol{M}_J}\boldsymbol{x}_m + \underbrace{\boldsymbol{D}^{-1}}_{=:\boldsymbol{N}_J}\boldsymbol{b}$$

für $m = 0, 1, 2, \ldots$ Betrachten wir das Verfahren komponentenweise, so erhalten wir die Darstellung

$$x_{m+1,i} = \frac{1}{a_{ii}}\left(b_i - \sum_{\substack{j=1 \\ j \neq i}}^{n} a_{ij} x_{m,j}\right) \tag{5.26}$$

für $i = 1, \ldots, n$ und $m = 0, 1, 2, \ldots$. Beim Jacobi-Verfahren wird die neue Iterierte $\boldsymbol{x}_{m+1}$ somit ausschließlich mittels der alten Iterierten $\boldsymbol{x}_m$ ermittelt. Die Methode wird aus diesem Grund auch als Gesamtschrittverfahren bezeichnet und ist folglich unabhängig von der gewählten Nummerierung der Unbekannten $\boldsymbol{x} = (x_1, \ldots, x_n)^T$. Da es sich um eine Splitting-Methode handelt, ist die Konvergenz des Jacobi-Verfahrens einzig vom Spektralradius der Iterationsmatrix $\boldsymbol{M}_J = \boldsymbol{D}^{-1}(\boldsymbol{D} - \boldsymbol{A})$ abhängig.

1. Satz zur Konvergenz des Jacobi-Verfahrens

Erfüllt die reguläre Matrix $\boldsymbol{A} \in \mathbb{C}^{n \times n}$ mit $a_{ii} \neq 0$, $i = 1, \ldots, n$ das starke Zeilensummenkriterium

$$q_\infty := \max_{i=1,\ldots,n} \sum_{\substack{k=1 \\ k \neq i}}^{n} \frac{|a_{ik}|}{|a_{ii}|} < 1$$

oder das starke Spaltensummenkriterium

$$q_1 := \max_{k=1,\ldots,n} \sum_{\substack{i=1 \\ i \neq k}}^{n} \frac{|a_{ik}|}{|a_{ii}|} < 1$$

Kapitel 5

oder das Quadratsummenkriterium

$$q_2 := \sum_{\substack{i,k=1 \\ i \neq k}}^{n} \left(\frac{|a_{ik}|}{|a_{ii}|} \right)^2 < 1,$$

dann konvergiert das Jacobi-Verfahren bei beliebigem Startvektor $\boldsymbol{x_0} \in \mathbb{C}^n$ und für jede rechte Seite $\boldsymbol{b} \in \mathbb{C}^n$ gegen $\boldsymbol{A^{-1}b}$.

Beweis Wegen

$$\boldsymbol{M}_J = \boldsymbol{D}^{-1}(\boldsymbol{D} - \boldsymbol{A})$$

folgt

$$q_\infty = \|\boldsymbol{M}_J\|_\infty, \quad q_1 = \|\boldsymbol{M}_J\|_1$$

und

$$\sqrt{q_2} = \|\boldsymbol{M}_J\|_F \geq \|\boldsymbol{M}_J\|_2,$$

wodurch sich die Behauptung durch Anwendung des Satzes zur Konvergenz linearer Iterationsverfahren auf der Grundlage von

$$\rho(\boldsymbol{M}_J) \leq \min\{\|\boldsymbol{M}_J\|_\infty, \|\boldsymbol{M}_J\|_1, \|\boldsymbol{M}_J\|_2\} < 1$$

ergibt, da gemäß der Box auf S. 25 der Spektralradius einer Matrix durch jede induzierte Matrixnorm beschränkt ist. ■

Eine Matrix, die das starke Zeilensummenkriterium erfüllt, wird als **strikt diagonaldominant** bezeichnet.

Beispiel Für das Modellproblem (5.25)

$$\boldsymbol{A} = \begin{pmatrix} 0.6 & -0.2 \\ -0.1 & 0.5 \end{pmatrix}, \quad \boldsymbol{b} = \begin{pmatrix} 0.8 \\ -0.6 \end{pmatrix}$$

liegt mit

$$q_\infty := \max_{i=1,2} \sum_{\substack{j=1 \\ j \neq i}}^{2} \frac{|a_{ij}|}{|a_{ii}|} = \max\left\{\frac{1}{3}, \frac{1}{5}\right\} < 1$$

der Nachweis der Konvergenz des Jacobi-Verfahrens vor. Die Eigenwerte der Iterationsmatrix

$$\boldsymbol{M}_J = \boldsymbol{D}^{-1}(\boldsymbol{D} - \boldsymbol{A}) = \begin{pmatrix} 0 & \frac{1}{3} \\ \frac{1}{5} & 0 \end{pmatrix}$$

Tab. 5.4 Jacobi-Verfahren

m	$x_{m,1}$	$x_{m,2}$	$\varepsilon_m := \|\boldsymbol{x}_m - \boldsymbol{A}^{-1}\boldsymbol{b}\|_\infty$	$\varepsilon_m/\varepsilon_{m-1}$
0	21.000	−19.000	$2.00 \cdot 10^{1}$	
5	0.973	−0.982	$2.667 \cdot 10^{-2}$	0.300
10	1.000	−1.000	$2.634 \cdot 10^{-5}$	0.222
20	1.000	−1.000	$3.468 \cdot 10^{-11}$	0.222
28	1.000	−1.000	$6.661 \cdot 10^{-16}$	0.215

lauten

$$\lambda_{1,2} = \pm\sqrt{\frac{1}{15}},$$

sodass

$$\rho(\boldsymbol{M}_J) = \sqrt{\frac{1}{15}} \approx 0.258$$

folgt. Unter Verwendung des Startvektors $\boldsymbol{x}_0 = (21, -19)^T$ erhalten wir den in Tab. 5.4 dargestellten Iterationsverlauf, der eine deutliche Verbesserung im Vergleich zum trivialen Verfahren aufweist. Ein Vergleich verschiedener Methoden kann zudem der Grafik auf S. 158 entnommen werden. ◀

Selbstfrage 10

Darf wie beim obigen Beispiel immer eine deutlich schnellere Konvergenz des Jacobi-Verfahrens im Vergleich zum trivialen Verfahren erwartet werden?

Beispiel Betrachten wir die gewöhnliche Differenzialgleichung zweiter Ordnung

$$-u''(x) = f(x) \quad \text{für } x \in]0,1[$$

mit den Randbedingungen $u(0) = 0 = u(1)$. Unterteilen wir das Intervall $[0, 1]$ in $n + 1$ äquidistante Teilintervalle gemäß

$$x_j = h \cdot j, \quad j = 0, \ldots, n+1, \quad h = \frac{1}{n+1}$$

und approximieren den Differenzialquotienten an den hiermit gewonnenen Stützstellen durch einen Differenzenquotienten

$$u''(x_j) \approx \frac{u(x_{j+1}) - 2u(x_j) + u(x_{j-1})}{h^2}, \quad j = 1, \ldots, n,$$

dann erhalten wir mit $f_j = f(x_j)$ das lineare Gleichungssystem

$$\underbrace{\frac{1}{h^2}\begin{pmatrix} 2 & -1 & & \\ -1 & \ddots & \ddots & \\ & \ddots & \ddots & -1 \\ & & -1 & 2 \end{pmatrix}}_{=\boldsymbol{A}} \underbrace{\begin{pmatrix} u_1 \\ \vdots \\ \vdots \\ u_n \end{pmatrix}}_{=\boldsymbol{u}} = \underbrace{\begin{pmatrix} f_1 \\ \vdots \\ \vdots \\ f_n \end{pmatrix}}_{=\boldsymbol{f}}, \qquad (5.27)$$

wobei $u_j \approx u(x_j)$ gilt.

Wie wir leicht nachrechnen können, ergibt sich hierbei für die Matrix $\boldsymbol{A}$ im Fall $n \geq 3$ stets

$$q_1 = q_\infty = 1 \quad \text{und} \quad q_2 \geq 1 ,$$

wodurch mit dem ersten Satz zur Konvergenz des Jacobi-Verfahrens nicht auf die Konvergenz des Jacobi-Verfahrens geschlossen werden kann.

Die hier geschilderte Problematik weist eine Bedeutung auch für komplexere Anwendungsbeispiele auf, da die betrachtete Differenzialgleichung als eindimensionale Poisson-Gleichung angesehen werden kann und derartige elliptische Differenzialgleichungen häufig als Subprobleme innerhalb strömungsmechanischer Anwendungen auftreten. ◄

Definition der Irreduzibilität

Eine Matrix $\boldsymbol{A} \in \mathbb{C}^{n \times n}$ heißt reduzibel oder zerlegbar, falls eine Permutationsmatrix $\boldsymbol{P} \in \mathbb{R}^{n \times n}$ derart existiert, dass

$$\boldsymbol{P}\boldsymbol{A}\boldsymbol{P}^T = \begin{pmatrix} \tilde{\boldsymbol{A}}_{11} & \tilde{\boldsymbol{A}}_{12} \\ \boldsymbol{0} & \tilde{\boldsymbol{A}}_{22} \end{pmatrix}$$

mit $\tilde{\boldsymbol{A}}_{ii} \in \mathbb{C}^{n_i \times n_i}$, $n_i > 0$, $i \in \{1, 2\}$, $n_1 + n_2 = n$ gilt. Andernfalls heißt $\boldsymbol{A}$ **irreduzibel** oder unzerlegbar.

Bemerkung Die Irreduzibilität einer Matrix kann auch aus graphentheoretischer Sicht betrachtet werden. Hierzu bezeichnen wir mit $G^A := \{V^A, E^A\}$ den gerichteten Graphen der Matrix $\boldsymbol{A}$, der aus den Knoten $V^A := \{1, \ldots, n\}$ und der Kantenmenge geordneter Paare $E^A := \{(i, j) \in V^A \times V^A \,|\, a_{ij} \neq 0\}$ besteht. In diesem Kontext lässt sich zeigen, dass eine Matrix $\boldsymbol{A}$ genau dann irreduzibel ist, wenn der zugehörige gerichtete Graph G^A zusammenhängend ist, d. h., wenn es zu je zwei Indizes $i_0 = i, i_\ell = j \in V^A$ einen gerichteten Weg der Länge $\ell \in \mathbb{N}$

$$(i_0, i_1)(i_1, i_2) \ldots (i_{\ell-1}, i_\ell)$$

mit $(i_k, i_{k+1}) \in E^A$ für $k = 0, \ldots, \ell - 1$ gibt. Eine Einführung in die Graphentheorie findet man im Band „Grundwissen Mathematikstudium – Analysis und Lineare Algebra mit Querverbindungen", Abschnitt 26.1. ◄

Aus diesem Blickwinkel lässt sich entsprechend der Abb. 5.7 sehr leicht erkennen, dass die im obigen Beispiel auftretende Matrix $\boldsymbol{A}$ irreduzibel ist.

Unter Zuhilfenahme der Irreduzibilität der Matrix $\boldsymbol{A}$ kann eine weitere hinreichende Bedingung zur Konvergenz formuliert werden.

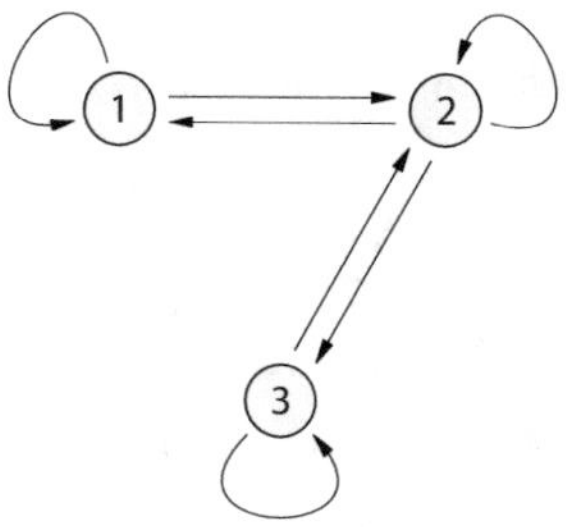

Abb. 5.7 Gerichteter Graph zur Matrix $\boldsymbol{A}$ laut Gleichung (5.27) für $n = 3$

2. Satz zur Konvergenz des Jacobi-Verfahrens

Genügt die reguläre und irreduzible Matrix $\boldsymbol{A} \in \mathbb{C}^{n \times n}$ der Bedingung

$$\max_{i=1,\ldots,n} \sum_{\substack{j=1 \\ j \neq i}}^{n} \frac{|a_{ij}|}{|a_{ii}|} \leq 1 \tag{5.28}$$

und existiere zudem ein $k \in \{1, \ldots, n\}$ mit

$$\sum_{\substack{j=1 \\ j \neq k}}^{n} \frac{|a_{kj}|}{|a_{kk}|} < 1 , \tag{5.29}$$

dann konvergiert das Jacobi-Verfahren bei beliebigem Startvektor $\boldsymbol{x_0} \in \mathbb{C}^n$ und für jede beliebige rechte Seite $\boldsymbol{b} \in \mathbb{C}^n$ gegen $\boldsymbol{A^{-1}b}$.

Beweis Betrachten wir die Iterationsmatrix $\boldsymbol{M}_J = (m_{ij})_{i,j=1,\ldots,n}$ des Jacobi-Verfahrens und definieren $|\boldsymbol{M}_J| := (|m_{ij}|)_{i,j=1,\ldots,n}$ sowie $\boldsymbol{y} := (1, \ldots, 1)^T \in \mathbb{R}^n$, so gilt mit (5.28)

$$0 \leq (|\boldsymbol{M}_J|\boldsymbol{y})_i \leq y_i \quad \text{für } i = 1, \ldots, n \tag{5.30}$$

und mit (5.29) existiert ein $k \in \{1, \ldots, n\}$ mit

$$0 \leq (|\boldsymbol{M}_J|\boldsymbol{y})_k < y_k . \tag{5.31}$$

Aus (5.30) folgt $(|\boldsymbol{M}_J|^m \boldsymbol{y})_i \leq y_i$ für $i = 1, \ldots, n$ und alle $m \in \mathbb{N}$. Existiert ein $\tilde{m} \in \mathbb{N}$ mit $(|\boldsymbol{M}_J|^{\tilde{m}} \boldsymbol{y})_j < y_j$, so erhalten wir für alle $m \geq \tilde{m}$ mit (5.28) die Ungleichung

$$(|\boldsymbol{M}_J|^m \boldsymbol{y})_j < y_j . \tag{5.32}$$

Mit

$$\boldsymbol{t}^m := \boldsymbol{y} - |\boldsymbol{M}_J|^m \boldsymbol{y}$$

und

$$\tau^m := |\{t_i^m \,|\, t_i^m \neq 0,\ i = 1, \ldots, n\}|$$

ergibt sich unter Verwendung von (5.31) und (5.32)

$$0 < \tau^1 \leq \tau^2 \leq \ldots \leq \tau^m \leq \tau^{m+1} \leq \ldots .$$

Nun nehmen wir an, es gäbe ein $m \in \{1, \ldots, n-1\}$ mit $\tau^m = \tau^{m+1} < n$ und führen dies zum Widerspruch.

O. B. d. A. weise der Vektor $\boldsymbol{t}^m$ die Form

$$\boldsymbol{t}^m = \begin{pmatrix} \boldsymbol{u} \\ \boldsymbol{0} \end{pmatrix}, \quad \boldsymbol{u} \in \mathbb{R}^p \quad \text{für } 1 \leq p < n$$

und

$$u_i > 0 \quad \text{für } i = 1, \ldots, p$$

auf, dann folgt mit (5.32) und $\tau^m = \tau^{m+1}$

$$\boldsymbol{t}^{m+1} = \begin{pmatrix} \boldsymbol{v} \\ \boldsymbol{0} \end{pmatrix}, \ \boldsymbol{v} \in \mathbb{R}^p, \ \text{ und } v_i > 0 \text{ für } i = 1, \ldots, p .$$

Sei

$$|\boldsymbol{M}_J| = \begin{pmatrix} |\boldsymbol{M}_{11}| & |\boldsymbol{M}_{12}| \\ |\boldsymbol{M}_{21}| & |\boldsymbol{M}_{22}| \end{pmatrix}$$

mit $|\boldsymbol{M}_{11}| \in \mathbb{R}^{p \times p}$, dann ergibt sich unter Verwendung der Ungleichung (5.30)

$$\begin{aligned} \begin{pmatrix} \boldsymbol{v} \\ \boldsymbol{0} \end{pmatrix} &= \boldsymbol{t}^{m+1} = \boldsymbol{y} - |\boldsymbol{M}_J|^{m+1}\boldsymbol{y} \\ &\geq |\boldsymbol{M}_J|\boldsymbol{y} - |\boldsymbol{M}_J|^{m+1}\boldsymbol{y} = |\boldsymbol{M}_J|\boldsymbol{t}^m = \begin{pmatrix} |\boldsymbol{M}_{11}|\boldsymbol{u} \\ |\boldsymbol{M}_{21}|\boldsymbol{u} \end{pmatrix} . \end{aligned}$$

Mit $u_i > 0, i = 1, \ldots, p$ erhalten wir aufgrund der Nichtnegativität der Elemente der Matrix $|\boldsymbol{M}_{21}|$ die Gleichung

$$|\boldsymbol{M}_{21}| = \boldsymbol{0},$$

wodurch $\boldsymbol{M}_j$ reduzibel ist. Da sich die Besetzungsstrukturen von $\boldsymbol{M}_j$ und $\boldsymbol{A}$ bis auf die Diagonalelemente gleichen und diese keinen Einfluss auf die Reduzibilität haben, liegt demzufolge ein Widerspruch zur Irreduzibilität der Matrix $\boldsymbol{A}$ vor. Somit folgt im Fall $\tau^m < n$ direkt

$$0 < \tau^1 < \tau^2 < \ldots < \tau^m < \tau^{m+1}$$

für $m \in \{1, \ldots, n-1\}$, wodurch sich die Existenz eines $m \in \{1, \ldots, n\}$ mit

$$0 \leq (|\boldsymbol{M}_J|^m \boldsymbol{y})_i < y_i$$

für $i = 1, \ldots, n$ ergibt. Hiermit erhalten wir

$$\rho(\boldsymbol{M}_J)^m \leq \rho(\boldsymbol{M}_J^m) \leq \|\boldsymbol{M}_J^m\|_\infty \leq \| |\boldsymbol{M}_J|^m \|_\infty < 1$$

und folglich $\rho(\boldsymbol{M}_J) < 1$. ■

Eine Matrix, die das schwache Zeilensummenkriterium (5.28) erfüllt wird, als **schwach diagonaldominant** bezeichnet. Genügt eine irreduzible Matrix dem schwachen Zeilensummenkriterium sowie der Bedingung (5.29), so sprechen wir auch von einer **irreduzibel diagonaldominanten** Matrix.

Wie bereits erwähnt, ist die im Beispiel auf S. 149 auftretende Matrix $\boldsymbol{A}$ irreduzibel. Zudem erfüllt sie das schwache Zeilensummenkriterium (5.28), (5.29). Folglich liefert der 2. Konvergenzsatz den Nachweis der Konvergenz des Jacobi-Verfahrens.

Es bleibt nachdrücklich zu erwähnen, dass mit den beiden Sätzen zur Konvergenz des Jacobi-Verfahren nicht dessen Divergenz nachgewiesen werden kann, denn es gilt folgende Eigenschaft:

Mit dem 1. und 2. Satz zur Konvergenz des Jacobi-Verfahrens liegen hinreichende und nicht notwendige Kriterien für die Konvergenz des Jacobi-Verfahrens vor.

Selbstfrage 11

Überprüfen Sie die Matrix

$$\boldsymbol{A} = \begin{pmatrix} 2 & 0 & 1 \\ 2 & 2 & 0 \\ 0 & 3 & 3 \end{pmatrix}$$

auf starke und schwache Diagonaldominanz sowie Irreduzibilität. Konvergiert das Jacobi-Verfahren für diese Matrix?

Das Gauß-Seidel-Verfahren nutzt den linken unteren Dreiecksanteil der Ausgangsmatrix

Um eine im Vergleich zum Jacobi-Verfahren verbesserte Approximation der Matrix $\boldsymbol{A}$ durch die Matrix $\boldsymbol{B}$ zu erzielen, zerlegen wir zunächst die Matrix $\boldsymbol{A}$ additiv gemäß $\boldsymbol{A} = \boldsymbol{D} + \boldsymbol{L} + \boldsymbol{R}$ in die Diagonalmatrix $\boldsymbol{D} = \operatorname{diag}\{a_{11}, \ldots, a_{nn}\}$, die strikte linke untere Dreiecksmatrix

$$\boldsymbol{L} = (\ell_{ij})_{i,j=1,\ldots,n} \quad \text{mit} \quad \ell_{ij} = \begin{cases} a_{ij}, & i > j \\ 0 & \text{sonst} \end{cases}$$

und die strikte rechte obere Dreiecksmatrix

$$\boldsymbol{R} = (r_{ij})_{i,j=1,\ldots,n} \quad \text{mit} \quad r_{ij} = \begin{cases} a_{ij}, & i < j \\ 0 & \text{sonst.} \end{cases}$$

Unter Verwendung der Matrix $B = D + L$ erhalten wir das **Gauß-Seidel-Verfahren** in der Form

$$\begin{aligned} x_{m+1} &= B^{-1}(B - A)x_m + B^{-1}b \\ &= \underbrace{-(D + L)^{-1} R}_{=:M_{GS}} x_m + \underbrace{(D + L)^{-1} b}_{=:N_{GS}} \end{aligned} \tag{5.33}$$

für $m = 0, 1, \ldots$ Eine direkte Verwendung des Gauß-Seidel-Verfahrens in der obigen Darstellung würde evtl. eine sehr aufwendige Invertierung der Matrix $D + L$ erfordern. Neben dem vorliegenden Rechenaufwand ergibt sich bei großen, schwach besetzten Matrizen die Problematik, dass die Inverse einen oftmals deutlich höheren Speicherplatzbedarf besitzt, der im Extremfall sogar die vorhandenen Ressourcen des jeweiligen Rechners übersteigt und somit zu einem internen Verfahrensabbruch führt.

Die Lösung dieser Problematik liegt in der komponentenweisen Herleitung. Betrachten wir die i-te Zeile des zu (5.33) äquivalenten Gleichungssystems

$$(D + L)x_{m+1} = -R x_m + b,$$

so erhalten wir

$$\sum_{j=1}^{i} a_{ij} x_{m+1,j} = -\sum_{j=i+1}^{n} a_{ij} x_{m,j} + b_i.$$

Seien $x_{m+1,j}$ für $j = 1, \ldots, i-1$ bekannt, dann kann $x_{m+1,i}$ durch

$$x_{m+1,i} = \frac{1}{a_{ii}} \left(b_i - \sum_{j=1}^{i-1} a_{ij} x_{m+1,j} - \sum_{j=i+1}^{n} a_{ij} x_{m,j} \right) \tag{5.34}$$

für $i = 1, \ldots, n$ ermittelt werden. Aus dieser Darstellung wird deutlich, dass beim Gauß-Seidel-Verfahren zur Berechnung der i-ten Komponente der $(m+1)$-ten Iterierten neben den Komponenten der alten m-ten Iterierten x_m die bereits bekannten ersten $i-1$ Komponenten der $(m+1)$-ten Iterierten x_{m+1} verwendet werden. Das Verfahren wird daher auch als **Einzelschrittverfahren** bezeichnet.

Im Vergleich zum Jacobi-Verfahren lassen sich folgende wichtige Aussagen festhalten:

Der Rechenaufwand der Gauß-Seidel-Methode (5.34) ist identisch mit dem Rechenaufwand des Jacobi-Verfahrens (5.26). Durch die Verbesserung bei der Approximation der Matrix A durch die Matrix B kann beim Gauß-Seidel-Verfahren mit einer schnelleren Konvergenz im Vergleich zur Jacobi-Methode gerechnet werden. Jedoch ist bei modernen Rechnerarchitekturen zu bedenken, dass sich das Jacobi-Verfahren im kompletten Gegensatz zur Gauß-Seidel-Methode sehr gut parallelisieren lässt, da kein Zugriff auf Komponenten von x_{m+1} notwendig ist.

Wir wenden uns nun der Konvergenz des Gauß-Seidel-Verfahrens zu.

Satz zur Konvergenz des Gauß-Seidel-Verfahrens

Sei die reguläre Matrix $A \in \mathbb{C}^{n \times n}$ mit $a_{ii} \neq 0$ für $i = 1, \ldots, n$ gegeben. Erfüllen die durch

$$p_i = \sum_{j=1}^{i-1} \frac{|a_{ij}|}{|a_{ii}|} p_j + \sum_{j=i+1}^{n} \frac{|a_{ij}|}{|a_{ii}|} \tag{5.35}$$

für $i = 1, 2, \ldots, n$ rekursiv definierten Zahlen $p_1, \ldots, p_n$ die Bedingung

$$p := \max_{i=1,\ldots,n} p_i < 1,$$

dann konvergiert das Gauß-Seidel-Verfahren bei beliebigem Startvektor x_0 und für jede beliebige rechte Seite b gegen $A^{-1}b$.

Erinnern wir uns zurück an das starke Zeilensummenkriterium als Konvergenznachweis beim Jacobi-Verfahren, so zeigt sich eine enge Verwandtschaft zur obigen Bedingung, da sich Ersteres genau durch Vernachlässigung des innerhalb der Summation (5.35) auftretenden Faktors p_j ergibt. Diese Größe spiegelt aber genau den Unterschied zwischen den beiden Algorithmen wider, da beim Gauß-Seidel-Verfahren genau bei diesen Termen die Komponenten der neuen Iterierten x_{m+1} anstelle der vorherigen Näherung x_m genutzt wird. Es darf also erwartet werden, dass auch dieses Konvergenzkriterium letztendlich auf der Maximumsnorm der Iterationsmatrix beruht.

Beweis Unser Ziel ist der Nachweis $\|M_{GS}\|_\infty < 1$. Sei $x \in \mathbb{C}^n$ mit $\|x\|_\infty = 1$. Für

$$z := M_{GS} x = -(D + L)^{-1} R x$$

gilt

$$z_i = -\sum_{j=1}^{i-1} \frac{a_{ij}}{a_{ii}} z_j - \sum_{j=i+1}^{n} \frac{a_{ij}}{a_{ii}} x_j. \tag{5.36}$$

Somit folgt unter Verwendung von $\|x\|_\infty = 1$ die Abschätzung

$$|z_1| \leq \sum_{j=2}^{n} \frac{|a_{1j}|}{|a_{11}|} = p_1 < 1.$$

Seien $z_1, \ldots, z_{i-1}$ mit $|z_j| \leq p_j$, $j = 1, \ldots, i-1 < n$ gegeben, dann folgt für die i-te Komponente des Vektors z mit (5.36)

$$|z_i| \leq \sum_{j=1}^{i-1} \frac{|a_{ij}|}{|a_{ii}|} p_j + \sum_{j=i+1}^{n} \frac{|a_{ij}|}{|a_{ii}|} = p_i < 1.$$

Kapitel 5

Tab. 5.5 Gauß-Seidel-Verfahren

m	$x_{m,1}$	$x_{m,2}$	$\varepsilon_m := \|x_m - A^{-1}b\|_\infty$	$\varepsilon_m/\varepsilon_{m-1}$
0	21.000	−19.000	$2.00 \cdot 10^1$	
3	0.973	1.005	$2.667 \cdot 10^{-2}$	0.067
5	1.000	−1.000	$1.185 \cdot 10^{-4}$	0.067
10	1.000	−1.000	$1.561 \cdot 10^{-10}$	0.067
15	1.000	−1.000	$2.220 \cdot 10^{-16}$	0.069

Hieraus ergibt sich $\|z\|_\infty < 1$ und damit aufgrund der Kompaktheit des Einheitskreises die Abschätzung

$$\|M_{GS}\|_\infty = \sup_{\substack{x\in\mathbb{C}^n \\ \|x\|_\infty=1}} \|M_{GS}x\|_\infty < 1\,,$$

wodurch $\rho(M_{GS}) < 1$ gilt und die Konvergenz des Gauß-Seidel-Verfahrens vorliegt. ■

Beispiel Betrachten wir wiederum unser Modellproblem. Die Matrix

$$A = \begin{pmatrix} 0.6 & -0.2 \\ -0.1 & 0.5 \end{pmatrix}$$

liefert

$$p_1 = \frac{|a_{1,2}|}{|a_{1,1}|} = \frac{1}{3} \quad \text{und} \quad p_2 = \frac{|a_{2,1}|}{|a_{2,2}|}\, p_1 = \frac{1}{15}\,,$$

wodurch die Konvergenz des Gauß-Seidel-Verfahrens entsprechend dem auf S. 152 aufgeführten Satz sichergestellt ist. Die zugehörige Iterationsmatrix

$$M_{GS} = -(D+L)^{-1}R = \begin{pmatrix} 0 & 1/3 \\ 0 & 1/15 \end{pmatrix}$$

weist die Eigenwerte $\lambda_1 = 0$ und $\lambda_2 = 1/15$ auf, sodass

$$\rho(M_{GS}) = \rho(M_J)^2 = \frac{1}{15} \approx 0.0667$$

gilt und mit etwa doppelt so schneller Konvergenz wie beim Jacobi-Verfahren gerechnet werden darf. Für den Startvektor $x_0 = (21, -19)^T$ und die rechte Seite $b = (0.8, -0.6)^T$ erhalten wir diese Erwartung mit dem in Tab. 5.5 aufgelisteten Konvergenzverlauf bestätigt. Ein Vergleich verschiedener Verfahren hinsichtlich ihres jeweiligen Konvergenzverlaufs findet sich auf S. 158. ◀

Relaxation eignet sich zur Erweiterung aller Grundverfahren

Wir schreiben das lineare Iterationsverfahren

$$x_{m+1} = B^{-1}(B - A)x_m + B^{-1}b$$

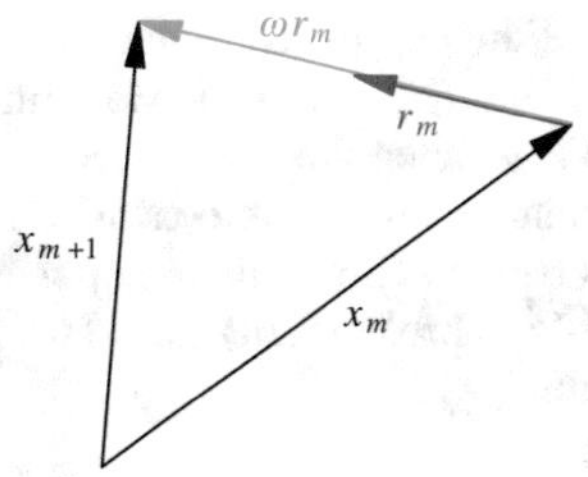

Abb. 5.8 Berechnung der Iterierten beim Relaxationsverfahren

in der Form

$$x_{m+1} = x_m + \underbrace{B^{-1}(b - Ax_m)}_{=:r_m}\,. \tag{5.37}$$

Somit kann x_{m+1} als Korrektur von x_m unter Verwendung des Vektors r_m interpretiert werden.

Die Zielsetzung der **Relaxationsverfahren** besteht in der Beschleunigung der bereits hergeleiteten Splitting-Methoden durch eine Gewichtung des Korrekturvektors. Wir modifizieren hierzu (5.37) zu

$$x_{m+1} = x_m + \omega B^{-1}(b - Ax_m)$$

mit $\omega \in \mathbb{R}^+$. Generell wäre auch die Nutzung eines negativen Gewichtungsfaktors denkbar. Wie wir im Folgenden jedoch sehen werden, erweist sich in den betrachteten Fällen stets ausschließlich ein positiver Faktor als sinnvoll.

Ausgehend von x_m suchen wir das optimale x_{m+1} in Richtung r_m. Offensichtlich führt die Gewichtung des Korrekturvektors zu einer Modifikation des Gesamtverfahrens derart, dass die auftretenden Matrizen geändert werden. Da der Spektralradius der Iterationsmatrix die Konvergenzgeschwindigkeit der zugrunde liegenden Splitting-Methode bestimmt, entspricht Optimalität bei der Wahl des Gewichtungsfaktors also einer Minimierung des Spektralradius der Iterationsmatrix. Mit

$$\begin{aligned} x_{m+1} &= x_m + \omega B^{-1}(b - Ax_m) \\ &= \underbrace{(I - \omega B^{-1}A)}_{=:M(\omega)} x_m + \underbrace{\omega B^{-1}}_{=:N(\omega)} b \end{aligned} \tag{5.38}$$

erhalten wir somit den optimalen Relaxationsparameter formal durch

$$\omega = \arg\min_{\alpha\in\mathbb{R}^+} \rho(M(\alpha)).$$

Beim SOR-Verfahren gewichtet man den Korrekturvektor des Gauß-Seidel-Verfahrens

Prinzipiell kann eine Relaxation auf beliebige Splitting-Methoden angewendet werden. Die Nutzung im Kontext des Jacobi-Verfahrens führt oftmals zwar zu keiner Beschleunigung der

Ausgangsmethode, liefert jedoch Eigenschaften bei der Fehlerdämpfung, die im Rahmen von Mehrgitterverfahren sehr hilfreich sind. Wir wenden die beschriebene Idee nun auf das Gauß-Seidel-Verfahren an. Entsprechend der Herleitung des Grundverfahrens betrachten wir die Komponentenschreibweise des Gauß-Seidel-Verfahrens (5.34) mit gewichteter Korrekturvektorkomponente

$$r_{m,i} = \frac{1}{a_{ii}} \left(b_i - \sum_{j=1}^{i-1} a_{ij} x_{m+1,j} - \sum_{j=i}^{n} a_{ij} x_{m,j} \right)$$

in der Form

$$\begin{aligned} x_{m+1,i} &= x_{m,i} + \omega r_{m,i} \\ &= (1-\omega) x_{m,i} + \frac{\omega}{a_{ii}} \left(b_i - \sum_{j=1}^{i-1} a_{ij} x_{m+1,j} - \sum_{j=i+1}^{n} a_{ij} x_{m,j} \right) \end{aligned}$$

für $i = 1, \ldots, n$ und $m = 0, 1, \ldots$

Hieraus erhalten wir

$$(\boldsymbol{I} + \omega \boldsymbol{D}^{-1} \boldsymbol{L}) \boldsymbol{x}_{m+1} = \left[(1-\omega) \boldsymbol{I} - \omega \boldsymbol{D}^{-1} \boldsymbol{R} \right] \boldsymbol{x}_m + \omega \boldsymbol{D}^{-1} \boldsymbol{b},$$

wodurch

$$\boldsymbol{D}^{-1} (\boldsymbol{D} + \omega \boldsymbol{L}) \boldsymbol{x}_{m+1} = \boldsymbol{D}^{-1} [(1-\omega) \boldsymbol{D} - \omega \boldsymbol{R}] \boldsymbol{x}_m + \omega \boldsymbol{D}^{-1} \boldsymbol{b}$$

und somit das Gauß-Seidel-Relaxationsverfahren in der Darstellung

$$\begin{aligned} \boldsymbol{x}_{m+1} = & \underbrace{(\boldsymbol{D} + \omega \boldsymbol{L})^{-1} [(1-\omega) \boldsymbol{D} - \omega \boldsymbol{R}]}_{=: \boldsymbol{M}_{GS}(\omega)} \boldsymbol{x}_m \\ & + \underbrace{\omega (\boldsymbol{D} + \omega \boldsymbol{L})^{-1}}_{=: \boldsymbol{N}_{GS}(\omega)} \boldsymbol{b} \end{aligned}$$

folgt.

Für $\omega > 1$ sprechen wir von einer sukzessiven Überrelaxation oder englisch successive overrelaxation, woher die Bezeichnung **SOR** stammt.

Mit dem folgenden Satz werden wir zunächst die Menge der sinnvollen Relaxationsparameter stark einschränken.

Satz zur Beschränkung des Relaxationsparameters

Sei $\boldsymbol{A} \in \mathbb{C}^{n \times n}$ mit $a_{ii} \neq 0$ für $i = 1, \ldots, n$, dann gilt für $\omega \in \mathbb{R}$

$$\rho(\boldsymbol{M}_{GS}(\omega)) \geq |\omega - 1|.$$

Beweis Seien $\lambda_1, \ldots, \lambda_n$ die Eigenwerte von $\boldsymbol{M}_{GS}(\omega)$, dann folgt

$$\begin{aligned} \prod_{i=1}^{n} \lambda_i &= \det \boldsymbol{M}_{GS}(\omega) \\ &= \det((\boldsymbol{D} + \omega \boldsymbol{L})^{-1}) \det((1-\omega) \boldsymbol{D} - \omega \boldsymbol{R}) \\ &= \det(\boldsymbol{D}^{-1}) \det((1-\omega) \boldsymbol{D}) \\ &= \det(\boldsymbol{D})^{-1} \, (1-\omega)^n \, \det \boldsymbol{D} = (1-\omega)^n . \end{aligned}$$

Hiermit ergibt sich

$$\rho(\boldsymbol{M}_{GS}(\omega)) = \max_{i=1,\ldots,n} |\lambda_i| \geq |1 - \omega| .$$

■

Somit ergibt sich der folgende Merksatz:

Das Gauß-Seidel-Relaxationsverfahren konvergiert höchstens für einen Relaxationsparameter $\omega \in (0, 2)$.

Die Wahl des Relaxationsparameters muss demzufolge sehr sensibel vorgenommen werden, da auch bei einem konvergenten Gauß-Seidel-Verfahren die zulässige Umgebung um $\omega = 1$ sehr klein sein kann. Für den Fall einer hermiteschen und zugleich positiv definiten Matrix ergibt sich, wie wir sehen werden, der maximale Auswahlbereich für den Relaxationsparameter.

Satz

Sei $\boldsymbol{A}$ hermitesch und positiv definit, dann konvergiert das Gauß-Seidel-Relaxationsverfahren genau dann, wenn $\omega \in (0, 2)$ ist.

Beweis Aus der positiven Definitheit der Matrix $\boldsymbol{A}$ folgt $a_{ii} \in \mathbb{R}^+$ für $i = 1, \ldots, n$, wodurch sich die Wohldefiniertheit des Gauß-Seidel-Relaxationsverfahrens ergibt.

„$\Rightarrow$" Das Gauß-Seidel-Relaxationsverfahren sei konvergent.

In diesem Fall ergibt sich $\omega \in (0, 2)$ unmittelbar aus dem auf S. 154 aufgeführten Satz zur Beschränkung des Relaxationsparameters respektive des obigen Merksatzes.

„$\Leftarrow$" Gelte $\omega \in (0, 2)$.

Sei λ Eigenwert von $\boldsymbol{M}_{GS}(\omega)$ zum Eigenvektor $\boldsymbol{x} \in \mathbb{C}^n$. Da $\boldsymbol{A}$ hermitesch ist, folgt $\boldsymbol{L}^* = \boldsymbol{R}$ und somit

$$((1-\omega) \boldsymbol{D} - \omega \boldsymbol{L}^*) \boldsymbol{x} = \lambda (\boldsymbol{D} + \omega \boldsymbol{L}) \boldsymbol{x}.$$

Mit

$$\begin{aligned} 2 \left[(1-\omega) \boldsymbol{D} - \omega \boldsymbol{L}^* \right] &= (2-\omega) \boldsymbol{D} + \omega(-\boldsymbol{D} - 2\boldsymbol{L}^*) \\ &= (2-\omega) \boldsymbol{D} - \omega \boldsymbol{A} + \omega (\boldsymbol{L} - \boldsymbol{L}^*) \end{aligned}$$

und

$$\begin{aligned}2(\boldsymbol{D}+\omega\boldsymbol{L}) &= (2-\omega)\boldsymbol{D}+\omega(\boldsymbol{D}+2\boldsymbol{L})\\ &= (2-\omega)\boldsymbol{D}+\omega\boldsymbol{A}+\omega(\boldsymbol{L}-\boldsymbol{L}^*)\end{aligned}$$

ergibt sich für den Eigenvektor $\boldsymbol{x} \in \mathbb{C}^n$

$$\begin{aligned}&\lambda((2-\omega)\boldsymbol{x}^*\boldsymbol{D}\boldsymbol{x}+\omega\boldsymbol{x}^*\boldsymbol{A}\boldsymbol{x}+\omega\boldsymbol{x}^*(\boldsymbol{L}-\boldsymbol{L}^*)\boldsymbol{x})\\ &= 2\lambda\boldsymbol{x}^*(\boldsymbol{D}+\omega\boldsymbol{L})\boldsymbol{x}\\ &= 2\boldsymbol{x}^*[(1-\omega)\boldsymbol{D}-\omega\boldsymbol{L}^*]\boldsymbol{x}\\ &= (2-\omega)\boldsymbol{x}^*\boldsymbol{D}\boldsymbol{x}-\omega\boldsymbol{x}^*\boldsymbol{A}\boldsymbol{x}+\omega\boldsymbol{x}^*(\boldsymbol{L}-\boldsymbol{L}^*)\boldsymbol{x}\,.\end{aligned}$$

Unter Verwendung der imaginären Einheit i schreiben wir

$$\boldsymbol{x}^*(\boldsymbol{L}-\boldsymbol{L}^*)\boldsymbol{x} = \boldsymbol{x}^*\boldsymbol{L}\boldsymbol{x}-\boldsymbol{x}^*\boldsymbol{L}^*\boldsymbol{x} = \boldsymbol{x}^*\boldsymbol{L}\boldsymbol{x}-\overline{\boldsymbol{x}^*\boldsymbol{L}\boldsymbol{x}} = \mathrm{i}\cdot s$$

mit $s = 2\,\mathrm{Im}(\boldsymbol{x}^*\boldsymbol{L}\boldsymbol{x}) \in \mathbb{R}$. Zudem gilt

$$\begin{aligned}d &:= \boldsymbol{x}^*\boldsymbol{D}\boldsymbol{x} \in \mathbb{R}^+\,,\\ a &:= \boldsymbol{x}^*\boldsymbol{A}\boldsymbol{x} \in \mathbb{R}^+\,,\end{aligned}$$

sodass

$$\lambda((2-\omega)d+\omega a+\mathrm{i}\omega s) = (2-\omega)d-\omega a+\mathrm{i}\omega s$$

folgt. Division durch ω und Einsetzen von $\mu = \frac{2-\omega}{\omega}$ liefert

$$\lambda(\mu d+a+\mathrm{i}s) = \mu d-a+\mathrm{i}s\,.$$

Aus der Voraussetzung $\omega \in (0,2)$ erhalten wir $\mu \in \mathbb{R}^+$, sodass mit $a, d \in \mathbb{R}^+$ die Ungleichung $|\mu d+\mathrm{i}s-a| < |\mu d+\mathrm{i}s-(-a)|$ und daher die Abschätzung

$$|\lambda| = \frac{|\mu d+\mathrm{i}s-a|}{|\mu d+\mathrm{i}s+a|} < 1$$

folgt. Da der Eigenwert beliebig aus dem Spektrum der Iterationsmatrix gewählt wurde, erhalten wir die für die Konvergenz des Verfahrens notwendige und hinreichende Bedingung

$$\rho(\boldsymbol{M}_{GS}(\omega)) < 1\,. \qquad \blacksquare$$

Die explizite Berechnung eines optimalen Relaxationsparameters ist in der Regel sehr schwierig. Selbst in dem von uns im Folgenden betrachteten Spezialfall müssen zahlreiche Voraussetzungen überprüft werden, deren Nachweis für sich oftmals bereits sehr aufwendig ist. Eine technische Bedingung liegt in der sog. konsistenten Ordnung der Ausgangsmatrix. In die Klasse konsistent geordneter Matrizen gehören beispielsweise Tridiagonalmatrizen, d. h. Matrizen, die Nichtnullelemente nur auf der Diagonalen und den beiden Nebendiagonalen aufweisen dürfen.

Definition konsistent geordneter Matrizen

Seien $\boldsymbol{L} \in \mathbb{C}^{n\times n}$ eine strikte linke untere und $\boldsymbol{R} \in \mathbb{C}^{n\times n}$ eine strikte rechte obere Dreiecksmatrix, dann heißt die Matrix $\boldsymbol{A} = \boldsymbol{D}+\boldsymbol{L}+\boldsymbol{R} \in \mathbb{C}^{n\times n}$ mit regulärem Diagonalanteil $\boldsymbol{D}$ **konsistent geordnet**, falls die Eigenwerte von

$$\boldsymbol{C}(\alpha) = -(\alpha\boldsymbol{D}^{-1}\boldsymbol{L}+\alpha^{-1}\boldsymbol{D}^{-1}\boldsymbol{R}) \quad \text{mit } \alpha \in \mathbb{C}\setminus\{0\}$$

unabhängig von α sind.

Der folgende Zusammenhang zwischen den Eigenwerten der Iterationsmatrizen des Gauß-Seidel- und Jacobi-Verfahrens ist wichtig für den Konvergenznachweis der SOR-Methode.

Satz

Seien $\boldsymbol{A} \in \mathbb{C}^{n\times n}$ konsistent geordnet und $\omega \in (0,2)$, dann ist $\mu \in \mathbb{C}\setminus\{0\}$ genau dann Eigenwert von $\boldsymbol{M}_{GS}(\omega)$, wenn

$$\lambda = \frac{\mu+\omega-1}{\omega\mu^{1/2}}$$

Eigenwert von $\boldsymbol{M}_J$ ist.

Beweis Sei $\mu \in \mathbb{C}\setminus\{0\}$, dann gilt

$$\begin{aligned}&(\boldsymbol{I}+\omega\boldsymbol{D}^{-1}\boldsymbol{L})(\mu\boldsymbol{I}-\boldsymbol{M}_{GS}(\omega))\\ &= \mu(\boldsymbol{I}+\omega\boldsymbol{D}^{-1}\boldsymbol{L})\\ &\quad -\boldsymbol{D}^{-1}(\boldsymbol{D}+\omega\boldsymbol{L})\underbrace{(\boldsymbol{D}+\omega\boldsymbol{L})^{-1}((1-\omega)\boldsymbol{D}-\omega\boldsymbol{R})}_{=\boldsymbol{M}_{GS}(\omega)}\\ &= (\mu-(1-\omega))\boldsymbol{I}+\omega\boldsymbol{D}^{-1}(\mu\boldsymbol{L}+\boldsymbol{R})\\ &= (\mu-(1-\omega))\boldsymbol{I}+\omega\mu^{1/2}\boldsymbol{D}^{-1}\big(\mu^{1/2}\boldsymbol{L}+\mu^{-1/2}\boldsymbol{R}\big)\,.\end{aligned}$$

Mit $\det(\boldsymbol{I}+\omega\boldsymbol{D}^{-1}\boldsymbol{L}) = 1$ ist aufgrund der obigen Gleichung $\mu \in \mathbb{C}\setminus\{0\}$ genau dann Eigenwert von $\boldsymbol{M}_{GS}(\omega)$, wenn

$$\det\big((\mu-(1-\omega))\boldsymbol{I}+\omega\mu^{1/2}\boldsymbol{D}^{-1}\big(\mu^{1/2}\boldsymbol{L}+\mu^{-1/2}\boldsymbol{R}\big)\big) = 0$$

gilt, d. h.

$$\frac{\mu-(1-\omega)}{\omega\mu^{1/2}}$$

Eigenwert von $-\boldsymbol{D}^{-1}\big(\mu^{1/2}\boldsymbol{L}+\mu^{-1/2}\boldsymbol{R}\big)$ ist. Mit der Voraussetzung, dass die Matrix $\boldsymbol{A}$ konsistent geordnet ist, stimmen die Eigenwerte der beiden Matrizen $-\boldsymbol{D}^{-1}\big(\mu^{1/2}\boldsymbol{L}+\mu^{-1/2}\boldsymbol{R}\big)$ und $-\boldsymbol{D}^{-1}(\boldsymbol{L}+\boldsymbol{R}) = \boldsymbol{M}_J$ überein, wodurch die Behauptung des Satzes vorliegt. $\blacksquare$

Für konsistent geordnete Matrizen $\boldsymbol{A} \in \mathbb{C}^{n \times n}$ gilt somit

$$\rho(\boldsymbol{M}_{GS}) = \rho(\boldsymbol{M}_J)^2,$$

wodurch das Gauß-Seidel-Verfahren verglichen mit der Jacobi-Methode in der Regel die Hälfte an Iterationen benötigt, um eine vorgegebene Genauigkeitsschranke zu erreichen. Da 2×2 Matrizen stets konsistent geordnet sind, war die am Modellproblem festgestellte Beobachtung somit nicht zufällig.

Satz zur Konvergenz des SOR-Verfahrens

Sei $\boldsymbol{A} \in \mathbb{C}^{n \times n}$ konsistent geordnet. Die Eigenwerte von $\boldsymbol{M}_J$ seien reell und es gelte

$$\rho := \rho(\boldsymbol{M}_J) < 1.$$

Dann gilt:

(a) Das Gauß-Seidel-Relaxationsverfahren konvergiert für alle $\omega \in (0, 2)$.
(b) Der Spektralradius der Iterationsmatrix $\boldsymbol{M}_{GS}(\omega)$ wird minimal für

$$\omega_{\text{opt}} = \frac{2}{1 + \sqrt{1 - \rho^2}},$$

womit

$$\rho(\boldsymbol{M}_{GS}(\omega_{\text{opt}})) = \omega_{\text{opt}} - 1 = \frac{1 - \sqrt{1 - \rho^2}}{1 + \sqrt{1 - \rho^2}}$$

vorliegt.

Der folgende Nachweis der obigen Behauptung wirkt auf den ersten Blick sehr aufwendig und kompliziert. Letztendlich stellt er in seinem zentralen Teil jedoch lediglich eine vereinfachte Kurvendiskussion einer stetigen Funktion zweier Veränderlicher der Form

$$f\colon [0,2] \times [0,1] \to \mathbb{R} \quad \text{mit} \quad f(\omega, \lambda) = |\mu^+(\omega, \lambda)|$$

dar, die den Spektralradius des SOR-Verfahrens in Abhängigkeit von den möglichen Eigenwerten der Iterationsmatrix des Jacobi-Verfahrens λ und dem Relaxationsparameter ω beschreibt. Die Abb. 5.9 zeigt den Verlauf des Funktionsgraphen, aus dem die im Beweis notwendige Fallunterscheidung deutlich wird. Für unser Modellproblem mit

$$\boldsymbol{A} = \begin{pmatrix} 0.6 & -0.2 \\ -0.1 & 0.5 \end{pmatrix}$$

haben wir bereits im Beispiel auf S. 149 die zugehörigen Eigenwerte $\lambda_{1,2} = \pm\sqrt{\frac{1}{15}} \approx \pm 0.258$ der Iterationsmatrix des Jacobi-Verfahrens berechnet. Den Spektralradius des SOR-Verfahrens

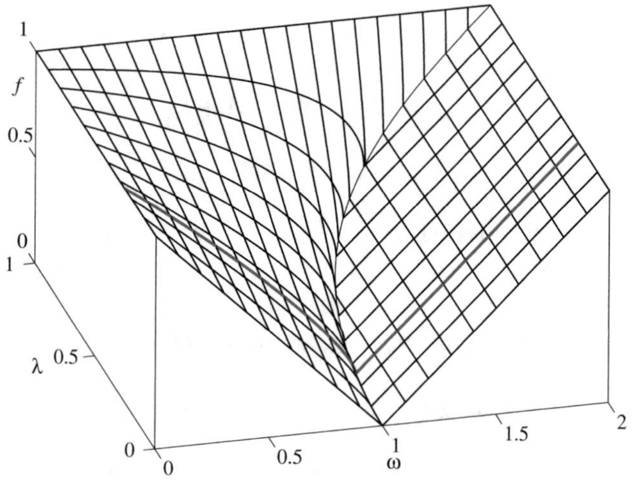

Abb. 5.9 Eigenwerte des SOR-Verfahrens

in Abhängigkeit vom Relaxationsparameter ω können wir damit laut obigem Satz der roten Kurve innerhalb der Abb. 5.9 entnehmen.

Beweis Seien $\lambda_1, \dots, \lambda_n \in \mathbb{R}$ Eigenwerte von $\boldsymbol{M}_J$, dann ist mit dem auf S. 155 formulierten Satz μ genau dann Eigenwert von $\boldsymbol{M}_{GS}(\omega)$, wenn

$$\lambda = \frac{\mu + \omega - 1}{\omega \mu^{1/2}} \in \{\lambda_1, \dots, \lambda_n\} \tag{5.39}$$

gilt. Da die Matrix $\boldsymbol{A}$ konsistent geordnet ist, ist mit $\lambda \in \mathbb{R}$ auch $-\lambda$ Eigenwert von $\boldsymbol{M}_J$, wodurch das Vorzeichen in (5.39) keine Bedeutung besitzt. Wir können daher die Gleichung

$$\lambda^2 \omega^2 \mu = (\mu + \omega - 1)^2 \tag{5.40}$$

betrachten und o. B. d. A. $\lambda \geq 0$ voraussetzen.

Aus $\rho(\boldsymbol{M}_J) < 1$ folgt somit $\lambda \in [0, 1)$. Des Weiteren betrachten wir aufgrund des auf S. 154 aufgeführten Merksatzes stets nur $\omega \in (0, 2)$. Aus (5.40) erhalten wir die zwei Eigenwerte in der Form

$$\begin{aligned} \mu^\pm &= \mu^\pm(\omega, \lambda) \\ &= \frac{1}{2}\lambda^2\omega^2 - (\omega - 1) \pm \lambda\omega\sqrt{\frac{1}{4}\lambda^2\omega^2 - (\omega - 1)}. \end{aligned} \tag{5.41}$$

Wir definieren

$$g(\omega, \lambda) := \frac{1}{4}\lambda^2\omega^2 - (\omega - 1).$$

Für gegebenes $\lambda \in [0, 1)$ lauten die Nullstellen dieser Funktion

$$\omega^\pm = \omega^\pm(\lambda) = \frac{2}{1 \pm \sqrt{1 - \lambda^2}}. \tag{5.42}$$

Kapitel 5

Mit $\omega \in (0,2)$ können wir ω^- vernachlässigen und es ergibt sich $\omega^+(\lambda) > 1$ für alle $\lambda \in [0,1)$. Zudem gilt für alle $\lambda \in [0,1)$ und $\omega \in (0,2)$

$$\frac{\partial g}{\partial \omega}(\omega,\lambda) = \frac{1}{2}\lambda^2\omega - 1 < 0\,.$$

Wir erhalten die folgenden drei Fälle:

(1) $2 > \omega > \omega^+(\lambda)$:
Die beiden Eigenwerte $\mu^+(\omega,\lambda)$ und $\mu^-(\omega,\lambda)$ sind komplex und es gilt

$$|\mu^+(\omega,\lambda)| = |\mu^-(\omega,\lambda)| = |\omega - 1| = \omega - 1\,.$$

(2) $\omega = \omega^+(\lambda)$:
Aus (5.42) folgt $\lambda^2 = \frac{4}{\omega} - \frac{4}{\omega^2}$, wodurch sich

$$\begin{aligned}|\mu^+(\omega,\lambda)| = |\mu^-(\omega,\lambda)| &= \frac{1}{2}\lambda^2\omega^2 - (\omega-1)\\ &= 2\omega - 2 - (\omega - 1) = \omega - 1\end{aligned}$$

ergibt.

(3) $0 < \omega < \omega^+(\lambda)$:
Die Gleichung (5.41) liefert zwei reelle Eigenwerte

$$\mu^\pm(\omega,\lambda) = \underbrace{\frac{1}{2}\lambda^2\omega^2 - (\omega-1)}_{>0} \pm \underbrace{\lambda\omega\sqrt{\frac{1}{4}\lambda^2\omega^2 - (\omega-1)}}_{\geq 0}$$

mit

$$\max\{|\mu^+(\omega,\lambda)|, |\mu^-(\omega,\lambda)|\} = \mu^+(\omega,\lambda)\,.$$

Zur Bestimmung von $\rho(\boldsymbol{M}_{GS}(\omega))$ sind wir in allen drei Fällen nur an $\mu^+(\omega,\lambda)$ interessiert. Damit betrachten wir für $\lambda \in [0,1)$

$$\mu(\omega,\lambda) = \begin{cases} \mu^+(\omega,\lambda) & \text{für } 0 < \omega < \omega^+(\lambda) \\ \omega - 1 & \text{für } \omega^+(\lambda) \leq \omega < 2\,. \end{cases} \tag{5.43}$$

Hiermit gilt für $0 < \omega < \omega^+(\lambda)$ und $\lambda \in [0,1)$

$$\begin{aligned}\frac{\partial \mu}{\partial \lambda}(\omega,\lambda) = &\underbrace{\lambda\omega^2}_{\geq 0} + \underbrace{\omega\sqrt{\frac{1}{4}\lambda^2\omega^2 - (\omega-1)}}_{>0}\\ &+ \underbrace{\lambda\omega\frac{1}{2}\frac{\frac{1}{2}\lambda\omega^2}{\sqrt{\frac{1}{4}\lambda^2\omega^2 - (\omega-1)}}}_{\geq 0} > 0\,,\end{aligned}$$

und wegen

$$\mu(\omega,\lambda) = \left(\frac{\omega\lambda}{2} + \sqrt{\frac{1}{4}\lambda^2\omega^2 - (\omega-1)}\right)^2$$

folgt

$$\begin{aligned}\frac{\partial \mu}{\partial \omega}(\omega,\lambda) = &\underbrace{2\left(\frac{\omega\lambda}{2} + \sqrt{\frac{1}{4}\lambda^2\omega^2 - (\omega-1)}\right)}_{>0}\\ &\cdot \underbrace{\left[\frac{\lambda}{2} + \frac{1}{2}\frac{\frac{1}{2}\lambda^2\omega - 1}{\sqrt{\frac{1}{4}\lambda^2\omega^2 - (\omega-1)}}\right]}_{=:q(\omega,\lambda)}\,.\end{aligned}$$

Wir schreiben

$$\begin{aligned}q(\omega,\lambda) = &\underbrace{\frac{1}{2\sqrt{\frac{1}{4}\lambda^2\omega^2 - (\omega-1)}}}_{>0}\\ &\cdot\left(\underbrace{\lambda\sqrt{\frac{1}{4}\lambda^2\omega^2 - (\omega-1)}}_{=:q_1(\omega,\lambda)} + \underbrace{\frac{1}{2}\lambda^2\omega - 1}_{=:q_2(\omega,\lambda)}\right)\,.\end{aligned}$$

Für die Funktionen q_1 und q_2 gelten hierbei für alle $\lambda \in [0,1)$ und $\omega \in (0,\omega^+(\lambda))$

$$q_1(\omega,\lambda) \geq 0 \quad \text{und} \quad q_2(\omega,\lambda) < 0\,.$$

Des Weiteren liefert

$$\begin{aligned}[q_1(\omega,\lambda)]^2 &= \frac{\omega^2\lambda^4}{4} + \lambda^2 - \omega\lambda^2 < \frac{\omega^2\lambda^4}{4} + 1 - \omega\lambda^2\\ &= [q_2(\omega,\lambda)]^2\end{aligned}$$

die Ungleichung

$$\frac{\partial \mu}{\partial \omega}(\omega,\lambda) < 0 \quad \text{für alle } \lambda \in [0,1) \quad \text{und} \quad \omega \in (0,\omega^+(\lambda))\,.$$

Aus (5.43) erhalten wir zudem $\mu(0,\lambda) = 1 = \mu(2,\lambda)$, sodass $|\mu(\omega,\lambda)| < 1$ für alle $\lambda \in [0,1)$ und $\omega \in (0,2)$ folgt, wodurch sich direkt $\rho(\boldsymbol{M}_{GS}(\omega)) < 1$ ergibt. Für jeden Eigenwert λ wird $|\mu(\omega,\lambda)|$ minimal für $\omega_{\text{opt}} = \omega^+(\lambda)$.

Gleichung (5.43) liefert somit

$$\begin{aligned}\rho(\boldsymbol{M}_{GS}(\omega_{\text{opt}})) &= |\mu(\omega_{\text{opt}}, \rho(\boldsymbol{M}_J))| = \omega_{\text{opt}}(\rho(\boldsymbol{M}_J)) - 1\\ &\overset{(5.42)}{=} \frac{2}{1+\sqrt{1-\rho^2}} - 1 = \frac{1-\sqrt{1-\rho^2}}{1+\sqrt{1-\rho^2}}\,. \quad \blacksquare\end{aligned}$$

Beispiel Wir betrachten wiederum das Modellproblem $\boldsymbol{A}\boldsymbol{x} = \boldsymbol{b}$ mit

$$\boldsymbol{A} = \begin{pmatrix} 0.6 & -0.2 \\ -0.1 & 0.5 \end{pmatrix}, \quad \boldsymbol{b} = \begin{pmatrix} 0.8 \\ -0.6 \end{pmatrix}.$$

Die Matrix $\boldsymbol{A}$ ist als Tridiagonalmatrix konsistent geordnet, und die Eigenwerte von

$$\boldsymbol{M}_J = -\boldsymbol{D}^{-1}(\boldsymbol{L} + \boldsymbol{R})$$

Kapitel 5

Tab. 5.6 SOR-Gauß-Seidel-Verfahren

m	$x_{m,1}$	$x_{m,2}$	$\varepsilon_m := \|\boldsymbol{x}_m - \boldsymbol{A}^{-1}\boldsymbol{b}\|_\infty$	$\varepsilon_m/\varepsilon_{m-1}$
0	21.000	−19.000	$2.00 \cdot 10^1$	
3	0.994	−1.001	$6.007 \cdot 10^{-3}$	0.026
6	1.000	−1.000	$6.454 \cdot 10^{-8}$	0.021
9	1.000	−1.000	$5.325 \cdot 10^{-13}$	0.020
11	1.000	−1.000	$2.220 \cdot 10^{-16}$	0.021

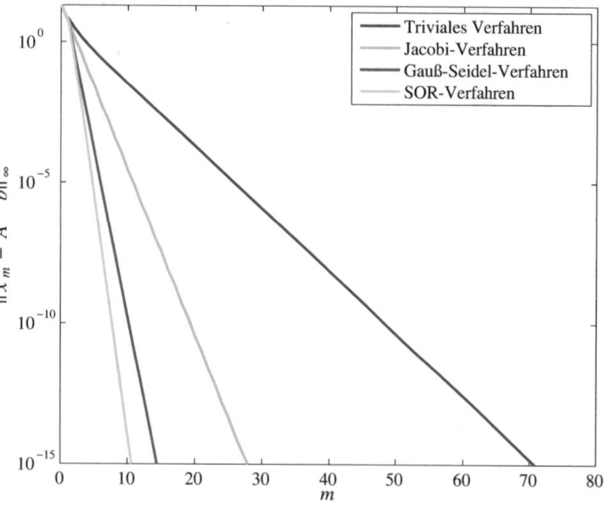

Abb. 5.10 Konvergenzverlauf verschiedener Splitting-Verfahren zum Modellproblem

sind laut dem auf S. 149 betrachteten Beispiel zum Jacobi-Verfahren $\lambda_{1,2} = \pm\sqrt{\frac{1}{15}}$, sodass $\rho(\boldsymbol{M}_J) < 1$ gilt. Unter Verwendung dieser Eigenschaften liefert der auf S. 156 aufgeführte Satz die Konvergenz des Gauß-Seidel-Relaxationsverfahrens

$$\boldsymbol{x}_{m+1} = \boldsymbol{M}_{GS}(\omega)\boldsymbol{x}_m + \boldsymbol{N}_{GS}(\omega)\boldsymbol{b}$$

für alle $\omega \in (0, 2)$. Der optimale Relaxationsparameter lautet

$$\omega_{\text{opt}} = \frac{2}{1 + \sqrt{1 - \frac{1}{15}}} \approx 1.0172$$

und liefert

$$\rho(\boldsymbol{M}_{GS}(\omega^*)) = \frac{1 - \sqrt{1 - \frac{1}{15}}}{1 + \sqrt{1 - \frac{1}{15}}} \approx 0.0172\,.$$

Tab. 5.6 präsentiert den Konvergenzverlauf des Gauß-Seidel-Relaxationsverfahrens mit optimalem Relaxationsparameter beim Modellproblem unter Verwendung des Startvektors $\boldsymbol{x}_0 = (21, -19)^T$. Ein Vergleich des SOR-Verfahrens zu den bereits betrachteten Algorithmen wird zudem in der Abb. 5.10 verdeutlicht. ◀

5.3 Mehrgitterverfahren

Mehrgitterverfahren werden häufig getrennt von den Splitting-Verfahren betrachtet, da sie auch in unterschiedlicher Art und Weise eingesetzt werden und in ihrer generellen Formulierung nicht auf lineare Gleichungssysteme beschränkt sind. Wir werden den Mehrgitteransatz im Kontext von Gleichungssystemen betrachten, die aus der Diskretisierung einer Differenzialgleichung entstehen, wodurch alle grundlegenden Elemente der Methode gut verdeutlicht werden können und sich dieses Verfahren letztendlich als eine spezielle Splitting-Methode formulieren lässt. Dabei ist erkennbar, dass die hohe Effizienz der Mehrgittermethode auf der Zerlegbarkeit des Fehlers in lang- und kurzwellige Komponenten und deren Zusammenhang zu den Eigenwerten der intern genutzten Iterationsmatrix basiert. Eine Eigenschaft, die wir nicht bei allen Gleichungssystemen erwarten dürfen. Bei einer Nutzung des Mehrgitterverfahrens als Black-Box-Methode ist demzufolge Vorsicht geboten.

Als Modellproblem nutzen wir das bereits im Beispiel auf S. 149 vorgestellte eindimensionale Randwertproblem

$$-u''(x) = f(x) \text{ für } x \in]0, 1[\text{ mit } u(0) = u(1) = 0\,. \quad (5.44)$$

Wie uns die Bezeichnung Mehrgitterverfahren bereits suggeriert, basiert dieser Verfahrenstyp auf der gezielten Nutzung unterschiedlicher Gitter bei der Diskretisierung der Differenzialgleichung. Wir nutzen im Folgenden die Gitterfolge

$$\Omega^{(\ell)} := \left\{ x_j^{(\ell)} \,\middle|\, x_j^{(\ell)} = jh^{(\ell)},\ j = 1, \ldots, N^{(\ell)} \right\}, \quad (5.45)$$

wobei $h^{(\ell)} = \frac{1}{2^{\ell+1}}$ die Schrittweite, $N^{(\ell)} = 2^{\ell+1} - 1$ die Stützpunktzahl und ℓ den Stufenindex angibt. Eine graphische Veranschaulichung kann der Abb. 5.11 entnommen werden.

Verwenden wir wiederum eine zentrale Approximation für die zweite Ableitung innerhalb der Differenzialgleichung, so liegt mit

$$u''(x_j^{(\ell)}) = \frac{u(x_{j+1}^{(\ell)}) - 2u(x_j^{(\ell)}) + u(x_{j-1}^{(\ell)})}{(h^{(\ell)})^2} + \mathcal{O}\left((h^{(\ell)})^2\right)$$

der Wunsch nahe, eine möglichst kleine Schrittweite $h^{(\ell)}$ zu verwenden. Hiermit steigt jedoch auch die Dimension des re-

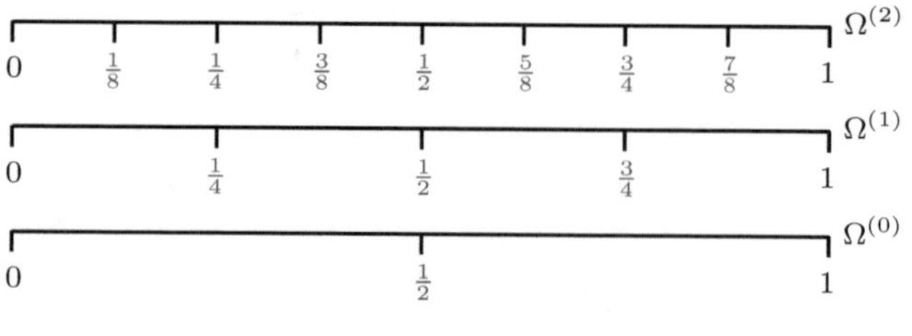

Abb. 5.11 Gitterhierarchie laut Definition (5.45)

Kapitel 5

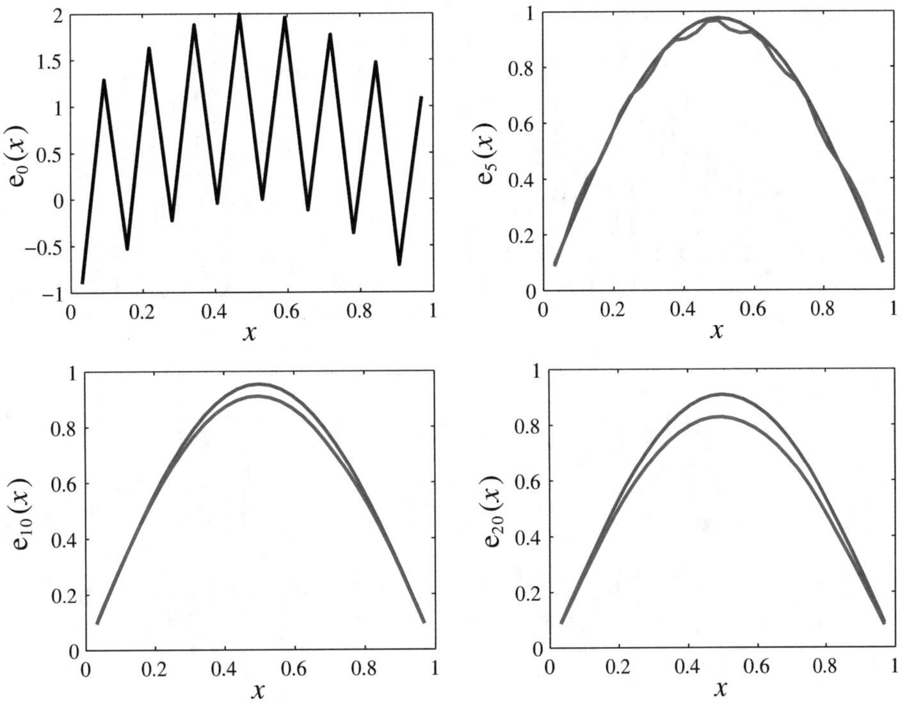

Abb. 5.12 Initialisierungsfehler (*schwarz*) sowie Fehlerverläufe für das Jacobi-Verfahren (*blau*) und das Gauß-Seidel-Verfahren (*rot*) nach 5, 10 und 20 Iterationen mit $\boldsymbol{u}_0^{(4)}$ laut (5.47)

sultierenden Gleichungssystems

$$\underbrace{\frac{1}{(h^{(\ell)})^2}\begin{pmatrix} 2 & -1 & & \\ -1 & \ddots & \ddots & \\ & \ddots & \ddots & -1 \\ & & -1 & 2 \end{pmatrix}}_{=\boldsymbol{A}^{(\ell)}} \underbrace{\begin{pmatrix} u_1^{(\ell)} \\ \vdots \\ \vdots \\ u_{N^{(\ell)}}^{(\ell)} \end{pmatrix}}_{=\boldsymbol{u}^{(\ell)}} = \underbrace{\begin{pmatrix} f_1^{(\ell)} \\ \vdots \\ \vdots \\ f_{N^{(\ell)}}^{(\ell)} \end{pmatrix}}_{=\boldsymbol{f}^{(\ell)}} \tag{5.46}$$

mit $u_j^{(\ell)} \approx u(x_j^{(\ell)})$ und $f_j^{(\ell)} = f(x_j^{(\ell)}),\ j = 1, \ldots, N^{(\ell)}$.

Beispiel Wir wollen uns die Wirkungsweise des Jacobi- und Gauß-Seidel-Verfahrens in Bezug auf das Gleichungssystem (5.46) verdeutlichen. Hierzu setzen wir $f(x) = \pi^2 \sin(\pi x)$ und nutzen zur Initialisierung

$$\boldsymbol{u}_0^{(\ell)} = \begin{pmatrix} u_{0,1}^{(\ell)} \\ \vdots \\ \vdots \\ u_{0,N^{(\ell)}}^{(\ell)} \end{pmatrix} = \begin{pmatrix} \sin\left(16\pi x_1^{(\ell)}\right) \\ \vdots \\ \vdots \\ \sin\left(16\pi x_{N^{(\ell)}}^{(\ell)}\right) \end{pmatrix}. \tag{5.47}$$

Um den Fehler $\varepsilon_m := \|\boldsymbol{u}_m^{(\ell)} - (\boldsymbol{A}^{(\ell)})^{-1}\boldsymbol{f}^{(\ell)}\|_\infty$ unter eine Genauigkeitsschranke von 10^{-10} zu bringen, benötigen die beiden Splitting-Verfahren in Abhängigkeit von der vorgegebenen Stufenzahl ℓ die in der Tabelle aufgeführten Iterationen.

ℓ	$N^{(\ell)}$	Jacobi-Verfahren	Gauß-Seidel-Verfahren
3	15	1187	594
5	63	19105	9555
7	255	305779	152904

Beide Algorithmen konvergieren bekannterweise gegen die Lösung des Gleichungssystems. Die Konvergenzgeschwindigkeit ist jedoch stets sehr gering und nimmt zudem bei steigender Stützstellenzahl weiter deutlich ab. Für größere Stufenindizes ℓ sind beide Verfahren demzufolge nicht praktikabel. Von zentraler Bedeutung für die Wirkungsweise des Mehrgitterverfahrens ist der in der Abb. 5.12 dargestellte Fehlerverlauf. Für den Stufenindex $\ell = 4$ ist dabei in Abhängigkeit von der Iterationszahl m eine lineare Interpolante für den punktweisen Fehler

$$e_m(x_j^{(\ell)}) = ((\boldsymbol{A}^{(\ell)})^{-1}\boldsymbol{f}^{(\ell)})_j - \boldsymbol{u}_{m,j}^{(\ell)} \quad j = 1, \ldots, N^{(\ell)}$$

abgebildet. Entsprechend der Box auf S. 163 wird bei beiden Verfahren deutlich, dass der Fehler schon nach wenigen Iterationen einen langwelligen Charakter aufweist, ohne dabei mit ansteigender Iterationszahl signifikant an maximaler Höhe zu verlieren. ◀

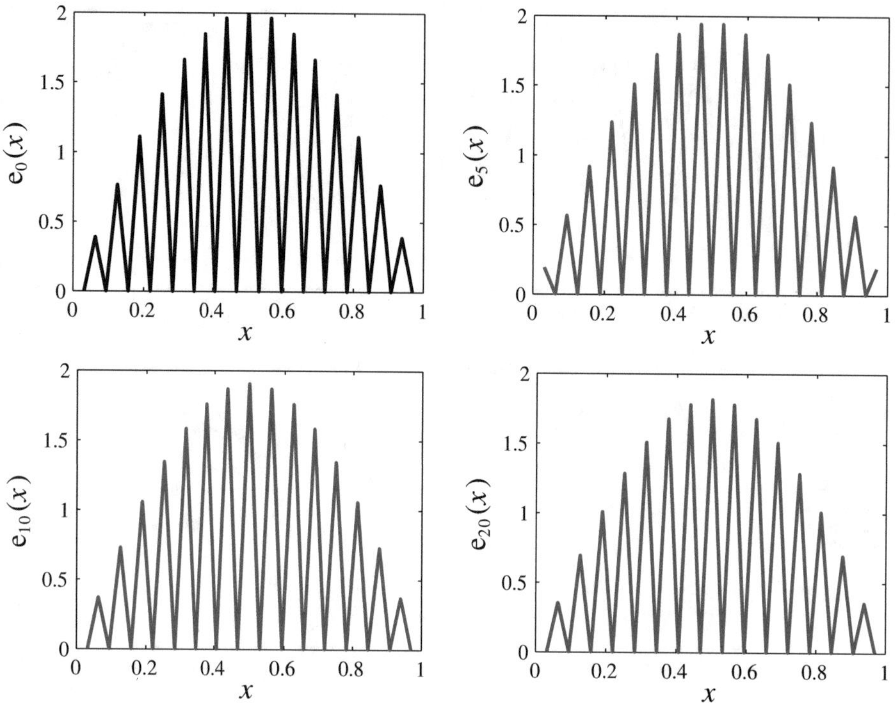

Abb. 5.13 Initialisierungsfehler (*schwarz*) sowie Fehlerverläufe für das Jacobi-Verfahren nach 5, 10 und 20 Iterationen mit $\boldsymbol{u}_0^{(4)}$ laut (5.48)

Reduktion hochfrequenter Fehleranteile durch klassische Splitting-Verfahren

Die Grundidee des Mehrgitterverfahrens liegt in der Kombination zweier Basisverfahren, die komplementäre Eigenschaften aufweisen. Zunächst wird ein sog. Glätter auf dem feinsten Gitter genutzt, der nach wenigen Iterationen einen langwelligen Fehlerverlauf liefert. Wie wir aus dem obigen Beispiel bereits erahnen dürfen, scheinen Splitting-Methoden hierzu geeignet zu sein, wobei die abschließende Reduktion des Gesamtfehlers nur sehr langsam und mit hohem Rechenaufwand realisiert werden kann. Zur Approximation langwelliger Funktionsverläufe bedarf es aber auch keiner feinen Auflösung. Somit werden wir versuchen, den Fehler mittels einer als Grobgitterkorrektur bezeichneten Methode auf gröberen Gittern sinnvoll anzunähern.

Beispiel Beim Einsatz einer Splitting-Methode als Glätter ist allerdings auch Vorsicht geboten. Betrachten wir die Aufgabenstellung analog zum obigen Beispiel und verändern lediglich die Initialisierung zu

$$\boldsymbol{u}_0^{(\ell)} = \begin{pmatrix} u_{0,1}^{(\ell)} \\ \vdots \\ \vdots \\ u_{0,N^{(\ell)}}^{(\ell)} \end{pmatrix} = \begin{pmatrix} \sin\left(31\pi x_1^{(\ell)}\right) \\ \vdots \\ \vdots \\ \sin\left(31\pi x_{N^{(\ell)}}^{(\ell)}\right) \end{pmatrix}, \tag{5.48}$$

so ergibt sich bei Nutzung des Jacobi-Verfahrens der in Abb. 5.13 präsentierte Fehlerverlauf. Dabei zeigt sich entgegen dem obigen Beispiel keine Glättung, sodass die Voraussetzung für den Grobgitterkorrekturschritt nicht gegeben ist. ◀

Um eine gezielte Methodenauswahl treffen zu können, liegt an dieser Stelle offensichtlich der Bedarf einer analytischen Untersuchung der Splitting-Verfahren hinsichtlich ihres Dämpfungsverhaltens vor.

In den vorherigen Abschnitten zu Splitting-Methoden haben wir bereits nachgewiesen, dass das Konvergenzverhalten des jeweiligen Verfahrens vom Spektralradius der entsprechenden Iterationsmatrix abhängt. An dieser Stelle werden wir eine etwas detailliertere Untersuchung des Spektrums inklusive einer Betrachtung der Eigenvektoren vornehmen.

Da die Eigenfunktionen des homogenen Randwertproblems (5.44) durch

$$\varphi_j(x) = c\ \sin(j\pi x) \quad \text{mit} \quad j \in \mathbb{N} \quad \text{und} \quad c \in \mathbb{R} \setminus \{0\}$$

gegeben sind, erweist es sich als nicht besonders überraschend, dass die Eigenvektoren $\boldsymbol{v}_j^{(\ell)}$ der Matrix $\boldsymbol{A}^{(\ell)}$ durch

$$\boldsymbol{v}_j^{(\ell)} = c \begin{pmatrix} \sin j\pi h^{(\ell)} \\ \vdots \\ \sin j\pi N^{(\ell)} h^{(\ell)} \end{pmatrix} \quad \text{für } j = 1, \ldots, N^{(\ell)} \tag{5.49}$$

deren diskrete Formulierung repräsentieren. Die zugehörigen Eigenwerte $\lambda_j^{(\ell)}$ haben die Darstellung

$$A^{(\ell)}v_j^{(\ell)} = \underbrace{4(h^{(\ell)})^{-2}\sin^2\left(\frac{j\pi h^{(\ell)}}{2}\right)}_{=\lambda_j^{(\ell)}} v_j^{(\ell)} \tag{5.50}$$

für $j = 1, \dots, N^{(\ell)}$. Zur Analyse des Fehlerverlaufes wird sich eine Darstellung des Fehlervektors als Linearkombination der obigen Eigenvektoren als zentrales Hilfsmittel erweisen. Demzufolge ist die durch das anschließende Lemma nachgewiesene Basiseigenschaft für die weitere Vorgehensweise wesentlich.

Lemma Die durch (5.49) gegebenen Vektoren

$$v_1^{(\ell)}, \dots, v_{N^{(\ell)}}^{(\ell)}$$

stellen für jedes $c \neq 0$ eine Orthogonalbasis des $\mathbb{R}^{N^{(\ell)}}$ dar. ◀

Beweis Sei i die komplexe Einheit und $z = e^{i\frac{2\pi j}{N^{(\ell)}+1}} \in \mathbb{C}$ mit $j \in \mathbb{Z}$. Für $\frac{j}{N^{(\ell)}+1} \in \mathbb{Z}$ folgt direkt $z = 1$ und somit

$$\sum_{k=1}^{N^{(\ell)}+1} z^k = N^{(\ell)} + 1\,. \tag{5.51}$$

Gilt $\frac{j}{N^{(\ell)}+1} \notin \mathbb{Z}$, so ergibt sich $z \neq 1 = z^{N^{(\ell)}+1}$ und folglich

$$\sum_{k=1}^{N^{(\ell)}+1} z^k = z\frac{z^{N^{(\ell)}+1} - 1}{z - 1} = 0\,. \tag{5.52}$$

Zusammenfassend erhalten wir aus den Gleichungen (5.51) und (5.52) für den Realteil der betrachteten Summen die Darstellung

$$\sum_{k=1}^{N^{(\ell)}+1} \cos\left(k\frac{2\pi j}{N^{(\ell)}+1}\right) = \begin{cases} 0, & \text{falls } \frac{j}{N^{(\ell)}+1} \notin \mathbb{Z} \\ N^{(\ell)} + 1 & \text{sonst.} \end{cases}$$

Die Orthogonalität der Vektoren erhalten wir mit $j, m \in \{1, \dots, N^{(\ell)}\}$ unter Verwendung von $\cos((j-m)\pi) - \cos((j+m)\pi) = 0$ mittels

$$\begin{aligned}
\langle v_j^{(\ell)}, v_m^{(\ell)}\rangle &= c^2 \sum_{k=1}^{N^{(\ell)}} \sin\left(j\frac{\pi k}{N^{(\ell)}+1}\right)\sin\left(m\frac{\pi k}{N^{(\ell)}+1}\right) \\
&= \frac{c^2}{2}\sum_{k=1}^{N^{(\ell)}}\left\{\cos\left(\frac{(j-m)\pi k}{N^{(\ell)}+1}\right) - \cos\left(\frac{(j+m)\pi k}{N^{(\ell)}+1}\right)\right\} \\
&= \begin{cases} 0 & \text{für } j \neq m\,, \\ \frac{c^2(N^{(\ell)}+1)}{2} & \text{für } j = m\,. \end{cases}
\end{aligned}$$

Die Basiseigenschaft folgt abschließend direkt aus der Orthogonalität der Vektoren. ■

Dem Beweis des obigen Hilfssatzes kann leicht entnommen werden, dass die Basisvektoren orthonormal sind, wenn die freie Konstante c durch

$$c := \sqrt{2h^{(\ell)}} = \sqrt{\frac{2}{N^{(\ell)}+1}}$$

festgelegt wird.

Als Basismethode zur Glättung betrachten wir exemplarisch das relaxierte Jacobi-Verfahren, das nach der generellen Form (5.38) die Gestalt

$$x_{m+1} = M_J(\omega)x_m + N_J(\omega)b$$

mit $M_J(\omega) = I - \omega D^{-1}A$ und $N_J(\omega) = \omega D^{-1}$ aufweist. Durch den Relaxationsparameter ω liegt eine Einflussgröße zur Steuerung der Eigenwertverteilung vor, die wir gezielt zur Einstellung der gewünschten Dämpfungseigenschaft einsetzen werden. Nutzen wir die spezielle Gestalt der Matrix $A^{(\ell)}$ innerhalb unseres Modellproblems, so ergibt sich

$$D^{(\ell)} = \operatorname{diag}\left(A^{(\ell)}\right) = \frac{2}{(h^{(\ell)})^2}I$$

und wir erhalten

$$\begin{aligned}
M_J^{(\ell)}(\omega) &= I - \omega(D^{(\ell)})^{-1}A^{(\ell)} \\
&= I - \frac{\omega(h^{(\ell)})^2}{2}A^{(\ell)}\,.
\end{aligned} \tag{5.53}$$

Unter Verwendung von (5.50) ergeben sich die Eigenwerte der Iterationsmatrix $M_J^{(\ell)}(\omega)$ zu

$$\lambda_j^{(\ell)}(\omega) = 1 - 2\omega\sin^2\left(\frac{j\pi h^{(\ell)}}{2}\right) \quad \text{für } j = 1, \dots, N^{(\ell)} \tag{5.54}$$

und die Eigenvektoren von $A^{(\ell)}$ und $M_J^{(\ell)}(\omega)$ stimmen aufgrund des Zusammenhangs (5.53) offensichtlich überein.

So weit die Vorbetrachtungen. Jetzt sind wir in der Lage, das Mehrgitterverfahren im Kontext des Modellproblems (5.46) eingehend zu analysieren und die Gründe für die in den Abb. 5.12 und 5.13 erkennbaren Fehlerverläufe zu verstehen.

Mit dem vorhergehenden Lemma lässt sich der Fehler zwischen dem Startvektor $u_0^{(\ell)}$ und der exakten Lösung $u^{(\ell)} = (A^{(\ell)})^{-1}f^{(\ell)}$ in der Form

$$u_0^{(\ell)} - u^{(\ell)} = \sum_{k=1}^{N^{(\ell)}} \alpha_k v_k^{(\ell)}\,, \quad \alpha_k \in \mathbb{R}$$

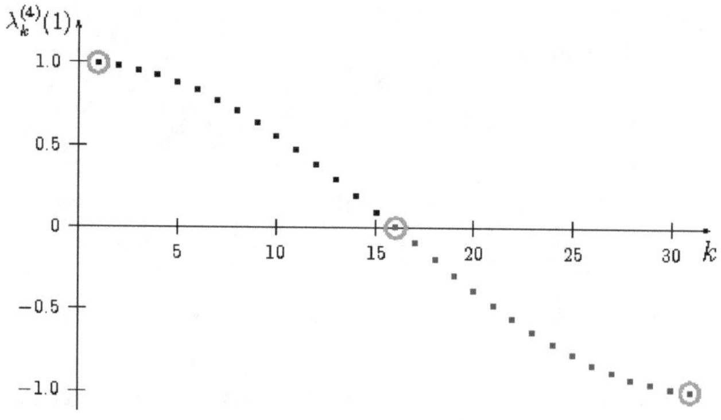

Abb. 5.14 Eigenwertverteilung der Iterationsmatrix des Jacobi-Verfahrens zum Gitter $\Omega^{(4)}$

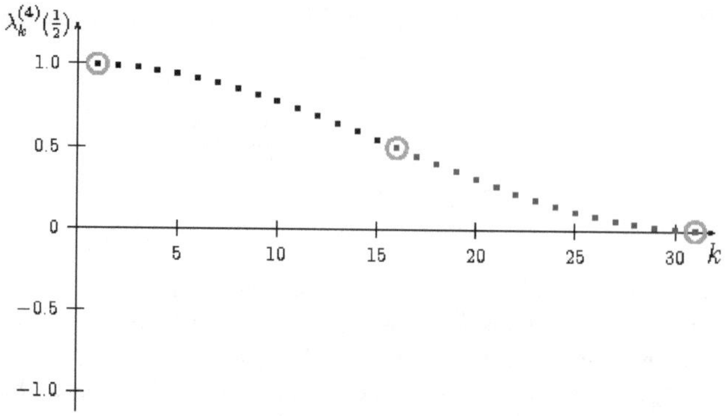

Abb. 5.15 Eigenwertverteilung der Iterationsmatrix des relaxierten Jacobi-Verfahrens zum Gitter $\Omega^{(4)}$

schreiben, und wir erhalten unter Berücksichtigung der Konsistenz

$$\begin{aligned}\boldsymbol{u}_1^{(\ell)} - \boldsymbol{u}^{(\ell)} &= \boldsymbol{M}_J^{(\ell)}(\omega)\boldsymbol{u}_0^{(\ell)} + \boldsymbol{N}_J^{(\ell)}(\omega)\boldsymbol{f}^{(\ell)} \\ &\quad - \left(\boldsymbol{M}_J^{(\ell)}(\omega)\boldsymbol{u}^{(\ell)} + \boldsymbol{N}_J^{(\ell)}(\omega)\boldsymbol{f}^{(\ell)}\right) \\ &= \boldsymbol{M}_J^{(\ell)}(\omega)\left(\boldsymbol{u}_0^{(\ell)} - \boldsymbol{u}^{(\ell)}\right) = \sum_{k=1}^{N^{(\ell)}} \alpha_k \lambda_k^{(\ell)}(\omega)\boldsymbol{v}_k^{(\ell)}\end{aligned}$$

und entsprechend

$$\boldsymbol{u}_m^{(\ell)} - \boldsymbol{u}^{(\ell)} = \sum_{k=1}^{N^{(\ell)}} \alpha_k \left[\lambda_k^{(\ell)}(\omega)\right]^m \boldsymbol{v}_k^{(\ell)} \tag{5.55}$$

für $m = 0, 1, \ldots$

Auf der Grundlage der gitterabhängigen Frequenzzuordnung sind wir in der Lage, die in den Beispielen auf den S. 159 und 160 auftretenden Resultate analytisch zu bestätigen und zudem einen im Sinne des Mehrgitterverfahrens geeigneten Relaxationsparameter ω zu bestimmen. Mit der obigen Fehlerdarstellung (5.55) erkennen wir, dass die Reduktion der einzelnen Frequenzen unmittelbar an deren zugehörigen Eigenwerten $\lambda_k^{(\ell)}(\omega)$ gekoppelt ist.

Die Abb. 5.14 zeigt für die Stufenzahl $\ell = 4$ die Eigenwerte $\lambda_k^{(\ell)}(1)$ für $k = 1, \ldots, N^{(4)} = 31$ der Iterationsmatrix des Jacobi-Verfahrens. Entsprechend unserer Analyse sind mit den blauen Punkten die Eigenwerte der langwelligen und mit den verbleibenden roten Punkten die Eigenwerte der hochfrequenten Fehleranteile gekennzeichnet. Aufgrund der in den erwähnten Beispielen gewählten Initialisierung (5.47) respektive (5.48) lässt sich (5.55) in der Form

$$\boldsymbol{u}_m^{(4)} - \boldsymbol{u}^{(4)} = \left[\lambda_1^{(4)}(1)\right]^m \boldsymbol{v}_1^{(4)} - \left[\lambda_k^{(4)}(1)\right]^m \boldsymbol{v}_k^{(4)}$$

$$\text{mit } k = \begin{cases} 16 & \text{für (5.47)} \\ 31 & \text{für (5.48)} \end{cases}$$

schreiben. Betrachten wir das erste Beispiel laut S. 159 mit der Initialisierung (5.47), so gehen die in Abb. 5.14 zusätzlich grün umrandeten Eigenwerte $\lambda_1^{(4)}(1)$ und $\lambda_{16}^{(4)}(1)$ ein. Da $\lambda_{16}^{(4)}(1)$ identisch verschwindet und $\lambda_1^{(4)}(1) \approx 1$ gilt, ergibt sich bereits nach wenigen Iterationen für den Fehler die Eigenschaft

$$\boldsymbol{u}_m^{(4)} - \boldsymbol{u}^{(4)} \approx \boldsymbol{v}_1^{(4)},$$

wodurch sich die für das Mehrgitterverfahren notwendige Langwelligkeit einstellt, die auch durch die numerischen Resultate gemäß Abb. 5.12 bestätigt wird. Völlig anders stellt sich die Situation im zweiten Beispiel dar. Die eingehenden und in Abb. 5.14 ebenfalls grün gekennzeichneten Eigenwerte $\lambda_1^{(4)}(1)$ und $\lambda_{31}^{(4)}(1)$ weisen den gleichen Betrag auf, der zudem nur geringfügig kleiner als eins ist, sodass keine geeignete Dämpfung der hochfrequenten Fehleranteile erzielt werden kann. Mit dieser Erkenntnis lässt sich auch das in Abb. 5.13 präsentierte Fehlerverhalten erklären.

Die aus der vollzogenen Untersuchung gewonnenen Erkenntnisse können wir in die Wahl des Relaxationsparameters ω einfließen lassen, um eine sinnvolle Verschiebung der Eigenwertverteilung zu erzielen. Für eine gegebene Stufenzahl ℓ könnte man ω derart festlegen, dass $\lambda_{N^{(\ell)}}^{(\ell)}(\omega) = 0$ gilt und folglich der Eigenvektor mit der höchsten Frequenz bereits nach einer Iteration aus dem Fehler annulliert wird. Damit würde sich jedoch eine Abhängigkeit des Parameters von der Stufenzahl ergeben, die wir an dieser Stelle gerne vermeiden wollen. Formal gesehen fordern wir stattdessen, dass

$$\lambda_k^{(\ell)}(\omega) = 1 - 2\omega \sin^2\left(\frac{k\pi h^{(\ell)}}{2}\right)$$

für $k = N^{(\ell)} + 1$ eine Nullstelle aufweist, wodurch sich

$$0 = 1 - 2\omega \underbrace{\sin^2 \frac{\pi}{2}}_{=1} = 1 - 2\omega$$

und somit $\omega = \frac{1}{2}$ ergibt. Folglich erhalten wir die in Abb. 5.15 dargestellte Eigenwertverteilung, aus der wir sehen können,

Unter der Lupe: Gitterabhängige Frequenzzuordnung

Im Rahmen der Mehrgitterverfahren spielt die Dämpfung hochfrequenter Fehleranteile auf dem feinsten Gitter mittels sog. Glätter eine zentrale Rolle. Um hierzu ein geeignetes Verfahren auszuwählen, ist es folglich zunächst grundlegend, eine Frequenzeinteilung bezüglich des vorliegenden Gitters vorzunehmen.

Die Zielsetzung der Grobgitterkorrektur liegt in der effizienten Approximation langwelliger Fehleranteile auf gröberen Gittern. Es ist daher notwendig festzulegen, wann ein Fehler bezüglich des vorliegenden Gitters $\Omega^{(\ell)}$ langwellig ist. Der Fehler zwischen der Näherungslösung $\boldsymbol{u}_m^{(\ell)}$ und der exakten Lösung $\boldsymbol{u}^{(\ell)}$ des Gleichungssystems unseres Modellproblems lässt sich unter Verwendung der Eigenvektoren $\boldsymbol{v}_k^{(\ell)}$, $k = 1,\ldots,N^{(\ell)}$ in der Form

$$\boldsymbol{u}_m^{(\ell)} - \boldsymbol{u}^{(\ell)} = \sum_{k=1}^{N^{(\ell)}} \beta_k \boldsymbol{v}_k^{(\ell)}$$

schreiben. Für den punktweisen Fehler erhalten wir

$$e_m(x_j^{(\ell)}) = u_{m,j}^{(\ell)} - u_j^{(\ell)} = \sum_{k=1}^{N^{(\ell)}} \beta_k v_{k,j}^{(\ell)} = \sum_{k=1}^{N^{(\ell)}} \beta_k \varphi_k(x_j^{(\ell)}),$$

wodurch deutlich wird, dass die enthaltenen Fehleroszillationen direkt mit den Frequenzen der Eigenfunktionen $\varphi_k(x) = c\sin(k\pi x)$ gekoppelt sind.

Da stets nur punktweise Auswertungen der Eigenfunktionen in die Analyse eingehen, werden wir eine Eigenfunktion φ_k als langwellig auf dem Gitter $\Omega^{(\ell)}$ bezeichnen, wenn durch Übergang auf das nächstgröbere Gitter $\Omega^{(\ell-1)}$ die Zahl der Vorzeichenwechsel unverändert bleibt. Dieser Sachverhalt liegt genau dann vor, wenn auf jedem offenen Teilintervall $]x_j^{(\ell)}, x_{j+2}^{(\ell)}[$, $j = 0,\ldots,N^{(\ell)}-1$ die Anzahl der Nullstellen der Eigenfunktion φ_k maximal eins ist. Demzufolge erhalten wir aus der obigen Darstellung der Eigenfunktionen die Forderung

$$\frac{1}{k} \geq 2h^{(\ell)} = \frac{2}{N^{(\ell)}+1} \quad \text{respektive} \quad k \leq \frac{N^{(\ell)}+1}{2}.$$

Umgesetzt auf die Eigenvektoren ergibt sich somit

$$\boldsymbol{v}_k^{(\ell)} \text{ ist langwellig bzgl. } \Omega^{(\ell)}, \text{ falls } k \leq \frac{N^{(\ell)}+1}{2} \text{ gilt}$$

und

$$\boldsymbol{v}_k^{(\ell)} \text{ ist hochfrequent bzgl. } \Omega^{(\ell)}, \text{ falls } k > \frac{N^{(\ell)}+1}{2} \text{ gilt.}$$

Beispielhaft erhalten wir für $\ell = 2$ die Bedingung hinsichtlich der Langwelligkeit zu

$$k \leq \frac{N^{(2)}+1}{2} = \frac{7+1}{2} = 4.$$

Langwellige Eigenfunktionen:

Bezogen auf $\Omega^{(2)}$ liegen mit

$$\varphi_1(x) = c\sin(\pi x),\ \varphi_2(x) = c\sin(2\pi x),$$
$$\varphi_3(x) = c\sin(3\pi x),\ \varphi_4(x) = c\sin(4\pi x)$$

die im Folgenden graphisch inklusive der Gitterwerte dargestellten langwelligen Eigenfunktionen vor.

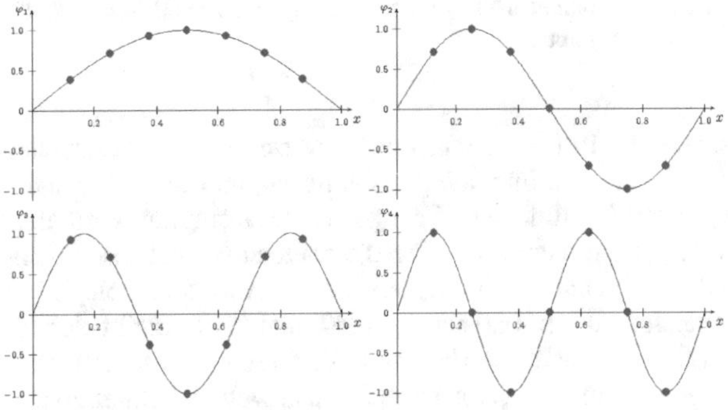

Hochfrequente Eigenfunktionen:

Dagegen sind mit

$$\varphi_5(x) = c\sin(5\pi x),\ \varphi_6(x) = c\sin(6\pi x),$$
$$\varphi_7(x) = c\sin(7\pi x)$$

die hochfrequenten Eigenfunktionen bezüglich $\Omega^{(2)}$ gegeben, die im Weiteren inklusive der Gitterwerte dargestellt sind.

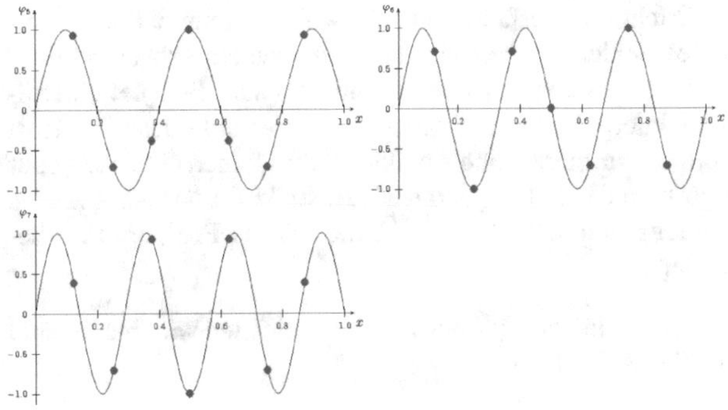

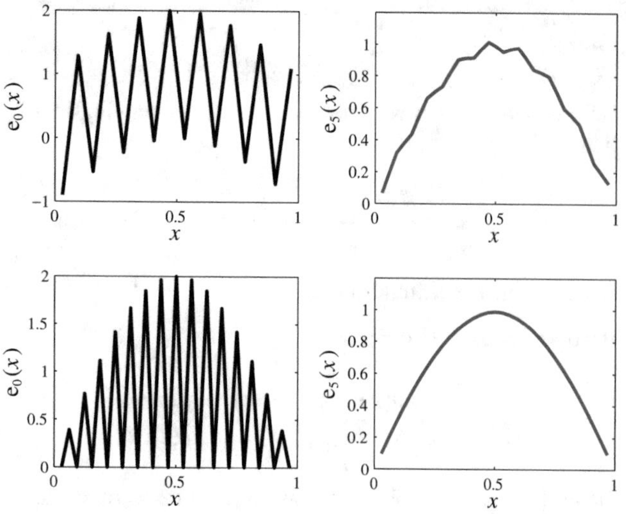

Abb. 5.16 Dämpfungsverhalten des relaxierten Jacobi-Verfahrens beim Modellproblem nach 5 Iterationen mit der Initialisierung (5.47) oben und (5.48) unten

dass die in Rot gehaltenen Eigenwerte der hochfrequenten Eigenvektoren im Intervall $[0, 1/2]$ liegen, und wir daher unabhängig von der Stufenzahl ℓ ein geeignetes Dämpfungsverhalten des relaxierten Jacobi-Verfahrens erwarten dürfen. Diese Eigenschaft wird auch durch die Resultate in Abb. 5.16 belegt. Bei Verwendung der Initialisierung (5.47) und (5.48) ergibt sich für das mit $\omega = \frac{1}{2}$ relaxierte Jacobi-Verfahren stets bereits nach wenigen Iterationen der gewünschte langwellige Fehlerverlauf.

Selbstfrage 12

Können Sie erklären, warum innerhalb der Abb. 5.16 bei der Initialisierung (5.47) nach 5 Iterationen im Vergleich zur Initialisierung (5.48) stärkere Restoszillationen vorhanden sind?

Reduktion langwelliger Fehleranteile durch eine Grobgitterkorrektur

Beim Mehrgitterverfahren nutzen wir die Kenntnis der Glattheit des Fehlers, indem wir diesen auf einem gröberen Gitter approximieren und anschließend, mittels zum Beispiel einer linearen Interpolation, auf das feine Gitter abbilden. Zunächst benötigen wir hierzu eine Abbildung vom feinen Gitter $\Omega^{(\ell)}$ auf das gröbere Gitter $\Omega^{(\ell-1)}$, die wir **Restriktion** nennen und eine Abbildung von $\Omega^{(\ell-1)}$ auf $\Omega^{(\ell)}$, die wir als **Prolongation** bezeichnen.

Als Restriktion von $\Omega^{(\ell)}$ auf $\Omega^{(\ell-1)}$ bezeichnen wir eine lineare, surjektive Abbildung

$$\boldsymbol{R}_\ell^{\ell-1} : \mathbb{R}^{N^{(\ell)}} \to \mathbb{R}^{N^{(\ell-1)}} .$$

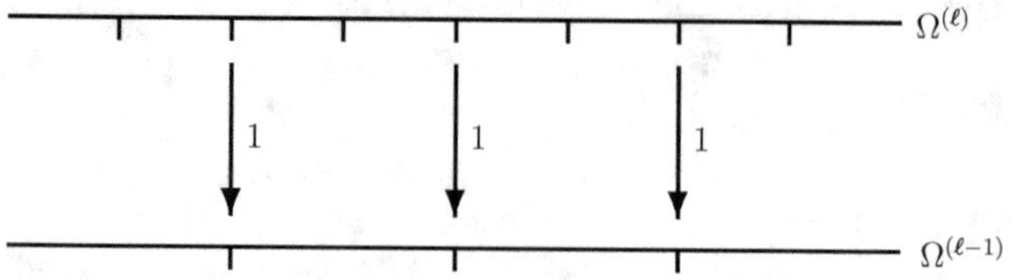

Abb. 5.17 Triviale Restriktion: Die Werte an den gemeinsamen Gitterpunkten werden übernommen

Bei der speziellen Schachtelung der Gitterfolge kann zum Beispiel die triviale Restriktion gemäß Abb. 5.17 verwendet werden, die durch

$$\boldsymbol{u}^{(\ell-1)} = \begin{pmatrix} u_1^{(\ell-1)} \\ \vdots \\ u_{N^{(\ell-1)}}^{(\ell-1)} \end{pmatrix} = \boldsymbol{R}_\ell^{\ell-1}\boldsymbol{u}^{(\ell)} = \begin{pmatrix} u_2^{(\ell)} \\ u_4^{(\ell)} \\ \vdots \\ u_{N^{(\ell)}-1}^{(\ell)} \end{pmatrix}$$

gegeben ist und durch die Matrix

$$\boldsymbol{R}_\ell^{\ell-1} = \begin{pmatrix} 0\,1\,0 & & & & \\ & 0\,1\,0 & & & \\ & & 0\;1\;0 & & \\ & & \ddots\;\ddots\;\ddots & & \\ & & & \ddots\;\ddots\;\ddots & \\ & & & & \ddots\;\ddots\;\ddots \\ & & & & 0\;1\;0 \end{pmatrix} \in \mathbb{R}^{N^{(\ell-1)} \times N^{(\ell)}} \tag{5.56}$$

repräsentiert wird.

Um die Werte an den Gitterpunkten $\Omega^{(\ell)} \setminus \Omega^{(\ell-1)}$ mit einzubeziehen, kann man auch eine Restriktion gemäß Abb. 5.18 wählen, deren zugehörige Matrix die Darstellung

$$\boldsymbol{R}_\ell^{\ell-1} = \frac{1}{4} \begin{pmatrix} 1\,2\,1 & & & & \\ & 1\,2\,1 & & & \\ & & 1\;2\;1 & & \\ & & \ddots\;\ddots\;\ddots & & \\ & & & \ddots\;\ddots\;\ddots & \\ & & & & \ddots\;\ddots\;\ddots \\ & & & & 1\;2\;1 \end{pmatrix}$$

aufweist.

Als Prolongation von $\Omega^{(\ell-1)}$ auf $\Omega^{(\ell)}$ bezeichnen wir eine lineare, injektive Abbildung

$$\boldsymbol{P}_{\ell-1}^{\ell} : \mathbb{R}^{N^{(\ell-1)}} \to \mathbb{R}^{N^{(\ell)}} .$$

Hierzu kann zum Beispiel eine lineare Interpolation zur Definition der Werte an den Zwischenstellen genutzt werden. In

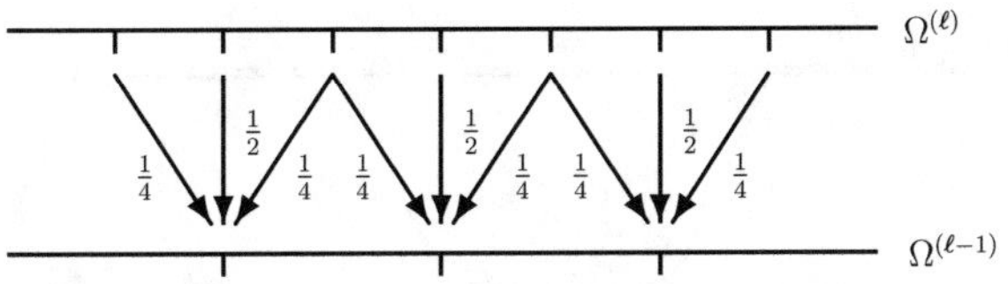

Abb. 5.18 Lineare Restriktion: Die Werte werden durch eine Konvexkombination bestimmt

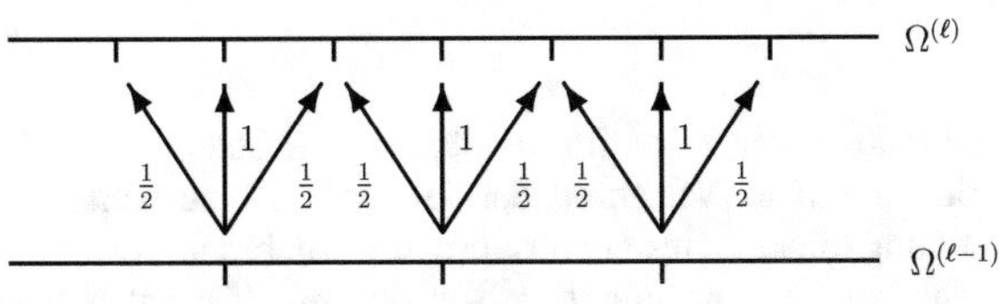

Abb. 5.19 Lineare Prolongation: Die Werte an den Zwischenstellen werden durch eine lineare Interpolation bestimmt

unserem Modellfall ergibt sich die graphische Darstellung gemäß Abb. 5.19 und damit die Matrix

$$\boldsymbol{P}_{\ell-1}^{\ell} = \frac{1}{2}\begin{pmatrix} 1 & & & & \\ 2 & & & & \\ 1 & 1 & & & \\ & 2 & & & \\ & 1 & 1 & & \\ & & 2 & & \\ & & 1 & & \\ & & & \ddots & \\ & & & & 1 \\ & & & & 2 \\ & & & & 1 \end{pmatrix} \in \mathbb{R}^{N^{(\ell)} \times N^{(\ell-1)}}. \qquad (5.57)$$

Das Zweigitterverfahren als Vorstufe zur Mehrgittermethode

Liegt ein problemspezifisch geeigneter Glätter vor, so dürfen wir nach ν Schritten von einem weitgehend glatten Fehler

$$\boldsymbol{e}_\nu^{(\ell)} = \boldsymbol{u}_\nu^{(\ell)} - \boldsymbol{u}^{(\ell)}$$

ausgehen. Dieser Vektor lässt sich somit gut auf dem nächstgröberen Gitter $\Omega^{(\ell-1)}$ mit weniger Rechenaufwand approximieren. Zur Herleitung einer Bestimmungsgleichung für $\boldsymbol{e}_\nu^{(\ell)}$ nutzen wir den Defekt

$$\boldsymbol{d}_\nu^{(\ell)} := \boldsymbol{A}^{(\ell)}\boldsymbol{u}_\nu^{(\ell)} - \boldsymbol{f}^{(\ell)},$$

der zum obigen Fehler im Zusammenhang

$$\boldsymbol{A}^{(\ell)}\boldsymbol{e}_\nu^{(\ell)} = \boldsymbol{A}^{(\ell)}\boldsymbol{u}_\nu^{(\ell)} - \underbrace{\boldsymbol{A}^{(\ell)}\boldsymbol{u}^{(\ell)}}_{=\boldsymbol{f}^{(\ell)}} = \boldsymbol{d}_\nu^{(\ell)} \qquad (5.58)$$

steht. Wir ermitteln nun eine Näherung an $\boldsymbol{e}_\nu^{(\ell)}$, indem wir die Gleichung (5.58) auf dem Gitter $\Omega^{(\ell-1)}$ betrachten und den hierbei berechneten Vektor auf das ursprüngliche Gitter $\Omega^{(\ell)}$ prolongieren. Wir nutzen daher die Gleichung

$$\boldsymbol{A}^{(\ell-1)}\boldsymbol{e}^{(\ell-1)} = \boldsymbol{d}^{(\ell-1)} \qquad (5.59)$$

mit dem restringierten Defekt

$$\boldsymbol{d}^{(\ell-1)} = \boldsymbol{R}_\ell^{\ell-1}\boldsymbol{d}_\nu^{(\ell)}.$$

Die Gleichung (5.59) kann iterativ oder eventuell sogar exakt gelöst werden. Gehen wir zunächst von der einfachen Berechenbarkeit von $\left(\boldsymbol{A}^{(\ell-1)}\right)^{-1}\boldsymbol{d}^{(\ell-1)}$ aus, so ergibt sich die anvisierte Näherung gemäß

$$\boldsymbol{e}_\nu^{(\ell)} \approx \boldsymbol{P}_{\ell-1}^{\ell}\boldsymbol{e}^{(\ell-1)} = \boldsymbol{P}_{\ell-1}^{\ell}\left(\boldsymbol{A}^{(\ell-1)}\right)^{-1}\boldsymbol{d}^{(\ell-1)}.$$

Die unter Verwendung des groben Gitters ermittelte Korrektur der vorliegenden Näherungslösung $\boldsymbol{u}_\nu^{(\ell)}$ lässt sich somit in der Form

$$\boldsymbol{u}_\nu^{(\ell),neu} = \boldsymbol{u}_\nu^{(\ell)} - \boldsymbol{P}_{\ell-1}^{\ell}\left(\boldsymbol{A}^{(\ell-1)}\right)^{-1}\boldsymbol{R}_\ell^{\ell-1}\left(\boldsymbol{A}^{(\ell)}\boldsymbol{u}_\nu^{(\ell)} - \boldsymbol{f}^{(\ell)}\right)$$

zusammenfassen. Dieser Vorschrift geben wir aufgrund ihrer zentralen Bedeutung zunächst eine Bezeichnung.

Definition des Grobgitterkorrekturverfahrens

Sei $\boldsymbol{u}_\nu^{(\ell)}$ eine Näherungslösung der Gleichung $\boldsymbol{A}^{(\ell)}\boldsymbol{u}^{(\ell)} = \boldsymbol{f}^{(\ell)}$, dann heißt die Methode

$$\boldsymbol{u}_\nu^{(\ell),neu} = \phi_{GGK}^{(\ell)}\left(\boldsymbol{u}_\nu^{(\ell)}, \boldsymbol{f}^{(\ell)}\right)$$

mit

$$\begin{aligned}&\phi_{GGK}^{(\ell)}\left(\boldsymbol{u}_\nu^{(\ell)}, \boldsymbol{f}^{(\ell)}\right) \qquad (5.60)\\ &= \boldsymbol{u}_\nu^{(\ell)} - \boldsymbol{P}_{\ell-1}^{\ell}\left(\boldsymbol{A}^{(\ell-1)}\right)^{-1}\boldsymbol{R}_\ell^{\ell-1}\left(\boldsymbol{A}^{(\ell)}\boldsymbol{u}_\nu^{(\ell)} - \boldsymbol{f}^{(\ell)}\right)\end{aligned}$$

Grobgitterkorrekturverfahren.

An dieser Stelle könnte die Idee aufkommen, nach einer ersten Glättung ausschließlich eine Anzahl von Grobgitterkorrekturschritten folgen zu lassen, da diese im Vergleich zur Iteration auf dem feinen Gitter weniger rechenaufwendig erscheinen. Daher ist es sinnvoll, die Grobgitterkorrektur als eigenständiges Iterationsverfahren auf Konsistenz und Konvergenz zu untersuchen.

Lemma Die Grobgitterkorrekturmethode

$$\phi_{GGK}^{(\ell)}(\boldsymbol{u}, \boldsymbol{f}) = \boldsymbol{M}_{GGK}^{(\ell)}\boldsymbol{u} + \boldsymbol{N}_{GGK}^{(\ell)}\boldsymbol{f} \qquad (5.61)$$

mit

$$\boldsymbol{M}_{GGK}^{(\ell)} = \boldsymbol{I} - \boldsymbol{P}_{\ell-1}^{\ell}\left(\boldsymbol{A}^{(\ell-1)}\right)^{-1}\boldsymbol{R}_\ell^{\ell-1}\boldsymbol{A}^{(\ell)}$$

und

$$\boldsymbol{N}_{GGK}^{(\ell)} = \boldsymbol{P}_{\ell-1}^{\ell}\left(\boldsymbol{A}^{(\ell-1)}\right)^{-1}\boldsymbol{R}_\ell^{\ell-1}$$

stellt ein lineares, konsistentes und nicht konvergentes Iterationsverfahren dar. ◀

Kapitel 5

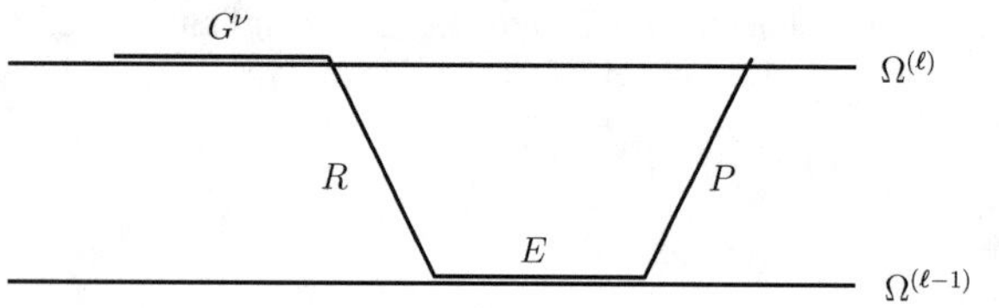

Abb. 5.20 Ein Iterationsschritt des Zweigitterverfahrens ohne Nachglättung

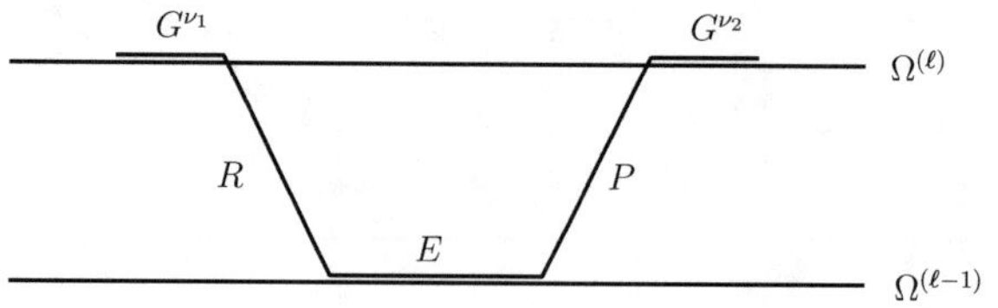

Abb. 5.21 Ein Iterationsschritt des Zweigitterverfahrens mit Nachglättung

Beweis Die Darstellung (5.61) ergibt sich durch eine einfache Umformulierung von (5.60), sodass ein lineares und wegen $M_{GGK}^{(\ell)} = I - N_{GGK}^{(\ell)} A^{(\ell)}$ laut dem auf S. 145 aufgeführten Satz auch konsistentes Iterationsverfahren vorliegt. Wegen $N^{(\ell)} > N^{(\ell-1)}$ ist der Kern von $R_\ell^{\ell-1}$, kurz $\ker(R_\ell^{\ell-1})$, nicht trivial. Sei $0 \neq v \in \ker(R_\ell^{\ell-1})$, dann folgt wegen der Regularität von $A^{(\ell)}$ zudem $w := (A^{(\ell)})^{-1} v \neq 0$. Hiermit gilt

$$M_{GGK}^{(\ell)} w = w - P_{\ell-1}^{\ell} (A^{(\ell)})^{-1} \underbrace{R_\ell^{\ell-1} \underbrace{A^{(\ell)} w}_{=v}}_{=0} = w ,$$

wodurch $\rho\left(M_{GGK}^{(\ell)}\right) \geq 1$ folgt und somit die Grobgitterkorrektur ein divergentes Verfahren darstellt. ■

Der obige Satz zeigt, dass es in der Regel nicht sinnvoll ist, die Grobgitterkorrektur mehrfach hintereinander ohne zwischenzeitige Glättung anzuwenden.

Mit der Kombination der Splitting-Methode zur Fehlerglättung und der anschließenden Grobgitterkorrektur kann ein auf zwei Gittern operierendes Verfahren definiert werden.

Zweigittermethode

- Wähle einen Startvektor $u_0^{(\ell)} \in \mathbb{R}^{N^{(\ell)}}$.
- Für $j = 1, \ldots, \nu$ berechne

$$u_j^{(\ell)} = \phi^{(\ell)}\left(u_{j-1}^{(\ell)}, f^{(\ell)}\right)$$

  mit einem Glätter $\phi^{(\ell)}$.
- Verbesserung der Näherung $u_\nu^{(\ell)}$ mittels Grobgitterkorrektur gemäß

$$u_\nu^{(\ell),neu} = \phi_{GGK}^{(\ell)}\left(u_\nu^{(\ell)}, f^{(\ell)}\right) .$$

Achtung Der aufgeführte Algorithmus aus Glättung und Grobgitterkorrektur stellt natürlich nur einen Iterationsschritt dar und wird analog zu der zuvor vorgestellten Splitting-Methode innerhalb einer Schleife mehrfach durchlaufen. ◄

Eine Iteration der Zweigittermethode stellt bereits eine Komposition iterativer Verfahren dar. Bevor wir eine weitere Untersuchung dieses Gesamtverfahrens vornehmen, wollen wir zunächst die Verknüpfung iterativer Verfahren formal festlegen.

Definition Produktiteration

Sind $\phi, \psi : \mathbb{C}^n \times \mathbb{C}^n \to \mathbb{C}^n$ zwei Iterationsverfahren, dann heißt

$$\phi \circ \psi : \mathbb{C}^n \times \mathbb{C}^n \to \mathbb{C}^n$$

mit

$$u_{m+1} = (\phi \circ \psi)(u_m, f) := \phi(\psi(u_m, f), f)$$

Produktiteration.

Selbstfrage 13

Betrachten wir zwei konsistente lineare Iterationsverfahren ϕ, ψ mit den Iterationsmatrizen M_ϕ und M_ψ. Ist die Produktiteration $\phi \circ \psi$ ebenfalls konsistent und wie sieht die zugehörige Iterationsmatrix aus?

Sei $\nu \in \mathbb{N}$ die Anzahl der Glättungsschritte auf dem feinen Gitter $\Omega^{(\ell)}$ und $\phi^{(\ell)}$ das zugehörige Iterationsverfahren, dann erhalten wir das Zweigitterverfahren als Produktiteration in der Form

$$\phi_{ZGV(\nu)}^{(\ell)} = \phi_{GGK}^{(\ell)} \circ \phi^{(\ell)^\nu} . \tag{5.62}$$

Bezeichnet R die Restriktion, P die Prolongation und E das exakte Lösen des Gleichungssystems, dann lässt sich die obige Zweigittermethode (5.62) mit dem Glätter G gemäß Abb. 5.20 visualisieren.

Gemäß Aufgabe 5.5 kann der Glättungsschritt auch aufgeteilt werden und wir erhalten für alle $\nu_1, \nu_2 \in \mathbb{N}$ mit $\nu = \nu_1 + \nu_2$ durch

$$\phi_{ZGV(\nu_1,\nu_2)}^{(\ell)} = \phi^{(\ell)^{\nu_2}} \circ \phi_{GGK}^{(\ell)} \circ \phi^{(\ell)^{\nu_1}}$$

ein Verfahren, dass die gleichen Konvergenzeigenschaften wie (5.62) aufweist. Man spricht hierbei von ν_1 Vor- und ν_2 Nachglättungen, und wir erhalten die in Abb. 5.21 präsentierte graphische Darstellung.

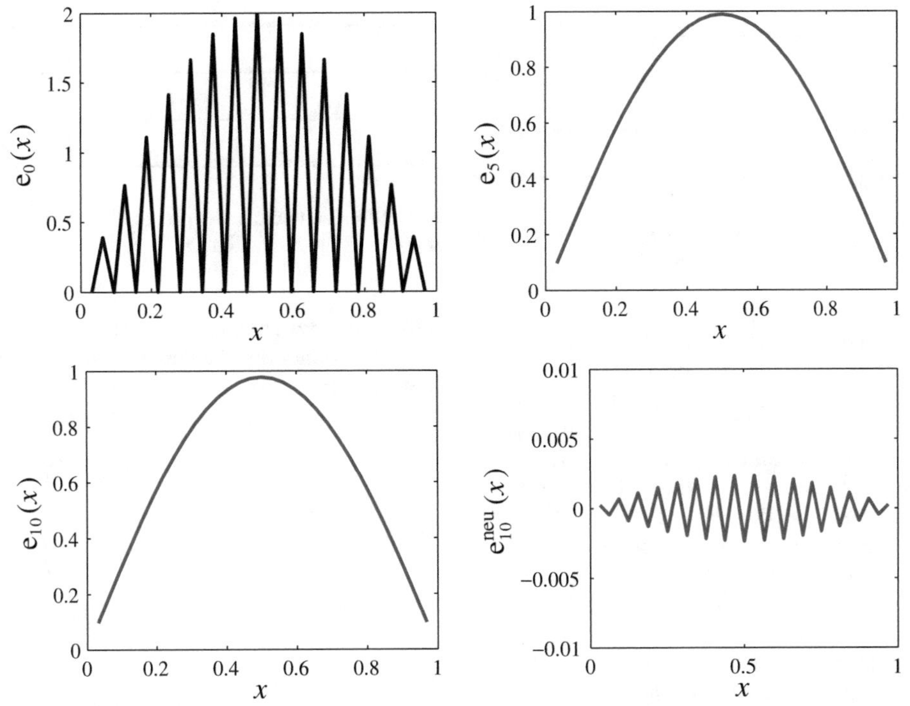

Abb. 5.22 Fehlerdämpfung des Zweigitterverfahrens

Das Zweigitterverfahren kann und sollte natürlich, wie bereits erwähnt, auch in einer äußeren Schleife wiederholt werden, womit sich

$$\prod_{i=1}^{k} \phi_{ZGV(\nu)}^{(\ell)} = \prod_{i=1}^{k} \left(\phi_{GGK}^{(\ell)} \circ \phi^{(\ell)^{\nu}} \right)$$

respektive

$$\prod_{i=1}^{k} \phi_{ZGV(\nu_1,\nu_2)}^{(\ell)}$$
$$= \phi^{(\ell)^{\nu_2}} \circ \prod_{i=1}^{k-1} \left(\phi_{GGK}^{(\ell)} \circ \phi^{(\ell)^{\nu}} \right) \circ \phi_{GGK}^{(\ell)} \circ \phi^{(\ell)^{\nu_1}}$$

ergibt.

Beispiel Um die Wirkungsweise der Grobgitterkorrektur anhand eines konkreten Problems aufzeigen zu können, betrachten wir die bereits innerhalb der Beispiele auf den S. 159 und 160 vorgestellte Aufgabenstellung mit der Initialisierung laut (5.48).

Die Grobgitterkorrektur wurde unter Verwendung der trivialen Restriktion (5.56) und der linearen Prolongation (5.57) durchgeführt, wobei die vorliegende Gleichung $\boldsymbol{A}^{(3)}\boldsymbol{e}^{(3)} = \boldsymbol{d}^{(3)}$ auf dem groben Gitter $\Omega^{(3)}$ exakt gelöst wurde. Die Abb. 5.22 zeigt den bereits aus Abb. 5.16 teilweise bekannten langwelligen Fehlerverlauf nach 5 und 10 Iterationen des gedämpften Jacobi-Verfahrens im oberen rechten respektive unteren linken Bild.

Die durch einen anschließenden Iterationsschritt der Grobgitterkorrektur erzielte immense Fehlerreduktion ist im rechten unteren Bild deutlich zu erkennen, wobei zudem berücksichtigt werden muss, dass die Fehlerhöhe nicht nur optisch geringer ist, sondern sich vor allem die vertikalen Skalen um einen Faktor 100 unterscheiden. Die Grobgitterkorrektur hat den maximalen Fehler um mehr als zwei Größenordnungen von $9.8 \cdot 10^{-1}$ auf $2.36 \cdot 10^{-3}$ verkleinert. Um den maximalen Fehler durch ausschließliche Nutzung der Grundverfahren unter die hier vorliegende Schranke von $2.36 \cdot 10^{-3}$ zu bringen, bedarf es jeweils die in der folgenden Tabelle aufgeführte Anzahl an Iterationen auf dem Gitter $\Omega^{(4)}$.

Verfahren	Iterationszahl
Gedämpftes Jacobi-Verfahren	2510
Jacobi-Verfahren	1397
Gauß-Seidel-Verfahren	627

◀

Von der Zweigittermethode zum Mehrgitterverfahren

Das Zweigitterverfahren hat sich als effizient herausgestellt. Es ist jedoch in der jetzigen Form für große Systeme unpraktikabel, da es eine exakte oder approximative Lösung der Korrekturgleichung

$$\boldsymbol{A}^{(\ell-1)}\boldsymbol{e}^{(\ell-1)} = \boldsymbol{d}^{(\ell-1)} \tag{5.63}$$

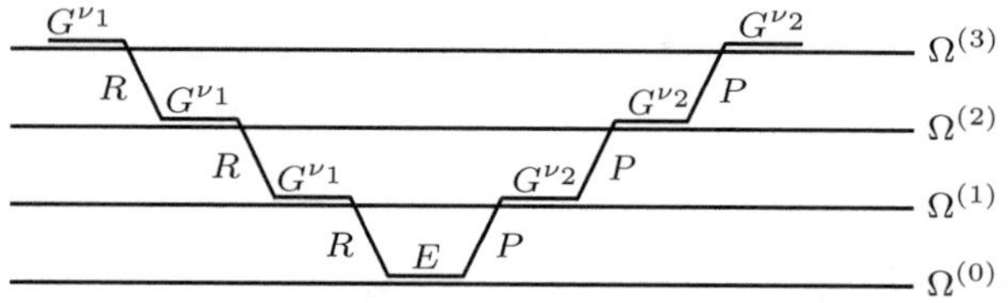

Abb. 5.23 Ein Iterationsschritt des Mehrgitterverfahrens mit V-Zyklus sowie Vor- und Nachglättung

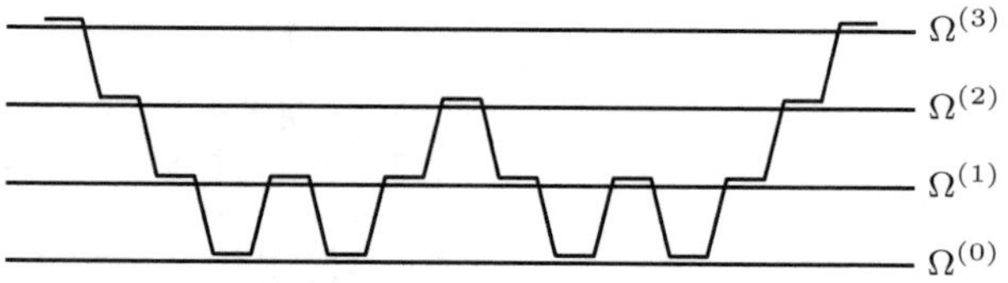

Abb. 5.24 Ein Iterationsschritt des Mehrgitterverfahrens mit W-Zyklus sowie Vor- und Nachglättung

auf $\Omega^{(\ell-1)}$ benötigt, bei der generell die gleichen Probleme hinsichtlich des Rechenaufwandes wie bei der Ausgangsgleichung auf $\Omega^{(\ell)}$ auftreten können. Da die Gleichung (5.63) die gleiche Form wie die Ausgangsgleichung $\boldsymbol{A}^{(\ell)}\boldsymbol{u}^{(\ell)} = \boldsymbol{f}^{(\ell)}$ aufweist, liegt die Idee nahe, ein Zweigitterverfahren auf $\Omega^{(\ell-1)}$ und $\Omega^{(\ell-2)}$ zur Approximation von $\boldsymbol{e}^{(\ell-1)}$ zu nutzen. Insgesamt ergibt sich somit eine Dreigittermethode, bei der $\boldsymbol{A}^{(\ell-2)}\boldsymbol{e}^{(\ell-2)} = \boldsymbol{d}^{(\ell-2)}$ auf $\Omega^{(\ell-2)}$ gelöst werden muss. Sukzessives Fortsetzen dieser Idee liefert ein Verfahren auf $\ell+1$ Gittern $\Omega^{(\ell)}, \ldots, \Omega^{(0)}$, bei dem lediglich das Lösen der Gleichung $\boldsymbol{A}^{(0)}\boldsymbol{e}^{(0)} = \boldsymbol{d}^{(0)}$ verbleibt. Bei der von uns gewählten Gitterverfeinerung mit $h^{(\ell-1)} = 2h^{(\ell)}$ gilt $\boldsymbol{A}^{(0)} \in \mathbb{R}^{1\times 1}$. In der Praxis wird in der Regel mit $\Omega^{(0)}$ ein Gitter genutzt, das eine approximative Lösung des Gleichungssystems mit der Matrix $\boldsymbol{A}^{(0)}$ auf effiziente und einfache Weise ermöglicht.

Der Mehrgitteralgorithmus lässt sich folglich als rekursives Verfahren in der anschließenden Form darstellen, wobei zu bemerken ist, dass die Initialisierung von $\boldsymbol{u}_0^{(\ell)} \in \mathbb{R}^{N^{(\ell)}}$ vor dem Aufruf stattfinden muss:

Mehrgitterverfahren $\phi^{(\ell)}_{MGV(\nu_1,\nu_2)}(\boldsymbol{u}^{(\ell)}, \boldsymbol{f}^{(\ell)})$

- Für $\ell = 0$ berechne $\boldsymbol{u}^{(0)} = (\boldsymbol{A}^{(0)})^{-1}\boldsymbol{e}^{(0)}$ und Rückgabe von $\boldsymbol{u}^{(0)}$.
- Sonst
  - $\boldsymbol{u}^{(\ell)} = \phi^{(\ell)^{\nu_1}}(\boldsymbol{u}^{(\ell)}, \boldsymbol{f}^{(\ell)})$
  - $\boldsymbol{d}^{(\ell-1)} = \boldsymbol{R}_\ell^{\ell-1}\left(\boldsymbol{A}^{(\ell)}\boldsymbol{u}^{(\ell)} - \boldsymbol{f}^{(\ell)}\right)$
  - $\boldsymbol{e}_0^{(\ell-1)} = \boldsymbol{0}$
  - Für $i = 1, \ldots, \gamma$ berechne $\boldsymbol{e}_i^{(\ell-1)} = \phi^{(\ell-1)}_{MGV(\nu_1,\nu_2)}(\boldsymbol{e}_{i-1}^{(\ell-1)}, \boldsymbol{d}^{(\ell-1)})$
  - $\boldsymbol{u}^{(\ell)} = \boldsymbol{u}^{(\ell)} - \boldsymbol{P}_{\ell-1}^{\ell}\boldsymbol{e}_\gamma^{(\ell-1)}$
  - $\boldsymbol{u}^{(\ell)} = \phi^{(\ell)^{\nu_2}}(\boldsymbol{u}^{(\ell)}, \boldsymbol{f}^{(\ell)})$ und Rückgabe von $\boldsymbol{u}^{(\ell)}$.

In der hier gewählten Darstellung werden zur iterativen Lösung der Grobgittergleichung γ Schritte verwendet. In der Praxis werden oftmals $\gamma = 1$ respektive $\gamma = 2$ gewählt.

Der Fall $\gamma = 1$ liefert den sog. V-Zyklus, der sich für $\ell = 3$ graphisch gemäß Abb. 5.23 darstellen lässt, während für $\gamma = 2$ die als W-Zyklus bezeichnete Iterationsfolge vorliegt. Der für diese Vorgehensweise entstehende algorithmische Ablauf des Verfahrens wird für den Fall von vier genutzten Gittern in Abb. 5.24 verdeutlicht.

Beispiel Abschließend betrachten wir nochmals das auf der S. 159 präsentierte Gleichungssystem (5.46) mit der Initialisierung laut (5.48) für die Gitterstufe $\ell = 4$. Für $f(x) = \pi^2 \sin(\pi x)$ ergibt sich somit das Gleichungssystem

$$\frac{1}{(h^{(4)})^2}\begin{pmatrix} 2 & -1 & & \\ -1 & \ddots & \ddots & \\ & \ddots & \ddots & -1 \\ & & -1 & 2 \end{pmatrix}\begin{pmatrix} u_1^{(4)} \\ \vdots \\ \vdots \\ u_{31}^{(4)} \end{pmatrix} = \pi^2 \begin{pmatrix} \sin(\pi x_1^{(4)}) \\ \vdots \\ \vdots \\ \sin(\pi x_{31}^{(4)}) \end{pmatrix}$$

mit

$$\boldsymbol{u}_0^{(4)} = \begin{pmatrix} \sin\left(31\pi x_1^{(4)}\right) \\ \vdots \\ \vdots \\ \sin\left(31\pi x_{31}^{(4)}\right) \end{pmatrix},$$

sowie $h^{(4)} = 1/32$ und $x_j^{(4)} = j \cdot h^{(4)}, j = 1, \ldots, 31$.

Da ein Zyklusdurchlauf eines Mehrgitterverfahrens im Vergleich zu einer Iteration einer klassischen Splitting-Methode vom Jacobi- respektive Gauß-Seidel-Typ deutlich mehr arithmetische Operationen benötigt, vergleichen wir im Folgenden die benötigte prozentuale Rechenzeit. Dabei wird eine Skalierung derart vorgenommen, dass das schnellste Verfahren bei 100 % liegt. Als Abbruchkriterium wurde stets $\|\boldsymbol{u}_m^{(4)} - (\boldsymbol{A}^{(4)})^{-1}\boldsymbol{f}^{(4)}\|_\infty \leq 10^{-10}$ genutzt.

Verfahren	Rechenzeit
Mehrgitterverf. V-Zyklus, $\nu_1 = \nu_2 = 5$	100 %
Mehrgitterverf. W-Zyklus, $\nu_1 = \nu_2 = 5$	211 %
Gauß-Seidel-Verfahren	5507 %
Jacobi-Verfahren	8734 %
Gedämpftes Jacobi-Verfahren	17093 %

◀

Das obige Beispiel verdeutlicht eindrucksvoll den hohen Rechenzeitgewinn, der durch die Nutzung der Mehrgittermethode anstelle eines klassischen Splitting-Verfahrens erzielt werden kann. Es sei allerdings nochmals erwähnt, dass dieser Effekt auch durch die Eigenschaft des Gleichungssystems bedingt ist und bei beliebigen Problemstellungen nicht erwartet werden darf.

Übersicht: Numerische Verfahren für lineare Gleichungssysteme

Im Kontext linearer Gleichungssysteme der Form $\boldsymbol{A}\boldsymbol{x} = \boldsymbol{b}$ mit regulärer Matrix $\boldsymbol{A}$ haben wir unterschiedliche numerische Verfahren kennengelernt, deren Eigenschaften und Anwendungsbereiche wir an dieser Stelle zusammenstellen.

Direkte Verfahren

Die betrachteten direkten Verfahren nehmen stets eine multiplikative Zerlegung der Matrix $\boldsymbol{A}$ vor.

LR-Zerlegung

Definition: Die Zerlegung einer Matrix $\boldsymbol{A}$ in ein Produkt $\boldsymbol{A} = \boldsymbol{L}\boldsymbol{R}$ aus einer linken unteren Dreiecksmatrix $\boldsymbol{L}$ und einer rechten oberen Dreiecksmatrix $\boldsymbol{R}$ heißt LR-Zerlegung.

Existenz: Zu einer regulären Matrix $\boldsymbol{A}$ existiert genau dann eine LR-Zerlegung, wenn $\det \boldsymbol{A}[k] \neq 0 \quad \forall k = 1, \ldots, n$ gilt. Des Weiteren existiert zu jeder regulären Matrix $\boldsymbol{A}$ eine Permutationsmatrix $\boldsymbol{P}$ derart, dass $\boldsymbol{P}\boldsymbol{A}$ eine LR-Zerlegung besitzt.

Lösung eines Gleichungssystems: Mit $\boldsymbol{L}\boldsymbol{R}\boldsymbol{x} = \boldsymbol{b}$ ergibt sich die Lösung $\boldsymbol{x}$ in 2 Schritten:

- Löse $\boldsymbol{L}\boldsymbol{y} = \boldsymbol{b}$ durch Vorwärtselimination
- Löse $\boldsymbol{R}\boldsymbol{x} = \boldsymbol{y}$ durch Rückwärtselimination

Cholesky-Zerlegung

Definition: Die Zerlegung einer Matrix $\boldsymbol{A}$ in ein Produkt $\boldsymbol{A} = \boldsymbol{L}\boldsymbol{L}^T$ mit einer linken unteren Dreiecksmatrix $\boldsymbol{L}$ heißt Cholesky-Zerlegung.

Existenz: Zu jeder symmetrischen, positiv definiten Matrix existiert eine Cholesky-Zerlegung.

Lösung eines Gleichungssystems: Analog zur LR-Zerlegung mit $\boldsymbol{R} = \boldsymbol{L}^T$.

QR-Zerlegung

Definition: Die Zerlegung einer Matrix $\boldsymbol{A}$ in ein Produkt $\boldsymbol{A} = \boldsymbol{Q}\boldsymbol{R}$ aus einer unitären Matrix $\boldsymbol{Q}$ und einer rechten oberen Dreiecksmatrix $\boldsymbol{R}$ heißt QR-Zerlegung.

Existenz: Zu jeder regulären Matrix existiert eine QR-Zerlegung.

Lösung eines Gleichungssystems: Mit $\boldsymbol{Q}\boldsymbol{R}\boldsymbol{x} = \boldsymbol{b}$ ergibt sich die Lösung $\boldsymbol{x}$ aus:

- Löse $\boldsymbol{L}\boldsymbol{y} = \boldsymbol{Q}^T\boldsymbol{b}$ durch Vorwärtselimination

Iterative Verfahren

Bei den iterativen Verfahren haben wir die folgenden zwei Typen vorgestellt.

Splitting-Methoden

Die Splitting-Methoden basieren grundlegend auf einer additiven Zerlegung der Matrix $\boldsymbol{A}$ in der Form $\boldsymbol{A} = \boldsymbol{B} + (\boldsymbol{A} - \boldsymbol{B})$, wodurch die Iterationsvorschrift wie folgt lautet: $\boldsymbol{x}_{m+1} = \boldsymbol{B}^{-1}(\boldsymbol{B} - \boldsymbol{A})\boldsymbol{x}_m + \boldsymbol{B}^{-1}\boldsymbol{b}$.

Eine Splitting-Methode ist genau dann konvergent, wenn $\rho(\boldsymbol{B}^{-1}(\boldsymbol{B} - \boldsymbol{A})) < 1$ gilt.

(a) Jacobi-Verfahren
Für Matrizen $\boldsymbol{A}$ mit nichtverschwindenden Diagonaleinträgen setze $\boldsymbol{B} = \operatorname{diag}\{a_{11}, \ldots, a_{nn}\}$, womit

$$x_{m+1,i} = \frac{1}{a_{ii}}\left(b_i - \sum_{j=1, j\neq i}^{n} a_{ij}x_{m,j}\right)$$

für $i = 1, \ldots, n$ und $m = 0, 1, 2, \ldots$ gilt.

(b) Gauß-Seidel-Verfahren
Für Matrizen $\boldsymbol{A}$ mit nichtverschwindenden Diagonaleinträgen setze $\boldsymbol{B}$ als den linken unteren Dreiecksanteil der Matrix $\boldsymbol{A}$, womit

$$x_{m+1,i} = \frac{1}{a_{ii}}\left(b_i - \sum_{j=1}^{i-1} a_{ij}x_{m+1,j} - \sum_{j=i+1}^{n} a_{ij}x_{m,j}\right)$$

für $i = 1, \ldots, n$ und $m = 0, 1, 2, \ldots$ gilt.

(c) SOR-Verfahren
Basierend auf dem Gauß-Seidel-Verfahren wird eine Gewichtung des Korrekturterms mittels eines Relaxationsparameters ω vorgenommen, womit

$$x_{m+1,i} = x_{m,i} + \frac{\omega}{a_{ii}}\left(b_i - \sum_{j=1}^{i-1} a_{ij}x_{m+1,j} - \sum_{j=i}^{n} a_{ij}x_{m,j}\right)$$

für $i = 1, \ldots, n$ und $m = 0, 1, 2, \ldots$ gilt.

Mehrgitterverfahren

Die Kombination einer Splitting-Methode zur Fehlerglättung mit einer Grobgitterkorrektur zur Reduktion langwelliger Fehlerterme liefert bei speziellen Gleichungssystemen, wie sie beispielsweise bei der Diskretisierung elliptischer partieller Differenzialgleichungen entstehen, einen sehr effizienten Gesamtalgorithmus.

Zusammenfassung

Zur Lösung linearer Gleichungssysteme der Form $\boldsymbol{A}\boldsymbol{x} = \boldsymbol{b}$ mit gegebener rechter Seite $\boldsymbol{b} \in K^n$ ($K = \mathbb{C}$ oder $\mathbb{R}$) und invertierbarer Matrix $\boldsymbol{A} \in K^{n \times n}$ haben wir

- direkte Methoden und
- iterative Verfahren

kennengelernt.

Die vorgestellten direkten Methoden basieren auf einer multiplikativen Zerlegung der Matrix gemäß

$$\boldsymbol{A} = \boldsymbol{B}\boldsymbol{C}$$

derart, dass die Matrizen $\boldsymbol{B}$ und $\boldsymbol{C}$ leicht invertierbar sind oder zumindest Matrix-Vektor-Produkte mit deren Inversen einfach berechenbar sind. Hiermit ergibt sich die Lösung des Gleichungssystems aus

$$\boldsymbol{x} = \boldsymbol{A}^{-1}\boldsymbol{b} = (\boldsymbol{B}\boldsymbol{C})^{-1}\boldsymbol{b} = \boldsymbol{C}^{-1}\boldsymbol{B}^{-1}\boldsymbol{b}.$$

Bereits das bekannte Gauß'sche Eliminationsverfahren liefert formal gesehen eine sog. **LR-Zerlegung**, bei der $\boldsymbol{A}$ in ein Produkt bestehend aus einer linken unteren Dreiecksmatrix $\boldsymbol{L}$ und einer rechten oberen Dreiecksmatrix $\boldsymbol{R}$ gemäß

$$\boldsymbol{A} = \boldsymbol{L}\boldsymbol{R}$$

zerlegt wird. Die Berechnung der Produkte $\boldsymbol{L}^{-1}\boldsymbol{b}$ und $\boldsymbol{R}^{-1}\widetilde{\boldsymbol{b}}$ wird durch eine Vorwärts- beziehungsweise Rückwärtselimination aus den Gleichungen

$$\boldsymbol{L}\boldsymbol{x} = \boldsymbol{b} \quad \text{respektive} \quad \boldsymbol{R}\boldsymbol{y} = \widetilde{\boldsymbol{b}}$$

ermittelt, ohne die entsprechende inverse Matrix bestimmt zu haben. Eine LR-Zerlegung existiert dabei genau dann, wenn alle Hauptabschnittsmatrizen $\boldsymbol{A}[k]$, $k = 1, \ldots, n$ der Matrix $\boldsymbol{A}$ regulär sind.

Liegt mit $\boldsymbol{A}$ eine symmetrische Matrix vor, so kann der Rechen- und Speicheraufwand der LR-Zerlegung durch Übergang zur **Cholesky-Zerlegung** verringert werden. Hierbei wird eine linke untere Dreiecksmatrix $\boldsymbol{L}$ ermittelt, sodass

$$\boldsymbol{A} = \boldsymbol{L}\boldsymbol{L}^T$$

gilt. Ist $\boldsymbol{A}$ symmetrisch und positiv definit, so ist die Existenz der Cholesky-Zerlegung gesichert.

Im Gegensatz zu den bisher erwähnten Ansätzen existiert zu jeder Matrix eine **QR-Zerlegung** mit einer unitären respektive orthogonalen Matrix $\boldsymbol{Q}$ und einer rechten oberen Dreiecksmatrix $\boldsymbol{R}$, sodass

$$\boldsymbol{A} = \boldsymbol{Q}\boldsymbol{R}$$

gilt. Für die Berechnung haben wir mit dem Gram-Schmidt-Verfahren, der Householder-Transformation und der Givens-Methode drei unterschiedliche Vorgehensweisen kennengelernt. Die Nutzung der Givens-Rotationsmatrizen ist bei speziellen Matrizen wie beispielsweise den Hessenbergmatrizen im Vergleich zu den übrigen Ansätzen aus Sicht der Rechenzeit vorteilhaft.

In zahlreichen realen Anwendungen treten große, schwach besetzte Matrizen auf, deren Dimension oftmals bei mindestens $n = 10^6$ liegt, wobei häufig mehr als 99 % der Matrixelemente den Wert null besitzen. Im Kontext derartiger Problemstellungen erweisen sich die vorgestellten direkten Verfahren in der Regel als rechentechnisch ineffizient und zudem übermäßig speicheraufwendig, da die auftretenden Hilfsmatrizen $\boldsymbol{B}$ und $\boldsymbol{C}$ innerhalb der oben angegebenen Produktzerlegung dennoch voll besetzt sein können. Vermeidet man Multiplikation mit Matrixeinträgen, die den Wert null besitzen, so können Matrix-Vektor-Produkte bei einer schwach besetzten Matrix sehr effizient ermittelt werden. Auf diesem Vorteil basieren iterative Verfahren, die sukzessive Näherungen an die gesuchte Lösung ermitteln.

Die einfachste Herleitung iterativer Algorithmen basiert auf einer additiven Zerlegung der Matrix $\boldsymbol{A}$ mittels einer regulären Matrix $\boldsymbol{B}$ in der Form

$$\boldsymbol{A} = \boldsymbol{B} - (\boldsymbol{A} - \boldsymbol{B}),$$

wodurch das lineare Gleichungssystem $\boldsymbol{A}\boldsymbol{x} = \boldsymbol{b}$ in die äquivalente Fixpunktform

$$\boldsymbol{x} = \boldsymbol{B}^{-1}(\boldsymbol{B} - \boldsymbol{A})\boldsymbol{x} + \boldsymbol{B}^{-1}\boldsymbol{b}$$

gebracht werden kann. Derartige Ansätze führen auf die sog. **Splitting-Methoden**, bei denen ausgehend von einem frei wählbaren Startvektor $\boldsymbol{x}_0$ durch

$$\boldsymbol{x}_{m+1} = \boldsymbol{B}^{-1}(\boldsymbol{B} - \boldsymbol{A})\boldsymbol{x}_m + \boldsymbol{B}^{-1}\boldsymbol{b} \tag{5.64}$$

mit $m = 0, 1, 2, \ldots$ eine Folge von Näherungslösungen $\{\boldsymbol{x}_m\}_{m \in \mathbb{N}_0}$ vorliegt. Die Konvergenz dieser Folge gegen die Lösung des Gleichungssystems $\boldsymbol{A}^{-1}\boldsymbol{b}$ liegt genau dann vor, wenn der Spektralradius der Iterationsmatrix $\boldsymbol{B}^{-1}(\boldsymbol{B} - \boldsymbol{A})$ kleiner als eins ist. Die einzelnen Verfahren unterscheiden sich in der Wahl der Matrix $\boldsymbol{B}$ und wir erhalten

- das triviale Verfahren, wenn $\boldsymbol{B}$ als Identität gewählt wird,
- das **Jacobi-Verfahren**, wenn $\boldsymbol{B}$ eine Diagonalmatrix mit $b_{ii} = a_{ii}, i = 1, \ldots, n$ darstellt,
- das **Gauß-Seidel-Verfahren**, wenn $\boldsymbol{B}$ eine linke untere Dreiecksmatrix mit $b_{ij} = a_{ij},\ i, j = 1, \ldots, n,\ i \geq j$ repräsentiert.

Kapitel 5

Formuliert man (5.64) in der Form

$$\boldsymbol{x}_{m+1} = \boldsymbol{x}_m + \boldsymbol{r}_m \text{ mit } \boldsymbol{r}_m = \boldsymbol{B}^{-1}(\boldsymbol{b} - \boldsymbol{A}\boldsymbol{x}_m),$$

so ergeben sich die zu den obigen Basisverfahren gehörenden Relaxationsverfahren in der Grundidee durch eine Gewichtung des Korrekturvektors $\boldsymbol{r}_m$ gemäß

$$\boldsymbol{x}_{m+1} = \boldsymbol{x}_m + \omega\boldsymbol{r}_m \text{ mit } \omega \in \mathbb{R}.$$

Das bekannteste Verfahren dieser Gruppe stellt die SOR-Methode dar, die aus dem Gauß-Seidel-Verfahren hervorgeht, wobei eine Gewichtung in leichter Abwandlung der obigen Darstellung innerhalb jeder Komponente $i = 1, \ldots, n$ mittels

$$x_{m+1,i} = x_{m,i} + \omega r_{m,i}$$

mit

$$r_{m,i} = \frac{1}{a_{ii}}\left(b_i - \sum_{j=1}^{i-1} a_{ij}x_{m+1,j} - \sum_{j=i}^{n} a_{ij}x_{m,j}\right)$$

durchgeführt wird.

Für spezielle Matrizen, wie man sie oftmals aus der Diskretisierung elliptischer partieller Differenzialgleichungen erhält, kann eine deutliche Konvergenzbeschleunigung im Vergleich zu den Splitting-Methoden durch das **Mehrgitterverfahren** erzielt werden. Dieser Verfahrenstyp setzt sich aus zwei Anteilen zusammen, die komplementäre Eigenschaften aufweisen und auf einer Hierarchie von Gittern wirken. Auf dem feinsten Gitter werden zunächst die hochfrequenten Fehleranteile mittels eines Glätters verringert, der beispielsweise durch eine relaxierte Splitting-Methode realisiert wird. Anschließend werden die verbleibenden langwelligen Fehlerkomponenten mittels einer Grobgitterkorrektur gezielt verkleinert. Eine sukzessive Hintereinanderschaltung dieser Verfahrensteile resultiert abhängig vom Problemfall in einem der derzeitig effektivsten Methoden zur Lösung linearer Gleichungssysteme.

Wie bereits bei der Beschreibung der grundlegenden Zusammenhänge direkter und iterativer Verfahren auf S. 129 erwähnt, werden heutzutage häufig Krylov-Unterraum-Verfahren aus der Klasse der Projektionsmethoden eingesetzt. Eine ausführliche Herleitung solcher Methoden findet sich in der auf S. 129 angegebenen Literaturstelle.

Aufgaben

Die Aufgaben gliedern sich in drei Kategorien: Anhand der *Verständnisfragen* können Sie prüfen, ob Sie die Begriffe und zentralen Aussagen verstanden haben, mit den *Rechenaufgaben* üben Sie Ihre technischen Fertigkeiten und die *Beweisaufgaben* geben Ihnen Gelegenheit, zu lernen, wie man Beweise findet und führt.
Ein Punktesystem unterscheidet leichte •, mittelschwere •• und anspruchsvolle ••• Aufgaben. Lösungshinweise am Ende des Buches helfen Ihnen, falls Sie bei einer Aufgabe partout nicht weiterkommen. Dort finden Sie auch die Lösungen – betrügen Sie sich aber nicht selbst und schlagen Sie erst nach, wenn Sie selber zu einer Lösung gekommen sind. Ausführliche Lösungswege, Beweise und Abbildungen finden Sie auf der Website zum Buch.
Viel Spaß und Erfolg bei den Aufgaben!

Verständnisfragen

5.1 •• Geben Sie ein Beispiel an, bei dem die linearen Iterationsverfahren ψ und ϕ nicht konvergieren und die Produktiteration $\psi \circ \phi$ konvergiert.

5.2 •• Wir betrachten Matrizen $\boldsymbol{A} = (a_{ij})_{i,j=1,\dots,n} \in \mathbb{R}^{n\times n}$ $(n \geq 2)$ mit $a_{ii} = 1$, $i = 1,\dots,n$ und $a_{ij} = a$ für $i \neq j$.

(a) Wie sieht die Iterationsmatrix des Jacobi-Verfahrens zu $\boldsymbol{A}$ aus? Berechnen Sie ihre Eigenwerte und die Eigenwerte von $\boldsymbol{A}$.
(b) Für welche a konvergiert das Jacobi-Verfahren? Für welche a ist $\boldsymbol{A}$ positiv definit?
(c) Gibt es positiv definite Matrizen $\boldsymbol{A} \in \mathbb{R}^{n\times n}$, für die das Jacobi-Verfahren nicht konvergiert?

Beweisaufgaben

5.3 • Zeigen Sie: Bei einer positiv definiten Matrix $\boldsymbol{A} \in \mathbb{R}^{n\times n}$ sind alle Hauptabschnittsmatrizen ebenfalls positiv definit.

5.4 • Beweisen Sie das auf S. 138 aufgeführte Korollar.

5.5 •• Zeigen Sie, dass für zwei lineare Iterationsverfahren ϕ, ψ mit den Iterationsmatrizen $\boldsymbol{M}_\phi$ und $\boldsymbol{M}_\psi$ die beiden Produktiterationen $\phi \circ \psi$ und $\psi \circ \phi$ die gleichen Konvergenzeigenschaften im Sinne von

$$\rho(\boldsymbol{M}_{\phi\circ\psi}) = \rho(\boldsymbol{M}_{\psi\circ\phi})$$

besitzen.

5.6 • Zeigen Sie, dass jede unitäre Matrix $\boldsymbol{Q} \in \mathbb{C}^{n\times n}$ längenerhaltend bezüglich der euklidischen Norm ist und $\|\boldsymbol{Q}\|_2 = 1$ gilt.

5.7 •• Gegeben sei die Matrix

$$\boldsymbol{A} = \begin{pmatrix} 1 & 3 & 4 & 1 \\ 2 & 7 & a & 4 \\ 1 & 4 & 6 & 1 \\ 3 & 4 & 9 & 0 \end{pmatrix}.$$

(a) Für welchen Wert von a besitzt $\boldsymbol{A}$ keine LR-Zerlegung?
(b) Berechnen Sie eine LR-Zerlegung von $\boldsymbol{A}$ im Existenzfall.
(c) Für den Fall, dass $\boldsymbol{A}$ keine LR-Zerlegung besitzt, geben Sie eine Permutationsmatrix $\boldsymbol{P}$ derart an, sodass $\boldsymbol{PA}$ eine LR-Zerlegung besitzt.

5.8 •• Gegeben sei die Matrix

$$\boldsymbol{A} = \begin{pmatrix} 1 & 4 & 7 \\ 2 & \alpha & \beta \\ 0 & 1 & 1 \end{pmatrix}.$$

Unter welchen Voraussetzungen an die Werte $\alpha, \beta \in \mathbb{R}$ ist die Matrix regulär und besitzt zudem eine LR-Zerlegung? Geben Sie zudem ein Parameterpaar (α, β) derart an, dass die Matrix $\boldsymbol{A}$ regulär ist und keine LR-Zerlegung besitzt.

5.9 •• Gegeben sei die Matrix

$$\boldsymbol{A} = \begin{pmatrix} 1 - \frac{7}{8}\cos\frac{\pi}{4} & \frac{7}{8}\sin\frac{\pi}{4} \\ -\frac{7}{8}\sin\frac{\pi}{4} & 1 - \frac{7}{8}\cos\frac{\pi}{4} \end{pmatrix}$$

und der Vektor

$$\boldsymbol{b} = \begin{pmatrix} 0 \\ 0 \end{pmatrix}.$$

Zeigen Sie, dass das lineare Iterationsverfahren

$$\boldsymbol{x}_{n+1} = (\boldsymbol{I} - \boldsymbol{A})\boldsymbol{x}_n + \boldsymbol{b}, \quad n = 0, 1, 2, \dots$$

für jeden Startvektor $\boldsymbol{x}_0 \in \mathbb{R}^2$ gegen die eindeutig bestimmte Lösung $\boldsymbol{x} = (0,0)^T$ konvergiert, obwohl eine induzierte Matrixnorm mit

$$\|\boldsymbol{I} - \boldsymbol{A}\| > 1$$

existiert. Veranschaulichen Sie beide Sachverhalte zudem grafisch.

Rechenaufgaben

5.10 • Bestimmen Sie für das System

$$\begin{pmatrix} 4 & 0 & 2 \\ 0 & 5 & 2 \\ 5 & 4 & 10 \end{pmatrix} \begin{pmatrix} x_1 \\ x_2 \\ x_3 \end{pmatrix} = \begin{pmatrix} 4 \\ -3 \\ 2 \end{pmatrix}$$

die Spektralradien der Iterationsmatrizen für das Gesamt- und Einzelschrittverfahren und schreiben Sie beide Verfahren in Komponenten. Zeigen Sie, dass die Matrix konsistent geordnet ist und bestimmen Sie den optimalen Relaxationsparameter für das Einzelschrittverfahren.

5.11 •• Das Gleichungssystem

$$\begin{pmatrix} 3 & -1 \\ -1 & 3 \end{pmatrix} \begin{pmatrix} x_1 \\ x_2 \end{pmatrix} = \begin{pmatrix} 1 \\ -1 \end{pmatrix}$$

soll mit dem Jacobi- und Gauß-Seidel-Verfahren gelöst werden. Wie viele Iterationen sind jeweils ungefähr erforderlich, um den Fehler $\|\boldsymbol{x}_n - \boldsymbol{x}\|_2$ um den Faktor 10^{-6} zu reduzieren?

5.12 •• Zeigen Sie: Sei $\boldsymbol{A} \in \mathbb{R}^{n\times n}$ eine symmetrische, positiv definite Matrix. Dann ist $\boldsymbol{B} = \boldsymbol{P}\boldsymbol{A}\boldsymbol{P}^T$ für jede invertierbare Matrix $\boldsymbol{P} \in \mathbb{R}^{n\times n}$ ebenfalls symmetrisch und positiv definit.

5.13 • Berechnen Sie die LR-Zerlegung der Matrix

$$\boldsymbol{A} = \begin{pmatrix} 1 & 4 & 5 \\ 1 & 6 & 11 \\ 2 & 14 & 31 \end{pmatrix}$$

und lösen Sie hiermit das lineare Gleichungssystem $\boldsymbol{A}\boldsymbol{x} = (17, 31, 82)^T$.

5.14 • Berechnen Sie die QR-Zerlegung der Matrix

$$\boldsymbol{A} = \begin{pmatrix} 1 & 3 \\ -1 & 1 \end{pmatrix}$$

und lösen Sie hiermit das lineare Gleichungssystem $\boldsymbol{A}\boldsymbol{x} = (16, 0)^T$.

5.15 • Berechnen Sie eine Cholesky-Zerlegung der Matrix

$$\boldsymbol{A} = \begin{pmatrix} 9 & 3 & 9 \\ 3 & 9 & 11 \\ 9 & 11 & 17 \end{pmatrix}$$

und lösen Sie hiermit das lineare Gleichungssystem

$$\boldsymbol{A}\boldsymbol{x} = \begin{pmatrix} 24 \\ 16 \\ 32 \end{pmatrix}.$$

5.16 •• Sei

$$\boldsymbol{A} = \begin{pmatrix} 2 & -1 & -1 & 0 \\ -1 & 2.5 & 0 & -1 \\ -1 & 0 & 2.5 & -1 \\ 0 & -1 & -1 & 2 \end{pmatrix}$$

die Matrix eines linearen Gleichungssystems.

Zeigen Sie, dass **A** irreduzibel ist und dass das Jacobi-Verfahren sowie das Gauß-Seidel-Verfahren konvergent sind.

Antworten zu den Selbstfragen

Antwort 1 Für die Menge $M = \{\boldsymbol{e}_1, \ldots, \boldsymbol{e}_n\} \subset \mathbb{R}^n$ repräsentiert eine Permutationsmatrix eine bijektive Abbildung von M auf sich, also eine Permutation. Die Permutationen bilden bezüglich der Hintereinanderausführung eine Gruppe, womit Produkte von Permutationsmatrizen wiederum Permutationsmatrizen ergeben.

Antwort 2 Für $n = 10^5$ ergeben sich bereits ungefähr $3{,}3 \cdot 10^7$ sec beziehungsweise 13 Monate. Im Fall $n = 10^6$ erhöht sich der Zeitaufwand um einen Faktor von 1000 auf weit über 1000 Jahre.

Antwort 3 Wir erhalten

$$\begin{aligned}\sum_{k=1}^{n}(n-k)(k-1) &= n\sum_{k=1}^{n}k - \sum_{k=1}^{n}k^2 - \sum_{k=1}^{n}(n-k)\\ &= n\frac{n(n+1)}{2} - \frac{n(n+1)(2n+1)}{6} - \frac{n(n-1)}{2}\\ &= \frac{n^3}{6} - \frac{n^2}{2} + \frac{n}{3}.\end{aligned}$$

Antwort 4 Die Gesamtzahl an Multiplikationen beträgt

$$\begin{aligned}2n\sum_{k=1}^{n}(k-1) + n\sum_{k=1}^{n}1 &= 2n\sum_{k=1}^{n}k - n\sum_{k=1}^{n}1\\ &= 2n\frac{n(n+1)}{2} - n^2 = n^3 + \mathcal{O}(n^2).\end{aligned}$$

Antwort 5 Derartige Matrizen haben stets die Form $\boldsymbol{D} = \operatorname{diag}\{e^{\mathrm{i}\Theta_1}, \ldots, e^{\mathrm{i}\Theta_n}\}$ mit beliebigen Winkeln $\Theta_j \in [0, 2\pi[$ für $j = 1, \ldots, n$.

Antwort 6 Ja, denn ausgehend von zwei unitären Matrizen $\boldsymbol{U}, \boldsymbol{V} \in \mathbb{C}^{n\times n}$ erhalten wir für $\boldsymbol{W} = \boldsymbol{U}\boldsymbol{V}$ die Eigenschaft

$$\boldsymbol{W}^*\boldsymbol{W} = (\boldsymbol{U}\boldsymbol{V})^*\boldsymbol{U}\boldsymbol{V} = \boldsymbol{V}^*\boldsymbol{U}^*\boldsymbol{U}\boldsymbol{V} = \boldsymbol{V}^*\boldsymbol{V} = \boldsymbol{I}.$$

Der Nachweis für orthogonale Matrizen ergibt sich entsprechend.

Antwort 7 Die im Beispiel auf S. 137 berechnete orthogonale Matrix besitzt die Determinante -1 und stellt folglich eine Spiegelung dar. Da bei der Givens-Rotation stets mit Drehmatrizen gearbeitet wird, die die Determinante 1 aufweisen, musste sich eine abweichende QR-Zerlegung ergeben. Die beiden QR-Zerlegungen können laut dem Satz zur Eindeutigkeit der QR-Zerlegung ineinander überführt werden. In dem hier vorliegenden Fall kann hierzu die Diagonalmatrix $\boldsymbol{D} = \operatorname{diag}\{1, -1\} \in \mathbb{R}^{2\times 2}$ genutzt werden.

Antwort 8 Für reelle Vektoren gilt $\boldsymbol{v}^* = \boldsymbol{v}^T$. Damit folgt $\boldsymbol{v}^*\boldsymbol{u} = \boldsymbol{v}^T\boldsymbol{u} = \boldsymbol{u}^T\boldsymbol{v} = \boldsymbol{u}^*\boldsymbol{v}$, wodurch sich unmittelbar die formulierte Identität ergibt.

Antwort 9 Einsetzen der Aufsplittung (5.23) in $\boldsymbol{A}\boldsymbol{x} = \boldsymbol{b}$ liefert $\boldsymbol{B}\boldsymbol{x} + (\boldsymbol{A} - \boldsymbol{B})\boldsymbol{x} = \boldsymbol{b}$, womit sich die Äquivalenz zu $\boldsymbol{B}\boldsymbol{x} = (\boldsymbol{B} - \boldsymbol{A})\boldsymbol{x} + \boldsymbol{b}$ und folglich durch Multiplikation mit $\boldsymbol{B}^{-1}$ die behauptete Eigenschaft ergibt.

Antwort 10 Wenn sich die Diagonaleinträge der Matrix $\boldsymbol{A}$ nur geringfügig von eins unterscheiden, kann aufgrund von $\boldsymbol{D} \approx \boldsymbol{I}$ nicht mit einem deutlichen verbesserten Konvergenzverhalten gerechnet werden.

Antwort 11 Aus

$$\max_{i=1,2,3}\sum_{\substack{j=1\\ j\neq i}}^{3}\frac{|a_{ij}|}{|a_{ii}|} = \max\left\{\frac{1}{2}, 1, 1\right\} = 1 \text{ und } \sum_{j=2}^{3}\frac{|a_{1j}|}{|a_{1,1}|} = \frac{1}{2}$$

folgt ausschließlich die schwache Diagonaldominanz. Mit $a_{1,3} \neq 0$, $a_{3,2} \neq 0$ und $a_{2,1} \neq 0$ ergibt sich der gerichtete und gleichzeitig geschlossene Weg

$$(1,3)(3,2)(2,1),$$

wodurch die Irreduzibilität aus dem vorliegenden Ring deutlich wird und das Jacobi-Verfahren folglich für die Matrix konvergent ist.

Antwort 12 Die hochfrequenten Fehleranteile werden bei der Initialisierung zum unteren Bild mit dem Eigenwert $\lambda_{31}^{(4)}\left(\frac{1}{2}\right) \approx 0.002$ gedämpft. Wegen $\lambda_{31}^{(4)}\left(\frac{1}{2}\right) \ll \lambda_{16}^{(4)}\left(\frac{1}{2}\right) = 0.5$ erklärt sich die beobachtete Eigenschaft.

Antwort 13 Sei $\boldsymbol{u} = \boldsymbol{A}^{-1}\boldsymbol{f}$, dann folgt die Konsistenz aus

$$(\phi \circ \psi)(\boldsymbol{u}, \boldsymbol{f}) = \phi(\psi(\boldsymbol{u}, \boldsymbol{f}), \boldsymbol{f}) = \phi(\boldsymbol{u}, \boldsymbol{f}) = \boldsymbol{u}.$$

Mit $\phi(\boldsymbol{u}, \boldsymbol{f}) = \boldsymbol{M}_\phi\boldsymbol{u} + \boldsymbol{N}_\phi\boldsymbol{f}$ und $\psi(\boldsymbol{u}, \boldsymbol{f}) = \boldsymbol{M}_\psi\boldsymbol{u} + \boldsymbol{N}_\psi\boldsymbol{f}$ ergibt sich

$$\begin{aligned}(\phi \circ \psi)(\boldsymbol{u}, \boldsymbol{f}) &= \boldsymbol{M}_\phi\left(\boldsymbol{M}_\psi\boldsymbol{u} + \boldsymbol{N}_\psi\boldsymbol{f}\right) + \boldsymbol{N}_\phi\boldsymbol{f}\\ &= \underbrace{\boldsymbol{M}_\phi\boldsymbol{M}_\psi}_{=\boldsymbol{M}_{\phi\circ\psi}}\boldsymbol{u} + \underbrace{(\boldsymbol{M}_\phi\boldsymbol{N}_\psi + \boldsymbol{N}_\phi)}_{=\boldsymbol{N}_{\phi\circ\psi}}\boldsymbol{f},\end{aligned}$$

sodass die Iterationsmatrix der Produktiteration die Darstellung $\boldsymbol{M}_\phi\boldsymbol{M}_\psi$ besitzt.

Numerische Eigenwertberechnung – Einschließen und Approximieren

6

Wie schätzt man das Spektrum ab?

Wie berechnet man Eigenwerte und Eigenvektoren?

Wie arbeiten Suchmaschinen?

Kapitel 6

A. Meister, T. Sonar, *Numerik*, https://doi.org/10.1007/978-3-662-58358-6_6

Die in der Mechanik im Rahmen der linearen Elastizitätstheorie vorgenommene Modellierung von Brückenkonstruktionen führt auf ein Eigenwertproblem, bei dem die Brückenschwingung unter Kenntnis aller Eigenwerte und Eigenvektoren vollständig beschrieben werden kann. Generell charakterisieren die Eigenwerte sowohl die Eigenschaften der Lösung eines mathematischen Modells als auch das Konvergenzverhalten numerischer Methoden auf ganz zentrale Weise. So haben wir bereits bei der Analyse linearer Iterationsverfahren zur Lösung von Gleichungssystemen nachgewiesen, dass der Spektralradius als Maß für die Konvergenzgeschwindigkeit und Entscheidungskriterium zwischen Konvergenz und Divergenz fungiert. Bei derartigen Methoden sind wir folglich am Betrag des betragsmäßig größten Eigenwertes der Iterationsmatrix interessiert. Alle Eigenwerte und Eigenvektoren sind dagegen z. B. notwendig, um die Lösungsschar linearer Systeme gewöhnlicher Differenzialgleichungen angeben zu können. Gleiches gilt für die Lösung linearer hyperbolischer Systeme partieller Differenzialgleichungen. Hier kann der räumliche und zeitliche Lösungsverlauf mithilfe einer Eigenwertanalyse der Matrix des zugehörigen quasilineareren Systems beschrieben werden. Die Betrachtung verschiedenster gewöhnlicher und partieller Differenzialgleichungssysteme zeigt, dass viele Phänomene wie die Populationsdynamik von Lebewesen, die Ausbildung von Verdichtungsstößen, der Transport von Masse, Impuls und Energie und letztendlich sogar die Ausbreitungsgeschwindigkeit eines Tsunamis durch die Eigenwerte des zugrunde liegenden Modells respektive ihrem Verhältnis zueinander festgelegt sind.

Die Berechnung von Eigenwerten über die Nullstellenbestimmung des charakteristischen Polynoms ist bereits bei sehr kleinen Matrizen in der Regel nicht praktikabel. Nach der Vorstellung von Ansätzen zur ersten Lokalisierung von Eigenwerten werden wir uns im Folgenden mit zwei Verfahrensklassen zur näherungsweisen Bestimmung von Eigenwerten und Eigenvektoren befassen. Die erste Gruppe umfasst Methoden zur Vektoriteration, während die zweite Klasse stets auf einer Hauptachsentransformation der Matrix zur Überführung in Diagonal- oder obere Dreiecksgestalt beruht.

6.1 Eigenwerteinschließungen

Neben der Verwendung des Spektralradius werden wir innerhalb dieses Abschnittes zwei Methoden vorstellen, mittels derer Mengen berechnet werden können, die alle Eigenwerte einer Matrix $\boldsymbol{A}$ beinhalten, d. h. das gesamte Spektrum

$$\sigma(\boldsymbol{A}) := \{\lambda \in \mathbb{C} \mid \lambda \text{ ist Eigenwert der Matrix } \boldsymbol{A}\}$$

umfassen. Dabei beginnen wir mit den Gerschgorin-Kreisen und widmen uns anschließend dem Wertebereich einer Matrix. Bereits aus der Definition

$$\rho(\boldsymbol{A}) := \max_{\lambda\in\sigma(\boldsymbol{A})} |\lambda|$$

des Spektralradius einer gegebenen Matrix $\boldsymbol{A} \in \mathbb{C}^{n\times n}$ ist der Zusammenhang

$$\sigma(\boldsymbol{A}) \subseteq K(0, \rho(\boldsymbol{A})) := \{z \in \mathbb{C} \mid |z| \le \rho(\boldsymbol{A})\} \tag{6.1}$$

offensichtlich. Wie hier bereits angedeutet, verwenden wir im Folgenden die Schreibweise $K(m, r)$ für einen abgeschlossenen

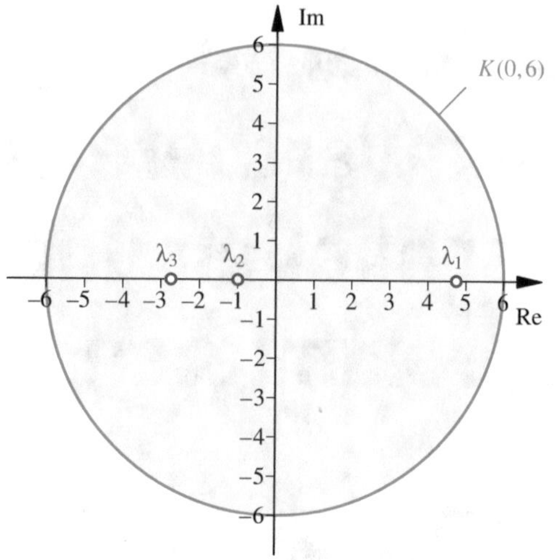

Abb. 6.1 Eigenwerteinschränkungen zur Beispielmatrix $\boldsymbol{A}$ laut (6.2)

Kreis mit Mittelpunkt m und Radius r. Wie wir im Kap. 2 auf S. 25 nachgewiesen haben, stellt jede Matrixnorm eine obere Schranke für den Spektralradius dar. Folglich ergibt sich unter Nutzung der leicht berechenbaren Normen

$$\|\boldsymbol{A}\|_\infty = \max_{i=1,\dots,n} \sum_{j=1}^{n} |a_{ij}| \quad \text{sowie} \quad \|\boldsymbol{A}\|_1 = \max_{i=1,\dots,n} \sum_{j=1}^{n} |a_{ji}|$$

entsprechend (6.1) die Darstellung

$$\sigma(\boldsymbol{A}) \subseteq K(0, \|\boldsymbol{A}\|_\infty) \quad \text{respektive} \quad \sigma(\boldsymbol{A}) \subseteq K(0, \|\boldsymbol{A}\|_1)$$

und somit

$$\sigma(\boldsymbol{A}) \subseteq K(0, \|\boldsymbol{A}\|_\infty) \cap K(0, \|\boldsymbol{A}\|_1).$$

Wir betrachten als begleitendes Modellbeispiel für diesen Abschnitt die Matrix

$$\boldsymbol{A} = \begin{pmatrix} 0 & 2 & 3 \\ 1 & -2 & 1 \\ 2 & 1 & 3 \end{pmatrix} \in \mathbb{R}^{3\times 3}. \tag{6.2}$$

Natürlich kann in diesem einfachen Rahmen das Spektrum auch durch die Nullstellenbestimmung des zugehörigen charakteristischen Polynoms $p_{\boldsymbol{A}}(\lambda) = \det(\boldsymbol{A} - \lambda \boldsymbol{I})$ berechnet werden. In unserem Fall ergeben sich die Eigenwerte

$$\lambda_1 = 1 + \sqrt{14} \approx 4.741,\ \lambda_2 = -1,\ \lambda_3 = 1 - \sqrt{14} \approx -2.741.$$

Komplexere Problemstellungen lassen jedoch in der Regel keine explizite Berechnung der Eigenwerte zu, sodass erste Aussagen über deren Lage innerhalb der Gauß'schen Zahlenebene mit den folgenden Überlegungen erzielt werden können. Für unsere Modellmatrix erhalten wir

$$\|\boldsymbol{A}\|_\infty = 6 \quad \text{sowie} \quad \|\boldsymbol{A}\|_1 = 7.$$

Damit gilt wie in Abb. 6.1 dargestellt

$$\sigma(\boldsymbol{A}) \subseteq K(0, \|\boldsymbol{A}\|_\infty) \cap K(0, \|\boldsymbol{A}\|_1) = K(0, 6),$$

wobei die Lage der Eigenwerte jeweils mit ∘ markiert ist.

Beispiel: Ein Eigenwertproblem bei der Suche im World Wide Web

Nach den einführenden allgemeinen Aussagen zur Relevanz von Eigenwerten wollen wir beispielhaft eine Fragestellung betrachten, die mittlerweile bewusst oder unbewusst unser tägliches Arbeiten beeinflusst. Wie können Suchmaschinen die Signifikanz von Internetseiten beurteilen, sodass dem Nutzer eine sinnvolle Auflistung der relevanten Webseiten bereitgestellt werden kann?

Problemanalyse und Strategie In einem ersten Schritt werden alle Seiten ermittelt, die den angegebenen Suchbegriff beinhalten. Anschließend wird eine Auflistung dieser Seiten in der Reihenfolge ihrer Wertigkeiten vorgenommen, wobei wir uns im Folgenden nur mit dem letzteren Schritt befassen wollen.

Lösung Zunächst können wir etwas naiv ansetzen und die Wertigkeit w_i einer Internetseite s_i durch die Anzahl der Webseiten festlegen, die auf diese Seite verweisen, also einen sog. Hyperlink auf s_i beinhalten. Bei dieser Festlegung steigt jedoch der Einfluss einer Internetseite direkt mit der von ihr ausgehenden Anzahl an Links. Dieser Problematik kann einfach entgegengewirkt werden. Ist n_j die Anzahl der von der Internetseite s_j ausgehenden Links, so gewichten wir jeden Verweis mit dem hierzu reziproken Wert. Stellt $M = \{1, \ldots, N\}$ die Indexmenge aller im Netz befindlichen Webseiten dar und ist $N_i := \{j \in M \mid s_j \text{ verweist auf } s_i\}$, so gilt folglich

$$w_i = \sum_{j \in N_i} \frac{1}{n_j}, \quad i = 1, \ldots, N.$$

Eine solche Definition der Wertigkeit einer Webseite scheint schon sehr vernünftig zu sein. Sie beinhaltet allerdings noch nicht, dass ein Link einer renommierten Institution wie beispielsweise von der Hauptseite des Spektrumverlages einen höheren Stellenwert im Vergleich zu einem Verweis einer weitgehend unbekannten Homepage von Manni Mustermann aufweist. Um diese Eigenschaft zu berücksichtigen, gewichten wir jeden Link mit der Wertigkeit der jeweiligen Seite und erhalten

$$w_i = \sum_{j \in N_i} \frac{w_j}{n_j}, \quad i = 1, \ldots, N.$$

Damit liegt ein Gleichungssystem der Form

$$\boldsymbol{w} = \widetilde{\boldsymbol{H}} \boldsymbol{w}$$

mit $\boldsymbol{w} = (w_1, \ldots, w_N)^T \in \mathbb{R}^N$ und $\widetilde{\boldsymbol{H}} \in \mathbb{R}^{N \times N}$ vor. Der Vektor aller Wertigkeiten stellt offensichtlich einen Eigenvektor der Matrix $\widetilde{\boldsymbol{H}}$ zum Eigenwert $\lambda = 1$ dar.

Die in der Internetseite enthaltenen Links werden in $\widetilde{\boldsymbol{H}}$ jeweils durch eine Spalte repräsentiert, deren Elemente nichtnegativ sind und in der Summe 1 ergeben.

Spaltenstochastische Matrizen: Eine Matrix $\boldsymbol{S} \in \mathbb{R}^{N \times N}$, deren Elemente die Bedingungen $s_{ij} \geq 0$ und $\sum_{i=1}^{n} s_{ij} = 1$, $j = 1, \ldots, N$, erfüllen, wird spaltenstochastisch genannt. Mit $\boldsymbol{e} = (1, \ldots, 1)^T \in \mathbb{R}^N$ gilt folglich für eine spaltenstochastische Matrix $\boldsymbol{S}^T \boldsymbol{e} = \boldsymbol{e}$ und somit $1 \in \sigma(\boldsymbol{S}^T) = \sigma(\boldsymbol{S})$. Daher ergibt sich unter Berücksichtigung von $\rho(\boldsymbol{S}) \leq \|\boldsymbol{S}\|_1 = 1$ sogar $\rho(\boldsymbol{S}) = 1$.

Modifiziertes Eigenwertproblem: Eine spaltenstochastische Matrix $\widetilde{\boldsymbol{H}}$ würde gute Eigenschaften zur Lösung unserer Aufgabenstellung mit sich bringen. Leider liefert eine Seite s_j, die keine Verweise beinhaltet, jedoch in $\widetilde{\boldsymbol{H}}$ eine Nullspalte. Zur Lösung dieser Problematik wird in solchen Fällen $\widetilde{h}_{ij} = \frac{1}{N}$ für $i = 1, \ldots, N$ gesetzt. Unter dieser Modifikation ist $\widetilde{\boldsymbol{H}}$ spaltenstochastisch und wir sind fast am Ziel unserer Modellbildung. Ein abschließendes Problem müssen wir noch betrachten. Innerhalb des WWW sind natürlich nicht alle Seiten derart vernetzt, dass wir von jeder Seite zu einer beliebigen anderen Seite durch eine Folge von Links kommen können. Es gibt sozusagen Inseln im WWW und diese führen unweigerlich auf eine reduzible Matrix $\widetilde{\boldsymbol{H}}$, bei der die von uns gewünschte Eindeutigkeit eines Eigenvektors $\boldsymbol{w}$ zum Eigenwert $\lambda = 1$ mit $w_i \geq 0$ und $\|\boldsymbol{w}\|_1 = 1$ nicht gesichert werden kann. Sie können sich durch Lösen der Aufgabe 6.14 mit dieser Situation schnell vertraut machen.

Um diesem Nachteil entgegenzuwirken, nehmen wir eine letzte Anpassung der Matrix $\widetilde{\boldsymbol{H}}$ vor. Unter Verwendung der Matrix $\boldsymbol{E} = (1)_{i,j=1,\ldots,N} \in \mathbb{R}^{N \times N}$ betrachten wir das modifizierte Eigenwertproblem

$$\boldsymbol{H}\boldsymbol{w} = \boldsymbol{w},$$

wobei $\boldsymbol{H} = \alpha \widetilde{\boldsymbol{H}} + (1 - \alpha) \frac{1}{N} \boldsymbol{E}$ mit $\alpha \in [0, 1[$ gilt.

Eigenschaften des finalen Systems: Die Matrix $\boldsymbol{H}$ ist offensichtlich spaltenstochastisch und erfüllt zudem die folgenden wichtigen Eigenschaften, die im Aufgabenteil bewiesen werden:

- Der Eigenraum zum Eigenwert $\lambda = 1$ ist eindimensional.
- Es gibt genau einen Eigenvektor $\boldsymbol{w}$ mit $w_i \geq 0$ und $\|\boldsymbol{w}\|_1 = 1$.

Abhängig vom gewählten Parameter α ergibt sich auf der Grundlage des hergeleiteten Eigenwertproblems hiermit eine eindeutige Bestimmung der Wertigkeit jeder Webseite, die zum Ranking im Rahmen von Suchabfragen genutzt werden kann.

Die Vereinigung der Gerschgorin-Kreise enthält das Spektrum einer Matrix

Mit dem folgenden Satz nach Semjon Aronowitsch Gerschgorin (1901–1933) kann eine Verbesserung der durch die Normen $\|.\|_\infty$ und $\|.\|_1$ vorliegenden Mengenbeschränkung erzielt werden.

Definition der Gerschgorin-Kreise

Für eine Matrix $A \in \mathbb{C}^{n\times n}$ heißen die durch

$$K_i := \left\{z \in \mathbb{C} \,\middle|\, |z - a_{ii}| \leq r_i\right\}, \quad i = 1, \ldots, n$$

mit $r_i = \sum_{j=1,j\neq i}^{n} |a_{ij}|$ festgelegten abgeschlossenen Mengen **Gerschgorin-Kreise**.

Wir werden nun zeigen, dass das Spektrum einer Matrix in der Vereinigung der zugehörigen Gerschgorin-Kreise liegt.

Satz von Gerschgorin

Jeder Eigenwert $\lambda \in \sigma(A)$ einer Matrix $A \in \mathbb{C}^{n\times n}$ liegt in der Vereinigungsmenge der Gerschgorin-Kreise, d. h., es gilt

$$\sigma(A) \subseteq \bigcup_{i=1}^{n} K_i\,.$$

Beweis Betrachten wir einen beliebigen Eigenwert $\lambda \in \sigma(A)$ mit zugehörigem Eigenvektor $x \in \mathbb{C}^n \setminus \{0\}$, so ergibt sich aus $Ax = \lambda x$ für alle $i = 1, \ldots, n$ die Darstellung

$$\lambda x_i = \sum_{j=1}^{n} a_{ij} x_j \quad \text{respektive} \quad (\lambda - a_{ii})x_i = \sum_{j=1,j\neq i}^{n} a_{ij} x_j\,.$$

Um eine Abschätzung für $|\lambda - a_{ii}|$ zu erhalten, schreiben wir

$$\begin{aligned} |\lambda - a_{ii}||x_i| &= |(\lambda - a_{ii})x_i| = \left|\sum_{j=1,j\neq i}^{n} a_{ij} x_j\right| \\ &\leq \underbrace{\sum_{j=1,j\neq i}^{n} |a_{ij}|}_{=r_i} \max_{j\in\{1,\ldots,n\}\setminus\{i\}} |x_j| \\ &\leq r_i \|x\|_\infty\,. \end{aligned} \tag{6.3}$$

Wir wählen $i \in \{1, \ldots, n\}$ mit

$$|x_i| = \max_{j\in\{1,\ldots,n\}} |x_j| = \|x\|_\infty > 0\,.$$

Unter Verwendung von (6.3) folgt hiermit $|\lambda - a_{ii}| \leq r_i$, womit wir die behauptete Schlussfolgerung gemäß

$$\lambda \in K_i \subseteq \bigcup_{j=1}^{n} K_j$$

ziehen können. ∎

Selbstfrage 1

Liegt in jedem Gerschgorin-Kreis K_i mindestens ein Eigenwert?

Für die Gerschgorin-Kreise ergibt sich für alle $z \in K_i$ aus

$$\sum_{j=1,j\neq i}^{n} |a_{ij}| \geq |z - a_{ii}| \geq |z| - |a_{ii}|$$

unmittelbar

$$|z| \leq \sum_{j=1}^{n} |a_{ij}| \leq \|A\|_\infty\,,$$

womit

$$\bigcup_{i=1}^{n} K_i \subseteq K(0, \|A\|_\infty)$$

folgt. Somit liefert der Satz von Gerschgorin in der Tat die eingangs angekündigte Verbesserung zur Mengeneingrenzung mittels der Matrixnorm $\|.\|_\infty$.

Bezogen auf die Matrix (6.2) erhalten wir die Kreise

$$\begin{aligned} K_1 &= \{z \in \mathbb{C} \mid |z - a_{11}| \leq |a_{12}| + |a_{13}|\} && (6.4)\\ &= \{z \in \mathbb{C} \mid |z| \leq 5\} = K(0, 5) \\ K_2 &= \{z \in \mathbb{C} \mid |z + 2| \leq 2\} = K(-2, 2) \\ K_3 &= \{z \in \mathbb{C} \mid |z - 3| \leq 3\} = K(3, 3). && (6.5) \end{aligned}$$

Diese können zusammen mit $K(0, \|A\|_\infty)$ und den Eigenwerten der Abb. 6.2 entnommen werden.

Der Entwicklungssatz von Laplace für die Berechnung der Determinante einer Matrix, den wir im Band „Grundwissen Mathematikstudium – Analysis und Lineare Algebra mit Querverbindungen", Abschnitt 13.3, kennengelernt haben, ermöglicht sowohl ein zeilen- als auch ein spaltenweises Vorgehen. Damit ergibt sich $\det(A) = \det(A^T)$, und wir können unter Verwendung des charakteristischen Polynoms p_A wegen

$$\begin{aligned} p_A(\lambda) &= \det(A - \lambda I) = \det\left((A - \lambda I)^T\right) \\ &= \det\left(A^T - \lambda I\right) = p_{A^T}(\lambda) \end{aligned}$$

die Beziehung $\sigma(A) = \sigma(A^T)$ schlussfolgern. Demzufolge kann der Satz von Gerschgorin zur Eigenwerteinschränkung von A auch auf A^T anwendet werden. Anders ausgedrückt dürfen wir auch die Spalten anstelle der Zeilen in der Summation betrachten und die Kreise gemäß

$$\widetilde{K}_i := \{z \in \mathbb{C} \mid |z - a_{ii}| \leq \widetilde{r}_i\}, \quad i = 1, \ldots, n$$

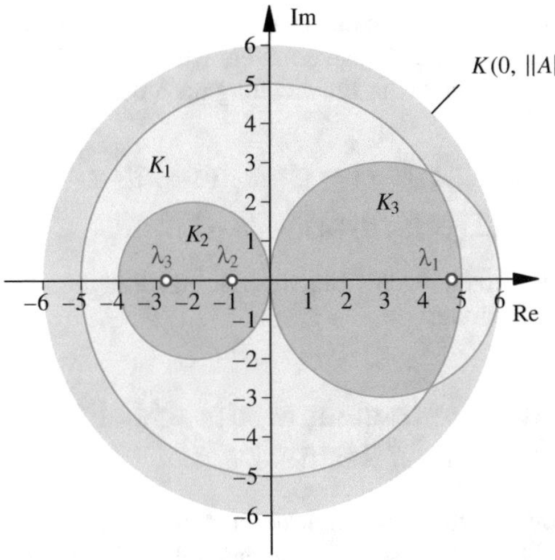

Abb. 6.2 Eigenwerte, Gerschgorin-Kreise K_i und $K(0, \|A\|_\infty)$ zur Beispielmatrix A laut (6.2)

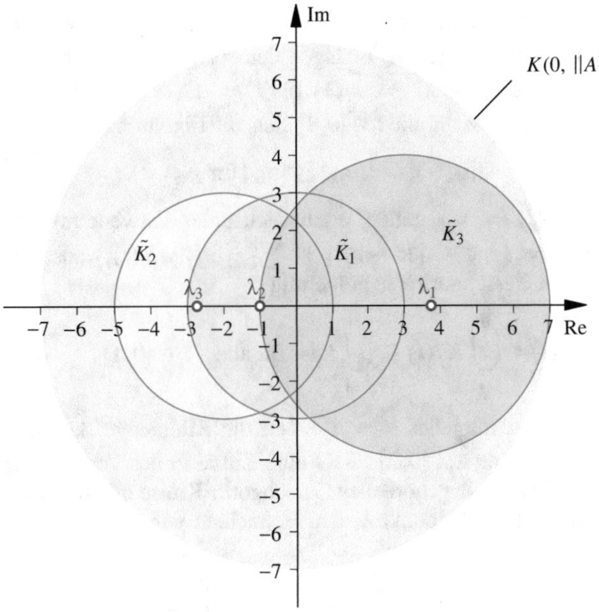

Abb. 6.3 Eigenwerte, Gerschgorin-Kreise $\widetilde{K}_i$ und $K(0, \|A\|_1)$ zur Beispielmatrix A laut (6.2)

mit $\widetilde{r}_i = \sum_{j=1, j\neq i}^{n} |a_{ji}|$ berechnen. Die Modellmatrix (6.2) liefert

$$\widetilde{K}_1 = K(0,3),\ \widetilde{K}_2 = K(-2,3),\ \widetilde{K}_3 = K(3,4) \qquad (6.6)$$

und daher die in Abb. 6.3 verdeutlichte Eingrenzung des Spektrum entsprechend $\sigma(A) \subseteq \bigcup_{i=1}^{3} \widetilde{K}_i$. Offensichtlich können wir beide Eigenwerteinschließungen auch kombinieren, womit sich allgemein

$$\sigma(A) \subseteq \left(\bigcup_{i=1}^{n} K_i\right) \cap \left(\bigcup_{i=1}^{n} \widetilde{K}_i\right)$$

ergibt.

Selbstfrage 2

Haben Sie bemerkt, dass die Gerschgorin-Kreise für A^T eine Verbesserung der Aussage $\sigma(A) \subseteq K(0, \|A\|_1)$ liefern?

Wie wir bereits durch die Selbstfrage auf S. 178 wissen, ist die Zuordnung von Eigenwerten zu einzelnen Gerschgorin-Kreisen nicht möglich. Dennoch können wir eine etwas abgeschwächte Eigenschaft nachweisen. Vorab benötigen wir hierzu jedoch noch den Begriff des Wegzusammenhangs.

Definition des Wegzusammenhangs

Eine Menge $M \subseteq \mathbb{C}$ heißt wegzusammenhängend, wenn zu je zwei Punkten $x, y \in M$ eine stetige Kurvenparametrisierung $\gamma\colon [0,1] \to M$ mit $x = \gamma(0)$ und $y = \gamma(1)$ existiert.

Satz

Für eine Matrix $A \in \mathbb{C}^{n\times n}$ mit Gerschgorin-Kreisen $K_1, \ldots, K_n$ existiere eine Indexmenge $J \subset \{1, \ldots, n\}$ derart, dass

$$\left(\bigcup_{j\in J} K_j\right) \cap \left(\bigcup_{j\notin J} K_j\right) = \emptyset \qquad (6.7)$$

gilt. Dann enthält $M := \bigcup_{j\in J} K_j$ genau $m := \#J < n$ Eigenwerte, wenn diese entsprechend ihrer algebraischen Vielfachheit gezählt werden.

Umgangssprachlich ausgedrückt beschreibt der obige Satz den folgenden Sachverhalt: Kann die Vereinigung aller Gerschgorin-Kreise in paarweise disjunkte Teilmengen zerlegt werden, so können wir die Anzahl der Eigenwerte je Teilmenge anhand der beteiligten Zahl an Kreisen ablesen.

Beweis Die Nullstellen eines Polynoms hängen stetig von den Polynomkoeffizienten und die Determinante einer Matrix wiederum stetig von den Matrixeinträgen ab, sodass die Eigenwerte einer Matrix stetig von deren Koeffizienten abhängig sind. Sei $D = \operatorname{diag}\{a_{11}, \ldots, a_{nn}\} \in \mathbb{C}^{n\times n}$ die aus den entsprechenden Einträgen der Matrix A gebildete Diagonalmatrix, so liegt mit

$$\begin{array}{rccl} \widehat{A}: & [0,1] & \to & \mathbb{C}^{n\times n} \\ & t & \mapsto & \widehat{A}(t) := D + t(A - D) \end{array}$$

eine stetige Abbildung vor, für die $A = \widehat{A}(1)$ gilt. Die zugehörigen Eigenwerte $\widehat{\lambda}_i(t)$ hängen dementsprechend stetig von t ab und erfüllen $\lambda_i = \widehat{\lambda}_i(1)$ für $i = 1,\ldots,n$. O.E. gelte $\widehat{\lambda}_i(0) = a_{ii}$. Da für alle $t \in [0,1]$ stets die Eigenschaften

$$|\widehat{a}_{jk}(t)| = |ta_{jk}| \le |a_{jk}| \text{ für } j \ne k$$

und $\widehat{a}_{jj}(t) = a_{jj}$ gelten, ergibt sich unter Verwendung von $\widehat{K}_j(t) := \{z \in \mathbb{C} \mid |z - a_{jj}| \le \sum_{k=1,k\ne j}^{n} |a_{jk}(t)|\}$ aus dem Satz von Gerschgorin die Folgerung

$$\widehat{\lambda}_i(t) \in \bigcup_{j=1}^{n} \widehat{K}_j(t) \subseteq \bigcup_{j=1}^{n} K_j \quad \text{für alle} \quad t \in [0,1]\,. \tag{6.8}$$

Somit stellt für jedes $i = 1,\ldots,n$ die Bildmenge der stetigen Abbildung $\widehat{\lambda}_i\colon [0,1] \to \mathbb{C}$ eine Kurve in der Vereinigung der zur Matrix A gehörenden Gerschgorin-Kreise mit Anfangspunkt a_{ii} und Endpunkt λ_i dar. Betrachten wir ein $i \in J$, so gilt

$$\widehat{\lambda}_i(0) = a_{ii} \in \widehat{K}_i(0) \subseteq K_i \subseteq \bigcup_{j\in J} K_j = M\,.$$

Da die Vereinigung der Gerschgorin-Kreise von A aufgrund der Voraussetzung (6.7) nicht wegzusammenhängend ist, erhalten wir mit (6.8) die Folgerung $\lambda_i = \widehat{\lambda}_i(1) \in M$ für alle $i \in J$. Entsprechend gilt für alle $i \notin J$ wegen $K_i \cap M = \emptyset$ auch $a_{ii} = \widehat{\lambda}_i(0) \notin M$ und somit auch $\lambda_i = \widehat{\lambda}_i(1) \notin M$, womit der Nachweis des Satzes erbracht ist. ∎

Beispiel Für die Matrix

$$A = \begin{pmatrix} 2 & 0 & 2 \\ 1 & 3 & 0 \\ 1 & 0 & -2 \end{pmatrix} \in \mathbb{R}^{3\times 3} \tag{6.9}$$

lauten die Gerschgorin-Kreise

$$K_1 = K(2,2),\; K_2 = K(3,1) \text{ und } K_3 = K(-2,1)\,.$$

Aus Abb. 6.4 ergeben sich mit $K_1 \cup K_2$ und K_3 offensichtlich zwei disjunkte Mengen, sodass sich nach dem obigen Satz in

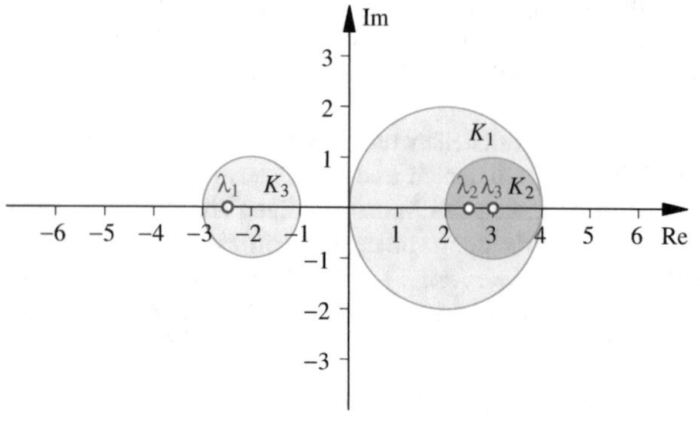

Abb. 6.4 Gerschgorin-Kreise K_i zur Beispielmatrix A laut (6.9)

$K_1 \cup K_2$ zwei Eigenwerte und in K_3 ein Eigenwert befinden. Zur Überprüfung dieser Aussage ermitteln wir das charakteristische Polynom durch einfache Entwicklung nach der zweiten Spalte in der Form

$$\begin{aligned} p_A(\lambda) &= \det(A - \lambda I) = (3-\lambda)((2-\lambda)(-2-\lambda) - 2) \\ &= (3-\lambda)(\sqrt{6}-\lambda)(-\sqrt{6}-\lambda)\,. \end{aligned}$$

Die somit erkennbaren Eigenwerte erfüllen die erwartete Mengenzuordnung. ◄

Der Wertebereich einer Matrix schließt die Eigenwerte in ein Rechteck ein

Lassen Sie uns kurz zurückblicken und uns erinnern, dass hermitesche Matrizen $A \in \mathbb{C}^{n\times n}$, die durch die Eigenschaft $A^* = A$ charakterisiert sind, stets nur reelle Eigenwerte und schiefhermitesche Matrizen, für die definitionsgemäß $A^* = -A$ gilt, ausschließlich rein imaginäre Eigenwerte aufweisen. Auf der Basis dieser Vorüberlegung werden wir im Folgenden den Wertebereich einer Matrix durch ein Rechteck begrenzen und hiermit eine weitere Möglichkeit zur Eigenwerteinschließung erzielen, die zudem in Kombination mit den Gerschgorin-Kreisen genutzt werden kann.

Zunächst werden wir den Wertebereich einer Matrix festlegen, dessen wichtigsten Eigenschaften untersuchen und Bezüge zum Spektrum aufzeigen. Stellt x einen Eigenvektor der Matrix A mit Eigenwert λ dar, so gilt $x^*Ax = \lambda x^*x$ oder entsprechend

$$\lambda = \frac{x^*Ax}{x^*x}\,. \tag{6.10}$$

Die rechte Seite der Gleichung (6.10) geht auf John Wilhelm Strutt, 3. Baron Rayleigh (1842–1919) zurück. Sie ist generell für alle $x \in \mathbb{C}^n \setminus \{0\}$ definiert und liefert neben den Eigenwerten dann auch weitere komplexe Zahlen. Nach dieser Überlegung erscheint es sinnvoll, diesen Ausdruck und die Menge aller dieser komplexen Zahlen namentlich zu benennen.

Definition des Rayleigh-Quotienten und des Wertebereiches

Für jedes $x \in \mathbb{C}^n \setminus \{0\}$ heißt

$$\frac{x^*Ax}{x^*x}$$

Rayleigh-Quotient zur Matrix $A \in \mathbb{C}^{n\times n}$. Die Menge

$$\begin{aligned} W(A) &= \left\{\xi = \frac{x^*Ax}{x^*x} \,\middle|\, x \in \mathbb{C}^n \setminus \{0\}\right\} \\ &= \left\{\xi = x^*Ax \,\middle|\, x \in \mathbb{C}^n \text{ mit } \|x\|_2 = 1\right\} \subseteq \mathbb{C} \end{aligned}$$

aller Rayleigh-Quotienten heißt Wertebereich der Matrix.

Achtung Die Menge $W(\boldsymbol{A})$ hat nichts zu tun mit dem Wertebereich der durch die Matrix $\boldsymbol{A}$ gegebenen linearen Abbildung. ◀

Lemma Für jede Matrix $\boldsymbol{A} \in \mathbb{C}^{n\times n}$ ist der Wertebereich wegzusammenhängend, und es gilt

$$\sigma(\boldsymbol{A}) \subseteq W(\boldsymbol{A}). \tag{6.11}$$

◀

Beweis Im Rahmen der obigen Überlegungen hatten wir bereits aus der Gleichung (6.10) erkannt, dass $\lambda \in W(\boldsymbol{A})$ für alle $\lambda \in \sigma(\boldsymbol{A})$ gilt, womit sich direkt der Zusammenhang zwischen dem Wertebereich und dem Spektrum einer Matrix in der Form (6.11) ergibt.

Wegen $\sigma(\boldsymbol{A}) \subseteq W(\boldsymbol{A})$ folgt $W(\boldsymbol{A}) \neq \emptyset$. Für $W(\boldsymbol{A}) = \{\lambda\}$ mit $\lambda \in \mathbb{C}$ ist die Aussage trivial. Seien $\lambda_0, \lambda_1 \in W(\boldsymbol{A})$ mit $\lambda_0 \neq \lambda_1$, dann existieren Vektoren $\boldsymbol{x}_0, \boldsymbol{x}_1 \in \mathbb{C}^n \setminus \{\boldsymbol{0}\}$ mit

$$\lambda_0 = \frac{\boldsymbol{x}_0^*\boldsymbol{A}\boldsymbol{x}_0}{\boldsymbol{x}_0^*\boldsymbol{x}_0}, \quad \lambda_1 = \frac{\boldsymbol{x}_1^*\boldsymbol{A}\boldsymbol{x}_1}{\boldsymbol{x}_1^*\boldsymbol{x}_1}.$$

Wegen $\lambda_0 \neq \lambda_1$ sind $\boldsymbol{x}_0$ und $\boldsymbol{x}_1$ linear unabhängig, sodass

$$\boldsymbol{0} \notin \{\boldsymbol{x}(t) \in \mathbb{C}^n \mid \boldsymbol{x}(t) = \boldsymbol{x}_0 + t(\boldsymbol{x}_1 - \boldsymbol{x}_0) \text{ für } t \in [0,1]\}$$

gilt. Folglich beschreibt die Abbildung

$$\lambda(t) := \frac{\boldsymbol{x}(t)^*\boldsymbol{A}\boldsymbol{x}(t)}{\boldsymbol{x}(t)^*\boldsymbol{x}(t)}, \quad t \in [0,1]$$

eine stetige Kurve in $W(\boldsymbol{A})$, die λ_0 und λ_1 verbindet. ■

Um den Wertebereich näher beschreiben zu können, wenden wir uns zunächst speziellen Matrizen zu.

Lemma Für jede hermitesche Matrix $\boldsymbol{A} \in \mathbb{C}^{n\times n}$ stellt der Wertebereich ein abgeschlossenes reelles Intervall der Form

$$W(\boldsymbol{A}) = [\lambda_1, \lambda_n] \subset \mathbb{R}$$

mit $\lambda_1 = \min_{\lambda\in\sigma(\boldsymbol{A})} \lambda$ und $\lambda_n = \max_{\lambda\in\sigma(\boldsymbol{A})} \lambda$ dar. ◀

Beweis Schreiben wir den Wertebereich in der Form

$$W(\boldsymbol{A}) = \{\boldsymbol{x}^*\boldsymbol{A}\boldsymbol{x} \mid \boldsymbol{x} \in \mathbb{C}^n,\ \|\boldsymbol{x}\|_2 = 1\},$$

so ist $W(\boldsymbol{A})$ das Bild der kompakten Einheitssphäre unter einer stetigen Abbildung und somit kompakt. Da $\boldsymbol{A}$ hermitesch ist, gilt

$$\overline{\boldsymbol{x}^*\boldsymbol{A}\boldsymbol{x}} = (\boldsymbol{x}^*\boldsymbol{A}\boldsymbol{x})^* = \boldsymbol{x}^*\boldsymbol{A}^*\boldsymbol{x} = \boldsymbol{x}^*\boldsymbol{A}\boldsymbol{x}$$

und folglich

$$W(\boldsymbol{A}) \subset \mathbb{R}.$$

Zudem ist $W(\boldsymbol{A})$ nach obigem Lemma wegzusammenhängend, sodass die Eigenschaft $W(\boldsymbol{A}) = [a,b]$ mit $a,b \in \mathbb{R}$, $a \leq b$, folgt. Es bleibt zu zeigen, dass a und b durch den kleinsten beziehungsweise größten Eigenwert von $\boldsymbol{A}$ festgelegt sind. Zum Nachweis fokussieren wir uns zunächst auf den rechten Rand des Intervalls und wählen den Shiftparameter $\alpha > 0$ derart, dass

$$\boldsymbol{A} + \alpha\boldsymbol{I}$$

positiv definit ist. Zudem ist $\boldsymbol{A} + \alpha\boldsymbol{I}$ hermitesch, sodass analog zum Satz zur Existenz und Eindeutigkeit der Cholesky-Zerlegung für derartige α nachgewiesen werden kann, dass eine Cholesky-Zerlegung

$$\boldsymbol{A} + \alpha\boldsymbol{I} = \boldsymbol{L}\boldsymbol{L}^*$$

mit einer linken unteren Dreiecksmatrix $\boldsymbol{L} \in \mathbb{C}^{n\times n}$ existiert. Für $\boldsymbol{x} \in \mathbb{C}^n$ mit $\|\boldsymbol{x}\|_2 = 1$ folgt hiermit

$$\boldsymbol{x}^*\boldsymbol{A}\boldsymbol{x} = \boldsymbol{x}^*(\boldsymbol{A} + \alpha\boldsymbol{I})\boldsymbol{x} - \alpha = \boldsymbol{x}^*\boldsymbol{L}\boldsymbol{L}^*\boldsymbol{x} - \alpha = \|\boldsymbol{L}^*\boldsymbol{x}\|_2^2 - \alpha.$$

Damit gilt unter Verwendung des auf S. 25 für alle Matrizen $\boldsymbol{A} \in \mathbb{C}^{n\times n}$ nachgewiesenen Zusammenhangs $\|\boldsymbol{A}\|_2 = \sqrt{\rho(\boldsymbol{A}\boldsymbol{A}^*)}$ die Beziehung

$$\begin{aligned} b &= \max_{\lambda\in W(\boldsymbol{A})} \lambda = \|\boldsymbol{L}^*\|_2^2 - \alpha = \rho(\boldsymbol{L}\boldsymbol{L}^*) - \alpha \\ &= \rho(\boldsymbol{A} + \alpha\,\boldsymbol{I}) - \alpha = \lambda_n + \alpha - \alpha = \lambda_n. \end{aligned}$$

Betrachten wir $W(-\boldsymbol{A}) = [-b, -a]$, so ergibt sich analog

$$a = -\max_{\lambda\in W(-\boldsymbol{A})} \lambda = \min_{\lambda\in W(\boldsymbol{A})} \lambda = \lambda_1.$$

■

Für eine schiefhermitesche Matrix $\boldsymbol{A}$ stellt $\boldsymbol{B} = \mathrm{i}\boldsymbol{A}$ wegen $\boldsymbol{B}^* = \bar{\mathrm{i}}\boldsymbol{A}^* = -\mathrm{i}\boldsymbol{A}^* = \mathrm{i}\boldsymbol{A} = \boldsymbol{B}$ eine hermitesche Matrix dar. Zudem ergeben sich die Eigenwerte von $\boldsymbol{A}$ aus einer einfachen Multiplikation der Eigenwerte von $\boldsymbol{B}$ mit $-\mathrm{i}$. Demzufolge ergibt sich der Wertebereich von $\boldsymbol{A}$ durch Drehung des Wertebereichs von $\boldsymbol{B}$ um einen Winkel von $\frac{3\pi}{2}$ in der Gauß'schen Zahlenebene. Verstehen wir für $a,b \in \mathbb{R}$ unter $[\mathrm{i}a, \mathrm{i}b]$ die Menge aller komplexen Zahlen $z = \mathrm{i}(a + t(b-a))$ mit $t \in [0,1]$, so können wir aus dem obigen Lemma unmittelbar die nachstehende Schlussfolgerung ziehen.

Folgerung Für jede schiefhermitesche Matrix $\boldsymbol{A}$ ist der Wertebereich ein abgeschlossenes rein imaginäres Intervall der Form

$$W(\boldsymbol{A}) = [-\mathrm{i}\lambda_n, -\mathrm{i}\lambda_1]$$

mit $\lambda_1 = \min_{\lambda\in\sigma(\boldsymbol{A})} \mathrm{Im}(\lambda)$ und $\lambda_n = \max_{\lambda\in\sigma(\boldsymbol{A})} \mathrm{Im}(\lambda)$. ◀

Das obige Lemma und die daraus resultierende Folgerung liefern nur Aussagen zum Wertebereich hermitescher oder schiefhermitescher Matrizen, und nicht jede Matrix erfüllt eine dieser Eigenschaften. Wir können jedoch zu jeder Matrix $\boldsymbol{A}$ mit

$$\boldsymbol{A} = \frac{\boldsymbol{A} + \boldsymbol{A}^*}{2} + \frac{\boldsymbol{A} - \boldsymbol{A}^*}{2}$$

eine additive Zerlegung in einen hermiteschen Anteil $\frac{A+A^*}{2}$ und einen schiefhermiteschen Anteil $\frac{A-A^*}{2}$ vornehmen.

Selbstfrage 3

Sind Sie sich sicher, dass es sich bei $\frac{A+A^*}{2}$ und $\frac{A-A^*}{2}$ tatsächlich um Matrizen mit den behaupteten Eigenschaften handelt?

Auf der Grundlage der obigen Zerlegung können wir die angestrebte Eigenwerteinschränkung durch den folgenden Satz erzielen, wobei wir die Addition zweier Mengen $M_1, M_2 \subseteq \mathbb{C}$ elementweise gemäß

$$M_1 + M_2 := \{a + b \,|\, a \in M_1,\, b \in M_2\}$$

verstehen wollen.

Satz von Bendixson

Für jede Matrix $A \in \mathbb{C}^{n\times n}$ gilt

$$\sigma(A) \subset R = W\left(\frac{A+A^*}{2}\right) + W\left(\frac{A-A^*}{2}\right),$$

wobei $R \subset \mathbb{C}$ ein Rechteck darstellt.

Beweis Mit dem obigen Lemma und der anschließenden Folgerung ist R ein Rechteck, da $\frac{A+A^*}{2}$ hermitesch und $\frac{A-A^*}{2}$ schiefhermitesch ist. Sei $\lambda \in \sigma(A)$, dann gilt mit dem bereits mehrfach angesprochenen Lemma die Eigenschaft $\lambda \in W(A)$. Somit existiert ein $x \in \mathbb{C}^n$ mit $\|x\|_2 = 1$ und

$$\begin{aligned}\lambda = x^*Ax &= x^*\left(\frac{A+A^*}{2} + \frac{A-A^*}{2}\right)x \\ &= \underbrace{x^*\frac{A+A^*}{2}x}_{\in W\left(\frac{A+A^*}{2}\right)} + \underbrace{x^*\frac{A-A^*}{2}x}_{\in W\left(\frac{A-A^*}{2}\right)} \in R,\end{aligned}$$

womit $\sigma(A) \subset W(A) \subset R$ nachgewiesen ist. ■

In Kombination mit dem Resultat nach Gerschgorin lässt sich eine Einschließung des Spektrums einer Matrix A in der Form

$$\begin{aligned}\sigma(A) &\subseteq \left(\bigcup_{i=1}^n K_i\right) \cap \left(\bigcup_{i=1}^n \widetilde{K}_i\right) \cap W(A) \\ &\subseteq \left(\bigcup_{i=1}^n K_i\right) \cap \left(\bigcup_{i=1}^n \widetilde{K}_i\right) \cap R \qquad (6.12)\end{aligned}$$

vornehmen. Natürlich ist die Berechnung des Rechtecks R wiederum an die Ermittlung von Eigenwerten der hermiteschen und schiefhermiteschen Anteile $H = \frac{A+A^*}{2}$ respektive $S = \frac{A-A^*}{2}$ geknüpft. Sie kann folglich sehr aufwendig sein. Da wir aber wissen, dass die Wertebereiche der beiden Matrizen H und S innerhalb der gewählten additven Zerlegung stets reelle beziehungsweise rein imaginäre Intervalle darstellen und durch die entsprechenden Eigenwerte begrenzt sind, können wir den Satz von Gerschgorin auf die Matrizen H und S anwenden und hiermit eine Abschätzung des Rechtecks R und folglich auch des Wertebereichs der Matrix A erhalten.

Beispiel Wir betrachten unsere Modellmatrix

$$A = \begin{pmatrix} 0 & 2 & 3 \\ 1 & -2 & 1 \\ 2 & 1 & 3 \end{pmatrix} \in \mathbb{R}^{3\times 3}$$

aus den vorhergehenden Abschnitt und erhalten

$$H = \frac{A+A^*}{2} = \begin{pmatrix} 0 & 1.5 & 2.5 \\ 1.5 & -2 & 1 \\ 2.5 & 1 & 3 \end{pmatrix}$$

sowie

$$S = \frac{A-A^*}{2} = \begin{pmatrix} 0 & 0.5 & 0.5 \\ -0.5 & 0 & 0 \\ -0.5 & 0 & 0 \end{pmatrix}.$$

Es gilt $\sigma(H) \subset \mathbb{R}$ und $\mathrm{i}\sigma(S) \subset \mathbb{R}$. Mit den Gerschgorin-Kreisen erhalten wir somit für das Spektrum die Eingrenzung

$$\begin{aligned}\sigma(H) &\subset (K(0,4) \cup K(-2,2.5) \cup K(3,3.5)) \cap \mathbb{R} \\ &= [-4.5, 6.5]\,.\end{aligned}$$

Das auf S. 181 präsentierte Lemma liefert hiermit entsprechend $W(H) \subseteq [-4.5, 6.5]$. Analog ergibt sich $W(S) \subseteq [-\mathrm{i}, \mathrm{i}]$, wodurch

$$R = W(H) + W(S) \subseteq [-4.5, 6.5] + [-\mathrm{i}, \mathrm{i}]$$

folgt. Zusammenfassend erhalten wir nach (6.12) mit den bereits für die Matrix A in (6.4) und (6.6) aufgeführten Gerschgorin-Kreisen die in Abb. 6.5 dargestellte Eigenwerteinschließung gemäß

$$\sigma(H) \subset \left\{\bigcup_{i=1}^3 K_i\right\} \cap \left\{\bigcup_{i=1}^3 \widetilde{K}_i\right\} \cap \left\{[-4.5, 6.5] + [-\mathrm{i}, \mathrm{i}]\right\}.$$

Die Menge auf der rechten Seite der letzten Mengenrelation entspricht dem in Abb. 6.5 schwarz umrandet dargestellten Bereich. Wir erkennen dabei die große Wirkung des rot visualisierten Wertebereichs bei der Eigenwerteinschließung für dieses Beispiel. ◄

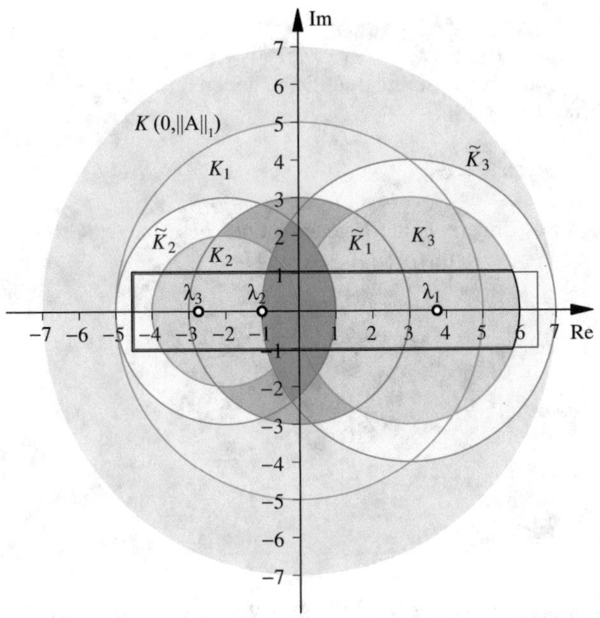

Abb. 6.5 Eigenwerte, Gerschgorin-Kreise und Wertebereich zur Beispielmatrix A laut (6.2)

6.2 Potenzmethode und Varianten

Wir wenden uns in diesem Abschnitt einer Reihe von Iterationsverfahren zu, mittels derer jeweils einzelne Eigenwerte einer Matrix berechnet werden können. Dabei beginnen wir mit der Vektoriteration nach von Mises und widmen uns anschließend mit der Deflation einer Technik, die zu einer Dimensionsreduktion bei Kenntnis einiger Eigenwerte genutzt werden kann. Zudem wird die inverse Iteration nach Wielandt präsentiert, die eine Variante der Vektoriteration darstellt. Ausgehend von einer guten Näherung an den gesuchten Eigenwert liefert diese Methode eine schnellere Konvergenz im Vergleich zum Grundverfahren. Abschließend werden wir ein Verfahren zur Spektralverschiebung auf der Grundlage des Rayleigh-Quotienten vorstellen, womit die Berechnung weiterer Eigenwerte ermöglicht wird.

Die Vektoriteration nach von Mises liefert den betragsgrößten Eigenwert nebst zugehörigem Eigenvektor

Bereits Ende der dreißiger Jahre des zwanzigsten Jahrhunderts stellte Richard von Mises (1883–1953) eine Vektoriterationsmethode vor, mit der unter gewissen Voraussetzungen der betragsmäßig größte Eigenwert samt zugehörigem Eigenvektor berechnet werden kann. Schon innerhalb der Einleitung und aufgrund des Beispiels zum Ranking von Webseiten haben wir erkannt, dass bei einigen Anwendungsproblemen nicht das gesamte Spektrum einer Matrix gesucht ist, sondern lediglich der betragsgrößte Eigenwert oder der zugehörige Eigenvektor. Gerade bei derartigen Aufgabenstellungen erweist sich die folgende Potenzmethode nach von Mises als vorteilhaft.

Das Grundprinzip wie auch die algorithmische Umsetzung ist denkbar einfach. Ausgehend von einem nahezu beliebigen Startvektor $z^{(0)} \in \mathbb{C}^n$ liegt die grundlegende Idee der Vektoriteration in einer sukzessiven Multiplikation mit der Matrix $A \in \mathbb{C}^{n\times n}$, womit sich durch

$$z^{(m)} = A z^{(m-1)}, \quad m = 1, 2, \ldots \tag{6.13}$$

eine Vektorfolge $\left(z^{(m)}\right)_{m\in\mathbb{N}_0}$ ergibt. Setzen wir die Matrix als diagonalisierbar voraus und schreiben den Startvektor als Linearkombination der Eigenvektoren $v_1, \ldots, v_n$ gemäß

$$z^{(0)} = \alpha_1 v_1 + \ldots + \alpha_n v_n , \tag{6.14}$$

so ergeben sich unter Berücksichtigung der entsprechend $|\lambda_1| \geq |\lambda_2| \geq \ldots \geq |\lambda_n|$ geordneten, zugehörigen Eigenwerte $\lambda_1, \ldots, \lambda_n$ die Folgeglieder in der Form

$$\begin{aligned} z^{(m)} &= A z^{(m-1)} = A^2 z^{(m-2)} = \ldots = A^m z^{(0)} \\ &= \alpha_1 \lambda_1^m v_1 + \ldots + \alpha_n \lambda_n^m v_n . \end{aligned}$$

Selbstfrage 4

Warum ist eine Darstellung des Startvektors als Linearkombination der Eigenvektoren im obigen Fall immer möglich?

Setzen wir voraus, dass der Koeffizient α_1 nicht identisch verschwindet, so erhalten wir

$$z^{(m)} = \lambda_1^m \alpha_1 \left(v_1 + \sum_{j=2}^{n} \left(\frac{\lambda_j}{\lambda_1}\right)^m \frac{\alpha_j}{\alpha_1} v_j \right). \tag{6.15}$$

Unter gewissen, noch näher zu untersuchenden Bedingungen an die Eigenwerte dürfen wir hoffen, dass sich die Iterierte $z^{(m)}$ mit wachsendem m in Richtung des Eigenvektors zum betragsgrößten Eigenwert dreht. Für $|\lambda_1| = \rho(A) < 1$ erhalten wir mit $z^{(m)}$ offensichtlich eine Nullfolge, während wir im Fall $|\lambda_1| = \rho(A) > 1$ bereits aus der Untersuchung der Splitting-Methoden gemäß Kap. 5 wissen, dass mit (6.13) ein divergentes Iterationsverfahren vorliegt. Hiermit verbunden sind evtl. Rundungsfehler zu befürchten. Um derartige Einflüsse zu vermeiden, erscheint es sinnvoll, die Iterierten auf die Einheitskugel einer beliebigen Norm $\|.\|$ zu binden. Demzufolge integrieren wir eine Normierung und erhalten die auch als *Potenzmethode* bezeichnete Vektoriteration nach von Mises in folgender Form:

Potenzmethode

- Wähle $z^{(0)} \in \mathbb{C}^n$ mit $\|z^{(0)}\| = 1$.
- Berechne für $m = 1, 2, \ldots$
  - $\widetilde{z}^{(m)} = A z^{(m-1)}$,
  - $\lambda^{(m)} = \|\widetilde{z}^{(m)}\|$,
  - $z^{(m)} = \frac{\widetilde{z}^{(m)}}{\lambda^{(m)}}$.

Achtung Um in dem oben dargestellten Verfahren eine Division durch null auszuschließen, muss sichergestellt werden, dass die Iterierten $z^{(m)}$ niemals im Kern der Matrix A liegen. Im Fall einer invertierbaren Matrix ist dieser Sachverhalt bereits durch die Wahl $z^{(0)} \neq \mathbf{0}$ gewährleistet, während im Fall einer singulären Matrix eine Fallunterscheidung im Algorithmus integriert werden sollte. Ist bekannt, dass mit λ_1 ein einfacher Eigenwert vorliegt, der betragsmäßig größer als alle weiteren Eigenwerte ist, so kann eine Division formal bereits dadurch ausgeschlossen werden, dass der Startvektor $z^{(0)}$ in der Darstellung (6.14) einen nichtverschwindenden Koeffizienten α_1 beinhaltet. ◀

Selbstfrage 5

Erkennen Sie den Zusammenhang

$$z^{(m)} = \frac{A^m z^{(0)}}{\|A^m z^{(0)}\|} \; ? \tag{6.16}$$

Für den Spezialfall $|\lambda_1| > |\lambda_2| \geq \ldots \geq |\lambda_n|$ können wir bereits aus der Darstellung der Iterierten laut (6.15) erkennen, dass die Vektorfolge $A^m z^{(0)}$ wegen $\lim_{m\to\infty} \left(\frac{\lambda_j}{\lambda_1}\right)^m = 0$ für $j = 2, \ldots, n$ sich nur dann in Richtung des Eigenvektors ausrichten kann, wenn $\alpha_1 \neq 0$ gilt. Der Startvektor $z^{(0)}$ sollte folglich derart gewählt werden, dass in der Darstellung (6.14) der Koeffizient α_1 nicht identisch verschwindet.

Selbstfrage 6

Überlegen Sie sich, dass bei einer symmetrischen Matrix $A \in \mathbb{R}^{n\times n}$ und orthonormalen Eigenvektoren $v_1, \ldots, v_n$ die Bedingung $\alpha_1 \neq 0$ in der Darstellung (6.14) äquivalent mit $\langle z^{(0)}, v_1\rangle \neq 0$ ist.

Mit diesen Vorüberlegungen sind wir nun in der Lage, eine genauere Konvergenzaussage zu formulieren.

Satz zur Konvergenz der Potenzmethode

Die diagonalisierbare Matrix $A \in \mathbb{C}^{n\times n}$ besitze die Eigenwertpaare $(\lambda_1, v_1), \ldots, (\lambda_n, v_n) \in \mathbb{C} \times \mathbb{C}^n$, wobei die Eigenwerte der Ordnungsbedingung

$$|\lambda_1| > |\lambda_2| \geq \ldots \geq |\lambda_n|$$

genügen und die Eigenvektoren $\|v_i\| = 1, i = 1, \ldots, n$ erfüllen, also normiert sind. Dann gelten unter Verwendung des Startvektors

$$z^{(0)} = \alpha_1 v_1 + \ldots + \alpha_n v_n, \quad \alpha_i \in \mathbb{C}, \; \alpha_1 \neq 0$$

für die innerhalb der Potenzmethode berechneten Größen mit $\mu_m = \operatorname{sgn}(\alpha_1 \lambda_1^m)$ die Aussagen

$$z^{(m)} - \mu_m v_1 = \mathcal{O}\left(\left|\frac{\lambda_2}{\lambda_1}\right|^m\right) \quad \text{für} \quad m \to \infty$$

sowie

$$\lambda^{(m)} - |\lambda_1| = \mathcal{O}\left(\left|\frac{\lambda_2}{\lambda_1}\right|^{m-1}\right) \quad \text{für} \quad m \to \infty .$$

Beweis Da $|\lambda_1| > |\lambda_j|$ für $j = 2, \ldots, n$ gilt, stellt λ_1 einen einfachen reellen Eigenwert dar. Aus

$$A^m z^{(0)} = \alpha_1 \lambda_1^m (v_1 + r^{(m)}) \text{ mit } r^{(m)} = \sum_{i=2}^{n} \frac{\alpha_i}{\alpha_1} \left(\frac{\lambda_i}{\lambda_1}\right)^m v_i$$

folgt

$$z^{(m)} = \frac{A^m z^{(0)}}{\|A^m z^{(0)}\|} = \underbrace{\frac{\alpha_1 \lambda_1^m}{|\alpha_1 \lambda_1^m|}}_{=\mu_m} \frac{v_1 + r^{(m)}}{\|v_1 + r^{(m)}\|} .$$

Mit $r^{(m)} = \mathcal{O}\left(\left|\frac{\lambda_2}{\lambda_1}\right|^m\right)$ und $\|v_1\| = 1$ erhalten wir aus

$$\|v_1 + r^{(m)}\| = 1 + \mathcal{O}\left(\left|\frac{\lambda_2}{\lambda_1}\right|^m\right) \text{ für } m \to \infty$$

und damit wie im Satz auf S. 14 gezeigt, ebenfalls

$$\|v_1 + r^{(m)}\|^{-1} = 1 + \mathcal{O}\left(\left|\frac{\lambda_2}{\lambda_1}\right|^m\right) \text{ für } m \to \infty .$$

Somit ergibt sich unter Berücksichtigung von $|\mu_m| = 1$ die Darstellung

$$\begin{aligned} z^{(m)} - \mu_m v_1 &= \mu_m (v_1 + r^{(m)}) \left(1 + \mathcal{O}\left(\left|\frac{\lambda_2}{\lambda_1}\right|^m\right)\right) - \mu_m v_1 \\ &= \mu_m r^{(m)} + \mu_m (v_1 + r^{(m)})\, \mathcal{O}\left(\left|\frac{\lambda_2}{\lambda_1}\right|^m\right) \\ &= \mathcal{O}\left(\left|\frac{\lambda_2}{\lambda_1}\right|^m\right) \text{ für } m \to \infty . \end{aligned}$$

Folglich lässt sich die Iterierte in der Form

$$z^{(m)} = \mu_m v_1 + q^{(m)} \text{ mit } q^{(m)} = \mathcal{O}\left(\left|\frac{\lambda_2}{\lambda_1}\right|^m\right) \text{ für } m \to \infty$$

schreiben. Mit

$$\|A\mu_{m-1}v_1\| = |\mu_{m-1}|\|Av_1\| = |\lambda_1|\|v_1\| = |\lambda_1|$$

und

$$\begin{aligned}&\|A\mu_{m-1}v_1\| - \|Aq^{(m-1)}\|\\ &\quad \le \|A(\mu_{m-1}v_1 + q^{(m-1)})\| \le \|A\mu_{m-1}v_1\| + \|Aq^{(m-1)}\|\end{aligned}$$

folgt aus

$$\begin{aligned}&|\lambda_1| - \|A(\mu_{m-1}v_1 + q^{(m-1)})\|\\ &\quad \le |\lambda_1| - \left(\|A\mu_{m-1}v_1\| - \|Aq^{(m-1)}\|\right) = \|Aq^{(m-1)}\|\end{aligned}$$

und

$$\begin{aligned}&\|A(\mu_{m-1}v_1 + q^{(m-1)})\| - |\lambda_1|\\ &\quad \le \|A\mu_{m-1}v_1\| + \|Aq^{(m-1)}\| - |\lambda_1| = \|Aq^{(m-1)}\|\end{aligned}$$

unter Berücksichtigung der Beschränktheit jeder Matrix die gesuchte Darstellung aus

$$\begin{aligned}\left|\lambda^{(m)} - |\lambda_1|\right| &= \left|\|\widetilde{z}^{(m)}\| - |\lambda_1|\right| = \left|\|Az^{(m-1)}\| - |\lambda_1|\right|\\ &= \left|\|A(\mu_{m-1}v_1 + q^{(m-1)})\| - |\lambda_1|\right| \le \|Aq^{(m-1)}\|\\ &\le \|A\|\|q^{(m-1)}\| = \mathcal{O}\left(\left|\frac{\lambda_2}{\lambda_1}\right|^{m-1}\right).\end{aligned}$$

■

Es sei an dieser Stelle angemerkt, dass unter Beibehaltung der Forderung $|\lambda_1| > |\lambda_2| \ge \ldots \ge |\lambda_n|$ die Konvergenz der Potenzmethode bei geeignetem Startvektor auch für nicht notwendigerweise diagonalisierbare Matrizen nachgewiesen werden kann.

Beispiel: Ein kleines World Wide Web Wir betrachten ein aus vier Seiten bestehendes Netz mit dem in Abb. 6.6 schematisch durch Pfeile dargestellten Verweisen.

Da ein zusammenhängendes Netz vorliegt, bei dem jede Seite mindestens einen Link enthält, benötigen wir keine Anpassung der resultierenden Matrix und untersuchen direkt die spaltenstochastische Matrix

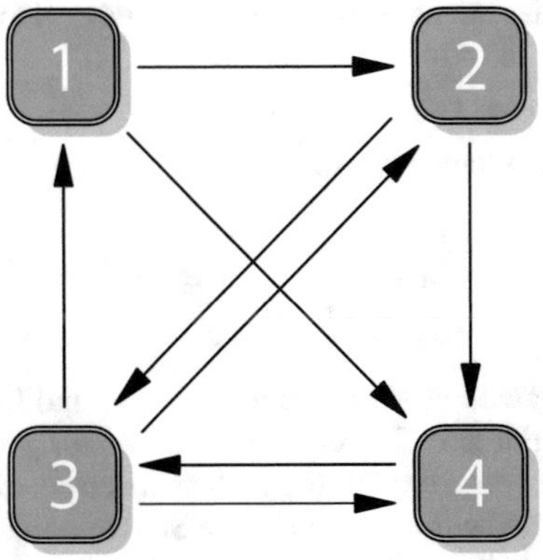

Abb. 6.6 Ein kleines Beispielnetz

$$H = \begin{pmatrix} 0 & 0 & 1/3 & 0\\ 1/2 & 0 & 1/3 & 0\\ 0 & 1/2 & 0 & 1\\ 1/2 & 1/2 & 1/3 & 0\end{pmatrix} \in \mathbb{R}^{4\times 4}.$$

Unter Verwendung der Potenzmethode mit Startvektor $z^{(0)} = \frac{1}{2}(1,1,1,1)^T$ erhalten wir den innerhalb der Tab. 6.1 dargestellten Konvergenzverlauf, wobei mit

$$e^{(m)} = \frac{|\lambda^{(m)} - \lambda^{(m-1)}|}{|\lambda^{(m)}|}$$

die relative Änderung der Approximation des Eigenwertes gemessen wird.

Tab. 6.1 Konvergenz der Potenzmethode

m	$z_1^{(m)}$	$z_2^{(m)}$	$z_3^{(m)}$	$z_4^{(m)}$	$\lambda^{(m)}$	$e^{(m)}$
0	0.50	0.50	0.50	0.50		
5	0.243	0.366	0.713	0.545	0.9963	$6\cdot 10^{-3}$
10	0.241	0.361	0.721	0.541	0.9995	$1\cdot 10^{-3}$
15	0.240	0.361	0.721	0.541	1.0000	$6\cdot 10^{-5}$
20	0.240	0.361	0.721	0.541	1.0000	$5\cdot 10^{-8}$

Wie wir sehen, konvergiert die Potenzmethode erwartungsgemäß gegen den bis auf einen skalaren Faktor eindeutig bestimmten Eigenvektor $(0.240, 0.361, 0.721, 0.541)^T$ zum betragsmäßig größten Eigenwert $\lambda = 1$. Dem Eigenvektor entsprechend weist die dritte Seite die höchste Wertigkeit auf. ◀

Selbstfrage 7

Können Sie sich erklären, warum die dritte Seite eine höhere Wertigkeit als die vierte Seite aufweist, obwohl ausschließlich Seite 4 Verweise von allen anderen Seiten erhält?

Bislang haben wir die Potenzmethode lediglich für den Fall einer diagonalisierbaren Matrix mit einfachem betragsmäßig größten Eigenwert untersucht. Bevor wir uns Gedanken über die Eigenschaften der Vektoriteration in allgemeineren Situationen machen, wollen wir zunächst einige wissenswerte Fakten zu dieser Methode zusammenstellen.

Konvergenzgeschwindigkeit: Die Konvergenz des Verfahrens ist linear und stark abhängig von dem üblicherweise unbekannten Quotienten $|\lambda_2|/|\lambda_1|$, der die asymptotische Konvergenzgeschwindigkeit beschreibt. Für $|\lambda_1| = |\lambda_2| + \varepsilon$ mit sehr kleinem $\varepsilon > 0$ wird die Methode sehr ineffizient, falls der Startvektor einen großen Anteil des Eigenvektors v_2 aufweist, d. h. α_2 sehr groß ist. An dieser Stelle bleibt bei der Nutzung des Verfahrens nur das Prinzip Hoffnung und eventuell viel Geduld. Sollte die Konvergenz sehr langsam sein, so kann man dabei auch verschiedene Startvektoren verwenden, um der oben genannten Problematik eines großen Koeffizienten α_2 nach Möglichkeit aus dem Weg zu gehen.

Wahl des Startvektors: Da die Eigenvektoren zu Beginn der Berechnung in der Regel unbekannt sind, ist die zur Konvergenz notwendige Forderung an den Startvektor rein formaler Natur. Abhängig von der betrachteten Norm beginnt man häufig einfach mit $z^{(0)} = \frac{1}{n}(1,\ldots,1)^T \in \mathbb{R}^n$ oder $z^{(0)} = \frac{1}{\sqrt{n}}(1,\ldots,1)^T \in \mathbb{R}^n$. Im Fall $z^{(0)} \in \text{span}\{v_2,\ldots,v_n\}$ darf man dann darauf hoffen, dass eintretende Rundungsfehler im Laufe der Iteration dazu führen, dass $z^{(k)}$ für hinreichend großes k in der Darstellung über die Eigenvektoren einen nicht verschwindenden Anteil des Eigenvektors v_1 aufweist und somit die bewiesene lineare Konvergenz einsetzt.

Vorzeichen des Eigenwertes: Ist $\lambda^{(m)}$ nahe genug am Betrag des gesuchten einfachen Eigenwertes λ_1, so kann das Vorzeichen des Eigenwertes durch eine Betrachtung der Eigenvektorapproximationen $z^{(m)}$ erfolgen. Weist die betragsgrößte Komponente in $z^{(m)}$ einen Vorzeichenwechsel je Iteration auf, so liegt ein negativer, sonst ein positiver Eigenwert vor.

Verbesserung der Eigenwertapproximation: Im Fall einer symmetrischen Matrix A können wir den dem Wertebereich der Matrix zugrunde liegenden Rayleigh-Quotienten $\nu^{(m)} = (z^{(m)})^* A z^{(m)}$ zur Iterierten $z^{(m)}$ berücksichtigen. Offensichtlich ergibt sich $\nu^{(m)} \to \lambda_1$, falls die Vektorfolge $(z^{(m)})_{m\in\mathbb{N}_0}$ gegen den zugehörigen Eigenvektor v_1 konvergiert. Ergänzen wir innerhalb der Schleife der Potenzmethode im Anschluss an die Berechnung von $z^{(m)}$ die Bestimmung des Rayleigh-Quotienten $\nu^{(m)}$, so entfällt die oben angesprochene Vorzeichenuntersuchung, da $\nu^{(m)}$ das gleiche Vorzeichen wie der gesuchte Eigenwert λ_1 aufweist. Diese Variante setzt keine zusätzliche Matrix-Vektor-Multiplikation innerhalb jeder Iteration voraus, wenn der Vektor $A z^{(m)}$ gespeichert wird.

Schwachbesetzte Matrizen: Der Rechenaufwand der Potenzmethode wird im Wesentlichen durch die Matrix-Vektor-Multiplikation bestimmt. Für schwachbesetzte Matrizen, die in praktischen Anwendungen glücklicherweise sehr häufig auftreten, eignet sich das Verfahren aus der Sicht der notwendigen arithmetischen Operationen pro Schleifendurchlauf sehr gut, wenn bei der Multiplikation der Struktur der Matrix Rechnung getragen wird. Hierdurch kann bei vielen Problemstellungen eine Rechenzeitersparnis von deutlich über 90% erzielt werden.

Abbruchkriterium: Natürlich setzt eine effiziente Umsetzung der Potenzmethode die Vorgabe eines Abbruchkriteriums voraus. Eine mögliche Variante liegt dabei in der Betrachtung der Veränderung der Eigenwertapproximation. Die Iteration kann beispielsweise abgebrochen werden, wenn die relative Veränderung $|(\nu^{(m)} - \nu^{(m-1)})/\nu^{(m-1)}|$ kleiner als ein benutzerdefinierter Wert $\varepsilon_{rel} > 0$ ist. Eine weitere Möglichkeit zur Festlegung beruht auf einer genaueren Fehleranalyse. Hierzu approximiert man den Fehler unter Nutzung der Norm des Residuenvektors $r^{(m)} = A z^{(m)} - \nu^{(m)} z^{(m)}$. Diese Vorgehensweise erfordert jedoch eine simultane Iteration zur Berechnung eines Linkseigenvektors der Matrix A, die eine zusätzliche Matrix-Vektor-Multiplikation nach sich zieht und somit zu einer ungefähren Verdoppelung des Rechenaufwandes führt. Wir beschränken uns daher auf die eher rudimentäre erste Variante.

Verbesserte Potenzmethode mit Abbruchkriterium

- Wähle $z^{(0)} \in \mathbb{C}^n$ mit $\|z^{(0)}\| = 1$ und $\varepsilon_{rel} > 0$.
- Setze $\widetilde{z}^{(1)} = A z^{(0)}$, $\nu^{(0)} = \langle z^{(0)}, \widetilde{z}^{(1)} \rangle$.
- Berechne für $m = 1, 2, \ldots$
  - $\lambda^{(m)} = \|\widetilde{z}^{(m)}\|$,
  - $z^{(m)} = \frac{\widetilde{z}^{(m)}}{\lambda^{(m)}}$,
  - $\widetilde{z}^{(m+1)} = A z^{(m)}$,
  - $\nu^{(m)} = \langle z^{(m)}, \widetilde{z}^{(m+1)} \rangle$.
  - Falls $\frac{|\nu^{(m)} - \nu^{(m-1)}|}{|\nu^{(m)}|} < \varepsilon_{rel}$, dann STOP.

Für die Potenzmethode beruht die Konvergenzaussage auf der Eigenschaft, dass λ_1 einen einfachen Eigenwert mit $|\lambda_1| > |\lambda_j|$, $j = 2,\ldots,n$ repräsentiert. In vielen Anwendungsfällen liegt allerdings keine Kenntnis über die Gültigkeit dieser Konvergenzgrundlage vor. Im Fall einer symmetrischen Matrix mit reellen Eigenwerten

$$\lambda_1 = \ldots = \lambda_r, \lambda_{r+1}, \ldots, \lambda_n,$$

die der Bedingung $|\lambda_1| > |\lambda_{r+1}| \geq \ldots \geq |\lambda_n|$ genügen, ergibt sich unter Verwendung des Startvektors

$$z^{(0)} = \alpha_1 v_1 + \ldots + \alpha_n v_n$$

mit $|\alpha_1| + \ldots + |\alpha_r| > 0$ analog zu den bisherigen Überlegungen die Konvergenz der Iterierten $z^{(m)}$ gegen einen Eigenvektor $v \in \text{span}\{v_1,\ldots,v_r\}$.

Selbstfrage 8

Sind Sie in der Lage, die obige Konvergenzeigenschaft mathematisch zu formulieren?

Weist der Eigenwert $\lambda_1 = a + ib$ einen nichtverschwindenden Imaginärteil b auf, so existiert im Fall einer reellen Matrix ein weiterer Eigenwert $\lambda_2 = a - ib$, für den offensichtlich $|\lambda_1| = \sqrt{a^2 + b^2} = |\lambda_2|$ gilt. In derartigen Fällen bricht die bisherige Konvergenzanalysis zusammen, und wir sehen anhand des folgenden einfachen Beispiels, dass wir keine Konvergenz erwarten dürfen.

Beispiel Betrachten wir die Matrix

$$A = \begin{pmatrix} 0 & -1 \\ 1 & 0 \end{pmatrix} \in \mathbb{R}^{2\times 2}$$

mit den Eigenwerten $\lambda_1 = \mathrm{i}$ und $\lambda_2 = -\mathrm{i}$ und Eigenvektoren $v_1, v_2 \in \mathbb{C}^2$. Für $x \in \mathbb{R}^2$ ergibt sich der Vektor $y = Ax$ durch eine Drehung von x um 90° im mathematisch positiven Sinn. Es gilt $A^4 = I$, und wir erhalten für alle Startvektoren $z^{(0)}$, die den Bedingungen $z^{(0)} \neq c v_1$, $z^{(0)} \neq c v_2$ mit $c \in \mathbb{C}$ genügen, eine divergente Folge von Iterierten $z^{(m)}$. ◄

Kapitel 6

Mit der Deflation können wir die Dimension des Eigenwertproblems reduzieren

Mit der *Deflation* werden wir eine Technik kennenlernen, die es ermöglicht, die Dimension eines Eigenwertproblems sukzessive zu verkleinern. Sind die Eigenwerte $\lambda_1, \ldots, \lambda_k$, $k < n$ einer Matrix $\boldsymbol{A} \in \mathbb{C}^{n \times n}$ bekannt, so kann $\boldsymbol{A}$ in eine Matrix $\widetilde{\boldsymbol{A}} \in \mathbb{C}^{(n-k)\times(n-k)}$ überführt werden, deren Eigenwerte identisch zu den verbleibenden $n-k$ Eigenwerten von $\boldsymbol{A}$ sind. In diesem Sinn ergibt sich durch die Deflation eine Erweiterung der bereits durch den Laplace'schen Entwicklungssatz beschriebenen Vorgehensweise. Liegt beispielsweise mit $\boldsymbol{A} \in \mathbb{C}^{n \times n}$ eine Matrix vor, deren erste Spalte ein λ_1-Faches des ersten Einheitsvektors darstellt, so lässt sich das charakteristische Polynom in der Form

$$p_A(\lambda) = (\lambda_1 - \lambda) p_{\widetilde{A}}(\lambda)$$

schreiben, wobei sich $\widetilde{\boldsymbol{A}} \in \mathbb{C}^{(n-1)\times(n-1)}$ aus $\boldsymbol{A}$ durch Streichen der ersten Zeile und Spalte ergibt. Eine Verallgemeinerung dieses Spezialfalls wollen wir mit dem folgenden Satz betrachten.

Satz Die Matrix $A \in \mathbb{C}^{n \times n}$ habe die Eigenwerte $\lambda_1, \ldots, \lambda_n$, wobei der zu λ_1 gehörige Eigenvektor $\boldsymbol{v} = (v_1, \ldots, v_n)^T \in \mathbb{C}^n$ die Bedingung $1 = v_1 = \|\boldsymbol{v}\|_\infty$ erfülle. Dann besitzt die Matrix

$$\widetilde{\boldsymbol{A}} = \begin{pmatrix} a_{22} - v_2 a_{12} & \cdots & a_{2n} - v_2 a_{1n} \\ \vdots & & \vdots \\ a_{n2} - v_n a_{12} & \cdots & a_{nn} - v_n a_{1n} \end{pmatrix} \in \mathbb{C}^{(n-1)\times(n-1)}$$

die Eigenwerte $\lambda_2, \ldots, \lambda_n$. ◄

Beweis Bezeichnen wir die Spalten der Matrix $\boldsymbol{A}$ mit $\boldsymbol{a}_i$, $i = 1, \ldots, n$, und die Spalten der Einheitsmatrix $\boldsymbol{I} \in \mathbb{R}^{n \times n}$ mit $\boldsymbol{e}_i$, $i = 1, \ldots, n$, so gilt

$$\begin{aligned} p_A(\lambda) &= \det(\boldsymbol{A} - \lambda \boldsymbol{I}) = \det(\boldsymbol{a}_1 - \lambda \boldsymbol{e}_1, \ldots, \boldsymbol{a}_n - \lambda \boldsymbol{e}_n) \\ &\overset{(*)}{=} \det\left(\sum_{i=1}^n (\boldsymbol{a}_i - \lambda \boldsymbol{e}_i) v_i, \boldsymbol{a}_2 - \lambda \boldsymbol{e}_2, \ldots, \boldsymbol{a}_n - \lambda \boldsymbol{e}_n\right) \\ &= \det(\underbrace{(\boldsymbol{A} - \lambda \boldsymbol{I})\boldsymbol{v}}_{=(\lambda_1-\lambda)\boldsymbol{v}}, \boldsymbol{a}_2 - \lambda \boldsymbol{e}_2, \ldots, \boldsymbol{a}_n - \lambda \boldsymbol{e}_n) \\ &= (\lambda_1 - \lambda) \det(\boldsymbol{v}, \boldsymbol{a}_2 - \lambda \boldsymbol{e}_2, \ldots, \boldsymbol{a}_n - \lambda \boldsymbol{e}_n). \end{aligned}$$

Die mit $(*)$ gekennzeichnete Gleichheit ergibt sich durch Addition des v_i-fachen der i-ten Spalten zur ersten Spalte unter zusätzlicher Berücksichtigung von $v_1 = 1$. Wenden wir die Gauß'sche Eliminationstechnik auf die erste Spalte der Matrix $(\boldsymbol{v}, \boldsymbol{a}_2 - \lambda \boldsymbol{e}_2, \ldots, \boldsymbol{a}_n - \lambda \boldsymbol{e}_n)$ an, so erhalten wir

$$\begin{pmatrix} 1 & a_{12} \cdots a_{1n} \\ 0 & \\ \vdots & \widetilde{\boldsymbol{A}} - \lambda \widetilde{\boldsymbol{I}} \\ 0 & \end{pmatrix} \in \mathbb{C}^{n \times n}$$

mit der Einheitsmatrix $\widetilde{\boldsymbol{I}} \in \mathbb{R}^{(n-1)\times(n-1)}$ und der im Satz angegebenen Matrix $\widetilde{\boldsymbol{A}} \in \mathbb{C}^{(n-1)\times(n-1)}$. Folglich ergibt sich der Nachweis der Behauptung direkt aus

$$\begin{aligned} p_A(\lambda) &= (\lambda_1 - \lambda) \det \begin{pmatrix} 1 & a_{12} \cdots a_{1n} \\ 0 & \\ \vdots & \widetilde{\boldsymbol{A}} - \lambda \widetilde{\boldsymbol{I}} \\ 0 & \end{pmatrix} \\ &= (\lambda_1 - \lambda) \det(\widetilde{\boldsymbol{A}} - \lambda \widetilde{\boldsymbol{I}}) = (\lambda_1 - \lambda) p_{\widetilde{A}}(\lambda). \end{aligned}$$ ■

Es stellt sich dem aufmerksamen Leser natürlich sofort die Frage, ob die im obigen Satz geforderten Voraussetzungen an die Komponenten des Eigenvektors $\boldsymbol{v}$ eine Verringerung des Gültigkeitsbereiches dieser Reduktionstechnik bewirken. Ist $\boldsymbol{v}$ ein beliebiger Eigenvektor zum Eigenwert λ_1, so können wir mittels einer einfachen Division durch dessen betragsgrößte Komponente einen Eigenvektor $\widetilde{\boldsymbol{v}}$ von $\boldsymbol{A}$ zum Eigenwert λ_1 mit $\|\widetilde{\boldsymbol{v}}\|_\infty = 1$ erzeugen, der mindestens ein $i \in \{1, \ldots, n\}$ mit $v_i = 1$ aufweist. Bezeichnen wir mit $\boldsymbol{P} \in \mathbb{R}^{n \times n}$ die Permutationsmatrix, die aus der Einheitsmatrix $\boldsymbol{I}$ durch Vertauschung der ersten und der i-ten Spalte entstanden ist, so erfüllt der Vektor $\widehat{\boldsymbol{v}} = \boldsymbol{P}\widetilde{\boldsymbol{v}}$ die im Satz geforderten Eigenschaften $\|\widehat{\boldsymbol{v}}\|_\infty = \widehat{v}_1 = 1$. Er stellt zudem wegen

$$\boldsymbol{P}\boldsymbol{A}\boldsymbol{P}^{-1}\widehat{\boldsymbol{v}} = \boldsymbol{P}\boldsymbol{A}\boldsymbol{P}^{-1}\boldsymbol{P}\widetilde{\boldsymbol{v}} = \boldsymbol{P}\boldsymbol{A}\widetilde{\boldsymbol{v}} = \boldsymbol{P}\lambda_1\widetilde{\boldsymbol{v}} = \lambda_1\boldsymbol{P}\widetilde{\boldsymbol{v}} = \lambda_1\widehat{\boldsymbol{v}}$$

einen Eigenvektor zum Eigenwert λ_1 der Matrix $\boldsymbol{P}\boldsymbol{A}\boldsymbol{P}^{-1}$ dar. Da $\boldsymbol{P}\boldsymbol{A}\boldsymbol{P}^{-1}$ aus $\boldsymbol{A}$ durch eine Hauptachsentransformation hervorgegangen ist, sind die Eigenwerte beider Matrizen gleich, und die Eigenvektoren können durch die Permutationsmatrix ineinander überführt werden. Somit lassen sich die Voraussetzungen des Satzes für jede Ausgangsmatrix $\boldsymbol{A}$ mithilfe einer Transformation auf eine ähnliche Matrix $\boldsymbol{P}\boldsymbol{A}\boldsymbol{P}^{-1}$ erfüllen.

Zusammenspiel von Deflation und Potenzmethode

Bei günstigen Problemstellungen kann man durch die sukzessive Kombination der auf Helmut Wielandt (1910–2001) zurückgehenden Deflation mit der beschriebenen Potenzmethode weitere Eigenwerte der Ausgangsmatrix $\boldsymbol{A}$ berechnen. Dabei müssen die zugehörigen Eigenvektoren in einem gesonderten Schritt bestimmt werden.

Beispiel Wir betrachten die Matrix

$$\boldsymbol{A} = \begin{pmatrix} 6 & 2 & 4 \\ 1 & 4 & 4 \\ 1 & 2 & 0 \end{pmatrix} \in \mathbb{R}^{3\times3}.$$

Für eine solch kleine Dimension können wir die Eigenwerte natürlich auch auf der Grundlage des charakteristischen Polynoms

Tab. 6.2 Konvergenz der Potenzmethode

m	$z_1^{(m)}$	$z_2^{(m)}$	$z_3^{(m)}$	$\lambda^{(m)}$	$\lvert\lambda^{(m)} - \lambda^{(m-1)}\rvert/\lvert\lambda^{(m)}\rvert$
0	0.577	0.577	0.577		
5	0.871	0.439	0.219	8.0109	$1.86 \cdot 10^{-3}$
10	0.873	0.437	0.218	8.0002	$3.31 \cdot 10^{-5}$
15	0.873	0.436	0.218	8.0000	$6.52 \cdot 10^{-7}$

ermitteln und zur Kontrolle der Deflation nutzen. Wir erhalten nach kurzer Rechnung

$$\begin{aligned} p_A(\lambda) &= \det(\boldsymbol{A} - \lambda \boldsymbol{I}) = (\lambda - 8)(\lambda^2 - 2\lambda - 6) \\ &= (\lambda - 8)(\lambda - (1 + \sqrt{7})(\lambda - (1 - \sqrt{7})) . \end{aligned}$$

Wenden wir auf die obige Matrix $\boldsymbol{A}$ die Potenzmethode mit Startvektor $\boldsymbol{z}^{(0)} = (1/\sqrt{3}, 1/\sqrt{3}, 1/\sqrt{3})^T \approx (0.577, 0.577, 0.577)^T$ an, so ergibt sich der in Tab. 6.2 dargestellte Konvergenzverlauf.

Entsprechend der erzielten Ergebnisse verwenden wir den Eigenwert $\lambda_1 = \lim_{m\to\infty} \lambda^{(m)} = 8$ und den zugehörigen Eigenvektor $\boldsymbol{v} = \lim_{m\to\infty} \boldsymbol{z}^{(m)}/\|\boldsymbol{z}^{(m)}\|_\infty = (1, 1/2, 1/4)^T$ und erhalten

$$\widetilde{\boldsymbol{A}} = \begin{pmatrix} 3 & 2 \\ 1.5 & -1 \end{pmatrix} \in \mathbb{R}^{2\times 2} .$$

Nochmalige Anwendung der Potenzmethode auf die jetzige Matrix $\widetilde{\boldsymbol{A}}$ mit dem Startvektor $\widetilde{\boldsymbol{z}}^{(0)} = (1/\sqrt{2}, 1/\sqrt{2})^T \approx (0.707, 0.707)^T$ ergibt im Grenzwert $\lambda_2 = 1 + \sqrt{7}$ und $\widetilde{\boldsymbol{v}} = (1, 0.3228\ldots)^T$, womit nach wiederholter Reduktion der Matrixdimension

$$\widetilde{\widetilde{\boldsymbol{A}}} = \left(1 - \sqrt{7}\right) \in \mathbb{R}^{1\times 1}$$

folgt. Somit haben wir mit $\lambda_1 = 8$, $\lambda_2 = 1 + \sqrt{7}$ und $\lambda_3 = 1 - \sqrt{7}$ – belegt durch Kontrolle mit dem Ergebnis des zugehörigen charakteristischen Polynoms – in der Tat alle Eigenwerte der Matrix $\boldsymbol{A}$ berechnet. ◄

Die inverse Iteration nach Wielandt dient zur Ermittlung des betragskleinsten Eigenwertes

Mit der Potenzmethode konnten wir bislang nur den betragsgrößten Eigenwert und den entsprechenden Eigenvektor näherungsweise ermitteln. Liegt mit $\boldsymbol{A}$ eine reguläre Matrix mit den Eigenwerten $\lambda_1, \ldots, \lambda_n$ vor, so weist $\boldsymbol{A}^{-1}$ wegen

$$\boldsymbol{A}\boldsymbol{v}_i = \lambda_i \boldsymbol{v}_i \Leftrightarrow \boldsymbol{A}^{-1}\boldsymbol{v}_i = \lambda_i^{-1}\boldsymbol{v}_i$$

gleiche Eigenvektoren wie $\boldsymbol{A}$ auf, die jedoch stets mit dem zu λ_i reziproken Eigenwert $\nu_i = \lambda_i^{-1}$ gekoppelt sind. Gilt $0 < |\lambda_n| < |\lambda_{n-1}| \le \ldots \le |\lambda_1|$, so erhalten wir offensichtlich $|\nu_n| > |\nu_{n-1}| \ge \ldots \ge |\nu_1| > 0$, wodurch die Potenzmethode angewandt auf $\boldsymbol{A}^{-1}$ zur Berechnung des Eigenwertes ν_n und folglich auch $\lambda_n = \nu_n^{-1}$ genutzt werden kann. Hierzu muss jedoch die Matrix-Vektor-Multiplikation $\widetilde{\boldsymbol{z}}^{(m+1)} = \boldsymbol{A}\boldsymbol{z}^{(m)}$ innerhalb der Potenzmethode durch $\widetilde{\boldsymbol{z}}^{(m+1)} = \boldsymbol{A}^{-1}\boldsymbol{z}^{(m)}$ ersetzt werden. Ist die Matrix $\boldsymbol{A}^{-1}$ nicht explizit verfügbar, so können zwei Strategien genutzt werden. Lässt sich eine LR- oder QR-Zerlegung von $\boldsymbol{A}$ mit vertretbarem Aufwand berechnen, so kann die Matrix-Vektor-Multiplikation $\boldsymbol{A}\boldsymbol{z}^{(m)}$ ohne explizite Kenntnis der Matrix $\boldsymbol{A}^{-1}$ entsprechend den in Abschn. 5.1 vorgestellten Vorgehensweisen effizient durchgeführt werden. Ansonsten betrachtet man innerhalb jedes Iterationsschrittes das lineare Gleichungssystem $\boldsymbol{A}\widetilde{\boldsymbol{z}}^{(m+1)} = \boldsymbol{z}^{(m)}$ und verwendet zur näherungsweisen Lösung beispielsweise eine Splitting-Methode oder ein Krylov-Unterraum-Verfahren.

Die Idee zur Nutzung der inversen Matrix kann auch allgemeiner formuliert werden. Stellt μ eine gute Näherung an den Eigenwert λ_i dar, sodass

$$|\lambda_i - \mu| < |\lambda_j - \mu| \text{ für jedes } j \in \{1, \ldots, n\} \setminus \{i\}$$

gilt, so liegt mit $|\lambda_i - \mu|$ der betragskleinste Eigenwert der Matrix

$$\widetilde{\boldsymbol{A}} = \boldsymbol{A} - \mu\boldsymbol{I}$$

vor, und $\widetilde{\boldsymbol{A}}^{-1}$ besitzt demzufolge den betragsgrößten Eigenwert $\widetilde{\lambda}_i = \frac{1}{\lambda_i - \mu}$. Anwendung der Potenzmethode auf $\widetilde{\boldsymbol{A}}^{-1}$ liefert die nach H. Wielandt benannte inverse Iteration.

Inverse Iteration

- Wähle $\boldsymbol{z}^{(0)} \in \mathbb{C}^n$ mit $\|\boldsymbol{z}^{(0)}\| = 1$ und $\mu \in \mathbb{C}$.
- Führe für $m = 1, 2, \ldots$ aus:
  - Löse $(\boldsymbol{A} - \mu\boldsymbol{I})\widetilde{\boldsymbol{z}}^{(m)} = \boldsymbol{z}^{(m-1)}$,
  - $\lambda^{(m)} = \|\widetilde{\boldsymbol{z}}^{(m)}\|$,
  - $\boldsymbol{z}^{(m)} = \frac{\widetilde{\boldsymbol{z}}^{(m)}}{\lambda^{(m)}}$,
  - $\nu^{(m)} = \langle \boldsymbol{z}^{(m)}, \boldsymbol{A}\boldsymbol{z}^{(m)} \rangle$.

Selbstfrage 9

Machen Sie sich folgende Eigenschaft der inversen Iteration klar: Während mit $\lambda^{(m)}$ eine Folge vorliegt, die gegen den Eigenwert $\frac{1}{\lambda_i - \mu}$ konvergiert, strebt die Folge $\nu^{(m)}$ gegen den gesuchten Eigenwert λ_i.

Mit dieser Vorgehensweise können theoretisch alle Eigenwerte einer Matrix bestimmt werden, wenn geeignete Startwerte μ vorliegen. Zur Initialisierung dieser Größe können die bereits untersuchten Methoden zur Eigenwerteinschließung genutzt werden.

Tab. 6.3 Konvergenz der inversen Iteration

	Startparameter		
	$\mu = 4$	$\mu = 1$	$\mu = -2$
m	$\nu_1^{(m)}$	$\nu_2^{(m)}$	$\nu_3^{(m)}$
1	3.2695	2.1132	−0.4340
10	3.0049	2.4493	−2.4499
20	3.0001	2.4495	−2.4495

Beispiel Betrachten wir die bereits aus dem Beispiel gemäß S. 180 bekannte Matrix

$$A = \begin{pmatrix} 2 & 0 & 2 \\ 1 & 3 & 0 \\ 1 & 0 & -2 \end{pmatrix} \in \mathbb{R}^{3\times 3}, \tag{6.17}$$

so erkennt man durch die Gerschgorin-Kreise laut Abb. 6.4 zwei Wegzusammenhangskomponenten $K_1 \cup K_2$ und K_3. Unter Berücksichtigung der Kreisabstände wird deutlich, dass sich mit $\mu = -2 \in K_3$ der Eigenwert λ_3 und mit $\mu = 4 \in K_1 \cup K_2$ einer der Eigenwerte λ_1 respektive λ_2 näherungsweise bestimmen. Da wir wissen, dass sich in $K_1 \cup K_2$ zwei Eigenwerte befinden, kann durch Variation des Startwertes zudem versucht werden, den verbleibenden dritten Eigenwert mit der inversen Iteration zu ermitteln. Aus Tab. 6.3 erkennen wir bei Wahl des entsprechenden Parameters $\mu \in \{4, 1, -2\}$ die erhoffte Konvergenz gegen die drei Eigenwerte $\lambda_1 = 3$, $\lambda_2 = \sqrt{6} \approx 2.4495$ und $\lambda_3 = -\sqrt{6} \approx -2.4495$, wobei in allen drei Fällen der Startvektor $z^{(0)} = (1/3, 1/3, 1/3)^T$ genutzt wurde. ◀

Der Preis, den wir für diese Flexibilität zahlen müssen, liegt im erhöhten Rechenbedarf der Methode, da im Vergleich zur verbesserten Potenzmethode bei der inversen Iteration zwei Matrix-Vektor-Multiplikationen anstelle einer dieser rechenzeitintensiven Operationen pro Iteration durchgeführt werden müssen.

Die Rayleigh-Quotienten-Iteration stellt eine Verbesserung der inversen Iteration dar

Die Konvergenzgeschwindigkeit der inversen Iteration ist durch die Kontraktionszahl

$$q = \max_{j\in\{1,\ldots,n\}\setminus\{i\}} \frac{|\lambda_i - \mu|}{|\lambda_j - \mu|} < 1$$

gegeben. Je näher der Startwert μ an λ_1 liegt, desto schnellere Konvergenz darf erwartet werden.

Schon bei der verbesserten Potenzmethode hatten wir den Rayleigh-Quotienten genutzt, der uns eine Beschleunigung der Konvergenz gegen den gesuchten Eigenwert unabhängig von dessen Vorzeichen liefert. Folglich liegt die Idee nahe, anstelle eines konstanten Näherungswertes μ eine Anpassung im Laufe der Iteration vorzunehmen und dabei den ohnehin berechneten Rayleigh-Quotienten $\nu^{(m)}$ zu verwenden.

Rayleigh-Quotienten-Iteration

- Wähle $z^{(0)} \in \mathbb{C}^n$ mit $\|z^{(0)}\| = 1$ und $\nu^{(0)} \in \mathbb{C}$.
- Führe für $m = 1, 2, \ldots$ aus:
  - Löse $(A - \nu^{(m-1)} I)\widetilde{z}^{(m)} = z^{(m-1)}$,
  - $\lambda^{(m)} = \|\widetilde{z}^{(m)}\|$,
  - $z^{(m)} = \frac{\widetilde{z}^{(m)}}{\lambda^{(m)}}$,
  - $\nu^{(m)} = \langle z^{(m)}, A z^{(m)} \rangle$.

Beispiel Wir nutzen die bereits aus vergangenen Untersuchungen bekannte Matrix $A \in \mathbb{R}^{3\times 3}$ gemäß (6.17) mit $\sigma(A) = \{-\sqrt{6}, \sqrt{6}, 3\}$. Die zugehörigen Gerschgorin-Kreise können der auf S. 180 gegebenen Abb. 6.4 entnommen werden. Wir erwarten aus der Kenntnis der Eigenwerte, dass die inverse Iteration für alle $\mu \in \mathbb{R}$ mit $\mu > 3$ gegen den Eigenwert $\lambda = 3$ konvergiert. Um die durch die Rayleigh-Quotienten-Iteration im Vergleich zur inversen Iteration erzielte Verbesserung der Konvergenzgeschwindigkeit zu verdeutlichen, verwenden wir die Spektralverschiebung auf der Grundlage der Startparameter μ respektive $\nu^{(0)} \in \{4, 6\}$, obwohl wir aufgrund der Gerschgorin-Kreise wissen, dass mit $\mu = 6$ beziehungsweise $\nu^{(0)} = 6$ kein optimaler Wert vorliegt. Nichtsdestotrotz können wir mit den genannten Werten das Konvergenzverhalten der beiden Methoden vergleichend studieren.

Genauigkeit	Inverse Iteration		Rayleigh-Quotienten-Iteration	
ε	$\mu = 4$	$\mu = 6$	$\nu^{(0)} = 4$	$\nu^{(0)} = 6$
10^{-2}	9	22	4	4
10^{-6}	30	81	5	5
10^{-10}	51	132	6	6
10^{-14}	72	186	7	7

In der obigen Tabelle sind die von der gewählten Methode und dem betrachteten Startparameter abhängige Anzahl an Iterationen m angegeben, die benötigt werden, um unterhalb einer vorgegebenen Genauigkeit ε zu liegen, d. h.

$$|\nu^{(m)} - 3| \leq \varepsilon$$

zu erfüllen. Aus der Konvergenzstudie wird direkt die höhere Effizienz der Rayleigh-Quotienten-Iteration ersichtlich. Unabhängig vom speziellen Wert des Startparameters liegt wie erwartet eine deutlich schnellere Konvergenz bedingt durch die Anpassung des Shiftparameters $\nu^{(m)}$ vor. Dabei zeigt sich zudem, dass die Rayleigh-Quotienten-Iteration auf eine kleine Variation des Shifts von $\nu^{(0)} = 4$ auf $\nu^{(0)} = 6$ ohne Änderung der Iterationszahl reagiert. Diese Eigenschaft kann natürlich auf größere Variationen nicht übertragen werden. ◀

Achtung Konvergiert die Folge der Näherungswerte $\{\nu^{(m)}\}_{m\in\mathbb{N}}$ innerhalb der Rayleigh-Quotienten-Iteration gegen einen Eigenwert λ der Matrix $\boldsymbol{A}$, so liegt mit $\{\boldsymbol{A} - \nu^{(m)}\boldsymbol{I}\}_{m\in\mathbb{N}}$ eine Matrixfolge vor, die gegen die singuläre Matrix $(\boldsymbol{A} - \lambda\boldsymbol{I})$ konvergiert und somit ein Verfahrensabbruch bei der Lösung des Gleichungssystems zu befürchten ist. Diese Problematik muss bei der praktischen Umsetzung der Methode geeignet berücksichtigt werden. ◀

6.3 Jacobi-Verfahren

Durch die Betrachtung von Potenzen der Matrix $\boldsymbol{A}$ respektive einer durch eine einfache Spektralverschiebung gemäß $\boldsymbol{B} = (\boldsymbol{A} - \mu\boldsymbol{I})^{-1}$ hervorgegangenen Matrix haben wir einzelne Eigenwerte und die entsprechenden Eigenvektoren näherungsweise berechnen können. Wir werden mit dem Jacobi-Verfahren und der anschließenden QR-Methode zwei Algorithmen vorstellen, die simultan alle Eigenwerte einer Matrix berechnen.

Da bei Matrizen in Diagonal- und Dreiecksform die Eigenwerte von der Diagonalen abgelesen werden können, wäre es wünschenswert, die gegebene Matrix $\boldsymbol{A}$ durch eine geeignete Transformation in Diagonal- und Dreiecksgestalt zu überführen. Dabei sind natürlich nur Operationen erlaubt, die die Eigenwerte unverändert lassen.

Liegt mit $\boldsymbol{M} \in \mathbb{C}^{n\times n}$ eine reguläre Matrix vor, so weisen die Matrizen

$$\boldsymbol{A} \in \mathbb{C}^{n\times n} \quad \text{und} \quad \boldsymbol{B} := \boldsymbol{M}^{-1}\boldsymbol{A}\boldsymbol{M} \in \mathbb{C}^{n\times n} \tag{6.18}$$

das gleiche Spektrum auf.

Selbstfrage 10

Machen Sie sich die mit (6.18) verbundene Aussage noch einmal schriftlich klar. In welchem Bezug stehen die Eigenvektoren der Matrizen $\boldsymbol{A}$ und $\boldsymbol{B}$ zueinander?

Nun müssen wir uns nur noch der Frage zuwenden, ob bei beliebiger Matrix $\boldsymbol{A} \in \mathbb{C}^{n\times n}$ eine Transformation auf Dreiecksgestalt gemäß (6.18) möglich ist. Hierzu gibt der folgende Satz Auskunft.

Satz Zu jeder Matrix $\boldsymbol{A} \in \mathbb{C}^{n\times n}$ existiert eine unitäre Matrix $\boldsymbol{Q} \in \mathbb{C}^{n\times n}$ derart, dass

$$\boldsymbol{Q}^*\boldsymbol{A}\boldsymbol{Q}$$

eine rechte obere Dreiecksmatrix darstellt. ◀

Beweis Der Beweis wird mittels einer vollständigen Induktion geführt.

Für $n = 1$ erfüllt $\boldsymbol{Q} = \boldsymbol{I}$ die Behauptung.

Sei die Behauptung für $j = 1, \ldots, n$ erfüllt, dann wähle ein $\lambda \in \sigma(\boldsymbol{A})$ mit zugehörigem Eigenvektor $\widetilde{\boldsymbol{v}}_1 \in \mathbb{C}^{n+1}\setminus\{\boldsymbol{0}\}$. Durch Erweiterung von $\boldsymbol{v}_1 = \widetilde{\boldsymbol{v}}_1/\|\widetilde{\boldsymbol{v}}_1\|_2$ durch $\boldsymbol{v}_2, \ldots, \boldsymbol{v}_{n+1}$ zu einer Orthonormalbasis des $\mathbb{C}^{n+1}$ ergibt sich mit

$$\mathbb{C}^{(n+1)\times(n+1)} \ni \boldsymbol{V} = (\boldsymbol{v}_1 \ldots \boldsymbol{v}_{n+1})$$

die Gleichung

$$\boldsymbol{V}^*\boldsymbol{A}\boldsymbol{V}\boldsymbol{e}_1 = \boldsymbol{V}^*\boldsymbol{A}\boldsymbol{v}_1 = \boldsymbol{V}^*\lambda\boldsymbol{v}_1 = \lambda\boldsymbol{e}_1\,,$$

wobei $\boldsymbol{e}_1 = (1, 0, \ldots, 0)^T \in \mathbb{C}^{n+1}$ gilt. Hiermit folgt

$$\boldsymbol{V}^*\boldsymbol{A}\boldsymbol{V} = \begin{pmatrix} \lambda & \widetilde{\boldsymbol{a}}^T \\ 0 & \\ \vdots & \widetilde{\boldsymbol{A}} \\ 0 & \end{pmatrix} \quad \text{mit } \widetilde{\boldsymbol{A}} \in \mathbb{C}^{n\times n} \text{ und } \widetilde{\boldsymbol{a}} \in \mathbb{C}^n.$$

Zu $\widetilde{\boldsymbol{A}}$ existiert laut Induktionsvoraussetzung eine unitäre Matrix $\widetilde{\boldsymbol{W}} \in \mathbb{C}^{n\times n}$ derart, dass $\widetilde{\boldsymbol{W}}^*\widetilde{\boldsymbol{A}}\widetilde{\boldsymbol{W}}$ eine rechte obere Dreiecksmatrix ist. Mit $\widetilde{\boldsymbol{W}}$ ist auch

$$\boldsymbol{W} = \begin{pmatrix} 1 & 0 \cdots 0 \\ 0 & \\ \vdots & \widetilde{\boldsymbol{W}} \\ 0 & \end{pmatrix}$$

unitär und wir erhalten mit $\boldsymbol{Q} := \boldsymbol{V}\boldsymbol{W} \in \mathbb{C}^{(n+1)\times(n+1)}$ laut Aufgabe 6.7 eine unitäre Matrix, für die einfaches Nachrechnen zeigt, dass $\boldsymbol{Q}^*\boldsymbol{A}\boldsymbol{Q}$ eine rechte obere Dreiecksmatrix darstellt. ■

Offensichtlich ergibt sich aus der obigen Aussage direkt eine Konsequenz für den Fall hermitescher Matrizen.

Folgerung Ist $\boldsymbol{A} \in \mathbb{C}^{n\times n}$ eine hermitesche Matrix, so existiert eine unitäre Matrix $\boldsymbol{Q} \in \mathbb{C}^{n\times n}$ derart, dass

$$\boldsymbol{Q}^*\boldsymbol{A}\boldsymbol{Q} \in \mathbb{R}^{n\times n}$$

eine Diagonalmatrix ist. ◀

Selbstfrage 11

Warum liegt bei einer hermiteschen Matrix $\boldsymbol{A} \in \mathbb{C}^{n\times n}$ innerhalb der obigen Folgerung mit $\boldsymbol{Q}^*\boldsymbol{A}\boldsymbol{Q}$ eine reelle Matrix vor?

Bezogen auf reelle Matrizen müssen wir eine zusätzliche Einschränkung an das Spektrum vornehmen, wenn wir mit einer Transformation mittels orthogonaler Matrizen anstelle unitärer Matrizen auskommen wollen.

Satz Zu jeder Matrix $\boldsymbol{A} \in \mathbb{R}^{n\times n}$ mit $\sigma(\boldsymbol{A}) \subset \mathbb{R}$ existiert eine orthogonale Matrix $\boldsymbol{Q} \in \mathbb{R}^{n\times n}$ derart, dass

$$\boldsymbol{Q}^T\boldsymbol{A}\boldsymbol{Q}$$

eine rechte obere Dreiecksmatrix darstellt. ◀

Beweis Unter Verwendung der Forderung $\sigma(\boldsymbol{A}) \subset \mathbb{R}$ erhalten wir zu jedem Eigenvektor $\boldsymbol{v} \in \mathbb{C}^n \setminus \{\boldsymbol{0}\}$ mit zugehörigem Eigenwert $\lambda \in \mathbb{R}$ wegen $\boldsymbol{v} = \boldsymbol{x} + \mathrm{i}\boldsymbol{y}$, $\boldsymbol{x}, \boldsymbol{y} \in \mathbb{R}^n$ aus

$$\boldsymbol{A}\boldsymbol{x} + \mathrm{i}\boldsymbol{A}\boldsymbol{y} = \boldsymbol{A}\boldsymbol{v} = \lambda\boldsymbol{v} = \lambda\boldsymbol{x} + \mathrm{i}\lambda\boldsymbol{y}$$

die Eigenschaft

$$\boldsymbol{A}\boldsymbol{x} = \lambda\boldsymbol{x} \quad \text{sowie} \quad \boldsymbol{A}\boldsymbol{y} = \lambda\boldsymbol{y}\,.$$

Mit $\boldsymbol{x}$ oder $\boldsymbol{y}$ muss also mindestens ein Eigenvektor aus $\mathbb{R}^n \setminus \{\boldsymbol{0}\}$ vorliegen. Unter Berücksichtigung dieser Eigenschaft ergibt sich der Nachweis im Fall einer reellen Matrix analog zum Vorgehen im komplexen Fall. ■

Betrachten wir eine symmetrische Matrix $\boldsymbol{A} \in \mathbb{R}^{n\times n}$, so ergibt sich für jeden Eigenwert $\lambda \in \sigma(\boldsymbol{A})$ mit zugehörigem Eigenvektor $\boldsymbol{x}$ mit $\|\boldsymbol{x}\|_2 = 1$ aus

$$\begin{aligned}\lambda = \lambda(\boldsymbol{x},\boldsymbol{x}) &= (\boldsymbol{A}\boldsymbol{x},\boldsymbol{x}) = (\boldsymbol{x},\boldsymbol{A}^T\boldsymbol{x})\\ &= \overline{(\boldsymbol{A}^T\boldsymbol{x},\boldsymbol{x})} = \overline{(\boldsymbol{A}\boldsymbol{x},\boldsymbol{x})} = \overline{\lambda}\end{aligned}$$

die Schlussfolgerung $\lambda \in \mathbb{R}$ und demzufolge $\sigma(\boldsymbol{A}) \subset \mathbb{R}$. Analog zum komplexen Fall erhalten wir hiermit das folgende Resultat.

Folgerung Ist $\boldsymbol{A} \in \mathbb{R}^{n\times n}$ eine symmetrische Matrix, so existiert eine orthogonale Matrix $\boldsymbol{Q} \in \mathbb{R}^{n\times n}$ derart, dass

$$\boldsymbol{Q}^T\boldsymbol{A}\boldsymbol{Q} \in \mathbb{R}^{n\times n}$$

eine Diagonalmatrix ist. ◄

Für den Spezialfall einer symmetrischen Matrix $\boldsymbol{A} \in \mathbb{R}^{n\times n}$ liegt mit dem im Weiteren beschriebenen Jacobi-Verfahren eine Methode zur Berechnung aller Eigenwerte und Eigenvektoren vor. Inspiriert durch die obige Folgerung versuchen wir ausgehend von $\boldsymbol{A}^{(0)} = \boldsymbol{A}$ sukzessive Ähnlichkeitstransformationen

$$\boldsymbol{A}^{(k)} = \boldsymbol{Q}_k^T\boldsymbol{A}^{(k-1)}\boldsymbol{Q}_k\,,\ k = 1,2,\ldots$$

mit orthogonalen Matrizen $\boldsymbol{Q}_k \in \mathbb{R}^{n\times n}$ derart durchzuführen, dass

$$\lim_{k\to\infty}\boldsymbol{A}^{(k)} = \boldsymbol{D} \in \mathbb{R}^{n\times n}$$

mit einer Diagonalmatrix $\boldsymbol{D} = \operatorname{diag}\{d_{11},\ldots,d_{nn}\}$ gilt.

Wir nutzen hierzu die orthogonalen Givens-Rotationsmatrizen $\boldsymbol{G}_{pq}(\varphi) \in \mathbb{R}^{n\times n}$ der Form

$$\boldsymbol{G}_{pq}(\varphi) = \begin{pmatrix} 1 &&&&&&&& \\ & \ddots &&&&&&& \\ && 1 &&&&&& \\ &&& \cos\varphi &&& \sin\varphi && \\ &&&& 1 &&&& \\ &&&&& \ddots &&& \\ &&&&&& 1 && \\ &&& -\sin\varphi &&&& \cos\varphi & \\ &&&&&&&& 1 \\ &&&&&&&&& \ddots \\ &&&&&&&&&& 1 \end{pmatrix} \begin{matrix} \\ \\ \\ \leftarrow p \\ \\ \\ \\ \leftarrow q \\ \\ \\ \\ \end{matrix}\,.$$

$\qquad\qquad\qquad\qquad\uparrow p \qquad\qquad \uparrow q$

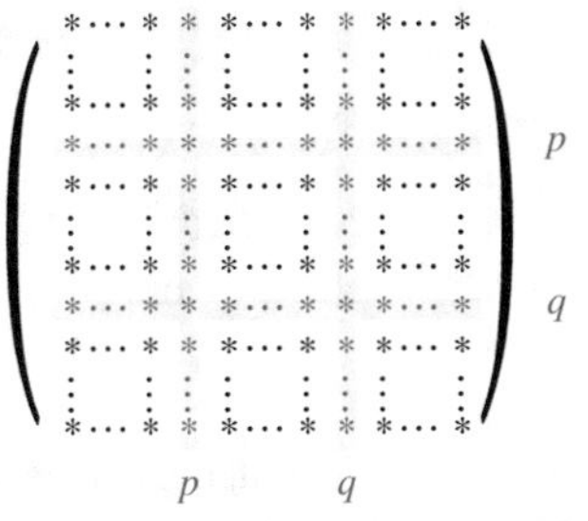

Abb. 6.7 Änderungsbereiche aufgrund der Ähnlichkeitstransformation

Mit der auch als Jacobi-Rotation bezeichneten Givens-Transformation

$$\boldsymbol{A}^{(k)} = \underbrace{\boldsymbol{G}_{pq}(\varphi)^T\boldsymbol{A}^{(k-1)}}_{=:\,\boldsymbol{A}'}\boldsymbol{G}_{pq}(\varphi)$$

erhalten wir die folgenden Zusammenhänge:

(a) Die Matrizen $\boldsymbol{A}' = (a'_{ij})_{i,j=1,\ldots,n}$ und $\boldsymbol{A}^{(k-1)} = (a_{ij}^{(k-1)})_{i,j=1,\ldots,n}$ können sich aufgrund der Multiplikation mit $\boldsymbol{G}_{pq}(\varphi)^T$ von links ausschließlich in der p-ten und q-ten Zeile unterscheiden. Es ergibt sich für $j = 1,\ldots,n$ somit

$$\begin{aligned} a'_{pj} &= a_{pj}^{(k-1)}\cos\varphi - a_{qj}^{(k-1)}\sin\varphi\,,\\ a'_{qj} &= a_{pj}^{(k-1)}\sin\varphi + a_{qj}^{(k-1)}\cos\varphi\,. \end{aligned} \tag{6.19}$$

Die restlichen Matrixeinträge bleiben von der Operation unberührt, womit $a'_{ij} = a_{ij}^{(k-1)}$ für $j = 1,\ldots,n$ und $i \neq p,q$ gilt.

(b) Die Matrizen $\boldsymbol{A}^{(k)} = (a_{ij}^{(k)})_{i,j=1,\ldots,n}$ und $\boldsymbol{A}'$ unterscheiden sich aufgrund der Multiplikation mit $\boldsymbol{G}_{pq}(\varphi)$ von rechts höchstens in der p-ten und q-ten Spalte. Entsprechend zur obigen Überlegung erhalten wir für $i = 1,\ldots,n$

$$\begin{aligned} a_{ip}^{(k)} &= a'_{ip}\cos\varphi - a'_{iq}\sin\varphi\,,\\ a_{iq}^{(k)} &= a'_{ip}\sin\varphi + a'_{iq}\cos\varphi\,, \end{aligned} \tag{6.20}$$

sowie die unveränderten Koeffizienten $a_{ij}^{(k)} = a'_{ij}$ für $i = 1,\ldots,n$ und $j \neq p,q$.

Wegen der Symmetrie der Matrix $\boldsymbol{A}$ erhalten wir durch Einsetzen der Gleichung (6.19) in (6.20) für die in Abb. 6.7 dargestellten Kreuzungspunkte

$$\begin{aligned} a_{pp}^{(k)} &= (a_{pp}^{(k-1)}\cos\varphi - a_{qp}^{(k-1)}\sin\varphi)\cos\varphi\\ &\quad - (a_{pq}^{(k-1)}\cos\varphi - a_{qq}^{(k-1)}\sin\varphi)\sin\varphi\\ &= a_{pp}^{(k-1)}\cos^2\varphi - 2a_{pq}^{(k-1)}\cos\varphi\sin\varphi\\ &\quad + a_{qq}^{(k-1)}\sin^2\varphi \end{aligned}$$

Kapitel 6

$$\begin{aligned} a_{qq}^{(k)} &= a_{pp}^{(k-1)} \sin^2\varphi + 2a_{pq}^{(k-1)} \cos\varphi \sin\varphi \\ &\quad + a_{qq}^{(k-1)} \cos^2\varphi \\ a_{pq}^{(k)} &= (a_{pp}^{(k-1)} - a_{qq}^{(k-1)}) \cos\varphi \sin\varphi \\ &\quad + a_{pq}^{(k-1)} (\cos^2\varphi - \sin^2\varphi) \\ &= a_{qp}^{(k)} . \end{aligned} \tag{6.21}$$

Zunächst können wir o. E. von der Existenz eines Elementes $a_{pq}^{(k-1)} \neq 0$ ausgehen, da sonst mit $\boldsymbol{A}^{(k-1)}$ eine Diagonalmatrix vorliegt und keine weitere Iteration nötig ist. Beim Jacobi-Verfahren berechnen wir den Winkel φ formal so, dass für

$$\boldsymbol{A}^{(k)} = \boldsymbol{Q}_k^T \boldsymbol{A}^{(k-1)} \boldsymbol{Q}_k \text{ mit } \boldsymbol{Q}_k = \boldsymbol{G}_{pq}(\varphi)$$

die Eigenschaft

$$a_{pq}^{(k)} = 0 \tag{6.22}$$

erfüllt ist. Aus (6.21) und (6.22) erhalten wir somit die Forderung

$$(a_{pp}^{(k-1)} - a_{qq}^{(k-1)}) \cos\varphi \sin\varphi + a_{pq}^{(k-1)} (\cos^2\varphi - \sin^2\varphi) = 0 . \tag{6.23}$$

Achtung Im Jacobi-Verfahren benötigen wir nur die Werte für $\sin\varphi$ und $\cos\varphi$. Eine Berechnung der eingehenden Winkel ist daher nur formal und in der konkreten Umsetzung nicht notwendig. ◀

Zur Herleitung einer Verfahrensvorschrift definieren wir unter Berücksichtigung von $a_{pq}^{(k-1)} \neq 0$ die Hilfsgröße

$$\Theta := \frac{a_{qq}^{(k-1)} - a_{pp}^{(k-1)}}{2a_{pq}^{(k-1)}}$$

und erhalten aus (6.23) aufgrund der Additionstheoreme

$$\sin(2\varphi) = 2\cos\varphi \sin\varphi \quad \text{und} \quad \cos(2\varphi) = \cos^2\varphi - \sin^2\varphi$$

die Darstellung

$$\Theta = \frac{\cos^2\varphi - \sin^2\varphi}{2\cos\varphi \sin\varphi} = \frac{\cos(2\varphi)}{\sin(2\varphi)} = \cot(2\varphi) .$$

Selbstfrage 12

Machen Sie sich klar, warum der Ausdruck $\cos\varphi \sin\varphi$ im obigen Nenner stets ungleich null ist.

Mit $t := \tan\varphi$ folgt

$$\begin{aligned} \Theta &= \frac{\cos^2\varphi - \sin^2\varphi}{2\cos\varphi \sin\varphi} = \frac{1}{2}\left(\frac{\cos\varphi}{\sin\varphi} - \frac{\sin\varphi}{\cos\varphi}\right) \\ &= \frac{1}{2}\left(\frac{1}{t} - t\right) = \frac{1-t^2}{2t} \end{aligned}$$

und somit $0 = t^2 + 2\Theta t - 1$ respektive

$$t_{1,2} = -\Theta \pm \sqrt{\Theta^2 + 1} = \frac{1}{\Theta \pm \sqrt{\Theta^2+1}} .$$

Wir wählen die betragskleinere Lösung, wodurch sich

$$t = \tan\varphi = \begin{cases} \dfrac{1}{\Theta + \operatorname{sgn}(\Theta)\sqrt{\Theta^2+1}}, & \text{falls } \Theta \neq 0 \\ 1, & \text{falls } \Theta = 0 . \end{cases}$$

ergibt. Diese Festlegung besitzt den Vorteil, dass keine numerische Auslöschung im Nenner auftreten kann. Des Weiteren gilt $-1 < \tan\varphi \leq 1$, womit sich $-\frac{\pi}{4} < \varphi \leq \frac{\pi}{4}$ ergibt. Aus $t = \tan\varphi$ erhalten wir folglich

$$\cos\varphi = \frac{1}{\sqrt{1+t^2}} \quad \text{und} \quad \sin\varphi = t\cos\varphi .$$

Zur Festlegung des Verfahrens muss abschließend die Wahl der Indizes p, q angegeben werden. An dieser Stelle unterscheiden sich die einzelnen Varianten des Jacobi-Verfahrens.

Das klassische Jacobi-Verfahren basiert auf dem betragsgrößten Nichtdiagonalelement

Beim klassischen Jacobi-Verfahren wählen wir $p, q \in \{1, \ldots, n\}$ mit $p > q$ derart, dass

$$|a_{pq}^{(k-1)}| = \max_{i>j} |a_{ij}^{(k-1)}|$$

gilt.

Achtung Obwohl die Festlegung der Indizes in der obigen Form nicht eindeutig ist, werden wir im Folgenden sehen, dass sich hierdurch keine Auswirkung auf die Konvergenz der Methode ergibt. ◀

Klassisches Jacobi-Verfahren

- Setze $\boldsymbol{A}^{(0)} = \boldsymbol{A}$
- Für $k = 1, 2, \ldots$
  - Ermittle ein Indexpaar (p, q) mit
    $$|a_{pq}^{(k-1)}| = \max_{i>j} |a_{ij}^{(k-1)}| .$$
  - Berechne
    $$\Theta = \frac{a_{qq}^{(k-1)} - a_{pp}^{(k-1)}}{2a_{pq}^{(k-1)}}$$
    und setze
    $$t = \begin{cases} \dfrac{1}{\Theta + \operatorname{sgn}(\Theta)\sqrt{\Theta^2+1}}, & \text{falls } \Theta \neq 0 , \\ 1, & \text{falls } \Theta = 0 . \end{cases}$$
  - Berechne $\cos\varphi = \frac{1}{\sqrt{1+t^2}}$ und $\sin\varphi = t\cos\varphi$.
  - Setze $\boldsymbol{A}^{(k)} = \boldsymbol{G}_{pq}^T(\varphi) \boldsymbol{A}^{(k-1)} \boldsymbol{G}_{pq}(\varphi)$.

Hintergrund und Ausblick: Aufwandsreduktion und Stabilisierung beim Jacobi-Verfahren

Bei der praktischen Umsetzung des Jacobi-Verfahrens sollte einerseits die Symmetrie der Matrizen $A^{(k)}$ berücksichtigt und folglich nur der linke oder rechte Dreiecksanteil der jeweiligen Matrizen berechnet und gespeichert werden. Andererseits können weitere Umformungen genutzt werden, die eine Reduktion der arithmetischen Operationen bei der Bestimmung der veränderten Diagonalelemente bewirken und zudem in der praktischen Anwendung eine Stabilisierung bezüglich der Auswirkungen von Rundungsfehlern mit sich bringen.

Mit (6.21) startend schreiben wir unter Verwendung von $\cos^2\varphi = 1 - \sin^2\varphi$ das Diagonalelement $a_{pp}^{(k)}$ in der Form

$$a_{pp}^{(k)} = a_{pp}^{(k-1)} - 2a_{pq}^{(k-1)}\cos\varphi\sin\varphi + \big(a_{qq}^{(k-1)} - a_{pp}^{(k-1)}\big)\sin^2\varphi.$$

Aufgrund der Forderung (6.23) ergibt sich

$$(a_{qq}^{(k-1)} - a_{pp}^{(k-1)}) = -a_{pq}^{(k-1)}\frac{\cos^2\varphi - \sin^2\varphi}{\cos\varphi\sin\varphi},$$

womit direkt

$$a_{pp}^{(k)} = a_{pp}^{(k-1)} - a_{pq}^{(k-1)}\left(\left(2\cos\varphi - \frac{\cos^2\varphi - \sin^2\varphi}{\cos\varphi}\right)\sin\varphi\right)$$

folgt. Unter Berücksichtigung von

$$\left(2\cos\varphi - \frac{\cos^2\varphi - \sin^2\varphi}{\cos\varphi}\right)\sin\varphi = \frac{\cos^2\varphi\sin\varphi + \sin^2\varphi\sin\varphi}{\cos\varphi} = \frac{\sin\varphi}{\cos\varphi} = \tan\varphi = t$$

erhalten wir die effiziente Berechnungsvorschrift

$$a_{pp}^{(k)} = a_{pp}^{(k-1)} + t a_{pq}^{(k-1)}.$$

Analog ergibt sich

$$a_{qq}^{(k)} = a_{qq}^{(k-1)} - t a_{pq}^{(k-1)}.$$

Für die Nichtdiagonalelemente liefert die Festlegung $\omega = \frac{\sin\varphi}{1+\cos\varphi}$ wegen $1 - \omega\sin\varphi = \cos\varphi$ aus (6.19) die Darstellung

$$\begin{aligned} a'_{pj} &= a_{pj}^{(k-1)} - \sin\varphi\big(a_{qj}^{(k-1)} + \omega a_{pj}^{(k-1)}\big), \\ a'_{qj} &= a_{qj}^{(k-1)} + \sin\varphi\big(a_{qj}^{(k-1)} - \omega a_{pj}^{(k-1)}\big) \end{aligned} \tag{6.24}$$

mit $j = 1, \ldots, n$, wobei $j \neq p$ respektive $j \neq q$ berücksichtigt werden muss. Entsprechend erhalten wir aus (6.20) die Berechnungsvorschrift

$$\begin{aligned} a_{ip}^{(k)} &= a'_{ip} - \sin\varphi\big(a'_{iq} + \omega a'_{ip}\big), \\ a_{iq}^{(k)} &= a'_{iq} + \sin\varphi\big(a'_{iq} - \omega a'_{ip}\big) \end{aligned} \tag{6.25}$$

für $i = 1, \ldots, n$ mit $i \neq p$ respektive $i \neq q$.

Die Auswirkung jedes einzelnen Transformationsschrittes ist ausschließlich auf zwei Zeilen und zwei Spalten begrenzt. Zudem ist es möglich, dass Matrixelemente, die bereits den Wert null angenommen haben, ihren Betrag in einem späteren Iterationsschritt wieder vergrößern. Dennoch werden wir im Folgenden sehen, dass die im klassischen Jacobi-Verfahren ermittelten Diagonalelemente gegen die Eigenwerte der Ausgangsmatrix streben.

Satz zur Konvergenz des Jacobi-Verfahrens

Für jede symmetrische Matrix $\boldsymbol{A} \in \mathbb{R}^{n\times n}$ mit $n \geq 2$ konvergiert die Folge der durch das klassische Jacobi-Verfahren erzeugten, zueinander ähnlichen Matrizen

$$\boldsymbol{A}^{(k)} = \boldsymbol{Q}_k^T \boldsymbol{A}^{(k-1)} \boldsymbol{Q}_k$$

gegen eine Diagonalmatrix $\boldsymbol{D}$.

Bei Gültigkeit der obigen Behauptung können die Eigenwerte der Matrix $\boldsymbol{A}$ der Diagonalen der Matrix

$$\boldsymbol{D} = \lim_{k\to\infty} \boldsymbol{A}^{(k)}$$

entnommen werden. Die zugehörigen Eigenvektoren sind durch die Spalten der orthogonalen Matrix

$$\boldsymbol{Q} = \left(\lim_{k\to\infty}\prod_{i=1}^{k} \boldsymbol{Q}_i\right)^T$$

gegeben.

Beweis Wir nutzen ein Maß für die Abweichung der Matrix $\boldsymbol{A}^{(k)}$ von einer Diagonalmatrix. Hierzu sei $\boldsymbol{D}^{(k)} = \operatorname{diag}\{a_{11}^{(k)}, \ldots, a_{nn}^{(k)}\} \in \mathbb{R}^{n\times n}$, und wir definieren unter Verwendung der Frobeniusnorm

$$S(\boldsymbol{A}^{(k)}) = \|\boldsymbol{A}^{(k)} - \boldsymbol{D}^{(k)}\|_F^2 = \sum_{i=1}^{n}\sum_{\substack{j=1\\ j\neq i}}^{n} \left(a_{ij}^{(k)}\right)^2$$

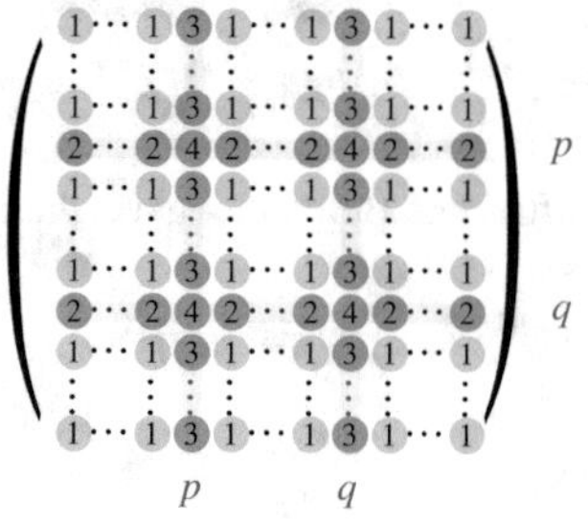

Abb. 6.8 Variationsgruppen innerhalb der Ähnlichkeitstransformation

für $k = 1, 2, 3, \ldots$ Die Grundidee des Beweises liegt nun im Nachweis, dass $S(\boldsymbol{A}^{(k)})$ bezüglich k eine monoton fallende Nullfolge bildet.

Die Matrizen $\boldsymbol{A}^{(k)}$ und $\boldsymbol{A}^{(k-1)}$ unterscheiden sich maximal in den q-ten sowie p-ten Spalten und Zeilen. Zudem erhalten wir für $i \neq p, q$ unter Verwendung von (6.20) und (6.19)

$$\begin{aligned} & a_{ip}^{(k)^2} + a_{iq}^{(k)^2} \\ &= a_{ip}'^2 \cos^2\varphi - 2a_{ip}'a_{iq}' \sin\varphi\cos\varphi + a_{iq}'^2 \sin^2\varphi \\ &\quad + a_{iq}'^2 \cos^2\varphi + 2a_{ip}'a_{iq}' \sin\varphi\cos\varphi + a_{ip}'^2 \sin^2\varphi \\ &= a_{ip}'^2 + a_{iq}'^2 = a_{ip}^{(k-1)^2} + a_{iq}^{(k-1)^2} . \end{aligned}$$

Analog ergibt sich für $j \neq p, q$

$$a_{pj}^{(k)^2} + a_{qj}^{(k)^2} = a_{pj}^{(k-1)^2} + a_{qj}^{(k-1)^2} .$$

Für $k = 1, 2, \ldots$ erhalten wir in Bezug auf die in Abb. 6.8 dargestellten Variationsgruppen den Zusammenhang

$$\begin{aligned} S(\boldsymbol{A}^{(k)}) &= \underbrace{\sum_{\substack{i=1 \\ i\neq p,q}}^{n} \sum_{\substack{j=1 \\ j\neq i,p,q}}^{n} a_{ij}^{(k)^2}}_{①} + \underbrace{\sum_{\substack{j=1 \\ j\neq p,q}}^{n} \left(a_{pj}^{(k)^2} + a_{qj}^{(k)^2}\right)}_{②} \\ &\quad + \underbrace{\sum_{\substack{i=1 \\ i\neq p,q}}^{n} \left(a_{ip}^{(k)^2} + a_{iq}^{(k)^2}\right)}_{③} + \underbrace{2a_{pq}^{(k)^2}}_{④} \\ &= S(\boldsymbol{A}^{(k-1)}) - 2\underbrace{a_{pq}^{(k-1)^2}}_{>0} + 2\underbrace{a_{pq}^{(k)^2}}_{=0} \\ &= S(\boldsymbol{A}^{(k-1)}) - 2a_{pq}^{(k-1)^2} . \end{aligned}$$

Wegen

$$|a_{pq}^{(k-1)}| = \max_{i>j} |a_{ij}^{(k-1)}|$$

folgt

$$S(\boldsymbol{A}^{(k-1)}) \leq (n^2 - n) a_{pq}^{(k-1)^2} .$$

Somit erhalten wir

$$\begin{aligned} S(\boldsymbol{A}^{(k)}) &= S(\boldsymbol{A}^{(k-1)}) - 2a_{pq}^{(k-1)^2} \\ &\leq \left(1 - \frac{2}{n^2 - n}\right) S(\boldsymbol{A}^{(k-1)}) \\ &\leq \left(1 - \frac{2}{n^2 - n}\right)^k S(\boldsymbol{A}^{(0)}) , \end{aligned} \tag{6.26}$$

was für festes $n \geq 2$ wegen $\lim_{k\to\infty} \left(1 - \frac{2}{n^2-n}\right)^k = 0$ direkt

$$\lim_{k\to\infty} S(\boldsymbol{A}^{(k)}) = 0$$

nach sich zieht. ■

Das klassische Jacobi-Verfahren konvergiert nach der obigen Abschätzung (6.26) mindestens linear mit der Kontraktionszahl q gemäß

$$0 \leq q(n) = \left(1 - \frac{2}{n^2 - n}\right) < 1 .$$

Leider ist q als Funktion der Zeilen- respektive Spaltenzahl n der Matrix $\boldsymbol{A}$ streng monoton steigend mit $\lim_{n\to\infty} q(n) = 1$, sodass eine sich mit wachsender Dimension des Problems verschlechternde Konvergenz zu befürchten ist. Für eine symmetrische Matrix $\boldsymbol{A} \in \mathbb{R}^{2\times 2}$ existiert mit $a_{2,1}$ lediglich ein Element in der unteren Dreieckshälfte, womit bereits mit $\boldsymbol{A}^{(1)}$ eine Diagonalmatrix vorliegen muss. Dieser Sachverhalt wird auch durch die Ungleichung (6.26) mit

$$S(\boldsymbol{A}^{(1)}) \leq \underbrace{\left(1 - \frac{2}{2^2 - 2}\right)}_{=0} S(\boldsymbol{A}^{(0)}) = 0$$

bestätigt. Hierbei stellt sich die Frage, wie viele Iterationen k bei einer gegebenen Matrix $\boldsymbol{A}$ ausreichend sind, damit das Maß $S(\boldsymbol{A}^{(k)})$ gesichert unter einer gegebene Genauigkeitsschranke $\varepsilon > 0$ liegt. Unter Ausnutzung von (6.26) erhalten wir mit

$$\left(1 - \frac{2}{n^2 - n}\right)^k S(\boldsymbol{A}) < \varepsilon$$

eine hinreichende Bedingung. Falls $\boldsymbol{A}$ keine Diagonalmatrix darstellt, folgt durch Auflösung nach der Iterationszahl k die Ungleichung

$$k > \frac{\ln\left(\frac{\varepsilon}{S(\boldsymbol{A})}\right)}{\ln\left(1 - \frac{2}{n^2 - n}\right)} .$$

Verwenden wir die Potenzreihenentwicklung

$$\ln(1 + x) = \sum_{k=0}^{\infty} (-1)^k \frac{x^{k+1}}{k+1} \quad \text{für} \quad -1 < x \leq 1 ,$$

so folgt

$$\frac{1}{\ln\left(1 - \frac{2}{n^2 - n}\right)} = -\frac{n^2 - n}{2} + \mathcal{O}(1) \quad \text{für} \quad n \to \infty$$

und somit bezogen auf die Matrixdimension eine hinreichende Iterationszahl k in der Größenordnung $\mathcal{O}(n^2)$, um die vorgegebene Genauigkeit zu erreichen. Bezüglich der Genauigkeitsschranke liegt der Aufwand bei fester Dimension bei $\mathcal{O}(\ln \varepsilon)$. Mit $S(\boldsymbol{A}^{(k)})$ kann zudem eine A-priori-Abschätzung der Abweichung der Diagonalelemente der Matrix $\boldsymbol{A}^{(k)}$ von den Eigenwerten der Matrix $\boldsymbol{A}$ gegeben werden.

Selbstfrage 13

Ist Ihnen wirklich klar, warum

$$\frac{1}{\ln\left(1 - \frac{2}{n^2 - n}\right)} = \mathcal{O}\left(n^2\right) \text{ für } n \to \infty$$

gilt? Bleiben Sie kritisch und überprüfen Sie diesen Sachverhalt lieber noch einmal mit Bleistift und Papier.

Satz

Für eine gegebene symmetrische Matrix $\boldsymbol{A} \in \mathbb{R}^{n \times n}$ sei $\boldsymbol{A}^{(k)}$ die nach k Iterationen des Jacobi-Verfahrens erzeugte Matrix. Dann lässt sich die mittlere Abweichung der Diagonalelemente $a_{ii}^{(k)}$ von den Eigenwerten $\lambda_i \in \sigma(\boldsymbol{A})$, $i = 1, \ldots, n$ in der Form

$$\frac{1}{n} \sum_{i=1}^{n} |\lambda_i - a_{ii}^{(k)}| \leq \sqrt{\left(1 - \frac{1}{n}\right) S\left(\boldsymbol{A}^{(k)}\right)}$$

abschätzen.

Beweis Berücksichtigen wir die im Kontext der Normäquivalenz vorliegende Ungleichung $\|\boldsymbol{x}\|_1 \leq \sqrt{n^2 - n}\|\boldsymbol{x}\|_2$ für alle $\boldsymbol{x} \in \mathbb{R}^{n^2 - n}$, so ergibt sich aus dem Satz von Gerschgorin die Schlussfolgerung

$$\begin{aligned} \sum_{i=1}^{n} |\lambda_i - a_{ii}^{(k)}| &\leq \sum_{i=1}^{n} \sum_{j=1, j \neq i}^{n} |a_{ij}^{(k)}| \\ &\leq \sqrt{n^2 - n} \sqrt{\sum_{i,j=1, j \neq i}^{n} \left(a_{ij}^{(k)}\right)^2} \\ &= \sqrt{n^2 - n} \sqrt{S\left(\boldsymbol{A}^{(k)}\right)}, \end{aligned} \tag{6.27}$$

womit die Behauptung nachgewiesen ist. ∎

Mit der Abschätzung (6.26) kann die im obigen Satz aufgeführte Fehlerschranke auch auf die Ausgangsmatrix bezogen werden. In diesem Fall ergibt sich die Darstellung

$$\frac{1}{n} \sum_{i=1}^{n} |\lambda_i - a_{ii}^{(k)}| \leq \sqrt{\left(1 - \frac{1}{n}\right) \left(1 - \frac{2}{n^2 - n}\right)^k S(\boldsymbol{A})}\,.$$

Selbstfrage 14

Können Sie entsprechend der für die mittlere Abweichung vollzogenen Argumentation die Aussage

$$\max_{i=1,\ldots,n} |\lambda_i - a_{ii}^{(k)}| \leq \sqrt{(n-1) S\left(\boldsymbol{A}^{(k)}\right)} \tag{6.28}$$

herleiten?

Beispiel Wir werden an dieser Stelle das Konvergenzverhalten des klassischen Jacobi-Verfahrens beispielhaft an der symmetrischen Matrix

$$\boldsymbol{A} = \begin{pmatrix} 16 & 9 & 15 & 7 & 2 \\ 9 & 19 & 19 & 5 & 6 \\ 15 & 19 & 45 & 13 & 10 \\ 7 & 5 & 13 & 5 & 2 \\ 2 & 6 & 10 & 2 & 4 \end{pmatrix} \in \mathbb{R}^{5 \times 5}. \tag{6.29}$$

untersuchen. In Abhängigkeit von der Iterationszahl k sind sowohl die auf vier Nachkommastellen gerundeten Diagonalelemente der Matrix $\boldsymbol{A}^{(k)}$ als auch das Maß $S(\boldsymbol{A}^{(k)})$ für die Abweichung der Matrix von einer Diagonalmatrix angegeben. Die letzte Spalte repräsentiert zudem die in (6.28) dargestellte Schranke für die maximale Differenz der Diagonalelemente von den exakten Eigenwerten.

Die in Tab. 6.4 aufgeführten Werte zeigen bei dieser Matrix einen sehr schnellen Übergang zu einer Diagonalmatrix. Es liegt bereits nach 20 Iterationen eine sehr hohe Genauigkeit bei der Approximation der Eigenwerte vor und spätestens nach 30 Iterationen ist die Maschinengenauigkeit erreicht. ◀

Neben der Abschätzung der hinreichenden Iterationszahl stellt sich im Hinblick auf den Gesamtaufwand auch die Frage nach den arithmetischen Operationen pro Iteration. Unabhängig von den benutzten Berechnungsvorschriften (6.19) und (6.20) respektive (6.24) und (6.25) ergibt sich stets ein Aufwand an

Tab. 6.4 Konvergenz des klassischen Jacobi-Verfahrens

k	$a_{1,1}^{(k)}$	$a_{2,2}^{(k)}$	$a_{3,3}^{(k)}$	$a_{4,4}^{(k)}$	$a_{5,5}^{(k)}$	$S(\boldsymbol{A}^{(k)})$	$2\sqrt{S(\boldsymbol{A}^{(k)})}$
0	16.0000	19.0000	45.0000	5.0000	4.0000	2108	91.8
10	10.4362	9.3289	67.7756	0.3029	1.1564	$1.0 \cdot 10^{-1}$	$6.4 \cdot 10^{-1}$
20	10.4380	9.3293	67.7760	0.3024	1.1543	$8.8 \cdot 10^{-8}$	$5.9 \cdot 10^{-4}$
30	10.4380	9.3293	67.7760	0.3024	1.1543	$5.0 \cdot 10^{-25}$	$1.4 \cdot 10^{-12}$

Tab. 6.5 Konvergenz des zyklischen Jacobi-Verfahrens

k	$a_{1,1}^{(k)}$	$a_{2,2}^{(k)}$	$a_{3,3}^{(k)}$	$a_{4,4}^{(k)}$	$a_{5,5}^{(k)}$	$S(\boldsymbol{A}^{(k)})$	$2\sqrt{S(\boldsymbol{A}^{(k)})}$
0	16.0000	19.0000	45.0000	5.0000	4.0000	2108	91.8
10	9.7703	10.2022	67.1231	0.6951	1.2093	84.40	18.33
20	9.3421	10.4252	67.7760	0.3025	1.1543	$3.3 \cdot 10^{-2}$	$3.6 \cdot 10^{-1}$
30	9.3293	10.4380	67.7760	0.3024	1.1543	$3.2 \cdot 10^{-10}$	$3.6 \cdot 10^{-5}$
40	9.3293	10.4380	67.7760	0.3024	1.1543	$9.3 \cdot 10^{-32}$	$6.1 \cdot 10^{-16}$

arithmetischen Operationen in der Größenordnung $\mathcal{O}(n)$, sodass sich für die vorgegebene Genauigkeit bezogen auf $S\left(\boldsymbol{A}^{(k)}\right)$ der Aufwand in der Größenordnung $\mathcal{O}\left(n^3\right)$ bewegt. Bei dieser Überlegung gehen wir jedoch davon aus, dass die Kenntnis über das zu nutzende Indexpaar (p,q) ohne Rechenaufwand vorliegt. Bei dem klassischen Jacobi-Verfahren müssen bei naiver Umsetzung leider stets $\frac{n^2-n}{2} - 1$ Vergleiche zur Bestimmung des Indexpaares vorgenommen werden. Die Anzahl kann zwar ab $\boldsymbol{A}^{(1)}$ um eins verringert werden, wenn man das in der zuvor vorgenommenen Rotation annullierte Element vernachlässigt, sie liegt aber natürlich dennoch immer bei $\mathcal{O}\left(n^2\right)$ Operationen pro Iteration. Damit ergibt sich wegen der Indexsuche ein mit insgesamt $\mathcal{O}\left(n^4\right)$ Operationen für großes n sehr hoher Rechenaufwand.

Das zyklische Jacobi-Verfahren bringt Rechenzeitersparnis pro Iteration

Aufgrund des hohen Rechenaufwandes zur Ermittlung des Indexpaares (p,q) innerhalb des klassischen Jacobi-Verfahrens scheint es lohnend zu sein, sich über andere Strategien zur Festlegung dieser Werte Gedanken zu machen. Eine sehr einfache Möglichkeit wird im Rahmen des zyklischen Jacobi-Verfahrens vorgeschlagen. Unabhängig von der Größe der Matrixeinträge werden diese der Reihenfolge nach verwendet, wobei man die Spalten von links nach rechts und innerhalb der Spalten die Unterdiagonalelemente der Matrix von oben nach unten durchläuft. Dabei überspringt man lediglich die Matrixelemente, die ohnehin bereits den Wert null aufweisen.

Es sei an dieser Stelle nur erwähnt, dass auch das zyklische Jacobi-Verfahren eine Matrixfolge $\{\boldsymbol{A}^{(k)}\}_{k\in\mathbb{N}_0}$ liefert, deren Grenzelement für $k \to \infty$ eine Diagonalmatrix ist.

Zyklisches Jacobi-Verfahren

- Setze $\boldsymbol{A}^{(0)} = \boldsymbol{A}$ und $k = 1$
  - Für $q = 1,\ldots,n-1$
    - Für $p = q+1,\ldots,n$
      - Falls $a_{pq}^{(k-1)} \neq 0$ berechne

$$\Theta = \frac{a_{qq}^{(k-1)} - a_{pp}^{(k-1)}}{2a_{pq}^{(k-1)}}$$

und setze

$$t = \begin{cases} \dfrac{1}{\Theta + \operatorname{sgn}(\Theta)\sqrt{\Theta^2+1}}, & \text{falls } \Theta \neq 0\,, \\ 1\,, & \text{falls } \Theta = 0\,. \end{cases}$$

- Berechne $\cos\varphi = \frac{1}{\sqrt{1+t^2}}$ und $\sin\varphi = t\cos\varphi$.
- Setze $\boldsymbol{A}^{(k)} = \boldsymbol{G}_{pq}^T(\varphi)\boldsymbol{A}^{(k-1)}\boldsymbol{G}_{pq}(\varphi)$.
- Erhöhe k um eins.

Beispiel Wir gehen analog z. B. gemäß S. 195 vor und nutzen wiederum die bereits bei der Analyse des klassischen Jacobi-Verfahrens eingesetzte Matrix laut (6.29). Der Tab. 6.5 können wir das prognostizierte Verhalten des zyklischen Jacobi-Verfahrens sehr gut entnehmen. Auch bei der zyklischen Variante des Grundverfahrens stellen wir eine Konvergenz gegen eine Diagonalmatrix anhand des Konvergenzmaßes $S(\boldsymbol{A}^{(k)})$ fest, wobei jedoch wie erwartet eine im Vergleich zum klassischen Jacobi-Verfahren höhere Anzahl an Iterationen benötigt wird. Auf einen Rechenzeitvergleich wird hierbei aufgrund der kleinen Dimension der betrachteten Matrix verzichtet. ◀

6.4 QR-Verfahren

Die im Jacobi-Verfahren vorgenommene iterative Folge von Ähnlichkeitstransformationen einer symmetrischen Matrix $\boldsymbol{A} \in \mathbb{R}^{n\times n}$ wollen wir in diesem Abschnitt auf den allgemeinen Fall einer beliebigen quadratischen Matrix $\boldsymbol{A} \in \mathbb{C}^{n\times n}$ übertragen.

Aus dem auf S. 190 aufgeführten Satz wissen wir, dass eine Ähnlichkeitstransformation jeder Matrix $\boldsymbol{A} \in \mathbb{C}^{n\times n}$ mittels einer unitären Matrix $\boldsymbol{Q} \in \mathbb{C}^{n\times n}$ auf obere Dreiecksgestalt möglich ist. Offensichtlich existiert bei einer unsymmetrischen Matrix $\boldsymbol{A} \in \mathbb{R}^{n\times n}$ keine Kombination aus einer orthogonalen Matrix $\boldsymbol{Q} \in \mathbb{R}^{n\times n}$ und einer Diagonalmatrix $\boldsymbol{D} \in \mathbb{R}^{n\times n}$ mit $\boldsymbol{Q}^T\boldsymbol{A}\boldsymbol{Q} = \boldsymbol{D}$, da wegen $\boldsymbol{A} = \boldsymbol{Q}\boldsymbol{D}\boldsymbol{Q}^T$ sonst mit $\boldsymbol{A} = \boldsymbol{A}^T$ ein Widerspruch zur vorausgesetzten Unsymmetrie der Matrix $\boldsymbol{A}$ vorliegen würde.

Für die Berechnung der Eigenwerte $\lambda_1,\ldots,\lambda_n$ ist ohnehin eine Überführung in Dreiecksgestalt ausreichend. Lediglich die zugehörigen Eigenvektoren $\boldsymbol{v}_1,\ldots,\boldsymbol{v}_n$ sind in diesem Fall nicht mehr als Spalten der Matrix $\boldsymbol{Q}$ ablesbar und müssen gesondert, beispielsweise durch Lösung der Gleichungssysteme $(\boldsymbol{A} - \lambda_i \boldsymbol{I})\boldsymbol{v}_i = \boldsymbol{0}$, ermittelt werden.

Wir werden mit dem QR-Verfahren eine in der Praxis sehr häufig genutzte Methode vorstellen und deren Eigenschaften diskutieren.

In der Grundform lässt sich der QR-Algorithmus wie folgt schreiben. Warten Sie die algorithmische Umsetzung aber noch ab, denn wir werden im Weiteren eine in der Regel deutlich effizientere Modifikation dieser Methode kennenlernen.

QR-Verfahren

- Setze $\boldsymbol{A}^{(0)} = \boldsymbol{A}$
- Für $k = 0, 1, \ldots$
  - Ermittle eine QR-Zerlegung von $\boldsymbol{A}^{(k)}$, d. h.

$$\boldsymbol{A}^{(k)} = \boldsymbol{Q}_k \boldsymbol{R}_k \,, \tag{6.30}$$

  - und setze

$$\boldsymbol{A}^{(k+1)} = \boldsymbol{R}_k \boldsymbol{Q}_k \,. \tag{6.31}$$

Auf den ersten Blick ist es sicherlich nicht so leicht erkennbar, dass es sich bei jeder Iteration dieser Methode tatsächlich um eine Ähnlichkeitstransformation mit der unitären Matrix $\boldsymbol{Q}_k$ handelt und unter welchen Voraussetzungen an die Ausgangsmatrix $\boldsymbol{A}$ wir überhaupt eine Konvergenz von $\boldsymbol{A}^{(k)}$ gegen eine Dreiecksmatrix erwarten dürfen.

Beispiel Um an dieser Stelle zumindest eine Hoffnung zu erhalten, dass mit dem oben angegebenen QR-Verfahren überhaupt eine sinnvolle Vorgehensweise vorliegt, betrachten wir unsere bereits aus dem Abschnitt zum Jacobi-Verfahren bekannte Beispielmatrix

$$\boldsymbol{A} = \begin{pmatrix} 16 & 9 & 15 & 7 & 2 \\ 9 & 19 & 19 & 5 & 6 \\ 15 & 19 & 45 & 13 & 10 \\ 7 & 5 & 13 & 5 & 2 \\ 2 & 6 & 10 & 2 & 4 \end{pmatrix} \in \mathbb{R}^{5\times 5}.$$

Gerundet auf drei Nachkommastellen erhalten wir nach zwei Iterationen die Matrix

$$\boldsymbol{A}^{(2)} = \begin{pmatrix} 67.565 & 2.909 & 1.905 & 0.001 & 0.000 \\ 2.909 & 10.029 & 0.652 & -0.047 & 0.007 \\ 1.905 & 0.652 & 9.950 & 0.003 & 0.001 \\ 0.001 & -0.047 & 0.003 & 1.128 & -0.147 \\ 0.000 & 0.007 & 0.001 & -0.147 & 0.329 \end{pmatrix},$$

und es lässt sich jetzt bereits aufgrund der symmetrischen Ausgangsmatrix ein Übergang zu einer Diagonalmatrix erahnen. Schauen Sie noch einmal z. B. auf S. 195 respektive S. 196 und vergleichen Sie die in den dortigen Tabellen aufgeführten Eigenwerte mit den Diagonalelementen der Matrix $\boldsymbol{A}^{(2)}$. Die Näherungen stimmen uns hoffnungsvoll, und spätestens nach 5 Iterationen ist unser Vertrauen in den vorliegenden Algorithmus durch Betrachtung der Matrix

$$\boldsymbol{A}^{(5)} = \begin{pmatrix} 67.776 & 0.011 & 0.006 & 0.000 & 0.000 \\ 0.011 & 10.062 & 0.525 & 0.000 & 0.000 \\ 0.006 & 0.525 & 9.705 & 0.000 & 0.000 \\ 0.000 & 0.000 & 0.000 & 1.154 & -0.003 \\ 0.000 & 0.000 & 0.000 & -0.003 & 0.302 \end{pmatrix}$$

gewachsen. Es scheint also sinnvoll zu sein, dieses Verfahren einer näheren Analyse zu unterziehen. ◀

Selbstfrage 15

Der zentrale Punkt des Verfahrens liegt in der QR-Zerlegung der Matrizen $\boldsymbol{A}^{(k)}$. Ist das Verfahren wohldefiniert, d. h., existiert eine solche Zerlegung wirklich immer?

Ein Rückblick auf die in Abschn. 5.1 zur Berechnung einer QR-Zerlegung vorgestellten Methoden nach Householder, Givens oder Gram-Schmidt lässt schnell ein Effizienzproblem erahnen. Unabhängig von dem gewählten Verfahren liegt üblicherweise ein Rechenaufwand in der Größenordnung von $\mathcal{O}\left(n^3\right)$ Operationen pro Schleifendurchlauf vor, sodass wir bei der noch unbekannten und evtl. auch sehr hohen Iterationszahl m einen mit $\mathcal{O}\left(m \cdot n^3\right)$ sehr hohen Gesamtaufwand zu befürchten haben. Wir müssen uns daher neben den bereits erwähnten Fragestellungen auch der Steigerung der Effizienz zuwenden.

Sehr einfach lässt sich mit dem folgenden Satz die Eigenschaft nachweisen, dass alle im QR-Verfahren ermittelten Matrizen $\boldsymbol{A}^{(k)}$ aus einer Ähnlichkeitstransformation der Matrix $\boldsymbol{A}$ hervorgehen.

Satz

Für die Ausgangsmatrix $\boldsymbol{A} \in \mathbb{C}^{n\times n}$ seien $\boldsymbol{A}^{(k+1)}$ und $\boldsymbol{Q}_k$, $k = 0, 1, \ldots$ die im QR-Verfahren erzeugten Matrizen. Dann gilt

$$\boldsymbol{A}^{(k+1)} = \boldsymbol{Q}^* \boldsymbol{A} \boldsymbol{Q}, \quad k = 0, 1, \ldots$$

mit der unitären Matrix $\boldsymbol{Q} = \boldsymbol{Q}_0 \cdot \ldots \cdot \boldsymbol{Q}_k$.

Beweis Zunächst ergeben sich mit (6.30) und (6.31) die Darstellungen

$$\boldsymbol{A}^{(k+1)} = \boldsymbol{R}_k \boldsymbol{Q}_k \quad \text{und} \quad \boldsymbol{R}_k = \boldsymbol{Q}_k^* \boldsymbol{A}^{(k)},$$

womit

$$\boldsymbol{A}^{(k+1)} = \boldsymbol{Q}_k^* \boldsymbol{A}^{(k)} \boldsymbol{Q}_k$$

folgt. Sukzessives Anwenden dieses Zusammenhangs liefert unter Berücksichtigung von $\boldsymbol{A} = \boldsymbol{A}^{(0)}$ die behauptete Identität gemäß

$$\begin{aligned} \boldsymbol{A}^{(k+1)} &= \boldsymbol{Q}_k^* \dots \boldsymbol{Q}_0^* \boldsymbol{A}^{(0)} \boldsymbol{Q}_0 \dots \boldsymbol{Q}_k \\ &= (\boldsymbol{Q}_0 \dots \boldsymbol{Q}_k)^* \boldsymbol{A}^{(0)} \boldsymbol{Q}_0 \dots \boldsymbol{Q}_k \\ &= \boldsymbol{Q}^* \boldsymbol{A} \boldsymbol{Q} . \end{aligned}$$

Wie wir der Aufgabe 6.7 entnehmen können, sind Produkte unitärer Matrizen wiederum unitär, womit die Eigenschaft der Matrix $\boldsymbol{Q}$ nachgewiesen ist. ■

Wir werden uns nun mit der Frage befassen, wann $\boldsymbol{A}^{(k)}$ für $k \to \infty$ gegen eine rechte obere Dreiecksmatrix konvergiert und somit die Eigenwerte von $\boldsymbol{A}$ der Diagonalen von $\boldsymbol{A}^{(k)}$ für großes k näherungsweise entnommen werden können. Um zunächst zumindest eine Vorahnung für diesen Sachverhalt zu erhalten, nutzen wir die auf dem folgenden Lemma beruhende Beziehung des QR-Verfahrens zur Potenzmethode.

Achtung Unterscheiden Sie stets die Iterierten $\boldsymbol{A}^{(k)}$ des QR-Verfahrens von der k-ten Potenz der Matrix $\boldsymbol{A}$, die wir wie üblich mit $\boldsymbol{A}^k$ bezeichnen. ◄

Lemma Für die Ausgangsmatrix $\boldsymbol{A} \in \mathbb{C}^{n\times n}$ seien $\boldsymbol{Q}_k$ und $\boldsymbol{R}_k$, $k = 0, 1, \dots$ die im QR-Verfahren erzeugten Matrizen. Dann gilt für $k = 0, 1, \dots$ die Darstellung

$$\prod_{j=0}^{k} \boldsymbol{A} = \boldsymbol{A}^{k+1} = \boldsymbol{Q}_0 \boldsymbol{Q}_1 \cdot \ldots \cdot \boldsymbol{Q}_k \boldsymbol{R}_k \boldsymbol{R}_{k-1} \cdot \ldots \cdot \boldsymbol{R}_0 . \quad (6.32)$$

◄

Beweis Wir führen den Nachweis mittels Induktion.

Induktionsanfang:

Für $k = 0$ gilt

$$\boldsymbol{A} = \prod_{j=0}^{0} \boldsymbol{A} = \boldsymbol{A}^{(0)} = \boldsymbol{Q}_0 \boldsymbol{R}_0 .$$

Induktionsannahme und Induktionsschritt:

Sei die Aussage für ein $k \in \mathbb{N}_0$ erfüllt, dann folgt mit (6.30), (6.31) unter Verwendung des auf S. 197 nachgewiesenen Satzes die Darstellung

$$\boldsymbol{Q}_{k+1} \boldsymbol{R}_{k+1} = \boldsymbol{A}^{(k+1)} = (\boldsymbol{Q}_0 \cdot \ldots \cdot \boldsymbol{Q}_k)^* \boldsymbol{A} (\boldsymbol{Q}_0 \cdot \ldots \cdot \boldsymbol{Q}_k) .$$

Hierdurch ergibt sich

$$\boldsymbol{Q}_0 \cdot \ldots \cdot \boldsymbol{Q}_k \boldsymbol{Q}_{k+1} \boldsymbol{R}_{k+1} = \boldsymbol{A} (\boldsymbol{Q}_0 \cdot \ldots \cdot \boldsymbol{Q}_k) ,$$

und wir erhalten mit der Induktionsannahme die gesuchte Aussage

$$\begin{aligned} &\boldsymbol{Q}_0 \cdot \ldots \cdot \boldsymbol{Q}_{k+1} \boldsymbol{R}_{k+1} \boldsymbol{R}_k \cdot \ldots \cdot \boldsymbol{R}_0 \\ &= \boldsymbol{A} (\boldsymbol{Q}_0 \cdot \ldots \cdot \boldsymbol{Q}_k)(\boldsymbol{R}_k \cdot \ldots \cdot \boldsymbol{R}_0) = \boldsymbol{A} \prod_{j=0}^{k} \boldsymbol{A} = \boldsymbol{A}^{k+2} . \end{aligned}$$

■

Auf der Grundlage des obigen Lemmas wollen wir vor dem konkreten Nachweis der Konvergenz des QR-Verfahrens eine leicht verständliche Heuristik dieser Eigenschaft liefern, die uns gleichzeitig einen Zusammenhang zur Potenzmethode verdeutlicht. Mit (6.32) gilt

$$\boldsymbol{A}^{k+1} = \underbrace{(\boldsymbol{Q}_0 \cdot \ldots \cdot \boldsymbol{Q}_k)}_{=: \widetilde{\boldsymbol{Q}}_k} \underbrace{(\boldsymbol{R}_k \cdot \ldots \cdot \boldsymbol{R}_0)}_{=: \widetilde{\boldsymbol{R}}_k} = \widetilde{\boldsymbol{Q}}_k \widetilde{\boldsymbol{R}}_k$$

und wir erhalten

$$\boldsymbol{A}^{k+1} \boldsymbol{e}_1 = \widetilde{\boldsymbol{Q}}_k \widetilde{\boldsymbol{R}}_k \boldsymbol{e}_1 = \widetilde{\boldsymbol{Q}}_k \widetilde{r}_{11}^{(k)} \boldsymbol{e}_1 = \widetilde{r}_{11}^{(k)} \widetilde{\boldsymbol{q}}_1^{(k)} ,$$

wobei $\widetilde{r}_{11}^{(k)} = (\widetilde{\boldsymbol{R}}_k)_{11}$ gilt und $\widetilde{\boldsymbol{q}}_1^{(k)}$ die erste Spalte von $\widetilde{\boldsymbol{Q}}_k$ ist. Die erste Spalte der Matrix $\boldsymbol{A}^{k+1}$ stellt folglich für alle $k \in \mathbb{N}_0$ ein Vielfaches des ersten Spaltenvektors der unitären Matrix $\widetilde{\boldsymbol{Q}}_k$ dar. Somit darf unter den, bei der Potenzmethode vorgenommenen Annahmen an den Vektor $\boldsymbol{e}_1$ erwartet werden, dass $\lim_{k\to\infty} \widetilde{\boldsymbol{q}}_1^{(k)} = \boldsymbol{v}_1$ gilt, wobei $\boldsymbol{v}_1$ den Eigenvektor zum betragsmäßig größten Eigenwert λ_1 der Matrix $\boldsymbol{A}$ repräsentiert. Mit dem obigen Lemma können wir daher eine Beziehung zur Matrixfolge $\{\boldsymbol{A}^{(k)}\}_{k\in\mathbb{N}_0}$ herstellen, denn es gilt für hinreichend große k der Zusammenhang

$$\boldsymbol{A}^{(k+1)} \boldsymbol{e}_1 = \widetilde{\boldsymbol{Q}}_k^* \boldsymbol{A} \widetilde{\boldsymbol{Q}}_k \boldsymbol{e}_1 = \widetilde{\boldsymbol{Q}}_k^* \boldsymbol{A} \widetilde{\boldsymbol{q}}_1^{(k)} \approx \lambda_1 \widetilde{\boldsymbol{Q}}_k^* \widetilde{\boldsymbol{q}}_1^{(k)} = \lambda_1 \boldsymbol{e}_1$$

und folglich

$$\boldsymbol{A}^{(k+1)} \approx \begin{pmatrix} \lambda_1 & \cdots \\ 0 & \cdots \\ \vdots & \cdots \\ 0 & \cdots \end{pmatrix} .$$

Im Fall der Konvergenz weist das Grenzelement der Folge $\{\boldsymbol{A}^{(k)}\}_{k\in\mathbb{N}_0}$ somit in der ersten Spalte die Struktur einer rechten oberen Dreiecksmatrix auf, und der Diagonaleintrag stimmt mit dem Eigenwert von $\boldsymbol{A}$ überein.

Satz zur Konvergenz des QR-Verfahrens

Für die Eigenwerte $\lambda_1, \dots, \lambda_n$ der diagonalisierbaren Matrix $\boldsymbol{A} \in \mathbb{C}^{n\times n}$ gelte

$$|\lambda_1| > |\lambda_2| > \ldots > |\lambda_n| > 0.$$

Für die aus den zugehörigen Eigenvektoren gebildete Matrix $\boldsymbol{V} = (\boldsymbol{v}_1, \dots, \boldsymbol{v}_n)$ existiere eine LR-Zerlegung von $\boldsymbol{V}^{-1}$. Dann konvergiert die Folge der Matrizen $\boldsymbol{A}^{(k)}$ des QR-Verfahrens gegen eine rechte obere Dreiecksmatrix $\boldsymbol{R}$, für deren Diagonalelemente $r_{ii} = \lambda_i$, $i = 1, \dots, n$ gilt.

Erinnern Sie sich daran, dass Eigenvektoren zu paarweise verschiedenen Eigenwerten linear unabhängig sind? Damit ist die Existenz der Matrix V^{-1} gesichert.

Beweis Die Grundidee zum Nachweis der Behauptung beruht auf einer additiven Zerlegung $A^{(k)} = \widetilde{R}_k + \widetilde{F}_k$ mit einer rechten oberen Dreiecksmatrix $\widetilde{R}_k$ derart, dass für die Differenzmatrix $\widetilde{F}_k \in \mathbb{C}^{n\times n}$ die Eigenschaft $\widetilde{F}_k \to \mathbf{0}$, für $k \to \infty$ gilt.

Wegen $A^{(k)} = Q_k R_k$ wollen wir nun eine neue Darstellung des Produktes $Q_k R_k$ gewinnen. Seien

$$\widetilde{R}_{k-1} = R_{k-1} \cdot \ldots \cdot R_0\,, \quad \widetilde{Q}_{k-1} = Q_0 \cdot \ldots \cdot Q_{k-1}$$

und $D = \operatorname{diag}\{\lambda_1, \ldots, \lambda_n\}$ die aus den Eigenwerten der Matrix A gebildete Diagonalmatrix. Dann erhalten wir aus dem obigen Lemma unter Verwendung einer LR-Zerlegung

$$V^{-1} = LU$$

mit einer rechten oberen Dreiecksmatrix U und einer linken unteren Dreiecksmatrix L, die o. E. $l_{ii} = 1$ erfüllt, die Darstellung

$$\begin{aligned}\widetilde{Q}_{k-1}\widetilde{R}_{k-1} &= A^k = (VDV^{-1})^k \\ &= VD^kV^{-1} = VD^kLU \\ &= VD^kLD^{-k}D^kU = V_kD^kU\end{aligned}$$

mit der regulären Matrix

$$V_k = VD^kLD^{-k}\,. \qquad (6.33)$$

Sei

$$V_k = P_kW_k \qquad (6.34)$$

eine QR-Zerlegung mit einer regulären oberen Dreiecksmatrix W_k, dann ist W_kD^kU ebenfalls eine rechte obere Dreiecksmatrix und folglich

$$A^k = P_kW_kD^kU$$

eine weitere QR-Zerlegung von A^k. Laut Abschn. 5.1, S. 135 unterscheiden sich die beiden QR-Zerlegungen nur durch eine unitäre Diagonalmatrix S_k, d. h., es gilt

$$\widetilde{Q}_{k-1} = P_kS_k^* \text{ und } \widetilde{R}_{k-1} = S_kW_kD^kU\,.$$

Schreiben wir

$$\begin{aligned}Q_k &= (Q_0 \cdot \ldots \cdot Q_{k-1})^*(Q_0 \cdot \ldots \cdot Q_{k-1}Q_k) \\ &= \widetilde{Q}_{k-1}^* \cdot \widetilde{Q}_k = S_kP_k^*P_{k+1}S_{k+1}^*\end{aligned}$$

und berücksichtigen zudem die Darstellung

$$\begin{aligned}R_k &= (R_kR_{k-1} \cdot \ldots \cdot R_0)(R_{k-1} \cdot \ldots \cdot R_0)^{-1} \\ &= \widetilde{R}_k\widetilde{R}_{k-1}^{-1} = S_{k+1}W_{k+1}D^{k+1}UU^{-1}D^{-k}W_k^{-1}S_k^* \\ &= S_{k+1}W_{k+1}DW_k^{-1}S_k^*\,,\end{aligned}$$

so erhalten wir mit (6.34) die Gleichung

$$\begin{aligned}A^{(k)} = Q_kR_k &= S_kP_k^*P_{k+1}\underbrace{S_{k+1}^*S_{k+1}}_{=I}W_{k+1}DW_k^{-1}S_k^* \\ &= S_kW_kW_k^{-1}P_k^*P_{k+1}W_{k+1}DW_k^{-1}S_k^* \\ &= S_kW_kV_k^{-1}V_{k+1}DW_k^{-1}S_k^*\,.\end{aligned}$$

Wegen $|\lambda_i/\lambda_j| < 1$ für $i > j$ folgt für die Komponenten der Matrix D^kLD^{-k} die Darstellung

$$(D^kLD^{-k})_{ij} = \begin{cases} 0, & \text{für } i < j \\ 1, & \text{für } i = j \\ \mathcal{O}(q^k), k \to \infty, & \text{für } i > j \end{cases} \qquad (6.35)$$

für ein q mit $0 < q < 1$. Aufgrund dieser Betrachtungen sehen wir

$$V_k = VD^kLD^{-k} = V + E_k$$

mit der auch in Aufgabe 6.5 belegten Eigenschaft

$$\|E_k\|_2 = \mathcal{O}(q^k),\ k \to \infty\,. \qquad (6.36)$$

Damit folgt

$$V_k^{-1}V_{k+1} = (V + E_k)^{-1}(V + E_{k+1}) = I + F_k$$

mit $\|F_k\|_2 = \mathcal{O}(q^k), k \to \infty$, und es ergibt sich die eingangs erwähnte additive Zerlegung durch

$$A^{(k)} = \underbrace{S_kW_kDW_k^{-1}S_k^*}_{=:\widetilde{R}_k} + \underbrace{S_kW_kF_kDW_k^{-1}S_k^*}_{=:\widetilde{F}_k}\,. \qquad (6.37)$$

Da P_k und S_k unitär sind, gilt laut Aufgabe 5.6

$$\|W_k\|_2 = \|P_kW_k\|_2 = \|V_k\|_2$$

und

$$\|W_k^{-1}\|_2 = \|W_k^{-1}P_k^*\|_2 = \|(P_kW_k)^{-1}\|_2 = \|V_k^{-1}\|_2\,.$$

Damit ergibt sich für den zweiten Term in (6.37) die Abschätzung

$$\begin{aligned}&\|S_kW_kF_kDW_k^{-1}S_k^*\|_2 \\ &= \|W_kF_kDW_k^{-1}\|_2 \le \underbrace{\|W_k\|_2 \cdot \|W_k^{-1}\|_2}_{=\|V_k\|_2\cdot\|V_k^{-1}\|_2}\|D\|_2\|F_k\|_2 \\ &= \operatorname{cond}_2(V_k)|\lambda_1|\|F_k\|_2 = \operatorname{cond}_2(V_k)\mathcal{O}(q^k),\ k \to \infty\,.\end{aligned}$$

Wegen (6.35) in Kombination mit (6.33) folgt

$$V_k \to V \text{ für } k \to \infty\,,$$

sodass

$$\operatorname{cond}_2(V_k) = \mathcal{O}(1) \text{ für } k \to \infty$$

gilt. Hiermit erhalten wir

$$\|\widetilde{F}_k\|_2 = \|S_kW_kF_kDW_k^{-1}S_k^*\|_2 = \mathcal{O}(q^k),\ k \to \infty$$

und es gilt daher

$$\lim_{k\to\infty}\left(A^{(k)} - \widetilde{R}_k\right) = \lim_{k\to\infty} \widetilde{F}_k = \mathbf{0}.$$

Die Elemente der Matrixfolge $\widetilde{R}_k$ stellen als Produkte oberer Dreiecksmatrizen stets eine obere Dreiecksmatrix dar. Da D und $\widetilde{R}_k$ zudem mittels einer Ähnlichkeitstransformation ineinander überführbar sind, weisen beide Matrizen gleiche Eigenwerte auf. Diese liegen sowohl bei D als auch bei $\widetilde{R}_k$ auf der Diagonalen, weshalb keine Abhängigkeit vom Iterationsindex k vorliegen kann und die Behauptung nachgewiesen ist. ■

Selbstfrage 16

Ist Ihnen die Schlussfolgerung $\|E_k\|_2 = \mathcal{O}(q^k), k \to \infty$ in der Gleichung (6.36) wirklich klar? Falls nein, nehmen Sie Bleistift und Papier und lösen Sie die Aufgabe 6.5

Beispiel Nachdem wir das QR-Verfahren in einem ersten Beispiel auf die aus dem Abschnitt zum Jacobi-Verfahren bekannte Matrix angewandt haben, wollen wir uns an dieser Stelle einer unsymmetrischen Matrix zuwenden und betrachten hierzu

$$A = \begin{pmatrix} 1 & 3 & 4 & 3 & 2 \\ 6 & 26 & 40 & 22 & 20 \\ 2 & 10 & 34 & 14 & 14 \\ 6 & 22 & 56 & 30 & 32 \\ 1 & 5 & 14 & 8 & 32 \end{pmatrix} \in \mathbb{R}^{5\times 5}. \tag{6.38}$$

Aufgrund der Unsymmetrie können wir keine Transformation auf eine Diagonalmatrix erwarten, sondern entsprechend dem obigen Satz erhoffen wir uns eine Überführung in eine obere Dreiecksmatrix. Nach fünf Iterationen liefert das QR-Verfahren bis auf drei Nachkommastellen die Matrix

$$A^{(5)} = \begin{pmatrix} 87.604 & 25.750 & 22.058 & -44.897 & 17.354 \\ 0.039 & 22.279 & -4.150 & -0.751 & -0.354 \\ 0.000 & -0.774 & 10.001 & -3.4054 & 0.584 \\ 0.000 & 0.043 & -0.082 & 3.026 & -0.007 \\ 0.000 & 0.000 & 0.000 & 0.000 & 0.090 \end{pmatrix},$$

aus der wir schon eine Tendenz in Richtung einer oberen Dreiecksmatrix erkennen können. Mit weiteren 15 Iterationen sind wir im Rahmen unserer Darstellungsgenauigkeit am Ziel angelangt und können der Diagonalen der Matrix

$$A^{(20)} = \begin{pmatrix} 87.620 & 24.174 & 24.087 & -44.707 & 17.353 \\ 0.000 & 22.522 & -3.374 & -0.593 & -0.400 \\ 0.000 & 0.000 & 9.777 & -3.373 & 0.560 \\ 0.000 & 0.000 & 0.000 & 2.991 & 0.000 \\ 0.000 & 0.000 & 0.000 & 0.000 & 0.090 \end{pmatrix}$$

die gesuchten Eigenwerte der Ausgangsmatrix A entnehmen. ◀

Wie bereits kurz angesprochen, liegt das Problem der bisherigen Formulierung des QR-Verfahrens in der üblicherweise sehr aufwendigen Berechnung einer QR-Zerlegung innerhalb jeder Iteration. Daher ist es vorteilhaft, die Matrix A zunächst durch eine unitäre Transformation auf eine hierfür praktische Gestalt zu bringen. Mit der Givens-Methode kann eine QR-Zerlegung einer oberen Hessenbergmatrix $H \in \mathbb{C}^{n\times n}$ mit nur $n-1$ Givens-Rotationen erzielt werden. Es erscheint daher sinnvoll, die Matrix A zunächst durch eine Ähnlichkeitstransformation in eine derartige Form zu überführen. Es wird sich im Folgenden zeigen, dass hierzu besonders die sog. Householder-Matrizen geeignet sind, die wir bereits in Abschn. 5.1 kennengelernt haben.

Satz

Jede Matrix $A \in \mathbb{C}^{n\times n}$ kann unter Verwendung von $n-2$ Householder-Transformationen auf obere Hessenbergform überführt werden. Das heißt, mit $n-2$ Householder-Matrizen $P_1, \ldots, P_{n-2}$ kann eine unitäre Matrix Q derart definiert werden, dass

$$H = Q^* A Q$$

eine Hessenbergmatrix darstellt.

Selbstfrage 17

Welche Grundidee liegt bei der Householder-Transformation vor? Dieses Wissen wird Ihnen im folgenden Beweis sehr hilfreich sein.

Beweis Wir erbringen den Nachweis durch vollständige Induktion.

Induktionsanfang:

Für $j = 1$ schreiben wir

$$A_1 = A = \left(\begin{array}{c|c} a_{11}^{(1)} & b_1^* \\ \hline z_1 & \widetilde{A}_1 \end{array}\right)$$

mit $z_1, b_1 \in \mathbb{C}^{n-1}$ und $\widetilde{A}_1 \in \mathbb{C}^{(n-1)\times(n-1)}$. Im Fall, dass z_1 ein komplexes oder reelles Vielfaches des ersten Koordinateneinheitsvektors $e_1 = (1, 0, \ldots, 0)^T \in \mathbb{C}^{n-1}$ darstellt, ist keine Transformation notwendig, und wir setzen formal $Q_1 = I \in \mathbb{C}^{n\times n}$. Ansonsten definieren wir unter Verwendung von

$$\alpha_1 = \begin{cases} \frac{(z_1)_1}{|(z_1)_1|}\|z_1\|_2, & \text{falls } (z_1)_1 \neq 0, \\ \|z_1\|_2 & \text{sonst}, \end{cases}$$

den Vektor

$$v_1 = \frac{z_1 + \alpha_1 e_1}{\|z_1 + \alpha_1 e_1\|_2} \in \mathbb{C}^{n-1}$$

und betrachten die unitäre Matrix

$$Q_1 = \left(\begin{array}{c|ccc} 1 & 0 & \cdots & 0 \\ \hline 0 & & & \\ \vdots & & P_1^* & \\ 0 & & & \end{array}\right) \in \mathbb{C}^{n\times n}$$

mit

$$P_1 = I - \left(1 + \frac{z_1^* v_1}{v_1^* z_1}\right) v_1 v_1^* \in \mathbb{C}^{(n-1)\times(n-1)}.$$

Hiermit folgt unter Berücksichtigung von $P_1 z_1 = -\alpha_1 e_1$ die Darstellung

$$A_2 := \underbrace{\left(\begin{array}{c|c} 1 & 0\cdots 0 \\ \hline 0 & \\ \vdots & P_1 \\ 0 & \end{array}\right)}_{=Q_1^*} \underbrace{\left(\begin{array}{c|c} a_{11}^{(1)} & b_1^* \\ \hline z_1 & \widetilde{A}_1 \end{array}\right)}_{=A} \underbrace{\left(\begin{array}{c|c} 1 & 0\cdots 0 \\ \hline 0 & \\ \vdots & P_1^* \\ 0 & \end{array}\right)}_{=Q_1}$$

$$= \left(\begin{array}{c|c} a_{11}^{(1)} & b_1^* P_1^* \\ \hline P_1 z_1 & P_1 \widetilde{A}_1 P_1^* \end{array}\right) = \left(\begin{array}{c|c} a_{11}^{(1)} & (P_1 b_1)^* \\ \hline -\alpha_1 & \\ 0 & \\ \vdots & \widetilde{A}_2 \\ 0 & \end{array}\right),$$

womit der Induktionsanfang nachgewiesen ist.

Induktionsannahme:

Es existiert eine unitäre Matrix $Q \in \mathbb{C}^{n\times n}$ derart, dass sich für ein $j \in \{2,\ldots,n-2\}$ die Matrix A_j in der Form

$$A_j = \left(\begin{array}{ccc|c|ccc} a_{11}^{(j)} & \cdots & \cdots & \cdots & \cdots & \cdots & a_{1n}^{(j)} \\ a_{21}^{(j)} & \ddots & & & & & \vdots \\ & \ddots & a_{j-1,j-1}^{(j)} & \cdots & \cdots & \cdots & a_{j-1,n}^{(j)} \\ \hline & & a_{j,j-1}^{(j)} & a_{jj}^{(j)} & & b_j^* & \\ \hline & & & z_j & & \widetilde{A}_j & \end{array}\right)$$

mit $z_j, b_j \in \mathbb{C}^{n-j}$ und $\widetilde{A}_j \in \mathbb{C}^{(n-j)\times(n-j)}$ schreiben lässt.

Induktionsschritt:

Analog zum Induktionsanfang setzen wir $Q_j = I \in \mathbb{C}^{n\times n}$, falls $z_j = \alpha e_j$ mit $e_j = (1,0,\ldots,0)^T \in \mathbb{C}^{n-j}$ gilt. Andernfalls definieren wir

$$v_j = \frac{z_j + \alpha_j e_j}{\|z_j + \alpha_j e_j\|_2} \in \mathbb{C}^{n-j}$$

mit

$$\alpha_j = \begin{cases} \frac{(z_j)_1}{|(z_j)_1|}\|z_j\|_2, & \text{falls } (z_j)_1 \neq 0, \\ \|z_j\|_2 & \text{sonst.} \end{cases}$$

Hiermit legen wir analog zur obigen Vorgehensweise die unitäre Matrix

$$Q_j = \left(\begin{array}{c|c} I & 0 \\ \hline 0 & P_j^* \end{array}\right) \in C^{n\times n}$$

mit

$$P_j = I - \left(1 + \frac{z_j^* v_j}{v_j^* z_j}\right) v_j v_j^* \in C^{(n-j)\times(n-j)}$$

fest, und der Induktionsschritt folgt wegen $P_j z_j = -\alpha_j e_j$ aus

$$A_{j+1} = Q_j^* A_j Q_j = \left(\begin{array}{c|c} I & 0 \\ \hline 0 & P_j \end{array}\right) A_j \left(\begin{array}{c|c} I & 0 \\ \hline 0 & P_j^* \end{array}\right)$$

$$= \left(\begin{array}{ccc|c|ccc} a_{11}^{(j+1)} & \cdots & \cdots & \cdots & \cdots & & a_{1n}^{(j+1)} \\ a_{21}^{(j+1)} & \ddots & & & & & \vdots \\ & \ddots & a_{jj}^{(j+1)} & \cdots & \cdots & & a_{jn}^{(j+1)} \\ \hline & & a_{j+1,j}^{(j+1)} & a_{j+1,j+1}^{(j+1)} & \cdots & & a_{j+1,n}^{(j+1)} \\ \hline & & & z_{j+1} & & \widetilde{A}_{j+1} & \end{array}\right).$$

■

Ausgehend von einer Hessenbergmatrix

$$H = Q^* A Q = \begin{pmatrix} h_{11} & \cdots & \cdots & h_{1n} \\ h_{21} & \ddots & & \vdots \\ & \ddots & \ddots & \vdots \\ 0 & & h_{n,n-1} & h_{nn} \end{pmatrix} \in \mathbb{C}^{n\times n}$$

kann eine QR-Zerlegung von H leicht mittels $n-1$ Givens-Rotationen gemäß

$$R = G_{n,n-1} \cdot \ldots \cdot G_{32} G_{21} H$$

erzielt werden. Wir erhalten hiermit

$$H = QR \text{ mit } Q = (G_{n,n-1} \cdot \ldots \cdot G_{21})^*.$$

Beispiel Anhand der bereits im Beispiel auf S. 200 genutzten Matrix wollen wir die Überführung auf obere Hessenbergform schrittweise betrachten. Startend mit

$$\boldsymbol{A} = \begin{pmatrix} 1 & 3 & 4 & 3 & 2 \\ 6 & 26 & 40 & 22 & 20 \\ 2 & 10 & 34 & 14 & 14 \\ 6 & 22 & 56 & 30 & 32 \\ 1 & 5 & 14 & 8 & 32 \end{pmatrix} \in \mathbb{R}^{5\times 5}$$

ergibt sich die Matrixfolge

$$\boldsymbol{A}^{(1)} = \begin{pmatrix} 1.000 & -5.242 & 2.884 & -0.347 & 1.442 \\ -8.775 & 73.429 & -60.218 & 4.646 & -35.009 \\ 0 & -9.830 & 16.881 & 0.991 & 4.777 \\ 0 & -4.191 & 9.150 & 4.495 & 6.585 \\ 0 & -7.764 & 5.055 & 0.338 & 27.196 \end{pmatrix},$$

$$\boldsymbol{A}^{(2)} = \begin{pmatrix} 1.000 & -5.242 & -2.884 & -1.396 & -0.502 \\ -8.775 & 73.429 & 63.918 & 27.228 & 6.824 \\ 0 & 13.209 & 27.184 & 5.937 & -6.256 \\ 0 & 0 & -4.308 & 2.606 & -0.589 \\ 0 & 0 & -5.408 & -0.530 & 18.782 \end{pmatrix}$$

und

$$\boldsymbol{A}^{(3)} = \begin{pmatrix} 1.000 & -5.242 & -2.884 & 1.263 & 0.780 \\ -8.775 & 73.429 & 63.918 & -22.302 & -17.046 \\ 0 & 13.209 & 27.184 & 1.194 & -8.541 \\ 0 & 0 & 6.914 & 11.958 & -7.979 \\ 0 & 0 & 0 & -8.038 & 9.430 \end{pmatrix}.$$

Wie nachgewiesen liegt nach drei Iterationen mit $\boldsymbol{H} = \boldsymbol{A}^{(3)}$ die gewünschte Hessenbergmatrix vor. ◀

Für den QR-Algorithmus laut (6.30), (6.31) ist es von grundlegender Bedeutung, dass ausgehend von einer Hessenbergmatrix $\boldsymbol{H}^{(k)}$ und einer QR-Zerlegung durch Givens-Matrizen

$$\boldsymbol{H}^{(k)} = \boldsymbol{Q}_k \boldsymbol{R}_k$$

mit

$$\boldsymbol{H}^{(k+1)} = \boldsymbol{R}_k \boldsymbol{Q}_k$$

wiederum eine Hessenbergmatrix vorliegt, da ansonsten innerhalb jedes Iterationsschrittes eine erneute unitäre Transformation durchgeführt werden müsste, um die vorteilhafte Struktur der Matrix wieder zu erlangen.

Mit

$$\boldsymbol{H}^{(k+1)} = \begin{pmatrix} r_{11} & \cdots & r_{1n} \\ & \ddots & \vdots \\ & & r_{nn} \end{pmatrix} \underbrace{\begin{pmatrix} \overline{g}_{11} & \overline{g}_{21} & \\ \overline{g}_{12} & \overline{g}_{22} & \\ & & \boldsymbol{I} \end{pmatrix}}_{= \boldsymbol{G}_{21}^*} \boldsymbol{G}_{32}^* \cdot \ldots \cdot \boldsymbol{G}_{n,n-1}^*$$

$$= \begin{pmatrix} r_{11}^{(1)} & \cdots & \cdots & \cdots & r_{1n}^{(1)} \\ r_{21}^{(1)} & r_{22}^{(1)} & \cdots & \cdots & r_{2n}^{(1)} \\ & & r_{33}^{(1)} & \cdots & r_{3n}^{(1)} \\ & \boldsymbol{0} & & \ddots & \vdots \\ & & & & r_{nn}^{(1)} \end{pmatrix} \boldsymbol{G}_{32}^* \cdot \ldots \cdot \boldsymbol{G}_{n,n-1}^*$$

$$= \begin{pmatrix} r_{11}^{(2)} & \cdots & \cdots & \cdots & \cdots & r_{1n}^{(2)} \\ r_{21}^{(2)} & r_{22}^{(2)} & \cdots & \cdots & \cdots & r_{2n}^{(2)} \\ & r_{32}^{(2)} & r_{33}^{(2)} & \cdots & \cdots & r_{3n}^{(2)} \\ & & & r_{44}^{(2)} & \cdots & r_{4n}^{(2)} \\ & \boldsymbol{0} & & & \ddots & \vdots \\ & & & & & r_{nn}^{(2)} \end{pmatrix} \boldsymbol{G}_{43}^* \cdot \ldots \cdot \boldsymbol{G}_{n,n-1}^*$$

$$= \ldots = \begin{pmatrix} r_{11}^{(n-1)} & \cdots & \cdots & r_{1n}^{(n-1)} \\ r_{21}^{(n-1)} & \ddots & & \vdots \\ & \ddots & \ddots & \vdots \\ \boldsymbol{0} & & r_{n,n-1}^{(n-1)} & r_{n,n}^{(n-1)} \end{pmatrix}$$

erkennen wir, dass die genutzte Givens-Rotation die Matrixstruktur invariant lässt. Somit ergibt sich eine immense Rechenzeitersparnis durch die folgende Formulierung des QR-Verfahrens.

Optimiertes QR-Verfahren

Preprocessing:

- Transformiere $\boldsymbol{A} \in \mathbb{C}^{n\times n}$ durch Verwendung von $n-2$ Householder-Transformationen auf obere Hessenbergform

$$\boldsymbol{H} = \boldsymbol{Q}^* \boldsymbol{A} \boldsymbol{Q}.$$

Iteration:

- Setze $\boldsymbol{H}^{(0)} = \boldsymbol{H}$
- Für $k = 0, 1, \ldots$
  - Ermittle eine QR-Zerlegung von $\boldsymbol{H}^{(k)}$ mittels $n-1$ Givens-Rotationen, d. h.

$$\boldsymbol{H}^{(k)} = \boldsymbol{Q}_k \boldsymbol{R}_k,$$

  - und setze

$$\boldsymbol{H}^{(k+1)} = \boldsymbol{R}_k \boldsymbol{Q}_k.$$

Achtung Die Aussage zur Konvergenz des QR-Verfahrens laut S. 198 lässt sich leider nicht direkt auf die optimierte Variante übertragen. Zwar weisen die Matrizen $\boldsymbol{A}$ und $\boldsymbol{H} = \boldsymbol{Q}^*\boldsymbol{A}\boldsymbol{Q}$ identische Eigenwerte auf, sodass die Eigenvektoren $\boldsymbol{v}_1, \ldots, \boldsymbol{v}_n$ respektive $\widehat{\boldsymbol{v}}_1, \ldots, \widehat{\boldsymbol{v}}_n$ beider Matrizen linear unabhängig sind und somit sowohl $\boldsymbol{V} = (\boldsymbol{v}_1, \ldots, \boldsymbol{v}_n)$ als auch $\widehat{\boldsymbol{V}} = (\widehat{\boldsymbol{v}}_1, \ldots, \widehat{\boldsymbol{v}}_n)$ invertierbar ist. Allerdings kann aus der Existenz einer LR-Zerlegung der Matrix $\boldsymbol{V}^{-1}$ nicht auf die Existenz einer solchen Zerlegung der Matrix $\widehat{\boldsymbol{V}}^{-1}$ geschlossen werden. Diese Tatsache ist aber nicht wirklich von zentraler Bedeutung, da die geforderte Voraussetzung der Darstellbarkeit von $\boldsymbol{V}^{-1}$ in Form einer LR-Zerlegung ohnehin bei gegebener Matrix $\boldsymbol{A}$ üblicherweise nicht überprüfbar ist. Diese Bedingung stellt den Schwachpunkt des Satzes dar, und uns bleibt letztendlich nur einfaches Ausprobieren übrig. Dennoch zeigt die Aussage, dass wir zumindest Hoffnung auf Konvergenz haben dürfen. ◂

Beispiel Im Rahmen des auf S. 202 betrachteten Beispiels haben wir das Postprocessing, d. h. die Überführung der Ausgangsmatrix (6.38) auf Hessenbergform vollzogen. Ausgehend von dieser Matrix $\boldsymbol{H}$ führen wir 20 QR-Iteration mittels Givens-Rotationen durch und erhalten

$$\boldsymbol{H}^{(20)} = \begin{pmatrix} 87.620 & 24.174 & 24.087 & -44.707 & 17.353 \\ 0.000 & 22.522 & -3.374 & -0.593 & -0.400 \\ 0.000 & 0.000 & 9.777 & -3.373 & 0.560 \\ 0.000 & 0.000 & 0.000 & 2.991 & 0.000 \\ 0.000 & 0.000 & 0.000 & 0.000 & 0.090 \end{pmatrix}$$

in vollständiger Übereinstimmung mit dem Resultat des ursprünglichen QR-Verfahrens auf S. 200. ◂

Durch eine Verschiebung des Spektrums haben wir im Kontext der inversen Iteration eine Konvergenzbeschleunigung erzielen können. Eine analoge Technik wollen wir auch beim QR-Verfahren anwenden. Wir setzen hierzu bei der QR-Zerlegung (6.30) innerhalb der QR-Methode die Matrix $\boldsymbol{A}^{(k)}$ durch $\boldsymbol{A}^{(k)} - \mu\boldsymbol{I}$ und schreiben die entsprechende Schleife in der Form

$$\boldsymbol{A}^{(k)} - \mu\boldsymbol{I} = \boldsymbol{Q}_k\boldsymbol{R}_k \tag{6.39}$$

$$\boldsymbol{A}^{(k+1)} = \boldsymbol{R}_k\boldsymbol{Q}_k + \mu\boldsymbol{I}\,. \tag{6.40}$$

Mit $\boldsymbol{R}_k = \boldsymbol{Q}_k^*\left(\boldsymbol{A}^{(k)} - \mu\boldsymbol{I}\right)$ liegt wegen

$$\boldsymbol{A}^{(k+1)} = \boldsymbol{Q}_k^*\left(\boldsymbol{A}^{(k)} - \mu\boldsymbol{I}\right)\boldsymbol{Q}_k + \mu\boldsymbol{I} = \boldsymbol{Q}_k^*\boldsymbol{A}^{(k)}\boldsymbol{Q}_k \tag{6.41}$$

wiederum eine Ähnlichkeitstransformation vor. Im Rahmen der inversen Iteration sollte μ als möglichst gute Näherung an einen Eigenwert λ_i gewählt werden. Wir wollen an dieser Stelle untersuchen, welcher sinnvollen Forderung der Shift μ innerhalb des QR-Verfahrens unterliegt.

Selbstfrage 18

Erinnern Sie sich noch an den Zusammenhang zwischen der Potenzmethode und dem QR-Verfahren in der Form

$$\boldsymbol{A}^{k+1} = \boldsymbol{Q}_0\boldsymbol{Q}_1 \cdot \ldots \cdot \boldsymbol{Q}_k\boldsymbol{R}_k\boldsymbol{R}_{k-1} \cdot \ldots \cdot \boldsymbol{R}_0\,?$$

Dann zeigen Sie entsprechend, dass mit $\boldsymbol{A}^{(0)} = \boldsymbol{A}$ bei Nutzung der inneren Schleifen gemäß (6.39) und (6.40) die Gleichung

$$(\boldsymbol{A} - \mu\boldsymbol{I})^{k+1} = \underbrace{\boldsymbol{Q}_0\boldsymbol{Q}_1 \cdot \ldots \cdot \boldsymbol{Q}_k}_{=:\widetilde{\boldsymbol{Q}}_k}\underbrace{\boldsymbol{R}_k\boldsymbol{R}_{k-1} \cdot \ldots \cdot \boldsymbol{R}_0}_{=:\widetilde{\boldsymbol{R}}_k} \tag{6.42}$$

gilt. Dabei sind die Matrizen $\boldsymbol{Q}_j$ und $\boldsymbol{R}_j$, $j = 0, \ldots, k$ natürlich stets dem jeweiligen Verfahren zu entnehmen.

Ist $\widetilde{\boldsymbol{q}}_n^{(k)}$ die letzte Spalte der Matrix $\widetilde{\boldsymbol{Q}}_k$, so folgt wegen

$$(\boldsymbol{A} - \mu\boldsymbol{I})^{-k-1} = \widetilde{\boldsymbol{R}}_k^{-1}\widetilde{\boldsymbol{Q}}_k^*$$

mit dem n-ten Einheitsvektor $\boldsymbol{e}_n \in \mathbb{R}^n$ die Gleichung

$$\begin{aligned} \widetilde{\boldsymbol{q}}_n^{(k)^*} &= \boldsymbol{e}_n^*\widetilde{\boldsymbol{Q}}_k^* = \boldsymbol{e}_n^*\widetilde{\boldsymbol{R}}_k(\boldsymbol{A} - \mu\boldsymbol{I})^{-k-1} \\ &= \widetilde{r}_{nn}^{(k)}\boldsymbol{e}_n^*(\boldsymbol{A} - \mu\boldsymbol{I})^{-k-1}\,. \end{aligned}$$

Demzufolge gilt

$$\widetilde{\boldsymbol{q}}_n^{(k)} = \widetilde{\boldsymbol{Q}}_k\boldsymbol{e}_n = \overline{\widetilde{r}_{nn}^{(k)}}\left((\boldsymbol{A} - \mu\boldsymbol{I})^{-*}\right)^{k+1}\boldsymbol{e}_n$$

und laut Potenzmethode stellt die letzte Spalte von $\widetilde{\boldsymbol{Q}}_k$ somit für große k üblicherweise eine Näherung an einen Eigenvektor der Matrix $(\boldsymbol{A} - \mu\boldsymbol{I})^{-*}$ zum betragsgrößten Eigenwert $\xi \in \sigma((\boldsymbol{A} - \mu\boldsymbol{I})^{-*})$ dar. Hierbei sei erwähnt, dass wir $((\boldsymbol{A} - \mu\boldsymbol{I})^*)^{-1}$ vereinfachend als $(\boldsymbol{A} - \mu\boldsymbol{I})^{-*}$ schreiben. Wegen

$$\begin{aligned} (\boldsymbol{A} - \mu\boldsymbol{I})^{-*}\widetilde{\boldsymbol{q}}_n^{(k)} \approx \xi\widetilde{\boldsymbol{q}}_n^{(k)} &\Leftrightarrow (\boldsymbol{A} - \mu\boldsymbol{I})^*\widetilde{\boldsymbol{q}}_n^{(k)} \approx \frac{1}{\xi}\widetilde{\boldsymbol{q}}_n^{(k)} \\ &\Leftrightarrow \widetilde{\boldsymbol{q}}_n^{(k)^*}(\boldsymbol{A} - \mu\boldsymbol{I}) \approx \lambda\widetilde{\boldsymbol{q}}_n^{(k)^*} \end{aligned}$$

mit $\lambda = \frac{1}{\xi}$ und $\sigma((\boldsymbol{A} - \mu\boldsymbol{I})^*) = \overline{\sigma((\boldsymbol{A} - \mu\boldsymbol{I}))}$ repräsentiert $\widetilde{\boldsymbol{q}}_n^{(k)^*}$ eine Näherung an den linken Eigenvektor zum betragsmäßig kleinsten Eigenwert von $\boldsymbol{A} - \mu\boldsymbol{I}$. Damit folgt

$$\begin{aligned} \boldsymbol{e}_n^*\boldsymbol{A}^{(k+1)} &= \boldsymbol{e}_n^*\widetilde{\boldsymbol{Q}}_k^*\boldsymbol{A}\widetilde{\boldsymbol{Q}}_k = \widetilde{\boldsymbol{q}}_n^{(k)^*}\boldsymbol{A}\widetilde{\boldsymbol{Q}}_k \\ &\approx (\lambda + \mu)\widetilde{\boldsymbol{q}}_n^{(k)^*}\widetilde{\boldsymbol{Q}}_k = (\lambda + \mu)\boldsymbol{e}_n^*\,. \end{aligned}$$

Die letzte Zeile von $\boldsymbol{A}^{(k+1)}$ ist daher näherungsweise ein Vielfaches von $\boldsymbol{e}_n^*$, d. h., es gilt

$$\boldsymbol{A}^{(k+1)} \approx \begin{pmatrix} \widetilde{\boldsymbol{A}}^{(k+1)} \\ 0 \cdots 0\ \widetilde{\lambda} \end{pmatrix} \quad \text{mit } \widetilde{\boldsymbol{A}}^{(k+1)} \in \mathbb{C}^{(n-1)\times n}\,,$$

Hintergrund und Ausblick: QR-Verfahren mit Shifts bei reellen Matrizen mit komplexen Eigenwerten

Die Konvergenzaussage zum QR-Verfahren basiert bei reellwertigen Matrizen auf der Voraussetzung, dass ausschließlich reelle Eigenwerte vorliegen. Betrachtet man eine reelle Matrix $\boldsymbol{A}$, so sind auch die Iterierten $\boldsymbol{A}^{(k)}$ reellwertig und es wird sofort klar, dass die Folge $\{\boldsymbol{A}^{(k)}\}_{k\in\mathbb{N}_0}$ nicht gegen eine obere Dreiecksmatrix konvergieren kann, wenn $\boldsymbol{A}$ komplexe Eigenwerte aufweist.

Festlegung der Spektralverschiebungen: In der oben angesprochenen Situation liegt offensichtlich mit $\mu^{(k)} = a_{nn}^{(k)}$ in der Regel keine sinnvolle Näherung an den Eigenwert λ_n vor. Anstelle des Diagonalelementes betrachten wir daher die Matrix

$$\boldsymbol{B}^{(k)} = \begin{pmatrix} a_{n-1,n-1}^{(k)} & a_{n-1,n}^{(k)} \\ a_{n,n-1}^{(k)} & a_{nn}^{(k)} \end{pmatrix}.$$

Weist $\boldsymbol{B}^{(k)}$ zwei reelle Eigenwerte $\nu_1^{(k)}, \nu_2^{(k)}$ auf, so wählen wir

$$\mu^{(k)} = \begin{cases} \nu_1^{(k)}, & \text{falls } |\nu_1^{(k)} - a_{nn}^{(k)}| \le |\nu_2^{(k)} - a_{nn}^{(k)}| \text{ gilt,} \\ \nu_2^{(k)} & \text{sonst.} \end{cases}$$

Anschließend wird das übliche QR-Verfahren mit Shift $\mu^{(k)}$ durchgeführt. Liegen mit $\nu_1^{(k)}, \nu_2^{(k)} \in \mathbb{C} \setminus \mathbb{R}$ zwei komplexe Eigenwerte vor, dann sind diese zueinander komplex konjugiert und wir nehmen mit $\mu_1^{(k)} = \nu_1^{(k)}$ und $\mu_2^{(k)} = \nu_2^{(k)} = \overline{\nu_1^{(k)}}$ im Folgenden zwei komplexe Spektralverschiebungen vor, sodass für $\boldsymbol{A}^{(k)} \in \mathbb{R}^{n\times n}$ mit $\boldsymbol{A}^{(k)} - \mu_1^{(k)}\boldsymbol{I}$ eine Matrix vorliegt, die ausschließlich komplexwertige Diagonalelemente besitzt.

Herleitung des QR-Doppelschrittverfahrens: Analog zur üblichen Vorgehensweise bestimmen wir zunächst formal eine QR-Zerlegung

$$\boldsymbol{A}^{(k)} - \mu_1^{(k)}\boldsymbol{I} = \boldsymbol{Q}_k\boldsymbol{R}_k$$

mit einer unitären Matrix $\boldsymbol{Q}_k \in \mathbb{C}^{n\times n}$ und einer rechten oberen Dreiecksmatrix $\boldsymbol{R}_k \in \mathbb{C}^{n\times n}$. Mit der Hilfsmatrix

$$\boldsymbol{A}^{(k+1/2)} = \boldsymbol{R}_k\boldsymbol{Q}_k + \mu_1^{(k)}\boldsymbol{I}$$

verfahren wir nun formal entsprechend, d. h., wir ermitteln eine QR-Zerlegung für die spektralverschobene Matrix $\boldsymbol{A}^{(k+1/2)} - \mu_2^{(k)}\boldsymbol{I} = \boldsymbol{Q}_{k+1/2}\boldsymbol{R}_{k+1/2}$ und setzen $\boldsymbol{A}^{(k+1)} = \boldsymbol{R}_{k+1/2}\boldsymbol{Q}_{k+1/2} + \mu_2^{(k)}\boldsymbol{I}$. Wegen

$$\begin{aligned}\boldsymbol{A}^{(k+1)} &= \boldsymbol{Q}_{k+1/2}^*\big(\boldsymbol{A}^{(k+1/2)} - \mu_2^{(k)}\boldsymbol{I}\big)\boldsymbol{Q}_{k+1/2} + \mu_2^{(k)}\boldsymbol{I} \\ &= \boldsymbol{Q}_{k+1/2}^*\boldsymbol{A}^{(k+1/2)}\boldsymbol{Q}_{k+1/2} \\ &= \boldsymbol{Q}_{k+1/2}^*\boldsymbol{Q}_k^*\boldsymbol{A}^{(k)}\boldsymbol{Q}_k\boldsymbol{Q}_{k+1/2}\end{aligned}$$

ist $\boldsymbol{A}^{(k+1)}$ wie zu erwarten unitär ähnlich zu $\boldsymbol{A}^{(k)}$. Formal ist durch die obigen Überlegungen die algorithmische Umsetzung gegeben.

Effiziente algorithmische Umsetzung: Wir werden nun sehen, dass wir das QR-Doppelschrittverfahren auch ohne Berechnung der Eigenwerte $\nu_1^{(k)}$ und $\nu_2^{(k)}$ durchführen können und zudem stets nur reelle QR-Zerlegungen benötigen. Hierzu schreiben wir

$$\begin{aligned}\boldsymbol{Q}_k\boldsymbol{Q}_{k+1/2}\boldsymbol{R}_{k+1/2}\boldsymbol{R}_k &= \boldsymbol{Q}_k\big(\boldsymbol{A}^{(k+1/2)} - \mu_2^{(k)}\boldsymbol{I}\big)\boldsymbol{R}_k \\ &= \boldsymbol{Q}_k\big(\boldsymbol{A}^{(k+1/2)} - \mu_2^{(k)}\boldsymbol{I}\big)\boldsymbol{Q}_k^*\big(\boldsymbol{A}^{(k)} - \mu_1^{(k)}\boldsymbol{I}\big) \\ &= \boldsymbol{Q}_k\big(\boldsymbol{R}_k\boldsymbol{Q}_k + \mu_1^{(k)}\boldsymbol{I} - \mu_2^{(k)}\boldsymbol{I}\big)\boldsymbol{Q}_k^*\big(\boldsymbol{A}^{(k)} - \mu_1^{(k)}\boldsymbol{I}\big) \\ &= \big(\boldsymbol{Q}_k\boldsymbol{R}_k + \mu_1^{(k)}\boldsymbol{I} - \mu_2^{(k)}\boldsymbol{I}\big)\big(\boldsymbol{A}^{(k)} - \mu_1^{(k)}\boldsymbol{I}\big) \\ &= \big(\boldsymbol{A}^{(k)} - \mu_2^{(k)}\boldsymbol{I}\big)\big(\boldsymbol{A}^{(k)} - \mu_1^{(k)}\boldsymbol{I}\big) \\ &= \boldsymbol{A}^{(k)^2} - (\mu_2^{(k)} + \mu_1^{(k)})\boldsymbol{A}^{(k)} + \mu_2^{(k)}\mu_1^{(k)}\boldsymbol{I}\,.\end{aligned}$$

Elementares Nachrechnen liefert

$$\begin{aligned}s &:= \operatorname{Spur}(\boldsymbol{B}^{(k)}) = a_{n-1,n-1}^{(k)} + a_{nn}^{(k)} = \nu_1^{(k)} + \overline{\nu_1^{(k)}} \\ &= \mu_2^{(k)} + \mu_1^{(k)} \in \mathbb{R}\end{aligned}$$

und

$$\begin{aligned}d &:= \det(\boldsymbol{B}^{(k)}) = a_{n-1,n-1}^{(k)}a_{nn}^{(k)} - a_{n,n-1}^{(k)}a_{n-1,n}^{(k)} \\ &= \nu_1^{(k)}\overline{\nu_1^{(k)}} = \mu_2^{(k)}\mu_1^{(k)} \in \mathbb{R}\,,\end{aligned}$$

womit sich

$$\boldsymbol{C}^{(k)} := \boldsymbol{A}^{(k)^2} - s\boldsymbol{A}^{(k)} + d\boldsymbol{I} \in \mathbb{R}^{n\times n}$$

ergibt. Da für $\boldsymbol{C}^{(k)}$ eine QR-Zerlegung mit einer orthogonalen Matrix $\boldsymbol{Q}$ und einer reellen oberen Dreiecksmatrix $\boldsymbol{R}$ existiert, können die Matrizen $\boldsymbol{Q}_k$, $\boldsymbol{Q}_{k+1/2}$, $\boldsymbol{R}_k$ und $\boldsymbol{R}_{k+1/2}$ so gewählt werden, dass $\boldsymbol{Q} = \boldsymbol{Q}_k\boldsymbol{Q}_{k+1/2}$ und $\boldsymbol{R} = \boldsymbol{R}_{k+1/2}\boldsymbol{R}_k$ gilt. Zusammenfassend erhalten wir das:

QR-Verfahren mit Doppelshift

- Setze $\boldsymbol{A}^{(0)} = \boldsymbol{A}$.
- Für $k = 0, 1, \ldots$ berechne
  - $s = a_{n-1,n-1}^{(k)} + a_{nn}^{(k)}$,
  - $d = a_{n-1,n-1}^{(k)}a_{nn}^{(k)} - a_{n,n-1}^{(k)}a_{n-1,n}^{(k)}$,
  - $\boldsymbol{C}^{(k)} = \boldsymbol{A}^{(k)^2} - s\boldsymbol{A}^{(k)} + d\boldsymbol{I}$.
  - Ermittle eine QR-Zerlegung
    $$\boldsymbol{C}^{(k)} = \boldsymbol{Q}_k\boldsymbol{R}_k$$
  - und setze
    $$\boldsymbol{A}^{(k+1)} = \boldsymbol{Q}_k^T\boldsymbol{A}^{(k)}\boldsymbol{Q}_k\,.$$

Achtung Nutzt man im Vorfeld eine orthogonale Transformation von $\boldsymbol{A}$ auf obere Hessenbergform, so liegt mit $\boldsymbol{C}^{(0)}$ bereits eine Matrix vor, die zwei nicht verschwindende untere Nebendiagonalen aufweisen kann. Folglich wird die QR-Zerlegung innerhalb der Schleife aufwendiger im Vergleich zum optimierten QR-Verfahren laut S. 206. ◀

Übersicht: Eigenwerteinschließungen und numerische Verfahren für Eigenwertprobleme

Im Kontext des Eigenwertproblems haben wir neben Eigenwerteinschließungen auch unterschiedliche numerische Verfahren kennengelernt, deren Eigenschaften und Anwendungsbereiche wir an dieser Stelle zusammenstellen werden.

Algebra zur Eigenwerteinschließung

Gerschgorin

Die Gerschgorin-Kreise einer Matrix $\boldsymbol{A} \in \mathbb{C}^{n\times n}$

$$K_i := \left\{ z \in \mathbb{C} \,\middle|\, |z - a_{ii}| \le r_i \right\}, \; i = 1, \ldots, n$$

liefern eine Einschließung des Spektrums in der Form einer Vereinigungsmenge von Kreisen

$$\sigma(\boldsymbol{A}) \subseteq \bigcup_{i=1}^{n} K_i \,.$$

Bendixson

Der Wertebereich einer Matrix $\boldsymbol{A} \in \mathbb{C}^{n\times n}$

$$W(\boldsymbol{A}) = \left\{ \xi = \boldsymbol{x}^* \boldsymbol{A} \boldsymbol{x} \,\middle|\, \boldsymbol{x} \in \mathbb{C}^n \text{ mit } \|\boldsymbol{x}\|_2 = 1 \right\}$$

liefert gemäß des Satzes von Bendixson eine Einschließung des Spektrums in der Form eines Rechtecks

$$\sigma(\boldsymbol{A}) \subset R = W\left(\frac{\boldsymbol{A} + \boldsymbol{A}^*}{2}\right) + W\left(\frac{\boldsymbol{A} - \boldsymbol{A}^*}{2}\right).$$

Numerik zur Eigenwertberechnung

Potenzmethode

Für eine Matrix $\boldsymbol{A} \in \mathbb{C}^{n\times n}$ mit den Eigenwertpaaren $(\lambda_1, \boldsymbol{v}_1), \ldots, (\lambda_n, \boldsymbol{v}_n) \in \mathbb{C} \times \mathbb{C}^n$, die der Bedingung

$$|\lambda_1| > |\lambda_2| \ge \ldots \ge |\lambda_n|$$

genügen, liefert die Potenzmethode bei Nutzung eines Startvektors

$$\boldsymbol{z}^{(0)} = \alpha_1 \boldsymbol{v}_1 + \ldots + \alpha_n \boldsymbol{v}_n, \; \alpha_i \in \mathbb{C}, \; \alpha_1 \ne 0$$

die Berechnung des Eigenwertpaares $(\lambda_1, \boldsymbol{v}_1)$.

Deflation

Bei Kenntnis der Eigenwerte $\lambda_1, \ldots, \lambda_k$ kann mit der Deflation die Dimension des Eigenwertproblems von n auf $n-k$ reduziert werden. In Kombination mit der Potenzmethode kann teilweise das gesamte Spektrum ermittelt werden.

Inverse Iteration

Für eine Matrix $\boldsymbol{A} \in \mathbb{C}^{n\times n}$ mit den Eigenwertpaaren $(\lambda_1, \boldsymbol{v}_1), \ldots, (\lambda_n, \boldsymbol{v}_n) \in \mathbb{C} \times \mathbb{C}^n$, die der Bedingung

$$|\lambda_1| \ge |\lambda_2| \ge \ldots > |\lambda_n|$$

genügen, liefert die inverse Iteration bei Nutzung eines Startvektors

$$\boldsymbol{z}^{(0)} = \alpha_1 \boldsymbol{v}_1 + \ldots + \alpha_n \boldsymbol{v}_n, \; \alpha_i \in \mathbb{C}, \; \alpha_n \ne 0$$

die Berechnung des Eigenwertpaares $(\lambda_n, \boldsymbol{v}_n)$.

Rayleigh-Quotienten-Iteration

Dieses Verfahren entspricht der inversen Iteration, wobei zur Konvergenzbeschleunigung ein adaptiver Shift

$$\boldsymbol{A} \longrightarrow \boldsymbol{A} - \nu^{(m)} \boldsymbol{I}$$

unter Verwendung des Rayleigh-Quotienten

$$\nu^{(m)} = \frac{\langle \boldsymbol{z}^{(m)}, \boldsymbol{A} \boldsymbol{z}^{(m)} \rangle}{\langle \boldsymbol{z}^{(m)}, \boldsymbol{z}^{(m)} \rangle}$$

genutzt wird.

Jacobi-Verfahren

Für eine symmetrische Matrix $\boldsymbol{A} \in \mathbb{R}^{n\times n}$ liefert das Jacobi-Verfahren die Berechnung aller Eigenwerte nebst zugehöriger Eigenvektoren durch sukzessive Ähnlichkeitstransformationen

$$\boldsymbol{A}^{(k)} = \boldsymbol{Q}_k^T \boldsymbol{A}^{(k-1)} \boldsymbol{Q}_k \,, \; k = 1, 2, \ldots \text{ mit } \boldsymbol{A}^{(0)} = \boldsymbol{A}$$

unter Verwendung orthogonaler Givens-Rotationsmatrizen $\boldsymbol{Q}_k \in \mathbb{R}^{n\times n}$. Es gilt

$$\lim_{k\to\infty} \boldsymbol{A}^{(k)} = \boldsymbol{D} \in \mathbb{R}^{n\times n}$$

mit einer Diagonalmatrix $\boldsymbol{D} = \operatorname{diag}\{\lambda_1, \ldots, \lambda_n\}$. Die Diagonalelemente der Matrix $\boldsymbol{D}$ repräsentieren die Eigenwerte der Matrix $\boldsymbol{A}$, sodass die Eigenschaft $\sigma(\boldsymbol{A}) = \{\lambda_1, \ldots, \lambda_n\}$ vorliegt.

QR-Verfahren

Für eine beliebige Matrix $\boldsymbol{A} \in \mathbb{C}^{n\times n}$ basiert das QR-Verfahren auf sukzessiven Ähnlichkeitstransformationen

$$\boldsymbol{A}^{(k)} = \boldsymbol{Q}_k^* \boldsymbol{A}^{(k-1)} \boldsymbol{Q}_k \,, \; k = 1, 2, \ldots \text{ mit } \boldsymbol{A}^{(0)} = \boldsymbol{A}$$

unter Verwendung unitärer Matrizen $\boldsymbol{Q}_k \in \mathbb{C}^{n\times n}$. Die Vorgehensweise beruht auf einer QR-Zerlegung, die mittels der auf S. 138 beschriebenen Givens-Methode berechnet wird. Hinsichtlich der Effizienz des Gesamtverfahrens ist eine vorherige Ähnlichkeitstransformation auf obere Hessenbergform mittels einer Householder-Transformation erforderlich. Unter den auf S. 198 im Satz zur Konvergenz des QR-Verfahrens aufgeführten Voraussetzungen gilt

$$\lim_{k\to\infty} \boldsymbol{A}^{(k)} = \boldsymbol{R} \in \mathbb{C}^{n\times n}$$

mit einer rechten oberen Dreiecksmatrix $\boldsymbol{R}$. Die Diagonalelemente $r_{11}, \ldots, r_{nn}$ der Matrix $\boldsymbol{R}$ repräsentieren die Eigenwerte der Matrix $\boldsymbol{A}$, sodass die Eigenschaft $\sigma(\boldsymbol{A}) = \{r_{11}, \ldots, r_{nn}\}$ vorliegt.

wobei $\widetilde{\lambda} = \lambda + \mu \in \sigma(\boldsymbol{A})$ der Eigenwert mit geringster Distanz zu μ ist. Die Konvergenzgeschwindigkeit ist entsprechend der Potenzmethode durch

$$q = \max_{\lambda \in \sigma(\boldsymbol{A}) \setminus \{\widetilde{\lambda}\}} \frac{|\widetilde{\lambda} - \mu|}{|\lambda - \mu|}$$

gegeben. Demzufolge sollte μ als Näherung an einen Eigenwert, beispielsweise λ_n, gewählt werden.

Bei der Rayleigh-Quotienten-Iteration haben wir bereits eine sukzessive Spektralverschiebung zur Beschleunigung der zugrunde liegenden Potenzmethode vorgenommen. Eine vergleichbare Strategie kann auch im vorgestellten QR-Verfahren genutzt werden. Konvergiert die Matrixfolge $\boldsymbol{A}^{(k)}$ gegen eine rechte obere Dreiecksmatrix, so stellt $a_{nn}^{(k)}$ einen Näherungswert zum Eigenwert λ_n dar, wodurch sich der Shift

$$\mu^{(k)} = a_{nn}^{(k)}$$

anbietet. Unter Berücksichtigung der vorgeschalteten Transformation auf Hessenbergform lässt sich der Algorithmus abschließend wie folgt darstellen.

Optimiertes QR-Verfahren mit Shift

Preprocessing:

- Transformiere $\boldsymbol{A} \in \mathbb{C}^{n \times n}$ durch Verwendung von $n-2$ Householder-Transformationen auf obere Hessenbergform

$$\boldsymbol{H} = \boldsymbol{Q}^* \boldsymbol{A} \boldsymbol{Q}.$$

Iteration:

- Setze $\boldsymbol{H}^{(0)} = \boldsymbol{H}$ und $\mu^{(0)} = h_{nn}^{(0)}$.
- Für $k = 0, 1, \ldots$
  - Ermittle eine QR-Zerlegung von $\boldsymbol{H}^{(k)} - \mu^{(k)} \boldsymbol{I}$, d. h.

$$\boldsymbol{H}^{(k)} - \mu^{(k)} \boldsymbol{I} = \boldsymbol{Q}_k \boldsymbol{R}_k,$$

  - und setze

$$\boldsymbol{H}^{(k+1)} = \boldsymbol{R}_k \boldsymbol{Q}_k + \mu^{(k)} \boldsymbol{I} \text{ sowie } \mu^{(k+1)} = h_{nn}^{(k+1)}.$$

Kapitel 6

Zusammenfassung

In diesem Kapitel haben wir uns mit der näherungsweisen Bestimmung einzelner Eigenwerte oder des gesamten Spektrums einer Matrix befasst. Dabei wurden mit

- den Techniken zur Mengeneinschließung des Spektrums,
- den Algorithmen zur näherungsweisen Berechnung einzelner Eigenwerte und
- den Methoden zur simultanen Approximation des gesamten Spektrums

drei unterschiedliche Verfahrensklassen detailliert beschrieben.

Die Vereinigung der **Gerschgorin-Kreise**

$$K_i := \left\{ z \in \mathbb{C} \;\middle|\; |z - a_{ii}| \leq \sum_{j=1, j \neq i}^{n} |a_{ij}| \right\}, \; i = 1, \ldots, n$$

einer Matrix $A \in \mathbb{C}^{n \times n}$ stellt innerhalb der ersten Gruppe die bekannteste Eigenwerteinschließung gemäß

$$\sigma(A) \subseteq \bigcup_{i=1}^{n} K_i$$

dar. Lässt sich $\bigcup_{i=1}^{n} K_i$ in disjunkte Teilmengen zerlegen, die ihrerseits aus Vereinigungen der Grundkreise K_i bestehen, so haben wir nachgewiesen, dass die Anzahl der Eigenwerte je Teilmenge mit der Zahl der involvierten Kreise übereinstimmt. Darüber hinaus repräsentiert das Spektrum der Matrix A auch eine Teilmenge der zu A^T gebildeten Vereinigungsmenge $\bigcup_{i=1}^{n} \widetilde{K}_i$ mit

$$\widetilde{K}_i := \left\{ z \in \mathbb{C} \;\middle|\; |z - a_{ii}| \leq \sum_{j=1, j \neq i}^{n} |a_{ji}| \right\}, \; i = 1, \ldots, n.$$

Basierend auf dem für $x \in \mathbb{C}^n \setminus \{0\}$ festgelegten **Rayleigh-Quotienten** $\frac{x^* A x}{x^* x}$ haben wir den **Wertebereich** der Matrix $A \in \mathbb{C}^{n \times n}$ durch

$$W(A) = \left\{ \xi = \frac{x^* A x}{x^* x} \;\middle|\; x \in \mathbb{C}^n \setminus \{0\} \right\}$$

definiert. Der **Satz von Bendixson** liefert hiermit durch die elementweise Mengenaddition mit dem Rechteck

$$R = W\left(\frac{A + A^*}{2}\right) + W\left(\frac{A - A^*}{2}\right)$$

eine weitere Eigenwerteinschließung. Da alle drei Kriterien unabhängig voneinander sind, können sie beliebig kombiniert werden und wir erhalten

$$\begin{aligned} \sigma(A) &\subseteq \left(\bigcup_{i=1}^{n} K_i\right) \cap \left(\bigcup_{i=1}^{n} \widetilde{K}_i\right) \cap W(A) \\ &\subseteq \left(\bigcup_{i=1}^{n} K_i\right) \cap \left(\bigcup_{i=1}^{n} \widetilde{K}_i\right) \cap R. \end{aligned}$$

In der zweiten Gruppe liegt ein sehr einfacher Zugang zur näherungsweisen Berechnung des betragsgrößten Eigenwertes einer Matrix A nebst zugehörigem Eigenvektor durch die auf von Mises zurückgehende **Potenzmethode** vor. Im Wesentlichen wird dabei eine Folge

$$z^{(m)} = A z^{(m-1)}, \quad m = 1, 2, \ldots$$

bei gegebenem Startvektor $z^{(0)} \in \mathbb{C}^n$ bestimmt, wobei zur Vermeidung unnötiger Rundungsfehler eine Normierung vorgenommen wird, die die Folgeglieder auf den Einheitskreis bezüglich einer frei wählbaren Vektornorm zwingt. Ist ein Eigenwert inklusive des entsprechenden Eigenvektors einer Matrix bekannt, so kann mit der vorgestellten **Deflation** eine Reduktion des Eigenwertproblems um eine Dimension vorgenommen werden. Theoretisch betrachtet kann damit durch eine sukzessive Anwendung der Potenzmethode in Kombination mit der Deflation bei einer Matrix mit paarweise betragsmäßig verschiedenen Eigenwerten das gesamte Spektrum bestimmt werden. In der Praxis findet diese Vorgehensweise jedoch aufgrund von Fehlerfortpflanzungen, hohem Rechenaufwand und einer komplexen programmiertechnischen Umsetzung üblicherweise keine Anwendung.

Bei einer regulären Matrix A kann die Potenzmethode auch auf A^{-1} angewendet werden, wodurch gegebenenfalls der betragsmäßig kleinste Eigenwert ermittelt werden kann. Will man die Inverse nicht vorab berechnen, so wird dabei innerhalb jedes Iterationsschrittes ein lineares Gleichungssystem gelöst. Diese Umsetzung vermeidet einen eventuell sehr hohen Speicher- und Berechnungsaufwand für die inverse Matrix, die gerade bei großen schwachbesetzten Matrizen die zur Verfügung stehenden Ressourcen überschreiten kann. Diese Vorgehensweise birgt aber auch den Nachteil eines hohen Rechenaufwandes je Iteration in sich. Liegen Kenntnisse über die Lage der Eigenwerte vor, wie wir sie beispielsweise aus den Gerschgorin-Kreisen oder dem Wertebereich erhalten können, so kann auch ein Shift $\widetilde{A} = A - \mu I$ vorgenommen werden, der zur Berechnung des Eigenwertes mit dem kleinsten Abstand zum Shiftparameter μ führt. Dieses Verfahren wird nach seinem Entwickler **inverse Iteration nach Wielandt** genannt.

Die Methoden der dritten Verfahrensgruppe basieren stets auf einer Folge unitärer Transformationen der Matrix A.

Beim **Jacobi-Verfahren** nutzt man dabei stets Givens-Rotationsmatrizen $\boldsymbol{G}_{pq}(\varphi)$ und legt die Folge ausgehend von $\boldsymbol{A}^{(0)} = \boldsymbol{A}$ durch

$$\boldsymbol{A}^{(k)} = \boldsymbol{G}_{pq}(\varphi)^T \boldsymbol{A}^{(k-1)} \boldsymbol{G}_{pq}(\varphi), \quad k = 1, 2, \ldots$$

fest. Die Drehmatrizen $\boldsymbol{G}_{pq}(\varphi)$ sind dabei so definiert, dass das Element $a_{pq}^{(k)}$ innerhalb der Matrix $\boldsymbol{A}^{(k)}$ identisch verschwindet. Die beiden vorgestellten Varianten der Jacobi-Methode unterscheiden sich in der Wahl der Indizes p und q. Während im klassischen Ansatz die Indizes des betragsmäßig größten Nichtdiagonalelementes aus $\boldsymbol{A}^{(k-1)}$ genutzt wird, läuft man im zyklischen Jacobi-Verfahren spaltenweise die Unterdiagonalelemente von oben nach unten ab. Die zweite Variante benötigt aufgrund der vermiedenen Bestimmung des betragsgrößten Elementes deutlich weniger Rechenzeit pro Schleifendurchlauf. Für symmetrische Matrizen $\boldsymbol{A} \in \mathbb{R}^{n \times n}$ konnten wir die Konvergenz der innerhalb des klassischen Jacobi-Verfahrens erzeugten Folge gegen eine Diagonalmatrix nachweisen. Bei dieser Matrix können dann die Eigenwerte der Ausgangsmatrix $\boldsymbol{A}$ auf der Diagonalen abgelesen werden.

Als Verallgemeinerung des Jacobi-Verfahrens auf beliebige Matrizen $\boldsymbol{A} \in \mathbb{C}^{n \times n}$ kann das **QR-Verfahren** angesehen werden. Das Herzstück dieser Methode liegt in einer QR-Zerlegung der Iterationsmatrizen

$$\boldsymbol{A}^{(k)} = \boldsymbol{Q}_k \boldsymbol{R}_k ,$$

die zusammen mit der Festlegung

$$\boldsymbol{A}^{(k+1)} = \boldsymbol{R}_k \boldsymbol{Q}_k$$

eine Hauptachsentransformation bewirkt. Hierdurch sind die Spektren der Matrizen $\boldsymbol{A}^{(k)}$ und $\boldsymbol{A}^{(k+1)}$ identisch und wir konnten unter geeigneten Voraussetzungen die Konvergenz der durch $\boldsymbol{A}^{(0)} = \boldsymbol{A}$ initiierten Folge $\boldsymbol{A}^{(k)}$ gegen eine rechte obere Dreiecksmatrix $\boldsymbol{R}$ nachweisen. Analog zum Jacobi-Verfahren können dann die Eigenwerte von $\boldsymbol{A}$ der Diagonalen der Grenzmatrix $\boldsymbol{R}$ entnommen werden.

Die Ermittlung einer QR-Zerlegung pro Iteration bewirkt bei der Grundform des Verfahrens in der Regel einen hohen Rechenaufwand. Daher ist bei der praktischen Umsetzung eine Überführung der Ausgangsmatrix $\boldsymbol{A}$ mittels einer Householder-Transformation auf obere Hessenbergform im Rahmen eines Preprocessings dringend anzuraten. Anschließend lässt sich die QR-Zerlegung sehr effizient mittels $n - 1$ Givens-Transformationen realisieren. Analog zur inversen Iteration kann die Konvergenzgeschwindigkeit des Verfahrens durch Shifts verbessert werden.

Aufgaben

Die Aufgaben gliedern sich in drei Kategorien: Anhand der *Verständnisfragen* können Sie prüfen, ob Sie die Begriffe und zentralen Aussagen verstanden haben, mit den *Rechenaufgaben* üben Sie Ihre technischen Fertigkeiten und die *Beweisaufgaben* geben Ihnen Gelegenheit, zu lernen, wie man Beweise findet und führt.
Ein Punktesystem unterscheidet leichte •, mittelschwere •• und anspruchsvolle ••• Aufgaben. Lösungshinweise am Ende des Buches helfen Ihnen, falls Sie bei einer Aufgabe partout nicht weiterkommen. Dort finden Sie auch die Lösungen – betrügen Sie sich aber nicht selbst und schlagen Sie erst nach, wenn Sie selber zu einer Lösung gekommen sind. Ausführliche Lösungswege, Beweise und Abbildungen finden Sie auf der Website zum Buch.
Viel Spaß und Erfolg bei den Aufgaben!

Verständnisfragen

6.1 •• Gegeben sei die zirkulante Shiftmatrix

$$S = \begin{pmatrix} 0 & 1 & 0 & 0 \\ & 0 & \ddots & \\ & & \ddots & 1 \\ 1 & & & 0 \end{pmatrix} \in \mathbb{R}^{n\times n}.$$

(a) Zeigen Sie mittels der Gerschgorin-Kreise, dass alle Eigenwerte von S im abgeschlossenen Einheitskreis liegen.
(b) Wie lautet die k-te Iterierte $z^{(k)}$ der Potenzmethode bei Nutzung des Startvektors $z^{(0)} = (1, 0, \ldots, 0)^T$?
(c) Konvergiert die Potenzmethode bei obigem Startvektor und steht diese Aussage im Widerspruch zum Konvergenzsatz laut S. 184?

Beweisaufgaben

6.2 • Zeigen Sie: Jede strikt diagonaldominante Matrix $A \in \mathbb{C}^{n\times n}$ ist regulär.

6.3 ••• Sei $H \in \mathbb{R}^{n\times n}$ spaltenstochastisch und $M := \alpha H + (1-\alpha)\frac{1}{n}E$ mit $E = (1)_{i,j=1,\ldots,n}$ und $\alpha \in [0, 1[$.

Zeigen Sie:

(a) M ist spaltenstochastisch und positiv, d. h., $m_{ij} > 0$ für alle $i, j = 1, \ldots, n$.
(b) Der Eigenvektor x zum Eigenwert $\lambda = 1$ der Matrix M besitzt entweder ausschließlich positive oder ausschließlich negative Einträge.
(c) Der Eigenraum von M zum Eigenwert $\lambda = 1$ ist eindimensional.

6.4 ••• Zeigen Sie: Zu gegebener Matrix $A \in \mathbb{C}^{n\times n}$ sei $\lambda \in \sigma(A)$ ein Punkt auf dem Rand des Wertebereichs $W(A)$. Zudem sei M die Menge aller Eigenvektoren w zu Eigenwerten $\mu \in \sigma(A) \setminus \{\lambda\}$, dann gilt $v \perp M$ für alle Eigenvektoren v zum Eigenwert λ.

6.5 •• Weisen Sie nach: Erfüllen die Komponenten der gegebenen Matrix $L \in \mathbb{C}^{n\times n}$ die Bedingung

$$\ell_{ij} = \begin{cases} 0, & \text{für } i < j, \\ 1, & \text{für } i = j, \\ \mathcal{O}(q^k), k \to \infty, & \text{für } i > j \end{cases}$$

mit $0 < q < 1$, dann gilt für die Matrix $W = VL$ bei beliebig gewähltem $V \in \mathbb{C}^{n\times n}$ die Darstellung

$$W = V + E_k \text{ mit } \|E_k\|_2 = \mathcal{O}(q^k),\ k \to \infty.$$

6.6 • Zeigen Sie: Gilt für die Eigenwerte $\lambda_1, \ldots, \lambda_n \in \mathbb{C}$ der Matrix $A \in \mathbb{R}^{n\times n}$ die Bedingung $|\lambda_i| \neq |\lambda_j|$ für alle Indizes $i \neq j$, so sind alle Eigenwerte reell.

6.7 • Zeigen Sie die Gültigkeit folgender Aussage: Das Produkt unitärer respektive orthogonaler Matrizen ist wiederum unitär beziehungsweise orthogonal.

6.8 • Zeigen Sie, dass jede Matrix $A \in \mathbb{R}^{n\times n}$ mit paarweise disjunkten Gerschgorin-Kreisen ausschließlich reelle Eigenwerte besitzt.

6.9 •• Zeigen Sie: Gegeben sei eine Matrix $A \in \mathbb{R}^{n\times n}$, die sich mit $\alpha \in \mathbb{R}$ und einer schiefsymmetrischen Matrix S in der Form $A = \alpha I + S$ schreiben lässt. Dann besteht der reelle Wertebereich

$$W_{\mathbb{R}}(A) := \left\{ \xi = \frac{x^T A x}{x^T x} \,\middle|\, x \in \mathbb{R}^n \setminus \{0\} \right\}$$

aus genau einem Punkt.

Rechenaufgaben

6.10 • Berechnen Sie die Gerschgorin-Kreise für die gegebene Matrix

$$A = \begin{pmatrix} 3 & 3 & 2 \\ 2 & 4 & 1 \\ 1 & 0 & -4 \end{pmatrix} \in \mathbb{R}^{3\times 3}$$

und nehmen Sie hiermit eine Eigenwerteinschließung vor. Können Sie unter Verwendung der Gerschgorin-Kreise genauere Aussagen über die Lage einzelner Eigenwerte machen?

6.11 • Nehmen Sie eine Eigenwerteinschließung auf der Grundlage geeigneter Wertebereiche bezogen auf die Matrix

$$A = \begin{pmatrix} 1 & 2 & 1 \\ 1 & 1 & 1 \\ 0 & 2 & 2 \end{pmatrix} \in \mathbb{R}^{3\times 3}$$

vor.

6.12 •• Gegeben sei die Matrix

$$A = \begin{pmatrix} 1 & 2 & 1 \\ 1 & 1 & 1 \\ 0 & 2 & 2 \end{pmatrix} \in \mathbb{R}^{3\times 3}.$$

Berechnen Sie mit der Potenzmethode den betragsgrößten Eigenwert der obigen Matrix nebst zugehörigem Eigenvektor. Reduzieren Sie anschließend mit der Deflation die Dimension des Problems und verfahren Sie in dieser Kombination weiter, bis alle Eigenwerte der Matrix A ermittelt wurden. Überprüfen Sie hiermit auch das Ergebnis der Aufgabe 6.11.

6.13 •• Geben Sie die Gerschgorin-Kreise für die Matrix

$$A = \begin{pmatrix} 1 & 0.3 & 0 & 2.1 \\ 0.3 & 2.7 & -0.3 & 0.9 \\ 0 & -0.3 & 5 & 0.1 \\ 2.1 & 0.9 & 0.1 & -1 \end{pmatrix}$$

an und leiten Sie aus diesen eine Konvergenzaussage für die Potenzmethode sowie eine bestmögliche Abschätzung für dessen Konvergenzgeschwindigkeit ab.

6.14 • Stellen Sie sich ein Netz bestehend aus vier Seiten vor, bei dem zwei Paare vorliegen, deren Seiten auf den jeweiligen Partner verweisen und sonst keine weiteren Links beinhalten. Ist die resultierende Matrix $\widetilde{H}$ spaltenstochastisch und gibt es in diesem Fall linear unabhängige Eigenvektoren zum Eigenwert $\lambda = 1$?

Antworten zu den Selbstfragen

Antwort 1 Wir werden anhand eines einfachen Beispiels erkennen, dass diese stärkere Aussage nicht aus dem Satz von Gerschgorin folgt. Für die Matrix

$$A = \begin{pmatrix} 0 & 1 \\ 2 & 0 \end{pmatrix}$$

erhalten wir aus $p(\lambda) = \det(A - \lambda I) = \lambda^2 - 2$ die Eigenwerte $\lambda_1 = \sqrt{2}$ und $\lambda_2 = -\sqrt{2}$, die offensichtlich beide nicht im Gerschgorin-Kreis $K_1 = K(0, 1)$ liegen.

Diese Tatsache können wir auch anhand einer Stelle im Beweis des Satzes von Gerschgorin erahnen. Für jeden Eigenwert λ hängt die mögliche Wahl des Indexes $i \in \{1, \ldots, n\}$ von den Komponenten der Vektoren des zugehörigen Eigenraums ab. Dabei ist natürlich nicht sichergestellt, dass jeder Index aus der Grundmenge $\{1, \ldots, n\}$ mindestens einmal gewählt werden kann. Bei unserer kleinen Beispielmatrix sind die Eigenräume jeweils eindimensional und werden durch die Eigenvektoren

$$x_1 = \begin{pmatrix} 0.577\ldots \\ 0.816\ldots \end{pmatrix} \quad \text{und} \quad x_2 = \begin{pmatrix} -0.577\ldots \\ 0.816\ldots \end{pmatrix}$$

aufgespannt, sodass sich stets die einzige Wahlmöglichkeit $i = 2$ ergibt. Und tatsächlich, beide Eigenwerte liegen im Gerschgorin-Kreis $K_2 = K(0, 2)$.

Antwort 2 Natürlich ist uns dieser Zusammenhang aufgefallen, denn er folgt direkt aus

$$\bigcup_{i=1}^{n} \widetilde{K}_i \subseteq K(0, \|A^T\|_\infty) = K(0, \|A\|_1).$$

Antwort 3 Die Eigenschaften ergeben sich durch einfaches Nachrechnen gemäß

$$\left(\frac{A + A^*}{2}\right)^* = \frac{A^* + A}{2} = \frac{A + A^*}{2}$$

und

$$\left(\frac{A - A^*}{2}\right)^* = \frac{A^* - A}{2} = -\frac{A - A^*}{2}.$$

Antwort 4 Da A diagonalisierbar ist, stellen die Eigenvektoren eine Basis des zugrunde liegenden Vektorraums dar.

Antwort 5 Aufgrund der Linearität der Matrix-Vektor-Multiplikation gilt

$$z^{(m)} = c A^m z^{(0)} \text{ mit } c = (\lambda^{(1)} \cdot \ldots \cdot \lambda^{(m)})^{-1} > 0,$$

womit wegen der Normierung die Gleichung

$$1 = \|z^{(m)}\| = |c| \|A^m z^{(0)}\| = c\, \|A^m z^{(0)}\|$$

folgt und die Eigenschaft nachgewiesen ist.

Antwort 6 Unter Ausnutzung der Orthonormalität der Eigenvektoren, d. h. $\langle v_i, v_j \rangle = \delta_{ij}$, folgt

$$\langle z^{(0)}, v_1 \rangle = \langle \alpha_1 v_1 + \ldots + \alpha_n v_n, v_1 \rangle = \alpha_1 \langle v_1, v_1 \rangle = \alpha_1 .$$

Antwort 7 Enthält eine Seite k nur einen Verweis, so ergibt sich für die Wertigkeit ω_i der Seite i mit $k \in N_i$ die Gleichung

$$\omega_i = \sum_{j \in N_i} \frac{\omega_j}{n_j} = \omega_k + \sum_{j \in N_i \setminus k} \frac{\omega_j}{n_j}.$$

Genau eine solche Situation liegt für $i = 3$ und $k = 4$ in unserem Beispiel vor.

Antwort 8 Es gilt

$$z^{(m)} = \frac{A^m z^{(0)}}{\|A^m z^{(0)}\|} = \frac{\lambda_1^m}{\|A^m z^{(0)}\|} \left(\alpha_1 v_1 + \ldots + \alpha_r v_r + r^{(m)}\right)$$

mit $r^{(m)} = \mathcal{O}\left(\left|\frac{\lambda_{r+1}}{\lambda_1}\right|^m\right)$, $m \to \infty$, wodurch die Konvergenz von $z^{(m)}$ gegen einen Vektor $v \in \operatorname{span}\{v_1, \ldots, v_r\}$ wegen $\left|\frac{\lambda_{r+1}}{\lambda_1}\right| < 1$ offensichtlich wird.

Antwort 9 Die erste Eigenschaft ist aus der Potenzmethode bekannt. Hiermit wissen wir auch, dass die Vektorfolge $z^{(m)}$ gegen den Eigenvektor v_i der Matrix $(A - \mu I)^{-1}$ konvergiert. Der Vektor v_i ist wie eingangs bemerkt ein Eigenvektor zum Eigenwert $\lambda_i - \mu$ der Matrix $(A - \mu I)$ und folglich auch ein Eigenvektor zum Eigenwert λ_i von A. Damit liefert der Rayleigh-Quotient $\nu^{(m)} = \langle z^{(m)}, A z^{(m)} \rangle$ im Fall der Konvergenz als Grenzwert den Eigenwert λ_i.

Antwort 10 Sei $\lambda \in \sigma(A)$ mit zugehörigem Eigenvektor $v \in \mathbb{C}^n \setminus \{0\}$, dann erhalten wir mit $w := M^{-1} v$ unter Berücksichtigung der Regularität von M die Eigenschaften $w \in \mathbb{C}^n \setminus \{0\}$ und

$$Bw = M^{-1} A M M^{-1} v = M^{-1} A v = M^{-1} \lambda v = \lambda w.$$

Folglich gilt $\lambda \in \sigma(B)$ mit Eigenvektor $w := M^{-1} v$. Wegen

$$A = M M^{-1} A M M^{-1} = M B M^{-1}$$

ergibt sich wie oben argumentiert aus $\lambda \in \sigma(B)$ auch $\lambda \in \sigma(A)$, womit zusammenfassend $\sigma(A) = \sigma(B)$ folgt. Der Zusammenhang der Eigenvektoren ist durch $w = M^{-1} v$ beziehungsweise $v = M w$ gegeben.

Antwort 11 Ist $\boldsymbol{v} \in \mathbb{C}^n$ mit $\|\boldsymbol{v}\|_2 = 1$ ein Eigenvektor zum Eigenwert λ von $\boldsymbol{A}$, so ergibt sich

$$\begin{aligned}\lambda &= \lambda\langle \boldsymbol{v}, \boldsymbol{v}\rangle = \langle \lambda\boldsymbol{v}, \boldsymbol{v}\rangle = \langle \boldsymbol{A}\boldsymbol{v}, \boldsymbol{v}\rangle \\ &= \langle \boldsymbol{v}, \boldsymbol{A}\boldsymbol{v}\rangle = \langle \boldsymbol{v}, \lambda\boldsymbol{v}\rangle = \overline{\lambda}\langle \boldsymbol{v}, \boldsymbol{v}\rangle = \overline{\lambda}\,.\end{aligned}$$

Damit gilt $\sigma(\boldsymbol{A}) \subset \mathbb{R}$, und die Diagonalmatrix $\boldsymbol{Q}^*\boldsymbol{A}\,\boldsymbol{Q}$ weist mit den Eigenwerten ausschließlich reelle Diagonalelemente auf.

Antwort 12 Sollte $\cos\varphi \sin\varphi = 0$ gelten, so ergäbe sich direkt $\cos\varphi = 0$ oder $\sin\varphi = 0$. Da cos und sin keine gemeinsamen Nullstellen besitzen folgt hiermit $\cos^2\varphi - \sin^2\varphi \neq 0$, sodass wir aus (6.23) direkt $a_{pq}^{(k-1)} = 0$ im Widerspruch zur Voraussetzung erhalten.

Antwort 13 Aus der Potenzreihendarstellung von $\ln(1+x)$ erhalten wir mit

$$\begin{aligned}\lim_{x\to 0}\left(\frac{1}{\ln(1+x)} - \frac{1}{x}\right) &= \lim_{x\to 0}\left(\frac{1}{\sum_{k=0}^{\infty}(-1)^k \frac{x^{k+1}}{k+1}} - \frac{1}{x}\right) \\ &= \lim_{x\to 0}\left(\frac{\frac{x^2}{2} - \frac{x^3}{3} \pm \ldots}{x\left(x - \frac{x^2}{2} + \frac{x^3}{3} \mp \ldots\right)}\right) = \frac{1}{2}\end{aligned}$$

den Zusammenhang

$$\frac{1}{\ln(1+x)} = \frac{1}{x} + \mathcal{O}(1) \text{ für } x \to 0\,.$$

Einfaches Einsetzen von $x = -\frac{2}{n^2-n}$ ergibt dann

$$\frac{1}{\ln\left(1 - \dfrac{2}{n^2-n}\right)} = -\frac{n^2-n}{2} + \mathcal{O}(1) \text{ für } n \to \infty\,.$$

Antwort 14 Die Abschätzung ergibt sich aus der folgenden Überlegung:

$$\begin{aligned}\max_{i=1,\ldots,n} |\lambda_i - a_{ii}^{(k)}| &\le \max_{i=1,\ldots,n} \sum_{j=1, j\neq i}^{n} |a_{ij}^{(k)}| \\ &\le \sqrt{n-1}\max_{i=1,\ldots,n}\sqrt{\sum_{j=1,j\neq i}^{n}\left(a_{ij}^{(k)}\right)^2} \le \sqrt{n-1}\sqrt{S\left(\boldsymbol{A}^{(k)}\right)}\,.\end{aligned}$$

Antwort 15 Eine solche Zerlegung existiert immer. Eine entsprechende Aussage befindet sich auf S. 136. Der Algorithmus ist demzufolge wohldefiniert.

Antwort 16 Der Nachweis kann der angegebenen Aufgabe entnommen werden.

Antwort 17 Bei der Householder-Transformation wird eine Spiegelung mittels einer unitären Matrix derart vorgenommen, dass das Bild des betrachteten Vektors auf ein Vielfaches des ersten Einheitsvektors abgebildet wird. Details hierzu können im entsprechenden Abschnitt auf S. 139 nachgelesen werden.

Antwort 18 Auch hier bringt uns eine vollständige Induktion über k leicht ans Ziel.

Induktionsanfang: Für $k = 0$ gilt

$$\boldsymbol{A} - \mu\boldsymbol{I} = \boldsymbol{A}^{(0)} - \mu\boldsymbol{I} = \boldsymbol{Q}_0\boldsymbol{R}_0\,.$$

Induktionsannahme und Induktionsschritt:

Ist die Gleichung (6.42) für ein $k \in \mathbb{N}_0$ erfüllt, so folgt bei sukzessiver Anwendung von (6.41) die Darstellung

$$\boldsymbol{A}^{(k+1)} = (\boldsymbol{Q}_0\boldsymbol{Q}_1\cdot\ldots\cdot\boldsymbol{Q}_k)^*\,\boldsymbol{A}\,\boldsymbol{Q}_0\boldsymbol{Q}_1\cdot\ldots\cdot\boldsymbol{Q}_k\,.$$

Mit (6.39) gilt

$$\begin{aligned}\boldsymbol{Q}_{k+1}\boldsymbol{R}_{k+1} &= \boldsymbol{A}^{(k+1)} - \mu\boldsymbol{I} \\ &= (\boldsymbol{Q}_0\cdot\ldots\cdot\boldsymbol{Q}_k)^*\,(\boldsymbol{A} - \mu\boldsymbol{I})\,\boldsymbol{Q}_0\cdot\ldots\cdot\boldsymbol{Q}_k\end{aligned}$$

und wir erhalten somit unter Ausnutzung der Induktionsvoraussetzung die gesuchte Darstellung

$$\begin{aligned}&\boldsymbol{Q}_0\cdot\ldots\cdot\boldsymbol{Q}_k\boldsymbol{Q}_{k+1}\boldsymbol{R}_{k+1}\boldsymbol{R}_k\cdot\ldots\cdot\boldsymbol{R}_0 \\ &= (\boldsymbol{A} - \mu\boldsymbol{I})\,\underbrace{\boldsymbol{Q}_0\cdot\ldots\cdot\boldsymbol{Q}_k\boldsymbol{R}_k\cdot\ldots\cdot\boldsymbol{R}_0}_{=(\boldsymbol{A}-\mu\boldsymbol{I})^k} = (\boldsymbol{A} - \mu\boldsymbol{I})^{k+1}\,.\end{aligned}$$

Lineare Ausgleichsprobleme – im Mittel das Beste

7

Kapitel 7

Wo treten lineare Ausgleichsprobleme auf?

Sind lineare Ausgleichsprobleme immer lösbar?

Sind Lösungen linearer Ausgleichsprobleme stets linear?

A. Meister, T. Sonar, *Numerik*, https://doi.org/10.1007/978-3-662-58358-6_7

Im Kap. 5 haben wir uns der Lösung linearer Gleichungssysteme $\boldsymbol{Ax} = \boldsymbol{b}$ mit quadratischer Matrix $\boldsymbol{A}$ zugewandt. In diesem Kapitel werden wir Systeme betrachten, bei denen die Zeilenzahl m größer als die Spaltenzahl n ist. Demzufolge liegen mehr Bedingungen als Freiheitsgrade vor, sodass auch im Fall linear unabhängiger Spaltenvektoren keine Lösung des Problems existieren muss. Dennoch weisen derartige Aufgabenstellungen, die sich in der Literatur unter dem Begriff *lineare Ausgleichsprobleme* einordnen, einen großen Anwendungsbezug auf. Der Lösungsansatz im Kontext dieser Fragestellung liegt in der Betrachtung eines korrespondierenden Minimierungsproblems. Hierbei wird anstelle der Lösung des linearen Gleichungssystems die Suche nach dem Vektor $\boldsymbol{x}$ vorgenommen, der den Abstand zwischen dem Vektor $\boldsymbol{Ax}$ und der rechten Seite $\boldsymbol{b}$ über den gesamten Raum $\mathbb{R}^n$ im Sinne der euklidischen Norm, das heißt

$$\|\boldsymbol{Ax} - \boldsymbol{b}\|_2$$

minimiert. Für diese Problemstellung werden wir zunächst eine Analyse der generellen Lösbarkeit durchführen und anschließend unterschiedliche numerische Verfahren zur Berechnung der sogenannten Ausgleichslösung vorstellen. Glücklicherweise tritt bei den linearen Ausgleichsproblemen im Gegensatz zu den linearen Gleichungssystemen niemals der Fall ein, dass keine Lösung existiert. Lediglich die Eindeutigkeit der Lösung geht wie zu erwarten im Kontext linear abhängiger Spaltenvektoren innerhalb der vorliegenden Matrix verloren.

7.1 Existenz und Eindeutigkeit

Um die auf C. F. Gauß zurückgehende Grundidee zur Lösung linearer Ausgleichsprobleme zu verdeutlichen, betrachten wir den beispielhaften Fall von m Messwerten z_k, $k = 1, \ldots, m$, die zu den Zeitpunkten t_k, $k = 1, \ldots, m$ mit $0 \leq t_1 \leq \ldots \leq t_m$ ermittelt wurden. Dabei nehmen wir an, dass sich die zugrunde liegende Größe, wie beispielsweise die Population einer Bakterienkultur oder der Temperaturverlauf eines Werkstücks, im betrachteten Beobachtungszeitraum zumindest näherungsweise in der Zeit t entsprechend eines Polynoms $p \in \Pi_{n-1}$ mit $n < m$ verhält. Im Gegensatz zu der im Kap. 4 analysierten Polynominterpolation kann an dieser Stelle zunächst weder Eindeutigkeit noch Existenz einer Lösung mit $p(t_k) = z_k$, $k = 1, \ldots, m$ erwartet werden. Es ist zu bemerken, dass die Verwendung einer prinzipiell zu hohen Anzahl von Messwerten die stets vorliegenden Messfehler weitestgehend ausgleichen sollen und somit die Berechnung einer praxisrelevanteren Lösung ermöglicht wird. Man bedenke dabei, dass die Nutzung höherer Polynomgrade im Rahmen der Interpolation, wie beispielsweise bei der Runge-Funktion beobachtet, zu starken Oszillationen mit hoher Amplitude führen kann, die hierdurch vermieden werden können.

Mit dem Polynomansatz

$$p(t) = \sum_{i=0}^{n-1} \alpha_i t^i$$

ergibt sich aus der Interpolationsbedingung

$$z_k = p(t_k) = \sum_{i=0}^{n-1} \alpha_i t_k^i, \quad k = 1, \ldots, m \tag{7.1}$$

das in der Regel nicht lösbare lineare Gleichungssystem

$$\underbrace{\begin{pmatrix} 1 & t_1 & t_1^2 & \ldots & t_1^{n-1} \\ \vdots & \vdots & & & \vdots \\ 1 & t_m & t_m^2 & \ldots & t_m^{n-1} \end{pmatrix}}_{=: \boldsymbol{A} \in \mathbb{R}^{m \times n}} \underbrace{\begin{pmatrix} \alpha_0 \\ \vdots \\ \alpha_{n-1} \end{pmatrix}}_{=: \boldsymbol{\alpha} \in \mathbb{R}^n} = \underbrace{\begin{pmatrix} z_1 \\ \vdots \\ z_m \end{pmatrix}}_{=: \boldsymbol{z} \in \mathbb{R}^m}. \tag{7.2}$$

Wegen der Ausgangsvoraussetzung $m > n$ liegt mit (7.2) ein überbestimmtes Gleichungssystem vor.

Beispiel Der Fall $n = 1$, $m = 2$ mit $z_1 = 1$ und $z_2 = 2$ liefert in (7.2) das Gleichungssystem

$$\begin{pmatrix} 1 \\ 1 \end{pmatrix} \alpha_0 = \begin{pmatrix} 1 \\ 2 \end{pmatrix}. \tag{7.3}$$

Offensichtlich ist das vorliegende Problem nicht lösbar, da eine konstante Funktion nicht zwei unterschiedliche Funktionswerte besitzen kann. Wir können uns an dieser Stelle allerdings die Frage stellen, welche konstante Funktion die Messwerte am besten approximiert. Allerdings müssen wir hierfür zunächst ein Maß für die Approximationsgüte festlegen. ◄

C. F. Gauß schlug in diesem Kontext vor, ein im Sinne minimaler Fehlerquadrate optimales Polynom p zu bestimmen. Wir fordern somit nicht die exakte Übereinstimmung des Polynoms mit den gegebenen Messwerten, sondern suchen ein Polynom $p \in \Pi_{n-1}$, für das der Ausdruck

$$\sum_{k=1}^{m} \Bigg(\underbrace{\sum_{i=0}^{n-1} \alpha_i t_k^i}_{= p(t_k)} - z_k \Bigg)^2 \tag{7.4}$$

minimal wird. Der zu minimierende Fehlerausdruck (7.4) verleiht dem Ansatz auch den Namen *Methode der kleinsten Fehlerquadrate*.

Selbstfrage 1

Wie lautet die Aufgabenstellung bei der Methode der kleinsten Fehlerquadrate für den oben formulierten Fall mit $n = 1, m = 2$ sowie $z_1 = 1$ und $z_2 = 2$? Bestimmen Sie auch die zugehörige Lösung.

Hintergrund und Ausblick: Zur Geschichte der Ausgleichsprobleme

Die Methode der kleinsten Quadrate entstand mit der rasanten Entwicklung der Astronomie im 19. Jahrhundert. Verfügt man über Beobachtungsdaten eines Himmelskörpers, so lässt sich dessen Bahn durch einen Ansatz mit der Methode der kleinsten Quadrate näherungsweise vorhersagen.

Die erste Veröffentlichung der Methode der kleinsten Quadrate gelang Adrien-Marie Legendre (1752–1833) im Jahr 1805 in Paris. Legendre hatte Kometen beobachtet und wollte deren Bahnen mathematisch erfassen. Die Beschreibung seiner Methode befindet sich daher in einem Anhang zu der Arbeit *Nouvelles méthodes pour la détermination des orbites des cometes*. Heute ist unbestritten, dass Carl Friedrich Gauß (1777–1855) jedoch deutlich früher über diese Methode verfügte, nämlich bereits 1794 oder 1795. Die eigentliche Geschichte der Methode der kleinsten Quadrate beginnt allerdings um 1800 und ist spannender als eine Detektivgeschichte mit Sherlock Holmes!

Im Jahr 1781 hatte der Astronom William Herschel zweifelsfrei einen neuen Planeten im Sonnensystem entdeckt – den Uranus. Da die Teleskope immer besser wurden, machten sich nun alle europäischen Astronomen auf die Suche nach neuen Trabanten, auch Giuseppe Piazzi (1746–1826) aus Palermo, der in der Silvesternacht von 1800 auf 1801 auch tatsächlich einen neuen Planeten gefunden zu haben glaubte. Er verfolgte den neuen Planeten durch den gesamten Januar und bis in die zweite Woche des Februars hinein, danach hatte er die Position dieses Himmelskörpers wegen dessen Nähe zur Sonne verloren. In der astronomischen Zeitschrift *Monatliche Correspondenz zur Beförderung der Erd- und Himmelskunde* vom September 1801 veröffentliche Piazzi seine Beobachtungsdaten und rief alle Astronomen auf, seinen Planeten wieder zu finden.

Beobachtungen des zu Palermo d. 1. Jan. 1801 von Prof. Piazzi neu entdeckten Gestirns.

1801		Mittlere Sonnen-Zeit	Gerade Aufstaig in Zeit	Gerade Aufsteigung in Graden	Nördl. Abweich.	Geocentrische Länge	Geocentr. Breite	Ort der Sonne + 20" Aberration	Logar. d. Distanz ⊙ ♂
		St ' "	St ' "	° ' "	° ' "	Z ° ' "	° ' "	Z ° ' "	
Jan.	1	8 43 27,8	3 27 11,25	51 47 48,8	15 37 43,5	1 23 22 58,3	3 6 42,1	9 11 1 30,9	9,9926156
	2	8 39 4,6	3 26 53,85	51 43 27,8	15 41 5,5	1 23 19 44,3	3 2 24,9	9 12 2 28,6	9,9926317
	3	8 34 53,3	3 26 38,4::	51 39 36,0	15 44 31,6	1 23 16 58,6	2 58 9,9	9 13 3 26,6	9,9926324
	4	8 30 42,1	3 26 23,15	51 35 47,3	15 47 57,6	1 23 14 15,5	2 53 55,6	9 14 4 24,9	9,9926418
	10	8 6 15,8	3 25 32,1::	51 23 1,5	16 10 32,0	1 23 7 59,1	2 29 0,6	9 20 10 17,5	9,9927641
	11	8 2 17,5	3 25 29,73	51 22 26,0	. . . .	. . . .	. . . . .	. . . .	. . . . .
	13	7 54 26,2	3 25 30,30	51 22 34,5	16 22 49,5	1 23 10 27,6	2 16 59,7	9 23 12 13,8	9,9928490
	14	7 50 31,7	3 25 31,72	51 22 55,8	16 27 5,7	1 23 12 1,2	2 12 56,7	9 24 14 13,5	9,9928809
	17	. . . . .	. . . . . .	. . . . . .	16 40 13,0	. . . .	. . . . .	. . . .	. . . . .
	18	7 35 11,3	3 25 55, ::	51 28 45,0	. . . .	. . . .	. . . . .	. . . .	. . . . .
	19	7 31 28,5	3 26 8,15	51 32 2,3	16 49 16,1	1 23 25 59,2	1 53 38,2	9 29 19 53,8	9,9930607
	21	7 24 2,7	3 26 34,27	51 38 34,1	16 58 35,9	1 23 34 21,3	1 45 6,0	10 1 20 40,3	9,9931434
	22	7 20 21,7	3 26 49,42	51 42 21,3	17 3 18,5	1 23 39 1,8	1 42 28,1	10 2 21 32,0	9,9931886
	23	7 16 43,5	3 27 6,90	51 46 43,5	17 8 5,5	1 23 44 15,7	1 38 52,1	10 3 22 22,7	9,9932348
	28	6 58 51,3	3 28 54,33	52 13 38,3	17 32 54,1	1 24 15 15,7	1 21 6,9	10 8 26 20,1	9,9935061
	30	6 51 52,9	3 29 48,14	52 27 2,1	17 43 11,0	1 24 30 9,0	1 14 16,0	10 10 27 46,2	9,9936332
	31	6 48 26,4	3 30 17,25	52 34 18,8	17 48 21,5	1 24 38 7,3	1 10 54,6	10 11 28 28,5	9,9937007
Febr.	1	6 44 59,9	3 30 47,2::	52 41 48,0	17 53 36,3	1 24 46 19,3	1 7 30,9	10 12 29 9,6	9,9937703
	2	6 41 35,8	3 31 19,06	52 49 45,9	17 58 57,5	1 24 54 57,9	1 4 1,5	10 13 29 49,9	9,9938423
	5	6 31 31,5	3 33 2,70	53 15 40,5	18 15 1,0	1 25 22 43,4	0 54 23,9	10 16 31 45,5	9,9940751
	8	6 21 39,2	3 34 58,50	53 44 37,5	18 31 23,2	1 25 53 29,5	0 45 5,0	10 19 33 33,3	9,9943276
	11	6 11 58,2	3 37 6,54	54 16 38,1	18 47 58,8	1 26 26 40,0	0 36 2,9	10 22 35 11,4	9,9945823

In ganz Europa setzten sich nun die beobachteten Astronomen hinter ihre Fernrohre, während Carl Friedrich Gauß in Braunschweig zu rechnen begann. Erst einmal verwarf er einige der Daten Piazzis, die offenbar auf Messfehlern beruhten, dann legte er mithilfe der Methode der kleinsten Quadrate eine elliptische Bahn in die verbleibenden Daten. Diese Aufgabe war vorher noch nie bearbeitet worden, Gauß betrat also Neuland. Wilhelm Olbers (1758–1840) versuchte, eine Kreisbahn an die Piazzi'schen Daten anzupassen, was jedoch misslang. Mit einer voraussetzungsfreien Ellipse und der Methode der kleinsten Quadrate gelang es Gauß, die Position des neuen Planeten zur Jahreswende 1801/02 vorherzusagen. Als die Astronomen ihre Teleskope zu dieser Zeit auf den vorhergesagten Ort richteten, fanden sie dort tatsächlich den Piazzi'schen Planeten, den dieser auf den Namen *Ceres*, den Namen der römischen Göttin der Landwirtschaft, getauft hatte.

Bald war klar, dass die Ceres kein Planet sein konnte, denn ihre Bahn ist außerordentlich exzentrisch. Am 23.3.1802 wurde dann klar, dass die Ceres nicht der einzige Himmelskörper zwischen Mars und Jupiter sein konnte, denn Wilhelm Olbers entdeckte den Planeten *Pallas*. Wieder berechnete Gauß mit der Methode der kleinsten Quadrate die Bahn. Heute wissen wir, dass es in dem Asteroidengürtel zwischen Mars und Jupiter neben Ceres und Pallas etwa 2000 weitere Objekte gibt. Ceres und Pallas sind also keine Planeten, sondern Planetoide, d. h. Kleinstplaneten.

Gauß war durch seine Methode der kleinsten Fehlerquadrate mit einem Schlag eine Autorität unter den Astronomen geworden. Seine Methode der kleinsten Quadrate beschrieb er in dem Werk *Theoria motus corporum coelestium in sectionibus conicis solem ambientum* (Theorie der Bewegung der Himmelskörper, die sich auf Kegelschnitten um die Sonne bewegen) im Jahr 1809. Dort findet man die Normalgleichungen, über die Gauß die Bahnparameter berechnet hat, und sogar erstmals eine iterative Methode zur Lösung linearer Gleichungssysteme, die wir heute *Gauß-Seidel-Verfahren* nennen.

Definition des linearen Ausgleichsproblems

Sei $A \in \mathbb{R}^{m \times n}$ mit $n, m \in \mathbb{N}$, $m > n$. Dann bezeichnen wir für einen gegebenen Vektor $b \in \mathbb{R}^m$ die Aufgabenstellung

$$\|Ax - b\|_2 \stackrel{!}{=} \min$$

als **lineares Ausgleichsproblem**.

Bemerkung: Der Begriff lineares Ausgleichsproblem begründet sich durch den Sachverhalt, dass mit $F(x) := Ax - b$ eine affin lineare Abbildung im Rahmen der Minimierung betrachtet wird, da die Modellparameter linear eingehen. Bereits bei der zur Motivation von uns betrachteten Modellproblemstellung ist das resultierende Polynom natürlich in der Regel nichtlinear. Die Schreibweise $\|Ax - b\|_2 \stackrel{!}{=} \min$ ist als Minimierung des eingehenden Ausdrucks über den gesamten $\mathbb{R}^n$ zu verstehen.

Die bisherige Vorgehensweise gründet im Polynomansatz, der jedoch nicht notwendigerweise gewählt werden muss. Allgemein lässt sich eine Näherungslösung in einem beliebigen Funktionenraum suchen. Betrachten wir beispielsweise die Funktionen $\Phi_j : \mathbb{R} \to \mathbb{R}$, $j = 0, \ldots, n-1$, so kann die Approximation in der Form

$$p(t) = \sum_{j=0}^{n-1} \alpha_j \Phi_j(t)$$

geschrieben werden. Aus der auf S. 214 vorgestellten Interpolationsbedingung ergibt sich ein analoges lineares Gleichungssystem, das im Gegensatz zum System (7.2) die Matrix

$$A = \begin{pmatrix} \Phi_0(t_1) & \Phi_1(t_1) & \ldots & \Phi_{n-1}(t_1) \\ \vdots & \vdots & & \vdots \\ \Phi_0(t_m) & \Phi_1(t_m) & \ldots & \Phi_{n-1}(t_m) \end{pmatrix} \in \mathbb{R}^{m \times n}$$

aufweist. Neben dem bereits betrachteten Spezialfall $\Phi_j(t) = t^j$ wird häufig auch ein exponentieller Ansatz der Form $\Phi_j(t) = e^{j \cdot t}$ gewählt.

Neben linearen Ausgleichsproblemen treten in der Praxis auch nichtlineare Ausgleichsprobleme auf, die demzufolge innerhalb des zu minimierenden Ausdrucks eine nichtlineare Abbildung F aufweisen.

Definition der Ausgleichslösung

Es seien $A \in \mathbb{R}^{m \times n}$, $m > n$, und $b \in \mathbb{R}^m$. Dann nennt man $\widehat{x} \in \mathbb{R}^n$ eine **Ausgleichslösung** von $Ax = b$, wenn

$$\|A\widehat{x} - b\|_2 \leq \|Ax - b\|_2 \quad \text{für alle } x \in \mathbb{R}^n$$

gilt. Wir sagen $\widetilde{x} \in \mathbb{R}^n$ ist **Optimallösung** von $Ax = b$, wenn $\widetilde{x}$ eine **Ausgleichslösung** ist, deren euklidische Norm minimal im Raum aller Ausgleichslösungen ist.

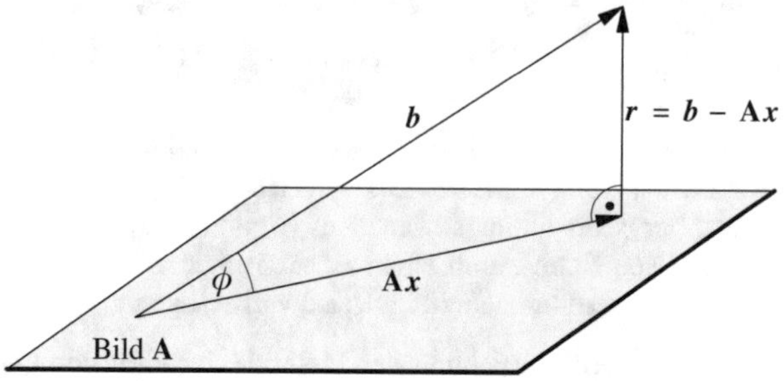

Abb. 7.1 Geometrische Interpretation des linearen Ausgleichsproblems

Der Minimierungsvorschrift können wir direkt eine geometrische Interpretation entnehmen, die in Abb. 7.1 verdeutlicht wird. Aufgrund der betrachteten euklidischen Norm ergeben sich Punkte gleichen Abstands von der rechten Seite b stets auf Kugeln mit Zentrum b, wodurch der gesuchte Punkt Ax die orthogonale Projektion von b auf Bild A darstellt und eindeutig ist. Damit erwarten wir bereits durch diese geometrische Vorstellung immer eine Lösung des linearen Ausgleichsproblems, die zudem vermutlich genau dann eindeutig ist, wenn die Spalten der Matrix A linear unabhängig sind. Diese visuelle und zunächst sicherlich aufgrund unserer Vorstellungskraft auf dreidimensionale Szenarien beschränkte Erwartung werden wir im Folgenden mathematisch belegen.

Selbstfrage 2

Was verändert sich, wenn bei linearen Ausgleichsproblemen anstelle der euklidischen Norm beispielsweise bezüglich der Maximumnorm minimiert wird? Argumentieren Sie geometrisch.

Lösungsverfahren für lineare Ausgleichsprobleme beruhen entweder auf der direkten Betrachtung des Minimierungsproblems laut obiger Definition oder auf der Grundlage der zugehörigen Gauß'schen Normalgleichungen, deren Definition und Zusammenhang mit dem Minimierungsproblem wie folgt gegeben ist.

Satz zu den Normalgleichungen

Ein Vektor $\widehat{x} \in \mathbb{R}^n$ ist genau dann Ausgleichslösung des linearen Ausgleichsproblems

$$\|Ax - b\|_2 \stackrel{!}{=} \min, \tag{7.5}$$

wenn $\widehat{x}$ den sogenannten **Normalgleichungen**

$$A^\top A x = A^\top b \tag{7.6}$$

genügt.

Beweis „$\Leftarrow$" Sei $\widehat{\boldsymbol{x}}$ Lösung der Gleichung (7.6).

Dann gilt

$$\boldsymbol{A}^\top(\boldsymbol{A}\widehat{\boldsymbol{x}} - \boldsymbol{b}) = \boldsymbol{0}$$

und für beliebiges $\boldsymbol{x} \in \mathbb{R}^n$ folgt

$$\begin{aligned}\|\boldsymbol{A}\boldsymbol{x} - \boldsymbol{b}\|_2^2 &= \|\boldsymbol{A}(\boldsymbol{x} - \widehat{\boldsymbol{x}}) + \boldsymbol{A}\widehat{\boldsymbol{x}} - \boldsymbol{b}\|_2^2 \\ &= \underbrace{\|\boldsymbol{A}(\boldsymbol{x} - \widehat{\boldsymbol{x}})\|_2^2}_{\geq 0} + 2(\boldsymbol{x} - \widehat{\boldsymbol{x}})^\top \underbrace{\boldsymbol{A}^\top(\boldsymbol{A}\widehat{\boldsymbol{x}} - \boldsymbol{b})}_{=\boldsymbol{0}} \\ &\quad + \|\boldsymbol{A}\widehat{\boldsymbol{x}} - \boldsymbol{b}\|_2^2 \\ &\geq \|\boldsymbol{A}\widehat{\boldsymbol{x}} - \boldsymbol{b}\|_2^2.\end{aligned}$$

Somit stellt $\widehat{\boldsymbol{x}}$ eine Ausgleichslösung des linearen Ausgleichsproblems (7.5) dar.

„$\Rightarrow$" Sei $\widehat{\boldsymbol{x}}$ Ausgleichslösung von (7.5).

Der Nachweis, dass $\widehat{\boldsymbol{x}}$ die Normalgleichungen löst, erfolgt mittels eines Widerspruchsbeweises. Wir nehmen daher an, dass $\widehat{\boldsymbol{x}}$ die Gleichung (7.6) nicht löst. Folglich gilt

$$\boldsymbol{d} := -\boldsymbol{A}^\top(\boldsymbol{A}\widehat{\boldsymbol{x}} - \boldsymbol{b}) \neq \boldsymbol{0}.$$

Hiermit definieren wir den Vektor

$$\boldsymbol{x} := \widehat{\boldsymbol{x}} + t\boldsymbol{d}$$

mit dem Skalar

$$t := \begin{cases} 1, & \text{falls } \boldsymbol{A}\boldsymbol{d} = \boldsymbol{0}, \\ \dfrac{\|\boldsymbol{d}\|_2^2}{\|\boldsymbol{A}\boldsymbol{d}\|_2^2} > 0, & \text{falls } \boldsymbol{A}\boldsymbol{d} \neq \boldsymbol{0}. \end{cases}$$

Dadurch erhalten wir

$$\begin{aligned}&\|\boldsymbol{A}\boldsymbol{x} - \boldsymbol{b}\|_2^2 \\ &= \|\boldsymbol{A}\widehat{\boldsymbol{x}} - \boldsymbol{b} + \boldsymbol{A}(\boldsymbol{x} - \widehat{\boldsymbol{x}})\|_2^2 \\ &= \|\boldsymbol{A}\widehat{\boldsymbol{x}} - \boldsymbol{b}\|_2^2 + 2\underbrace{(\boldsymbol{x} - \widehat{\boldsymbol{x}})^\top}_{=t\boldsymbol{d}^\top} \underbrace{\boldsymbol{A}^\top(\boldsymbol{A}\widehat{\boldsymbol{x}} - \boldsymbol{b})}_{=-\boldsymbol{d}} + \|\underbrace{\boldsymbol{A}(\boldsymbol{x} - \widehat{\boldsymbol{x}})}_{=t\boldsymbol{A}\boldsymbol{d}}\|_2^2 \\ &= \|\boldsymbol{A}\widehat{\boldsymbol{x}} - \boldsymbol{b}\|_2^2 - 2t\|\boldsymbol{d}\|_2^2 + t^2\|\boldsymbol{A}\boldsymbol{d}\|_2^2.\end{aligned} \tag{7.7}$$

Für den Fall $\boldsymbol{A}\boldsymbol{d} = \boldsymbol{0}$ gilt demzufolge mit (7.7)

$$\|\boldsymbol{A}\boldsymbol{x} - \boldsymbol{b}\|_2^2 = \|\boldsymbol{A}\widehat{\boldsymbol{x}} - \boldsymbol{b}\|_2^2 - 2\underbrace{\|\boldsymbol{d}\|_2^2}_{>0} < \|\boldsymbol{A}\widehat{\boldsymbol{x}} - \boldsymbol{b}\|_2^2.$$

Analog ergibt sich ebenfalls mit (7.7) für $\boldsymbol{A}\boldsymbol{d} \neq \boldsymbol{0}$ die Ungleichung

$$\|\boldsymbol{A}\boldsymbol{x} - \boldsymbol{b}\|_2^2 = \|\boldsymbol{A}\widehat{\boldsymbol{x}} - \boldsymbol{b}\|_2^2 - \underbrace{t}_{>0}\underbrace{\|\boldsymbol{d}\|_2^2}_{>0} < \|\boldsymbol{A}\widehat{\boldsymbol{x}} - \boldsymbol{b}\|_2^2.$$

Somit stellt $\widehat{\boldsymbol{x}}$ im Widerspruch zur Voraussetzung keine Ausgleichslösung dar und die Behauptung ist bewiesen. ■

Beispiel Wir betrachten nochmals das bereits innerhalb der Selbstfrage auf S. 214 gelöste lineare Ausgleichsproblem

$$\left\| \begin{pmatrix} 1 \\ 1 \end{pmatrix} \alpha_0 - \begin{pmatrix} 1 \\ 2 \end{pmatrix} \right\|_2 \stackrel{!}{=} \min.$$

Unter Verwendung des obigen Satzes zur Lösung der vorliegenden Problemstellung erhalten wir die Normalengleichung

$$\underbrace{(1\ \ 1)\begin{pmatrix} 1 \\ 1 \end{pmatrix}}_{=2} \alpha_0 = \underbrace{(1\ \ 1)\begin{pmatrix} 1 \\ 2 \end{pmatrix}}_{=3},$$

womit sich analog zu der in der Selbstfrage betrachteten Minimierung des Polynoms zweiten Grades die Lösung $\alpha_0 = \frac{3}{2}$ ergibt. ◀

Die Existenz und gegebenenfalls auch die Eindeutigkeit einer Ausgleichslösung lässt sich sehr angenehm durch die Untersuchung der Normalgleichungen analysieren, wobei aufgrund der vorliegenden quadratischen Matrix $\boldsymbol{A}^\top\boldsymbol{A} \in \mathbb{R}^{n\times n}$ klassisch vorgegangen werden kann.

Bei der Berechnung der Ausgleichslösung unter Verwendung der Normalgleichungen ist aus numerischer Sicht aber durchaus auch Vorsicht geboten, wie das folgende Beispiel zeigen wird.

Beispiel Sei

$$\boldsymbol{A} = \begin{pmatrix} 1 & 1 \\ \mu & 0 \\ 0 & \mu \end{pmatrix},$$

wobei $0 < \mu < \sqrt{\epsilon}$ gelten soll und ϵ die Maschinengenauigkeit darstellt. Der Rang von $\boldsymbol{A}$ ist offensichtlich 2, und wir erhalten mit

$$\boldsymbol{A}^\top\boldsymbol{A} = \begin{pmatrix} 1+\mu^2 & 1 \\ 1 & 1+\mu^2 \end{pmatrix}$$

eine reguläre Matrix im Rahmen der Normalgleichungen. In der Gleitkommadarstellung eines Rechners ergibt sich allerdings

$$\boldsymbol{A}^\top\boldsymbol{A} \approx \begin{pmatrix} 1 & 1 \\ 1 & 1 \end{pmatrix} =: \boldsymbol{B}, \tag{7.8}$$

wobei $\boldsymbol{B}$ als Approximation der Matrix $\boldsymbol{A}^\top\boldsymbol{A}$ im Rechner folglich singulär ist. ◀

Achtung Im Abschn. 3.2 zur Lagrange'schen Interpolationsformel haben wir gesehen, dass die auftretende Vandermond'sche Matrix für paarweise verschiedene Stützstellen immer linear unabhängige Spaltenvektoren besitzt. Für den Fall der Polynombestimmung, den wir als Motivation auf S. 214 betrachtet haben, weist $\boldsymbol{A}$ somit stets maximalen Rang auf, sodass mit Aufgabe 7.6 folglich $\boldsymbol{A}^\top \boldsymbol{A}$ invertierbar ist.

Für den Ansatz

$$p(t) = \sum_{j=0}^{n-1} \alpha_j \Phi_j(t)$$

ergibt sich mit

$$\Phi_0(t) = t, \Phi_1(t) = (t-1)^2 - 1, \Phi_2(t) = t^2$$

und den Stützstellen

$$t_0 = -2, t_1 = -1, t_2 = 1, t_3 = 2$$

die Matrix

$$\boldsymbol{A} = \begin{pmatrix} -2 & 8 & 4 \\ -1 & 3 & 1 \\ 1 & -1 & 1 \\ 2 & 0 & 4 \end{pmatrix}.$$

Hiermit erhalten wir

$$\boldsymbol{A}^\top \boldsymbol{A} = \begin{pmatrix} 10 & -20 & 0 \\ -20 & 74 & 34 \\ 0 & 34 & 34 \end{pmatrix}$$

und erkennen leicht, dass die Matrix $\boldsymbol{A}^\top \boldsymbol{A}$ im Allgemeinen nicht invertierbar ist. Wir müssen uns folglich die Frage nach der generellen Lösbarkeit des zugrunde liegenden Ausgleichsproblems stellen. ◀

Selbstfrage 3

Sehen Sie im obigen Beispiel einen Zusammenhang zwischen den Grundfunktionen Φ_0, Φ_1, Φ_2 und der Singularität der Matrix $\boldsymbol{A}^\top \boldsymbol{A}$?

Beispiel Der Bremsweg s eines Autos ist bekanntermaßen bei konstanten Randbedingungen wie Straßenbelag, Zustand der Bremsanlage und Reifenbeschaffenheit eine Funktion der Geschwindigkeit v. Basierend auf den Messdaten

k	0	1	2	3	4
v_k [km/h]	10	20	30	40	50
s_k [m]	1.2	3.8	9.2	17	24.9

wollen wir eine Prognose für den Bremsweg bei 80 $\frac{\text{km}}{\text{h}}$, 100 $\frac{\text{km}}{\text{h}}$ und 150 $\frac{\text{km}}{\text{h}}$ vornehmen. Als Ansatz suchen wir eine quadratische Abhängigkeit der Form $s(v) = \alpha + \beta v + \gamma v^2$. Zunächst lässt sich das Problem vereinfachen, da offensichtlich $s(0) = 0$ gilt und somit $\alpha = 0$ geschlussfolgert werden kann. Wir beschränken uns daher auf die Berechnung der Koeffizienten β und γ derart, dass

$$s(v) = \beta v + \gamma v^2$$

die Summe der Fehlerquadrate $\sum_{k=0}^{4}(s_k - s(v_k))^2$ über alle reellen Koeffizienten minimiert. Wir erhalten das überbestimmte Gleichungssystem

$$\underbrace{\begin{pmatrix} 10 & 100 \\ 20 & 400 \\ 30 & 900 \\ 40 & 1600 \\ 50 & 2500 \end{pmatrix}}_{=\boldsymbol{A}} \begin{pmatrix} \beta \\ \gamma \end{pmatrix} = \underbrace{\begin{pmatrix} 1.2 \\ 3.8 \\ 9.2 \\ 17 \\ 24.9 \end{pmatrix}}_{=\boldsymbol{b}}$$

und damit die Normalgleichungen

$$\underbrace{100 \begin{pmatrix} 55 & 2250 \\ 2250 & 97900 \end{pmatrix}}_{=\boldsymbol{A}^\top \boldsymbol{A}} \begin{pmatrix} \beta \\ \gamma \end{pmatrix} = \underbrace{\begin{pmatrix} 2289 \\ 99370 \end{pmatrix}}_{=\boldsymbol{A}^\top \boldsymbol{b}}.$$

Somit ergibt sich gerundet

$$\begin{pmatrix} \beta \\ \gamma \end{pmatrix} = (\boldsymbol{A}^\top \boldsymbol{A})^{-1} \boldsymbol{A}^\top \boldsymbol{b} = \frac{1}{100} \begin{pmatrix} 1.59 \\ 0.98 \end{pmatrix}$$

und folglich

$$s(v) = \frac{1}{100}(1.59\, v + 0.98\, v^2).$$

Als Prognosewerte erhalten wir

v [km/h]	80	100	150
$s(v)$ [m]	63.90	99.44	222.56

◀

Selbstfrage 4

Welche Veränderungen in der Lösungsdarstellung treten auf, wenn die Geschwindigkeit in [m/s] anstelle [km/h] gemessen wird? Macht sich die eventuelle Änderung auch bei den Prognosewerten bemerkbar?

Lineare Ausgleichsprobleme sind stets lösbar

Zur weiteren Untersuchung betrachten wir zunächst zwei Hilfsaussagen. Neben den bekannten Begriffen *Kern* und *Bild* einer Matrix nutzen wir das für einen beliebigen Vektorraum $V \subset \mathbb{R}^s$, $s \in \mathbb{N}$ durch

$$V^\perp := \{\boldsymbol{w} \in \mathbb{R}^s \mid \boldsymbol{w}^\top \boldsymbol{v} = 0 \text{ für alle } \boldsymbol{v} \in V\}$$

festgelegte *orthogonale Komplement* von V in $\mathbb{R}^s$.

Selbstfrage 5

Gilt für einen beliebigen Vektorraum $V \subset \mathbb{R}^s$, $s \in \mathbb{N}$, die Eigenschaft $V = (V^\perp)^\perp$?

Lemma Für $\boldsymbol{A} \in \mathbb{R}^{m \times n}$ mit $m, n \in \mathbb{N}$ gilt

$$(\text{Bild}\,\boldsymbol{A})^\perp = \text{Kern}\,\boldsymbol{A}^\top. \quad ◄$$

Beweis Die Identität der Mengen werden wir dadurch nachweisen, dass wir zeigen, dass jede Menge eine Teilmenge der jeweils anderen darstellt.

Jeder Vektor $\boldsymbol{w} \in \text{Kern}\,\boldsymbol{A}^\top$ liefert

$$\langle \boldsymbol{A}\boldsymbol{x}, \boldsymbol{w} \rangle = \boldsymbol{x}^\top \underbrace{\boldsymbol{A}^\top \boldsymbol{w}}_{=\boldsymbol{0}} = 0$$

für alle $\boldsymbol{x} \in \mathbb{R}^n$. Damit erhalten wir $\boldsymbol{w} \in (\text{Bild}\,\boldsymbol{A})^\perp$ und somit die Eigenschaft

$$\text{Kern}\,\boldsymbol{A}^\top \subset (\text{Bild}\,\boldsymbol{A})^\perp.$$

Des Weiteren betrachten wir mit $\boldsymbol{v}$ einen Vektor aus der Menge $(\text{Bild}\boldsymbol{A})^\perp$. Wenden wir $\boldsymbol{A}^\top$ auf $\boldsymbol{v}$ an, so ergibt sich wegen $\boldsymbol{A}(\boldsymbol{A}^\top \boldsymbol{v}) \in \text{Bild}\boldsymbol{A}$ mit

$$\|\boldsymbol{A}^\top \boldsymbol{v}\|_2^2 = (\boldsymbol{A}^\top \boldsymbol{v})^\top \boldsymbol{A}^\top \boldsymbol{v} = \langle \boldsymbol{A}(\boldsymbol{A}^\top \boldsymbol{v}), \boldsymbol{v} \rangle = 0$$

direkt $\boldsymbol{A}^\top \boldsymbol{v} = \boldsymbol{0}$. Damit gilt $\boldsymbol{v} \in \text{Kern}\,\boldsymbol{A}^\top$ und folglich

$$(\text{Bild}\,\boldsymbol{A})^\perp \subset \text{Kern}\,\boldsymbol{A}^\top.$$

Die Kombination der beiden Teilmengeneigenschaften ergibt, wie eingangs erwähnt, die Behauptung. ∎

Lemma Für $\boldsymbol{A} \in \mathbb{R}^{m \times n}$ mit $m, n \in \mathbb{N}$ gilt

$$\text{Bild}(\boldsymbol{A}^\top \boldsymbol{A}) = \text{Bild}\,\boldsymbol{A}^\top. \quad ◄$$

Beweis Für jeden Untervektorraum $V \subset \mathbb{R}^k$ gilt laut obiger Selbstfrage $(V^\perp)^\perp = V$. Dadurch erhalten wir aus dem letzten Lemma sowohl

$$\text{Bild}(\boldsymbol{A}^\top \boldsymbol{A}) = \text{Bild}(\boldsymbol{A}^\top \boldsymbol{A})^\top = (\text{Kern}\,(\boldsymbol{A}^\top \boldsymbol{A}))^\perp \tag{7.9}$$

als auch

$$\text{Bild}\,\boldsymbol{A}^\top = ((\text{Bild}\,\boldsymbol{A}^\top)^\perp)^\perp = (\text{Kern}\,\boldsymbol{A})^\perp. \tag{7.10}$$

Zu zeigen bleibt somit $\text{Kern}\,(\boldsymbol{A}^\top \boldsymbol{A}) = \text{Kern}\,\boldsymbol{A}$.

Sei $\boldsymbol{v} \in \text{Kern}\,\boldsymbol{A}$, dann gilt

$$\boldsymbol{A}^\top \boldsymbol{A}\boldsymbol{v} = \boldsymbol{A}^\top \boldsymbol{0} = \boldsymbol{0},$$

womit sich $\boldsymbol{v} \in \text{Kern}\,(\boldsymbol{A}^\top \boldsymbol{A})$ und daher $\text{Kern}\,\boldsymbol{A} \subset \text{Kern}\,(\boldsymbol{A}^\top \boldsymbol{A})$ ergibt. Für $\boldsymbol{v} \in \text{Kern}\,(\boldsymbol{A}^\top \boldsymbol{A})$ folgt

$$\|\boldsymbol{A}\boldsymbol{v}\|_2^2 = \langle \boldsymbol{A}\boldsymbol{v}, \boldsymbol{A}\boldsymbol{v} \rangle = \boldsymbol{v}^\top \underbrace{\boldsymbol{A}^\top \boldsymbol{A}\boldsymbol{v}}_{=\boldsymbol{0}} = 0.$$

Demzufolge gilt $\boldsymbol{A}\boldsymbol{v} = \boldsymbol{0}$, sodass $\boldsymbol{v} \in \text{Kern}\,\boldsymbol{A}$ die Eigenschaft $\text{Kern}\,(\boldsymbol{A}^\top \boldsymbol{A}) \subset \text{Kern}\,\boldsymbol{A}$ liefert. Zusammenfassend erhalten wir

$$\text{Kern}\,(\boldsymbol{A}^\top \boldsymbol{A}) = \text{Kern}\,\boldsymbol{A} \tag{7.11}$$

und folglich aus den Gleichungen (7.9) und (7.10) die Behauptung. ∎

Wir kommen nun zur ersten zentralen Lösungsaussage für beliebige lineare Ausgleichsprobleme.

Allgemeiner Satz zur Lösbarkeit des linearen Ausgleichsproblems

Das lineare Ausgleichsproblem besitzt stets eine Lösung.

Beweis Mit dem letzten Lemma ergibt sich die Eigenschaft

$$\boldsymbol{A}^\top \boldsymbol{b} \in \text{Bild}\,\boldsymbol{A}^\top = \text{Bild}(\boldsymbol{A}^\top \boldsymbol{A}),$$

sodass unabhängig von der rechten Seite $\boldsymbol{b}$ ein Vektor $\boldsymbol{x}$ mit

$$\boldsymbol{A}^\top \boldsymbol{A}\boldsymbol{x} = \boldsymbol{A}^\top \boldsymbol{b},$$

existiert. Folglich ist die Behauptung als direkte Konsequenz des Satzes zu den Normalgleichungen bewiesen. ∎

Die Ausgleichslösung muss nicht eindeutig sein

Die obige positive Lösbarkeitsaussage des linearen Ausgleichsproblems kann in Abhängigkeit vom Rang der Matrix $\boldsymbol{A}$ noch präzisiert werden.

Satz zur Lösbarkeit im Maximalrangfall

Sei $\boldsymbol{A} \in \mathbb{R}^{m \times n}$ mit $\text{Rang}\boldsymbol{A} = n < m$, dann besitzt das lineare Ausgleichsproblem für jedes $\boldsymbol{b} \in \mathbb{R}^m$ genau eine Lösung.

Beweis Mit $\text{Rang}\boldsymbol{A} = n$ folgt aus $\boldsymbol{A}\boldsymbol{x} = \boldsymbol{0}$ stets $\boldsymbol{x} = \boldsymbol{0}$. Für $\boldsymbol{y} \in \text{Kern}\,(\boldsymbol{A}^\top \boldsymbol{A})$ gilt $\boldsymbol{A}^\top \boldsymbol{A}\boldsymbol{y} = \boldsymbol{0}$ und wir erhalten damit

$$0 = \langle \boldsymbol{A}^\top \boldsymbol{A}\boldsymbol{y}, \boldsymbol{y} \rangle = \langle \boldsymbol{A}\boldsymbol{y}, \boldsymbol{A}\boldsymbol{y} \rangle = \|\boldsymbol{A}\boldsymbol{y}\|_2^2,$$

wodurch sich $\boldsymbol{y} = \boldsymbol{0}$ ergibt. Demzufolge ist die Matrix $\boldsymbol{A}^\top \boldsymbol{A}$ regulär und es existiert zu jedem $\boldsymbol{b} \in \mathbb{R}^m$ genau ein Vektor $\boldsymbol{x} \in \mathbb{R}^n$

mit $\boldsymbol{A}^\top \boldsymbol{A}\boldsymbol{x} = \boldsymbol{A}^\top \boldsymbol{b}$. Mit dem Satz zu den Normalgleichungen ergibt sich, dass dieser zu $\boldsymbol{b}$ gehörige Vektor $\boldsymbol{x}$ eine Ausgleichslösung des linearen Ausgleichsproblems darstellt. ■

Die Eindeutigkeit der Lösung ist mit der Betrachtung der euklidischen Norm verbunden. Lösen Sie Aufgabe 7.1, um sich mit den Auswirkungen vertraut zu machen, die durch die Nutzung der Betragssummennorm $\|\cdot\|_1$ respektive der Maximumnorm $\|\cdot\|_\infty$ entstehen können.

Beispiel (A) Zu den Messwerten

k	0	1	2	3	4
t_k	−2	−1	0	1	2
b_k	4.2	1.5	0.3	0.9	3.8

suchen wir sowohl ein Polynom $p(t) = \alpha_0 + \alpha_1 t + \alpha_2 t^2$ als auch eine exponentielle Funktion $q(t) = \gamma_0 + \gamma_1 \exp(t) + \gamma_2 \exp(2t)$, die über dem jeweiligen Raum

$$K_p = \operatorname{span}\{1, t, t^2\}$$

respektive

$$K_q = \operatorname{span}\{1, \exp(t), \exp(2t)\}$$

die Summe der Fehlerquadrate minimieren. Ein erster Blick auf die Daten $b_0, \ldots, b_4$ lässt bereits den Verdacht aufkommen, dass eine polynomiale Approximation vorteilhaft gegenüber einer exponentiellen sein könnte, da die Werte eher an die Abtastung eines quadratischen Polynoms als an den Verlauf einer Exponentialfunktion erinnern.

Für den polynomialen Fall erhalten wir das lineare Ausgleichsproblem

$$\|\boldsymbol{A}_p \boldsymbol{\alpha} - \boldsymbol{b}\|_2 \stackrel{!}{=} \min$$

mit

$$\boldsymbol{A}_p = \begin{pmatrix} 1 & t_0 & t_0^2 \\ 1 & t_1 & t_1^2 \\ 1 & t_2 & t_2^2 \\ 1 & t_3 & t_3^2 \\ 1 & t_4 & t_4^2 \end{pmatrix} = \begin{pmatrix} 1 & -2 & 4 \\ 1 & -1 & 1 \\ 1 & 0 & 0 \\ 1 & 1 & 1 \\ 1 & 2 & 4 \end{pmatrix} \in \mathbb{R}^{5\times 3}$$

und $\boldsymbol{b} = (b_0, b_1, b_2, b_3, b_4)^\top = (4.2, 1.5, 0.3, 0.9, 3.8)^\top \in \mathbb{R}^5$ sowie $\boldsymbol{\alpha} = (\alpha_0, \alpha_1, \alpha_2)^\top \in \mathbb{R}^3$. Mit dem auf S. 216 aufgeführten Satz zu den Normalgleichungen erhalten wir die Lösung gemäß

$$\boldsymbol{\alpha} = (\boldsymbol{A}_p^\top \boldsymbol{A}_p)^{-1} \boldsymbol{A}_p^\top \boldsymbol{b} = \begin{pmatrix} 0.2829 \\ -0.1400 \\ 0.9286 \end{pmatrix},$$

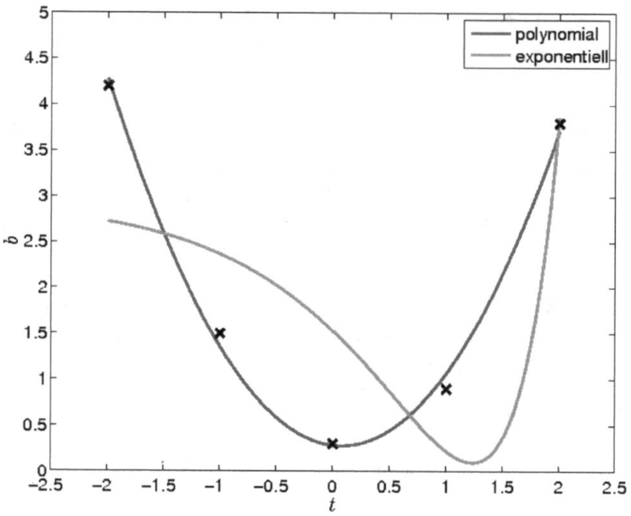

Abb. 7.2 Daten und Ausgleichsfunktionen zum Problem (A)

womit das gesuchte Polynom

$$p(t) = 0.2829 - 0.14\,t + 0.9286\,t^2$$

lautet. Im Hinblick auf die exponentielle Funktion ergibt sich lediglich mit

$$\boldsymbol{A}_q = \begin{pmatrix} 1 & \exp(t_0) & \exp(2t_0) \\ 1 & \exp(t_1) & \exp(2t_1) \\ 1 & \exp(t_2) & \exp(2t_2) \\ 1 & \exp(t_3) & \exp(2t_3) \\ 1 & \exp(t_4) & \exp(2t_4) \end{pmatrix} = \begin{pmatrix} 1 & 0.1353 & 0.0183 \\ 1 & 0.3679 & 0.1353 \\ 1 & 1.0000 & 1.0000 \\ 1 & 2.7183 & 7.3891 \\ 1 & 7.3891 & 54.5982 \end{pmatrix}$$

eine Änderung im Bereich der eingehenden Matrix. Analog zur obigen Vorgehensweise erhalten wir für die gesuchten Koeffizienten

$$\boldsymbol{\alpha} = (\boldsymbol{A}_q^\top \boldsymbol{A}_q)^{-1} \boldsymbol{A}_q^\top \boldsymbol{b} = \begin{pmatrix} 2.9402 \\ -1.6552 \\ 0.2410 \end{pmatrix}$$

und folglich die Ausgleichsfunktion

$$q(t) = 2.9402 - 1.6552 \exp(t) + 0.2410 \exp(2t).$$

Die Abb. 7.2 verdeutlicht den erwarteten Vorteil der polynomialen Approximation gegenüber der exponentiellen.

Dieser Sachverhalt schlägt sich auch im Vergleich der zu minimierenden euklidischen Normen nieder, denn es gilt

$$\|\boldsymbol{A}_p \boldsymbol{\alpha} - \boldsymbol{b}\|_2 = 0.2541 < 2.2142 = \|\boldsymbol{A}_q \boldsymbol{\gamma} - \boldsymbol{b}\|_2.$$

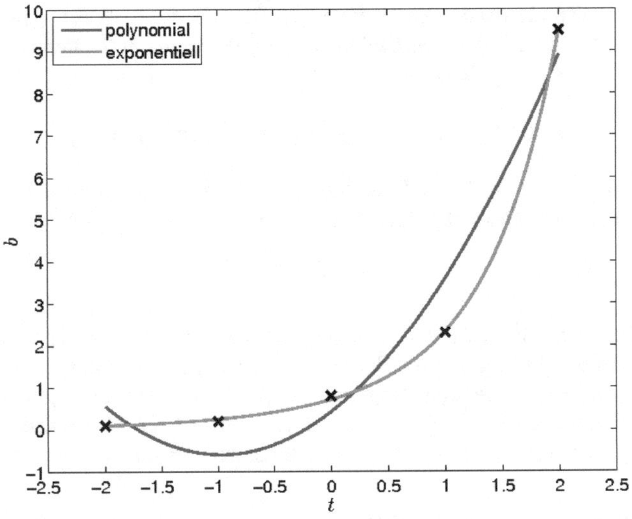

Abb. 7.3 Daten und Ausgleichsfunktionen zum Problem (B)

(B) Ändern wir die Daten im Bereich der Funktionswerte gemäß der folgenden Tabelle, so erwarten wir eine bessere Approximation auf der Grundlage des exponentiellen Funktionsraums K_q.

k	0	1	2	3	4
t_k	−2	−1	0	1	2
b_k	0.1	0.2	0.8	2.3	9.5

Die Berechnung der Koeffizienten für die polynomiale wie auch die exponentielle Approximation verläuft analog zur obigen Darstellung, wobei einzig die Veränderung im Vektor $\boldsymbol{b}$ berücksichtigt werden muss. Wir erhalten

$$p(t) = 0.4229 - 2.09\,t + 1.0786\,t^2$$

sowie

$$q(t) = 0.0210 - 0.599\exp(t) + 0.0925\exp(2t)$$

und damit die in Abb. 7.3 aufgeführten Funktionsverläufe.

Schon durch die Funktionsverläufe zeigt sich das vorteilhafte Verhalten der exponentiellen Basisfunktionen, das sich auch in der euklidischen Gesamtabweichung

$$\|\boldsymbol{A}_p\boldsymbol{\alpha} - \boldsymbol{b}\|_2 = 1.7264 > 0.1079 = \|\boldsymbol{A}_q\boldsymbol{\gamma} - \boldsymbol{b}\|_2$$

quantifiziert. ◀

Im Gegensatz zum Maximalrangfall Rang$\boldsymbol{A} = n$ ergeben sich für den rangdefizitären Fall Rang$\boldsymbol{A} < n$ stets unendlich viele Ausgleichslösungen.

Satz zur Lösbarkeit im rangdefizitären Fall

Für $\boldsymbol{A} \in \mathbb{R}^{m\times n}$ mit Rang$\boldsymbol{A} < n \leq m$ bildet die Lösungsmenge des linearen Ausgleichsproblems für jedes $\boldsymbol{b} \in \mathbb{R}^m$ einen $(n - \text{Rang}\boldsymbol{A})$-dimensionalen affin-linearen Unterraum des $\mathbb{R}^n$.

Beweis Wir nutzen an dieser Stelle die sehr hilfreiche Aussage des Satzes zu den Normalgleichungen, da wir uns hiermit auf die Untersuchung der Lösungsmenge des linearen Gleichungssystems

$$\boldsymbol{A}^\top\boldsymbol{A}\boldsymbol{x} = \boldsymbol{A}^\top\boldsymbol{b} \tag{7.12}$$

beschränken können. Mit dem Satz zur Lösbarkeit des linearen Ausgleichsproblems besitzt (7.12) stets mindestens eine Lösung. Sei $\boldsymbol{x}' \in \mathbb{R}^n$ eine spezielle Lösung, so ergibt sich die gesamte Lösungsmenge L gemäß der Theorie linearer Gleichungssysteme in der Form

$$L = \{\boldsymbol{y} \in \mathbb{R}^n \,|\, \boldsymbol{y} = \boldsymbol{x}' + \boldsymbol{x}'' \text{ mit } \boldsymbol{x}'' \in \text{Kern}\,(\boldsymbol{A}^\top\boldsymbol{A})\}.$$

Rufen wir uns den auf S. 219 nachgewiesenen Zusammenhang Kern $(\boldsymbol{A}^\top\boldsymbol{A}) = \text{Kern}\,\boldsymbol{A}$ ins Gedächtnis, so wird wegen

$$\begin{aligned}\dim\text{Kern}\,(\boldsymbol{A}^\top\boldsymbol{A}) &= \dim\text{Kern}\,\boldsymbol{A} = n - \dim\text{Bild}\,\boldsymbol{A}\\ &= n - \text{Rang}\,\boldsymbol{A}\end{aligned}$$

deutlich, dass L einen $(n - \text{Rang}\,\boldsymbol{A})$-dimensionalen affinen Untervektorraum des $\mathbb{R}^n$ darstellt. ■

Die theoretischen Vorüberlegungen können wir in folgender Merkregel zusammenfassen:

Das lineare Ausgleichsproblem ist äquivalent zu den zugehörigen Normalgleichungen und stets lösbar. Dabei ist die Lösung genau dann eindeutig, wenn die Spaltenvektoren der Matrix $\boldsymbol{A}$ linear unabhängig sind.

Die Optimallösung ist stets eindeutig

Während im Maximalrangfall die Lösung des linearen Ausgleichsproblems eindeutig ist, existieren im rangdefizitären Fall unendlich viele Lösungen, sodass sich die Frage nach der Berechnung der Optimallösung stellt. Für $p = n - \text{Rang}\boldsymbol{A}$ sei $\boldsymbol{\xi}_1, \ldots, \boldsymbol{\xi}_p \in \mathbb{R}^n$ eine Basis von Kern $(\boldsymbol{A}^\top\boldsymbol{A})$. Dann lässt sich nach obigem Satz jede Lösung des Ausgleichsproblems in der Form

$$\boldsymbol{x} = \boldsymbol{x}' - \sum_{i=1}^{p}\alpha_i\boldsymbol{\xi}_i \tag{7.13}$$

mit einer speziellen Lösung x' und reellen Koeffizienten $\alpha_1, \ldots, \alpha_p$ schreiben. Da der Lösungsraum einen affin linearen Unterraum des $\mathbb{R}^n$ repräsentiert, erfüllt die Optimallösung x die Eigenschaft

$$x \perp \operatorname{Kern}(A^\top A).$$

Folglich lassen sich die Koeffizienten innerhalb der Darstellung (7.13) gemäß

$$0 = \langle x, \xi_j \rangle = \langle x', \xi_j \rangle - \sum_{i=1}^{p} \alpha_i \langle \xi_i, \xi_j \rangle$$

bestimmen. Liegt mit $\xi_1, \ldots, \xi_p$ eine Orthonormalbasis des Kerns vor, so folgt unmittelbar

$$\alpha_j = \langle x', \xi_j \rangle$$

und somit

$$x = x' - \sum_{i=1}^{p} \langle x', \xi_i \rangle \xi_i \,.$$

Ansonsten ergibt sich ein lineares Gleichungssystem der Form $B\alpha = z$ mit $B \in \mathbb{R}^{p \times p}$ und $z \in \mathbb{R}^p$, bei dem die Koeffizienten der Matrix durch $b_{i,j} = \langle \xi_j, \xi_i \rangle$ gegeben sind und die Komponenten der rechten Seite $z_j = \langle x', \xi_j \rangle$ lauten. Da die Vektoren $\xi_1, \ldots, \xi_p$ eine Basis des Kerns darstellen, ist die Matrix B stets invertierbar, womit die Optimallösung immer eindeutig ist.

7.2 Lösung der Normalgleichung

Aufgrund der theoretisch gewonnenen Erkenntnisse werden wir bei der Lösung des Problems den Maximalrangfall ($\operatorname{Rang} A = n$) und den rangdefizitären Fall ($\operatorname{Rang} A < n$) gesondert betrachten.

Den Maximalrangfall behandeln wir beispielsweise mit einer Cholesky-Zerlegung

Mit $\operatorname{Rang} A = n$ liegt durch $A^\top A$ eine reguläre Matrix vor, sodass die Normalgleichungen

$$\underbrace{A^\top A}_{=:\,B} x = A^\top b$$

die eindeutig bestimmte Lösung $x = (A^\top A)^{-1} A^\top b$ besitzen, die mit bekannten Verfahren für lineare Gleichungssysteme gemäß Kap. 5 berechnet werden kann. Neben der Nutzung einer QR- beziehungsweise LR-Zerlegung können in diesem speziellen Fall auch effizientere Algorithmen eingesetzt werden, die die Eigenschaften der Matrix B gezielt ausnutzen. Zunächst erweist sich B wegen

$$B^\top = (A^\top A)^\top = A^\top (A^\top)^\top = A^\top A = B$$

als symmetrisch. Des Weiteren ergibt sich für $x \in \mathbb{R}^n \setminus \{0\}$ aufgrund der linearen Unabhängigkeit der Spaltenvektoren von A stets $Ax \neq 0$, wodurch wegen

$$\langle x, Bx \rangle = \langle x, A^\top A x \rangle = \langle Ax, Ax \rangle = \|Ax\|_2^2 > 0$$

mit B eine positiv definite Matrix vorliegt. Damit ist die Existenz einer Cholesky-Zerlegung der Form

$$B = LL^\top$$

mit einer linken unteren Dreiecksmatrix $L \in \mathbb{R}^{n \times n}$ durch den auf S. 135 formulierten Satz zur Existenz und Eindeutigkeit der Cholesky-Zerlegung garantiert. Ist die Anzahl der beinhalteten Freiheitsgrade n sehr groß, so kann auch zur Lösung auf das Verfahren der konjugierten Gradienten zurückgegriffen werden.

Beispiel Bezogen auf Teil (A) des Beispiels auf S. 220 erhalten wir bezüglich der polynomialen Approximation mit

$$A_p^\top A_p = \begin{pmatrix} 5 & 0 & 10 \\ 0 & 10 & 0 \\ 10 & 0 & 34 \end{pmatrix}$$

die erwartete symmetrische Matrix. Aus dem Kap. 4 zur Interpolation wissen wir, dass die aus dem Polynomansatz resultierenden Spalten der Matrix A_p bei paarweise verschiedenen Stützstellen t_i, $i = 1, \ldots, m$ stets linear unabhängig sind. Folglich darf auf der Basis der obigen Überlegungen geschlussfolgert werden, dass die innerhalb der Normalgleichungen auftretende Matrix $A_p^\top A_p$ positiv definit ist. Mit der Cholesky-Zerlegung

$$A_p^\top A_p = \underbrace{\begin{pmatrix} 2.2361 & 0 & 0 \\ 0 & 3.1623 & 0 \\ 4.4721 & 0 & 3.7417 \end{pmatrix}}_{=L} \underbrace{\begin{pmatrix} 2.2361 & 0 & 4.4721 \\ 0 & 3.1623 & 0 \\ 0 & 0 & 3.7417 \end{pmatrix}}_{=L^\top}$$

erhalten wir somit die Normalgleichungen unter Berücksichtigung der rechten Seite $b = (4.2,\ 1.5,\ 0.3,\ 0.9,\ 3.8)^\top$ in der Form

$$LL^\top \alpha = A_p^\top b = \underbrace{\begin{pmatrix} 10.7000 \\ -1.4000 \\ 34.4000 \end{pmatrix}}_{=:\,y} .$$

Entsprechend der üblichen Lösungsstrategie ermitteln wir zunächst den Hilfsvektor $\beta = L^\top \alpha$ über eine einfache Vorwärtselimination zu

$$\beta = L^\top \alpha = L^{-1} y = \begin{pmatrix} 4.7852 \\ -0.4427 \\ 3.4744 \end{pmatrix} .$$

Anschließend ergibt sich der Lösungsvektor $\boldsymbol{\alpha}$ aus $\boldsymbol{L}^\top\boldsymbol{\alpha} = \boldsymbol{\beta}$ unter Verwendung einer Rückwärtselimination zu

$$\boldsymbol{\alpha} = (\boldsymbol{L}^\top)^{-1}\boldsymbol{\beta} = \begin{pmatrix} 0.2829 \\ -0.1400 \\ 0.9286 \end{pmatrix}.$$

Diese Darstellung stimmt mit dem im Beispielteil (A) auf S. 220 gefundenen Ergebnis überein. ◀

Den rangdefizitären Fall lösen wir beispielsweise mit einer QR-Zerlegung

Die lineare Abhängigkeit der Spaltenvektoren der Matrix $\boldsymbol{A} \in \mathbb{R}^{m\times n}$ zieht die Singularität der Matrix $\boldsymbol{B} = \boldsymbol{A}^\top\boldsymbol{A} \in \mathbb{R}^{n\times n}$ nach sich. Wie wir im folgenden Beispiel sehen werden, kann zur Lösung der zugehörigen Normalgleichungen natürlich prinzipiell das Gauß'sche Eliminationsverfahren herangezogen werden.

Aufgrund der häufig bei größeren Dimensionen n inhärent schlechten Kondition der Normalgleichungen erweist sich die Berechnung der Lösung auf der Basis des Gauß'sche Eliminationsverfahrens jedoch häufig als fehleranfällig. Eine stabilere Lösung ist hier durch die Nutzung einer QR-Zerlegung möglich.

Satz zur QR-Zerlegung singulärer Matrizen

Sei $\boldsymbol{B} \in \mathbb{R}^{n\times n}$ mit $\operatorname{Rang}\boldsymbol{B} = j < n$. Dann existieren eine orthogonale Matrix $\boldsymbol{Q} \in \mathbb{R}^{n\times n}$, eine rechte obere Dreiecksmatrix $\boldsymbol{R} \in \mathbb{R}^{n\times n}$ und eine Permutationsmatrix $\boldsymbol{P} \in \mathbb{R}^{n\times n}$ mit

$$\boldsymbol{B}\boldsymbol{P} = \boldsymbol{Q}\boldsymbol{R}.$$

Dabei besitzt $\boldsymbol{R}$ die Gestalt

$$\boldsymbol{R} = \begin{pmatrix} \widehat{\boldsymbol{R}} & \boldsymbol{S} \\ \boldsymbol{0} & \boldsymbol{0} \end{pmatrix} \tag{7.14}$$

mit einer regulären rechten oberen Dreiecksmatrix $\widehat{\boldsymbol{R}} \in \mathbb{R}^{j\times j}$ und einer Matrix $\boldsymbol{S} \in \mathbb{R}^{j\times(n-j)}$.

Beweis Sei $\boldsymbol{P} \in \mathbb{R}^{n\times n}$ eine Permutationsmatrix derart, dass die ersten j Spalten der Matrix

$$\widehat{\boldsymbol{B}} = (\widehat{\boldsymbol{b}}_1, \ldots, \widehat{\boldsymbol{b}}_n) := \boldsymbol{B}\boldsymbol{P}$$

linear unabhängig sind. Beispielsweise unter Nutzung des Gram-Schmidt-Verfahrens können dann orthogonale Vektoren $\boldsymbol{q}_1, \ldots, \boldsymbol{q}_j \in \mathbb{R}^n$ derart bestimmt werden, dass

$$(\widehat{\boldsymbol{b}}_1, \ldots, \widehat{\boldsymbol{b}}_j) = (\boldsymbol{q}_1, \ldots, \boldsymbol{q}_j)\widehat{\boldsymbol{R}}$$

mit

$$\widehat{\boldsymbol{R}} = \begin{pmatrix} r_{11} & \ldots & r_{1j} \\ & \ddots & \vdots \\ & & r_{jj} \end{pmatrix}$$

gilt. Wegen $\operatorname{span}\{\widehat{\boldsymbol{b}}_1, \ldots, \widehat{\boldsymbol{b}}_j\} = \operatorname{span}\{\boldsymbol{q}_1, \ldots, \boldsymbol{q}_j\}$ existiert zu jedem $\widehat{\boldsymbol{b}}_i$, $i = j+1, \ldots, n$ eine Darstellung

$$\widehat{\boldsymbol{b}}_{j+k} = \boldsymbol{q}_1 s_{1k} + \boldsymbol{q}_2 s_{2k} + \ldots + \boldsymbol{q}_j s_{jk}, \quad k = 1, \ldots, n-j.$$

Folglich erhalten wir

$$\widehat{\boldsymbol{B}} = (\boldsymbol{q}_1, \ldots, \boldsymbol{q}_j)(\widehat{\boldsymbol{R}}\boldsymbol{S})$$

mit

$$\boldsymbol{S} = \begin{pmatrix} s_{11} & \ldots & s_{1,n-j} \\ \vdots & & \vdots \\ s_{n-j,1} & \ldots & s_{n-j,n-j} \end{pmatrix} \in \mathbb{R}^{(n-j)\times(n-j)}.$$

Erweitern wir $\boldsymbol{q}_1, \ldots, \boldsymbol{q}_j$ durch $\boldsymbol{q}_{j+1}, \ldots, \boldsymbol{q}_n$ zu einer Orthogonalbasis des $\mathbb{R}^n$, so stellt $\boldsymbol{Q} = (\boldsymbol{q}_1, \ldots, \boldsymbol{q}_n) \in \mathbb{R}^{n\times n}$ eine orthogonale Matrix dar, und es gilt

$$\boldsymbol{B}\boldsymbol{P} = \widehat{\boldsymbol{B}} = \boldsymbol{Q}\begin{pmatrix} \widehat{\boldsymbol{R}} & \boldsymbol{S} \\ \boldsymbol{0} & \boldsymbol{0} \end{pmatrix}.$$

■

Auf der Grundlage des letzten Satzes können die Normalgleichungen

$$\underbrace{\boldsymbol{A}^\top\boldsymbol{A}}_{=:\,\boldsymbol{B}}\,\boldsymbol{x} = \underbrace{\boldsymbol{A}^\top\boldsymbol{b}}_{=:\,\boldsymbol{c}}$$

im rangdefizitären Fall in folgenden Schritten gelöst werden.

- Bestimme eine multiplikative Zerlegung

$$\boldsymbol{B}\boldsymbol{P} = \boldsymbol{Q}\boldsymbol{R}$$

  mit $\boldsymbol{R}$ in der durch (7.14) gegebenen Form.
- Ermittle

$$\widehat{\boldsymbol{c}} = \boldsymbol{Q}^\top\boldsymbol{c} \in \mathbb{R}^n.$$

- Berechne durch Rückwärtselimination

$$\widehat{\boldsymbol{y}} = \widehat{\boldsymbol{R}}^{-1}\begin{pmatrix} \widehat{c}_1 \\ \vdots \\ \widehat{c}_j \end{pmatrix} \in \mathbb{R}^j$$

  und setze

$$\boldsymbol{y} = \begin{pmatrix} \widehat{\boldsymbol{y}} \\ \boldsymbol{0} \end{pmatrix} \in \mathbb{R}^n.$$

- Dann ergibt sich die Ausgleichslösung in der Form

$$\boldsymbol{x} = \boldsymbol{P}\boldsymbol{y} \in \mathbb{R}^n.$$

Beispiel: Lösung eines rangdefizitären Problems mittels QR-Zerlegung

Anhand dieses Beispiels wollen wir uns die Vorgehensweise zur Berechnung der oben angegebenen QR-Zerlegung im Fall einer rangdefizitären Matrix deutlich machen. Dabei spielt die Bestimmung der Permutationsmatrix $\boldsymbol{P}$ eine wesentlichen Rolle.

Problemanalyse und Strategie Es wird sich zeigen, dass das Aussortieren von Vektoren, die sich bei der Orthogonalisierung unter Verwendung des Gram-Schmidt-Verfahrens als linear abhängig erweisen, direkt zur Festlegung der Matrix $\boldsymbol{P}$ genutzt werden kann. Der Indikator zur programmtechnischen Überprüfung der linearen Abhängigkeit liegt dabei in einer Division durch null respektive der Berechnung eines Nullvektors innerhalb des Orthogonalisierungsverfahrens.

Lösung Wir gehen aus von der Matrix

$$\boldsymbol{A} = \begin{pmatrix} 1 & 2 & 1 \\ 2 & 4 & 1 \\ 1 & 2 & 1 \\ 1 & 2 & 1 \end{pmatrix},$$

die offensichtlich den Rang 2 besitzt. Damit erhalten wir die singuläre Matrix

$$\boldsymbol{B} = \boldsymbol{A}^\top \boldsymbol{A} = \begin{pmatrix} 7 & 14 & 5 \\ 14 & 28 & 10 \\ 5 & 10 & 4 \end{pmatrix}.$$

Wir nutzen nun den Gram-Schmidt-Algorithmus, der nach Bedarf auf S. 137 nachgelesen werden kann. Bezeichnen $\boldsymbol{b}_1, \boldsymbol{b}_2, \boldsymbol{b}_3$ die Spaltenvektoren von $\boldsymbol{B}$, so ergibt sich

$$r_{11} = \|\boldsymbol{b}_1\|_2 = \sqrt{270} \text{ und } \boldsymbol{q}_1 = \frac{1}{\sqrt{270}} \begin{pmatrix} 7 \\ 14 \\ 5 \end{pmatrix}.$$

Wie aus der Gestalt der Matrix $\boldsymbol{B}$ leicht erkennbar ist, liegt mit $\boldsymbol{b}_2$ bereits ein zu $\boldsymbol{b}_1$ linear abhängiger Vektor vor. Damit erwarten wir die eingangs erwähnte Berechnung eines Nullvektors. Die Berechnung des zweiten Koeffizienten innerhalb der rechten oberen Dreiecksmatrix ergibt zunächst

$$r_{12} = \langle \boldsymbol{b}_2, \boldsymbol{q}_1 \rangle = 2\sqrt{270},$$

wodurch wir

$$\widetilde{\boldsymbol{q}}_2 = \boldsymbol{b}_2 - r_{12}\boldsymbol{q}_1 = \boldsymbol{b}_2 - 2\boldsymbol{b}_1 = \boldsymbol{0}$$

erhalten. Damit wird der Vektor $\boldsymbol{b}_2$ mittels der Permutationsmatrix

$$\boldsymbol{P} = \begin{pmatrix} 1 & 0 & 0 \\ 0 & 0 & 1 \\ 0 & 1 & 0 \end{pmatrix}$$

mit dem Vektor $\boldsymbol{b}_3$ getauscht und der Koeffizient r_{12} verworfen. Wir bestimmen jetzt

$$r_{12} = \langle \boldsymbol{b}_3, \boldsymbol{q}_1 \rangle = \frac{195}{\sqrt{270}}$$

und

$$\widetilde{\boldsymbol{q}}_2 = \boldsymbol{b}_3 - r_{12}\boldsymbol{q}_1 = \frac{1}{18} \begin{pmatrix} -1 \\ -2 \\ 7 \end{pmatrix}.$$

Damit folgt

$$r_{22} = \|\widetilde{\boldsymbol{q}}_2\|_2 = \frac{1}{\sqrt{6}} \text{ und } \boldsymbol{q}_2 = \frac{\widetilde{\boldsymbol{q}}_2}{r_{22}} = \frac{1}{\sqrt{54}} \begin{pmatrix} -1 \\ -2 \\ 7 \end{pmatrix}.$$

Zur Vervollständigung der orthogonalen Matrix muss nun ein zu $\boldsymbol{q}_1$ und $\boldsymbol{q}_2$ orthogonaler Vektor $\boldsymbol{q}_3 = (q_{13}, q_{23}, q_{33})^\top$ der euklidischen Länge eins bestimmt werden. Um die unnötigen Wurzelterme zu vermeiden, betrachten wir anstelle der Vektoren $\boldsymbol{q}_1, \boldsymbol{q}_2$ deren Vertreter $\boldsymbol{b}_1$, $18\widetilde{\boldsymbol{q}}_2$, womit aus

$$0 = \langle \boldsymbol{b}_1, \boldsymbol{q}_3 \rangle \text{ und } 0 = \langle 18\widetilde{\boldsymbol{q}}_2, \boldsymbol{q}_3 \rangle$$

das Gleichungssystem

$$\begin{pmatrix} 7 & 14 & 5 \\ -1 & -2 & 7 \end{pmatrix} \boldsymbol{q}_3 = \boldsymbol{0}$$

folgt. Es ist nun leicht zu sehen, dass mit

$$\boldsymbol{q}_3 = \frac{1}{\sqrt{5}} \begin{pmatrix} -2 \\ 1 \\ 0 \end{pmatrix}$$

eine Lösung mit euklidischer Länge eins vorliegt. Abschließend müssen noch die Koeffizienten der Matrix $\boldsymbol{S} \in \mathbb{R}^{3\times 1}$ berechnet werden. Im vorliegenden Fall ist die Forderung

$$\boldsymbol{b}_2 = s_{11}\boldsymbol{q}_1 + s_{21}\boldsymbol{q}_2 + s_{31}\boldsymbol{q}_3$$

wegen der linearen Abhängigkeit von $\boldsymbol{b}_2$ und $\boldsymbol{q}_1$ sehr einfach durch $s_{11} = 2\|\boldsymbol{b}_1\|_2 = 2\sqrt{270}$ sowie $s_{21} = s_{31} = 0$ erfüllbar. Die QR-Zerlegung schreibt sich folglich gemäß

$$\boldsymbol{BP} = \begin{pmatrix} 7 & 5 & 14 \\ 14 & 10 & 28 \\ 5 & 4 & 10 \end{pmatrix}$$

$$= \underbrace{\begin{pmatrix} \frac{7}{\sqrt{270}} & \frac{-1}{\sqrt{54}} & \frac{-2}{\sqrt{5}} \\ \frac{14}{\sqrt{270}} & \frac{-2}{\sqrt{54}} & \frac{1}{\sqrt{5}} \\ \frac{5}{\sqrt{270}} & \frac{7}{\sqrt{54}} & 0 \end{pmatrix}}_{=\boldsymbol{Q}} \underbrace{\begin{pmatrix} \sqrt{270} & \frac{195}{\sqrt{270}} & 2\sqrt{270} \\ 0 & \frac{1}{\sqrt{6}} & 0 \\ 0 & 0 & 0 \end{pmatrix}}_{=\boldsymbol{R}}.$$

Beispiel Wir betrachten das lineare Ausgleichsproblem $\|Ax - b\|_2 \stackrel{!}{=} \min$ bezüglich

$$A = \begin{pmatrix} 2 & 4 \\ 1 & 2 \\ 3 & 6 \end{pmatrix} \text{ und } b = \begin{pmatrix} 1 \\ -1 \\ 0 \end{pmatrix}.$$

Die Spaltenvektoren der obigen Matrix sind offensichtlich linear abhängig, sodass die Matrix $B = A^\top A$ innerhalb der zugehörigen Normalgleichungen den Rang eins besitzt. Wie im vorhergehenden Satz erläutert, erhalten wir die QR-Zerlegung von B in der Form

$$\begin{aligned} B &= \begin{pmatrix} 14 & 28 \\ 28 & 56 \end{pmatrix} = Q \begin{pmatrix} \widehat{R} & S \\ \mathbf{0} & \mathbf{0} \end{pmatrix} \\ &= \frac{1}{\sqrt{980}} \begin{pmatrix} 14 & 28 \\ 28 & -14 \end{pmatrix} \begin{pmatrix} \sqrt{980} & 2\sqrt{980} \\ 0 & 0 \end{pmatrix}. \end{aligned}$$

Nach dem oben vorgestellten Berechnungsschema folgt

$$\widehat{c} = Q^\top c = Q^\top A^\top b = \frac{1}{\sqrt{980}} \begin{pmatrix} 70 \\ 0 \end{pmatrix}$$

und somit

$$\widehat{y} = \widehat{R}^{-1} \widehat{c}_1 = \frac{70}{980} = \frac{1}{14}.$$

Da keine Vertauschung der Spaltenvektoren im Rahmen der Berechnung der QR-Zerlegung notwendig war, ergibt sich die Lösung unmittelbar in der Form

$$x = Py = y = \begin{pmatrix} \widehat{y} \\ 0 \end{pmatrix} = \begin{pmatrix} \frac{1}{14} \\ 0 \end{pmatrix}.$$

Mit

$$\text{Kern}\,(A^\top A) = \left\{ z \in \mathbb{R}^2 \,\middle|\, z = \lambda \begin{pmatrix} -2 \\ 1 \end{pmatrix}, \lambda \in \mathbb{R} \right\}$$

stellt sich die Lösungsmenge gemäß

$$\widehat{x} = \underbrace{\begin{pmatrix} \frac{1}{14} \\ 0 \end{pmatrix}}_{= x'} + \lambda \underbrace{\begin{pmatrix} -2 \\ 1 \end{pmatrix}}_{= x''}$$

dar. Die Optimallösung erhalten wir dann mittels der Orthogonalitätsbedingung

$$0 = \langle \widehat{x}, x'' \rangle = \langle x', x'' \rangle + \lambda \langle x'', x'' \rangle \Leftrightarrow \lambda = \frac{1}{35}$$

zu

$$\widehat{x} = \begin{pmatrix} \frac{1}{14} \\ 0 \end{pmatrix} + \frac{1}{35} \begin{pmatrix} -2 \\ 1 \end{pmatrix} = \frac{1}{70} \begin{pmatrix} 1 \\ 2 \end{pmatrix}.$$ ◀

7.3 Lösung des Minimierungsproblems

Bei der Lösung des Minimierungsproblems

$$\|Ax - b\|_2 \stackrel{!}{=} \min$$

nutzen wir die Eigenschaft, dass orthogonale Transformationen – repräsentiert durch eine orthogonale Matrix $Q \in \mathbb{R}^{n \times n}$ – wegen

$$\|Qx\|_2^2 = \langle Qx, Qx \rangle = \langle x, \underbrace{Q^\top Q}_{=I} x \rangle = \langle x, x \rangle = \|x\|_2^2$$

die euklidische Länge von Vektoren $x \in \mathbb{R}^n$ nicht verändern.

Um die grundlegende Vorgehensweise zu erläutern, nehmen wir zunächst an, dass wir für eine gegebene Matrix $A \in \mathbb{R}^{m \times n}$ stets eine multiplikative Zerlegung der Form

$$A = URV^\top \tag{7.15}$$

mit orthogonalen Matrizen $U \in \mathbb{R}^{m \times m}$ und $V \in \mathbb{R}^{n \times n}$ sowie einer Matrix

$$R = \begin{pmatrix} \widehat{R} \\ \mathbf{0} \end{pmatrix} \in \mathbb{R}^{m \times n}$$

bestimmen können, bei der $\widehat{R} \in \mathbb{R}^{n \times n}$ eine rechte obere Dreiecksmatrix darstellt.

Mittels dieser Zerlegung ergibt sich unter Verwendung der Hilfsvektoren

$$\widehat{x} = V^\top x \quad \text{und} \quad \widehat{b} = U^\top b$$

aufgrund der Längeninvarianzeigenschaft orthogonaler Transformationen die Gleichung

$$\begin{aligned} \|Ax - b\|_2 &= \|UR \underbrace{V^\top x}_{=\widehat{x}} - b\|_2 = \|\underbrace{U^\top U}_{=I} R\widehat{x} - \underbrace{U^\top b}_{=\widehat{b}}\|_2 \\ &= \left\| \begin{pmatrix} \widehat{R} \\ \mathbf{0} \end{pmatrix} \widehat{x} - \widehat{b} \right\|_2. \end{aligned}$$

Liegt der Maximalrangfall vor, so gilt $\text{Rang} A = n$ und $\widehat{R}$ stellt eine reguläre Matrix dar. Folglich ergibt sich die Lösung der Minimierungsaufgabe durch

$$x = V\widehat{x} = V\widehat{R}^{-1} \begin{pmatrix} \widehat{b}_1 \\ \vdots \\ \widehat{b}_n \end{pmatrix},$$

und es gilt

$$\min_{x \in \mathbb{R}^n} \|Ax - b\|_2 = \left\| \begin{pmatrix} \widehat{b}_{n+1} \\ \vdots \\ \widehat{b}_m \end{pmatrix} \right\|_2.$$

Kapitel 7

Im Fall Rang $\boldsymbol{A} < n$ liegt mit $\widehat{\boldsymbol{R}}$ eine singuläre Matrix vor. Um die Lösungsmenge analog zu erhalten, werden wir in diesem Fall die sogenannte Pseudoinverse einführen. Bedingt durch die unterschiedlichen Herangehensweisen ist es vorteilhaft, bereits bei der Lösung der Normalgleichungen auch hier zunächst den Maximalrangfall zu betrachten und anschließend die Situation im Kontext einer rangdefizitären Matrix zu untersuchen.

Den Maximalrangfall behandeln wir beispielsweise mit Givens-Rotationen

Wir betrachten an dieser Stelle den Fall Rang $\boldsymbol{A} = n$ und werden die oben angesprochene Zerlegung (7.15) auf der Basis sogenannter Givens-Rotationen bestimmen.

Die Festlegung der Givensmatrizen $\boldsymbol{G}_{ji} \in \mathbb{R}^{m\times m}$ wurde ausführlich in Kap. 5 ab S. 138 vorgestellt. Es sei an dieser Stelle nur erwähnt, dass $\boldsymbol{G}_{ji} \in \mathbb{R}^{m\times m}$ eine Drehmatrix in der durch die Einheitsvektoren $\boldsymbol{e}_i, \boldsymbol{e}_j \in \mathbb{R}^m$ aufgespannten Ebene repräsentiert. Diese ist derart definiert, dass sie bei Anwendung auf die Matrix $\boldsymbol{A}$ das Element a_{ji} annulliert, also auf den Wert null bringt.

Setzen wir $\boldsymbol{G}_{ji} = \boldsymbol{I}$ für den Fall, dass die Matrix $\boldsymbol{B}$, auf die $\boldsymbol{G}_{ji}$ angewendet wird, bereits $b_{ji} = 0$ erfüllt, so ist

$$\widetilde{\boldsymbol{U}} := \prod_{i=n}^{1}\prod_{j=m}^{i+1} \boldsymbol{G}_{ji} := \boldsymbol{G}_{m,n}\cdot\ldots\cdot\boldsymbol{G}_{3,2}\cdot\boldsymbol{G}_{m,1}\cdot\ldots\cdot\boldsymbol{G}_{3,1}\cdot\boldsymbol{G}_{2,1}$$

eine orthogonale Matrix, für die

$$\boldsymbol{R} = \widetilde{\boldsymbol{U}}\boldsymbol{A} = \begin{pmatrix}\widehat{\boldsymbol{R}}\\ \boldsymbol{0}\end{pmatrix} \in \mathbb{R}^{m\times n}$$

gilt und $\widehat{\boldsymbol{R}} \in \mathbb{R}^{n\times n}$ eine obere Dreiecksmatrix darstellt. Mit $\boldsymbol{U} = \widetilde{\boldsymbol{U}}^\top$ folgt

$$\boldsymbol{A} = \boldsymbol{U}\begin{pmatrix}\widehat{\boldsymbol{R}}\\ \boldsymbol{0}\end{pmatrix}.$$

Hiermit haben wir die folgende Aussage bewiesen.

Lemma

Zu jeder Matrix $\boldsymbol{A} \in \mathbb{R}^{m\times n}$ mit Rang $\boldsymbol{A} = n < m$ existiert eine orthogonale Matrix $\boldsymbol{U} \in \mathbb{R}^{m\times m}$ derart, dass

$$\boldsymbol{A} = \boldsymbol{U}\boldsymbol{R} \text{ mit } \boldsymbol{R} = \begin{pmatrix}\widehat{\boldsymbol{R}}\\ \boldsymbol{0}\end{pmatrix}$$

gilt, wobei $\widehat{\boldsymbol{R}} \in \mathbb{R}^{n\times n}$ eine reguläre rechte obere Dreiecksmatrix darstellt.

Selbstfrage 6

Vergleichen Sie die Aussage des obigen Lemmas mit der im Satz zur QR-Zerlegung singulärer Matrizen formulierten Behauptung. Was fällt Ihnen auf?

Wie wir aus dem obigen Lemma entnehmen können, ist die eingangs erwähnte Zerlegung (7.15) im Maximalrangfall sogar unter Verwendung der Matrix $\boldsymbol{V} = \boldsymbol{I} \in \mathbb{R}^{n\times n}$ gelungen und wir erhalten die Lösung des Minimierungsproblems $\boldsymbol{x}$ somit in der Form

$$\boldsymbol{x} = \widehat{\boldsymbol{R}}^{-1}\begin{pmatrix}\widehat{b}_1\\ \vdots\\ \widehat{b}_n\end{pmatrix} \in \mathbb{R}^n$$

mit $\widehat{\boldsymbol{b}} = \boldsymbol{U}^\top\boldsymbol{b} \in \mathbb{R}^m$.

Beispiel 1. Blicken wir nochmals auf die Aufgabenstellung

$$\underbrace{\begin{pmatrix}1\\1\end{pmatrix}}_{=\boldsymbol{A}}\alpha_0 = \underbrace{\begin{pmatrix}1\\2\end{pmatrix}}_{=\boldsymbol{b}}$$

gemäß S. 214 zurück, die wir innerhalb der dort anschließenden Selbstfrage wie auch innerhalb des Beispiels auf S. 217 gelöst haben. Der oben entwickelte Lösungsansatz verwendet eine orthogonale Transformation zur Überführung der Matrix $\boldsymbol{A}$ in die Form gemäß des obigen Satzes, die im Kontext dieses einfachen Beispiels einem Vektor der Form $(\beta, 0)^\top$ entspricht. Hierzu nutzen wir

$$\boldsymbol{Q} = \frac{1}{\sqrt{2}}\begin{pmatrix}1 & 1\\ 1 & -1\end{pmatrix}$$

und erhalten

$$\|\boldsymbol{A}\alpha_0 - \boldsymbol{b}\|_2 = \|\boldsymbol{Q}\boldsymbol{A}\alpha_0 - \boldsymbol{Q}\boldsymbol{b}\|_2 = \left\|\begin{pmatrix}\sqrt{2}\\ 0\end{pmatrix}\alpha_0 - \begin{pmatrix}\frac{3}{\sqrt{2}}\\ -\frac{1}{\sqrt{2}}\end{pmatrix}\right\|_2,$$

womit sich direkt die bereits bekannte Lösung

$$\alpha_0 = \frac{3}{2}$$

ergibt.

2. Gesucht sei eine Ausgleichsgerade $p(t) = \alpha_0 + \alpha_1 t$ zu den Daten

k	0	1	2
t_k	-1	0	1
b_k	1.5	0.3	0.9

Es ergibt sich das zugehörige lineare Ausgleichsproblem $\|Ax - b\|_2 \stackrel{!}{=} \min$ mit

$$A = \begin{pmatrix} 1 & -1 \\ 1 & 0 \\ 1 & 1 \end{pmatrix}, \; x = \begin{pmatrix} \alpha_0 \\ \alpha_1 \end{pmatrix}, \; b = \begin{pmatrix} 1.5 \\ 0.3 \\ 0.9 \end{pmatrix}.$$

Unter Verwendung der QR-Zerlegung

$$A = \underbrace{\begin{pmatrix} -\frac{1}{\sqrt{3}} & \frac{1}{\sqrt{2}} & 0.4082 \\ -\frac{1}{\sqrt{3}} & 0 & -0.8165 \\ -\frac{1}{\sqrt{3}} & -\frac{1}{\sqrt{2}} & 0.4082 \end{pmatrix}}_{=Q} \underbrace{\begin{pmatrix} -\sqrt{3} & 0 \\ 0 & -\sqrt{2} \\ 0 & 0 \end{pmatrix}}_{=R}$$

erhalten wir gemäß der auf den vorhergehenden Seiten diskutierten Vorgehensweise

$$\widehat{b} = Q^\top b = \begin{pmatrix} -1.5588 \\ 0.4243 \\ 0.7348 \end{pmatrix}$$

und somit

$$\begin{pmatrix} \alpha_0 \\ \alpha_1 \end{pmatrix} = \begin{pmatrix} -\frac{1}{\sqrt{3}} & \frac{1}{\sqrt{2}} \\ -\frac{1}{\sqrt{3}} & 0 \end{pmatrix}^{-1} \begin{pmatrix} -1.5588 \\ 0.4243 \end{pmatrix} = \begin{pmatrix} 0.9 \\ -0.3 \end{pmatrix}. \quad (7.16)$$

Das gesuchte Polynom schreibt sich demzufolge in der Form

$$p(t) = 0.9 - 0.3\,t.$$

Anhand der Normalgleichungen

$$\underbrace{\begin{pmatrix} 3 & 0 \\ 0 & 2 \end{pmatrix}}_{=A^\top A} x = \underbrace{\begin{pmatrix} 2.7 \\ -0.6 \end{pmatrix}}_{=A^\top b},$$

sehen wir leicht, dass mit (7.16) wiederum das gleiche Ergebnis vorliegt. ◀

Für den rangdefizitärer Fall nutzen wir eine Singulärwertzerlegung

Mit einer Singulärwertzerlegung werden wir das Minimierungsproblem auch im Fall einer rangdefizitären Matrix A lösen.

Die Lösungsstruktur linearer Gleichungssysteme $Cx = d$ stimmt mit der linearer Ausgleichsprobleme überein, wenn der Rang der Matrix $C \in \mathbb{R}^{n\times n}$ mit dem Rang der erweiterten Koeffizientenmatrix $(C, d) \in \mathbb{R}^{n\times(n+1)}$ übereinstimmt. Jedoch kann im Gegensatz zur der quadratischen Matrix C bei Matrizen $A \in \mathbb{R}^{m\times n}$, $m > n$, auch dann keine klassische Inverse angegeben werden, wenn die Spaltenvektoren linear unabhängig sind. Es bedarf daher unabhängig von der Betrachtung des Maximalrangfalls respektive des rangdefizitären Falls einer Erweiterung des Inversenbegriffs, der uns im Folgenden auf die Definition der Pseudoinversen führen wird. Schauen wir auf die Aufgabe 7.2, so wird offensichtlich, dass die übliche Forderung an die Inverse $B \in \mathbb{R}^{n\times n}$ einer Matrix $C \in \mathbb{R}^{n\times n}$ in der Form $BC = CB = I$ schon aus Gründen der Matrixdimensionen für $A \in \mathbb{R}^{m\times n}$, $m > n$ nicht gestellt werden darf. Dagegen lassen sich die Zusammenhänge

$$BCB = C \quad \text{und} \quad CBC = C$$

auch auf den nichtquadratischen Fall übertragen. Auf dieser Idee beruht die folgende Festlegung der Pseudoinversen.

Die Pseudoinverse erweitert den üblichen Inversenbegriff

Definition der Pseudoinversen

Es sei $A \in \mathbb{R}^{m\times n}$, $m \geq n$. Eine Matrix $B \in \mathbb{R}^{n\times m}$ heißt **generalisierte Inverse** oder **Pseudoinverse** von A, wenn

$$ABA = A \quad \text{und} \quad BAB = B$$

gelten.

Um die Pseudoinverse zu berechnen, benötigen wir zunächst folgende Hilfsaussage.

Lemma

Zu jeder Matrix $A \in \mathbb{R}^{m\times n}$ mit Rang $A = r < n \leq m$ existieren orthogonale Matrizen $Q \in \mathbb{R}^{m\times m}$ und $W \in \mathbb{R}^{n\times n}$ mit

$$Q^\top A W = R \quad \text{und} \quad R = \begin{pmatrix} \widehat{R} & 0 \\ 0 & 0 \end{pmatrix} \in \mathbb{R}^{m\times n}.$$

Dabei ist $\widehat{R} \in \mathbb{R}^{r\times r}$ eine reguläre obere Dreiecksmatrix.

Blicken wir zurück auf die eingangs dieses Abschnittes auf S. 225 vorgenommene Annahme der multiplikativen Zerlegbarkeit von A, so wird diese Voraussetzung mit dem obigen Lemma nun auch für den Fall einer rangdefizitären Matrix A nachgewiesen. Im jetzigen Kontext liegt lediglich mit $\widehat{R}$ eine rechte obere Dreiecksmatrix aus dem $\mathbb{R}^{r\times r}$ vor. Selbstverständlich kann diese Matrix durch Hinzunahme der in R vorhandenen Nullen auf $\widehat{R} \in \mathbb{R}^{n\times n}$ erweitert werden, ohne ihre Dreiecksgestalt zu verlieren.

Beweis Zunächst ist es vorteilhaft, eine Veränderung der Reihenfolge der Zeilenvektoren innerhalb der Matrix $\boldsymbol{A}$ vorzunehmen, um linear unabhängigen Vektoren zusammenzuführen. Eine Multiplikation der Matrix $\boldsymbol{A}$ von links mittels einer Permutationsmatrix führt zur Vertauschung der Zeilen einer Matrix. Damit kann eine solche Permutationsmatrix $\boldsymbol{P} \in \mathbb{R}^{m\times m}$ gefunden werden, die mit

$$\boldsymbol{A}' = \boldsymbol{P}\boldsymbol{A} = (a'_{ij})_{i=1,\ldots,m,j=1,\ldots n}$$

eine Matrix generiert, deren erste r Zeilenvektoren linear unabhängig sind. Dabei ist diese Transformationsmatrix zwar nicht eindeutig, ihre implizite Festlegung kann jedoch entsprechend der im Beispiel auf S. 224 vorgestellten Technik stets in der algorithmischen Umsetzung erfolgen. Durch Multiplikation der Matrix $\boldsymbol{A}'$ von rechts mit geeigneten Givens-Rotationsmatrizen $\boldsymbol{G}_{ji} \in \mathbb{R}^{n\times n}$ in der Anordnung

$$\begin{aligned}&(1,2),(1,3),\ldots,(1,n),\\&(2,3),\ldots,(2,n),\\&\ldots,\\&(r,r+1),\ldots,(r,n)\end{aligned}$$

können die vorliegenden Matrixelemente in der entsprechenden Reihenfolge

$$\begin{aligned}&a'_{12},a'_{13},\ldots,a'_{1n}\\&,a'_{23},\ldots,a'_{2n},\\&\ldots,\\&a'_{r,r+1}\ldots,a'_{r,n}\end{aligned}$$

eliminiert werden.

Fassen wir das Produkt der Matrizen $\boldsymbol{G}_{ji}$ zur orthogonalen Matrix

$$\boldsymbol{W} := \prod_{j=1}^{r}\prod_{i=j+1}^{n} \boldsymbol{G}_{ji} = \boldsymbol{G}_{12}\cdot\boldsymbol{G}_{13}\cdot\ldots\cdot\boldsymbol{G}_{rn}$$

zusammen, so gilt

$$\boldsymbol{A}'\boldsymbol{W} = \boldsymbol{P}\boldsymbol{A}\boldsymbol{W} = \underbrace{\begin{pmatrix}\boldsymbol{L} & \boldsymbol{0}\\ \boldsymbol{X} & \boldsymbol{Y}\end{pmatrix}}_{=\boldsymbol{A}''}$$

mit einer linken unteren Dreiecksmatrix $\boldsymbol{L} \in \mathbb{R}^{r\times r}$ und einer Matrix $\boldsymbol{X} \in \mathbb{R}^{(m-r)\times r}$.

Die Multiplikation von rechts mit der Matrix $\boldsymbol{W}$ beeinflusst die lineare Unabhängigkeit der Zeilenvektoren nicht, wodurch mit $\boldsymbol{L}$ eine reguläre Matrix vorliegt. Hiermit folgt wegen $\operatorname{Rang}(\boldsymbol{A}'\boldsymbol{W}) = \operatorname{Rang}(\boldsymbol{A}) = r$ die Eigenschaft $\boldsymbol{Y} = \boldsymbol{0} \in \mathbb{R}^{(m-r)\times(n-r)}$.

Nach dem auf S. 226 formulierten Lemma existiert zu

$$\begin{pmatrix}\boldsymbol{L}\\ \boldsymbol{X}\end{pmatrix} \in \mathbb{R}^{m\times r}$$

eine orthogonale Matrix $\widetilde{\boldsymbol{Q}}^T \in \mathbb{R}^{m\times m}$ mit

$$\widetilde{\boldsymbol{Q}}^\top \begin{pmatrix}\boldsymbol{L}\\ \boldsymbol{X}\end{pmatrix} = \begin{pmatrix}\widehat{\boldsymbol{R}}\\ \boldsymbol{0}\end{pmatrix},$$

wobei $\widehat{\boldsymbol{R}} \in \mathbb{R}^{r\times r}$ eine reguläre rechte obere Dreiecksmatrix darstellt. Wie in Aufgabe 7.5 gezeigt, ist jede Permutationsmatrix $\boldsymbol{P}$ orthogonal, sodass mit

$$\boldsymbol{Q} := \boldsymbol{P}^\top\widetilde{\boldsymbol{Q}} \in \mathbb{R}^{m\times m}$$

laut Kap. 5, S. 139 wiederum eine orthogonale Matrix vorliegt, mittels derer

$$\boldsymbol{Q}^\top\boldsymbol{A}\boldsymbol{W} = \widetilde{\boldsymbol{Q}}^\top\boldsymbol{P}\boldsymbol{A}\boldsymbol{W} = \widetilde{\boldsymbol{Q}}^\top\begin{pmatrix}\boldsymbol{L} & \boldsymbol{0}\\ \boldsymbol{X} & \boldsymbol{0}\end{pmatrix} = \begin{pmatrix}\widehat{\boldsymbol{R}} & \boldsymbol{0}\\ \boldsymbol{0} & \boldsymbol{0}\end{pmatrix}$$

gilt. ■

Unter Ausnutzung der durch das obige Lemma erworbenen Kenntnisse lässt sich die Singulärwertzerlegung der Matrix $\boldsymbol{A}$ wie folgt formulieren.

Satz und Definition zur Singulärwertzerlegung

Zu jeder Matrix $\boldsymbol{A} \in \mathbb{R}^{m\times n}$ mit $\operatorname{Rang}\boldsymbol{A} = r \le n \le m$ existieren orthogonale Matrizen $\boldsymbol{U} \in \mathbb{R}^{m\times m}$ und $\boldsymbol{V} \in \mathbb{R}^{n\times n}$ mit

$$\boldsymbol{A} = \boldsymbol{U}\boldsymbol{S}\boldsymbol{V}^\top \quad\text{und}\quad \boldsymbol{S} = \begin{pmatrix}\widehat{\boldsymbol{S}} & \boldsymbol{0}\\ \boldsymbol{0} & \boldsymbol{0}\end{pmatrix} \in \mathbb{R}^{m\times n}. \tag{7.17}$$

Dabei ist $\widehat{\boldsymbol{S}} \in \mathbb{R}^{r\times r}$ eine Diagonalmatrix, die reelle, nichtnegative Diagonalelemente

$$s_1 \ge s_2 \ge \ldots \ge s_r > 0 \tag{7.18}$$

aufweist. Die Darstellung (7.17) wird als **Singulärwertzerlegung** und die in (7.18) aufgeführten Diagonalelemente als **Singulärwerte** bezeichnet.

Beweis Innerhalb des Nachweises betrachten wir die Fälle $r < n$ und $r = n$ getrennt und widmen uns zunächst dem Maximalrangfall. Mit $\operatorname{Rang}\boldsymbol{A} = r = n$ liegt mit $\boldsymbol{A}^T\boldsymbol{A} \in \mathbb{R}^{n\times n}$ eine symmetrische, positiv definite Matrix vor. Die reellen, positiven Eigenwerte λ_i von $\boldsymbol{A}^T\boldsymbol{A}$ seien in der Form

$$\lambda_1 \ge \lambda_2 \ge \ldots \ge \lambda_n > 0$$

geordnet. Mit der im Kap. 6 auf S. 191 formulierten Folgerung existiert eine orthogonale Matrix $\boldsymbol{V} \in \mathbb{R}^{n\times n}$ derart, dass

$$\boldsymbol{V}^T\boldsymbol{A}^T\boldsymbol{A}\boldsymbol{V} = \boldsymbol{D} = \operatorname{diag}\{\lambda_1,\ldots,\lambda_n\} \in \mathbb{R}^{n\times n}$$

gilt. Sei

$$\widehat{S} := \operatorname{diag}\{s_1, \dots, s_n\}$$

mit $s_i = \sqrt{\lambda_i} \in \mathbb{R}^+, i = 1, \dots, n$ und

$$\widehat{U} := AV\widehat{S}^{-1} \in \mathbb{R}^{m\times n}.$$

Wegen

$$\widehat{U}^T\widehat{U} = \widehat{S}^{-T} \underbrace{V^TA^TAV}_{=D} \widehat{S}^{-1} = \widehat{S}^{-1}D\widehat{S}^{-1} = I \in \mathbb{R}^{n\times n}$$

sind die Spalten von $\widehat{U}$ orthonormal.

Setzen wir $\widehat{U}$ durch $Z \in \mathbb{R}^{m\times(m-n)}$ zu einer orthogonalen Matrix

$$U = (\widehat{U}, Z) \in \mathbb{R}^{m\times m}$$

fort, so gilt

$$Z^TAV\widehat{S}^{-1} = Z^T\widehat{U} = 0 \in \mathbb{R}^{(m-n)\times n}.$$

Hiermit erhalten wir aufgrund der Regularität von $\widehat{S}$ die Aussage

$$Z^TAV = 0 \in \mathbb{R}^{(m-n)\times n}.$$

Es ergibt sich somit die Darstellung

$$\begin{aligned} U^TAV &= \begin{pmatrix} \widehat{U}^T \\ Z^T \end{pmatrix} AV = \begin{pmatrix} \widehat{S}^{-T}V^TA^T \\ Z^T \end{pmatrix} AV \\ &= \begin{pmatrix} \widehat{S}^{-T}V^TA^TAV \\ Z^TAV \end{pmatrix} = \begin{pmatrix} \widehat{S}^{-T}D \\ 0 \end{pmatrix} \\ &= \begin{pmatrix} \widehat{S} \\ 0 \end{pmatrix}, \end{aligned}$$

wodurch der Nachweis für den Maximalrangfall erbracht ist.

Betrachten wir nun den rangdefizitären Fall. Laut obigem Lemma existieren zu A mit Rang $A = r < n$ orthogonale Matrizen Q, W mit

$$Q^TAW = R = \begin{pmatrix} \widehat{R} & 0 \\ 0 & 0 \end{pmatrix},$$

wobei $\widehat{R} \in \mathbb{R}^{r\times r}$ regulär ist. Schlussfolgernd aus dem Maximalrangfall existieren zu

$$\begin{pmatrix} \widehat{R} \\ 0 \end{pmatrix} \in \mathbb{R}^{m\times r}$$

orthogonale Matrizen $\widetilde{U} \in \mathbb{R}^{m\times m}$ und $\widetilde{V} \in \mathbb{R}^{r\times r}$ mit

$$\widetilde{U}^T \begin{pmatrix} \widehat{R} \\ 0 \end{pmatrix} \widetilde{V} = \begin{pmatrix} \widehat{S} \\ 0 \end{pmatrix} \in \mathbb{R}^{m\times r},$$

wobei $\widehat{S} = \operatorname{diag}\{s_1, \dots, s_r\} \in \mathbb{R}^{r\times r}$ mit $s_1 \geq \dots, s_r > 0$ regulär ist. Erweiterungen in der Form

$$S = \begin{pmatrix} \widehat{S} & 0 \\ 0 & 0 \end{pmatrix} \in \mathbb{R}^{m\times n}$$

und

$$\overline{V} = \begin{pmatrix} \widetilde{V} & 0 \\ 0 & I \end{pmatrix} \in \mathbb{R}^{n\times n}$$

mit anschließender Kombination zu

$$U := Q\widetilde{U} \in \mathbb{R}^{m\times m}$$

respektive

$$V := W\overline{V} \in \mathbb{R}^{n\times n}$$

liefern zwei orthogonale Matrizen, die wegen

$$\begin{aligned} U^TAV &= \widetilde{U}^TQ^TAW\overline{V} \\ &= \widetilde{U}^T \begin{pmatrix} \widehat{R} & 0 \\ 0 & 0 \end{pmatrix} \begin{pmatrix} \widetilde{V} & 0 \\ 0 & I \end{pmatrix} \\ &= \widetilde{U}^T \begin{pmatrix} \widehat{R}\widetilde{V} & 0 \\ 0 & 0 \end{pmatrix} \\ &= \begin{pmatrix} \widetilde{U}^T\widehat{R}\widetilde{V} & 0 \\ 0 & 0 \end{pmatrix} = \begin{pmatrix} \widehat{S} & 0 \\ 0 & 0 \end{pmatrix} = S \end{aligned}$$

die Behauptung belegen. ■

Die Pseudoinverse ist nicht eindeutig

Beispiel Anhand dieses kleinen Beispiels wollen wir uns der Frage der Eindeutigkeit der Pseudoinversen widmen. Betrachten wir die Matrix

$$A = \begin{pmatrix} 1 & 0 \\ 0 & 0 \end{pmatrix},$$

so wird schnell klar, dass mit $B = A$ bereits eine Pseudoinverse vorliegt. Ebenso erfüllt aber auch die Matrix

$$C = \begin{pmatrix} 1 & 0 \\ 1 & 0 \end{pmatrix}$$

wegen

$$\begin{aligned} CAC &= \begin{pmatrix} 1 & 0 \\ 1 & 0 \end{pmatrix} \begin{pmatrix} 1 & 0 \\ 0 & 0 \end{pmatrix} \begin{pmatrix} 1 & 0 \\ 1 & 0 \end{pmatrix} \\ &= \begin{pmatrix} 1 & 0 \\ 1 & 0 \end{pmatrix} \begin{pmatrix} 1 & 0 \\ 0 & 0 \end{pmatrix} = \begin{pmatrix} 1 & 0 \\ 1 & 0 \end{pmatrix} = C \end{aligned}$$

und entsprechend

$$ACA = A$$

die Bedingungen einer Pseudoinversen von A. Folglich darf keine Eindeutigkeit der Pseudoinversen erwartet werden. ◀

Lassen Sie uns aufgrund des obigen Beispiels weitere Forderungen stellen, die auf eine Teilmenge innerhalb der Menge der Pseudoinversen führen und neben der Existenz auch die Eindeutigkeit sicherstellen. Auch hierbei ist ein Blick auf die Eigenschaften der üblichen Inversen sinnvoll, da wir stets eine echte Erweiterung vornehmen wollen. Die Symmetrie von $AA^{-1} = I = A^{-1}A$ führt uns auf die folgende Festlegung.

Definition der Moore-Penrose-Inversen

Es sei $A \in \mathbb{R}^{m\times n}$, $m \geq n$. Eine Pseudoinverse $B \in \mathbb{R}^{n\times m}$ heißt **Moore-Penrose-Inverse** und wird mit $A^\dagger$ bezeichnet, wenn

$$AB \quad \text{und} \quad BA$$

symmetrisch sind.

Mit Aufgabe 7.3 wird uns schnell klar, dass die Definition der Pseudoinversen eine echte Erweiterung des Inversenbegriffs darstellt.

Selbstfrage 7

Stellt eine der im Beispiel auf S. 229 betrachteten Matrizen eine Moore-Penrose-Inverse dar?

Die Moore-Penrose-Inverse stellt eine eindeutige Pseudoinverse dar

Mit den bisher bereitgestellten Aussagen sind wir bereits in der Lage, die Moore-Penrose-Inverse zu ermitteln.

Satz zur Darstellung der Moore-Penrose-Inversen

Zu jeder Matrix $A \in \mathbb{R}^{m\times n}$ existiert genau eine Moore-Penrose-Inverse. Unter Verwendung der im vorhergehenden Satz vorgestellten Singulärwertzerlegung hat diese die Darstellung

$$A^\dagger = V \begin{pmatrix} \widehat{S}^{-1} & 0 \\ 0 & 0 \end{pmatrix} U^\top \in \mathbb{R}^{n\times m}. \qquad (7.19)$$

Bevor wir uns dem Beweis zuwenden, ist es vorteilhaft, sich zunächst einen Überblick hinsichtlich der im Zusammenhang mit der Definition der Pseudoinversen eingehenden Matrizen zu verschaffen. Die multiplikative Zerlegung der Matrix $A \in \mathbb{R}^{m\times n}$ im Satz zur Singulärwertzerlegung erfolgt durch Matrizen der Form

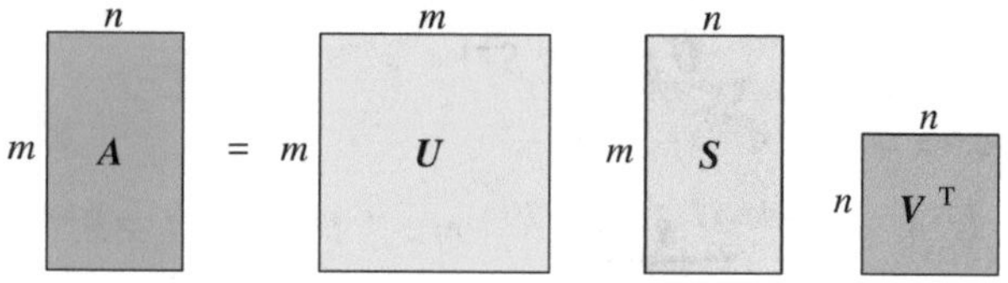

Dabei stellt sich die innere Matrix $S \in \mathbb{R}^{m\times n}$ gemäß

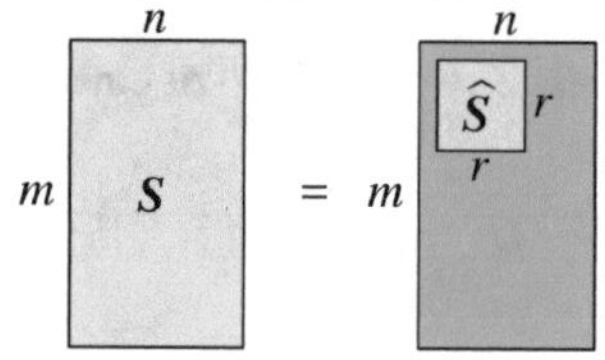

dar. Bereits aufgrund der Definition der Moore-Penrose-Inversen $A^\dagger$, die eine Kombination in der Form $AA^\dagger A$ fordert, haben wir eine Matrix aus dem $\mathbb{R}^{n\times m}$ vorliegen. Es sollte bei der Berechnung folglich darauf geachtet werden, dass sie die Darstellung

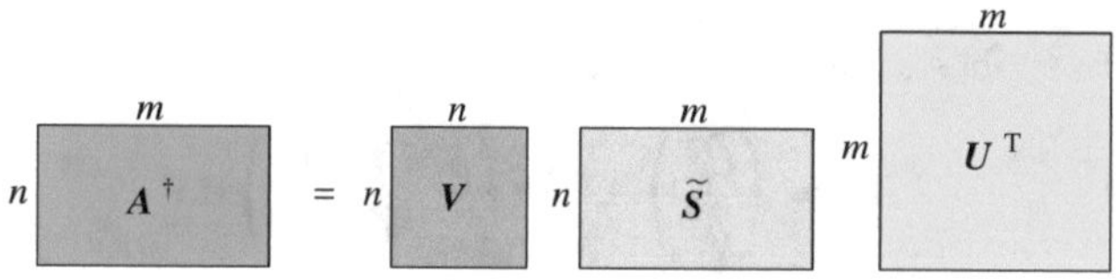

mit

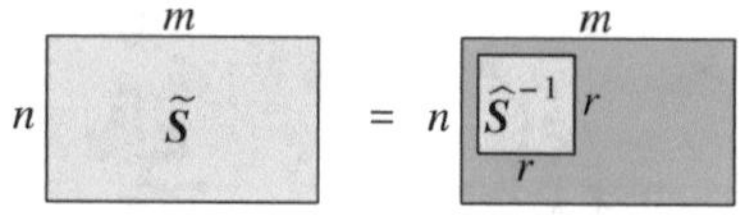

aufweist.

Beweis Wir unterteilen den Beweis in zwei Hauptbereiche. Im ersten Abschnitt überprüfen wir, dass die angegebene Matrix die Eigenschaften einer Moore-Penrose-Inversen erfüllt. Anschließend widmen wir uns im zweiten Teil dem Nachweis der Eindeutigkeit. Schreiben wir

$$\begin{aligned}
AA^\dagger A &= U \begin{pmatrix} \widehat{S} & 0 \\ 0 & 0 \end{pmatrix} \underbrace{V^\top V}_{=I} \begin{pmatrix} \widehat{S}^{-1} & 0 \\ 0 & 0 \end{pmatrix} \underbrace{U^\top U}_{=I} \begin{pmatrix} \widehat{S} & 0 \\ 0 & 0 \end{pmatrix} V^\top \\
&= U \underbrace{\begin{pmatrix} \widehat{S} & 0 \\ 0 & 0 \end{pmatrix} \begin{pmatrix} \widehat{S}^{-1} & 0 \\ 0 & 0 \end{pmatrix}}_{=\begin{pmatrix} I & 0 \\ 0 & 0 \end{pmatrix}} \begin{pmatrix} \widehat{S} & 0 \\ 0 & 0 \end{pmatrix} V^\top \\
&= U \begin{pmatrix} \widehat{S} & 0 \\ 0 & 0 \end{pmatrix} V^\top = A
\end{aligned}$$

und machen uns analog die Gleichung $A^\dagger A A^\dagger = A^\dagger$ klar, so ist bereits der Nachweis erbracht, dass mit (7.19) eine Pseudoinverse vorliegt. Wegen der Symmetrieeigenschaften

$$\begin{aligned}(AA^\dagger)^\top &= \left(U\begin{pmatrix}\widehat{S} & 0\\ 0 & 0\end{pmatrix}V^\top V\begin{pmatrix}\widehat{S}^{-1} & 0\\ 0 & 0\end{pmatrix}U^\top\right)^\top\\ &= \left(U\begin{pmatrix}\widehat{S} & 0\\ 0 & 0\end{pmatrix}\begin{pmatrix}\widehat{S}^{-1} & 0\\ 0 & 0\end{pmatrix}U^\top\right)^\top\\ &= \left(U\begin{pmatrix}I & 0\\ 0 & 0\end{pmatrix}U^\top\right)^\top = U^{\top\top}\begin{pmatrix}I & 0\\ 0 & 0\end{pmatrix}U^\top\\ &= AA^\dagger\end{aligned}$$

und entsprechend für $A^\dagger A$ liegt durch (7.19) folglich eine Moore-Penrose-Inverse vor.

Zum Nachweis der Eindeutigkeit ziehen wir uns zunächst auf den einfachen Fall der Matrix

$$\widehat{A} := U^\top A V = \begin{pmatrix}\widehat{S} & 0\\ 0 & 0\end{pmatrix}$$

zurück. Es ist offensichtlich, dass gemäß der obigen Argumentation die zugehörige Moore-Penrose-Inverse die Darstellung

$$\widehat{A}^\dagger = V^\top A^\dagger U$$

besitzt. Zur Herleitung einer expliziten Form der Matrix $\widehat{A}^\dagger$ schreiben wir

$$\widehat{A}^\dagger = \begin{pmatrix}A_{11} & A_{12}\\ A_{21} & A_{22}\end{pmatrix}$$

mit $A_{11} \in \mathbb{R}^{r\times r}$, $A_{12} \in \mathbb{R}^{r\times(m-r)}$, $A_{21} \in \mathbb{R}^{(n-r)\times r}$ und $A_{22} \in \mathbb{R}^{(n-r)\times(m-r)}$. Nutzen wir $\widehat{A} = \widehat{A}\widehat{A}^\dagger\widehat{A}$, so ergibt sich

$$\begin{aligned}\begin{pmatrix}\widehat{S} & 0\\ 0 & 0\end{pmatrix} &= \begin{pmatrix}\widehat{S} & 0\\ 0 & 0\end{pmatrix}\begin{pmatrix}A_{11} & A_{12}\\ A_{21} & A_{22}\end{pmatrix}\begin{pmatrix}\widehat{S} & 0\\ 0 & 0\end{pmatrix}\\ &= \begin{pmatrix}\widehat{S}A_{11}\widehat{S} & 0\\ 0 & 0\end{pmatrix}.\end{aligned}$$

Bedenken wir, dass $\widehat{S}$ invertierbar ist, so können wir direkt

$$A_{11} = \widehat{S}^{-1}\widehat{S}A_{11}\widehat{S}\widehat{S}^{-1} = \widehat{S}^{-1}\widehat{S}\widehat{S}^{-1} = \widehat{S}^{-1}$$

schlussfolgern. Rufen wir uns die Symmetriebedingungen der Matrizen $\widehat{A}^\dagger\widehat{A}$ und $\widehat{A}\widehat{A}^\dagger$ laut Definition der Moore-Penrose-Inversen ins Gedächtnis, so erkennen wir aus

$$\widehat{A}^\dagger\widehat{A} = \begin{pmatrix}\widehat{S}^{-1} & A_{12}\\ A_{21} & A_{22}\end{pmatrix}\begin{pmatrix}\widehat{S} & 0\\ 0 & 0\end{pmatrix} = \begin{pmatrix}I & 0\\ A_{21}\widehat{S} & 0\end{pmatrix}$$

und

$$\widehat{A}\widehat{A}^\dagger = \begin{pmatrix}\widehat{S} & 0\\ 0 & 0\end{pmatrix}\begin{pmatrix}\widehat{S}^{-1} & A_{12}\\ A_{21} & A_{22}\end{pmatrix} = \begin{pmatrix}I & \widehat{S}A_{12}\\ 0 & 0\end{pmatrix}$$

wiederum unter Berücksichtigung der Regularität von $\widehat{S}$ die Eigenschaften $A_{21} = 0$ und $A_{12} = 0$. Verwenden wir abschließend $\widehat{A} = \widehat{A}\widehat{A}^\dagger\widehat{A}$, so ergibt sich zudem

$$\begin{aligned}\begin{pmatrix}\widehat{S}^{-1} & 0\\ 0 & A_{22}\end{pmatrix} &= \begin{pmatrix}\widehat{S}^{-1} & 0\\ 0 & A_{22}\end{pmatrix}\begin{pmatrix}\widehat{S} & 0\\ 0 & 0\end{pmatrix}\begin{pmatrix}\widehat{S^{-1}} & 0\\ 0 & A_{22}\end{pmatrix}\\ &= \begin{pmatrix}\widehat{S}^{-1} & 0\\ 0 & 0\end{pmatrix},\end{aligned}$$

womit $A_{22} = 0$ und damit die eindeutig bestimmte Darstellung

$$\widehat{A}^\dagger = \begin{pmatrix}\widehat{S}^{-1} & 0\\ 0 & 0\end{pmatrix}.$$

folgt.

Wir wenden uns nun der allgemeinen Problemstellung zu und werden die Eindeutigkeitsfrage durch Übergang auf den obigen Spezialfall beantworten. Liegen mit $A^\dagger$ und $B^\dagger$ zwei Moore-Penrose-Inverse von A vor, dann ergibt sich aufgrund der nachgewiesenen Eindeutigkeit von $\widehat{A}^\dagger$ die Gleichung

$$V^\top A^\dagger U = \widehat{A}^\dagger = V^\top B^\dagger U$$

und wir erhalten

$$A^\dagger = VV^\top A^\dagger UU^\top = V\widehat{A}^\dagger U^\top = VV^\top B^\dagger UU^\top = B^\dagger,$$

womit die Eindeutigkeit in der Allgemeinheit nachgewiesen ist. ■

Blicken wir zurück auf die Normalgleichungen, so wird schnell deutlich, dass für die Untersuchung der gesamten Lösungsmenge des linearen Ausgleichsproblems eine explizite Darstellung des Kerns der Matrix $A^\top A$ nützlich ist. Diese werden wir durch den folgenden Hilfssatz bereitstellen.

Lemma

Unter Verwendung der zur Matrix $A \in \mathbb{R}^{m\times n}$, $m \geq n$ gehörenden Moore-Penrose-Inversen $A^\dagger \in \mathbb{R}^{n\times m}$ gilt

$$\text{Kern}\,(A^\top A) = \{x \in \mathbb{R}^n | x = y - A^\dagger A y \text{ mit } y \in \mathbb{R}^n\}.$$

Beweis Für $y \in \mathbb{R}^n$ definieren wir $x = y - A^\dagger A y$ und erhalten aufgrund der Eigenschaft $AA^\dagger A = A$ der Pseudoinversen die Folgerung

$$Ax = A(y - A^\dagger A y) = Ay - \underbrace{AA^\dagger A}_{=A}y = 0.$$

Nutzen wir den mit (7.11) dargestellten Zusammenhang Kern $(\boldsymbol{A}^\top\boldsymbol{A}) = \text{Kern}\,\boldsymbol{A}$, so gilt demzufolge

$$\boldsymbol{x} \in \text{Kern}\,(\boldsymbol{A}^\top\boldsymbol{A}).$$

Da sich zudem jeder Vektor $\boldsymbol{y} \in \text{Kern}\,(\boldsymbol{A}^\top\boldsymbol{A}) = \text{Kern}\,\boldsymbol{A}$ in der Form

$$\boldsymbol{y} = \boldsymbol{y} - \boldsymbol{A}^\dagger \underbrace{\boldsymbol{A}\boldsymbol{y}}_{=\boldsymbol{0}}$$

schreiben lässt, ist der Nachweis erbracht. ■

Unter Nutzung der Moore-Penrose-Inversen werden wir mit dem folgenden Satz sowohl eine explizite Darstellung der Optimallösung als auch der gesamten Lösungsmenge liefern.

Satz zur Lösung im rangdefizitären Fall

Mit der Moore-Penrose-Inversen $\boldsymbol{A}^\dagger \in \mathbb{R}^{n\times m}$ der Matrix $\boldsymbol{A} \in \mathbb{R}^{m\times n}$ schreibt sich die Lösungsmenge L des linearen Ausgleichsproblems

$$\|\boldsymbol{A}\boldsymbol{x} - \boldsymbol{b}\|_2 \stackrel{!}{=} \min$$

für jedes $\boldsymbol{b} \in \mathbb{R}^m$ gemäß

$$L = \{\boldsymbol{x} \in \mathbb{R}^n | \boldsymbol{x} = \boldsymbol{A}^\dagger\boldsymbol{b} + \boldsymbol{y} - \boldsymbol{A}^\dagger\boldsymbol{A}\boldsymbol{y} \quad \text{mit} \quad \boldsymbol{y} \in \mathbb{R}^n\}$$

und die Optimallösung besitzt die Gestalt

$$\widehat{\boldsymbol{x}} = \boldsymbol{A}^\dagger\boldsymbol{b}.$$

Beweis Schreiben wir die Singulärwertzerlegung $\boldsymbol{A} = \boldsymbol{U}\boldsymbol{S}\boldsymbol{V}^\top$ gemäß (7.17) und berücksichtigen die Eigenschaft, dass orthogonale Matrizen längenerhaltend bezüglich der euklidischen Norm sind, dann erhalten wir

$$\|\boldsymbol{A}\boldsymbol{x} - \boldsymbol{b}\|_2 = \left\|\boldsymbol{U}\boldsymbol{S}\boldsymbol{V}^\top\boldsymbol{x} - \boldsymbol{b}\right\|_2 = \left\|\boldsymbol{S}\boldsymbol{V}^\top\boldsymbol{x} - \boldsymbol{U}^\top\boldsymbol{b}\right\|_2.$$

Mit $\boldsymbol{z} := \boldsymbol{V}^\top\boldsymbol{x}$ und

$$\boldsymbol{S} = \begin{pmatrix} \widehat{\boldsymbol{S}} & \boldsymbol{0} \\ \boldsymbol{0} & \boldsymbol{0} \end{pmatrix}$$

ergibt sich das Minimum der obigen Norm für

$$\boldsymbol{z} = \begin{pmatrix} \widehat{\boldsymbol{S}}^{-1} & \boldsymbol{0} \\ \boldsymbol{0} & \boldsymbol{0} \end{pmatrix} \boldsymbol{U}^\top\boldsymbol{b}.$$

Die Moore-Penrose-Inverse $\boldsymbol{A}^\dagger$ gemäß (7.19) ermöglicht damit die Darstellung einer Lösung des linearen Ausgleichsproblems in der Form

$$\widehat{\boldsymbol{x}} = \boldsymbol{V} \begin{pmatrix} \widehat{\boldsymbol{S}}^{-1} & \boldsymbol{0} \\ \boldsymbol{0} & \boldsymbol{0} \end{pmatrix} \boldsymbol{U}^\top\boldsymbol{b} = \boldsymbol{A}^\dagger\boldsymbol{b}$$

und wir erhalten die gesamte Lösungsmenge unter Verwendung des obigen Hilfssatzes in der Form

$$\begin{aligned} L &= \{\boldsymbol{x} \in \mathbb{R}^n | \boldsymbol{x} = \boldsymbol{A}^\dagger\boldsymbol{b} + \boldsymbol{z} \quad \text{mit} \quad \boldsymbol{z} \in \text{Kern}\,(\boldsymbol{A}^\top\boldsymbol{A})\} \\ &= \{\boldsymbol{x} \in \mathbb{R}^n | \boldsymbol{x} = \boldsymbol{A}^\dagger\boldsymbol{b} + \boldsymbol{y} - \boldsymbol{A}^\dagger\boldsymbol{A}\boldsymbol{y} \quad \text{mit} \quad \boldsymbol{y} \in \mathbb{R}^n\}. \end{aligned}$$

Bleibt zu zeigen, dass es sich bei $\boldsymbol{A}^\dagger\boldsymbol{b}$ um die Optimallösung handelt.

Stehen zwei Vektoren $\boldsymbol{y}, \boldsymbol{z}$ senkrecht aufeinander, so wissen wir mit dem Satz von Pythagoras, dass

$$\|\boldsymbol{y} + \boldsymbol{z}\|_2^2 = \|\boldsymbol{y}\|_2^2 + \|\boldsymbol{z}\|_2^2$$

gilt. Blicken wir auf die obige Darstellung des Lösungsraums, dann kommt schnell die Vermutung auf, dass $\widehat{\boldsymbol{x}} = \boldsymbol{A}^\dagger\boldsymbol{b}$ die Optimallösung repräsentiert, falls $\widehat{\boldsymbol{x}} \perp \text{Kern}\,(\boldsymbol{A}^\top\boldsymbol{A}) = \text{Kern}\,\boldsymbol{A}$ erfüllt. Betrachten wir $\boldsymbol{y} \in \mathbb{R}^n$, so ergibt sich diese Orthogonalität mit

$$\begin{aligned} \langle \boldsymbol{y} - \boldsymbol{A}^\dagger\boldsymbol{A}\boldsymbol{y}, \boldsymbol{A}^\dagger\boldsymbol{b}\rangle &= \langle \boldsymbol{y}, \boldsymbol{A}^\dagger\boldsymbol{b}\rangle - \langle \boldsymbol{A}^\dagger\boldsymbol{A}\boldsymbol{y}, \boldsymbol{A}^\dagger\boldsymbol{b}\rangle \\ &= \langle \boldsymbol{y}, \boldsymbol{A}^\dagger\boldsymbol{b}\rangle - \langle \boldsymbol{y}, (\boldsymbol{A}^\dagger\boldsymbol{A})^\top\boldsymbol{A}^\dagger\boldsymbol{b}\rangle \\ &= \langle \boldsymbol{y}, \boldsymbol{A}^\dagger\boldsymbol{b}\rangle - \langle \boldsymbol{y}, \boldsymbol{A}^\dagger\boldsymbol{A}\boldsymbol{A}^\dagger\boldsymbol{b}\rangle \\ &= \langle \boldsymbol{y}, \boldsymbol{A}^\dagger\boldsymbol{b}\rangle - \langle \boldsymbol{y}, \boldsymbol{A}^\dagger\boldsymbol{b}\rangle = 0. \end{aligned}$$

Für $\boldsymbol{x} \in L$ erhalten wir somit die Ungleichung

$$\begin{aligned} \|\boldsymbol{x}\|_2^2 &= \|\boldsymbol{y} - \boldsymbol{A}^\dagger\boldsymbol{A}\boldsymbol{y} + \boldsymbol{A}^\dagger\boldsymbol{b}\|_2^2 \\ &= \|\boldsymbol{y} - \boldsymbol{A}^\dagger\boldsymbol{A}\boldsymbol{y}\|_2^2 + \|\boldsymbol{A}^\dagger\boldsymbol{b}\|_2^2 \geq \|\boldsymbol{A}^\dagger\boldsymbol{b}\|_2^2, \end{aligned}$$

wodurch $\widehat{\boldsymbol{x}} = \boldsymbol{A}^\dagger\boldsymbol{b}$ in der Tat die Optimallösung des linearen Ausgleichsproblems darstellt. ■

Für den Maximalrangfall hatten wir bereits auf S. 222 mit $\widehat{\boldsymbol{x}} = (\boldsymbol{A}^\top\boldsymbol{A})\boldsymbol{A}^\top\boldsymbol{b}$ eine Darstellung der eindeutig bestimmten Lösung hergeleitet, die sich durch den Zusammenhang

$$\begin{aligned} \boldsymbol{A}^\dagger &= \boldsymbol{V}\begin{pmatrix} \widehat{\boldsymbol{S}}^{-1} & \boldsymbol{0} \end{pmatrix}\boldsymbol{U}^\top \\ &= \boldsymbol{V}\begin{pmatrix} \widehat{\boldsymbol{S}}^{-1} & \boldsymbol{0} \end{pmatrix}\begin{pmatrix} \widehat{\boldsymbol{S}}^{-1} \\ \boldsymbol{0} \end{pmatrix}\boldsymbol{V}^\top\boldsymbol{V}\begin{pmatrix} \widehat{\boldsymbol{S}} & \boldsymbol{0} \end{pmatrix}\boldsymbol{U}^\top \\ &= \boldsymbol{V}\widehat{\boldsymbol{S}}^{-1}\widehat{\boldsymbol{S}}^{-1}\boldsymbol{V}^\top\boldsymbol{V}\begin{pmatrix} \widehat{\boldsymbol{S}} & \boldsymbol{0} \end{pmatrix}\boldsymbol{U}^\top \\ &= (\boldsymbol{V}\widehat{\boldsymbol{S}}\widehat{\boldsymbol{S}}\boldsymbol{V}^\top)^{-1}\left(\boldsymbol{U}\begin{pmatrix} \widehat{\boldsymbol{S}} \\ \boldsymbol{0} \end{pmatrix}\boldsymbol{V}^\top\right)^\top \\ &= \Bigg(\underbrace{\boldsymbol{V}\begin{pmatrix} \widehat{\boldsymbol{S}} & \boldsymbol{0} \end{pmatrix}\boldsymbol{U}^\top}_{=\boldsymbol{A}^\top}\underbrace{\boldsymbol{U}\begin{pmatrix} \widehat{\boldsymbol{S}} \\ \boldsymbol{0} \end{pmatrix}\boldsymbol{V}^\top}_{=\boldsymbol{A}}\Bigg)^{-1}\underbrace{\left(\boldsymbol{U}\begin{pmatrix} \widehat{\boldsymbol{S}} \\ \boldsymbol{0} \end{pmatrix}\boldsymbol{V}^\top\right)^\top}_{=\boldsymbol{A}^\top} \\ &= (\boldsymbol{A}^\top\boldsymbol{A})^{-1}\boldsymbol{A}^\top \end{aligned}$$

auch über die Nutzung der Pseudoinversen ergibt. Zudem ist die Lösung im Maximalrangfall stets eindeutig. Auch diese

Eigenschaft können wir hier unter Nutzung der Moore-Penrose-Inversen durch die Betrachtung des Kerns der Matrix $\boldsymbol{A}^\top\boldsymbol{A}$ bestätigen, denn mit

$$\boldsymbol{y} - \boldsymbol{A}^\dagger\boldsymbol{A}\,\boldsymbol{y} = \boldsymbol{y} - \underbrace{(\boldsymbol{A}^\top\boldsymbol{A})^{-1}\boldsymbol{A}^\top\boldsymbol{A}}_{=\boldsymbol{I}}\,\boldsymbol{y} = \boldsymbol{y} - \boldsymbol{y} = \boldsymbol{0}$$

gilt

$$\text{Kern}\,(\boldsymbol{A}^\top\boldsymbol{A}) = \{\boldsymbol{x} \in \mathbb{R}^n | \boldsymbol{x} = \boldsymbol{y} - \boldsymbol{A}^\dagger\boldsymbol{A}\,\boldsymbol{y} \text{ mit } \boldsymbol{y} \in \mathbb{R}^n\} = \{\boldsymbol{0}\}.$$

Selbstfrage 8

Stimmt die Moore-Penrose-Inverse $\boldsymbol{A}^\dagger$ für eine reguläre Matrix $\boldsymbol{A} \in \mathbb{R}^{n\times n}$ mit der üblichen Inversen $\boldsymbol{A}^{-1}$ überein?

Beispiel 1. Um die Vorgehensweise zur Berechnung der Pseudoinversen beispielhaft deutlich zu machen, nutzen wir den einfachen Fall der Matrix

$$\boldsymbol{A} = \begin{pmatrix} 1 & 1 \\ 2 & 2 \end{pmatrix}.$$

Dem Beweis zum Lemma auf S. 226 folgend, stellen wir zunächst fest, dass eine Permutation der Spalten im vorliegenden Beispiel nicht nötig ist. Wir suchen daher vorerst eine orthogonale Matrix $\boldsymbol{W} \in \mathbb{R}^{2\times 2}$ mit

$$\boldsymbol{A}\boldsymbol{W} = \begin{pmatrix} a & 0 \\ b & c \end{pmatrix}.$$

Hierzu betrachten wir die transponierte Matrix $\boldsymbol{A}^\top$ und bestimmen die orthogonale Matrix derart, dass der Vektor $(1,1)^\top$ auf ein Vielfaches des ersten Einheitsvektors abgebildet wird. Somit definieren wir

$$\widehat{\boldsymbol{W}} = \frac{1}{\sqrt{2}}\begin{pmatrix} 1 & 1 \\ 1 & -1 \end{pmatrix},$$

womit

$$\widehat{\boldsymbol{W}}\boldsymbol{A}^\top = \frac{1}{\sqrt{2}}\begin{pmatrix} 1 & 1 \\ 1 & -1 \end{pmatrix}\begin{pmatrix} 1 & 2 \\ 1 & 2 \end{pmatrix} = \begin{pmatrix} \sqrt{2} & 2\sqrt{2} \\ 0 & 0 \end{pmatrix}$$

folgt und wir mittels $\boldsymbol{W} = \widehat{\boldsymbol{W}}^\top = \widehat{\boldsymbol{W}}$ direkt

$$\boldsymbol{A}\boldsymbol{W} = (\widehat{\boldsymbol{W}}^\top\boldsymbol{A}^\top)^\top = (\widehat{\boldsymbol{W}}\boldsymbol{A}^\top)^\top = \begin{pmatrix} \sqrt{2} & 0 \\ 2\sqrt{2} & 0 \end{pmatrix}$$

erhalten. Als zweiten Schritt muss wiederum eine orthogonale Matrix $\boldsymbol{Q} \in \mathbb{R}^{2\times 2}$ bestimmt werden, sodass $\boldsymbol{Q}^\top$ den Vektor $(\sqrt{2}, 2\sqrt{2})^\top$ auf ein Vielfaches des ersten Einheitsvektors abbildet. Wir nutzen demzufolge

$$\boldsymbol{Q} = \frac{1}{\sqrt{5}}\begin{pmatrix} 1 & 2 \\ 2 & -1 \end{pmatrix}$$

und erhalten $\boldsymbol{Q}^\top = \boldsymbol{Q}$ sowie

$$\boldsymbol{Q}^\top\boldsymbol{A}\boldsymbol{W} = \frac{1}{\sqrt{5}}\begin{pmatrix} 1 & 2 \\ 2 & -1 \end{pmatrix}\begin{pmatrix} \sqrt{2} & 0 \\ 2\sqrt{2} & 0 \end{pmatrix} = \begin{pmatrix} \sqrt{10} & 0 \\ 0 & 0 \end{pmatrix}.$$

Laut Definition der Pseudoinversen ergibt sich diese folglich zu

$$\boldsymbol{A}^\dagger = \boldsymbol{W}\begin{pmatrix} \frac{1}{\sqrt{10}} & 0 \\ 0 & 0 \end{pmatrix}\boldsymbol{Q}^\top = \frac{1}{10}\begin{pmatrix} 1 & 2 \\ 1 & 2 \end{pmatrix}.$$

2. Bereits auf S. 217 haben wir linear abhängige Basispolynome betrachtet und damit eine rangdefizitäre Ausgleichsmatrix erhalten. Die Lösung des zugehörigen Ausgleichsproblems wird auf der Grundlage der Normalgleichungen innerhalb der Aufgaben 7.8 ermittelt. An dieser Stelle wollen wir der Problemstellung mittels einer Singulärwertzerlegung begegnen. Mit den Basisfunktionen

$$\Phi_0(t) = t,\, \Phi_1(t) = (t-1)^2 - 1,\, \Phi_2(t) = t^2$$

und den Daten

k	0	1	2	3
t_k	−2	−1	1	2
b_k	1	3	2	3

ergibt sich das lineare Ausgleichproblem $\|\boldsymbol{A}\boldsymbol{x} - \boldsymbol{b}\|_2 \overset{!}{=} \min$ mit

$$\boldsymbol{A} = \begin{pmatrix} -2 & 8 & 4 \\ -1 & 3 & 1 \\ 1 & -1 & 1 \\ 2 & 0 & 4 \end{pmatrix} \quad \text{und} \quad \boldsymbol{b} = \begin{pmatrix} 1 \\ 3 \\ 2 \\ 3 \end{pmatrix}.$$

Unter Verwendung der Singulärwertzerlegung

$$\boldsymbol{A} = \boldsymbol{U}\underbrace{\begin{pmatrix} 9.85 & 0 & 0 \\ 0 & 4.59 & 0 \\ 0 & 0 & 0 \\ 0 & 0 & 0 \end{pmatrix}}_{=\boldsymbol{S}}\boldsymbol{V}^\top$$

mit

$$\boldsymbol{U} = \begin{pmatrix} 0.93 & 0.07 & -0.31 & -0.19 \\ -0.33 & 0.14 & 0.91 & 0.20 \\ 0.06 & -0.35 & 0.28 & -0.89 \\ -0.15 & -0.92 & 0.01 & 0.36 \end{pmatrix}$$

und

$$\boldsymbol{V}^\top = \begin{pmatrix} 0.20 & -0.86 & -0.47 \\ -0.54 & 0.30 & -0.79 \\ -0.82 & -0.41 & 0.41 \end{pmatrix}$$

erhalten wir die Moore-Penrose-Inverse in der Form

$$A^\dagger = V \begin{pmatrix} 0.102 & 0 & 0 & 0 \\ 0 & 0.22 & 0 & 0 \\ 0 & 0 & 0 & 0 \end{pmatrix} U^\top$$
$$= \begin{pmatrix} -0.03 & -0.02 & 0.04 & 0.11 \\ 0.09 & 0.04 & -0.03 & -0.05 \\ 0.03 & -0.01 & 0.06 & 0.16 \end{pmatrix}.$$

Dem Satz zur Lösung im rangdefizitären Fall auf S. 232 folgend, schreibt sich die gesuchte Optimallösung gemäß

$$\widehat{x} = A^\dagger b = \frac{1}{340} \begin{pmatrix} 104 \\ 1 \\ 209 \end{pmatrix}.$$

Vergleichen Sie den erzielten Vektor mit der Lösung laut Aufgabe 7.8. ◀

Die Optimallösung kann unter Verwendung der Singulärwerte $s_1, \ldots, s_r$ und der Vektoren der orthogonalen Matrizen

$$U = \left(u_1, \ldots, u_m\right), \quad V = \left(v_1, \ldots, v_n\right)$$

auch in einer Summendarstellung gemäß

$$\widehat{x} = A^\dagger b = V \begin{pmatrix} \widehat{S}^{-1} & \mathbf{0} \\ \mathbf{0} & \mathbf{0} \end{pmatrix} U^\top b$$
$$= \left(v_1, \ldots, v_n\right) \begin{pmatrix} \widehat{S}^{-1} & \mathbf{0} \\ \mathbf{0} & \mathbf{0} \end{pmatrix} \begin{pmatrix} u_1^\top b \\ \vdots \\ u_m^\top b \end{pmatrix}$$
$$= \left(v_1, \ldots, v_n\right) \begin{pmatrix} (u_1^\top b)/s_1 \\ \vdots \\ (u_r^\top b)/s_r \\ 0 \\ \vdots \\ 0 \end{pmatrix} = \sum_{i=1}^{r} \frac{u_i^\top b}{s_i} v_i$$

geschrieben werden.

Die hauptsächliche Problematik bei der Nutzung der Moore-Penrose-Inversen liegt in der Bestimmung der Singulärwertzerlegung, die in vielen Fällen sehr aufwendig ist und weitere Verfahren, ähnlich zur Berechnung der Eigenwerte einer Matrix, benötigt. Hierbei sei auf den GKR-Algorithmus nach Golub, Kahan und Reinsch sowie die Singulärwertzerlegung nach Chan und die Divide-and-Conquer-Methode verwiesen. Es kann aber aus Effizienzgründen vorteilhaft sein, eine QR-Zerlegung anstelle einer Singulärwertzerlegung zu nutzen.

7.4 Störungstheorie

Die im linearen Ausgleichsproblem eingehenden Daten sind in der Anwendung häufig durch Messwerte respektive numerische Berechnungen gegeben, wodurch Abweichungen aufgrund von Messungenauigkeiten oder Rundungsfehlern sowohl bei Funktionsgrößen als auch bei den Argumenten vorliegen können. Damit ergibt sich im linearen Ausgleichsproblem $\|Ax - b\|_2 \stackrel{!}{=} \min$ neben einer möglichen Störung der Matrix A auch eine eventuelle Störung der rechten Seite b.

In diesem Abschnitt werden wir untersuchen, wie empfindlich die Lösung des linearen Ausgleichsproblems auf Störungen in diesen Eingangsdaten reagiert. Hierbei werden wir uns auf den Maximalrangfall beschränken und mit der Herleitung einer sinnvollen Konditionszahl des linearen Ausgleichsproblems beginnen.

Die Kondition linearer Gleichungssysteme hängt nur von der Matrix ab

Blicken wir zunächst auf den Fall eines linearen Gleichungssystems

$$Ax = b$$

mit einer regulären Matrix $A \in \mathbb{R}^{m\times m}$ und rechter Seite $b \in \mathbb{R}^m \setminus \{\mathbf{0}\}$ zurück. Mit der Konditionszahl

$$\kappa(A) = \|A\|\|A^{-1}\|$$

können wir nicht nur die Konvergenzgeschwindigkeit numerischer Verfahren abschätzen, sondern auch den Einfluss von Störungen auf die Lösung beschreiben. Seien beispielsweise x und $x + \Delta x$ Lösungen des Gleichungssystems zur rechten Seite b beziehungsweise $b + \Delta b$, so ergibt sich aufgrund der Linearität $A\,\Delta x = \Delta b$, womit

$$\|\Delta x\| = \|A^{-1}\Delta b\| \le \|A^{-1}\|\|\Delta b\|$$

und

$$\|b\| = \|Ax\| \le \|A\|\|x\|$$

folgen. Schließlich erhalten wir durch die obigen Ungleichungen die Abschätzung zur Auswirkung einer relativen Störung in b auf die relative Lösungsvariation in der Darstellung

$$\frac{\|\Delta x\|}{\|x\|} \le \frac{\|A^{-1}\|\|\Delta b\|}{\|A\|^{-1}\|b\|} = \underbrace{\|A\|\|A\|^{-1}}_{=\kappa(A)} \frac{\|\Delta b\|}{\|b\|}. \tag{7.20}$$

Demzufolge lässt sich die Kondition des linearen Gleichungssystems direkt mit der Kondition der Matrix gleichsetzen. Im Fall eines linearen Ausgleichsproblems werden wir sehen, dass neben der Matrix auch die rechte Seite b in die Festlegung der Kondition des Problems eingehen muss.

Die Kondition linearer Ausgleichsprobleme hängt von der Matrix und der rechten Seite ab

Eine wichtige Rolle wird in diesem Zusammenhang dem Winkelmaß zwischen den Vektoren $\boldsymbol{b}$ und $\boldsymbol{Ax}$ zuteil. Wie in Abb. 7.1 verdeutlich, stellt $\boldsymbol{Ax}$ die orthogonale Projektion von $\boldsymbol{b}$ auf den Raum Bild $\boldsymbol{A}$ dar. Somit gelten für den zwischen $\boldsymbol{b}$ und $\boldsymbol{Ax}$ eingeschlossenen Winkel mit Maß $\phi \in [0, \pi/2]$ unter Festlegung des Residuenvektors $\boldsymbol{r} = \boldsymbol{b} - \boldsymbol{Ax}$ die Beziehungen

$$\cos(\phi) = \frac{\|\boldsymbol{Ax}\|}{\|\boldsymbol{b}\|} \quad \text{und} \quad \sin(\phi) = \frac{\|\boldsymbol{b} - \boldsymbol{Ax}\|}{\|\boldsymbol{b}\|} = \frac{\|\boldsymbol{r}\|}{\|\boldsymbol{b}\|}.$$

Im Fall $\cos(\phi) \neq 0$ ergibt sich zudem

$$\tan(\phi) = \frac{\sin(\phi)}{\cos(\phi)} = \frac{\|\boldsymbol{r}\|}{\|\boldsymbol{Ax}\|}.$$

Im Folgenden werden wir die Fälle einer Störung der rechten Seite $\boldsymbol{b}$ und der Matrix $\boldsymbol{A}$ gesondert betrachten.

Störung der rechten Seite:

Um eine Abschätzung der Form (7.20) aufstellen zu können, muss sichergestellt werden, dass keine Division durch null stattfindet. Neben der beim linearen Gleichungssystem hierzu aufgestellten Forderung $\boldsymbol{b} \neq \boldsymbol{0}$ ergibt sich im Kontext des linearen Ausgleichsproblems zusätzlich die Bedingung $\phi \neq \pi/2$, da im Fall $\phi = \pi/2$ direkt $\cos(\phi) = 0$ und somit $\boldsymbol{r} = \boldsymbol{b}$, das heißt $\boldsymbol{Ax} = \boldsymbol{0}$ folgt. Hiermit würde die Maximalrangeigenschaft der Matrix unmittelbar $\boldsymbol{x} = \boldsymbol{0}$ nach sich ziehen.

Erweiterte Definition der Konditionszahl

Für eine Matrix $\boldsymbol{A} \in \mathbb{R}^{m \times n}$, $m \geq n$ mit Rang $\boldsymbol{A} = n$ bezeichnet

$$\kappa(\boldsymbol{A}) = \|\boldsymbol{A}\| \|\boldsymbol{A}^{\dagger}\|$$

die **Konditionszahl** von $\boldsymbol{A}$

Da im Fall einer regulären Matrix $\boldsymbol{A}^{\dagger} = \boldsymbol{A}^{-1}$ gilt, ist leicht erkennbar, dass die obige Festlegung in der Tat eine Erweiterung des bisherigen Begriffs der Konditionszahl darstellt.

Auf der Grundlage dieser Definition ergibt sich folgende Aussage.

Satz zur Störung der rechten Seite

Sei $\boldsymbol{A} \in \mathbb{R}^{m \times n}$, $m \geq n$ eine Matrix mit Rang $\boldsymbol{A} = n$. Des Weiteren seinen $\boldsymbol{x} \neq \boldsymbol{0}$ und $\boldsymbol{x} + \Delta\boldsymbol{x}$ die eindeutig bestimmten Lösungen des linearen Ausgleichsproblems mit rechter Seite $\boldsymbol{b}$ beziehungsweise $\boldsymbol{b} + \Delta\boldsymbol{b}$. Dann gilt

$$\frac{\|\Delta\boldsymbol{x}\|}{\|\boldsymbol{x}\|} \leq \frac{\kappa(\boldsymbol{A})}{\cos(\phi)} \frac{\|\Delta\boldsymbol{b}\|}{\|\boldsymbol{b}\|},$$

wobei $\phi \in [0, \pi/2[$ das Winkelmaß zwischen $\boldsymbol{Ax}$ und $\boldsymbol{b}$ beschreibt.

Beweis Da $\boldsymbol{A}$ maximalen Rang besitzt, liegt mit $\boldsymbol{A}^\top\boldsymbol{A}$ eine invertierbare Matrix vor, und die zum linearen Ausgleichsproblem äquivalenten Normalgleichungen

$$\boldsymbol{A}^\top\boldsymbol{Ax} = \boldsymbol{A}^\top\boldsymbol{b} \quad \text{sowie} \quad \boldsymbol{A}^\top\boldsymbol{A}(\boldsymbol{x} + \Delta\boldsymbol{x}) = \boldsymbol{A}^\top(\boldsymbol{b} + \Delta\boldsymbol{b})$$

besitzen stets genau eine Lösung. Aufgrund der Linearität gilt

$$\begin{aligned} \boldsymbol{A}^\top\boldsymbol{A}\Delta\boldsymbol{x} &= \boldsymbol{A}^\top\boldsymbol{A}(\boldsymbol{x} + \Delta\boldsymbol{x}) - \boldsymbol{A}^\top\boldsymbol{Ax} \\ &= \boldsymbol{A}^\top(\boldsymbol{b} + \Delta\boldsymbol{b}) - \boldsymbol{A}^\top\boldsymbol{b} = \boldsymbol{A}^\top\Delta\boldsymbol{b}, \end{aligned}$$

womit

$$\Delta\boldsymbol{x} = (\boldsymbol{A}^\top\boldsymbol{A})^{-1}\boldsymbol{A}^\top\Delta\boldsymbol{b}$$

folgt. Somit erhalten wir mit $\boldsymbol{A}^{\dagger} = (\boldsymbol{A}^\top\boldsymbol{A})^{-1}\boldsymbol{A}^\top$ die Darstellung

$$\|\Delta\boldsymbol{x}\| = \|\boldsymbol{A}^{\dagger}\Delta\boldsymbol{b}\| \leq \|\boldsymbol{A}^{\dagger}\|\|\Delta\boldsymbol{b}\|.$$

Mit $\boldsymbol{x} \neq \boldsymbol{0}$ ergibt sich direkt $\boldsymbol{b} \neq \boldsymbol{0}$, wodurch eine Division der obigen Gleichung durch $\|\boldsymbol{b}\|$ möglich ist und sich die Behauptung folglich aus

$$\begin{aligned} \frac{\|\Delta\boldsymbol{x}\|}{\|\boldsymbol{x}\|} &\leq \|\boldsymbol{A}^{\dagger}\| \frac{\|\Delta\boldsymbol{b}\|}{\|\boldsymbol{x}\|} = \|\boldsymbol{A}\|\|\boldsymbol{A}^{\dagger}\| \frac{\|\Delta\boldsymbol{b}\|}{\|\boldsymbol{A}\|\|\boldsymbol{x}\|} \\ &= \kappa(\boldsymbol{A}) \frac{\|\boldsymbol{b}\|}{\|\boldsymbol{A}\|\|\boldsymbol{x}\|} \frac{\|\Delta\boldsymbol{b}\|}{\|\boldsymbol{b}\|} \\ &\leq \kappa(\boldsymbol{A}) \frac{\|\boldsymbol{b}\|}{\|\boldsymbol{Ax}\|} \frac{\|\Delta\boldsymbol{b}\|}{\|\boldsymbol{b}\|} = \frac{\kappa(\boldsymbol{A})}{\cos(\phi)} \frac{\|\Delta\boldsymbol{b}\|}{\|\boldsymbol{b}\|} \end{aligned}$$

ergibt. ■

Durch den obigen Satz wird deutlich, dass beim linearen Ausgleichsproblem neben der Matrix auch die rechte Seite, repräsentiert durch das Winkelmaß ϕ zwischen $\boldsymbol{b}$ und $\boldsymbol{Ax}$, einen Einfluss auf die Fehlerabschätzung hat und die Konditionszahl des linearen Ausgleichsproblems durch

$$\frac{\kappa(\boldsymbol{A})}{\cos(\phi)}$$

gegeben ist.

Störung der Ausgleichsmatrix:

Liegt eine Störung der Matrix innerhalb des linearen Ausgleichsproblems vor, so ergibt sich ein im Vergleich zum obigen Sachverhalt komplexeres Verhalten. Im Hinblick auf den folgenden Satz wollen wir daher unter dem Begriff der *quadratischen Störungsterme* diejenigen Größen verstehen, die sich als Summe von Produkten aus Störungsgrößen zusammensetzen.

Satz zur Störung der Ausgleichsmatrix

Sei $\boldsymbol{A} \in \mathbb{R}^{m \times n}$, $m \geq n$ eine Matrix mit Rang $\boldsymbol{A} = n$. Des Weiteren sei $\Delta\boldsymbol{A} \in \mathbb{R}^{m \times n}$ eine Störungsmatrix derart, dass

- $\boldsymbol{A} + \Delta\boldsymbol{A}$ vollen Rang besitzt und
- $\|(\boldsymbol{A}^\top\boldsymbol{A})^{-1}\|\|\Delta\boldsymbol{A}\| \leq \|\boldsymbol{A}^{\dagger}\|$ gilt.

Dann ergibt sich für den relativen Fehler zwischen den Lösungen $\boldsymbol{x}, \boldsymbol{x} + \Delta\boldsymbol{x}$ der Ausgleichsprobleme

$$\|\boldsymbol{A}\boldsymbol{x} - \boldsymbol{b}\|_2 \stackrel{!}{=} \min$$

und

$$\|(\boldsymbol{A} + \Delta\boldsymbol{A})(\boldsymbol{x} + \Delta\boldsymbol{x}) - \boldsymbol{b}\|_2 \stackrel{!}{=} \min$$

die Abschätzung

$$\frac{\|\Delta\boldsymbol{x}\|}{\|\boldsymbol{x}\|} \leq \kappa(A)\left(\tan(\phi) + \frac{\|\Delta\boldsymbol{A}\|}{\|\boldsymbol{A}\|}\right) + \|\boldsymbol{R}\|.$$

Dabei beschreibt $\boldsymbol{R}$ die quadratischen Störungsterme.

Beweis Die Normalgleichungen zum gestörten Ausgleichsproblem lauten

$$(\boldsymbol{A} + \Delta\boldsymbol{A})^\top(\boldsymbol{A} + \Delta\boldsymbol{A})(\boldsymbol{x} + \Delta\boldsymbol{x}) = (\boldsymbol{A} + \Delta\boldsymbol{A})^\top\boldsymbol{b},$$

sodass sich nach Ausmultiplikation die Darstellung

$$\begin{aligned}\boldsymbol{A}^\top\boldsymbol{A}\boldsymbol{x} + \boldsymbol{A}^\top\boldsymbol{A}\Delta\boldsymbol{x} = \boldsymbol{A}^\top\boldsymbol{b} + \Delta\boldsymbol{A}^\top\boldsymbol{b}\\ - (\Delta\boldsymbol{A})^\top\boldsymbol{A}\boldsymbol{x} - \boldsymbol{A}^\top\Delta\boldsymbol{A}\boldsymbol{x} - \widetilde{\boldsymbol{R}}\end{aligned}$$

mit dem quadratischen Störterm

$$\begin{aligned}\widetilde{\boldsymbol{R}} &= (\Delta\boldsymbol{A})^\top\Delta\boldsymbol{A}\boldsymbol{x} + (\Delta\boldsymbol{A})^\top\boldsymbol{A}\Delta\boldsymbol{x}\\ &\quad + \boldsymbol{A}^\top\Delta\boldsymbol{A}\Delta\boldsymbol{x} + (\Delta\boldsymbol{A})^\top\Delta\boldsymbol{A}\Delta\boldsymbol{x}\end{aligned}$$

ergibt. Subtrahieren wir hiervon die Normalgleichungen $\boldsymbol{A}^\top\boldsymbol{A}\boldsymbol{x} = \boldsymbol{A}^\top\boldsymbol{b}$ des Ausgangsproblems, so folgt nach Multiplikation mit $(\boldsymbol{A}^\top\boldsymbol{A})^{-1}$ die Darstellung

$$\Delta\boldsymbol{x} = (\boldsymbol{A}^\top\boldsymbol{A})^{-1}(\Delta\boldsymbol{A})^\top\underbrace{(\boldsymbol{b} - \boldsymbol{A}\boldsymbol{x})}_{=\boldsymbol{r}} - \boldsymbol{A}^\dagger\Delta\boldsymbol{A}\boldsymbol{x} - \widehat{\boldsymbol{R}}$$

mit der quadratischen Größe $\widehat{\boldsymbol{R}} = (\boldsymbol{A}^\top\boldsymbol{A})^{-1}\widetilde{\boldsymbol{R}}$. Betrachten wir die Norm und dividieren zudem durch $\|\boldsymbol{x}\|$, so erhalten wir die Behauptung aus der Ungleichungskette

$$\begin{aligned}\frac{\|\Delta\boldsymbol{x}\|}{\|\boldsymbol{x}\|} &\leq \underbrace{\|(\boldsymbol{A}^\top\boldsymbol{A})^{-1}\|\|(\Delta\boldsymbol{A})^\top\|}_{\leq\|\boldsymbol{A}^\dagger\|}\frac{\|\boldsymbol{r}\|}{\|\boldsymbol{x}\|} + \|\boldsymbol{A}^\dagger\|\|\Delta\boldsymbol{A}\| + \frac{\|\widehat{\boldsymbol{R}}\|}{\|\boldsymbol{x}\|}\\ &\leq \underbrace{\|\boldsymbol{A}^\dagger\|\|\boldsymbol{A}\|}_{=\kappa(\boldsymbol{A})}\left(\frac{\|\boldsymbol{r}\|}{\|\boldsymbol{A}\|\|\boldsymbol{x}\|} + \frac{\|\Delta\boldsymbol{A}\|}{\|\boldsymbol{A}\|}\right) + \underbrace{\frac{\|\widehat{\boldsymbol{R}}\|}{\|\boldsymbol{x}\|}}_{=\|\boldsymbol{R}\|}\\ &\leq \kappa(\boldsymbol{A})\left(\frac{\|\boldsymbol{r}\|}{\|\boldsymbol{A}\boldsymbol{x}\|} + \frac{\|\Delta\boldsymbol{A}\|}{\|\boldsymbol{A}\|}\right) + \|\boldsymbol{R}\|\\ &= \kappa(\boldsymbol{A})\left(\tan(\phi) + \frac{\|\Delta\boldsymbol{A}\|}{\|\boldsymbol{A}\|}\right) + \|\boldsymbol{R}\|.\end{aligned}$$

■

Die beiden vorgenommenen Forderungen

$$\boldsymbol{A} + \Delta\boldsymbol{A} \quad \text{besitzt vollen Rang}$$

und

$$\|(\boldsymbol{A}^\top\boldsymbol{A})^{-1}\|\|\Delta\boldsymbol{A}\| \leq \|\boldsymbol{A}^\dagger\|$$

stellen selbstverständlich eine Einschränkung an die Allgemeingültigkeit der Abschätzung bezüglich der Störungsintensität $\Delta\boldsymbol{A}$ dar. Jedoch sei angemerkt, dass im Rahmen der Störungstheorie generell von relativ kleinen Störungen ausgegangen wird, da ansonsten üblicherweise auch keine brauchbare Abschätzung erzielt werden kann. In diesem Sinne liegten mit den obigen Anforderungen keine signifikanten Zusatzbedingungen vor.

Übersicht: Lösungstheorie und Numerik linearer Ausgleichsprobleme

Neben der generellen Fragestellung zur Lösbarkeit linearer Ausgleichsprobleme werden wir an dieser Stelle auch die wesentlichen Vorgehensweisen bei der numerischen Berechnung der Ausgleichs- respektive Optimallösung sowohl im Maximalrangfall als auch im Kontext einer rangdefizitären Matrix vorstellen und dabei auch die zuvor gewonnenen Stabilitätseigenschaften bezüglich der Variation der rechten Seite als auch der Matrix beleuchten.

Theorie der Ausgleichsprobleme

Definition:

Für eine gegebene Matrix $\boldsymbol{A} \in \mathbb{R}^{m\times n}$, $m > n$, und einen Vektor $\boldsymbol{b} \in \mathbb{R}^m$ heißt

$$\|\boldsymbol{A}\boldsymbol{x} - \boldsymbol{b}\|_2 \overset{!}{=} \min$$

lineares Ausgleichsproblem. Eine Lösung dieses Problems wird als **Ausgleichslösung** bezeichnet und heißt **Optimallösung**, falls sie die euklidische Norm über die Menge aller Ausgleichslösungen minimiert.

Äquivalente Formulierung:

Mit dem Satz zu den Normalgleichungen ist das lineare Ausgleichsproblem äquivalent zu den Normalgleichungen

$$\boldsymbol{A}^\top \boldsymbol{A}\boldsymbol{x} = \boldsymbol{A}^\top \boldsymbol{b}.$$

Lösbarkeitsaussagen:

- Das lineare Ausgleichsproblem besitzt stets eine Lösung.
- Die Lösung ist genau dann eindeutig, wenn die Matrix maximalen Rang besitzt, das heißt, alle Spaltenvektoren der Matrix linear unabhängig sind.
- Im rangdefizitären Fall ist die Lösungsmenge ein affin linearer Unterraum des $\mathbb{R}^n$ mit der Dimension $(n - \operatorname{Rang} \boldsymbol{A})$.
- Die Optimallösung ist stets eindeutig.

Numerik der Ausgleichsprobleme

Bei der numerischen Lösung linearer Ausgleichsprobleme unterscheiden wir den Maximalrangfall und den rangdefizitären Fall.

Maximalrangfall Rang $\boldsymbol{A} = n$**:**

In diesem Fall stellt $\boldsymbol{A}^\top \boldsymbol{A}$ eine symmetrische, positiv definite Matrix dar.

Basierend auf den Normalgleichungen besitzt die eindeutig bestimmte Ausgleichslösung die Darstellung

$$\boldsymbol{x} = (\boldsymbol{A}^\top \boldsymbol{A})^{-1}\boldsymbol{A}^\top \boldsymbol{b}$$

und kann beispielsweise direkt durch eine Cholesky-Zerlegung oder iterativ durch das Verfahren der konjugierten Gradienten berechnet werden.

Ausgehend vom Minimierungsproblem nutzt man eine QR-Zerlegung

$$\boldsymbol{A} = \boldsymbol{U}\begin{pmatrix}\widehat{\boldsymbol{R}}\\ \boldsymbol{0}\end{pmatrix} \text{ gemäß } \|\boldsymbol{A}\boldsymbol{x} - \boldsymbol{b}\|_2 = \left\|\begin{pmatrix}\widehat{\boldsymbol{R}}\\ \boldsymbol{0}\end{pmatrix}\widehat{\boldsymbol{x}} - \boldsymbol{U}^\top \boldsymbol{b}\right\|_2,$$

wodurch sich mit $\widehat{\boldsymbol{b}} = \boldsymbol{U}^\top \boldsymbol{b} \in \mathbb{R}^m$ die gesuchte Lösung in der Form $\boldsymbol{x} = \widehat{\boldsymbol{R}}^{-1}\left(\widehat{b}_1, \ldots, \widehat{b}_n\right)^\top \in \mathbb{R}^n$ schreibt.

Rangdefizitärer Fall Rang $\boldsymbol{A} = r < n$**:**

Die Normalgleichungen enthalten mit $\boldsymbol{A}^\top \boldsymbol{A}$ eine singuläre Matrix. Das System kann dabei direkt gelöst werden, und wir erhalten mit einer speziellen Lösung $\boldsymbol{x}'$ die Lösungsmenge in der Form

$$\boldsymbol{x} = \boldsymbol{x}' + \boldsymbol{y} \text{ mit } \boldsymbol{y} \in \operatorname{Kern}(\boldsymbol{A}^\top \boldsymbol{A}).$$

Liegt mit $\boldsymbol{\xi}_1, \ldots, \boldsymbol{\xi}_p$ eine Orthonormalbasis des Kerns vor, so schreibt sich die Optimallösung gemäß

$$\boldsymbol{x} = \boldsymbol{x}' - \sum_{i=1}^{p} \langle \boldsymbol{x}', \boldsymbol{\xi}_i\rangle \boldsymbol{\xi}_i\,.$$

Unter Verwendung einer Singulärwertzerlegung kann die sogenannte Moore-Penrose-Inverse $\boldsymbol{A}^\dagger$ der Matrix $\boldsymbol{A}$ berechnet werden. Die Menge der Pseudoinversen stellt dabei eine echte Erweiterung des üblichen Inversenbegriffs dar, und die Optimallösung schreibt sich als

$$\boldsymbol{x} = \boldsymbol{A}^\dagger \boldsymbol{b},$$

während die gesamte Lösungsmenge in der Form

$$\boldsymbol{x} = \boldsymbol{A}^\dagger \boldsymbol{b} + \boldsymbol{y} - \boldsymbol{A}^\dagger \boldsymbol{A}\boldsymbol{y} \quad \text{mit} \quad \boldsymbol{y} \in \mathbb{R}^n$$

angegeben werden kann.

Störungsaussagen im Maximalrangfall

Bei der Störungsanalyse besitzt neben der Kondition auch das Winkelmaß ϕ zwischen $\boldsymbol{b}$ und $\boldsymbol{A}\boldsymbol{x}$ einen Einfluss auf die mögliche Lösungsvariation.

Störung der rechten Seite:

Seien $\Delta\boldsymbol{b}$ die Störung der rechten Seite und $\Delta\boldsymbol{x}$ die damit einhergehende Variation der Lösung. Dann gilt

$$\frac{\|\Delta\boldsymbol{x}\|}{\|\boldsymbol{x}\|} \le \frac{\kappa(\boldsymbol{A})}{\cos(\phi)}\frac{\|\Delta\boldsymbol{b}\|}{\|\boldsymbol{b}\|}$$

mit der Konditionszahl $\kappa(\boldsymbol{A}) = \|\boldsymbol{A}\|\|\boldsymbol{A}^\dagger\|$.

Störung der Matrix:

Erfüllt die Störung $\Delta\boldsymbol{A}$ der Matrix $\boldsymbol{A}$ die Bedingungen

- $\boldsymbol{A} + \Delta\boldsymbol{A}$ besitzt vollen Rang und
- $\|(\boldsymbol{A}^\top \boldsymbol{A})^{-1}\|\|\Delta\boldsymbol{A}\| \le \|\boldsymbol{A}^\dagger\|$,

dann gilt

$$\frac{\|\Delta\boldsymbol{x}\|}{\|\boldsymbol{x}\|} \le \kappa(\boldsymbol{A})\left(\tan(\phi) + \frac{\|\Delta\boldsymbol{A}\|}{\|\boldsymbol{A}\|}\right) + \|\boldsymbol{R}\|,$$

wobei $\boldsymbol{R}$ die quadratischen Störungsterme beschreibt.

Zusammenfassung

Lineare Ausgleichsprobleme treten unter anderem bei der Fragestellung zur funktionalen Beschreibung physikalischer Probleme auf der Basis einer üblicherweise größeren Anzahl an Messdaten auf. Dabei wird ein Ansatzraum gewählt, der beispielsweise aus Polynomen, trigonometrischen Funktionen oder Exponentialfunktionen besteht. Generell ist die Dimension des Ansatzraumes deutlich kleiner als die Anzahl der eingehenden Messwerte. Die Problemstellung führt auf ein lineares Gleichungssystem $\boldsymbol{A}\boldsymbol{x} = \boldsymbol{b}$, bei dem die Matrix $\boldsymbol{A} \in \mathbb{R}^{m \times n}$ durch den Ansatzraum und die Zeitpunkte der Messungen und die rechte Seite $\boldsymbol{b} \in \mathbb{R}^m$ durch die vorliegenden Messwerte festgelegt sind. Da die Anzahl der Bedingungen m größer als die Anzahl der Freiheitsgrade n ist, kann keine Existenz einer exakten Lösung des Gleichungssystems erwartet werden, sodass in der Regel keine Funktion ermittelt werden kann, die allen Messwerten genügt. Aufgrund dessen wird basierend auf der euklidischen Norm ein Maß zur Festlegung eines Optimalitätskriteriums verwendet, das auf der Minimierung der Fehlerquadrate beruht und im Kontext der linearen Algebra gemäß

$$\|\boldsymbol{A}\boldsymbol{x} - \boldsymbol{b}\|_2 \overset{!}{=} \min$$

formuliert werden kann. Diese Aufgabenstellung bezeichnen wir als lineares Ausgleichproblem. Wir haben hierzu die Äquivalenz zu den **Normalgleichungen**

$$\boldsymbol{A}^\top\boldsymbol{A}\boldsymbol{x} = \boldsymbol{A}^\top\boldsymbol{b}$$

bewiesen. Eine Lösung des linearen Ausgleichsproblems wird **Ausgleichslösung** genannt. Sie heißt **Optimallösung**, falls sie die euklidische Norm über die Menge aller Ausgleichslösungen minimiert.

Die Normalgleichungen beinhalten eine Matrix aus dem $\mathbb{R}^{n \times n}$ und sind daher verglichen zum Minimierungsproblem in der Regel mit wesentlich geringerem Rechenaufwand lösbar. Diesem Vorteil steht jedoch auch die Problematik entgegen, dass mit der Multiplikation des Gleichungssystems durch $\boldsymbol{A}^\top$ die Kondition des Problems üblicherweise drastisch erhöht wird und folglich ein numerisch instabileres System gelöst werden muss.

Entgegen der Lösung linearer Gleichungssysteme gibt es bei den linearen Ausgleichsproblemen glücklicherweise auch im Fall linear abhängiger Spaltenvektoren stets eine nichtleere Lösungsmenge. Dabei haben wir nachgewiesen, dass die Optimallösung stets existiert und eindeutig ist, während genau dann eine Eindeutigkeit bei der Ausgleichslösung vorliegt, wenn die eingehende Matrix $\boldsymbol{A}$ vollen Rang besitzt.

Bei der numerischen Lösung des linearen Ausgleichsproblems unterscheiden wir Techniken zur Lösung des Minimierungsproblems von denen zur Lösung der Normalgleichungen. Zudem ist bei der Wahl des Lösungsansatzes zu berücksichtigen, ob es sich bei der betrachteten Problemstellung um den Maximalrangfall $\operatorname{Rang} \boldsymbol{A} = n$ oder den rangdefizitären Fall $\operatorname{Rang} \boldsymbol{A} = r < n$ handelt.

Wir haben gezeigt, dass sich für die Normalgleichungen im Maximalrangfall eine symmetrische, positiv definite Matrix $\boldsymbol{A}^\top\boldsymbol{A}$ ergibt, sodass die Existenz einer Cholesky-Zerlegung gesichert ist. Demzufolge kann das Gleichungssystem mittels einer solchen Zerlegung $\boldsymbol{A}^\top\boldsymbol{A} = \boldsymbol{L}\boldsymbol{L}^\top$ auf der Grundlage einer linken unteren Dreiecksmatrix $\boldsymbol{L}$ gemäß $\boldsymbol{L}\boldsymbol{L}^\top\boldsymbol{x} = \boldsymbol{A}^\top\boldsymbol{b}$ durch eine einfache Kombination einer Vorwärts- und anschließend einer Rückwärtselimination gelöst werden. Im unüblichen Fall einer sehr hohen Dimension des Ansatzraumes kann auch auf das bekannte Verfahren der konjugierten Gradienten zurückgegriffen werden.

Da zu jeder Matrix $\boldsymbol{A} \in \mathbb{R}^{m \times n}$, $m > n$ mit $\operatorname{Rang} \boldsymbol{A} = n$ eine QR-Zerlegung $\boldsymbol{A} = \boldsymbol{U}\boldsymbol{R}$ mit einer orthogonalen Matrix $\boldsymbol{U}$ und einer Matrix

$$\boldsymbol{R} = \begin{pmatrix} \widehat{\boldsymbol{R}} \\ \boldsymbol{0} \end{pmatrix}$$

mit einer regulären rechten oberen Dreiecksmatrix $\widehat{\boldsymbol{R}} \in \mathbb{R}^{n \times n}$ existiert, ergibt sich im Kontext des Minimierungsproblems wegen

$$\|\boldsymbol{A}\boldsymbol{x} - \boldsymbol{b}\|_2 = \|\boldsymbol{U}\boldsymbol{R}\boldsymbol{x} - \boldsymbol{b}\|_2 = \|\underbrace{\boldsymbol{U}^\top\boldsymbol{U}}_{=\boldsymbol{I}}\boldsymbol{R}\boldsymbol{x} - \underbrace{\boldsymbol{U}^\top\boldsymbol{b}}_{=\widehat{\boldsymbol{b}}}\|_2$$

$$= \left\| \begin{pmatrix} \widehat{\boldsymbol{R}} \\ \boldsymbol{0} \end{pmatrix} \boldsymbol{x} - \widehat{\boldsymbol{b}} \right\|_2$$

die Lösung in der Form

$$\boldsymbol{x} = \widehat{\boldsymbol{R}}^{-1} \begin{pmatrix} \widehat{b}_1 \\ \vdots \\ \widehat{b}_n \end{pmatrix}.$$

Da die Lösung in diesem Rahmen eindeutig ist, erübrigt sich natürlich die weitere Suche nach der Optimallösung.

Mathematisch deutlich anspruchsvoller wird die Situation im Fall einer rangdefizitären Matrix $\boldsymbol{A}$. Im Rahmen der Normalgleichungen erhalten wir mit $\boldsymbol{A}^\top\boldsymbol{A}$ eine singuläre Matrix, und die Existenz einer Cholesky-Zerlegung ist nicht mehr gegeben. Dennoch kann analog zur Vorgehensweise bei der Nutzung des Gauß'schen Eliminationsverfahrens das System durch elementare Äquivalenzumformungen gelöst werden. An dieser Stelle kommt uns ein zentrales Resultat der Theorie linearer Ausgleichsprobleme zu Hilfe, das besagt, dass stets eine Lösung des Problems existiert. Die Lösungsmenge schreibt sich dann mit einer speziellen Lösung $\boldsymbol{x}'$ der Normalgleichungen ganz im Sinne linearer Gleichungssysteme in der Form

$$\boldsymbol{x} = \boldsymbol{x}' + \boldsymbol{y} \text{ mit } \boldsymbol{y} \in \text{Kern}\,(\boldsymbol{A}^\top \boldsymbol{A}),$$

und der Lösungsraum stellt einen $n - \text{Rang}\,\boldsymbol{A}$ dimensionalen affin linearen Unterraum des $\mathbb{R}^n$ dar. Die Optimallösung ist durch die Bedingung $\boldsymbol{x} \perp \text{Kern}\,(\boldsymbol{A}^\top \boldsymbol{A})$ festgelegt, und die Darstellung ergibt sich unter Verwendung einer Orthonormalbasis $\boldsymbol{\xi}_1, \ldots, \boldsymbol{\xi}_p$ des Kerns zu

$$\boldsymbol{x} = \boldsymbol{x}' - \sum_{i=1}^{p} \langle \boldsymbol{x}', \boldsymbol{\xi}_i \rangle \boldsymbol{\xi}_i \,.$$

Die Lösung der vorliegenden Aufgabenstellung auf der Grundlage des Minimierungsproblems ist durch die Nutzung einer Pseudoinversen möglich. Hiermit wird eine echte Erweiterung des Inversenbegriffs erzielt, wobei die Ermittlung der von uns genutzten Moore-Penrose-Inversen $\boldsymbol{A}^\dagger$ unter Verwendung der Singulärwertzerlegung vorgenommen wird. Die Bestimmung der Singulärwerte ist analog zu der Berechnung der Eigenwerte einer Matrix jedoch leider extrem aufwendig, wodurch sich die Umsetzung als rechenintensiv erweist. Insgesamt beruht die Vorgehensweise auf dem Satz zur Singulärwertzerlegung, der für jede Matrix $\boldsymbol{A} \in \mathbb{R}^{m \times n}$ mit $\text{Rang}\,\boldsymbol{A} = r \leq n \leq m$ die Existenz zweier orthogonaler Matrizen $\boldsymbol{U} \in \mathbb{R}^{m \times m}$ und $\boldsymbol{V} \in \mathbb{R}^{n \times n}$ sichert, sodass eine Darstellung

$$\boldsymbol{A} = \boldsymbol{U}\boldsymbol{S}\boldsymbol{V}^\top \quad \text{mit} \quad \boldsymbol{S} = \begin{pmatrix} \widehat{\boldsymbol{S}} & \boldsymbol{0} \\ \boldsymbol{0} & \boldsymbol{0} \end{pmatrix} \in \mathbb{R}^{m \times n}$$

mit einer Diagonalmatrix $\widehat{\boldsymbol{S}} \in \mathbb{R}^{r \times r}$ vorliegt, die reelle, nichtnegative Diagonalelemente besitzt. Hiermit lässt sich die Moore-Penrose-Inverse gemäß

$$\boldsymbol{A}^\dagger = \boldsymbol{V} \begin{pmatrix} \widehat{\boldsymbol{S}}^{-1} & \boldsymbol{0} \\ \boldsymbol{0} & \boldsymbol{0} \end{pmatrix} \boldsymbol{U}^\top \in \mathbb{R}^{n \times m}$$

definieren und für die Lösungsmenge gilt die Darstellung

$$\boldsymbol{x} = \boldsymbol{A}^\dagger \boldsymbol{b} + \boldsymbol{y} - \boldsymbol{A}^\dagger \boldsymbol{A} \boldsymbol{y} \quad \text{mit} \quad \boldsymbol{y} \in \mathbb{R}^n,$$

während die Optimallösung durch

$$\boldsymbol{x} = \boldsymbol{A}^\dagger \boldsymbol{b}$$

gegeben ist.

Abschließend haben wir die Sensibilität des linearen Ausgleichsproblems auf Störungen der eingehenden Messwerte, das heißt der rechten Seite, und auf Variationen der Messzeitpunkte, das heißt der Matrix, untersucht. Dabei ergab sich, dass im Gegensatz zu den linearen Gleichungssystemen neben der Konditionszahl auch das Winkelmaß ϕ zwischen den Vektoren $\boldsymbol{b}$ und $\boldsymbol{A}\boldsymbol{x}$ eine Rolle spielt. Die Untersuchung beschränkte sich dabei auf den Maximalrangfall und lieferte eine Abschätzung für den maximalen relativen Fehler in der Lösung aufgrund einer gegebenen Messwertabweichung $\Delta \boldsymbol{b}$ in der Form

$$\frac{\|\Delta \boldsymbol{x}\|}{\|\boldsymbol{x}\|} \leq \frac{\kappa(\boldsymbol{A})}{\cos(\phi)} \frac{\|\Delta \boldsymbol{b}\|}{\|\boldsymbol{b}\|}.$$

Im Kontext einer Störung der Matrix ergab sich analog die obere Schranke in der Form

$$\frac{\|\Delta \boldsymbol{x}\|}{\|\boldsymbol{x}\|} \leq \kappa(\boldsymbol{A}) \left(\tan(\phi) + \frac{\|\Delta \boldsymbol{A}\|}{\|\boldsymbol{A}\|} \right) + \|\boldsymbol{R}\|,$$

wobei $\boldsymbol{R}$ die im Fall kleiner Störungen nicht relevanten quadratischen Störungsterme beschreibt.

Mit diesem Kapitel liegt ein Einblick in das Gebiet der linearen Ausgleichsprobleme vor. Für ein vertiefendes Studium existieren selbstverständlich noch viele lesenswerte Beiträge innerhalb dieser Themenstellung.

Aufgaben

Die Aufgaben gliedern sich in drei Kategorien: Anhand der *Verständnisfragen* können Sie prüfen, ob Sie die Begriffe und zentralen Aussagen verstanden haben, mit den *Rechenaufgaben* üben Sie Ihre technischen Fertigkeiten und die *Beweisaufgaben* geben Ihnen Gelegenheit, zu lernen, wie man Beweise findet und führt.
Ein Punktesystem unterscheidet leichte •, mittelschwere •• und anspruchsvolle ••• Aufgaben. Lösungshinweise am Ende des Buches helfen Ihnen, falls Sie bei einer Aufgabe partout nicht weiterkommen. Dort finden Sie auch die Lösungen – betrügen Sie sich aber nicht selbst und schlagen Sie erst nach, wenn Sie selber zu einer Lösung gekommen sind. Ausführliche Lösungswege, Beweise und Abbildungen finden Sie auf der Website zum Buch.
Viel Spaß und Erfolg bei den Aufgaben!

Verständnisfragen

7.1 •• Untersuchen Sie die Existenz und Eindeutigkeit der Lösung des bereits auf S. 214 vorgestellten Problems

$$\underbrace{\begin{pmatrix} 1 \\ 1 \end{pmatrix}}_{=A} \alpha_0 = \underbrace{\begin{pmatrix} 1 \\ 2 \end{pmatrix}}_{=b},$$

wobei anstelle von $\|A\alpha_0 - b\|_2$ die Minimierung von $\|A\alpha_0 - b\|_1$ respektive $\|A\alpha_0 - b\|_\infty$ betrachtet wird. Veranschaulichen Sie Ihr Ergebnis in beiden Fällen auch geometrisch.

7.2 • Warum kann zu einer Matrix $A \in \mathbb{R}^{m\times n}$ mit $m > n$ keine Matrix B existieren, die der Gleichung $BA = AB$ genügt?

7.3 • Überprüfen Sie folgende Aussage: Die Inverse $B \in \mathbb{R}^{n\times n}$ einer regulären Matrix $A \in \mathbb{R}^{n\times n}$ erfüllt die Eigenschaften einer Moore-Penrose-Inversen.

7.4 • Gilt für die Moore-Penrose-Inversen die Rechenregel

$$(AB)^\dagger = B^\dagger A^\dagger\,?$$

Beweisaufgaben

7.5 • Beweisen Sie die Behauptung: Jede Permutationsmatrix ist orthogonal.

7.6 • Zeigen Sie: Die Matrix $A \in \mathbb{R}^{m\times n}$ mit $m \geq n$ besitzt genau dann maximalen Rang, wenn die Matrix $A^\top A \in \mathbb{R}^{n\times n}$ invertierbar ist.

7.7 • Sei eine Matrix A mit Moore-Penrose-Inverse $A^\dagger$ gegeben. Zeigen Sie, dass für $B = cA$ mit $c \in \mathbb{R} \setminus \{0\}$ die Eigenschaft

$$B^\dagger = \frac{1}{c} A^\dagger$$

gilt.

Rechenaufgaben

7.8 •• Wir betrachten die bereits auf S. 218 vorgestellten linear abhängigen Funktionen

$$\Phi_0(t) = t,\ \Phi_1(t) = (t-1)^2 - 1,\ \Phi_2(t) = t^2.$$

Berechnen Sie die auf der Grundlage dieser Funktionen erzielte Optimallösung zu den folgenden Daten:

k	0	1	2	3
t_k	−2	−1	1	2
b_k	1	3	2	3

Ist das resultierende Polynom von der Variation der Koeffizienten innerhalb des Lösungsraums der Normalgleichungen abhängig?

7.9 • Bestimmen Sie eine Ausgleichskurve der Form $y(t) = a_1 \sin t + a_2 \cos t$ derart, dass für die durch

k	0	1	2	3	4
t_k	$-\pi$	$-\pi/2$	0	$\pi/2$	π
y_k	2	4	1	2	0

gegebenen Messdaten der Ausdruck $\sum_{k=0}^4 (y_k - y(t_k))^2$ minimal wird.

7.10 • Für gegebene Daten

k	0	1	2	3	4
t_k	−1	0	1	2	3
y_k	2.2	1.1	1.9	4.5	10.2
z_k	−4.8	−3.2	−0.8	1.5	2.8

bestimme man

- jeweils eine Ausgleichsgerade $g(t) = a_1 + a_2 t$ derart, dass $\sum_{k=0}^4 (y_k - g(t_k))^2$ respektive $\sum_{k=0}^4 (z_k - g(t_k))^2$ minimal wird.

- jeweils eine Ausgleichsparabel $p(t) = b_1 + b_2 t^2$ derart, dass $\sum_{k=0}^{4}(y_k - p(t_k))^2$ respektive $\sum_{k=0}^{4}(z_k - p(t_k))^2$ minimal wird.

Berechnen Sie für alle vier obigen Fälle den minimalen Wert und begründen Sie ausschließlich durch Betrachtung der Werte $y_k, z_k, k = 0, \dots, 4$ die erzielten Ergebnisse

$$\sum_{k=0}^{4}(y_k - g(t_k))^2 \gg \sum_{k=0}^{4}(y_k - p(t_k))^2$$

und

$$\sum_{k=0}^{4}(z_k - g(t_k))^2 \ll \sum_{k=0}^{4}(z_k - p(t_k))^2.$$

7.11 •• Bestimmen Sie die Moore-Penrose-Inverse $\boldsymbol{A}^\dagger$ der Matrix

$$\boldsymbol{A} = \begin{pmatrix} 3 & 4 \\ 6 & 8 \end{pmatrix}.$$

7.12 •• Berechnen Sie mittels einer QR-Zerlegung oder unter Verwendung der Normalgleichungen eine Ausgleichsgerade der Form $p(t) = \alpha_0 + \alpha_1 t$, die bei den gegebenen Daten

k	0	1	2	3
t_k	1	2	3	4
b_k	3	2	5	4

den Ausdruck $\sum_{k=0}^{3}(b_k - p(t_k))^2$ über die Menge aller affin linearen Funktionen minimiert. Tragen Sie zunächst die Punkte in ein Koordinatensystem ein und stellen Sie eine grafische Vorabvermutung für die Lösung auf.

7.13 •• Wir wenden uns durch diese Aufgaben nochmals der bereits im Beispiel auf S. 218 betrachteten Problemstellung zur Ermittlung von Prognosewerten für den Bremsweg eines Autos zu. Entgegen den im angegebenen Beispiel vorliegenden Daten sind diese in dieser Aufgabe durch

k	0	1	2	3	4
v_k [m/s]	2.78	5.56	8.33	11.11	13.89
s_k [m]	1.2	3.8	9.2	17	24.9

bezüglich der Geschwindigkeit in einer anderen Einheit gegeben. Berechnen Sie bezogen auf die obigen Daten ein Polynom $s(v) = \widetilde{\beta}\, v + \widetilde{\gamma}\, v^2$, das die Summe der Fehlerquadrate $\sum_{k=0}^{4}(s_k - s(v_k))^2$ über alle reellen Koeffizienten minimiert und bestimmen Sie damit Prognosewerte für die Geschwindigkeiten $22.22\,\frac{\text{m}}{\text{s}} = 80\,\frac{\text{km}}{\text{h}}$, $27.78\,\frac{\text{m}}{\text{s}} = 100\,\frac{\text{km}}{\text{h}}$ und $41.67\,\frac{\text{m}}{\text{s}} = 150\,\frac{\text{km}}{\text{h}}$ und vergleichen Sie diese mit den Resultaten laut Beispiel auf S. 218. In welcher Beziehung stehen die Koeffizienten der jeweiligen Lösungsdarstellung?

7.14 • Bestimmen Sie die Menge der Ausgleichslösungen und die Optimallösung zum linearen Ausgleichsproblem $\|\boldsymbol{A}\boldsymbol{x} - \boldsymbol{b}\|_2 \stackrel{!}{=} \min$ mit

$$\boldsymbol{A} = \begin{pmatrix} 1 & 0 & 1 \\ 0 & 1 & 1 \\ 0 & 1 & 1 \\ 1 & 0 & 1 \end{pmatrix} \quad \text{und} \quad \boldsymbol{b} = \begin{pmatrix} 1 \\ 1 \\ 2 \\ 4 \end{pmatrix}.$$

Antworten zu den Selbstfragen

Antwort 1 Da mit $n = 1$ ein Polynom $p \in \Pi_0$, also eine konstante Funktion $p(t) = c$, $c \in \mathbb{R}$ gesucht ist, ergibt sich die Aufgabenstellung wie folgt:

Gesucht wird die Minimalstelle $\widetilde{c} \in \mathbb{R}$ der Funktion $g \colon \mathbb{R} \to \mathbb{R}$ mit

$$g(c) = (c-1)^2 + (c-2)^2.$$

Die Funktion g repräsentiert als Polynom zweiten Grades eine nach oben offene Parabel, sodass sich mit

$$g'(c) = 4c - 6$$

die Minimalstelle aus der Forderung $g'(\widetilde{c}) = 0$ zu $\widetilde{c} = \frac{3}{2}$ ergibt.

Antwort 2 Die Eindeutigkeit der Projektion von $\boldsymbol{b}$ auf Bild $\boldsymbol{A}$ liegt in der Tatsache begründet, dass sich bezüglich der euklidischen Norm Punkte gleichen Abstandes zu $\boldsymbol{b}$ auf einer Kugel mit Zentrum $\boldsymbol{b}$ befinden. Betrachtet man die Maximumnorm, so werden Kugeln durch Würfel ersetzt, wodurch nicht notwendigerweise eine orthogonale Projektion vorliegt und die Eindeutigkeit der Projektion in Abhängigkeit von der Lage des Bildraums Bild $\boldsymbol{A}$ verloren gehen kann.

Antwort 3 Wegen

$$\Phi_1(t) = t^2 - 2t = \Phi_2(t) - 2\Phi_0(t)$$

ist der durch die zugrunde gelegten Polynome erzeugte Raum nicht dreidimensional. Da Φ_0 und Φ_2 linear unabhängig sind, liegt ein zweidimensionaler Raum vor, wodurch sich $\text{Rang}(\boldsymbol{A}^\top \boldsymbol{A}) = 2$ ergibt.

Antwort 4 Betrachten wir die Einheiten innerhalb der Lösungsdarstellung, so wird schnell klar, dass die eingehenden Koeffizienten dimensionsbehaftet sind, also physikalische Einheiten besitzen. Wenn wir demzufolge die Geschwindigkeit in [m/s] messen, so ändern sich die Einheiten entsprechend und wir erhalten Koeffizienten, die geänderte Werte haben, genauer $\widetilde{\beta} = 3.6\,\beta$ und $\widetilde{\gamma} = 3.6^2\,\gamma$. Die Prognosewerte bleiben davon unberührt, da es sich nur um eine Skalierung handelt. Werfen Sie zur Überprüfung einen Blick auf die Aufgabe 7.13.

Antwort 5 Mit dem Satz zum orthogonalen Komplement wissen wir, dass sich der $\mathbb{R}^s$ als direkte Summe der Unterräume V und $V^\perp$ darstellen lässt. Somit existiert zu jedem $\boldsymbol{x} \in \mathbb{R}^s$ eine Darstellung

$$\boldsymbol{x} = \boldsymbol{x}' + \boldsymbol{x}''$$

mit $\boldsymbol{x}' \in V$ und $\boldsymbol{x}'' \in V^\perp$. Für $\boldsymbol{x} \in \mathbb{R}^s$ und $\boldsymbol{v} \in V^\perp$ gilt folglich

$$\langle \boldsymbol{x}, \boldsymbol{v} \rangle = \underbrace{\langle \boldsymbol{x}', \boldsymbol{v} \rangle}_{=0} + \langle \boldsymbol{x}'', \boldsymbol{v} \rangle = \langle \boldsymbol{x}'', \boldsymbol{v} \rangle.$$

Damit erhalten wir $\boldsymbol{x} \perp V^\perp$ genau dann, wenn $\langle \boldsymbol{x}'', \boldsymbol{v} \rangle = 0$ für alle $\boldsymbol{v} \in V^\perp$ gilt. Wählen wir $\boldsymbol{v} = \boldsymbol{x}''$, so ergibt sich direkt $\boldsymbol{x}'' = 0$ und demzufolge $\boldsymbol{x} = \boldsymbol{x}' \in V$. Somit ist $V = (V^\perp)^\perp$ nachgewiesen.

Antwort 6 Das obige Lemma stellt das Analogon zum Satz zur QR-Zerlegung singulärer Matrizen im Kontext einer Matrix $\boldsymbol{A} \in \mathbb{R}^{m \times n}$, $n < m$, mit maximalem Rang dar.

Antwort 7 Ja, die Matrix $\boldsymbol{B}$ erfüllt offensichtlich die Symmetriebedingungen, während

$$\boldsymbol{C}\boldsymbol{A} = \begin{pmatrix} 1 & 0 \\ 1 & 0 \end{pmatrix} \begin{pmatrix} 1 & 0 \\ 0 & 0 \end{pmatrix} = \begin{pmatrix} 1 & 0 \\ 1 & 0 \end{pmatrix}$$

gilt und folglich mit $\boldsymbol{C}$ keine Moore-Penrose-Inverse vorliegt.

Antwort 8 Ja, denn es gilt

$$\boldsymbol{A}^\dagger = (\boldsymbol{A}^\top \boldsymbol{A})^{-1} \boldsymbol{A}^\top = \boldsymbol{A}^{-1} \boldsymbol{A}^{-\top} \boldsymbol{A}^\top = \boldsymbol{A}^{-1}.$$

Nichtlineare Gleichungen und Systeme – numerisch gelöst

8

Kapitel 8

In welchen Fällen löst man Gleichungen numerisch?

Welche Verfahren gibt es?

Unter welchen Umständen konvergieren Verfahren?

A. Meister, T. Sonar, *Numerik*, https://doi.org/10.1007/978-3-662-58358-6_8

In der Schule lernt man eine explizite Formel zur Lösung quadratischer Gleichungen, die schon den alten Mesopotamiern etwa 1500 v. Chr. bekannt war. Der nächste Fortschritt kam allerdings erst im 16. Jahrhundert in Italien, als Nicolo Tartaglia und Gerolamo Cardano explizite Lösungsformeln für die Wurzeln einer kubischen Gleichung fanden. Kurz darauf wurden auch solche Lösungsformeln für Gleichungen vom Grad 4 gefunden, aber Polynomgleichungen vom Grad 5 widersetzten sich hartnäckig. Erst 1824 gelang dem jungen Niels Henrik Abel der Beweis, dass es eine Lösungsformel mit endlich vielen Wurzelausdrücken für die allgemeine Gleichung fünften Grades nicht geben kann. Die Galois-Theorie hat dann gezeigt, dass alle Polynomgleichungen ab Grad 5 im Allgemeinen nicht explizit aufgelöst werden können. Mit anderen Worten: Schon bei der Nullstellensuche bei einem Polynom von Grad 5 sind wir auf numerische Methoden angewiesen. Allerdings wollen wir gleich hier bemerken, dass die Nullstellenberechnung von Polynomen in der Praxis im Allgemeinen *keine* Aufgabe für Methoden dieses Kapitels ist, obwohl wir sie häufig als Beispiele verwenden! Die meisten Probleme zur Nullstellenbestimmung von Polynomen treten nämlich bei Eigenwertproblemen auf, bei denen man charakteristische Polynome behandeln muss. Daher wendet man besser gleich numerische Methoden zur Berechnung der Eigenwerte von Matrizen an.

Nichtlineare Gleichungen und Systeme treten in den Anwendungen sehr häufig auf, und zwar in allen Anwendungsfeldern: Beschreibung mechanischer Systeme, chemische Reaktionen, Optimierung von Produktionsprozessen usw. Besondere Aufregung hat in den letzten Jahrzehnten die Chaostheorie verursacht. Hierbei zeigt es sich, dass in einigen Fällen bei Iterationen erratisches Verhalten festzustellen ist. Wir wollen auch dieses Verhalten bei der Nullstellensuche untersuchen.

Ohne Zweifel kommt den Newton-Methoden heute eine besondere Bedeutung zu. Aus diesem Grund legen wir einen Schwerpunkt auf die Konvergenztheorie des klassischen Newton-Verfahrens, beschreiben aber auch Zugänge zu modernen Varianten. Allerdings ist es für das Verständnis gut, eine einfache Methode zur Hand zu haben, an der man auch komplizierte Zusammenhänge leicht einsehen kann. Dazu dienen uns das Bisektions- und das Sekantenverfahren, die wir im Detail untersuchen werden.

8.1 Bisektion, Regula Falsi, Sekantenmethode und Newton-Verfahren

Wir beginnen unsere Überlegungen mit einigen sehr alten Methoden zur numerischen Berechnungen von Nullstellen. Wir wollen noch nicht allgemein auf Fragen der Konvergenz und der Konvergenzordnung eingehen, sondern uns erst einmal einen Überblick verschaffen.

Mit dem Bisektionsverfahren fängt man Löwen in der Wüste

Häufig wird das Bisektionsverfahren zum Auffinden von Nullstellen einer Gleichung $f(x) = 0$ scherzhaft mit dem Fangen eines Löwen in der Wüste verglichen. Der Löwe ist die Nullstelle und die Wüste ist ein abgeschlossenes Intervall $[a, b] \subset \mathbb{R}$. Wir müssen nur wissen, dass es tatsächlich genau einen Löwen irgendwo in der Wüste gibt. Im ersten Schritt teilen wir die Wüste in zwei gleich große Teile und stellen fest, in welcher Teilwüste der Löwe jetzt ist. Mit dieser Teilwüste fahren wir nun fort, d. h., wir halbieren die Teilwüste und schauen wieder nach, in welchem Teil (der Teilwüste) sich der Löwe aufhält. Fahren wir nun *ad infinitum* so fort, dann muss am Ende der Löwe gefangen sein!

Das **Bisektionsverfahren** ist wohl das einfachste Verfahren zur Bestimmung einer Lösung der Gleichung

$$f(x) = 0$$

mit einer stetigen Funktion $f : [a, b] \to \mathbb{R}$. Wir wollen voraussetzen, dass $f(a) \cdot f(b) < 0$ ist, d. h., die Funktionswerte wechseln in $[a, b]$ mindestens einmal das Vorzeichen. Nach dem Zwischenwertsatz folgt dann, dass es mindestens eine Stelle ξ im Intervall $[a, b]$ gibt, an der $f(\xi) = 0$ gelten muss. Wir setzen weiter voraus, dass es nur genau eine Nullstelle ξ in diesem Intervall gibt, und gehen wie folgt vor.

Wir berechnen die Mitte des Intervalls

$$x_1 := \frac{a + b}{2}.$$

Gilt $f(a) \cdot f(x_1) = 0$, dann haben wir die Nullstelle $x_1 = \xi$ schon zufällig gefunden. Ist $f(a) \cdot f(x_1) < 0$, dann liegt die Nullstelle im Intervall $[a, x_1]$ und wir fahren fort, dieses kleinere Intervall zu halbieren. Anderenfalls ist $f(b) \cdot f(x_1) < 0$ und wir suchen im Intervall $[x_1, b]$ weiter.

Das lässt sich übersichtlich als Algorithmus formulieren.

Das Bisektionsverfahren

Die Funktion $f : [a, b] \to \mathbb{R}$ sei stetig, besitze genau eine Nullstelle $\xi \in (a, b)$ und es gelte $f(a) \cdot f(b) < 0$.

Setze $a_0 := a, \quad b_0 := b$;

Für $n = 0, 1, 2, \ldots$

$$x := \frac{a_n + b_n}{2};$$

Ist $f(a_n) \cdot f(x) \leq 0$, setze $a_{n+1} := a_n, b_{n+1} := x$;

sonst setze $a_{n+1} := x, b_{n+1} := b_n$;

Unser kleiner Algorithmus hat noch einen Schönheitsfehler: Er ist nämlich gar kein Algorithmus, weil ein Stoppkriterium fehlt. Es ist natürlich leicht, eine Abfrage wie $|b_{n+1} - a_{n+1}| < \varepsilon$ mit einer Toleranz ε als Stoppkriterium einzubauen: Wenn die Teilwüste winzig klein ist, kann der Löwe schließlich nicht weit sein.

Das Bisektionsverfahren erlaubt uns eine einfache Fehler- und Konvergenzbetrachtung. Im ersten Schritt ist $x = (a+b)/2$ die beste Schätzung der Nullstelle ξ, es ist also

$$\xi \approx \frac{a+b}{2}$$

mit einem absoluten Fehler von

$$|\xi - x| \le \frac{b-a}{2}\,.$$

Im nächsten folgenden Schritt halbiert sich wieder die Länge des Intervalls, in dem die Nullstelle liegt, usw. Damit liefert jeder Schritt des Bisektionsverfahrens genau eine korrekte Stelle mehr in der Binärdarstellung der gesuchten Nullstelle.

Wir sehen durch diese einfache Überlegung auch, dass das beste Stoppkriterium für das Bisektionsverfahren durch

$$\frac{|b_n - a_n|}{2} \le \varepsilon$$

gegeben ist, denn $|b_n - a_n|/2$ ist die beste Schätzung des globalen Fehlers, die wir haben.

Beispiel Gesucht sei die Nullstelle der Funktion $f(x) = x^3 - x - 1$ im Intervall $[a,b] = [1,2]$. Da $f(1) < 0$ und $f(2) > 0$, gilt $f(a)f(b) < 0$ und nach dem Zwischenwertsatz existiert eine Nullstelle. Gäbe es in $[1,2]$ eine zweite Nullstelle, dann müsste nach dem Satz von Rolle an einer Stelle $\xi \in (1,2)$ die Ableitung f' verschwinden. Wegen $f'(x) = 3x^2 - 1 > 0$ für alle $x \in [1,2]$ gibt es daher nur eine einzige Nullstelle dort.

Im ersten Schritt des Bisektionsverfahrens erhalten wir $x = (a_0 + b_0)/2 = (1+2)/2 = 1.5$. Wir wissen jetzt schon, dass $\xi \approx 1.5$ mit einem absoluten Fehler, der kleiner oder gleich $(b_0 - a_0)/2 = 0.5$ ist. Weil

$$f(1.5) = 0.875, \quad f(1) = -1\,,$$

muss die gesuchte Nullstelle im Intervall $[a_0, x] =: [a_1, b_1]$ liegen. Wir berechnen $x = (a_1 + b_1)/2 = (1+1.5)/2 = 1.25$ und wissen schon, dass $\xi \approx 1.25$ mit einem absoluten Fehler nicht größer als $(b_1 - a_1)/2 = (1.5-1)/2 = 0.25$ gilt.

In Schritt $n = 20$ ist $|b_{21} - a_{21}| = 4.76837\ldots \cdot 10^{-7}$, erst in Schritt $n = 51$ ist bei einfach genauer Rechnung die Maschinengenauigkeit von $2 \cdot 10^{-16}$ erreicht. ◄

Die Konvergenzgeschwindigkeit des Bisketionsverfahren ist mit einer binären Stelle je Schritt sehr klein, und man kann versuchen, etwas mehr Information zu verwenden, um schnellere Verfahren zu gewinnen.

Die Regula Falsi kommt auch mit falschen Daten zum Ziel

Die **Regula Falsi** (Regel des Falschen (Wertes)) ist eine der **Interpolationsmethoden**, die auf der Polynominterpolation von Daten basiert.

Wie auch im Fall des Bisektionsverfahrens nehmen wir die Funktion $f : [a,b] \to \mathbb{R}$ stetig an und sie besitze in $[a,b]$ genau eine Nullstelle ξ. Weiterhin sei $f(a) \cdot f(b) < 0$.

Grundidee ist die Annäherung der Funktion f durch eine lineare Interpolante (es ist die Sekante) der beiden Wertepaare $(a, f(a))$ und $(b, f(b))$. Deren Schnittpunkt x mit der Abszisse wird dann als Näherung an die Nullstelle ξ betrachtet.

Das Lagrange'sche Interpolationspolynom für die Daten $(a, f(a))$ und $(b, f(b))$ ist gegeben durch

$$p(x) = \frac{x-a}{b-a} f(b) + \frac{x-b}{a-b} f(a).$$

Setzen wir $p(x) = 0$ und lösen wir nach x auf, dann folgt

$$x = a - \frac{(b-a)f(a)}{f(b) - f(a)} = \frac{af(b) - bf(a)}{f(b) - f(a)}.$$

Wie beim Bisektionsverfahren entscheidet jetzt das Vorzeichen von $f(a) \cdot f(x)$ darüber, in welchem der Teilintervalle $[a,x]$ oder $[x,b]$ sich die Nullstelle ξ befindet. In diesem Teilintervall wird wieder interpoliert und ein neuer Wert x ermittelt, der ξ annähert, usw. Das führt auf den folgenden Algorithmus.

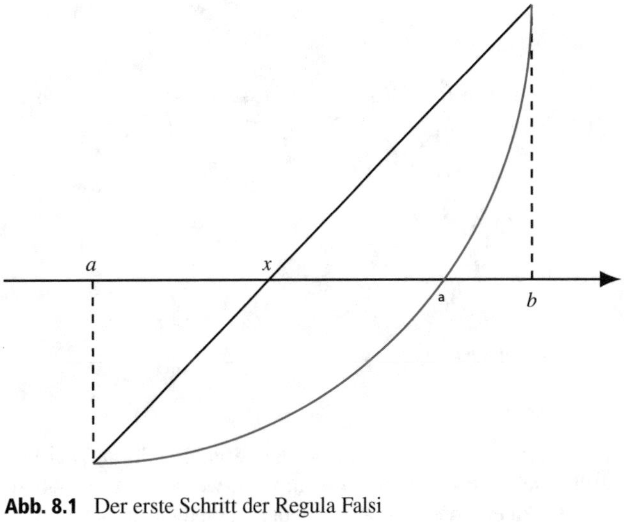

Abb. 8.1 Der erste Schritt der Regula Falsi

Kapitel 8

Beispiel: Das Heron-Verfahren

Die älteste Anwendung der Bisektion ist wohl das Heron-Verfahren, mit dem man näherungsweise $\sqrt{2}$ (oder andere Wurzeln) berechnen kann. Interessanterweise stammt das Verfahren nicht von Heron von Alexandrien, der im ersten Jahrhundert unserer Zeitrechnung lebte, sondern war bereits in Mesopotamien viele Jahrhunderte vor unserer Zeitrechnung bekannt. Heron hat es nur in seinem Buch „Metrica" beschrieben. Die Mesopotamier wollten die Kantenlänge eines Quadrates mit Flächeninhalt 2 berechnen. Dazu erfanden sie ein iteratives Verfahren.

Problemanalyse und Strategie Wir starten mit einem Rechteck der Kantenlängen $a_0 = 1$ und $b_0 = 2$, sodass der Flächeninhalt $A = 2$ ist. Wir brauchen jetzt eine Methode, die die Kantenlängen schrittweise so verändert, dass sich das Rechteck bei Erhalt der Fläche dem Quadrat annähert.

Lösung Im ersten Schritt setzen wir die neue Kantenlänge auf

$$a_1 = \frac{a_0 + b_0}{2} = 1.5\,,$$

wir wenden also eine Bisektion an. Die zweite Kantenlänge muss sich nun so verändern, dass sich der Flächeninhalt $A = 2$ nicht ändert, d. h.

$$b_1 = \frac{A}{a_1} = 2/1.5 = \frac{4}{3}\,.$$

Nun fahren wir fort und berechnen

$$a_2 = \frac{a_1 + b_2}{2} = \frac{17}{12}, \quad b_2 = \frac{A}{a_2} = \frac{24}{17}$$

usw. Die Folge $(a_n)_{n\in\mathbb{N}}$ konvergiert monoton von unten gegen $\sqrt{2}$, die Folge $(b_n)_{n\in\mathbb{N}}$ von oben.

Die Abbildung zeigt die Keilschrifttafel YBC 7289 aus der Zeit etwa 1800 v. Chr., die ein Quadrat mit Diagonalen zeigt. Die Zahlen sind im Sexagesimalsystem gegeben und die Zahl auf der Diagonalen ist

$$1 \cdot 60^0 + 24 \cdot 60^{-1} + 51 \cdot 60^{-2} + 10 \cdot 60^{-3} = 1.41421\overline{296}\,,$$

d. h. eine gute Näherung an $\sqrt{2}$.

Mit großer Wahrscheinlichkeit wurde diese Näherung mithilfe des Heron-Verfahrens ermittelt. Die Tafel zeigt dann, dass ein Quadrat der Seitenlänge $(30)_{60} = 30$ eine Diagonale der Länge $42 \cdot 60^0 + 25 \cdot 60^{-1} + 35 \cdot 60^{-2} = 42.4263\overline{8}$ besitzt, und $42.4263\overline{8} \approx \sqrt{2} \cdot 30$.

Die Regula Falsi

Die Funktion $f\colon [a,b] \to \mathbb{R}$ sei stetig, besitze genau eine Nullstelle $\xi \in (a,b)$ und es gelte $f(a) \cdot f(b) < 0$.

Setze $a_0 := a, \quad b_0 := b$;
Für $n = 0, 1, 2, \ldots$
$$x := \frac{a_n f(b_n) - b_n f(a_n)}{f(b_n) - f(a_n)};$$
Ist $f(a_n) \cdot f(x) \le 0$ setze $a_{n+1} := a_n, b_{n+1} := x$;
sonst setze $a_{n+1} := x, b_{n+1} = b_n$;

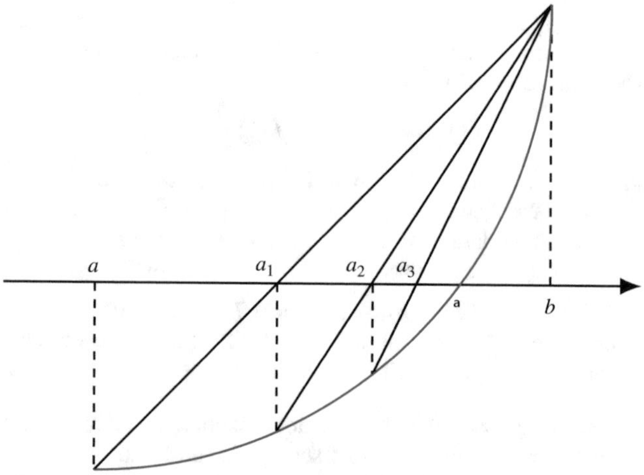

Abb. 8.2 Prinzip der Regula Falsi

Wir können nicht erwarten, dass die Teilintervalle $[a_n, b_n]$ wie beim Bisektionsverfahren beliebig klein werden, was schon an Abb. 8.2 zu erkennen ist. Als Stoppregel bietet sich daher

$$|f(x)| \le \varepsilon$$

an.

Beispiel Wir greifen unser Beispiel zur Nullstellensuche von $f(x) = x^3 - x - 1$ im Intervall $[a, b] = [1, 2]$ wieder auf.

Für $n = 20$ ergibt sich $a_n = 1.32472 = x$, $b_n = 2$ und $|f(x)| = 2.68\ldots \cdot 10^{-6}$. Für $n = 40$ ist die Maschinengenauigkeit erreicht, aber x in den ersten 5 Nachkommastellen noch so wie bei $n = 20$. Die Intervallbreite ist $b_{40} - a_{40} = 0.675282$. ◄

Es bieten sich noch Verbesserungen der Regula Falsi an, die wir im Folgenden diskutieren wollen. In unserem Beispiel haben wir eine konvexe Funktion betrachtet, da $f'(x) = 3x^2 - 1 > 0$ und $f''(x) > 0$ für alle $x \in [1, 2]$ gilt. In diesem Fall blieb die rechte Intervallgrenze b_n immer gleich der ursprünglichen b, d. h., die Näherungen x_n konvergieren monoton von links gegen ξ. Es ist zu erwarten, dass die Konvergenz besser wird, wenn wir auch etwas Dynamik in die b_n bringen würden. Dies leistet die **modifizierte Regula Falsi**.

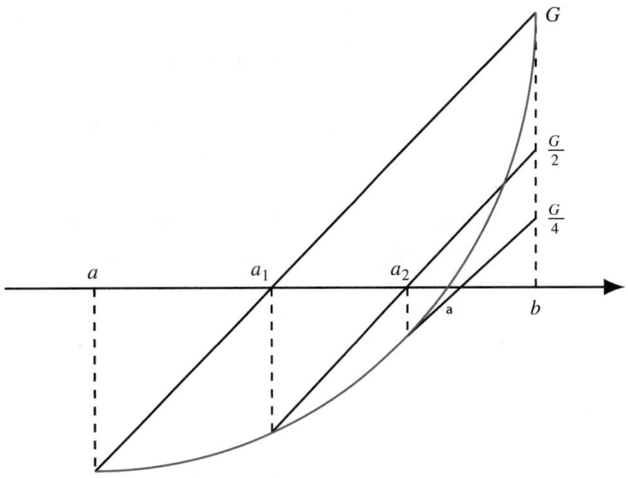

Abb. 8.3 Das Prinzip der modifizierten Regula Falsi

Die modifizierte Regula Falsi halbiert die Randwerte

Wir beginnen wie in der Regula Falsi mit einer linearen Interpolation der Randknoten $(a, f(a))$ und $(b, f(b))$, was eine Näherung x_1 in Form der Nullstelle der linearen Interpolante liefert. Vor dem nächsten Schritt halbieren wir jedoch denjenigen Funktionswert an den Rändern, der im vorhergehenden Schritt beibehalten worden wäre.

Die modifizierte Regula Falsi

Die Funktion $f : [a, b] \to \mathbb{R}$ sei stetig, besitze genau eine Nullstelle $\xi \in (a, b)$ und es gelte $f(a) \cdot f(b) < 0$.

Setze $a_0 := a, \quad b_0 := b;$

Setze $F := f(a_0), \quad G := f(b_0), \quad x_0 := a_0;$

Für $n = 0, 1, 2, \ldots$

$$x_{n+1} := \frac{a_n G - b_n F}{G - F};$$

Ist $f(a_n) \cdot f(x_{n+1}) \leq 0$

{

setze $a_{n+1} := a_n, b_{n+1} := x_{n+1}, G = f(x_{n+1});$

Ist $f(x_n) \cdot f(x_{n+1}) > 0$ setze $F := F/2;$

}

sonst

{

setze $a_{n+1} := x_{n+1}, b_{n+1} := b_n, F = f(x_{n+1});$

Ist $f(x_n) \cdot f(x_{n+1}) > 0$ setze $G := G/2;$

}

Durch diese Modifikation erzeugt die Methode nun wieder immer kleiner werdende Intervalle, die die Nullstelle einschließen. Daher ist hier wieder

$$|b_n - a_n| < \varepsilon$$

ein brauchbares Stoppkriterium.

Beispiel Wir greifen unser Beispiel zur Nullstellensuche von $f(x) = x^3 - x - 1$ im Intervall $[a, b] = [1, 2]$ noch einmal auf.

Bereits für $n = 6$ ergibt sich $a_n = 1.32472 = x$, $b_n = 1.32472$ und $f(a_6) = -1.736\ldots \cdot 10^{-8} < 0 < 1.730\ldots \cdot 10^{-8} = f(a_6)$. ◄

Das Sekantenverfahren ist eine weitere Modifikation der Regula Falsi

Anstatt immer kompliziertere Algorithmen für Geraden zu entwickeln, deren Nullstellen als Approximationen an die Nullstelle der Funktion f dienen, kann man auch einfacher streng am Konzept der Sekante bleiben. Das führt direkt zu dem einfachen **Sekantenverfahren**.

Das Sekantenverfahren

Die Funktion $f : [a, b] \to \mathbb{R}$ sei stetig, besitze genau eine Nullstelle $\xi \in (a, b)$ und es gelte $f(a) \cdot f(b) < 0$.

Setze $x_{-1} := a, \quad x_0 := b;$

Für $n = 0, 1, 2, \ldots$

$$x_{n+1} := \frac{x_{n-1} f(x_n) - x_n f(x_{n-1})}{f(x_n) - f(x_{n-1})};$$

Hintergrund und Ausblick: Eine quadratische Interpolationsmethode

Die Regula falsi und auch die modifizierte Version verwenden lineare Interpolanten. Es liegt nahe, auch Polynome höheren Grades zu verwenden.

Wird die Nullstelle $\xi \in [a, b]$ einer Funktion $f(x)$ gesucht, dann kann man die quadratische Interpolante q der drei Punkte $(a, f(a))$, $((a+b)/2, f((a+b)/2)$ und $(b, f(b))$ berechnen und erhält in Newton-Form (vergleiche Abschnitt 3.3)

$$q(x) = f(a) + \frac{2\left(f\left(\frac{a+b}{2}\right) - f(a)\right)}{b-a}(x-a) + \frac{2f(b) - 4f\left(\frac{a+b}{2}\right) - f(a)}{(b-a)^2}(x-a)\left(x - \frac{a+b}{2}\right).$$

Die Nullstelle x_1 von q im Intervall $[a, b]$ ist nun die neue Approximation an die Nullstelle ξ der Funktion f. Wie bei der Regula Falsi wird nun überprüft, ob ξ in $[a, x_1]$ oder in $[x_1, b]$ liegt und in dem entsprechenden Teilintervall wird wieder der Mittelpunkt berechnet und erneut quadratisch interpoliert, usw.

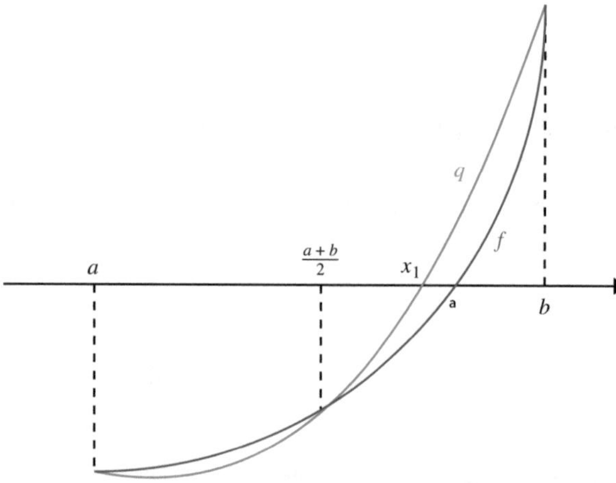

Dieses Vorgehen ist umständlich, zumal jedesmal die Nullstelle eines quadratischen Polynoms zu ermitteln ist. Sehr viel eleganter geht man vor, wenn man $x_0 := (a+b)/2$, $h := (b-a)/2$ und $x_{-1} := x_0 - h$, $x_1 := x_0 + h$ setzt, um eine neue Variable $t \in [-1, 1]$ einzuführen, sodass man „um x_0 herum" interpolieren kann. Die zugehörigen Funktionswerte bezeichnet man mit $f_{-1} := f(x_{-1})$, $f_0 := f(x_0)$ und $f_1 := f(x_1)$.

Wir wollen jetzt an den Stellen x_0, x_1, x_{-1} (in dieser Reihenfolge) interpolieren. Das Interpolationspolynom vom Grad nicht größer als 2 in Newton-Form ist

$$p(x) = f[x_0] + f[x_0, x_1](x - x_0) + f[x_0, x_1, x_{-1}](x - x_0)(x - x_1).$$

Wegen der Symmetrie der dividierten Differenzen (vergleiche (3.3)) gilt $f[x_0, x_1, x_{-1}] = f[x_{-1}, x_0, x_1]$. Ist $\Delta f_{-1} := f_0 - f_{-1}$ die **Vorwärtsdifferenz** und definieren wir $\Delta^2 f_{-1} := \Delta(\Delta f_{-1}) = f_1 - 2f_0 + f_{-1}$ und $\Delta^0 f_{-1} = f_{-1}$, dann gilt nach der Definition der dividierten Differenzen (3.16):

$$f[x_0] = f_0 = \Delta^0 f_0,$$
$$f[x_0, x_1] = \frac{f_1 - f_0}{h} = \frac{\Delta f_0}{h},$$
$$f[x_{-1}, x_0] = \frac{f_0 - f_{-1}}{h} = \frac{\Delta f_{-1}}{h},$$

und

$$f[x_{-1}, x_0, x_1] = \frac{f[x_0, x_1] - f[x_{-1}, x_0]}{2h} = \frac{\Delta^2 f_{-1}}{2h^2}.$$

Setzen wir nun dies in unser Newton-Polynom ein, folgt

$$p(x) = f_0 + \frac{\Delta f_0}{h}(x - x_0) + \frac{\Delta^2 f_{-1}}{2h^2}(x - x_0)(x - x_1).$$

Setzen wir nun noch $x = x_0 + th$ für $t \in [-1, 1]$, dann ergibt sich unter Berücksichtigung von $x_1 = x_0 + h$:

$$q(t) := p(x_0 + th) = f_0 + \frac{\Delta f_0}{h}th + \frac{\Delta^2 f_{-1}}{2h^2}th(h(t-1))$$
$$= f_0 + \left(\Delta f_0 - \frac{1}{2}\Delta^2 f_{-1}\right)t + \frac{1}{2}t^2 \Delta^2 f_{-1}.$$

Durch Einsetzen überzeugen wir uns von $q(-1) = f_{-1}$, $q(0) = f_0$ und $q(1) = f_1$.

Anstatt nun die Nullstelle dieses quadratischen Polynoms explizit auszurechnen, löst man für $q(t) = 0$ nach dem linearen Term auf:

$$2\left(\Delta f_0 - \frac{1}{2}\Delta^2 f_{-1}\right)t = -2f_0 - t^2 \Delta^2 f_{-1}$$

und erhält

$$t = \alpha + \beta t^2$$

mit

$$\alpha := \frac{-f_0}{\Delta f_0 - \frac{1}{2}\Delta^2 f_{-1}}, \quad \beta := \frac{-\Delta^2 f_{-1}}{2\left(\Delta f_0 - \frac{1}{2}\Delta^2 f_{-1}\right)}.$$

Bei nicht zu stark gekrümmter Kurve wird β schon klein sein und der Term βt^2 wird nun als Korrektur für $t = \alpha$ angesehen. Dann kann man mit der Iteration

$$t_0 = \alpha,$$
$$t_1 = \alpha + \beta t_0^2,$$
$$t_2 = \alpha + \beta t_1^2,$$
$$\vdots$$

in der Regel schnell den gesuchten Wert t und damit die gesuchte Näherung $x = x_0 + th$ berechnen.

Beispiel Wir betrachten unser Beispiel zur Nullstellensuche von $f(x) = x^3 - x - 1$ im Intervall $[a, b] = [1, 2]$.

Bereits für $n = 6$ ergibt sich $x_n = 1.32472$, $|f(x_6)| = 3.458\ldots \cdot 10^{-8}$. ◄

Ein großes Problem mit dem Sekantenverfahren tritt auf, wenn $f(x_n)$ und $f(x_{n-1})$ sich nicht im Vorzeichen unterscheiden und sich im Betrag so wenig unterscheiden, dass große Rundungsfehler auftreten oder die Berechnung von

$$x_{n+1} := \frac{x_{n-1} f(x_n) - x_n f(x_{n-1})}{f(x_n) - f(x_{n-1})}$$

sogar unmöglich wird. Diesem Problem ist nicht abzuhelfen.

Schreiben wir etwas um, so folgt

$$\begin{aligned} x_{n+1} &= x_n - f(x_n) \frac{x_n - x_{n-1}}{f(x_n) - f(x_{n-1})} \\ &= x_n - \frac{f(x_n)}{\frac{f(x_n) - f(x_{n-1})}{x_n - x_{n-1}}} . \end{aligned}$$

Nun ist zu erkennen, dass $f[x_{n-1}, x_n] = \frac{f(x_n) - f(x_{n-1})}{x_n - x_{n-1}}$ eine dividierte Differenz von f ist, vergleiche (3.16), d. h.

$$x_{n+1} = x_n - \frac{f(x_n)}{f[x_{n-1}, x_n]} .$$

Ist f differenzierbar, dann liegt es nahe, die dividierte Differenz $f[x_n, x_{n-1}]$ durch die Ableitung $f'(x_n)$ zu ersetzen, womit wir das *Newton-Verfahren* entwickelt haben.

Das Newton-Verfahren arbeitet mit der Tangente

Wählen wir einen Punkt $x_0 \in (a, b)$, dann kann die durch

$$y = f(x_0) + f'(x_0)(x - x_0)$$

definierte Tangente an f im Punkt x_0 die Rolle der Sekante im Sekantenverfahren übernehmen. Nullstelle x_1 der Tangente ist

$$0 = f(x_0) + f'(x_0)(x_1 - x_0) \quad \Longrightarrow \quad x_1 = x_0 - \frac{f(x_0)}{f'(x_0)} .$$

Iterieren wir nun weiter, dann erhalten wir das **Newton-Verfahren**.

Das Newton-Verfahren

Die Funktion $f\colon [a, b] \to \mathbb{R}$ sei stetig, besitze genau eine Nullstelle $\xi \in (a, b)$ und es gelte $f(a) \cdot f(b) < 0$.

Wähle $x_0 \in (a, b)$;
Für $n = 0, 1, 2, \ldots$

$$x_{n+1} := x_n - \frac{f(x_n)}{f'(x_n)} ;$$

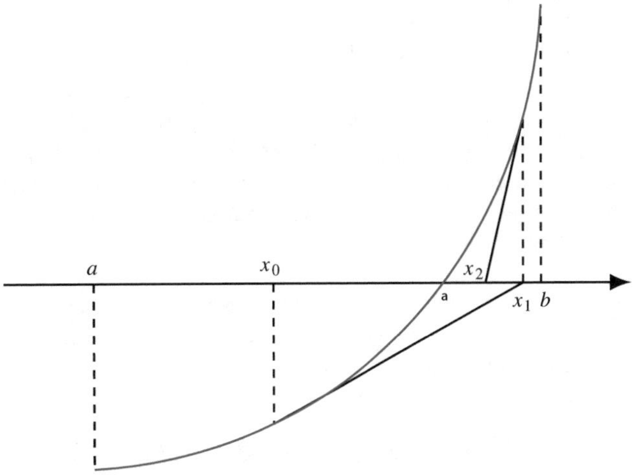

Abb. 8.4 Das Prinzip des Newton-Verfahrens

Da im Nenner beim Newton-Verfahren die Ableitung f' auftritt, läuft das Verfahren bei mehrfachen Nullstellen unter Umständen in Schwierigkeiten und teilt sich damit die Probleme mit dem Sekantenverfahren. Welche Abhilfen es hier gibt, werden wir jetzt beleuchten.

Das Newton-Verfahren hat nicht *per se* Probleme mit mehrfachen Nullstellen, wovon man sich sofort am Beispiel eines Monoms $f(x) = x^m$ überzeugen kann. Dann ist $f'(x) = mx^{m-1}$ und $f(x)/f'(x) = x/m$, was keinerlei Probleme bereitet, sondern nur die Konvergenzordnung senkt, wie wir noch zeigen werden. Für Fälle, in denen es wirkliche Probleme gibt, lässt sich die einfache **Modifikation nach Schröder** anwenden. Hierbei wird davon Gebrauch gemacht, dass eine Funktion f mit einer p-fachen Nullstelle ξ von der Bauart $f(x) = (x - \xi)^p g(x)$ ist, wobei g stetig differenzierbar sein soll und keine Nullstelle bei $x = \xi$ aufweist. Die Funktion $\sqrt[p]{f}$ besitzt dann nur eine einfache Nullstelle ξ. Wegen $h(x) := \sqrt[p]{f(x)}$ und

$$\begin{aligned} h'(x) &= \frac{1}{p}(f(x))^{\frac{1}{p}-1} f'(x) = \frac{1}{p}(f(x))^{\frac{1-p}{p}} f'(x) \\ &= \frac{1}{p} \sqrt[p]{\frac{f(x)}{(f(x))^p}} f'(x) = \frac{1}{pf(x)} \sqrt[p]{f(x)} f'(x) \end{aligned}$$

folgt

$$\frac{h(x)}{h'(x)} = p \frac{f(x)}{f'(x)}$$

und damit lautet **das Newton-Verfahren mit der Schröder'schen Modifikation**

$$x_{n+1} = x_n - p \frac{f(x_n)}{f'(x_n)} . \tag{8.1}$$

Bei der Verwendung der Schröder'schen Modifikation für Funktionen mit p-fachen Nullstellen ist stets Vorsicht angebracht, denn für $x \to \xi$ werden sowohl f als auch f' klein und das Verfahren ist daher empfindlich für Rundungsfehler.

Interessant für die Praxis ist die Frage, was zu tun ist, wenn man keine Information über die Vielfachheit einer Nullstelle besitzt. In der Regel ist es nicht ratsam, sofort die Schröder'sche Modifikation mit einem geratenen, großen p zu verwenden, da man unter Umständen das Newton-Verfahren zu starken Oszillationen anregt.

Selbstfrage 1

Das Polynom $f(x) = (x+2)^2(x-1)(x-7)^2$ besitzt eine zweifache Nullstelle bei $x = 7$. Stellen Sie sich vor, Sie hätten nur die ausmultiplizierte Version

$$f(x) = x^5 - 11x^4 + 7x^3 + 143x^2 + 56x - 196$$

zur Verfügung und vermuten um $x = 7$ eine Nullstelle, kennen aber nicht deren Vielfachheit. Wählen Sie in der Schröder'schen Modifikation des Newton-Verfahrens $p = 5$ und berechnen Sie 200 Iterierte, ausgehend von $x_0 = 8$. Plotten Sie die x_n über n. Was beobachten Sie?

Wie kommt man denn eigentlich auf allgemeinere Verfahren?

Wir haben das Sekantenverfahren im vorangegangen Abschnitt in die Form

$$x_{n+1} = x_n - \frac{f(x_n)}{f[x_{n-1}, x_n]}$$

gebracht und auch das Newton-Verfahren besitzt mit

$$x_{n+1} = x_n - \frac{f(x_n)}{f'(x_n)}$$

eine ähnliche Form. Diese Form ist typisch für **Iterationsverfahren**

$$x_{n+1} = \Phi(x_n)$$

oder

$$x_{n+1} = \Phi(x_n, x_{n-1}).$$

Wir wollen solche Iterationsverfahren und ihre Eigenschaften nun im Detail studieren.

Wie kommt man eigentlich auf eine Iterationsfunktion Φ, wenn ein Problem wie

$$e^x = 2 - x^2,$$

also $f(x) := e^x + x^2 - 2 = 0$ gegeben ist? Man versucht, die Gleichung in eine **Fixpunktform**

$$x = \Phi(x)$$

zu bringen. Im obigen Beispiel bieten sich drei Möglichkeiten an, eine solche Fixpunktform herzustellen, nämlich

$$x = \ln(2 - x^2), \quad x = \sqrt{2 - e^x}, \quad x = \frac{2 - e^x}{x}.$$

Ein einziges Problem führt also auf drei Iterationsfunktionen

$$\begin{aligned} \Phi_1(x) &:= \ln(2 - x^2), \\ \Phi_2(x) &:= \sqrt{2 - e^x}, \\ \Phi_3(x) &:= \frac{2 - e^x}{x}. \end{aligned}$$

Es gibt *kein* rein heuristisches Kriterium, um die Brauchbarkeit der jeweiligen Iterationsfunktion zu beurteilen. Hier wird mehr Theorie benötigt, die wir im weiteren Verlauf bereitstellen wollen.

Allgemein kann man versuchen, die Gleichung $f(x) = 0$ durch die Fixpunktform

$$x = x - cf(x) \tag{8.2}$$

mit einer geeigneten Konstante c zu lösen. Von dieser Bauart ist die Regula Falsi, schreiben wir nämlich $x_0 = a$, $x_1 = b$ für die ersten Näherungen an die Wurzel ξ von $f(x) = 0$, dann ist die verbesserte Näherung x_1 die Nullstelle der Sekante mit Steigung $\frac{x_1 - x_0}{f(x_1) - f(x_0)}$, also

$$x_2 = x_0 - \frac{x_1 - x_0}{f(x_1) - f(x_0)} f(x_0)$$

und damit $c = (x_1 - x_0)/(f(x_1) - f(x_0))$. Alternativ kann man versuchen, die Fixpunktform

$$x = x - g(x)f(x) \tag{8.3}$$

mit einer geeigneten Funktion g zu erreichen. Der wichtigste Vertreter ist hier das Newton-Verfahren mit

$$g(x) = \frac{1}{f'(x)}.$$

Ein wenig systematischer kann man vorgehen, wenn f in einer Umgebung $U(\xi)$ einer Nullstelle ξ hinreichend oft differenzierbar ist. Dann liefert nämlich die Taylor-Entwicklung bei Entwicklung um $x_0 \in U(\xi)$

$$\begin{aligned} 0 = f(\xi) = f(x_0) + (\xi - x_0)f'(x_0) + \frac{(\xi - x_0)^2}{2!} f''(x_0) + \ldots \\ + \frac{(\xi - x_0)^k}{k!} f^{(k)}(x_0 + \theta(\xi - x_0)), \quad \theta \in (0,1). \end{aligned}$$

Je nachdem wie viele Terme man vernachlässigt, erhält man eine Klasse von Iterationsfunktionen. So gilt in erster Näherung für die Nullstelle

$$0 = f(x_0) + (\overline{\xi} - x_0)f'(x_0)$$

Beispiel: Verfahren im Vergleich

Wir wollen alle unsere bisher behandelten Verfahren am Beispiel der Nullstellensuche bei der Funktion $f(x) = x^2 - \ln x - 2$ testen.

Problemanalyse und Strategie Wir berechnen jeweils die Näherungen an die Nullstelle $\xi \in [1, 2]$ und stellen sie über der Anzahl der Iterationen dar.

Lösung Wir suchen die Nullstelle $\xi = 1.56446\ldots$ im Intervall $[a, b] = [1, 2]$. Im Fall des Bisektionsverfahrens plotten wir zu jeder Iteration x, also das arithmetische Mittel der neu berechneten a_n und b_n. Im Fall des Newton-Verfahrens haben wir den Startwert $x_0 = 1.2$ gewählt. Das Sekantenverfahren produziert etwa ab der achten Iteration eine Fehlermeldung, da $|f(x_n) - f(x_{n+1})|$ die Maschinennull erreicht. Wir fangen das ab, indem wir nur dann eine neue Näherung für die Nullstelle berechnen, wenn $|f(x_n) - f(x_{n+1})| > 10^{-7}$, ansonsten wird immer der vorher berechnete Wert x_{n+1} verwendet.

Unser Bild zeigt die Funktion $f(x) = x^2 - \ln x - 2$ auf dem Intervall $[0.1, 2]$ und die zwei Nullstellen dort. Wir wollen die Nullstelle $\xi = 1.56446\ldots$ finden.

Alle Methoden finden die Nullstelle, wie unsere Konvergenzverläufe zeigen. Dabei erweisen sich das Newton- und das Sekantenverfahren als schnelle Iterationen, während das Bisektionsverfahren deutlich langsamer ist.

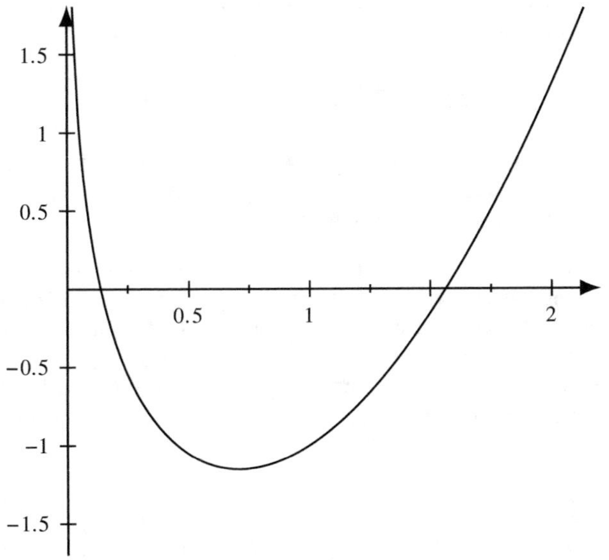

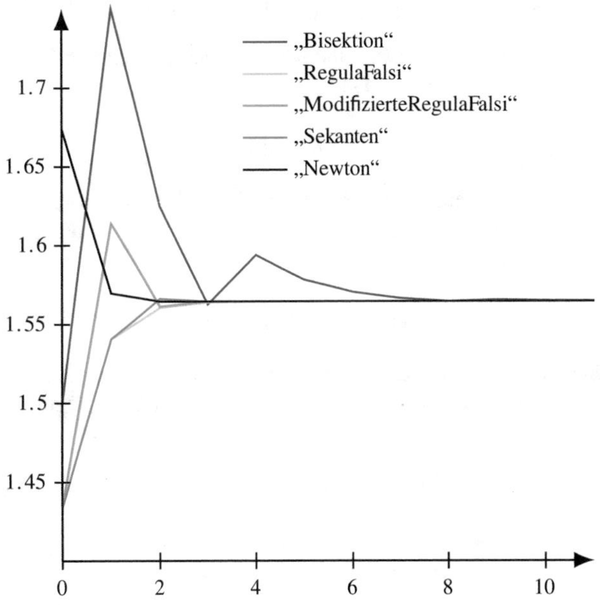

und in zweiter Näherung

$$0 = f(x_0) + (\bar{\bar{\xi}} - x_0)f'(x_0) + \frac{(\bar{\bar{\xi}} - x_0)^2}{2!}f''(x_0),$$

und so weiter. Dabei haben wir die Näherungen an ξ mit $\bar{\xi}$ bzw. mit $\bar{\bar{\xi}}$ bezeichnet. Löst man die Näherungsgleichungen nach diesen Größen auf, dann folgt

$$\bar{\xi} = x_0 - \frac{f(x_0)}{f'(x_0)},$$

$$\bar{\bar{\xi}} = x_0 - \frac{f(x_0) \pm \sqrt{(f'(x_0))^2 - 2f(x_0)f''(x_0)}}{f''(x_0)},$$

die die folgenden Iterationserfahren begründen,

$$x_{n+1} = \Phi_1(x_n),$$

$$\Phi_1(x) := x - \frac{f(x)}{f'(x)},$$

$$x_{n+1} = \Phi_2(x_n),$$

$$\Phi_2(x) := x - \frac{f'(x) \pm \sqrt{(f(x))^2 - 2f(x)f''(x)}}{f''(x)}.$$

Ganz offenbar gehört die erste Iterationsfunktion zum Newton-Verfahren, das zweite ist eine Modifikation höherer Ordnung.

Wie erweitert man Iterationsfunktionen auf nichtlineare Systeme?

Wir betrachten nun nicht mehr nur skalare Gleichungen $f(x) = 0$ wie bisher, sondern gleich **nichtlineare Gleichungssysteme** der Form

$$f(x) = \begin{pmatrix} f_1(x_1, \dots x_m) \\ \vdots \\ f_m(x_1, \dots, x_m) \end{pmatrix} = \mathbf{0} \tag{8.4}$$

mit einer hinreichend oft differenzierbaren Funktion $f : \mathbb{R}^m \to \mathbb{R}^m$. Um nicht die Iterierten mit den Koordinaten der Vektoren x zu verwechseln, schreiben wir für die j-te Iterierte x^j. Es ist für den Anfänger verwirrend, dass die Iterierten im skalaren Fall *unten* indiziert werden und im Fall von Systemen *oben*, aber das ist eine Konvention, die sich durchgesetzt hat.

Wie wir in (8.2) gesehen haben, lassen sich manche skalaren Iterationsverfahren in der Form

$$x_{n+1} = x_n - cf(x_n)$$

mit einer geeigneten Konstante c schreiben. Zum besseren Verständnis nennen wir unsere Konstante in $a^{-1} := c$ um und schreiben

$$x_{n+1} = x_n - a^{-1} f(x_n). \tag{8.5}$$

Was können wir im Fall nichtlinearer Systeme machen? Wir ersetzen die Konstante ganz einfach durch eine konstante, reguläre Matrix $A \in \mathbb{R}^{m \times m}$,

$$x^{n+1} = x^n - A^{-1} f(x^n). \tag{8.6}$$

Die Iterationsvorschrift (8.5) entspricht einer linearen Approximation von f am Punkt x^n in der Form

$$\ell_n(x) := a(x - x_n) + f(x_n),$$

in derselben Weise entspricht die Vorschrift (8.6) der Approximation von f am Punkt x^n durch die affine Funktion

$$L_n x = L_n(x) = A(x - x^n) + f(x^n).$$

Die nächste Iterierte x^{n+1} ist nichts anderes als die Lösung der Gleichung $L_n x = \mathbf{0}$, geometrisch ist x^{n+1} also der Schnitt der m Hyperebenen

$$\sum_{j=1}^{m} a_{ij}(x_j - (x^n)_j) + f_k(x^n) = 0, \quad k = 1, \dots, m$$

mit der Hyperebene $x = \mathbf{0}$ in $\mathbb{R}^{m+1}$.

Ausgehend von (8.6) können wir nun auch das Newton-Verfahren definieren.

Das Newton-Verfahren für Systeme

Es sei $f : \mathbb{R}^m \to \mathbb{R}^m$ eine stetig differenzierbare Funktion mit Funktionalmatrix f' in einer Umgebung $U(\xi)$ einer Nullstelle ξ, d. h. $f(\xi) = \mathbf{0}$. Wähle eine erste Näherung x^0 an ξ. Die Iteration

$$x^{n+1} = \Phi(x^n) = x^n - f'(x^n)^{-1} f(x^n), \quad n = 0, 1, \dots$$

heißt **Newton-Verfahren**. Häufig findet man in der Literatur auch die Bezeichnung **Newton-Raphson-Verfahren**. Das Verfahren

$$x^{n+1} = \Phi(x^n) = x^n - f'(x^0)^{-1} f(x^n), \quad n = 0, 1, \dots$$

heißt **vereinfachtes Newton-Verfahren**.

Geometrisch läuft das Newton-Verfahren darauf hinaus, jede Komponente f_i von f durch eine affine Funktion

$$Lx = (\nabla f_i(x))^\top (x - x^n) + f_i(x^n) \tag{8.7}$$

zu approximieren, die Tangentialhyperfläche von f_i bei x^n, und dann x^{n+1} als den Schnitt der m Hyperebenen (8.7) in $\mathbb{R}^{m+1}$ mit der Hyperebene $x = \mathbf{0}$ zu berechnen.

In der Praxis treten in der Regel sehr große nichtlineare Gleichungssysteme auf und es macht keinen Sinn, die m^2 Elemente der Funktionalmatrix exakt zu berechnen oder gar die Funktionalmatrix bei jeder Iteration exakt zu invertieren. Häufig verwendet man eine approximative Funktionalmatrix, bei der die partiellen Ableitungen durch finite Differenzenausdrücke wie

$$\frac{\partial f_i}{\partial x_j} \doteq \frac{1}{h_{ij}} \left[f_i \left(x + \sum_{k=1}^{j} h_{ik} e_k \right) - f_i \left(x + \sum_{k=1}^{j-1} h_{ik} e_k \right) \right]$$

oder

$$\frac{\partial f_i}{\partial x_j} \doteq \frac{1}{h_{ij}} \left[f_i(x + h_{ij} e_j) - f_i(x) \right]$$

angenähert werden. Dabei bezeichnen h_{ij} gegebene Diskretisierungsparameter und e_j ist der j-te kanonische Einheitsvektor in $\mathbb{R}^m$. Fasst man diese Differenzenapproximationen wieder in einer Matrix $J(x, h)$ mit $\lim_{h \to 0} J(x, h) = f'(x)$ zusammen, wobei wir mit h die Diskretisierungsparameter in einen Vektor geschrieben haben, dann erhält man ein **diskretisiertes Newton-Verfahren**

$$x^{n+1} = \Phi_{dN}(x^n) = x^n - J(x^n, h^n)^{-1} f(x^n), \tag{8.8}$$

wobei wir erlauben wollen, dass sich die Diskretisierungsparameter h in jedem Iterationsschritt ändern können.

Kapitel 8

Das Sekantenverfahren funktioniert auch im $\mathbb{R}^m$

Beim Newton-Verfahren war die Verallgemeinerung auf Systeme kanonisch, beim Sekantenverfahren ist das jedoch keineswegs so. Wir beschreiben hier einen Weg zu einer ganzen Klasse von Sekantenverfahren in $\mathbb{R}^m$.

Das Sekantenverfahren für $f\colon \mathbb{R} \to \mathbb{R}$ kann als diskretisiertes Newton-Verfahren

$$x_{n+1} = x_n - \left[\frac{f(x_n + h_n) - f(x_n)}{h_n}\right]^{-1} f(x_n)$$

mit $h_n := x_{n-1} - x_n$ geschrieben werden. Damit ist x_{n+1} die Lösung x der linearen Gleichung

$$\ell(x) = [(f(x_n + h_n) - f(x_n))/h_n](x - x_n) + f(x_n) = 0,$$

die wir als lineare Interpolation von f zwischen x^n und x^{n+1} interpretieren. Diese Interpretation führt auf eine ganze Klasse von **Sekantenverfahren in** $\mathbb{R}^m$ für $\boldsymbol{f(x) = 0}$.

Wir ersetzen dabei die „Fläche" $f_i = 0, i = 1, \ldots, m$, in $\mathbb{R}^{m+1}$ durch die Hyperfläche, die f_i an $m + 1$ gegebenen Punkten $\boldsymbol{x}_j^n, j = 0, \ldots, m$, in einer Umgebung von $\boldsymbol{x}^n$ interpoliert. Wir wollen also das folgende **Interpolationsproblem** lösen: Finde $\boldsymbol{a}_i \in \mathbb{R}^m$ und $\alpha_i \in \mathbb{R}$, sodass die lineare Abbildung

$$L_i \boldsymbol{x} = \alpha_i + \boldsymbol{x}^\top \boldsymbol{a}_i$$

die Gleichungen

$$L_i \boldsymbol{x}_j^n = f_i(\boldsymbol{x}_j^n), \quad j = 0, 1, \ldots, m$$

löst. Die neue Iterierte $\boldsymbol{x}^{n+1}$ ist dann der Schnitt dieser m Hyperebenen in $\mathbb{R}^{m+1}$ mit der Hyperebene $\boldsymbol{x} = \boldsymbol{0}$, d. h., $\boldsymbol{x}^{n+1}$ ist Lösung des linearen Systems $L_i \boldsymbol{x} = \boldsymbol{0}, i = 1, \ldots, m$. Das ist die **elementare Idee der Sekantenmethoden für Systeme**. Nun kommt es nur noch auf die Lage der Interpolationspunkte $\boldsymbol{x}_j^n$ an.

Wir sagen, $m+1$ Punkte $\boldsymbol{x}_0, \ldots, \boldsymbol{x}_m \in \mathbb{R}^m$ **sind in allgemeiner Lage**, wenn die Differenzvektoren $\boldsymbol{x}_0 - \boldsymbol{x}_j$ für $j = 1, \ldots, m$ linear unabhängig sind.

Die folgenden beiden Sätze begründen die Sekantenverfahren in $\mathbb{R}^m$.

Satz (Satz über Punkte in allgemeiner Lage) Es seien $\boldsymbol{x}_0, \ldots, \boldsymbol{x}_m \in \mathbb{R}^m$ irgend $m+1$ Punkte. Dann sind die folgenden Aussagen äquivalent:

1. $\boldsymbol{x}_0, \ldots, \boldsymbol{x}_m$ sind in allgemeiner Lage.
2. Für alle $0 \leq j \leq m$ sind die Differenzvektoren $\boldsymbol{x}_j - \boldsymbol{x}_i$, $i = 0, \ldots, m, i \neq j$, linear unabhängig.
3. Die $(m + 1) \times (m + 1)$-Matrix $(\boldsymbol{e}, \boldsymbol{X}^\top)$ mit $\boldsymbol{e} = (1, \ldots, 1)^\top$ und $\boldsymbol{X} = (\boldsymbol{x}_0, \ldots, \boldsymbol{x}_m)$ ist nicht singulär.
4. Für $\boldsymbol{y} \in \mathbb{R}^m$ existieren Skalare $\alpha_0, \ldots, \alpha_m$ mit $\sum_{i=0}^m \alpha_i = 1$, sodass $\boldsymbol{y} = \sum_{i=0}^m \alpha_i \boldsymbol{x}_i$. ◄

Beweis Aus der Identität

$$\begin{pmatrix} 1 & 0 & \cdots & 0 & 0 & \cdots & 0 \\ \boldsymbol{x}_j & \boldsymbol{d}_0 & \cdots & \boldsymbol{d}_{j-1} & \boldsymbol{d}_{j+1} & \cdots & \boldsymbol{d}_m \end{pmatrix} = \begin{pmatrix} 1 & 0 & \cdots & 0 & 0 & \cdots & 0 \\ \boldsymbol{x}_j & \boldsymbol{x}_0 & \cdots & \boldsymbol{x}_{j-1} & \boldsymbol{x}_{j+1} & \cdots & \boldsymbol{x}_m \end{pmatrix} \cdot \boldsymbol{C}$$

mit $\boldsymbol{d}_k := \boldsymbol{x}_k - \boldsymbol{x}_j$ und

$$\boldsymbol{C} = \begin{pmatrix} 1 & -1 & \cdots & \cdots & -1 \\ 0 & 1 & 0 & \cdots & 0 \\ 0 & 0 & \ddots & \ddots & \vdots \\ \vdots & \vdots & \ddots & \ddots & 0 \\ 0 & 0 & \cdots & 0 & 1 \end{pmatrix}$$

folgt

$$\begin{aligned} &\det(\boldsymbol{d}_0, \ldots, \boldsymbol{d}_{j-1}, \boldsymbol{d}_{j+1}, \ldots, \boldsymbol{d}_m) \\ &= \det \begin{pmatrix} 1 & 0 & \cdots & 0 & 0 & \cdots & 0 \\ \boldsymbol{x}_j & \boldsymbol{x}_0 & \cdots & \boldsymbol{x}_{j-1} & \boldsymbol{x}_{j+1} & \cdots & \boldsymbol{x}_m \end{pmatrix} \\ &= (-1)^j \det \begin{pmatrix} \boldsymbol{e}^\top \\ \boldsymbol{X} \end{pmatrix} \end{aligned}$$

für $j = 0, 1, \ldots, m$. Damit haben wir schon die Äquivalenz von 1., 2. und 3. gezeigt. Nun ist 4. äquivalent zur Lösbarkeit des linearen Systems

$$\begin{pmatrix} \boldsymbol{e}^\top \\ \boldsymbol{X} \end{pmatrix} \begin{pmatrix} \alpha_0 \\ \vdots \\ \alpha_m \end{pmatrix} = \begin{pmatrix} 1 \\ \boldsymbol{y} \end{pmatrix} \tag{8.9}$$

für jedes $\boldsymbol{y}$, also 3. $\Rightarrow$ 4. Wird umgekehrt (8.9) sukzessive für $\boldsymbol{y} = \boldsymbol{0}, \boldsymbol{e}_1, \ldots, \boldsymbol{e}_m$ gelöst, dann folgt die Regularität von $(\boldsymbol{e}, \boldsymbol{X}^\top)$. ■

Geometrisch bedeutet „in allgemeiner Lage", dass $\boldsymbol{x}_0, \ldots, \boldsymbol{x}_m$ nicht in einem affinen Teilraum der Dimension $< m$ liegen. Zum Beispiel sind $\boldsymbol{x}_0, \boldsymbol{x}_1, \boldsymbol{x}_2 \in \mathbb{R}^2$ in allgemeiner Lage, wenn nicht alle drei Punkte auf einer Geraden im $\mathbb{R}^2$ liegen. Wir müssen jetzt noch klären, ob das zu Beginn beschriebene Interpolationsproblem überhaupt lösbar ist und ob dann die Lösung eindeutig ist.

Satz (Satz über die Lösung des Interpolationsproblems) Es seien $\boldsymbol{x}_0, \ldots, \boldsymbol{x}_m$ und $\boldsymbol{y}_0, \ldots, \boldsymbol{y}_m$ Punkte in $\mathbb{R}^m$. Dann existiert eine eindeutig bestimmte affine Funktion $L(\boldsymbol{x}) = \boldsymbol{a} + \boldsymbol{A}\boldsymbol{x}$ mit $\boldsymbol{a} \in \mathbb{R}^m$ und $\boldsymbol{A} \in \mathbb{R}^{m \times m}$, sodass $L\boldsymbol{x}_j = \boldsymbol{y}_j$, $j = 0, 1, \ldots, m$ genau dann gilt, wenn $\boldsymbol{x}_0, \ldots, \boldsymbol{x}_m$ in allgemeiner Lage sind. Darüber hinaus ist $\boldsymbol{A}$ genau dann nicht singulär, wenn auch $\boldsymbol{y}_0, \ldots, \boldsymbol{y}_m$ in allgemeiner Lage sind. ◄

Kapitel 8

Beweis (Satz über die Lösung des Interpolationsproblems) In Matrixform lauten die Interpolationsbedingungen $L\boldsymbol{x}_j = \boldsymbol{y}_j, j = 0, 1, \ldots, m$

$$(\boldsymbol{e}, \boldsymbol{X}^\top) \begin{pmatrix} \boldsymbol{a}^\top \\ \boldsymbol{A}^\top \end{pmatrix} = \begin{pmatrix} \boldsymbol{y}_0 \\ \vdots \\ \boldsymbol{y}_m \end{pmatrix}.$$

Der erste Teil des Satzes folgt daher aus dem Satz über Punkte in allgemeiner Lage.

Aus $L\boldsymbol{x}_j = \boldsymbol{y}_j, j = 0, 1, \ldots, m$ folgt $L\boldsymbol{x}_j - L\boldsymbol{x}_0 = \boldsymbol{y}_j - \boldsymbol{y}_0$, $j = 1, \ldots, m$, oder

$$\boldsymbol{A}(\boldsymbol{x}_j - \boldsymbol{x}_0) = \boldsymbol{y}_j - \boldsymbol{y}_0, \quad j = 1, \ldots, m.$$

Da $\boldsymbol{x}_0, \ldots, \boldsymbol{x}_m$ in allgemeiner Lage sind, sind alle $\boldsymbol{x}_j - \boldsymbol{x}_0$ linear unabhängig. Also ist $\boldsymbol{A}$ nicht singulär genau dann, wenn auch alle $\boldsymbol{y}_j - \boldsymbol{x}_0$ linear unabhängig sind, und das sind sie, wenn $\boldsymbol{y}_0, \ldots, \boldsymbol{y}_m$ in allgemeiner Lage sind. ■

Damit sind wir nun in der Lage, die Klasse der Sekantenverfahren zu beschreiben.

Sei $\boldsymbol{f} : \mathbb{R}^m \to \mathbb{R}^m$ und die beiden Punktmengen $\boldsymbol{x}_0, \ldots, \boldsymbol{x}_m \in \mathbb{R}^m$ und $\boldsymbol{f}(\boldsymbol{x}_0), \ldots, \boldsymbol{f}(\boldsymbol{x}_m) \in \mathbb{R}^m$ seien in allgemeiner Lage. Dann ist der Punkt

$$\boldsymbol{x}^S = -\boldsymbol{A}^{-1}\boldsymbol{a}$$

eine **elementare Sekantenapproximation bezüglich** $\boldsymbol{x}_0, \ldots, \boldsymbol{x}_m$, wenn $\boldsymbol{a}$ und $\boldsymbol{A}$ das Interpolationsproblem

$$\boldsymbol{a} + \boldsymbol{A}\boldsymbol{x}_j = \boldsymbol{f}(\boldsymbol{x}_j), \quad j = 0, 1, \ldots, m$$

lösen.

In der Literatur gibt es verschiedene Wahlen für die Interpolationspunkte, die zu verschiedenen Sekantenverfahren führen. Man findet dort auch Hinweise zur Interpolation, sodass man die Interpolante $\boldsymbol{a} + \boldsymbol{A}\boldsymbol{x}$ nicht explizit berechnen muss.

8.2 Die Theorie der Iterationsverfahren

Wir haben jetzt einige Verfahren zur Lösung der nichtlinearen Gleichungen $\boldsymbol{f}(\boldsymbol{x}) = \boldsymbol{0}$ vorgestellt und wenden uns der Theorie dieser Verfahren zu.

Die Konvergenzgeschwindigkeit gibt die Ordnung des Iterationsverfahrens an

Iterationsfunktion

Wir untersuchen zur Lösung von $\boldsymbol{f}(\boldsymbol{x}) = \boldsymbol{0}$ **Iterationsverfahren**, die durch

$$\boldsymbol{x}^{n+1} = \boldsymbol{\Phi}(\boldsymbol{x}^n)$$

mit einer **Iterationsfunktion** $\boldsymbol{\Phi} : \mathbb{R}^m \to \mathbb{R}^m$ definiert sind. Mit anderen Worten wollen wir die **Fixpunktgleichung**

$$\boldsymbol{x} = \boldsymbol{\Phi}(\boldsymbol{x})$$

mithilfe einer Folge von Iterierten $\boldsymbol{x}^n$, $n = 1, 2, \ldots$ approximieren.

Selbstfrage 2

Berechnen Sie alle Fixpunkte der Iterationsfunktion

$$\Phi(x) := \frac{1}{x} + \frac{x}{2}.$$

Wir führen eine Norm $\|\cdot\|$ auf $\mathbb{R}^m$ ein und betrachten eine Folge $(\boldsymbol{x}^n)_{n\in\mathbb{N}}$, $\boldsymbol{x}^n \in \mathbb{R}^m$, die gegen $\boldsymbol{\xi} \in \mathbb{R}^m$ konvergiert. Die **Konvergenzgeschwindigkeit** der Folge ist wie folgt definiert:

Konvergenzgeschwindigkeit

Die Folge $(\boldsymbol{x}^n)$ konvergiert **mindestens mit der Ordnung** $p \geq 1$ gegen $\boldsymbol{\xi}$, falls es eine Konstante $K \geq 0$ – für $p = 1$ muss $K < 1$ gelten – und einen Index n_0 gibt, sodass für alle $n \geq n_0$ die Abschätzung

$$\|\boldsymbol{x}^{n+1} - \boldsymbol{\xi}\| \leq K\|\boldsymbol{x}^n - \boldsymbol{\xi}\|^p$$

gilt. Im Fall $p = 1$ spricht man von **linearer Konvergenz**, bei $p = 2$ von **quadratischer Konvergenz**.

Man kann die Konvergenzgeschwindigkeit äquivalent auch etwas anders definieren, und so findet man es auch manchmal in der Literatur: Die Folge $(\boldsymbol{x}^n)_{n\in\mathbb{N}}$ konvergiert **mindestens mit der Ordnung** $p \geq 1$ gegen $\boldsymbol{\xi}$, falls es eine Folge $(\varepsilon_n)_{n\in\mathbb{N}}$ positiver Zahlen und eine Konstante $K > 0$ – für $p = 1$ muss $K < 1$ gelten – gibt, sodass

$$\|\boldsymbol{x}^n - \boldsymbol{\xi}\| \leq \varepsilon_n$$

und

$$\lim_{n\to\infty} \frac{\varepsilon_{n+1}}{\varepsilon_n^p} = K$$

gelten. Im Fall $p = 1$ spricht man wieder von **linearer Konvergenz**, bei $p = 2$ von **quadratischer Konvergenz**.

Weil $\boldsymbol{\phi}(\boldsymbol{x}^n) = \boldsymbol{x}^{n+1}$ ist, folgt sofort der folgende Satz.

Satz Sei $\boldsymbol{\Phi}: \mathbb{R}^m \to \mathbb{R}^m$ eine Iterationsfunktion mit Fixpunkt $\boldsymbol{\xi}$ und es gebe eine Umgebung $U(\boldsymbol{\xi}) \subset \mathbb{R}^m$, eine Zahl $p \geq 1$ und eine Konstante $K \geq 0$ (mit $K < 1$ für $p = 1$), sodass für alle $\boldsymbol{x} \in U(\boldsymbol{\xi})$

$$\|\boldsymbol{\Phi}(\boldsymbol{x}) - \boldsymbol{\xi}\| \leq K\|\boldsymbol{x} - \boldsymbol{\xi}\|^p$$

gilt. Dann existiert eine Umgebung $V(\boldsymbol{\xi}) \subset U(\boldsymbol{\xi})$, sodass die Iterierten des Iterationsverfahrens $\boldsymbol{x}^{n+1} = \boldsymbol{\Phi}(\boldsymbol{x}^n)$ für jeden Startwert $\boldsymbol{x}^0 \in V(\boldsymbol{\xi})$ mit der Konvergenzgeschwindigkeit p gegen $\boldsymbol{\xi}$ konvergieren. ◂

Beweis Wir brauchen als Umgebung $V(\boldsymbol{\xi})$ nur die Kugel $\{\boldsymbol{x} \in \mathbb{R}^m : \|\boldsymbol{x} - \boldsymbol{\xi}\| < K^{-p}\}$ nehmen, die ganz in $U(\boldsymbol{\xi})$ liegt. ■

Wir nennen eine solche Iteration dann **lokal konvergent** mit **Konvergenzbereich** $V(\boldsymbol{\xi})$. Ist $V(\boldsymbol{\xi}) = \mathbb{R}^m$, dann heißt die Iteration **global konvergent**.

Im eindimensionalen Fall ist die Konvergenzgeschwindigkeit leicht zu bestimmen, wenn Φ in einer Umgebung von ξ hinreichend glatt ist. Ist $x \in U(\xi)$ und gilt $\Phi^{(k)}(\xi) = 0$ für $k = 1, 2, \ldots, p-1$, dann folgt aus der Taylor-Entwicklung

$$\Phi(x) - \xi = \Phi(x) - \Phi(\xi) = \frac{(x-\xi)^p}{p!}\Phi^{(p)}(\xi) + o(|x-\xi|^p) \tag{8.10}$$

die Gleichung

$$\lim_{x\to\xi} \frac{\Phi(x) - \xi}{(x-\xi)^p} = \frac{\Phi^{(p)}(\xi)}{p!} .$$

Man hat also für $p = 2, 3, \ldots$ ein Verfahren mindestens der Ordnung p. Für ein Verfahren erster Ordnung ist $p = 1$ und $|\Phi'(\xi)| < 1$. Für Systeme ist das Verfahren mindestens linear konvergent, wenn die Funktionalmatrix $\boldsymbol{\Phi}'(\boldsymbol{x})$ in irgendeiner Matrixnorm $\|\cdot\|_{\mathbb{R}^{m\times m}}$ die Bedingung $\|\boldsymbol{\Phi}'(\boldsymbol{\xi})\|_{\mathbb{R}^{m\times m}} < 1$ erfüllt.

Selbstfrage 3

Berechnen Sie die Nullstelle der Funktion $f(x) = e^x - 1$. Machen Sie vier Schritte mit dem Newton-Verfahren und verwenden Sie $x_0 = 1$. Zeigen Sie, dass mindestens quadratische Konvergenz vorliegt und es keine Konvergenzordnung $p = 3$ geben kann.

Die Schröder'sche Modifikation des skalaren Newton-Verfahrens konvergiert stets mindestens quadratisch

Sei f eine Funktion mit p-facher Nullstelle ξ und $f^{(p+1)}$ existiere und sei stetig in einer Umgebung von ξ. Dann gilt für die Schröder'sche Modifikation (8.1) des Newton-Verfahrens

$$|x_{n+1} - \xi| = K|x_n - \xi|^2$$

mit $K := \frac{f^{(p+1)}(\zeta_2)}{p(p+1)f^{(p-1)}(\zeta_1)}$ und $\zeta_1, \zeta_2 \in (x_n, \xi)$.

Beweis Mit (8.1) folgt $x_{n+1} - \xi = x_n - \xi - p\frac{f(x_n)}{f'(x_n)}$, also

$$(x_{n+1} - \xi)f'(x_n) = (x_n - \xi)f'(x_n) - pf(x_n) =: -F(x_n) .$$

Es gilt also die Darstellung $F(x) = pf(x) - xf'(x) + \xi f'(x)$. Nun folgt für die ν-te Ableitung von F

$$F^{(\nu)}(x) = (p-\nu)f^{(\nu)}(x) - (x-\xi)f^{(\nu+1)}(x) \tag{8.11}$$

und damit $F^{(\nu)}(\xi) = 0$ für $\nu = 0, 1, \ldots, p$. Entwickeln wir f' um ξ in eine Taylor-Reihe, dann folgt

$$f'(x) = \sum_{\nu=0}^{p-2} \frac{(x-\xi)^\nu}{\nu!} f^{(\nu+1)}(\xi) + R_{p-1} = R_{p-1}$$

mit dem Restglied

$$R_{p-1} = \frac{(x-\xi)^{p-1}}{(p-1)!} f^{(p-1)}(\zeta), \quad \zeta \in (x, \xi) ,$$

und damit

$$f'(x_n) = \frac{(x_n-\xi)^{p-1}}{(p-1)!} f^{(p-1)}(\zeta_1), \quad \zeta_1 \in (x_n, \xi) . \tag{8.12}$$

Ebenso gilt

$$F(x) = \sum_{\nu=0}^{p-1} \frac{(x-\xi)^\nu}{\nu!} F^{(\nu)}(\xi) + R_p = R_p .$$

Wir verwenden dabei die äquivalente Restgliedformel

$$R_p = \int_\xi^x \frac{(x-t)^{p-1}}{(p-1)!} F^{(p)}(t)\,\mathrm{d}t$$

und erhalten

$$F(x) = \frac{1}{(p-1)!} \int_\xi^x (x-t)^{p-1} F^{(p)}(t)\,\mathrm{d}t .$$

Kapitel 8

Beispiel: Die Ordnung des Newton-Verfahrens

Wir wollen mithilfe der Taylor-Entwicklung (8.10) zeigen, dass das skalare Newton-Verfahren bei einfachen Nullstellen mindestens quadratisch konvergiert und bei mehrfachen Nullstellen nur noch linear. Wir nehmen an, f sei hinreichend oft differenzierbar.

Problemanalyse und Strategie Sei $\Phi(x) = x - f(x)/f'(x)$ und die Funktion f besitze eine einfache Nullstelle ξ, d. h. $f(\xi) = 0$, aber $f'(\xi) \neq 0$, und wir müssen überprüfen, wie viele Ableitungen von Φ bei ξ verschwinden. Genauso gehen wir im Fall einer mehrfachen Nullstelle vor.

Lösung Aus

$$\Phi(\xi) = \xi - \frac{f(\xi)}{f'(\xi)} = \xi$$

folgt durch Ableiten von Φ nach der Quotientenregel

$$\Phi'(x) = 1 - \frac{(f'(x))^2 - f(x)f''(x)}{(f'(x))^2} = \frac{f(x)f''(x)}{(f'(x))^2},$$

also

$$\Phi'(\xi) = \frac{f(\xi)f''(\xi)}{(f'(\xi))^2} = 0\,.$$

Nun berechnen wir die zweite Ableitung wieder mit der Quotientenregel,

$$\Phi''(x) = \frac{(f'(x)f''(x)+f(x)f'''(x))(f'(x))^2-2f(x)f'(x)(f''(x))^2}{(f'(x))^4},$$

was auf

$$\Phi''(\xi) = \frac{(f'(\xi))^3 f''(\xi)}{(f'(\xi))^4} = \frac{f''(\xi)}{f'(\xi)}$$

führt. Die Ableitung, die i. Allg. nicht verschwindet (es sei denn, $f''(\xi)$ wäre null) ist die zweite, also $p = 2$ in (8.10), und damit ist das Newton-Verfahren von zweiter Ordnung.

Ist nun ξ eine mehrfache Nullstelle, sagen wir k-fach, dann gilt

$$f^{(i)}(\xi) = 0, \quad i = 0, 1, \ldots, k-1$$

und $f^k(\xi) \neq 0$. In diesem Fall muss die Funktion f eine Darstellung der Form

$$f(x) = (x-\xi)^k g(x)$$

besitzen, wobei g eine stetig differenzierbare Funktion mit $g(\xi) \neq 0$ bezeichnet. Also hat die Ableitung die Gestalt

$$f'(x) = k(x-\xi)^{k-1}g(x) + (x-\xi)^k g'(x)$$

und für das Newton-Verfahren folgt

$$\Phi(x) = x - \frac{f(x)}{f'(x)} = x - \frac{(x-\xi)g(x)}{kg(x) + (x-\xi)g'(x)}\,.$$

Leiten wir wieder ab, dann ist

$$\Phi'(\xi) = 1 - \frac{1}{k},$$

verschwindet also für $k > 1$ nicht. Damit ist das Newton-Verfahren in einem solchen Fall nur von erster Ordnung.

Mit (8.11) folgt daraus

$$(p-1)!F(x) = -\int_\xi^x \left[(x-t)^{p-1}(t-\xi)\right] f^{(p+1)}(t)\,\mathrm{d}t\,.$$

Der Term in eckigen Klammern hat auf dem Integrationsintervall keinen Vorzeichenwechsel. Mit dem Mittelwertsatz der Integralrechnung gilt dann mit einer Zwischenstelle $\zeta_2 \in (x, \xi)$

$$(p-1)!F(x) = -f^{(p+1)}(\zeta_2) \int_\xi^x \left[(x-t)^{p-1}(t-\xi)\right] \mathrm{d}t\,.$$

Partielle Integration liefert nun

$$\int_\xi^x [(x-t)^{p-1}(t-\xi)]\mathrm{d}t = \frac{(x-t)^p(t-\xi)}{p}\bigg|_\xi^x - \int_\xi^x \frac{(x-t)^p}{p}\mathrm{d}t$$
$$= -\frac{(x-\xi)^{p+1}}{p(p+1)}$$

und damit haben wir folgende Darstellung erreicht,

$$F(x) = \frac{f^{(p+1)}(\zeta_2)(x-\xi)^{p+1}}{p(p+1)(p-1)!}\,.$$

Zum Schluss setzen wir für x die Iterierte x_n ein und erinnern uns an die Definition von $F(x_n)$ zu Beginn dieses Beweises. So entsteht

$$(x_{n+1} - \xi) f'(x_n) = \frac{f^{(p+1)}(\zeta_2)(x_n - \xi)^{p+1}}{p(p+1)(p-1)!}$$

und wenn wir jetzt noch $f'(x_n)$ durch (8.12) ersetzen, dann erhalten wir

$$x_{n+1} - \xi = \frac{(x_n - \xi)^2 f^{(p+1)}(\zeta_2)}{p(p+1) f^{(p-1)}(\zeta_1)}. \quad ■$$

Für Fehlerabschätzungen ist unser Resultat zur Schröder'schen Modifikation des Newton-Verfahrens in der Regel nicht geeignet, da man über die Ableitungen von f verfügen müsste.

Selbstfrage 4

Das Polynom

$$f(x) = x^5 - 11x^4 + 7x^3 + 143x^2 + 56x - 196$$

ist die ausmultiplizierte Version von $f(x) = (x+2)^2(x-1)(x-7)^2$ und besitzt daher eine doppelte Nullstelle bei $x = 7$. Starten Sie mit $x_0 = 8$ und berechnen Sie mit dem Newton-Verfahren die ersten drei Iterierten. Dann verwenden Sie die Schröder'sche Modifikation mit $p = 2$ und verfahren ebenso. Erklären Sie die unterschiedlichen Konvergenzgeschwindigkeiten.

Der Banach'sche Fixpunktsatz ist das Herz der Konvergenzaussagen für Iterationsverfahren

Der folgende Satz zeigt die Bedeutung **kontrahierender Abbildungen**.

Satz über die Konvergenz von Iterationsfolgen

Die Iterationsfunktion $\boldsymbol{\Phi}: \mathbb{R}^m \to \mathbb{R}^m$ besitze einen Fixpunkt $\boldsymbol{\xi}$, also $\boldsymbol{\Phi}(\boldsymbol{\xi}) = \boldsymbol{\xi}$, und es sei $U_r(\boldsymbol{\xi}) := \{\boldsymbol{x} : \|\boldsymbol{x} - \boldsymbol{\xi}\| < r\}$ eine Umgebung des Fixpunktes, in der $\boldsymbol{\Phi}$ eine **kontrahierende Abbildung** oder **Kontraktion** ist, d. h., es gilt

$$\|\boldsymbol{\Phi}(\boldsymbol{x}) - \boldsymbol{\Phi}(\boldsymbol{y})\| \le C \|\boldsymbol{x} - \boldsymbol{y}\|$$

mit einer Konstanten $C < 1$ und für alle $\boldsymbol{x}, \boldsymbol{y} \in U_r(\boldsymbol{\xi})$. Dann hat die durch die Iteration

$$\boldsymbol{x}^{n+1} = \boldsymbol{\Phi}(\boldsymbol{x}^n), \quad n = 0, 1, \ldots$$

definierte Folge *für alle* Startwerte $\boldsymbol{x}^0 \in U_r(\boldsymbol{\xi})$ die Eigenschaften:

- Für alle $n = 0, 1, \ldots$ ist $\boldsymbol{x}^n \in U_r(\boldsymbol{\xi})$,
- $\|\boldsymbol{x}^{n+1} - \boldsymbol{\xi}\| \le C \|\boldsymbol{x}^n - \boldsymbol{\xi}\| \le C^{n+1} \|\boldsymbol{x}^0 - \boldsymbol{\xi}\|$,

die Folge $(\boldsymbol{x}_n)$ konvergiert also mindestens linear gegen den Fixpunkt.

Die Existenz einer Konstanten $L > 0$, sodass $\|\boldsymbol{\Phi}(\boldsymbol{x}) - \Phi(\boldsymbol{y})\| \le L\|\boldsymbol{x} - \boldsymbol{y}\|$ für alle $\boldsymbol{x}, \boldsymbol{y} \in U_r(\boldsymbol{\xi})$, bedeutet die **Lipschitz-Stetigkeit** von $\boldsymbol{\Phi}$ und L heißt **Lipschitz-Konstante**. Da wir hier mit der speziellen Bedingung $L < 1$ konfrontiert sind, haben wir die speziellere Lipschitz-Konstante nicht mehr L, sondern C genannt.

Beweis Die Kontraktionseigenschaft ist hier der entscheidende Punkt. Die beiden Aussagen sind richtig für $n = 0$. Nehmen wir an, sie seien auch richtig für $k \le n$, dann folgt

$$\begin{aligned}\|\boldsymbol{x}^{n+1} - \boldsymbol{\xi}\| = \|\boldsymbol{\Phi}(\boldsymbol{x}^n) - \boldsymbol{\Phi}(\boldsymbol{\xi})\| &\le C \|\boldsymbol{x}^n - \boldsymbol{\xi}\| \\ &\le C^2 \|\boldsymbol{x}^{n-1} - \boldsymbol{\xi}\| \\ &\le \ldots \\ &\le C^{n+1} \|\boldsymbol{x}^0 - \boldsymbol{\xi}\| < r. \quad ■\end{aligned}$$

Der Satz über die Konvergenz von Iterationsfolgen setzt die Existenz eines Fixpunktes voraus. Dafür bekommen wir dann aber eine **a posteriori Fehlerabschätzung** durch

$$\|\boldsymbol{x}^{n+1} - \boldsymbol{\xi}\| \le C \|\boldsymbol{x}^n - \boldsymbol{\xi}\|$$

und eine **a priori Fehlerabschätzung** durch

$$\|\boldsymbol{x}^{n+1} - \boldsymbol{\xi}\| \le C^{n+1} \|\boldsymbol{x}^0 - \boldsymbol{\xi}\|.$$

Selbstfrage 5

Ermitteln Sie für die Iterationsfunktion $\Phi(x) := x + \mathrm{e}^{-x}$ im Fall $x > 0$ mithilfe des Mittelwertsatzes der Differenzialrechnung die Abschätzung $|\Phi(x) - \Phi(y)| < |x - y|$, $x, y > 0$. Ist Φ eine Kontraktion? Existiert ein Fixpunkt?

Der folgende Satz hat eine enorme Bedeutung für Anwendungen innerhalb vieler Gebiete der Mathematik und es ist daher nicht übertrieben zu sagen, dass es gut ist, wenn man im Laufe eines Mathematikstudiums mehrmals mit ihm zu tun bekommt. Es handelt sich um den **Banach'schen Fixpunktsatz**, der auch die Frage nach der Existenz eines Fixpunktes beantwortet.

Der Banach'sche Fixpunktsatz

Es sei $\boldsymbol{\Phi}: \mathbb{R}^m \to \mathbb{R}^m$ eine Iterationsfunktion und $\boldsymbol{x}^0 \in \mathbb{R}^m$ ein Startwert. Die Iteration ist dann definiert durch $\boldsymbol{x}^{n+1} = \boldsymbol{\Phi}(\boldsymbol{x}^n)$. Es gebe eine Umgebung $U_r(\boldsymbol{x}^0) := \{\boldsymbol{x} : \|\boldsymbol{x} - \boldsymbol{x}^0\| < r\}$ und eine Konstante C mit $0 < C < 1$, sodass

- für alle $\boldsymbol{x}, \boldsymbol{y} \in \overline{U_r(\boldsymbol{x}^0)} = \{\boldsymbol{x} : \|\boldsymbol{x} - \boldsymbol{x}^0\| \le r\}$

$$\|\boldsymbol{\Phi}(\boldsymbol{x}) - \boldsymbol{\Phi}(\boldsymbol{y})\| \le C \|\boldsymbol{x} - \boldsymbol{y}\|, \qquad (8.13)$$

- und

$$\|\boldsymbol{x}^1 - \boldsymbol{x}^0\| = \|\boldsymbol{\Phi}(\boldsymbol{x}^0) - \boldsymbol{x}^0\| \le (1 - C)r < r \qquad (8.14)$$

gilt. Dann gilt

1. Für alle $n = 0, 1, \ldots$ sind die $\boldsymbol{x}^n \in U_r(\boldsymbol{x}^0)$,
2. Die Iterationsabbildung $\boldsymbol{\Phi}$ besitzt in $\overline{U_r(\boldsymbol{x}^0)}$ genau einen Fixpunkt $\boldsymbol{\xi}$, $\boldsymbol{\Phi}(\boldsymbol{\xi}) = \boldsymbol{\xi}$, und es gelten

$$\lim_{n\to\infty} \boldsymbol{x}^n = \boldsymbol{\xi}\,,$$
$$\|\boldsymbol{x}^{n+1} - \boldsymbol{\xi}\| \le C\|\boldsymbol{x}^n - \boldsymbol{\xi}\|\,,$$

und die Fehlerabschätzung

$$\|\boldsymbol{x}^n - \boldsymbol{\xi}\| \le \frac{C^n}{1-C}\|\boldsymbol{x}^1 - \boldsymbol{x}^0\|\,.$$

Beweis **1.** Aus (8.14) folgt $\boldsymbol{x}^1 \in U_r(\boldsymbol{x}^0)$. Wir führen einen Induktionsbeweis und nehmen an, dass $\boldsymbol{x}^k \in U_r(\boldsymbol{x}^0)$ für $k = 0, 1, \ldots, n$ und $n \ge 1$. Dann folgt aus (8.13)

$$\begin{aligned}\|\boldsymbol{x}^{n+1} - \boldsymbol{x}^n\| &= \|\boldsymbol{\Phi}(\boldsymbol{x}^n) - \boldsymbol{\Phi}(\boldsymbol{x}^{n-1})\| \\ &\le C\|\boldsymbol{x}^n - \boldsymbol{x}^{n-1}\| = C\|\boldsymbol{\Phi}(\boldsymbol{x}^{n-1}) - \boldsymbol{\Phi}(\boldsymbol{x}^{n-2})\| \\ &\le C^2\|\boldsymbol{x}^{n-1} - \boldsymbol{x}^{n-2}\| \le \ldots \\ &\le C^n\|\boldsymbol{x}^1 - \boldsymbol{x}^0\|\,. \end{aligned} \tag{8.15}$$

Mit der Dreiecksungleichung und (8.14) folgt daraus

$$\begin{aligned}\|\boldsymbol{x}^{n+1} - \boldsymbol{x}^0\| &\le \|\boldsymbol{x}^{n+1} - \boldsymbol{x}^n\| + \|\boldsymbol{x}^n - \boldsymbol{x}^{n-1}\| + \ldots \\ &\quad + \|\boldsymbol{x}^1 - \boldsymbol{x}^0\| \\ &\le (C^n + C^{n-1} + \ldots + C + 1)\|\boldsymbol{x}^1 - \boldsymbol{x}^0\| \\ &\le (1 + C + \ldots + C^n)(1-C)r \\ &= (1 - C^{n+1})r < r\,. \end{aligned}$$

2. Wir zeigen zuerst, dass die Folge $(\boldsymbol{x}^n)_{n\in\mathbb{N}}$ der Iterierten eine Cauchy-Folge ist. Dazu ziehen wir (8.15) und die Voraussetzung (8.14) heran und berechnen für $m > k$

$$\begin{aligned}\|\boldsymbol{x}^m - \boldsymbol{x}^k\| &\le \|\boldsymbol{x}^m - \boldsymbol{x}^{m-1}\| + \|\boldsymbol{x}^{m-1} - \boldsymbol{x}^{m-2}\| + \ldots \\ &\quad + \|\boldsymbol{x}^{k+1} - \boldsymbol{x}^k\| \\ &\le C^k(1 + C + \ldots + C^{m-k-1})\|\boldsymbol{x}^1 - \boldsymbol{x}^0\| \\ &< \frac{C^k}{1-C}\|\boldsymbol{x}^1 - \boldsymbol{x}^0\| < C^k r\,. \end{aligned} \tag{8.16}$$

Nun ist $0 < C < 1$ und so wird $C^k r$ kleiner als ein positives ε sein, wenn der Index k nur größer als ein Index $n_0(\varepsilon)$ ist. Also ist $(\boldsymbol{x}^n)_{n\in\mathbb{N}}$ eine Cauchy-Folge.

Da $\mathbb{R}^n$ ein vollständiger normierter Raum ist, ist jede Cauchy-Folge konvergent, d. h., $\boldsymbol{\xi} = \lim_{n\to\infty} \boldsymbol{x}^n$ existiert. Weil alle $\boldsymbol{x}^n$ in $U_r(\boldsymbol{x}^0)$ liegen, muss $\boldsymbol{\xi}$ im Abschluss $\overline{U_r(\boldsymbol{x}^0)}$ liegen. Wir zeigen jetzt, dass $\boldsymbol{\xi}$ ein Fixpunkt von $\boldsymbol{\Phi}$ ist. Für alle $n \ge 0$ gilt

$$\begin{aligned}\|\boldsymbol{\Phi}(\boldsymbol{\xi}) - \boldsymbol{\xi}\| &\le \|\boldsymbol{\Phi}(\boldsymbol{\xi}) - \boldsymbol{\Phi}(\boldsymbol{x}^n)\| + \|\boldsymbol{\Phi}(\boldsymbol{x}^n) - \boldsymbol{\xi}\| \\ &\le C\|\boldsymbol{\xi} - \boldsymbol{x}^n\| + \|\boldsymbol{x}^{n+1} - \boldsymbol{\xi}\|. \end{aligned}$$

Weil $\lim_{n\to\infty} \|\boldsymbol{x}^n - \boldsymbol{\xi}\| = 0$ wegen der gezeigten Konvergenz gilt, folgt $\|\boldsymbol{\Phi}(\boldsymbol{\xi}) - \boldsymbol{\xi}\| = 0$, also $\boldsymbol{\xi} = \boldsymbol{\Phi}(\boldsymbol{\xi})$ und damit ist $\boldsymbol{\xi}$ ein Fixpunkt von $\boldsymbol{\Phi}$.

Jetzt ist noch die Eindeutigkeit des Fixpunktes zu zeigen. Dazu nehmen wir an, $\boldsymbol{\eta} \in \overline{U_r(\boldsymbol{x}^0)}$ sei ein weiterer Fixpunkt der Iterationsabbildung. Dann folgt

$$\|\boldsymbol{\xi} - \boldsymbol{\eta}\| = \|\boldsymbol{\Phi}(\boldsymbol{\xi}) - \boldsymbol{\Phi}(\boldsymbol{\eta})\| \le C\|\boldsymbol{\xi} - \boldsymbol{\eta}\|\,.$$

Weil $0 < C < 1$ vorausgesetzt wird, muss daher $\|\boldsymbol{\xi} - \boldsymbol{\eta}\| = 0$ gelten, also $\boldsymbol{\xi} = \boldsymbol{\eta}$.

Der Fixpunktsatz von Banach ist vollständig bewiesen, wenn wir noch mithilfe von (8.16)

$$\|\boldsymbol{\xi} - \boldsymbol{x}^k\| = \lim_{m\to\infty} \|\boldsymbol{x}^m - \boldsymbol{x}^k\| \le \frac{C^k}{1-C}\|\boldsymbol{x}^1 - \boldsymbol{x}^0\|$$

und

$$\|\boldsymbol{x}^{n+1} - \boldsymbol{\xi}\| = \|\boldsymbol{\Phi}(\boldsymbol{x}^n) - \boldsymbol{\Phi}(\boldsymbol{\xi})\| \le C\|\boldsymbol{x}^n - \boldsymbol{\xi}\|$$

nachrechnen. ■

Wir haben bereits erwähnt, dass die Bedingung (8.13) die **Lipschitz-Stetigkeit** von $\boldsymbol{\Phi}$ bedeutet. Ist im skalaren Fall $\Phi\colon [a,b] \to \mathbb{R}$ sogar stetig differenzierbar, erhält man die Lipschitzkonstante C aus dem folgenden Satz.

Satz Sei $\Phi\colon [a,b] \to [a,b]$ stetig differenzierbar. Dann ist Φ Lipschitz-stetig mit Lipschitz-Konstante

$$C = \sup_{a\le x\le b} |\Phi'(x)|\,. \tag{8.17}$$

Ist $C < 1$, dann ist Φ offenbar kontrahierend. ◀

Beweis Der Satz folgt aus dem Mittelwertsatz $|\Phi(x) - \Phi(y)| = |\Phi'(\eta)||x - y| \le C|x - y|$. ■

Selbstfrage 6

Beweisen Sie den folgenden Satz, den man auch als **Kugelbedingung** bezeichnet: Wenn eine abgeschlossene Kugel $\overline{U}_r(\boldsymbol{x}_0) = \{\boldsymbol{x} \in \mathbb{R}^m \mid \|\boldsymbol{x} - \boldsymbol{x}_0\| \le r\}$ um den Punkt $\boldsymbol{x}_0$ mit Radius $r > 0$ existiert, sodass

a) $\boldsymbol{\Phi}\colon \overline{U}_r(\boldsymbol{x}_0) \to \mathbb{R}^m$ kontrahierend ist mit Kontraktionskonstante $0 < C < 1$, und
b) $\|\boldsymbol{\Phi}(\boldsymbol{x}_0) - \boldsymbol{x}_0\| \le (1-C)r$ gilt,

dann folgt $\boldsymbol{\Phi}(\overline{U}_r(\boldsymbol{x}_0)) \subset \overline{U}_r(\boldsymbol{x}_0)$ und der Fixpunktsatz ist in der Umgebung $\overline{U}_r(\boldsymbol{x}_0)$ anwendbar.

Der Mittelwertsatz für vektorwertige Funktionen mehrerer Variablen wie $\boldsymbol{\Phi}\colon D \subset \mathbb{R}^m \to \mathbb{R}^m$ ist etwas sperrig. Er garantiert aber die Existenz einer linearen Abbildung $\boldsymbol{A}$ aus der konvexen

Beispiel: Anwendung des Banach'schen Fixpunktsatzes

Wir wollen den kleinsten Fixpunkt der Iterationsfunktion $\Phi(x) = \frac{1}{10}e^x$ mit einem Fixpunktverfahren der Form $x_{n+1} = \Phi(x_n) := \frac{1}{10}e^{x_n}$ berechnen und Kontrolle über den Fehler haben.

Problemanalyse und Strategie Für $x = 0$ folgt aus der Iterationsvorschrift zwar $\Phi(0) \neq 0.1$, aber 0.1 ist schon recht klein und wir vermuten den Fixpunkt in der Nähe von 0. Daher wählen wir $x_0 := 0$ und betrachten die Kugel (in unserem Fall ist die Kugel ein Intervall) $\overline{U_1(0)} = [-1, 1]$. Jetzt sind die Voraussetzungen des Banach'schen Fixpunktsatzes zu prüfen und die Rechnungen durchzuführen.

Lösung Auf der folgenden Abbildung erkennt man die Funktion $\Phi(x) = 0.1e^x$ (grün) und die Funktion $y = x$ auf $-4 \leq x \leq 4$.

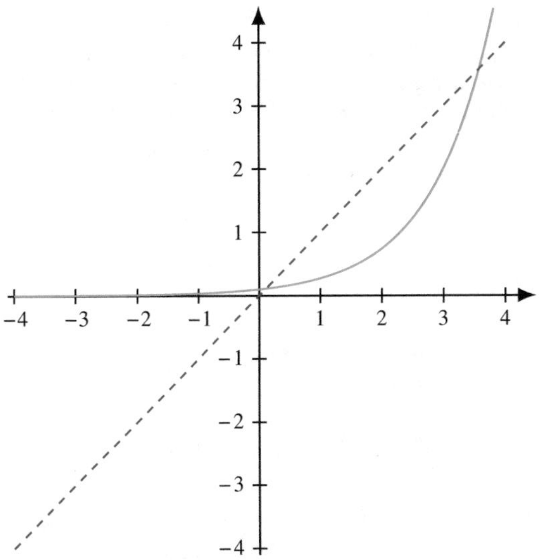

Die Funktion Φ ist auf $[-1, 1]$ monoton wachsend und es gilt

$$0 < \Phi(x) < \frac{e}{10} < 1 .$$

Daher folgt für alle $x, y \in [-1, 1]$

$$|\Phi(x) - \Phi(y)| < \frac{e}{10} < 1 < |x - y| \leq 2 .$$

Weiterhin ist $\Phi'(x) = \Phi(x)$ und damit folgt aus (8.17)

$$C = \sup_{-1 \leq x \leq 1} |\Phi'(x)| = \sup_{-1 \leq x \leq 1} |\Phi(x)| = \frac{e}{10} .$$

Es liegt also eine Kontraktion vor und Φ bildet $[-1, 1]$ in sich selbst ab. Weiterhin ist $x_1 = \Phi(x^0) = \Phi(0) = 0.1 < r = 1$ und damit sind alle Voraussetzungen des Banach'schen Fixpunktsatzes erfüllt. Es existiert also ein eindeutig bestimmter Fixpunkt ξ.

Wollen wir ξ mit einem absoluten Fehler von weniger oder gleich 10^{-6} berechnen, dann machen wir uns die letzte Ungleichung im Banach'schen Fixpunktsatz zu Nutze,

$$|x_n - \xi| \leq \frac{C^n}{1 - C} |x_1 - x_0| ,$$

die als a priori-Fehlerschätzung dient. Mit $x_0 = 0$ und $x_1 = 0.1$ folgt

$$|x_n - \xi| \leq \frac{\left(\frac{e}{10}\right)^n}{1 - \frac{e}{10}} \overset{!}{\leq} 10^{-6} ,$$

was wir nach n auflösen müssen. Es folgt

$$\left(\frac{e}{10}\right)^n \leq \left(1 - \frac{e}{10}\right) 10^{-6}$$

und nach Logarithmieren

$$n \log \frac{e}{10} \leq \log\left(1 - \frac{e}{10}\right) - 6$$

und damit (Achtung! Der Logarithmus einer Zahl kleiner als 1 ist negativ.)

$$n \geq \frac{\log\left(1 - \frac{e}{10}\right) - 6}{\log \frac{e}{10}} \approx 10.85 .$$

Wir erreichen die geforderte Genauigkeit auf sechs Stellen also mindestens nach 11 Schritten.

Auf dem Rechner ergeben sich die folgenden Werte:

n	Iterierte x_n
0	0
1	0.1
2	0.110517091808
3	0.111685543797
6	0.111832353555
11	0.111832559155
12	0.111832559159

Bereits für $n = 6$ ist die gewünschte Genauigkeit erreicht. Bei $n \geq 13$ ändert sich auch die 12. Nachkommastelle nicht mehr.

Hülle der Verbindungsstrecke zwischen zwei Punkten $\boldsymbol{x}, \boldsymbol{y} \in D$ in den $\mathbb{R}^m$, sodass

$$\boldsymbol{\Phi}(\boldsymbol{x}) - \boldsymbol{\Phi}(\boldsymbol{y}) = \boldsymbol{A}(\boldsymbol{x} - \boldsymbol{y})$$

gilt. Dabei ist $\boldsymbol{A} := \int_0^1 \boldsymbol{f}'(\boldsymbol{x} + t(\boldsymbol{y} - \boldsymbol{x}))\,dt$. Schätzt man diese Matrix in der Operatornorm ab, erhält man wieder ein Resultat wie oben.

Selbstfrage 7

Eine Halbkugel mit Radius r soll so mit Flüssigkeit gefüllt werden, dass die Flüssigkeit genau die Hälfte des Volumens $V_K = 2\pi r^3/3$ der Halbkugel ausmacht.

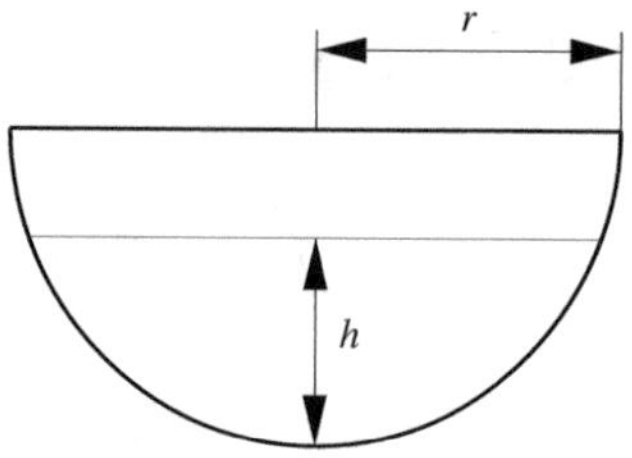

Das von der Flüssigkeit eingenommene Kugelsegment hat dabei das Volumen $V = \pi h^2(3r - h)/3$. Stellen Sie eine Gleichung auf, deren Nullstelle das gesuchte h ist. Formen Sie so um, dass Sie eine Variable $x := h/r$ erhalten und begründen Sie, warum Sie x^0 für eine Iteration im Intervall $[0, 1]$ suchen würden.

Das Newton-Verfahren lässt sich ebenfalls mit dem Banach'schen Fixpunktsatz analysieren

Obwohl wir für das Newton-Verfahren mit den Sätzen von Newton-Kantorowitsch ganz eigene Werkzeuge zur Untersuchung der Konvergenz kennenlernen werden, wollen wir hier kurz auf das Newton-Verfahren unter dem Blickwinkel des Banach'schen Fixpunktsatzes schauen. Im skalaren Fall ist

$$x_{n+1} = x_n - \frac{f(x_n)}{f'(x_n)},$$

also

$$\Phi(x) = x - \frac{f(x)}{f'(x)}.$$

Für zweimal stetig differenzierbare f erhalten wir

$$\Phi'(x) = 1 - \frac{f'(x)}{f'(x)} + \frac{f(x)f''(x)}{(f'(x))^2} = \frac{f(x)f''(x)}{(f'(x))^2}.$$

Ist also

$$C := \sup_{x \in U_r(x^0)} \left| \frac{f(x)f''(x)}{(f'(x))^2} \right| < 1,$$

dann liefert der Banach'sche Fixpunktsatz Konvergenz von mindestens erster Ordnung,

$$|x_{n+1} - \xi| \le C|x_n - \xi|.$$

Interpolationsverfahren lassen sich mit einfachen Mitteln analysieren

Die Regula Falsi und das Sekantenverfahren nennt man – genau wie die quadratische Interpolationsmethode im Kasten **Hintergrund und Ausblick** auf S. 248 – nach J. F. Traub **Interpolationsiterationen**. Zu solchen Verfahren zählen die bisher beschriebenen Verfahren. Da wir für das Newton-Verfahren eine eigene Theorie kennenlernen werden, wollen wir hier die Regula Falsi und das Sekantenverfahren bezüglich ihrer Konvergenz untersuchen.

Die Regula Falsi

Die Regula Falsi ist eine Interpolationsmethode, denn der neue Näherungswert für den Fixpunkt ξ wird aus der linearen Interpolation zweier Werte gewonnen,

$$x = \frac{a_n f(b_n) - b_n f(a_n)}{f(b_n) - f(a_n)}.$$

Ist $f(a_n)f(x) < 0$ (bei $f(x) = 0$ würde man die Iteration abbrechen), dann $a_{n+1} = a_n$ und $b_{n+1} = x$, ansonsten $a_{n+1} = x$ und $b_{n+1} = b_n$. Wir führen eine etwas andere Notation ein, damit wir alte und neue Iterierte besser unterscheiden können, und damit der Buchstabe x für andere Dinge frei wird,

$$\begin{aligned}\eta &= x_n - f(x_n)\frac{x_n - a_n}{f(x_n) - f(a_n)} \\ &= \frac{a_n f(x_n) - x_n f(a_n)}{f(x_n) - f(a_n)}\end{aligned} \tag{8.18}$$

und

$$\left.\begin{aligned} x_{n+1} &:= \eta \\ a_{n+1} &:= a_n \end{aligned}\right\} \text{ falls } f(\eta)f(x_n) > 0, \tag{8.19}$$

$$\left.\begin{aligned} x_{n+1} &:= \eta \\ a_{n+1} &:= x_n \end{aligned}\right\} \text{ falls } f(\eta)f(x_n) < 0. \tag{8.20}$$

Zur Analyse der Konvergenz setzen wir zur Vereinfachung voraus, dass f'' existiert und es eine Iterationsstufe n gibt mit

$$\left.\begin{aligned} &x_n < a_n, \\ &f(x_n) < 0 < f(a_n), \\ &f''(x) \ge 0 \text{ für } x \in [x_n, a_n]. \end{aligned}\right\} \tag{8.21}$$

Wir werden die folgenden Untersuchungen nur unter den Bedingungen (8.21) durchführen und zeigen, dass dann immer der Fall (8.19) eintritt. Völlig analog würde die Untersuchung verlaufen, wenn wir immer mit dem Fall (8.20) arbeiten würden. In einer Umgebung der Nullstelle ξ wird schließlich immer einer dieser beiden Fälle eintreten.

Lemma Unter der Voraussetzung (8.21) gilt entweder $f(\eta) = 0$ (dann ist die gesuchte Nullstelle gefunden), oder

$$f(\eta)f(x_n) > 0$$

und

$$x_n < x_{n+1} = \eta < a_{n+1} = a_n. \quad ◀$$

Beweis Wegen der Voraussetzung $x_n < a_n$ und weil die neue Näherung stets zwischen x_n und a_n liegt, folgt

$$x_n < \eta < a_n\,.$$

Die neue Näherung η ist die Nullstelle des linearen Polynoms p, das $(a_n, f(a_n))$ und $(x_n, f(x_n))$ interpoliert. Im Kapitel zur Interpolation haben wir den Interpolationsfehler (3.22) berechnet. In unserem Fall ist der Fehler für alle $x \in [x_n, a_n]$

$$f(x) - p(x) = (x - x_n)(x - a_n)\frac{f''(y)}{2}, \quad y \in [x_n, a_n]\,.$$

Damit folgt aus der letzten Voraussetzung in (8.21) $f(x) - p(x) \leq 0$ für alle $x \in [x_n, a_n]$. Da die neue Näherung η Nullstelle des Polynoms p ist, ist $p(\eta) = 0$ und damit $f(\eta) \leq 0$. Weil nach der zweiten Voraussetzung in (8.21) auch $f(x_n) < 0$ gilt, folgt $f(x_n)f(\eta) > 0$. ∎

Konvergenzsatz für die Regula Falsi

Die Iterierten x_n der Regula Falsi konvergieren gegen eine Nullstelle ξ von f, d. h.

$$\lim_{n\to\infty} x_n =: \xi$$

und

$$f(\xi) = 0\,.$$

Beweis Wir zeigen den Konvergenzsatz wieder unter den Bedingungen (8.21).

Aus dem vorhergehenden Lemma kann man erkennen: Gelten (8.21) für ein n_0, dann gelten sie auch für alle $n > n_0$, denn immer wird $a_{n+1} = a_n = a$ sein. Damit bilden die Iterierten x_n eine monoton wachsende, nach oben beschränkte Folge, die daher auch konvergiert, d. h.,

$$\xi = \lim_{n\to\infty} x_n$$

existiert. Wegen der Stetigkeit von f und wegen (8.18) sowie (8.21) folgen

$$f(\xi) \leq 0, \quad f(a) > 0$$

und

$$\xi = \frac{af(\xi) - \xi f(a)}{f(\xi) - f(a)}\,.$$

Subtrahieren wir auf beiden Seiten a, so ergibt sich

$$\xi - a = \frac{af(\xi) - \xi f(a)}{f(\xi) - f(a)} - \frac{af(\xi) - af(a)}{f(\xi) - f(a)}$$

oder

$$(\xi - a)(f(\xi) - f(a)) = af(a) - \xi f(a)\,.$$

Das zeigt

$$(\xi - a)f(\xi) = 0$$

und da $f(a) > 0 \geq f(\xi)$ gilt, ist $\xi \neq a$ und damit $f(\xi) = 0$. ∎

Wir sind nun in der Lage, Aussagen über die Konvergenzgeschwindigkeit der Regula Falsi zu machen.

Konvergenzgeschwindigkeit der Regula Falsi

Die Iterierten der Regula Falsi konvergieren mindestens linear.

Beweis Wir zeigen den Satz wieder unter den Bedingungen (8.21). Dann können wir die Regula Falsi schreiben als

$$x_{n+1} = \Phi(x_n)$$

mit der Iterationsfunktion

$$\Phi(x) = \frac{af(x) - xf(a)}{f(x) - f(a)}\,.$$

Leiten wir die Iterationsfunktion ab, setzen $x = \xi$ und beachten $f(\xi) = 0$, dann folgt

$$\begin{aligned}\Phi'(\xi) &= \frac{-(af'(\xi) - f(a))f(a) + \xi f(a)f'(\xi)}{(f(a))^2}\\ &= 1 - f'(\xi)\frac{\xi - a}{-f(a)}\\ &= 1 - f'(\xi)\frac{\xi - a}{f(\xi) - f(a)}\,.\end{aligned} \tag{8.22}$$

Nach dem Mittelwertsatz der Differenzialrechnung existieren Zahlen μ_1 und μ_2, sodass

$$\begin{aligned}f'(\mu_1) &= \frac{f(\xi) - f(a)}{\xi - a}, \quad \xi < \mu_1 < a\,,\\ f'(\mu_2) &= \frac{f(x_n) - f(\xi)}{x_n - \xi}, \quad x_n < \mu_2 < \xi\end{aligned}$$

gilt. Die Ableitung f' ist auf $[x_n, a]$ monoton wachsend, denn nach der dritten Voraussetzung in (8.21) ist dort $f''(x) \geq 0$. Damit folgen aus den Mittelwertsatzgleichungen mit $x_n < \xi$ und $f(x_n) < 0$, dass

$$0 < f'(\mu_2) \leq f'(\xi) \leq f'(\mu_1)$$

gilt. Damit können wir (8.22) abschätzen, denn

$$\frac{\xi - a}{f(\xi) - f(a)} = \frac{1}{f'(\mu_1)} > 0$$

und es folgt

$$0 < \Phi'(\xi) < 1 .$$

Damit ist die Regula Falsi mindestens linear konvergent. ■

Das Sekantenverfahren

Im Unterschied zur Regula Falsi lässt sich das Sekantenverfahren nicht in der Form

$$x_{n+1} = \Phi(x_n),$$

sondern stattdessen als

$$\begin{aligned} x_{n+1} = \Phi(x_n, x_{n-1}) &= \frac{x_{n-1} f(x_n) - x_n f(x_{n-1})}{f(x_n) - f(x_{n-1})} \\ &= x_n - \frac{f(x_n)}{f[x_{n-1}, x_n]} \end{aligned} \quad (8.23)$$

mit der dividierten Differenz $f[x_{n-1}, x_n]$ schreiben. Allgemein nennt man Iterationsverfahren der Form

$$x_{n+1} = \Phi(x_n, x_{n-1}, x_{n-2}, \ldots, x_{n-r})$$

mit $0 < r \le n$ **mehrstellige Iterationsverfahren** (engl.: „Iterations with memory").

Im Gegensatz zur Regula Falsi ist das Sekantenverfahren nicht ohne Vorsicht zu benutzen, denn wenn $f(x_n) \approx f(x_{n-1})$ gilt, kann es Probleme mit Auslöschung geben. Weiterhin muss die neue Iterierte x_{n+1} nicht mehr im Intervall $[x_n, x_{n-1}]$ liegen, d. h., das Sekantenverfahren konvergiert nur dann, wenn x_0 hinreichend nahe bei der Nullstelle ξ von f liegt.

Wir subtrahieren ξ von (8.23) und erhalten

$$x_{n+1} - \xi = (x_n - \xi) - \frac{f(x_n)}{f[x_{n-1}, x_n]} .$$

Nach Definition der dividierten Differenzen (vergleiche (3.16)) können wir weiter umformen,

$$\begin{aligned} x_{n+1} - \xi &= (x_n - \xi)\left(1 - \frac{f[x_n, \xi]}{f[x_{n-1}, x_n]}\right) \\ &= (x_n - \xi)(x_{n-1} - \xi)\frac{f[x_{n-1}, x_n, \xi]}{f[x_{n-1}, x_n]} . \end{aligned} \quad (8.24)$$

Nun haben wir im Kapitel über die Interpolation die Fehlerdarstellungen (3.22) und (3.25) kennengelernt. Ein Vergleich der beiden Darstellungen zeigt

$$\begin{aligned} f[x_{n-1}, x_n] &= f'(\mu_1), \quad \mu_1 \in [x_{n-1}, x_n], \\ f[x_{n-1}, x_n, \xi] &= \frac{1}{2} f''(\mu_2), \quad \mu_1 \in [x_{n-1}, x_n, \xi], \end{aligned}$$

wobei $[x_{n-1}, x_n, \xi]$ das kleinste Intervall bezeichnet, dass alle drei Punkte enthält. Damit ergibt sich für eine einfache Nullstelle ξ mit $f'(\xi) \neq 0$ die Existenz eines Intervalls $I = \{x \colon |x - \xi| \le \varepsilon\}$ und einer Zahl M mit

$$\left|\frac{f''(\mu_2)}{2f'(\mu_1)}\right| = \frac{f[x_{n-1}, x_n, \xi]}{f[x_{n-1}, x_n]} \le M, \quad \mu_1, \mu_2 \in I .$$

Damit lässt sich (8.24) wie folgt abschätzen.

$$|x_{n+1} - \xi| \le |x_n - \xi||x_{n-1} - \xi|M .$$

Bezeichnen wir mit $e_n := M|x_n - \xi|$ den mit M gewichteten Fehler, dann haben wir also

$$M|x_{n+1} - \xi| \le M|x_n - \xi|M|x_{n-1} - \xi|$$

erhalten, also

$$e_{n+1} \le e_n e_{n-1} . \quad (8.25)$$

Sind $x_0, x_1 \in I$, sodass $e_0, e_1 < \min\{1, \varepsilon M\}$ gilt, dann folgt mit vollständiger Induktion, dass auch

$$e_n \le \min\{1, \varepsilon M\}$$

gilt und damit liegen alle x_n in I.

Konvergenzgeschwindigkeit des Sekantenverfahrens

Für den Fehler der Sekantenmethode gilt

$$e_n \le K^{q^n}, \quad n = 0, 1, 2, \ldots,$$

mit $K := \max\{e_0, \sqrt[q]{e_1}\} < 1$ und $q := (1 + \sqrt{5})/2$. Das Sekantenverfahren konvergiert also mindestens so schnell wie ein Verfahren der Ordnung $q \approx 1.618$.

Beweis Für $n = 0$ gilt $e_0 \le K = \max\{e_0, \sqrt[q]{e_1}\}$ trivialerweise; ebenso für $n = 1$. Sei nun die Behauptung richtig für $n - 1$. Wir bemerken, dass q Lösung der Gleichung

$$y^2 - y - 1 = 0$$

ist, d. h. $q^2 = q + 1$. Daher und wegen (8.25) folgt

$$\begin{aligned} e_n &\le e_{n-1} e_{n-2} \le K^{q^{n-1}} K^{q^{n-2}} = K^{(1+q)q^{n-2}} = K^{q^2 q^{n-2}} \\ &= K^{q^n} . \end{aligned}$$

■

Das Sekantenverfahren benötigt nur eine Funktionsauswertung pro Iteration. Im Vergleich zum Newton-Verfahren ist es daher nur halb so teuer. Wegen $K^{q^{n+2}} = (K^{q^n})^{q^2} = (K^{q^n})^{q+1}$ entsprechen daher 2 Schritte des Sekantenverfahrens einem Verfahren der Ordnung

$$q + 1 = 2.618\ldots$$

Daher kann man mit dem Sekantenverfahren bei gleichem Aufwand wie beim Newton-Verfahren eine bessere Ordnung erreichen.

Unter der Lupe: Konvergenzbeschleunigungen

Mit nur linear konvergenten Verfahren können wir aus rechnerischer Sicht nicht zufrieden sein. Es gibt allerdings Möglichkeiten, die Konvergenzgeschwindigkeit unter Umständen dramatisch zu steigern.

Wir betrachten eine Iterationsfunktion Φ und die Fixpunktgleichung $\Phi(x) = x$ zur Bestimmung einer Nullstelle ξ einer nichtlinearen Funktion $f(x)$. Wir wollen annehmen, dass die Folge der Iterierten $x_1, x_2, \ldots$ des Verfahrens $x_{n+1} = \Phi(x_n)$ bei Vorgabe eines Startwertes x_0 gegen eine Nullstelle ξ konvergiert und dass die Iterationsfunktion stetig differenzierbar ist. Damit ist ξ Fixpunkt der Gleichung $\Phi(x) = x$. Wir bezeichnen den **Fehler im n-ten Iterationsschritt** mit $e_n := \xi - x_n$ und erhalten mit dem Mittelwertsatz der Differenzialrechnung sofort

$$\begin{aligned} e_{n+1} &= \Phi(\xi) - \Phi(x_n) = \Phi'(\eta_n)(\xi - x_n) \\ &= \Phi'(\eta_n)e_n \end{aligned} \tag{8.26}$$

mit einem η_n zwischen ξ und x_n. Da $\lim_{n\to\infty} x_n = \xi$ folgt $\lim_{n\to\infty} \eta_n = \xi$ und damit $\lim_{n\to\infty} \Phi'(\eta_n) = \Phi'(\xi)$, da wir Φ' noch als stetig vorausgesetzt haben. Wir können dazu äquivalent schreiben

$$e_{n+1} = \Phi'(\xi)e_n + \varepsilon_n e_n, \quad \lim_{n\to\infty} \varepsilon_n = 0\,.$$

Das wiederum bedeutet $\xi - x_{n+1} = C(\xi - x_n) + o(\xi - x_n)$ mit einer Konstanten C ($=\Phi'(\xi)$) unter Verwendung des Landau-Symbols o. Ist $\Phi'(\xi) \neq 0$, dann dürfen wir für große n sicher $e_{n+1} \approx \Phi'(\xi)e_n$ annehmen, mit anderen Worten: Der Fehler in der $(n+1)$-ten Iteration ist eine lineare Funktion des Fehlers e_n. Das korrespondiert mit der Tatsache, dass die Folge $(x_n)_{n\in\mathbb{N}}$ linear konvergiert.

Wir bemerken, dass wir (8.26) nach ξ auflösen können, nämlich folgt aus $\xi - x_{n+1} = \Phi'(\eta_n)(\xi - x_n)$, dass

$$\begin{aligned} \xi(1 - \Phi'(\eta_n)) &= x_{n+1} - \Phi'(\eta_n)x_n \\ &= (1 - \Phi'(\eta_n))x_{n+1} + \Phi'(\eta_n)(x_{n+1} - x_n)\,, \end{aligned}$$

und damit ergibt sich

$$\begin{aligned} \xi &= x_{n+1} + \frac{\Phi'(\eta_n)(x_{n+1} - x_n)}{1 - \Phi'(\eta_n)} \\ &= x_{n+1} + \frac{x_{n+1} - x_n}{(\Phi'(\eta_n))^{-1} - 1}\,. \end{aligned} \tag{8.27}$$

Nun kennen wir $\Phi'(\eta_n)$ nicht, aber wir wissen, dass mithilfe des Mittelwertsatzes

$$\begin{aligned} \rho_n &:= \frac{x_n - x_{n-1}}{x_{n+1} - x_n} = \frac{x_n - x_{n-1}}{\Phi(x_n) - \Phi(x_{n-1})} = \frac{1}{\Phi'(\zeta_n)} \\ &= (\Phi'(\zeta_n))^{-1} \end{aligned}$$

für ein ζ_n zwischen x_{n-1} und x_n gilt. Ist n groß genug, dann gilt

$$\rho_n = \frac{1}{\Phi'(\zeta_n)} \approx \frac{1}{\Phi'(\xi)} \approx \frac{1}{\Phi'(\eta_n)}$$

und dann sollte (vergleiche (8.27))

$$\widehat{x}_n := x_{n+1} + \frac{x_{n+1} - x_n}{\rho_n - 1}, \quad \rho_n = \frac{x_n - x_{n-1}}{x_{n+1} - x_n}\,, \tag{8.28}$$

eine bessere Näherung an ξ sein als x_n oder x_{n+1}. Um sicher zu gehen, dass x_n bereits nahe genug an ξ liegt, berechnet man in der Praxis jeweils die Quotienten ρ_{n-1} und ρ_n. Sind diese Quotienten nahezu gleich, dann beginnt das Verfahren der Konvergenzbeschleunigung durch Berechnung von $\widehat{x}_n$.

Schreiben wir

$$\begin{aligned} \Delta x_n &= x_{n+1} - x_n\,, \\ \Delta^2 x_n &= \Delta(\Delta x_n) = \Delta x_{n+1} - \Delta x_n\,, \end{aligned}$$

dann folgt aus (8.28)

$$\begin{aligned} \widehat{x}_n &= x_{n+1} + \frac{\Delta x_n}{\frac{\Delta x_{n-1}}{\Delta x_n} - \frac{\Delta x_n}{\Delta x_n}} \\ &= x_{n+1} - \frac{(\Delta x_n)^2}{\Delta x_n - \Delta x_{n-1}} \\ &= x_{n+1} - \frac{(\Delta x_n)^2}{\Delta^2 x_{n-1}}\,. \end{aligned}$$

Aufgrund der verwendeten Bezeichnungen und des Urhebers der Methode (Alexander Aitken, 1895–1967) heißt diese Methode der Konvergenzbeschleunigung **Aitkens Δ^2-Methode**.

Aitkens Δ^2-Methode

Für eine gegen ξ konvergente gegebene Folge $x_0, x_1, x_2, \ldots$ berechne die Folge

$$\widehat{x}_n = x_{n+1} - \frac{(\Delta x_n)^2}{\Delta^2 x_{n-1}}\,.$$

Ist die Folge $(x_n)_{n\in\mathbb{N}}$ linear konvergent gegen ξ, d. h.

$$\xi - x_{n+1} = C(\xi - x_n) + o(\xi - x_n), \quad C \neq 0\,,$$

dann gilt

$$\xi - \widehat{x}_n = o(\xi - x_n)\,.$$

Sind ab einem gewissen Index k die Quotienten $\Delta x_{k-1}/\Delta x_k,\ \Delta x_k/\Delta x_{k+1}, \ldots$ nahezu konstant, dann ist $\widehat{x}_k$ eine bessere Näherung an ξ als x_k und $|\widehat{x}_k - x_k|$ ist ein guter Schätzer für $|\xi - x_k|$.

Man kann zeigen, dass im Fall einfacher Nullstellen Aitkens Δ^2-Methode mindestens quadratisch konvergiert.

Allgemeine Interpolationsverfahren

Man kann nun wie folgt vorgehen. Zu Beginn startet man mit zwei Punkten $(x_0, f(x_0))$ und $(x_1, f(x_1))$, z. B. $(a, f(a))$ und $(b, f(b))$. Die neue Näherung x_2 wird gewonnen durch lineare Interpolation von $(x_0, f(x_0))$ und $(x_1, f(x_1))$. Da man nun über drei Näherungen x_0, x_1, x_2 verfügt erscheint es natürlich, die neue Näherung x_3 durch ein quadratisches Polynom durch die Punkte $(x_k, f(x_k))$, $k = 0, 1, 2$, zu gewinnen. Nun geht es weiter mit einem kubischen Polynom durch $(x_k, f(x_k))$, $k = 0, 1, 2, 3$, usw.

Ein **allgemeines Interpolationsverfahren** ist eine Iteration

$$x_{n+1} = \Phi(x_n, x_{n-1}, x_{n-2}, \ldots, x_{n-r}),$$

bei der die Iterationsfunktion eine Nullstelle des Interpolationspolynoms p vom Grad nicht höher als r durch die Punkte $(x_k, f(x_k))$, $k = n - r, \ldots, n$ liefert.

Eine wichtige Bemerkung ist hier angebracht. Die Zahl r sollte nicht zu groß sein, denn schon bei Polynomen vom Grad drei ist man gut beraten, die Nullstellen wiederum iterativ zu bestimmen. Für Polynome ab Grad fünf gibt es gar keine geschlossenen Formeln mehr für die Nullstellen. Man hätte also ein Iterationsverfahren im Iterationsverfahren. Dieses Problem umschifft man durch die Idee der **inversen Interpolation**. Dabei interpoliert man nicht die Daten $(x_k, f(x_k))$, $k = n - r, \ldots, n$, sondern die Daten $(f(x_k), x_k)$, $k = n - r, \ldots, n$, also die Umkehrfunktion p^{-1} des eigentlichen Interpolationspolynoms p. Im Gegensatz zu p ist p^{-1} eine Funktion von $y = f(x)$ und die gesuchte Nullstelle x_{n+1} von p ist gerade p^{-1} an der Stelle 0, denn es gilt

$$p(x_{n+1}) = 0 \quad \Longleftrightarrow \quad p^{-1}(0) = x_{n+1}.$$

Mithilfe der inversen Interpolation lassen sich nicht nur neue Iterationsverfahren gewinnen – die allerdings heute neben dem Newton-Verfahren nur noch eine marginale Rolle spielen – sondern man erhält auch jeweils Fehlerabschätzungen durch Betrachtung des Interpolationsfehlers, so wie wir es bei der Fehlerbetrachtung des Sekantenverfahrens kennengelernt haben. Für die Details verweisen wir auf die ältere Literatur.

8.3 Das Newton-Verfahren und seine Varianten

Wir wollen uns nun auf die Spuren eines der berühmtesten Konvergenzsätze begeben, um zwei der Newton-Verfahren zu analysieren. Die Beweise sind nicht schwierig, aber umfangreich, und sie dokumentieren die geniale Idee von Leonid Kantorowitsch (1912–1986), eine zu untersuchende Iteration durch eine andere, einfacher zu handhabende, majorisieren zu lassen.

Der klassische Konvergenzsatz von Newton-Kantorowitsch

Wir starten mit einem wichtigen Hilfssatz, in dem eine konvexe Menge eine wichtige Rolle spielt. Hier noch einmal zur Erinnerung: Eine Menge $D \subset \mathbb{R}^m$ heißt **konvex**, wenn mit zwei Punkten $\boldsymbol{x}, \boldsymbol{y} \in D$ auch die Verbindungsstrecke $[\boldsymbol{x}, \boldsymbol{y}] := \{t\boldsymbol{x} + (1-t)\boldsymbol{y} : 0 \le t \le 1\}$ ganz in D verläuft.

Lemma Es sei $D \subset \mathbb{R}^m$ eine konvexe Menge und $\boldsymbol{f} : D \to \mathbb{R}^m$ stetig differenzierbar mit Funktionalmatrix $\boldsymbol{f}'(\boldsymbol{x})$ für $\boldsymbol{x} \in D$. Dann gilt für $\boldsymbol{x}, \boldsymbol{y} \in D$

$$\boldsymbol{f}(\boldsymbol{y}) - \boldsymbol{f}(\boldsymbol{x}) = \int_0^1 \boldsymbol{f}'(\boldsymbol{x} + t(\boldsymbol{y} - \boldsymbol{x}))(\boldsymbol{y} - \boldsymbol{x})\,\mathrm{d}t. \tag{8.29}$$

In der Literatur findet man auch häufig die Schreibweise

$$\int_{\boldsymbol{x}}^{\boldsymbol{y}} \boldsymbol{f}'(\boldsymbol{x})\,\mathrm{d}\boldsymbol{x} := \int_0^1 \boldsymbol{f}'(\boldsymbol{x} + t(\boldsymbol{y} - \boldsymbol{x}))(\boldsymbol{y} - \boldsymbol{x})\,\mathrm{d}t. \tag{8.30}$$

◀

Beweis Für alle $\boldsymbol{x}, \boldsymbol{y} \in D$ ist die durch

$$\boldsymbol{\theta}(t) := \boldsymbol{f}(\boldsymbol{x} + t(\boldsymbol{y} - \boldsymbol{x}))$$

definierte Funktion $\theta\colon [0, 1] \to \mathbb{R}^m$ für alle $t \in [0, 1]$ stetig differenzierbar und es gilt

$$\boldsymbol{f}(\boldsymbol{y}) - \boldsymbol{f}(\boldsymbol{x}) = \boldsymbol{\theta}(1) - \boldsymbol{\theta}(0) = \int_0^1 \boldsymbol{\theta}'(t)\,\mathrm{d}t.$$

Die Kettenregel liefert

$$\boldsymbol{\theta}'(t) = \boldsymbol{f}'(\boldsymbol{x} + t(\boldsymbol{y} - \boldsymbol{x}))(\boldsymbol{y} - \boldsymbol{x})$$

und damit ist der Beweis geführt. ■

Wir haben in (8.6) die Idee kennengelernt, dass man iterative Verfahren in der Form

$$\boldsymbol{x}^{n+1} = \boldsymbol{x}^n - \boldsymbol{A}^{-1}\boldsymbol{f}(\boldsymbol{x}^n)$$

mit einer konstanten, regulären Matrix $\boldsymbol{A}$ konstruieren kann, und das vereinfachte Newton-Verfahren ist gerade ein solches mit $\boldsymbol{A} = \boldsymbol{f}'(\boldsymbol{x}^0)$. Im eigentlichen Newton-Verfahren ist $\boldsymbol{A}$ nicht mehr konstant, sondern wird ersetzt durch die Inverse der Funktionalmatrix $\boldsymbol{f}'(\boldsymbol{x}^n)$. Wir wollen etwas allgemeiner Fixpunktgleichungen der Form

$$\boldsymbol{x} = \boldsymbol{x} - \boldsymbol{G}(\boldsymbol{x})\boldsymbol{f}(\boldsymbol{x})$$

mit einer regulären Matrix $\boldsymbol{G}(\boldsymbol{x}) \in \mathbb{R}^{m \times m}$ betrachten.

Kapitel 8

Unter der Lupe: Die Ableitungen einer Funktion $f : \mathbb{R}^m \to \mathbb{R}^m$

Da in den folgenden Sätzen von Newton-Kantorowitsch die zweite Ableitung der vektorwertigen Funktion f benötigt wird, wollen wir uns vor Augen führen, was das eigentlich ist, und einige Schreibweisen einführen.

Die **erste (Fréchet-)Ableitung** von $\boldsymbol{f}$ an der Stelle $\boldsymbol{x} \in \mathbb{R}^m$ ist eine lineare Abbildung

$$\boldsymbol{f}'(\boldsymbol{x}) \colon \mathbb{R}^m \to \mathbb{R}^m .$$

Man schreibt auch $\boldsymbol{f}'(\boldsymbol{x}) \in \mathcal{L}(\mathbb{R}^m, \mathbb{R}^m)$. Die Realisierung dieser linearen Abbildung ist die Jacobi-Matrix

$$\boldsymbol{f}'(\boldsymbol{x}) = \begin{pmatrix} \dfrac{\partial f_1}{\partial x_1}(\boldsymbol{x}) & \dots & \dfrac{\partial f_1}{\partial x_m}(\boldsymbol{x}) \\ \vdots & \ddots & \vdots \\ \dfrac{\partial f_m}{\partial x_1}(\boldsymbol{x}) & \dots & \dfrac{\partial f_m}{\partial x_m}(\boldsymbol{x}) \end{pmatrix} .$$

Die Anwendung der ersten Ableitung auf einen Vektor $\boldsymbol{u} \in \mathbb{R}^m$ schreibt man gewöhnlich als $\boldsymbol{f}'(\boldsymbol{x})(\boldsymbol{u})$ oder $\boldsymbol{f}'(\boldsymbol{x})\boldsymbol{u}$, weil sich in der Linearen Algebra im Matrizenkalkül die Schreibweise $\boldsymbol{f}'(\boldsymbol{x}) \cdot \boldsymbol{u}$ eingebürgert hat, denn es handelt sich auf der Ebene der Jacobi-Matrix um ein Matrix-Vektor-Produkt.

Die **zweite (Fréchet-)Ableitung** an der Stelle $\boldsymbol{x}$ ist eine lineare Abbildung $\boldsymbol{f}''(\boldsymbol{x}) \colon \mathbb{R}^m \to \mathcal{L}(\mathbb{R}^m, \mathbb{R}^m)$, also

$$\boldsymbol{f}''(\boldsymbol{x}) \in \mathcal{L}(\mathbb{R}^m, \mathcal{L}(\mathbb{R}^m, \mathbb{R}^m)) .$$

Bei Anwendung auf die kanonischen Basisvektoren $\boldsymbol{e}_i$ gilt

$$\boldsymbol{f}''(\boldsymbol{x})(\boldsymbol{e}_i) = \left(\frac{\partial}{\partial x_i}\boldsymbol{f}'\right)(\boldsymbol{x}), \quad i = 1, 2, \dots, m .$$

Man schreibt auch hier wieder $\boldsymbol{f}''(\boldsymbol{x})\boldsymbol{e}_i$. Nach nochmaliger Anwendung auf $\boldsymbol{e}_j$ folgt dann

$$\begin{aligned}(\boldsymbol{f}''(\boldsymbol{x})\boldsymbol{e}_i)\,\boldsymbol{e}_j &= \left(\left(\frac{\partial}{\partial x_i}\boldsymbol{f}'\right)(\boldsymbol{x})\right)\boldsymbol{e}_j \\ &= \left(\frac{\partial}{\partial x_i}(\boldsymbol{f}'\boldsymbol{e}_j)\right)(\boldsymbol{x}) = \left(\frac{\partial^2}{\partial x_i \partial x_j}\boldsymbol{f}\right)(\boldsymbol{x}) \\ &= \begin{pmatrix} \dfrac{\partial^2 f_k}{\partial x_1^2}(\boldsymbol{x}) & \dfrac{\partial^2 f_k}{\partial x_1 \partial x_2}(\boldsymbol{x}) & \dots & \dfrac{\partial^2 f_k}{\partial x_1 \partial x_m}(\boldsymbol{x}) \\ \vdots & \vdots & \ddots & \vdots \\ \dfrac{\partial^2 f_k}{\partial x_1 \partial x_m}(\boldsymbol{x}) & \dfrac{\partial^2 f_k}{\partial x_2 \partial x_m}(\boldsymbol{x}) & \dots & \dfrac{\partial^2 f_k}{\partial x_m^2}(\boldsymbol{x}) \end{pmatrix},\end{aligned}$$

für $k = 1, \dots, m$. Man kann sich die zweite Fréchet-Ableitung also als dreifach indizierte Matrix $\boldsymbol{A}_k := (a_{ij}^k)$, $i, j, k = 1, \dots, m$, $a_{ij}^k := \partial^2 f_k / (\partial x_i \partial x_j)$vorstellen. Es ist üblich, den Raum $\mathcal{L}(\mathbb{R}^m, \mathcal{L}(\mathbb{R}^m, \mathbb{R}^m))$ mit dem Raum $\mathcal{L}(\mathbb{R}^m \times \mathbb{R}^m, \mathbb{R}^m)$ zu identifizieren. Formal identifiziert man dabei die Abbildung $\boldsymbol{f}''(\boldsymbol{x}) \in \mathcal{L}(\mathbb{R}^m, \mathcal{L}(\mathbb{R}^m, \mathbb{R}^m))$ mit der **bilinearen Abbildung** $(\boldsymbol{u}, \boldsymbol{v}) \mapsto (\boldsymbol{f}''(\boldsymbol{x})\boldsymbol{u})\boldsymbol{v}$ und schreibt dieses Element als

$$\mathbb{R}^m \times \mathbb{R}^m \ni (\boldsymbol{u}, \boldsymbol{v}) \mapsto \boldsymbol{f}''(\boldsymbol{x})(\boldsymbol{u}, \boldsymbol{v}) \in \mathbb{R}^m .$$

In Anlehnung an den Matrizenkalkül schreibt man auch $\boldsymbol{f}''(\boldsymbol{x})\boldsymbol{u}\boldsymbol{v}$. Heuristisch ist diese Identifikation dadurch zu erklären, dass eine lineare Funktion von $\mathbb{R}^m$ in den Raum der linearen Funktionen von $\mathbb{R}^m$ nach $\mathbb{R}^m$ eben auch gleich als bilineare Funktion von $\mathbb{R}^m \times \mathbb{R}^m$ in den $\mathbb{R}^m$ geschrieben werden kann.

Damit existiert auch die **Taylor-Reihe**

$$\boldsymbol{f}(\boldsymbol{x}^0 + \boldsymbol{u}) = \boldsymbol{f}(\boldsymbol{x}^0) + \frac{1}{1!}\boldsymbol{f}'(\boldsymbol{x}^0)(\boldsymbol{u}) + \boldsymbol{R} \tag{8.31}$$

mit Restglied

$$\boldsymbol{R} := \left(\int_0^1 (1-t)\boldsymbol{f}''(\boldsymbol{x}^0 + t\boldsymbol{u})\,\mathrm{d}t\right)(\boldsymbol{u}, \boldsymbol{u}) .$$

Dabei nehmen wir stets an, dass die Strecke $\boldsymbol{x}^0 + t\boldsymbol{u}$, $t \in [0, 1]$ ganz im betrachteten Gebiet liegt. Sei nun $\overline{x} := \boldsymbol{x}^0 + \boldsymbol{u}$, dann ist dieses Restglied in der Schreibweise von (8.30) gerade

$$\boldsymbol{R} = \int_{\boldsymbol{x}^0}^{\overline{\boldsymbol{x}}} \boldsymbol{f}''(\boldsymbol{x})(\overline{\boldsymbol{x}} - \boldsymbol{x}, \cdot)\,\mathrm{d}\boldsymbol{x} ,$$

denn es gilt

$$\begin{aligned}&\int_{\boldsymbol{x}^0}^{\overline{\boldsymbol{x}}} \boldsymbol{f}''(\boldsymbol{x})(\overline{\boldsymbol{x}} - \boldsymbol{x}, \cdot)\,\mathrm{d}\boldsymbol{x} \\ &\overset{(8.30)}{=} \int_0^1 \boldsymbol{f}''(\boldsymbol{x}^0 + t\boldsymbol{u})\left(\overline{\boldsymbol{x}} - (\boldsymbol{x}^0 + t(\overline{\boldsymbol{x}} - \boldsymbol{x}^0)), \overline{\boldsymbol{x}} - \boldsymbol{x}^0\right)\mathrm{d}t \\ &= \int_0^1 \boldsymbol{f}''(\boldsymbol{x}^0 + t\boldsymbol{u})((1-t)(\overline{\boldsymbol{x}} - \boldsymbol{x}^0), \overline{\boldsymbol{x}} - \boldsymbol{x}^0)\,\mathrm{d}t \\ &= \int_0^1 (1-t)\boldsymbol{f}''(\boldsymbol{x}^0 + t\boldsymbol{u})(\overline{\boldsymbol{x}} - \boldsymbol{x}^0, \overline{\boldsymbol{x}} - \boldsymbol{x}^0)\,\mathrm{d}t \\ &\overset{\overline{\boldsymbol{x}} - \boldsymbol{x}^0 = \boldsymbol{u}}{=} \left(\int_0^1 (1-t)\boldsymbol{f}''(\boldsymbol{x}^0 + t\boldsymbol{u})\,\mathrm{d}t\right)(\boldsymbol{u}, \boldsymbol{u}) .\end{aligned}$$

Man kann daher die Taylor-Reihe (8.31) mit $\overline{\boldsymbol{x}} = \boldsymbol{x}^0 + \boldsymbol{u}$ auch in der Form

$$\boldsymbol{f}(\overline{\boldsymbol{x}}) = \boldsymbol{f}(\boldsymbol{x}^0) + \boldsymbol{f}'(\boldsymbol{x}^0)(\overline{\boldsymbol{x}} - \boldsymbol{x}^0) + \int_{\boldsymbol{x}^0}^{\overline{\boldsymbol{x}}} \boldsymbol{f}''(\boldsymbol{x})(\overline{\boldsymbol{x}} - \boldsymbol{x}, \cdot)\,\mathrm{d}\boldsymbol{x} \tag{8.32}$$

schreiben.

Methode der sukzessiven Approximation

Iterationsverfahren, die auf Fixpunktgleichungen der Form

$$\boldsymbol{x} = \boldsymbol{x} - \boldsymbol{G}(\boldsymbol{x})\boldsymbol{f}(\boldsymbol{x}) \tag{8.33}$$

mit einer Matrix $\boldsymbol{G}(\boldsymbol{x}) \in \mathbb{R}^{m\times m}$ basieren, heißen **Methoden der sukzessiven Approximation**. Das vereinfachte Newton-Verfahren gehört mit $\boldsymbol{G}(\boldsymbol{x}) = \boldsymbol{G}(\boldsymbol{x}^0) = (\boldsymbol{f}'(\boldsymbol{x}^0))^{-1}$ zu dieser Klasse und auch das eigentliche Newton-Verfahren mit $\boldsymbol{G}(\boldsymbol{x}) = (\boldsymbol{f}'(\boldsymbol{x}))^{-1}$.

Wir wollen uns nun zu einem der wichtigsten klassischen Resultate für das Newton-Verfahren vorarbeiten, dem **Satz von Newton-Kantorowitsch**.

Eine Iterationsfunktion $\boldsymbol{\Phi}$ sei in $U_r(\boldsymbol{x}^0)$ definiert und $\varphi\colon [t^0, t^*] \subset \mathbb{R} \to \mathbb{R}$ sei eine reellwertige Funktion, wobei $t^* := t^0 + R < t^0 + r$ gelten soll.

Wir betrachten die beiden Fixpunktgleichungen

$$\begin{aligned} \boldsymbol{x} &= \boldsymbol{\Phi}(\boldsymbol{x}) \\ t &= \varphi(t)\,. \end{aligned} \tag{8.34}$$

Wenn die beiden Bedingungen

$$\|\boldsymbol{\Phi}(\boldsymbol{x}^0) - \boldsymbol{x}^0\| \le \varphi(t^0) - t^0\,, \tag{8.35}$$

$$\|\boldsymbol{\Phi}'(\boldsymbol{x})\| \le \varphi'(t) \quad \text{für } \|\boldsymbol{x} - \boldsymbol{x}^0\| \le t - t^0 \tag{8.36}$$

erfüllt sind, dann wollen wir sagen, dass φ **die Iterationsfunktion $\boldsymbol{\Phi}$ majorisiert**. In der Literatur findet man auch manchmal den Ausdruck, dass **die Gleichung** (8.34) **die Gleichung $\boldsymbol{x} = \boldsymbol{\Phi}(\boldsymbol{x})$ majorisiert**.

Die Bedeutung einer solchen Majorante liegt darin, dass ihre Existenz bereits die Existenz eines Fixpunktes der Iteration nach sich zieht.

Satz (Vorbereitungssatz) Die Iterationsfunktion $\boldsymbol{\Phi}$ sei stetig differenzierbar in $\overline{U_r(\boldsymbol{x}^0)}$ und die Funktion φ sei differenzierbar in $[t^0, t^*]$. Majorisiert φ die Iterationsfunktion und ist die Gleichung (8.34) im Intervall $[t^0, t^*]$ lösbar, dann existiert auch ein Fixpunkt $\boldsymbol{\xi}$ von $\boldsymbol{x} = \boldsymbol{\Phi}(\boldsymbol{x})$ und die Folge $(\boldsymbol{x}^n)_{n\in\mathbb{N}}$, definiert durch den Anfangswert $\boldsymbol{x}^0$ und

$$\boldsymbol{x}^{n+1} = \boldsymbol{\Phi}(\boldsymbol{x}^n), \quad n = 0, 1, \ldots$$

konvergiert gegen $\boldsymbol{\xi}$. Dabei gilt

$$\|\boldsymbol{\xi} - \boldsymbol{x}^0\| \le \tau - t^0\,, \tag{8.37}$$

wobei τ die kleinste Lösung der Gleichung (8.34) ist. ◀

Wir müssen uns klar machen, dass die Iteration neben $\boldsymbol{\xi}$ noch andere Fixpunkte haben kann, selbst wenn die Lösung τ der majorisierenden Gleichung (8.34) in $[t^0, t^*]$ eindeutig ist. Wir können aber folgenden Satz beweisen.

Satz (Satz über die Eindeutigkeit des Fixpunktes) Die Voraussetzungen seien wie im vorhergehenden Satz und es gelte zusätzlich

$$\varphi(t^*) \le t^*\,.$$

Ist dann die Gleichung (8.34) in $[t^0, t^*]$ eindeutig lösbar, dann hat die Gleichung $\boldsymbol{x} = \boldsymbol{\Phi}(\boldsymbol{x})$ in $\overline{U_r(\boldsymbol{x}^0)}$ eine eindeutige Lösung $\boldsymbol{\xi}$ und die Methode der sukzessiven Approximation konvergiert gegen $\boldsymbol{\xi}$ für alle $\widetilde{\boldsymbol{x}}^0 \in \overline{U_r(\boldsymbol{x}^0)}$. ◀

Nun können wir uns ganz dem Newton-Verfahren zuwenden und eine erste Version des **Satzes von Newton-Kantorowitsch** für das vereinfachte Newton-Verfahren beweisen. Dazu betrachten wir eine nicht näher bestimmte Funktion $\psi\colon \mathbb{R} \to \mathbb{R}$ und die Gleichung

$$\psi(t) = 0\,.$$

Ebenso wird nun die zweite Ableitung $\boldsymbol{f}''$ der Funktion $\boldsymbol{f}\colon \mathbb{R}^m \to \mathbb{R}^m$ benötigt.

Satz von Newton-Kantorowitsch I

Die Funktion $\boldsymbol{f}$ sei in $U_r(\boldsymbol{x}^0)$ definiert und habe in $\overline{U_r(\boldsymbol{x}^0)}$ eine stetige zweite Ableitung. Die reellwertige Funktion ψ sei zweimal stetig differenzierbar. Folgende Bedingungen seien erfüllt:

1. Die Matrix $\boldsymbol{G} := (\boldsymbol{f}'(\boldsymbol{x}^0))^{-1}$ möge existieren.
2. $c_0 := -1/\psi'(t^0) > 0$.
3. $\|\boldsymbol{G}\,\boldsymbol{f}(\boldsymbol{x}^0)\| \le c_0\psi(t^0)$.
4. $\|\boldsymbol{G}\,\boldsymbol{f}''(\boldsymbol{x})\| \le c_0\psi''(t)$ für $\|\boldsymbol{x} - \boldsymbol{x}^0\| \le t - t^0 \le R$.
5. Die Gleichung $\psi(t) = 0$ hat in $[t^0, t^*]$ eine Nullstelle $\overline{t}$.

Dann konvergiert das *vereinfachte* Newton-Verfahren für die beiden Gleichungen

$$\begin{aligned} \boldsymbol{f}(\boldsymbol{x}) &= \boldsymbol{0}\,, \\ \psi(t) &= 0\,, \end{aligned}$$

mit den Anfangswerten $\boldsymbol{x}^0$ bzw. t^0 und liefert Lösungen $\boldsymbol{\xi}$ bzw. τ und es gilt

$$\|\boldsymbol{\xi} - \boldsymbol{x}^0\| \le \tau - t^0\,.$$

Beweis Wir zeigen, dass die beiden sich aus

$$\boldsymbol{\Phi}(\boldsymbol{x}) = \boldsymbol{x} - \boldsymbol{G}\,\boldsymbol{f}(\boldsymbol{x})$$

und

$$\varphi(t) = t + c_0\psi(t)$$

ergebenden Iterationen die Voraussetzungen für den Vorbereitungssatz auf S. 266 erfüllen.

Kapitel 8

Unter der Lupe: Beweis des Vorbereitungssatzes

Wegen seiner Bedeutung für den Konvergenzsatz von Newton-Kantorowitsch wollen wir den Vorbereitungssatz detailliert beweisen.

Wir zeigen zuerst, dass die Folge $(t^n)_{n\in\mathbb{N}}$, definiert durch

$$t^{n+1} = \varphi(t^n)\,,$$

konvergiert. Wegen der Bedingung (8.36) gilt sicher $\varphi'(t) \geq 0$ für alle $t \in [t^0, t^*]$, also ist φ im Intervall $[t^0, t^*]$ monoton wachsend. Für $n = 0$ gilt die Ungleichung $t^n \leq \tau$, wobei wir mit τ die nach Voraussetzung existierende Lösung von $\varphi(t) = t$ bezeichnen. Der linke Intervallrand ist t^0. Gilt die Ungleichung $t^n \leq \tau$ für $n = k$, dann folgt aus $t^k \leq \tau$ und der Monotonie von φ: $t^{k+1} = \varphi(t^k) \leq \varphi(\tau) = \tau$.

Ebenfalls mit Induktion unter Zuhilfenahme der Monotonie von φ zeigen wir, dass die Folge $(t^n)_{n\in\mathbb{N}}$ monoton wachsend ist. Wegen der Bedingung (8.35) gilt $t^0 \leq t^1$. Sei $t^n \leq t^{n+1}$ für $n = k$, dann folgt $t^{k+1} = \varphi(t^k) \leq \varphi(t^{k+1}) = t^{k+2}$. Da die Folge der t^n monoton wachsend und nach oben beschränkt ist, existiert also der Grenzwert

$$\widetilde{t} := \lim_{n\to\infty} t^n\,.$$

Wegen $t^{n+1} = \varphi(t^n)$ und der Stetigkeit von φ ist $\widetilde{t}$ eine Lösung der Gleichung (8.34). Wegen $t^n \leq \tau$ ist diese Lösung im Intervall $[t^0, t^*]$ die kleinste.

Wir zeigen jetzt, dass die Iteration $\boldsymbol{x}^{n+1} = \boldsymbol{\Phi}(\boldsymbol{x}^n)$ konvergiert. Aus Bedingung (8.35) folgt: $\|\boldsymbol{x}^1 - \boldsymbol{x}^0\| \leq t^1 - t^0$. Die erste Iterierte $\boldsymbol{x}^1$ liegt in $\overline{U_r(\boldsymbol{x}^0)}$, denn $t^1 - t^0 < r$. Wir nehmen wieder an, wir wüssten schon, dass $\boldsymbol{x}^1, \boldsymbol{x}^2, \ldots, \boldsymbol{x}^n \in \overline{U_r(\boldsymbol{x}^0)}$ und dass

$$\|\boldsymbol{x}^{k+1} - \boldsymbol{x}^k\| \leq t^{k+1} - t^k, \quad k = 0, 1, \ldots, n-1. \tag{8.38}$$

Nun kommt (8.29) ins Spiel. Damit schreiben wir

$$\boldsymbol{x}^{n+1} - \boldsymbol{x}^n = \boldsymbol{\Phi}(\boldsymbol{x}^n) - \boldsymbol{\Phi}(\boldsymbol{x}^{n-1}) = \int_{\boldsymbol{x}^{n-1}}^{\boldsymbol{x}^n} \boldsymbol{\Phi}'(\boldsymbol{x})\,\mathrm{d}\boldsymbol{x}\,.$$

Wir definieren nun für $0 \leq \eta \leq 1$

$$\boldsymbol{x} = \boldsymbol{x}^{n-1} + \eta(\boldsymbol{x}^n - \boldsymbol{x}^{n-1}), \quad t = t^{n+1} + \eta(t^n - t^{n-1}),$$

und folgern aus (8.38)

$$\begin{aligned}\|\boldsymbol{x} - \boldsymbol{x}^0\| &= \|\boldsymbol{x}^{n-1} + \tau(\boldsymbol{x}^n - \boldsymbol{x}^{n-1}) - \boldsymbol{x}^0\| \\ &= \|\boldsymbol{x}^{n-1} + \tau(\boldsymbol{x}^n - \boldsymbol{x}^{n-1}) - \boldsymbol{x}^0 \\ &\quad + \boldsymbol{x}^{n-1} - \boldsymbol{x}^{n-1} + \boldsymbol{x}^{n-2} - \boldsymbol{x}^{n-2} + \ldots \\ &\quad \ldots + \boldsymbol{x}^2 - \boldsymbol{x}^2 + \boldsymbol{x}^1 - \boldsymbol{x}^1\|\,,\end{aligned}$$

also

$$\begin{aligned}\|\boldsymbol{x} - \boldsymbol{x}^0\| &\leq \eta\|\boldsymbol{x}^n - \boldsymbol{x}^{n-1}\| + \|\boldsymbol{x}^{n-1} - \boldsymbol{x}^{n-2}\| + \ldots \\ &\quad + \|\boldsymbol{x}^1 - \boldsymbol{x}^0\| \\ &\leq \eta(t^n - t^{n-1}) + (t^{n-1} - t^{n-2}) + \ldots + (t^1 - t^0) \\ &= t - t^0.\end{aligned}$$

Wegen der Bedingung (8.36) folgern wir daraus

$$\|\boldsymbol{\Phi}'(\boldsymbol{x}\| \leq \varphi'(t)\,.$$

Damit können wir nun wie folgt abschätzen.

$$\begin{aligned}\|\boldsymbol{x}^{n+1} - \boldsymbol{x}^n\| &= \left\| \int_{\boldsymbol{x}^{n-1}}^{\boldsymbol{x}^n} \boldsymbol{\Phi}'(\boldsymbol{x})\,\mathrm{d}\boldsymbol{x} \right\| \leq \int_{t^{n-1}}^{t^n} \varphi'(t)\,\mathrm{d}t \\ &= \varphi(t^n) - \varphi(t^{n-1}) = t^{n+1} - t^n\,,\end{aligned}$$

d. h., (8.38) gilt auch für $k = n$. Wegen

$$\begin{aligned}\|\boldsymbol{x}^{n+1} - \boldsymbol{x}^0\| &\leq \|\boldsymbol{x}^{n+1} - \boldsymbol{x}^n\| + \|\boldsymbol{x}^n - \boldsymbol{x}^{n-1}\| + \ldots \\ &\quad + \|\boldsymbol{x}^1 - \boldsymbol{x}^0\| \\ &\leq (t^{n+1} - t^n) + (t^n - t^{n-1}) + \ldots + (t^1 - t^0) \\ &= t^{n+1} - t^0 \leq t^* - t^0 = r\end{aligned}$$

liegt auch $\boldsymbol{x}^{n+1}$ in $\overline{U_r(\boldsymbol{x}^0)}$.

Aus (8.38) folgern wir jetzt, dass $(\boldsymbol{x}^n)_{n\in\mathbb{N}}$ eine Cauchy-Folge ist, denn für $p \geq 1$ gilt

$$\begin{aligned}\|\boldsymbol{x}^{n+p} - \boldsymbol{x}^n\| &\leq \|\boldsymbol{x}^{n+p} - \boldsymbol{x}^{n+p-1}\| + \ldots + \|\boldsymbol{x}^{n+1} - \boldsymbol{x}^n\| \\ &\leq (t^{n+p} - t^{n+p-1}) + \ldots + (t^{n+1} - t^n) \\ &= t^{n+p} - t^n\,.\end{aligned} \tag{8.39}$$

Cauchy-Folgen in $\mathbb{R}^m$ sind konvergent, also existiert $\boldsymbol{\xi} := \lim_{n\to\infty} \boldsymbol{x}^n$. Wegen der Stetigkeit von $\boldsymbol{\Phi}$ folgt dann durch Grenzübergang

$$\boldsymbol{\xi} = \boldsymbol{\Phi}(\boldsymbol{\xi})\,,$$

d. h., $\boldsymbol{\xi}$ ist ein Fixpunkt der Iteration.

Die noch ausstehende Abschätzung (8.37) folgt aus (8.39), wenn wir dort $n = 0$ setzen und zum Grenzübergang $p \to \infty$ übergehen.

Unter der Lupe: Beweis des Satzes über die Eindeutigkeit des Fixpunktes

Wie der Vorbereitungssatz ist auch der Satz über die Eindeutigkeit des Fixpunktes ein Hilfsmittel zum Beweis des Konvergenzsatzes von Newton-Kantorowitsch.

Wie im vorausgehenden Satz zeigt man, dass

$$\widetilde{t}^{n+1} = \varphi(\widetilde{t}^n), \quad n = 0, 1, \ldots$$

mit dem Startwert $\widetilde{t}^0 = t^*$ monoton fallend und nach unten beschränkt ist, denn $\widetilde{t}^n \geq \tau$. Daher existiert der Grenzwert, der wegen der Eindeutigkeit mit τ übereinstimmen muss.

Wir zeigen jetzt, dass die Iteration

$$\widetilde{\boldsymbol{x}}^{n+1} = \boldsymbol{\Phi}(\widetilde{\boldsymbol{x}}^n), \quad n = 0, 1, \ldots$$

für beliebigen Startwert $\widetilde{\boldsymbol{x}}^0 \in \overline{U_r(\boldsymbol{x}^0)}$ konvergiert. Dazu benutzen wir wieder (8.29) und schreiben

$$\widetilde{\boldsymbol{x}}^1 - \boldsymbol{x}^1 = \boldsymbol{\Phi}(\widetilde{\boldsymbol{x}}^0) - \boldsymbol{\Phi}(\boldsymbol{x}^0) = \int\limits_{\boldsymbol{x}^0}^{\widetilde{\boldsymbol{x}}^0} \boldsymbol{\Phi}'(\boldsymbol{x})\,\mathrm{d}\boldsymbol{x}\,.$$

Nun schätzen wir ab (beachte: $\|\boldsymbol{\Phi}'(\boldsymbol{x})\| \leq \varphi'(t)$)

$$\|\widetilde{\boldsymbol{x}}^1 - \boldsymbol{x}^1\| \leq \int\limits_{t^0}^{\widetilde{t}^0} \varphi'(t)\,\mathrm{d}t = \varphi(\widetilde{t}^0) - \varphi(t^0) = \widetilde{t}^1 - t^1$$

und haben damit

$$\begin{aligned}\|\widetilde{\boldsymbol{x}}^1 - \boldsymbol{x}^0\| &\leq \|\widetilde{\boldsymbol{x}}^1 - \boldsymbol{x}^1\| + \|\boldsymbol{x}^1 - \boldsymbol{x}^0\| \\ &\leq (\widetilde{t}^1 - t^1) + (t^1 - t^0) \\ &= \widetilde{t}^1 - t^0 \leq R\,,\end{aligned}$$

d. h. $\widetilde{\boldsymbol{x}}^1 \in \overline{U_r(\boldsymbol{x}^0)}$.

Genau wie im Beweis des vorhergehenden Satzes zeigt man mit vollständiger Induktion, dass alle $\widetilde{\boldsymbol{x}}^n$ in $\overline{U_r(\boldsymbol{x}^0)}$ liegen.

Weil die Folgen $(\widetilde{t}^n)_{n\in\mathbb{N}}$ und $(t^n)_{n\in\mathbb{N}}$ den gemeinsamen Grenzwert τ haben, folgt aus der Konvergenz der Folge $(\boldsymbol{x}^n)_{n\in\mathbb{N}}$ die Konvergenz der Folge $(\widetilde{\boldsymbol{x}}^n)_{n\in\mathbb{N}}$ und die Gleichung

$$\boldsymbol{\xi} = \lim_{n\to\infty} \boldsymbol{x}^n = \lim_{n\to\infty} \widetilde{\boldsymbol{x}}^n\,. \tag{8.40}$$

Damit ist gezeigt, dass das Verfahren der sukzessiven Approximation für jede Anfangsnäherung $\widetilde{\boldsymbol{x}}^0$ konvergiert.

Die Eindeutigkeit sieht man wie folgt ein. Ist $\widetilde{\boldsymbol{x}} \in \overline{U_r(\boldsymbol{x}^0)}$ ein anderer Fixpunkt der Iteration, dann setze $\widetilde{\boldsymbol{x}}^0 := \widetilde{\boldsymbol{x}}$ und man erhält $\widetilde{\boldsymbol{x}}^n = \widetilde{\boldsymbol{x}}$ für alle $n = 1, 2, \ldots$. Wegen (8.40) folgt $\widetilde{\boldsymbol{x}} = \boldsymbol{\xi}$.

Es gilt $\boldsymbol{\Phi}(\boldsymbol{x}^0) - \boldsymbol{x}^0 = -\boldsymbol{G}\,\boldsymbol{f}(\boldsymbol{x}^0)$ und $\varphi(t^0) - t^0 = c_0\psi(t^0)$. Damit schreibt sich Bedingung **3.** in der Form

$$\|\boldsymbol{\Phi}(\boldsymbol{x}^0) - \boldsymbol{x}^0\| \leq \varphi(t^0) - t^0.$$

Ableiten der Iterationen liefert

$$\boldsymbol{\Phi}'(\boldsymbol{x}) = \boldsymbol{E} - \boldsymbol{G}\,\boldsymbol{f}'(\boldsymbol{x}), \quad \boldsymbol{\Phi}''(\boldsymbol{x}) = -\boldsymbol{G}\,\boldsymbol{f}''(\boldsymbol{x})$$

und damit erhalten wir wegen $\boldsymbol{\Phi}'(\boldsymbol{x}^0) = \boldsymbol{E} - \boldsymbol{G}\,\boldsymbol{f}'(\boldsymbol{x}^0) = \boldsymbol{E} - (\boldsymbol{f}'(\boldsymbol{x}^0))^{-1}\boldsymbol{f}'(\boldsymbol{x}^0) = \boldsymbol{0}$

$$\boldsymbol{\Phi}'(\boldsymbol{x}) = \boldsymbol{\Phi}'(\boldsymbol{x}) - \boldsymbol{\Phi}'(\boldsymbol{x}^0) = \int\limits_{\boldsymbol{x}^0}^{\boldsymbol{x}} \boldsymbol{\Phi}''(\boldsymbol{x})\,\mathrm{d}\boldsymbol{x} = -\int\limits_{\boldsymbol{x}^0}^{\boldsymbol{x}} \boldsymbol{G}\,\boldsymbol{f}''(\boldsymbol{x})\,\mathrm{d}\boldsymbol{x},$$

wobei wir wieder von (8.29) Gebrauch gemacht haben. Nun folgt mit der Bedingung 4. die Ungleichung

$$\begin{aligned}\|\boldsymbol{\Phi}'(\boldsymbol{x})\| &\leq \int\limits_{t^0}^{t} c_0\psi''(\eta)\,\mathrm{d}\eta = c_0\psi'(t) - c_0\psi(t^0) \\ &\overset{c_0=-1/\psi'(t^0)}{=} 1 + c_0\psi'(t) = \varphi'(t).\end{aligned}$$

Damit ist bewiesen, dass die Iterationsfunktion $\boldsymbol{\Phi}$ von φ majorisiert wird und alles Weitere folgt aus dem Vorbereitungssatz von S. 266. ■

Die Eindeutigkeit des Fixpunktes folgt aus dem folgenden Satz.

Satz (Eindeutigkeitssatz) Alle Voraussetzungen des Satzes von Newton-Kantorowitsch I seien erfüllt und zusätzlich gelte

$$\psi(t^*) \leq 0.$$

Besitzt dann die Gleichung $\psi(t) = 0$ im Intervall $[t^0, t^*]$ genau eine Wurzel, dann ist auch der Fixpunkt $\boldsymbol{\xi}$ von $\boldsymbol{\Phi}(\boldsymbol{x}) = \boldsymbol{x}$ eindeutig bestimmt. ◄

Beweis Aus $\psi(t^*) \leq 0$ folgt $\varphi(t^*) = t^* + c_0\psi(t^*) \leq t^*$. Damit sind die Voraussetzungen des Eindeutigkeitssatzes auf S. 266 erfüllt. ■

Wir bemerken, dass die Voraussetzungen des Eindeutigkeitssatzes erfüllt sind, wenn wir $t^* = \tau$ setzen, weil τ die kleinste

Lösung von $\psi(t) = 0$ ist. Die Eindeutigkeit der Lösung von $\boldsymbol{f}(\boldsymbol{x}) = \boldsymbol{0}$ ist daher stets in der Kugel

$$\|\boldsymbol{x} - \boldsymbol{x}^0\| \le \tau - t^0$$

garantiert.

Im Satz von Newton-Kantorowitsch I ist $\boldsymbol{G}$ eine $m \times m$Matrix, also ist das Produkt $\boldsymbol{G}\,\boldsymbol{f}(\boldsymbol{x}^0)$ ein Vektor und $\|\boldsymbol{G}\,\boldsymbol{f}(\boldsymbol{x}^0)\|$ eine Vektornorm. Was aber sollen wir unter dem Produkt $\boldsymbol{G}\,\boldsymbol{f}''(\boldsymbol{x})$ und unter der Norm $\|\boldsymbol{G}\,\boldsymbol{f}''(\boldsymbol{x})\|$ verstehen? Die zweite Ableitung $\boldsymbol{f}''(\boldsymbol{x})$ ist eine symmetrische bilineare Abbildung, die Hintereinanderausführung einer bilinearen Abbildung und einer linearen Abbildung (dargestellt durch die Matrix $\boldsymbol{G}$) ist sicher wieder eine bilineare Abbildung. Die Norm $\|\boldsymbol{f}''(\boldsymbol{x})\|$ der Bilinearform $\boldsymbol{f}''(\boldsymbol{x})$ hängt natürlich von der verwendeten Norm im $\mathbb{R}^m$ ab, denn die Operatornorm von $\boldsymbol{f}''(\boldsymbol{x})$ ist

$$\|\boldsymbol{f}''(\boldsymbol{x})\| = \sup_{\|\boldsymbol{u}\|,\|\boldsymbol{v}\|\le 1} \|\boldsymbol{f}''(\boldsymbol{x})(\boldsymbol{u},\boldsymbol{v})\|\,.$$

Mit der Cauchy-Schwarz'schen-Ungleichung folgt

$$\begin{aligned} |\boldsymbol{f}''(\boldsymbol{x})(\boldsymbol{u},\boldsymbol{v})| &= \left|\sum_{i=1}^m \sum_{j=1}^m a_{ij}^k u_i v_j\right| \\ &\le \sqrt{\sum_{i=1}^m |u_i|^2} \cdot \sqrt{\sum_{i=1}^m \left|\sum_{j=1}^m a_{ij}^k v_j\right|^2} \\ &\le \rho(\boldsymbol{A}_k)\|\boldsymbol{u}\|_2\|\boldsymbol{v}\|_2\,, \end{aligned}$$

also $\|\boldsymbol{f}''(\boldsymbol{x})(\boldsymbol{u},\boldsymbol{v})\|_2 \le \sqrt{\sum_{i=1}^m (\rho(\boldsymbol{A}_k))^2}\|\boldsymbol{u}\|_2\|\boldsymbol{v}\|_2$, d. h.

$$\|\boldsymbol{f}''(\boldsymbol{x})\|_2 \le \sqrt{\sum_{i=1}^m (\rho(\boldsymbol{A}_k))^2}\,, \tag{8.41}$$

wobei $\rho(\boldsymbol{A}_k)$ den Spektralradius der Matrix $\boldsymbol{A}_k\boldsymbol{A}_k^\top$ bezeichnet. Bei Verwendung der Maximumsnorm folgt ganz analog

$$\|\boldsymbol{f}''(\boldsymbol{x})\|_\infty \le \max_{k=1,\ldots,m} \sum_{i=1}^m \sum_{j=1}^m |a_{ij}^k|\,. \tag{8.42}$$

Nun können wir unsere Untersuchungen auch auf das eigentliche Newton-Verfahren ausweiten. Wir benötigen dazu nur noch das Lemma von Banach.

Lemma (Banach'sches Störungslemma) Es sei $\boldsymbol{A} \in \mathbb{R}^{m\times m}$ mit $\|\boldsymbol{A}\| \le q < 1$. Dann ist die Matrix $\boldsymbol{E} - \boldsymbol{A}$ invertierbar mit Neumanscher Reihe $(\boldsymbol{E} - \boldsymbol{A})^{-1} = \sum_{k=0}^\infty \boldsymbol{A}^k$ und

$$\|(\boldsymbol{E} - \boldsymbol{A})^{-1}\| \le \frac{1}{1-q}\,.$$ ◄

Beweis Wegen $\lim_{n\to\infty} \boldsymbol{A}^n = \boldsymbol{0}$ folgt

$$\lim_{n\to\infty} (\boldsymbol{E} - \boldsymbol{A}) \sum_{k=0}^n \boldsymbol{A}^k = \lim_{n\to\infty} (\boldsymbol{E} - \boldsymbol{A}^{n+1}) = \boldsymbol{E}\,.$$

Für die Norm erhalten wir eine Abschätzung mit der geometrischen Reihe als Majorante wie folgt:

$$\begin{aligned} \|(\boldsymbol{E} - \boldsymbol{A})^{-1}\| &= \left\|\sum_{k=0}^\infty \boldsymbol{A}^k\right\| \le \sum_{k=0}^\infty \|\boldsymbol{A}\|^k \\ &\le \sum_{k=0}^\infty q^k \overset{q<1}{=} \frac{1}{1-q}\,. \end{aligned}$$ ■

Satz von Newton-Kantorowitsch II

Die Voraussetzungen und Bedingungen des Satzes von Newton-Kantorowitsch I seien erfüllt. Dann ist das eigentliche Newton-Verfahren mit dem Startwert $\boldsymbol{x}^0$ konvergent und liefert eine Folge $(\boldsymbol{x}^n)_{n\in\mathbb{N}}$, die gegen die Nullstelle $\boldsymbol{\xi}$ von $\boldsymbol{f}(\boldsymbol{x}) = \boldsymbol{0}$ konvergiert.

Beweis Der erste Iterationsschritt ist im eigentlichen Newton-Verfahren identisch zu dem im vereinfachten Newton-Verfahren. Daher ist die Iterierte $\boldsymbol{x}^1$ definiert und liegt in $\overline{U_r(\boldsymbol{x}^0)}$. Die Beweisidee ist nun, zu zeigen, dass der Satz von Newton-Kantorowitsch I auch dann noch gilt, wenn wir in ihm $\boldsymbol{x}^0$ und t^0 durch $\boldsymbol{x}^1$ und $t^1 = \varphi(t^0)$ ersetzen. Da nun $\boldsymbol{G}$ nicht nur an der Stelle $\boldsymbol{x}^0$ ausgewertet werden muss, setzen wir

$$\boldsymbol{G}_0 := \boldsymbol{G} = (\boldsymbol{f}'(\boldsymbol{x}^0))^{-1}, \quad \boldsymbol{G}_k := (\boldsymbol{f}'(\boldsymbol{x}^k))^{-1}, \quad k = 1,2,\ldots$$

Wir betrachten die Matrix

$$\begin{aligned} \boldsymbol{E} - \boldsymbol{G}_0\boldsymbol{f}'(\boldsymbol{x}^1) &= -\boldsymbol{G}_0(\boldsymbol{f}'(\boldsymbol{x}^1) - \boldsymbol{f}'(\boldsymbol{x}^0)) \\ &= -\int_{\boldsymbol{x}^0}^{\boldsymbol{x}^1} \boldsymbol{G}_0\boldsymbol{f}''(\boldsymbol{x})\,\mathrm{d}\boldsymbol{x} \end{aligned}$$

und schätzen wie schon bekannt ab:

$$\begin{aligned} \|\boldsymbol{E} - \boldsymbol{G}_0\boldsymbol{f}'(\boldsymbol{x}^1)\| &\le \int_{t^0}^{t^1} c_0\psi''(t)\,\mathrm{d}t \\ &= 1 + c_0\psi'(t^1) =: q\,. \end{aligned} \tag{8.43}$$

Nun ist $\psi''(t)$ in $[t^0, t^*]$ nicht negativ und es gilt $\psi(t^0) \ge 0$. Daher kann das Minimum von ψ nicht links von τ liegen. Wegen $t^1 \le \tau$ und $\psi'(t^0) < 0$ gilt deshalb $\psi'(t^1) < 0$ und damit ist $q < 1$.

Nun benötigen wir das Banach'sche Störungslemma. Wir setzen darin

$$\boldsymbol{A} := \boldsymbol{E} - \boldsymbol{G}_0\boldsymbol{f}'(\boldsymbol{x}^1)\,.$$

Dann wissen wir: $\|\boldsymbol{A}\| \le q < 1$, d. h., die Voraussetzungen des Störungslemmas sind erfüllt. Also existiert die Matrix

$$(\boldsymbol{E} - \boldsymbol{A})^{-1} = (\boldsymbol{E} - \boldsymbol{E} + \boldsymbol{G}_0\boldsymbol{f}'(\boldsymbol{x}^1))^{-1} = (\boldsymbol{G}_0\boldsymbol{f}'(\boldsymbol{x}^1))^{-1}$$

und es gilt

$$\|(\boldsymbol{G}_0 \boldsymbol{f}'(\boldsymbol{x}^1))^{-1}\| \le \frac{1}{1-q}.$$

Damit existiert aber auch die Matrix

$$\boldsymbol{G}_1 = (\boldsymbol{G}_0 \boldsymbol{f}'(\boldsymbol{x}^1))^{-1}\boldsymbol{G}_0 = \boldsymbol{f}'(\boldsymbol{x}^1)^{-1}.$$

Aus (8.43) und aus der Definition von c_0 im Satz von Newton-Kantorowitsch I erhalten wir $\frac{1}{1-q} = -\frac{1}{c_0\psi'(t^1)} = \frac{\psi'(t^0)}{\psi'(t^1)}$, also

$$\|(\boldsymbol{G}_0 \boldsymbol{f}'(\boldsymbol{x}^1))^{-1}\| \le \frac{1}{1-q} = \frac{\psi'(t^0)}{\psi'(t^1)} = \frac{c_1}{c_0} \tag{8.44}$$

mit $c_1 := -1/\psi'(t^1)$. Damit haben wir bereits die Bedingungen 1., 2. und 3. des Satzes von Newton-Kantorowitsch I nachgewiesen.

Wir zeigen jetzt, dass die Abschätzung

$$\|\boldsymbol{G}_0 \boldsymbol{f}(\boldsymbol{x}^1)\| \le c_0\psi(t^1) \tag{8.45}$$

besteht. Dazu verwenden wir die Taylor-Reihe in der Form (8.32),

$$\begin{aligned}
\boldsymbol{G}_0 \boldsymbol{f}(\boldsymbol{x}^1) &= \underbrace{\boldsymbol{G}_0 \boldsymbol{f}(\boldsymbol{x}^0)}_{=\boldsymbol{x}^0-\boldsymbol{x}^1} + \underbrace{\boldsymbol{G}_0 \boldsymbol{f}'(\boldsymbol{x}^0)}_{=\boldsymbol{E}}(\boldsymbol{x}^1 - \boldsymbol{x}^0) \\
&\quad + \int_{\boldsymbol{x}^0}^{\boldsymbol{x}^1} \boldsymbol{G}_0 \boldsymbol{f}''(\boldsymbol{x})(\boldsymbol{x}^1 - \boldsymbol{x}, \cdot)\,\mathrm{d}\boldsymbol{x} \\
&= (\boldsymbol{x}^0 - \boldsymbol{x}^1) + (\boldsymbol{x}^1 - \boldsymbol{x}^0) \\
&\quad + \int_{\boldsymbol{x}^0}^{\boldsymbol{x}^1} \boldsymbol{G}_0 \boldsymbol{f}''(\boldsymbol{x})(\boldsymbol{x}^1 - \boldsymbol{x}, \cdot)\,\mathrm{d}\boldsymbol{x} \\
&= \int_{\boldsymbol{x}^0}^{\boldsymbol{x}^1} \boldsymbol{G}_0 \boldsymbol{f}''(\boldsymbol{x})(\boldsymbol{x}^1 - \boldsymbol{x}, \cdot)\,\mathrm{d}\boldsymbol{x}.
\end{aligned}$$

Analog gilt

$$c_0\psi(t^1) = c_0 \int_{t^0}^{t^1} \psi''(t)(t^1 - t)\,\mathrm{d}t.$$

In einander entsprechenden Punkten $\boldsymbol{x}$ und t in den Intervallen $[\boldsymbol{x}^0, \boldsymbol{x}^1]$ und $[t^0, t^1]$, d. h., in Punkten

$$\boldsymbol{x} = \boldsymbol{x}^0 + \eta(\boldsymbol{x}^1 - \boldsymbol{x}^0), \quad t = t^0 + \eta(t^1 - t^0)$$

für $0 \le \eta \le 1$ (vergleiche im Beweis des Vorbereitungssatzes) gilt

$$\begin{aligned}
\|\boldsymbol{G}_0 \boldsymbol{f}''(\boldsymbol{x})(\boldsymbol{x}^1 - \boldsymbol{x}, \cdot)\| &\le \|\boldsymbol{G}_0 \boldsymbol{f}''(\boldsymbol{x})\|\|\boldsymbol{x}^1 - \boldsymbol{x}\| \\
&\le c_0\psi''(t)(t^1 - t)
\end{aligned}$$

und daraus folgt

$$\left\| \int_{\boldsymbol{x}^0}^{\boldsymbol{x}^1} \boldsymbol{G}_0 \boldsymbol{f}''(\boldsymbol{x})(\boldsymbol{x}^1 - \boldsymbol{x}, \cdot)\,\mathrm{d}\boldsymbol{x} \right\| \le \int_{t^0}^{t^1} c_0\psi''(t)(t^1 - t)\,\mathrm{d}t,$$

sodass wir direkt auf (8.45) schließen können.

Aus (8.44) und (8.45) sehen wir

$$\begin{aligned}
\|\boldsymbol{G}_1 \boldsymbol{f}(\boldsymbol{x}^1)\| &= \|\underbrace{(\boldsymbol{G}_0 \boldsymbol{f}'(\boldsymbol{x}^1))^{-1}\boldsymbol{G}_0}_{=\boldsymbol{G}_1} \boldsymbol{f}(\boldsymbol{x}^1)\| \\
&\le \|(\boldsymbol{G}_0 \boldsymbol{f}'(\boldsymbol{x}^1))^{-1}\|\|\boldsymbol{G}_0 \boldsymbol{f}(\boldsymbol{x}^1)\| \\
&\le \frac{c_1}{c_0} \cdot c_0\psi(t^1) = c_1\psi(t^1).
\end{aligned}$$

Damit ist nun auch Bedingung 3. des Satzes von Newton-Kantorowitsch I nachgewiesen.

Bedingung 4. wird analog bewiesen, denn für $\|\boldsymbol{x} - \boldsymbol{x}^1\| \le t - t^1$ gilt erst recht $\|\boldsymbol{x} - \boldsymbol{x}^0\| \le t - t^0$, daher folgt

$$\begin{aligned}
\|\boldsymbol{G}_1 \boldsymbol{f}''(\boldsymbol{x})\| &= \|\underbrace{(\boldsymbol{G}_0 \boldsymbol{f}'(\boldsymbol{x}^1))^{-1}\boldsymbol{G}_0}_{=\boldsymbol{G}_1} \boldsymbol{f}''(\boldsymbol{x})\| \\
&\le \|(\boldsymbol{G}_0 \boldsymbol{f}'(\boldsymbol{x}^1))^{-1}\|\|\boldsymbol{G}_0 \boldsymbol{f}''(\boldsymbol{x})\| \\
&\le \frac{c_1}{c_0} \cdot c_0\psi''(t^1) = c_1\psi''(t^1).
\end{aligned}$$

Auch Bedingung 5. ist erfüllt, da die Wurzel $\bar{t}$ im Intervall $[\tau, t^*]$ liegt, also auch im größeren Intervall $[t^1, t^*]$.

Ganz entsprechend geht es nun weiter und wir können zeigen, dass der Satz von Newton-Kantorowitsch I noch gilt, wenn wir von $\boldsymbol{x}^1$, t^1 nach $\boldsymbol{x}^2$, t^2 gehen. Mit anderen Worten, alle $\boldsymbol{x}^n$ sind definiert und das eigentliche Newton-Verfahren damit durchführbar.

Um den Beweis vollständig abzuschließen, müssen wir noch zeigen, dass die $\boldsymbol{x}^n$ tatsächlich gegen den Fixpunkt $\boldsymbol{\xi}$ konvergieren. Dazu bemerken wir, dass die Folge $(t^n)_{n\in\mathbb{N}}$ monoton wachsend und beschränkt ist, d. h. konvergent gegen einen Grenzwert, den wir $\widetilde{t}$ nennen wollen. Aus den Ungleichungen

$$\|\boldsymbol{x}^{n+1} - \boldsymbol{x}^n\| \le t^{n+1} - t^n, \quad n = 0, 1, \ldots$$

folgt dann die Existenz eines Grenzwertes $\widetilde{\boldsymbol{x}} := \lim_{n\to\infty} \boldsymbol{x}^n$. Schreiben wir das Newton-Verfahren jetzt in der Form

$$\boldsymbol{f}(\boldsymbol{x}^n) + \boldsymbol{f}'(\boldsymbol{x}^n)(\boldsymbol{x}^{n+1} - \boldsymbol{x}^n) = \boldsymbol{0}, \quad n = 0, 1, \ldots,$$

dann folgt für $\boldsymbol{x} \in U_r(\boldsymbol{x}^0)$

$$\begin{aligned}
&\|\boldsymbol{G}_0(\boldsymbol{f}'(\boldsymbol{x}) - \boldsymbol{f}'(\boldsymbol{x}^0))\| \\
&\le \|\boldsymbol{x} - \boldsymbol{x}^0\| \sup_{0<\theta<1} \|\boldsymbol{G}_0 \boldsymbol{f}''(\boldsymbol{x}^0 + \theta(\boldsymbol{x} - \boldsymbol{x}^0))\| \\
&\le r \max_{t\in[t^0, t^*]} c_0\psi''(t).
\end{aligned}$$

Damit sind die Ableitungen $\boldsymbol{f}'(\boldsymbol{x}^n)$ gleichmäßig beschränkt und der Grenzübergang $n \to \infty$ in $\boldsymbol{f}(\boldsymbol{x}^n) + \boldsymbol{f}'(\boldsymbol{x}^n)(\boldsymbol{x}^{n+1} - \boldsymbol{x}^n) = \boldsymbol{0}$ liefert

$$\boldsymbol{f}(\widetilde{\boldsymbol{x}}) = \boldsymbol{0},$$

also ist $\widetilde{\boldsymbol{x}}$ Lösung des nichtlinearen Gleichungssystems.

Ebenso ist $\widetilde{t}$ Lösung der Gleichung $\psi(t) = 0$. Wegen $\widetilde{t} \leq \tau$ und weil τ die kleinste Wurzel von $\psi(t) = 0$ ist, muss $\widetilde{t} = \tau$ sein.

Weiterhin gilt

$$\|\widetilde{\boldsymbol{x}} - \boldsymbol{x}^0\| \leq \widetilde{t} - t^0 = \tau - t^0 .$$

Nach dem Eindeutigkeitssatz muss dann $\widetilde{\boldsymbol{x}} = \boldsymbol{\xi}$ gelten. ■

Damit haben wir den klassischen Konvergenzbeweis von Kantorowitsch bis ins Detail kennengelernt.

Zwei Dinge sind ärgerlich:

1. Im Satz von Newton-Kantorowitsch I taucht eine Funktion ψ auf, die man sich je nach Anwendungsfall überlegen muss. In der Regel findet man diese Funktion nicht!
2. Der Satz von Newton-Kantorowitsch I erfordert die Kontrolle über die zweite Fréchet-Ableitung von $\boldsymbol{f}$. Es wäre sehr viel angenehmer, wenn man es nur mit der Jacobi-Matrix zu tun hätte.

Kantorowitsch hat seinen Konvergenzbeweis 1948 publiziert. Seine geniale Idee war die Majorisierung der Iteration durch einen reellwertigen Prozess mit einer Funktion $t \mapsto \psi(t)$. Auf die nicht näher bezeichnete Funktion ψ konnte er selbst noch verzichten und eine Variante des Newton-Kantorowitsch'schen Satzes liefern, die man als **den** Satz von Newton-Kantorowitsch bezeichnet.

Selbstfrage 8

Benutzen Sie den Satz von Newton-Kantorowitsch zu Aussagen über die Existenz und Lage einer Nullstelle der Funktion $f(x) = x^2 - \ln x - 2$ im Intervall $[x_0 - 0.5, x_0 + 0.5] = [1, 2]$, also um $x_0 = 1.5$ mit $r = 0.5$.

In der zweiten Hälfte des 20. Jahrhunderts wurden Varianten des Satzes bewiesen, die dann auch ohne die zweite Ableitung auskamen. Einen solchen Satz wollen wir noch kennenlernen.

Das Newton-Verfahren konvergiert quadratisch – aber nur lokal

Wir beginnen wieder mit einem Hilfssatz.

Lemma Es sei $D \subset \mathbb{R}^m$ konvex und $\boldsymbol{f} : D \to \mathbb{R}^m$ stetig differenzierbar. Existiert eine Konstante γ, sodass für alle $\boldsymbol{x}, \boldsymbol{y} \in D$ gilt

$$\|\boldsymbol{f}'(\boldsymbol{x}) - \boldsymbol{f}'(\boldsymbol{y})\| \leq \gamma \|\boldsymbol{x} - \boldsymbol{y}\| ,$$

dann folgt die Abschätzung

$$\|\boldsymbol{f}(\boldsymbol{x}) - \boldsymbol{f}(\boldsymbol{y}) - \boldsymbol{f}'(\boldsymbol{y})(\boldsymbol{x} - \boldsymbol{y})\| \leq \frac{\gamma}{2} \|\boldsymbol{x} - \boldsymbol{y}\|^2 .$$ ◄

Beweis Der Beweis basiert auf dem Beweis der Beziehung (8.29). Die Ableitung der Funktion

$$\boldsymbol{\theta}(t) = \boldsymbol{f}(\boldsymbol{y} + t(\boldsymbol{x} - \boldsymbol{y})), \quad t \in [0, 1]$$

ist

$$\boldsymbol{\theta}'(t) = \boldsymbol{f}'(\boldsymbol{y} + t(\boldsymbol{x} - \boldsymbol{y}))(\boldsymbol{x} - \boldsymbol{y}).$$

Für $0 \leq t \leq 1$ gilt daher

$$\begin{aligned}\|\boldsymbol{\theta}'(t) - \boldsymbol{\theta}'(0)\| &= \|[\boldsymbol{f}'(\boldsymbol{y} + t(\boldsymbol{x} - \boldsymbol{y})) - \boldsymbol{f}'(\boldsymbol{y})](\boldsymbol{x} - \boldsymbol{y})\| \\ &\leq \|\boldsymbol{f}'(\boldsymbol{y} + t(\boldsymbol{x} - \boldsymbol{y})) - \boldsymbol{f}'(\boldsymbol{y})\| \|\boldsymbol{x} - \boldsymbol{y}\| \\ &\leq \gamma t \|\boldsymbol{x} - \boldsymbol{y}\|^2 .\end{aligned}$$

Nun ist

$$\begin{aligned}\boldsymbol{f}(\boldsymbol{x}) - \boldsymbol{f}(\boldsymbol{y}) - \boldsymbol{f}'(\boldsymbol{y})(\boldsymbol{x} - \boldsymbol{y}) &= \boldsymbol{\theta}(1) - \boldsymbol{\theta}(0) - \boldsymbol{\theta}'(0) \\ &= \int_0^1 (\boldsymbol{\theta}'(t) - \boldsymbol{\theta}'(0))\, \mathrm{d}t\end{aligned}$$

und damit und mit der obigen Abschätzung

$$\|\boldsymbol{f}(\boldsymbol{x}) - \boldsymbol{f}(\boldsymbol{y}) - \boldsymbol{f}'(\boldsymbol{y})(\boldsymbol{x} - \boldsymbol{y})\| \leq \int_0^1 \|\boldsymbol{\theta}'(t) - \boldsymbol{\theta}'(0)\|\, \mathrm{d}t$$

$$\leq \gamma \|\boldsymbol{x} - \boldsymbol{y}\|^2 \int_0^1 t\, \mathrm{d}t .$$ ■

Wir können nun eine praktisch brauchbarere Version des Satzes von Newton-Kantorowitsch beweisen.

Satz von Newton-Kantorowitsch III

Sei $D \subset \mathbb{R}^m$ offen, D_0 mit $\overline{D_0} \subset D$ konvex und $\boldsymbol{f} : D \to \mathbb{R}^m$ stetig differenzierbar. Für $\boldsymbol{x}^0 \in D_0$ mögen positive Konstanten $r, \alpha, \beta, \gamma, h$ mit den folgenden Eigenschaften existieren:

$$\begin{aligned}U_r(\boldsymbol{x}^0) &\subset D_0, \\ h &:= \frac{\alpha\beta\gamma}{2} < 1, \\ r &:= \frac{\alpha}{1 - h} .\end{aligned}$$

Für $\boldsymbol{f}$ gelte

1. $\|\boldsymbol{f}'(\boldsymbol{x}) - \boldsymbol{f}'(\boldsymbol{y})\| \leq \gamma \|\boldsymbol{x} - \boldsymbol{y}\|$ für alle $\boldsymbol{x}, \boldsymbol{y} \in D_0$, d. h., $\boldsymbol{f}'$ ist Lipschitz-stetig mit Lipschitzkonstante γ,
2. $(\boldsymbol{f}'(\boldsymbol{x}))^{-1}$ existiert und es gilt $\|(\boldsymbol{f}'(\boldsymbol{x}))^{-1}\| \leq \beta$ für alle $\boldsymbol{x} \in D_0$,
3. $\|(\boldsymbol{f}'(\boldsymbol{x}^0))^{-1} \boldsymbol{f}(\boldsymbol{x}^0)\| \leq \alpha$.

Dann gelten

a) Jedes $\boldsymbol{x}^{n+1} = \boldsymbol{x}^n - (\boldsymbol{f}'(\boldsymbol{x}^n))^{-1}\boldsymbol{f}(\boldsymbol{x}^n)$, $n = 0, 1, \ldots$, ist wohldefiniert und es gilt $\boldsymbol{x}^n \in U_r(\boldsymbol{x}^0)$,
b) der Grenzwert $\boldsymbol{\xi} := \lim_{n\to\infty} \boldsymbol{x}^n$ existiert und es gilt $\boldsymbol{\xi} \in \overline{U_r(\boldsymbol{x}^0)}$ und $\boldsymbol{f}(\boldsymbol{\xi}) = \boldsymbol{0}$,
c) für alle $n \geq 0$ gilt

$$\|\boldsymbol{x}^n - \boldsymbol{\xi}\| \leq \alpha \frac{h^{2n-1}}{1 - h^{2n}}.$$

Wegen $0 < h < 1$ ist das Newton-Verfahren damit mindestens quadratisch konvergent.

Beweis Wir kennen die Beweistechniken schon aus dem vorhergehenden Abschnitt. Hier müssen wir nun ohne die zweite Ableitung auskommen.

Wir zeigen a).

Da nach Voraussetzung die inverse Jacobi-Matrix von $\boldsymbol{f}$ für alle $\boldsymbol{x} \in D_0$ existiert, sind alle $\boldsymbol{x}^k$ dann wohldefiniert, wenn sie sämtlich in $U_r(\boldsymbol{x}^0)$ liegen. Das ist sicher richtig für $n = 0$, aber auch für $n = 1$ wegen 3. Nun seien schon $\boldsymbol{x}^j \in U_r(\boldsymbol{x}^0)$ für $j = 0, 1, \ldots, n$, $n \geq 1$. Wegen 2. gilt

$$\begin{aligned}\|\boldsymbol{x}^{n+1} - \boldsymbol{x}^n\| &= \| - (\boldsymbol{f}'(\boldsymbol{x}^n))^{-1}\boldsymbol{f}(\boldsymbol{x}^n)\| \leq \beta\|\boldsymbol{f}(\boldsymbol{x}^n)\| \\ &= \beta\|\boldsymbol{f}(\boldsymbol{x}^n) - \boldsymbol{f}(\boldsymbol{x}^{n-1}) - \boldsymbol{f}(\boldsymbol{x}^{n-1})(\boldsymbol{x}^n - \boldsymbol{x}^{n-1})\|,\end{aligned}$$

weil nach Definition von $\boldsymbol{x}^n$ gilt

$$\boldsymbol{f}(\boldsymbol{x}^{n-1}) + \boldsymbol{f}(\boldsymbol{x}^{n-1})(\boldsymbol{x}^n - \boldsymbol{x}^{n-1}) = \boldsymbol{0}.$$

Mithilfe des vorhergehenden Lemmas folgt also

$$\|\boldsymbol{x}^{n+1} - \boldsymbol{x}^n\| \leq \frac{\beta\gamma}{2}\|\boldsymbol{x}^n - \boldsymbol{x}^{n-1}\|^2$$

und daraus wollen wir die Ungleichung

$$\|\boldsymbol{x}^{n+1} - \boldsymbol{x}^n\| \leq \alpha h^{2n-1}$$

beweisen. Für $n = 0$ stimmt diese Ungleichung, denn wegen 3. folgt aus $\boldsymbol{x}^1 = \boldsymbol{x}^0 - (\boldsymbol{f}'(\boldsymbol{x}^0))^{-1}\boldsymbol{f}(\boldsymbol{x}^0)$ sicher $\|\boldsymbol{x}^1 - \boldsymbol{x}^0\| = \|(\boldsymbol{f}'(\boldsymbol{x}^0))^{-1}\boldsymbol{f}(\boldsymbol{x}^0)\| \leq \alpha \leq \alpha/h$, weil $0 < h < 1$ ist. Nun sei die Ungleichung richtig für $n \geq 0$, dann gilt sie auch für $n + 1$, denn

$$\begin{aligned}\|\boldsymbol{x}^{n+1} - \boldsymbol{x}^n\| &\leq \frac{\beta\gamma}{2}\|\boldsymbol{x}^n - \boldsymbol{x}^{n-1}\|^2 \leq \frac{\beta\gamma}{2}\left(\alpha h^{2^{(n-1)}-1}\right)^2 \\ &= \frac{\beta\gamma}{2}\alpha^2 h^{2^n-2} \\ &\overset{\beta\gamma=2h/\alpha}{=} \alpha h^{2^n-1}.\end{aligned}$$

Weiter folgt aus der nun bewiesenen Ungleichung

$$\begin{aligned}\|\boldsymbol{x}^{n+1} - \boldsymbol{x}^0\| &\leq \|\boldsymbol{x}^{n+1} - \boldsymbol{x}^n\| + \|\boldsymbol{x}^n - \boldsymbol{x}^{n-1}\| + \ldots \\ &\quad + \|\boldsymbol{x}^1 - \boldsymbol{x}^0\| \\ &\leq \alpha(1 + h + h^3 + h^7 + \ldots + h^{2^n-1}) \\ &< \frac{\alpha}{1-h} = r,\end{aligned}$$

also bleiben alle $\boldsymbol{x}^n$ in $U_r(\boldsymbol{x}^0)$.

Wir zeigen nun b). Aus dem gerade Gezeigten folgt, dass die $\boldsymbol{x}^n$ eine Cauchy-Folge bilden, denn für $m \geq n$ und jedes $\varepsilon > 0$ folgt

$$\begin{aligned}\|\boldsymbol{x}^{m+1} - \boldsymbol{x}^n\| &\leq \|\boldsymbol{x}^{m+1} - \boldsymbol{x}^m\| + \|\boldsymbol{x}^m - \boldsymbol{x}^{m-1}\| + \ldots \\ &\quad + \|\boldsymbol{x}^{n+1} - \boldsymbol{x}^n\| \\ &\leq \alpha h^{2^n-1}(1 + h^{2^n} + (h^{2^n})^2 + \ldots) \\ &\leq \frac{\alpha h^{2^n-1}}{1 - h^{2^n}} \leq \varepsilon,\end{aligned}$$

wenn nur $n > n_0(\varepsilon)$ ist, da $0 < h < 1$. Damit existiert der Grenzwert $\boldsymbol{\xi} := \lim_{n\to\infty} \boldsymbol{x}^n$ und liegt in $\overline{U_r(\boldsymbol{x}^0)}$.

Gehen wir in der letzten großen Ungleichung zum Grenzwert $m \to \infty$ über, dann erhalten wir die Abschätzung c), denn

$$\lim_{m\to\infty} \|\boldsymbol{x}^m - \boldsymbol{x}^n\| = \|\boldsymbol{\xi} - \boldsymbol{x}^n\| \leq \frac{\alpha h^{2^n-1}}{1 - h^{2^n}}.$$

Es bleibt nur noch in b) zu zeigen, dass $\boldsymbol{\xi}$ auch wirklich $\boldsymbol{f}(\boldsymbol{x})$ in $\overline{U_r(\boldsymbol{x}^0)}$ löst. Wegen a) und $\boldsymbol{x}^n \in U_r(\boldsymbol{x}^0)$ für alle $n \geq 0$ gilt

$$\|\boldsymbol{f}'(\boldsymbol{x}^n) - \boldsymbol{f}'(\boldsymbol{x}^0)\| \leq \gamma\|\boldsymbol{x}^n - \boldsymbol{x}^0\| < \gamma r$$

und damit

$$\|\boldsymbol{f}'(\boldsymbol{x}^n)\| \leq \gamma r + \|\boldsymbol{f}'(\boldsymbol{x}^0)\| =: K.$$

Aus der Gleichung

$$\boldsymbol{f}(\boldsymbol{x}^n) = -\boldsymbol{f}'(\boldsymbol{x}^k)(\boldsymbol{x}^{n+1} - \boldsymbol{x}^n)$$

folgt dann die Abschätzung

$$\|\boldsymbol{f}(\boldsymbol{x}^n) \leq K\|\boldsymbol{x}^{n+1} - \boldsymbol{x}^n\|.$$

Also gilt $\lim_{n\to\infty} \|\boldsymbol{f}(\boldsymbol{x}^n)\| = 0$ und wegen der Stetigkeit von $\boldsymbol{f}$ in $\boldsymbol{\xi}$ folgt $\lim_{n\to\infty} \|\boldsymbol{f}(\boldsymbol{x}^n)\| = \|\boldsymbol{f}(\boldsymbol{\xi})\| = 0$ und damit ist $\boldsymbol{\xi}$ eine Nullstelle von $\boldsymbol{f}$. ■

Damit ist die Konvergenz der Newton-Iteration gegen eine Nullstelle von $\boldsymbol{f}$ gezeigt, aber wir konnten nicht zeigen, dass $\boldsymbol{\xi}$ die einzige Nullstelle von $\boldsymbol{f}$ in $U_r(\boldsymbol{x}^0)$ ist. Unter etwas verschärften Voraussetzungen (siehe im folgenden Satz) kann man auch diese Information gewinnen. Für den Beweis des folgenden Satzes wollen wir aber auf die Literatur verweisen.

Unter der Lupe: Der Satz von Newton-Kantorowitsch

Die folgende Version des Satzes von Newton-Kantorowitsch ist die wohl bekannteste und der Höhepunkt der Entwicklung durch Kantorowitsch selbst. Auf die in den beiden Versionen I und II benötigte Funktion ψ, für deren Konstruktion wir keinerlei Hinweise hatten und haben, kann nun verzichtet werden.

Satz von Newton-Kantorowitsch

Die Funktion $\boldsymbol{f}$ sei auf $U_r(\boldsymbol{x}^0)$ definiert und besitze in $\overline{U_r}(\boldsymbol{x}^0)$ eine stetige zweite Ableitung. Folgende Bedingungen mögen gelten:

1. Die Matrix $\boldsymbol{G} = (\boldsymbol{f}'(\boldsymbol{x}^0))^{-1}$ existiert.
2. $\|\boldsymbol{G}\boldsymbol{f}(\boldsymbol{x}^0)\| \le \eta$.
3. $\|\boldsymbol{G}\boldsymbol{f}''(\boldsymbol{x})\| \le \delta$ für alle $\boldsymbol{x} \in \overline{U}_r(\boldsymbol{x}^0)$.

Dann hat die Gleichung $\boldsymbol{f}(\boldsymbol{x}) = \boldsymbol{0}$ im Fall

$$h := \eta\delta \le \frac{1}{2} \quad \text{und} \quad r \ge r_0 := \frac{1-\sqrt{1-2h}}{h}\eta$$

eine Lösung $\boldsymbol{\xi}$ mit $\|\boldsymbol{\xi} - \boldsymbol{x}^0\| \le r_0$ gegen die das Newton- und das vereinfachte Newton-Verfahren konvergieren.

Ist für

$$h < \frac{1}{2}$$

außerdem

$$r < r_1 := \frac{1+\sqrt{1-2h}}{h}\eta$$

und für $h = 1/2$ gerade $r = r_1$, dann liegt in der Kugel $\overline{U}_r(\boldsymbol{x}^0)$ nur eine einzige Lösung $\boldsymbol{\xi}$.

Beweis Betrachten Sie die Funktion

$$\psi(t) := \delta t^2 - 2t + 2\eta = \delta t^2 - 2t + \frac{2h}{\delta} = \frac{h}{\eta}t^2 - 2t + 2\eta$$

im Intervall $[0, r]$. Wir zeigen, dass $\boldsymbol{f}$ und ψ die Voraussetzungen des Satzes von Newton-Kantorowitsch I (und damit auch Newton-Kantorowitsch II) erfüllen. Wegen $t_0 = 0$ sind die Voraussetzungen 1. bis 4. erfüllt. Die Gleichung $\psi(t) = 0$ hat die beiden Nullstellen

$$r_0 = \frac{1-\sqrt{1-2h}}{h}\eta, \quad r_1 = \frac{1+\sqrt{1-2h}}{h}\eta,$$

die wegen $h = \delta\eta \le 1/2$ beide reell sind. Wegen der Voraussetzung $r \ge r_0$ liegt die kleinste Nullstelle r_0 in $[0, r]$. Wegen $t = r_0$ stimmt die Ungleichung $\|\boldsymbol{\xi} - \boldsymbol{x}^0\| \le r_0$ mit der Ungleichung $\|\boldsymbol{\xi} - \boldsymbol{x}^0\| \le \tau - t^0$ überein.

Die Eindeutigkeitsaussage folgt aus dem Eindeutigkeitssatz auf S. 268 und der direkt auf ihn folgenden Bemerkung, da unter der Voraussetzung $h \le 1/2$ stets $\psi(r) \le 0$ ist und die Nullstelle von $\psi(t) = 0$ in $[0, r]$ eindeutig ist. ■

Historische Bemerkung

Die Leistung Kantorowitschs besteht nicht nur darin, den Konvergenzsatz für Systeme $\boldsymbol{f}(\boldsymbol{x}) = \boldsymbol{0}$ mit $\boldsymbol{f} : \mathbb{R}^m \to \mathbb{R}^m$ bewiesen zu haben. Es gelang ihm sogar, den Satz für nichtlineare Abbildungen $\boldsymbol{f} : X \to Y$ zwischen zwei beliebigen Banach-Räumen X und Y zu beweisen.

Beispiel Für eine einzelne reelle Gleichung $f(x) = 0$ können die im Satz auftretenden Größen η und δ nach 2. und 3. zu

$$\eta \ge \left|\frac{f(x_0)}{f'(x_0)}\right|, \quad \delta \ge \max_{x \in U_r(x_0)} \left|\frac{f''(x)}{f'(x_0)}\right|$$

gewählt werden. Wir haben nach dem Satz von Newton-Kantorowitsch also die Existenz einer Lösung ξ, wenn nur $h = \eta\delta \le \frac{1}{2}$ ist, also

$$\frac{|f(x_0)||f''(x_0)|}{|f'(x_0)|^2} \le \frac{1}{2}.$$

Die Lösung ξ liegt dann im Intervall

$$|x - x_0| \le r_0 = \frac{1-\sqrt{1-2h}}{h}\eta$$

wenn $r \ge r_0$, und ist für $r \ge r_1$ im Intervall

$$|x - x_0| \le r_1 = \frac{1+\sqrt{1-2h}}{h}\eta$$

eindeutig. Im Fall $f(x) = \sin x$ auf $[2.5, 3.5] = U_{1/2}(x_0)$ mit $x_0 = 3$ ist demnach $\eta \ge |\sin(3)/\cos(3)| = 0.14255$ und $\delta \ge \max_{x\in[2.5,3.5]} |-\sin(x)/\cos(3)| = |-\sin(2.5)/\cos(3)| = 0.60452$ zu wählen. Wählen wir konkret $\eta = 0.15$ und $\delta = 0.61$. Es gilt $h = |\sin(3)||-\sin(3)|/|\cos(3)|^2 = 0.02032 < 1/2$, also existiert eine Lösung ξ von $\sin x = 0$ in $[2.5, 3.5]$ und sie liegt im Intervall

$$|x - 3| \le r_0 = \frac{1-\sqrt{1-2\cdot 0.02032}}{0.02032}0.15 = 0.15156,$$

also $2.84844 \le \xi \le 3.15156$, weil $r = 0.5 \ge r_0$. Im Intervall

$$|x - 3| \le r_1 = \frac{1+\sqrt{1-2\cdot 0.02032}}{0.02032}0.15 = 14.61222$$

ist diese Nullstelle aber sicher nicht eindeutig. Eine Eindeutigkeitsaussage ist auch wegen $r = 0.5 < r_1$ gar nicht möglich. ◄

Kapitel 8

Satz von Newton-Kantorowitsch IV

Sei $D_0 \subset D \subset \mathbb{R}^m$ konvex, $\boldsymbol{f}: D \to \mathbb{R}^m$ auf D_0 stetig differenzierbar und erfülle für ein $\boldsymbol{x}^0 \in D_0$ die folgenden Bedingungen.

1. $\|\boldsymbol{f}'(\boldsymbol{x}) - \boldsymbol{f}'(\boldsymbol{y})\| \le \gamma \|\boldsymbol{x} - \boldsymbol{y}\|$ für alle $\boldsymbol{x}, \boldsymbol{y} \in D_0$, d. h., $\boldsymbol{f}'$ ist Lipschitz-stetig mit Lipschitzkonstante γ,
2. $\|(\boldsymbol{f}'(\boldsymbol{x}^0))^{-1}\| \le \beta$,
3. $\|(\boldsymbol{f}'(\boldsymbol{x}^0))^{-1}\boldsymbol{f}(\boldsymbol{x}^0)\| \le \alpha$.

Es gebe Konstanten $h, \alpha, \beta, \gamma, r_1, r_2$, die wie folgt zusammenhängen sollen,

$$h = \alpha\beta\gamma,$$
$$r_{1,2} = \frac{1 \mp \sqrt{1-2h}}{h}\alpha .$$

Falls

$$h \le \frac{1}{2} \quad \text{und} \quad \overline{U_{r_1}(\boldsymbol{x}^0)} \subset D_0 ,$$

dann bleiben alle Glieder der durch

$$\boldsymbol{x}^{n+1} = \boldsymbol{x}^n - (\boldsymbol{f}'(\boldsymbol{x}^n))^{-1}\boldsymbol{f}(\boldsymbol{x}^n), \quad n = 0, 1, \ldots$$

in $U_{r_1}(\boldsymbol{x}^0)$ und konvergieren gegen die einzige Nullstelle von $\boldsymbol{f}$ in $D_0 \cap U_{r_2}(\boldsymbol{x}^0)$.

8.4 Die Dynamik von Iterationsverfahren – Ordnung und Chaos

In den letzten Jahrzehnten hat sich ein neuer Blick auf Iterationsverfahren geöffnet, der mit Untersuchungen zum Verhalten dynamischer Systeme zu tun hat. Wir wollen hier nur die Sprache der diskreten Dynamik kennenlernen und das Newton-Verfahren noch einmal im Licht dieser Sprache analysieren.

Gleichgewichtspunkt ist nur ein anderer Name für Fixpunkt

In der Sprache der dynamischen Systeme nennt man einen Fixpunkt ξ einer Funktion $\Phi\colon \mathbb{R} \to \mathbb{R}$, also $\Phi(\xi) = \xi$, einen **Gleichgewichtspunkt**.

In der Dynamik geht es nicht ausschließlich um Iterationen zur numerischen Lösung von nichtlinearen Gleichungen $f(x) = 0$, sondern allgemeiner um die Lösung von Iterationen

$$x^{n+1} = \Phi(x^n) .$$

Wegen

$$\begin{aligned} x^{n+1} &= \Phi(x^n) = \Phi(\Phi(x^{n-1})) = \Phi(\Phi(\Phi(x^{n-2}))) = \ldots \\ &= \underbrace{\Phi(\Phi(\ldots\Phi}_{(n+1)\text{-mal}}(x^0))\ldots) \end{aligned}$$

schreibt man auch gerne

$$x^{n+1} = \Phi^{n+1}(x^0) ,$$

um die Anzahl der Iterationen als Anwendungen von Φ auf x^0 hervorzuheben. Solche Gleichungen heißen in der Dynamik **diskrete dynamische Systeme** oder auch (spezieller) **Differenzengleichungen**.

Solche Iterationen können etwas mit der Lösung einer Gleichung $f(x) = 0$ zu tun haben, müssen es aber nicht.

Attraktoren und Stabilität

Ein Gleichgewichtspunkt ξ von $x = \Phi(x)$ heißt **stabil**, wenn für jedes $n > 0$ gilt

$$\forall \varepsilon > 0 \quad \exists \delta > 0\colon \quad |\xi - x^0| < \delta \Longrightarrow |\Phi^n(x^0) - \xi| < \varepsilon .$$

Ist ein Gleichgewichtspunkt nicht stabil, dann heißt er **instabil**.

Der Gleichgewichtspunkt ξ heißt **Attraktor** oder **attraktiv**, wenn es ein $\eta > 0$ gibt, sodass

$$|x^0 - \xi| < \eta \Longrightarrow \lim_{n\to\infty} x^n = \xi .$$

Ist $\eta = \infty$, dann heißt ξ ein **globaler Attraktor** oder **global attraktiv**.

Der Gleichgewichtspunkt ξ heißt **asymptotisch stabil**, wenn er stabil und attraktiv ist. Ist $\eta = \infty$, dann heißt ξ **global asymptotisch stabil.**

Das Verhalten von Iterationsfolgen kann man sich an der Abb. 8.5 klar machen. Im instabilen Fall gibt es ein $\varepsilon > 0$, sodass unabhängig vom Abstand $\xi - x^0$ immer ein Index $n_0(\varepsilon)$ existiert, sodass x^{n_0} mindestens um ε von ξ entfernt liegt. Im asymptotisch stabilen Fall muss x^0 nur nahe genug am Gleichgewichtspunkt liegen und im global asymptotischen Fall garantiert jedes x^0 die Konvergenz zum Gleichgewichtspunkt.

Schon im Konvergenzsatz für Iterationsfolgen auf S. 257 spielte die Kontraktionseigenschaft

$$|\Phi(x) - \Phi(y)| \le C|x - y|$$

für alle x, y in einer Umgebung um den Fixpunkt ξ mit einer Lipschitz-Konstanten $C < 1$ eine Rolle. Ist die Iterationsfunktion differenzierbar, dann kann man in

$$\frac{|\Phi(\xi) - \Phi(y)|}{|\xi - y|} \le C < 1$$

Beispiel: Vier Verfahren für eine Gleichung

Wir haben uns zu Beginn des Kapitels gefragt, wie man auf Iterationsfunktionen kommt. Wir greifen hier unsere Beispiele von S. 250 wieder auf und wollen untersuchen, ob die Fixpunktiteration jeweils konvergieren kann. Wir hatten zu dem Problem $f(x) := e^x + x^2 - 2 = 0$ die drei Iterationsverfahren $x = \Phi_1(x) = \ln(2-x^2)$, $x = \Phi_2(x) = \sqrt{2-e^x}$ und $x = \Phi_3(x) = (2-e^x)/x$ gefunden, die wir nun untersuchen wollen. Dagegen vergleichen wir das Newton-Verfahren.

Problemanalyse und Strategie Mithilfe einer graphischen Darstellung finden wir die ungefähre Lage des Fixpunktes. Wir überprüfen die Durchführbarkeit der einfachen Fixpunktiteration, dann versuchen wir, die Voraussetzungen des Satzes von Newton-Kantorowitsch II nachzuweisen.

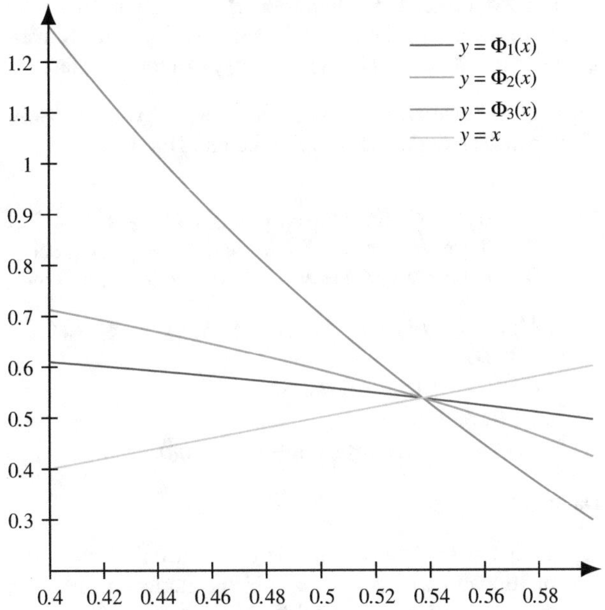

Wir erkennen in der Abbildung einen Fixpunkt bei ungefähr $x = 0.54$ und wählen daher $\overline{D_0} := [0.4, 0.6]$ und $x^0 := 0.5$.

Die Iterationsfunktion Φ_1 liefert

$$\Phi_1'(x) = -\frac{2x}{2-x^2},$$
$$\max_{x\in D_0} |\Phi_1'(x)| = |\Phi_1'(0.4)| = \frac{10}{23} < 1,$$

also ist die Fixpunktiteration ausführbar. Die Iteration beginnt oszillierend und liefert erst für $n = 44$ das Ergebnis auf 10 Dezimalen genau: 0.5372744492.

Im Fall von Φ_2 erhalten wir

$$\Phi_2'(x) = -\frac{e^x}{2\sqrt{2-e^x}},$$
$$\max_{x\in D_0} |\Phi_2'(x)| = |\Phi_2'(0.4)| \approx 1.0464 > 1$$

und die Iterationsfunktion ist keine Kontraktion mehr. In der Tat divergiert die Iteration bereits im sechsten Schritt.

Abschließend betrachten wir Φ_3 und erhalten

$$\Phi_3'(x) = -\frac{(1+x)e^x + 2}{x^2},$$
$$\max_{x\in D_0} |\Phi_3'(x)| = |\Phi_3'(0.4)| \approx 25.554 > 1$$

und auch diese Fixpunktiteration führt nicht zum Ziel. Die Iterierten oszillieren zu Beginn sehr stark und konvergieren dann aber zu einem anderen Fixpunkt bei $x = -1.31597367449$.

Nun untersuchen wir zum Vergleich das Newton-Verfahren.

Für die Ableitung von f erhalten wir

$$f'(x) = e^x + 2x,$$

die Inverse $(f'(x))^{-1}$ existiert also für alle $x \in D_0$ und wir erhalten für alle $x \in D_0$

$$|(f'(x))^{-1}| = \left|\frac{1}{e^x + 2x}\right| \leq \frac{1}{e^{0.4} + 0.8} \approx 0.4363 =: \beta.$$

Damit ist Voraussetzung 3. im Satz von Newton-Kantorowitsch II gezeigt. Aus

$$|(f'(x^0))^{-1} f(x^0)| = |(e^{0.5}+1)^{-1}(e^{0.5} + 0.5^2 - 2)|$$
$$\approx 0.0382 =: \alpha,$$

womit Voraussetzung 3. gezeigt ist. Voraussetzung 1. verlangt die Existenz einer Konstanten γ, sodass für alle $x, y \in D_0$ gilt

$$|f'(x) - f'(y)| \leq \gamma |x - y|.$$

Abschätzen liefert

$$\max_{x,y\in D_0} \{|e^x + 2x - e^y - 2y|\} = |e^{0.6} - e^{0.4} + 2(0.6-0.4)|$$
$$\approx 0.7303$$

und $\max_{x,y\in D_0}\{|x-y|\} = |0.6 - 0.4| = 0.2$. Damit ergibt sich für γ ein Wert von etwa 3.652.

Damit berechnen wir die noch fehlenden Größen, $h = \alpha\beta\gamma/2 \approx 0.0304 < 1$ und $r = \alpha/(1-h) \approx 0.0394$. Damit ist die Kantorowitsch-Umgebung das Intervall $U_{0.0394}(x^0) = (0.5 - 0.0394, 0.5 + 0.0394)$. Das Newton-Verfahren ist also durchführbar und liefert schon für $n = 3$ den stationären Wert $x^3 = 0.5372744492$.

Hintergrund und Ausblick: Moderne Varianten des Newton-Verfahrens

Die Lösung nichtlinearer Systeme ist eine in der Praxis so wichtige Aufgabe, dass man bis heute versucht, das Newton-Verfahren zu perfektionieren bzw. Varianten mit hervorragenden Eigenschaften zu konstruieren. Eine moderne Entwicklung ist die Ausnutzung gewisser Invarianzen.

Wir haben bisher das Newton-Verfahren als lokal konvergentes Verfahren kennengelernt, d. h., der Startwert $\boldsymbol{x}^0$ musste stets in einer gewissen Umgebung – der Kantorowitsch-Umgebung – der Nullstelle $\boldsymbol{\xi}$ liegen. In der modernen Literatur findet man Newton-Verfahren, die für gewisse Klassen von Funktionen f **global konvergent** sind. Zudem haben neuere Entwicklungen versucht, eine zulässige Schranke für die Lipschitz-Konstante γ im Satz von Newton-Kantorowitsch IV algorithmisch zu finden. Diese Entwicklungen sind ganz wesentlich von Peter Deuflhard vorangetrieben worden und wurden erst kürzlich in einer Monographie veröffentlicht.

Diese Entwicklungen bauen auf wichtigen Eigenschaften des Newton-Verfahrens auf, die wir an dieser Stelle nur erwähnen können. Sind $\boldsymbol{A}, \boldsymbol{B} \in \mathbb{R}^{m\times m}$ beliebige, nichtsinguläre Matrizen, dann gilt:

Der Vektor $\boldsymbol{\xi} \in D \subset \mathbb{R}^m$ ist Nullstelle der Funktion $\boldsymbol{f}$ genau dann, wenn $\boldsymbol{B}^{-1}\boldsymbol{\xi}$ Nullstelle einer nichtlinearen Funktion $\boldsymbol{g}: D \to \mathbb{R}^m$ ist, die durch

$$\boldsymbol{g}(\boldsymbol{y}) := \boldsymbol{A}\boldsymbol{f}(\boldsymbol{B}\boldsymbol{y}), \quad \boldsymbol{x} = \boldsymbol{B}\boldsymbol{y}$$

definiert ist.

Diese Aussage ist offensichtlich, wenn man für $\boldsymbol{y}$ den Vektor $\boldsymbol{B}^{-1}\boldsymbol{\xi}$ einsetzt. Wegen

$$\boldsymbol{g}'(\boldsymbol{y}^n) = \boldsymbol{A}\boldsymbol{f}'(\boldsymbol{x}^n)\boldsymbol{B}$$

gilt für das Newton-Verfahren für $\boldsymbol{g}$

$$\boldsymbol{y}^{n+1} = \boldsymbol{y}^n - (\boldsymbol{g}'(\boldsymbol{y}^n))^{-1}\boldsymbol{g}(\boldsymbol{y}^n) = \boldsymbol{B}^{-1}\boldsymbol{x}^{n+1}.$$

Diese Beziehung zeigt, dass die Iterierten $\boldsymbol{x}^n$ bezüglich einer affinen Transformation mit $\boldsymbol{A}$ im Bildraum invariant sind. Diese Invarianz heißt **volle Affin-Kovarianz**. Andererseits transformieren sie sich durch $\boldsymbol{B}$, was man als **volle Affin-Kontravarianz** bezeichnet.

Mithilfe der vollen Affin-Kovarianz und der vollen Affin-Kontravarianz lassen sich die Konvergenz der Iterierten untersuchen und die algorithmische Bestimmung der Lipschitz-Konstanten bewerkstelligen. Man kann nun zeigen, dass die vollen Invarianzeigenschaften nicht zu erreichen sind. Daher betrachtet man die Fälle:

- **Affin-Kovarianz:** Setze $\boldsymbol{B} = \boldsymbol{E}$ und betrachte die Klasse von Problemen

$$\boldsymbol{G}(\boldsymbol{x}) := \boldsymbol{A}\boldsymbol{f}(\boldsymbol{x}) = \boldsymbol{0}$$

  mit nichtsingulären Matrizen $\boldsymbol{A}$.
- **Affin-Kontravarianz:** Setze $\boldsymbol{A} = \boldsymbol{E}$ und betrachte die Klasse von Problemen

$$\boldsymbol{G}(\boldsymbol{y}) := \boldsymbol{f}(\boldsymbol{B}\boldsymbol{y})$$

  mit nichtsingulären Matrizen $\boldsymbol{B}$.

Es zeigt sich, dass Affin-Kovarianz das geeignete Konzept ist, um Konvergenz der Iterierten $\boldsymbol{x}_k$ zu zeigen, während man Affin-Kontravarianz verwenden kann, um die Konvergenz der Residuen $\|\boldsymbol{f}(\boldsymbol{x}_{k+1}) - \boldsymbol{f}(\boldsymbol{x}_k)\|$ zu untersuchen.

Eine affin-kovariante Version des Satzes von Newton-Kantorowitsch findet sich bei Freund und Hoppe:

Satz Es sei $D \subset \mathbb{R}^m$ konvex und $\boldsymbol{f}: D \to \mathbb{R}^m$ sei auf D stetig differenzierbar. Die Funktionalmatrix $\boldsymbol{f}'(\boldsymbol{x}_0)$ sei in $\boldsymbol{x}_0 \in D$ invertierbar und es gebe Konstanten $\alpha_0, \gamma_0 > 0$ mit

1. $\|(\boldsymbol{f}'(\boldsymbol{x}_0))^{-1}(\boldsymbol{f}(\boldsymbol{y}) - \boldsymbol{f}(\boldsymbol{x}))\| \leq \gamma_0\|\boldsymbol{y} - \boldsymbol{x}\|$ für alle $\boldsymbol{x}, \boldsymbol{y} \in D$,
2. $\|(\boldsymbol{f}'(\boldsymbol{x}_0))^{-1}\boldsymbol{f}(\boldsymbol{x}_0)\| \leq \alpha_0$,
3. $h_0 := \alpha_0\gamma_0 < \frac{1}{2}$,
4. $\overline{U}_r(\boldsymbol{x}_0) \subset D$ mit $r := \frac{1}{\gamma_0}(1 - \sqrt{1-2h_0})$.

Dann gilt

a) Die Folge $(\boldsymbol{x}_k)_{k\in\mathbb{N}}$ der Iterierten ist wohldefiniert, die Funktionalmatrix $\boldsymbol{f}'(\boldsymbol{x}_k)$ ist für alle Iterierten invertierbar und es gilt $\boldsymbol{x}_k \in \underline{U_r(\boldsymbol{x}_0)}$ für alle $k \in \mathbb{N}_0$.
b) Es existiert ein $\boldsymbol{x}^* \in \overline{U}_r(\boldsymbol{x}_0)$ mit $\lim_{k\to\infty}\boldsymbol{x}_k = \boldsymbol{x}^*$ und $\boldsymbol{f}(\boldsymbol{x}^*) = \boldsymbol{0}$. Die Konvergenz ist quadratisch.
c) Der Vektor $\boldsymbol{x}^*$ ist die einzige Nullstelle von $\boldsymbol{f}$ in der Menge $D \cap U_{r_1}(\boldsymbol{x}_0)$ mit $r_1 := \frac{1}{\gamma_0}(1 + \sqrt{1-2h_0})$. ◀

Diese Bemerkungen mögen genügen, um die interessierte Leserin und den interessierten Leser an das Werk *Newton Methods for Nonlinear Problems – Affine Invariance and Adaptive Algorithms* von Peter Deuflhard zu verweisen. Auch in dem Werk *Stoer/Bulirsch: Numerische Mathematik 1* von Roland W. Freund und Ronald H. W. Hoppe finden sich einige weitere Resultate, die mithilfe dieser Invarianzeigenschaften gewonnen werden können.

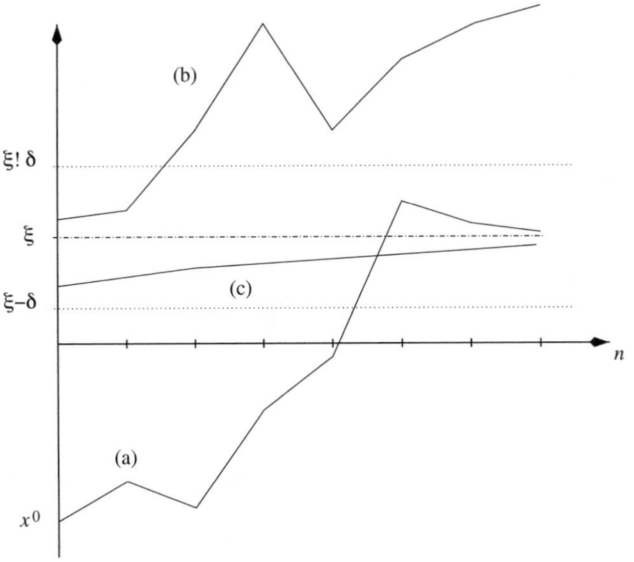

Abb. 8.5 Mögliches Verhalten von Iterationsfolgen. **a** Global asymptotisch stabiler Gleichgewichtspunkt, **b** instabiler Gleichgewichtspunkt, **c** stabiler Gleichgewichtspunkt

zum Grenzwert $y \to \xi$ übergehen und erhält

$$|\Phi'(\xi)| < 1$$

als notwendige Bedingung für die Konvergenz. Es ist also nicht verwunderlich, dass man solche Sätze auch in der Dynamik findet.

Satz Ist ξ ein Gleichgewichtspunkt einer Differenzengleichung

$$x^{n+1} = \Phi(x^n),$$

und ist Φ stetig differenzierbar in ξ, dann gelten

1. Ist $|\Phi'(\xi)| < 1$, dann ist ξ asymptotisch stabil.
2. Ist $|\Phi'(\xi)| > 1$, dann ist ξ instabil. ◀

Beweis

1. Für $M > 0$ sei $|\Phi'(\xi)| < M < 1$. Dann existiert wegen der Stetigkeit von Φ' ein offenes Intervall $I := (\xi - \varepsilon, \xi + \varepsilon)$ mit $|\Phi'(x)| \le M < 1$ für alle $x \in I$. Nach dem Mittelwertsatz gibt es für jeden Punkt $x^0 \in I$ eine Zahl η zwischen x^0 und ξ, sodass
$$\begin{aligned}|\Phi(x^0) - \xi| &= |\Phi(x^0) - \Phi(\xi)| \\ &= |\Phi'(\eta)||x^0 - \xi| \le M|x^0 - \xi|\end{aligned}$$
gilt. Weil $M < 1$, zeigt diese Ungleichung, dass $f(x^0)$ näher an ξ liegt als x^0, also folgt $f(x^0) \in I$. Wiederholung dieses Arguments und vollständige Induktion zeigen
$$|\Phi^n(x^0) - \xi| \le M^n |x^0 - \xi| .$$
Zum Beweis der Stabilität von ξ setzen wir $\delta = \varepsilon$ für alle $\varepsilon > 0$. Dann folgt aus $|x^0 - \xi| < \delta$ die Ungleichung $|\Phi^n(x^0) - \xi| \le M^n|x^0 - \xi| < \varepsilon$ und damit ist die Stabilität schon gezeigt.
2. (fast wörtlich wie in 1.) Für $M > 0$ sei $|\Phi'(\xi)| > M > 1$. Dann existiert wegen der Stetigkeit von Φ' ein offenes Intervall $I := (\xi - \varepsilon, \xi + \varepsilon)$ mit $|\Phi'(x)| \ge M > 1$ für alle $x \in I$. Nach dem Mittelwertsatz gibt es für jeden Punkt $x^0 \in I$ eine Zahl η zwischen x^0 und ξ, sodass
$$\begin{aligned}|\Phi(x^0) - \xi| &= |\Phi(x^0) - \Phi(\xi)| \\ &= |\Phi'(\eta)||x^0 - \xi| \ge M|x^0 - \xi|\end{aligned}$$
gilt. Damit ist die Iterierte $\Phi(x^0)$ wegen $M > 1$ weiter von ξ entfernt als x^0. Mit vollständiger Induktion folgt
$$|\Phi^n(x^0) - \xi| \ge M^n|x^0 - \xi|$$
und damit ist die Instabilität gezeigt. ■

Beispiel Die Iterationsfunktion des Newton-Verfahrens ist gegeben durch

$$\Phi(x) = x - \frac{f(x)}{f'(x)}$$

und ein Gleichgewichtspunkt ist ein ξ mit $\xi = \Phi(\xi) = \xi - \frac{f(\xi)}{f'(\xi)}$, also eine Nullstelle von f. Die Ableitung von Φ ist

$$\Phi'(x) = 1 - \frac{(f'(x))^2 - f(x)f'(x)}{(f'(x))^2},$$

also gilt im Gleichgewichtspunkt wegen $f(\xi) = 0$

$$\Phi'(\xi) = 1 - \frac{(f'(\xi))^2}{(f'(\xi))^2} = 0 < 1 .$$

Nach dem eben bewiesenen Satz ist ξ asymptotisch stabil, d. h., für die Iterierten des Newton-Verfahrens gilt $\lim_{n\to\infty} x_n = \xi$, wenn nur x_0 hinreichend nahe an ξ gewählt wird. ◀

Spinnwebdiagramme und genaue Untersuchung des Falles $|\Phi'(\xi)| = 1$

In der Dynamik ist es üblich, die Konvergenzeigenschaften einer Iterationsfunktion geometrisch in Form von **Spinnwebdiagrammen** (auch **Treppendiagramme** genannt) darzustellen, vergleiche Abb. 8.6. Dazu interpretiert man

$$x = \Phi(x)$$

als Schnittproblem zwischen der Geraden $y = x$ und der Funktion $y = \Phi(x)$. Die Iteration

$$x^{n+1} = \Phi(x^n)$$

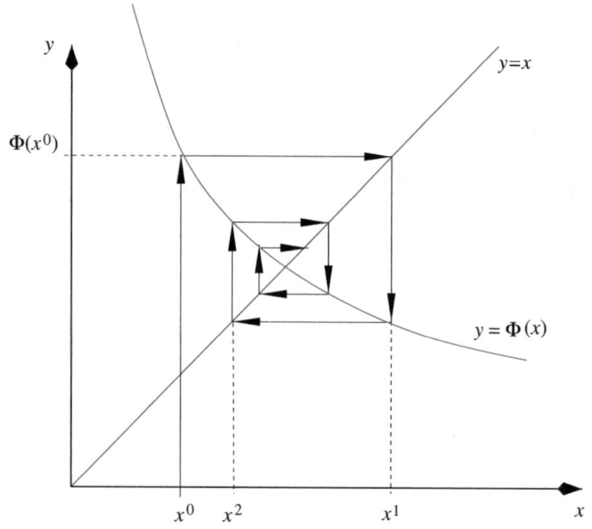

Abb. 8.6 Prinzip des Spinnwebdiagramms

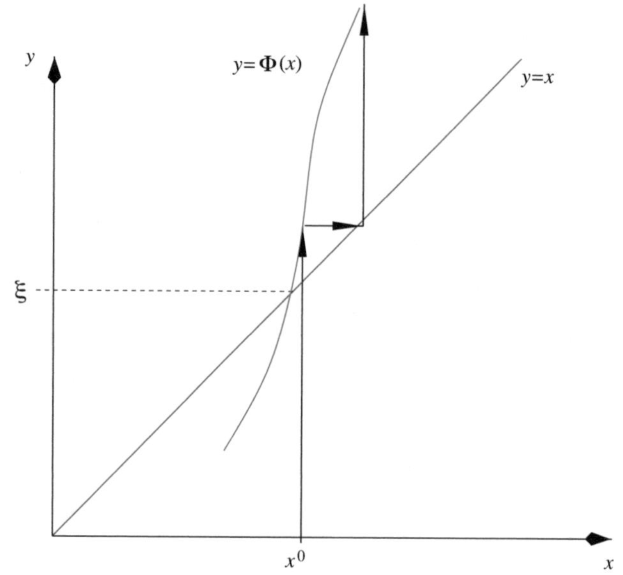

Abb. 8.7 Im Fall $|\Phi'(\xi)| > 1$ ist keine Konvergenz möglich

wird geometrisch dann wie folgt gedeutet: Nach Wahl von x^0 zieht man von dort eine senkrechte Linie nach $\Phi(x^0)$, dann eine waagerechte Linie zur Geraden $y = x$ und erhält so x^1. Diesen Prozess wiederholt man, wie in Abb. 8.6 dargestellt.

Damit wird nun auch geometrisch deutlich, warum die Steigung der Iterationsfunktion vom Betrag kleiner als eins sein muss. Im Fall $|\Phi'(\xi)| > 1$ erhält man nämlich eine geometrische Situation wie in Abb. 8.7 gezeigt.

Selbstfrage 9

Das Polynom

$$f(x) = x^8 - 32x^7 + 385x^6 - 1964x^5 + 1855x^4 + 17248x^3 - 36701x^2 - 48020x + 67228$$

ist die ausmultiplizierte Version von $f(x) = (x+2)^2(x-1)(x-7)^5$, besitzt also bei $x = 7$ eine fünffache Nullstelle. Zeigen Sie, dass die Schröder'sche Modifikation des Newton-Verfahrens

$$x_{n+1} = x_n - 5\frac{f(x_n)}{f'(x_n)}$$

für jeden Startwert aus $[6, 8]$ eine instabile Iterationsfunktion liefert.

Was ist aber im Fall $|\Phi'(\xi)| = 1$? Wenn die Iterationsfunktion hinreichend oft differenzierbar ist, dann können wir auch in diesem Fall eine Aussage machen. Ein Gleichgewichtspunkt ξ mit $|\Phi'(\xi)| = 1$ heißt in der Dynamik auch **nichthyperbolischer Punkt**. Wir beginnen mit dem Fall $\Phi'(\xi) = 1$ und verschieben $\Phi'(\xi) = -1$ auf später.

Konvergenz im Fall $\Phi'(\xi) = 1$

Die Iterationsabbildung sei dreimal stetig differenzierbar. Für einen Gleichgewichtspunkt ξ von $x = \Phi(x)$ sei $\Phi'(\xi) = 1$. Dann gelten die folgenden Aussagen.

1. Ist $\Phi''(\xi) \neq 0$, dann ist ξ instabil.
2. Ist $\Phi''(\xi) = 0$ und $\Phi'''(\xi) > 0$, dann ist ξ instabil.
3. Ist $\Phi''(\xi) = 0$ und $\Phi'''(\xi) < 0$, dann ist ξ asymptotisch stabil.

Beweis

1. Im Fall $\Phi''(\xi) \neq 0$ ist der Graph der Funktion Φ entweder konkav ($\Phi''(\xi) < 0$) oder konvex ($\Phi''(\xi) > 0$). Ist $\Phi''(\xi) > 0$, dann existiert ein Intervall $I := (\xi, \xi + \varepsilon)$ mit $\Phi'(x) > 1$ für alle $x \in I$, denn $\Phi'(\xi)$ ist nach Voraussetzung gleich eins und bei konvexer Funktion muss dann die Steigung in I größer werden. Aus dem vorhergehenden Beweis folgt dann die Instabilität von ξ. Im Fall $\Phi''(\xi) < 0$ muss $\Phi'(x) > 1$ in einem Intervall $(\xi - \varepsilon, \xi)$ gelten.
2. Ist $\Phi''(\xi) = 0$ und $\Phi'''(\xi) > 0$, dann muss $\Phi''(x)$ für alle $x \in (\xi, \xi + \varepsilon)$ wachsen. Damit wächst aber auch $\Phi'(x)$ in diesem Intervall und die Instabilität ist gezeigt.
3. Ist $\Phi''(\xi) = 0$ und $\Phi'''(\xi) < 0$, dann muss $\Phi''(x)$ für $x \in (\xi - \varepsilon, \xi + \varepsilon)$ fallen. Damit wird auch Φ' in $(\xi, \xi + \varepsilon)$ kleiner als eins und damit ist asymptotische Stabilität gezeigt. ■

Wir können nun darangehen, den Fall $\Phi'(\xi) = -1$ zu untersuchen. Dazu definieren wir eine Ableitung, die in der Dynamik eine wichtige Rolle spielt.

Die Schwarz'sche Ableitung

Die Iterationsfunktion Φ sei dreimal stetig differenzierbar. Dann heißt

$$S\Phi(x) := \frac{\Phi'''(x)}{\Phi'(x)} - \frac{3}{2}\left(\frac{\Phi''(x)}{\Phi'(x)}\right)^2$$

die **Schwarz'sche Ableitung** von Φ.

Im Fall $\Phi'(\xi) = -1$ nimmt die Schwarz'sche Ableitung in ξ die Form

$$S\Phi(\xi) = -\Phi'''(\xi) - \frac{3}{2}(\Phi''(\xi))^2$$

an.

Konvergenz im Fall $\Phi'(\xi) = -1$

Für den Gleichgewichtspunkt ξ sei $\Phi'(\xi) = -1$. Dann gelten die folgenden Aussagen.

1. Ist $S\Phi(\xi) < 0$, dann ist ξ asymptotisch stabil.
2. Ist $S\Phi(\xi) > 0$, dann ist ξ instabil.

Beweis Wir betrachten die Gleichung

$$y^{n+1} = g(y^n), \quad g(y) := \Phi^2(y), \tag{8.46}$$

und stellen zuerst einmal fest, dass ein Gleichgewichtspunkt ξ der Gleichung $x^{n+1} = \Phi(x^n)$ auch ein Gleichgewichtspunkt von (8.46) ist. Wenn ξ asymptotisch stabil (instabil) für (8.46) ist, dann auch so für $x^{n+1} = \Phi(x^n)$.

Nun folgt

$$g'(y) = \frac{\mathrm{d}}{\mathrm{d}y}\Phi(\Phi(y)) = \Phi'(\Phi(y))\Phi'(y)$$

und damit $g'(\xi) = (\Phi'(\xi))^2 = 1$. Wir wissen, dass in diesem Fall das Vorzeichen der zweiten Ableitung über die Stabilität entscheidet, also rechnen wir

$$\begin{aligned} g''(y) &= \frac{\mathrm{d}^2}{\mathrm{d}y^2}\Phi(\Phi(y)) = \frac{\mathrm{d}}{\mathrm{d}y}[\Phi'(\Phi(y))\Phi'(y)] \\ &= (\Phi'(y))^2\Phi''(\Phi(y)) + \Phi'(\Phi(y))\Phi''(y) \end{aligned}$$

und erhalten $g''(\xi) = 0$. Nun muss die dritte Ableitung entscheiden und wir erhalten

$$g'''(\xi) = -2\Phi'''(\xi) - 3(\Phi''(\xi))^2 .$$

Wie wir sehen, ist $g'''(\xi) = 2S\Phi(\xi)$ und daraus folgen sofort die Behauptungen des Satzes aus dem Vorzeichenverhalten von g. ∎

Wenn das Chaos die Iteration regiert

Zum Schluss wollen wir uns noch einen kurzen Abstecher in ein Gebiet der modernen Forschung erlauben. Dieser Abstecher soll uns zeigen, dass wir bei Iterationsverfahren überraschende Effekte erwarten können, die weit über die Fragen nach der Konvergenz gegen eine Nullstelle einer Funktion f hinausgehen.

Dazu betrachten wir nun die berühmte Iterationsfunktion

$$\Phi_r(x) := rx(1-x), \quad x \in [0,1], r > 0,$$

die dem Iterationsverfahren

$$x^{n+1} = \Phi(x^n) = rx^n(1-x^n),$$

der **logistischen Gleichung**, zugrunde liegt. Die Theorie dieser Gleichung im Rahmen der diskreten Dynamik ist nicht Bestandteil der Numerik, daher wollen wir uns auf ein numerisches Experiment beschränken.

Wir setzen $r = 1$ und starten mit $x^0 = 0.5$. Für dieses r iterieren wir

$$x^{n+1} = rx^n(1-x^n), \quad n = 0, 1, \ldots 200,$$

ohne dass wir irgendeine Größe speichern. Diese ersten 200 Iterationen sollen dafür sorgen, dass sich die Iteration einschwingen kann. Die nächsten 300 Iterationen speichern wir in einer Datei in der Form $(r, x^{n+1}), n = 201, \ldots, 500$. Dann erhöhen wir r um $\Delta r := 1/500$ und beginnen erneut mit dem beschriebenen Algorithmus. Auf diese Weise lassen wir r von $r = 1$ bis $r = 4$ laufen. Dann zeichnen wir punktweise ein (r, x)-Diagramm, das in Abb. 8.8 gezeigt ist.

Wie ist diese Abbildung nun zu interpretieren? Bis $r = 3$ existiert genau ein Gleichgewichtspunkt, der von der Iteration problemlos gefunden wird. Bei Werten größer als $r = 3$ verzweigt sich jedoch die Iteration in zwei Gleichgewichtspunkte. Den Wert von r, bei dem diese erste Verzweigung beginnt, bezeichnen wir mit $r_0 = 3$. Kurz bevor $r = 3.5$ erreicht wird, gibt

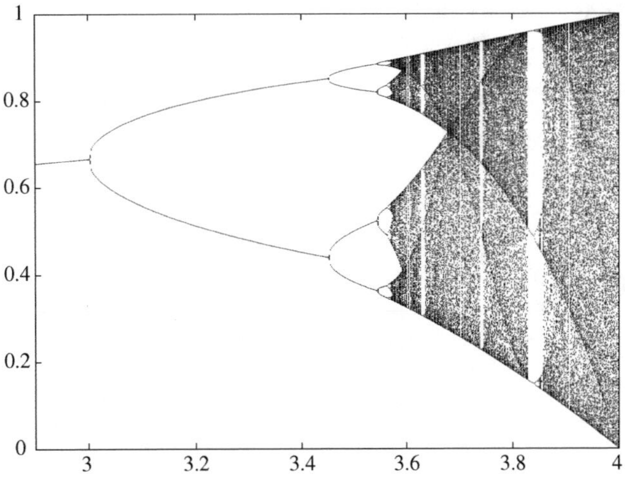

Abb. 8.8 Die logistische Iteration zeigt chaotisches Verhalten

Kapitel 8

es erneut eine Verzweigung und es treten vier Gleichgewichtspunkte auf, wir bezeichnen den Wert von r bei dieser erneuten Verzweigung mit r_1. Kurz vor Erreichen von $r = 3.6$ verzweigt die Iteration wieder bei r_2 und es gibt 8 Gleichgewichtspunkte. Dann wird aber alles chaotisch. Dabei sieht man sogar Inseln der Ruhe im Chaos. Notieren wir immer die Werte von r, wenn eine neue Verzweigung eintritt (das ist nur noch numerisch möglich), dann ergibt sich die folgende Tabelle.

μ	r_μ
0	3.000000
1	3.449499
2	3.544090
3	3.564407
4	3.568759
5	3.569692

Es sieht so aus, als konvergiere die Folge (r_μ), und das lässt sich tatsächlich zeigen.

Die Abb. 8.8 nennt man zu Ehren des Physikers Mitchell Feigenbaum (geb. 1944) auch **Feigenbaum-Diagramm**. Ihm fiel auf, dass der Quotient

$$\frac{r_{\mu+1} - r_\mu}{r_{\mu+2} - r_{\mu+1}}$$

für große μ gegen den Wert 4.6692... strebte. Im Jahr 1974 ging Feigenbaum an das *Los Alamos National Laboratory* und sollte dort eigentlich Turbulenzen in Flüssigkeiten untersuchen, aber er nutzte seine Arbeitszeit dazu, seinen Quotienten auch bei anderen Iterationen als nur der logistischen Gleichung auszurechnen. Er studierte dazu allgemeine Iterationen der Form

$$x_{n+1} = f(x_n, r),$$

in denen ein Parameter r auftauchte, den er variierte. Im Jahr 1978 veröffentlichte er eine Arbeit mit dem interessanten Titel „Quantitative Universality for a Class of Nonlinear Transformations" im Journal of Statistical Physics, die zu einem der Grundlagenarbeiten der Chaosforschung wurde. Er konnte nämlich nachweisen, dass *für alle* solchen Iteration der Wert seines Quotienten

$$\delta := \lim_{\mu \to \infty} \frac{r_{\mu+1} - r_\mu}{r_{\mu+2} - r_{\mu+1}} = 4.669201609102990\ldots$$

beträgt. Diese universelle Konstante bezeichnet man als **Feigenbaum-Zahl**. Ein mathematisch wasserdichter Beweis für die Universalität konnte allerdings erst 1999 von Mikhail Lyubich gegeben werden. Der Grenzwert der Folge (r_μ) ist übrigens keine universelle Konstante sondern hängt vom jeweils betrachteten Problem ab.

Die Analysis dieses Beispiels findet man in nahezu jedem besseren Buch zum Thema Differenzenverfahren oder diskretem Chaos. Dort finden sich auch weitere Beispiele für Iterationsverfahren wie das Newton-Verfahren für Funktionen $f : \mathbb{C} \to \mathbb{R}$.

Zusammenfassung

Iterationsverfahren zur Lösung nichtlinearer Gleichungen und nichtlinearer Gleichungssysteme gehören seit vielen Jahrzehnten zum Kern der Numerischen Analysis. Eine ganz zentrale Rolle spielt dabei das Newton-Verfahren. Wir haben den klassischen Konvergenzsatz von Newton-Kantorowitsch in allen Details bewiesen und auf moderne Entwicklungen wie die Affin-Kovarianz und die Affin-Kontravarianz hingewiesen. Nach wie vor ist die Forschung an Newton-Verfahren sehr aktiv und in der Praxis kommt man ohne Newton-Verfahren nicht aus. Trotzdem ist es wichtig, sich ein Wissen über einige klassische Methoden wie das Bisektions- oder das Sekantenverfahren anzueignen, weil solche Methoden nach wie vor in Gebrauch sind. Im Zentrum der Iterationsverfahren steht der Banach'sche Fixpunktsatz, der Fehlerabschätzungen ermöglicht. Ein aktives Forschungsgebiet ist die diskrete Dynamik, die wir nur kurz ansprechen konnten.

Zur Analysis der verschiedenen Verfahren haben wir die **Iterationsfunktion** $\boldsymbol{\Phi}: \mathbb{R}^m \to \mathbb{R}^m$ eingeführt und alle Verfahren auf die **Fixpunktform**

$$\boldsymbol{\Phi}(\boldsymbol{x}) = \boldsymbol{x}$$

gebracht. Als Schlüssel zur Analysis von Iterationsverfahren hat sich der **Banach'sche Fixpunktsatz** erwiesen, den wir in der folgenden Form formuliert haben.

Banach'scher Fixpunktsatz

Es sei $\boldsymbol{\Phi}: \mathbb{R}^m \to \mathbb{R}^m$ eine Iterationsfunktion und $\boldsymbol{x}^0 \in \mathbb{R}^m$ ein Startwert. Die Iteration ist dann definiert durch $\boldsymbol{x}^{n+1} = \boldsymbol{\Phi}(\boldsymbol{x}^n)$. Es gebe eine Umgebung $U_r(\boldsymbol{x}^0) := \{\boldsymbol{x} : \|\boldsymbol{x} - \boldsymbol{x}^0\| < r\}$ und eine Konstante C mit $0 < C < 1$, sodass

- für alle $\boldsymbol{x}, \boldsymbol{y} \in \overline{U_r(\boldsymbol{x}^0)} = \{\boldsymbol{x} : \|\boldsymbol{x} - \boldsymbol{x}^0\| \le r\}$
$$\|\boldsymbol{\Phi}(\boldsymbol{x}) - \boldsymbol{\Phi}(\boldsymbol{y})\| \le C\|\boldsymbol{x} - \boldsymbol{y}$$
- und
$$\|\boldsymbol{x}^1 - \boldsymbol{x}^0\| = \|\boldsymbol{\Phi}(\boldsymbol{x}^0) - \boldsymbol{x}^0\| \le (1 - C)r < r$$

gilt. Dann gilt

1. für alle $n = 0, 1, \ldots$ sind die $\boldsymbol{x}^n \in U_r(\boldsymbol{x}^0)$,
2. die Iterationsabbildung $\boldsymbol{\Phi}$ besitzt in $\overline{U_r(\boldsymbol{x}^0)}$ genau einen Fixpunkt $\boldsymbol{\xi}$, $\boldsymbol{\Phi}(\boldsymbol{\xi}) = \boldsymbol{\xi}$, und es gelten
$$\lim_{n\to\infty} \boldsymbol{x}^n = \boldsymbol{\xi}\,, \|\boldsymbol{x}^{n+1} - \boldsymbol{\xi}\| \quad \le C\|\boldsymbol{x}^n - \boldsymbol{\xi}\|\,,$$
und die Fehlerabschätzung
$$\|\boldsymbol{x}^n - \boldsymbol{\xi}\| \le \frac{C^n}{1-C}\|\boldsymbol{x}^1 - \boldsymbol{x}^0\|\,.$$

In dieser Form liefert der Satz sogar die Existenz eines eindeutigen Fixpunktes der Iterationsgleichung. Zentrale Voraussetzung ist dabei die **Kontraktionseigenschaft** der Iterationsfunktion, d. h. die Existenz einer Konstanten $C < 1$, sodass

$$\|\boldsymbol{\Phi}(\boldsymbol{x}) - \boldsymbol{\Phi}(\boldsymbol{y})\| \le C\|\boldsymbol{x} - \boldsymbol{y}\|$$

für alle $\boldsymbol{x}$, $\boldsymbol{y}$ aus einer gewissen Umgebung gilt, wobei $\boldsymbol{\Phi}$ eine Selbstabbildung dieser Umgebung sein muss. Diese Bedingung zieht die **Lipschitz-Stetigkeit der Iterationsfunktion** nach sich, aber Lipschitz-Stetigkeit allein reicht nicht für eine Kontraktion, sondern die **Lipschitz-Konstante** muss auch noch echt kleiner als 1 sein (weshalb wir sie nicht mit dem üblichen L, sondern mit C bezeichnet haben).

Mit dem Banach'schen Fixpunktsatz lassen sich nicht nur die einfachen Iterationsverfahren analysieren, sondern auch die Newton-Verfahren.

Iterationsverfahren kann man auch unter einem ganz anderen Blickwinkel betrachten, nämlich dem der **diskreten Dynamik**. Wir haben nur einen kurzen Blick auf die zugrundeliegende Theorie geworfen. Faszinierende Aspekte der Theorie der diskreten Dynamik sind klare Aussagen zur **Stabilität** von Iterationsverfahren und – im Fall der Instabilität – das Phänomen des **Chaos**. Jeder Nutzer von iterativen numerischen Methoden zur Lösung nichtlinearer Gleichungen und Systeme sollte immer im Hinterkopf behalten, dass chaotisches Verhalten von Iterationen kein exotisches Phänomen ist, sondern in der Praxis durchaus auftaucht.

Übersicht: Einfache Verfahren für skalare Gleichungen $f(x) = 0$

Wir fassen die Methoden zusammen, die keine Kenntnis über die Ableitungen von f benötigen.

Alle Verfahren zur numerischen Lösung von $f(x) = 0$ gehen davon aus, dass f in einem gegebenen Intervall $[a, b]$ *stetig* ist. Anderenfalls hätte man keine Kontrolle über die Existenz von Nullstellen ξ von f, denn wichtige Sätze wie der Zwischenwertsatz oder der Satz von Rolle gelten nur für stetige Funktionen.

Die einfachste Methode zur numerischen Bestimmung einer Nullstelle ξ von $f(x)$ ist das:

Bisektionsverfahren

Die Funktion $f\colon [a, b] \to \mathbb{R}$ sei stetig, besitze genau eine Nullstelle $\xi \in (a, b)$ und es gelte $f(a) \cdot f(b) < 0$.

Setze $a_0 := a, \quad b_0 := b;$

Für $n = 0, 1, 2, \ldots$

$$x := \frac{a_n + b_n}{2};$$

Ist $f(a_n) \cdot f(x) \le 0$, setze $a_{n+1} := a_n, b_{n+1} := x;$

sonst setze $a_{n+1} := x, b_{n+1} := b_n;$

Man teilt hier also das Intervall $[a, b]$ in der Mitte und überzeugt sich davon, in welchem Teilintervall die Nullstelle liegt, um dann mit diesem Teilintervall fortzufahren. Schon etwas anspruchsvoller ist die:

Regula Falsi

Die Funktion $f\colon [a, b] \to \mathbb{R}$ sei stetig, besitze genau eine Nullstelle $\xi \in (a, b)$ und es gelte $f(a) \cdot f(b) < 0$.

Setze $a_0 := a, \quad b_0 := b;$

Für $n = 0, 1, 2, \ldots$

$$x := \frac{a_n f(b_n) - b_n f(a_n)}{f(b_n) - f(a_n)};$$

Ist $f(a_n) \cdot f(x) \le 0$ setze $a_{n+1} := a_n, b_{n+1} := x;$

sonst setze $a_{n+1} := x, b_{n+1} = b_n;$

Hierbei verwendet man eine Sekante als Näherung an f und berechnet jeweils den Schnittpunkt der Sekante mit der Abszisse (x-Achse) als neuen Näherungswert an ξ. Wir haben auch eine **modifizierte Regula Falsi** kennengelernt, bei der die gesuchte Nullstelle von den Näherungen eingeschlossen wird. Ebenfalls als Modifikation auffassen kann man das:

Sekantenverfahren

Die Funktion $f\colon [a, b] \to \mathbb{R}$ sei stetig, besitze genau eine Nullstelle $\xi \in (a, b)$ und es gelte $f(a) \cdot f(b) < 0$.

Setze $x_{-1} := a, \quad x_0 := b;$

Für $n = 0, 1, 2, \ldots$

$$x_{n+1} := \frac{x_{n-1} f(x_n) - x_n f(x_{n-1})}{f(x_n) - f(x_{n-1})};$$

In der Nähe der Nullstelle wird $f(x_n) - f(x_{n-1})$ klein, was ein Schwachpunkt dieser Methode ist, den man algorithmisch abfangen muss. Allerdings erlaubt das Sekantenverfahren eine **geometrisch anschauliche Version für Systeme $\boldsymbol{f}(\boldsymbol{x}) = \boldsymbol{0}$.**

Betrachtet man die **Konvergenzgeschwindigkeit**, d. h. den Exponenten p in der Abschätzung

$$\|x_{n+1} - \xi\| \le K \|x_n - \xi\|^p,$$

dann ist die Konvergenz des Bisektionsverfahrens und der Regula Falsi mindestens linear, die des Sekantenverfahrens jedoch besser als linear, aber noch nicht quadratisch.

Mit der **Aitken'schen Δ^2-Methode** haben wir eine allgemeine Strategie kennengelernt, mit der man linear konvergente Folgen beschleunigen kann. Je nach Konvergenzordnung des zugrundeliegenden Iterationsverfahrens lassen sich sogar sehr hohe Beschleunigungen erreichen.

Übersicht: Die Newton-Verfahren zur Lösung von Systemen $f(x) = 0$

Newton-Verfahren benötigen die Funktionalmatrix f' von f. In der Praxis sind Newton-Verfahren die bedeutendsten Methoden zur numerischen Lösung nichtlinearer Systeme und die Forschung an ihnen ist heute aktiv.

Schon das Sekantenverfahren für skalare Gleichungen verwendet die Steigung einer Sekante. Denkt man diese Idee konsequent zu Ende und nimmt die stetige Differenzierbarkeit der Funktion f an, dann lässt sich die Sekante ersetzen durch die Tangente. So gelangt man zum:

Newton-Verfahren

Die Funktion $f : [a, b] \to \mathbb{R}$ sei stetig, besitze genau eine Nullstelle $\xi \in (a, b)$ und es gelte $f(a) \cdot f(b) < 0$.

Wähle $x_0 \in (a, b)$;
Für $n = 0, 1, 2, \ldots$

$$x_{n+1} := x_n - \frac{f(x_n)}{f'(x_n)};$$

Offenbar gerät das Newton-Verfahren in Schwierigkeiten, wenn $f'(\xi) = 0$ ist, also wenn ξ eine mehrfache Nullstelle der Funktion f ist. Für diesen Fall haben wir eine einfache **Modifikation vom Schröder** kennengelernt. Einer der Vorteile des Newton-Verfahrens ist die sofortige Übertragbarkeit auf Systeme. Dann erhält man das:

Newton-Verfahren für Systeme

Es sei $\boldsymbol{f} : \mathbb{R}^m \to \mathbb{R}^m$ eine stetig differenzierbare Funktion mit Funktionalmatrix $\boldsymbol{f}'$ in einer Umgebung $U(\boldsymbol{\xi})$ einer Nullstelle $\boldsymbol{\xi}$, d. h. $\boldsymbol{f}(\boldsymbol{\xi}) = \boldsymbol{0}$. Wähle eine erste Näherung $\boldsymbol{x}^0$ an $\boldsymbol{\xi}$. Die Iteration

$$\boldsymbol{x}^{n+1} = \boldsymbol{\Phi}(\boldsymbol{x}^n) = \boldsymbol{x}^n - \boldsymbol{f}'(\boldsymbol{x}^n)^{-1}\boldsymbol{f}(\boldsymbol{x}^n), \quad n = 0, 1, \ldots$$

heißt **Newton-Verfahren**. Häufig findet man in der Literatur auch die Bezeichnung **Newton-Raphson-Verfahren**.

Um die Invertierung der Funktionalmatrix in jedem Iterationsschritt zu vermeiden, kann man auch auf ein **vereinfachtes Newton-Verfahren** zurückgreifen, in dem man die Funktionalmatrix nur an der Stelle $\boldsymbol{x}_0$ invertiert,

$$\boldsymbol{x}^{n+1} = \boldsymbol{x}^n - \boldsymbol{f}'(\boldsymbol{x}^0)^{-1}\boldsymbol{f}(\boldsymbol{x}^n), \quad n = 0, 1, \ldots,$$

oder nach einer bestimmten Anzahl von Iterationen die Invertierung an einer Stelle $\boldsymbol{x}_k$ vornimmt und dann diesen Wert für die nächsten Iterationen verwendet. In der Praxis sind auch **diskretisierte Newton-Verfahren** in Gebrauch, die wir ebenfalls kennengelernt haben.

Wir haben gezeigt, dass das Newton-Verfahren bei einfachen Nullstellen mindestens quadratisch konvergiert. In mehreren Schritten und Versionen haben wir den **Konvergenzsatz von Newton-Kantorowitsch** kennengelernt und den Beweis detailliert ausgeführt. Die Newton-Kantorowitsch-Sätze sind starke (aber lokale) Konvergenzaussagen, wie man an der folgenden Version sieht.

Satz von Newton-Kantorowitsch IV

Sei $D_0 \subset D \subset \mathbb{R}^m$ konvex, $\boldsymbol{f} : D \to \mathbb{R}^m$ auf D_0 stetig differenzierbar und erfülle für ein $\boldsymbol{x}^0 \in D_0$ die folgenden Bedingungen.

1. $\|\boldsymbol{f}'(\boldsymbol{x}) - \boldsymbol{f}'(\boldsymbol{y})\| \le \gamma \|\boldsymbol{x} - \boldsymbol{y}\|$ für alle $\boldsymbol{x}, \boldsymbol{y} \in D_0$, d. h., $\boldsymbol{f}'$ ist Lipschitz-stetig mit Lipschitzkonstante γ,
2. $\|(\boldsymbol{f}'(\boldsymbol{x}^0))^{-1}\| \le \beta$,
3. $\|(\boldsymbol{f}'(\boldsymbol{x}^0))^{-1}\boldsymbol{f}(\boldsymbol{x}^0)\| \le \alpha$.

Es gebe Konstanten $h, \alpha, \beta, \gamma, r_1, r_2$, die wie folgt zusammenhängen sollen,

$$h = \alpha\beta\gamma,$$
$$r_{1,2} = \frac{1 \mp \sqrt{1 - 2h}}{h}\alpha.$$

Falls

$$h \le \frac{1}{2} \quad \text{und} \quad \overline{U_{r_1}(\boldsymbol{x}^0)} \subset D_0,$$

dann bleiben alle Glieder der durch

$$\boldsymbol{x}^{n+1} = \boldsymbol{x}^n - (\boldsymbol{f}'(\boldsymbol{x}^n))^{-1}\boldsymbol{f}(\boldsymbol{x}^n), \quad n = 0, 1, \ldots$$

in $U_{r_1}(\boldsymbol{x}^0)$ und konvergieren gegen die einzige Nullstelle von $\boldsymbol{f}$ in $D_0 \cap U_{r_2}(\boldsymbol{x}^0)$.

Moderne Entwicklungen versuchen, Invarianzeigenschaften der Iterierten von Newton-Verfahren auszunutzen und somit zu **global konvergenten** Verfahren zu kommen. Hervorzuheben sind hier die **Affin-Kontravarianz** und die **Affin-Kovarianz**, die zu noch kraftvolleren Konvergenzsätzen und zu neuen Algorithmen führen.

Aufgaben

Die Aufgaben gliedern sich in drei Kategorien: Anhand der *Verständnisfragen* können Sie prüfen, ob Sie die Begriffe und zentralen Aussagen verstanden haben, mit den *Rechenaufgaben* üben Sie Ihre technischen Fertigkeiten und die *Beweisaufgaben* geben Ihnen Gelegenheit, zu lernen, wie man Beweise findet und führt.
Ein Punktesystem unterscheidet leichte •, mittelschwere •• und anspruchsvolle ••• Aufgaben. Lösungshinweise am Ende des Buches helfen Ihnen, falls Sie bei einer Aufgabe partout nicht weiterkommen. Dort finden Sie auch die Lösungen – betrügen Sie sich aber nicht selbst und schlagen Sie erst nach, wenn Sie selber zu einer Lösung gekommen sind. Ausführliche Lösungswege, Beweise und Abbildungen finden Sie auf der Website zum Buch.
Viel Spaß und Erfolg bei den Aufgaben!

Verständnisfragen

8.1 • Warum ergibt jeder Schritt des Bisektionsverfahrens eine weitere Ziffer in der **Dualdarstellung** der Näherungslösung?

8.2 • Wie lautet der absolute Fehler im n-ten Schritt des Bisektionsverfahrens?

8.3 • Geben Sie ein Beispiel einer Funktion f auf $[a,b]$, bei der $f(a)\cdot f(b) < 0$ gilt, die aber *keine* Nullstelle in $[a,b]$ besitzt.

8.4 •• Die Funktion $f(x) = x^{42}$ besitzt im Punkt $x = 0$ eine 42-fache Nullstelle. Bleibt das Newton-Verfahren ohne Modifikationen anwendbar? Falls ja: Wie groß ist die Konvergenzgeschwindigkeit?

Beweisaufgaben

8.5 • Zeigen Sie, dass das Iterationsverfahren

$$x_{n+1} = x_n - \frac{(x_n)^p - q}{p(x_n)^{p-1}}, \quad p \in \mathbb{N}, q \in \mathbb{R},$$

die p-te Wurzel aus q liefert.

8.6 •• Leonardo von Pisa (ca. 1180–1241), genannt *Fibonacci*, berechnete auf heute unbekannte Weise die Nullstelle $\xi = 1.368808107$ der Gleichung

$$f(x) = x^3 + 2x^2 + 10x - 20\,.$$

Betrachten Sie die Iteration $x_{n+1} = \Phi(x_n)$ mit der Iterationsfunktion

$$\Phi(x) = \frac{20}{x^2 + 2x + 10}\,.$$

a) Zeigen Sie die Konvergenz der Iteration auf $[1,2]$.
b) Erklären Sie die Konvergenzgeschwindigkeit.

8.7 • Wählt man in Aufgabe 8.6 die Iterationsfunktion

$$\Phi(x) = \frac{20 - 2x^2 - x^3}{10},$$

dann konvergiert die Iteration $x_n = \Phi(x_{n-1})$ auf $[1,2]$ nicht. Zeigen Sie, warum keine Konvergenz zu erwarten ist.

8.8 • Zeigen Sie, dass man das Heron-Verfahren zur Berechnung von $\sqrt{2}$ allgemein zur Berechnung von $\sqrt{r}$ für $r > 0$ verwenden kann und dass es in der Form

$$x_n = \frac{1}{2}\left(x_{n-1} + \frac{r}{x_{n-1}}\right)$$

geschrieben werden kann. Zeigen Sie weiter, dass es sich um eine Variante des Newton-Verfahrens handelt.

8.9 ••• Beweisen Sie mithilfe des Satzes von Newton-Kantorowitsch auf S. 273 die folgende Verallgemeinerung:

Gibt es eine Matrix $\boldsymbol{C} \in \mathbb{R}^{m\times m}$, sodass

1. $\|\boldsymbol{C}\,\boldsymbol{f}(\boldsymbol{x}^0)\| \le \eta$,
2. $\|\boldsymbol{C}\,\boldsymbol{f}'(\boldsymbol{x}^0) - \boldsymbol{I}\| \le \tau$,
3. $\|\boldsymbol{C}\,\boldsymbol{f}''(\boldsymbol{x})\| \le \delta$ für $\boldsymbol{x} \in U_r(\boldsymbol{x}^0)$,

und gelten

$$h := \frac{\delta\eta}{(1-\tau)^2} \le \frac{1}{2}, \quad \tau < 1$$

und

$$r \ge r_0 := \frac{1 - \sqrt{1-2h}}{h}\,\frac{\eta}{1-\tau},$$

dann hat die Gleichung $\boldsymbol{f}(\boldsymbol{x}) = \boldsymbol{0}$ eine Lösung $\boldsymbol{\xi}$ in der Kugel $\|\boldsymbol{x} - \boldsymbol{x}^0\| \le r_0$. Ist

$$r_1 := \frac{1 - \sqrt{1-2h}}{h}\,\frac{\eta}{1-\tau},$$

dann ist für $h < 1/2$ diese Lösung eindeutig, wenn $r < r_1$. Für $h = 1/2$ folgt die Eindeutigkeit im Fall $r = r_1$.

8.10 ••• Im Satz von Newton-Kantorowitsch auf S. 273 ist die Größe $\boldsymbol{G}\,\boldsymbol{f}''(\boldsymbol{x})$ abzuschätzen. Natürlich kann man immer

$$\|\boldsymbol{G}\,\boldsymbol{f}''(\boldsymbol{x})\| \le \|\boldsymbol{G}\|\,\|\boldsymbol{f}''(\boldsymbol{x})\|$$

abschätzen, wobei die erste Norm auf der rechten Seite der Ungleichung eine Matrixnorm und die zweite die Norm einer Bilinearform ist, vergleiche (8.41) und (8.42). Zeigen Sie stattdessen, wie das Produkt $\boldsymbol{G}\,\boldsymbol{f}''(\boldsymbol{x})$ tatsächlich aussieht, und beweisen Sie die Normabschätzung (8.42)

$$\|(\boldsymbol{G}\,\boldsymbol{f}(\boldsymbol{x}))''\|_\infty \le \max_{k=1,\dots,m} \sum_{i=1}^{m}\sum_{j=1}^{m} \left| \sum_{\mu=1}^{m} g_{k\mu} \frac{\partial^2 f_\mu}{\partial x_i \partial x_j}(\boldsymbol{x}) \right|$$

für diese Bilinearform.

Rechenaufgaben

8.11 •• Die Iteration aus Aufgabe 8.6 liefert erst im 24. Schritt die Ziffernfolge des Fibonacci, $x_{24} = 1.368808107$. Berechnen Sie mit der Aitken'schen Δ^2-Methode eine Verbesserung der Näherung aus den drei Werten:

$$x_{10} = 1.368696397$$
$$x_{11} = 1.368857688$$
$$x_{12} = 1.368786102$$

8.12 •• Wir gehen noch einmal zurück zur Funktion

$$f(x) = x^3 + 2x^2 + 10x - 20$$

aus Aufgabe 8.6. Wenden Sie das Newton-Verfahren an mit $x_0 = 1$ und iterieren Sie so lange, bis sich Fibonaccis Ziffernfolge 1.368808107 ergibt. Rechnen Sie dazu mit 10 Nachkommastellen.

8.13 •• Zu berechnen sind die Schnittpunkte des Kreises $x^2 + y^2 = 2$ mit der Hyperbel $x^2 - y^2 = 1$

a) direkt durch Einsetzen,
b) mithilfe des Newton-Verfahrens für Systeme.

Wählen Sie $\boldsymbol{x}^0 = (1,1)^\top$ und rechnen Sie mit sechs Nachkommastellen. Brechen Sie nach der Berechnung von $\boldsymbol{x}^3$ ab.

8.14 ••• Stellen Sie das Newton-Verfahren für das System

$$f_1(x,y) = 3x^2y + y^2 - 1 = 0$$
$$f_2(x,y) = x^4 + xy^2 - 1 = 0$$

auf. Dazu bestimmen Sie bitte graphisch eine Näherung für die Nullstelle $\boldsymbol{x}^0 = (x_0, y_0)$ im Rechteck $(0,2)\times(0,1)$ und verwenden Sie diese Näherung als Startwert. Berechnen Sie die Matrix $\boldsymbol{G} = \boldsymbol{f}'(\boldsymbol{x}^0))^{-1}$ und finden Sie Abschätzungen für $\|\boldsymbol{G}\,\boldsymbol{f}(\boldsymbol{x}^0)\|$ und $\|\boldsymbol{G}\,\boldsymbol{f}''(\boldsymbol{x})\|$ im Rechteck $[0.93, 1]\times[0.27, 0.34]$. Verwenden Sie im $\mathbb{R}^2$ die Vektornorm $\|\boldsymbol{x}\|_\infty = \max\{|x|,|y|\}$, die verträgliche Matrixnorm $\|\boldsymbol{A}\|_\infty = \max\{\sum_{k=1}^2 |a_{1k}|, \sum_{k=1}^2 |a_{2,k}|\}$ und dementsprechend Norm (8.42) für die symmetrische Bilinearform $\boldsymbol{G}\,\boldsymbol{f}''(\boldsymbol{x})$. Berechnen Sie in der Abschätzung für $\|\boldsymbol{G}\,\boldsymbol{f}''(\boldsymbol{x})\|$ nur den ersten Summanden.

8.15 ••• Wir wissen aus Aufgabe 8.5, dass das Iterationsverfahren

$$x_{n+1} = x_n - \frac{(x_n)^p - q}{p(x_n)^{p-1}}, \quad p \in \mathbb{N}, q \in \mathbb{R},$$

die p-te Wurzel aus q liefert. Setzt man $q = 1$, $p = 3$, und wendet das Verfahren auf *komplexe Zahlen* $z = x + \mathrm{i}y$ an, dann lautet es

$$z_{n+1} = z_n - \frac{z_n^3 - 1}{3z_n^2} = z_n - \frac{1}{3}\left(z_n - \frac{1}{z_n^2}\right).$$

Leiten Sie aus dieser komplexen Form zwei Iterationsverfahren für Real- bzw. Imaginärteil von $z_n = x_n + \mathrm{i}y_n$ her. Schreiben Sie ein Computerprogramm in der Sprache Ihrer Wahl, das das Quadrat $[-2,2]\times[-2,2] \in \mathbb{C}$ in 800^2 Punkte zerlegt und jeden dieser Punkte als Startwert für die Iteration verwendet. Iterieren Sie 2000 Mal. Sie werden je nach Startwert Konvergenz gegen die drei möglichen dritten Einheitswurzeln

$$z_{(1)} = 1 + \mathrm{i}0 = 1,$$
$$z_{(2)} = \cos 60° - \mathrm{i}\sin 60° = 0.5 - \frac{\mathrm{i}}{2}\sqrt{3},$$
$$z_{(3)} = -\sin 30° - \mathrm{i}\cos 30° = -0.5 - \frac{\mathrm{i}}{2}\sqrt{3}$$

beobachten. Erstellen Sie drei Dateien: In die k-te Datei ($k = 1,2,3$) schreiben Sie alle diejenigen Punkte, bei denen die Iteration gegen $z_{(k)}$ konvergiert. Plotten Sie die Inhalte der drei Dateien mit jeweils anderer Farbe übereinander. Was beobachten Sie?

Antworten zu den Selbstfragen

Antwort 1 Wir berechnen

$$x_{n+1} = x_n - 5\frac{f(x_n)}{f'(x_n)}$$
$$= x_n - 5\frac{x_n^5 - 11x_n^4 + 7x_n^3 + 143x_n^2 + 56x_n - 196}{5x_n^4 - 44x_n^3 + 21x_n^2 + 286x_n + 56}$$

für $n = 0, 1, \ldots, 200$. Das Ergebnis ist in Abb. 8.9 zu sehen. Offenbar oszillieren die Iterierten der Schröder'schen Modifikation unregelmäßig. Es ist keine Periode erkennbar, die Ausschläge der Oszillationen variieren zwischen kleinen Abweichungen und extremen Spitzen, die um Größenordnungen von $x = 7$ entfernt sind (beachten Sie die Skala!).

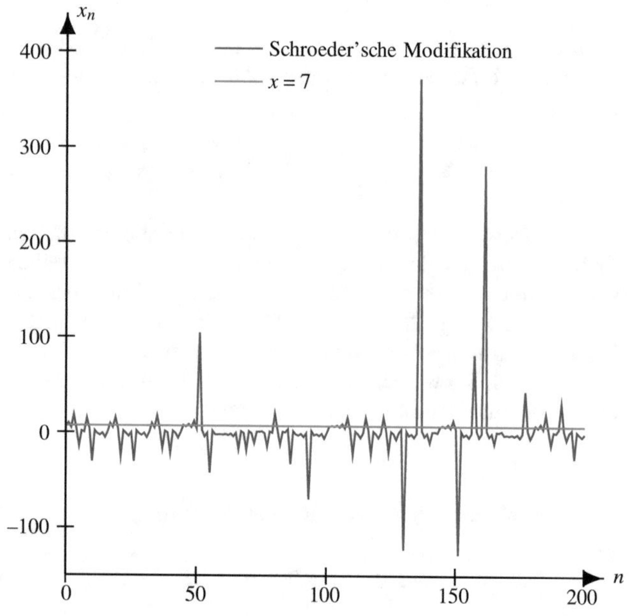

Abb. 8.9 Die ersten 200 Iterierten der Schröder'schen Modifikation mit $p = 5$

Antwort 2 Aus $\Phi(x) = x$ folgt nach Multiplikation mit x ($x = 0$ kann als Fixpunkt nicht auftreten!)

$$x^2 = 1 + \frac{x^2}{2},$$

also die quadratische Gleichung $x^2 = 2$. Damit besitzt die Iterationsfunktion genau zwei Fixpunkte, $\xi_{1,2} = \pm\sqrt{2}$.

Antwort 3 (Vorüberlegung: Die Nullstelle $e^{\xi} - 1 = 0$ ist offenbar $\xi = \ln 1 = 0$.) Es gilt $f'(x) = e^x$ und damit ist die Iterationsfunktion $\Phi(x) = x - f(x)/f'(x) = x - 1 + e^{-x}$. Für die Iteration $x_{n+1} = x_n - 1 + e^{-x_n}$ folgt mit $x_0 = 1$:

n	x^n
1	0.3679
2	0.0601
3	0.0018
4	0.0000016

Aus $|\Phi'(\xi)| = |1 - e^0| = 0 < 1$ folgt sofort mindestens quadratische Konvergenz. Es gibt eine Chance auf kubische Konvergenz, wenn jetzt auch noch die zweite Ableitung der Iterationsfunktion verschwindet. Weil jedoch $\Phi''(\xi) = e^{-\xi} = 1 \neq 0$ gilt, liegt der Fall $p = 3$ nicht vor.

Antwort 4 Die Ableitung von f ist $f'(x) = 5x^4 - 44x^3 + 21x^2 + 286x + 56$. Das Newton-Verfahren

$$x_{n+1} = x_n - \frac{f(x_n)}{f'(x_n)}$$
$$= x_n - \frac{x_n^5 - 11x_n^4 + 7x_n^3 + 143x_n^2 + 56x_n - 196}{5x_n^4 - 44x_n^3 + 21x_n^2 + 286x_n + 56}$$

liefert für die ersten drei Iterierten

x_1	x_2	x_3
7.5731707317	7.313458297	7.1653884367

,

während die Modifikation nach Schröder

$$x_{n+1} = x_n - 2\frac{f(x_n)}{f'(x_n)}$$
$$= x_n - 2\frac{x_n^5 - 11x_n^4 + 7x_n^3 + 143x_n^2 + 56x_n - 196}{5x_n^4 - 44x_n^3 + 21x_n^2 + 286x_n + 56}$$

die ersten Iterierten

x_1	x_2	x_3
7.1463414634	7.0039727646	7.0000030649

liefert. Die Schröder'sche Modifikation konvergiert offenbar schneller. Die „Korrektur" von x_n, der Term $-f(x_n)/f'(x_n)$, wird bei der Modifikation zum einen doppelt gewichtet, des Weiteren konvergiert das Newton-Verfahren bei mehrfachen Nullstellen aber nur noch linear, die Schröder'sche Modifikation immer noch quadratisch.

Antwort 5 Sei $x < y$. Der Fall $x > y$ verläuft vollständig analog. Nach dem Mittelwertsatz existiert eine Stelle $\eta \in (x, y)$, sodass $|\Phi(x) - \Phi(y)| \le \Phi'(\eta)|x - y|$ gilt. Wegen $\Phi'(x) = 1 - e^{-x}$ ist $\Phi'(\eta) < 1$ für alle $\eta \in \mathbb{R}$. Damit folgt

$$|\Phi(x) - \Phi(y)| < |x - y| .$$

Machen Sie sich klar, dass dies eine *schwächere* Abschätzung ist als die geforderte $|\Phi(x) - \Phi(y)| \le C|x - y|$ mit einer Kontraktionskonstanten $C < 1$. Die gegebene Abbildung ist **keine** Kontraktion, da die Exponentialterme eine Abschätzung der geforderten Form mit einem $C < 1$ verhindern.

Tatsächlich existiert auch kein Fixpunkt, denn aus der Fixpunktgleichung $\Phi(x) = x$ folgt

$$x + e^{-x} = x \quad \Longleftrightarrow \quad e^{-x} = 0 ,$$

und diese Gleichung hat keine Lösung.

Antwort 6 Für $\boldsymbol{x} \in \overline{U}_r(\boldsymbol{x}_0)$ schätzen wir ab:

$$\begin{aligned} \|\boldsymbol{\Phi}(\boldsymbol{x}) - \boldsymbol{x}_0\| &= \|\boldsymbol{\Phi}(\boldsymbol{x}) - \boldsymbol{\Phi}(\boldsymbol{x}_0) + \boldsymbol{\Phi}(\boldsymbol{x}_0) - \boldsymbol{x}_0\| \\ &\le \|\boldsymbol{\Phi}(\boldsymbol{x}) - \boldsymbol{\Phi}(\boldsymbol{x}_0)\| + \|\boldsymbol{\Phi}(\boldsymbol{x}_0) - \boldsymbol{x}_0\| \\ &\le C\|\boldsymbol{x} - \boldsymbol{x}_0\| + (1 - C)r \le r . \end{aligned}$$

Damit sind alle Voraussetzungen des Banach'schen Fixpunktsatzes mit der abgeschlossenen Umgebung $\overline{U}_r(\boldsymbol{x}_0)$ erfüllt und der Satz ist anwendbar.

Antwort 7 Offenbar ist die gesuchte Gleichung durch $V = V_K/2$ beschrieben, also $\pi h^2(3r - h)/3 = \pi r^3/3$ oder $h^2(3r - h) = r^3$. Bei gegebenem Radius r suchen wir also die Nullstelle der Funktion $f(h) := h^2(3r - h) - r^3$. Division durch r^3 liefert $3h^2/r^2 - h^3/r^3 - 1 =: 3x^2 - x^3 - 1 = 0$ oder

$$f(x) := x^3 - 3x^2 + 1 = 0 .$$

Unsere Größe $x = h/r$ liegt sinnvollerweise zwischen 0 (keine Flüssigkeit) und 1 (Halbkugel vollständig gefüllt). Ein sinnvoller Startwert für irgendeine Iteration kann also nur im Intervall $[0, 1]$ liegen.

Antwort 8 Aus 2. und 3. im Satz von Newton-Kantorowitsch bestimmen wir η und δ aus

$$\begin{aligned} \eta &\ge \left|\frac{f(x_0)}{f'(x_0)}\right| = \left|\frac{1.5^2 - \ln 1.5 - 2}{2 \cdot 1.5 - \frac{1}{1.5}}\right| = 0.06663, \\ \delta &\ge \max_{x \in [1,2]} \left|\frac{f''(x)}{f'(x_0)}\right| = \max_{x \in [1,2]} \left|\frac{2 + \frac{1}{x^2}}{2 \cdot 1.5 - \frac{1}{1.5}}\right| \\ &= \frac{3}{2.33333} = 1.285714 , \end{aligned}$$

also z. B. $\eta = 0.067$ und $\delta = 1.29$. Wegen

$$\begin{aligned} \frac{|f(x_0)||f''(x_0)|}{|f'(x_0)|^2} &= \frac{|(1.5^2 - \ln 1.5 - 2)(2 + \frac{1}{1.5^2})|}{|2 \cdot 1.5 - \frac{1}{1.5}|^2} \\ &= 0.069800 < \frac{1}{2} , \end{aligned}$$

$h = \eta\delta = 0.08643$ und

$$\begin{aligned} r_0 &= \frac{1 - \sqrt{1 - 2h}}{h}\eta \\ &= \frac{1 - \sqrt{1 - 2 \cdot 0.08643}}{0.08643} 0.067 \\ &= 0.070177 < r = 0.5 \end{aligned}$$

haben wir die Existenz einer Nullstelle ξ von f im Intervall

$$\begin{aligned} 1.5 - 0.070177 &= 1.429824 \le \xi \le 1.570177 \\ &= 1.5 + 0.070177 \end{aligned}$$

gesichert. Wegen

$$\begin{aligned} r_1 &= \frac{1 + \sqrt{1 - 2h}}{h}\eta \\ &= \frac{1 + \sqrt{1 - 2 \cdot 0.08643}}{0.08643} 0.067 \\ &= 1.480211 \end{aligned}$$

und $r = 0.5 < r_1$ können wir keine Eindeutigkeitsaussage im Intervall

$$|x - 1.5| \le 1.480211 ,$$

also in $0.019789 \le x \le 2.980211$, treffen! In der Tat besitzt f in diesem Intervall eine zweite Nullstelle.

Antwort 9 Die Iterationsfunktion ist

$$\begin{aligned} \Phi(x) &= x - 5\frac{(x + 2)^2(x - 1)(x - 7)^5}{2(x - 7)^4(x + 2)(4x^2 - 8x - 5)} \\ &= x - 5\frac{(x + 2)(x - 1)(x - 7)}{8x^2 - 16x - 34} \end{aligned}$$

und damit folgt

$$\begin{aligned} \Phi'(x) &= \frac{3}{8} + \frac{25(164x^2 + 416x + 281)}{8(4x^2 - 8x - 17)^2} , \\ \Phi''(x) &= -25\frac{164x^3 + 624x^2 + 843x + 322}{(4x^2 - 8x - 17)^3} . \end{aligned}$$

Für $x \in [6, 8]$ ist $\Phi''(x) < 0$, also ist Φ' streng monoton fallend auf $[6, 8]$. Daher ist

$$\min_{x \in [6,8]} \Phi'(x) = \Phi'(8) = 1.81429 > 1 .$$

und die Schröder'sche Modifikation des Newton-Verfahrens kann für keinen Startwert aus dem Intervall $[6, 8]$ konvergieren.

Numerik gewöhnlicher Differenzialgleichungen – Schritt für Schritt zur Trajektorie

9

Wie groß dürfen Zeitschritte gewählt werden?

Wann sind Verfahren stabil?

Wie garantiert man physikalische Eigenschaften numerisch?

Wieso haben Einschrittverfahren mehrere Stufen?

Kapitel 9

A. Meister, T. Sonar, *Numerik*, https://doi.org/10.1007/978-3-662-58358-6_9

Zahlreiche Bücher befassen sich mit der Lösung gewöhnlicher Differenzialgleichungen und deren Relevanz für die mathematische Beschreibung realer Phänomene. Es zeigte sich dabei auch, dass die analytische Lösung einer Differenzialgleichung respektive eines Systems von Differenzialgleichungen an spezielle Typen gebunden ist. Viele Anwendungsprobleme führen jedoch auf Gleichungen, die einer expliziten Lösung nicht mehr zugänglich sind. Diese Tatsache gilt dabei sowohl für den Fall, dass das mathematische Modell eine gewöhnliche Differenzialgleichung darstellt, als auch für die Betrachtung partieller Differenzialgleichungen. Letztere finden ihre Anwendungen in zahlreichen Bereichen wie der Ozeanographie, der Aerodynamik, der Wetterprognose, der Dynamik von Bauwerken und vielem mehr und sind aus unserer heutigen Welt nicht mehr wegzudenken. Die Lösung solcher aufwendigen Problemstellungen wird durch numerische Methoden vorgenommen. Innerhalb partieller Differenzialgleichungssysteme werden häufig sogenannte Linienmethoden eingesetzt, bei denen im ersten Schritt die räumlichen Ableitungen geeignet approximiert werden und anschließend ein System gewöhnlicher Differenzialgleichungen vorliegt, das durchaus eine Million unbekannte Größen aufweisen kann. Folglich sind die in diesem Abschnitt vorgestellten und analysierten Verfahren unabhängig von der Betrachtung gewöhnlicher oder partieller Differenzialgleichungen von zentraler Bedeutung.

9.1 Grundlagen

Wir werden uns bei den folgenden Anfangswertproblemen auf die Herleitung numerischer Verfahren für Differenzialgleichungen erster Ordnung konzentrieren. Dieser Sachverhalt stellt allerdings keine Einschränkung an die Anwendbarkeit derartiger Methoden dar, da eine Differenzialgleichung höherer Ordnung stets in ein System von Differenzialgleichungen erster Ordnung überführt werden kann. Des Weiteren werden wir uns im Rahmen der Herleitung in der Schreibweise aus Gründen der Übersichtlichkeit auf skalare Gleichungen beschränken. Wie sich anhand von Beispielen zeigen wird, bleibt die Anwendbarkeit der Algorithmen auf Systeme davon unbeeinflusst.

Zu Beginn dieses Kapitels wollen wir zunächst die uns begleitende Problemstellung mit der folgenden Festlegung formulieren.

Unser Anfangswertproblem:

Für ein abgeschlossenes Intervall $[a, b] \subset \mathbb{R}$ und eine gegebene Funktion $f\colon [a, b] \times \mathbb{R} \to \mathbb{R}$ wird eine Funktion $y\colon [a, b] \to \mathbb{R}$ mit

$$y'(t) = f(t, y(t)) \quad \text{für alle } t \in [a, b] \tag{9.1}$$

gesucht, die der Anfangsbedingung

$$y(a) = \widehat{y}_0 \tag{9.2}$$

genügt.

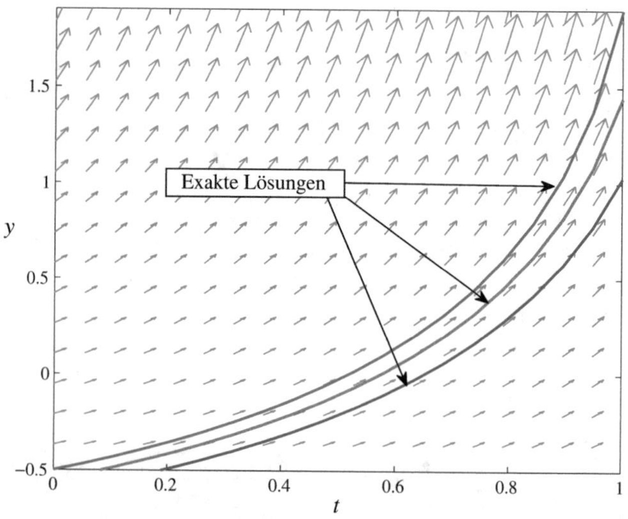

Abb. 9.1 Richtungsfeld und Lösungen zur Differenzialgleichung $y'(t) = e^{y(t)}(1 + t)$

Achtung Die auf der rechten Seite der Differenzialgleichung stehende Funktion f wird im Weiteren stets ohne zusätzlichen Hinweis als hinreichend glatt angenommen, um alle notwendigen Taylorpolynome bilden zu können und zudem die Existenz und Eindeutigkeit der Lösung des Anfangswertproblems voraussetzen zu dürfen. ◀

Eine Möglichkeit zur sukzessiven Approximation findet sich beispielsweise im konstruktiven Beweis des Satzes von Picard-Lindelöf. Dieser Ansatz erfordert jedoch innerhalb jeder Iteration die exakte Berechnung eines Integrals und lässt sich daher nur auf elementare Problemstellungen anwenden.

Stellen wir die Funktion f wie in Abb. 9.1 für den Fall $y'(t) = e^{y(t)}(1 + t)$ vorgestellt als Richtungsfeld über den Variablen t und y dar, so wird klar, dass die Differenzialgleichung in jedem Punkt (t, y) eine Steigung vorschreibt, die der Lösung genügen muss. Eine Differenzialgleichung lösen heißt also eine Funktion y finden, die auf das zugehörige Richtungsfeld passt. Ebenso folgt die Lösung des Anfangswertproblems ausgehend vom gegebenen Startwert dem Richtungsfeld.

Die im Weiteren betrachteten numerischen Verfahren basieren stets auf einer Unterteilung des Zeitintervalls in der Form

$$a = t_0 < t_1 < \ldots < t_n = b\,.$$

In vielen Anwendungen ist es sinnvoll, die jeweiligen Zeitabstände $\Delta t_i = t_{i+1} - t_i$ dem Verlauf der gesuchten Lösung anzupassen. Im Rahmen der Herleitung werden wir uns jedoch auf den Fall einer äquidistanten Zerlegung zurückziehen, um zusätzliche Indizierungen zu vermeiden. Die Erweiterung auf variable Zeitschritte ist bei Einschrittverfahren sehr einfach. Wie auf S. 323 im Kontext des BDF(2)-Verfahrens vorgestellt, kann dagegen bei Mehrschrittverfahren eine Anpassung der eingehenden Koeffizienten notwendig sein. Eine mögliche Variante zur Steuerung der Zeitschrittweite wird zudem in der Box auf S. 307 vorgestellt.

Wir schreiben

$$\Delta t = \frac{b-a}{n} \quad \text{und} \quad t_i = t_0 + i\,\Delta t$$

für $i = 1, \ldots, n$ und berechnen ausgehend von einem Startwert y_0 stets Näherungen y_i an den Funktionswert der exakten Lösung y zum Zeitpunkt t_i.

Mit den Integrationsmethoden und den Differenzenmethoden unterscheiden wir zwei verschiedene Klassen numerischer Verfahren für gewöhnliche Differenzialgleichungen.

Differenzenverfahren approximieren den Differenzialquotienten durch Differenzenquotienten

Betrachten wir die Differenzialgleichung zum Zeitpunkt t_i und ersetzen die Tangentensteigung an die Lösung y zum Zeitpunkt t_i durch die Sekantensteigung bezüglich t_i und t_{i+1}, so erhalten wir beispielsweise

$$y'(t_i) \approx \frac{y(t_{i+1}) - y(t_i)}{t_{i+1} - t_i} = \frac{y(t_{i+1}) - y(t_i)}{\Delta t}.$$

Einsetzen in die Differenzialgleichung ergibt

$$\frac{y(t_{i+1}) - y(t_i)}{\Delta t} \approx f(t_i, y(t_i))$$

respektive

$$y(t_{i+1}) \approx y(t_i) + \Delta t f(t_i, y(t_i)).$$

Wir haben somit eine Formulierung zur näherungsweisen Berechnung des Lösungsverlaufes in der Form

$$y_{i+1} = y_i + \Delta t f(t_i, y_i), \quad i = 0, \ldots, n-1$$

gefunden, die als **explizites Euler-Verfahren** bezeichnet wird. Die Abb. 9.2 liefert eine geometrische Deutung des expliziten Euler-Verfahrens. Durch die Auswertung der Funktion f nutzen wir den Vektor innerhalb des Richtungsfeldes und bewegen uns ausgehend von y_i für die Dauer eines Zeitschrittes Δt mit der durch $f(t_i, y_i)$ gegebenen Steigung. Visuell entsteht hierdurch ein Geradenzug, weswegen das Verfahren auch Euler'sche Polygonzugmethode genannt wird.

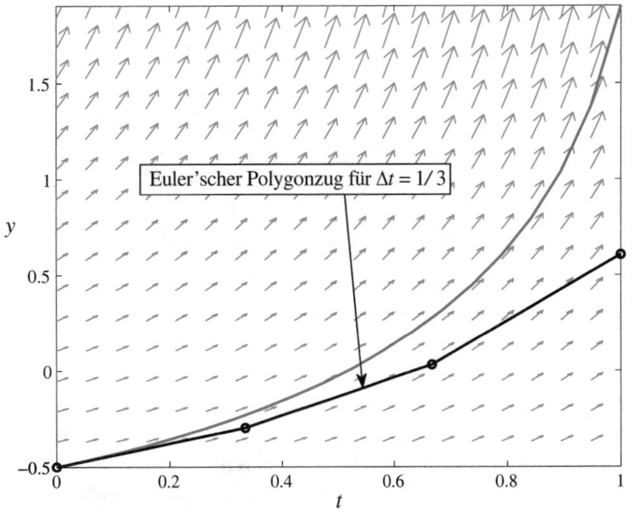

Abb. 9.2 Euler'sche Polygonzugmethode respektive explizites Euler-Verfahren zum Anfangswertproblem $y'(t) = e^{y(t)}(1+t)$, $y(0) = -1/2$

Integrationsmethoden integrieren die Differenzialgleichung und nutzen numerische Quadraturverfahren

Ein zweiter Ansatz liegt in der Integration der Differenzialgleichung über das Intervall $[t_i, t_{i+1}]$. Hiermit folgt

$$y(t_{i+1}) - y(t_i) = \int_{t_i}^{t_{i+1}} y'(t)\,dt = \int_{t_i}^{t_{i+1}} f(t, y(t))\,dt \tag{9.3}$$

und es ergibt sich das numerische Verfahren durch Verwendung einer numerischen Quadraturregel für das auftretende Integral, wie sie zahlreich im Kap. 4 vorgestellt werden. Die Rechteckregel in der Form

$$\int_{t_i}^{t_{i+1}} f(t, y(t))\,dt \approx \underbrace{(t_{i+1} - t_i)}_{=\Delta t} f(t_{i+1}, y(t_{i+1}))$$

führt direkt auf das sogenannte **implizite Euler-Verfahren**

$$y_{i+1} = y_i + \Delta t f(t_{i+1}, y_{i+1}), \quad i = 0, \ldots, n-1.$$

Selbstfrage 1

Können Sie das explizite Euler-Verfahren als Integrationsmethode und das implizite Euler-Verfahren als Differenzenmethode herleiten?

Aus den obigen Beispielen wird deutlich, dass es Verfahren gibt, die sich in beide Klassen eingruppieren lassen, und folglich eine Schnittmenge beider Verfahrensgruppen existiert. Im

Kapitel 9

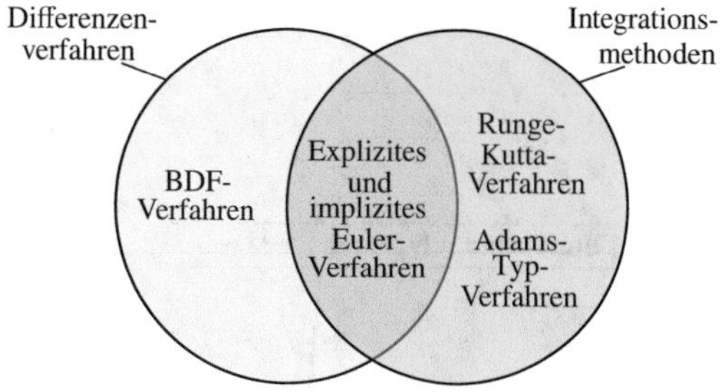

Abb. 9.3 Integrationsmethoden und Differenzenverfahren

Folgenden werden wir mit den Runge-Kutta-Methoden und den BDF-Verfahren aber auch grundlegende Vertreter einer Klasse kennenlernen, die sich im Allgemeinen nicht in die jeweils andere Gruppe einordnen lassen, siehe hierzu auch die Darstellung in Abb. 9.3.

9.2 Einschrittverfahren

Die innerhalb dieser Verfahrensklasse enthaltenen Methoden zeichnen sich durch den Vorteil aus, dass für die Berechnung einer Näherung y_{i+1} an die Lösung y zum Zeitpunkt t_{i+1} stets nur der Näherungswert y_i eingeht. Allerdings können zudem abhängig vom konkreten Algorithmus weitere Hilfsgrößen im Rahmen der Iteration berechnet werden, sodass durchaus zusätzlicher Speicherplatz benötigt werden kann.

Definition der Einschrittverfahren

Ein Verfahren zur approximativen Berechnung einer Lösung des Anfangswertproblems (9.1), (9.2) der Form

$$y_{i+1} = y_i + \Delta t\, \Phi(t_i, y_i, y_{i+1}, \Delta t)$$

mit gegebenem Startwert y_0 zum Zeitpunkt t_0 und einer Verfahrensfunktion

$$\Phi\colon [a,b] \times \mathbb{R} \times \mathbb{R} \times \mathbb{R}^+ \to \mathbb{R}$$

wird als **Einschrittverfahren** bezeichnet. Dabei sprechen wir von einer **expliziten** Methode, falls Φ nicht von der zu bestimmenden Größe y_{i+1} abhängt. Ansonsten wird das Verfahren **implizit** genannt.

Mit den obigen Euler-Verfahren haben wir somit bereits schon zwei unterschiedliche Einschrittverfahren kennengelernt. Es erklärt sich hierbei auch die genutzte Begriffsbildung, denn wir können in beiden Fällen das Verfahren in der Form

$$y_{i+1} = y_i + \Delta t\, \Phi(t_i, y_i, y_{i+1}, \Delta t)$$

schreiben, wobei im expliziten Algorithmus

$$\Phi(t_i, y_i, y_{i+1}, \Delta t) = f(t_i, y_i)$$

und für die implizite Methode

$$\Phi(t_i, y_i, y_{i+1}, \Delta t) = f(t_i + \Delta t, y_{i+1})$$

gelten.

Achtung Liegt ein explizites Verfahren vor, so werden wir im Folgenden in der Regel die Verfahrensfunktion in der Form $\Phi(t_i, y_i, \Delta t)$ schreiben und auf die explizite Angabe der Variablen y_{i+1} innerhalb des Funktionsaufrufes verzichten. ◀

Um die Güte der verschiedenen Verfahren hinsichtlich der Approximation der Näherungslösung an die exakte Lösung des Anfangswertproblems vergleichen zu können, wollen wir die Differenz zwischen diesen Größen in Bezug auf die genutzte Zeitschrittweitengröße in einer geeigneten Weise beschreiben. Hierzu wird sich neben diesem globalen Fehler auch die Betrachtung der lokalen Abweichung als sehr hilfreich erweisen. Daher nehmen wir zunächst die folgende Festlegung vor.

Definition der Konsistenz bei Einschrittverfahren

Ein Einschrittverfahren heißt **konsistent** von der Ordnung $p \in \mathbb{N}$ zur Differenzialgleichung (9.1), wenn unter Verwendung einer Lösung y der **lokale Diskretisierungsfehler**

$$\begin{aligned}\eta(t, \Delta t) &= y(t)\\ &\quad + \Delta t \Phi(t, y(t), y(t + \Delta t), \Delta t) - y(t + \Delta t)\end{aligned}$$

für $t \in [a, b]$ und $0 < \Delta t \leq b - t$ der Bedingung

$$\eta(t, \Delta t) = \mathcal{O}(\Delta t^{p+1}), \quad \Delta t \to 0$$

genügt. Im Fall $p = 1$ sprechen wir auch einfach von Konsistenz.

Wie in Abb. 9.4 deutlich wird, beschreibt der lokale Diskretisierungsfehler die Abweichung der numerischen Approximation, wenn ausgehend von einer beliebigen Lösungskurve ein Zeitschritt vorgenommen wird. Wie schon bei der Betrachtung linearer Gleichungssysteme im Kap. 5 festgestellt, repräsentiert der Begriff der Konsistenz stets ein Kriterium dafür, ob das numerische Verfahren in einem sinnvollen Zusammenhang zur zugrunde liegenden Aufgabenstellung steht. Diese Eigenschaft wird auch im vorliegenden Kontext widergespiegelt, denn für ein konsistentes Verfahren erhalten wir

$$\begin{aligned}&\lim_{\Delta t \to 0} \Phi(t, y(t), y(t + \Delta t); \Delta t)\\ &= \lim_{\Delta t \to 0} \frac{\eta(t, \Delta t)}{\Delta t} + \lim_{\Delta t \to 0} \frac{y(t + \Delta t) - y(t)}{\Delta t}\\ &= y'(t) = f(t, y(t)),\end{aligned} \tag{9.4}$$

Kapitel 9

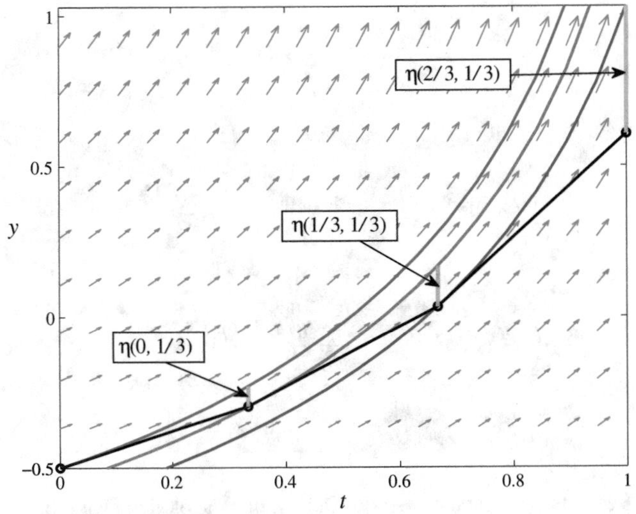

Abb. 9.4 Lokaler Diskretisierungsfehler des expliziten Euler-Verfahrens zur Differenzialgleichung $y'(t) = e^{y(t)}(1+t)$

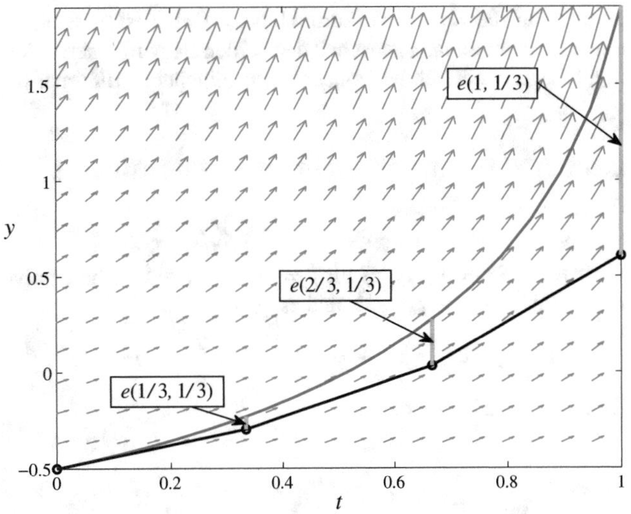

Abb. 9.5 Globaler Diskretisierungsfehler des expliziten Euler-Verfahrens zum Anfangswertproblem $y'(t) = e^{y(t)}(1+t)$, $y(0) = -1/2$

wodurch die Verfahrensfunktion im Grenzfall einer verschwindenden Zeitschrittweite die rechte Seite der Differenzialgleichung beschreibt. Hiermit liegt sicherlich eine Mindestforderung an ein vernünftiges Verfahren vor.

Satz zur Konsistenz des Euler-Verfahrens

Das explizite Euler-Verfahren ist konsistent von erster Ordnung zur Differenzialgleichung $y'(t) = f(t, y(t))$.

Beweis Schreiben wir die Taylorformel für die Funktion y um den Entwicklungspunkt t und berücksichtigen, dass y die Lösung der Differenzialgleichung darstellt, so erhalten wir

$$\begin{aligned} y(t+\Delta t) &= y(t) + \Delta t y'(t) + \frac{\Delta t^2}{2} y''(\Theta) \\ &= y(t) + \Delta t f(t, y(t)) + \frac{\Delta t^2}{2} y''(\Theta) \end{aligned}$$

für ein $\Theta \in [t, t+\Delta t]$. Für den lokalen Diskretisierungsfehler folgt damit

$$\begin{aligned} \eta(t, \Delta t) &= y(t) + \Delta t f(t, y(t)) - y(t+\Delta t) \\ &= -\frac{\Delta t^2}{2} y''(\Theta) = \mathcal{O}(\Delta t^2), \quad \Delta t \to 0 \end{aligned}$$

und der Nachweis ist aufgrund der Beschränktheit der zweiten Ableitung y'' im Intervall $[t, t+\Delta t]$ erbracht. ■

Selbstfrage 2

Gilt die obige Konsistenzordnung auch für das implizite Euler-Verfahren?

Letztendlich sind wir bei den Verfahren allerdings nicht daran interessiert, wie weit wir uns innerhalb eines Zeitschrittes von der exakten Lösung entfernen, sondern wie sich der Fehler in der Akkumulation über viele Zeitschritte hinweg verhält, da wir uns bei einem Anfangswertproblem üblicherweise bereits nach einem Zeitschritt nicht mehr auf der Lösungskurve befinden. Daher werden wir uns jetzt mit dem globalen Fehler befassen.

Definition der Konvergenz bei Einschrittverfahren

Ein Einschrittverfahren mit Startwert

$$y_0 = y(a) + \mathcal{O}(\Delta t^p), \quad \Delta t \to 0$$

heißt konvergent von der Ordnung $p \in \mathbb{N}$ zum Anfangswertproblem (9.1), (9.2), wenn für den zur Schrittweite Δt erzeugten Näherungswert y_i an die Lösung $y(t_i)$, $t_i = a + i \cdot \Delta t \in [a, b]$, der globale Diskretisierungsfehler

$$e(t_i, \Delta t) = y(t_i) - y_i$$

für alle t_i, $i = 1, \ldots, n$, der Bedingung

$$e(t_i, \Delta t) = \mathcal{O}(\Delta t^p), \quad \Delta t \to 0$$

genügt. Gelten die obigen Gleichungen mit $o(1)$ anstelle von $\mathcal{O}(\Delta t^p)$, so sprechen wir auch einfach von Konvergenz.

Wie wir im obigen Beweis gesehen haben, lässt sich die Konsistenz eines Verfahrens durchaus einfach mittels der Taylorformel nachweisen. Den Nachweis der Konvergenz werden wir im Fol-

Kapitel 9

genden auf die Konsistenz zurückführen. Daher ist es wichtig, einen Zusammenhang zwischen den beiden Begriffen herzustellen. Hierzu benötigen wir zunächst den folgenden Hilfssatz.

Bei Einschrittverfahren impliziert Konsistenz auch Konvergenz

Lemma Seien η_i, ρ_i, z_i für $i = 0, \ldots, m-1$ nichtnegative reelle Zahlen sowie $z_m \in \mathbb{R}$, und es gelte

$$z_{i+1} \le (1+\rho_i) z_i + \eta_i \quad \text{für} \quad i = 0, \ldots, m-1.$$

Dann folgt die Ungleichung

$$z_i \le \left(z_0 + \sum_{k=0}^{i-1} \eta_k \right) \mathrm{e}^{\sum_{k=0}^{i-1} \rho_k} \quad \text{für} \quad i = 0, \ldots, m. \tag{9.5}$$

◄

Beweis Wir führen den Nachweis mittels vollständiger Induktion. Für $i = 0$ ist die Ungleichung (9.5) wegen $z_0 \le (z_0 + 0)\mathrm{e}^0$ offensichtlich stets erfüllt. Gehen wir von der Gültigkeit der Abschätzung (9.5) für ein $i \in \{0, \ldots, m-1\}$ aus und berücksichtigen die Eigenschaft der Exponentialfunktion

$$\mathrm{e}^x \ge 1 + x \quad \text{für alle} \quad x \ge 0,$$

so folgt abschließend

$$\begin{aligned}
z_{i+1} &\le (1+\rho_i) z_i + \eta_i \\
&\le (1+\rho_i) \left(z_0 + \sum_{k=0}^{i-1} \eta_k \right) \mathrm{e}^{\sum_{k=0}^{i-1} \rho_k} + \eta_i \\
&\le \mathrm{e}^{\rho_i} \left(z_0 + \sum_{k=0}^{i-1} \eta_k \right) \mathrm{e}^{\sum_{k=0}^{i-1} \rho_k} + \eta_i \\
&= \left(z_0 + \sum_{k=0}^{i-1} \eta_k \right) \underbrace{\mathrm{e}^{\sum_{k=0}^{i} \rho_k}}_{\ge 1} + \eta_i \\
&\le \left(z_0 + \sum_{k=0}^{i} \eta_k \right) \mathrm{e}^{\sum_{k=0}^{i} \rho_k}.
\end{aligned}$$

■

Mit dem folgenden zentralen Satz werden wir den Zusammenhang zwischen der Konsistenz und der Konvergenz bei Einschrittverfahren herstellen.

Satz zur Konvergenz bei Einschrittverfahren

Die Verfahrensfunktion Φ eines Einschrittverfahrens zur Lösung des Anfangswertproblems (9.1), (9.2) genüge den Lipschitz-Bedingungen

$$|\Phi(t, u, w, \Delta t) - \Phi(t, v, w, \Delta t)| \le L|u - v| \tag{9.6}$$

$$|\Phi(t, w, u, \Delta t) - \Phi(t, w, v, \Delta t)| \le L|u - v| \tag{9.7}$$

mit $L \in \mathbb{R}$. Dann gilt für den globalen Diskretisierungsfehler mit

$$\eta(\Delta t) = \max_{j=0,\ldots,n-1} |\eta(t_j, \Delta t)|$$

unter der Zeitschrittweitenbeschränkung $\Delta t < \frac{1}{L}$ die Abschätzung

$$\begin{aligned}
&|e(t_{i+1}, \Delta t)| \\
&\le \left(|e(t_0, \Delta t)| + \frac{(t_{i+1} - t_0)}{1 - \Delta t\, L} \frac{\eta(\Delta t)}{\Delta t} \right) \mathrm{e}^{2 \frac{t_{i+1} - t_0}{1 - \Delta t\, L} L}
\end{aligned} \tag{9.8}$$

für $i = 0, \ldots, n-1$.

Beweis Betrachten wir die Definition des lokalen Diskretisierungsfehlers zum Zeitpunkt t_i, so erhalten wir

$$y(t_{i+1}) = y(t_i) + \Delta t\, \Phi(t_i, y(t_i), y(t_{i+1}), \Delta t) - \eta(t_i, \Delta t).$$

Wir setzen diesen Ausdruck in die Festlegung des globalen Diskretisierungsfehlers ein und berücksichtigen das numerische Verfahren zur Berechnung der Näherungslösung y_{i+1}. Ein kleiner Trick in Form einer Nulladdition gibt uns die Möglichkeit, die Lipschitz-Abschätzungen auszunutzen, wodurch wir

$$\begin{aligned}
e(t_{i+1}, \Delta t) &= y(t_{i+1}) - y_{i+1} \\
&= y(t_i) + \Delta t\, \Phi(t_i, y(t_i), y(t_{i+1}), \Delta t) - \eta(t_i, \Delta t) \\
&\quad - \Big[y_i + \Delta t\, \Phi(t_i, y_i, y_{i+1}, \Delta t) \Big] \\
&= e(t_i, \Delta t) - \eta(t_i, \Delta t) \\
&\quad + \Delta t \Big[\Phi(t_i, y(t_i), y(t_{i+1}), \Delta t) - \Phi(t_i, y_i, y(t_{i+1}), \Delta t) \\
&\qquad + \Phi(t_i, y_i, y(t_{i+1}), \Delta t) - \Phi(t_i, y_i, y_{i+1}, \Delta t) \Big]
\end{aligned}$$

erhalten. Für den Betrag des Fehlers liefern die Lipschitz-Bedingungen die Ungleichung

$$\begin{aligned}
|e(t_{i+1}, \Delta t)| &\le |e(t_i, \Delta t)| + |\eta(t_i, \Delta t)| \\
&\quad + \Delta t\, L \Big[\underbrace{|y(t_i) - y_i|}_{=|e(t_i, \Delta t)|} + \underbrace{|y(t_{i+1}) - y_{i+1}|}_{=|e(t_{i+1}, \Delta t)|} \Big].
\end{aligned}$$

Lösen wir die Gleichung nach $|e(t_{i+1}, \Delta t)|$ auf und nutzen dabei die Festlegung des lokalen Fehlers $\eta(\Delta t)$, so liefert die Zeitschrittweitenbeschränkung in der Darstellung $1 - \Delta t L > 0$ die Abschätzung

$$|e(t_{i+1}, \Delta t)| \le \frac{1 + \Delta t\, L}{1 - \Delta t\, L} |e(t_i, \Delta t)| + \frac{1}{1 - \Delta t\, L} \eta(\Delta t).$$

Diese Darstellung gilt für alle $i = 0, \ldots, n-1$, wodurch mit den Hilfsgrößen

$$\begin{aligned}
\rho_i &:= \frac{1 + \Delta t\, L}{1 - \Delta t\, L} - 1 = \frac{2\Delta t\, L}{1 - \Delta t\, L} \ge 0 \\
z_i &:= |e(t_i, \Delta t)| \ge 0 \quad \text{und} \\
\eta_i &:= \frac{1}{1 - \Delta t\, L} \eta(\Delta t) \ge 0
\end{aligned}$$

exakt die Voraussetzung des obigen Lemmas erfüllt ist und wir daher

$$|e(t_{i+1}, \Delta t)| = z_{i+1} \leq \left[z_0 + \sum_{k=0}^{i} \eta_k \right] e^{\sum_{k=0}^{i} \rho_k}$$
$$= \left[|e(t_0, \Delta t)| + \sum_{k=0}^{i} \frac{1}{1 - \Delta t\, L} \eta(\Delta t) \right] e^{\sum_{k=0}^{i} \frac{2\Delta t\, L}{1-\Delta t\, L}}$$

schlussfolgern können. Hiermit haben wir schon fast unser Ziel erreicht. Lediglich die auftretenden Summen müssen unter Berücksichtigung von $t_{i+1} - t_0 = (i + 1)\Delta t$ durch

$$\sum_{k=0}^{i} \frac{1}{1 - \Delta t\, L} \eta(\Delta t) = \frac{i + 1}{1 - \Delta t\, L} \eta(\Delta t) = \frac{t_{i+1} - t_0}{1 - \Delta t\, L} \frac{\eta(\Delta t)}{\Delta t}$$

und

$$\sum_{k=0}^{i} \frac{2\Delta t\, L}{1 - \Delta t\, L} = (t_{i+1} - t_0) \frac{2L}{1 - \Delta t\, L}$$

ersetzt werden und wir erhalten wie behauptet

$$|e(t_{i+1}, \Delta t)| \leq \left(|e(t_0, \Delta t)| + \frac{(t_{i+1} - t_0)}{1 - \Delta t\, L} \frac{\eta(\Delta t)}{\Delta t} \right) e^{2 \frac{t_{i+1}-t_0}{1-\Delta t\, L} L}$$

für $i = 0, \ldots, n - 1$. ■

Wir können somit aus der Konsistenz die Konvergenz schlussfolgern, wenn die Initialisierung y_0 des numerischen Verfahrens in geeigneter Ordnung gegen den Startwert des Anfangswertproblems $\widehat{y}_0$ konvergiert. Anhand des Quotienten $\frac{\eta(\Delta t)}{\Delta t}$ wird an dieser Stelle auch deutlich, warum bei der Definition der Konsistenz im Vergleich zur Konvergenz ein um eins höherer Exponent im Landau-Symbol verlangt wird. Wir erhalten somit die zentrale Aussage:

Satz zur Konvergenz von Einschrittverfahren

Ist ein Einschrittverfahren mit einer gemäß (9.6) sowie (9.7) lipschitzstetigen Verfahrensfunktion konsistent von der Ordnung p zur Differenzialgleichung (9.1), und erfüllt der Anfangswert des Verfahrens die Bedingung $y_0 = \widehat{y}_0 + \mathcal{O}(\Delta t^p)$, so ist die Methode konvergent von der Ordnung p zum Anfangswertproblem (9.1), (9.2).

Die im obigen Satz formulierte Bedingung an den Startwert y_0 des numerischen Verfahrens in Bezug auf den Anfangswert $\widehat{y}_0$ ist natürlich insbesondere dann erfüllt, wenn an dieser Stelle keine Störung vorliegt und somit $y_0 = \widehat{y}_0$ gilt. Zudem können wir der Abschätzung (9.8) entnehmen, dass der Fehler exponentiell mit zunehmender Zeit anwachsen kann. Zudem wird durch den Zusammenhang zwischen der Verfahrensfunktion Φ und der rechten Seite der Differenzialgleichung f gemäß (9.4) klar, dass sich eine große Lipschitz-Konstante $\widehat{L}$ mit

$$|f(t, y_2(t)) - f(t, y_1(t))| \leq \widehat{L}|y_2(t) - y_1(t)|$$

in einer großen Lipschitz-Konstanten der Verfahrensfunktion widerspiegelt, wodurch nur noch kleine Zeitschrittweiten zulässig sind. Solche Differenzialgleichungen werden als *steif* bezeichnet.

Selbstfrage 3

Können Sie sich anhand des Richtungsfeldes die Notwendigkeit kleiner Zeitschritte beim expliziten Euler-Verfahren für steife Differenzialgleichungen verdeutlichen?

Mit dem Satz zur Konsistenz des Euler-Verfahrens erhalten wir aufgrund des obigen Satzes direkt die folgende Eigenschaft.

Satz zur Konvergenz des Euler-Verfahrens

Erfüllt der Startwert y_0 des numerischen Verfahrens die Bedingung $y_0 = \widehat{y}_0 + \mathcal{O}(\Delta t)$, dann ist das explizite Euler-Verfahren konvergent von erster Ordnung zum Anfangswertproblem $y'(t) = f(t, y(t))$, $y(0) = \widehat{y}_0$.

Achtung Die im Rahmen der Konvergenz des Euler-Verfahrens geforderte Voraussetzung an die Anfangsbedingung erscheint zunächst etwas willkürlich, da dieser Wert formal durch das Anfangswertproblem gegeben ist. Wie wir im Beispiel auf S. 312 sehen werden, ist bereits bei scheinbar einfachen Anfangswerten wie $\widehat{y}_0 = 0.1$ eine exakte Darstellung im Rechner nicht mehr möglich, sodass bereits ein Fehler innerhalb der Anfangsdaten der numerischen Simulation vorliegt, der sich im zeitlichen Verlauf durchaus akkumulieren kann. In der Praxis kann zudem ein Problem bei der experimentellen Bestimmung der Anfangsbedingungen auftreten. Betrachten wir beispielsweise ein Anfangswertproblem für die Population von Mikroorganismen. Hier ist man an einer realitätsgetreuen Simulation der zeitlichen Entwicklung der Populationsgröße interessiert, obwohl es häufig schwierig bis unmöglich ist, die Anfangspopulation exakt zu bestimmen. Wir vergleichen demzufolge zu späteren Zeitpunkten die numerischen Simulationsergebnisse mit realen Daten, obwohl die den beiden Prozessen zugrunde liegenden Anfangsdaten nicht notwendigerweise identisch sind. Diese beiden Beispiele zeigen, dass eine Berücksichtigung von Rundungsfehlern oder Messungenauigkeiten innerhalb der Anfangsdaten bei der Untersuchung der Konvergenz vorgenommen werden muss. ◄

Beispiel Um die theoretisch ermittelte Konvergenzordnung des expliziten Euler-Verfahrens auch in der Anwendung zu belegen, greifen wir auf das bereits in Abb. 9.5 visualisierte Beispiel zurück. Für das Anfangswertproblem

$$\begin{aligned} y'(t) &= e^{y(t)}(1 + t) \\ y(0) &= -\frac{1}{2} \end{aligned} \tag{9.9}$$

schreibt sich die Lösung in der Form

$$y(t) = -\ln\left(e^{\frac{1}{2}} - t - \frac{t^2}{2}\right).$$

Tab. 9.1 Explizites Euler-Verfahren angewandt auf das Modellproblem (9.9)

Zeitschrittweite	Fehler	Ordnung
10^{-1}	$7.69 \cdot 10^{-1}$	
10^{-2}	$1.50 \cdot 10^{-1}$	0.711
10^{-3}	$1.70 \cdot 10^{-2}$	0.943
10^{-4}	$1.73 \cdot 10^{-3}$	0.994
10^{-5}	$1.73 \cdot 10^{-4}$	1.000

Dieses Modellproblem werden wir auch für die Untersuchung der weiteren Algorithmen verwenden, sodass ein unmittelbarer Vergleich der Verfahren vorliegt. Nun kann man sich an dieser Stelle natürlich fragen, warum ein numerisches Verfahren auf ein Problem angewendet wird, zu dem eine analytische Lösung vorliegt. In diesem Fall können wir für verschiedene Zeitschrittweiten den Fehler zwischen der exakten und der numerischen Lösung zu dem von uns gewählten Zeitpunkt $t = 1$ angeben und damit die angegebene Konvergenzordnung heuristisch überprüfen. Würden wir ein analytisch nicht mehr lösbares Problem zugrunde legen, so könnten wir die Konvergenz des Verfahrens nur gegen eine numerisch berechnete Approximation der Lösung untersuchen. Diese müsste dann mit einer sehr kleinen Zeitschrittweite bestimmt und als Referenzlösung genutzt werden, wobei dennoch stets nicht der exakte Wert des Fehlers angegeben werden könnte.

Zur Herleitung einer Berechnungsformel für die Ordnung beliebiger Zeitschrittverfahren betrachten wir

$$e(1, \Delta t) = \mathcal{O}(\Delta t^p), \quad \Delta t \to 0$$

und nehmen daher an, dass sich der Fehler für gegebene Zeitschrittweiten Δt_1 und Δt_2 in der Form

$$e_j := e(1, \Delta t_j) = C \Delta t_j^p \tag{9.10}$$

für $j = 1, 2$ mit einer Konstanten C schreiben lässt. In dieser Annahme ist auch die Heuristik versteckt, denn wir wissen, dass die Ordnungsaussage lediglich eine asymptotische Eigenschaft für den Grenzfall $\Delta t \to 0$ darstellt und wir daher auch nur für sehr kleine Zeitschrittweiten näherungsweise eine solche Darstellung erwarten dürfen. Gehen wir dennoch von der Formulierung (9.10) aus und schreiben hiermit

$$\frac{e_1}{e_2} = \frac{\Delta t_1^p}{\Delta t_2^p},$$

so erhalten wir

$$p = \frac{\ln \dfrac{e_1}{e_2}}{\ln \dfrac{\Delta t_1}{\Delta t_2}}. \tag{9.11}$$

Wir betrachten die in Tab. 9.1 angegebenen Ergebnisse und erkennen, dass die Ordnung für kleiner werdende Zeitschrittweiten gegen den erwarteten Wert $p = 1$ konvergiert. ◄

Runge-Kutta-Verfahren gehören zur Klasse der Integrationsmethoden

Führen wir uns den Integrationsansatz für die Herleitung des expliziten Euler-Verfahrens vor Augen, so wird aus der genutzten Rechteckregel

$$y(t_{i+1}) - y(t_i) = \int_{t_i}^{t_{i+1}} f(t, y(t))\, dt \approx \Delta t f(t_i, y(t_i))$$

schnell klar, dass wir eine Verbesserung der Methode durch eine genauere numerische Quadratur erzielen könnten. Verwenden wir die Mittelpunktsregel zweiter Ordnung

$$\int_{t_i}^{t_{i+1}} f(t, y(t))\, dt \approx \Delta t f\left(t_i + \frac{\Delta t}{2}, y\left(t_i + \frac{\Delta t}{2}\right)\right),$$

so liegt jedoch das Problem vor, dass der Funktionswert zum Zeitpunkt $t_i + \frac{\Delta t}{2}$ nicht bekannt ist. Warum sollten wir hierzu nicht einen Näherungswert einbringen, der wiederum mit dem expliziten Euler-Verfahren bei halber Zeitschrittweite berechnet wurde? Durch diese Idee ergibt sich mit

$$\begin{aligned} y_{i+1/2} &= y_i + \tfrac{\Delta t}{2} f(t_i, y(t_i)) \\ y_{i+1} &= y_i + \Delta t f\left(t_i + \tfrac{\Delta t}{2}, y_{i+1/2}\right) \end{aligned} \tag{9.12}$$

die sogenannte **explizite Mittelpunktsregel.**

Selbstfrage 4

Ist die explizite Mittelpunktsregel eine Einschrittmethode?

Wir können für die explizite Mittelpunktsregel, wie in Aufgabe 9.6 gezeigt, sogar nachweisen, dass die Approximation des Funktionswertes zum Zwischenzeitpunkt $t_i + \frac{\Delta t}{2}$ keinen Einfluss auf die erwartete Konvergenzordnung $p = 2$ hat. Allerdings wird durch den Nachweis auch klar, dass wir für die sinnvolle Einbindung numerischer Quadraturformeln höherer Ordnung eine geeignete Theorie brauchen, die uns sowohl die Definition der Verfahren als auch deren Konsistenz- und damit auch Konvergenzanalyse allgemein ermöglicht.

Diese Forderung führt uns auf die nach Carl Runge (1856–1927) und Martin Wilhelm Kutta (1867–1944) benannten Runge-Kutta-Verfahren, die sämtlich in die Klasse der Einschrittverfahren gehören.

Wir folgen der bereits im Abschnitt 4.2 ausführlich diskutierten Idee der interpolatorischen Quadraturformel und definieren zunächst für das aktuelle Zeitintervall $[t_i, t_{i+1}]$ die Stützstellen

$$\xi_j = t_i + c_j \Delta t \quad \text{mit} \quad c_j \in [0, 1] \quad \text{für} \quad j = 1, \ldots, s.$$

Wenden wir eine interpolatorische Quadraturformel auf die integrale Formulierung der Differenzialgleichung (9.3) an, so erhalten wir unter Berücksichtigung der obigen Stützstellen die Approximation

$$y(t_{i+1}) - y(t_i) = \int_{t_i}^{t_{i+1}} y'(t)\,\mathrm{d}t = \int_{t_i}^{t_{i+1}} f(t, y(t))\,\mathrm{d}t$$
$$\approx \Delta t \sum_{j=1}^{s} b_j f(\xi_j, y(\xi_j)).$$

Aus der Theorie der interpolatorischen Quadraturen wissen wir bereits, dass mit $\sum_{j=1}^{s} b_j = 1$ eine Bedingung an die Gewichte b_j zu erwarten ist. Im Gegensatz zur numerischen Integration liegt in unserem Fall jedoch leider keine Kenntnis über die eingehenden Funktionswerte $y(\xi_j)$ vor, wodurch wiederum geeignete Näherungen auch für diese Größen bestimmt werden müssen. Aber die Idee liegt auf der Hand, denn schreiben wir

$$y(\xi_j) - y(t_i) = \int_{t_i}^{t_i + c_j \Delta t} y'(t)\,\mathrm{d}t = \int_{t_i}^{t_i + c_j \Delta t} f(t, y(t))\,\mathrm{d}t,$$

so wird schnell klar, dass wir die obige Technik auch zur Berechnung der Zwischenwerte nutzen können. Etwas Vorsicht ist hier jedoch geboten. Verwenden wir immer wieder neue Stützstellen, dann tritt das Schließungsproblem auf jeder Ebene auf und wir können in einen unendlich langen Iterationsprozess laufen. Daher nutzen wir stets die oben angegebenen Stützstellen und erhalten wegen

$$y(\xi_j) - y(t_i) \approx c_j \Delta t \sum_{\nu=1}^{s} \widetilde{a}_{j\nu} f(\xi_\nu, y(\xi_\nu))$$

unter Verwendung von $a_{j\nu} = c_j \widetilde{a}_{j\nu}$ mit

$$k_j = y_i + \Delta t \sum_{\nu=1}^{s} a_{j\nu} f(\xi_\nu, k_\nu), \quad j = 1, \ldots, s$$

Näherungen für die Funktionswerte an den Zwischenstellen ξ_j, $j = 1, \ldots, s$.

Selbstfrage 5

Welchen Wert erwarten wir für $\sum_{\nu=1}^{s} a_{j\nu}$?

Die bisherigen Überlegungen münden in die Definition der Runge-Kutta-Verfahren.

Definition Runge-Kutta-Verfahren

Für $b_j, c_j, a_{j\nu} \in \mathbb{R}$, $j, \nu = 1, \ldots, s$ bezeichnet man die Berechnungsvorschrift

$$k_j = y_i + \Delta t \sum_{\nu=1}^{s} a_{j\nu} f(\xi_\nu, k_\nu), \quad j = 1, \ldots, s$$
$$y_{i+1} = y_i + \Delta t \sum_{j=1}^{s} b_j f(\xi_j, k_j).$$

mit $\xi_j = t_i + c_j \Delta t$ als s-stufiges **Runge-Kutta-Verfahren** zur Differenzialgleichung $y'(t) = f(t, y(t))$. Dabei benennen wir die Parameter c_j als Knoten und die Werte b_j als Gewichte.

Runge-Kutta-Verfahren sind nach der obigen Festlegung vollständig durch die eingehenden Parameter $b_j, c_j, a_{j\nu} \in \mathbb{R}$ charakterisiert. Diese Tatsache bewegte John Butcher (*1933) zu einer kompakten Darstellung der Runge-Kutta-Verfahren in der Form eines sogenannten **Butcher-Arrays**

$$\begin{array}{c|ccc} c_1 & a_{11} & \cdots & a_{1s} \\ \vdots & \vdots & & \vdots \\ c_s & a_{s1} & \cdots & a_{ss} \\ \hline & b_1 & \cdots & b_s \end{array} \quad \widehat{=} \quad \begin{array}{c|c} \boldsymbol{c} & \boldsymbol{A} \\ \hline & \boldsymbol{b}^\top \end{array}$$

mit $\boldsymbol{A} \in \mathbb{R}^{s \times s}$, $\boldsymbol{b}, \boldsymbol{c} \in \mathbb{R}^s$.

Beispiel Die bekannten Einschrittverfahren lassen sich wie folgt in die Form der Runge-Kutta-Verfahren einbetten:

(1) Explizites Euler-Verfahren

$$\begin{array}{c|c} 0 & 0 \\ \hline & 1 \end{array} \quad \widehat{=} \quad \begin{aligned} k_1 &= y_i \\ y_{i+1} &= y_i + \Delta t f(t_i, k_1) \end{aligned}$$

(2) Implizites Euler-Verfahren

$$\begin{array}{c|c} 1 & 1 \\ \hline & 1 \end{array} \quad \widehat{=} \quad \begin{aligned} k_1 &= y_i + \Delta t f(t_i + \Delta t, k_1) \\ y_{i+1} &= y_i + \Delta t f(t_i + \Delta t, k_1) \end{aligned}$$

Die obige Form verdeutlicht nur, dass es sich beim impliziten Euler-Verfahren um ein einstufiges Runge-Kutta-Verfahren handelt. Da die Berechnungsvorschriften für k_1 und y_{i+1} identisch sind, würden wir bei einer Umsetzung der Verfahrensvorschrift natürlich auf die zweite Zeile verzichten, da $y_{i+1} = k_1$ gilt.

(3) Explizite Mittelpunktsregel

$$\begin{array}{c|cc} 0 & 0 & 0 \\ \frac{1}{2} & \frac{1}{2} & 0 \\ \hline & 0 & 1 \end{array} \quad \widehat{=} \quad \begin{aligned} k_1 &= y_i \\ k_2 &= y_i + \tfrac{1}{2}\Delta t f\left(t_i, k_1\right) \\ y_{i+1} &= y_i + \Delta t f\left(t_i + \tfrac{1}{2}\Delta t, k_2\right) \end{aligned}$$

Mit diesem auch als Runge-Methode oder verbessertes Euler-Verfahren bekannten Algorithmus liegt folglich unser erstes zweistufiges Runge-Kutta-Verfahren vor. Anhand des Richtungsfeldes lässt es sich entsprechend der Abb. 9.6 wie folgt beschreiben. Wir starten für einen halben Zeitschritt mit der am Punkt (t_i, y_i) vorliegenden Steigung $f(t_i, y_i)$, bestimmen hiermit die Steigung an der Zwischenstelle (verdeutlicht durch den roten Pfeil) und nutzen diese wiederum ausgehend von (t_i, y_i) für einen Schritt der Länge Δt. ◄

Kapitel 9

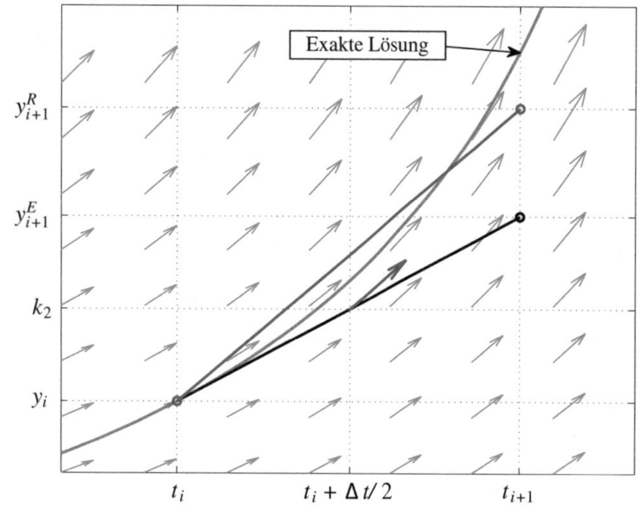

Abb. 9.6 Berechnung der Näherungslösungen y_{i+1}^R des Runge-Verfahrens und y_{i+1}^E des expliziten Euler-Verfahrens zur Differenzialgleichung $y'(t) = e^{y(t)}(1+t)$

Die Steigungsform liefert eine effizientere Implementierung

Betrachten wir die bisherige Formulierung des Runge-Kutta-Verfahrens gemäß der auf S. 297 formulierten Definition, so fällt auf, dass die Auswertung der rechten Seite f mehrfach mit den gleichen Daten erfolgen kann. Im Kontext einer skalaren Differenzialgleichung scheint dieser Sachverhalt zunächst nicht besonders rechenzeitintensiv. Jedoch muss bedacht werden, dass gewöhnliche Differenzialgleichungssysteme häufig bei der Lösung partieller Differenzialgleichungen als Subprobleme auftreten. In diesem Rahmen liegt durchaus ein System gewöhnlicher Differenzialgleichungen mit mehreren hunderttausend Gleichungen vor und die Auswertung der rechten Seite beinhaltet ihrerseits eine durchaus extrem komplexe Approximation mit dem für das Gesamtverfahren aus Sicht der Rechenzeit aufwendigsten Anteil. Damit ist es sehr wichtig, die Anzahl der Auswertungen der rechten Seite so gering wie möglich zu halten. Wir werden daher anhand des folgenden Beispiels die sogenannte Steigungsformulierung eines Runge-Kutta-Verfahrens einführen.

Beispiel Analog zur Herleitung der expliziten Mittelpunktsregel erhalten wir auf der Grundlage der Trapezregel das folgende **Prädiktor-Korrektor-Verfahren**. Mit der Trapezregel zur numerischen Integration folgt

$$\begin{aligned} y(t_{i+1}) - y(t_i) &= \int_{t_i}^{t_{i+1}} y'(t)\,dt = \int_{t_i}^{t_{i+1}} f(t, y(t))\,dt \\ &\approx \frac{\Delta t}{2}(f(t_i, y(t_i)) + f(t_{i+1}, y(t_{i+1}))), \end{aligned}$$

und wir erhalten die *implizite Trapezregel*

$$y_{i+1} = y_i + \frac{\Delta t}{2}(f(t_i, y_i) + f(t_{i+1}, y_{i+1})).$$

Um den impliziten Charakter der obigen Verfahrensvorschrift zu umgehen, approximieren wir die implizite Auswertung $f(t_{i+1}, y_{i+1})$ durch $f(t_{i+1}, k_2)$ mit der durch das explizite Euler-Verfahren berechneten Näherung

$$k_2 = y_i + \Delta t f(t_i, y_i).$$

Das so festgelegte Verfahren schreibt sich daher in der Form einer Runge-Kutta-Methode gemäß

$$\begin{aligned} k_1 &= y_i \\ k_2 &= y_i + \Delta t f(t_i, k_1) \\ y_{i+1} &= y_i + \frac{\Delta t}{2}(f(t_i, k_1) + f(t_{i+1}, k_2)). \end{aligned}$$

Wir haben dabei den aus dem Euler-Verfahren stammenden Prädiktor k_2, der durch

$$y_{i+1} = k_2 + \frac{\Delta t}{2}(f(t_{i+1}, k_2) - f(t_i, k_1))$$

korrigiert wird, womit sich der Name *Prädiktor-Korrektor-Verfahren* begründet. Dabei wird deutlich, dass es sich um ein explizites Verfahren handelt, wobei jedoch formal eine doppelte Auswertung der Funktion f für (t_i, k_1) vorgenommen wird. Anstelle die Näherungen k_j an die Funktionswerte $y(\xi_j)$ zu berechnen, können wir das Verfahren auch unter direkter Verwendung der Steigungen $r_j = f(t_i + c_j \Delta t, k_j)$ formulieren. Für das Prädiktor-Verfahren erhalten wir die Darstellung

$$\begin{aligned} r_1 &= f(t_i, y_i) \\ r_2 &= f(t_i + \Delta t, y_i + \Delta t r_1) \\ y_{i+1} &= y_i + \frac{\Delta t}{2}(r_1 + r_2), \end{aligned}$$

die keine unnötige Funktionsauswertung beinhaltet. ◄

Ausgehend von der Definition eines Runge-Kutta-Verfahrens laut S. 297 ergibt sich durch $r_j = f(t_i + c_j \Delta t, k_j)$ die allgemeine Steigungsform mittels

$$\begin{aligned} r_j &= f(t_i + c_j \Delta t, k_j) \\ &= f\left(t_i + c_j \Delta t, y_i + \Delta t \sum_{\nu=1}^{s} a_{j\nu} f(\xi_\nu, k_\nu)\right) \\ &= f\left(t_i + c_j \Delta t, y_i + \Delta t \sum_{\nu=1}^{s} a_{j\nu} r_\nu\right) \end{aligned}$$

bei anschließender Ermittlung der Näherungslösung y_{i+1} gemäß

$$y_{i+1} = y_i + \Delta t \sum_{j=1}^{s} b_j r_j.$$

Selbstfrage 6

Können Sie zur impliziten Trapezregel und zum Prädiktor-Korrektor-Verfahren das jeweils zugehörige Butcher-Array aufstellen?

Butcher-Arrays mit strikten unteren Dreiecksmatrizen repräsentieren explizite Verfahren

Anhand des Butcher-Arrays eines Runge-Kutta-Verfahrens kann auch sofort erkannt werden, ob es sich um ein explizites oder implizites Verfahren handelt. Liegt eine strikte untere Dreiecksmatrix $\boldsymbol{A} \in \mathbb{R}^{s \times s}$ vor, so gilt $a_{j\nu} = 0$ für $\nu \geq j$, und die Berechnungsvorschrift schreibt sich für die Steigungen r_j in der allgemeinen Form

$$r_j = f\left(t_i + c_j \Delta t, y_i + \Delta t \sum_{\nu=1}^{j-1} a_{j\nu} r_\nu\right), \quad j = 1, \ldots, s.$$

Aufgrund der Summationsgrenze $j - 1$ anstelle der üblichen Grenze s ist daher eine sukzessive Berechnung der Größen r_j durch einfaches Einsetzen bekannter Werte möglich. Hiermit liegt folglich ein explizites Verfahren vor. Dagegen bezeichnen wir das zugehörige Runge-Kutta-Verfahren als implizit, falls durch $\boldsymbol{A}$ keine strikte untere Dreiecksmatrix vorliegt. Betrachten wir beispielsweise eine vollbesetzte Matrix und legen zudem den allgemeinen Fall einer Abbildung $\boldsymbol{f}\colon [a,b] \times \mathbb{R}^m \to \mathbb{R}^m$ zugrunde, so stellt

$$\boldsymbol{r}_1 = \boldsymbol{f}\left(t_i + c_1 \Delta t, \boldsymbol{y}_i + \sum_{\nu=1}^{s} a_{1\nu} \boldsymbol{r}_\nu\right)$$

$$\vdots$$

$$\boldsymbol{r}_s = \boldsymbol{f}\left(t_i + c_s \Delta t, \boldsymbol{y}_i + \sum_{\nu=1}^{s} a_{s\nu} \boldsymbol{r}_\nu\right)$$

ein Gleichungssystem der Dimension $s \cdot m$ zur Ermittlung der Gradienten $\boldsymbol{r}_j \in \mathbb{R}^m$, $j = 1, \ldots, s$ dar, das entsprechend der Abbildung $\boldsymbol{f}$ linear oder nichtlinear ist und folglich mit Methoden der Kap. 5 beziehungsweise 8 gelöst werden muss. Im Spezialfall einer linken unteren Dreiecksmatrix $\boldsymbol{A}$ mit mindestens einem nichtverschwindenden Diagonalelement sprechen wir von einem diagonal impliziten Runge-Kutta-Verfahren, kurz DIRK-Methode genannt. Der Vorteil dieser Methoden in Bezug auf die Lösung des obigen Gleichungssystems besteht darin, dass das Gesamtsystem in s Einzelgleichungen der Dimension m zerfällt und somit in der Regel leichter numerisch gelöst werden kann. Eine sehr häufig genutzte Gruppe innerhalb der Klasse der DIRK-Methoden stellen die SDIRK-Verfahren dar. Hierbei gilt $a_{11} = \ldots = a_{ss} \neq 0$ und der Buchstabe S hat seine Herkunft im englischen Wort singly.

Implizite Verfahren ziehen die Lösung linearer respektive nichtlinearer Gleichungssysteme nach sich, sodass sich einerseits die Frage nach der generellen Lösbarkeit und andererseits nach der Konvergenz numerischer Verfahren zur Ermittlung der Lösung stellt. Spätestens durch die Betrachtung des Newton-Verfahrens laut Kap. 8 wird deutlich, dass hierbei in Abhängigkeit von der vorliegenden Differenzialgleichung eine Schranke für die zulässige Zeitschrittweite zu erwarten ist, da es sich nur um eine lokal konvergente Methode handelt. Mit dem folgenden Satz werden wir uns dieser Fragestellung annehmen.

Satz

Die Abbildung $\boldsymbol{f}\colon [a,b] \times \mathbb{R}^m \to \mathbb{R}^m$ sei stetig und genüge der Abschätzung

$$\|\boldsymbol{f}(t, \widetilde{\boldsymbol{y}}) - \boldsymbol{f}(t, \boldsymbol{y})\|_\infty \leq L \|\widetilde{\boldsymbol{y}} - \boldsymbol{y}\|_\infty$$

mit einer Lipschitz-Konstanten $L > 0$ für alle $t \in [a,b]$. Betrachten wir das durch $(\boldsymbol{A}, \boldsymbol{b}, \boldsymbol{c})$ gegebene Runge-Kutta-Verfahren unter der Zeitschrittweitenbeschränkung $\Delta t < \frac{1}{L\|\boldsymbol{A}\|_\infty}$. Dann konvergiert die für $j = 1, \ldots, s$ durch

$$\boldsymbol{r}_j^{(\ell+1)} = \boldsymbol{f}\left(t_i + c_j \Delta t, \boldsymbol{y}_i + \Delta t \sum_{\nu=1}^{s} a_{j\nu} \boldsymbol{r}_\nu^{(\ell)}\right)$$

festgelegte Iterationsfolge für $\ell \to \infty$ bei beliebiger Initialisierung $\boldsymbol{r}_1^{(0)}, \ldots, \boldsymbol{r}_s^{(0)}$ gegen die eindeutig bestimmte Lösung des Gleichungssystems

$$\boldsymbol{r}_j = \boldsymbol{f}\left(t_i + c_j \Delta t, \boldsymbol{y}_i + \Delta t \sum_{\nu=1}^{s} a_{j\nu} \boldsymbol{r}_\nu\right), \; j = 1, \ldots, s.$$

Beweis Schreiben wir

$$\boldsymbol{R} = \begin{pmatrix} \boldsymbol{r}_1 \\ \vdots \\ \boldsymbol{r}_s \end{pmatrix} \in \mathbb{R}^{s \cdot m} \quad \text{und} \quad \boldsymbol{F} = \begin{pmatrix} \boldsymbol{F}_1 \\ \vdots \\ \boldsymbol{F}_s \end{pmatrix} : \mathbb{R}^{s \cdot m} \to \mathbb{R}^{s \cdot m}$$

mit

$$\boldsymbol{F}_j(\boldsymbol{R}) = \boldsymbol{f}\left(t_i + c_j \Delta t, \boldsymbol{y}_i + \Delta t \sum_{\nu=1}^{s} a_{j\nu} \boldsymbol{r}_\nu\right), \quad j = 1, \ldots, s,$$

so erhalten wir aufgrund der Lipschitz-Bedingung die Abschätzung

$$\|\boldsymbol{F}(\boldsymbol{R}) - \boldsymbol{F}(\widetilde{\boldsymbol{R}})\|_\infty \leq L \left\| \begin{pmatrix} \Delta t \sum_{\nu=1}^{s} a_{1\nu}(\boldsymbol{r}_\nu - \widetilde{\boldsymbol{r}}_\nu) \\ \vdots \\ \Delta t \sum_{\nu=1}^{s} a_{s\nu}(\boldsymbol{r}_\nu - \widetilde{\boldsymbol{r}}_\nu) \end{pmatrix} \right\|_\infty .$$

Wir berücksichtigen

$$\left\| \begin{pmatrix} \sum_{\nu=1}^{s} a_{1\nu}(\boldsymbol{r}_\nu - \widetilde{\boldsymbol{r}}_\nu) \\ \vdots \\ \sum_{\nu=1}^{s} a_{s\nu}(\boldsymbol{r}_\nu - \widetilde{\boldsymbol{r}}_\nu) \end{pmatrix} \right\|_\infty \leq \left\| \begin{pmatrix} \sum_{\nu=1}^{s} a_{1\nu} \\ \vdots \\ \sum_{\nu=1}^{s} a_{s\nu} \end{pmatrix} \right\|_\infty \|\boldsymbol{R} - \widetilde{\boldsymbol{R}}\|_\infty$$

Kapitel 9

und erhalten folglich

$$\|F(R) - F(\widetilde{R})\|_\infty \le L\Delta t \underbrace{\max_{j=1,\dots,s} \sum_{\nu=1}^{s} |a_{j\nu}|}_{=\|A\|_\infty} \|R - \widetilde{R}\|_\infty ,$$

womit wegen $L\Delta t\|A\|_\infty < 1$ nachgewiesen ist, dass F eine kontrahierende Abbildung auf dem Banachraum $(\mathbb{R}^{s\cdot m}, \|\cdot\|_\infty)$ darstellt. Folglich besitzt F nach dem Banach'schen Fixpunktsatz genau einen Fixpunkt $R \in \mathbb{R}^{s\cdot m}$, und die durch $R^{(\ell+1)} = F(R^{(\ell)})$, $\ell = 0, 1, 2, \dots$ definierte Iterationsfolge $(R^{(\ell)})_{\ell\in\mathbb{N}_0}$ konvergiert für jeden beliebigen Startvektor $R^{(0)} \in \mathbb{R}^{s\cdot m}$ gegen R. ■

Das Butcher-Array hilft beim schnellen Konsistenznachweis

Da die Einzelmethoden innerhalb der Gruppe der Runge-Kutta-Verfahren durch Angabe des Tripels (A, b, c) festgelegt sind, lässt sich nun auch eine umfassende Ordnungsanalyse auf dieser Grundlage durchführen. Wir werden dabei die klassische Vorgehensweise unter Verwendung einer Taylorentwicklung wählen. Prinzipiell ist dieser Ansatz für beliebig hohe Ordnungen nutzbar, allerdings werden wir schon bei dem folgenden Beweis feststellen, dass dieser Weg sehr steinig ist. Eine elegantere Möglichkeit liegt im Einsatz sogenannter Butcher-Bäume, die wiederum jedoch einer längeren theoretischen Einführung bedürfen. Einen kurzen Einblick in diese Technik findet man auf S. 302.

Satz zur Konsistenz von Runge-Kutta-Verfahren

Für ein Runge-Kutta-Verfahren (A, b, c) gelten:

- Das Verfahren hat mindestens Konsistenzordnung $p = 1$, wenn
$$\sum_{j=1}^{s} b_j = 1 \quad \text{und} \quad \sum_{\nu=1}^{s} a_{j\nu} = c_j \tag{9.13}$$
für alle $j = 1, \dots, s$ gelten.
- Das Verfahren hat mindestens Konsistenzordnung $p = 2$, wenn neben (9.13)
$$\sum_{j=1}^{s} b_j c_j = \frac{1}{2} \tag{9.14}$$
gilt.
- Das Verfahren hat mindestens Konsistenzordnung $p = 3$, wenn neben (9.13) und (9.14)
$$\sum_{j=1}^{s} b_j c_j^2 = \frac{1}{3} \quad \text{und} \quad \sum_{j=1}^{s} b_j \sum_{\nu=1}^{s} a_{j\nu} c_\nu = \frac{1}{6} \tag{9.15}$$
gelten.

Beweis Da wir stets von einer hinreichend oft differenzierbaren rechten Seite f der Differenzialgleichung $y'(t) = f(t, y(t))$ und folglich auch deren Lösung y ausgehen, können wir den Nachweis der Behauptung durch eine aufwendige, aber von der Grundidee sehr einfache Betrachtung der folgenden Taylorentwicklung herleiten. Für die Lösung y erhalten wir unter Berücksichtigung des Satzes von Schwarz, das heißt der Eigenschaft $f_{ty} = f_{yt}$, mit

$$\begin{aligned}
y'(t) &= f(t, y(t)) \\
y''(t) &= \frac{\mathrm{d}}{\mathrm{d}t} f(t, y(t)) = f_t(t, y(t)) + f_y(t, y(t))y'(t) \\
&= f_t(t, y(t)) + f_y(t, y(t))f(t, y(t)) \\
&= (f_t + f_y f)(t, y(t)) \\
y'''(t) &= \frac{\mathrm{d}}{\mathrm{d}t}(f_t + f_y f)(t, y(t)) \\
&= (f_{tt} + 2f_{ty} f + f_{yy} f^2 + f_y f_t + f_y^2 f)(t, y(t))
\end{aligned}$$

die Darstellung

$$\begin{aligned}
&y(t_i + \Delta t) \\
&= y(t_i) + \Delta t y'(t_i) + \frac{\Delta t^2}{2} y''(t_i) + \frac{\Delta t^3}{6} y'''(t_i) + \mathcal{O}(\Delta t^4) \\
&= y(t_i) + \Delta t f(t_i, y(t_i)) + \frac{\Delta t^2}{2}(f_t + f_y f)(t_i, y(t_i)) \\
&\quad + \frac{\Delta t^3}{6}(f_{tt} + 2f_{ty} f + f_{yy} f^2 + f_y f_t + f_y^2 f)(t_i, y(t_i)) \\
&\quad + \mathcal{O}(\Delta t^4).
\end{aligned} \tag{9.16}$$

Wir müssen nun die Größenordnung des lokalen Diskretisierungsfehlers bestimmen. Zur leichteren Lesbarkeit verstehen wir Funktionsaufrufe ohne Argument stets an der Stelle $(t_i, y(t_i))$. Gehen wir von der Lösungskurve aus, indem wir $y_i = y(t_i)$ voraussetzen und bezeichnen die auf dieser Grundlage durch das Runge-Kutta-Verfahren laut S. 297 bestimmte Approximation an $y(t_i + \Delta t)$ mit $\widehat{y}_{i+1}$, so ergibt sich aus der Taylorentwicklung die Darstellung

$$\begin{aligned}
&\widehat{y}_{i+1} \\
&= y_i + \Delta t \sum_{j=1}^{s} b_j f(\xi_j, k_j) \\
&= y_i + \Delta t \sum_{j=1}^{s} b_j \Big[f + c_j \Delta t f_t + \underline{(k_j - y_i)} f_y \\
&\quad + \frac{1}{2}\big(c_j^2 \Delta t^2 f_{tt} + 2c_j \Delta t \underline{\underline{(k_j - y_i)}} f_{ty} + \underline{\underline{(k_j - y_i)^2}} f_{yy}\big)\Big] \\
&\quad + \mathcal{O}(\Delta t^4).
\end{aligned} \tag{9.17}$$

Abschließend bleibt nachzuweisen, dass die Darstellungen (9.16) und (9.17) unter den im Satz genannten Voraussetzungen (9.13), (9.14) und (9.15) bis auf die entsprechenden Ordnungsterme übereinstimmen. Hierzu ist es erforderlich, zunächst die Differenzen $k_j - y_i$ über die eingehenden Koeffizienten

Kapitel 9

$(\boldsymbol{A}, \boldsymbol{b}, \boldsymbol{c})$ auszudrücken. Dabei ist formal für die einfach unterstrichenen Terme eine Darstellung bis auf einen Restterm der Ordnung $\mathcal{O}(\Delta t^3)$ notwendig, während für die doppelt unterstrichenen Differenzen lediglich eine Formulierung bis auf ein Restglied der Ordnung $\mathcal{O}(\Delta t^2)$ gefordert ist, da diese Terme entweder eine zusätzliche Multiplikation mit Δt erhalten oder eine Quadrierung vorgenommen wird.

Ausgehend von der Definition der Runge-Kutta-Verfahren laut S. 297 erhalten wir für $j = 1, \ldots, s$ mit einer Taylorentwicklung von f um den Punkt (t_i, y_i) die Darstellung

$$k_j - y_i = \Delta t \sum_{\nu=1}^{s} a_{j\nu}\big(f + f_t(\widetilde{\xi}_\nu, \widetilde{k}_\nu)c_\nu \Delta t + f_y(\widetilde{\xi}_\nu, \widetilde{k}_\nu)(k_\nu - y_i)\big) \tag{9.18}$$

mit $\widetilde{\xi}_\nu \in [t_i, t_i + c_\nu \Delta t]$ und einem $\widetilde{k}_\nu$ zwischen y_i und k_ν. Zusammenfassend schreiben wir

$$\sum_{\nu=1}^{s} \widetilde{a}_{j\nu}(k_\nu - y_i) = \mathcal{O}(\Delta t)$$

mit $\widetilde{a}_{j\nu} = \delta_{j\nu} - \Delta t a_{j\nu} f_y(\widetilde{\xi}_\nu, \widetilde{k}_\nu)$, womit wir direkt $(k_\nu - y_i) = \mathcal{O}(\Delta t)$, $\nu = 1, \ldots, s$ und folglich unter Berücksichtigung von (9.18)

$$k_j - y_i = \Delta t \sum_{\nu=1}^{s} a_{j\nu} f + \mathcal{O}(\Delta t^2)$$

schlussfolgern können. Durch die zweite Forderung in (9.13) ergibt sich demzufolge

$$k_j - y_i = \Delta t c_j f + \mathcal{O}(\Delta t^2),$$

sodass analog

$$\begin{aligned} k_j - y_i &= \Delta t \sum_{\nu=1}^{s} a_{j\nu}\left(f + f_t c_\nu \Delta t + f_y(k_\nu - y_i) + \mathcal{O}(\Delta t^2)\right) \\ &= \Delta t \sum_{\nu=1}^{s} a_{j\nu}\left[f + f_t c_\nu \Delta t + f_y(\Delta t c_\nu f) + \mathcal{O}(\Delta t^2)\right] \\ &= \Delta t c_j f + \Delta t^2 \sum_{\nu=1}^{s} a_{j\nu} c_\nu (f_t + f_y f) + \mathcal{O}(\Delta t^3) \end{aligned}$$

folgt. Setzen wir diese Ordnungsdarstellung in die Gleichung (9.17) ein und sortieren nach Potenzen der Zeitschrittweite, so erhalten wir unter Berücksichtigung der ersten Bedingung gemäß (9.13) die Folgerung

$$\begin{aligned} \widehat{y}_{i+1} = y_i + \Delta t f &+ \frac{\Delta t^2}{2}\Big[(f_t + f_y f) \cdot 2 \cdot \sum_{j=1}^{s} b_j c_j\Big] \\ &+ \frac{\Delta t^3}{6}\Big[(f_y f_t + f_y^2 f) \cdot 6 \cdot \sum_{j=1}^{s} b_j \sum_{\nu=1}^{s} a_{j\nu} c_\nu \\ &\qquad + (f_{tt} + 2 f_{ty} f + f_{yy} f^2) \cdot 3 \cdot \sum_{j=1}^{s} b_j c_j^2\Big] \\ &+ \mathcal{O}(\Delta t^4). \end{aligned} \tag{9.19}$$

Ein Vergleich der Darstellungen (9.16) und (9.19) zeigt, dass unter den bereits integrierten Bedingungen (9.13) wegen

$$y(t_i + \Delta t) - \widehat{y}_{i+1} = \mathcal{O}(\Delta t^2)$$

bereits ein Verfahren erster Ordnung vorliegt. Zudem heben sich mit (9.14) die quadratischen Zeitschrittweitenterme auf, womit

$$y(t_i + \Delta t) - \widehat{y}_{i+1} = \mathcal{O}(\Delta t^3)$$

folgt. Gilt weiterhin (9.15), so liefert

$$y(t_i + \Delta t) - \widehat{y}_{i+1} = \mathcal{O}(\Delta t^4)$$

den Abschluss des Beweises. ■

Beispiel Blicken wir zurück auf die explizite Mittelpunktsregel, wie sie auf S. 297 vorgestellt wurde. Einfaches Nachrechnen zeigt

$$c_1 = 0 = a_{11} + a_{12} \quad \text{sowie} \quad c_2 = \frac{1}{2} = a_{21} + a_{22},$$

sodass wegen

$$\sum_{j=1}^{s} b_j c_j = \frac{1}{2} \quad \text{sowie} \quad \sum_{j=1}^{s} b_j c_j^2 = \frac{1}{4} \neq \frac{1}{3}$$

laut dem obigen Satz ein Verfahren genau zweiter Ordnung vorliegt. Wie Tab. 9.2 verdeutlicht, wird diese Konsistenzordnung bei Anwendung des Verfahrens auf unser Modellproblem (9.9) auch bestätigt.

Eine der bekanntesten und auch sehr häufig angewendeten Methoden stellt das klassische Runge-Kutta-Verfahren dar. Es handelt sich hierbei um ein explizites vierstufiges Verfahren mit dem Butcher-Array

$$\begin{array}{c|cccc} 0 & 0 & 0 & 0 & 0 \\ \frac{1}{2} & \frac{1}{2} & 0 & 0 & 0 \\ \frac{1}{2} & 0 & \frac{1}{2} & 0 & 0 \\ 1 & 0 & 0 & 1 & 0 \\ \hline & \frac{1}{6} & \frac{1}{3} & \frac{1}{3} & \frac{1}{6} \end{array}$$

Tab. 9.2 Explizite Mittelpunktsregel (Runge-Verfahren) angewandt auf das Modellproblem (9.9)

Zeitschrittweite	Fehler	Ordnung
10^{-1}	$1.62 \cdot 10^{-1}$	
10^{-2}	$3.18 \cdot 10^{-3}$	1.701
10^{-3}	$3.39 \cdot 10^{-5}$	1.972
10^{-4}	$3.41 \cdot 10^{-7}$	1.997
10^{-5}	$3.41 \cdot 10^{-9}$	2.000

Hintergrund und Ausblick: Butcher-Bäume

Zur Berechnung der Koeffizienten von expliziten Runge-Kutta-Verfahren kann man sich einer formalen Wurzelbaumtechnik bedienen, die von John Butcher stammt.

Zur Ermittlung der Bestimmungsgleichungen für die Koeffizienten b_i, a_{ij} und c_k von expliziten Runge-Kutta-Verfahren betrachtet man **Wurzelbäume**. Sie bestehen aus Knoten, darunter genau eine Wurzel, Zwischenknoten und Blätter. Blätter sind die äußeren Knoten. Die **Ordnung** eines Wurzelbaumes ist die Anzahl aller Knoten. Es gibt genau einen Wurzelbaum der Ordnung 1, nämlich die Wurzel selbst, genau einen Wurzelbaum der Ordnung 2, genau zwei Wurzelbäume der Ordnung 3 und genau vier der Ordnung 4. Die Anzahl der Wurzelbäume wächst exponentiell mit der Ordnung.

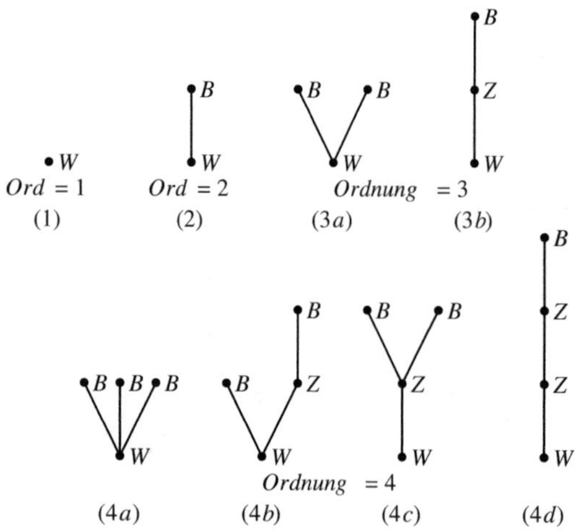

Mit jedem Wurzelbaum t assoziiert man ein Polynom $\Phi(t)$ und eine natürliche Zahl $\gamma(t)$ wie folgt: Die Wurzel bekommt den Index i zugewiesen, die weiteren Zwischenknoten erhalten dann fortlaufend $j, k, \ell, \ldots$, die Blätter bleiben unmarkiert. Wir schreiben nun eine Folge von Faktoren nieder, beginnend mit b_i. Für jede Kante zwischen Zwischenknoten schreibe einen Faktor a_{jk}, wenn die Kante von Zwischenknoten j nach Zwischenknoten k verläuft (in Richtung weg vom Knoten). Für jede Kante, die in einem Blatt endet, schreibe einen Faktor c_j, wobei j der Index des Zwischenknotens ist, an dem das Blatt mit einer Kante befestigt ist. Schließlich summiere die Folge der Faktoren über alle möglichen Indices aus $\{1, 2, \ldots, s\}$. Das ergibt das Polynom $\Phi(t)$.

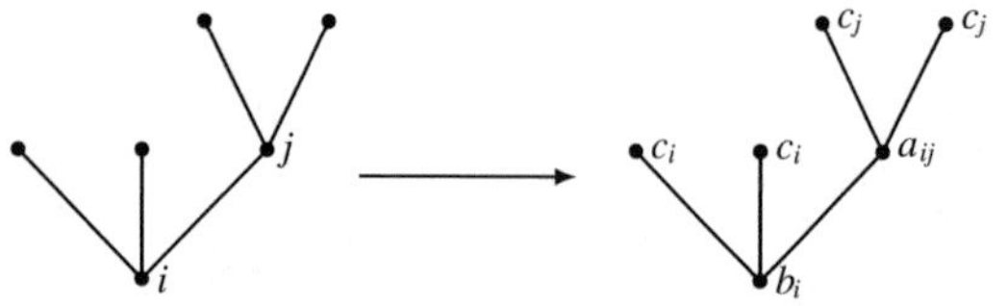

Für den obigen Baum ergibt sich so das Polynom

$$\Phi(t) = \sum_{i,j} b_i c_i^2 a_{ij} c_j^2.$$

Zur Berechnung von $\gamma(t)$ ordnet man jedem Blatt den Faktor 1 zu. Alle anderen Knoten erhalten als Faktor die Summe aller Faktoren der am nächstliegenden, nach außen wachsenden Knoten um eins vermehrt. Für den Beispielbaum

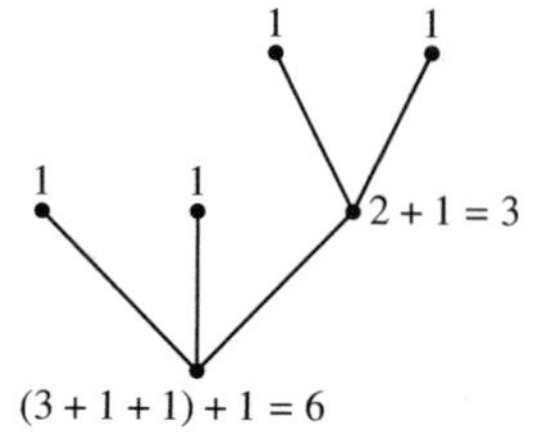

folgt $\gamma(t) = 1 \cdot 1 \cdot 3 \cdot 1 \cdot 1 \cdot 6 = 18$. Sind $\Phi(t)$ und $\gamma(t)$ für alle Wurzelbäume einer bestimmten Ordnung berechnet, folgen die Ordnungsbedingungen aus der Gleichung

$$\Phi(t) = \frac{1}{\gamma(t)}.$$

Die nachfolgende Tabelle enthält $\Phi(t)$ und $\gamma(t)$ für alle Bäume bis zur Ordnung 4.

Baum t	(1)	(2)	(3a)	(3b)
Ordnung	1	2	3	3
$\Phi(t)$	$\sum_i b_i$	$\sum_i b_i c_i$	$\sum_i b_i c_i^2$	$\sum_{i,j} b_i a_{ij} c_j$
γ	1	2	3	6

Baum t	(4a)	(4b)
Ordnung	4	4
$\Phi(t)$	$\sum_i b_i c_i^3$	$\sum_{i,j} b_i c_i a_{ij} c_j$
γ	4	8

Baum t	(4c)	(4d)
Ordnung	4	4
$\Phi(t)$	$\sum_{i,j} b_i a_{ij} c_j^2$	$\sum_{i,j,k} b_i a_{ij} a_{jk} c_j$
γ	12	24

Aus $\Phi(t) = 1/\gamma(t)$ folgen dann die Gleichungen

$$\begin{aligned}
&b_1 + b_2 + b_3 + b_4 = 1,\\
&b_2c_2 + b_3c_3 + b_4c_4 = 1/2,\\
&b_2c_2^2 + b_3c_3^2 + b_4c_4^2 = 1/3,\\
&b_3a_{32}c_2 + b_4a_{42}c_2 + b_4a_{43}c_3 = 1/6,\\
&b_2c_2^3 + b_3c_3^3 + b_4c_4^3 = 1/4,\\
&b_3c_3a_{32}c_2 + b_4c_4a_{42}c_2 + b_4c_4a_{43}c_3 = 1/8,\\
&b_3a_{32}c_2^2 + b_4a_{42}c_2^2 + b_4c_4a_{43}c_3^2 = 1/12,\\
&b_4a_{43}a_{32}c_2 = 1/24,
\end{aligned}$$

wobei wir die für ein explizites Runge-Kutta-Verfahren bekannte Eigenschaft $a_{ij} = 0, i \le j$ berücksichtigt haben.

Tab. 9.3 Klassisches Runge-Kutta-Verfahren angewandt auf das Modellproblem (9.9)

Zeitschrittweite	Fehler	Ordnung
$10^{-1} \cdot 4^{0}$	$1.45 \cdot 10^{-4}$	
$10^{-1} \cdot 4^{-1}$	$7.89 \cdot 10^{-6}$	2.101
$10^{-1} \cdot 4^{-2}$	$5.23 \cdot 10^{-8}$	3.618
$10^{-1} \cdot 4^{-3}$	$2.30 \cdot 10^{-10}$	3.916
$10^{-1} \cdot 4^{-4}$	$9.25 \cdot 10^{-13}$	3.977

das laut Aufgabe 9.15 die Konsistenzordnung $p = 4$ aufweist, die auch durch das in Tab. 9.3 ersichtliche Konvergenzverhalten belegt wird. Hierbei wurde im Vergleich zur Tab. 9.2 eine nicht so stark abfallende Folge von Zeitschritten gewählt, da aufgrund der hohen Ordnung der Methode die Maschinengenauigkeit schnell erreicht wird und daher bei kleineren Schrittweiten keine Aussage über die numerische Konvergenzordnung erzielt werden kann.

Ein Vorteil dieser Methode liegt in den wenigen Funktionsauswertungen bei gleichzeitig hoher Genauigkeit. ◀

Neben der Überprüfung der Konsistenzordnung expliziter wie auch impliziter Runge-Kutta-Verfahren lassen sich mit den Bedingungen des obigen Satzes auch Verfahren einer gewünschten Ordnung herleiten. Dabei kann eine Bestimmung der Koeffizienten der Methode auf der Grundlage der angegebenen Gleichungen (9.13) bis (9.15) erfolgen. Wie wir in diesem Kontext vorgehen können, wird beispielhaft innerhalb der Box auf S. 304 vorgestellt.

Stabilität beschränkt die Zeitschrittweite

Die bisherigen Aussagen zur Konsistenz und Konvergenz beruhen stets auf der Grenzwertbetrachtung einer verschwindenden Schrittweite Δt. In der praktischen Anwendung ist man jedoch üblicherweise an der Nutzung großer Zeitschritte interessiert, um den vorgegeben Berechnungszeitraum $[a, b]$ mit möglichst wenigen Iterationen zu durchschreiten. Diese Sichtweise führt uns auf die Untersuchung der *Stabilität* numerischer Verfahren.

Betrachten wir das vektorwertige Anfangswertproblem

$$\boldsymbol{y}'(t) = \boldsymbol{f}(t, \boldsymbol{y}(t)) \quad \text{mit } \boldsymbol{y}(0) = \widehat{\boldsymbol{y}}_0 \tag{9.26}$$

für $t > 0$. Da innerhalb numerischer Verfahren üblicherweise nur Näherungen an die exakte Lösung des Ausgangsproblems berechnet werden, sind wir an der zeitlichen Auswirkung einer kleinen Störung $\boldsymbol{u}_i$ auf die analytische Lösung zum Zeitpunkt t_i interessiert. Folglich gilt unsere Aufmerksamkeit dem Verhalten der Lösung $\boldsymbol{y} + \boldsymbol{u}$ der Problemstellung

$$(\boldsymbol{y} + \boldsymbol{u})'(t) = \boldsymbol{f}(t, (\boldsymbol{y} + \boldsymbol{u})(t)) \quad \text{mit } (\boldsymbol{y} + \boldsymbol{u})(t_i) = \boldsymbol{y}(t_i) + \boldsymbol{u}_i$$

für $t \geq t_i$. Eine Linearisierung entsprechend einer Taylorentwicklung nach der zweiten Variablen ergibt

$$\begin{aligned}\boldsymbol{u}'(t) &= (\boldsymbol{y} + \boldsymbol{u})'(t) - \boldsymbol{y}'(t) = \boldsymbol{f}(t, (\boldsymbol{y} + \boldsymbol{u})(t)) - \boldsymbol{f}(t, \boldsymbol{y}(t)) \\ &\approx \boldsymbol{f}(t, \boldsymbol{y}(t)) + \frac{\partial \boldsymbol{f}}{\partial \boldsymbol{y}}(t, \boldsymbol{y}(t))\boldsymbol{u}(t) - \boldsymbol{f}(t, \boldsymbol{y}(t)) \\ &= \frac{\partial \boldsymbol{f}}{\partial \boldsymbol{y}}(t, \boldsymbol{y}(t))\boldsymbol{u}(t).\end{aligned}$$

Frieren wir die auftretende Funktionalmatrix zum Zeitpunkt t_i ein, so ergibt sich ein lineares System gewöhnlicher Differenzialgleichungen mit konstanten Koeffizienten $\boldsymbol{u}'(t) = \frac{\partial \boldsymbol{f}}{\partial \boldsymbol{y}}(t_i, \boldsymbol{y}(t_i)) \cdot \boldsymbol{u}(t)$. Hierzu wissen wir aus der Theorie linearer Systeme gewöhnlicher Differenzialgleichungen, dass sich die Lösung für paarweise verschiedene Eigenwerte $\lambda_1, \ldots, \lambda_n \in \mathbb{C}$ der Matrix $\frac{\partial \boldsymbol{f}}{\partial \boldsymbol{y}}(t_i, \boldsymbol{y}(t_i))$ als Linearkombination in der Form

$$\boldsymbol{u}(t) = c_1 \boldsymbol{v}_1 \mathrm{e}^{\lambda_1 t} + \ldots + c_n \boldsymbol{v}_n \mathrm{e}^{\lambda_n t}$$

darstellen lässt, wobei $\boldsymbol{v}_1, \ldots, \boldsymbol{v}_n$ die zugehörigen Eigenvektoren repräsentieren.

Weist dieses Differenzialgleichungssystem ausschließlich Eigenwerte mit negativem Realteil auf, so gilt $\lim_{t \to \infty} \boldsymbol{u}(t) = \boldsymbol{0}$, und wir bezeichnen das ursprüngliche Anfangswertproblem (9.26) als moderat, da ein Abfallen kleiner lokaler Störungen in der Zeit vorliegt. Dieses Verhalten sollte auch durch ein sinnvolles numerisches Verfahren reproduziert werden. Diese heuristischen Überlegungen leiten uns daher auf das skalare Testproblem

$$y'(t) = \lambda y(t) \quad \text{mit} \quad y(0) = 1 \tag{9.27}$$

mit $\lambda \neq 0$, und wir führen folgende Definition der Stabilität ein. Es sei dabei darauf hingewiesen, dass die Annahme paarweise verschiedener Eigenwerte an dieser Stelle nur der einfacheren Darstellung wegen getroffen wurde. Auch im Fall mehrfacher Eigenwerte folgt aus der Theorie das Verschwinden der Störung $\boldsymbol{u}$ in der Zeit.

A-Stabilität

Wir bezeichnen ein numerisches Verfahren als **A-stabil** (absolut stabil), wenn die hiermit zum Testproblem (9.27) berechneten Näherungslösungen y_i für jedes $\lambda \in \mathbb{C}^- := \{\lambda \in \mathbb{C} \,|\, \mathrm{Re}(\lambda) < 0\}$ bei beliebiger, aber fester Zeitschrittweite $\Delta t > 0$ kontraktiv sind, das heißt

$$|y_{i+1}| < |y_i| \quad \text{für alle} \quad i = 0, 1, 2, \ldots \tag{9.28}$$

erfüllen.

Beispiel Anwendung des expliziten Euler-Verfahrens auf die Testgleichung (9.27) liefert

$$y_{i+1} = y_i + \Delta t f(t_i, y_i) = y_i + \Delta t \lambda y_i = (1 + \Delta t \lambda) y_i,$$

Beispiel: Eine Klasse dreistufiger expliziter Runge-Kutta-Verfahren dritter Ordnung

Basierend auf der auf S. 300 vorgestellten Theorie wollen wir an dieser Stelle unterschiedliche Verfahren dritter Ordnung herleiten.

Als explizites dreistufiges Verfahren weist der Algorithmus das Butcher-Array

$$\begin{array}{c|ccc} c_1 & 0 & 0 & 0 \\ c_2 & a_{21} & 0 & 0 \\ c_3 & a_{31} & a_{32} & 0 \\ \hline & b_1 & b_2 & b_3 \end{array}$$

auf. Somit liegen 9 Freiheitsgrade für die im Satz zur Konsistenz von Runge-Kutta-Verfahren gegebenen 7 Bedingungen vor, wodurch wir im Folgenden die Knoten c_2 und c_3 als weitestgehend freie Parameter wählen werden. Zunächst ergibt sich wegen (9.13) direkt

$$c_1 = a_{11} + a_{12} + a_{13} = 0, \tag{9.20}$$

sodass sich die Gleichungen zu den linksstehenden Bedingungen in (9.13), (9.14) und (9.15) in der Form

$$\underbrace{\begin{pmatrix} 1 & 1 & 1 \\ 0 & c_2 & c_3 \\ 0 & c_2^2 & c_3^2 \end{pmatrix}}_{=\boldsymbol{B}} \begin{pmatrix} b_1 \\ b_2 \\ b_3 \end{pmatrix} = \begin{pmatrix} 1 \\ 1/2 \\ 1/3 \end{pmatrix}$$

schreiben lassen. Um eine invertierbare Matrix $\boldsymbol{B}$ zu erhalten, ergeben sich wegen $0 \neq \det \boldsymbol{B} = c_2c_3(c_3 - c_2)$ die Forderungen $c_2 \neq 0 = c_1$, $c_3 \neq 0 = c_1$ und $c_2 \neq c_3$. Diese Bedingungen besagen, dass die Stützstellen zur numerischen Integration paarweise verschieden gewählt werden sollten und die explizite Darstellung der Gewichte lautet somit

$$b_1 = \frac{6c_2c_3 - 3(c_2 + c_3) + 2}{6c_2c_3}, \tag{9.21}$$

$$b_2 = \frac{3c_3 - 2}{6c_2(c_3 - c_2)}, \tag{9.22}$$

$$b_3 = \frac{2 - 3c_2}{6c_3(c_3 - c_2)}. \tag{9.23}$$

Nutzen wir die zweite Forderung in (9.15), so gilt

$$\frac{1}{6} = b_2a_{21}c_1 + b_3(a_{31}c_1 + a_{32}c_2) = b_3a_{32}c_2.$$

Um die obige Gleichung nach a_{32} auflösen zu können, muss $b_3 \neq 0$ gelten, wodurch sich aus (9.23) mit $c_2 \neq \frac{2}{3}$ eine zusätzliche Einschränkung an den freien Knoten ergibt. Hiermit folgt

$$a_{32} = \frac{1}{6b_3c_2} \tag{9.24}$$

und aus (9.13) zudem

$$a_{21} = c_2 \quad \text{sowie} \quad a_{31} = c_3 - a_{32}. \tag{9.25}$$

Mit $c_2 \in [0,1] \setminus \{0, 2/3\}$ und $c_3 \in [0,1] \setminus \{0, c_2\}$ können somit durch (9.20) bis (9.25) alle weiteren Koeffizienten für ein explizites dreistufiges Runge-Kutta-Verfahren der Konsistenzordnung $p = 3$ bestimmt werden.

1. Die Wahl $c_1 = \frac{1}{3}$, $c_2 = \frac{2}{3}$ führt auf

$$\begin{array}{c|ccc} 0 & & & \\ \frac{1}{3} & \frac{1}{3} & & \\ \frac{2}{3} & 0 & \frac{2}{3} & \\ \hline & \frac{1}{4} & 0 & \frac{3}{4} \end{array} \qquad \begin{aligned} r_1 &= f(t_i, y_i), \\ r_2 &= f(t_i + \tfrac{\Delta t}{3}, y_i + \tfrac{\Delta t}{3} r_1), \\ r_3 &= f(t_i + \tfrac{2\Delta t}{3}, y_i + \tfrac{2\Delta t}{3} r_2), \\ y_{i+1} &= y_i + \tfrac{\Delta t}{4}(r_1 + 3r_3). \end{aligned}$$

2. Die Wahl $c_1 = \frac{1}{2}$, $c_2 = 1$ ergibt

$$\begin{array}{c|ccc} 0 & & & \\ \frac{1}{2} & \frac{1}{2} & & \\ 1 & -1 & 2 & \\ \hline & \frac{1}{6} & \frac{2}{3} & \frac{1}{6} \end{array} \qquad \begin{aligned} r_1 &= f(t_i, y_i), \\ r_2 &= f(t_i + \tfrac{\Delta t}{2}, y_i + \tfrac{\Delta t}{2} r_1), \\ r_3 &= f(t_i + \Delta t, y_i + \Delta t(2r_2 - r_1)), \\ y_{i+1} &= y_i + \tfrac{\Delta t}{6}(r_1 + 4r_2 + r_3). \end{aligned}$$

Beide Verfahren liefern für unser Modellproblem laut S. 295 entsprechend der aufgeführten Tabelle auch numerisch die zu erwartende Konvergenzordnung. Es ist dabei aber auch ersichtlich, dass eine Konvergenzordnung noch keine Aussage über den resultierenden Fehler erlaubt. Bezogen auf eine feste Zeitschrittweite können wir aus der Tabelle ablesen, dass das Verfahren (1) einen um mehr als das Zehnfache größeren Fehler verglichen zur Methode (2) aufweist.

Explizite dreistufige Runge-Kutta-Verfahren angewandt auf das Modellproblem (9.9)

	Verfahren (1) mit $c_1 = \frac{1}{3}$, $c_2 = \frac{2}{3}$		Verfahren (2) mit $c_1 = \frac{1}{2}$, $c_2 = 1$	
Δt	Fehler	Ordnung	Fehler	Ordnung
10^{-1}	$3.51 \cdot 10^{-2}$		$3.72 \cdot 10^{-3}$	
10^{-2}	$8.26 \cdot 10^{-5}$	2.628	$5.52 \cdot 10^{-6}$	2.830
10^{-3}	$8.94 \cdot 10^{-8}$	2.966	$3.84 \cdot 10^{-9}$	3.157
10^{-4}	$9.00 \cdot 10^{-11}$	2.997	$3.62 \cdot 10^{-12}$	3.026

und ein Blick auf die Kontraktivitätsbedingung (9.28) zeigt, dass wir $|1 + \Delta t\lambda| < 1$ oder äquivalent

$$\lambda\Delta t \in \{z \in \mathbb{C} | \quad |z+1| < 1\}$$

fordern müssen. Die Zeitschrittweite ist folglich beschränkt und die Methode erfüllt nicht die Eigenschaft der A-Stabilität. Nutzen wir hingegen das implizite Euler-Verfahren, so erhalten wir wegen $y_{i+1} = y_i + \Delta t f(t_{i+1}, y_{i+1}) = y_i + \Delta t\lambda y_{i+1}$ direkt

$$y_{i+1} = \frac{1}{1-\Delta t\lambda} y_i,$$

und die Methode genügt wegen $|1-\Delta t\lambda|^{-1} \leq |1-\Delta t \operatorname{Re}(\lambda)|^{-1}$ für alle $\Delta t > 0$ und $\lambda \in \mathbb{C}^-$ der Eigenschaft $|y_{i+1}| < |y_i|$ und ist daher A-stabil. ◀

Um allgemeinere Aussagen zur A-Stabilität von Runge-Kutta-Verfahren treffen zu können, werden wir eine spezielle Darstellung der Methodenklasse im Kontext der Testgleichung $y'(t) = \lambda y(t)$ herleiten. Ausgehend von dem Butcher-Array $(\boldsymbol{A}, \boldsymbol{b}, \boldsymbol{c})$ gelten

$$y_{i+1} = y_i + \Delta t \sum_{j=1}^{s} b_j \underbrace{f(t_i + c_j\Delta t, k_j)}_{=\lambda k_j} = y_i + \Delta t\lambda \sum_{j=1}^{s} b_j k_j$$

und

$$k_j = y_i + \Delta t \sum_{\nu=1}^{s} a_{j\nu} f(t_i + c_\nu \Delta t, k_\nu) = y_i + \Delta t\lambda \sum_{\nu=1}^{s} a_{j\nu} k_\nu.$$

Schreiben wir $\boldsymbol{k} = (k_1, \ldots, k_s)^T$ und $\boldsymbol{e} = (1, \ldots, 1)^T \in \mathbb{R}^s$, so ergibt sich die Formulierung

$$\boldsymbol{k} = y_i\boldsymbol{e} + \Delta t\lambda \boldsymbol{A}\boldsymbol{k} \quad \text{respektive} \quad (\boldsymbol{I} - \Delta t\lambda\boldsymbol{A})\boldsymbol{k} = y_i\boldsymbol{e}.$$

Vorausgesetzt, dass $1/(\Delta t\lambda)$ nicht im Spektrum $\sigma(\boldsymbol{A})$ der Matrix $\boldsymbol{A}$ liegt, gilt

$$\boldsymbol{k} = (\boldsymbol{I} - \Delta t\lambda\boldsymbol{A})^{-1} y_i \boldsymbol{e},$$

und somit kann das Verfahren in der Form

$$\begin{aligned} y_{i+1} &= y_i + \Delta t\lambda \boldsymbol{b}^T\boldsymbol{k} = y_i + \Delta t\lambda \boldsymbol{b}^T(\boldsymbol{I} - \Delta t\lambda\boldsymbol{A})^{-1} y_i\boldsymbol{e} \\ &= \underbrace{(1 + \Delta t\lambda\boldsymbol{b}^T(\boldsymbol{I} - \Delta t\lambda\boldsymbol{A})^{-1}\boldsymbol{e})}_{=:R(\Delta t\lambda)} y_i \end{aligned} \tag{9.29}$$

geschrieben werden.

Stabilitätsfunktion

Für $\widehat{\sigma}(\boldsymbol{A}) = \{\lambda \in \mathbb{C} \setminus \{0\} | \lambda^{-1} \in \sigma(\boldsymbol{A})\}$ heißt die Abbildung

$$R\colon \mathbb{C} \setminus \widehat{\sigma}(\boldsymbol{A}) \to \mathbb{C}, \quad R(\xi) = 1 + \xi\boldsymbol{b}^T(\boldsymbol{I} - \xi\boldsymbol{A})^{-1}\boldsymbol{e}$$

Stabilitätsfunktion zum Runge-Kutta-Verfahren $(\boldsymbol{A}, \boldsymbol{b}, \boldsymbol{c})$.

Wir können mit der oben hergeleiteten Verfahrensform (9.29) einen direkten Zusammenhang zwischen der Stabilitätsfunktion und der A-Stabilität herstellen.

Satz

Ein Runge-Kutta-Verfahren ist genau dann A-stabil, wenn die zugehörige Stabilitätsfunktion der Bedingung

$$|R(\xi)| < 1 \quad \text{für alle} \quad \xi \in \mathbb{C}^-$$

genügt.

Beweis Mit (9.29) ergibt sich die Behauptung direkt aus

$$|y_{i+1}| = |R(\Delta t\lambda)|\,|y_i|.$$ ■

Um weitere Aussagen zur Stabilität für Runge-Kutta-Verfahren zu erhalten, ist zunächst eine genauere Klassifikation der Stabilitätsfunktion in Abhängigkeit vom zugrunde liegenden Verfahrenstyp vorzunehmen.

Charakterisierung der Stabilitätsfunktion

Die Stabilitätsfunktion eines s-stufigen Runge-Kutta-Verfahrens $(\boldsymbol{A}, \boldsymbol{b}, \boldsymbol{c})$ stellt

a) ein Polynom vom Grad kleiner oder gleich s dar, falls eine explizite Methode vorliegt.
b) eine gebrochen rationale Funktion dar, die höchstens in den Kehrwerten der Eigenwerte von $\boldsymbol{A}$ Polstellen aufweist, falls eine implizite Methode vorliegt.

Wir bemerken, dass im Fall eines impliziten Verfahrens die gebrochen rationale Funktion sowohl beim Nenner- als auch beim Zählerpolynom den Maximalgrad s besitzt.

Beweis Betrachten wir zunächst den Fall einer expliziten Methode. Damit stellt $\boldsymbol{A} \in \mathbb{R}^{s\times s}$ eine strikte linke untere Dreiecksmatrix dar, womit $\boldsymbol{A}^s = \boldsymbol{0}$ folgt. Nutzen wir diese Eigenschaften und berücksichtigen auf der Grundlage von $\rho(\xi\boldsymbol{A}) = 0$ die Neumann'sche Reihe, so ergibt sich

$$(\boldsymbol{I} - \xi\boldsymbol{A})^{-1} = \boldsymbol{I} + \xi\boldsymbol{A} + \ldots + \xi^{s-1}\boldsymbol{A}^{s-1},$$

wodurch sich die Stabilitätsfunktion in der Form

$$R(\xi) = 1 + \xi\boldsymbol{b}^T(\boldsymbol{I} - \xi\boldsymbol{A})^{-1}\boldsymbol{e} = 1 + \boldsymbol{b}^T(\xi\boldsymbol{I} + \ldots + \xi^s\boldsymbol{A}^{s-1})\boldsymbol{e}$$

schreiben lässt und somit ein Polynom vom Grad kleiner oder gleich s darstellt. Im impliziten Fall können wir die obige Darstellung der Matrix $(\boldsymbol{I} - \xi\boldsymbol{A})^{-1}$ als Matrixpolynom nicht verwenden. Daher betrachten wir die Lösung des linearen Gleichungssystems

$$(\boldsymbol{I} - \xi \boldsymbol{A})\boldsymbol{v} = \boldsymbol{e},$$

die sich unter Verwendung der Cramer'schen Regel zu

$$\begin{aligned} v_j &= \frac{\det((\boldsymbol{I} - \xi\boldsymbol{A})_1, \dots, \boldsymbol{e}, \dots (\boldsymbol{I} - \xi\boldsymbol{A})_s)}{\det(\boldsymbol{I} - \xi\boldsymbol{A})} \\ &= \frac{p_j(\xi)}{\det(\boldsymbol{I} - \xi\boldsymbol{A})}, \ j = 1, \dots, s \end{aligned}$$

mit $p_j \in \Pi_{s-1}$ schreiben lässt, wobei Π_{s-1} für den Raum der Polynome mit maximalem Grad $s - 1$ steht. Eingesetzt in die grundlegende Darstellung der Stabilitätsfunktion ergibt sich

$$R(\xi) = 1 + \frac{\sum_{j=1}^{s} b_j p_j(\xi)}{\det(\boldsymbol{I} - \xi\boldsymbol{A})}\xi,$$

wodurch eine gebrochen rationale Funktion vorliegt, deren Pole lediglich in den Kehrwerten der Eigenwerte von $\boldsymbol{A}$ liegen können. ■

Aufgrund der obigen Aussagen zur Stabilitätsfunktion sind wir in der Lage, eine zentrale Aussage zu expliziten Runge-Kutta-Verfahren zu treffen.

Satz

Es gibt kein A-stabiles explizites Runge-Kutta-Verfahren.

Beweis Da die Stabilitätsfunktion ein Polynom mit $R(0) = 1$ darstellt, ergibt sich im Fall $R \in \Pi_0$ direkt $R(\xi) = 1$ für alle ξ. Für $R \in \Pi_s \setminus \Pi_0$ folgt zudem

$$\lim_{|\xi| \to \infty} |R(\xi)| = \infty,$$

wodurch die Beschränktheitsforderung an R bei einem expliziten Runge-Kutta-Verfahren nicht erfüllt werden kann. ■

Wie wir aus der obigen Analyse wissen, können bei expliziten Runge-Kutta-Verfahren die Zeitschritte nicht beliebig groß gewählt werden, da ansonsten auch bei moderaten Differenzialgleichungssystemen ein exponentielles Anwachsen der Fehlerterme befürchtet werden muss. Aus dieser Kenntnis erwächst natürlich unmittelbar die Frage nach einer oberen Schranke für die zu wählende Zeitschrittgröße, das heißt einer Beschränkung an Δt, sodass $|R(\lambda \Delta t)| < 1$ gilt. Diese Überlegung führt uns zu folgender Definition.

Stabilitätsgebiet

Die Menge

$$S := \{\xi \in \mathbb{C} \mid |R(\xi)| < 1\}$$

wird als **Stabilitätsgebiet** des zu R gehörigen Runge-Kutta-Verfahrens bezeichnet.

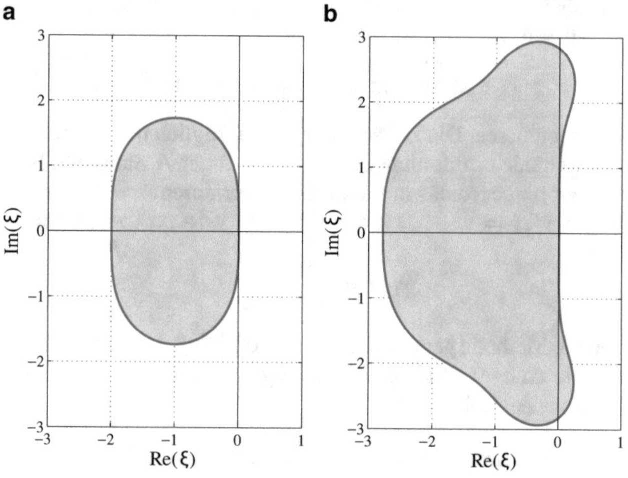

Abb. 9.7 Stabilitätsgebiet der expliziten Mittelpunktsregel (**a**) und des klassischen Runge-Kutta-Verfahrens (**b**)

Beispiel Zur Visualisierung der Stabilitätsgebiete betrachten wir exemplarisch die explizite Mittelpunktsregel und das klassische Runge-Kutta-Verfahren. Wegen der Festlegung $\xi = \lambda\Delta t$ muss folglich bei gegebenem λ die Schrittweite Δt derartig gewählt werden, dass $\lambda\Delta t$ in dem blau gefärbten Gebiet liegt (siehe Abb. 9.7 rechts).

(1) Die explizite Mittelpunktsregel haben wir bereits im Beispiel auf S. 297 kennengelernt. Mit dem Butcher-Array

$$\begin{array}{c|cc} 0 & 0 & 0 \\ \frac{1}{2} & \frac{1}{2} & 0 \\ \hline & 0 & 1 \end{array}$$

ergibt sich die Stabilitätsfunktion gemäß

$$R(\xi) = 1 + \xi(0,1)\begin{pmatrix} 1 & 0 \\ -\frac{\xi}{2} & 1 \end{pmatrix}^{-1}\begin{pmatrix} 1 \\ 1 \end{pmatrix} = 1 + \xi + \frac{\xi^2}{2}. \tag{9.32}$$

Schreiben wir die komplexe Zahl ξ in der Form $\xi = x + \mathrm{i}y$ mit $x, y \in \mathbb{R}$, so folgt

$$\begin{aligned} R(\xi) = R(x + \mathrm{i}y) &= 1 + x + \mathrm{i}y + \frac{(x + \mathrm{i}y)^2}{2} \\ &= 1 + x + \frac{x^2 - y^2}{2} + \mathrm{i}(1 + x)y. \end{aligned}$$

Das Stabilitätsgebiet hat auf der Basis von

$$1 > |R(\xi)|^2 = \left(1 + x + \frac{x^2 - y^2}{2}\right)^2 + (1 + x)^2 y^2$$

damit die in der Abb. 9.7 verdeutlichte Form.

Hintergrund und Ausblick: Zeitschrittweitensteuerung

Die Größe der Zeitschrittweite ist generell durch das Stabilitätsgebiet der einzelnen Verfahren gegeben. Eine Verwendung möglichst großer Zeitschritte ist hinsichtlich der Effizienz der Methode zwar wünschenswert, steht jedoch in der Regel im Konflikt zu der Genauigkeit der numerischen Resultate und ist dabei vom Lösungsverlauf abhängig. Es besteht demzufolge ein Interesse an der fehlerbasierten Steuerung der Zeitschrittweite, sodass eine gewünschte Genauigkeit bei möglichst maximaler Schrittweite erzielt werden kann und folglich ein effizientes und gleichzeitig hinreichend genaues Verfahren vorliegt.

Da wir ein numerisches Verfahren in der Praxis nur dann anwenden, wenn eine exakte Lösung nicht ermittelt werden kann, bedarf es einer Fehlerschätzung, wenn die Zeitschrittweite in Bezug zur Genauigkeit gesetzt werden soll. Wegen fehlender Grundinformationen hinsichtlich des exakten Fehlers ist hierzu eine angemessene heuristische Vorgehensweise gefragt.

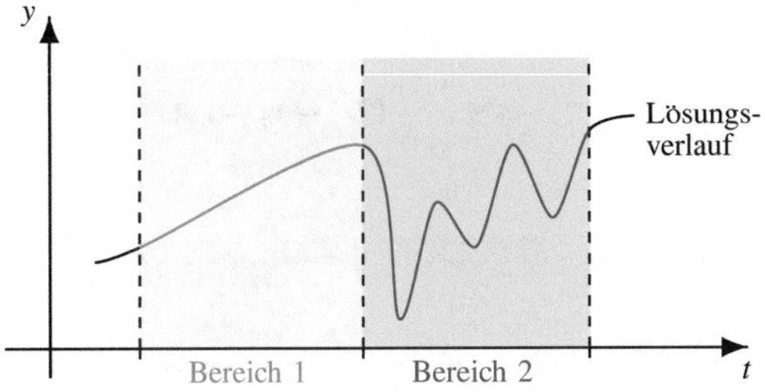

Betrachten wir einen möglichen Lösungsverlauf gemäß der vorliegenden Abbildung, so kommt schnell die Vermutung auf, dass beispielsweise die Nutzung unterschiedlicher Zeitschritte beim expliziten Euler-Verfahren im Bereich 1 keine großen Unterschiede liefert, während die numerischen Lösungen im Bereich 2 deutliche Differenzen zeigen sollten. Folglich könnten die numerischen Resultate eines Verfahrens mit zwei unterschiedlichen Schrittweiten zur Fehlerabschätzung genutzt werden. Allerdings bedarf diese Technik offensichtlich eines erhöhten Rechenaufwands.

Analog könnten wir auch mit zwei Verfahren unterschiedlicher Genauigkeitsordnung arbeiten und deren Abweichung in der numerischen Lösung betrachten. Dieser Ansatz kann mittels der auf S. 308 vorgestellten eingebetteten Verfahren effizient realisiert werden.

Wir gehen von zwei Einschrittverfahren $\Phi_j = \Phi_j(t, y(t), y(t+\Delta t), \Delta t)$, $j = p, p+1$ aus, die jeweils die Konsistenzordnung j aufweisen. Schreiben wir den lokalen Diskretisierungsfehler

$$\begin{aligned}\underbrace{\eta_p(t,\Delta t)}_{=\mathcal{O}(\Delta t^{p+1})} &= y(t+\Delta t) - \left(y(t) + \Delta t\, \Phi_p\right)\\ &= y(t+\Delta t) - y(t) - \Delta t\, \Phi_{p+1} + \Delta t\left(\Phi_{p+1} - \Phi_p\right)\\ &= \underbrace{\eta_{p+1}(t,\Delta t)}_{=\mathcal{O}(\Delta t^{p+2})} + \Delta t\left(\Phi_{p+1} - \Phi_p\right)\end{aligned}$$

und nehmen zudem an, dass der lokale Fehler η_{p+1} vernachlässigbar gegenüber η_p ist, dann gilt neben

$$|\Phi_{p+1} - \Phi_p| = \mathcal{O}(\Delta t^p)$$

auch

$$\eta_p(t,\Delta t) \approx \Delta t(\Phi_{p+1} - \Phi_p). \tag{9.30}$$

Mit der berechenbaren Differenz $\varepsilon(\Delta t) = |\Phi_{p+1} - \Phi_p|$ kann somit der lokale Diskretisierungsfehler in den Zusammenhang

$$\varepsilon(\Delta t) \approx \frac{\eta_p(t,\Delta t)}{\Delta t}$$

gebracht werden. Die Zielsetzung liegt nun in der Bestimmung einer Zeitschrittweite Δt_{neu}, sodass eine vorgegebene Genauigkeit $\varepsilon_{\text{Ziel}} \approx \frac{\eta_p(t,\Delta t_{\text{neu}})}{\Delta t_{\text{neu}}}$ approximativ erzielt werden kann. Mit der Hypothese, dass sich der lokale Diskretisierungsfehler in der Form

$$\eta_p(t,\Delta t) = C\,\Delta t^{p+1} \tag{9.31}$$

mit einer unbekannten, aber von Δt unabhängigen Konstante C schreiben lässt, ergibt sich

$$\frac{\varepsilon_{\text{Ziel}}}{\Delta t_{\text{neu}}^p} \approx \frac{\eta_p(t,\Delta t_{\text{neu}})}{\Delta t_{\text{neu}}^{p+1}} \approx C \approx \frac{\eta_p(t,\Delta t)}{\Delta t^{p+1}} \approx \frac{\varepsilon(\Delta t)}{\Delta t^p}.$$

Achtung Mit (9.31) liegt in der Tat eine Annahme vor, denn $\eta_p(t,\Delta t) = \mathcal{O}(\Delta t^{p+1})$ besagt $|\eta_p(t,\Delta t)| \leq C\,\Delta t^{p+1}$ nur für hinreichend kleines Δt. Diese Voraussetzung ist an dieser Stelle jedoch nicht notwendigerweise erfüllt. ◄

Die Festlegung

$$\Delta t_{\text{neu}} = \Delta t \sqrt[p]{\frac{\varepsilon_{\text{Ziel}}}{\varepsilon(\Delta t)}}$$

ermöglicht somit eine heuristisch basierte Anpassung der Größe des Zeitschrittes in Abhängigkeit vom geschätzten Fehler. Für $\varepsilon_{\text{Ziel}} > \varepsilon(\Delta t)$ wird dabei eine Vergrößerung und analog im Fall $\varepsilon_{\text{Ziel}} < \varepsilon(\Delta t)$ eine Verkleinerung der Zeitschrittweite vorgenommen. Natürlich muss lediglich bei einer Schrittweitenverringerung der aktuell durchgeführte Zeitschritt wiederholt werden.

Bedingt durch die Vernachlässigung des Konsistenzfehlers η_{p+1} innerhalb der Approximation (9.30) ist die Fehlerabschätzung formal nur für das Verfahren geringerer Ordnung entwickelt worden. Es steht dem Nutzer natürlich frei, dennoch die Resultate des Verfahrens höherer Ordnung zu verwenden, da in der Herleitung ohnehin davon ausgegangen wird, dass hierdurch kleinere Fehlerterme auftreten.

Es sei zudem erwähnt, dass im Fall eines Systems gewöhnlicher Differenzialgleichungen die Beträge durch Normen zu ersetzen sind.

Beispiel: Eingebettete Runge-Kutta-Verfahren

Ein Ansatz zur Fehlerschätzung für eine heuristisch basierte Zeitschrittweitensteuerung basiert auf dem Vergleich der numerischen Resultate zweier Runge-Kutta-Verfahren unterschiedlicher Ordnung. Um hierbei einen möglichst geringen zusätzlichen Rechenaufwand zu erhalten, ist es sinnvoll, verwandte Verfahren zu nutzen, bei denen möglichst viele Zwischenergebnisse in den Stufen identisch sind.

Für das Verfahren

$$\begin{array}{c|ccc} 0 & & & \\ 1 & 1 & & \\ \frac{1}{2} & \frac{1}{4} & \frac{1}{4} & \\ \hline & \frac{1}{6} & \frac{1}{6} & \frac{2}{3} \end{array} \qquad \begin{aligned} r_1 &= f(t_i, y_i) \\ r_2 &= f(t_i + \tfrac{\Delta t}{2}, y_i + \tfrac{\Delta t}{2} r_1) \\ r_3 &= f(t_i + \tfrac{\Delta t}{2}, y_i + \tfrac{\Delta t}{4}(r_1 + r_2)) \\ y_{i+1} &= y_i + \tfrac{\Delta t}{6}(r_1 + r_2 + 4r_3) \end{aligned}$$

lässt sich mit dem Satz zur Konsistenzordnung bei Runge-Kutta-Verfahren laut S. 300 leicht die Ordnung $p = 3$ nachweisen. Analog besitzt

$$\begin{array}{c|cc} 0 & & \\ 1 & 1 & \\ \hline & \frac{1}{2} & \frac{1}{2} \end{array} \qquad \begin{aligned} r_1 &= f(t_i, y_i) \\ r_2 &= f(t_i + \tfrac{\Delta t}{2}, y_i + \tfrac{\Delta t}{2} r_1) \\ y_{i+1} &= y_i + \tfrac{\Delta t}{2}(r_1 + r_2) \end{aligned}$$

die Konsistenzordnung $p = 2$. Dabei fällt auf, dass die Steigungen r_1 und r_2 in beiden Verfahren identisch sind. Daher bezeichnet man das zweite Verfahren als in das erste eingebettet. Diese Beziehung zwischen den beiden Methoden lässt sich sehr gewinnbringend im Rahmen der Zeitschrittweitensteuerung nutzen, da die Werte des Verfahrens dritter Ordnung direkt in der Methode zweiter Ordnung verwendet werden können und folglich im Gegensatz zu nicht eingebetteten Verfahren kein zusätzlicher Rechenaufwand entsteht.

Wie der entsprechenden Box auf S. 307 entnommen werden kann, liegt der zentrale Punkt bei der Anpassung der Schrittweite in der Berechnung der Differenz der Verfahrensfunktionen $\Phi_{p+1} - \Phi_p$. In diesem Fall gelten

$$\Phi_3 = \frac{1}{6}(r_1 + r_2 + 4r_3) \text{ und}$$
$$\Phi_2 = \frac{1}{2}(r_1 + r_2),$$

womit sich

$$\Phi_3 - \Phi_2 = \frac{1}{3}(2r_3 - r_1 - r_2)$$

schreibt.

(2) Das klassische Runge-Kutta-Verfahren ergibt mit dem Butcher-Array

$$\begin{array}{c|cccc} 0 & 0 & 0 & 0 & 0 \\ \frac{1}{2} & \frac{1}{2} & 0 & 0 & 0 \\ \frac{1}{2} & 0 & \frac{1}{2} & 0 & 0 \\ 1 & 0 & 0 & 1 & 0 \\ \hline & \frac{1}{6} & \frac{1}{3} & \frac{1}{3} & \frac{1}{6} \end{array}$$

unter Verwendung von

$$(\boldsymbol{I} + \xi \boldsymbol{A})^{-1} = \boldsymbol{I} + \xi \boldsymbol{A} + \xi^2 \boldsymbol{A}^2 + \xi^3 \boldsymbol{A}^3 = \begin{pmatrix} 1 & 0 & 0 & 0 \\ \frac{\xi}{2} & 1 & 0 & 0 \\ \frac{\xi^2}{4} & \frac{\xi}{2} & 1 & 0 \\ \frac{\xi^3}{4} & \frac{\xi^2}{2} & \xi & 1 \end{pmatrix}$$

das Polynom vierten Grades in der Form

$$\begin{aligned} R(\xi) &= 1 + \xi \left(\frac{1}{6}, \frac{1}{3}, \frac{1}{3}, \frac{1}{6} \right) (\boldsymbol{I} + \xi \boldsymbol{A})^{-1} \boldsymbol{e} \\ &= 1 + \xi + \frac{1}{2}\xi^2 + \frac{1}{6}\xi^3 + \frac{1}{24}\xi^4. \end{aligned} \tag{9.33}$$

Hiermit folgt das in Abb. 9.7 eingefärbte Stabilitätsgebiet (rechter Teil). ◀

Neben den oben gewonnenen Aussagen zur Wahl einer aus Stabilitätssicht maximalen Zeitschrittweite können wir durch die Stabilitätsfunktion sogar Informationen zur maximalen Ordnung expliziter Runge-Kutta-Verfahren erhalten.

Maximale Ordnung expliziter Runge-Kutta-Verfahren

Ein s-stufiges Runge-Kutta-Verfahren besitzt höchstens die Konsistenzordnung $p = s$.

Beweis Bezeichnet p die Konsistenzordnung, so ergibt sich bei Anwendung der Methode auf das Anfangswertproblem $y'(t) = y(t)$, $y(0) = 1$ und Verwendung der exakten Lösung $y(t) = \mathrm{e}^t$ die Gleichung

$$R(\Delta t) - \mathrm{e}^{\Delta t} = R(\Delta t)y(0) - \mathrm{e}^{\Delta t} = y_1 - y(\Delta t) = \mathcal{O}(\Delta t^{p+1})$$

für $\Delta t \to 0$. Für explizite Runge-Kutta-Verfahren stellt die Stabilitätsfunktion ein Polynom mit maximalem Grad s dar, das heißt, wir können $R(\Delta t) = \sum_{j=0}^{s} \alpha_j \Delta t^j$ schreiben. Verwenden wir die Taylorreihe der Exponentialfunktion $\mathrm{e}^x = \sum_{j=0}^{\infty} \frac{x^j}{j!}$ und schreiben

$$R(\Delta t) - \mathrm{e}^{\Delta t} = \sum_{j=0}^{s} \left(\alpha_j - \frac{1}{j!} \right) \Delta t^j + \sum_{j=s+1}^{\infty} \frac{\Delta t^j}{j!},$$

so wird deutlich, dass maximal

$$R(\Delta t) - e^{\Delta t} = \mathcal{O}(\Delta t^{s+1})$$

vorliegen kann. ■

Blicken wir mit dem Wissen des obigen Satzes auf die Stabilitätsfunktionen der expliziten Mittelpunktsregel und des klassischen Runge-Kutta-Verfahrens zurück, so hätten wir dessen Darstellung (9.32) und (9.33) auch ohne die vorgenommenen aufwendigen Berechnungen direkt angeben können.

Selbstfrage 7

Existieren s-stufige explizite Runge-Kutta-Verfahren der Ordnung $p = s$ mit unterschiedlichen Stabilitätsgebieten?

9.3 Mehrschrittverfahren

Während bei den Einschrittverfahren zur Berechnung des Wertes y_{i+1} nur die Näherung y_i innerhalb des Verfahrens genutzt wird, können bei Mehrschrittverfahren weitere Approximationen in die Verfahrensfunktion eingehen. In diesem Sinne stellen Mehrschrittverfahren eine Verallgemeinerung der Einschrittverfahren dar.

Beispiel Bei gegebenen Werten y_i und y_{i+1} betrachten wir eine Integration der Differenzialgleichung über das Intervall $[t_i, t_{i+2}]$. Die Mittelpunktsregel liefert

$$\begin{aligned} y(t_{i+2}) - y(t_i) &= \int_{t_i}^{t_{i+2}} y'(t)\mathrm{d}t = \int_{t_i}^{t_{i+2}} f(t, y(t))\mathrm{d}t \\ &= 2\Delta t f(t_{i+1}, y(t_{i+1})) + \mathcal{O}(\Delta t^3). \end{aligned}$$

Wir erhalten hiermit die **Zweischrittmethode**

$$y_{i+2} = y_i + 2\Delta t f(t_{i+1}, y_{i+1}).$$ ◄

Auch bei den Mehrschrittverfahren fokussieren wir uns auf eine äquidistante Unterteilung des Intervalls $[a, b]$ in der Form

$$\Delta t = \frac{b-a}{n}, \quad t_i = t_0 + i\,\Delta t \quad \text{für} \quad i = 0, \ldots, n.$$

Definition der Mehrschrittverfahren

Ein Verfahren zur approximativen Berechnung einer Lösung des Anfangswertproblems (9.1), (9.2) der Form

$$\sum_{j=0}^{m} \alpha_j y_{i+j} = \Delta t\, \Phi(t_i, y_i, \ldots, y_{i+m}, \Delta t)$$

mit Koeffizienten $\alpha_j \in \mathbb{R}$, $j = 1, \ldots, m$ und $\alpha_m \neq 0$ sowie gegebenen Startwerten $y_0, \ldots, y_{m-1}$ zum Zeitpunkt $t_0, \ldots, t_{m-1}$ und einer Verfahrensfunktion

$$\Phi\colon [a, b] \times \mathbb{R}^m \times \mathbb{R}^+ \to \mathbb{R}$$

wird als m-Schrittverfahren respektive **Mehrschrittverfahren** bezeichnet. Dabei sprechen wir von einer expliziten Methode, falls Φ nicht von der zu bestimmenden Größe y_{i+m} abhängt. Ansonsten wird das Verfahren implizit genannt.

Einschrittverfahren sind spezielle Mehrschrittverfahren

Wir werden uns im Folgenden auf eine spezielle Klasse, die **linearen Mehrschrittverfahren** konzentrieren. Diese zeichnen sich dadurch aus, dass die Verfahrensfunktion in der Form

$$\Phi(t_i, y_i, \ldots, y_{i+m}, \Delta t) = \sum_{j=0}^{m} \beta_j f(t_{i+j}, y_{i+j}) \qquad (9.34)$$

geschrieben werden kann. Es sei darauf hingewiesen, dass wir stets die Eigenschaft $|\alpha_0| + |\beta_0| > 0$ voraussetzen, um in der Tat Daten von der Zeitebene t_i zur Bestimmung der Näherung y_{i+m} zu verwenden. Der Speicheraufwand eines Mehrschrittverfahrens wächst dann linear mit dem Parameter m. Mehrschrittverfahren benötigen im Gegensatz zu Einschrittmethoden eine größere Anzahl an Startwerten. Da durch die Anfangsbedingung in der Regel nur y_0 festgelegt werden kann, müssen die verbleibenden Werte vorab in der sogenannten **Initialisierungs-** beziehungsweise **Startphase** durch ein anderes Zeitschrittverfahren bestimmt werden.

Die bereits durch die Einschrittverfahren bekannten Begriffe der Konsistenz und Konvergenz müssen vor einer generellen Untersuchung linearer Mehrschrittverfahren zunächst auf diese Verfahrensklasse übertragen werden.

Definition der Konsistenz bei Mehrschrittverfahren

Ein Mehrschrittverfahren heißt **konsistent** von der Ordnung $p \in \mathbb{N}$ zur Differenzialgleichung (9.1), wenn unter Verwendung einer Lösung y der lokale Diskretisierungsfehler

$$\begin{aligned} \eta(t, \Delta t) = &\sum_{j=0}^{m} \alpha_j y(t + j\,\Delta t) \\ &- \Delta t\, \Phi(t, y(t), y(t + \Delta t), \ldots, y(t + m\Delta t), \Delta t) \end{aligned}$$

für $t \in [a, b]$ und $0 < \Delta t \leq \frac{b-t}{m}$ der Bedingung

$$\eta(t, \Delta t) = \mathcal{O}(\Delta t^{p+1}), \quad \Delta t \to 0$$

genügt. Im Fall $p = 1$ sprechen wir auch einfach von Konsistenz.

Wir wollen nun eine Charakterisierung der Konsistenzordnung linearer Mehrschrittverfahren in Termen der freien Parameter α_j, β_j, $j = 0, \ldots, m$. vornehmen.

Satz zur Konsistenz linearer Mehrschrittverfahren

Ein lineares Mehrschrittverfahren besitzt genau dann Konsistenzordnung p, wenn

$$\sum_{j=0}^{m} \alpha_j = 0 \quad \text{und} \quad \sum_{j=0}^{m} \alpha_j j^q = q \sum_{j=0}^{m} \beta_j j^{q-1} \tag{9.35}$$

für $q = 1, \ldots, p$ gelten.

Beweis Die Grundidee des Nachweises liegt in einer Taylorentwicklung der Lösung und ihrer ersten Ableitung innerhalb des lokalen Diskretisierungsfehlers. Berücksichtigen wir die spezielle Gestalt der Verfahrensfunktion Φ im Fall linearer Mehrschrittverfahren, so erhalten wir

$$\begin{aligned}
&\eta(t, \Delta t) \\
&= \sum_{j=0}^{m} \Big\{ \alpha_j y(t + j\,\Delta t) - \Delta t \beta_j f(t + j\,\Delta t, y(t + j\,\Delta t)) \Big\} \\
&= \sum_{j=0}^{m} \Big\{ \alpha_j y(t + j\,\Delta t) - \Delta t \beta_j y'(t + j\,\Delta t) \Big\}.
\end{aligned}$$

Dabei ergibt sich das zweite Gleichheitszeichen durch Einsetzen der Differenzialgleichung. Die bereits angekündigten Taylorentwicklungen schreiben wir in der Form

$$\begin{aligned}
y(t + j\,\Delta t) &= \sum_{q=0}^{p} \frac{(j\,\Delta t)^q}{q!} y^{(q)}(t) + \mathcal{O}(\Delta t^{p+1}), \\
y'(t + j\,\Delta t) &= \sum_{q=1}^{p} \frac{(j\,\Delta t)^{q-1}}{(q-1)!} y^{(q)}(t) + \mathcal{O}(\Delta t^{p}).
\end{aligned}$$

Folglich ergibt sich die Behauptung unmittelbar aus

$$\begin{aligned}
\eta(t, \Delta t) = \sum_{j=0}^{m} \Bigg\{ &\alpha_j \sum_{q=0}^{p} \frac{(j\,\Delta t)^q}{q!} y^{(q)}(t) \\
&- \Delta t \beta_j \sum_{q=1}^{p} \frac{(j\,\Delta t)^{q-1}}{(q-1)!} y^{(q)}(t) \Bigg\} + \mathcal{O}(\Delta t^{p+1}) \\
= \sum_{q=1}^{p} &\left\{ \frac{\Delta t^q}{q!} y^{(q)}(t) \left[\sum_{j=0}^{m} \alpha_j j^q - q \sum_{j=0}^{m} \beta_j j^{q-1} \right] \right\} \\
+ y(t) &\sum_{j=0}^{m} \alpha_j + \mathcal{O}(\Delta t^{p+1}).
\end{aligned}$$

■

Als Hilfsmittel für die weitere Analyse linearer Mehrschrittverfahren definieren wir das erste und zweite charakteristische Polynom

$$\varrho(\xi) = \sum_{j=0}^{m} \alpha_j \xi^j, \quad \sigma(\xi) = \sum_{j=0}^{m} \beta_j \xi^j,$$

die auch als erzeugende Polynome bezeichnet werden.

Mit dem obigen Satz können wir die Konsistenz der Ordnung $p = 1$ auch durch eine einfach zu überprüfende Beziehung zwischen den charakteristischen Polynomen darstellen. Schreiben wir

$$\varrho(1) = \sum_{j=0}^{m} \alpha_j \quad \text{und} \quad \sigma(1) = \sum_{j=0}^{m} \beta_j$$

sowie

$$\varrho'(\xi) = \sum_{j=1}^{m} j \alpha_j \xi^{j-1},$$

so kann die Bedingung (9.35) für $p = q = 1$ in der Form

$$\varrho(1) = 0 \quad \text{und} \quad \varrho'(1) = \sigma(1). \tag{9.36}$$

ausgedrückt werden.

Definition der Konvergenz bei Mehrschrittverfahren

Ein Mehrschrittverfahren mit Startwert

$$y_j = y(t_j) + \mathcal{O}(\Delta t^p), \ \Delta t \to 0$$

für $j = 0, \ldots, m-1$ heißt **konvergent** von der Ordnung $p \in \mathbb{N}$ zum Anfangswertproblem (9.1), (9.2), wenn für den zur Schrittweite Δt erzeugten Näherungswert y_i an die Lösung $y(t_i)$, $t_i = a + i\,\Delta t \in [a, b]$, der globale Diskretisierungsfehler

$$e(t_i, \Delta t) = y(t_i) - y_i$$

für alle t_i, $i = m, \ldots, n$, der Bedingung

$$e(t_i, \Delta t) = \mathcal{O}(\Delta t^p), \ \Delta t \to 0$$

genügt. Gelten die obigen Gleichungen mit $o(1)$ anstelle von $\mathcal{O}(\Delta t^p)$, so sprechen wir auch einfach von Konvergenz.

Um einen tieferen Einblick in das Verhalten von Mehrschrittverfahren zu erhalten, werden wir uns zunächst mit der Lösung homogener Differenzengleichungen befassen, da genau solche bei diesen Verfahren auftreten, wenn sie auf eine Differenzialgleichung mit verschwindender rechter Seite angewendet werden.

Satz zur Lösung homogener Differenzengleichungen

Besitzt das erste charakteristische Polynom

$$\varrho(\xi) = \sum_{j=0}^{m} \alpha_j \xi^j$$

ausschließlich paarweise verschiedene Nullstellen $\xi_1, \ldots, \xi_m \in \mathbb{C}$, dann schreibt sich die Lösungsfolge $(y_n)_{n\in\mathbb{N}_0}$ der zugehörigen homogenen Differenzengleichung

$$\sum_{j=0}^{m} \alpha_j y_{i+j} = 0, \quad i = 0, 1, 2, \ldots \tag{9.37}$$

in der Form

$$y_n = \sum_{k=1}^{m} \gamma_k \xi_k^n, \quad n = 0, 1, 2, \ldots \tag{9.38}$$

mit $\gamma_k \in \mathbb{C}, k = 0, \ldots, m$.

Beweis Der Nachweis gliedert sich in zwei Teile. Wir werden zunächst zeigen, dass die durch (9.38) gegebene Folge eine Lösung der homogenen Differenzengleichung (9.37) darstellt. Anschließend liefern wir den Beweis, dass der Lösungsraum die Dimension m hat und mit den Folgen $(\xi_k^n)_{n\in\mathbb{N}_0}, k = 1, \ldots, m$ eine Basis hiervon vorliegt. Den ersten Teil erledigen wir durch einfaches Einsetzen gemäß

$$\sum_{j=0}^{m} \alpha_j y_{i+j} = \sum_{j=0}^{m} \alpha_j \sum_{k=1}^{m} \gamma_k \xi_k^{i+j} = \sum_{k=1}^{m} \gamma_k \xi_k^i \sum_{j=0}^{m} \alpha_j \xi_k^j$$
$$= \sum_{k=1}^{m} \gamma_k \xi_k^i \underbrace{\varrho(\xi_k)}_{=0} = 0.$$

Kommen wir somit zum aufwendigeren zweiten Teil. Bei der Differenzengleichung müssen für jede Lösungsfolge $(y_n)_{n\in\mathbb{N}_0}$ die ersten m Startwerte $y_0, \ldots, y_{m-1} \in \mathbb{C}$ vorgegeben werden. Da $\mathbb{C}^m$ ein m-dimensionaler komplexer Vektorraum ist, existiert eine Basis $\{\boldsymbol{s}^{(1)}, \ldots, \boldsymbol{s}^{(m)}\}$ von $\mathbb{C}^m$, und jeder Startvektor $\boldsymbol{s} = (y_0, \ldots, y_{m-1})^T$ lässt sich in der Form

$$\boldsymbol{s} = \sum_{k=1}^{m} \gamma_k \boldsymbol{s}^{(k)}, \quad \gamma_k \in \mathbb{C} \tag{9.39}$$

schreiben. Betrachten wir die Lösungsfolgen $(y_n^{(k)})_{n\in\mathbb{N}_0}$ zu den Startvektoren $\boldsymbol{s}^{(k)}, k = 1, \ldots, m$, so sind die Folgen linear unabhängig, da deren Startvektoren es sind. Folglich besitzt der Lösungsraum mindestens die Dimension m. Wir wollen nun nachweisen, dass sich alle Lösungsfolgen als Linearkombination der Folgen $(y_n^{(k)})_{n\in\mathbb{N}_0}, k = 1, \ldots, m$ darstellen lassen. Für eine gegebene Lösungsfolge $(y_n)_{n\in\mathbb{N}_0}$ ergibt sich für den Startvektor die Darstellung (9.39).

Mit einer vollständigen Induktion liefern wir den Nachweis, dass sich jedes Folgenglied y_r in der Form

$$y_r = \sum_{k=1}^{m} \gamma_k y_r^{(k)} \tag{9.40}$$

schreiben lässt. Dabei betrachten wir stets Sequenzen der Länge m und setzen die Induktionsbehauptung

$$y_r = \sum_{k=1}^{m} \gamma_k y_r^{(k)} \quad \text{für} \quad r = i, i+1, \ldots, i+m-1 \tag{9.41}$$

für jedes $i = 0, 1, \ldots$ an. Der Induktionsanfang für $i = 0$ ist durch die Darstellung des Startvektors

$$y_r = s_r = \sum_{k=1}^{m} \gamma_k s_r^{(k)} = \sum_{k=1}^{m} \gamma_k y_r^{(k)} \quad \text{für} \quad r = 0, 1, \ldots, m-1$$

gegeben. Gilt die Behauptung (9.41) mit $r = i, \ldots, i+m-1$ für ein beliebiges, aber festes $i \in \mathbb{N}_0$, so muss die Eigenschaft nun für $r = i+1, \ldots, i+m$ nachgewiesen werden. Aufgrund der Induktionsannahme können wir uns dabei auf die letzte Komponente der aktuellen Sequenz, das heißt y_{i+m} beschränken. Mit der Differenzengleichung sowie $\alpha_m \neq 0$ ergibt sich

$$y_{i+m} = -\frac{1}{\alpha_m} \sum_{j=0}^{m-1} \alpha_j y_{i+j} = -\frac{1}{\alpha_m} \sum_{j=0}^{m-1} \alpha_j \sum_{k=1}^{m} \gamma_k y_{i+j}^{(k)}$$
$$= \sum_{k=1}^{m} \gamma_k \underbrace{\sum_{j=0}^{m-1} \left(-\frac{1}{\alpha_m}\right) \alpha_j y_{i+j}^{(k)}}_{=y_{i+m}^{(k)}} = \sum_{k=1}^{m} \gamma_k y_{i+m}^{(k)},$$

womit die m Lösungsfolgen $(y_n^{(k)})_{n\in\mathbb{N}_0}, k = 1, \ldots, m$ ein Erzeugendensystem und wegen der maximalen Dimension m auch eine Basis des Lösungsraums darstellen. Hiermit ist die Induktion abgeschlossen und wir können uns einer speziellen Basis zuwenden, um die endgültige Lösungsdarstellung (9.38) zu erhalten.

Die Startvektoren

$$\boldsymbol{s}^{(k)} = (1, \xi_k, \xi_k^2, \ldots, \xi_k^{m-1})^T \in \mathbb{C}^m, \quad \text{für} \quad k = 1, \ldots, m$$

repräsentieren eine Basis des $\mathbb{C}^m$, da die Nullstellen $\xi_1, \ldots, \xi_m \in \mathbb{C}$ paarweise verschieden sind, siehe Aufgabe 9.21. Zudem folgt mit Aufgabe 9.22 die Darstellung der Lösungsfolge $(y_n^{(k)})_{n\in\mathbb{N}_0}$ zu $\boldsymbol{s}^{(k)}$ in der Form $y_n^{(k)} = \xi_k^n$ und wir erhalten die Lösungsfolge $(y_n)_{n\in\mathbb{N}_0}$ zu $\boldsymbol{s} = \sum_{k=1}^{m} \gamma_k s_r^{(k)}$ mit (9.40) in der Form

$$y_n = \sum_{k=1}^{m} \gamma_k y_n^{(k)} = \sum_{k=1}^{m} \gamma_k \xi_k^n, \quad n \in \mathbb{N}_0. \qquad \blacksquare$$

Beispiel Wir betrachten das Anfangswertproblem

$$y'(t) = 0 \quad \text{mit} \quad y(0) = 0.1 \tag{9.42}$$

und wenden hierauf das explizite lineare Mehrschrittverfahren

$$y_{i+2} + 4y_{i+1} - 5y_i = \Delta t\Big(4f(t_{i+1}, y_{i+1}) + 2f(t_i, y_i)\Big)$$

an. Wie in Aufgabe 9.20 gezeigt, ist die obige Methode konsistent von genau dritter Ordnung zur Differenzialgleichung $y'(t) = f(t, y(t))$. Bezogen auf (9.42) ergibt sich die Differenzengleichung

$$y_{i+2} + 4y_{i+1} - 5y_i = 0.$$

Dem Satz zur Lösung von Differenzengleichungen entsprechend gilt

$$y_n = \gamma_1\xi_1^n + \gamma_2\xi_2^n, \tag{9.43}$$

wobei die Koeffizienten γ_1, γ_2 aus den Anfangsbedingungen y_0, y_1 bestimmt werden müssen und ξ_1, ξ_2 die Nullstellen des ersten charakteristischen Polynoms ϱ repräsentieren. Im Kontext unseres Verfahrens folgt

$$\varrho(\xi) = \xi^2 + 4\xi - 5 = (\xi - 1)(\xi + 5)$$

und somit $\xi_1 = 1, \xi_2 = -5$. Gehen wir von den Initialisierungswerten

$$y_0 = 0.1 \quad \text{und} \quad y_1 = 0.1 + \varepsilon$$

mit einer kleinen Störung $\varepsilon > 0$ aus, die sich beispielsweise durch Rundungsfehler oder bei komplexeren Differenzialgleichungen durch die Approximation innerhalb der Startphase ergeben können, so folgt aus (9.43) für $i = 0, 1$

$$0.1 = \gamma_1 + \gamma_2 \quad \text{sowie} \quad 0.1 + \varepsilon = \gamma_1 - 5\gamma_2.$$

Damit erhalten wir $\gamma_1 = 0.1 + \frac{\varepsilon}{6}$ und $\gamma_2 = -\frac{\varepsilon}{6}$, wodurch die Lösungsfolge $(y_n)_{n\in\mathbb{N}_0}$ der Differenzengleichung und damit des betrachteten linearen Mehrschrittverfahrens die Form

$$y_n = 0.1 + \frac{\varepsilon}{6} - \frac{\varepsilon}{6}(-5)^n \tag{9.44}$$

besitzt. Betrachten wir die Differenz zwischen der exakten Lösung $y(t) = 0.1$ des Anfangswertproblems und der berechneten Näherungslösung zu einem beliebigen, aber festen Zeitpunkt $T > 0$, so gilt mit $\Delta t = T/n, n \in \mathbb{N}$

$$\lim_{n\to\infty} |y(T) - y_n| = \lim_{n\to\infty} \left|\frac{\varepsilon}{6} - \frac{\varepsilon}{6}(-5)^n\right| = \infty,$$

wodurch keine Konvergenz vorliegt.

Nun könnte man natürlich argumentieren, dass die Störung ε in den Initialisierungswerten einen doch eher akademischen Charakter aufweist. Wir haben daher das Verfahren auf ungestörte Anfangsdaten $y_0 = y_1 = 0.1$ angewendet und erhalten den in Abb. 9.8 verdeutlichten Iterationsverlauf.

Bei der Betrachtung der numerischen Resultate sollte bedacht werden, dass die Beschränkung des Bildausschnittes in vertikaler Richtung wegen des exponentiellen Anwachsens der Oszillationen gewählt wurde. Es gilt bereits $|y_{50}| \approx 6.5 \cdot 10^{16}$. Die Ursache für dieses Verhalten kann aufgrund der exakten Anfangswerte keinen akademischen Grund besitzen. Vielmehr liegt hier eine Darstellungsproblematik vor, denn 0.1 hat mit $(0.0\overline{0011})_2$ eine nicht abbrechende Darstellung im Dualsystem und kann folglich vom Rechner nicht exakt dargestellt werden. ◀

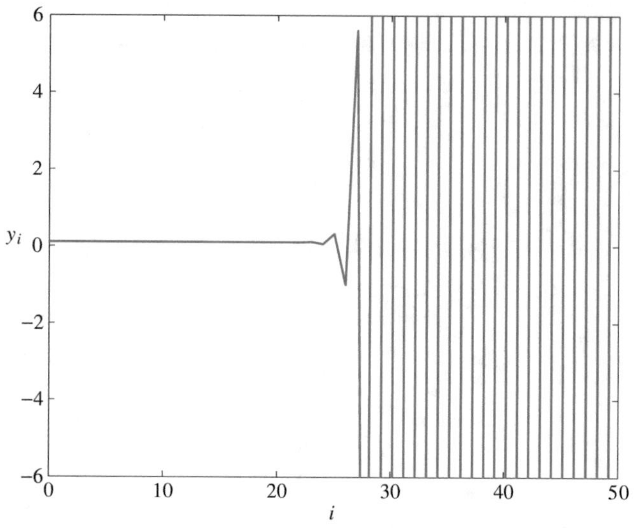

Abb. 9.8 Iterationsfolge des konsistenten linearen Mehrschrittverfahrens (9.42)

Selbstfrage 8

Wie reagiert das obige Mehrschrittverfahren, wenn anstelle der Startwerte $y_0 = y_1 = 0.1$ die Werte $y_0 = y_1 = 1$ genutzt werden?

Bei Mehrschrittverfahren impliziert Konvergenz sowohl Nullstabilität als auch Konsistenz

Das obige Beispiel verdeutlicht die Notwendigkeit einer weiteren Bedingung bezüglich der Nullstellen des ersten charakteristischen Polynoms, um aus einer vorliegenden Konsistenz auch die Konvergenz bei Mehrschrittverfahren schlussfolgern zu können.

Nullstabilität

Ein Mehrschrittverfahren

$$\sum_{j=0} \alpha_j y_{i+j} = \Delta t\, \Phi(t_i, y_i, \ldots, y_{i+m}, \Delta t)$$

heißt **nullstabil**, wenn das zugehörige erste charakteristische Polynom $\varrho(\xi) = \sum_{j=0}^{m} \alpha_j \xi^j$ der *Dahlquist'schen Wurzelbedingung* genügt. Diese besagt, dass alle Nullstellen des Polynoms im abgeschlossenen komplexen Einheitskreis liegen und auf dem Rand ausschließlich einfache Nullstellen auftreten.

Die Definition gründet auf der im obigen Beispiel gewonnenen Erkenntnis, dass Nullstellen außerhalb des Einheitskreises zu einem unbeschränkten Anwachsen der Näherung y_n führen können. Es sei an dieser Stelle angemerkt, dass die Nullstellen eines konsistenten Mehrschrittverfahrens nicht ausschließlich im Inneren des komplexen Einheitskreises liegen, da mit (9.35) $\xi = 1$ stets eine Nullstelle des ersten charakteristischen Polynoms gegeben ist. Diese Eigenschaft ist auch sinnvoll hinsichtlich der Konvergenz, denn ein Mehrschrittverfahren mit

$$\varrho(\xi) = 0 \quad \Leftrightarrow \quad |\xi| < 1$$

würde bei Differenzialgleichungen mit verschwindender rechter Seite wegen (9.38) stets eine Nullfolge als Lösungsfolge berechnen und könnte folglich Anfangswertprobleme, deren Lösung wie im obigen Beispielfall konstant ungleich null sind, nicht sinnvoll diskretisieren.

Satz

Ein konvergentes lineares Mehrschrittverfahren ist notwendigerweise konsistent und nullstabil.

Beweis Wir widmen uns zunächst dem Nachweis der Nullstabilität und führen einen Widerspruchsbeweis indem wir annehmen, dass das Verfahren konvergent, aber nicht nullstabil ist. Wenden wir das lineare Mehrschrittverfahren auf das Anfangswertproblem

$$y'(t) = 0, \quad y(0) = 0, \quad t \in [0,1]$$

mit Lösung $y(t) = 0$ an, so ergibt sich für $i = 0, 1, \ldots$ die Differenzengleichung

$$\alpha_m y_{i+m} + \ldots + \alpha_0 y_i = 0. \tag{9.45}$$

Da das Verfahren nicht nullstabil ist, besitzt das erste charakteristische Polynom $\varrho(\xi) = \sum_{j=0}^{m} \alpha_j \xi^j$ entweder eine Nullstelle ξ_1 mit $|\xi_1| > 1$ oder eine mehrfache Nullstelle ξ_2 mit $|\xi_2| = 1$.

Die Idee ist es, Anfangswerte zu generieren, die der Bedingung innerhalb der Definition der Konvergenz von Mehrschrittverfahren genügen, und zu zeigen, dass die durch das allgemeine Mehrschrittverfahren (9.45) unter Verwendung dieser Werte erzeugte Folge dennoch divergiert.

Betrachten wir zunächst den Fall einer Nullstelle ξ_1 außerhalb des komplexen Einheitskreises. Nach dem Satz zur Lösung homogener Differenzengleichungen liegt beispielsweise mit

$$y_n = \sqrt{\Delta t}\,\xi_1^n$$

eine Lösung von (9.45) vor. Nutzen wir die ersten m Glieder dieser Folge als Startwerte, so erfüllen diese wegen

$$\lim_{\Delta t \to 0} |y_j - y(t_j)| = \lim_{\Delta t \to 0} \sqrt{\Delta t}\,\xi_1^j = 0, \quad \text{für } j = 0, \ldots, m-1$$

die innerhalb der Definition zur Konvergenz geforderte Ordnungsbedingung $o(1)$. Für festes $T = n\Delta t \in]0,1]$, mit $n \geq m$ erhalten wir jedoch wegen $|\xi_1| > 1$

$$\lim_{\Delta t \to 0} |y_n - y(T)| = \lim_{\Delta t \to 0} |\sqrt{\Delta t}\,\xi_1^{T/\Delta t}| = \infty,$$

womit ein Widerspruch zur vorausgesetzten Konvergenz vorliegt.

Wenden wir uns jetzt dem Fall einer mehrfachen Nullstelle ξ_2 auf dem Rand des komplexen Einheitskreises zu. Für ξ_2 liegt somit auch eine Nullstelle der ersten Ableitung von ϱ vor und wir können somit

$$0 = \varrho'(\xi_2) = \alpha_1 + 2\,\alpha_2\,\xi_2 + \ldots + m\,\alpha_m\,\xi_2^{m-1}$$

schreiben. Mit $y_n = n\sqrt{\Delta t}\,\xi_2^{n-1}$ ergibt sich wegen

$$\sum_{j=0}^{m} \alpha_j y_{i+j} = \sum_{j=0}^{m} \alpha_j (i+j)\sqrt{\Delta t}\,\xi_2^{i+j-1}$$

$$= \sqrt{\Delta t}\; i\;\xi_2^i \underbrace{\sum_{j=0}^{m} j\;\alpha_j\;\xi_2^{j-1}}_{=\varrho'(\xi_2)=0} = 0$$

eine Lösung der Differenzengleichung, bei der die Startwerte $j = 0, \ldots, m-1$ mit

$$\lim_{\Delta t \to 0} |y_j - y(t_j)| = \lim_{\Delta t \to 0} j\sqrt{\Delta t} = 0$$

die geforderten Bedingungen der Konvergenzdefinition erfüllen und sich dennoch für festes $T = n\Delta t \in]0,1]$, mit $n \geq m$ durch

$$\lim_{\Delta t \to 0} |y_n - y(T)| = \lim_{\Delta t \to 0} |n\sqrt{\Delta t}| = \lim_{\Delta t \to 0} \left| \frac{T}{\sqrt{\Delta t}} \right| = \infty$$

ein Widerspruch zur vorausgesetzten Konvergenz ergibt. Zusammenfassend ist die Notwendigkeit der Nullstabilität für die Konvergenz bewiesen, und wir können uns unter Verwendung dieses Wissens der Konsistenz widmen. Hierbei werden wir im Gegensatz zum obigen Vorgehen einen direkten Beweis wählen und dabei die für die Konsistenz laut (9.36) äquivalenten Zusammenhänge der charakteristischen Polynome

$$\varrho(1) = 0 \quad \text{und} \quad \varrho'(1) = \sigma(1)$$

nachweisen. Wiederum werden wir hierzu einfache Anfangswertprobleme betrachten. Wir beginnen mit

$$y'(t) = 0, \quad y(0) = 1, \quad t \in [0,1]$$

und der exakten Lösung $y(t) = 1$. Die zugehörige Differenzengleichung ist identisch zu (9.45), sodass unter Verwendung der

Kapitel 9

Startwerte $y_0 = \ldots = y_{m-1} = 1$ und Berücksichtigung der Konvergenz für $t = m\Delta t$ bei festem m durch

$$0 = \lim_{\Delta t\to 0} \alpha_m(y(m\Delta t) - y_m) = \lim_{\Delta t\to 0} \alpha_m(1 - y_m) \tag{9.46}$$
$$= \lim_{\Delta t\to 0} \sum_{j=0}^{m} \alpha_j(1 - y_j) = \sum_{j=0}^{m} \alpha_j - \underbrace{\lim_{\Delta t\to 0} \sum_{j=0}^{m} \alpha_j y_j}_{=0} = \varrho(1)$$

die erste Eigenschaft nachgewiesen ist. Für die Bestätigung der Gleichung $\varrho'(1) = \sigma(1)$ betrachten wir das Anfangswertproblem

$$y'(t) = 1, \quad y(0) = 0, \quad t \in [0, 1]$$

mit der exakten Lösung $y(t) = t$. Da ein Bezug zwischen dem ersten und zweiten charakteristischen Polynom hergestellt werden soll, ist es notwendig eine Differenzialgleichung mit nichtverschwindender rechter Seite zu betrachten, damit sich eine inhomogene Differenzengleichung der Form

$$\sum_{j=0}^{m} \alpha_j y_{i+j} = \Delta t \sum_{j=0}^{m} \beta_j \quad \text{für} \quad i = 0, 1, \ldots$$

ergibt, die einen Einfluss der Parameter β_j, $j = 0, \ldots, m$ aufweist. Mit dem oben erlangten Wissen $\varrho(1) = 0$ stellt $\xi = 1$ eine Nullstelle des ersten charakteristischen Polynoms dar, sodass diese Nullstelle wegen der notwendigen Nullstabilität nicht doppelt sein darf und folglich $\varrho'(1) \neq 0$ gilt. Wir sind daher in der Lage, den Quotienten $M = \frac{\sigma(1)}{\varrho'(1)}$ zu bilden und hiermit die Folge

$$y_n = n\,\Delta t\, M \quad \text{für} \quad n = 0, 1, \ldots$$

zu definieren. Die ersten m Glieder der Folge erfüllen mit

$$\lim_{\Delta t\to 0} |y_j - y(j\,\Delta t)| = \lim_{\Delta t\to 0} |j\,\Delta t(M - 1)| = 0$$

für $j = 0, \ldots, m - 1$ die Voraussetzung an die Startwerte eines konvergenten Mehrschrittverfahrens. Zudem stellt die Folge wegen

$$\sum_{j=0}^{m} \alpha_j y_{i+j} - \Delta t \sum_{j=0}^{m} \beta_j = \sum_{j=0}^{m} \alpha_j (i + j)\Delta t \underbrace{M}_{=\frac{\sigma(1)}{\varrho'(1)}} - \Delta t \underbrace{\sum_{j=0}^{m} \beta_j}_{\sigma(1)}$$
$$= \Delta t \left\{ \frac{\sigma(1)}{\varrho'(1)} \Big(i \underbrace{\sum_{j=0}^{m} \alpha_j}_{=\varrho(1)=0} + \underbrace{\sum_{j=0}^{m} j\alpha_j}_{=\varrho'(1)} \Big) - \sigma(1) \right\} = 0$$

eine Lösung der Differenzengleichung dar, sodass sich aufgrund der vorliegenden Konvergenz für $T = n\Delta t \in]0, 1]$

$$0 = \lim_{\Delta t\to 0} |y_n - y(T)| = \lim_{\Delta t\to 0} |n\,\Delta t\, M - T|$$
$$= \lim_{\Delta t\to 0} |T\, M - T| = T(M - 1)$$

ergibt. Folglich gilt $M = 1$, und wir erhalten

$$\frac{\sigma(1)}{\varrho'(1)} = M = 1 \quad \text{und somit} \quad \sigma(1) = \varrho'(1).$$

In Kombination mit (9.46) ist somit die Konsistenz nachgewiesen. ■

Selbstfrage 9

Warum benötigen wir den Begriff der Nullstabilität bei Einschrittverfahren nicht?

Mit den bisherigen Untersuchungen haben wir den Zusammenhang nachgewiesen, dass die Konvergenz bei Mehrschrittverfahren notwendigerweise die Konsistenz und Nullstabilität nach sich zieht. Mit dieser Beziehung kann jedoch zunächst nur die Divergenz bei Mehrschrittverfahren gezeigt werden, beispielsweise durch einen Nachweis, dass das Verfahren nicht der Nullstabilität genügt. Offensichtlich liegt hiermit zwar eine sinnvolle Aussage vor, die aber für den praktischen Gebrauch nicht vorrangig von Interesse ist, da es uns in diesem Kontext üblicherweise um den Konvergenznachweis geht. Wir befassen uns daher von nun ab mit der wichtigen Rückrichtung, die uns den Nachweis geben wird, dass aus der Nullstabilität in Kombination mit der Konsistenz die Konvergenz gefolgert werden kann. Die hierfür notwendige Abschätzung werden wir an dieser Stelle unter Verwendung des Gronwall-Lemmas herleiten.

Kontinuierliches Gronwall-Lemma

Genügt die integrierbare Funktion $g\colon [0, T] \to \mathbb{R}$ der Bedingung

$$g(t) \leq \alpha + \beta \int_0^t g(s)\,\mathrm{d}s \quad \text{für alle } t \in [0, T]$$

mit Konstanten $\alpha \in \mathbb{R}$, $\beta \in \mathbb{R}_{\geq 0}$, dann gilt

$$g(t) \leq \alpha \mathrm{e}^{\beta t} \quad \text{für alle } t \in [0, T].$$

Beweis Mit $M := \sup_{t\in[0,T]} g(t)$ werden wir per Induktion über $n = 0, 1, 2, \ldots$ für $\beta > 0$ die Abschätzung

$$g(t) \leq \alpha \sum_{j=0}^{n} \frac{(\beta t)^j}{j!} + M \frac{(\beta t)^{n+1}}{(n+1)!} \tag{9.47}$$

nachweisen.

Der Induktionsanfang ergibt sich für $n = 0$ aus der direkten Nutzung der geforderten Bedingung gemäß

$$g(t) \overset{(9.47)}{\leq} \alpha + \beta \int_0^t g(s)\,\mathrm{d}s \leq \alpha + M\beta t.$$

Kapitel 9

Sei (9.47) für ein festes, aber beliebiges $n \in \mathbb{N}_0$ erfüllt, dann ergibt sich der Induktionsschritt mittels

$$\begin{aligned} g(t) &\leq \alpha + \beta \int_0^t g(s)\,\mathrm{d}s \\ &\leq \alpha + \beta \int_0^t \left(\alpha \sum_{j=0}^{n} \frac{(\beta s)^j}{j!} + M \frac{(\beta s)^{n+1}}{(n+1)!} \right) \mathrm{d}s \\ &= \alpha + \beta\alpha \sum_{j=0}^{n} \frac{\beta^j t^{j+1}}{(j+1)!} + \beta M \frac{\beta^{n+1} t^{n+2}}{(n+2)!} \\ &= \alpha \sum_{j=0}^{n+1} \frac{(\beta t)^j}{j!} + M \frac{(\beta t)^{n+2}}{(n+2)!}. \end{aligned}$$

Hiermit ist die Ungleichung (9.47) nachgewiesen und wir erhalten wegen

$$\lim_{n\to\infty} \sum_{j=0}^{n} \frac{(\beta t)^j}{j!} = \mathrm{e}^{\beta t} \quad \text{sowie} \quad \lim_{n\to\infty} M \frac{(\beta t)^{n+1}}{(n+1)!} = 0$$

folglich

$$\begin{aligned} g(t) &= \lim_{n\to\infty} g(t) \\ &\leq \lim_{n\to\infty} \left(\alpha \sum_{j=0}^{n} \frac{(\beta t)^j}{j!} + M \frac{(\beta t)^{n+1}}{(n+1)!} \right) \\ &= \alpha \mathrm{e}^{\beta t}. \end{aligned}$$

Für den verbleibenden Spezialfall mit $\beta = 0$ ist die Aussage offensichtlich. ∎

Bei Mehrschrittverfahren impliziert Konsistenz mit Nullstabilität die Konvergenz

Die Mehrschrittverfahren liefern allerdings keine kontinuierlichen Funktionen, sondern diskrete Daten. Wir wollen daher zunächst eine diskrete Formulierung des Gronwall-Lemmas vorstellen.

Diskretes Gronwall-Lemma

Seien $\Delta t_0, \ldots, \Delta t_{r-1} \in \mathbb{R}_{>0}$ und $\delta, \gamma \in \mathbb{R}_{\geq 0}$ gegeben.

Genügen die Zahlen $e_0, \ldots, e_r \in \mathbb{R}$ den Ungleichungen

$$|e_0| \leq \delta \quad \text{und} \quad |e_l| \leq \delta + \gamma \sum_{j=0}^{l-1} \Delta t_j |e_j|$$

für $l = 1, \ldots, r$, dann gilt

$$|e_l| \leq \delta \exp\left(\gamma \sum_{j=0}^{l-1} \Delta t_j \right) \quad \text{für} \quad l = 0, \ldots, r.$$

Beweis Unser Ziel liegt in der Nutzung des kontinuierlichen Gronwall-Lemmas. Daher müssen wir zunächst eine Funktion konstruieren, die unsere diskreten Daten in geeigneter Weise widerspiegelt. Wir legen hierzu eine entsprechende Treppenfunktion fest, die eine stückweise konstante Funktion darstellt und leicht mithilfe der durch

$$\chi_M \colon \mathbb{R} \to \{0,1\}, \quad \chi_M(x) = \begin{cases} 1, & \text{für } x \in M, \\ 0 & \text{sonst} \end{cases}$$

für jede Teilmenge $M \subset \mathbb{R}$ definierten charakteristischen Funktion χ_M angegeben werden kann. Mit

$$t_0 := 0, \; t_{l+1} := t_l + \Delta t_l \quad \text{für} \quad l = 0, \ldots, r-1$$

liegt durch

$$[t_0, t_1), \; [t_1, t_2), \ldots, [t_{r-1}, t_r), \; \{t_r\}$$

eine Zerlegung des Intervalls $[0, T]$ mit $T = t_r$ vor. Mithilfe dieser Aufteilung konstruieren wir die beschränkte und integrierbare Treppenfunktion gemäß

$$g := \sum_{l=0}^{r-1} |e_l| \chi_{[t_l, t_{l+1})} + |e_r| \chi_{\{t_r\}} \colon [0, T] \to \mathbb{R}.$$

Schreiben wir für $l \in \{0, \ldots, r-1\}$ und $t \in [t_l, t_{l+1}[$ sowie $l = r$ und $t = t_r$ die Ungleichung

$$\begin{aligned} g(t) = |e_l| &\leq \delta + \gamma \sum_{j=0}^{l-1} \Delta t_j |e_j| = \delta + \gamma \sum_{j=0}^{l-1} \int_{t_j}^{t_{j+1}} g(x)\mathrm{d}x \\ &= \delta + \gamma \int_0^{t_l} g(x)\mathrm{d}x \leq \delta + \gamma \int_0^{t} g(x)\mathrm{d}x, \end{aligned}$$

so können wir auf der Grundlage dieser Funktion das kontinuierliche Gronwall-Lemma anwenden und erhalten damit für $l = 0, \ldots, r$ die Abschätzung

$$|e_l| = g(t_l) \leq \delta \mathrm{e}^{\gamma t_l} = \delta \exp\left(\gamma \sum_{j=0}^{l-1} \Delta t_j \right). \quad ∎$$

Um die Konvergenz als Schlussfolgerung aus der Konsistenz und der Nullstabilität erhalten zu können, benötigen wir vorab eine weitere Eigenschaft des numerischen Verfahrens. Analog zur Voraussetzung im Satz zur Konvergenz bei Einschrittverfahren (siehe S. 294) formulieren wir eine Lipschitz-Bedingung für das Mehrschrittverfahren durch die folgende Definition.

Lipschitz-Stetigkeit bei Mehrschrittverfahren

Ein Mehrschrittverfahren mit Verfahrensfunktion Φ heißt Lipschitz-stetig in $(t, y(t))$ mit Lipschitz-Konstante

Kapitel 9

$L \geq 0$, wenn eine Umgebung $\mathcal{U}(t, y(t))$ und eine Konstante $H > 0$ existieren, sodass

$$|\Phi(t_i, u_0, \ldots, u_m, \Delta t) - \Phi(t_i, v_0, \ldots, v_m, \Delta t)| \leq L \sum_{k=0}^{m} |u_k - v_k|$$

für alle Zeitschrittweiten $0 < \Delta t \leq H$ und alle $(t, u_k), (t, v_k) \in \mathcal{U}(t, y(t)), k = 0, \ldots, m$ gilt.

Satz zur Konvergenz bei Mehrschrittverfahren

Das Mehrschrittverfahren

$$\sum_{j=0}^{m} \alpha_j y_{i+j} = \Delta t\, \Phi(t_i, y_i, \ldots, y_{i+m}, \Delta t)$$

sei Lipschitz-stetig und nullstabil. Dann existiert eine Zeitschrittweitenbeschränkung $0 < \Delta t = \frac{b-a}{n} \leq H$ mit $H > 0$ derart, dass

$$\max_{j=0,\ldots,n} |e(t_j, \Delta t)| \leq K \left\{ \max_{k=0,\ldots,m-1} |e(t_k, \Delta t)| + \max_{a \leq t \leq b-m\Delta t} \frac{|\eta(t, \Delta t)|}{\Delta t} \right\}$$

mit einer von der Lipschitz-Konstanten abhängigen Zahl $K \geq 0$ gilt.

Mit $e(t_j, \Delta t)$ wird stets die durch $e(t_j, \Delta t) = y(t_j) - y_j$ festgelegte Differenz zwischen der exakten Lösung y des Anfangswertproblems (9.1), (9.2) und der ermittelten Näherungslösung beschrieben. Demzufolge besagt der Satz, dass bei nullstabilen, Lipschitz-stetigen Mehrschrittverfahren die Konvergenz aus der Konsistenz gefolgert werden kann. Es zeigt sich zudem, dass die Startvektoren in ihrer Genauigkeit mindestens der Konsistenzordnung des Verfahrens entsprechen müssen, um keine negativen Auswirkungen auf die Konvergenzordnung der Methode aufzuweisen. Die auftretende Division des lokalen Diskretisierungsfehlers $\eta(t, \Delta t)$ durch die Zeitschrittweite Δt verdeutlich zudem die Notwendigkeit der Definition der Konsistenz unter Nutzung des Exponenten $p + 1$ anstelle p.

Beweis Auf der linken Seite der im Satz formulierten Abschätzung steht die Maximumsnorm des Fehlervektors

$$\boldsymbol{e} = (e_0, \ldots, e_n)^T \in \mathbb{R}^{n+1},$$

wobei wir die Abkürzung $e_i = e(t_i, \Delta t), i = 0, \ldots, n$ nutzen. Wir werden, wie im Beweis zum Satz zur Lösung homogener Differenzengleichungen kennengelernt, stets Vektoren

$$\boldsymbol{e}_j = (e_j, \ldots, e_{j+m-1})^T \in \mathbb{R}^m, \quad j = 0, \ldots, n - (m-1)$$

der Länge m verwenden und den Gesamtfehler durch

$$\|\boldsymbol{e}\|_\infty = \max_{j=0,\ldots,n-(m-1)} \|\boldsymbol{e}_j\|_\infty$$

ausdrücken. Schreiben wir zudem $\eta_i = \eta(t_i, \Delta t)$, $i = 0, \ldots, n-m$, so ergibt sich für $i = 0, \ldots, n-m$ die Darstellung

$$\begin{aligned}\sum_{j=0}^{m} \alpha_j e_{i+j} &= \sum_{j=0}^{m} \alpha_j (y(t_{i+j}) - y_{i+j}) \\ &= \Delta t \big\{\Phi(t_i, y(t_i), \ldots, y(t_{i+m}), \Delta t) \\ &\qquad - \Phi(t_i, y_i, \ldots, y_{i+m}, \Delta t)\big\} + \eta_i \\ &= \mu_i + \eta_i\end{aligned} \tag{9.48}$$

Da die Differenzengleichung zur Berechnung der Näherungslösungen auch bei Multiplikation mit einer beliebigen Konstanten ungleich null die gleiche Iterationsfolge liefert und stets $\alpha_m \neq 0$ gilt, können wir ohne Einschränkung $\alpha_m = 1$ voraussetzen. Die Komponente e_{i+m} des Fehlervektors ergibt sich gemäß (9.48) als Linearkombination der m vorhergehenden Terme $e_i, \ldots, e_{i+m-1}$ zuzüglich eines lokalen Fehlerterms der Form $\mu_i + \eta_i$. Wir können den Übergang zwischen den m-dimensionalen Fehlervektor $\boldsymbol{e}_i$ und $\boldsymbol{e}_{i+1}$ somit in der Form

$$\underbrace{\begin{pmatrix} e_{i+1} \\ \vdots \\ \vdots \\ e_{i+m} \end{pmatrix}}_{=\boldsymbol{e}_{i+1}} = \underbrace{\begin{pmatrix} 0 & 1 & & \\ & \ddots & \ddots & \\ & & 0 & 1 \\ -\alpha_0 & \ldots & \ldots & -\alpha_{m-1} \end{pmatrix}}_{=\boldsymbol{A}} \underbrace{\begin{pmatrix} e_i \\ \vdots \\ \vdots \\ e_{i+m-1} \end{pmatrix}}_{=\boldsymbol{e}_i} + \underbrace{\begin{pmatrix} 0 \\ \vdots \\ 0 \\ \mu_i + \eta_i \end{pmatrix}}_{=\boldsymbol{f}_i}$$

beschreiben. Damit gelingt es, den Fehlervektor $\boldsymbol{e}_i$ ausschließlich durch den Initialisierungsfehler $\boldsymbol{e}_0$ und die lokalen Fehlereinflüsse für $i = 0, \ldots, n - (m-1)$ gemäß

$$\begin{aligned}\boldsymbol{e}_i &= \boldsymbol{A}\boldsymbol{e}_{i-1} + \boldsymbol{f}_{i-1} = \boldsymbol{A}(\boldsymbol{A}\boldsymbol{e}_{i-2} + \boldsymbol{f}_{i-2}) + \boldsymbol{f}_{i-1} \\ &= \boldsymbol{A}^2\boldsymbol{e}_{i-2} + \boldsymbol{A}\boldsymbol{f}_{i-2} + \boldsymbol{f}_{i-1} \\ &= \ldots = \boldsymbol{A}^i\boldsymbol{e}_0 + \sum_{k=0}^{i-1} \boldsymbol{A}^{i-1-k}\boldsymbol{f}_k\end{aligned} \tag{9.49}$$

darzustellen. Mit zunehmender Iterationszahl treten folglich bei der Fehlerdarstellung immer größere Potenzen der Matrix $\boldsymbol{A}$ auf und eine Normbeschränktheit dieser Matrizen scheint für eine Fehlerabschätzung unabdingbar. Zunächst erhalten wir durch die Aufgabe 9.23 den Ausdruck für das zu $\boldsymbol{A}$ gehörige charakteristische Polynom

$$p(\lambda) = \det(\boldsymbol{A} - \lambda \boldsymbol{I}) = (-1)^m \sum_{j=0}^{m-1} \alpha_j \lambda^j = (-1)^m \varrho(\lambda).$$

Aufgrund der Nullstabilität ist der Spektralradius von $\boldsymbol{A}$ kleiner gleich eins und alle Eigenwerte λ mit $|\lambda| = 1$ sind einfach, sodass ihre geometrische und arithmetische Vielfachheit übereinstimmen. Damit können wir Hilfe aus der Linearen Algebra anfordern, denn alle Voraussetzung der Aussage laut der Box auf S. 318 sind erfüllt, und es ergibt sich die Potenzbeschränktheit der Matrixfolge $(\boldsymbol{A}^{\nu})_{\nu\in\mathbb{N}_0}$, das heißt

$$\|\boldsymbol{A}^{\nu}\|_\infty \le C \quad \text{für alle} \quad \nu = 0, 1, \ldots$$

mit einer Konstanten $C \ge 1$. Folglich lässt sich die Gleichung (9.49) für $i = 0, \ldots, n-(m-1)$ in die Abschätzung

$$\|\boldsymbol{e}_i\|_\infty \le C \left\{ \|\boldsymbol{e}_0\|_\infty + \sum_{k=0}^{i-1} \|\boldsymbol{f}_k\|_\infty \right\} \tag{9.50}$$

überführen. Es verbleibt noch die Notwendigkeit, die Summation der lokalen Fehlereinflüsse $\|\boldsymbol{f}_k\|_\infty$ geeignet auszudrücken. Da $\boldsymbol{f}_k$ lediglich in der letzten Komponente von null verschieden sein kann, ergibt sich bei Ausnutzung der Lipschitz-Bedingung

$$|\mu_k| \le \Delta t\, L \sum_{j=0}^{m} |y(t_{k+j}) - y_{k+j}| = \Delta t\, L \sum_{j=0}^{m} |e_{k+j}|$$

für $k = 0, \ldots, n-m$ die Ungleichung

$$\begin{aligned} \|\boldsymbol{f}_k\|_\infty &= |\mu_k + \eta_k| \le |\mu_k| + |\eta_k| \le |\eta_k| + \Delta t\, L \sum_{j=0}^{m} |e_{k+j}| \\ &\le \max_{j=0,\ldots,n-m} |\eta_j| + \Delta t\, L\, m \|\boldsymbol{e}_k\|_\infty + \Delta t\, L \|\boldsymbol{e}_{k+1}\|_\infty. \end{aligned}$$

Aufsummiert liefert diese Darstellung wegen $i - 1 \le n - m \le n - 1$ durch geschicktes Zusammenfassen der Fehlerterme $\|\boldsymbol{e}_k\|_\infty$ und $\|\boldsymbol{e}_{k+1}\|_\infty$ innerhalb der Summation die Abschätzung

$$\begin{aligned} \sum_{k=0}^{i-1} \|\boldsymbol{f}_k\|_\infty &\le n \max_{j=0,\ldots,n-m} |\eta_j| \\ &\quad + \Delta t\, L\, (m+1) \sum_{k=0}^{i-1} \|\boldsymbol{e}_k\|_\infty + \Delta t\, L\, \|\boldsymbol{e}_i\|_\infty. \end{aligned}$$

Diese Ungleichung in (9.50) eingesetzt ergibt

$$\begin{aligned} &(1 - \Delta t\, C\, L)\|\boldsymbol{e}_i\|_\infty \\ &\le C \left\{ \|\boldsymbol{e}_0\|_\infty + n \max_{j=0,\ldots,n-m} |\eta_j| + \Delta t\, L\, (m+1) \sum_{k=0}^{i-1} \|\boldsymbol{e}_k\|_\infty \right\}. \end{aligned}$$

Die Zeitschrittweitenbeschränkung sichert uns an dieser Stelle mit der Konstanten $H < \frac{1}{LC}$ wegen

$$1 - \Delta t\, C\, L \ge 1 - H\, C\, L > 0$$

die Aussage

$$\|\boldsymbol{e}_i\|_\infty \le \delta + \gamma \sum_{k=0}^{i-1} \Delta t \|\boldsymbol{e}_k\|_\infty \tag{9.51}$$

für $i = 0, \ldots, n-(m-1)$ mit

$$\delta = \frac{C}{1 - H\, C\, L} \left\{ \|\boldsymbol{e}_0\|_\infty + n \max_{j=0,\ldots,n-m} |\eta_j| \right\} \ge 0$$

sowie

$$\gamma = \frac{(m+1)\, L\, C}{1 - H\, C\, L} \ge 0.$$

Die Abschätzung (9.51) erfüllt somit die Voraussetzungen des diskreten Gronwall-Lemmas, und wir erhalten für $i = 0, \ldots, n-(m-1)$

$$\|\boldsymbol{e}_i\|_\infty \le \delta \, \exp\left(\gamma \sum_{k=0}^{i-1} \Delta t \right) \le \delta \, \exp(\gamma(b-a)).$$

Verwenden wir

$$\|\boldsymbol{e}_0\|_\infty = \max_{j=0,\ldots,m-1} |e_j| = \max_{j=0,\ldots,m-1} |y(t_j) - y_j|,$$

dann liefern

$$\widetilde{K} := \frac{C}{1 - H\, C\, L} \exp(\gamma(b-a)) \quad \text{und} \quad n = \frac{(b-a)}{\Delta t}$$

die Abschätzung

$$\begin{aligned} |e_i| \le \|\boldsymbol{e}_i\|_\infty &\le \delta \, \exp(\gamma(b-a)) \\ &= \widetilde{K} \Big\{ \|\boldsymbol{e}_0\|_\infty + n \underbrace{\max_{j=0,\ldots,n-m} |\eta_j|}_{\le \max_{a \le t \le b - m\Delta t} |\eta(t,\Delta t)|} \Big\} \\ &\le K \left\{ \max_{j=0,\ldots,m-1} |y(t_j) - y_j| + \max_{a \le t \le b - m\Delta t} \frac{|\eta(t,\Delta t)|}{\Delta t} \right\} \end{aligned} \tag{9.52}$$

für $i = 0, \ldots, n-(m-1)$ mit

$$K := \max\{\widetilde{K}, \widetilde{K}(b-a)\} > 0.$$

Wegen

$$\max_{j=n-(m-1),\ldots,n} |y(t_j) - y_j| = \max_{j=n-(m-1),\ldots,n} |e_j| = \|\boldsymbol{e}_{n-(m-1)}\|_\infty$$

ergibt sich abschließend aus (9.52) die gesuchte Aussage

$$\begin{aligned} &\max_{i=0,\ldots,n} |y(t_i) - y_i| \\ &\le K \left\{ \max_{k=0,\ldots,m-1} |e(t_k, \Delta t)| + \max_{a \le t \le b - m\Delta t} \frac{|\eta(t,\Delta t)|}{\Delta t} \right\}. \quad \blacksquare \end{aligned}$$

Nach den bisher vollzogenen theoretischen Untersuchungen wollen wir uns nun der Herleitung linearer Mehrschrittverfahren zuwenden.

BDF-Verfahren sind implizite Differenzenmethoden

Eine sehr bekannte Klasse stellen dabei die Backward Differentiation Formula, die sogenannten BDF-Verfahren dar. Hierbei gibt es zwei Sichtweisen für diese Verfahrensgruppe. Eine Idee gründet auf der Betrachtung der Differenzialgleichung zum

Hintergrund und Ausblick: Hilfe aus der Linearen Algebra

Gerade im Bereich der Numerik von Differenzialgleichungen gibt es neben der Analysis auch viele Aussagen der Linearen Algebra, die für das Verständnis und den Nachweis der Eigenschaften der Verfahren von Bedeutung sind. In dieser Box wollen wir eine Aussage herausheben, die uns im Weiteren sehr hilfreich sein wird.

Für $\boldsymbol{A} \in \mathbb{C}^{n\times n}$ ist die Folge der Matrizen $\left(\boldsymbol{A}^k\right)_{k\in\mathbb{N}}$ genau dann beschränkt, wenn der Spektralradius der Bedingung $\rho(\boldsymbol{A}) \leq 1$ genügt und für jeden Eigenwert $\lambda \in \mathbb{C}$ von $\boldsymbol{A}$ mit $|\lambda| = 1$ algebraische und geometrische Vielfachheit übereinstimmen.

Beweis Die Grundidee des Nachweises liegt zunächst in einer Überführung der Matrix in Jordan-Normalform und einer anschließenden Betrachtung der einzelnen Jordan-Kästchen. Mit einer Transformationsmatrix $\boldsymbol{T} \in \mathbb{C}^{n\times n}$ schreiben wir $\boldsymbol{J} = \boldsymbol{T}^{-1}\boldsymbol{A}\boldsymbol{T}$, wobei $\boldsymbol{J}$ eine zu $\boldsymbol{A}$ gehörende Jordan-Matrix repräsentiert. Kästchen der Größe $n \geq 2$ können dabei aufgrund der obigen Bedingung an die Eigenwerte der Matrix ausschließlich für Eigenwerte $\lambda_j \in \mathbb{C}$ mit $|\lambda_j| < 1$ auftreten. Wählen wir $\varepsilon > 0$ derart, dass für alle diese Eigenwerte $|\lambda_j| + \varepsilon < 1$ gilt, und nehmen wir die Hauptachsentransformation

$$\widetilde{\boldsymbol{J}} = \boldsymbol{D}^{-1}\boldsymbol{J}\boldsymbol{D} \quad \text{mit} \quad \boldsymbol{D} = \operatorname{diag}\{1, \varepsilon, \varepsilon^2, \ldots, \varepsilon^{n-1}\}$$

vor, so weisen alle Jordan-Kästchen der Größe $n_j \geq 2$ die Gestalt

$$\begin{pmatrix} \lambda_j & \varepsilon & & \\ & \ddots & \ddots & \\ & & \ddots & \varepsilon \\ & & & \lambda_j \end{pmatrix}$$

auf. Für $k = 1, 2, \ldots$ ergibt sich daher

$$\|\widetilde{\boldsymbol{J}}^k\|_\infty \leq \|\widetilde{\boldsymbol{J}}\|_\infty^k \leq \rho(\boldsymbol{A})^k \leq 1. \tag{9.53}$$

Mit $\boldsymbol{S} = \boldsymbol{D}^{-1}\boldsymbol{T}$ folgt

$$\boldsymbol{A}^k = (\boldsymbol{S}\widetilde{\boldsymbol{J}}\boldsymbol{S}^{-1})^k = \boldsymbol{S}\widetilde{\boldsymbol{J}}^k\boldsymbol{S}^{-1},$$

und wir können daher unter Verwendung von (9.53)

$$\|\boldsymbol{A}^k\|_\infty \leq \|\boldsymbol{S}\|_\infty \|\boldsymbol{S}^{-1}\|_\infty \|\widetilde{\boldsymbol{J}}\|_\infty \leq \operatorname{cond}_\infty(\boldsymbol{S}) < \infty$$

für alle $k = 1, 2, \ldots$ schlussfolgern. Da $\operatorname{cond}_\infty(\boldsymbol{S})$ von der Potenz k unabhängig ist, liegt der Nachweis der ersten Behauptung vor. Die Rückrichtung ergibt sich mit dem Resultat der Aufgabe 9.13. ■

Zeitpunkt t_{n+1} und Ersetzen des Differenzialquotienten durch einen geeigneten Differenzenquotienten. Dieses Vorgehen wird in der Box auf S. 323 im Kontext variabler Zeitschrittweiten vorgestellt. Generell lässt sich diese Strategie auch zur Bestimmung von Verfahren höherer Ordnung nutzen. Wir gehen an dieser Stelle einen anderen, auf der impliziten Verwendung eines Interpolationspolynoms beruhenden Weg, der formal durch die folgende Definition begründet wird.

BDF-Verfahren

Für die Zeiten $t_{i+j} = t_i + j\Delta t$, $j = 0, \ldots, m$ und Stützpunkte $(t_i, y_i), \ldots, (t_{i+m-1}, y_{i+m-1}) \in \mathbb{R}^2$ sei $p \in \Pi_m$ mit

$$p(t_{i+j}) = y_{i+j}, \; j = 0, \ldots, m-1$$

und

$$p'(t_{i+m}) = f(t_{i+m}, p(t_{i+m})) \tag{9.54}$$

gegeben. Dann berechnet das **BDF(m)-Verfahren** den gesuchten Näherungswert y_{i+m} an die Lösung y der Differenzialgleichung $y(t) = f(t, y(t))$ zum Zeitpunkt t_{i+m} durch

$$y_{i+m} = p(t_{i+m}). \tag{9.55}$$

Da die Festlegung der BDF-Verfahren in der obigen Form zunächst etwas willkürlich erscheint, sind an dieser Stelle ein paar Anmerkungen hilfreich. Der Zusammenhang des Verfahrens zur Differenzialgleichung wird durch die Bedingung (9.55) hergestellt, indem die Lösung lediglich durch das Polynom ersetzt wird. Hierdurch wird auch verständlich, warum wir zusätzlich die Interpolationseigenschaft

$$p(t_{i+j}) = y_{i+j} \approx y(t_{i+j}), \; j = 0, \ldots, m-1$$

fordern. Den Bezug zur Approximation des Differenzialquotienten mittels eines Differenzenquotienten, wie er in der Box auf S. 323 auf der Grundlage einer Taylorentwicklung vorgestellt wird, wollen wir durch die Herleitung des BDF(2)-Verfahrens verdeutlichen. Für gegebene Werte y_i und y_{i+1} betrachten wir das Polynom $p \in \Pi_2$ mit

$$p(t_i) = y_i, \; p(t_{i+1}) = y_{i+1} \text{ und } p'(t_{i+2}) = f(t_{i+2}, p(t_{i+2})). \tag{9.56}$$

Mit den exakten Taylorentwicklungen folgen

$$\begin{aligned} p(t_{i+1}) &= p(t_{i+2}) - \Delta t p'(t_{i+2}) + \frac{\Delta t^2}{2} p''(t_{i+2}), \\ p(t_i) &= p(t_{i+2}) - 2\Delta t p'(t_{i+2}) + 2\Delta t^2 p''(t_{i+2}). \end{aligned}$$

Kapitel 9

Multiplizieren wir die erste Gleichung mit dem Faktor 4 und subtrahieren diese anschließend von der zweiten Gleichung, so ergibt sich

$$-4p(t_{i+1}) + p(t_i) = -3p(t_{i+2}) + 2\Delta t p'(t_{i+2}). \quad (9.57)$$

Wir erhalten nun durch die Bedingung (9.56) an die Ableitung des Polynoms und die Festlegung $y_{i+2} = p(t_{i+2})$ die Darstellung des BDF(2)-Verfahrens in der Form

$$\frac{3y_{i+2} - 4y_{i+1} + y_i}{2\Delta t} = f(t_{i+2}, y_{i+2}). \quad (9.58)$$

Wegen (9.54) und (9.55) stellen alle BDF-Verfahren implizite Methoden dar, und wir sehen mit (9.57)

$$\begin{aligned}\frac{3y_{i+2} - 4y_{i+1} + y_i}{2\Delta t} &= \frac{3p(t_{i+2}) - 4p(t_{i+1}) + p(t_i)}{2\Delta t} \\ &= p'(t_{i+2}) = f(t_{i+2}, p(t_{i+2})) \\ &\approx f(t_{i+2}, y(t_{i+2})) = y'(t_{i+2}),\end{aligned}$$

sodass in der Tat indirekt eine Approximation der Ableitung durch einen Differenzenquotienten vorgenommen wird. Es gilt laut der Box zur Zeitschrittweitensteuerung beim BDF(m)-Verfahren auf S. 323 sogar

$$y'(t_{i+2}) = \frac{3y(t_{i+2}) - 4y(t_{i+1}) + y(t_i)}{2\Delta t} + \mathcal{O}(\Delta t^2).$$

Selbstfrage 10

Gibt es einen Zusammenhang zwischen dem BDF(1)-Verfahren und der impliziten Euler-Methode?

Satz zur Konsistenz des BDF(2)-Verfahrens

Das BDF(2)-Verfahren ist nullstabil und konsistent genau von der Ordnung $p = 2$.

Beweis Wir schreiben das BDF(2)-Verfahren ausgehend von (9.58) in der Form eines linearen Mehrschrittverfahrens

$$\frac{3}{2}y_{i+2} - 2y_{i+1} + \frac{1}{2}y_i = \Delta t f(t_{i+2}, y_{i+2}).$$

Entsprechend der Definition dieser Verfahrensklasse (siehe S. 309 und Gleichung (9.34)) ergeben sich die Koeffizienten

$$\alpha_0 = \frac{1}{2}, \alpha_1 = -2, \alpha_2 = \frac{3}{2}, \beta_0 = \beta_1 = 0, \beta_2 = 1.$$

Wir blicken auf den Satz zur Konsistenz linearer Mehrschrittverfahren und erkennen mit

$$\sum_{j=0}^{2} \alpha_j = 0 \quad \text{sowie} \quad \sum_{j=0}^{2} \alpha_j j = 1 = 1\sum_{j=0}^{2} \beta_j j^0$$

und

$$\sum_{j=0}^{2} \alpha_j j^2 = 4 = 2\sum_{j=0}^{2} \beta_j j$$

die Konsistenzordnung $p = 2$. Wegen

$$\sum_{j=0}^{2} \alpha_j j^3 = 10 \neq 12 = 3\sum_{j=0}^{2} \beta_j j^2$$

ist die Ordnung zudem nach oben durch $p = 2$ beschränkt. Für den Nachweis der Nullstabilität betrachten wir das erste charakteristische Polynom

$$\varrho(\xi) = \sum_{j=0}^{2} \alpha_j \xi^j = \frac{1}{2} - 2\xi + \frac{3}{2}\xi^2 = \frac{3}{2}(\xi - 1)\left(\xi - \frac{1}{3}\right).$$

Die Nullstellen lauten folglich $\xi = 1$ und $\xi = \frac{1}{3}$ und das Verfahren ist somit nullstabil. ■

Selbstfrage 11

Wenden Sie das BDF(2)-Verfahren auf das Anfangswertproblem $y'(t) = 0$, $y(0) = 0.1$ mit den Startwerten $y_0 = y_1 = 0.1$ an. Sehen Sie einen Unterschied bei der erzeugten Iterationsfolge im Vergleich zum linearen Mehrschrittverfahren im Beispiel auf S. 312?

Aufgrund der Äquivalenz zwischen Konvergenz auf der einen und Konsistenz sowie Nullstabilität auf der anderen Seite ergibt sich direkt der folgende Satz.

Satz zur Konvergenz des BDF(2)-Verfahrens

Das BDF(2)-Verfahren ist konvergent genau von der Ordnung $p = 2$.

Beispiel Auch für das BDF(2)-Verfahren wollen wir die oben analytisch nachgewiesene Konvergenzeigenschaft numerisch anhand unseres auf S. 295 vorgestellten Anfangswertproblems überprüfen. Tab. 9.4 bestätigt dabei exakt die theoretisch vorliegenden Ergebnisse. ◀

Tab. 9.4 BDF(2)-Verfahren angewandt auf das Modellproblem (9.9)

Zeitschrittweite	Fehler	Ordnung
10^{-1}	$1.62 \cdot 10^{-1}$	
10^{-2}	$3.18 \cdot 10^{-3}$	1.701
10^{-3}	$3.39 \cdot 10^{-5}$	1.972
10^{-4}	$3.41 \cdot 10^{-7}$	1.997
10^{-5}	$3.41 \cdot 10^{-9}$	2.000

Erwartungsgemäß erweist sich die Analyse der Stabilität linearer Mehrschrittverfahren als komplexer im Vergleich zu den Einschrittverfahren. Zudem müssen wir Eigenschaften an die innerhalb der Initialisierungsphase berechneten Startwerte voraussetzen, um unabhängig von den hierdurch eingehenden Daten Aussagen über das entsprechende Mehrschrittverfahren treffen zu können. Ausgehend von der bekannten Testgleichung $y'(t) = \lambda y(t)$ ergibt sich für ein lineares Mehrschrittverfahren die Berechnungsvorschrift

$$\sum_{j=0}^{m}(\alpha_j - \Delta t\lambda\beta_j)y_{i+j} = 0 \qquad (9.59)$$

bei gegebenen Werten $y_i, \ldots, y_{i+m-1}$. Um das Verhalten der durch das Verfahren ermittelten Näherungslösung zu untersuchen, nutzen wir für vorliegendes $\mu = \Delta t\lambda$ die Funktion

$$\phi(\mu, \xi) = \sum_{j=0}^{m}(\alpha_j - \mu\beta_j)\xi^j,$$

die sich unter Einbezug der beiden charakteristischen Polynome auch in der Form

$$\phi(\mu, \xi) = \varrho(\xi) - \mu\sigma(\xi)$$

schreiben lässt. Für festes μ erhalten wir unter der im Satz zur Lösung homogener Differenzengleichungen auf S. 311 genannten Voraussetzung bei Kenntnis der Nullstellen $\xi_1, \ldots, \xi_m \in \mathbb{C}$ der Funktion $f = \phi(\mu, \cdot)$ die Lösung der Differenzialgleichung (9.59) zu

$$y_{i+j} = a_1\xi_1^j + \ldots + a_m\xi_m^j$$

mit beliebigen, von j unabhängigen Konstanten $a_1, \ldots, a_m \in \mathbb{C}$. An dieser Stelle offenbart sich der Zusammenhang zur Untersuchung der Stabilitätsgebiete bei Ein- und Mehrschrittverfahren. Auch im Fall linearer Mehrschrittverfahren ergibt sich bei geeigneten Startwerten $y_i, \ldots, y_{i+m-1}$ die Eigenschaft

$$|y_{i+m}| < |y_{i+m-1}| < \ldots < |y_i|,$$

wenn die Nullstellen eines zugehörigen Polynoms im Inneren des komplexen Einheitskreises liegen. Da die Nullstellen eine Abhängigkeit von dem vorgegebenem Wert $\mu = \Delta t\lambda$ aufweisen, wird sich hiermit eine eventuelle Zeitschrittweitenbeschränkung für das jeweilige lineare Mehrschrittverfahren ergeben. Diese Vorüberlegungen führen uns auf folgende Begriffsbildung.

Stabilitätsgebiet und absolute Stabilität

Die Menge S aller komplexen Zahlen μ, für die die multivariate Funktion

$$\phi\colon \mathbb{C}\times\mathbb{C} \to \mathbb{C}, \quad \phi(\mu, \xi) = \varrho(\xi) - \mu\sigma(\xi)$$

bezüglich ξ ausschließlich Nullstellen im Inneren des komplexen Einheitskreises besitzt, heißt **Stabilitätsgebiet** des zu den charakteristischen Polynomen ϱ und σ gehörenden linearen Mehrschrittverfahrens. Im Fall $\mathbb{C}^- \subset S$ sprechen wir von einer absolut stabilen bzw. A-stabilen Methode.

Das BDF(2)-Verfahren ist absolut stabil

Zur Bestimmung des Stabilitätsgebietes eines Verfahrens kann wie folgt vorgegangen werden. Gilt $\sigma(e^{i\Theta}) \neq 0$ für alle $\Theta \in [0, 2\pi[$, so kann die Gleichung $0 = \varrho(e^{i\Theta}) - \mu\sigma(e^{i\Theta})$ nach μ aufgelöst werden. Damit liegt mit

$$s\colon [0, 2\pi[\to \mathbb{C}, \quad s(\Theta) = \frac{\varrho(e^{i\Theta})}{\sigma(e^{i\Theta})}$$

eine stetige Funktion vor und das Bild dieser Funktion stellt den geschlossenen Rand ∂S des Stabilitätsgebietes S dar. Um anschließend das Stabilitätsgebiet zu detektieren, muss lediglich für einen festen Wert $\widetilde{\mu} \notin \partial S$ die Lage der Nullstellen der Funktion

$$f(\xi) = \phi(\widetilde{\mu}, \xi) = \varrho(\xi) - \widetilde{\mu}\sigma(\xi)$$

untersucht werden.

Beispiel Für das BDF(2)-Verfahren gelten

$$\varrho(\xi) = \frac{1}{2} - 2\xi + \frac{3}{2}\xi^2 \quad \text{und} \quad \sigma(\xi) = \xi^2.$$

Wir erhalten $\sigma(e^{i\Theta}) = e^{2i\Theta} \neq 0$ für alle $\Theta \in [0, 2\pi[$, und der Rand des Stabilitätsgebietes ergibt sich durch

$$\begin{aligned} s(\Theta) &= \frac{\frac{1}{2} - 2e^{i\Theta} + \frac{3}{2}e^{2i\Theta}}{e^{2i\Theta}} \\ &= \frac{3}{2} + \frac{1}{2}\cos(2\Theta) - 2\cos(\Theta) + i\left(2\sin(\Theta) - \frac{1}{2}\sin(2\Theta)\right). \end{aligned}$$

Wir betrachten $\widetilde{\mu} = \frac{1}{2}$ und erhalten

$$f(\xi) = \phi(1/2, \xi) = \frac{1}{2} - 2\xi + \xi^2 = (\xi - 1)^2 - \frac{1}{2}.$$

Die Nullstellen von f sind $\xi_{1,2} = 1 \pm \sqrt{\frac{1}{2}}$, womit $\frac{1}{2} \notin S$ gilt. Bereits der in Abb. 9.9 dargestellte Stabilitätsbereich lässt erahnen, dass die BDF(2)-Methode A-stabil ist.

Ein Blick auf den Realteil des Randes ∂S ergibt eine verlässliche Aussage, denn mit

$$\begin{aligned} \text{Re}(s(\Theta)) &= \frac{3}{2} + \frac{1}{2}\underbrace{\cos(2\Theta)}_{=2\cos^2(\Theta)-1} - 2\cos(\Theta) \\ &= \cos^2(\Theta) - 2\cos(\Theta) + 1 = (1 - \cos(\Theta))^2 \geq 0 \end{aligned}$$

gilt $\partial S \cap \mathbb{C}^- = \emptyset$ und folglich $\mathbb{C}^- \subset S$. ◂

Kapitel 9

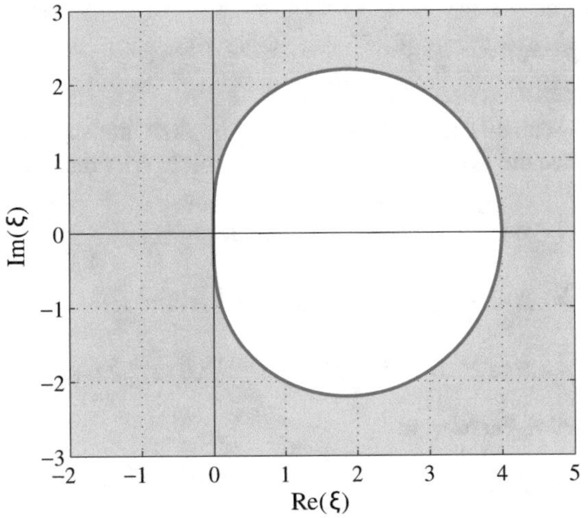

Abb. 9.9 Stabilitätsgebiet des BDF(2)-Verfahrens

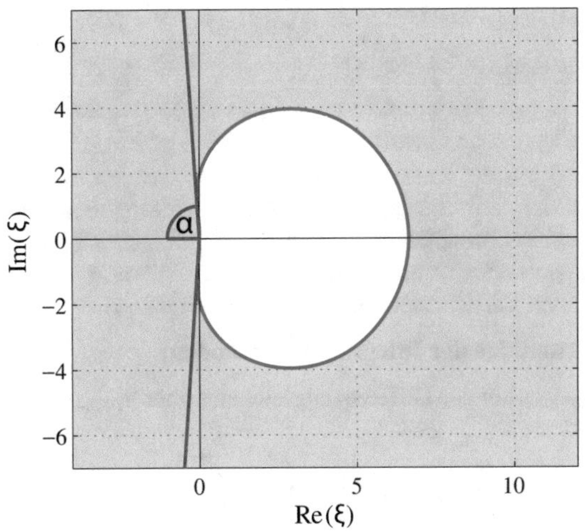

Abb. 9.10 Stabilitätsgebiete der BDF-Verfahren für $m = 3$ und A(α)-Stabilität

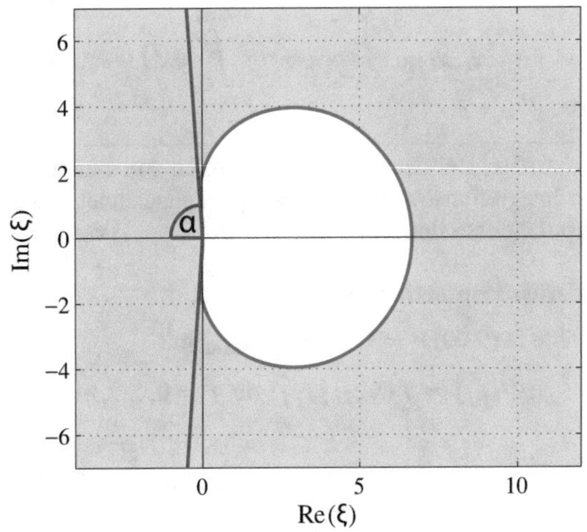

Abb. 9.11 Stabilitätsgebiete der BDF-Verfahren für $m = 4$ und A(α)-Stabilität

Selbstfrage 12

Ist das implizite Euler-Verfahren auch im Sinne eines Mehrschrittverfahrens absolut stabil?

Da sowohl das BDF(1)- als auch das BDF(2)-Verfahren absolut stabil sind, könnte nun an dieser Stelle die Hoffnung aufkommen, dass sich diese Eigenschaft auch auf die weiteren Methoden dieser Klasse überträgt. Obwohl die üblicherweise genutzten BDF-Verfahren stets durch einen großen Stabilitätsbereich gekennzeichnet sind und aus diesem Grund sich gut für die Anwendung bei steifen Differenzialgleichungen eignen, beschränkt sich die A-Stabilität auf die ersten beiden Typen dieser Verfahrensgruppe. Bereits die BDF(3)-Methode

$$\frac{1}{6}(11y_{i+3} - 18y_{i+2} + 9y_{i+1} - 2y_i) = \Delta t f(t_{i+3}, y_{i+3})$$

und das BDF(4)-Verfahren

$$\frac{1}{12}(25y_{i+4} - 48y_{i+3} + 36y_{i+2} - 16y_{i+1} + 3y_i) = \Delta t f(t_{i+4}, y_{i+4})$$

besitzen den in der Abb. 9.10 verdeutlichten Stabilitätsbereich, der kleine Teile aus $\mathbb{C}^-$ leider nicht beinhaltet. Liegen die Eigenwerte $\lambda \in \mathbb{C}^-$ innerhalb des durch die roten Linien begrenzten Sektors, so kann die Zeitschrittweite Δt aus Sicht der Stabilität beliebig groß gewählt werden. Diesen Sektor beschreibt man durch das Winkelmaß α, und wir sprechen in solchen Fällen von A(α)-Stabilität.

Für die ersten sechs BDF-Verfahren erhalten wir die in der folgenden Tabelle aufgeführten Winkelmaße. Ab $m = 7$ erweisen sich BDF-Verfahren ohnehin nicht mehr als stabil, sodass die Nutzbarkeit dieser Methodenklasse auf $m = 1, \ldots, 6$ beschränkt ist.

m	1	2	3	4	5	6
α	90°	90°	86°	73°	51°	17°

Neben den BDF-Verfahren, die auf der Approximation des Differenzialquotienten durch einen Differenzenquotienten beruhen, lassen sich lineare Mehrschrittverfahren analog zu den Runge-Kutta-Methoden auch durch einen Integrationsansatz herleiten. Mehrschrittverfahren aus der Gruppe der Integrationsmethoden sind innerhalb der Box auf S. 322 angegeben.

Übersicht: Mehrschrittverfahren aus der Klasse der Integrationsmethoden

Neben dem Differenzenansatz können Mehrschrittverfahren auch auf der Basis einer numerischen Quadratur hergeleitet werden. Die folgenden expliziten und impliziten Algorithmen weisen dabei jedoch in der Regel sehr kleine Stabilitätsgebiete auf und werden daher üblicherweise nur bei nicht steifen Differenzialgleichungen angewandt.

Grundidee der Integrationsmethoden:

Integration der Differenzialgleichung über $[t_{i+m-r}, t_{i+m}]$ liefert

$$y(t_{i+m}) - y(t_{i+m-r}) = \int_{t_{i+m-r}}^{t_{i+m}} f(t, y(t))\,\mathrm{d}t.$$

Ersetzen wir den Integranden durch ein Interpolationspolynom q, so ergibt sich das numerische Verfahren mittels

$$y_{i+m} = y_{i+m-r} + \int_{t_{i+m-r}}^{t_{i+m}} q(t)\,\mathrm{d}t. \tag{9.60}$$

Achtung Bei den folgenden Abbildungen werden jeweils die Integrationsbereiche farblich gekennzeichnet und die Interpolationsstellen durch $f_{i+j} = f(t_{i+j}, y_{i+j})$ verdeutlicht. ◄

Adams-Bashforth-Verfahren:

Wähle in (9.60) $r = 1$ und $q \in \Pi_{m-1}$ mit

$$q(t_{i+j}) = f(t_{i+j}, y_{i+j}) \text{ für } j = 0, \ldots, m-1.$$

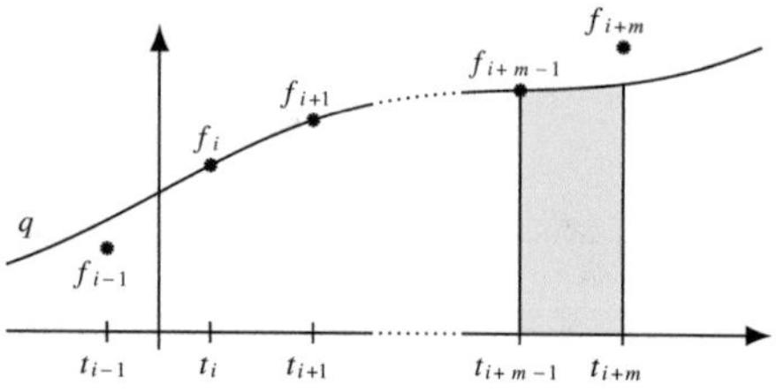

Alle Adams-Bashforth-Verfahren sind explizit, nullstabil und besitzen die Konsistenzordnung $p = m$. Wir erhalten für

$$m = 1\colon\; y_{i+1} = y_i + \Delta t f_i,$$

$$m = 2\colon\; y_{i+2} = y_{i+1} + \frac{\Delta t}{2}(3f_{i+1} - f_i),$$

$$m = 3\colon\; y_{i+3} = y_{i+2} + \frac{\Delta t}{12}(23f_{i+2} - 16f_{i+1} + 5f_i).$$

Adams-Moulton-Verfahren:

Wähle in (9.60) $r = 1$ und $q \in \Pi_m$ mit

$$q(t_{i+j}) = f(t_{i+j}, y_{i+j}) \text{ für } j = 0, \ldots, m.$$

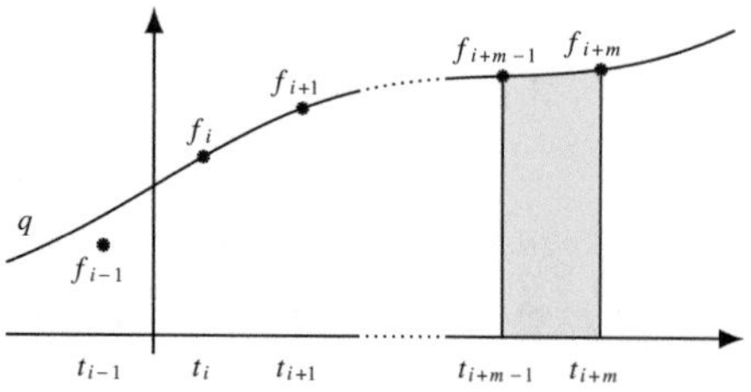

Alle Adams-Moulton-Verfahren sind implizit, nullstabil und besitzen die Konsistenzordnung $p = m + 1$. Wir erhalten für

$$m = 1\colon\; y_{i+1} = y_i + \frac{\Delta t}{2}(f_{i+1} + f_i),$$

$$m = 2\colon\; y_{i+2} = y_{i+1} + \frac{\Delta t}{12}(5f_{i+2} + 8f_{i+1} - f_i),$$

$$m = 3\colon\; y_{i+3} = y_{i+2} + \frac{\Delta t}{24}(9f_{i+3} + 19f_{i+2} - 5f_{i+1} + f_i).$$

Nyström-Verfahren:

Wähle in (9.60) $r = 2$ sowie $m \geq 2$ und $q \in \Pi_{m-1}$ mit

$$q(t_{i+j}) = f(t_{i+j}, y_{i+j}) \text{ für } j = 0, \ldots, m-1.$$

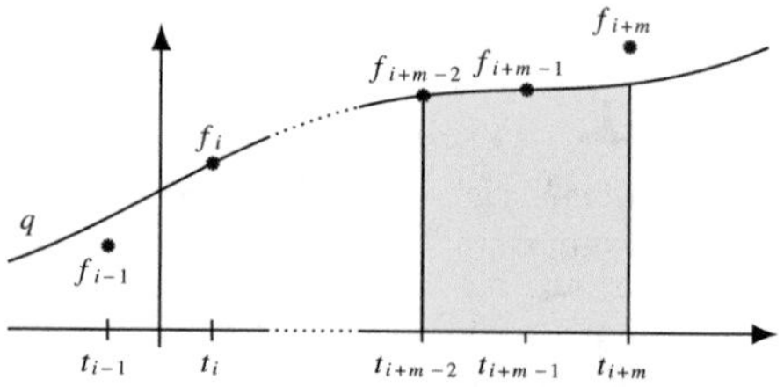

Alle Nyström-Verfahren sind explizit, nullstabil und besitzen die Konsistenzordnung $p = m$. Wir erhalten für

$$m = 2\colon\; y_{i+2} = y_i + 2\Delta t f_{i+1},$$

$$m = 3\colon\; y_{i+3} = y_{i+1} + \frac{\Delta t}{3}(7f_{i+2} - 2f_{i+1} + f_i).$$

$$m = 4\colon\; y_{i+4} = y_{i+2} + \frac{\Delta t}{3}(8f_{i+3} - 5f_{i+2} + 4f_{i+1} - f_i).$$

Milne-Simpson-Verfahren:

Wähle in (9.60) $r = 2$ sowie $m \geq 2$ und $q \in \Pi_m$ mit

$$q(t_{i+j}) = f(t_{i+j}, y_{i+j}) \text{ für } j = 0, \ldots, m.$$

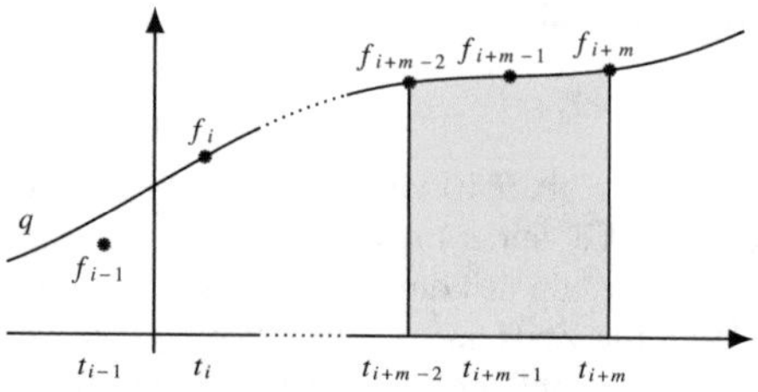

Alle Milne-Simpson-Verfahren sind implizit, nullstabil und besitzen die Konsistenzordnung

$$p = \begin{cases} 4, & \text{für } m = 2, \\ m + 1, & \text{für } m > 2. \end{cases}$$

Wir erhalten für

$$m = 2\colon\; y_{i+2} = y_i + \frac{\Delta t}{3}(f_{i+2} + 4f_{i+1} + f_i),$$

$$m = 4\colon\; y_{i+4} = y_{i+2} + \frac{\Delta t}{90}(29f_{i+4} + 124f_{i+3} + 24f_{i+2} + 4f_{i+1} - f_i).$$

Unter der Lupe: Zeitschrittweitenanpassung beim BDF(2)-Verfahren

Im Vergleich zu Einschrittverfahren entpuppt sich die Änderung der Zeitschrittweite bei Mehrschrittverfahren als deutlich komplizierter, da die Genauigkeit innerhalb der bisherigen Herleitung inhärent auf gleichen Abständen zwischen den eingehenden Zeitebenen beruht. Für das BDF(2)-Verfahren wollen wir an dieser Stelle exemplarisch eine Modifikation vorstellen, die eine Variabilität der Zeitschrittweite ohne Veränderung der Konsistenzordnung ermöglicht.

Mit der folgenden Darstellung einer möglichen Schrittweitensteuerung werden wir zudem eine weitere Variante zur Herleitung des BDF(2)-Verfahrens kennenlernen. Wir betrachten die zugrunde liegende Differenzialgleichung zum Zeitpunkt t_{i+2}, das heißt

$$y'(t_{i+2}) = f(t_{i+2}, y(t_{i+2})) \tag{9.61}$$

und ersetzen den auftretenden Differenzialquotienten approximativ durch einen Differenzenquotienten zweiter Ordnung. Für $i = 0, 1, \dots$ schreiben wir die von den Zeitebenen abhängige Schrittweite $\Delta t_i = t_{i+1} - t_i$. Beginnen wir mit $\Delta t_0 = \Delta t$ und variieren gemäß $\Delta t_{i+1} = \xi_i \Delta t_i$ mit einer von i jedoch nicht von der Zeitschrittweite abhängigen Konstanten ξ_i, so gilt

$$\lim_{\Delta t \to 0} \frac{\Delta t_i}{\Delta t} = \lim_{\Delta t \to 0} \frac{\xi_i \cdot \ldots \cdot \xi_1 \Delta t}{\Delta t} = \xi_i \cdot \ldots \cdot \xi_1 \in \mathbb{R}.$$

Es wird deutlich, dass stets der Zusammenhang $\mathcal{O}(\Delta t_i) = \mathcal{O}(\Delta t)$ gilt. Mit dieser Eigenschaft lassen sich die Taylorentwicklungen um t_{i+2} für die Zeitpunkte t_{i+1} und t_i in der Form

$$\begin{aligned} y(t_{i+1}) = y(t_{i+2}) &- \Delta t_{i+1} y'(t_{i+2}) \\ &+ \frac{\Delta t_{i+1}^2}{2} y''(t_{i+2}) + \mathcal{O}(\Delta t^3) \end{aligned}$$

und

$$\begin{aligned} y(t_i) = y(t_{i+2}) &- (\Delta t_{i+1} + \Delta t_i) y'(t_{i+2}) \\ &+ \frac{(\Delta t_{i+1} + \Delta t_i)^2}{2} y''(t_{i+2}) + \mathcal{O}(\Delta t^3) \end{aligned}$$

schreiben. Um die zweite Ableitung zu annullieren, multiplizieren wir die zweite Gleichung mit $\frac{\Delta t_{i+1}^2}{(\Delta t_{i+1} + \Delta t_i)^2} = \mathcal{O}(1)$, $\Delta t \to 0$ und subtrahieren sie anschließend von der ersten Gleichung. Hiermit ergibt sich unter Verwendung von $\eta_i = \frac{\Delta t_i}{\Delta t_{i+1}}$ die Darstellung

$$\begin{aligned} y(t_{i+1}) &- \frac{1}{(1+\eta_i)^2} y(t_i) \\ &= \left(1 - \frac{1}{(1+\eta_i)^2}\right) y(t_{i+2}) \\ &- \Delta t_{i+1} \left(1 - \frac{1}{1+\eta_i}\right) y'(t_{i+2}) + \mathcal{O}(\Delta t^3). \end{aligned}$$

Division durch $\Delta t_{i+1}\left(1 - \frac{1}{1+\eta_i}\right)$ liefert

$$\begin{aligned} y'(t_{i+2}) &= \frac{1}{\Delta t_{i+1}} \Bigg[\underbrace{\left(\frac{1+\eta_i}{\eta_i} - \frac{1}{\eta_i(1+\eta_i)}\right)}_{=(2+\eta_i)/(1+\eta_i)} y(t_{i+2}) \\ &\quad - \frac{1+\eta_i}{\eta_i} y(t_{i+1}) + \frac{1}{\eta_i(1+\eta_i)} y(t_i) \Bigg] + \mathcal{O}(\Delta t^2) \\ &= \frac{1}{\Delta t_{i+1}} \Big[g_1(\eta_i)(y(t_{i+2}) - y(t_{i+1})) \\ &\quad - g_2(\eta_i)(y(t_{i+1}) - y(t_i)) \Big] + \mathcal{O}(\Delta t^2) \end{aligned}$$

mit

$$g_1(\eta_i) = \frac{2+\eta_i}{1+\eta_i} \quad \text{und} \quad g_2(\eta_i) = \frac{1}{\eta_i + \eta_i^2}.$$

Einsetzen in die Differenzialgleichung (9.61) und Vernachlässigung des in $\mathcal{O}(\Delta t^2)$ befindlichen Restterms führt auf das implizite Verfahren

$$\frac{g_1(\eta_i)(y_{i+2} - y_{i+1}) - g_2(\eta_i)(y_{i+1} - y_i)}{\Delta t_{i+1}} = f(t_{i+2}, y_{i+2}).$$

Für den Fall $\eta_i = 1$ ergeben sich

$$g_1(\eta_i) = g_1(1) = \frac{3}{2} \quad \text{und} \quad g_2(\eta_i) = g_2(1) = \frac{1}{2},$$

und wir erhalten wie zu erwarten die bereits auf S. 319 vorgestellte Form des BDF(2)-Verfahrens.

9.4 Unbedingt positivitätserhaltende Verfahren

Zahlreiche Phänomene in der Biologie, der Chemie wie auch den Umweltwissenschaften führen im Rahmen der mathematischen Modellbildung auf Systeme gewöhnlicher Differenzialgleichungen. Neben der Schwierigkeit, dass die betrachteten Prozesse häufig auf stark unterschiedlichen zeitlichen Skalen verlaufen und hiermit ein steifes Differenzialgleichungssystem vorliegt, unterliegen viele Evolutionsgrößen wie beispielsweise Nährstoffe, Phytoplankton, Detritus, gelöste oder in Biomasse gebundene Stoffe wie Phosphor und Stickstoff einer natürlichen Nichtnegativätsbedingung (siehe Box auf S. 325). Liegt nun zu einem Zeitpunkt ein starkes Abfallen derartiger Größen vor, so ergibt sich hieraus eine oftmals extrem restriktive Zeitschrittweitenbeschränkung innerhalb numerischer Standardverfahren. Zudem weisen Transitionsprozesse in der Regel eine *Konservativität* bezogen auf die Gesamtheit der Evolutionsgrößen auf oder unterliegen zumindest einer über die korrelierenden Molekülstrukturen vorgegebenen atomaren Erhaltungseigenschaft. Abhängig vom betrachteten Anwendungsproblem erfordert eine numerisch sinnvolle Diskretisierung derartiger Problemstellungen folglich die Einhaltung der relevanten Konservativitäts- wie auch der Positivitätsbedingung im diskreten Sinne.

Kapitel 9

Achtung Die Verwendung der Vergleichszeichen $\geq$ und $>$ ist bei Matrizen und Vektoren stets komponentenweise zu verstehen. ◀

Analog zur Box auf S. 325 betrachten wir Anfangswertprobleme der Form

$$\boldsymbol{y}'(t) = \boldsymbol{P}(\boldsymbol{y}(t)) - \boldsymbol{D}(\boldsymbol{y}(t)), \; \boldsymbol{y}(0) = \boldsymbol{y}_0 \geq \boldsymbol{0}, \tag{9.64}$$

wobei $\boldsymbol{P}(\boldsymbol{y}(t)), \boldsymbol{D}(\boldsymbol{y}(t)) \geq \boldsymbol{0}$ für $\boldsymbol{y}(t) = (y_1(t), \ldots, y_N(t))^T \geq \boldsymbol{0}$ gilt. Da wir geschlossene, sogenannte konservative Systeme untersuchen wollen, zerlegen wir die Produktions- sowie Destruktionsterme $\boldsymbol{P}(\boldsymbol{y}) = (P_1(\boldsymbol{y}), \ldots, P_N(\boldsymbol{y}))^T$ respektive $\boldsymbol{D}(\boldsymbol{y}) = (D_1(\boldsymbol{y}), \ldots, D_N(\boldsymbol{y}))^T$ für $i = 1, \ldots, N$ gemäß

$$\left.\begin{array}{ll} P_i(\boldsymbol{y}) = \sum_{j=1}^N p_{ij}(\boldsymbol{y}) & \text{mit } p_{ij}(\boldsymbol{y}) \geq 0, i = 1, \ldots, N \\ \text{und} & \\ D_i(\boldsymbol{y}) = \sum_{j=1}^N d_{ij}(\boldsymbol{y}) & \text{mit } d_{ij}(\boldsymbol{y}) \geq 0, i = 1, \ldots, N \end{array}\right\} \tag{9.65}$$

für alle $\boldsymbol{y} \geq \boldsymbol{0}$.

Konservative und absolut konservative Systeme

Das Anfangswertproblem (9.64) heißt unter Berücksichtigung von (9.65) **konservativ**, wenn für alle $i, j = 1, \ldots, N$ und $\boldsymbol{y} \geq \boldsymbol{0}$

$$p_{ij}(\boldsymbol{y}) = d_{ji}(\boldsymbol{y}) \tag{9.66}$$

gilt. Es heißt **absolut konservativ**, wenn zusätzlich

$$p_{ii}(\boldsymbol{y}) = d_{ii}(\boldsymbol{y}) = 0$$

für alle $i = 1, \ldots, N$ erfüllt ist.

Die Größen $p_{ij}(\boldsymbol{y})$ respektive $d_{ji}(\boldsymbol{y})$ stehen für das Maß, in dem pro Zeiteinheit die j-te Komponente von $\boldsymbol{y}$ in die i-te überführt wird.

Selbstfrage 13

Lässt sich jedes konservative System äquivalent in ein absolut konservatives System überführen?

Lemma

Für jedes konservative Anfangswertproblem (9.64) gilt

$$\sum_{i=1}^N y_i'(t) = 0 \quad \text{für alle} \quad t \geq 0.$$

Beweis Unter Verwendung der Bedingung (9.66) gilt

$$\begin{aligned}\sum_{i=1}^N y_i'(t) &= \sum_{i=1}^N \sum_{j=1}^N (p_{ij}(\boldsymbol{y}(t)) - d_{ij}(\boldsymbol{y}(t))) \\ &= \sum_{i,j=1}^N p_{ij}(\boldsymbol{y}(t)) - \sum_{i,j=1}^N \underbrace{d_{ij}(\boldsymbol{y}(t))}_{= p_{ji}(\boldsymbol{y}(t))} = 0. \quad \blacksquare\end{aligned}$$

Beispiel: Lineares Modellproblem Das Anfangswertproblem

$$\begin{aligned} y_1'(t) &= y_2(t) - a y_1(t) \\ y_2'(t) &= a y_1(t) - y_2(t) \end{aligned} \tag{9.67}$$

mit $a \geq 0$ erfüllt für die Anfangsbedingungen $y_1(0), y_2(0) > 0$ die auf S. 325 aufgeführten Bedingungen, sodass eine nichtnegative Lösung vorliegt. Zudem gelten gemäß der obigen Schreibweise

$$\begin{aligned} p_{12}(\boldsymbol{y}(t)) &= y_2(t), \; d_{12}(\boldsymbol{y}(t)) = a y_1(t), \\ p_{21}(\boldsymbol{y}(t)) &= a y_1(t), \; d_{21}(\boldsymbol{y}(t)) = y_2(t) \end{aligned}$$

sowie

$$p_{11}(\boldsymbol{y}(t)) = p_{22}(\boldsymbol{y}(t)) = d_{11}(\boldsymbol{y}(t)) = d_{22}(\boldsymbol{y}(t)) = 0,$$

womit das System absolut konservativ ist. Der Lösung in der Form

$$\begin{pmatrix} y_1(t) \\ y_2(t) \end{pmatrix} = c_1 \begin{pmatrix} 1 \\ a \end{pmatrix} + c_2 \begin{pmatrix} 1 \\ -1 \end{pmatrix} \mathrm{e}^{-(1+a)t}$$

Hintergrund und Ausblick: Nichtnegativität bei Lösungen von Differenzialgleichungen

Viele Fragestellungen in der Biologie, Chemie und anderen Wissenschaften führen auf Anfangswertprobleme der Form

$$y'(t) = f(y(t)),\; y(0) = y_0 \geq 0,$$

bei denen sich die rechte Seite in einen Zuwachsterm P und einen Verlustterm D gemäß $f(y(t)) = P(y(t)) - D(y(t))$ mit $P(y(t)), D(y(t)) \geq 0$ für $y(t) \geq 0$ aufteilen lässt und die Größen $y(t) = (y_1(t), \dots, y_n(t))^T$ einer natürlichen Nichtnegativitätsbedingung unterliegen. Die vektorwertigen Ungleichungen sind stets komponentenweise zu verstehen.

Theoretische Überlegungen: Mit folgendem Kriterium lässt sich die Nichtnegativität leicht nachprüfen, die für das Modell notwendig ist. Dazu nutzen wir die Schreibweise

$$\mathbb{R}^n_{\geq\delta} := \{y = (y_1, \dots, y_n)^T \in \mathbb{R}^n \mid y_i \geq \delta,\ i = 1, \dots, n\}.$$

Satz zur Nichtnegativität

Beim Anfangswertproblem

$$y'(t) = \underbrace{P(y(t)) - D(y(t))}_{=f(y(t))},\; y(0) = y_0 \geq 0$$

sei die Funktion $f : \mathbb{R}^n_{\geq\delta} \to \mathbb{R}^n$ mit $\delta < 0$ stetig differenzierbar und erfüllt die Bedingung $\|f(y)\|_\infty \leq R$ für alle

$$y \in Q := \{z \in \mathbb{R}^n \mid \|z - y_0\|_\infty < |\delta|\}.$$

Zudem gelte

$$\lim_{y_i \to 0} D_i(y) = 0 \text{ für alle } y \in \mathbb{R}^n_{\geq\delta}, \tag{9.62}$$

dann existiert genau eine Lösung y und es gilt

$$y(t) \geq 0 \text{ für alle } t \in \mathbb{R}^+_0.$$

Beweis Wir nutzen den Satz von Picard-Lindelöf. Aufgrund der stetigen Differenzierbarkeit von $f(y)$ erfüllt die rechte Seite sowohl die Lipschitzbedingung als auch die Stetigkeitsforderung für alle $y \in Q$. Folglich existiert wegen der Beschränktheit der Abbildung f laut dem oben genannten Satz eine stetig differenzierbare Lösung $y : J \to Q$ auf $J = [0, \alpha]$ mit $\alpha = \frac{|\delta|}{R}$. Mit (9.62) und der Voraussetzung $P, D \geq 0$ gilt für die eindeutig bestimmte Lösung $y(t) \geq 0$ für $t \in J$. Die Länge des Intervalls J ist bis auf die Nichtnegativität unabhängig vom genauen Anfangswert, sodass die Lösung entsprechend auf $[0, 2\alpha]$ und letztendlich auf ganz $\mathbb{R}^+_0$ fortgesetzt werden kann und der Nichtnegativität genügt. ■

Anwendungsbeispiele: Ein sehr häufig in der Ozeanographie benutztes System stellt das nichtlineare Phytoplanktonmodell

$$\begin{aligned} p'(t) &= \frac{p(t)n(t)}{n(t)+1} - ap(t) \\ n'(t) &= -\frac{p(t)n(t)}{n(t)+1} \\ d'(t) &= ap(t) \end{aligned}$$

dar, bei dem p Phytoplankton, n Nährstoffe und d Detritus, d. h. abgestorbene Masse, darstellt und $a \geq 0$ die Sterberate beschreibt. In Bezug auf den obigen Satz wählen wir $\delta = -\frac{1}{2}$. Da keine Singularität in der Funktion und jeglicher Ableitung auf $\mathbb{R}^n_{\geq -\frac{1}{2}}$ auftritt, ist die rechte Seite stetig differenzierbar und erfüllt innerhalb des Würfels Q die Beschränktheitsbedingung. Daher ergibt sich mit den Anfangswerten $p(0) = 0.01$, $n(0) = 9.98$, $d(0) = 0.01$ laut obigem Satz eine eindeutig bestimmte nichtnegative Lösung deren exemplarischen Verlauf wir der folgenden Abbildung entnehmen können.

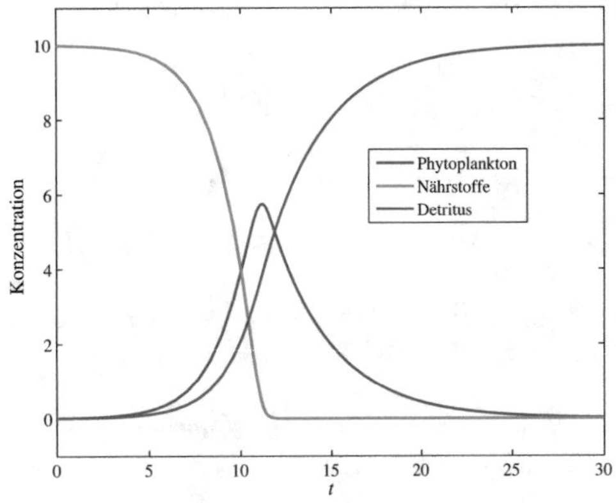

Wir haben bereits gesehen, dass mit dem Robertson-Testfall

$$\begin{aligned} y_1'(t) &= Ay_2(t)y_3(t) - By_1(t) \\ y_2'(t) &= By_1(t) - Ay_2(t)y_3(t) - Cy_2^2(t) \\ y_3'(t) &= Cy_2^2(t) \end{aligned} \tag{9.63}$$

für $A = 10^4$, $B = 4 \cdot 10^{-2}$ und $C = 3 \cdot 10^7$ ein steifes Differenzialgleichungssystem vorliegt. Offensichtlich erfüllt das System aufgrund seiner polynomialen rechten Seite alle für den obigen Satz notwendigen Voraussetzungen, womit für $y_i(0) \geq 0$, $i = 1, 2, 3$ stets ein eindeutig bestimmter Lösungsverlauf mit nichtnegativen Größen vorliegt. Mit den Anfangsbedingungen $y_1(0) = 1$, $y_2(0) = y_3(0) = 0$ ergibt sich der Lösungsverlauf gemäß der anschließenden Abbildung.

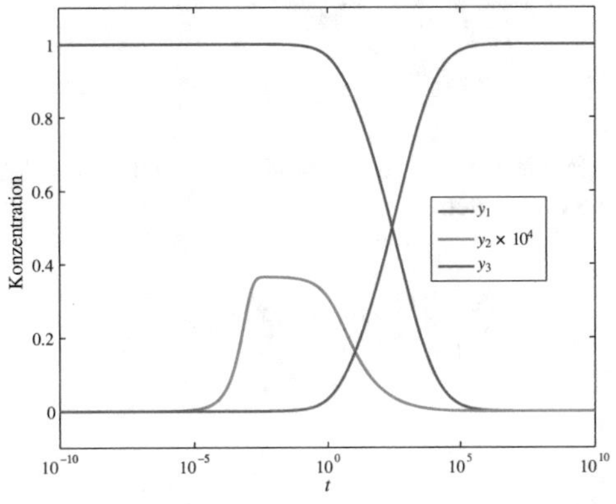

mit $c_1 = (y_1(0) + y_2(0))/(1 + a)$ und $c_2 = (ay_1(0) - y_2(0))/(1 + a)$ können wir sowohl die Positivität als auch mit

$$y_1(t) + y_2(t) = (1 + a)c_1 = y_1(0) + y_2(0)$$

die durch das obige Lemma bereits belegte Erhaltungseigenschaft entnehmen. ◀

Unsere Zielsetzung liegt nun in der Herleitung numerischer Verfahren für absolut konservative Systeme, die unabhängig von der gewählten Zeitschrittweite die Konservativität und Nichtnegativität der Näherungslösung garantieren. Dabei verwenden wir auch hier aus Gründen der Übersichtlichkeit eine konstante Zeitschrittweite $\Delta t > 0$ und bezeichnen mit $y_{i,n}$ jeweils die Näherung an die i-te Komponente der Lösung $\boldsymbol{y}$ zum Zeitpunkt $t_n = n\Delta t$, d. h. $y_{i,n} \approx y_i(t_n)$.

Das Einschrittverfahren

$$\boldsymbol{y}_{n+1} = \boldsymbol{y}_n + \Delta t\, \Phi(t_n, \boldsymbol{y}_n, \boldsymbol{y}_{n+1}, \Delta t)$$

heißt

- **unbedingt positivitätserhaltend**, wenn es angewandt auf das Anfangswertproblem (9.64) für alle $n \in \mathbb{N}_0$ und $\Delta t \geq 0$ für $\boldsymbol{y}_n > \boldsymbol{0}$ stets $\boldsymbol{y}_{n+1} > \boldsymbol{0}$ liefert.
- **konservativ**, wenn es angewandt auf ein absolut konservatives System für alle $n \in \mathbb{N}_0$ und $\Delta t \geq 0$ der Bedingung

$$\sum_{i=1}^{N} (y_{i,n+1} - y_{i,n}) = 0$$

genügt.

Fokussieren wir uns zunächst auf das explizite Euler-Verfahren, so erhalten wir für ein absolut konservatives System die Darstellung

$$y_{i,n+1} = y_{i,n} + \Delta t\, (P_i(\boldsymbol{y}_n) - D_i(\boldsymbol{y}_n)) \text{ für } i = 1, \ldots, N. \tag{9.68}$$

Eigenschaften des Euler-Verfahrens

Das explizite Euler-Verfahren ist konservativ und nicht unbedingt positivitätserhaltend.

Beweis Für jedes $\boldsymbol{y} \geq \boldsymbol{0}$ ergibt sich bei einem absolut konservativen System stets

$$\sum_{i=1}^{N} (P_i(\boldsymbol{y}) - D_i(\boldsymbol{y})) = 0.$$

Damit können wir die Konservativität des expliziten Euler-Verfahrens unmittelbar der Gleichung

$$\sum_{i=1}^{N} (y_{i,n+1} - y_{i,n}) = \Delta t \sum_{i=1}^{N} (P_i(\boldsymbol{y}_n) - D_i(\boldsymbol{y}_n)) = 0$$

entnehmen.

Wenden wir uns nun dem Nachweis der zweiten Behauptung hinsichtlich der fehlenden Positivitätseigenschaft zu. Wir gehen einen theoretischen Weg. Wer lieber einen Beweis durch Angabe eines Gegenbeispiels bevorzugt, kann an dieser Stelle auch direkt zum folgenden Beispiel übergehen.

Wir betrachten ein konservatives, positives System und setzen voraus, dass die rechte Seite nicht identisch verschwindet. Dann existiert ein $\boldsymbol{y}_n \geq \boldsymbol{0}$ derart, dass $\boldsymbol{P}(\boldsymbol{y}_n) - \boldsymbol{D}(\boldsymbol{y}_n) \neq \boldsymbol{0}$ gilt. Aufgrund der Konservativität können wir mindestens ein $i \in \{1, \ldots, N\}$ finden, das $D_i(\boldsymbol{y}_n) > P_i(\boldsymbol{y}_n) \geq 0$ liefert. Nutzen wir

$$\Delta t > \frac{y_{i,n}}{D_i(\boldsymbol{y}_n) - P_i(\boldsymbol{y}_n)} > 0, \tag{9.69}$$

so folgt

$$\begin{aligned} y_{i,n+1} &= y_{i,n} + \Delta t\, (P_i(\boldsymbol{y}_n) - D_i(\boldsymbol{y}_n)) \\ &< y_{i,n} + \frac{y_{i,n}}{D_i(\boldsymbol{y}_n) - P_i(\boldsymbol{y}_n)} (P_i(\boldsymbol{y}_n) - D_i(\boldsymbol{y}_n)) \\ &= y_{i,n} - y_{i,n} = 0, \end{aligned}$$

womit die Behauptung erbracht ist. ■

Beispiel Zur Visualisierung der beim expliziten Euler-Verfahren möglicherweise auftretenden negativen Werte bei Anfangswertproblemen mit nachgewiesenem positiven Lösungsverlauf wenden wir die Methode auf das oben beschriebene lineare Modellproblem mit $a = 5$ an. Legen wir die Anfangswerte durch $y_1(0) = 0.9$ und $y_2(0) = 0.1$ fest und nutzen die konstante Zeitschrittweite $\Delta t = 0.25$, so erhalten wir die in der folgenden Abb. 9.12 dargestellte Näherungslösung im Vergleich zum unterlegten Lösungsverlauf. Betrachten wir

$$\frac{y_{1,0}}{D_1(\boldsymbol{y}_0) - P_1(\boldsymbol{y}_0)} = \frac{0.9}{5 \cdot 0.9 - 0.1} = \frac{9}{44} < 0.25 = \Delta t,$$

so ist der negative Wert entsprechend der Ungleichung (9.69) zu erwarten. Zudem zeigt der konstante Verlauf innerhalb der Abbildung die Summe der berechneten Größen, wodurch die nachgewiesene Konservativität sich auch in der Anwendung zeigt. ◀

Um die Positivität unabhängig von der gewählten Schrittweite zu sichern, wurde durch Suhas V. Patankar (*1941) eine spezielle Gewichtung der Destruktionsterme vorgeschlagen. Wenden wir diese Technik auf das Euler-Verfahren an, so schreibt sich die so erhaltene *Patankar-Euler-Methode* in der Form

$$y_{i,n+1} = y_{i,n} + \Delta t \left(P_i(\boldsymbol{y}_n) - D_i(\boldsymbol{y}_n) \frac{y_{i,n+1}}{y_{i,n}} \right). \tag{9.70}$$

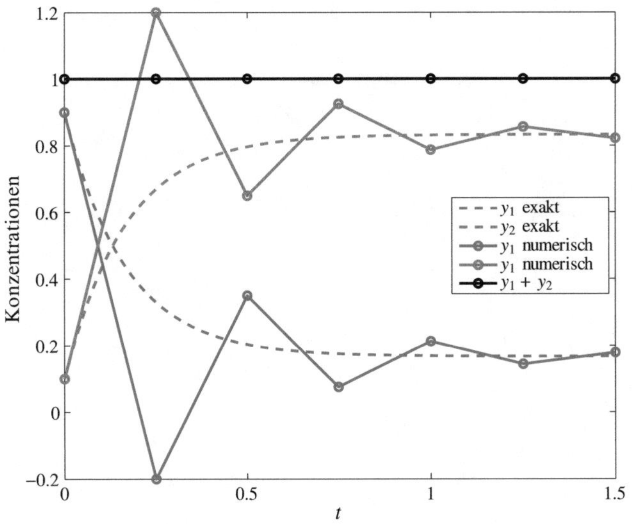

Abb. 9.12 Explizites Euler-Verfahren angewandt auf das Modellproblem (9.67)

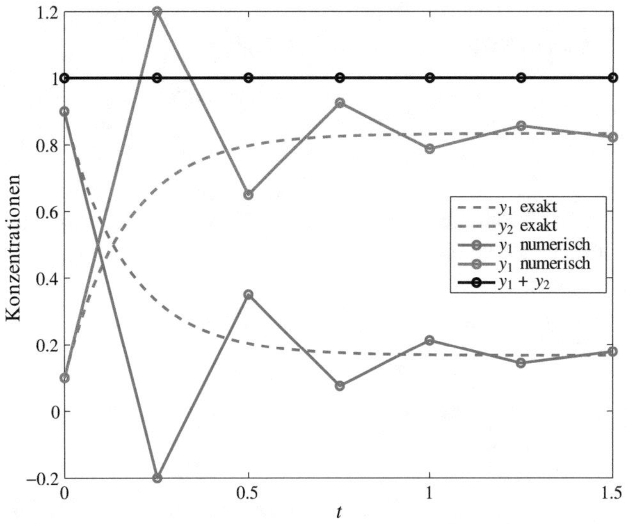

Abb. 9.13 Patankar-Euler-Verfahren angewandt auf das Modellproblem (9.67)

Eigenschaften des Patankar-Euler-Verfahrens

Das Patankar-Euler-Verfahren ist unbedingt positivitätserhaltend und nicht konservativ.

Beweis Eine einfache Umformung von (9.70) liefert für alle $\Delta t \geq 0$ die Darstellung

$$\underbrace{\left(1 + \Delta t \frac{D_i(\boldsymbol{y}_n)}{y_{i,n}}\right)}_{\geq 1} y_{i,n+1} = \underbrace{y_{i,n} + \Delta t P_i(\boldsymbol{y}_n)}_{\geq y_{i,n} > 0},$$

womit die Methode wegen

$$y_{i,n+1} = \frac{y_{i,n} + \Delta t P_i(\boldsymbol{y}_n)}{\left(1 + \Delta t \frac{D_i(\boldsymbol{y}_n)}{y_{i,n}}\right)} > 0$$

unbedingt positivitätserhaltend ist. Eine Anwendung dieser Vorgehensweise auf das obige Modellproblem liefert für die angegebenen Parameter $a = 5$ und $\Delta t = 0.25$ nach einer Iteration die Werte

$$y_{1,1} = \frac{y_{1,0} + \Delta t y_{2,0}}{1 + a\Delta t} = \frac{4}{9}\left(y_{1,0} + \frac{1}{4}y_{2,0}\right),$$
$$y_{2,1} = \frac{y_{2,0} + a\Delta t y_{1,0}}{1 + \Delta t} = \frac{4}{5}\left(y_{2,0} + \frac{5}{4}y_{1,0}\right).$$

Für die Anfangsdaten $y_{1,0} = 0.9$, $y_{2,0} = 0.1$ ergibt folglich eine einfache Addition

$$y_{1,1} + y_{2,1} = \frac{37}{90} + \frac{49}{50} > 1 = y_{1,0} + y_{2,0},$$

sodass keine Konservativität vorliegt. ■

Beispiel Die mit dem obigen Beweis nachgewiesenen Eigenschaften wollen wir analog zum letzten Beispiel anhand unseres Modellproblems in der realen Anwendung untersuchen. Bei identischen Anfangsbedingungen und gleichem Parameterwert ergeben sich die in der Abb. 9.13 veranschaulichten Resultate, welche die oben gewonnenen analytischen Aussagen bestätigen. Die Näherungswerte sind für beide Komponenten stets positiv, wobei jedoch der Anstieg der Summen die fehlende Konservativität belegt. ◀

Modifizierte Patankar-Typ-Verfahren führen auf lineare Gleichungssysteme

Der Verlust der Konservativität liegt in der ausschließlichen Gewichtung der Destruktionsterme begründet. Um die Positivität des so erzielten Verfahrens nicht zu verlieren und gleichzeitig die Konservativität der zugrunde liegenden Euler-Methode zurückzuerhalten, werden wir auch die Produktionsterme einer Modifikation unterziehen. Hierbei ist es jedoch von wesentlicher Bedeutung, die Transitionsterme p_{ij} und d_{ji} mit einer gleichen Gewichtung zu versehen. Wir schreiben das *modifizierte Patankar-Euler-Verfahren (MPE)* folglich in der Form

$$y_{i,n+1} = y_{i,n} + \Delta t \sum_{j=1}^{N} \left(p_{ij}(\boldsymbol{y}_n) \frac{y_{j,n+1}}{y_{j,n}} - d_{ij}(\boldsymbol{y}_n) \frac{y_{i,n+1}}{y_{i,n}} \right). \tag{9.71}$$

Eine Anpassung des auf S. 298 vorgestellten Prädiktor-Korrektor-Verfahrens wird innerhalb der Box auf S. 330 präsentiert.

Eigenschaften des MPE-Verfahrens

Das modifizierte Patankar-Euler-Verfahren ist unbedingt positivitätserhaltend und konservativ.

Beweis Schreiben wir mit (9.71) die Summe der zeitlichen Änderungen gemäß

$$\sum_{i=1}^{N} (y_{i,n+1} - y_{i,n})$$

$$= \Delta t \sum_{i,j=1}^{N} p_{ij}(\boldsymbol{y}_n) \frac{y_{j,n+1}}{y_{j,n}} - \Delta t \sum_{i,j=1}^{N} \underbrace{d_{ij}(\boldsymbol{y}_n)}_{=p_{ji}(\boldsymbol{y}_n)} \frac{y_{i,n+1}}{y_{i,n}} = 0,$$

so ergibt sich hiermit bereits die behauptete Konservativität. Zum Nachweis der unbedingten Positivität reformulieren wir die Methode als lineares Gleichungssystem

$$\boldsymbol{A}\boldsymbol{y}_{n+1} = \boldsymbol{y}_n \tag{9.72}$$

mit $\boldsymbol{A} = (a_{ij})_{i,j=1,\dots,N} \in \mathbb{R}^{N\times N}$, $\boldsymbol{y} = (y_1,\dots,y_N)^T \in \mathbb{R}^N$ sowie

$$a_{ii} = 1 + \Delta t \sum_{j=1}^{N} \frac{d_{ij}(\boldsymbol{y}_n)}{y_{i,n}} \geq 1,\ i = 1,\dots,N, \tag{9.73}$$

$$a_{ij} = -\Delta t \frac{p_{ij}(\boldsymbol{y}_n)}{y_{j,n}} \leq 0,\ i,j = 1,\dots,N,\ i \neq j. \tag{9.74}$$

Ein Blick zur Box auf S. 331 zeigt, dass wir auf die gewünschte Eigenschaft direkt schließen können, wenn $\boldsymbol{A}$ eine M-Matrix darstellt. Fokussieren wir uns dabei zunächst auf $\boldsymbol{A}^T$ und schreiben

$$\boldsymbol{B} = \boldsymbol{D}^{-1}(\boldsymbol{D} - \boldsymbol{A}^T)$$

mit $\boldsymbol{D} = \operatorname{diag}\{a_{11},\dots,a_{NN}\} \in \mathbb{R}^{N\times N}$, so ergibt sich für die Komponenten b_{ij} der Matrix $\boldsymbol{B}$ offensichtlich $b_{ii} = 0$ für $i = 1,\dots,N$. Unter Berücksichtigung von $\boldsymbol{D}\boldsymbol{B} = \boldsymbol{D} - \boldsymbol{A}^T$ erhalten wir des Weiteren

$$a_{ii} b_{ij} = -a_{ji} = \Delta t \frac{p_{ji}(\boldsymbol{y}_n)}{y_{i,n}} \geq 0,\ i,j = 1,\dots,N,\ i \neq j,$$

wodurch aufgrund von $a_{ii} > 0$ direkt $b_{ij} \geq 0$, $i \neq j$ folgt. Die Matrix $\boldsymbol{B}$ erfüllt zudem

$$\begin{aligned}\rho(\boldsymbol{B}) \leq \|\boldsymbol{B}\|_\infty &= \max_{i=1,\dots,N} \sum_{j=1}^{N} |b_{ij}| \\ &= \max_{i=1,\dots,N} \sum_{j=1,j\neq i}^{N} \frac{|a_{ji}|}{|a_{ii}|} = \max_{i=1,\dots,N} \frac{\sum_{j=1,j\neq i}^{N} |a_{ji}|}{|a_{ii}|} \\ &= \max_{i=1,\dots,N} \frac{\Delta t \sum_{j=1,j\neq i}^{N} \frac{p_{ji}(\boldsymbol{y}_n)}{y_{i,n}}}{1 + \Delta t \sum_{j=1}^{N} \frac{d_{ij}(\boldsymbol{y}_n)}{y_{i,n}}}.\end{aligned}$$

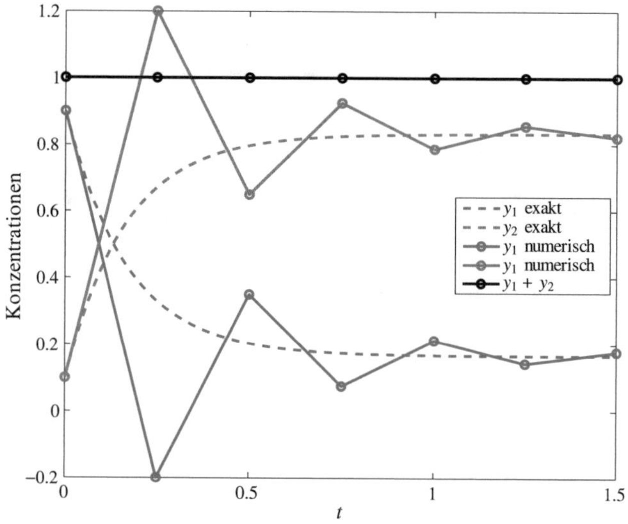

Abb. 9.14 Modifiziertes Patankar-Euler-Verfahren angewandt auf das Modellproblem (9.67)

Nutzen wir $p_{ji}(\boldsymbol{y}_n) = d_{ij}(\boldsymbol{y}_n)$, so erhalten wir $\rho(\boldsymbol{B}) < 1$ und dem Satz auf S. 331 zufolge stellt damit $\boldsymbol{A}^T$ eine M-Matrix dar. Hiermit ist $\boldsymbol{A}^T$ regulär mit $\boldsymbol{A}^{-T} \geq \boldsymbol{0}$. Diese Eigenschaften übertragen sich auf die Ausgangsmatrix $\boldsymbol{A}$ und aufgrund der somit vorliegenden Invertierbarkeit von $\boldsymbol{A}$ besitzt jede Zeile von $\boldsymbol{A}^{-1} \geq \boldsymbol{0}$ mindestens ein positives Element, womit das Verfahren gemäß

$$\boldsymbol{y}_{n+1} = \underbrace{\boldsymbol{A}^{-1}}_{\geq \boldsymbol{0}} \underbrace{\boldsymbol{y}_n}_{>\boldsymbol{0}} > \boldsymbol{0}$$

unbedingt positivitätserhaltend ist. ■

Selbstfrage 14

Welche Aussage können wir zur iterativen Lösung der Gleichung (9.72) mittels des Jacobi-Verfahrens treffen?

Beispiel Beziehen wir uns erneut auf das Modellproblem laut S. 324 und nutzen die bereits in den beiden vorhergehenden Beispielen festgelegten Parameter und Zeitschrittweiten, so erhalten wir die in der folgenden Abbildung gezeigten Näherungswerte.

In Tab. 9.5 vergleichen wir den absoluten Fehler zwischen der exakten Lösung und dem entsprechenden Näherungswert für die

Tab. 9.5 Modifiziertes Patankar-Euler-Verfahren

Zeitschrittweite	Fehler	Ordnung
10^{-1}	$3.34 \cdot 10^{-2}$	
10^{-2}	$3.30 \cdot 10^{-3}$	1.005
10^{-3}	$3.29 \cdot 10^{-4}$	1.001
10^{-4}	$3.29 \cdot 10^{-5}$	1.000
10^{-5}	$3.29 \cdot 10^{-6}$	1.000

Kapitel 9

erste Komponente des Lösungsvektors zum Zeitpunkt $t = 0.5$ entsprechend der bereits auf S. 296 vorgenommenen Weise. Den Resultaten können wir entnehmen, dass die eingebrachte Modifikation des Euler-Verfahrens scheinbar keine Auswirkungen auf die Konvergenzordnung hat, die weiterhin bei $p = 1$ liegt. ◄

Das obige Beispiel gibt uns die Hoffnung, dass die Gewichtung der Produktions- und Destruktionsterme keine negativen Auswirkungen auf die Konsistenzordnung des Grundverfahrens haben könnte. Einem konkreten Nachweis dieser Eigenschaft wollen wir uns nun abschließend zuwenden und dabei zunächst eine Hilfsaussage für die Koeffizienten der Matrix $\boldsymbol{A}^{-1}$ formulieren.

Lemma Sei $\boldsymbol{A} \in \mathbb{R}^{N\times N}$ durch (9.73) und (9.74) im Kontext eines absolut konservativen Differenzialgleichungssystems festgelegt, dann gilt für die Koeffizienten der Matrix $\boldsymbol{A}^{-1} = (\widetilde{a}_{ij})_{i,j=1,\dots,N}$ die Abschätzung

$$0 \leq \widetilde{a}_{ij} \leq 1$$

für alle $i, j = 1, \dots, N$ und $\Delta t > 0$. ◄

Beweis Mit $\boldsymbol{e} = (1, \dots, 1)^T \in \mathbb{R}^N$ gilt unter Berücksichtigung von $d_{ii}(\boldsymbol{y}) = p_{ii}(\boldsymbol{y}) = 0$

$$\begin{aligned}(\boldsymbol{e}^T \boldsymbol{A})_i &= a_{ii} + \sum_{j=1, j\neq i}^N a_{ji} \\ &= 1 + \Delta t \sum_{j=1,j\neq i}^N \frac{d_{ij}(\boldsymbol{y}_n)}{y_{i,n}} - \Delta t \sum_{j=1,j\neq i}^N \frac{p_{ij}(\boldsymbol{y}_n)}{y_{j,n}} \\ &= 1.\end{aligned}$$

Hiermit erhalten wir $\boldsymbol{e}^T\boldsymbol{A} = \boldsymbol{e}^T$ und entsprechend $\boldsymbol{e}^T = \boldsymbol{e}^T\boldsymbol{A}\boldsymbol{A}^{-1} = \boldsymbol{e}^T\boldsymbol{A}^{-1}$. Für $\Delta t > 0$ erfüllen die Koeffizienten der Inversen neben $\boldsymbol{A}^{-1} \geq \boldsymbol{0}$ somit für $j = 1, \dots, N$ auch

$$1 = \sum_{i=1}^N \widetilde{a}_{ij},$$

woraus $0 \leq \widetilde{a}_{ij} \leq 1$ für alle $i, j = 1, \dots, N$ folgt. ■

Auf der Grundlage der erzielten Hilfsaussage sind wir in der Lage, die Konsistenzordnung des modifizierten Patankar-Euler-Verfahrens zu analysieren.

Konsistenzordnung der MPE-Methode

Das modifizierte Patankar-Euler-Verfahren ist konsistent von der Ordnung $p = 1$.

Beweis Mit $\boldsymbol{y}_n := \boldsymbol{y}(t_n) > \boldsymbol{0}$ scheiben wir das Verfahren unter Verwendung der durch (9.73) und (9.74) festgelegten Matrix $\boldsymbol{A}$ in der Form

$$\boldsymbol{y}_{n+1} = \boldsymbol{A}^{-1}\boldsymbol{y}_n.$$

Nutzen wir die Hilfsaussage bezüglich der Koeffizienten $\widetilde{a}_{ij}$ der Matrix $\boldsymbol{A}^{-1}$, so ergibt sich

$$\frac{y_{i,n+1}}{y_{i,n}} = \sum_{j=1}^N \underbrace{\widetilde{a}_{ij}}_{\in[0,1]} \underbrace{\frac{y_{j,n}}{y_{i,n}}}_{=\mathcal{O}(1),\Delta t\to 0} = \mathcal{O}(1), \Delta t \to 0.$$

Hiermit erhalten wir

$$\begin{aligned}y_{i,n+1} - y_{i,n} &= \Delta t \sum_{j=1,j\neq i}^N \underbrace{\left(p_{ij}(\boldsymbol{y}_n)\frac{y_{j,n+1}}{y_{j,n}} - d_{ij}(\boldsymbol{y}_n)\frac{y_{i,n+1}}{y_{i,n}}\right)}_{=\mathcal{O}(1),\Delta t\to 0} \\ &= \mathcal{O}(\Delta t), \Delta t \to 0,\end{aligned}$$

sodass

$$\frac{y_{i,n+1} - y_{i,n}}{y_{i,n}} = \mathcal{O}(\Delta t), \Delta t \to 0$$

folgt. Aus einer Taylorreihe der exakten Lösung der Differenzialgleichung erkennen wir für die i-te Komponente

$$\begin{aligned}y_i(t_{n+1}) &= y_i(t_n) + \Delta t y_i'(t_n) + \mathcal{O}(\Delta t^2) \\ &= y_i(t_n) + \Delta t \sum_{j=1,j\neq i}^N (p_{ij}(\boldsymbol{y}(t_n)) - d_{ij}(\boldsymbol{y}(t_n)) + \mathcal{O}(\Delta t^2) \\ &= y_{i,n} + \Delta t \sum_{j=1,j\neq i}^N \left(p_{ij}(\boldsymbol{y}_n)\frac{y_{j,n+1}}{y_{j,n}} - d_{ij}(\boldsymbol{y}_n)\frac{y_{i,n+1}}{y_{i,n}}\right) \\ &\quad - \Delta t \sum_{j=1,j\neq i}^N \underbrace{\left(p_{ij}(\boldsymbol{y}_n)\frac{y_{j,n+1} - y_{j,n}}{y_{j,n}} - d_{ij}(\boldsymbol{y}_n)\frac{y_{i,n+1} - y_{i,n}}{y_{i,n}}\right)}_{=\mathcal{O}(\Delta t)} \\ &\quad + \mathcal{O}(\Delta t^2) \\ &= y_{i,n+1} + \mathcal{O}(\Delta t^2)\end{aligned}$$

und der Nachweis ist erbracht. ■

Hintergrund und Ausblick: Modifizierte Patankar-Runge-Kutta-Verfahren

Die vorgestellte Idee zur Herleitung unbedingt positivitätserhaltender, konservativer Methoden kann auch auf Runge-Kutta-Verfahren angewandt werden, um eine verbesserte Genauigkeit im Vergleich zum modifizierten Patankar-Euler-Verfahren zu erzielen.

Gehen wir von dem bereits auf S. 298 vorgestellten Prädiktor-Korrektor-Verfahren aus und nehmen innerhalb jeder Stufe eine Gewichtung der Produktions- und Destruktionsterme vor, so ergibt sich

$$y_i^{(1)} = y_{i,n} + \Delta t \sum_{j=1, j\neq i}^{N} \left(p_{ij}(\boldsymbol{y}_n) \frac{y_j^{(1)}}{y_{j,n}} - d_{ij}(\boldsymbol{y}_n) \frac{y_i^{(1)}}{y_{i,n}} \right)$$

$$y_{i,n+1} = y_{i,n} + \frac{\Delta t}{2} \sum_{j=1}^{N} \Bigg((p_{ij}(\boldsymbol{y}_n) + p_{ij}(\boldsymbol{y}^{(1)})) \frac{y_{j,n+1}}{y_j^{(1)}} - (d_{ij}(\boldsymbol{y}_n) + d_{ij}(\boldsymbol{y}^{(1)})) \frac{y_{i,n+1}}{y_i^{(1)}} \Bigg).$$

Wenn auch möglich, so wollen wir uns an dieser Stelle den Nachweis der Konservativität, Positivität und auch der Konsistenz zweiter Ordnung ersparen und uns stattdessen auf die Betrachtung zweier bekannter Testfälle beschränken. Hinsichtlich eines einfachen experimentellen Nachweises der Konvergenzordnung nutzen wir wie bereits auch zur Untersuchung des MPE-Verfahrens das lineare Modellproblem gemäß S. 324. Vergleichen wir den unten aufgeführten Verlauf der Näherungslösung mit dem durch die MPE-Methode erzielten Ergebnis laut S. 328, so zeigt sich bereits eine deutliche Verbesserung. Diese wird auch durch die in der Tabelle dargestellte experimentelle Ordnung des modifizierten Patankar-Runge-Kutta-Verfahrens bestätigt.

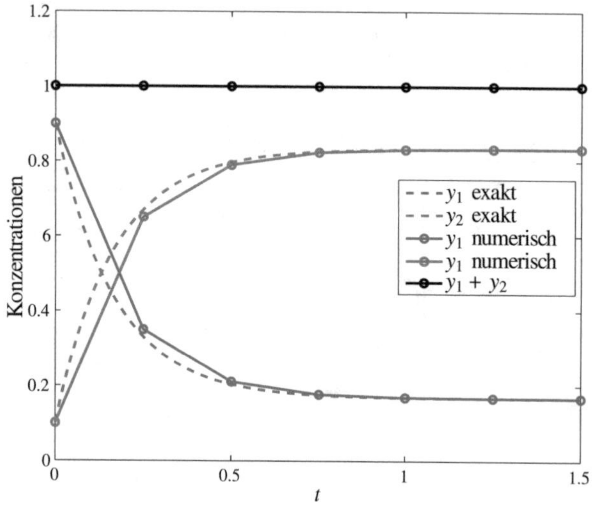

Modifiziertes Patankar-Runge-Kutta-Verfahren

Zeitschrittweite	Fehler	Ordnung
10^{-1}	$2.85 \cdot 10^{-3}$	
10^{-2}	$5.92 \cdot 10^{-5}$	1.6827
10^{-3}	$6.50 \cdot 10^{-7}$	1.9594
10^{-4}	$6.56 \cdot 10^{-9}$	1.9958
10^{-5}	$6.57 \cdot 10^{-11}$	1.9998

Mit dem auf S. 325 präsentierten Robertson-Problem wenden wir uns einem extrem steifen System zu. Die Zeitskalen, auf denen die Reaktionen ablaufen sind dabei so extrem unterschiedlich, dass die Zeitachse logarithmisch aufgetragen wurde, um die Lösungsverläufe besser erkennen zu können. Hinsichtlich einer angemessenen visuellen Darstellung wurde die Größe y_2 zudem mit dem Wert 10^4 multipliziert. Verwenden wir das modifizierte Patankar-Runge-Kutta-Verfahren und nutzen die Zeitschrittweitenanpassung $\Delta t_i = 1.8^i \cdot 10^{-6}$, so benötigen wir lediglich 63 Iterationen zur Berechnung der in der folgenden Abbildung dargestellten numerischen Lösung. Entgegen dessen sind sowohl das Prädiktor-Korrektor-Verfahren als auch dessen Patankar-Variante nicht in der Lage, eine numerische Lösung mit der angegebenen Schrittweitensteuerung zu erzeugen. Testen Sie selber, wie klein der Zeitschritt bei diesen beiden Verfahren gesetzt werden muss, um eine Lösung erzeugen zu können. Sie werden feststellen, dass damit kein effizienter Algorithmus im Sinne der notwendigen Rechenzeit vorliegt.

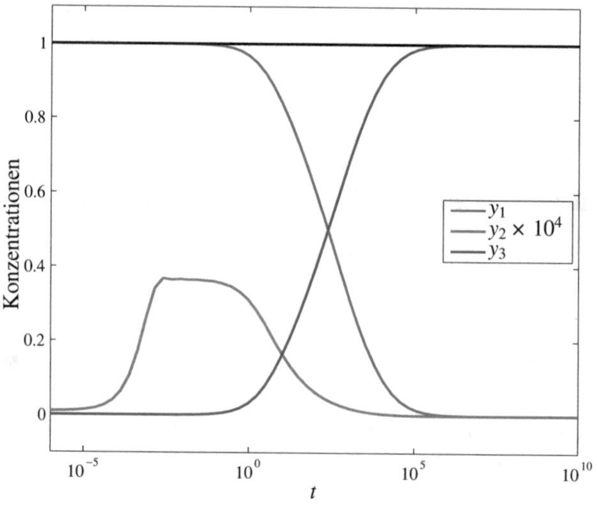

Hintergrund und Ausblick: M-Matrizen

Im Kontext numerischer Verfahren erweisen sich M-Matrizen hinsichtlich der Positivität häufig als Schlüssel zum Erfolg. Der Grund liegt neben ihrer Invertierbarkeit ganz zentral in der Nichtnegativität ihrer Inversen. Wir wollen eine kurze Einführung in diese Matrizenklasse geben und einen Satz zum Nachweis der M-Matrixeigenschaft vorstellen.

Innerhalb zahlreicher Anwendungsgebiete wie beispielsweise der Diskretisierung elliptischer partieller Differenzialgleichungen, aber auch der Entwicklung positivitätserhaltender Verfahren treten spezielle Matrizen mit vorteilhaften Eigenschaften auf. Eine Klasse solcher Matrizen wollen wir mit der folgenden Festlegung einführen.

Definition M-Matrix

Eine Matrix $\boldsymbol{A} \in \mathbb{R}^{n\times n}$, deren Koeffizienten die Eigenschaft $a_{i,j} \leq 0$ für alle $i, j \in \{1, \ldots, n\}$, $i \neq j$ besitzen, heißt **M-Matrix**, falls $\boldsymbol{A}$ invertierbar ist und die Inverse der Bedingung $\boldsymbol{A}^{-1} \geq \boldsymbol{0}$ genügt.

Zum Nachweis der obigen Eigenschaft kann gerade bei großen Matrizen in der Regel keine Invertierung der Matrix herangezogen werden. Wir werden hierzu ein deutlich leichter überprüfbares Kriterium herleiten, für das wir zunächst eine Hilfsaussage festhalten.

Lemma

Für $\boldsymbol{A} \in \mathbb{R}^{n\times n}$ mit $\boldsymbol{A} \geq \boldsymbol{0}$ sind die folgenden Aussagen äquivalent:

- $\rho(\boldsymbol{A}) < 1$.
- $\boldsymbol{I} - \boldsymbol{A}$ ist invertierbar mit $(\boldsymbol{I} - \boldsymbol{A})^{-1} \geq \boldsymbol{0}$.

Beweis Gelte $\rho(\boldsymbol{A}) < 1$, so liegt mit $\boldsymbol{I} - \boldsymbol{A}$ eine invertierbare Matrix vor, da alle Eigenwerte λ der Bedingung $|\lambda| \geq 1 - \rho(\boldsymbol{A}) > 0$ genügen. Aus der Identität

$$\boldsymbol{I} - (\boldsymbol{I} - \boldsymbol{A})(\boldsymbol{I} + \boldsymbol{A} + \ldots + \boldsymbol{A}^m) = \boldsymbol{A}^{m+1}$$

erhalten wir

$$(\boldsymbol{I} - \boldsymbol{A})^{-1} - (\boldsymbol{I} + \boldsymbol{A} + \ldots + \boldsymbol{A}^m) = (\boldsymbol{I} - \boldsymbol{A})^{-1}\boldsymbol{A}^{m+1}.$$

Wir wählen $\varepsilon > 0$ derart klein, dass $\rho(\boldsymbol{A}) + \varepsilon < 1$ gilt und nutzen die Existenz einer induzierten Matrixnorm mit $\|\boldsymbol{A}\| \leq \rho(\boldsymbol{A}) + \varepsilon$. Folglich ergibt sich

$$\begin{aligned}\|(\boldsymbol{I} - \boldsymbol{A})^{-1} - (\boldsymbol{I} + \boldsymbol{A} + \ldots + \boldsymbol{A}^m)\| &\leq \|(\boldsymbol{I} - \boldsymbol{A})^{-1}\|\|\boldsymbol{A}^{m+1}\| \\ &\leq \|(\boldsymbol{I} - \boldsymbol{A})^{-1}\|(\rho(\boldsymbol{A}) + \varepsilon)^{m+1} \overset{m\to\infty}{\to} 0.\end{aligned}$$

Demzufolge gilt mit der bekannten Neumann'schen Reihe $(\boldsymbol{I} - \boldsymbol{A})^{-1} = \sum_{m=0}^{\infty} \boldsymbol{A}^m \geq \boldsymbol{0}$. Sei andererseits die zweite Eigenschaft vorausgesetzt, so existiert nach dem Satz von Perron-Frobenius (siehe Aufgabe 9.11) wegen $\boldsymbol{A} \geq \boldsymbol{0}$ ein Eigenvektor $\boldsymbol{x} \geq \boldsymbol{0}$ mit $\boldsymbol{A}\boldsymbol{x} = \rho(\boldsymbol{A})\boldsymbol{x}$. Hiermit folgt aufgrund der Invertierbarkeit der Matrix $\boldsymbol{I} - \boldsymbol{A}$ direkt $(1 - \rho(\boldsymbol{A}))\boldsymbol{x} = (\boldsymbol{I} - \boldsymbol{A})\boldsymbol{x} \neq \boldsymbol{0}$, womit sich $1 - \rho(\boldsymbol{A}) \neq 0$ ergibt und in Kombination mit

$$\frac{1}{1 - \rho(\boldsymbol{A})}\boldsymbol{x} = (\boldsymbol{I} - \boldsymbol{A})^{-1}\boldsymbol{x} \geq \boldsymbol{0}$$

die behauptete Eigenschaft aus $1 - \rho(\boldsymbol{A}) > 0$ folgt. ■

Jetzt sind wir in der Lage, die zentrale Aussage zum Nachweis der M-Matrixeigenschaft zu formulieren.

Satz

Sei $\boldsymbol{A} \in \mathbb{R}^{n\times n}$ mit Koeffizienten $a_{i,j} \leq 0$ für alle $i, j \in \{1, \ldots, n\}$, $i \neq j$ gegeben, dann sind die folgenden Aussagen äquivalent:

- $\boldsymbol{A}$ ist eine M-Matrix.
- $a_{ii} > 0$ für $i = 1, \ldots, n$ und mit $\boldsymbol{D} = \operatorname{diag}\{a_{11}, \ldots, a_{nn}\} \in \mathbb{R}^{n\times n}$ gilt
  $$\boldsymbol{B} := \boldsymbol{D}^{-1}(\boldsymbol{D} - \boldsymbol{A}) \geq \boldsymbol{0} \quad \text{sowie} \quad \rho(\boldsymbol{B}) < 1.$$

Beweis Ausgehend von einer M-Matrix $\boldsymbol{A}$ gilt für die Inverse $\boldsymbol{A}^{-1}$ mit Koeffizienten $\widetilde{a}_{i,j}$ nach Definition $\widetilde{a}_{i,j} \geq 0$ für alle $i, j = 1, \ldots, n$. Mit $\boldsymbol{I} = \boldsymbol{A}^{-1}\boldsymbol{A}$ lässt sich wegen $a_{i,j} \leq 0$, $i \neq j$ für alle $i = 1, \ldots, n$ die Gleichung $1 = \widetilde{a}_{ii}a_{ii} - \sum_{j=1,j\neq i}^{n} \widetilde{a}_{i,j}|a_{i,j}|$ schreiben, womit aus

$$\underbrace{\widetilde{a}_{ii}}_{\geq 0} a_{ii} = 1 + \sum_{j=1,j\neq i}^{n} \underbrace{\widetilde{a}_{i,j}}_{\geq 0} \underbrace{|a_{i,j}|}_{\geq 0} \geq 1$$

die Positivität der Diagonalelemente a_{ii} folgt. Die Matrix $\boldsymbol{D} = \operatorname{diag}\{a_{11}, \ldots, a_{nn}\}$ ist somit invertierbar mit

$$\boldsymbol{B} = \underbrace{\boldsymbol{D}^{-1}}_{\geq \boldsymbol{0}} \underbrace{(\boldsymbol{D} - \boldsymbol{A})}_{\geq \boldsymbol{0}} \geq \boldsymbol{0}$$

und $\boldsymbol{I} - \boldsymbol{B} = \boldsymbol{I} - \boldsymbol{D}^{-1}(\boldsymbol{D} - \boldsymbol{A}) = \boldsymbol{D}^{-1}\boldsymbol{A}$ ist als Produkt regulärer Matrizen ebenfalls invertierbar mit

$$(\boldsymbol{I} - \boldsymbol{B})^{-1} = \underbrace{\boldsymbol{A}^{-1}}_{\geq \boldsymbol{0}} \underbrace{\boldsymbol{D}}_{\geq \boldsymbol{0}} \geq \boldsymbol{0}.$$

Aus dem obigen Hilfssatz ergibt sich folglich abschließend $\rho(\boldsymbol{B}) < 1$.

Hinsichtlich der Rückrichtung halten wir fest, dass $\boldsymbol{B}$ die Voraussetzungen des obigen Lemmas erfüllt und somit $\boldsymbol{I} - \boldsymbol{B}$ regulär ist und wir $\boldsymbol{0} \leq (\boldsymbol{I} - \boldsymbol{B})^{-1} = \boldsymbol{A}^{-1}\boldsymbol{D}$ schlussfolgern können. Hiermit ergibt sich einerseits die Invertierbarkeit der Matrix $\boldsymbol{A}$ und zudem mit $\boldsymbol{D} \geq \boldsymbol{0}$ auch die Nichtnegativität der Inversen $\boldsymbol{A}^{-1}$. ■

Für die im Kap. 5 bei der Diskretisierung eines Randwertproblems auf S. 159 auftretende Matrix

$$\boldsymbol{A} = \begin{pmatrix} 2 & -1 & & \\ -1 & \ddots & \ddots & \\ & \ddots & \ddots & -1 \\ & & -1 & 2 \end{pmatrix}$$

erkennen wir mithilfe des obigen Satzes nun sehr einfach, dass mit $\boldsymbol{A}$ eine M-Matrix vorliegt.

Zusammenfassung

Die mathematische Modellbildung erfolgt bei realen Anwendungen oftmals durch Systeme partieller oder gewöhnlicher Differenzialgleichungen. Neben einigen speziellen Typen von Differenzialgleichungen, die eine analytische Lösung zulassen, ist man bei zahlreichen Problemstellungen auf numerische Algorithmen angewiesen.

In diesem Kapitel fokussieren wir uns auf gewöhnliche Differenzialgleichungen. Als Ausgangspunkt aller Verfahrensentwicklungen dient aus Gründen der Übersichtlichkeit stets ein Anfangswertproblem der Form

$$y'(t) = f(t, y(t)) \quad \text{für} \quad t \in [a, b] \quad \text{für} \quad y(a) = \widehat{y}_0,$$

wobei f als hinreichend glatt vorausgesetzt wird, um die Existenz einer Lösung garantieren zu können.

Die Verfahren basieren dabei zunächst auf einer Zerlegung des Intervalls $[a, b]$ mittels

$$a = t_0 < t_1 < \ldots < t_n = b$$

in n Teilintervalle $[t_i, t_{i+1}]$, $i = 0, \ldots, n-1$, wobei wir uns bei der Herleitung in den meisten Fällen auf eine äquidistante Unterteilung fokussiert haben, sodass $\Delta t = (b-a)/n$ und $t_i = a + i\,\Delta t$ genutzt wurde.

Generell lassen sich die Algorithmen in zwei Klassen, die Integrations- und die Differenzenmethoden unterteilen.

Die Idee der **Integrationsmethoden** liegt, wie der Name schon vermuten lässt, in einer Integration der Differenzialgleichung über Teilintervalle $[t_i, t_{i+m}]$, wobei $m \in \mathbb{N}$ gewählt werden kann. Innerhalb der so erhaltenen Gleichung

$$y(t_{i+m}) - y(t_i) = \int_{t_i}^{t_{i+m}} f(t, y(t))\, dt$$

ersetzt man den Integranden f durch ein geeignetes Interpolationspolynom q und approximiert die rechte Seite dieser Gleichung durch das exakt bestimmbare Integral $\int_{t_i}^{t_{i+m}} q(t)\, dt$.

Bei den **Differenzenverfahren** nähert man dagegen den Differenzialquotienten durch einen Differenzenquotienten an. Die einfachste Idee ist hierbei die Tangentensteigung durch eine Sekantensteigung gemäß

$$y'(t_i) \approx \frac{y(t_{i+1}) - y(t_i)}{\Delta t}$$

zu approximieren. Aber auch genauere, über Taylorentwicklungen respektive Interpolationsansätze herleitbare Ansätze wie beispielsweise

$$y'(t_i) \approx \frac{3y(t_i) - 4y(t_{i-1}) + y(t_{i-2})}{2\Delta t}$$

gehören in diese Verfahrensklasse.

Neben der Untergliederung in Integrations- und Differenzenansätze ist auch eine quer hierzu angesetzte Zerlegung in Ein- und Mehrschrittverfahren gängig. **Einschrittmethoden** lassen sich unter Verwendung einer Verfahrensfunktion Φ in der Form

$$y_{i+1} = y_i + \Delta t\, \Phi(t_i, y_i, y_{i+1}, \Delta t)$$

schreiben, sodass die Näherungslösung y_{i+1} ausschließlich auf der Grundlage der Daten y_i ermittelt werden kann und weiter zurückliegende Informationen für Zeitpunkte, die vor t_i liegen, nicht im Speicher des Rechners gehalten werden müssen. Die Methoden werden dabei als **explizit** bezeichnet, falls die Verfahrensfunktion nicht von der zu ermittelnden Größe y_{i+1} abhängt. Ansonsten sprechen wir von einer **impliziten** Methode. Einschrittverfahren beinhalten den Vorteil, dass aus der Konsistenz direkt die Konvergenz der Methode geschlussfolgert werden kann.

Die prominentesten Vertreter dieser Gruppe stellen die **Runge-Kutta-Verfahren** dar, die stets auf einer Integration der Differenzialgleichung über Intervalle der Länge Δt, das heißt $[t_i, t_{i+1}]$ basieren. Um eine höhere Ordnung zu erzielen, werden bei diesen Verfahren zusätzlich Hilfswerte an Stützpunkten

$$\xi_j = t_i + c_j\,\Delta t \quad \text{mit} \quad c_j \in [0, 1] \quad \text{für} \quad j = 1, \ldots, s$$

innerhalb des Integrationsintervalls $[t_i, t_{i+1}]$ bestimmt. Die Anzahl s wird dabei als Stufenzahl des Runge-Kutta-Verfahrens bezeichnet. Die Verfahren lassen sich gemäß

$$k_j = y_i + \Delta t \sum_{\nu=1}^{s} a_{j\nu} f(\xi_\nu, k_\nu), \; j = 1, \ldots, s$$

$$y_{i+1} = y_i + \Delta t \sum_{j=1}^{s} b_j f(\xi_j, k_j).$$

schreiben und unterscheiden sich demzufolge lediglich in der Wahl der eingehenden Koeffizienten. Diese werden daher üblicherweise in der Form eines sogenannten **Butcher-Arrays**

$$\begin{array}{c|ccc} c_1 & a_{11} & \cdots & a_{1s} \\ \vdots & \vdots & & \vdots \\ c_s & a_{s1} & \cdots & a_{ss} \\ \hline & b_1 & \cdots & b_s \end{array} \;\widehat{=}\; \begin{array}{c|c} \boldsymbol{c} & \boldsymbol{A} \\ \hline & \boldsymbol{b}^\top \end{array}$$

mit $\boldsymbol{A} \in \mathbb{R}^{s \times s}$, $\boldsymbol{b}, \boldsymbol{c} \in \mathbb{R}^s$ angegeben. Explizite Runge-Kutta-Verfahren werden durch eine strikte linke untere Dreiecksmatrix $\boldsymbol{A}$ repräsentiert. Sie können einerseits leicht implementiert werden, sind andererseits jedoch in der Ordnung durch die Stufenzahl nach oben beschränkt und weisen stets ein beschränktes

Kapitel 9

Stabilitätsgebiet auf, sodass sie bei steifen Differenzialgleichungen zumeist nicht effizient nutzbar sind. Zur Diskretisierung steifer Differenzialgleichungen werden daher in der Regel implizite Verfahren eingesetzt. Im Kontext der Runge-Kutta-Verfahren unterscheidet man dabei

- DIRK-Verfahren (diagonal implizite Runge-Kutta-Verfahren) mit $a_{ij} = 0$ für $j > i$ und $|a_{11}| + \ldots + |a_{nn}| > 0$,
- SDIRK-Verfahren (singly DIRK-Verfahren) mit $a_{ij} = 0$ für $j > i$ und $a_{11} = \ldots = a_{nn} \neq 0$ sowie
- vollimplizite Verfahren, bei denen $\boldsymbol{A}$ keine strikte linke untere Dreiecksmatrix darstellt und die nicht in einer der beiden obigen Gruppen gehören.

Mehrschrittverfahren sind durch eine Verfahrensfunktion Φ charakterisiert, die Daten aus mehr als den Zeitpunkten t_i und t_{i+1} verwendet, sodass sich die Verfahrensklasse in der allgemeinen Darstellung

$$\sum_{j=0}^{m} \alpha_j y_{i+j} = \Delta t \, \Phi(t_i, y_i, \ldots, y_{i+m}, \Delta t)$$

formulieren lässt. Wählt man $m = 1$, so wird schnell klar, dass Einschrittverfahren spezielle Mehrschrittverfahren darstellen. Im Fall $m > 1$ benötigen die Mehrschrittverfahren neben y_0 mit $y_1, \ldots, y_{m-1}$ weitere Startwerte, die zunächst innerhalb einer sogenannten Initialisierungsphase auf der Grundlage einer vorgeschalteten Methode berechnet werden müssen. Mehrschrittverfahren weisen dabei ein komplexeres Verhalten bezüglich der Konvergenz in dem Sinne auf, dass die Konsistenz nicht mehr ausreichend für den Nachweis der Konvergenz ist. Mehrschrittverfahren müssen zusätzlich noch der Nullstabilität genügen, die letztendlich dafür sorgt, dass parasitäre Lösungsanteile innerhalb des numerischen Verfahrens nicht zur Divergenz der Folge von Näherungslösungen führen.

Die bekannteste Gruppe innerhalb der Mehrschrittverfahren stellen die **BDF-Verfahren** (backward differential furmulas) dar. Sie lassen sich als Differenzenmethode herleiten und sind stets implizit, da die Verfahrensfunktion bei allen BDF-Verfahren durch

$$\Phi(t_i, y_i, \ldots, y_{i+m}, \Delta t) = f(t_i + m\Delta t, y_{i+m})$$

gegeben ist. In der Anwendung sind dabei meist nur BDF-Verfahren mit kleinem m, da bereits ab $m = 7$ die Methoden instabil sind. Für $m = 1, \ldots, 6$ weisen die BDF(m)-Verfahren jedoch immer unbeschränkte Stabilitätsgebiete auf, weshalb diese Methoden oftmals bei steifen Differenzialgleichungen ihre Einsatzbereiche finden. Speziell das BDF(2)-Verfahren stellt ein absolut stabiles Verfahren mit der Konvergenzordnung $p = 2$ dar.

Weitere Mehrschrittverfahren kommen aus der Klasse der Integrationsmethoden. Bekannte Verfahren sind hier die Adams-Typ-Methoden, das Milne-Simpson-Verfahren und die Nyström-Methode. Die Verfahren sind dabei stets nullstabil bei üblicherweise kleinen Stabilitätsbereichen, wodurch diese Methoden in der Praxis nicht häufig und wenn, dann bei nicht steifen Differenzialgleichungen genutzt werden.

Zahlreiche Anwendungen in den Bereichen Biologie, Chemie, Umweltwissenschaften und vielen weiteren Gebieten führen auf Systeme gewöhnlicher respektive partieller Differenzialgleichungen, die neben der Konservativität des Gesamtsystems auch die Positivität der Einzelkomponenten beinhalten. Bezogen auf die ermittelten Näherungslösungen sollten derartige Eigenschaften auch von der eingesetzten numerischen Methode garantiert werden. An dieser Stelle sind unbedingt positivitätserhaltende, konservative Verfahren von großer Bedeutung.

Ausgehend von einem Runge-Kutta-Verfahren lassen sich diese sogenannten modifizierten Patankar-Typ-Verfahren durch eine geschickte Gewichtung innerhalb der Verfahrensfunktion herleiten, die im Gegensatz zu den zugrunde liegenden expliziten Runge-Kutta-Verfahren die Positivität der Einzelkomponenten unabhängig von der gewählten Zeitschrittweite garantieren, ohne dabei die Konservativität der jeweiligen Ausgangsmethode zu zerstören. Der Mehraufwand liegt bei diesen Ansätzen in der Notwendigkeit der Lösung mindestens eines Gleichungssystems pro Zeitschritt. Im Gegensatz zu impliziten Methoden sind die Gleichungssysteme bei diesen Verfahren jedoch glücklicherweise auch bei nichtlinearen Differenzialgleichungen immer linear, und es treten zudem ausschließlich M-Matrizen auf, die vorteilhafte Eigenschaften beinhalten, die die Konvergenz iterativer Gleichungssystemlöser sicherstellen.

Aufgaben

Die Aufgaben gliedern sich in drei Kategorien: Anhand der *Verständnisfragen* können Sie prüfen, ob Sie die Begriffe und zentralen Aussagen verstanden haben, mit den *Rechenaufgaben* üben Sie Ihre technischen Fertigkeiten und die *Beweisaufgaben* geben Ihnen Gelegenheit, zu lernen, wie man Beweise findet und führt.
Ein Punktesystem unterscheidet leichte •, mittelschwere •• und anspruchsvolle ••• Aufgaben. Lösungshinweise am Ende des Buches helfen Ihnen, falls Sie bei einer Aufgabe partout nicht weiterkommen. Dort finden Sie auch die Lösungen – betrügen Sie sich aber nicht selbst und schlagen Sie erst nach, wenn Sie selber zu einer Lösung gekommen sind. Ausführliche Lösungswege, Beweise und Abbildungen finden Sie auf der Website zum Buch.
Viel Spaß und Erfolg bei den Aufgaben!

Verständnisfragen

9.1 • Gegeben sei das Butcher-Array eines Runge-Kutta-Verfahrens in der Form

$$\begin{array}{c|cc} \gamma & \gamma & 0 \\ 1-\gamma & 1 & -\gamma \\ \hline & 1/4 & 3/4 \end{array}$$

Begründen Sie, für welche Parameter $\gamma \in \mathbb{R}$ es sich um ein explizites, respektive implizites Verfahren handelt. Für welche Parameter $\gamma \in \mathbb{R}$ besitzt das Verfahren die Konsistenzordnung $p = 1$ respektive $p = 2$?

9.2 •• Zeigen Sie, dass das Einschrittverfahren

$$y_{i+1} = \frac{2 - \Delta t}{2 + \Delta t} y_i$$

konsistent genau von der Ordnung $p = 2$ zur Differenzialgleichung $y'(t) = -y(t)$ ist.

9.3 • Zeigen Sie, dass außer der impliziten Mittelpunktsregel kein einstufiges Runge-Kutta-Verfahren der Ordnung $p = 2$ existiert.

Beweisaufgaben

9.4 • Weisen Sie ohne Verwendung des Satzes zur maximalen Ordnung expliziter Runge-Kutta-Verfahren folgende Aussage nach: Jedes explizite dreistufige Runge-Kutta-Verfahren dritter Ordnung besitzt eine Stabilitätsfunktion der Form

$$R(\xi) = 1 + \xi + \frac{\xi^2}{2} + \frac{\xi^3}{6}.$$

9.5 •• Weisen Sie nach, dass das implizite Einschrittverfahren

$$y_{i+1} = y_i + \Delta t\, f\left(t_i + \frac{1}{2}\Delta t, \frac{1}{2}(y_{i+1} + y_i)\right)$$

mit dem Startwert $y_0 = \widehat{y}_0$ die exakte Lösung des Anfangswertproblems $y'(t) = -2at$, $y(t_0) = \widehat{y}_0$ für $t_i = t_0 + i\,\Delta t$ liefert.

9.6 •• Weisen Sie ohne Verwendung des Satzes zur Konsistenz von Runge-Kutta-Verfahren nach, dass die explizite Mittelpunktsregel

$$y_{i+1/2} = y_i + \frac{\Delta t}{2} f(t_i, y(t_i))$$
$$y_{i+1} = y_i + \Delta t f\left(t_i + \frac{\Delta t}{2}, y_{i+1/2}\right)$$

die Konvergenzordnung $p = 2$ besitzt, falls f hinreichend glatt ist.

9.7 ••• Zeigen Sie, dass für eine nicht-negative und irreduzible Matrix $\boldsymbol{A} \in \mathbb{R}^{n\times n}$ die Eigenschaft

$$(\boldsymbol{I} + \boldsymbol{A})^{n-1} > \boldsymbol{0}.$$

gilt, wobei $\boldsymbol{I}$ die Einheitsmatrix ist.

9.8 •• Sei $\boldsymbol{A} \in \mathbb{R}^{n\times n}$ nicht-negativ und $\boldsymbol{0} \le \boldsymbol{x} \in \mathbb{R}^n$ nicht der Nullvektor. Zeigen Sie, $r_{\boldsymbol{x}} := \min_{\substack{k\in\{1,\dots,n\} \\ \text{mit } x_k>0}} \left\{\frac{\sum_{j=1}^n a_{kj}x_j}{x_k}\right\}$ ist nicht-negativ und das Supremum aller $\xi \ge 0$ für die $\boldsymbol{A}\boldsymbol{x} \ge \xi\boldsymbol{x}$ gilt.

9.9 ••• Sei $\boldsymbol{A} \in \mathbb{R}^{n\times n}$ nicht-negativ und irreduzibel sowie $r := \sup_{\substack{\boldsymbol{x}\ge\boldsymbol{0} \\ \boldsymbol{x}\neq\boldsymbol{0}}} \{r_{\boldsymbol{x}}\}$ mit $r_{\boldsymbol{x}}$ aus Aufgabe 9.8 und $\mathcal{Q}^n := \left\{(\boldsymbol{I} + \boldsymbol{A})^{n-1}\boldsymbol{x} \in \mathbb{R}^n \mid \boldsymbol{x} \ge \boldsymbol{0} \text{ und } \|\boldsymbol{x}\| = 1\right\}$.
Zeigen Sie, dass

$$r = \sup_{y\in\mathcal{Q}^n} \{r_y\}$$

gilt.

9.10 ••• Sei $\boldsymbol{A} \in \mathbb{R}^{n \times n}$ nicht-negativ und irreduzibel sowie r (aus Aufgabe 9.8) und die Menge der Extremalvektoren der Matrix $\boldsymbol{A}$ durch $\{\boldsymbol{z} \in \mathbb{R}^n_{\geq 0} \setminus \{\boldsymbol{0}\} \mid \boldsymbol{A}\boldsymbol{z} \geq r\boldsymbol{z} \ \wedge \ \nexists \boldsymbol{w} \in \mathbb{R}^n_{\geq 0} : \boldsymbol{A}\boldsymbol{w} > r\boldsymbol{w}\}$ gegeben. Zeigen Sie: $\boldsymbol{z}$ ist ein positiver Eigenvektor der Matrix $\boldsymbol{A}$ zum Eigenwert $r > 0$. D. h. $\boldsymbol{A}\boldsymbol{z} = r\boldsymbol{z}$ und $\boldsymbol{z} > \boldsymbol{0}$.

9.11 ••• **(Satz von Perron-Frobenius)**

Zeigen Sie, dass zu jeder nicht-negativen Matrix $\boldsymbol{A} \in \mathbb{R}^{n \times n}$ ein nicht-negativer Eigenwert $\lambda = \rho(\boldsymbol{A})$ mit zugehörigem nicht-negativen Eigenvektor $\boldsymbol{x} \geq \boldsymbol{0}$ existiert.

9.12 • Weisen Sie die Konservativität des auf S. 330 vorgestellten modifizierten Patankar-Runge-Kutta-Verfahrens nach.

9.13 •• Für eine gegebene Matrix $\boldsymbol{A} \in \mathbb{C}^{n \times n}$ sei die Folge der Matrizen $\left(\boldsymbol{A}^k\right)_{k \in \mathbb{N}}$ beschränkt. Zeigen Sie, dass dann der Spektralradius der Bedingung $\rho(\boldsymbol{A}) \leq 1$ genügt und für jeden Eigenwert $\lambda \in \mathbb{C}$ von $\boldsymbol{A}$ mit $|\lambda| = 1$ algebraische und geometrische Vielfachheit übereinstimmen.

Rechenaufgaben

9.14 •• Berechnen Sie das Stabilitätsgebiet des expliziten Euler-Verfahrens und stellen Sie es graphisch dar.

9.15 •• Bestimmen Sie die Konsistenzordnung des auf S. 301 vorgestellten klassischen Runge-Kutta-Verfahrens.

9.16 •• Bestimmen Sie die Konsistenzordnung des zweistufiges SDIRK-Verfahrens mit dem Butcher-Array

$$\begin{array}{c|cc} \gamma & \gamma & 0 \\ 1-\gamma & 1-2\gamma & \gamma \\ \hline & \frac{1}{2} & \frac{1}{2} \end{array} \quad \text{für} \quad \gamma = \frac{3 \pm \sqrt{3}}{6}.$$

9.17 •• Bestimmen Sie den Stabilitätsbereich des Verfahrens

$$y_{i+1} = y_i + \Delta t(\mu f(t_i, y_i) + (1-\mu) f(t_{i+1}, y_{i+1}))$$

für $\mu \in [0,1]$. Für welche Werte von μ ist das Verfahren A-stabil?

9.18 • Wie müssen die freien Koeffizienten des Runge-Kutta-Verfahrens

$$\begin{array}{c|ccc} 0 & 0 & 0 & 0 \\ c_2 & c_2 & 0 & 0 \\ c_3 & 0 & c_3 & 0 \\ \hline & 0 & 0 & 1 \end{array}$$

gewählt werden, damit das Verfahren die Ordnung $p = 2$ besitzt. Kann das Verfahren die Konsistenzordnung $p = 3$ erreichen?

9.19 • Bestimmen Sie die Konsistenzordnung des expliziten Runge-Kutta-Verfahrens

$$y_{i+1} = y_i + \Delta t f\left(t_i + \frac{\Delta t}{k}, y_i + \frac{\Delta t}{k} f(t_i, y_i)\right)$$

in Abhängigkeit von $k \in \mathbb{N}$.

9.20 • Bestimmen Sie die Konsistenzordnung des linearen Mehrschrittverfahrens

$$y_{i+2} + 4y_{i+1} - 5y_i = \Delta t\Big(4f(t_{i+1}, y_{i+1}) + 2f(t_i, y_i)\Big).$$

9.21 •• Zeigen Sie, dass die Vektoren $(1, \xi_k, \xi_k^2, \ldots, \xi_k^m)^T \in \mathbb{C}^m$, $k = 1, \ldots, m$ linear unabhängig sind, wenn die Größen $\xi_1, \ldots, \xi_m \in \mathbb{C}$ paarweise verschieden sind.

9.22 •• Sei ξ eine Nullstelle des Polynoms $p(\xi) = \sum_{j=0}^m \alpha_j \xi^j$ mit $\alpha_m \neq 0$. Dann gilt für die Lösungsfolge $(y_n)_{n \in \mathbb{N}_0}$ der homogenen Differenzengleichung $\sum_{j=0}^m \alpha_j y_{i+m} = 0$ bei den Anfangswerten $y_i = \xi^i$, $i = 0, \ldots, m-1$ die Darstellung $y_n = \xi^n$ für alle $n \in \mathbb{N}_0$.

9.23 • Berechnen Sie das charakteristische Polynom zur Matrix

$$\boldsymbol{A} = \begin{pmatrix} 0 & 1 & & & \\ & \ddots & \ddots & & \\ & & \ddots & \ddots & \\ & & & 0 & 1 \\ -a_0 & & \cdots & & -a_{m-1} \end{pmatrix} \in \mathbb{R}^{m \times m}.$$

Antworten zu den Selbstfragen

Antwort 1 Innerhalb der Integrationsmethode werten wir im Rahmen der Rechteckregel die Funktion f zum Zeitpunkt t_i anstelle t_{i+1} aus. Bei der Differenzenmethode betrachten wir die Differenzialgleichung zum Zeitpunkt t_{i+1} und verwenden $y'(t_{i+1}) \approx (y(t_{i+1}) - y(t_i))/(t_{i+1} - t_i)$.

Antwort 2 Die Aussage gilt analog auch für die implizite Variante des Verfahrens. Zum Nachweis nimmt man lediglich eine Taylorentwicklung der Lösung für den Zeitpunkt t mit Entwicklungspunkt $t + \Delta t$ vor.

Antwort 3 Eine große Lipschitz-Konstante ermöglicht starke lokale Änderungen im Richtungsfeld. Da das Euler-Verfahren innerhalb eines Zeitschrittes keine Steigungsvariation berücksichtigt, müssen kleine Zeitschritte verwendet werden, um die Krümmung der Lösung geeignet abzubilden.

Antwort 4 Das Verfahren lässt sich in der Form $y_{i+1} = y_i + \Delta t\, \Phi(t_i, y_i, \Delta t)$ mit

$$\Phi(t_i, y_i, \Delta t) = f\left(t_i + \frac{\Delta t}{2}, y_i + \frac{\Delta t}{2} f(t_i, y(t_i))\right)$$

schreiben und ist somit eine explizite Einschrittmethode.

Antwort 5 Von der numerischen Quadratur kennen wir die Bedingung $\sum_{\nu=1}^{s} \widetilde{a}_{j\nu} = 1$, sodass die Forderung $\sum_{\nu=1}^{s} a_{j\nu} = c_j$ für alle $j = 1, \ldots, s$ erwartet werden darf.

Antwort 6 Die Butcher-Arrays lauten:

$$\begin{array}{c|cc} 0 & 0 & 0 \\ 1 & \frac{1}{2} & \frac{1}{2} \\ \hline & \frac{1}{2} & \frac{1}{2} \end{array} \qquad \begin{array}{c|cc} 0 & 0 & 0 \\ 1 & 1 & 0 \\ \hline & \frac{1}{2} & \frac{1}{2} \end{array}$$

Implizite Trapezregel Prädiktor-Korrektor-Verfahren

Antwort 7 Nein, da die Stabilitätsfunktion für alle diese Methoden die Form $R(\xi) = \sum_{j=0}^{s} \frac{\xi^j}{j!}$ aufweist.

Antwort 8 Da die Zahl 1 und alle Koeffizienten des Differenzenverfahrens im Dualsystem auf dem Rechner exakt darstellbar sind, ergibt sich kein instabiles Verhalten.

Antwort 9 Bei Einschrittverfahren schreibt sich das erste charakteristische Polynom stets in der Form $\varrho(\xi) = \xi - 1$. Somit existiert nur die Nullstelle $\xi = 1$ und Einschrittverfahren sind folglich immer nullstabil.

Antwort 10 Beide Verfahren sind identisch. Ausgehend von der Definition des BDF(1)-Verfahrens gilt

$$p(t_i) = y_i,\ p'(t_{i+1}) = f(t_{i+1}, p(t_{i+1})) \text{ und } y_{i+1} = p(t_{i+1}).$$

Schreiben wir

$$p(t_i) = p(t_{i+1}) - \Delta t p'(t_{i+1}),$$

so folgt daher

$$y_i = y_{i+1} - \Delta t f(t_{i+1}, y_{i+1})$$

respektive

$$y_{i+1} = y_i + \Delta t f(t_{i+1}, y_{i+1}).$$

Antwort 11 Während das Verfahren im Beispiel auf S. 312 ein instabiles Verhalten zeigt und die Näherungswerte betragsmäßig unbegrenzt ansteigen, ergibt sich beim BDF(2)-Verfahren die Iterationsfolge $y_n = 0.1, n = 0, 1, \ldots$.

Antwort 12 Zunächst ist das implizite Euler-Verfahren mit dem BDF(1)-Verfahren identisch, und wir erhalten $\varrho(\xi) = \xi - 1$ und $\sigma(\xi) = \xi$. Mit $\sigma(\mathrm{e}^{\mathrm{i}\Theta}) = \mathrm{e}^{\mathrm{i}\Theta} \neq 0$ für alle $\Theta \in [0, 2\pi[$ ermitteln wir den Rand des Stabilitätsgebietes durch

$$\mu = s(\Theta) = \frac{\varrho(\mathrm{e}^{\mathrm{i}\Theta})}{\sigma(\mathrm{e}^{\mathrm{i}\Theta})} = \frac{\mathrm{e}^{\mathrm{i}\Theta} - 1}{\mathrm{e}^{\mathrm{i}\Theta}} = 1 - \mathrm{e}^{-\mathrm{i}\Theta}.$$

Einsetzen von $\widetilde{\mu} = -1$ ergibt

$$f(\xi) = \phi(\widetilde{\mu}, \xi) = \phi(-1, \xi) = (\xi - 1) + \xi = 2\xi - 1,$$

sodass $-1 \in S$ gilt. Die Methode ist folglich A-stabil, und die Stabilitätsbereiche sind unabhängig von der Betrachtung der Methode als Ein- oder Mehrschrittverfahren.

Antwort 13 Ja, denn wegen $p_{ii}(\boldsymbol{y}) = d_{ii}(\boldsymbol{y})$ können die Terme ohne Veränderung der Lösung aus dem System gestrichen werden.

Antwort 14 Der Satz auf S. 331 liefert $\rho(\boldsymbol{D}^{-1}(\boldsymbol{D} - \boldsymbol{A})) < 1$ und somit die Konvergenz des Jacobi-Verfahrens.

Hinweise zu den Aufgaben

Kapitel 2

2.1 Runden Sie die Zahl auf das Format der Maschine.

2.2 Bedenken Sie, für welches x_0 in $x \to x_0$ Sie eine asymptotische Aussage treffen möchten.

2.3 Die Fehlerabschätzung im Leibniz-Kriterium für alternierende Reihen ist hilfreich.

2.4 Definieren Sie $Ty = \begin{pmatrix} y(0)-y_0 \\ y'(x)-f(x,y) \end{pmatrix}$.

2.5 –

2.6 Multiplizieren Sie die Faktoren in der Definition von S_n aus und schätzen dann ab.

2.7 Taylor-Entwicklung.

2.8 –

2.9 Wenn jede Wurzel nur auf zwei Stellen genau berechnet wird, dann ist der maximale Fehler jedes Summanden 0.005.

2.10 (b). Berechnen Sie den Schnittwinkel der beiden Geraden.

2.11 –

Kapitel 3

3.1 –

3.2 –

3.3 –

3.4 –

3.5 Verwenden Sie vollständige Induktion über k.

3.6 Beginnen Sie mit $P := \prod_{0\le i<j\le n}(x_j - x_i)$ und zeigen Sie zuerst, dass für $0 \le \ell \le n$

$$P = (x_\ell - x_0)(x_\ell - x_1)\cdot \ldots \cdot (x_\ell - x_{\ell-1}) \cdot (-1)^{n-\ell}[(x_\ell - x_{\ell+1})\cdot \ldots \cdot (x_\ell - x_n)] \cdot \prod_{\substack{0\le i<j\le n\\ i,j\neq \ell}} (x_j - x_i)$$

$$= (-1)^{n-\ell} \prod_{\substack{m=0\\ m\neq \ell}}^{n} (x_\ell - x_m) \cdot \prod_{\substack{0\le i<j\le n\\ i,j\neq \ell}} (x_j - x_i)$$

gilt. Setzen Sie dieses Resultat in Darstellung I. ein. Dann entwickeln Sie

$$D := \begin{vmatrix} 1 & 1 & \cdots & 1 \\ x_0 & x_1 & \cdots & x_n \\ \vdots & \vdots & \ddots & \vdots \\ x_0^{n-1} & x_1^{n-1} & \cdots & x_n^{n-1} \\ f(x_0) & f(x_1) & \cdots & f(x_n) \end{vmatrix}$$

nach der $(n+1)$-ten Zeile und beweisen

$$D = \sum_{\ell=0}^{n} (-1)^{n+\ell+2} f(x_\ell) \prod_{\substack{0\le i<j\le n\\ i,j\neq \ell}} (x_j - x_i).$$

3.7 Vollständige Induktion über n.

3.8 Verwenden Sie den Ansatz $p(x) = \sum_{i=0}^{n} a_i (x - x_0)^i$.

3.9 Verwenden Sie die Fehlerdarstellung (3.22).

3.10 –

3.11 –

3.12 –

3.13 Die zweite Ableitung von $\sin x$ verschwindet an den Rändern. Daher läge es nahe, zuerst den natürlichen Spline zu berechnen.

3.14 Verwenden Sie (3.57) und (3.58).

A. Meister, T. Sonar, *Numerik*, https://doi.org/10.1007/978-3-662-58358-6

Kapitel 4

4.1 –

4.2 Kap. 3, Abschn. 3.4.

4.3 Suchen Sie nach alternativen Interpolationen in Kap. 3.

4.4 –

4.5 –

4.6 Die Definition des Stetigkeitsmoduls bedeutet, dass für $|x - y| \leq \delta$ die Abschätzung $|f(x) - f(y)| \leq w(\delta)$ folgt. Nutzen Sie diese Abschätzung mit $\delta := h$.

4.7 Aufgabe 4.6.

4.8 Kap. 3, (3.22).

4.9 –

4.10 Kap. 4.3.

4.11 Kap. 4.3 und Aufgabe 4.10.

4.12 –

4.13 Schätzen Sie den Fehlerterm der zusammengesetzten Trapezformel auf $[0, 1]$ ab.

4.14 –

4.15 Vergessen Sie nicht die affine Transformation von $[-1, 1]$ auf $[0, 1]$!

Kapitel 5

5.1 Setzen Sie geeignete Diagonalmatrizen für die Iterationsmatrizen an.

5.2 Betrachten Sie im Teil (c) die Schnittmenge der Mengen aus Werten für a, die Konvergenz nach sich ziehen und die, die positive Definitheit liefern.

5.3 Betrachten Sie $\boldsymbol{x}^T \boldsymbol{A}[k]\boldsymbol{x}$.

5.4 Nutzen Sie komplexe Zahlen der Form $e^{i\Theta}$

5.5 Zeigen Sie, dass jeder Eigenwert $\lambda \neq 0$ der Iterationsmatrix $\boldsymbol{M}_\phi \boldsymbol{M}_\psi$ auch Eigenwert der Matrix $\boldsymbol{M}_\psi \boldsymbol{M}_\phi$ ist und umgekehrt.

5.6 Nutzen Sie den Zusammenhang zwischen der euklidischen Norm und dem Skalarprodukt.

5.7 Nutzen Sie den Satz zur Existenz einer LR-Zerlegung, der sich auf S. 132 befindet.

5.8 Nutzen Sie den Satz zur Existenz einer LR-Zerlegung, der sich auf S. 132 befindet.

5.9 Beachten Sie den Einheitskreis bezüglich der sogenannten Betragssummennorm $\|\cdot\|_1$.

5.10 Nutzen Sie den Satz zur Konvergenz des SOR-Verfahrens.

5.11 Die Konvergenzgeschwindigkeit hängt vom Spektralradius der Iterationsmatrix ab. Hiermit steht somit auch die benötigte Iterationszahl in Verbindung mit dem Spektralradius.

5.12 Nutzen Sie das Skalarprodukt beim Nachweis der positiven Definitheit.

5.13 Betrachten Sie das Beispiel auf S. 128.

5.14 Betrachten Sie das Beispiel auf S. 137.

5.15 Nutzen Sie den vorgestellten Algorithmus.

5.16 Nutzen Sie die graphentheoretische Betrachtung zum Nachweis der Irreduzibilität.

6.1 –

6.2 Eine Matrix ist genau dann regulär, wenn $\lambda = 0$ kein Eigenwert der Matrix ist.

6.3 –

6.4 Weisen Sie unter der Annahme $\boldsymbol{v} \not\perp M$ die Eigenschaft $\lambda \notin \partial W(\boldsymbol{A})$ nach.

6.5 –

6.6 Führen Sie einen Widerspruchsbeweis, bei dem Sie die Existenz eines nicht reellwertigen Eigenwertes annehmen.

6.7 Führen sie den Nachweis durch einfaches Nachrechnen.

6.8 Nutzen Sie aus, dass in den disjunkten Gerschgorin-Kreisen stets nur ein Eigenwert liegt.

6.9 Es gilt $W_{\mathbb{R}}(\boldsymbol{A}) = \{\alpha\}$.

6.10 Betrachten Sie für die obige Frage die Schnittmengen der Gerschgorin-Kreise.

6.11 Verwenden Sie den Satz von Bendixson und die Gerschgorin-Kreise für die Mengenabschätzung der eingehenden Wertebereiche.

6.12 –

6.13 –

6.14 –

Kapitel 7

7.1 Bei $\|\cdot\|_1$ handelt es sich um die Betragssummennorm, die für jeden Vektor $\boldsymbol{x} \in \mathbb{R}^n$ durch $\|\boldsymbol{x}\|_1 = \sum_{i=1}^n |x_i|$ definiert ist. Durch $\|\cdot\|_\infty$ ist die Maximumnorm mit $\|\boldsymbol{x}\|_\infty = \max_{i=1,\ldots,n} |x_i|$ gegeben.

7.2 Beachten Sie die notwendige Dimension der Produktmatrizen.

7.3 Einfaches Nachrechnen der vier Eigenschaften führt zum Ziel.

7.4 Konstruieren Sie ein Gegenbeispiel.

7.5 Nutzen Sie aus, dass sich jede Permutationsmatrix durch eine Permutation der Vektoren der Identitätsmatrix ergibt.

7.6 –

7.7 Nutzen Sie die explizite Darstellung der Matrix $\boldsymbol{A}$ innerhalb der Singulärwertzerlegung.

7.8 Die Matrix der zugehörigen Normalgleichungen kann der S. 218 entnommen werden.

7.9 Stellen Sie das lineare Ausgleichsproblem auf und lösen Sie es unter Verwendung der Normalgleichungen.

7.10 –

7.11 Orientieren Sie sich am Beispiel auf S. 233.

7.12 –

7.13 Nutzen Sie die zugehörigen Normalgleichungen und beachten Sie die Selbstfrage auf S. 216.

7.14 Nutzen Sie die Normalgleichungen.

Kapitel 8

8.1 –

8.2 –

8.3 Eine solche Funktion kann nicht stetig sein.

8.4 –

8.5 Führen Sie das Iterationsverfahren auf das Newton-Verfahren zurück.

8.6

(a) Zeigen Sie: Φ ist eine Selbstabbildung von $[1,2]$ und $\sup_{1\le x\le 2} |\Phi'(x)| < 1$.
(b) Drücken Sie den Fehler im n-ten Schritt aus durch einen Faktor mal den Fehler des $(n-1)$-ten Schrittes und verwenden Sie das ξ aus der Aufgabenstellung.

8.7 –

8.8 –

8.9 Weisen Sie die Voraussetzungen des Satzes von Newton-Kantorowitsch auf S. 273 nach. Um auf die Existenz von $(\boldsymbol{f}'(\boldsymbol{x}^0))^{-1}$ schließen zu können, verwenden Sie das Banach'sche Störungslemma von S. 269.

8.10 Beachten Sie, dass $\boldsymbol{G} = \boldsymbol{f}'(\boldsymbol{x}^0)$ eine Matrix mit konstanten Einträgen ist! Sie können daher die zweite Fréchet-Ableitung des Produkts $\boldsymbol{G}\boldsymbol{f}''(\boldsymbol{x})$ berechnen.

8.11 –

8.12 –

8.13 –

8.14 Verwenden Sie die Abschätzung aus Aufgabe 8.10.

8.15 Um den Grenzwert numerisch zu erkennen, reicht es, nach der Iteration das Produkt von Real- und Imaginärteil auf $= 0$, < 0 und > 0 abzufragen.

Kapitel 9

9.1 Betrachten Sie die Gestalt der Matrix im Butcher-Array und nutzen Sie den Satz zur Konsistenz von Runge-Kutta-Verfahren.

9.2 Betrachten Sie die Verfahrensfunktion und führen Sie eine Taylor-Entwicklung durch.

9.3 –

9.4 Nutzen Sie den Satz zur Konsistenz von Runge-Kutta-Verfahren.

9.5 Führen Sie eine vollständige Induktion unter Berücksichtigung der exakten Lösung $y(t) = \widehat{y}_0 - a(t^2 - t_0^2)$ durch.

9.6 Betrachten Sie die Vorgehensweise im Beweis auf S. 300 und nutzen Sie den Zusammenhang zwischen Konsistenz und Konvergenz bei Einschrittverfahren.

9.7 Es ist hinreichend $(\boldsymbol{I} + \boldsymbol{A})^{n-1}\boldsymbol{x} > \boldsymbol{0}$ für beliebige nicht-negative $\boldsymbol{x} \in \mathbb{R}^n \setminus \{\boldsymbol{0}\}$ zu zeigen. Betrachten Sie dabei die durch die Iteration $\boldsymbol{x}_{k+1} := (\boldsymbol{I} + \boldsymbol{A})\boldsymbol{x}_k$ mit nicht-negativem $\boldsymbol{x}_0 \in \mathbb{R}^n \setminus \{\boldsymbol{0}\}$ definierte Vektorfolge.

9.8 –

9.9 $r_x = r_{\alpha x}$ für alle $\alpha > 0$. Betrachten Sie für „$r \leq \sup_{y \in Q^n}\{r_y\}$" die Aussage von Aufgabe 9.7 mit $\|\boldsymbol{x}\| = 1$ und Aufgabe 9.8.

9.10 –

9.11 Zeigen Sie die Aussage zunächst für irreduzible, nicht-negative Matrizen. Wegen Aufgabe 9.10 reicht es, $r \geq \lambda$ für alle $\lambda \in \sigma(\boldsymbol{A})$ zu zeigen. Nutzen Sie dazu die Aussagen der vorherigen Aufgaben. Beweisen Sie anschließend die Aussage für reduzible Matrizen, indem Sie die Nulleinträge von $\boldsymbol{A}$ durch $\varepsilon > 0$ ersetzen und $\varepsilon \to 0$ betrachten.

9.12 –

9.13 –

9.14 Betrachten Sie das Beispiel auf S. 306.

9.15 Nutzen Sie die Box zu Butcher-Bäumen auf S. 302.

9.16 Verwenden Sie den auf S. 300 aufgeführten Satz zur Konsistenz von Runge-Kutta-Verfahren.

9.17 Man stelle die Stabilitätsfunktion R auf und bestimme die Menge der Werte $\xi \in \mathbb{C}^-$, für die $|R(\xi)| < 1$ gilt.

9.18 Nutzen Sie den auf S. 300 aufgeführten Satz zur Konsistenz von Runge-Kutta-Verfahren.

9.19 –

9.20 Nutzen Sie den Satz zur Konsistenz linearer Mehrschrittverfahren auf S. 310.

9.21 Betrachten Sie das Polynom $p\colon \mathbb{C} \to \mathbb{C}$, $p(\xi) = \sum_{j=0}^{m-1} \alpha_j \xi^j$.

9.22 –

9.23 Führen Sie eine sukzessive Entwicklung nach der jeweils letzten Spalte durch.

Lösungen zu den Aufgaben

Kapitel 2

2.1 Die auf das Maschinenformat gerundete Zahl lautet $0.1235 \cdot 10^{-100}$ und ist damit keine Maschinenzahl.

2.2 –

2.3 –

2.4 –

2.5 –

2.6 –

2.7 –

2.8 –

2.9 –

2.10 –

2.11 –

Kapitel 3

3.1 Die Polynome (b) und (c) sind Monome. Die Polynome (a) und (d) bestehen aus Summen von Monomen, sind also selbst keine Monome.

3.2 Da alle Daten auf einer horizontalen Geraden liegen, ist das eindeutig bestimmte Interpolationspolynom $p(x) = 3$.

3.3 Da f ein Polynom vom Grad 4 ist, ist $p^* = f$.

3.4 –

3.5 –

3.6 –

3.7 –

3.8 –

3.9 –

3.10 –

3.11 –

3.12 –

3.13 –

3.14 –

Kapitel 4

4.1 Das ist in der Tat der Fall und ein guter Grund, Newton-Cotes-Formeln nicht für großes n zu verwenden! Wie wir gezeigt haben, gilt stets $\sum_{i=0}^{n} \alpha_i = n$, also $\lim_{n\to\infty} \sum_{i=0}^{n} \alpha_i = \infty$.

4.2 Polynome höheren Grades zeigen auf äquidistanten Knoten das Runge-Phänomen, d. h., sie oszillieren zwischen den Knoten.

4.3 Sie können selbstverständlich kubische Splines verwenden und in der Praxis wird diese Technik auch angewendet.

4.4 Nach dem Satz über die maximale Ordnung einer Quadraturregel ist der Höchstgrad $2n + 1$. Die Klasse der Gauß-Quadraturen erreicht diese Ordnung tatsächlich. Die Knotenverteilung ist dabei gegeben durch die Nullstellen von Orthogonalpolynomen.

4.5 Die Knoten sind Nullstellen von Orthogonalpolynomen und das sind in der Regel irrationale Zahlen. Man hat also in der Regel mit zahlreichen Nachkommastellen bei den Knoten zu rechnen, was die Gauß-Quadraturen für Handrechnung unattraktiv macht.

4.6 –

4.7 –

4.8 –

4.9 –

4.10 –

4.11 –

4.12 –

4.13 –

4.14 Für das Intervall $[0, 0.1]$ erhält man mit der Trapezformel den Wert 0.0189876, also einen Fehler im Betrag von 0.000053, während die Simpson-Regel den Wert 0.0190144 und damit den Fehler von 0.0000215 liefert. Im Intervall $[0.4, 0.5]$ liefert die Trapezregel den Wert −0.0330067 und einen Fehler von 0.0000265, und die Simpson-Regel −0.0328827 mit einem Fehler von 0.0000975.

Der Fehler der (eigentlich genaueren!) Simpson-Regel ist damit höher als der der Trapezregel. Unsere Fehlerabschätzungen basieren stets auf der Differenzierbarkeit von f. Ist diese Differenzierbarkeit wie in diesem Fall nicht gegeben, macht die Verwendung eines aufwendigeren Verfahrens keinen Sinn.

4.15 Für die Gauß-Quadratur mit zwei Stützstellen ergibt sich

$$Q^{\mathrm{G}}\left[\frac{1}{1+x^4}\right] = \frac{1}{1+\left(\frac{-1}{\sqrt{3}}\right)^4} + \frac{1}{1+\left(\frac{1}{\sqrt{3}}\right)^4}$$

mit $x_0 = -x_1 = -1/\sqrt{3}$ und $\alpha_0 = \alpha_1 = 1$. Die affine Transformation auf $[0, 1]$ liefert

$$y_i := \frac{x_i + 1}{2}, \quad \widetilde{\alpha}_i := \frac{\alpha_i}{2}, \quad i = 0, 1,$$

und damit

$$\widetilde{Q}_2^{\mathrm{G}}\left[\frac{1}{1+x^4}\right] = \frac{1}{2}\left(\frac{1}{1+\left(\frac{1-\frac{1}{\sqrt{3}}}{2}\right)^4} + \frac{1}{1+\left(\frac{1+\frac{1}{\sqrt{3}}}{2}\right)^4}\right) = 0.85952249.$$

Die Gauß-Quadratur mit vier Knoten liefert den Wert 0.86695566. Der Fehler liegt also für die Formel mit zwei Knoten bei 0.0075 und für die Formel mit vier Knoten bei 0.00001733.

Kapitel 5

5.1 –

5.2 Es gibt positiv definite Matrizen, für die das Jacobi-Verfahren nicht konvergiert.

5.3 –

5.4 –

5.5 –

5.6 –

5.7 –

5.8 –

5.9 –

5.10 Die Spektralradien lauten $\rho(\boldsymbol{M}_J) = \sqrt{\frac{41}{100}}$, $\rho(\boldsymbol{M}_{GS}) = \frac{41}{100}$. Die Matrix ist konsistent geordnet und der optimale Relaxationsparameter hat den Wert $\omega \approx 1.131$.

5.11 Es sind 7 Iterationen.

5.12 –

5.13 Wir erhalten

$$\boldsymbol{A} = \underbrace{\begin{pmatrix} 1 & 0 & 0 \\ 1 & 1 & 0 \\ 2 & 3 & 1 \end{pmatrix}}_{=\boldsymbol{L}} \underbrace{\begin{pmatrix} 1 & 4 & 5 \\ 0 & 2 & 6 \\ 0 & 0 & 3 \end{pmatrix}}_{=\boldsymbol{R}}.$$

5.14 Es gilt

$$\boldsymbol{A} = \underbrace{\begin{pmatrix} \frac{\sqrt{2}}{2} & \frac{\sqrt{2}}{2} \\ -\frac{\sqrt{2}}{2} & \frac{\sqrt{2}}{2} \end{pmatrix}}_{=\boldsymbol{Q}} \underbrace{\begin{pmatrix} \sqrt{2} & \sqrt{2} \\ 0 & 2\sqrt{2} \end{pmatrix}}_{=\boldsymbol{R}}.$$

5.15 Es gilt

$$\boldsymbol{A} = \underbrace{\begin{pmatrix} 3 & 0 & 0 \\ 1 & 4 & 0 \\ 3 & 2 & 2 \end{pmatrix}}_{=\boldsymbol{L}} \underbrace{\begin{pmatrix} 3 & 1 & 3 \\ 0 & 4 & 2 \\ 0 & 0 & 2 \end{pmatrix}}_{=\boldsymbol{L}^T}.$$

5.16 –

Kapitel 6

6.1 –

6.2 –

6.3 –

6.4 –

6.5 –

6.6 –

6.7 –

6.8 –

6.9 –

6.10 $\sigma(A) \subseteq \bigcup_{i=1}^{3} K_i$ mit $K_1 = K(3,5)$, $K_2 = K(4,3)$ und $K_3 = K(-4,1)$.

6.11 $\sigma(A) \subset [-4,8] + [-2\mathrm{i}, 2\mathrm{i}]$.

6.12 Die Eigenwerte lauten $\lambda_1 = \frac{3}{2} + \frac{1}{2}\sqrt{17} \approx 3.56$, $\lambda_1 = 1$ und $\lambda_3 = \frac{3}{2} - \frac{1}{2}\sqrt{17} \approx -0.56$. Dabei liegen wie zu erwarten alle Eigenwerte in der Menge $[-2,4] + [-2\mathrm{i}, 2\mathrm{i}]$.

6.13 Die Gerschgorin-Kreise lauten

$$\begin{aligned} K_1 &= K(1, 2.4), \quad K_2 = K(2.7, 1.5) \\ K_3 &= K(5, 0.4), \quad K_4 = K(-1, 3.1) . \end{aligned}$$

Die Konvergenzrate q der Potenzmethode erfüllt $q < 0.914$.

6.14 Die Matrix ist spaltenstochastisch und besitzt zwei linear unabhängige Eigenvektoren zum Eigenwert $\lambda = 1$.

Kapitel 7

7.1 Die Eindeutigkeit der Lösung ist dabei nur noch im Fall der Maximumnorm und nicht mehr bei der Betrachtung der Betragssummennorm gegeben.

7.2 –

7.3 Die Aussage ist richtig.

7.4 Nein.

7.5 –

7.6 –

7.7 –

7.8

$$\begin{aligned} \Phi(t) &= \frac{1}{340}\left(104\,\Phi_0(t) + 1\,\Phi_1(t) + 209\,\Phi_2(t)\right) \\ &= \frac{1}{340}\left(210\,t^2 + 102\,t\right) \end{aligned}$$

Das Polynom ist unabhängig von der Variation der Koeffizienten innerhalb des Lösungsraums der Normalgleichungen.

7.9 $y(t) = -\sin t - \frac{1}{3}\cos t$

7.10

$$\begin{aligned} &y\text{-Werte:} \quad g(t) = 2.04 + 1.94\,t, \quad p(t) = 0.969 + 1.004\,t^2 \\ &z\text{-Werte:} \quad g(t) = -2.89 + 1.99\,t, \quad p(t) = -3.072 + 0.724\,t^2 \end{aligned}$$

7.11

$$A^{\dagger} = \frac{1}{125}\begin{pmatrix} 3 & 6 \\ 4 & 8 \end{pmatrix}.$$

7.12

$$p(t) = 2 + 0.6\,t$$

7.13

$$s(v) = \frac{1}{100}(5.71\,v + 12.68\,v^2)$$

7.13 Die allgemeine Lösungsdarstellung lautet

$$x = \frac{1}{2}\begin{pmatrix} 5 \\ 3 \\ 0 \end{pmatrix} + \lambda \begin{pmatrix} -1 \\ -1 \\ 1 \end{pmatrix} \quad \text{mit } \lambda \in \mathbb{R}.$$

Dabei stellt

$$x = \frac{1}{6}\begin{pmatrix} 7 \\ 1 \\ 8 \end{pmatrix}$$

die Optimallösung dar.

Kapitel 8

8.1 Das Bisektionsverfahren liefert als beste Schätzung der Nullstelle $x_n = (a_n + b_n)/2$, wobei $[a_n, b_n]$ das im n-ten Schritt durch Bisektion konstruierte Teilintervall ist. Division durch $2 = (10)_2$ bedeutet im Dualsystem das Streichen der letzten Stelle des Dividenden („Rechtsshift").

8.2 Als absoluter Fehler im n-ten Schritt ergibt sich

$$|\xi - x_n| \leq \frac{b_n - a_n}{2^n}.$$

8.3 –

8.4 –

8.5 –

8.6 –

8.7 –

8.8 –

8.9 –

8.10 –

8.11 –

8.12 –

8.13 –

8.14 –

8.15 –

Kapitel 9

9.1 Das Verfahren ist genau dann explizit, wenn $\gamma = 0$ gilt. Konsistenzordnung $p = 1$ liegt für alle γ vor. Konsistenzordnung $p = 2$ gilt ausschließlich für $\gamma = 0.5$.

9.2 –

9.3 –

9.4 –

9.5 –

9.6 –

9.7 –

9.8 –

9.9 –

9.10 –

9.11 –

9.12 –

9.13 –

9.14 $S = \{\xi \in \mathbb{C} \mid |1 + \xi| < 1\}$

9.15 Die Konsistenzordnung ist $p = 4$.

9.16 Es handelt sich um ein Verfahren dritter Ordnung.

9.17 –

9.18 c_2 beliebig und $c_3 = \frac{1}{2}$.

9.19 –

9.20 Das Verfahren besitzt genau die Konsistenzordnung $p = 3$.

9.21 –

9.22 –

9.23 –

Lösungswege

Kapitel 2

2.1 –

2.2 Natürlich muss immer die Angabe $x \to x_0$ Aussagen mit den Landau-Symbolen begleiten.

Reflektieren Sie die Definition: $S_x = \mathcal{O}(x^3)$ für $x \to x_0$ bedeutet die Existenz einer Konstanten c und eines $\varepsilon > 0$, sodass

$$|S_x| \leq c|x^3|$$

für alle x mit $|x - x_0| < \varepsilon$ gilt. Es muss also $\left|\frac{S_x}{x^3}\right|$ eine Konstante sein. Wegen

$$\frac{S_x}{x^3} = \frac{1}{3} + \frac{1}{2x} + \frac{1}{6x^2}$$

ist aber S_x/x^3 unbeschränkt für $x \to 0$. Andererseits gilt $\lim_{x\to\infty} S_x/x^3 = \frac{1}{3}$. Es gilt also

$$S_x = \mathcal{O}(x^3), \quad x \to \infty,$$

aber sicher nicht für $x \to 0$. Ganz analog sehen wir, dass

$$S_x = \mathcal{O}(x), \quad x \to 0,$$

aber das gilt sicher nicht für $x \to \infty$, da in diesem Fall S_x/x unbeschränkt ist.

2.3 Das Leibniz-Kriterium für alternierende Reihen lehrt, dass der Fehler bei Abbruch der Summation nicht größer ist als der erste fortgelassene Summand. Im Fall von $x = 0.5$ erhalten wir

$$\begin{aligned}\cos 0.5 &= 1 - 0.125 + 0.0026041 - 0.000217 \pm \ldots\\ &\approx 0.877582.\end{aligned}$$

Der erste fortgelassene Summand ist $x^8/8! \approx 0.0000001$ und der Fehler der obigen Formel ist damit kleiner als dieser Wert! Alle Nachkommastellen sind demnach korrekt.

Im Fall $x = 2$ ist $x^8/8! \approx 0.00635$ und die obige Summe mit nur vier Summanden wäre höchstens in der ersten Nachkommastelle korrekt. Um die gleiche Genauigkeit wie für $x = 0.5$ zu erreichen, muss bis $x^{13}/13!$ summiert werden, denn $x^{14}/14! \approx 0.0000002$.

2.4 Ist $y \in E$, dann ist

$$Ty = \begin{pmatrix} y(0) - y_0 \\ y'(x) - f(x,y) \end{pmatrix} \in F.$$

Für die Operatoren L_1 und L_2 gilt

$$\begin{aligned} L_1 y(kh) &= y(kh),\\ L_2 \boldsymbol{d} &= \begin{cases} d_0; & k = 0,\\ d((k-1)h); & k = 1, 2, \ldots, n, \end{cases}\end{aligned}$$

wobei

$$\boldsymbol{d} := \begin{pmatrix} d_0 \\ d(x) \end{pmatrix}.$$

Schließlich ist der Operator ϕ_h gegeben durch

$$\begin{aligned}&\phi_h(T)(kh)\\ &= \begin{cases} Y_0 - y_0; & k = 0\\ \frac{Y(kh) - Y((k-1)h)}{h} - f(Y((k-1)h)); & k = 1, 2, \ldots, n \end{cases}\end{aligned}$$

Die diskreten Räume E_h und F_h sind beides Räume von Funktionen vom Gitter nach $\mathbb{R}$, jeweils mit den konkordanten Normen

$$\begin{aligned}\|Y\|_{E_h} &:= \max_{k=0,1,\ldots,n} |Y(kh)|,\\ \|\delta\|_{F_h} &:= |\delta_0| + \max_{k=0,1,\ldots,n} |\delta(kh)|\end{aligned}$$

versehen.

2.5 Wir können für $i = 1, 2, \ldots, n$

$$\widetilde{x}_i - e \leq x_i \leq \widetilde{x}_i + e$$

schreiben. Summation über i liefert

$$\sum_{i=1}^n \widetilde{x}_i - ne \leq \sum_{i=1}^n x_i \leq \sum_{i=1}^n \widetilde{x}_i + ne,$$

also

$$-ne \leq \sum_{i=1}^n x_i - \sum_{i=1}^n \widetilde{x}_i \leq ne,$$

was zu beweisen war.

2.6 Es ist $S_n = \frac{1}{3}n^3 + \frac{1}{2}n^2 + \frac{1}{6}n$.

(a) Eine Abschätzung mit der Dreiecksungleichung liefert

$$\begin{aligned}\left|\frac{1}{3}n^3 + \frac{1}{2}n^2 + \frac{1}{6}n\right| &\leq \frac{1}{3}\left|n^3\right| + \frac{1}{2}\left|n^2\right| + \frac{1}{6}|n| \\ &\leq \frac{1}{3}\left|n^3\right| + \frac{1}{2}\left|n^3\right| + \frac{1}{6}\left|n^3\right| \\ &= \left|n^3\right|.\end{aligned}$$

Natürlich kann der Betrag entfallen, da $n \in \mathbb{N}$ und alle Ausdrücke positiv sind.

(b) Folgt aus (a), denn $|S_n| \leq \frac{1}{3}|n^3| + \frac{1}{2}|n^2| + \frac{1}{6}|n|$ und $\frac{1}{2}|n^2| + \frac{1}{6}|n| = \mathcal{O}(n^2)$.

(c) Da $n \in \mathbb{N}$, gilt für alle $k \geq 3$ natürlich $S_n = \mathcal{O}(n^k)$, also auch für $k = 42$.

Die Angabe (b) ist spezifischer als (a). Abschätzung (c) gilt, aber ist sehr grob.

2.7 Die Taylorentwicklungen

$$\begin{aligned}u(x+h) &= u(x) + hu'(x) + \frac{h^2}{2}u''(x) + \frac{h^3}{3!}u'''(x) + \mathcal{O}(h^4), \\ u(x-h) &= u(x) - hu'(x) + \frac{h^2}{2}u''(x) - \frac{h^3}{3!}u'''(x) + \mathcal{O}(h^4)\end{aligned}$$

liefern

$$u(x+h) + u(x-h) = 2u(x) + h^2u''(x) + \mathcal{O}(h^4),$$

also

$$Du = \frac{u(x+h) - 2u(x) + u(x-h)}{h^2} = u''(x) + \mathcal{O}(h^2).$$

Benutzen wir den Operator $Lu(x) := u_h(x) := u(x)|_{\mathbb{G}}$, um unsere kontinuierlichen Größen auf ein Gitter $\mathbb{G}$ mit Maschenweite h zu transferieren, dann folgt für den Approximationsfehler

$$\|Du_h - (\mathrm{d}^2u/\mathrm{d}x^2)_h\|_{F_h} = \mathcal{O}(h^2).$$

2.8

(a) Für die absoluten Fehler ergeben sich auf sechs Stellen gerundet

$$\begin{aligned}\phi_1 &= x_1 - \pi = \frac{22}{7} - 3.141593 = 0.001264, \\ \phi_2 &= x_2 - \pi = \frac{355}{113} - 3.141593 = 0.\end{aligned}$$

(b) Für den Umfang ($2\pi r$) des Kreises mit Radius $r = 5\,\mathrm{m}$ gilt $U(\pi) = 10\pi\,\mathrm{m}$, also $U(x_i) = 10x_i$. Nach dem Fortpflanzungsgesetz für absolute Fehler gilt

$$\Delta U_i \doteq U'(x_i)\phi_i,$$

also für $i = 1$

$$\Delta U_1 \doteq 10\,\mathrm{m} \cdot 0.001264 = 0.01264\,\mathrm{m}.$$

Wir erhalten damit im Fall von x_1 die Abschätzung

$$10\pi\ \mathrm{m} - 1.26\,\mathrm{cm} \leq U \leq 10\pi\ \mathrm{m} - 1.26\mathrm{cm}.$$

Im Fall von x_2 erhalten wir (im Rahmen der gewählten Genauigkeit) das exakte Ergebnis.

2.9 Sie müssten $\sum_{k=1}^{100} \sqrt{k} \approx 671.38$ erhalten haben. Da Sie nur mit zwei Nachkommastellen gerechnet haben, ist der maximale Fehler je Summand $e = 0.005$. Nach Aufgabe 2.5 erhalten wir damit den Maximalfehler $100 \cdot 0.005 = 0.5$, sodass unsere Summe nicht einmal in der ersten Nachkommastelle richtig ist!

2.10

(a) Die Inverse von $\boldsymbol{A} = \begin{pmatrix} 1 & 1 \\ \frac{2}{21} & \frac{1}{9} \end{pmatrix}$ ist $\boldsymbol{A}^{-1} = \begin{pmatrix} 7 & -63 \\ -6 & 63 \end{pmatrix}$. Dementsprechend lauten die Frobenius-Normen

$$\begin{aligned}\|\boldsymbol{A}\|_F &= \sqrt{\sum_{i=1}^{2}\sum_{j=1}^{2}|a_{ij}|^2 = 1 + 1 + \frac{4}{441} + \frac{1}{81}} \\ &= 2.021416\end{aligned}$$

und entsprechend $\|\boldsymbol{A}^{-1}\|_F = 49 + 26\,569 + 36 + 26\,569 = 53\,223$. Damit ergibt sich für die Kondition

$$\kappa(\boldsymbol{A}) = \|\boldsymbol{A}\|_F\|\boldsymbol{A}^{-1}\|_F = 107\,585.824.$$

Man würde das Gleichungssystem also als schlecht konditioniert bezeichnen.

(b) Das Gleichungssystem lösen ist äquivalent zur Berechnung des Schnittpunktes der beiden Geraden

$$\begin{aligned}x + y &= 22, \\ \frac{2}{21}x + \frac{1}{9}y &= \frac{43}{20}.\end{aligned}$$

Die Steigung der ersten Geraden ist $m_1 = -1$ wegen $y = -x + 22$, die Steigung der zweiten Geraden ist $m_2 = -18/21$ wegen $y = -\frac{18}{21}x + \frac{387}{20}$. Ihr Schnittwinkel ist mithin

$$\begin{aligned}\alpha &= \arctan(m_1) - \arctan(m_2) \\ &= \arctan(-1) - \arctan\left(-\frac{18}{21}\right) \\ &= -45° + 40.6013° = -4.3987°.\end{aligned}$$

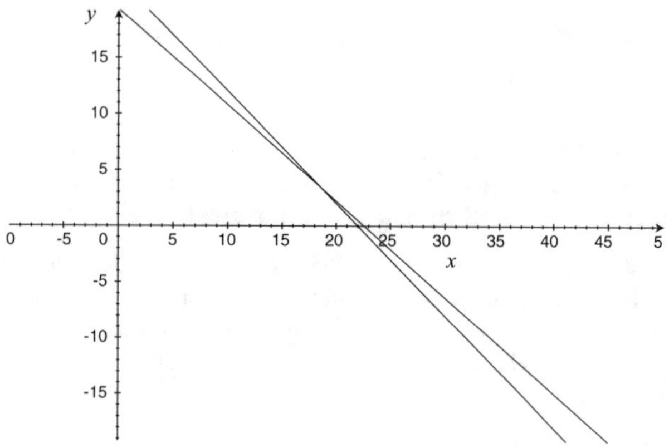

Dieser harmlos erscheinende Wert des Schnittwinkels erweist sich erst bei einer Veranschaulichung der beiden Geraden als das eigentliche Problem. Die schlechte Kondition des Gleichungssystems bedeutet geometrisch einen sehr kleinen Schnittwinkel der beiden Geraden.

2.11 Die Eigenwerte von $\boldsymbol{A}$ sind die Nullstellen des charakteristischen Polynoms

$$p_{\boldsymbol{A}}(\lambda) = \begin{vmatrix} 1-\lambda & 1 \\ 1 & -\lambda \end{vmatrix} = \lambda^2 - \lambda - 1.$$

Mit quadratischer Ergänzung folgt für die Nullstellen

$$\left(\lambda - \frac{1}{2}\right)^2 - \frac{5}{4} = 0,$$

also

$$\lambda_{1,2} = \frac{1}{2} \pm \frac{1}{2}\sqrt{5} = \frac{1}{2}(1 \pm \sqrt{5}).$$

Der Spektralradius ist der betragsgrößte Eigenwert von $\boldsymbol{A}$, hier also

$$\rho(\boldsymbol{A}) = \frac{1}{2}(1 + \sqrt{5}).$$

Zur Berechnung der Spektralnorm benötigen wir das Produkt

$$\boldsymbol{A}^*\boldsymbol{A} = \begin{pmatrix} 1 & 1 \\ 1 & 0 \end{pmatrix}\begin{pmatrix} 1 & 1 \\ 1 & 0 \end{pmatrix} = \begin{pmatrix} 2 & 1 \\ 1 & 1 \end{pmatrix}.$$

Wieder benötigen wir die Eigenwerte aus den Nullstellen des charakteristischen Polynoms

$$\begin{aligned} p_{\boldsymbol{A}^*\boldsymbol{A}}(\lambda) &= (2-\lambda)(1-\lambda) - 1 \\ &= \lambda^2 - 3\lambda + 1 = \left(\lambda - \frac{3}{2}\right)^2 - \frac{5}{4}, \end{aligned}$$

also

$$\lambda_{1,2} = \frac{3}{2} \pm \frac{1}{2}\sqrt{5} = \frac{3 \pm \sqrt{5}}{2}.$$

Damit ist $\rho(\boldsymbol{A}^*\boldsymbol{A}) = \frac{3+\sqrt{5}}{2}$ und wir erhalten

$$\|\boldsymbol{A}\|_2 = \sqrt{\rho(\boldsymbol{A}^*\boldsymbol{A})} = \sqrt{\frac{3+\sqrt{5}}{2}}.$$

Kapitel 3

3.1 –

3.2 –

3.3 –

3.4 Wir hätten den Weierstraß'schen Approximationssatz auch so formulieren können: Zu jeder auf $[a, b]$ stetigen Funktion f und für alle $\varepsilon > 0$ gibt es ein $n = n(\varepsilon) \in \mathbb{N}$ und ein Polynom p_n vom Grad nicht höher als n, sodass

$$|f(x) - p_n(x)| < \varepsilon$$

für alle $x \in [a, b]$ gilt, also

$$\|f - p_n\|_\infty < \varepsilon.$$

In dieser Formulierung sieht man, dass der Grad des Polynoms natürlich nicht fest ist, sondern mit der Vorgabe des $\varepsilon > 0$ variiert. Im Gegensatz dazu sagt die Existenz der Bestapproximation, dass man unter allen $p \in \Pi^n([a, b])$ stets ein Polynom p^* findet, sodass

$$\|f - p^*\|_\infty = \min_{p \in \Pi^n([a,b])} \|f - p\|_\infty$$

gilt. Ist f selbst kein Polynom, dann kann man die rechte Seite nicht kleiner als ein beliebig wählbares $\varepsilon > 0$ machen.

3.5 Wir beweisen durch Induktion über k. Für $k = 1$ gilt

$$\begin{aligned} f[x_i, x_{i+1}] &= \frac{f[x_{i+1}] - f[x_i]}{x_{i+1} - x_i} \\ &= \frac{f(x_i)}{x_i - x_{i+1}} + \frac{f(x_{i+1})}{x_{i+1} - x_i} \\ &= \sum_{\ell=i}^{i+1} \frac{f(x_\ell)}{\prod\limits_{\substack{k=i \\ k \neq \ell}}^{i+1} (x_\ell - x_k)}. \end{aligned}$$

Für $k = 2$ finden wir

$$\begin{aligned} f[x_i, x_{i+1}, x_{i+2}] &= \frac{f[x_{i+1}, x_{i+2}] - f[x_i, x_{i+1}]}{x_{i+2} - x_i} \\ &= \frac{f[x_{i+2}] - f[x_{i+1}]}{(x_{i+2} - x_{i+1})(x_{i+2} - x_i)} \\ &\quad - \frac{f[x_{i+1}] - f[x_i]}{(x_{i+1} - x_i)(x_{i+2} - x_i)}. \end{aligned}$$

Durch Auseinanderziehen und Erweitern in der Form

$$\begin{aligned} f[x_i, x_{i+1}, x_{i+2}] &= \frac{f(x_{i+2})}{(x_{i+2} - x_{i+1})(x_{i+2} - x_i)} \\ &\quad - \frac{f(x_{i+1})(x_{i+1} - x_i)}{(x_{i+2} - x_{i+1})(x_{i+2} - x_i)(x_{i+1} - x_i)} \\ &\quad - \frac{f(x_{i+1})(x_{i+2} - x_{i+1})}{(x_{i+1} - x_i)(x_{i+2} - x_i)(x_{i+2} - x_{i+1})} \\ &\quad + \frac{f(x_i)}{(x_{i+1} - x_i)(x_{i+2} - x_i)} \end{aligned}$$

erhalten wir schließlich

$$\begin{aligned} f[x_i, x_{i+1}, x_{i+2}] &= \frac{f(x_i)}{(x_i - x_{i+1})(x_i - x_{i+2})} \\ &\quad + \frac{f(x_{i+1})}{(x_{i+1} - x_i)(x_{i+1} - x_{i+2})} \\ &\quad + \frac{f(x_{i+2})}{(x_{i+2} - x_i)(x_{i+2} - x_{i+1})} \\ &= \sum_{\ell=i}^{i+2} \frac{f(x_\ell)}{\prod\limits_{\substack{m=i\\ m\neq\ell}}^{i+2} (x_\ell - x_m)}. \end{aligned}$$

Jetzt zum Induktionsschluss. Die Behauptung sei richtig für

$$f[x_i, \dots, x_{i+k-1}] = \sum_{\ell=i}^{i+k-1} \frac{f(x_\ell)}{\prod\limits_{\substack{m=i\\ m\neq\ell}}^{i+k-1} (x_\ell - x_m)}$$

und

$$f[x_{i+1}, \dots, x_{i+k}] = \sum_{\ell=i+1}^{i+k} \frac{f(x_\ell)}{\prod\limits_{\substack{m=i+1\\ m\neq\ell}}^{i+k} (x_\ell - x_m)}.$$

Nach Definition der dividierten Differenzen gilt

$$\begin{aligned} f[x_i, \dots, x_{i+k}] &= \frac{f[x_{i+1}, \dots, x_{i+k}] - f[x_i, \dots, x_{i+k-1}]}{x_{i+k} - x_i} \\ &= \frac{f[x_{i+1}, \dots, x_{i+k}]}{x_{i+k} - x_i} - \frac{f[x_i, \dots, x_{i+k-1}]}{x_{i+k} - x_i} \\ &= \sum_{\ell=i+1}^{i+k} \frac{f(x_\ell)}{\Big(\prod\limits_{\substack{m=i+1\\ m\neq\ell}}^{i+k} (x_\ell - x_m)\Big)(x_{i+k} - x_i)} \\ &\quad - \sum_{\ell=i}^{i+k-1} \frac{f(x_\ell)}{\Big(\prod\limits_{\substack{m=i\\ m\neq\ell}}^{i+k-1} (x_\ell - x_m)\Big)(x_{i+k} - x_i)}. \end{aligned}$$

Lösen wir die beiden Summen auf in der Form

$$\begin{aligned} f[x_i, \dots, x_{i+k}] &= \frac{f(x_i)}{\Big(\prod\limits_{\substack{m=i\\ m\neq i}}^{i+k-1} (x_i - x_m)\Big)(x_i - x_{i+k})} \\ &\quad + \frac{f(x_{i+k})}{\Big(\prod\limits_{\substack{m=i+1\\ m\neq i+k}}^{i+k} (x_{i+k} - x_m)\Big)(x_{i+k} - x_i)} \\ &\quad + \sum_{\ell=i+1}^{i+k-1} \left(\frac{f(x_\ell)(x_\ell - x_i)}{\Big(\prod\limits_{\substack{m=i+1\\ m\neq\ell}}^{i+k} (x_\ell - x_m)\Big)(x_{i+k} - x_i)(x_\ell - x_i)} \right. \\ &\qquad \left. - \frac{f(x_\ell)(x_\ell - x_{i+k})}{\Big(\prod\limits_{\substack{m=i\\ m\neq\ell}}^{i+k-1} (x_\ell - x_m)\Big)(x_{i+k} - x_i)(x_\ell - x_{i+k})} \right), \end{aligned}$$

dann ergibt sich die letzte große Klammer in der Summe gerade zu

$$\frac{f(x_\ell)}{\prod\limits_{\substack{m=i\\ m\neq\ell}}^{i+k} (x_\ell - x_m)}$$

und eine Indexverschiebung in den beiden ersten Summanden führt dann auf

$$\begin{aligned} f[x_i, \dots, x_{i+k}] &= \frac{f(x_i)}{\prod\limits_{\substack{m=i\\ m\neq i}}^{i+k} (x_i - x_m)} + \frac{f(x_{i+k})}{\prod\limits_{\substack{m=i\\ m\neq i+k}}^{i+k} (x_{i+k} - x_m)} \\ &\quad + \sum_{\ell=i+1}^{i+k-1} \frac{f(x_\ell)}{\prod\limits_{\substack{m=i\\ m\neq\ell}}^{i+k} (x_\ell - x_m)} \\ &= \sum_{\ell=i}^{i+k} \frac{f(x_\ell)}{\prod\limits_{\substack{m=i\\ m\neq\ell}}^{i+k} (x_\ell - x_m)}. \end{aligned}$$

3.6 Sei $P := \prod_{0\le i<j\le n}(x_j - x_i)$. Für $0 \le \ell \le n$ bemerken wir

$$\begin{aligned} P &= (x_1 - x_0)(x_2 - x_0)\cdot\ldots\cdot\underline{(x_\ell - x_0)}\cdot\ldots\cdot\cdots(x_n - x_0) \\ &\quad \cdot (x_2 - x_1)(x_3 - x_1)\cdot\ldots\cdot\underline{(x_\ell - x_1)}\cdot\ldots\cdot(x_n - x_1) \\ &\quad \cdot\ldots \\ &\quad \cdot \underline{(x_\ell - x_{\ell-1})}(x_{\ell+1} - x_{\ell-1})\cdot\ldots\cdot(x_n - x_{\ell-1}) \\ &\quad \cdot \underline{(x_{\ell+1} - x_\ell)}\,\underline{(x_{\ell+2} - x_\ell)}\cdot\ldots\cdot\underline{(x_n - x_\ell)} \\ &\quad \cdot (x_{\ell+2} - x_{\ell+1})(x_{\ell+3} - x_{\ell+1})\cdot\ldots\cdot(x_n - x_{\ell+1}) \\ &\quad \cdot\ldots \\ &\quad \cdot (x_n - x_{n-1}) \\ &= \underbrace{(x_\ell - x_0)(x_\ell - x_1)\cdot\ldots\cdot(x_\ell - x_{\ell-1})}_{\text{Alle unterstrichenen Terme der ersten } \ell \text{ Zeilen}} \\ &\quad \cdot \underbrace{(-1)^{n-\ell}\,[(x_\ell - x_{\ell+1})\cdot\ldots\cdot(x_\ell - x_n)]}_{\substack{\text{Alle unterstrichenen Terme in Zeile}\\ \ell+1 \text{ mit jeweils reversem Vorzeichen}}} \\ &\quad \cdot \underbrace{\prod_{\substack{0\le i<j\le n\\ i,j\neq\ell}} (x_j - x_i)}_{\text{Alle nichtunterstrichenen Terme}} \end{aligned}$$

Schreiben wir unsere Umformung in etwas abgekürzter Form auf, dann ergibt sich

$$\prod_{0\le i<j\le n} (x_j - x_i) = (-1)^{n-\ell} \prod_{\substack{m=0\\ m\neq\ell}}^{n} (x_\ell - x_m) \cdot \prod_{\substack{0\le i<j\le n\\ i,j\neq\ell}} (x_j - x_i).$$

Setzen wir die eben gewonnene Darstellung in Darstellung I ein, dann folgt

$$f[x_0,\dots,x_n] = \sum_{\ell=0}^{n} \frac{f(x_\ell)}{\prod\limits_{\substack{m=0\\ m\neq\ell}}^{n}(x_\ell - x_m)} \tag{A.1}$$

$$= \sum_{\ell=0}^{n} \frac{(-1)^{n-\ell} f(x_\ell) \prod\limits_{\substack{0\le i<j\le n\\ i,j\neq\ell}} (x_j - x_i)}{\prod\limits_{0\le i<j\le n}(x_j - x_i)}.$$

Wir untersuchen nun Darstellungen einer Determinante. Entwicklung nach den Elementen der $(n+1)$-ten Zeile von

$$D := \begin{vmatrix} 1 & 1 & \cdots & 1 \\ x_0 & x_1 & \cdots & x_n \\ \vdots & \vdots & \ddots & \vdots \\ x_0^{n-1} & x_1^{n-1} & \cdots & x_n^{n-1} \\ f(x_0) & f(x_1) & \cdots & f(x_n) \end{vmatrix}$$

liefert

$$D = (-1)^{n+2} f(x_0) \begin{vmatrix} 1 & \cdots & 1 \\ x_1 & \cdots & x_n \\ \vdots & \ddots & \vdots \\ x_1^{n-1} & \vdots & x_n^{n-1} \end{vmatrix}$$

$$+ (-1)^{n+3} f(x_1) \begin{vmatrix} 1 & 1 & \cdots & 1 \\ x_0 & x_2 & \vdots & x_n \\ \vdots & \vdots & \ddots & \vdots \\ x_0^{n-1} & x_2^{n-1} & \cdots & x_n^{n-1} \end{vmatrix}$$

$$+ \dots$$

$$+ (-1)^{2n+2} f(x_n) \begin{vmatrix} 1 & \cdots & 1 \\ x_0 & \cdots & x_{n-1} \\ \vdots & \ddots & \vdots \\ x_0^{n-1} & \cdots & x_{n-1}^{n-1} \end{vmatrix}.$$

Wir haben damit die Darstellung

$$D = \sum_{\ell=0}^{n} (-1)^{n+\ell+2} f(x_\ell) \prod_{\substack{0\le i<j\le n\\ i,j\neq\ell}} (x_j - x_i)$$

gewonnen. Ist $n+\ell$ ungerade, dann auch $n-\ell$, und ist $n+\ell$ gerade, dann auch $n-\ell$. Wir haben daher

$$D = \sum_{\ell=0}^{n} (-1)^{n-\ell} f(x_\ell) \prod_{\substack{0\le i<j\le n\\ i,j\neq\ell}} (x_j - x_i)$$

und setzen wir dies nun in (A.1) ein, dann ergibt sich die gesuchte Darstellung

$$f[x_0,\dots,x_n] = \frac{D}{\det \boldsymbol{V}(x_0,\cdots,x_n)}.$$

3.7 Der Beweis der Hermite'schen Darstellung wird mit vollständiger Induktion geführt. Für $n=1$ erhalten wir

$$\int_0^1 f'(u_1)\,\mathrm{d}t_1 = \int_0^1 f'((1-t_1)x_0 + t_1x_1)\,\mathrm{d}t_1$$

$$= \left.\frac{f((1-t_1)x_0 + t_1x_1)}{x_1 - x_0}\right|_{t_1=0}^{1}$$

$$= \frac{f(x_1) - f(x_0)}{x_1 - x_0}.$$

Nun sei die behauptete Darstellung richtig für n. Es gilt

$$\int_0^{t_n} f^{(n+1)}(u_{n+1})\mathrm{d}t_{n+1}$$

$$= \left.\frac{f^{(n)}((1-t_1)x_0 + (t_1-t_2)x_1 + \ldots + (t_n - t_{n+1})x_n + t_{n+1}x_{n+1})}{x_{n+1} - x_n}\right|_{t_{n+1}=0}^{t_n}$$

$$= \frac{f^{(n)}((1-t_1)x_0 + (t_1-t_2)x_1 + \ldots + (t_{n-1}-t_n)x_{n-1} + t_nx_{n+1})}{x_{n+1} - x_n}$$

$$- \frac{f^{(n)}((1-t_1)x_0 + (t_1-t_2)x_1 + \ldots + (t_{n-1}-t_n)x_{n-1} + t_nx_n)}{x_{n+1} - x_n}$$

$$= \frac{f^{(n)}(u_n)}{x_n - x_{n+1}}$$

$$- \frac{f^{(n)}((1-t_1)x_0 + (t_1-t_2)x_1 + \ldots + (t_{n-1}-t_n)x_{n-1} + t_nx_{n+1})}{x_n - x_{n+1}}$$

und damit folgt

$$\int_0^1\int_0^{t_1}\cdots\int_0^{t_n} f^{(n+1)}(u_{n+1})\,\mathrm{d}t_{n+1}$$

$$= \frac{f[x_0,\dots,x_{n-1},x_n] - f[x_0,\dots,x_{n-1},x_{n+1}]}{x_n - x_{n+1}},$$

was nach dem Satz über die Symmetrie der dividierten Differenzen auf S. 47 dasselbe ist wie

$$\frac{f[x_n,x_1,x_2,\dots,x_{n-1},x_0] - f[x_1,x_2,\dots,x_{n-1},x_0,x_{n+1}]}{x_n - x_{n+1}}.$$

Nun gilt

$$f[x_n,x_1,\dots,x_{n-1},x_0,x_{n+1}]$$

$$= \frac{f[x_1,\dots,x_{n-1},x_0,x_{n+1}] - f[x_n,x_1,\dots,x_{n-1},x_0]}{x_{n+1} - x_n}$$

und wiederum wegen des Satzes über die Symmetrie der dividierten Differenzen

$$f[x_n,x_1,\dots,x_{n-1},x_0,x_{n+1}] = f[x_0,\dots,x_{n+1}].$$

Damit folgt

$$\int_0^1 \int_0^{t_1} \cdots \int_0^{t_n} f^{(n+1)}(u_{n+1})\,\mathrm{d}t_{n+1}\ldots \mathrm{d}t_1 = f[x_0,\ldots,x_{n+1}].$$

3.8 Mit dem Ansatz

$$\begin{aligned} p(x) &= \sum_{i=0}^{n} a_i(x-x_0)^i \\ &= a_0 + a_1(x-x_0) + a_2(x-x_0)^2 + \ldots + a_n(x-x_0)^n \end{aligned}$$

folgt

$$\begin{aligned} p'(x) &= a_1 + 2a_2(x-x_0) + 3a_3(x-x_0)^2 + \ldots \\ &\quad + na_n(x-x_0)^{n-1} \\ p''(x) &= 2a_2 + 2\cdot 3a_3(x-x_0) + \ldots + n(n-1)(x-x_0)^{n-2}, \\ p'''(x) &= 2\cdot 3a_3 + 2\cdot 3\cdot 4a_4(x-x_0) + \ldots \\ &\quad + n(n-1)(n-2)(x-x_0)^{n-3}, \\ &\vdots \\ p^{(n)}(x) &= n!a_n. \end{aligned}$$

Aus den Bedingungen $p^{(k)}(x_0) \stackrel{!}{=} f^{(k)}(x_0)$ für $k = 0, 1, \ldots, n$ erhalten wir sukzessive

$$\begin{aligned} p(x_0) &= a_0 = f(x_0), \\ p'(x_0) &= a_1 = f'(x_0), \\ p''(x_0) &= 2a_2 = f''(x_0), \\ p'''(x_0) &= 2\cdot 3a_3 = f'''(x_0), \\ &\vdots \\ p^{(n)}(x_0) &= n!a_n = f^{(n)}(x_0) \end{aligned}$$

und damit das Taylor-Polynom

$$p(x) = \sum_{i=0}^{n} \frac{f^{(i)}(x_0)}{i!}(x-x_0)^i.$$

3.9 Wir betrachten die ersten vier Datenpunkte $x_0 = 1$, $x_1 = 1+h$, $x_2 = 1+2h$, $x_3 = 1+3h$, durch die ein Interpolationspolynom vom Grad drei eindeutig bestimmt ist. Aus (3.22) erhalten wir

$$|f(x)-p(x)| = \left|(x-x_0)(x-x_1)(x-x_2)(x-x_3)\frac{f^{(4)}(\xi)}{4!}\right|$$

für ein $\min\{x, x_0, x_1, x_2, x_3\} < \xi < \max\{x, x_0, x_1, x_2, x_3\}$. Um abschätzen zu können, wählen wir auf der rechten Seite immer die maximalen Terme. Zur Berechnung des Maximums von $\omega_4(x) = (x-1)(x-1-h)(x-1-2h)(x-1-3h)$ leiten wir einmal ab und erhalten die drei reellen Nullstellen

$$x_{N,1} = \frac{h(\sqrt{5}+3)+2}{2}, \quad x_{N,2} = -\frac{h(\sqrt{5}-3)-2}{2}, \quad x_{N,3} = \frac{3h+2}{2},$$

von denen $x_{N,1}$ und $x_{N,2}$ außerhalb des Interpolationsintervalls $[1, 1+3h]$ liegen. Der Wert

$$\omega_4(x_{N,3}) = \frac{9}{16}h^4$$

liefert daher das Maximum. Für die vierte Ableitung von $f(x) = \sqrt{x}$ erhalten wir

$$f^{(4)}(x) = -\frac{15}{16}\frac{1}{\sqrt{x^7}},$$

sodass das Maximum dieser vierten Ableitung bei $x = x_0 = 1$ angenommen wird. Mit $4! = 24$ folgt damit

$$\begin{aligned} |f(x)-p(x)| &= \left|(x-x_0)(x-x_1)(x-x_2)(x-x_3)\frac{f^{(4)}(\xi)}{4!}\right| \\ &\le \frac{9}{16}h^4\frac{15}{16}\cdot\frac{1}{24}. \end{aligned}$$

Wenn die Interpolation noch bis auf die fünfte Nachkommastelle genau sein soll, dann muss

$$|f(x)-p(x)| < 0.000005$$

gelten, also

$$\frac{9}{16}h^4\frac{15}{16}\cdot\frac{1}{24} < 0.000005,$$

woraus sich für h die Abschätzung $h^4 < 0.000228$, also $h < 0.1228$ ergibt.

3.10 Bei drei gegebenen Daten ist ein Polynom vom Grad höchstens 2 gesucht.

(a) Der Ansatz

$$p(x) = a_0 + a_1x + a_2x^2$$

führt mit den gegebenen Daten auf das Gleichungssystem

$$\begin{aligned} p(0) &= a_0 \stackrel{!}{=} f_0 = 1, \\ p(1) &= a_0 + a_1 + a_2 \stackrel{!}{=} f_1 = 3, \\ p(3) &= a_0 + 3a_1 + 9a_2 \stackrel{!}{=} f_2 = 2, \end{aligned}$$

also

$$\begin{pmatrix} 1 & 0 & 0 \\ 1 & 1 & 1 \\ 1 & 3 & 9 \end{pmatrix}\begin{pmatrix} a_0 \\ a_1 \\ a_2 \end{pmatrix} = \begin{pmatrix} 1 \\ 3 \\ 2 \end{pmatrix}.$$

Als Lösung ergibt sich

$$\begin{pmatrix} a_0 \\ a_1 \\ a_2 \end{pmatrix} = \begin{pmatrix} 1 \\ \frac{17}{6} \\ -\frac{5}{6} \end{pmatrix}$$

und damit lautet das Interpolationspolynom

$$p(x) = 1 + \frac{17}{6}x - \frac{5}{6}x^2.$$

(b) Die drei Lagrange'schen Basispolynome lauten

$$\begin{aligned} L_0(x) &= \frac{x - x_1}{x_0 - x_1} \cdot \frac{x - x_2}{x_0 - x_2} = \frac{x-1}{-1} \cdot \frac{x-3}{-3} \\ &= \frac{1}{3}(x^2 - 4x + 3), \\ L_1(x) &= \frac{x - x_0}{x_1 - x_0} \cdot \frac{x - x_2}{x_1 - x_2} = \frac{x}{1} \cdot \frac{x-3}{-2} = \frac{1}{2}(3x - x^2), \\ L_2(x) &= \frac{x - x_0}{x_2 - x_0} \cdot \frac{x - x_1}{x_2 - x_1} = \frac{x}{3} \cdot \frac{x-1}{2} = \frac{1}{6}(x^2 - x). \end{aligned}$$

Damit ergibt sich das Lagrange'sche Interpolationspolynom zu

$$\begin{aligned} p(x) &= f(x_0)L_0(x) + f(x_1)L_1(x) + f(x_2)L_2(x) \\ &= \frac{1}{3}(x^2 - 4x + 3) + \frac{3}{2}(3x - x^2) + \frac{2}{6}(x^2 - x) \\ &= -\frac{5}{6}x^2 + \frac{17}{6}x + 1. \end{aligned}$$

3.11 Die erste Spalte des Neville-Tableaus

x_0	$F_{0,0}$	
x_1	$F_{1,0}$	
x_2	$F_{2,0}$	

enthält die Werte $F_{j,0} = f_j$, $j = 0, 1, 2$, also

$x_0 = 0$	1	
$x_1 = 1$	3	
$x_2 = 3$	2	

Für die zweite Spalte sind die Größen

$$F_{j,1} = F_{j,0} + \frac{F_{j,0} - F_{j-1,0}}{\frac{x - x_{j-1}}{x - x_j} - 1}, \quad j = 1, 2$$

mit $x = 2$ zu berechnen. Das geht einfach durch Blick auf das Anfangstableau:

$$\begin{aligned} F_{1,1} &= 3 + \frac{3-1}{\frac{2-0}{2-1} - 1} = 5, \\ F_{2,1} &= 2 + \frac{2-3}{\frac{2-1}{2-3} - 1} = 2.5, \end{aligned}$$

womit wir

		$m = 1$	
0	1		
		5	
1	3		
		2.5	
3	2		

erhalten. Nun bleibt uns nur noch,

$$\begin{aligned} F_{2,2} &= F_{2,1} + \frac{F_{2,1} - F_{1,1}}{\frac{x - x_0}{x - x_2} - 1} \\ &= 2.5 + \frac{2.5 - 5}{\frac{2-0}{2-3} - 1} = \frac{10}{3} = p(2). \end{aligned}$$

zu berechnen.

3.12 Wir berechnen die dividierten Differenzen

$$\begin{aligned} f[x_0] &= f_0 = f_1 = f[x_1] = 0, \\ f[x_2] &= f_2 = 1, \\ f[x_3] &= f_3 = f_4 = f[x_4] = 0, \\ f[x_0, x_1] &= \frac{f[x_1] - f[x_0]}{x_1 - x_0} = \frac{0-0}{4-2} = 0, \\ f[x_1, x_2] &= \frac{f[x_2] - f[x_1]}{x_2 - x_1} = \frac{1-0}{6-4} = \frac{1}{2}, \\ f[x_2, x_3] &= \frac{f[x_3] - f[x_2]}{x_3 - x_2} = \frac{0-1}{8-6} = -\frac{1}{2}, \\ f[x_3, x_4] &= \frac{f[x_4] - f[x_3]}{x_4 - x_3} = \frac{0-0}{10-8} = 0, \\ f[x_0, x_1, x_2] &= \frac{f[x_1, x_2] - f[x_0, x_1]}{x_2 - x_0} = \frac{1/2 - 0}{6-2} = \frac{1}{8}, \\ f[x_1, x_2, x_3] &= \frac{f[x_2, x_3] - f[x_1, x_2]}{x_3 - x_1} \\ &= \frac{-1/2 - 1/2}{8-4} = -\frac{1}{4}, \\ f[x_2, x_3, x_4] &= \frac{f[x_3, x_4] - f[x_2, x_3]}{x_4 - x_2} = \frac{0 + 1/2}{10-6} = \frac{1}{8}, \\ f[x_0, x_1, x_2, x_3] &= \frac{f[x_1, x_2, x_3] - f[x_0, x_1, x_2]}{x_3 - x_0} \\ &= \frac{-1/4 - 1/8}{8-2} = -\frac{1}{16}, \\ f[x_1, x_2, x_3, x_4] &= \frac{f[x_2, x_3, x_4] - f[x_1, x_2, x_3]}{x_4 - x_1} \\ &= \frac{1/8 + 1/4}{10-4} = \frac{1}{16}, \\ f[x_0, x_1, x_2, x_3, x_4] &= \frac{f[x_1, x_2, x_3, x_4] - f[x_0, x_1, x_2, x_3]}{x_4 - x_0} \\ &= \frac{1/16 + 1/16}{10-2} = \frac{1}{64}. \end{aligned}$$

Bei Handrechnung kann die Berechnung auch vorteilhaft im Tableau der dividierten Differenzen erfolgen. Damit lautet das Newton'sche Interpolationspolynom

$$\begin{aligned} p(x) &= f[x_0] + f[x_0,x_1](x-x_0) \\ &\quad + f[x_0,x_1,x_2](x-x_0)(x-x_1) \\ &\quad + f[x_0,x_1,x_2,x_3](x-x_0)(x-x_1)(x-x_2) \\ &\quad + f[x_0,x_1,x_2,x_3,x_4](x-x_0)(x-x_1)(x-x_2)(x-x_3) \\ &= \frac{1}{8}(x-2)(x-4) - \frac{1}{16}(x-2)(x-4)(x-6) \\ &\quad + \frac{1}{64}(x-2)(x-4)(x-6)(x-8) \\ &= \frac{1}{64}x^4 - \frac{3}{8}x^3 + \frac{49}{16}x^2 - \frac{39}{4}x + 10. \end{aligned}$$

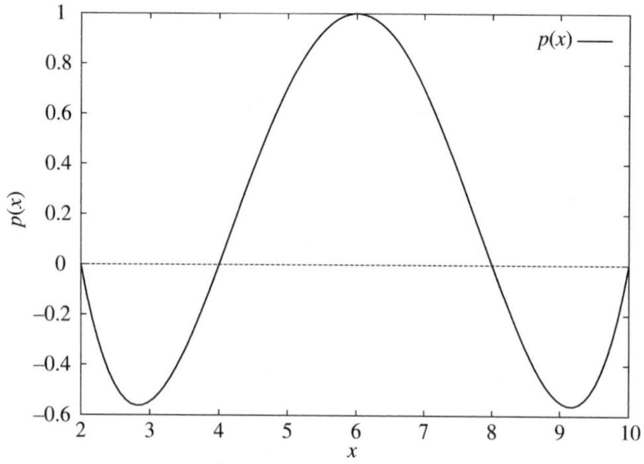

Abb. A.1 Das Newton'sche Interpolationspolynom zu den gegebenen Daten

3.13 Die zweite Ableitung der Sinusfunktion an den Rändern des Intervalls ist

$$-\sin(0) = 0, \quad -\sin(\pi) = 0,$$

also bietet sich hier der natürliche Spline an. Mit den Bezeichnungen aus (3.39)–(3.41) berechnen wir

$$\begin{aligned} \Delta x_1 &= x_2 - x_1 = \frac{\pi}{3} \\ l_1 &= \Delta x_2 = x_3 - x_2 = \frac{\pi}{3} \\ l_2 &= \Delta x_3 = x_4 - x_3 = \frac{\pi}{3} \\ d_1 &= 2(\Delta x_2 + \Delta x_1) = \frac{4\pi}{3} \\ d_2 &= 2(\Delta x_3 + \Delta x_2) = \frac{4\pi}{3} \\ r_1 &= \Delta x_1 = \frac{\pi}{3} \\ r_2 &= \Delta x_2 = \frac{\pi}{3} \end{aligned}$$

und

$$\boldsymbol{R}^+ = \begin{pmatrix} 3\frac{f_2-f_1}{x_2-x_1} \\ 3\left(\frac{(f_3-f_2)\Delta x_1}{\Delta x_2} + \frac{(f_2-f_1)\Delta x_2}{\Delta x_1}\right) \\ 3\left(\frac{(f_4-f_3)\Delta x_2}{\Delta x_3} + \frac{(f_3-f_2)\Delta x_3}{\Delta x_2}\right) \\ 3\frac{f_4-f_3}{x_4-x_3} \end{pmatrix} = \begin{pmatrix} 3\frac{f_2-f_1}{x_2-x_1} \\ 3(f_3-f_1) \\ 3(f_4-f_2) \\ 3\frac{f_4-f_3}{x_4-x_3} \end{pmatrix}$$

$$= \begin{pmatrix} \frac{9}{2\pi}\sqrt{3} \\ \frac{3}{2}\sqrt{3} \\ -\frac{3}{2}\sqrt{3} \\ -\frac{9}{2\pi}\sqrt{3} \end{pmatrix} = \frac{3}{2\pi}\sqrt{3}\begin{pmatrix} 3 \\ \pi \\ -\pi \\ -3 \end{pmatrix}.$$

Nach (3.44) müssen wir nun das lineare Gleichungssystem

$$\begin{pmatrix} 2 & 1 & & \\ l_1 & d_1 & r_1 & \\ & l_2 & d_2 & r_2 \\ & & 2 & 1 \end{pmatrix} \begin{pmatrix} S_1 \\ S_2 \\ S_3 \\ S_4 \end{pmatrix} = \boldsymbol{R}^+$$

lösen, also

$$\begin{pmatrix} 2 & 1 & & \\ \frac{\pi}{3} & \frac{4\pi}{3} & \frac{\pi}{3} & \\ & \frac{\pi}{3} & \frac{4\pi}{3} & \frac{\pi}{3} \\ & & 2 & 1 \end{pmatrix} \begin{pmatrix} S_1 \\ S_2 \\ S_3 \\ S_4 \end{pmatrix} = \frac{3}{2\pi}\sqrt{3}\begin{pmatrix} 3 \\ \pi \\ -\pi \\ -3 \end{pmatrix}.$$

Als Lösungsvektor ergibt sich

$$\begin{pmatrix} S_1 \\ S_2 \\ S_3 \\ S_4 \end{pmatrix} = \begin{pmatrix} \frac{15\sqrt{3}}{8\pi} \\ \frac{3\sqrt{3}}{4\pi} \\ -\frac{3\sqrt{3}}{8\pi} \\ -\frac{15\sqrt{3}}{4\pi} \end{pmatrix}.$$

Nach (3.33) ist auf jedem $[x_i, x_{i+1}]$, $i = 1,2,3$, ein kubisches Polynom der Form

$$s_i(x) = c_{1,i} + c_{2,i}(x-x_i) + c_{3,i}(x-x_i)^2 + c_{4,i}(x-x_i)^3$$

für $i = 1,2,3$ definiert. Aus (3.34) entnehmen wir

$$c_{1,i} = f_i, \quad c_{2,i} = S_i,$$

also

$$\begin{aligned} c_{1,1} &= f_1 = 0, \quad c_{1,2} = f_2 = \frac{\sqrt{3}}{2}, \quad c_{1,3} = \frac{\sqrt{3}}{2}, \\ c_{2,1} &= S_1 = \frac{15\sqrt{3}}{8\pi}, \\ c_{2,2} &= S_2 = \frac{3\sqrt{3}}{4\pi}, \\ c_{2,3} &= S_3 = -\frac{3\sqrt{3}}{8\pi}. \end{aligned}$$

Die zwei verbleibenden Sätze von Koeffizienten berechnen wir aus (3.35) und (3.36):

$$\begin{aligned}
c_{3,1} &= \frac{3f_2 - 3f_1 - 2S_1\Delta x_1 - S_2\Delta x_1}{(\Delta x_1)^2} \\
&= \frac{\frac{3}{2}\sqrt{3} - \frac{30}{8\pi}\sqrt{3}\frac{\pi}{3} - \frac{3}{4\pi}\sqrt{3}\frac{\pi}{3}}{\frac{\pi^2}{9}} = 0, \\
c_{3,2} &= \frac{3f_3 - 3f_2 - 2S_2\Delta x_2 - S_3\Delta x_2}{(\Delta x_2)^2} \\
&= \frac{-\frac{6}{4\pi}\sqrt{3}\frac{\pi}{3} + \frac{3}{8\pi}\sqrt{3}\frac{\pi}{3}}{\frac{\pi^2}{9}} = -\frac{27\sqrt{3}}{8\pi^2}, \\
c_{3,3} &= \frac{3f_4 - 3f_3 - 2S_3\Delta x_3 - S_4\Delta x_3}{(\Delta x_3)^2} \\
&= \frac{-\frac{3}{2}\sqrt{3} + \frac{6}{8\pi}\sqrt{3}\frac{\pi}{3} + \frac{15}{4\pi}\sqrt{3}\frac{\pi}{3}}{\frac{\pi^2}{9}} = 0, \\
c_{4,1} &= \frac{2f_1 - 2f_2 + S_1\Delta x_1 + S_2\Delta x_1}{(\Delta x_1)^3} \\
&= \frac{-\sqrt{3} + \frac{15}{8\pi}\sqrt{3}\frac{\pi}{3} + \frac{3}{4\pi}\sqrt{3}\frac{\pi}{3}}{\frac{\pi^3}{27}} = -\frac{27\sqrt{3}}{8\pi^3}, \\
c_{4,2} &= \frac{2f_2 - 2f_3 + S_2\Delta x_2 + S_3\Delta x_2}{(\Delta x_2)^3} \\
&= \frac{\frac{3}{4\pi}\sqrt{3}\frac{\pi}{3} - \frac{3}{8\pi}\sqrt{3}\frac{\pi}{3}}{\frac{\pi^3}{27}} = \frac{27\sqrt{3}}{8\pi^3}, \\
c_{4,3} &= \frac{2f_3 - 2f_4 + S_3\Delta x_3 + S_4\Delta x_3}{(\Delta x_3)^3} \\
&= \frac{\sqrt{3} - \frac{3}{8\pi}\sqrt{3}\frac{\pi}{3} - \frac{15}{4\pi}\sqrt{3}\frac{\pi}{3}}{\frac{\pi^3}{27}} = -\frac{81\sqrt{3}}{8\pi^3}.
\end{aligned}$$

Damit haben wir unsere drei kubischen Polynome gefunden. Für das Intervall $[0, \pi/3]$

$$s_1(x) = \frac{15}{8\pi}\sqrt{3}x - \frac{27\sqrt{3}}{8\pi^3}x^3 = \frac{\sqrt{3}}{8\pi^3}\left(15\pi^2 x - 27x^3\right),$$

für das Intervall $[\pi/3, 2\pi/3]$

$$\begin{aligned}
s_2(x) &= \frac{\sqrt{3}}{2} + \frac{3\sqrt{3}}{4\pi}\left(x - \frac{\pi}{3}\right) \\
&\quad - \frac{27\sqrt{3}}{8\pi^2}\left(x - \frac{\pi}{3}\right)^2 + \frac{27\sqrt{3}}{8\pi^3}\left(x - \frac{\pi}{3}\right)^3 \\
&= \frac{\sqrt{3}}{8\pi^3}\left(4\pi^3 + 6\pi^2\left(x - \frac{\pi}{3}\right)\right. \\
&\quad \left. - 27\pi\left(x - \frac{\pi}{3}\right)^2 + 27\left(x - \frac{\pi}{3}\right)^3\right),
\end{aligned}$$

und für das Intervall $[2\pi/3, \pi]$

$$\begin{aligned}
s_3(x) &= \frac{\sqrt{3}}{2} - \frac{3}{8\pi}\sqrt{3}\left(x - \frac{2\pi}{3}\right) - \frac{81}{8\pi^3}\sqrt{3}\left(x - \frac{2\pi}{3}\right)^3 \\
&= \frac{\sqrt{3}}{8\pi^3}\left(4\pi^3 - 3\pi^2\left(x - \frac{2\pi}{3}\right) - 81\left(x - \frac{2\pi}{3}\right)^3\right).
\end{aligned}$$

Allerdings können wir mit dem Spline nicht zufrieden sein, wenn wir auf die Abb. A.2 blicken. Der Spline berücksichtigt nicht die Symmetrie der Sinus-Funktion auf $[0, \pi]$.

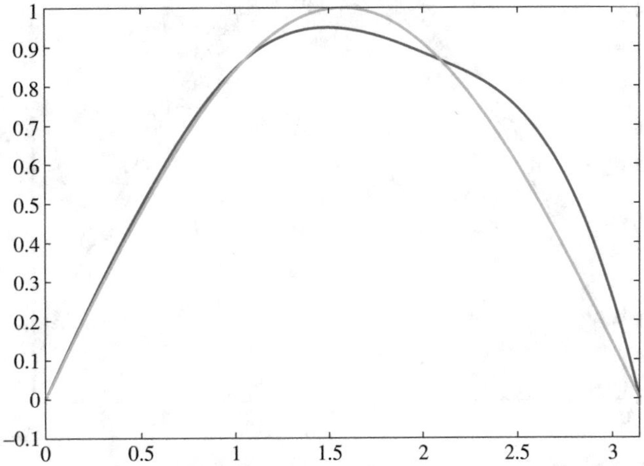

Abb. A.2 Der natürliche Spline (*rot*) zu den Daten der Sinus-Funktion (*grün*)

Geben wir die Steigungen der Sinus-Funktion bei $x = 0$ und $x = \pi$ mit $\sigma_1 = 1$ und $\sigma_4 = -1$ vor und berechnen den vollständigen Spline nach (3.45), dann folgen aus

$$\begin{pmatrix} 1 & & & \\ \frac{\pi}{3} & \frac{4\pi}{3} & \frac{\pi}{3} & \\ & \frac{\pi}{3} & \frac{4\pi}{3} & \frac{\pi}{3} \\ & & & 1 \end{pmatrix} \begin{pmatrix} S_1 \\ S_2 \\ S_3 \\ S_4 \end{pmatrix} = \begin{pmatrix} 1 \\ \frac{3}{2}\sqrt{3} \\ -\frac{3}{2}\sqrt{3} \\ -1 \end{pmatrix}$$

die Steigungen

$$S_1 = 1, \quad S_2 = -\frac{1}{3} + \frac{3}{2\pi}\sqrt{3}, \quad S_3 = -S_2, \quad S_4 = -1.$$

In analogen Rechnungen zum natürlichen Spline erhalten wir hier:

$$\begin{aligned}
&c_{1,1} = 0, \quad c_{1,2} = \frac{\sqrt{3}}{2}, \quad c_{1,3} = \frac{\sqrt{3}}{2}, \\
&c_{2,1} = 1, \quad c_{2,2} = -\frac{1}{3} + \frac{3}{2\pi}\sqrt{3}, \quad c_{2,3} = \frac{1}{3} - \frac{3}{2\pi}\sqrt{3}, \\
&c_{3,1} = \frac{9\sqrt{3} - 5\pi}{\pi^2}, \quad c_{3,2} = \frac{\pi - \frac{9}{2}\sqrt{3}}{\pi^2}, \quad c_{3,3} = \frac{\pi - \frac{9}{2}\sqrt{3}}{\pi^2}, \\
&c_{4,1} = \frac{6\pi - \frac{27}{2}\sqrt{3}}{\pi^3}, \quad c_{4,2} = 0, \quad c_{4,3} = \frac{\frac{27}{2}\sqrt{3} - 6\pi}{\pi^3}.
\end{aligned}$$

Der dadurch definierte vollständige Spline hat überlegene Approximationseigenschaften gegenüber dem natürlichen Spline, wie wir in Abb. A.3 sehen können. In der Abbildung korrespondiert der Spline zum durchgezogenen Graphen. Die Kreise liegen mit ihren Mittelpunkten auf $\sin x$; ohne diese Art der Darstellung könnte man mit dem bloßen Auge keinerlei Unterschied zwischen dem Spline und der Funktion $y = \sin x$ erkennen.

Ein natürlicher Spline muss also nicht zwangsweise „natürlicher" sein als ein vollständiger Spline!

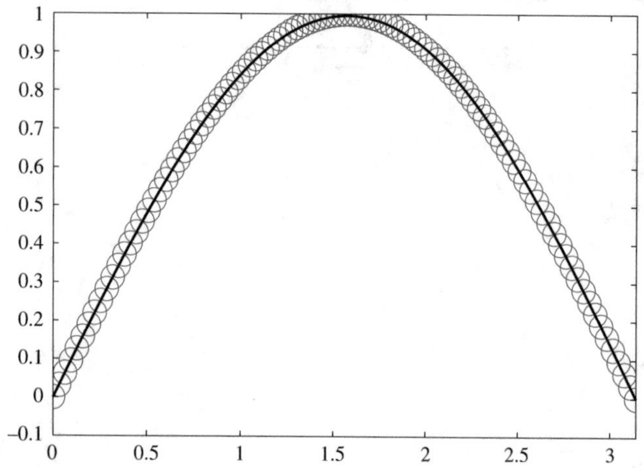

Abb. A.3 Der vollständige Spline korrespondiert zu dem als Linie dargestellten Graphen. Die Kreise liegen mit ihrem Mittelpunkt auf dem Graphen der Funktion $y = \sin x$

3.14 Wir haben $n = 5$ Daten gegeben und damit ist $n = 2N + 1$ ungerade mit $N = 2$. Wir erwarten nach (3.58) daher ein Polynom der Form

$$p(x) = \frac{a_0}{2} + \sum_{k=1}^{N} (a_k \cos kx + b_k \sin kx).$$

Nach (3.57) folgen die Koeffizienten zu

$$\begin{aligned} a_j &= \frac{2}{n}(f_0 \cos 0 + f_1 \cos x_j + f_2 \cos 2x_j \\ &\quad + f_3 \cos 3x_j + f_4 \cos 4x_j), \\ b_j &= \frac{2}{n}(f_0 \sin 0 + f_1 \sin x_j + f_2 \sin 2x_j \\ &\quad + f_3 \sin 3x_j + f_4 \sin 4x_j). \end{aligned}$$

Damit können wir berechnen:

$$\begin{aligned} a_0 &= \frac{2}{5}(2\cos 0 + \cos 0 + 2\cos 0 + \cos 0) = \frac{12}{5} = 2.4, \\ a_1 &= \frac{2}{5}(2\cos 2\pi/5 + \cos 4\pi/5 + 2\cos 6\pi/5 + \cos 8\pi/5) \\ &= -0.6, \\ a_2 &= \frac{2}{5}(2\cos 4\pi/5 + \cos 8\pi/5 + 2\cos 12\pi/5 + \cos 16\pi/5) \\ &= -0.6 \end{aligned}$$

und

$$\begin{aligned} b_1 &= \frac{2}{5}(2\sin 2\pi/5 + \sin 4\pi/5 + 2\sin 6\pi/5 + \sin 8\pi/5) \\ &= 0.145309, \\ b_2 &= \frac{2}{5}(2\sin 4\pi/5 + \sin 8\pi/5 + 2\sin 12\pi/5 + \sin 16\pi/5) \\ &= 0.615537. \end{aligned}$$

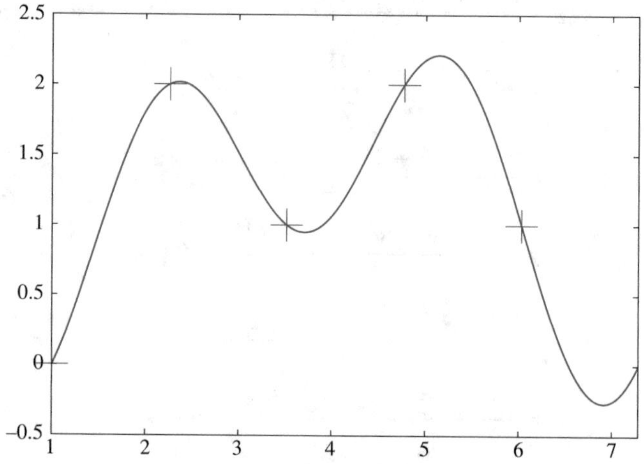

Abb. A.4 Das trigonometrische Interpolationspolynom zu den gegebenen Daten

Kapitel 4

3.14 –

4.2 –

4.3 –

4.4 –

4.5 –

4.6 Wir schreiben

$$\begin{aligned} &\int_a^b f(x)\,dx - h\sum_{k=0}^{n-1} f(a+(k+1)h) \\ &= \sum_{k=0}^{n-1} \int_{a+kh}^{a+(k+1)h} (f(x) - f(a+(k+1)h))\,dx. \end{aligned}$$

Gilt nun $a + kh \le x \le a + (k+1)h$, dann ist

$$|f(x) - f(a+(k+1)h)| \le w(h),$$

denn das folgt sofort aus der Definition des Stetigkeitsmoduls. Damit gilt aber

$$\left| \int_{a+kh}^{a+(k+1)h} (f(x) - f(a + (k+1)h))\,\mathrm{d}x \right| \le hw(h),$$

und wenn wir n von diesen Ungleichungen addieren, folgt

$$\left| \sum_{k=0}^{n-1} \int_{a+kh}^{a+(k+1)h} f(x)\,\mathrm{d}x - \sum_{k=0}^{n-1} f(a+(k+1)h) \int_{a+kh}^{a+(k+1)h} \mathrm{d}x \right| \le nhw(h),$$

also

$$\left| \int_a^b f(x)\,\mathrm{d}x - h \sum_{k=0}^{n-1} f(a+(k+1)h))\,\mathrm{d}x \right| \le (b-a)w(h)$$

mit $h = \frac{b-a}{n}$.

Der Term $h \sum_{k=0}^{n-1} f(a+(k+1)h)$ ist eine spezielle Riemann'sche Summe. Die bewiesene Ungleichung sagt aus, dass für eine stetige Funktion f diese Riemann'sche Summe gegen das Integral konvergiert, und zwar schlimmstenfalls mit der Konvergenzgeschwindigkeit, mit der $w((b-a)/n)$ gegen null geht.

4.7 Der Stetigkeitsmodul ist nach Definition

$$w(1/n) = \max_{|x-y| \le 1/n} |\sqrt{x} - \sqrt{y}|.$$

Wegen $|\sqrt{x} - \sqrt{y}| \le \sqrt{|x-y|}$ folgt $|\sqrt{x} - \sqrt{x+1/n}| \le \sqrt{1/n}$ und damit gilt

$$w(1/n) \le \frac{1}{\sqrt{n}}.$$

Der schlimmstenfalls auftretende Fehler ist also $1/\sqrt{n}$.

4.8 Für $\int_a^b p(x)\,\mathrm{d}x$ erhalten wir

$$\begin{aligned}
&\int_a^b \left(f(a) + \frac{f(b)-f(a)}{b-a}(x-a) \right) \mathrm{d}x \\
&= f(a)(b-a) - af(b) + af(a) + \frac{1}{2}\frac{f(b)-f(a)}{b-a}(b^2-a^2) \\
&= bf(a) - af(b) + \frac{1}{2}(bf(b) - bf(a) + af(b) - af(a)) \\
&= \frac{b-a}{2} f(a) + \frac{b-a}{2} f(b) = \frac{b-a}{2}(f(a)+f(b)) \\
&= Q[f].
\end{aligned}$$

Es gilt nach (3.22)

$$f(x) - p(x) = \frac{1}{2}(x-a)(x-b)f''(\xi)$$

für ein $\xi \in (a,b)$ und damit

$$\begin{aligned}
\int_a^b f(x)\mathrm{d}x - \int_a^b p(x)\mathrm{d}x &= \int_a^b f(x)\mathrm{d}x - \frac{b-a}{2}(f(a)+f(b)) \\
&= \int_a^b \frac{1}{2}(x-a)(x-b)f''(\xi)\mathrm{d}x \\
&= \frac{1}{2}f''(\xi) \int_a^b (x-a)(x-b)\mathrm{d}x \\
&= -\frac{1}{2}f''(\xi)\frac{1}{6}(b-a) = -\frac{h}{12}f''(\xi)
\end{aligned}$$

für ein $\xi \in (a,b)$ und $h := b-a$.

4.9 Wir schreiben $y_k = f(x_k) - e_k$ und setzen dies in $\widetilde{Q}_{2,m}^{\mathrm{zTr}}$ ein, um

$$\begin{aligned}
\widetilde{Q}_{2,m}^{\mathrm{zTr}} = h\Bigg[&\frac{1}{2}(f(a)-e_0) + (f(x_1)-e_1) + \ldots \\
&\ldots + (f(x_{m-1}) - e_{m-1}) + \frac{1}{2}(f(b)-e_m)\Bigg]
\end{aligned}$$

zu erhalten. Damit ergibt sich

$$\widetilde{Q}_{2,m}^{\mathrm{zTr}} = Q_{2,m}^{\mathrm{zTr}} - h\left[\frac{1}{2}e_0 + e_1 + \ldots + e_{m-1} + \frac{1}{2}e_m\right]$$

und der zu erwartende Fehlerterm ist die Differenz $|\widetilde{Q}_{2,m}^{\mathrm{zTr}} - Q_{2,m}^{\mathrm{zTr}}|$. Gilt $|e_k| \le E$ für alle $k = 0,1,\ldots,m$, dann folgt

$$\begin{aligned}
&h\left|\left[\frac{1}{2}e_0 + e_1 + \ldots + e_{m-1} + \frac{1}{2}e_m\right]\right| \\
&\le h\left[\frac{1}{2}|e_0| + |e_1| + \ldots + |e_{m-1}| + \frac{1}{2}|e_m|\right] \\
&\le hmE = (b-a)E.
\end{aligned}$$

4.10 Da K_s nach Voraussetzung auf $[a,b]$ sein Vorzeichen nicht ändert ist der Mittelwertsatz der Integralrechnung auf

$$R_{n+1}[f] = \int_a^b f^{(s)}(x)K_s(x)\,\mathrm{d}x$$

anwendbar, d. h., es existiert ein $\xi \in (a,b)$, sodass wegen des obigen Hauptsatzes über Peano-Kerne die Gleichung

$$R_{n+1}[f] = f^{(s)}(\xi) \int_a^b K_s(x)\,\mathrm{d}x$$

gilt. Das Integral über den Peano-Kern K_s hängt nicht von f ab, daher folgt

$$R_{n+1}[f] = \frac{R_{n+1}[x^s]}{s!} f^{(s)}(\xi).$$

4.11 Nach Definition der Peano-Kerne ist in unserem Fall $s = 4$ und $n = 2$. Damit ist

$$K_4(x) = R_3\left[\frac{(\cdot - x)_+^3}{3!}\right] = \frac{1}{6}R_3[(\cdot - x)_+^3]$$

wegen der Linearität des Fehlerfunktionals. Damit folgt

$$K_4(x) = \frac{1}{6}\bigg(\frac{1}{3}(-1-x)_+^3 + \frac{4}{3}(0-x)_+^3 + \frac{1}{3}(1-x)_+^3 - \int_{-1}^{1}(z-x)_+^3\,\mathrm{d}z\bigg).$$

Aus der Definition der abgeschnittenen Funktion $(z-x)_+^3$ auf $[-1,1]$ folgt sofort

$$\int_{-1}^{1}(z-x)_+^3\,\mathrm{d}z = \int_{x}^{1}(z-x)^3\,\mathrm{d}z = \frac{1}{4}(1-x)^4.$$

Weiterhin folgt

$$(-1-x)_+^3 = 0, \quad (0-x)_+^3 = \begin{cases} 0; & x \geq 0 \\ -x^3; & x < 0, \end{cases}$$
$$(1-x)_+^3 = (1-x)^3$$

und damit ist K_4 gegeben durch

$$K_4(x) = \begin{cases} \frac{1}{72}(1-x)^3(1+3x); & 0 \leq x \leq 1 \\ -\frac{2}{9}x^3 + \frac{1}{72}(1-x)^3(1+3x); & -1 \leq x < 0. \end{cases}$$

Der Peano-Kern K_4 ändert auf $[-1,1]$ sein Vorzeichen nicht. Daher ist das Resultat aus Aufgabe 4.10 anwendbar und es folgt mit

$$\begin{aligned}\frac{R_3[x^4]}{4!} &= \frac{1}{4!}\left(Q_3[x^4] - \int_{-1}^{1}x^4\,\mathrm{d}x\right) \\ &= \frac{1}{24}\left(\frac{1}{3}\cdot 1 + \frac{4}{3}\cdot 0 + \frac{1}{3}\cdot 1 - \int_{-1}^{1}x^4\,\mathrm{d}x\right) \\ &= \frac{1}{24}\left(\frac{2}{3} - \frac{2}{5}\right) = \frac{1}{90},\end{aligned}$$

dass

$$R_3[f] = \frac{R_{n+1}[x^4]}{4!} f^{(4)}(\xi) = \frac{1}{90} f^{(4)}(\xi)$$

gilt.

4.12 Für $n = 2$ ergibt sich $R = \frac{1}{2}(f(0) + f(1/2)) = \frac{1}{2}\sqrt{1/2} = 0.35355339$, für $n = 4096$ erhält man $R = 0.666533537$.

Der wahre Wert des Integrals ist $\int_0^2 x^{\frac{1}{2}}\,\mathrm{d}x = \frac{2}{3}\sqrt{x^3}\big|_0^1 = \frac{2}{3} = 0.66666667$. Für $n = 2$ ergibt sich daher ein Fehler von 0.313113277, für $n = 4096$ folgt ein Fehler von 0.00013313. Die Konvergenz ist also ausgesprochen langsam.

4.13 Den Fehler der zusammengesetzten Trapezformel hatten wir in (4.8) zu

$$\frac{b-a}{12}h^2 f''(\xi)$$

mit $f(x) = \exp(-x^2)$ und mit einem $\xi \in (a,b)$ bestimmt. Wegen $[a,b] = [0,1]$ gilt $h = 1/m$ und wir erhalten für den Fehler

$$\frac{b-a}{12}m^{-2} f''(\xi),$$

wobei wir aber über die Lage von ξ nichts wissen. Bestenfalls können wir verlangen, dass der Fehler im Betrag nicht größer ist als die obere Schranke

$$\max_{0\leq\tau\leq 1}\frac{|f''(\tau)|m^{-2}}{12}.$$

Wegen $f'(x) = -2x\mathrm{e}^{-x^2}$ folgt

$$f''(x) = -2\mathrm{e}^{-x^2} + 4x^2\mathrm{e}^{-x^2} = \mathrm{e}^{-x^2}(4x^2-2).$$

Gesucht ist nun das Maximum dieser zweiten Ableitung auf $[0,1]$. Dazu setzen wir die dritte Ableitung von f zu null,

$$f'''(x) = 4x\mathrm{e}^{-x^2}(3-2x^2) \stackrel{!}{=} 0,$$

und bemerken, dass f''' bei $x_1 = 0$ und bei $x_{2,3} = \pm\sqrt{3/2}$ verschwindet. In der Tat ist f'' eine auf $[0,1]$ monoton fallende Funktion, sodass das Maximum bei $x = 0$ auftritt,

$$\max_{0\leq\tau\leq 1}|f''(\tau)| = |f''(0)| = 2.$$

Genauigkeit bis zur sechsten Nachkommastelle bedeutet

$$\frac{2m^{-2}}{12} < 5\cdot 10^{-7},$$

vergl. Kap. 2. Damit folgt $m^2 > 10^6/3$ und es ergibt sich

$$m > \frac{10^3}{\sqrt{3}} \approx 578.$$

4.14 –

4.15 –

Kapitel 5

5.1 Mit

$$\phi(\boldsymbol{x},\boldsymbol{b}) = \underbrace{\begin{pmatrix} 2 & 0 \\ 0 & \frac{1}{4} \end{pmatrix}}_{=\boldsymbol{M}_\phi} \boldsymbol{x} + \boldsymbol{N}_\phi \boldsymbol{b}$$

und

$$\psi(\boldsymbol{x},\boldsymbol{b}) = \underbrace{\begin{pmatrix} \frac{1}{4} & 0 \\ 0 & 2 \end{pmatrix}}_{=\boldsymbol{M}_\psi} \boldsymbol{x} + \boldsymbol{N}_\psi \boldsymbol{b}$$

gilt

$$\rho(\boldsymbol{M}_\phi) = \rho(\boldsymbol{M}_\psi) = 2,$$

womit beide Verfahren divergent sind, während

$$(\psi \circ \phi)(\boldsymbol{x},\boldsymbol{b}) = \boldsymbol{M}_\psi \boldsymbol{M}_\phi \boldsymbol{x} + \boldsymbol{N}_{\psi\circ\phi} \boldsymbol{b}$$

wegen

$$\boldsymbol{M}_\psi \boldsymbol{M}_\phi = \begin{pmatrix} \frac{1}{2} & 0 \\ 0 & \frac{1}{2} \end{pmatrix}, \quad \rho(\boldsymbol{M}_\psi \boldsymbol{M}_\phi) = \frac{1}{2}$$

ein konvergentes Verfahren darstellt.

5.2

(a) Wir erhalten

$$\boldsymbol{M}_J = \begin{pmatrix} 0 & -a & \dots & \dots & a \\ -a & \ddots & & & \vdots \\ \vdots & \ddots & \ddots & & \vdots \\ \vdots & & \ddots & \ddots & -a \\ -a & \dots & \dots & -a & 0 \end{pmatrix} \in \mathbb{R}^{n\times n}.$$

Zur Berechnung der Eigenwerte überführen wir $\boldsymbol{A}$ in eine Dreiecksgestalt. Hierzu ziehen wir im ersten Schritt für $j = n-1,\dots,1$ sukzessive die j-te Zeile von der $(j+1)$-ten Zeile ab. Folglich ergibt sich

$$\boldsymbol{A}^{(1)} = \begin{pmatrix} 1 & a & \dots & \dots & a \\ a-1 & 1-a & 0 & \dots & 0 \\ 0 & \ddots & \ddots & \ddots & \vdots \\ \vdots & \ddots & \ddots & \ddots & 0 \\ 0 & \dots & 0 & a-1 & 1-a \end{pmatrix}.$$

Im zweiten Schritt multiplizieren wir sukzessive für $j = n,\dots,2$ die j-te Zeile mit $(n+1-j)\,\frac{a}{1-a}$ und subtrahieren diese Zeile von der ersten Zeile. Dieser Vorgang resultiert in der Matrix

$$\boldsymbol{A}^{(2)} = \begin{pmatrix} 1+(n-1)a & 0 & \dots & \dots & 0 \\ a-1 & 1-a & \ddots & & \vdots \\ 0 & \ddots & \ddots & \ddots & \vdots \\ \vdots & \ddots & \ddots & \ddots & 0 \\ 0 & \dots & 0 & a-1 & 1-a \end{pmatrix}.$$

Da die Eigenwerte von $\boldsymbol{A}$ und $\boldsymbol{A}^{(2)}$ übereinstimmen, gilt

$$\sigma(\boldsymbol{A}) = \{1+(n-1)a\,,\,1-a\}.$$

Mit $\boldsymbol{M}_J = \boldsymbol{I} - \boldsymbol{A}$ ergibt sich hiermit

$$\sigma(\boldsymbol{M}_J) = \{(1-n)a\,,\,a\}.$$

(b) Das Jacobi-Verfahren konvergiert genau dann, wenn $\rho(\boldsymbol{M}_J) < 1$ gilt und somit genau für alle $a \in \mathbb{R}$ mit $|a| < \frac{1}{n-1}$.
Als symmetrische Matrix ist $\boldsymbol{A}$ genau dann positiv definit, wenn alle Eigenwerte positiv sind. Diese Eigenschaft liegt genau dann vor, wenn

$$1 > a > -\frac{1}{n-1}$$

gilt.

(c) Aus obigen Überlegungen ersehen wir, dass für $n > 2$ mit

$$\frac{1}{n-1} \le a < 1$$

eine positive definite Matrix $\boldsymbol{A}$ vorliegt, bei der das Jacobi-Verfahren divergiert.

5.3 Sei $\boldsymbol{x} \in \mathbb{R}^k \setminus \{\boldsymbol{0}\}$, $k < n$, dann definieren wir $\boldsymbol{y} = (\boldsymbol{x},0,\dots,0)^T \in \mathbb{R}^n \setminus \{\boldsymbol{0}\}$. Somit folgt

$$\boldsymbol{x}^T \boldsymbol{A}[k]\boldsymbol{x} = \boldsymbol{y}^T \boldsymbol{A}\boldsymbol{y} > 0,$$

sodass alle $\boldsymbol{A}[k]$ für $k = 1,\dots,n$ positiv definit sind.

5.4 Gelte $\boldsymbol{A} = \boldsymbol{Q}\boldsymbol{R}$, dann schreibe $r_{jj} = r_j \cdot e^{\mathrm{i}\Theta_j}$ für $j = 1,\dots,n$ mit $r_j \in \mathbb{R} \setminus \{0\}$ und wähle $\boldsymbol{D} = \operatorname{diag}\{e^{-\mathrm{i}\Theta_1},\dots,e^{-\mathrm{i}\Theta_n}\}$. Damit folgt $\boldsymbol{A} = \widetilde{\boldsymbol{Q}}\widetilde{\boldsymbol{R}}$ mit $\widetilde{\boldsymbol{Q}} = \boldsymbol{Q}\boldsymbol{D}^{-1}$ und $\widetilde{\boldsymbol{R}} = \boldsymbol{D}\boldsymbol{R}$. Hierbei stellt $\widetilde{\boldsymbol{Q}}$ eine orthogonale Matrix dar und die rechte obere Dreiecksmatrix $\widetilde{\boldsymbol{R}}$ besitzt die Diagonalelemente $r_1,\dots,r_n$.

5.5 Sei $\boldsymbol{v}$ Eigenvektor der Matrix $\boldsymbol{M}_\phi \boldsymbol{M}_\psi$ zum Eigenwert $\lambda \neq 0$, so ergibt sich aus $\boldsymbol{M}_\phi \boldsymbol{M}_\psi \boldsymbol{v} = \lambda \boldsymbol{v} \neq \boldsymbol{0}$ die Eigenschaft $\boldsymbol{M}_\psi \boldsymbol{v} \neq \boldsymbol{0}$, wodurch aufgrund der Gleichung $\boldsymbol{M}_\psi \boldsymbol{M}_\phi \boldsymbol{M}_\psi \boldsymbol{v} = \lambda \boldsymbol{M}_\psi \boldsymbol{v}$ stets $\rho\left(\boldsymbol{M}_\phi \boldsymbol{M}_\psi\right) \le \rho\left(\boldsymbol{M}_\psi \boldsymbol{M}_\phi\right)$ gilt. Analog erhalten wir $\rho\left(\boldsymbol{M}_\psi \boldsymbol{M}_\phi\right) \le \rho\left(\boldsymbol{M}_\phi \boldsymbol{M}_\psi\right)$. Damit stimmen die Spektralradien der Iterationsmatrizen und somit auch das Konvergenzverhalten der Produktiterationen $\phi \circ \psi$ und $\psi \circ \phi$ überein.

5.6 Bei einer unitären Matrix $Q \in \mathbb{C}^{n\times n}$ ergibt sich für jeden Vektor $x \in \mathbb{C}^n$ wegen $Q^*Q = I$ die Eigenschaft

$$\begin{aligned}\|Qx\|_2 &= \sqrt{\langle Qx, Qx\rangle} = \sqrt{(Qx)^*Qx}\\ &= \sqrt{x^*Q^*Qx} = \sqrt{x^*x} = \|x\|_2.\end{aligned}$$

Hiermit folgt unmittelbar

$$\|Q\|_2 = \sup_{\substack{x\in\mathbb{C}^n\\ \|x\|_2=1}} \|Qx\|_2 = \sup_{\substack{x\in\mathbb{C}^n\\ \|x\|_2=1}} \|x\|_2 = 1.$$

5.7

(a) Durch elementare Umformung kann die Matrix A ohne Zeilen- resp. Spaltentausch auf die Gestalt

$$\begin{pmatrix} 1 & 3 & 4 & 1\\ 0 & 1 & a-8 & 2\\ 0 & 0 & 10-a & -2\\ 0 & 0 & 5a-43 & 7\end{pmatrix}$$

gebracht werden. Hieraus ersehen wir, dass eine LR-Zerlegung von A genau dann existiert, wenn $a \neq 10$ gilt, obwohl im Fall $a = 10$ mit $\det A = 14$ eine reguläre Matrix vorliegt.

(b) Für $a \neq 10$ erhalten wir

$$A = \underbrace{\begin{pmatrix} 1 & 0 & 0 & 0\\ 2 & 1 & 0 & 0\\ 1 & 1 & 1 & 0\\ 3 & -5 & \frac{5a-43}{10-a} & 1\end{pmatrix}}_{=L}\underbrace{\begin{pmatrix} 1 & 3 & 4 & 1\\ 0 & 1 & a-8 & 2\\ 0 & 0 & 10-a & -2\\ 0 & 0 & 0 & 7+2\frac{5a-43}{10-a}\end{pmatrix}}_{=R}.$$

(c) Unter Nutzung der Permutationsmatrix

$$P = \begin{pmatrix} 1 & 0 & 0 & 0\\ 0 & 1 & 0 & 0\\ 0 & 0 & 0 & 1\\ 0 & 0 & 1 & 0\end{pmatrix}$$

ergibt sich für PA ein LR-Zerlegung für $a = 10$.

5.8 Subtraktion des 2-Fachen der ersten von der zweiten Zeile liefert

$$\begin{pmatrix} 1 & 4 & 7\\ 0 & \alpha-8 & \beta-14\\ 0 & 1 & 1\end{pmatrix}.$$

Folglich besitzt A für alle $\alpha \neq 8$ bei beliebigem $\beta \in \mathbb{R}$ eine LR-Zerlegung. Mit

$$\det A = \alpha - 8 - (\beta - 14) = \alpha - \beta + 6$$

ist A für alle Paare $(\alpha, \beta) \in \mathbb{R}^2$ mit $\beta \neq \alpha + 6$ regulär.

Für $\alpha = 8$ und $\beta = 0 \neq 14$ ist A invertierbar ohne eine LR-Zerlegung zu besitzen.

5.9 Zunächst erhalten wir

$$M = I - A = \frac{7}{8}\begin{pmatrix} \cos\frac{\pi}{4} & -\sin\frac{\pi}{4}\\ \sin\frac{\pi}{4} & \cos\frac{\pi}{4}\end{pmatrix}.$$

Die Iterationsmatrix stellt folglich eine Drehung in Kombination mit einer Stauchung dar. Die beiden komplexwertigen Eigenwerte lauten

$$\lambda = \frac{7}{8}\left(\cos\frac{\pi}{4} \pm \mathrm{i}\sin\frac{\pi}{4}\right),$$

womit $\rho(M) = \frac{7}{8}$ und somit Konvergenz der Methode vorliegt. Dennoch gilt

$$\|M\|_1 = \frac{7}{8}\left(\cos\frac{\pi}{4} + \sin\frac{\pi}{4}\right) = \frac{7}{8}\sqrt{2} > 1.$$

Die hiermit einhergehende Wirkung können wir der Abb. A.5 entnehmen. Bei einem Startvektor $x_0 = (1, 0)^T$ ergibt sich eine „spiralförmige" Konvergenz gegen den Lösungsvektor $x^* = (0, 0)^T$. Anhand des eingezeichneten Einheitskreises bezüglich der Betragssummennorm erkennen wir, dass x_0 auf dem Rand des Einheitskreises liegt, während sich x_1 außerhalb des Einheitskreises befindet, da

$$\|x_1\|_1 = \|Mx_0\|_1 = \frac{7}{8}\left\|\begin{pmatrix}\cos\frac{\pi}{4}\\ \sin\frac{\pi}{4}\end{pmatrix}\right\|_1 = \frac{7}{8}\sqrt{2} > 1$$

gilt.

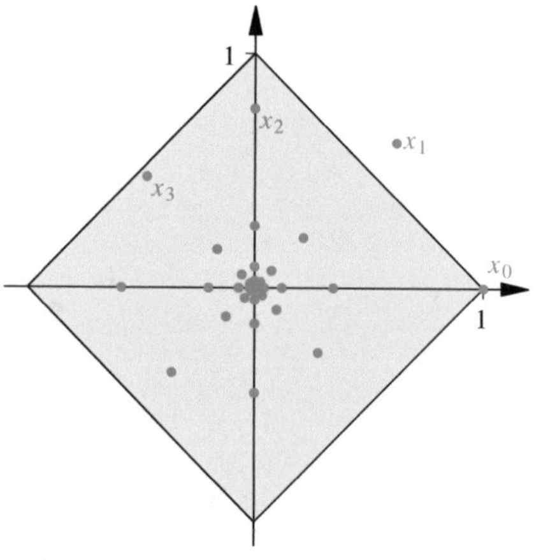

Abb. A.5 Konvergenzverlauf

5.10 Für das Jacobi-Verfahren erhalten wir

$$M_J = D^{-1}(D - A) = \begin{pmatrix} 0 & 0 & -\frac{1}{2}\\ 0 & 0 & -\frac{2}{5}\\ -\frac{1}{2} & -\frac{2}{5} & 0\end{pmatrix}.$$

Damit gilt

$$\begin{aligned} x_{m+1,1} &= -\frac{1}{2} x_{m,3} + 1 \\ x_{m+1,2} &= -\frac{2}{5} x_{m,3} - \frac{3}{5} \\ x_{m+1,3} &= -\frac{1}{2} x_{m,1} - \frac{2}{5} x_{m,2} + \frac{1}{5} \end{aligned}$$

sowie wegen

$$\det(\boldsymbol{M}_J - \lambda\, \boldsymbol{I}) = \lambda\Big(\lambda^2 - \frac{41}{100}\Big)$$

zudem

$$\lambda_1 = 0\,,\ \lambda_{2,3} = \pm\sqrt{\frac{41}{100}}\,,\ \rho(\boldsymbol{M}_J) = \sqrt{\frac{41}{100}} < 1\,.$$

Für das Gauß-Seidel-Verfahren ermittelt man unter Verwendung von

$$(\boldsymbol{D} + \boldsymbol{L})^{-1} = \begin{pmatrix} \frac{1}{4} & 0 & 0 \\ 0 & \frac{1}{5} & 0 \\ -\frac{1}{8} & -\frac{2}{25} & \frac{1}{10} \end{pmatrix}$$

die Iterationsmatrix

$$\boldsymbol{M}_{GS} = -(\boldsymbol{D} + \boldsymbol{L})^{-1}\boldsymbol{R} = \begin{pmatrix} 0 & 0 & -\frac{1}{2} \\ 0 & 0 & -\frac{2}{5} \\ 0 & 0 & \frac{41}{100} \end{pmatrix}.$$

Für die Komponentenschreibweise gilt

$$\begin{aligned} x_{m+1,1} &= -\frac{1}{2} x_{m,3} + 1 \\ x_{m+1,2} &= -\frac{2}{5} x_{m,3} - \frac{3}{5} \\ x_{m+1,3} &= \frac{41}{100} x_{m,3} - \frac{3}{50}\,. \end{aligned}$$

Aufgrund der einfachen Gestalt der Iterationsmatrix ermitteln wir die Eigenwerte von $\boldsymbol{M}_{GS}$ zu

$$\lambda_{1,2} = 0\,,\ \lambda_3 = \frac{41}{100}\,,$$

sodass

$$\rho(\boldsymbol{M}_{GS}) = \frac{41}{100} < 1$$

folgt. Wir erhalten

$$\boldsymbol{C}(\alpha) = -(\alpha \boldsymbol{D}^{-1}\boldsymbol{L} + \alpha^{-1}\boldsymbol{D}^{-1}\boldsymbol{R}) = \begin{pmatrix} 0 & 0 & \frac{1}{2\alpha} \\ 0 & 0 & \frac{2}{5\alpha} \\ \frac{\alpha}{2} & \frac{2\alpha}{5} & 0 \end{pmatrix},$$

womit

$$\begin{aligned} \det(\boldsymbol{C}(\alpha) - \lambda\, \boldsymbol{I}) &= -\lambda\left(\lambda^2 - \frac{2\alpha}{5}\cdot\frac{2}{5\alpha}\right) + \frac{\alpha}{2}\cdot\lambda\cdot\frac{1}{2\alpha} \\ &= -\lambda\left(\lambda^2 - \frac{4}{25}\right) + \frac{1}{4}\lambda \end{aligned}$$

gilt und daher die Eigenwerte von $\boldsymbol{C}(\alpha)$ keine Abhängigkeit von α aufweisen. Die Matrix ist folglich konsistent geordnet und erfüllt alle im Satz auf S. 156 geforderten Eigenschaften. Für den optimalen Relaxationsparameter gilt somit

$$w_{\text{opt}} = \frac{2}{1 + \sqrt{1 - \frac{41}{100}}} \approx 1.131\,.$$

5.11 Mit $q := \|\boldsymbol{M}\|_2$ und

$$\|\boldsymbol{x}_m - \boldsymbol{x}\|_2 \le q^m \|\boldsymbol{x}_0 - \boldsymbol{x}\|_2$$

erhalten wir die Forderung

$$q^m \le 10^{-6}$$

respektive

$$m \ge \frac{\ln 10^{-6}}{\ln q}\,.$$

Für das Jacobi-Verfahren gilt

$$\boldsymbol{M}_J = \begin{pmatrix} 0 & \frac{1}{3} \\ \frac{1}{3} & 0 \end{pmatrix} \quad \text{sowie} \quad \|\boldsymbol{M}_J\|_2 = \sqrt{\rho(\boldsymbol{M}_J^*\boldsymbol{M}_J)} = \frac{1}{3}\,.$$

Somit ergibt sich mit

$$m \ge \frac{\ln 10^{-6}}{\ln \frac{1}{3}} \approx 12.575$$

ein Bedarf von 13 Iterationen.

Für das Gauß-Seidel-Verfahren erhalten wir

$$\boldsymbol{M}_{GS} = \begin{pmatrix} 0 & \frac{1}{3} \\ 0 & \frac{1}{9} \end{pmatrix} \quad \text{sowie} \quad \|\boldsymbol{M}_{GS}\|_2 = \sqrt{\frac{1}{9} + \frac{1}{81}}\,.$$

Folglich gilt

$$m \ge \frac{\ln 10^{-6}}{\ln \sqrt{\frac{1}{9} + \frac{1}{81}}} \approx 13.21\,.$$

Dieser scheinbar höhere Iterationsbedarf des Gauß-Seidel-Verfahrens gegenüber dem Jacobi-Verfahren beruht auf der expliziten Betrachtung der euklidischen Norm.

Asymptotisch gibt der Spektralradius der Iterationsmatrix die Konvergenzrate bezüglich jeder Norm wieder. Nutzen wir in diesem Sinne $q = \rho(\boldsymbol{M}_{GS}) = \frac{1}{9}$, so erhalten wir die realistische Aussage

$$m \ge \frac{\ln 10^{-6}}{\ln \frac{1}{9}} \approx 6.288\,,$$

sodass üblicherweise 7 Iterationen ausreichend sind.

5.12 Die Symmetrie erhalten wir unmittelbar aus der Gleichung

$$B^T = \underbrace{(P^T)^T}_{=P} \underbrace{A^T}_{=A} P^T = PAP^T = B.$$

Für jeden Vektor $x \in \mathbb{R}^n \subset \{0\}$ erhalten wir aufgrund der Invertierbarkeit der Matrix P direkt $y = P^T x \in \mathbb{R}^n \subset \{0\}$ und folglich ergibt sich die behauptete Eigenschaft der positiven Definitheit gemäß

$$\langle Bx, x\rangle = \langle PAP^T x, x\rangle = \langle AP^T x, P^T x\rangle = \langle Ay, y\rangle > 0.$$

5.13 Zur Lösung des Gleichungssystems

$$\begin{pmatrix} 17 \\ 31 \\ 82 \end{pmatrix} = Ax = L \underbrace{Rx}_{=y}$$

berechnen wir zunächst durch eine Vorwärtselimination aus $Ly = (17, 31, 82)^T$ den Hilfsvektor

$$y = \begin{pmatrix} 17 \\ 14 \\ 6 \end{pmatrix}.$$

Analog ergibt sich aus einer Rückwärtselimination

$$x = R^{-1} y = \begin{pmatrix} 3 \\ 1 \\ 2 \end{pmatrix}.$$

5.14 Wir erhalten die Lösung des Gleichungssystems mit

$$QRx = \begin{pmatrix} 16 \\ 0 \end{pmatrix} \Leftrightarrow Rx = Q^T x = \begin{pmatrix} \frac{8}{\sqrt{2}} \\ \frac{8}{\sqrt{2}} \end{pmatrix}$$

durch Rückwärtselimination zu

$$x = \begin{pmatrix} 4 \\ 4 \end{pmatrix}.$$

5.15 Wir erhalten durch die bekannte Eliminationstechnik

$$x = A^{-1} \begin{pmatrix} 24 \\ 16 \\ 32 \end{pmatrix} = L^{-T} L^{-1} \begin{pmatrix} 24 \\ 16 \\ 32 \end{pmatrix} = \begin{pmatrix} 1 \\ -1 \\ 2 \end{pmatrix}.$$

5.16 Mit $(1,2)(2,4)(4,3)(3,1)$ haben wir einen geschlossenen gerichteten Weg, der über alle Zeilenindizes verläuft, womit die Irreduzibilität nachgewiesen ist. Für

$$p_i = \sum_{\substack{=1 \\ j \neq i}}^{n} \frac{|a_{ij}|}{|a_{ii}|}$$

ergibt sich durch einfaches Nachrechnen

$$p_1 = p_4 = 1 \quad \text{und} \quad p_2 = p_3 = \frac{4}{5},$$

sodass auf der Grundlage des auf S. 150 aufgeführten zweiten Satzes zur Konvergenz des Jacobi-Verfahrens die Behauptung nachgewiesen ist. Für das Gauß-Seidel-Verfahren nutzen wir den entsprechenden Satz gemäß S. 152. Für die rekursiv definierten Größen

$$p_i = \sum_{j=1}^{i-1} \frac{|a_{ij}|}{|a_{ii}|} p_j + \sum_{j=i+1}^{n} \frac{|a_{ij}|}{|a_{ii}|}$$

erhalten wir

$$p_1 = 1 \quad \text{und} \quad p_2 = p_3 = p_4 = \frac{4}{5}$$

und folglich die Konvergenz der Gauß-Seidel-Methode.

Kapitel 6

6.1

(a) Offensichtlich sind alle Gerschgorin-Kreise durch $K(0,1)$ gegeben, sodass hiermit die getroffene Behauptung nachgewiesen ist.

(b) Die Multiplikation eines Vektors mit der Matrix S bewirkt lediglich eine Permutation der Vektoreinträge und $z^{(k)}$ stellt stets den Koordinateneinheitsvektor e_j mit $j = n - ((k-1) \bmod n)$ dar.

(c) Die Folge der Iterierten $z^{(k)}$ zeigt, dass die Potenzmethode bei dem obigen Startvektor nicht konvergiert. Elementares Nachrechnen liefert das charakteristische Polynom in der Form $p_A(\lambda) = (-1)^n(\lambda^n - 1)$. Somit repräsentieren die n-ten komplexen Einheitswurzeln $\lambda_k = e^{i\frac{2\pi k}{n}}$ für $k = 1, \ldots, n$ die Eigenwerte der Matrix. Wie leicht zu sehen ist, weisen alle Eigenwerte den gleichen Betrag auf, wodurch die für den Konvergenzsatz grundlegende Bedingung der Existenz eines betragsgrößten Eigenwertes nicht erfüllt ist. Die Aufgabe belegt demzufolge noch einmal nachdrücklich die Notwendigkeit dieser Forderung und steht folglich auch nicht im Widerspruch zum Konvergenzsatz.

6.2 Wir nutzen den Satz von Gerschgorin und müssen lediglich zeigen, dass die Null nicht in der Vereinigungsmenge der Gerschgorin-Kreise liegt. Aufgrund der strikten Diagonaldominanz der Matrix gilt

$$|a_{ii}| > \sum_{j=1, j\neq i}^{n} |a_{ij}| \text{ für } i = 1, \ldots, n,$$

womit sich direkt die benötigte Eigenschaft $0 \notin K_i$, $i = 1, \ldots, n$ ergibt.

6.3 Da die Matrix $\boldsymbol{H}$ laut Voraussetzung spaltenstochastisch ist, erfüllen ihre Matrixelemente h_{ij} die Bedingungen

$$h_{ij} \geq 0 \text{ für alle } i, j \in \{1, \ldots, N\}$$

und

$$\sum_{i=1}^{n} h_{ij} = 1 \text{ für } j \in \{1, \ldots, N\}.$$

(a) Für die Elemente der Matrix $\boldsymbol{M} = \alpha \boldsymbol{H} + (1-\alpha)\frac{1}{n}\boldsymbol{E}$ erhalten wir mit $\alpha \in [0, 1[$ die Aussagen

$$m_{ij} = \underbrace{\alpha h_{ij}}_{\geq 0} + \underbrace{(1-\alpha)\frac{1}{N}}_{>0} > 0$$

für $i, j = 1, \ldots, N$ und

$$\sum_{i=1}^{n} m_{ij} = \alpha \underbrace{\sum_{i=1}^{n} h_{ij}}_{=1} + (1-\alpha) \underbrace{\sum_{i=1}^{n} \frac{1}{n}}_{=1} = \alpha + (1-\alpha) = 1$$

für $j = 1, \ldots, N$.

(b) Als spaltenstochastische Matrix besitzt $\boldsymbol{M}$ laut dem auf der S. 177 aufgeführten Beispiel den Eigenwert $\lambda = 1$. Sei $\boldsymbol{x} \in \mathbb{R}^N \setminus \{\boldsymbol{0}\}$ der zum Eigenwert $\lambda = 1$ gehörige Eigenvektor, dann gilt $\boldsymbol{M}\boldsymbol{x} = \boldsymbol{x}$ respektive

$$x_i = \sum_{j=1}^{N} m_{ij} x_j \text{ für } i = 1, \ldots, N.$$

Aufgrund der in (a) nachgewiesenen Positivität aller Koeffizienten m_{ij} ergibt sich somit

$$|x_i| = |\sum_{j=1}^{N} m_{ij} x_j| \leq \sum_{j=1}^{N} m_{ij} |x_j|,$$

wobei Gleichheit genau dann gilt, wenn alle Komponenten des Vektors $\boldsymbol{x}$ nicht negativ oder nicht positiv sind.
Nehmen wir an, dass $\boldsymbol{x} \neq \boldsymbol{0}$ sowohl positive als auch negative Komponenten aufweist. Dann liefert

$$\sum_{i=1}^{N} |x_i| < \sum_{i,j=1}^{N} m_{ij} |x_j| = \sum_{j=1}^{N} |x_j| \underbrace{\sum_{i=1}^{N} m_{ij}}_{=1} = \sum_{j=1}^{N} |x_j|$$

einen Widerspruch. Folglich sind alle Komponenten von $\boldsymbol{x}$ entweder nicht negativ oder nicht positiv.
Sei $x_i = 0$ für mindestens ein $i \in \{1, \ldots, N\}$, dann ergibt sich wegen

$$0 = |x_i| = \sum_{j=1}^{N} \underbrace{m_{ij}}_{>0} |x_j|$$

sogleich $x_1 = x_2 = \ldots = x_N = 0$, womit wiederum ein Widerspruch zu $\boldsymbol{x} \neq \boldsymbol{0}$ vorliegt. Zusammenfassend besitzt $\boldsymbol{x}$ ausschließlich positive oder negative Komponenten.

(c) Wir führen einen Widerspruchsbeweis und nehmen an, dass die Dimension des Eigenraumes zum Eigenwert $\lambda = 1$ größer als eins ist. Folglich existieren zwei linear unabhängige Eigenvektoren $\boldsymbol{v}, \boldsymbol{w}$ zum Eigenwert $\lambda = 1$. Somit ist auch $\boldsymbol{z} = \alpha \boldsymbol{v} + \beta \boldsymbol{w}$ für alle $\alpha, \beta \in \mathbb{R}$ mit $|\alpha| + |\beta| \neq 0$ Eigenvektor zu $\lambda = 1$.
Mit Teil (b) besitzen die Vektoren $\boldsymbol{v}, \boldsymbol{w}$ ausschließlich positive oder negative Komponenten. Setzen wir

$$\alpha = \sum_{i=1}^{N} w_i \neq 0,$$

so erhalten wir mit der Wahl $\beta = -\sum_{i=1}^{N} v_i$ die Schlussfolgerung

$$\sum_{j=1}^{N} z_j = \sum_{j=1}^{N} \alpha v_j + \beta w_j = \sum_{i,j=1}^{N} (w_i v_j - v_i w_j) = 0.$$

Da $\boldsymbol{z} \neq \boldsymbol{0}$ gilt, muss $\boldsymbol{z}$ sowohl positive als auch negative Komponenten besitzen, wodurch ein Widerspruch zum Resultat laut Teil (b) vorliegt.

6.4 Wir betrachten zunächst einige allgemeine Eigenschaften. Seien $\boldsymbol{v}, \boldsymbol{w} \in \mathbb{C}^n$ Eigenvektoren zu λ respektive μ mit $\|\boldsymbol{v}\|_2 = \|\boldsymbol{w}\|_2 = 1$. Unter der Voraussetzung $\lambda \neq \mu$ sind $\boldsymbol{v}$ und $\boldsymbol{w}$ linear unabhängig. Somit gilt

$$\boldsymbol{x} := \boldsymbol{v} + a\boldsymbol{w} \neq \boldsymbol{0} \text{ für alle } a \in \mathbb{C}.$$

Der Rayleigh-Quotient zu $\boldsymbol{x}$ lässt sich wegen

$$\boldsymbol{A}\boldsymbol{x} = \lambda \boldsymbol{v} + a\mu \boldsymbol{w}$$

in der Form

$$\begin{aligned}
\frac{\boldsymbol{x}^*\boldsymbol{A}\boldsymbol{x}}{\boldsymbol{x}^*\boldsymbol{x}} &= \frac{(\boldsymbol{v} + a\boldsymbol{w})^*(\lambda \boldsymbol{v} + a\mu \boldsymbol{w})}{(\boldsymbol{v} + a\boldsymbol{w})^*(\boldsymbol{v} + a\boldsymbol{w})} \\
&= \frac{\lambda + a\mu \boldsymbol{v}^*\boldsymbol{w} + \overline{a}\lambda \boldsymbol{w}^*\boldsymbol{v} + |a|^2\mu}{1 + \overline{a}\boldsymbol{w}^*\boldsymbol{v} + a\boldsymbol{v}^*\boldsymbol{w} + |a|^2} \\
&= \lambda + (\mu - \lambda) \underbrace{\frac{a\boldsymbol{v}^*\boldsymbol{w} + |a|^2}{1 + \overline{a}\boldsymbol{w}^*\boldsymbol{v} + a\boldsymbol{v}^*\boldsymbol{w} + |a|^2}}_{=: \delta(a)}
\end{aligned}$$

schreiben. Somit gilt

$$\lambda + (\mu - \lambda)\delta(a) \in W(\boldsymbol{A})$$

für alle $a \in \mathbb{C}$.

Wir beginnen nun den Widerspruchsbeweis und nehmen an, dass $\boldsymbol{v}$ und $\boldsymbol{w}$ nicht senkrecht aufeinanderstehen.

Unter Verwendung der Abkürzung $c := \boldsymbol{v}^*\boldsymbol{w} \neq 0$ ergibt sich

$$0 \neq (\boldsymbol{v} + a\boldsymbol{w})^*(\boldsymbol{v} + a\boldsymbol{w}) = 1 + \overline{ac} + ac + |a|^2 \in \mathbb{R}\,.$$

Wählen wir $a = -\overline{c}e^{\mathrm{i}\theta}$ mit $\theta \in [0, 2\pi[$, so erhalten wir mit $b := (1 + \overline{ac} + ac + |a|^2)^{-1}$ die Darstellung

$$\delta(a) = \delta(-\overline{c}e^{\mathrm{i}\theta}) = b\left(-|c|^2 e^{\mathrm{i}\theta} + |c|^2\right) = b|c|^2\left(1 - e^{\mathrm{i}\theta}\right).$$

Die Menge

$$M := \left\{\delta(a)\,\middle|\, a = -\overline{c}e^{\mathrm{i}\theta} \text{ mit } \theta \in [0, 2\pi[\right\}$$

beschreibt folglich einen Kreis um $b|c|^2 \in \mathbb{R}$ mit Radius $r = b|c|^2 > 0$. Da

$$\lambda + (\mu - \lambda)\xi \in W(\boldsymbol{A}) \text{ für alle } \xi \in M$$

gilt und M einen Kreis mit positivem Radius darstellt, kann λ im Widerspruch zur Voraussetzung kein Randpunkt von $W(\boldsymbol{A})$ sein. Damit folgt die Behauptung aus $\boldsymbol{v}^*\boldsymbol{w} = 0$.

6.5 Zunächst lässt sich die Matrix $\boldsymbol{L}$ in der Form $\boldsymbol{L} = \boldsymbol{I} + \widetilde{\boldsymbol{L}}$ mit $\widetilde{\ell_{ij}} = \ell_{ij}$ für $i \neq j$ und $\widetilde{\ell_{ii}} = 0$ schreiben. Folglich ergibt sich

$$\boldsymbol{W} = \boldsymbol{V}\boldsymbol{L} = \boldsymbol{V} + \underbrace{\boldsymbol{V}\widetilde{\boldsymbol{L}}}_{=:\,\boldsymbol{E}_k},$$

wobei alle Komponenten von $\boldsymbol{E}_k = (e_{ij}^{(k)})_{i,j=1,\ldots,n}$ die Eigenschaft

$$e_{ij}^{(k)} = \mathcal{O}(q^k),\ k \to \infty$$

erfüllen. Für jeden Vektor $\boldsymbol{x}$ mit $\|\boldsymbol{x}\|_2 = 1$ erhalten wir $|x_j| \leq 1$ für $j = 1, \ldots, n$ und somit

$$|(\boldsymbol{E}_k\boldsymbol{x})_i| \leq \sum_{j=1}^{n} |e_{ij}^{(k)}||x_j| \leq \sum_{j=1}^{n} \underbrace{|e_{ij}^{(k)}|}_{=\mathcal{O}(q^k)} = \mathcal{O}(q^k),\ k \to \infty\,.$$

Hiermit folgt direkt

$$\|\boldsymbol{E}_k\|_2 = \sup_{\|\boldsymbol{x}\|_2=1} \|\boldsymbol{E}_k\boldsymbol{x}\|_2 = \mathcal{O}(q^k),\ k \to \infty\,.$$

6.6 Wir führen einen Widerspruchsbeweis und nehmen an, dass ein Eigenwert λ von $\boldsymbol{A}$ existiert, der nicht reellwertig ist. Dann existiert ein Vektor $\boldsymbol{x} \in \mathbb{C}^n \setminus \{\boldsymbol{0}\}$ mit $\boldsymbol{A}\boldsymbol{x} = \lambda\boldsymbol{x}$. Für $\overline{\boldsymbol{x}} \in \mathbb{C}^n \setminus \{\boldsymbol{0}\}$ erhalten wir

$$\boldsymbol{A}\overline{\boldsymbol{x}} = \overline{\boldsymbol{A}\boldsymbol{x}} = \overline{\lambda\boldsymbol{x}} = \overline{\lambda}\overline{\boldsymbol{x}}\,.$$

Somit stellt auch $\overline{\lambda} \neq \lambda$ einen Eigenwert von $\boldsymbol{A}$ dar und wir erhalten wegen $|\lambda| = |\overline{\lambda}|$ den gewünschten Widerspruch zur Voraussetzung der Aussage.

6.7 Wir führen den Nachweis nur für den Fall eines Produktes unitärer Matrizen, da sich die Vorgehensweise direkt auf orthogonale Matrizen übertragen lässt. Seien $\boldsymbol{A}, \boldsymbol{B} \in \mathbb{C}^{n \times n}$ unitär, dann folgt die Behauptung unmittelbar aus

$$(\boldsymbol{A}\boldsymbol{B})^*\boldsymbol{A}\boldsymbol{B} = \boldsymbol{B}^*\underbrace{\boldsymbol{A}^*\boldsymbol{A}}_{=\boldsymbol{I}}\boldsymbol{B} = \boldsymbol{B}^*\boldsymbol{B} = \boldsymbol{I}\,.$$

6.8 Da die Gerschgorin-Kreise paarweise disjunkt sind, liegt in jedem Kreis genau ein Eigenwert. Zudem liegt der Mittelpunkt jedes Kreises auf der reellen Achse. Würde ein komplexwertiger Eigenwert $\lambda \in K_i$ existieren, so wäre auch $\overline{\lambda}$ Eigenwert von $\boldsymbol{A}$ mit $\overline{\lambda} \in K_i$, was im Widerspruch zur Existenz genau je eines Eigenwertes pro Gerschgorin-Kreis ist.

6.9 Da der allgemeine Wertebereich einer schiefsymmetrischen Matrix stets ein Intervall auf der imaginäre Achse darstellt und andererseits $W_{\mathbb{R}}(\boldsymbol{S}) \subset \mathbb{R}$ gilt, erhalten wir $W_{\mathbb{R}}(\boldsymbol{S}) = \{0\}$. Folglich ergibt sich für alle $\boldsymbol{x} \in \mathbb{R}^n \setminus \{\boldsymbol{0}\}$ aus

$$\frac{\boldsymbol{x}^T\boldsymbol{A}\boldsymbol{x}}{\boldsymbol{x}^T\boldsymbol{x}} = \alpha\frac{\boldsymbol{x}^T\boldsymbol{I}\boldsymbol{x}}{\boldsymbol{x}^T\boldsymbol{x}} + \underbrace{\frac{\boldsymbol{x}^T\boldsymbol{S}\boldsymbol{x}}{\boldsymbol{x}^T\boldsymbol{x}}}_{=0} = \alpha$$

die Schlussfolgerung $W_{\mathbb{R}}(\boldsymbol{A}) = \{\alpha\}$.

6.10 Aufgrund der resultierenden Mengen erhalten wir $K_3 \cap (K_1 \cup K_2) = \emptyset$, womit wir schlussfolgern können, dass sich in K_3 ein Eigenwert und in $K_1 \cup K_2$ zwei Eigenwerte befinden.

6.11 Mit

$$\boldsymbol{H} = \frac{\boldsymbol{A} + \boldsymbol{A}^*}{2} = \begin{pmatrix} 1 & 3/2 & 1/2 \\ 3/2 & 1 & 3/2 \\ 1/2 & 3/2 & 2 \end{pmatrix}$$

sowie

$$\boldsymbol{S} = \frac{\boldsymbol{A} - \boldsymbol{A}^*}{2} = \begin{pmatrix} 0 & 1 & 1 \\ -1 & 0 & -1 \\ -1 & 1 & 0 \end{pmatrix}$$

erhalten wir

$$\sigma(\boldsymbol{H}) \subset (K(1,2) \cup K(1,3) \cup K(2,2)) \cap \mathbb{R} = [-2, 4]$$

und

$$\sigma(\boldsymbol{S}) \subset K(0,2) \cap \{z \in \mathbb{C} \mid \mathrm{Re}(z) = 0\} = [-2\mathrm{i}, 2\mathrm{i}].$$

Damit ergibt sich unter Berücksichtigung von $W(\boldsymbol{H}) \subseteq [-2, 4]$ und $W(\boldsymbol{S}) \subseteq [-2\mathrm{i}, 2\mathrm{i}]$ die gesuchte Eigenwerteinschließung in der Form

$$\sigma(\boldsymbol{A}) \subset W(\boldsymbol{A}) \subseteq R = W(\boldsymbol{H}) + W(\boldsymbol{S}) \subseteq [-2, 4] + [-2\mathrm{i}, 2\mathrm{i}].$$

6.12 –

6.13 Die Gerschgorin-Kreise lauten

$$K_1 = K(1, 2.4), \quad K_2 = K(2.7, 1.5),$$
$$K_3 = K(5, 0.4), \quad K_4 = K(-1, 3.1).$$

Wegen $K_3 \cap (K_1 \cup K_2 \cup K_4) = \emptyset$ liegt in K_3 genau ein Eigenwert und es gilt

$$|\xi| > |\nu| \text{ für alle } \xi \in K_3 \text{ und } \nu \in K_1 \cup K_2 \cup K_4 .$$

Damit kann die Konvergenzrate q der Potenzmethode durch

$$q \leq \frac{\max_{\nu \in K_1 \cup K_2 \cup K_4} |\nu|}{\min_{\xi \in K_3} |\xi|} = \frac{4.2}{4.6} < 0.914$$

nach oben abgeschätzt werden, wodurch wegen $q < 1$ auch die Konvergenz nachgewiesen ist.

6.14 Schematisch ergibt sich der Zusammenhang

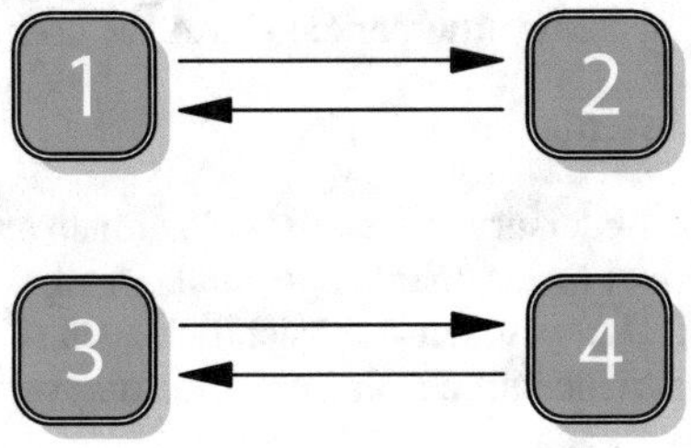

Abb. A.6 Netzstruktur

und die spaltenstochastische Matrix weist somit die Form

$$\widetilde{\boldsymbol{H}} = \begin{pmatrix} 0 & 1 & 0 & 0 \\ 1 & 0 & 0 & 0 \\ 0 & 0 & 0 & 1 \\ 0 & 0 & 1 & 0 \end{pmatrix} \in \mathbb{R}^{4\times 4}$$

auf. Damit ergeben sich zum Eigenwert $\lambda = 1$ mit

$$\boldsymbol{w}_1 = \begin{pmatrix} \frac{1}{2} \\ \frac{1}{2} \\ 0 \\ 0 \end{pmatrix} \text{ und } \boldsymbol{w}_2 = \begin{pmatrix} 0 \\ 0 \\ \frac{1}{2} \\ \frac{1}{2} \end{pmatrix}$$

zwei linear unabhängige Eigenvektoren, die jeweils den Bedingungen $w_i \geq 0$ und $\|\boldsymbol{w}\|_1 = 1$ genügen.

Kapitel 7

7.1 Wegen

$$f(\alpha_0) := \left\| \begin{pmatrix} 1 \\ 1 \end{pmatrix} \alpha_0 - \begin{pmatrix} 1 \\ 2 \end{pmatrix} \right\|_1 = |\alpha_0 - 1| + |\alpha_0 - 2|$$

erhalten wir für $\alpha_0 \notin [1, 2]$ direkt

$$f(\alpha_0) = |2\alpha_0 - 3| > 1$$

und für $\alpha_0 \in [1, 2]$ stets

$$f(\alpha_0) = \alpha_0 - 1 + 2 - \alpha_0 = 1.$$

Somit stellen alle $\alpha \in [1, 2]$ eine Lösung des Minimierungsproblems dar.

Im Fall der Maximumnorm ergibt sich

$$f(\alpha_0) := \left\| \begin{pmatrix} 1 \\ 1 \end{pmatrix} \alpha_0 - \begin{pmatrix} 1 \\ 2 \end{pmatrix} \right\|_\infty = \max\{|\alpha_0 - 1|, |\alpha_0 - 2|\},$$

womit wir analog zum euklidischen Abstandsbegriff die Lösung gemäß

$$\alpha = \arg\min_{\alpha_0 \in \mathbb{R}} f(\alpha_0) = \frac{3}{2}$$

erhalten.

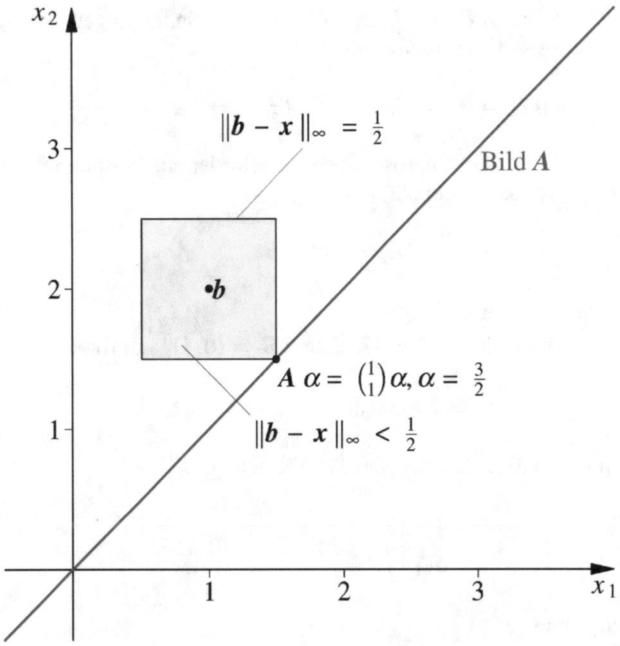

Abb. A.7 Geometrische Interpretation der Lösung für die Maximumnorm

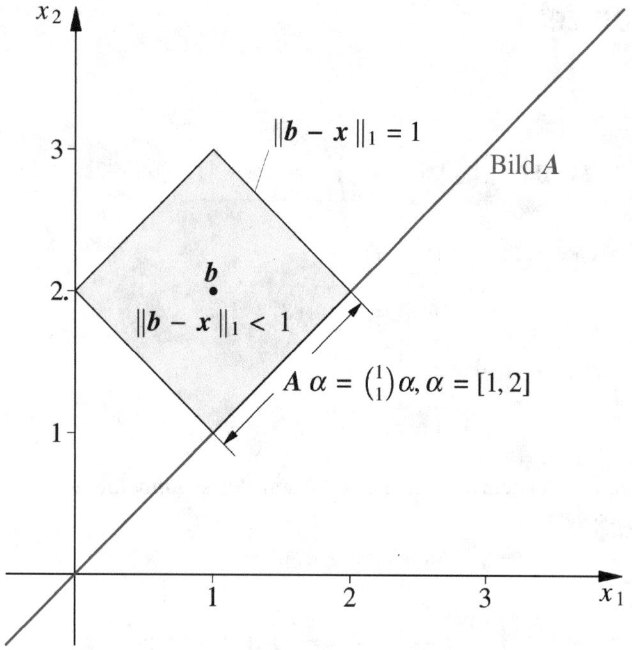

Abb. A.8 Geometrische Interpretation der Lösung für die Betragssummennorm

7.2 Um die Produkte BA und AB zu ermöglichen, muss notwendigerweise $B \in \mathbb{R}^{n \times m}$ gelten. Hiermit erhalten wir jedoch $BA \in \mathbb{R}^{n \times n}$ und $AB \in \mathbb{R}^{m \times m}$, wodurch wegen $m > n$ keine Übereinstimmung vorliegen kann.

7.3 Wegen $AB = I$ ergeben sich die Bedingungen der Pseudoinversen unmittelbar aus

$$BAB = BI = B \quad \text{und} \quad ABA = IA = A.$$

Die für die Moore-Penrose-Inversen geforderten Symmetrien erkennen wir leicht gemäß

$$BA = I = AB.$$

7.4 Schreiben wir $A = (2, 1)$ und $B = (0, 1)^\top$, so folgt

$$AB = 1 \quad \text{und damit} \quad (AB)^\dagger = 1.$$

Für die jeweilige Pseudoinverse ergibt sich

$$A^\dagger = \frac{1}{5}\begin{pmatrix} 2 \\ 1 \end{pmatrix} \quad \text{und} \quad B^\dagger = (0, 1).$$

Nachrechnen zeigt

$$B^\dagger A^\dagger = \frac{1}{5} \neq 1 = (AB)^\dagger.$$

7.5 Jede Permutationsmatrix $P \in \mathbb{R}^{n \times n}$ lässt sich mittels einer Permutation $\pi : \{1, \ldots, n\} \to \{1, \ldots, n\}$ darstellen. Die Form der Matrix lautet dabei unter Verwendung der Koordinateneinheitsvektoren $e_1, \ldots, e_n$

$$P = (e_{\pi(1)}, \ldots, e_{\pi(n)}).$$

Mit

$$(P^\top P)_{ij} = e_{\pi(i)}^\top e_{\pi(j)} = \begin{cases} 1, & \text{falls} \quad i = j, \\ 0 & \text{sonst} \end{cases}$$

ergibt sich die behauptete Orthogonalitätseigenschaft.

7.6 „$\Rightarrow$“: Besitze A maximalen Rang.

Aufgrund der Voraussetzung $m \geq n$ sind alle Spaltenvektoren der Matrix A linear unabhängig. Für $x \in \text{Kern}(A^\top A)$ folgt aus

$$0 = \langle A^\top A x, x \rangle = \langle Ax, Ax \rangle = \|Ax\|_2^2$$

direkt $Ax = 0$ und somit ergibt sich aufgrund der vorausgesetzten linearen Unabhängigkeit der Spaltenvektoren der Matrix $x = 0$. Folglich ist die Invertierbarkeit von $A^\top A$ nachgewiesen.

„$\Leftarrow$“: Sei $A^\top A$ invertierbar.

Wir führen einen Widerspruchsbeweis und nehmen an, dass die Spalten von A nicht linear unabhängig sind. Dann existiert ein $x \in \mathbb{R}^n \setminus \{0\}$ mit $Ax = 0$, der offensichtlich auch $A^\top A x = 0$ erfüllt, womit ein Widerspruch zur Voraussetzung vorliegt.

7.7 Mit dem Satz zur Singulärwertzerlegung erhalten wir die Darstellung der Matrix A in der Form

$$A = U \begin{pmatrix} \widehat{S} & 0 \\ 0 & 0 \end{pmatrix} V^\top,$$

womit sich die Matrix B als

$$B = U \begin{pmatrix} c\widehat{S} & 0 \\ 0 & 0 \end{pmatrix} V^\top$$

schreiben lässt. Die Moore-Penrose-Inversen stehen damit in der Beziehung

$$\begin{aligned} B^\dagger &= V \begin{pmatrix} \frac{1}{c}\widehat{S}^{-1} & 0 \\ 0 & 0 \end{pmatrix} U^\top \\ &= \frac{1}{c} V \begin{pmatrix} \widehat{S}^{-1} & 0 \\ 0 & 0 \end{pmatrix} U^\top = \frac{1}{c} A^\dagger. \end{aligned}$$

7.8 Die Normalgleichungen lauten

$$\begin{pmatrix} 10 & -20 & 0 \\ -20 & 74 & 34 \\ 0 & 34 & 34 \end{pmatrix} \boldsymbol{x} = \begin{pmatrix} 3 \\ 15 \\ 21 \end{pmatrix},$$

womit sich die Lösungsmenge in der Form

$$\boldsymbol{x} = \underbrace{\begin{pmatrix} \frac{522}{340} \\ \frac{210}{340} \\ 0 \end{pmatrix}}_{=\boldsymbol{x}'} + \lambda \underbrace{\begin{pmatrix} -2 \\ -1 \\ 1 \end{pmatrix}}_{=\boldsymbol{x}''} \text{ mit } \lambda \in \mathbb{R}$$

ergibt. Da der Kern der Matrix $\boldsymbol{A}^\top \boldsymbol{A}$ eindimensional ist, schreibt sich die Optimallösung in der Form

$$\boldsymbol{x} = \boldsymbol{x}' + \frac{\langle \boldsymbol{x}', \boldsymbol{x}'' \rangle}{\|\boldsymbol{x}''\|_2^2} \boldsymbol{x}'' = \begin{pmatrix} \frac{522}{340} \\ \frac{210}{340} \\ 0 \end{pmatrix} + \frac{209}{340} \begin{pmatrix} -2 \\ -1 \\ 1 \end{pmatrix} = \begin{pmatrix} \frac{104}{340} \\ \frac{1}{340} \\ \frac{209}{340} \end{pmatrix}.$$

7.9 Wir erhalten das lineare Ausgleichsproblem $\|\boldsymbol{A}\boldsymbol{x} - \boldsymbol{b}\|_2 \stackrel{!}{=} \min$ mit

$$\boldsymbol{A} = \begin{pmatrix} \sin(-\pi) & \cos(-\pi) \\ \sin(-\pi/2) & \cos(-\pi/2) \\ \sin(0) & \cos(0) \\ \sin(\pi/2) & \cos(\pi/2) \\ \sin(\pi) & \cos(\pi) \end{pmatrix} = \begin{pmatrix} 0 & -1 \\ -1 & 0 \\ 0 & 1 \\ 1 & 0 \\ 0 & -1 \end{pmatrix}$$

und

$$\boldsymbol{b} = \begin{pmatrix} 2 \\ 4 \\ 1 \\ 2 \\ 0 \end{pmatrix}.$$

Folglich ergeben sich die zugehörigen Normalgleichungen gemäß

$$\begin{pmatrix} 2 & 0 \\ 0 & 3 \end{pmatrix} \begin{pmatrix} a_1 \\ a_2 \end{pmatrix} = \begin{pmatrix} -2 \\ -1 \end{pmatrix},$$

womit die Lösung $a_1 = -1$ und $a_2 = -1/3$ lautet.

7.10 Die Koeffizienten ergeben sich einfach durch Verwendung der Normalgleichungen. Die y-Daten kommen entsprechend ihrer Lage eher einer Parabel nahe, während die z-Werte besser einer Geraden entgegenkommen. Demzufolge sind auch die Zusammenhänge

$$\sum_{k=0}^{4} (y_k - g(t_k))^2 = 4.14 \gg 0.59 = \sum_{k=0}^{4} (y_k - p(t_k))^2$$

$$\sum_{k=0}^{4} (z_k - g(t_k))^2 = 0.60 \ll 3.41 = \sum_{k=0}^{4} (z_k - p(t_k))^2$$

nicht weiter verwunderlich.

7.11 Mit

$$\boldsymbol{W} = \frac{1}{5} \begin{pmatrix} 3 & 4 \\ 4 & -3 \end{pmatrix}$$

erhalten wir

$$\boldsymbol{A}\boldsymbol{W} = \frac{1}{5} \begin{pmatrix} 3 & 4 \\ 6 & 8 \end{pmatrix} \begin{pmatrix} 3 & 4 \\ 4 & -3 \end{pmatrix} = \begin{pmatrix} 5 & 0 \\ 10 & 0 \end{pmatrix}.$$

Die QR-Zerlegung dieser Matrix schreibt sich in der Form

$$\boldsymbol{A}\boldsymbol{W} = \underbrace{\frac{1}{\sqrt{5}} \begin{pmatrix} 1 & 2 \\ 2 & -1 \end{pmatrix}}_{=\boldsymbol{Q}} \begin{pmatrix} 5\sqrt{5} & 0 \\ 0 & 0 \end{pmatrix},$$

womit sich die Moore-Penrose-Inverse zu

$$\boldsymbol{A}^\dagger = \boldsymbol{W} \begin{pmatrix} \frac{\sqrt{5}}{25} & 0 \\ 0 & 0 \end{pmatrix} \boldsymbol{Q}^\top = \frac{1}{125} \begin{pmatrix} 3 & 6 \\ 4 & 8 \end{pmatrix}$$

ergibt.

7.12 Trägt man die Punkte in ein Koordinatensystem ein und legt gedanklich jeweils eine Gerade durch die Punkte $(1,3)^\top$ und $(3,5)^\top$ sowie $(2,2)^\top$ und $(4,4)^\top$, so kommt eventuell die Vermutung auf, dass die Lösung parallel und in der Mitte dieser beiden Geraden verlaufen könnte und folglich $q(t) = 1 + t$ lautet. Gehen wir von dieser visuellen Anschauung zurück zur mathematisch fundierten Vorgehensweise und betrachten das lineare Ausgleichsproblem $\|\boldsymbol{A}\boldsymbol{x} - \boldsymbol{b}\|_2 \stackrel{!}{=} \min$ mit den eingehenden Größen

$$\boldsymbol{A} = \begin{pmatrix} 1 & 1 \\ 1 & 2 \\ 1 & 3 \\ 1 & 4 \end{pmatrix} \quad \text{und} \quad \boldsymbol{b} = \begin{pmatrix} 3 \\ 2 \\ 5 \\ 4 \end{pmatrix}.$$

Mit der QR-Zerlegung

$$\boldsymbol{A} = \underbrace{\begin{pmatrix} -0.50 & 0.67 & 0.02 & 0.55 \\ -0.50 & 0.22 & -0.44 & -0.71 \\ -0.50 & -0.22 & 0.81 & -0.22 \\ -0.50 & -0.67 & -0.39 & 0.38 \end{pmatrix}}_{=\boldsymbol{Q}} \underbrace{\begin{pmatrix} -2 & -5 \\ 0 & -2.23 \\ 0 & 0 \\ 0 & 0 \end{pmatrix}}_{=\boldsymbol{R}}$$

ergibt sich

$$\widehat{b} = Q^\top b = \begin{pmatrix} -7.00 \\ -1.34 \\ 1.66 \\ 0.66 \end{pmatrix}$$

und damit der Lösungsvektor gemäß

$$x = \begin{pmatrix} -2 & -5 \\ 0 & -2.23 \end{pmatrix}^{-1} \begin{pmatrix} -7.00 \\ -1.34 \end{pmatrix} = \begin{pmatrix} 2 \\ 0.6 \end{pmatrix}.$$

Mittels der Normalgleichungen

$$\underbrace{\begin{pmatrix} 4 & 10 \\ 10 & 30 \end{pmatrix}}_{= A^\top A} x = \underbrace{\begin{pmatrix} 14 \\ 38 \end{pmatrix}}_{= A^\top b}$$

ergibt sich, wie auch über den QR-Ansatz berechnet, die Lösung zu

$$x = (A^\top A)^{-1} \begin{pmatrix} 14 \\ 38 \end{pmatrix} = \begin{pmatrix} 2 \\ 0.6 \end{pmatrix}.$$

Bezugnehmend auf die erste Annahme der Lösungsgestalt aufgrund der grafischen Betrachtung, erhalten wir hiermit durch $p(t) = 2 + 0.6\,t$ ein abweichendes Polynom. Vergleichen wir die Fehlerterme für p und q, so zeigt sich in der Tat, dass

$$\sum_{k=0}^{3} (b_k - p(t_k))^2 = 3.2 < 4 = \sum_{k=0}^{3} (b_k - q(t_k))^2$$

gilt und q entgegen der ersten Vermutung nicht der Lösung entspricht.

7.13 Das überbestimmte Gleichungssystem lautet

$$\underbrace{\begin{pmatrix} 2.78 & 7.72 \\ 5.56 & 30.86 \\ 8.33 & 69.44 \\ 11.11 & 123.46 \\ 13.89 & 192.90 \end{pmatrix}}_{= A} \begin{pmatrix} \widetilde{\beta} \\ \widetilde{\gamma} \end{pmatrix} = \underbrace{\begin{pmatrix} 1.2 \\ 3.8 \\ 9.2 \\ 17 \\ 24.9 \end{pmatrix}}_{= b}.$$

Mittels der zugehörigen Normalgleichungen

$$\underbrace{100 \begin{pmatrix} 4.24 & 48.23 \\ 48.23 & 582.87 \end{pmatrix}}_{= A^\top A} \begin{pmatrix} \widetilde{\beta} \\ \widetilde{\gamma} \end{pmatrix} = \underbrace{\begin{pmatrix} 635.83 \\ 7667.43 \end{pmatrix}}_{= A^\top b},$$

wodurch sich das Ergebnis

$$\begin{pmatrix} \widetilde{\beta} \\ \widetilde{\gamma} \end{pmatrix} = (A^\top A)^{-1} A^\top b = \frac{1}{100} \begin{pmatrix} 5.71 \\ 12.68 \end{pmatrix}$$

und hiermit die Lösungsdarstellung

$$s(v) = \frac{1}{100}(5.71\,v + 12.68\,v^2)$$

sowie die Prognosewerte

v [m/s]	22.22	27.78	41.67
$s(v)$ [m]	63.90	99.44	222.56

ergeben. Die hier ermittelten Koeffizienten erfüllen in Bezug auf die im erwähnten Beispiel erhaltenen Werte den Zusammenhang $\widetilde{\beta} = 3.6\,\beta$ und $\widetilde{\gamma} = 3.6^2\,\gamma$.

7.13 Die Normalgleichungen lauten

$$\underbrace{\begin{pmatrix} 2 & 0 & 2 \\ 0 & 2 & 2 \\ 2 & 2 & 4 \end{pmatrix}}_{= A^\top A} x = \underbrace{\begin{pmatrix} 5 \\ 3 \\ 8 \end{pmatrix}}_{= A^\top b}.$$

Offensichtlich ist die Matrix $A^\top A$ nicht invertierbar. Subtrahieren der ersten und zweiten Zeile von der dritten ergibt das äquivalente System

$$\begin{pmatrix} 2 & 0 & 2 \\ 0 & 2 & 2 \\ 0 & 0 & 0 \end{pmatrix} x = \begin{pmatrix} 5 \\ 3 \\ 0 \end{pmatrix}.$$

Setzen wir $x_3 = t$, so folgt aus der zweiten Zeile $x_2 = 3/2 - t$ und entsprechend aus der ersten Zeile $x_1 = 5/2 - t$. Die Lösungsmenge hat demzufolge die Darstellung

$$x = \underbrace{\frac{1}{2}\begin{pmatrix} 5 \\ 3 \\ 0 \end{pmatrix}}_{= x'} + \lambda \begin{pmatrix} -1 \\ -1 \\ 1 \end{pmatrix} \quad \text{mit } \lambda \in \mathbb{R}.$$

Mit

$$\xi = \frac{1}{\sqrt{3}} \begin{pmatrix} -1 \\ -1 \\ 1 \end{pmatrix}$$

liegt eine Orthonormalbasis des Kerns von $A^\top A$ vor. Laut S. 222 ergibt sich die Optimallösung somit gemäß

$$\begin{aligned} x &= x' - \langle x', \xi \rangle \xi \\ &= \frac{1}{2}\begin{pmatrix} 5 \\ 3 \\ 0 \end{pmatrix} - \frac{-4}{\sqrt{3}} \frac{1}{\sqrt{3}} \begin{pmatrix} -1 \\ -1 \\ 1 \end{pmatrix} = \frac{1}{6}\begin{pmatrix} 7 \\ 1 \\ 8 \end{pmatrix}. \end{aligned}$$

Kapitel 8

8.1 –

8.2 –

8.3 Die Funktion

$$f(x) = \begin{cases} -1: & a \le x \le \frac{a+b}{4} \\ 1: & \frac{a+b}{4} < x \le b \end{cases}$$

besitzt keine Nullstelle in $[a, b]$, aber es gilt $f(a) \cdot f(b) = -1 < 0$.

8.4 Für $f(x_n) = (x_n)^{42}$ ist $f'(x_n) = 42(x_n)^{41}$, also folgt für das Newton-Verfahren

$$x_{n+1} = x_n - \frac{f(x_n)}{f'(x_n)} = x_n - \frac{(x_n)^{42}}{42(x_n)^{41}} = x_n - \frac{1}{42}x_n \\ = \frac{41}{42}x_n.$$

Das Verfahren ist also uneingeschränkt anwendbar. Da wir eine lineare Gleichung erhalten haben, kann die Konvergenz nicht quadratisch sein. In der Tat gilt

$$|x_{n-1} - 0| = \frac{41}{42}|x_n - 0|,$$

und damit ist die Konvergenz linear.

8.5 Die Zahl $\sqrt[p]{q}$ ist Nullstelle der Funktion $f(x) = x^p - q$. Dann ist $f'(x) = px^{p-1}$ und das Newton-Verfahren liefert

$$x_{n+1} = x_n - \frac{f(x_n)}{f'(x_n)} = x_n - \frac{(x_n)^p - q}{p(x_n)^{p-q}}.$$

8.6

(a) Der Nenner $N(x) := x^2 + 2x + 10$ der Iterationsfunktion Φ ist auf $[1, 2]$ wegen $N'(x) = 2x + 2 > 1$ und $N''(x) = 2 > 0$ monoton wachsend und es existiert in diesem Intervall keine Nullstelle. Es gilt daher $\min_{1\le x\le 2} N(x) = N(1) = 13$ und $\max_{1\le x\le 2} N(x) = N(2) = 18$. Also ist Φ auf $[1, 2]$ eine monoton fallende Funktion mit

$$\min_{1\le x\le 2} \Phi(x) = \Phi(2) = \frac{10}{9} = 1.\overline{1}$$

und

$$\max_{1\le x\le 2} \Phi(x) = \Phi(1) = \frac{20}{13} \approx 1.54.$$

Somit ist Φ eine Selbstabbildung $\Phi : [1, 2] \to [1, 2]$. Wir untersuchen für $x \in [1, 2]$

$$\Phi'(x) = \frac{-40(x+1)}{(x^2 + 2x + 10)^2} = \frac{-40(x+1)}{N(x)^2}$$

und erhalten

$$\Phi'(x) \le \frac{-40(x+1)}{13^2} = -\frac{40}{169}(x+1),$$

also $|\Phi'(x)| \le \frac{120}{169} < 1$. Nach (8.17) haben wir damit die Lipschitz-Konstante

$$C := \sup_{1\le x\le 2} |\Phi'(x)| < 1$$

gefunden. Die Iterationsfunktion Φ ist also auf $[1, 2]$ eine Kontraktion und die Iteration ist konvergent für alle $x_0 \in [1, 2]$.

(b) Der Fehler im n-ten Iterationsschritt ist $e_n = \xi - x_n$ und mit dem Mittelwertsatz der Differenzialrechnung folgt die Existenz einer Zahl η zwischen ξ und x_n, sodass

$$e_n = \xi - x_n = \Phi(\xi) - \Phi(x_{n-1}) = \Phi'(\eta)(\xi - x_{n-1}) \\ = \Phi'(\eta)e_{n-1}$$

gilt. Wenn n hinreichend groß ist, können wir $\eta \approx \xi$ annehmen. Setzen wir das aus der Aufgabe bekannte ξ ein, dann folgt

$$\Phi'(1.368808107) = \frac{-40(1.368808107 + 1)}{((1.368808107)^2 + 2 \cdot 1.368808107 + 10)^2} \\ \approx -0.44.$$

Der Fehler im n-Schritt ist also nur das -0.44-Fache des vorhergehenden Fehlers, d. h., der Fehler wird von Schritt zu Schritt nicht einmal halbiert. Für jede neue gültige Stelle des Resultats werden 2 bis 3 Iterationen benötigt.

8.7 Für die Ableitung der Iterationsfunktion ergibt sich

$$\Phi'(x) = -\frac{1}{10}(4x + 3x^2).$$

Die Ableitung ist auf $[1, 2]$ monoton fallend und es gilt

$$\min_{1\le x\le 2} |\Phi'(x)| = |\Phi'(1)| = \frac{7}{10},$$
$$\max_{1\le x\le 2} |\Phi'(x)| = |\Phi'(2)| = 2.$$

Damit kann Φ auf $[1, 2]$ keine Kontraktion sein. Die Ableitung der Iterationsfunktion wird bei etwa $x = 1.277$ kleiner als -1, aber in $[1, 1.277]$ liegt keine Nullstelle von f. Schon die erste Iterierte x_1 liegt außerhalb von $[1, 1.277]$ und damit in dem Bereich, in dem Φ nicht kontrahierend ist.

8.8 Das klassische Heron-Verfahren zur Berechnung von $\sqrt{2}$ sucht die Berechnung der Kantenlänge eines Quadrats der Fläche 2. Dazu setzte man

$$a_0 = 1, \quad b_0 = 2$$

und dann folgen die a_n als arithmetische Mittel $a_n = (a_{n-1} + b_{n-1})/2$ und die b_n werden jeweils so angepasst, dass $a_n \cdot b_n = 2$ erfüllt ist, also $b_n = 2/a_n$ und damit $b_{n-1} = 2/a_{n-1}$. Setzen wir das in das arithmetische Mittel für a_n ein, so folgt

$$a_n = \frac{a_{n-1} + b_{n-1}}{2} = \frac{1}{2}\left(a_{n-1} + \frac{2}{a_{n-1}}\right).$$

Damit ist bereits die geforderte Form erreicht. Will man die Wurzel aus einer anderen positiven Zahl als 2 ziehen, dann folgt

$$a_n = \frac{a_{n-1} + b_{n-1}}{2} = \frac{1}{2}\left(a_{n-1} + \frac{r}{a_{n-1}}\right).$$

Die Zahl $\sqrt{r}$ ist Nullstelle der Funktion $f(x) = x^2 - r$. Dann folgt $f'(x) = 2x$ und das Newton-Verfahren liefert

$$\begin{aligned} x_n &= x_{n-1} - \frac{f(x_{n-1})}{f'(x_{n-1})} = x_{n-1} - \frac{(x_{n-1})^2 - r}{2x_{n-1}} \\ &= \frac{2(x_{n-1})^2 - (x_{n-1})^2 - r}{2x_{n-1}} = \frac{1}{2}\left(x_{n-1} - \frac{r}{x_{n-1}}\right). \end{aligned}$$

8.9 Wir verwenden Voraussetzung 2., $\|\boldsymbol{C}\boldsymbol{f}'(\boldsymbol{x}^0) - \boldsymbol{I}\| = \|\boldsymbol{I} - \boldsymbol{C}\boldsymbol{f}'(\boldsymbol{x}^0)\| \le \tau$, und den Satz von Banach aus dem Hinweis und setzen

$$\boldsymbol{U} := \boldsymbol{C}\boldsymbol{f}'(\boldsymbol{x}^0) - \boldsymbol{I}.$$

Wegen Voraussetzung 2. gilt

$$\|\boldsymbol{U}\| = \|\boldsymbol{C}\boldsymbol{f}'(\boldsymbol{x}^0) - \boldsymbol{I}\| \le \tau < 1,$$

also folgt mit dem zitierten Störungslemma aus dem Hinweis

$$\|(\boldsymbol{U} - \boldsymbol{I})^{-1}\| = \|\boldsymbol{C}\boldsymbol{f}'(\boldsymbol{x}^0)\| \le \frac{1}{1-\tau}.$$

8.10 Schreiben wir

$$\boldsymbol{G} = \begin{pmatrix} g_{11} & \cdots & g_{1m} \\ \vdots & \ddots & \vdots \\ g_{m1} & \cdots & g_{mm} \end{pmatrix},$$

dann ist

$$\begin{aligned} \boldsymbol{G}\boldsymbol{f}(\boldsymbol{x}) &= \begin{pmatrix} g_{11} & \cdots & g_{1m} \\ \vdots & \ddots & \vdots \\ g_{m1} & \cdots & g_{mm} \end{pmatrix} \begin{pmatrix} f_1(\boldsymbol{x}) \\ \vdots \\ f_m(\boldsymbol{x}) \end{pmatrix} \\ &= \begin{pmatrix} \sum_{i=1}^m g_{1i} f_i(\boldsymbol{x}) \\ \vdots \\ \sum_{i=1}^m g_{mi} f_i(\boldsymbol{x}) \end{pmatrix} =: \begin{pmatrix} f_1^{\boldsymbol{G}}(\boldsymbol{x}) \\ \vdots \\ f_m^{\boldsymbol{G}}(\boldsymbol{x}) \end{pmatrix}. \end{aligned}$$

Da die g_{ij} Konstante sind, folgt für die erste Fréchet-Ableitung

$$(\boldsymbol{G}\boldsymbol{f}(\boldsymbol{x}))' = \boldsymbol{G}\boldsymbol{f}'(\boldsymbol{x}),$$

also

$$(\boldsymbol{G}\boldsymbol{f}(\boldsymbol{x}))' = \begin{pmatrix} \sum_{i=1}^m g_{1,i}\frac{\partial f_i}{\partial x_1}(\boldsymbol{x}) & \cdots & \sum_{i=1}^m g_{1,i}\frac{\partial f_i}{\partial x_m}(\boldsymbol{x}) \\ \vdots & \ddots & \vdots \\ \sum_{i=1}^m g_{m,i}\frac{\partial f_i}{\partial x_1}(\boldsymbol{x}) & \cdots & \sum_{i=1}^m g_{m,i}\frac{\partial f_i}{\partial x_m}(\boldsymbol{x}) \end{pmatrix}.$$

Die zweite Fréchet-Ableitung ist eine dreifach indizierte Matrix

$$(\boldsymbol{G}\boldsymbol{f}(\boldsymbol{x}))'' = (a_{ij}^{(k)}), \quad i, j, k = 1, \ldots, m$$

mit

$$a_{ij}^{(k)} = \frac{\partial^2 f_k^{\boldsymbol{G}}}{\partial x_i \partial x_j} = \sum_{\mu=1}^m g_{k\mu}\frac{\partial^2 f_\mu}{\partial x_i \partial x_j}(\boldsymbol{x}), \quad i, j = 1, \ldots, m.$$

Die Normabschätzung (8.42) lautet damit

$$\|(\boldsymbol{G}\boldsymbol{f}(\boldsymbol{x}))''\|_\infty \le \max_{k=1,\ldots,m} \sum_{i=1}^m \sum_{j=1}^m \left| \sum_{\mu=1}^m g_{k\mu}\frac{\partial^2 f_\mu}{\partial x_i \partial x_j}(\boldsymbol{x}) \right|.$$

8.11 Wir suchen $\widehat{x}_{11}$ aus der Beziehung

$$\widehat{x}_{11} = x_{12} - \frac{(\Delta x_{11})^2}{\Delta^2 x_{10}},$$

also

$$\begin{aligned} \widehat{x}_{11} &= x_{12} - \frac{(x_{12} - x_{11})^2}{x_{12} - 2x_{11} + x_{10}} \\ &= 1.368786102 - \frac{(-0.000071586)^2}{-0.000232877} = 1.368808107. \end{aligned}$$

Mit der Δ^2-Methode erhält man also bereits nach der 12. Iteration die Ziffernfolge des Fibonacci.

8.12 Das Newton-Verfahren ist für $n = 0, 1, \ldots$ gegeben durch

$$x_{n+1} = x_n - \frac{f(x_n)}{f'(x_n)} = x_n - \frac{x^3 + 2x^2 + 10x - 20}{3x^2 + 4x + 10}.$$

Startend mit $x_0 = 1$ erhält man folgende Ergebnisse.

n	x_n
1	1.4117647059
2	1.3693364706
3	1.3688081886
4	1.3688081078
5	1.3688081078

Die Ziffernfolge des Fibonacci erhält man also bereits in der vierten Iteration.

8.13

a) Aus der Gleichung der Hyperbel folgt $y^2 = x^2 - 1$ und Einsetzen in die Kreisgleichung liefert

$$2x^2 - 1 = 2,$$

also sind die Schnittpunkte bei $x_{1,2} = \pm\sqrt{3/2} \approx \pm 1.224745$ und wir erhalten die zugehörigen y-Werte als $y_{1,2} = \pm\sqrt{1/2} \approx \pm 0.707107$.

b) Das zu lösende System lautet

$$\boldsymbol{f}(\boldsymbol{x}) = \begin{pmatrix} f_1(x,y) \\ f_2(x,y) \end{pmatrix} = \begin{pmatrix} x^2 + y^2 - 2 \\ x^2 - y^2 - 1 \end{pmatrix} = \boldsymbol{0}.$$

Wir erhalten die Funktionalmatrix

$$\boldsymbol{f}'(\boldsymbol{x}) = \begin{pmatrix} \frac{\partial f_1}{\partial x} & \frac{\partial f_1}{\partial y} \\ \frac{\partial f_2}{\partial x} & \frac{\partial f_2}{\partial y} \end{pmatrix} = \begin{pmatrix} 2x & 2y \\ 2x & -2y \end{pmatrix},$$

daraus die Inverse

$$\boldsymbol{f}'(\boldsymbol{x})^{-1} = \frac{1}{4} \begin{pmatrix} \frac{1}{x} & \frac{1}{x} \\ \frac{1}{y} & -\frac{1}{y} \end{pmatrix},$$

und damit das Newton-Verfahren

$$\begin{aligned} \boldsymbol{x}^{n+1} &= \boldsymbol{x}^n - (\boldsymbol{f}(\boldsymbol{x}^n))^{-1} \boldsymbol{f}(\boldsymbol{x}^n) \\ &= \boldsymbol{x}^n - \frac{1}{4} \begin{pmatrix} \frac{1}{x_n} & \frac{1}{x_n} \\ \frac{1}{y_n} & -\frac{1}{y_n} \end{pmatrix} \begin{pmatrix} x_n^2 + y_n^2 - 2 \\ x_n^2 - y_n^2 - 1 \end{pmatrix} \\ &= \begin{pmatrix} x_n \\ y_n \end{pmatrix} - \begin{pmatrix} \frac{x_n}{2} - \frac{3}{4x_n} \\ \frac{y_n}{2} - \frac{1}{4y_n} \end{pmatrix} = \begin{pmatrix} \frac{x_n}{2} + \frac{3}{4x_n} \\ \frac{y_n}{2} + \frac{1}{4y} \end{pmatrix}. \end{aligned}$$

Wählen wir $x_0 = y_0 = 1$, dann folgen die Vektoren

$$\boldsymbol{x}^1 = \begin{pmatrix} 5/4 \\ 3/4 \end{pmatrix}, \quad \boldsymbol{x}^2 = \begin{pmatrix} 1.225 \\ 0.708333 \end{pmatrix}, \quad \boldsymbol{x}^3 = \begin{pmatrix} 1.224745 \\ 0.707108 \end{pmatrix}$$

8.14 Löst man die beiden quadratischen Gleichungen für y in den Zeilen des Systems, dann erhält man

$$\begin{aligned} y &= -\frac{3}{2}x^2 \pm \sqrt{\frac{9}{4}x^4 + 1}, \\ y &= \sqrt{\frac{1 - x^4}{x}}. \end{aligned}$$

Wählt man in der oberen Gleichung für y das positive Vorzeichen der Wurzel, dann ergibt sich im Rechteck $(0,2) \times (0,1)$ ein Schnittpunkt der beiden Graphen bei etwa

$$\boldsymbol{x}^0 = (x_0, y_0) = (0.98, 0.32).$$

Für die Jacobi-Matrix

$$\boldsymbol{f}'(\boldsymbol{x}) = \begin{pmatrix} 6xy & 3x^2 + 2y \\ 4x^3 + y^2 & 2xy \end{pmatrix}$$

folgt an der Stelle $\boldsymbol{x}^0$

$$\boldsymbol{f}'(\boldsymbol{x}^0) = \begin{pmatrix} 1.8816 & 3.5212 \\ 3.867168 & 0.6272 \end{pmatrix}.$$

Als Inverse ergibt sich

$$\begin{aligned} \boldsymbol{G} := (\boldsymbol{f}'(\boldsymbol{x}^0))^{-1} &= \begin{pmatrix} -0.05043 & 0.283124 \\ 0.310942 & -0.151291 \end{pmatrix} \\ &=: \begin{pmatrix} g_{11} & g_{12} \\ g_{21} & g_{22} \end{pmatrix} \end{aligned}$$

und mit

$$\boldsymbol{f}(\boldsymbol{x}^0) = (f_1(x_0, y_0), f_2(x_0, y_0))^\top = (0.024384, 0.02272)^\top$$

ergibt sich

$$\boldsymbol{G}\,\boldsymbol{f}(\boldsymbol{x}^0) = \begin{pmatrix} 0.005203 \\ 0.004145 \end{pmatrix}.$$

Damit können wir die erste geforderte Größe angeben,

$$\|\boldsymbol{G}\,\boldsymbol{f}(\boldsymbol{x}^0)\|_\infty = 0.005203 \leq 0.0053.$$

Die zweiten partiellen Ableitungen von $\boldsymbol{f}$ sind

$$\begin{aligned} \frac{\partial^2 f_1}{\partial x_1^2}(\boldsymbol{x}) &= 6y, & \frac{\partial^2 f_1}{\partial x_1 \partial x_2}(\boldsymbol{x}) &= 6x, \\ \frac{\partial^2 f_1}{\partial x_2^2}(\boldsymbol{x}) &= 2, & \frac{\partial^2 f_2}{\partial x_1^2}(\boldsymbol{x}) &= 12x^2, \\ \frac{\partial^2 f_2}{\partial x_1 \partial x_2}(\boldsymbol{x}) &= 2y, & \frac{\partial^2 f_2}{\partial x_2^2}(\boldsymbol{x}) &= 2x, \end{aligned}$$

und damit folgt aus der Abschätzung in Aufgabe 8.10

$$\begin{aligned} \|(\boldsymbol{G}\,\boldsymbol{f}(\boldsymbol{x}))''\|_\infty &\leq \max_{k=1,2} \sum_{i=1}^{2} \sum_{j=1}^{2} \left| \sum_{\mu=1}^{2} g_{k\mu} \frac{\partial^2 f_\mu}{\partial x_i \partial x_j}(\boldsymbol{x}) \right| \\ &= \max_{k=1,2} \left\{ \left| g_{k1} \frac{\partial^2 f_1}{\partial x_1^2}(\boldsymbol{x}) + g_{k2} \frac{\partial^2 f_2}{\partial x_1^2}(\boldsymbol{x}) \right| \right. \\ &\quad + 2 \left| g_{k1} \frac{\partial^2 f_1}{\partial x_1 \partial x_2}(\boldsymbol{x}) + g_{k2} \frac{\partial^2 f_2}{\partial x_1 \partial x_2}(\boldsymbol{x}) \right| \\ &\quad \left. + \left| g_{k1} \frac{\partial^2 f_1}{\partial x_2^2}(\boldsymbol{x}) + g_{k2} \frac{\partial^2 f_2}{\partial x_2^2}(\boldsymbol{x}) \right| \right\}, \end{aligned}$$

wobei für die gemischten Ableitungen der Satz von Schwarz zur Anwendung gekommen ist. Da die Abschätzung im Rechteck $R := [0.93, 1] \times [0.27, 0.34]$ gesucht ist, berechnen wir die Minima und Maxima der zweiten Ableitungen von $\boldsymbol{f}$,

$$\max_{\boldsymbol{x}\in R} \frac{\partial^2 f_1}{\partial x_1^2}(\boldsymbol{x}) = 6 \cdot 0.34 = 2.04$$
$$\max_{\boldsymbol{x}\in R} \frac{\partial^2 f_1}{\partial x_1 \partial x_2}(\boldsymbol{x}) = 6 \cdot 1 = 6,$$
$$\max_{\boldsymbol{x}\in R} \frac{\partial^2 f_1}{\partial x_2^2}(\boldsymbol{x}) = 2,$$
$$\max_{\boldsymbol{x}\in R} \frac{\partial^2 f_2}{\partial x_1^2}(\boldsymbol{x}) = 12 \cdot (1)^2 = 12,$$
$$\max_{\boldsymbol{x}\in R} \frac{\partial^2 f_1}{\partial x_1 \partial x_2}(\boldsymbol{x}) = 2 \cdot 0.34 = 0.68,$$
$$\max_{\boldsymbol{x}\in R} \frac{\partial^2 f_1}{\partial x_2^2}(\boldsymbol{x}) = 2 \cdot 1 = 2,$$

und

$$\min_{\boldsymbol{x}\in R} \frac{\partial^2 f_1}{\partial x_1^2}(\boldsymbol{x}) = 6 \cdot 0.27 = 1.62$$
$$\min_{\boldsymbol{x}\in R} \frac{\partial^2 f_1}{\partial x_1 \partial x_2}(\boldsymbol{x}) = 6 \cdot 0.93 = 5.58,$$
$$\min_{\boldsymbol{x}\in R} \frac{\partial^2 f_1}{\partial x_2^2}(\boldsymbol{x}) = 2,$$
$$\min_{\boldsymbol{x}\in R} \frac{\partial^2 f_2}{\partial x_1^2}(\boldsymbol{x}) = 12 \cdot (0.93)^2 = 10.3788,$$
$$\min_{\boldsymbol{x}\in R} \frac{\partial^2 f_1}{\partial x_1 \partial x_2}(\boldsymbol{x}) = 2 \cdot 0.27 = 0.54,$$
$$\min_{\boldsymbol{x}\in R} \frac{\partial^2 f_1}{\partial x_2^2}(\boldsymbol{x}) = 2 \cdot 0.93 = 1.86.$$

Für $k = 1$ lautet der erste abzuschätzende Term

$$\left|-0.05043 \frac{\partial^2 f_1}{\partial x_1^2}(\boldsymbol{x}) + 0.283124 \frac{\partial^2 f_2}{\partial x_1^2}(\boldsymbol{x})\right|,$$

der maximal wird bei Verwendung des Minimums für $\frac{\partial^2 f_1}{\partial x_1^2}(\boldsymbol{x})$ und des Maximums für $\frac{\partial^2 f_2}{\partial x_1^2}(\boldsymbol{x})$,

$$\begin{aligned}&\left|-0.05043 \frac{\partial^2 f_1}{\partial x_1^2}(\boldsymbol{x}) + 0.283124 \frac{\partial^2 f_2}{\partial x_1^2}(\boldsymbol{x})\right| \\ &\leq |-0.05043 \cdot 1.62 + 0.283124 \cdot 12| = 3.3158.\end{aligned}$$

8.15 Wegen $z_n = x_n + \mathrm{i}y_n$ ist $z_n^2 = x_n^2 - y_n^2 + 2\mathrm{i}x_n y_n$. Dann folgt

$$\frac{1}{z_n^2} = \frac{1}{x_n^2 - y_n^2 + 2\mathrm{i}x_n y_n} = \frac{x_n^2 - y_n^2 - 2\mathrm{i}x_n y_n}{(x_x^2 - y_n^2)^2 + 4x_n^2 y_n^2}.$$

Damit wird aus der Iteration

$$\begin{aligned} x_{n+1} + \mathrm{i}y_{n+1} &= x_n + \mathrm{i}y_n \\ &\quad - \frac{1}{3}\left(x_n + \mathrm{i}y_n - \frac{x_n^2 - y_n^2 - 2\mathrm{i}x_n y_n}{(x_x^2 - y_n^2)^2 + 4x_n^2 y_n^2}\right) \\ &= \frac{2}{3}x_n + \frac{x_n^2 - y_n^2}{3(x_n^2 - y_n^2)^2 + 12x_n^2 y_n^2} \\ &\quad + \mathrm{i}\left(\frac{2}{3}y_n - \frac{2x_n y_n}{3(x_n^2 - y_n^2)^2 + 12x_n^2 y_n^2}\right), \end{aligned}$$

also die beiden reellen Iterationen

$$\begin{aligned} x_{n+1} &= \frac{2}{3}x_n + \frac{x_n^2 - y_n^2}{3(x_n^2 - y_n^2)^2 + 12x_n^2 y_n^2}, \\ y_{n+1} &= \frac{2}{3}y_n - \frac{2x_n y_n}{3(x_n^2 - y_n^2)^2 + 12x_n^2 y_n^2}. \end{aligned}$$

Ein Pseudocode lautet wie folgt.

```
d := 4/800;
for (i = 0; i < 801; i++)
  for (j = 0; j < 801; j++)
    u = −2 + i · d; v = −2 + j · d;
    x := u; y := v;
    for (k = 0; k ≤ 2000; k++)
      x_neu := (2/3) x + (x² − y²) / (3(x² − y²)² + 12x²y²);
      y_neu := (2/3) y − 2xy / (3(x² − y²)² + 12x²y²);
      u := x_neu; v := y_neu;
    endfor(k);
    if (u · v = 0) schreibe x, y in Datei 1;
    if (u · v < 0) schreibe x, y in Datei 2;
    if (u · v > 0) schreibe x, y in Datei 3;
  endfor(j);
endfor(i);
```

Die Inhalte der drei Dateien sind in Abb. A.9 in drei unterschiedlichen Färbungen zu sehen. Offenbar ist die Struktur der Mengen der drei Attraktoren $z_{(k)}$, $k = 1, 2, 3$, außerordentlich kompliziert. Man kann zeigen, dass diese Mengen **fraktale Dimension** besitzen, d. h., es sind keine zweidimensionalen Mengen, sondern ihre Dimension (die sogenannte Hausdorff-Dimension) liegt zwischen 1 und 2. Die Mengen heißen **Julia-Mengen** nach Gaston Maurice Julia (1893–1978). Das Studium solcher Mengen ist die Aufgabe der **Komplexen Dynamik**, aber jeder Anwender von Iterationsverfahren bei nichtlinearen Gleichungen oder Gleichungssystemen sollte wissen, dass häufig eine sehr komplizierte Dynamik hinter dem Konvergenzverhalten des gewählten Verfahrens steht.

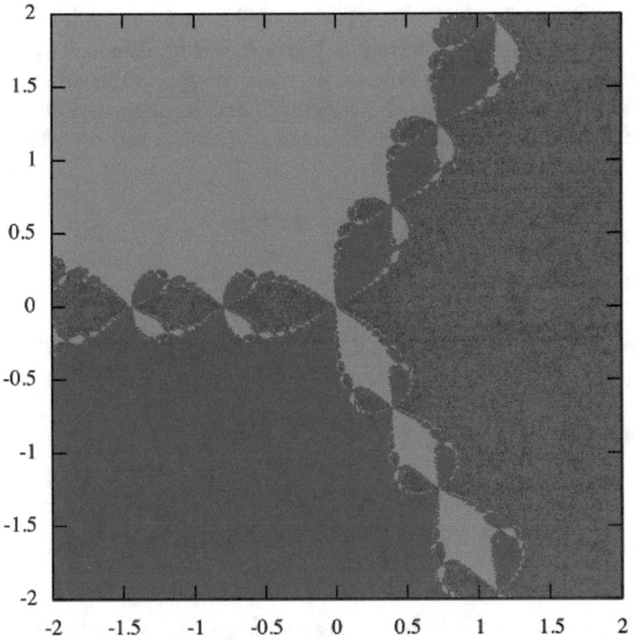

Abb. A.9 Die unterschiedlich gefärbten Mengen von Attraktoren: $z_{(1)}$ (*rot*), $z_{(2)}$ (*grün*) und $z_{(3)}$ (*blau*)

Kapitel 9

9.1 Es handelt sich genau dann um ein explizites Verfahren, wenn innerhalb des Butcher-Arrays eine strikte linke untere Dreiecksmatrix vorliegt. In der betrachteten Aufgabenstellung ist dies genau dann der Fall, wenn $\gamma = 0$ gilt. Die Bedingungen für die Konsistenzordnung $p = 1$ sind für alle $\gamma \in R$ erfüllt und es liegt genau dann ein Verfahren der Ordnung $p = 2$ vor, wenn

$$\frac{1}{2} = \sum_{j=1}^{2} b_j c_j = \frac{1}{4}\gamma + \frac{3}{4}(1-\gamma)$$

gilt, wodurch $\gamma = \frac{1}{2}$ folgt.

9.2 Das Verfahren schreibt sich in der Form

$$y_{i+1} = y_i + \Delta t \frac{-2}{2+\Delta t} y_i \,.$$

Mit der Taylor-Entwicklung

$$\frac{-2}{2+\Delta t} = -1 + \frac{1}{2}\Delta t - \frac{1}{12}\Delta t^2 + \mathcal{O}(\Delta t^3)$$

erhalten wir unter Berücksichtigung der speziellen Differenzialgleichung

$$\begin{aligned} y_{i+1} &= y_i + \Delta t \left(-1 + \frac{1}{2}\Delta t - \frac{1}{12}\Delta t^2\right) y_i + \mathcal{O}(\Delta t^4) \\ &= y(t_i) - \Delta t y(t_i) + \frac{\Delta t^2}{2} y(t_i) - \frac{\Delta t^3}{12} y(t_i) + \mathcal{O}(\Delta t^4) \\ &= y(t_i) + \Delta t y'(t_i) + \frac{\Delta t^2}{2} y''(t_i) + \frac{\Delta t^3}{12} y'''(t_i) + \mathcal{O}(\Delta t^4) \\ &= y(t_{i+1}) - \frac{\Delta t^3}{12} y'''(t_i) + \mathcal{O}(\Delta t^4) = y(t_{i+1}) + \mathcal{O}(\Delta t^3). \end{aligned}$$

Da die Lösung der Differenzialgleichung als Exponentialfunktion keine verschwindende dritte Ableitung aufweist, liegt eine Methode genau zweiter Ordnung vor.

9.3 Das Butcher-Array eines einstufigen Runge-Kutta-Verfahrens lautet

$$\begin{array}{c|c} c_1 & a_{11} \\ \hline & b_1 \end{array}$$

Um ein Verfahren mindestens erster Ordnung vorliegen zu haben, müssen die Bedingungen $c_1 = a_{11}$ und $b_1 = 1$ erfüllt sein. Die Bedingung für die Konsistenzordnung $p = 2$ lautet somit $\frac{1}{2} = b_1 c_1 = c_1$, sodass alle Koeffizienten eindeutig bestimmt sind und die implizite Mittelpunktsregel vorliegt. Mit $\frac{1}{3} \neq b_1 c_1^2$ ist diese Verfahren zudem genau von zweiter Ordnung.

9.4 Mit

$$\boldsymbol{A} = \begin{pmatrix} 0 & 0 & 0 \\ a_{21} & 0 & 0 \\ a_{31} & a_{32} & 0 \end{pmatrix} \quad \text{und} \quad \boldsymbol{A}^2 = \begin{pmatrix} 0 & 0 & 0 \\ 0 & 0 & 0 \\ a_{21}a_{32} & 0 & 0 \end{pmatrix}$$

folgt

$$\begin{aligned} R(\xi) &= 1 + \xi \boldsymbol{b}^T (\boldsymbol{I} + \xi \boldsymbol{A} + \xi^2 \boldsymbol{A}^2)\boldsymbol{e} \\ &= 1 + \xi(b_1 + b_2 + b_3) + \xi^2(b_2 a_{21} + b_3(a_{31} + a_{32})) \\ &\quad + \xi^3 b_3 a_{32} a_{21}. \end{aligned}$$

Berücksichtigen wir die Ordnungsbedingung gemäß des oben erwähnten Satzes, so ergibt sich $b_1 + b_2 + b_3 = 1$, $b_2 a_{21} + b_3(a_{31} + a_{32}) = b_2 c_2 + b_3 c_3 = 1/2$ sowie $b_3 a_{32} a_{21} = 1/6$ und folglich

$$R(\xi) = 1 + \xi + \frac{\xi^2}{2} + \frac{\xi^3}{6}.$$

9.5 Der Induktionsanfang ist durch die Anfangsbedingung $y_0 = \widehat{y}_0 = y(t_0)$ gegeben. Gelte $y_i = y(t_i) = \widehat{y}_0 - a(t_i^2 - t_0^2)$ für ein beliebiges, aber festes $i \in \mathbb{N}_0$, dann folgt der Induktionsschritt durch

$$\begin{aligned} y_{i+1} &= y_i + \Delta t\, f\left(t_i + \frac{1}{2}\Delta t, \frac{1}{2}(y_{i+1} + y_i)\right) \\ &= \widehat{y}_0 - a(t_i^2 - t_0^2) - 2\Delta t a \left(t_i + \frac{1}{2}\Delta t\right) \\ &= \widehat{y}_0 - a(t_i^2 - t_0^2 + 2\Delta t t_i + \Delta t^2) \\ &= \widehat{y}_0 - a((t_i + \Delta t)^2 - t_0^2) \\ &= \widehat{y}_0 - a((t_{i+1}^2 - t_0^2) = y(t_{i+1}). \end{aligned}$$

9.6 Nutzen wir eine Taylorentwicklung für die Lösung der zugrunde liegenden Differenzialgleichung

$$\begin{aligned} y(t_i + \Delta t) &= y(t_i) + \Delta t y'(t_i) + \frac{\Delta t^2}{2} y''(t_i) + \mathcal{O}(\Delta t^3) \\ &= y(t_i) + \Delta t f(t_i, y(t_i)) + \frac{\Delta t^2}{2}\frac{\mathrm{d}f}{\mathrm{d}t}(t_i, y(t_i)) + \mathcal{O}(\Delta t^3) \\ &= y(t_i) + \Delta t f(t_i, y(t_i)) + \frac{\Delta t^2}{2}\left(f_t + f_y \cdot f\right)(t_i, y(t_i)) \\ &\quad + \mathcal{O}(\Delta t^3) \end{aligned}$$

und ebenso für die Näherungslösung

$$\begin{aligned} y_{i+1} &= y_i + \Delta t f\left(t_i + \frac{\Delta t}{2}, y_i + \frac{\Delta t}{2} f(t_i, y_i)\right) \\ &= y_i + \Delta t\Big[f(t_i, y_i) + f_t(t_i, y_i)\frac{\Delta t}{2} \\ &\qquad + f_y(t_i, y_i)\frac{\Delta t}{2} f(t_i, y_i) + \mathcal{O}(\Delta t^2)\Big] \\ &= y_i + \Delta t f(t_i, y_i) + \frac{\Delta t^2}{2}\left(f_t + f_y \cdot f\right)(t_i, y_i) \\ &\quad + \mathcal{O}(\Delta t^3), \end{aligned}$$

so folgt für die Konsistenzbetrachtung mit der Voraussetzung $y_i = y(t_i)$ durch einfache Subtraktion der beiden obigen Darstellungen

$$y(t_i + \Delta t) - y_{i+1} = \mathcal{O}(\Delta t^3).$$

Hiermit liegt die Konsistenzordnung und mit dem Satz zur Konvergenz von Einschrittverfahren auch die Konvergenzordnung $p = 2$ vor.

9.7 Dazu definiere die Folge

$$\boldsymbol{x}_{k+1} := (\boldsymbol{I} + \boldsymbol{A})\boldsymbol{x}_k$$

mit $\boldsymbol{x}_0 := \boldsymbol{x} \in \mathbb{R}^n_{\geq 0} \setminus \{\boldsymbol{0}\}$. Im Folgenden wird gezeigt, dass, sofern $\boldsymbol{x}_k$ noch Einträge gleich null besitzt, die Anzahl der Nulleinträge von $\boldsymbol{x}_{k+1}$ kleiner ist. Wegen

$$\boldsymbol{x}_{k+1} := \boldsymbol{x}_k + \underbrace{\boldsymbol{A}}_{\geq \boldsymbol{0}} \boldsymbol{x}_k$$

kann sich die Anzahl der positiven Einträge offensichtlich nicht reduzieren.

Angenommen, $\boldsymbol{x}_k$ und $\boldsymbol{x}_{k+1}$ hätten die gleiche Anzahl m an Nulleinträgen, mit $1 \leq m < n$. Sei $\boldsymbol{P} \in \mathbb{R}^{n \times n}$ eine Permutationsmatrix mit

$$\boldsymbol{P}\boldsymbol{x}_{k+1} = \begin{pmatrix} \boldsymbol{x}^+_{k+1} \\ \boldsymbol{0} \end{pmatrix}, \quad \boldsymbol{P}\boldsymbol{x}_k = \begin{pmatrix} \boldsymbol{x}^+_k \\ \boldsymbol{0} \end{pmatrix}$$

mit $\boldsymbol{x}^+_{k+1}, \boldsymbol{x}^+_k \in \mathbb{R}^{n-m}_{>0}$. Betrachte nun

$$\boldsymbol{P}\boldsymbol{x}_{k+1} = \boldsymbol{P}\boldsymbol{x}_k + \boldsymbol{P}\boldsymbol{A}\boldsymbol{P}^T\boldsymbol{P}\boldsymbol{x}_k$$

respektive die äquivalente Formulierung

$$\begin{pmatrix} \boldsymbol{x}^+_{k+1} \\ \boldsymbol{0} \end{pmatrix} = \begin{pmatrix} \boldsymbol{x}^+_k \\ \boldsymbol{0} \end{pmatrix} + \begin{pmatrix} \boldsymbol{A}_{11} & \boldsymbol{A}_{12} \\ \boldsymbol{A}_{21} & \boldsymbol{A}_{22} \end{pmatrix} \begin{pmatrix} \boldsymbol{x}^+_k \\ \boldsymbol{0} \end{pmatrix}$$

mit $\boldsymbol{A}_{11} \in \mathbb{R}^{(n-m)\times(n-m)}$, $\boldsymbol{A}_{22} \in \mathbb{R}^{m\times m}$ und $\boldsymbol{A}_{12}, \boldsymbol{A}^T_{21} \in \mathbb{R}^{(n-m)\times m}$. Wegen $\boldsymbol{x}^+_k > \boldsymbol{0}$ folgt $\boldsymbol{A}_{21} = \boldsymbol{0}$, was der Irreduzibilität von $\boldsymbol{A}$ widerspricht. Folglich hat $\boldsymbol{x}_{k+1}$ weniger Nulleinträge als $\boldsymbol{x}_k$. Da $\boldsymbol{x}$ maximal $n-1$ Nulleinträge besitzen kann und sich die Anzahl der Nulleinträge mindestens um einen pro Produkt verringert, ist spätestens

$$\boldsymbol{x}_{n-1} = (\boldsymbol{I} + \boldsymbol{A})^{n-1}\boldsymbol{x}$$

ein positiver Vektor.

9.8 Wegen $\boldsymbol{A} \geq \boldsymbol{0}$ und $\boldsymbol{x} \geq \boldsymbol{0}$ ist $r_{\boldsymbol{x}} \geq 0$ klar. Betrachte nun

$$\begin{aligned} (\boldsymbol{A}\boldsymbol{x})_i &= \left(\sum_{j=1}^n a_{ij} x_j\right)_i = \left(\sum_{j=1}^n \frac{a_{ij} x_j}{x_i} x_i\right)_i \\ &\geq \left(\min_{\substack{k\in\{1,\ldots,n\} \\ \text{mit } x_k>0}} \left\{\sum_{j=1}^n \frac{a_{kj} x_j}{x_k}\right\} x_i\right)_i = (r_{\boldsymbol{x}}\boldsymbol{x})_i = r_{\boldsymbol{x}} x_i . \end{aligned}$$

Offensichtlich gilt $(\boldsymbol{A}\boldsymbol{x})_k = r_{\boldsymbol{x}} x_k$ und wegen $x_k > 0$ folglich $(\boldsymbol{A}\boldsymbol{x})_k < \xi x_k$ für alle $\xi > r_{\boldsymbol{x}}$.

9.9 „$\geq$“: Nach Definition gilt $r = \sup_{\boldsymbol{x}\in\mathbb{R}^n_{\geq 0}\setminus\{\boldsymbol{0}\}} \{r_{\boldsymbol{x}}\}$. Wegen $\mathcal{Q}^n \subset \mathbb{R}^n_{\geq 0} \setminus \{\boldsymbol{0}\}$ folgt direkt, dass

$$\sup_{\boldsymbol{y}\in\mathcal{Q}^n} \{r_{\boldsymbol{y}}\} \leq \sup_{\boldsymbol{x}\in\mathbb{R}^n_{\geq 0}\setminus\{\boldsymbol{0}\}} \{r_{\boldsymbol{x}}\} .$$

„$\leq$“: Sei $\boldsymbol{x} \in \mathbb{R}^n_{\geq 0} \setminus \{\boldsymbol{0}\}$ o. B. d. A. $\|\boldsymbol{x}\| = 1$. Betrachte

$$\boldsymbol{A}\boldsymbol{x} \geq r_{\boldsymbol{x}}\boldsymbol{x}.$$

Multiplikation von links mit $(\boldsymbol{I} + \boldsymbol{A})^{n-1} > \boldsymbol{0}$ (Aufgabe 9.7) liefert

$$\boldsymbol{A}\underbrace{(\boldsymbol{I} + \boldsymbol{A})^{n-1}\boldsymbol{x}}_{=:\boldsymbol{y}} . \geq r_{\boldsymbol{x}} \underbrace{(\boldsymbol{I} + \boldsymbol{A})^{n-1}\boldsymbol{x}}_{=:\boldsymbol{y}} .$$

Nach Definition ist $\boldsymbol{y} \in \mathcal{Q}^n$. Wegen Aufgabe 9.8 ist $r_{\boldsymbol{x}} \leq r_{\boldsymbol{y}}$.

9.10 Sei $\boldsymbol{e} = (1, \ldots, 1)^T$, so ist, da $\boldsymbol{A} \geq \boldsymbol{0}$ und irreduzibel, $\boldsymbol{A}\boldsymbol{e} > \boldsymbol{0}$. Folglich ist

$$\begin{aligned} r &= \sup_{\substack{\boldsymbol{x}\geq\boldsymbol{0} \\ \boldsymbol{x}\neq\boldsymbol{0}}} \left\{ \min_{\substack{i\in\{1,\ldots,n\} \\ \text{mit } x_i>0}} \frac{\sum_{j=1}^n a_{ij} x_j}{x_i} \right\} \geq \min_{i\in\{1,\ldots,n\}} \frac{\sum_{j=1}^n a_{ij} e_j}{e_i} \\ &= \min_{i\in\{1,\ldots,n\}} \sum_{j=1}^n a_{ij} > 0. \end{aligned}$$

Da $\mathcal{Q}^n$ kompakt und $r_{\boldsymbol{z}}$ stetig auf $\mathcal{Q}^n$ ist, existiert ein $\boldsymbol{z} \in \mathcal{Q}^n$ mit $r_{\boldsymbol{z}} = r$. Würde ein $\boldsymbol{w} \in \mathbb{R}^n_{\geq 0}$ mit $\boldsymbol{A}\boldsymbol{w} > r\boldsymbol{w}$ existieren, so wäre nach Aufgabe 9.8 $r_w > r$, da $\boldsymbol{A w} \geq r_w \boldsymbol{w}$ mit Gleichheit in mindestens einer Komponente gälte, was der Supremumseigenschaft von r widerspräche. Somit ist $\boldsymbol{z}$ positiver Extremalvektor.

Sei nun $\boldsymbol{z} \in \mathcal{Q}^n$ ein Extremalvektor mit $\boldsymbol{A z} - r\boldsymbol{z} = \boldsymbol{\eta} \geq \boldsymbol{0}$ und $\boldsymbol{\eta} \neq \boldsymbol{0}$. Multiplikation von links mit $(\boldsymbol{I} + \boldsymbol{A})^{n-1} > \boldsymbol{0}$ (Aufgabe 9.7) liefert

$$\boldsymbol{A}\,\underbrace{(\boldsymbol{I}+\boldsymbol{A})^{n-1}\boldsymbol{z}}_{=\boldsymbol{w}} - r\,\underbrace{(\boldsymbol{I}+\boldsymbol{A})^{n-1}\boldsymbol{z}}_{=\boldsymbol{w}} = (\boldsymbol{I}+\boldsymbol{A})^{n-1}\boldsymbol{\eta} > \boldsymbol{0}$$

und somit

$$\boldsymbol{A w} - r\boldsymbol{w} > \boldsymbol{0},$$

also $\boldsymbol{A w} > r\boldsymbol{w}$, was ein Widerspruch dazu darstellt, dass $\boldsymbol{z}$ Extremalvektor ist. Folglich ist $\boldsymbol{\eta} = \boldsymbol{0}$. Somit ist wegen

$$\boldsymbol{A z} = r\boldsymbol{z}$$

$\boldsymbol{z}$ ein positiver Eigenvektor zum Eigenwert r.

9.11 Falls $\boldsymbol{A}$ irreduzibel ist, sei λ ein Eigenwert von $\boldsymbol{A}$ mit zugehörigem Eigenvektor $\boldsymbol{y}$. Dann gilt

$$|\lambda|\,|\boldsymbol{y}| = |\lambda\boldsymbol{y}| = |\boldsymbol{A}\boldsymbol{y}| \leq |\underbrace{\boldsymbol{A}}_{\geq \boldsymbol{0}}|\,|\boldsymbol{y}| = \boldsymbol{A}|\boldsymbol{y}|,$$

womit wegen der Aufgaben 9.8, 9.9 und 9.10

$$|\lambda| \leq r_{|\boldsymbol{y}|} \leq r$$

folgt, also $r = \rho(\boldsymbol{A})$. Zusammen mit der Aussage von Aufgabe 9.4 folgt die Behauptung.

Falls $\boldsymbol{A}$ reduzibel ist, betrachte die Matrix

$$\boldsymbol{P A P}^T = \begin{pmatrix} \boldsymbol{R}_{11} & \boldsymbol{R}_{12} & \cdots & \boldsymbol{R}_{1m} \\ \boldsymbol{0} & \boldsymbol{R}_{22} & \cdots & \boldsymbol{R}_{2m} \\ \vdots & \ddots & \ddots & \vdots \\ \boldsymbol{0} & \cdots & \boldsymbol{0} & \boldsymbol{R}_{mm} \end{pmatrix}$$

wobei $\boldsymbol{P} \in \mathbb{R}^{n\times n}$ eine Permutationsmatrix ist und $\boldsymbol{R}_{ii}$ quadratische irreduzible Matrizen, nicht notwendigerweise gleicher Größe, für $i = 1,\dots,m$ sind. Da $\boldsymbol{A} \geq \boldsymbol{0}$ ist, gilt offensichtlich auch $\boldsymbol{R}_{ii} \geq \boldsymbol{0}$. Sofern nicht alle $\boldsymbol{R}_{ii}$ 1×1 Matrizen mit $\boldsymbol{R}_{ii} = \boldsymbol{0}$ sind (und somit $\rho(\boldsymbol{A}) = 0$) sei $\boldsymbol{R}_{jj} \neq \boldsymbol{0}$. Mit der Aussage zu irreduziblen, nicht-negativen Matrizen folgt, dass $\boldsymbol{R}_{jj}$ einen positiven Eigenwert gleich des Spektralradius $\rho(\boldsymbol{R}_{jj})$ besitzt. $\rho(\boldsymbol{A}) \geq 0$ folgt dann wegen $\sigma(\boldsymbol{A}) = \cup_{i=1}^m \sigma(\boldsymbol{R}_{ii})$.

Zum Nachweis eines nicht-negativen Eigenvektors zu $\rho(\boldsymbol{A})$ betrachte $\boldsymbol{A}_\varepsilon := \boldsymbol{A} + (\varepsilon)_{i,j=1,\dots,n}$ mit $\varepsilon > 0$. Somit ist $\boldsymbol{A}_\varepsilon$ offensichtlich irreduzibel und positiv. Mit der Aussage zu irreduziblen, nicht-negativen Matrizen existiert also ein Eigenwert $\lambda_\varepsilon = \rho(\boldsymbol{A}_\varepsilon)$ mit zugehörigem Eigenvektor $\boldsymbol{x}_\varepsilon > \boldsymbol{0}$ mit $\|\boldsymbol{x}_\varepsilon\| = 1$. Da die Eigenwerte als Polynomnullstellen stetig von ε abhängen und die Menge $\{\boldsymbol{x} \mid \|\boldsymbol{x}\| = 1\}$ kompakt ist, findet man eine konvergente Teilfolge $\boldsymbol{x}_{\varepsilon_\nu} \to \boldsymbol{x}$ mit $\boldsymbol{x} \geq \boldsymbol{0}$, sodass

$$\boldsymbol{0} = \lim_{\nu\to\infty} \boldsymbol{A}_{\varepsilon_\nu}\boldsymbol{x}_{\varepsilon_\nu} - \lambda_{\varepsilon_\nu}\boldsymbol{x}_{\varepsilon_\nu} = \boldsymbol{A x} - \lambda\boldsymbol{x}$$

gilt. Folglich ist $\boldsymbol{x} \geq \boldsymbol{0}$ Eigenvektor zu $\rho(\boldsymbol{A})$.

9.12 Die Eigenschaft folgt unmittelbar aus

$$\begin{aligned}\sum_{i=1}^N (y_{i,n+1} - y_{i,n}) &= \frac{\Delta t}{2}\sum_{i,j=1}^N \Bigg\{(p_{ij}(\boldsymbol{y}_n) + p_{ij}(\boldsymbol{y}^{(1)}))\frac{y_{j,n+1}}{y_j^{(1)}} \\ &\qquad - \underbrace{(d_{ij}(\boldsymbol{y}_n) + d_{ij}(\boldsymbol{y}^{(1)}))}_{p_{ji}(\boldsymbol{y}_n)+p_{ji}(\boldsymbol{y}^{(1)})}\frac{y_{i,n+1}}{y_i^{(1)}}\Bigg\} \\ &= 0.\end{aligned}$$

9.13 Angenommen, es gilt $\rho(\boldsymbol{A}) > 1$, dann ergibt sich

$$\|\boldsymbol{A}^k\|_\infty \geq \rho(\boldsymbol{A}^k) \geq \rho(\boldsymbol{A})^k \to \infty,\ k \to \infty,$$

womit ein Widerspruch zur Potenzbeschränktheit der Matrix $\boldsymbol{A}$ vorliegt.

Sei $\rho(\boldsymbol{A}) = 1$, wobei ein Eigenwert λ_i mit $|\lambda_i| = 1$ existiert, bei dem algebraische und geometrische Vielfachheit nicht übereinstimmen. Dann ergibt sich bei der Jordan-Normalform $\boldsymbol{J} = \boldsymbol{T}^{-1}\boldsymbol{A}\boldsymbol{T}$ das zugehörige Jordan-Kästchen die Form

$$\boldsymbol{J}_i = \begin{pmatrix} \lambda_i & 1 & & \\ & \ddots & \ddots & \\ & & \ddots & 1 \\ & & & \lambda_i \end{pmatrix} \in \mathbb{R}^{n_i\times n_i} \quad \text{mit} \quad n_i \geq 2$$

auf. Mit $\boldsymbol{e}_2 = (0,1,0,\dots,0)^T$ gilt

$$\boldsymbol{J}_i^k\boldsymbol{e}_2 = \begin{pmatrix} k\lambda_i^{k-1} \\ \lambda_i^k \\ 0 \\ \vdots \\ 0 \end{pmatrix}$$

und wir erkennen, dass die erste Komponente des Vektors $\boldsymbol{J}_i^k\boldsymbol{e}_2$ betragsmäßig unbeschränkt mit k anwächst. Folglich gilt

$$\|\boldsymbol{A}^k\|_\infty = \|\boldsymbol{J}^k\|_\infty \geq \|\boldsymbol{J}_i^k\|_\infty \to \infty,\ k \to \infty$$

und es liegt wiederum ein Widerspruch zur Potenzbeschränktheit von $\boldsymbol{A}$ vor.

9.14 Graphisch erhalten wir die folgende Abbildung:

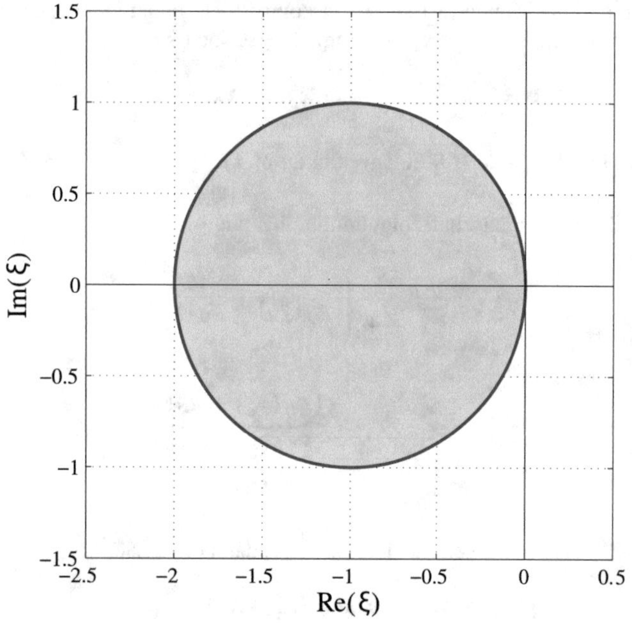

Abb. A.10 Stabilitätsgebiet des expliziten Euler-Verfahrens

9.15 Da es sich beim klassischen Runge-Kutta-Verfahren um eine explizite Methode handelt und durch elementares Nachrechnen leicht gezeigt werden kann, dass die auf S. 302 aufgeführten Bedingungen erfüllt sind, handelt es sich um eine Methode 4. Ordnung.

9.16 Einfaches Nachrechnen der Bedingungen aus dem oben erwähnten Satz zeigt die minimale Konsistenzordnung. Nutzen wir zudem die auf S. 302 aufgeführten Bedingungen, so wird deutlich, dass die Konsistenzordnung genau $p = 3$ ist.

9.17 Ausgehend von der Testgleichung $y(t) = \lambda y(t)$ ergibt sich für das Verfahren $y_{i+1} = \frac{1+\Delta t\lambda\mu}{1+\Delta t\lambda(\mu-1)} y_i$ und folglich die Stabilitätsfunktion

$$R(\xi) = \frac{1+\xi\mu}{1+\xi(\mu-1)}.$$

Mit $\xi = a + \mathrm{i}b$, $a, b \in \mathbb{R}$ ergibt sich

$$|R(\xi)| < 1 \leftrightarrow 2a < (1-2\mu)(a^2+b^2). \tag{A.2}$$

Wir betrachten eine Fallunterscheidung bezüglich μ. Für

- $\mu = \frac{1}{2}$ ergibt sich die Bedingung $2a < 0$. Das Stabilitätsgebiete ist somit $\mathbb{C}^-$ und die Methode ist A-stabil.
- $\mu < \frac{1}{2}$ folgen aus (A.2) die äquivalenten Ungleichungen

$$a^2 - \frac{2a}{1-2\mu} + b^2 > 0 \quad \text{und}$$

$$\left(a - \frac{1}{1-2\mu}\right)^2 + b^2 > \frac{1}{(1-2\mu)^2}.$$

Als Stabilitätsgebiet erhalten wir alle Punkte in $\mathbb{C}^-$, die außerhalb des abgeschlossenen Kreises um $(1/(1-2\mu), 0)^T$ mit Radius $1/(1-2\mu)$ liegen. Das Verfahren ist somit A-stabil.

- $\mu > \frac{1}{2}$ erhalten wir analog zur obigen Herleitung als Stabilitätsgebiet alle Punkte im offenen Kreis um $(1/(1-2\mu), 0)^T$ mit Radius $1/(1-2\mu)$. Keine der Methoden ist A-stabil.

9.18 Zunächst sind die Bedingungen $\sum_{\nu=1}^{s} a_{j\nu} = c_j$ für $j = 1, 2, 3$ und $\sum_{j=1}^{s} b_j = 1$ offensichtlich erfüllt und es liegt folglich ein Verfahren mindestens der Ordnung $p = 1$ vor. Aus der Bedingung $\sum_{j=1}^{s} b_j c_j = \frac{1}{2}$ folgt aufgrund der vorliegenden Gewichte b_1, b_2, b_3 direkt $c_3 = \frac{1}{2}$ bei beliebigem c_2. Wegen $\sum_{j=1}^{s} b_j c_j^2 = \frac{1}{4} \neq \frac{1}{3}$ liegt damit ein Verfahren genau zweiter Ordnung vor und eine Konsistenzordnung $p = 3$ kann nicht erreicht werden.

9.19 Das zugehörige Butcher-Array hat die Form

$$\begin{array}{c|cc} 0 & 0 & 0 \\ \frac{1}{k} & \frac{1}{k} & 0 \\ \hline & 0 & 1 \end{array}.$$

Es gilt somit

$$\sum_{j=1}^{2} b_j = 1 \quad \text{und} \quad \sum_{\nu=1}^{2} a_{j\nu} = c_j \text{ für } j = 1, 2,$$

womit das Verfahren für alle $k \in \mathbb{N}$ mindestens von erster Ordnung genau ist. Des Weiteren ergibt sich

$$\sum_{j=1}^{2} b_j c_j = 0 \cdot 0 + 1 \cdot \frac{1}{k} = \frac{1}{k}.$$

Folglich ist das Verfahren für $k \in \mathbb{N} \setminus \{2\}$ genau erster Ordnung und für $k = 2$ mindestens zweiter Ordnung. Abschließend erhalten wir für $k = 2$ aus

$$\sum_{j=1}^{2} b_j c_j^2 = \frac{1}{k^2} = \frac{1}{4} \neq \frac{1}{3},$$

die Aussage, dass das Verfahren für $k = 2$ genau zweiter Ordnung ist.

9.20 Die Koeffizienten bezogen auf die allgemeine Darstellung eines linearen Mehrschrittverfahrens lauten

$$\alpha_0 = -5, \quad \alpha_1 = 4, \quad \alpha_2 = 1,$$

$$\beta_0 = 2, \quad \beta_1 = 4, \quad \beta_2 = 0.$$

Einfaches Nachrechnen der Ordnungsbedingungen im Satz zur Konsistenz linearer Mehrschrittverfahren liefert

$$\begin{aligned} q=0: &\quad \sum_{j=0}^{2}\alpha_j = 0,\\ q=1: &\quad \sum_{j=0}^{2}\alpha_j j^1 = 6 = 1\cdot\sum_{j=0}^{2}\beta_j j^0,\\ q=2: &\quad \sum_{j=0}^{2}\alpha_j j^2 = 8 = 2\cdot\sum_{j=0}^{2}\beta_j j^1,\\ q=3: &\quad \sum_{j=0}^{2}\alpha_j j^3 = 12 = 3\cdot\sum_{j=0}^{2}\beta_j j^2,\\ q=4: &\quad \sum_{j=0}^{2}\alpha_j j^4 = 20 \neq 16 = 4\cdot\sum_{j=0}^{2}\beta_j j^3, \end{aligned}$$

womit genau die Konsistenzordnung $p = 3$ vorliegt.

9.21 Sei $(\alpha_0, \ldots, \alpha_{m-1})^T$ Lösung des Gleichungssystem

$$\begin{pmatrix} 1 & \xi_1 & \ldots & \xi_1^{m-1} \\ \vdots & \vdots & & \vdots \\ 1 & \xi_m & \ldots & \xi_m^{m-1} \end{pmatrix} \begin{pmatrix} \alpha_0 \\ \vdots \\ \alpha_{m-1} \end{pmatrix} = \begin{pmatrix} 0 \\ \vdots \\ 0 \end{pmatrix},$$

so folgt für das im Hinweis angegebene Polynom p direkt $p(\xi_k) = 0$ für $k = 1, \ldots, m$. Wegen $p \in \Pi_{m-1}$ ergibt sich aufgrund der Verschiedenheit der Nullstellen $p \equiv 0$ und für die Koeffizienten somit die Aussage $\alpha_0 = \ldots = \alpha_{m-1} = 0$. Somit ist die obige Matrix regulär und die Zeilenvektoren damit linear unabhängig.

9.22 Formal ist eine vollständige Induktion durchzuführen, die auf der folgenden Idee beruht. Aus $0 = \xi^i \sum_{j=0}^{m} \alpha_j \xi^j = \sum_{j=0}^{m} \alpha_j \xi^{i+j}$ folgt mit $\xi^{i+m} = -\frac{1}{\alpha_m} \sum_{j=0}^{m-1} \alpha_j \xi^{i+j}$ bei gegebenen m Daten

$$y_i = \xi^i, y_{i+1} = \xi^{i+1}, \ldots, y_{i+m-1} = \xi^{i+m-1}$$

die Schlussfolgerung

$$y_{i+m} = -\frac{1}{\alpha_m}\sum_{j=0}^{m-1}\alpha_j y_{i+j} = -\frac{1}{\alpha_m}\sum_{j=0}^{m-1}\alpha_j \xi^{i+j} = \xi^{i+m}.$$

9.23 Der Nachweis ergibt sich aus einer einfachen Entwicklung

$$\begin{aligned} (-1)^m p(\lambda) &= \det\begin{pmatrix} \lambda & -1 & & & \\ & \ddots & \ddots & & \\ & & \ddots & \ddots & \\ & & & \lambda & -1 \\ a_0 & & \ldots & a_{m-2} & \lambda + a_{m-1} \end{pmatrix} \\ &= (\lambda + a_{m-1}) \underbrace{\det\begin{pmatrix} \lambda & -1 & & \\ & \ddots & \ddots & \\ & & \ddots & -1 \\ & & & \lambda \end{pmatrix}}_{=\lambda^{m-1}} \\ &\quad + \det\begin{pmatrix} \lambda & -1 & & & \\ & \ddots & \ddots & & \\ & & \ddots & \ddots & \\ & & & \lambda & -1 \\ a_0 & & \ldots & & a_{m-2} \end{pmatrix} \\ &= \lambda^m + \lambda^{m-1}a_{m-1} + \lambda^{m-2}a_{m-2} \\ &\quad + \det\begin{pmatrix} \lambda & -1 & & & \\ & \ddots & \ddots & & \\ & & \ddots & \ddots & \\ & & & \lambda & -1 \\ a_0 & & \ldots & & a_{m-3} \end{pmatrix}. \end{aligned}$$

Sukzessive Anwendung liefert

$$\begin{aligned} p(\lambda) &= (-1)^m \left(\lambda^m + \lambda^{m-1}a_{m-1} + \ldots + \lambda^2 a_2 + \det\left(\begin{smallmatrix} \lambda & -1 \\ a_0 & a_1 \end{smallmatrix}\right)\right) \\ &= (-1)^m(\lambda^m + \lambda^{m-1}a_{m-1} + \ldots + \lambda^2 a_2 + \lambda a_1 + a_0). \end{aligned}$$

Bildnachweis

Kapitel 1 **Eröffnungsbild:** Gabriela Schranz-Kirlinger

Kapitel 2 **Eröffnungsbild:** © dpa/picture alliance

Kapitel 3 **Eröffnungsbild:** Joscha Kaiser

Kapitel 4 **Eröffnungsbild:** Matheplanet.com, http://matheplanet.com/matheplanet/nuke/html/uploads/8/22566_2_4_1.png

Kapitel 5 **Eröffnungsbild:** Wirbelschleppen © NASA

Kapitel 6 **Eröffnungsbild:** Eisenbahnbrücke, Metro Centric Hamburg, cc by 2.0

Kapitel 7 **Eröffnungsbild:** Ceres/Weltraumteleskop Herschel, ESA/ATG medialab

Kapitel 8 **Eröffnungsbild:** © Kiel-Marketing e. V., **Beispiel:** Das Heron-Verfahren, Keilschrifttext YBC 7289 aus der Babylonischen Sammlung Yale und Umsetzung mit indischarabischen Ziffern, aus: H. Wußing: 6000 Jahre Mathematik, Springer 2008, **8.8:** Feigenbaumdiagramm, R. Matzdorf, Universität Kassel

Kapitel 9 **Eröffnungsbild:** Lorenz-Attraktor 2 © SafePit

Stichwortverzeichnis